한번에 합격하기

전산응용 건축제도 기능사 필기

정하정 · 정효재 · 김윤아 지음

최근 출제경향을 반영한 국가기술자격시험 대비서

BM (주)도서출판 성안당

■ 도서 A/S 안내

성안당에서 발행하는 모든 도서는 저자와 출판사, 그리고 독자가 함께 만들어 나갑니다.

좋은 책을 펴내기 위해 많은 노력을 기울이고 있습니다. 혹시라도 내용상의 오류나 오탈자 등이 발견되면 "좋은 책은 나라의 보배"로서 우리 모두가 함께 만들어 간다는 마음으로 연락주시기 바랍니다. 수정 보완하여 더 나은 책이 되도록 최선을 다하겠습니다.

성안당은 늘 독자 여러분들의 소중한 의견을 기다리고 있습니다. 좋은 의견을 보내주시는 분께는 성안당 쇼핑몰의 포인트(3,000포인트)를 적립해 드립니다.

잘못 만들어진 책이나 부록 등이 파손된 경우에는 교환해 드립니다.

저자 문의 e-mail : summerchung@hanmail.net(정하정)

본서 기획자 e-mail : coh@cyber.co.kr(최옥현)

홈페이지 : http://www.cyber.co.kr 전화 : 031) 950-6300

머리말

사회 환경의 급격한 변화로 취업이 쉽지 않은 상황에서 국가기술자격증 취득은 최근에는 취업의 필수라고 할 수 있다. 지난 수십 년 동안 교직에 있으면서 전산응용건축제도기능사 시험을 대비하는 수험생들을 위해 어떤 교재를 구성하면 좋을지 많은 고민과 시간을 할애하였다. 이에 짧은 시간 동안 효율적으로 공부할 수 있도록 수험생들을 위한 교재를 구성하려고 부단한 노력과 시간을 투자해 저자, 편집자, 영업자 등으로 구성된 협의회를 구성하여 본 교재를 발간하게 됨을 매우 기쁘게 생각한다. 이 책을 충실하게 학습한다면 수험생 여러분들은 합격할 수 있을 것이라고 믿으며 여러분의 앞날에 행운이 함께하기를 기원한다.

본 서적의 특징은 다음과 같다.

첫째, 시험의 방식이 CBT(Computer Based Testing) 방식으로 바뀌면서 과년도 출제 문제의 전반적인 내용이 출제됨에 따라 1998년부터 2024년까지 26여 년간 출제된 문제를 철저히 분석하여 문제 풀이와 부합되는 핵심적인 내용을 중심으로 이론 부분을 구성하였으며, 과년도 문제를 과목별, 단원별, 분야별로 분류하여, 출제 빈도가 높은 문제들로만 엄선하였고, 간단하고 명쾌한 해설을 수록하였다. 특히, 내용에 따라 수험자 본인의 의사에 따른 문제의 전체가 아닌 일부를 발췌하여 다시 말하면, 60점이면 합격이니 이에 맞는 분량과 난이도에 따라 학습할 수 있도록 다음 표와 같이 구분하여 놓았으니 참고하기 바란다.

구분	출제빈도			중요도			문항수		
	상	중	하	상	중	하	상	중	하
	★★★★			★★★★			500		
		★★★			★★★			500	
		★★			★★			500	
			★			★			500

둘째, 본 서적의 내용이 방대한 것은 수험생 여러분들이 참고할 수 있는 자료를 빠짐없이 제공하고자 한 의도임을 밝힌다. 과년도 출제 문제를 기초 문제부터 응용 문제까지 순서대로 나열함과 동시에 명쾌한 해설을 수록하여 짧은 시간 내에 시험을 준비할 수 있도록 만전을 기하였다.

셋째, 과년도 출제 문제를 각 단원마다 엄선하여 동일하고, 유사한 문제를 출제 경향 순서에 맞게 정리함으로써 시험 준비에 효율적으로 대비할 수 있도록 2,000문항을 선정하였다.

필자는 수험행 여러분들이 시험에 효과적으로 대비할 수 있도록 집필에 최선을 다하였으나, 필자의 학문적인 역량이 부족하여 본 서적에 본의 아닌 오류가 발견될지도 모르겠다. 추후 여러분의 조언과 지도를 받아서 완벽을 기할 것을 약속드린다.

끝으로 본 서적의 출판 기회를 마련해 주신 도서출판 성안당의 이종춘 회장님, 김민수 사장님, 최옥현 전무님과 임직원 여러분 그리고 원고 정리에 힘써준 제자들의 노고에 진심으로 감사드린다.

2024년 11월 연구실에서

대표 저자 정하정

NCS 안내

1 국가직무능력표준(NCS)이란?

국가직무능력표준(NCS, National Competency Standards)은 산업현장에서 직무를 수행하기 위해 요구되는 지식·기술·태도 등의 내용을 국가가 표준화한 것이다.

(1) 국가직무능력표준(NCS) 개념도

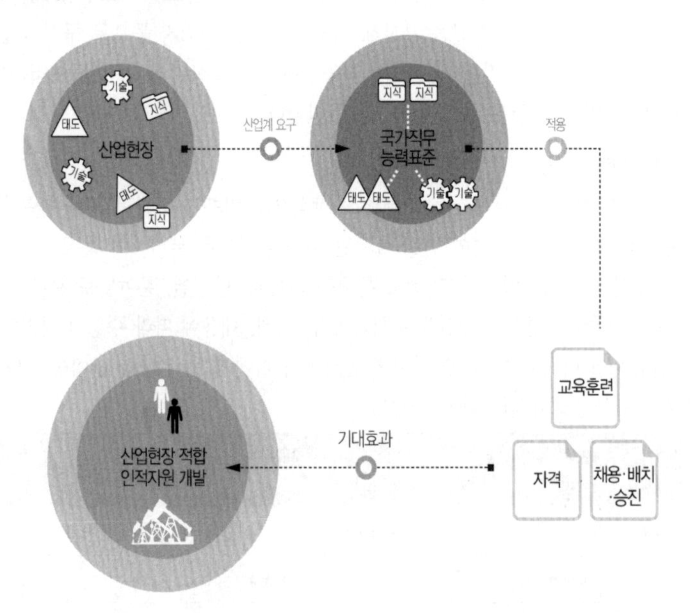

직무능력 : 일을 할 수 있는 On－spec인 능력

① 직업인으로서 기본적으로 갖추어야 할 공통 능력 → 직업기초능력
② 해당 직무를 수행하는 데 필요한 역량(지식, 기술, 태도) → 직무수행능력

보다 효율적이고 현실적인 대안 마련

① 실무 중심의 교육·훈련 과정 개편
② 국가자격의 종목 신설 및 재설계
③ 산업현장 직무에 맞게 자격시험 전면 개편
④ NCS 채용을 통한 기업의 능력 중심 인사관리 및 근로자의 평생경력 개발 관리 지원

(2) 국가직무능력표준(NCS) 학습모듈

국가직무능력표준(NCS)이 현장의 '**직무요구서**'라고 한다면, NCS **학습모듈**은 NCS **능력단위**를 **교육훈련**에서 **학습할** 수 있도록 구성한 '**교수·학습자료**'이다.

NCS 학습모듈은 구체적 직무를 학습할 수 있도록 이론 및 실습과 관련된 내용을 상세하게 제시하고 있다.

2 국가직무능력표준(NCS)이 왜 필요한가?

능력 있는 인재를 개발해 핵심 인프라를 구축하고, 나아가 국가경쟁력을 향상시키기 위해 국가직무능력표준이 필요하다.

(1) 국가직무능력표준(NCS) 적용 전/후

지금은

- 직업 교육 · 훈련 및 자격제도가 산업현장과 불일치
- 인적자원의 비효율적 관리 운용

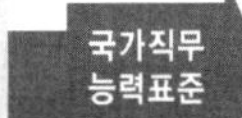

이렇게 바뀝니다.

- 각각 따로 운영되었던 교육 · 훈련, 국가직무능력표준 중심 시스템으로 전환 (일-교육 · 훈련-자격 연계)
- 산업현장 직무 중심의 인적자원 개발
- 능력중심사회 구현을 위한 핵심 인프라 구축
- 고용과 평생직업능력개발 연계를 통한 국가경쟁력 향상

(2) 국가직무능력표준(NCS)의 활용

① 기업은 NCS를 활용해서 조직 내 직무를 체계적으로 분석하고 이를 토대로 직무 중심의 인사제도를(채용, 배치, 승진, 교육, 임금 등) 운영할 수 있다.

② 취업준비생은 기업이 어떤 능력을 지닌 사람을 채용하고자 하는지 명확히 알고 이에 맞춰 직무능력을 키울 수 있어 스펙 쌓기 부담이 줄어든다.

③ 교수자(교육훈련기관, 교사, 교수 등)는 NCS를 활용하여 교육과정을 설계함으로써 체계적으로 교육훈련과정을 운영할 수 있고, 이를 통해 산업현장에서 필요로 하는 실무형 인재를 양성할 수 있다.

④ 국가기술자격을 직무 중심(NCS 활용)으로 개선하여 실제로 그 일을 잘할 수 있는 사람이 자격증을 딸 수 있도록 해준다.

3 NCS 분류체계

① 국가직무능력표준의 분류는 직무의 유형을 중심으로 국가직무능력표준의 단계적 구성을 나타내는 것으로, 국가직무능력표준 개발의 전체적인 로드맵을 제시한다.

② 한국고용직업분류(KECO : Korean Employment Classification of Occupations) 등을 참고하여 분류하였으며, 대분류(24개) → 중분류(80개) → 소분류(257개) → 세분류(1,022개)의 순으로 구성한다.

③ **'건축설계'의 직무정의** : 건축설계는 사용자의 요구 및 기능에 맞는 창의적 건축물을 만들기 위하여 건축계획 및 조형에 대한 지식·기술을 가지고 계약, 조사, 분석, 기획, 계획, 도서 작성, 운영관리를 하는 일이다.

④ NCS 학습모듈

분류체계				NCS 학습모듈	
대분류	중분류	소분류	세분류(직무)		
건설	건축	건축설계·감리	건축설계	1. 건축설계 계약 2. 건축설계 기획 3. 건축설계 프레젠테이션 4. BIM설계 5. 관계사 협력설계 6. 건축설계 설계 도서작성 7. 건축설계 운영관리 8. 건축 평, 입, 단면 계획 9. 건축배치 계획	10. 건축조형 설계 11. 건축경관 설계 12. 건축설계 조사 확인 13. 건축설계 분석 검토 14. 건축재료 검토 15. 건축 환경설비 검토 16. 건축설계 도면 해석 17. 건축설계 2D 도면작성 18. 건축설계 3D 모델링

⑤ 직업정보

세분류		건축설계, 건축구조설계, 건축공사감리, 실내건축설계
직업명		건축가(건축사) 및 건축공학기술자
종사자 수		110,800명
종사 현황	연령	20대 이하 : 8.8%, 30대 : 26.0%, 40대 : 37.1%, 50대 : 22.1%, 60대 이상 : 6.1%
	임금	하위 25% : 186만 원, 중위 50% : 301만 원, 상위 25% : 494만 원
	학력	고졸 이하 : 8.5%, 전문대졸 : 17.8%, 대졸 : 63.2%, 대학원졸 : 10.6%
	성비	남성 : 88.8%, 여성 : 11.3%
관련 자격		건축사, 건축구조기술사, 건축기계설비기술사, 건축전기설비기술사, 건축품질시험기술사, 건축시공기술사, 건축기사/산업기사, 건축설비기사/산업기사, 실내건축기사/산업기사, 건설재료시험기사/산업기사, 건설안전기술사/기사/산업기사, 전산응용건축제도기능사

※ 자료 : 한국고용정보원(http://keis.or.kr)

4 과정평가형 자격취득

(1) 개념

국가직무능력표준(NCS)에 따라 편성·운영되는 교육·훈련과정을 일정수준 이상 이수하고 평가를 거쳐 합격기준을 통과한 사람에게 국가기술자격을 부여하는 제도이다.

(2) 시행대상

「국가기술자격법 제10조 제1항」의 과정평가형 자격 신청자격에 충족한 기관 중 공모를 통하여 지정된 교육·훈련기관의 단위과정별 교육·훈련을 이수하고 내부평가에 합격한 자

(3) 교육·훈련생 평가

① **내부평가(지정 교육·훈련기관)**

㉠ 평가대상 : 능력단위별 교육·훈련과정의 75% 이상 출석한 교육·훈련생

㉡ 평가방법 : 지정받은 교육·훈련과정의 능력단위별로 평가
→ 능력단위별 내부평가 계획에 따라 자체 시설·장비를 활용하여 실시

㉢ 평가시기 : 해당 능력단위에 대한 교육·훈련이 종료된 시점에서 실시하고 공정성과 투명성이 확보되어야 함
→ 내부평가 결과 평가점수가 일정수준(40%) 미만인 경우에는 교육·훈련기관 자체적으로 재교육 후 능력단위별 1회에 한해 재평가 실시

② **외부평가(한국산업인력공단)**

㉠ 평가대상 : 단위과정별 모든 능력단위의 내부평가 합격자

㉡ 평가방법 : 1차·2차 시험으로 구분 실시
- 1차 시험 : 지필평가(주관식 및 객관식 시험)
- 2차 시험 : 실무평가(작업형 및 면접 등)

(4) 합격자 결정 및 자격증 교부

① **합격자 결정 기준**
내부평가 및 외부평가 결과를 각각 100점을 만점으로 하여 평균 80점 이상 득점한 자

② **자격증 교부**
기업 등 산업현장에서 필요로 하는 능력보유 여부를 판단할 수 있도록 교육·훈련 기관명·기간·시간 및 NCS 능력단위 등을 기재하여 발급

★ NCS에 대한 자세한 사항은 국가직무능력표준 National Competency Standards 홈페이지(www.ncs.go.kr)에서 확인해주시기 바랍니다.★

CBT 안내

1 CBT란?

CBT란 Computer Based Test의 약자로, 컴퓨터 기반 시험을 의미한다.
정보기기운용기능사, 정보처리기능사, 굴삭기운전기능사, 지게차운전기능사, 제과기능사, 제빵기능사, 한식조리기능사, 양식조리기능사, 일식조리기능사, 중식조리기능사, 미용사(일반), 미용사(피부) 등 12종목은 이미 오래 전부터 CBT 시험을 시행하고 있으며, **'전산응용건축제도기능사'는 2016년 5회 시험부터 CBT 시험이 시행**된다.
CBT 필기시험은 컴퓨터로 보는 만큼 수험자가 답안을 제출함과 동시에 합격 여부를 확인할 수 있다.

2 CBT 시험과정

한국산업인력공단에서 운영하는 홈페이지 **큐넷(Q-net)**에서는 누구나 쉽게 **CBT 시험**을 볼 수 있도록 실제 자격시험 환경과 동일하게 구성한 **가상 웹 체험 서비스를 제공**하고 있으며, 그 과정을 요약한 내용은 아래와 같다.

(1) 시험시작 전 신분 확인절차

수험자가 자신에게 배정된 좌석에 앉아 있으면 신분 확인절차가 진행된다.
이것은 시험장 감독위원이 컴퓨터에 나온 수험자 정보와 신분증이 일치하는지를 확인하는 단계이다.

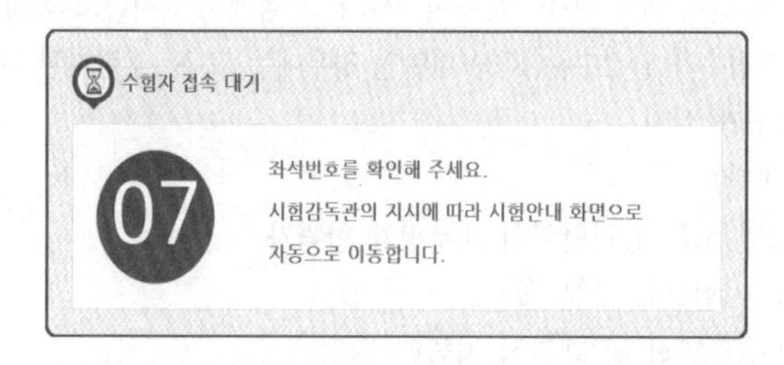

(2) CBT 시험안내 진행

신분 확인이 끝난 후 시험시작 전 CBT 시험안내가 진행된다.

안내사항 > 유의사항 > 메뉴 설명 > 문제풀이 연습 > 시험준비 완료

① 시험 [**안내사항**]을 확인한다.

- 시험은 총 5문제로 구성되어 있으며, 5분간 진행된다(자격종목별로 시험문제 수와 시험시간은 다를 수 있다(전산응용건축제도기능사 필기 – 60문제/1시간)).
- 시험 도중 수험자의 PC에 장애가 발생한 경우 손을 들어 시험감독관에게 알리면 긴급장애조치 또는 자리이동을 할 수 있다.
- 시험이 끝나면 합격 여부를 바로 확인할 수 있다.

② 시험 [**유의사항**]을 확인한다.

시험 중 금지되는 행위 및 저작권 보호에 관한 유의사항이 제시된다.

③ 문제풀이 [**메뉴 설명**]을 확인한다.

문제풀이 기능 설명을 유의해서 읽고 기능을 숙지해야 한다.

④ 자격검정 CBT [**문제풀이 연습**]을 진행한다.

실제 시험과 동일한 방식의 문제풀이 연습을 통해 CBT 시험을 준비한다.

- CBT 시험문제 화면의 기본 글자크기는 150%이다. 글자가 크거나 작을 경우 크기를 변경할 수 있다.
- 화면배치는 1단 배치가 기본 설정이다. 더 많은 문제를 볼 수 있는 2단 배치와 한 문제씩 보기 설정이 가능하다.

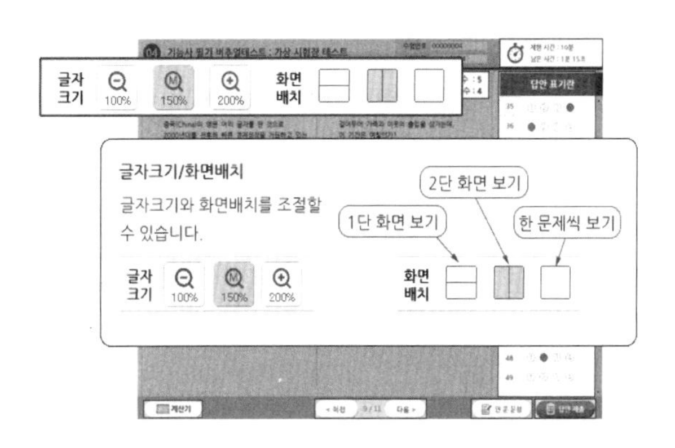

• 답안은 문제의 보기번호를 클릭하거나 답안표기 칸의 번호를 클릭하여 입력할 수 있다.
• 입력된 답안은 문제화면 또는 답안표기 칸의 보기번호를 클릭하여 변경할 수 있다.

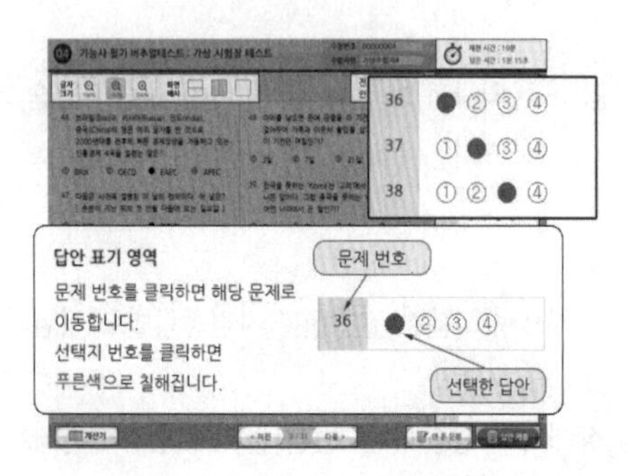

• 페이지 이동은 아래의 페이지 이동 버튼 또는 답안표기 칸의 문제번호를 클릭하여 이동할 수 있다.

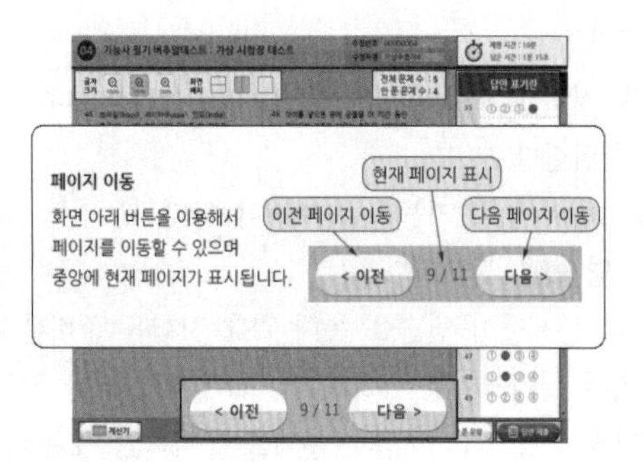

• 응시종목에 계산문제가 있을 경우 좌측 하단의 계산기 기능을 이용할 수 있다.

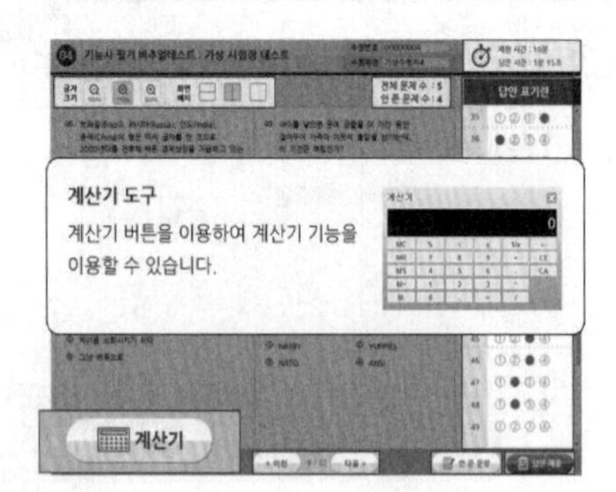

- 안 푼 문제 확인은 답안 표기란 좌측에 안 푼 문제 수를 확인하거나 답안 표기란 하단 [안 푼 문제] 버튼을 클릭하여 확인할 수 있다. 안 푼 문제번호 보기 팝업창에 안 푼 문제번호가 표시된다. 번호를 클릭하면 해당 문제로 이동한다.

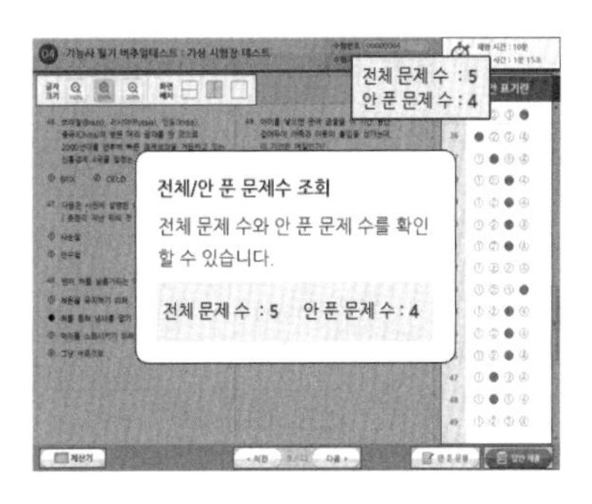

- 시험문제를 다 푼 후 답안 제출을 하거나 시험시간이 모두 경과되었을 경우 시험이 종료되며 시험결과를 바로 확인할 수 있다.
- [답안 제출] 버튼을 클릭하면 답안 제출 승인 알림창이 나온다. 시험을 마치려면 [예] 버튼을 클릭하고 시험을 계속 진행하려면 [아니오] 버튼을 클릭하면 된다. 답안 제출은 실수 방지를 위해 두 번의 확인 과정을 거친다. 이상이 없으면 [예] 버튼을 한 번 더 클릭하면 된다.

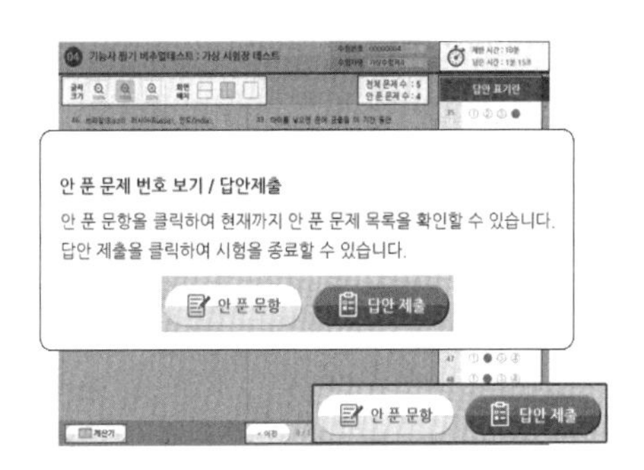

⑤ [**시험준비 완료**]를 한다.

시험 안내사항 및 문제풀이 연습까지 모두 마친 수험자는 [시험준비 완료] 버튼을 클릭한 후 잠시 대기한다.

(3) CBT 시험 시행

(4) 답안 제출 및 합격 여부 확인

★ 좀 더 자세한 내용은 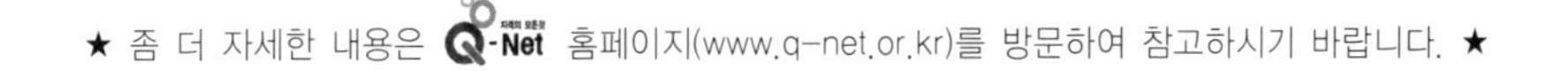 홈페이지(www.q-net.or.kr)를 방문하여 참고하시기 바랍니다. ★

출제기준

직무 분야	건 설	중직무 분야	건 축	자격 종목	전산응용건축제도기능사	적용 기간	2024. 1. 1.~2025. 12. 31.

○ 직무내용 : 건축설계 내용을 시공자에게 정확히 전달하기 위하여 CAD 및 건축컴퓨터그래픽작업으로 건축설계에서 의도하는 바를 시각화하는 직무 수행

필기검정방법	객관식	문제 수	60	시험시간	1시간

과목명	문제수	주요항목	세부항목	세세항목
건축계획 및 제도, 건축구조, 건축재료	60	1. 건축계획 일반의 이해	(1) 건축계획과정	① 건축계획과 설계 ② 건축계획 진행 ③ 건축공간 ④ 건축법의 이해
			(2) 조형계획	① 조형의 구성 ② 건축형태의 구성 ③ 색채계획
			(3) 건축환경계획	① 자연환경 ② 열환경 ③ 공기환경 ④ 음환경 ⑤ 빛환경
			(4) 주거건축계획	① 주택계획과 분류 ② 주거생활의 이해 ③ 배치 및 평면계획 ④ 단위공간계획 ⑤ 단지계획
		2. 건축설비의 이해	(1) 급・배수 위생설비	① 급수설비 ② 급탕설비 ③ 배수설비 ④ 위생기구
			(2) 냉・난방 및 공기조화설비	① 냉방설비 ② 난방설비 ③ 환기설비 ④ 공기조화설비
			(3) 전기설비	① 조명설비 ② 배전 및 배선설비 ③ 방재설비 ④ 전원설비
			(4) 가스 및 소화설비	① 가스설비 ② 소화설비
			(5) 정보 및 승강설비	① 정보설비 ② 승강설비

필기과목명	문제수	주요항목	세부항목	세세항목
건축계획 및 제도, 건축구조, 건축재료	60	3. 건축제도의 이해	(1) 제도규약	① KS건축제도 통칙 ② 도면의 표시방법에 관한 사항
			(2) 건축물의 묘사와 표현	① 건축물의 묘사 ② 건축물의 표현
			(3) 건축설계도면	① 설계도면의 종류 ② 설계도면의 작도법
			(4) 각 구조부의 제도	① 구조부의 이해 ② 재료표시기호 ③ 기초와 바닥 ④ 벽체와 창호 ⑤ 계단과 지붕 ⑥ 보와 기둥
		4. 일반구조의 이해	(1) 건축구조의 일반사항	① 건축구조의 개념 ② 건축구조의 분류 ③ 각 구조의 특성
			(2) 건축물의 각 구조	① 조적구조 ② 철근콘크리트구조 ③ 철골구조 ④ 목구조
		5. 구조시스템의 이해	(1) 일반구조시스템	① 골조구조 ② 벽식구조 ③ 아치구조
			(2) 특수구조	① 절판구조 ② 셸구조와 돔구조 ③ 트러스구조 ④ 현수구조 ⑤ 막구조
		6. 건축재료 일반의 이해	(1) 건축재료의 발달	① 건축재료학의 구성 ② 건축재료의 생산과 발달과정
			(2) 건축재료의 분류와 요구성능	① 건축재료의 분류 ② 건축재료의 요구성능
			(3) 건축재료의 일반적 성질	① 역학적 성질 ② 물리적 성질 ③ 화학적 성질 ④ 내구성 및 내후성

출제기준

필기과목명	문제수	주요항목	세부항목	세세항목
건축계획 및 제도, 건축구조, 건축재료	60	7. 각종 건축재료 및 실내건축재료의 특성, 용도, 규격에 관한 사항의 이해	(1) 각종 건축재료의 특성, 용도, 규격에 관한 사항	① 목재 및 석재 ② 시멘트 및 콘크리트 ③ 점토재료 ④ 금속재, 유리 ⑤ 미장, 방수재료 ⑥ 합성수지, 도장재료, 접착제 ⑦ 단열재료
			(2) 각종 실내건축재료의 특성, 용도, 규격에 관한 사항	① 바닥 마감재 ② 벽 마감재 ③ 천장 마감재 ④ 기타 마감재

문항 분석

과목	대단원	소단원	출제 횟수	16년 이후	계	소단원 비율(%)	대단원 비율(%)
건축 계획	건축계획일반	건축계획과정	159	21	180	23.41	12.61
		조형계획	102	14	116	15.08	
		건축환경계획	73	15	88	11.44	
		주거건축계획	316	69	385	50.07	
	소계		650	119	769	100.00	
	건축설비	급·배수, 위생설비	99	8	107	23.73	7.39
		냉·난방, 공기조화설비	96	8	104	23.06	
		전기설비	81	10	91	20.18	
		가스 및 소화설비	79	10	89	19.73	
		정보 및 승강설비	52	8	60	13.30	
	소계		407	44	451	100.00	
	과목 총계		1057	163	1220		
건축 제도	건축제도	제도규약	326	38	364	44.72	13.34
		건축물의 묘사와 표현	165	5	170	20.88	
		건축설계도면	146	17	163	20.02	
		각 구조부의 제도	113	4	117	14.37	
	과목 총계		750	64	814	100.00	
건축 구조	일반 구조	건축구조의 일반사항	175	20	195	11.40	28.05
		목구조	342	25	367	21.45	
		조적조	390	31	421	24.61	
		철근콘크리트조	376	27	403	23.55	
		철골조	242	12	254	14.85	
		기타 구조	71	0	71	4.15	
	소계		1596	115	1711	100.00	
	구조시스템	일반구조 시스템	87	1	88	28.85	5.00
		특수 구조	200	17	217	71.15	
	소계		287	18	305	100.00	
	과목 총계		1883	133	2016		
건축 재료	건축재료의 발달	건축 재료의 발달	33	0	33	12.69	4.26
		건축 재료의 분류와 요구 성능	99	9	108	41.54	
		건축 재료의 일반적인 성질	110	9	119	45.77	
	소계		242	18	260	100.00	
	재료의 특성, 용도 및 규격에 관한 사항	목재	252	48	300	16.76	29.34
		석재	132	13	145	8.10	
		점토 재료	233	8	241	13.46	
		시멘트	165	6	171	9.55	
		콘크리트	241	19	260	14.53	
		금속 재료	157	19	176	9.83	
		유리	109	1	110	6.15	
		합성 수지	73	2	75	4.19	
		도장 재료	63	0	63	3.52	
		미장 재료	114	4	118	6.59	
		역청 재료	90	0	90	5.03	
		접착 재료	33	8	41	2.29	
	소계		1662	128	1790	100.00	
	과목 총계		1904	146	2050		
	총계		5594	506	6100		100.00

차 례

PART 01 건축 계획

Chapter 01 건축 계획 일반

Chapter 02 건축 설비

건축 제도

Chapter 01 건축 제도

| 차 례 |

PART 03 건축 구조

Chapter 01 일반 구조

차 례

Chapter 02 각종 건축 재료의 특성 · 용도 · 규격에 관한 지식

최근 CBT 복원문제

PART

1

건축 계획

Craftsman Computer Aided Architectural Drawing

CHAPTER 01 건축 계획 일반

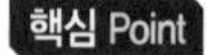

출제 키워드

핵심 Point

- 건축 계획과 설계, 건축 계획의 과정, 건축 공간 및 건축법에 관한 이론의 이해를 통하여 출제 문제의 경향을 파악하고 문제를 풀이할 수 있다.
- 조형의 구성, 건축 형태의 구성 및 색채 계획에 관한 이론의 이해를 통하여 출제 문제의 경향을 파악하고 문제를 풀이할 수 있다.
- 자연 환경, 열·공기·음·빛환경에 관한 이론의 이해를 통하여 출제 문제의 경향을 파악하고 문제를 풀이할 수 있다.
- 주택 계획과 분류, 주거 생활의 이해, 배치 및 평면 계획, 단위공간계획 및 단지 계획에 관한 이론의 이해를 통하여 출제 문제의 경향을 파악하고 문제를 풀이할 수 있다.

1-1. 건축 계획 과정

1 건축물을 만드는 과정

(1) 건축물을 만드는 과정

건축 원리의 3대 요소는 구조, 기능, 미(형태)이고, 견실, 견고, 축조 및 논리에 대한 사항은 구조에 해당되며, 건축물을 만드는 과정은 기획 → 설계 → 시공의 3단계로 형성된다.

① **기획** : 일반적으로 건축주가 직접 행하는 것으로 건설의 의도를 명확하게 하고, 그 방향을 설정하여 건설의 전 과정부터 준공 후 운영에 이르기까지를 예상하는 작업이다. 또한, 건축 계획의 과정 중 건축주 또는 이용자의 요구사항, 문제의 파악과 분석, 설계자가 발의하는 제안사항 등 세 가지 기능을 포함하는 단계이다.

② **설계** : 설계는 건축가를 중심으로 하여 진행되는 과정, 즉 시기적으로 가장 먼저 이루어지는 계획 설계도를 말하고, 다시 기본 설계와 실시 설계라는 두 단계로 나누어 생각하는 것이 보통이다. 또한, 건축 설계 시 가장 먼저 생각하여야 할 사항은 대지 및 주위 환경의 분석이다.

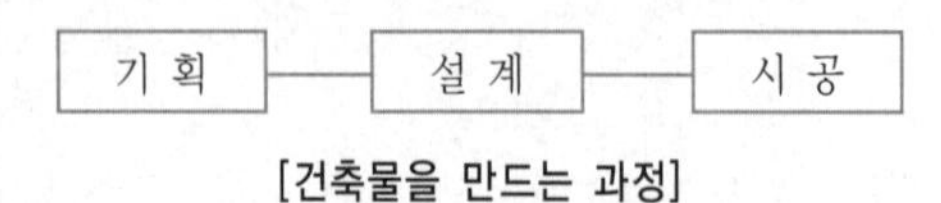

[건축물을 만드는 과정]

■ 건축 원리의 3대 요소
구조(견실, 견고, 축조 및 논리), 기능, 미(형태)

■ 건축물을 만드는 과정
기획 → 설계 → 시공의 3단계로 형성

■ 기획
건축주 또는 이용자의 요구사항 반영, 문제의 파악과 분석, 설계자가 발의하는 제안사항 등

■ 설계
건축가를 중심으로 하여 진행되는 과정, 즉 시기적으로 가장 먼저 이루어지는 계획 설계도

■ 건축 설계시 가장 먼저 생각할 사항
대지 및 주위 환경의 분석

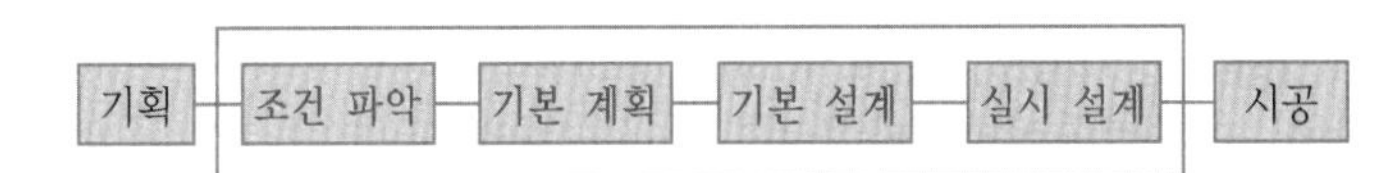

[건축물을 만드는 과정에서의 설계 진행법]

㉮ 기본 설계는 기획시에 의도된 것을 분석하고 조립하여 구체적인 형태의 기본을 결정하는 단계이다. 기본 설계도서의 내용이 건축주의 요구에 일치한다는 것이 확인・승인되면 실시 설계가 이루어진다.

㉯ 실시 설계는 보다 상세하게 설계하여 설계도서를 만드는 단계로 공사 시공에 필요할 뿐 아니라 시공자가 공사비를 산출할 수 있을 정도의 설계도서가 되어야 한다.

㉰ 기본 설계도서는 건축주를 비롯하여 일반인이 알아볼 수 있게 그려지는 것에 비하여 실시 설계도서는 설계자의 의도를 시공자에게 정확하게 전달하는 것을 목적으로 그리는 것이기 때문에 내용이 보다 전문적・기술적이다.

③ **시공** : 시공은 건축물의 생산 과정 중 가장 마지막 단계로서, 설계도서에 표현된 내용을 실제의 건물로 만드는 건설 공사의 과정인데, 이는 공사 시공업자에 의하여 행해진다. 이러한 과정을 통하여 하나의 의도하는 건축물이 만들어진다.

(2) 건축 계획과 설계의 순서

① 건설 의도

② **계획의 전기** : 건축물의 계획 설계시 내부적 요구 조건(이용상 요구, 계획의 목적, 분위기, 실의 개수와 규모 등에 대한 사용자・의뢰인 또는 경영자의 요구 사항, 공간 사용자의 행위・성격・개성에 대한 사항, 필수적인 설치・시설물 및 부속 기물 등에 대한 사항, 의뢰인의 공사 예상 등의 경제적 사항 등)과, 외부적 요구 조건(대지 및 사회적 조건, 입지적 조건, 건축적 조건 및 설비적 조건 등) 등이고, 대지의 조건 파악과 주위 환경의 분석으로 대지 조사의 내용에는 대지의 모양과 크기, 방위와 지형, 지질, 지중에 매설된 시설물, 도시 계획 및 관계 법규 등의 내용 등이다.

③ **계획의 후기 및 설계의 전기** : 형태의 기본을 만들고 방식을 결정하는 단계로서 형태의 기본(형태와 규모의 구상)을 만들고 방식을 결정하고, 건축물의 형태 결정에 중요한 요인이 되는 건축대지의 조건 중 자연적 조건에는 대지의 면적 및 방위, 기후 등이 있으며, 법적 규제는 사회적인 조건이다.

④ **설계의 후기** : 세부 결정과 설계도서에서의 표기

(3) 건축의 세부 계획

① **구조 계획** : 건축의 세부 계획 중 안전하고 내구적이며, 경제적인 구조체를 설계하기 위한 계획

② **평면 계획** : 주어진 기능의 어떤 건물 내부에서 일어나는 활동의 종류, 실의 규모 및 그 상호 관계를 합리적으로 평면상에 배치하는 계획

출제 키워드

▪ **시공**
건축물의 생산 과정 중 가장 마지막 단계

▪ **건축물의 계획의 전기**
내부적 요구 조건(이용상 요구), 외부적 요구 조건(대지 및 사회적 조건)

▪ **대지의 조건 파악과 주위 환경의 분석으로 대지 조사의 내용**
대지의 모양과 크기, 방위와 지형, 지질, 지중에 매설된 시설물, 도시 계획 및 관계 법규

▪ **대지의 자연적 조건**
• 대지의 면적 및 방위, 기후 등이고, 법적 규제는 사회적인 조건

▪ **구조 계획**
건축의 세부 계획 중 안전하고 내구적이며, 경제적인 구조체를 설계하기 위한 계획

출제 키워드

③ **형태 계획** : 건축물의 주변 환경, 문화적 · 사회적 조건 등과 조화를 이룰 수 있도록 해야 하고, 완성된 건축물이 주위의 환경을 저해하는 일이 없도록 계획 과정에서 고려하는 계획

④ **입면 계획** : 평면을 입체화시키면 부피가 있는 건축 공간을 얻을 수 있으며, 이때 건축 공간의 외부를 아름답게 디자인하는 계획

■ 에스키스
설계자의 머릿속에서 이루어진 공간의 구상을 종이 위에 형상화하여 그린 다음 시각적으로 확인하는 것

(4) 에스키스

자료의 분석과 선택에서 비롯되어 설계자의 머릿속에서 이루어진 공간의 구상을 종이 위에 형상화하여 그린 다음 시각적으로 확인하는 것을 **에스키스라고 하며, 에스키스를 발전시킨 것이 스케치이다.**

■ 건축의 모듈화
건축의 척도 조정이 되지 않더라도 설계의 자유도를 높이는 것이 매우 중요하다.

(5) 건축의 모듈화

① **모듈의 정의** : 건축의 공업화를 진행하기 위해서 여러 과정에서 생산되는 건축 재료, 부품 및 건축물 사이에 치수를 통일 또는 조정할 **필요성에 따라 기준 치수의 값을 모아 놓은 것을 모듈(module)이라 한다.** 특히, 모듈은 전체적인 비례를 맞추기 위한 설계 단위가 아니고, 인체 척도에 맞아야 하는 것은 아니며, 치수의 수직 · 수평 관계가 정수비를 **이루어야 한다. 예로는** 사무실 작업 책상의 단위, 병실의 환자 침대 규격, 도서관의 열람실 및 서고, 일본의 다다미 **등이 있다.**

② **모듈의 종류** : 기본 모듈 1종과 복합 모듈 2종이 있다.
 ㉮ 기본 모듈 : 기준 척도를 10cm로 하고, 이것을 1M로 표시하여 모든 치수의 기준으로 한다.
 ㉯ 복합 모듈 : 기본 모듈인 1M의 배수가 되는 모듈을 말하며, 복합 모듈에는 다음의 두 가지가 있다.
  ㉠ 20cm=2M 건물의 높이 방향 길이의 기준
  ㉡ 30cm=3M 건물의 수평 방향 길이의 기준

③ **모듈 사용 시 주의사항** : 모듈에 맞추어 건물 설계를 할 때의 유의사항은 다음과 같다.
 ㉮ 모든 치수는 1M(10cm)의 배수가 되게 한다.
 ㉯ 건물의 높이는 2M(20cm)의 배수가 되게 한다.
 ㉰ 건물의 평면상 길이는 3M(30cm)의 배수가 되도록 한다.
 ㉱ 모든 모듈상의 치수는 공칭 치수(줄눈과 줄눈 중심 길이)를 말한다. 따라서 제품 치수는 공칭 치수에서 줄눈 두께를 빼야 한다.
 ㉲ 창호의 치수는 문틀과 벽 사이의 줄눈 중심선 간의 치수가 모듈 치수에 일치하여야 한다.
 ㉳ 조립식 건물은 각 조립 부재의 줄눈 중심 간의 거리가 모듈 치수에 일치하여야 한다.
 ㉴ 고층 라멘 건물은 층 높이 및 기둥 중심 간 거리가 모듈에 일치할 뿐 아니라 장막, 벽 등의 재료를 모듈 제품으로 사용할 수 있어야 하고, 건축의 척도 조정이 되지 않더라도 설계의 자유도를 높이는 것이 매우 중요하다.

④ 모듈의 장·단점

㉮ 장점

㉠ 현장 작업이 단순해지므로 공사 기간이 단축된다.

㉡ 대량 생산(표준화)이 용이하므로 공사비가 감소된다.

㉢ 설계 작업이 단순화되고 간편하다.

㉣ 절단에 의한 낭비가 적고, 다른 부품과의 호환성이 제공된다.

㉯ 단점

㉠ 똑같은 형태의 반복으로 인한 무미건조함이 느껴진다. 즉, 사용자의 개성에 맞는 다양한 공간의 구성이 어렵다.

㉡ 건축물 배색에 있어서 신중을 기할 필요가 있다.

2 건축 공간

건축은 인간의 생활을 쾌적하고 위생적이며 능률적으로 영위하기 위하여 인공적으로 만든 공간(건축물에 사용되는 모든 요소가 조화를 잘 이루도록 하여 인간의 생활에 적합하도록 만든 장소)이라고 할 수 있다. 건축물을 만들기 위해서는 여러 가지 재료와 방법을 이용하여 바닥, 벽, 지붕과 같은 구조체를 구성하는데, 이러한 뼈대에 의하여 이루어지는 공간을 건축 공간이라고 한다.

(1) 물리적 공간과 심리적 공간

공간을 편리하게 이용하기 위해서는 실의 크기와 모양, 높이 등이 적당해야 한다. 공간의 가장 기본적인 치수는 실내에 필요한 가구를 배치하고 기능을 수행하는 데 있어 사람의 움직임을 적절하게 수용할 수 있는 크기이다. 이와 함께 실의 사용 시간에 적당한 공기의 부피나 심리적으로 쾌적감을 느낄 수 있는 크기를 만족시키는 것도 중요하다.

(2) 내부 공간과 외부 공간

일반적으로 건축 공간은 벽을 경계로 해서 안쪽 공간을 내부 공간(건축 고유의 공간이며, 기능과 구조 그리고 아름다움의 측면에서 무엇보다 중요하다.)이라 하며, 내부 공간을 둘러싼 공간을 외부 공간(자연 발생적인 것이 아니라 인간에 의해 의도적·인공적으로 만들어진 외부의 환경) 또는 옥외 공간이라고 한다. 외부 공간은 하나의 외부 공간만으로 그치는 것이 아니라 건축물이 많이 있을 때 건축물에 의해 둘러싸인 공간 전체를 말한다.

(3) 공간 구획의 구분

① 상징적 구획 : 영역을 구분할 뿐 통행이나 시각적인 방해가 되지 않는 구획으로 공간을 폐쇄적으로 완전 차단하지 않고 공간의 영역을 상징적 분할에 이용되는 것은 바닥의 높이차이다.

출제 키워드

■ 모듈의 특성
- 공사 기간 단축
- 설계 작업이 단순화되고 간편함
- 똑같은 형태의 반복으로 인한 무미건조함(사용자의 개성에 맞는 다양한 공간의 구성이 어려움)

■ 내부 공간

건축 고유의 공간이며, 기능과 구조 그리고 아름다움의 측면에서 무엇보다 중요하다.

■ 외부(옥외) 공간
- 자연 발생적인 것이 아니라 인간에 의해 의도적·인공적으로 만들어진 외부의 환경
- 건축물이 많이 있을 때 건축물에 의해 둘러싸인 공간 전체

■ 상징적 구획

공간을 폐쇄적으로 완전 차단하지 않고 공간의 영역을 분할하는 상징적 분할에 이용되는 것은 바닥의 높이차

출제 키워드

■ 차단적 구획의 요소
열주, 수납장, 커튼 등이 있고, 조명과는 무관하다.

■ 공간의 조직 형식
직선식, 방사식, 그물망식(격자형), 중앙 집중식 등

■ 그물망식(격자형)
동일한 형이나 공간의 연속으로 이루어진 구조적 형식으로 형과 공간, 크기, 위치, 방위도 동일

■ 공동 주택의 종류
아파트, 연립 주택, 다세대 주택, 기숙사 등

■ 단독 주택의 종류
단독 주택, 다중 주택, 다가구 주택, 공관 등

■ 대지
지적법에 의하여 각 필지로 구획된 토지

② **개방적 구획** : 눈높이보다 낮은 모든 벽체로 시각적인 개방감은 좋으나, 동작의 움직임이 제한되는 정도(600~1,200mm)로 레스토랑, 사우나, 커피숍 등

③ **차단적 구획** : 눈높이보다 높은 가장 일반적인 벽체로 자유로운 동작을 완전히 제한하는 정도(1,700~1,800mm) 이상의 높이로 시각적 프라이버시가 보장된다. 차단적 구획의 요소에는 열주, 수납장, 커튼 등이 있고, 조명과는 무관하다.

(4) 공간의 조직 형식

공간의 조직 형식에는 직선식, 방사식, 그물망식(격자형), 중앙 집중식 등이 있고, 그물망식(격자형)은 동일한 형이나 공간의 연속으로 이루어진 구조적 형식으로서 격자형이라고도 불리며, 형과 공간뿐만 아니라 경우에 따라서는 크기, 위치, 방위도 동일하다.

3 건축 법규

(1) 공동 주택의 종류

① **아파트** : 주택으로 쓰이는 층수가 5개 층 이상인 주택

② **연립주택** : 주택으로 쓰는 1개 동의 바닥면적(2개 이상의 동을 지하주차장으로 연결하는 경우에는 각각의 동으로 본다) 합계가 660m^{2}를 초과하고, 층수가 4개 층 이하인 주택

③ **다세대주택** : 주택으로 쓰는 1개 동의 바닥면적 합계가 660m^2 이하이고, 층수가 4개 층 이하인 주택(2개 이상의 동을 지하주차장으로 연결하는 경우에는 각각의 동으로 본다)

④ **기숙사** : 학생이나 종업원 등을 위하여 사용되는 주택으로 공동 취사 등을 할 수 있는 구조이되, 독립된 주거 형태를 갖추지 아니한 것

(2) 단독 주택의 종류

① 단독 주택(가정 보육 시설 포함)

② 다중 주택(학생 또는 직장인이 장기간 거주할 수 있는 구조를 가질 것, 독립된 주거 형태가 아닐 것, 연면적이 330m^2 이하이고, 층수가 3층 이하일 것)

③ 다가구 주택

④ 공관

(3) 대지

지적법에 의하여 각 필지로 구획된 토지

(4) 연면적

용적률을 산정하는 지표로서 하나의 건축물의 각 층 바닥 면적의 합계를 의미하고, 지하층의 면적과 당해 건축물의 부속 용도로서 지상층의 주차장으로 사용되는 면적은 용적률 산정에서 제외한다.

(5) 건폐율과 용적률

건폐율은 대지 면적에 대한 건축 면적의 비로 건폐율 = $\frac{\text{건축 면적}}{\text{대지 면적}}$이고, 용적률은 대지 면적에 대한 연면적의 비로 용적률 = $\frac{\text{연면적}}{\text{대지 면적}}$이다.

(6) 대수선

① 내력벽의 벽 면적 $30m^2$ 이상, 기둥, 보 및 지붕틀을 3개 이상을 해체하여 수선 또는 변경하는 것

② 방화벽, 방화 구획을 위한 바닥 및 벽, 주계단, 피난 계단, 특별 피난 계단 등을 해체하여 수선 또는 변경하는 것

③ 미관지구 안에서 건축물의 외부 형태(담장 포함)를 변경하는 것

(7) 건축

건축이라 함은 건축물을 신축, 증축, 개축, 재축하거나 건축물을 이전하는 것 등을 말한다.

행위 전	행위 후	
기존 건축물이 없는 대지	신축	• 건축물을 축조 • 부속 건축물이 있는 경우 주된 건축물의 축조
기존 건축물이 있는 대지	신축	기존 건축물을 철거, 멸실된 후 건축물 축조
	증축	기존 건축물에 건축물의 규모(건축 면적, 연면적, 층수 또는 높이)를 증가
	재축	건축물이 천재지변이나 그 밖의 재해로 멸실된 경우 그 대지에 연면적 합계는 종전 규모 이하로 하고, 동수, 층수 및 높이가 모두 종전 규모 이하일 것 또는 동수, 층수 또는 높이의 어느 하나가 종전 규모를 초과하는 경우에는 해당 동수, 층수 및 높이가 "법령등"에 모두 적합하게 다시 축조하는 것을 말한다.
	개축	기존 건축물의 전부 또는 일부[내력벽 · 기둥 · 보 · 지붕틀(한옥의 경우에는 지붕틀의 범위에서 서까래는 제외) 중 셋 이상이 포함되는 경우]를 해체하고 그 대지에 종전과 같은 규모의 범위에서 건축물을 다시 축조하는 것을 말한다.
	이전	기존 건축물의 동일 대지 내에서 위치를 변경하는 것

(8) 층수

① 건축물의 층수 산정에 있어서 층의 구분이 명확하지 아니한 건축물은 그 건축물의 높이 4m마다 하나의 층으로 보고, 층수를 산정한다.

② 건축법상 층수 산정에 있어서 옥탑은 그 수평투영 면적의 합계가 해당 건축물의 건축면적의 $\frac{1}{8}$(주택법에 따른 사업계획승인 대상인 공동 주택 중 세대별 전용면적이 $85m^2$ 이하인 경우에는 $\frac{1}{6}$) 이하인 경우에는 건축물의 층수에 산입하지 아니한다.

출제 키워드

■ 건폐율
대지 면적에 대한 건축 면적의 비로, 건폐율 = $\frac{\text{건축 면적}}{\text{대지 면적}}$

■ 용적률
대지 면적에 대한 연면적의 비로, 용적률 = $\frac{\text{연면적}}{\text{대지 면적}}$

■ 대수선
내력벽의 벽 면적 $30m^2$ 이상

■ 건축
건축물을 신축, 증축, 개축, 재축하거나 건축물을 이전하는 것

■ 재축
건축물이 천재지변이나 그 밖의 재해로 멸실된 경우 그 대지에 종전과 같은 규모의 범위에서 다시 축조

■ 개축
기존 건축물의 전부 또는 일부를 철거하고 그 대지에 종전과 같은 규모의 범위에서 건축물을 다시 축조

■ 층수
• 그 건축물의 높이 4m마다 하나의 층으로 산정
• 옥탑은 그 수평투영면적의 합계가 해당 건축물의 건축면적의 $\frac{1}{8}$(주택법에 따른 사업계획승인 대상인 공동 주택 중 세대별 전용면적이 $85m^2$ 이하인 경우에는 $\frac{1}{6}$) 이하인 경우에는 건축물의 층수에 산입하지 아니함

출제 키워드

■ 주요 구조부
내력벽, 기둥, 바닥, 보, 지붕틀 및 주계단

■ 고층 건축물
층수가 30층 이상이거나, 높이가 120m 이상

■ 초고층 건축물
층수가 50층 이상이거나 높이가 200m 이상

■ 지하층
건축물 바닥이 지표면 아래에 있는 층으로서, 바닥에서 지표면까지의 평균 높이가 해당 층 높이의 1/2 이상인 층

■ 바닥 면적
하나의 건축물의 각 층의 외벽 또는 외곽 기둥의 중심선으로 둘러싸인 수평투영 면적

■ 건축주
건축법상 건축물의 건축·대수선·용도변경, 건축설비의 설치 또는 공작물의 축조에 관한 공사를 발주하거나 현장관리인을 두어 스스로 그 공사를 하는 자

(9) 주요 구조부

주요 구조부란 내력벽, 기둥, 바닥, 보, 지붕틀 및 주계단을 말한다. 다만, 사이 기둥, 최하층 바닥, 작은 보, 차양, 옥외 계단, 그 밖에 이와 유사한 것으로 건축물의 구조상 중요하지 아니한 부분은 제외한다.

(10) 고층 및 초고층 건축물

① **고층 건축물** : 층수가 30층 이상이거나 높이가 120m 이상인 건축물

② **초고층 건축물** : 층수가 50층 이상이거나 높이가 200m 이상인 건축물

(11) 지하층의 규정

'지하층'이란 건축물 바닥이 지표면 아래에 있는 층으로서, 바닥에서 지표면까지의 평균 높이가 해당 층 높이의 1/2 이상인 층이다.

(12) 각종 바닥 면적

① **바닥 면적** : 하나의 건축물의 각 층의 외벽 또는 외곽 기둥의 중심선으로 둘러싸인 수평투영 면적이다.

② **연면적** : 하나의 건축물의 각 층의 바닥 면적의 합계이다.

③ **대지 면적** : 건축법상 기준 폭이 확보된 도로와 인접 대지 경계선 사이의 면적이다.

④ **건축 면적** : 건축물의 외벽(외벽이 없는 경우 외곽 부분의 기둥)의 중심선으로 둘러싸인 부분의 수평투영 면적이다.

(13) 건축관계자

① **건축주** : 건축법상 건축물의 건축·대수선·용도변경, 건축설비의 설치 또는 공작물의 축조에 관한 공사를 발주하거나 현장관리인을 두어 스스로 그 공사를 하는 자

② **설계자** : 자기의 책임(보조자의 도움을 받는 경우를 포함)으로 설계도서를 작성하고 그 설계도서에서 의도하는 바를 해설하며, 지도하고 자문에 응하는 자

③ **공사감리자** : 자기의 책임(보조자의 도움을 받는 경우를 포함)으로 건축법으로 정하는 바에 따라 건축물, 건축설비 또는 공작물이 설계도서의 내용대로 시공되는지를 확인하고, 품질관리·공사관리·안전관리 등에 대하여 지도·감독하는 자

④ **공사시공자** : 건설산업기본법에 따른 건설공사를 하는 자

(14) 건축법이 적용되지 않는 경우

① 문화재 보호법에 의한 지정·가지정 문화재

② 철도 또는 궤도의 선로 부지 안에 운전 보안 시설, 철도 선로의 상하를 횡단하는 보행 시설, 플랫폼, 당해 철도 또는 궤도 사업용 급수, 급탄 및 급유 시설 등

③ 고속도로 통행료 징수 시설

| 1-1. 건축 계획 과정 |

과년도 출제문제

01 | 건축 원리의 3대 요소
10

건축 원리의 3대 요소 중 견실, 견고, 축조, 논리에 대한 개념이 내포되어 있는 것은?

① 구조 ② 형태
③ 기능 ④ 환경

해설 건축 원리의 3대 요소는 구조, 기능, 미(형태)이고, 견실, 견고, 축조 및 논리에 대한 사항은 구조에 해당된다.

02 | 건축물을 만드는 과정
07

건축물을 만드는 과정을 3단계로 구분할 때 가장 알맞게 나열된 것은?

① 기획 → 제작 → 시공
② 기획 → 설계 → 시공
③ 설계 → 착공 → 완공
④ 설계 → 시공 → 입주

해설 건축물이 이루어지는 과정(3단계)은 기획 → 설계 → 시공이다.

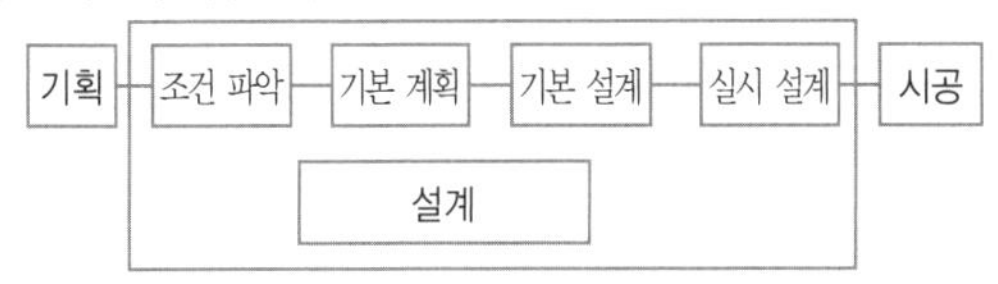

03 | 건축물을 만드는 과정
12

다음 건축물의 생산 과정 중 가장 마지막 단계는?

① 시공 ② 기획
③ 제도 ④ 설계

해설 건축물이 이루어지는 과정(3단계)은 기획 → 설계 → 시공이다.

04 | 건축물을 만드는 과정
06

건축 계획의 과정 중 건축주 또는 이용자의 요구사항, 문제의 파악과 분석 그리고 설계자가 발의하는 제안사항 등 세 가지 기능을 포함하는 단계는?

① 시공 ② 기획
③ 기본 설계 ④ 실시 설계

해설 기본 설계는 기획시에 의도된 것을 분석하고 조립하여 구체적인 형태의 기본을 결정하는 단계이다. 실시 설계는 보다 상세한 설계를 하여 설계도서를 만드는 단계로 공사 시공에 필요할 뿐 아니라 시공자가 공사비를 산출할 수 있을 정도의 설계도서가 되어야 한다. 시공은 설계도서에 표현된 내용을 실제의 건물로 만드는 건설공사의 과정인데, 이는 공사 시공업자에 의하여 행하여진다.

05 | 건축 설계의 전개 과정
19, 15, 12

다음 중 건축 설계의 전개 과정으로 가장 알맞은 것은?

① 조건 파악 - 기본 계획 - 기본 설계 - 실시 설계
② 기본 계획 - 조건 파악 - 기본 설계 - 실시 설계
③ 기본 설계 - 기본 계획 - 조건 파악 - 실시 설계
④ 조건 파악 - 기본 설계 - 기본 계획 - 실시 설계

해설 건축물의 설계 진행법의 순서는 기획 → 설계(조건 파악 → 기본 계획 → 기본 설계 → 실시 설계) → 시공의 순이다.

06 | 건축 설계의 전개 과정
11③

다음 중 건축 계획 및 설계 과정에서 가장 선행되는 사항은?

① 기본 계획 ② 조건 파악
③ 기본 설계 ④ 실시 설계

해설 건축물의 설계 진행법의 순서는 기획 → 설계(조건 파악 → 기본 계획 → 기본 설계 → 실시 설계) → 시공의 순이다.

정답 01. ① 02. ② 03. ① 04. ② 05. ① 06. ②

07 | 건축 계획 과정
12, 09

다음 중 건축 계획 과정에서 가장 먼저 이루어지는 사항은?

① 평면 계획 ② 도면 작성
③ 형태 구상 ④ 대지 조사

해설 건축 계획 과정에서 가장 먼저 이루어지는 사항은 대지의 조건 파악과 주위 환경의 분석이다.

08 | 대지조사 사항
16

건축 계획 시 대지의 조사 사항과 관련이 적은 것은?

① 지형 및 지질
② 지가 형성추세
③ 지중 매설된 시설 조사
④ 도시 계획 및 관계 법규

해설 건축 계획시 대지 조사의 내용에는 대지의 모양과 크기, 방위와 지형, 지질, 지중에 매설된 시설물, 도시 계획 및 관계 법규 등의 내용 등이다.

09 | 건축물을 만드는 과정
13

건축물을 만드는 과정에서 다음 중 가장 먼저 이루어지는 사항은?

① 도면 작성 ② 대지 조건 파악
③ 형태 및 규모 구상 ④ 공간 규모와 치수 결정

해설 건축물을 만드는 과정 중 가장 먼저 이루어져야 하는 것은 대지 조건 파악과 주위 환경의 분석 등이다.

10 | 계획 및 설계 시 요구 조건
12

다음 중 건축물의 계획·설계 시 내부적 요구 조건에 해당되는 것은?

① 규모 및 예산 ② 법규적인 제한
③ 이용상의 요구 ④ 기후적인 조건

해설 건축물의 계획 설계시 내부적 요구 조건에는 이용상 요구, 계획의 목적, 분위기, 실의 개수와 규모 등에 대한 사용자·의뢰인 또는 경영자의 요구 사항, 공간 사용자의 행위·성격·개성에 대한 사항, 필수적인 설치·시설물 및 부속 기물 등에 대한 사항, 의뢰인의 공사 예상 등의 경제적 사항 등이 있으며, 외부적 요구 조건에는 입지적 조건, 건축적 조건 및 설비적 조건 등이 있다.

11 | 건축 설계 시 고려사항
16, 08

건축 설계 시 가장 먼저 생각해야 할 사항은?

① 건물 외관 ② 구조 계획
③ 시공 계획 ④ 대지 및 주위 환경 분석

해설 건축물을 만드는 과정 중 가장 먼저 고려하여야 하는 것은 대지 조건 파악과 주위 환경의 분석 등이다.

12 | 계획 조건의 설정 시 고려사항
18③, 10

다음 중 건축 계획의 과정에서 계획 조건의 설정 시 고려하여야 할 사항과 가장 거리가 먼 것은?

① 건축의 용도 ② 건축주의 요구
③ 규모 및 예산 ④ 구조 계획

해설 건축공간의 구체적인 계획 조건은 건축의 용도, 건축주의 요구, 이용상의 요구, 규모 및 예산, 건축 대지의 조건, 건설의 시기 및 공사 기간으로 대별할 수 있고, 구조 계획은 설계 단계에서 이루어진다.

13 | 계획, 설계 과정 중 계획 단계
14, 09, 06

건축물의 계획과 설계 과정 중 계획 단계에 해당하지 않는 것은?

① 세부 결정 도면 작성 ② 형태 및 규모의 구상
③ 대지 조건 파악 ④ 요구 조건 분석

해설 건축 계획의 전기에는 내부적 요구(요구 조건 분석)와 외부 조건(대지 및 사회적 조건 등)을 파악하고, 계획의 후기와 설계의 전기에는 형태의 기본(형태와 규모의 구상)을 만들고 방식을 결정한다.

14 | 구조 계획의 용어
06

건축의 세부 계획 중 안전하고 내구적이며, 경제적인 구조체를 설계하기 위해서 계획하는 것은?

① 구조 계획 ② 평면 계획
③ 형태 계획 ④ 입면 계획

해설 평면 계획은 주어진 기능의 어떤 건물 내부에서 일어나는 활동의 종류, 실의 규모 및 그 상호 관계를 합리적으로 평면상에 배치하는 계획이고, 형태 계획은 건축물의 주변 환경, 문화적, 사회적 조건 등과의 조화를 이룰 수 있도록 해야 하고, 완성된 건축물이 주위의 환경을 저해하는 일이 없도록 계획 과정에서 고려하는 계획이며, 입면 계획은 평면을 입체화시키면 부피가 있는 건축 공간을 얻을 수 있으며, 이때 건축 공간의 외부를 아름답게 디자인하는 계획이다.

정답 07. ④ 08. ② 09. ② 10. ③ 11. ④ 12. ④ 13. ① 14. ①

15 | 대지의 자연적 조건
07

계획 과정과 건축물의 형태 결정에 중요한 요인이 되는 건축대지의 조건 중 자연적 조건에 해당되지 않는 것은?

① 대지의 면적 ② 대지의 방위
③ 법적 규제 ④ 기후

해설 법적 규제는 사회적인 조건에 속한다.

16 | 기능 분석의 최우선 사항
08

다음의 대규모의 건축물이나 복잡한 공공 건축물 등에 대한 기능 분석 중 가장 선행되어져야 하는 것은?

① 현상의 기술
② 다른 사례, 문헌의 검토
③ 현상의 조사, 관찰
④ 현상의 조건 또는 원인이라고 생각되는 것을 조사

해설 현상의 조사, 관찰은 대규모의 건축물이나 복잡한 공공 건축물 등에 대한 기능 분석 중 가장 선행되어야 하는 것이다.

17 | 에스키스의 용어
09

건축 계획 단계에서 설계자의 머릿속에서 이루어진 공간의 구상을 종이에 형상화하여 그린 다음, 시각적으로 확인하는 것은?

① 에스키스 ② 스킵
③ 캡처 ④ 데생

해설 자료의 분석과 선택에서 비롯되어 설계자의 머릿속에서 이루어진 공간의 구상을 종이 위에 형상화하여 그린 다음 시각적으로 확인하는 것을 에스키스라고 하며, 에스키스를 발전시킨 것이 스케치이다.

18 | 척도 조정(모듈)의 고려사항
11

건축 척도 조정(M.C : Modular Coordination)의 기본 고려사항으로 옳지 않은 것은?

① 우리나라의 지역성을 최대한 고려한다.
② M.C화 되더라도 설계의 자유도는 낮춘다.
③ 가능한 한 국제적 M.C의 합의 사항에 맞도록 한다.
④ 건물의 종류에 따라 그 성격에 맞추어 계획 모듈을 정한다.

해설 건축의 척도 조정이 되지 않더라도 설계의 자유도를 높이는 것이 매우 중요하다.

19 | 척도 조정의 이점
17, 10

건축 계획에서 치수 조정(Modular coordination)의 이점으로 옳지 않은 것은?

① 설계 작업이 간편화된다.
② 현장 작업이 단순해지고 공기가 단축된다.
③ 대량생산이 용이하고 생산비를 절약할 수 있다.
④ 사용자의 개성에 맞는 다양한 공간의 구성이 용이하다.

해설 치수 조정의 단점으로는 똑같은 형태의 반복으로 인해 무미건조함을 느끼고, 사용자의 개성에 맞는 다양한 공간의 구성이 어렵다.

20 | 척도 조정(모듈)의 적용
24, 21, 19, 14

건축에서의 모듈 적용에 관한 설명으로 옳지 않은 것은?

① 공사 기간이 단축된다. ② 대량 생산이 용이하다.
③ 현장 작업이 단순하다. ④ 설계 작업이 복잡하다.

해설 모듈의 장점은 현장 작업이 단순해지므로 공사 기간이 단축되고, 대량 생산이 용이하므로 공사비가 감소되며, 설계 작업이 단순화되고 간편한 것이다.

21 | 척도 조정(모듈)의 적용
17, 10

모듈 적용에 대한 설명으로 옳지 않은 것은?

① 건축 구성재의 대량 생산이 용이하다.
② 설계 작업이 복잡하다.
③ 현장 작업이 단순하므로 공기가 단축된다.
④ 생산 코스트가 내려간다.

해설 모듈의 장점은 설계 작업이 단순화되고 간편화되나, 단점으로는 똑같은 형태의 반복으로 인해 무미건조함을 느끼고, 건축물의 배색에 있어서 신중을 기할 필요가 있다.

22 | 공간의 차단적 구획 요소
19, 10

건축 공간의 차단적 구획에 사용되는 요소가 아닌 것은?

① 조명 ② 열주
③ 수납장 ④ 커튼

해설 차단적 구획은 눈높이보다 높은 가장 일반적인 벽체로 자유로운 동작을 완전히 제한하는 정도(1,700~1,800mm) 이상의 높이로 시각적 프라이버시가 보장되는 구획으로 차단적 구획의 요소에는 열주, 수납장, 커튼 등이 있고, 조명과는 무관하다.

정답 15. ③ 16. ③ 17. ① 18. ② 19. ④ 20. ④ 21. ② 22. ①

23 | 건축 공간
20②, 17, 16, 13, 10, 08

다음의 건축 공간에 대한 설명 중 옳지 않은 것은?

① 공간을 편리하게 이용하기 위해서는 실의 크기와 모양, 높이 등이 적당해야 한다.

② 내부 공간은 일반적으로 벽과 지붕으로 둘러싸인 건물 안쪽의 공간을 말한다.

③ 인간은 건축 공간을 조형적으로 인식한다.

④ 외부 공간은 자연 발생적인 것으로 인간에 의해 의도적으로 만들어지지 않는다.

해설 건축 공간은 벽을 경계로 해서 안쪽 공간을 내부 공간(건축 고유의 공간이며, 기능과 구조 그리고 아름다움의 측면에서 무엇보다 중요하다.)이라 하며, 내부 공간을 둘러싼 공간을 외부 공간(자연발생적인 것이 아니라 인간에 의해 의도적, 인공적으로 만들어진 외부의 환경) 또는 옥외 공간이라고 한다. 외부 공간은 하나의 외부 공간만으로 그치는 것이 아니라 건축물이 많이 있을 때 건축물에 의해 둘러싸인 공간 전체를 말한다.

24 | 건축 공간
11, 06

건축 공간에 대한 설명으로 옳지 않은 것은?

① 인간은 건축 공간을 조형적으로 인식한다.

② 외부 공간은 자연발생된 건축 고유의 공간이며 기능과 구조, 그리고 아름다움의 측면에서 무엇보다도 중요하다.

③ 공간의 가장 기본적인 치수는 실내에 필요한 가구를 배치하고 기능을 수행하는 데 있어 사람의 움직임을 적절하게 수용할 수 있는 크기이다.

④ 건축물을 만들기 위해서는 여러 가지 재료와 방법을 이용하여 바닥, 벽, 지붕과 같은 구조체를 구성하는데, 이 뼈대에 의하여 이루어지는 공간을 건축 공간이라 한다.

해설 외부 공간은 자연발생적인 것이 아니라 인간의 의도에 의해 의도적, 인공적으로 만들어지는 외부 환경을 의미하고, 내부 공간은 건축 고유의 공간이며 기능과 구조, 그리고 아름다움의 측면에서 무엇보다 중요한 공간이다.

25 | 건축 공간
23, 15, 09, 06

건축 공간에 관한 설명으로 옳지 않은 것은?

① 인간은 건축 공간을 조형적으로 인식한다.

② 건축 공간을 계획할 때 시각뿐만 아니라 그 밖의 감각 분야까지도 충분히 고려하여 계획한다.

③ 일반적으로 건축물이 많이 있을 때 건축물에 의해 둘러싸인 공간 전체를 내부 공간이라고 한다.

④ 외부 공간은 자연 발생적인 것이 아니라 인간에 의해 의도적, 인공적으로 만들어진 외부의 환경을 말한다.

해설 외부 공간은 하나의 외부 공간만으로 그치는 것이 아니라 건축물이 많이 있을 때 건축물에 의해 둘러싸인 공간 전체를 말한다.

26 | 공간의 상징적 분할 요소
14

공간을 폐쇄적으로 완전 차단하지 않고 공간의 영역을 분할하는 상징적 분할에 이용되는 것은?

① 커튼 ② 고정벽
③ 블라인드 ④ 바닥의 높이차

해설 지각(심리)적 분할은 느낌에 의한 분할 방법으로 조명, 색채, 패턴, 마감재의 변화, 개구부, 동선 및 평면의 형태(바닥의 고저차) 등이다.

27 | 공간의 조직 형식(그물망식)
14

다음 설명에 알맞은 공간의 조직 형식은?

> 동일한 형이나 공간의 연속으로 이루어진 구조적 형식으로서 격자형이라고도 불리며 형과 공간뿐만 아니라 경우에 따라서는 크기, 위치, 방위도 동일하다.

① 직선식 ② 방사식
③ 그물망식 ④ 중앙 집중식

해설 그물망식(격자형)은 동일한 형이나 공간의 연속으로 이루어진 구조적 형식으로서 형과 공간뿐만 아니라 경우에 따라서는 크기, 방위 및 위치가 동일하다.

28 | 단독 주택의 종류
24, 21, 19, 17③, 10, 07

건축물의 용도분류상 단독 주택에 속하지 않는 것은?

① 다중 주택 ② 다가구 주택
③ 공관 ④ 다세대 주택

해설 단독 주택의 종류는 건축법 시행령에서 규정하고 있으며, 단독 주택(가정 보육시설 포함), 다중 주택(학생 또는 직장인이 장기간 거주할 수 있는 구조를 가질 것, 독립된 주거 형태가 아닐 것, 연면적이 330m^2 이하이고, 층수가 3층 이하일 것), 다가구 주택, 공관 등이 있다.

정답 23. ④ 24. ② 25. ③ 26. ④ 27. ③ 28. ④

29 | 공동 주택의 종류
24, 20, 19③, 18③, 17, 16③, 13, 12②, 11

건축법령상 공동 주택에 속하지 않는 것은?

① 기숙사　　② 연립 주택
③ 다가구 주택　　④ 다세대 주택

해설 건축 법규의 규정에 의한, 공동 주택의 종류에는 아파트, 연립 주택, 다세대 주택 및 기숙사 등이 있고, 다가구 주택은 단독 주택에 속한다.

30 | 공동 주택의 종류
22, 21, 19, 17, 15, 09

공동 주택의 종류가 아닌 것은?

① 아파트　　② 연립 주택
③ 다세대 주택　　④ 다가구 주택

해설 건축 법규의 규정에 의한, 공동 주택의 종류에는 아파트, 연립 주택, 다세대 주택 및 기숙사 등이 있다.

31 | 아파트의 정의
22, 15

건축 법령상 아파트의 정의로 옳은 것은?

① 주택으로 쓰는 층수가 3개층 이상인 주택
② 주택으로 쓰는 층수가 4개층 이상인 주택
③ 주택으로 쓰는 층수가 5개층 이상인 주택
④ 주택으로 쓰는 층수가 6개층 이상인 주택

해설 건축 법규상 공동 주택 중 아파트는 주택으로 쓰이는 층수가 5개층 이상인 주택을 의미한다.

32 | 다세대 주택의 정의
18, 17, 08

다음의 건축법상 정의에 해당하는 주택의 종류는?

> 주택으로 쓰이는 1개 동의 바닥 면적(지하 주차장 면적을 제외한다)의 합계가 660m^2 이하이고, 층수가 4개층 이하인 주택

① 아파트　　② 연립 주택
③ 기숙사　　④ 다세대 주택

해설 연립 주택은 주택으로 쓰이는 1개 동의 연면적(지하 주차장 면적 제외)이 660m^{2}를 초과하고, 층수가 4개 층 이하인 주택이고, 다세대 주택은 주택으로 쓰이는 1개 동의 연면적(지하 주차장 면적 제외)이 660m^2 이하이고, 층수가 4개 층 이하인 주택이며, 기숙사는 학생이나 종업원 등을 위하여 사용되는 주택으로 공동 취사 등을 할 수 있는 구조이되, 독립된 주거 형태를 갖추지 아니한 것

33 | 재축의 정의
20, 14②

건축법령상 다음과 같이 정의되는 용어는?

> 건축물이 천재지변이나 그 밖의 재해로 멸실된 경우 그 대지에 종전과 같은 규모의 범위에서 다시 축조하는 것

① 신축　　② 증축
③ 개축　　④ 재축

해설 재축이란 건축물이 천재지변이나 그 밖의 재해로 멸실된 경우, 그 대지에 종전과 동일한 규모의 범위에서 다시 축조하는 것이고, 개축이란 기존 건축물을 철거하여 종전과 동일한 규모의 범위 안에서 건축물을 축조하는 것이다.

34 | 개축의 정의
17, 11

다음 설명이 나타내는 건축법상의 용어는?

> 기존 건축물의 전부 또는 일부를 철거하고 그 대지에 종전과 같은 규모의 범위에서 건축물을 다시 축조하는 것을 말한다.

① 신축　　② 재축
③ 개축　　④ 증축

해설 신축은 건축물이 없는 대지(기존 건축물이 철거되거나, 멸실된 대지를 포함)에 새로 건축물을 축조하는 것(부속 건축물만이 있는 대지에 새로 주된 건축물을 축조하는 것을 포함하되, 개축 또는 재축하는 것을 제외)이고, 증축은 기존 건축물이 있는 대지에서 건축물의 건축면적, 연면적, 층수 또는 높이를 늘리는 것이다.

35 | 층수의 산정
22②, 19④, 18, 14②, 12②

다음은 건축물의 층수 산정에 관한 기준 내용이다. (　) 안에 알맞은 것은?

> 층의 구분이 명확하지 아니한 건축물은 그 건축물의 높이 (　)마다 하나의 층으로 보고 그 층수를 산정한다.

① 2.5m　　② 3m
③ 3.5m　　④ 4m

해설 건축물의 층수 산정에 있어서 층의 구분이 명확하지 아니한 건축물은 그 건축물의 높이 4m마다 하나의 층으로 보고, 층수를 산정한다.

정답 29. ③ 30. ④ 31. ③ 32. ④ 33. ④ 34. ③ 35. ④

36 | 건축의 종류
23②, 22, 20②, 19③, 18, 17, 16, 12②

다음 중 건축법상 '건축'에 속하지 않는 것은?

① 재축 ② 증축
③ 이전 ④ 대수선

해설 건축법상 건축이라 함은 건축물을 신축, 증축, 개축, 재축하거나 건축물을 이전하는 것 등을 말한다.

37 | 건축 면적
12

건축 법령상 건축 면적에 해당하는 것은?

① 대지의 수평투영 면적
② 6층 이상의 거실 면적의 합계
③ 하나의 건축물 각층의 바닥 면적의 합계
④ 건축물의 외벽의 중심선으로 둘러싸인 부분의 수평투영 면적

해설 ①은 대지 면적, ②는 엘리베이터 설치 대상 건축물, ③은 연면적을 의미한다.

38 | 층수 산정의 원칙
21, 20, 18, 10

건축법상 층수 산정의 원칙으로 옳지 않은 것은?

① 지하층은 건축물의 층수에 산입하지 않는다.
② 건축물이 부분에 따라 그 층수가 다른 경우에는 그 중 가장 많은 층수를 그 건축물의 층수로 본다.
③ 층의 구분이 명확하지 아니한 건축물은 그 건축물의 높이 4m마다 하나의 층으로 보고 그 층수를 산정한다.
④ 옥탑은 그 수평투영 면적의 합계가 해당 건축물 건축면적의 $\frac{1}{3}$ 이하인 경우 건축물의 층수에 산입하지 않는다.

해설 건축법상 층수 산정에 있어서 옥탑은 그 수평투영 면적의 합계가 해당 건축물의 건축면적의 $\frac{1}{8}$(주택법에 따른 사업계획승인 대상인 공동 주택 중 세대별 전용면적이 $85m^2$ 이하인 경우에는 $\frac{1}{6}$) 이하인 경우에는 건축물의 층수에 산입하지 아니한다.

39 | 대지의 정의
07

건축법상 지적법에 의하여 각 필지로 구획된 토지를 무엇이라고 하는가?

① 개별필지 ② 대지
③ 사업부지 ④ 분할필지

해설 대지라 함은 지적법에 의하여 각 필지로 구획된 토지를 말한다.

40 | 주요 구조부의 종류
21, 17, 13

건축 법령상 주요 구조부에 속하지 않는 것은?

① 기둥 ② 지붕틀
③ 내력벽 ④ 옥외 계단

해설 '주요 구조부'란 내력벽, 기둥, 바닥, 보, 지붕틀 및 주계단을 말한다. 다만, 사이 기둥, 최하층 바닥, 작은 보, 차양, 옥외 계단, 그 밖에 이와 유사한 것으로 건축물의 구조상 중요하지 아니한 부분은 제외한다.

41 | 고층 건축물의 정의
20, 17, 13

건축 법령에 따른 고층 건축물의 정의로 옳은 것은?

① 층수가 30층 이상이거나 높이가 90미터 이상인 건축물
② 층수가 30층 이상이거나 높이가 120미터 이상인 건축물
③ 층수가 50층 이상이거나 높이가 150미터 이상인 건축물
④ 층수가 50층 이상이거나 높이가 180미터 이상인 건축물

해설 건축 법령에 따른 고층 건축물은 층수가 30층 이상이거나, 높이가 120m 이상인 건축물이다.

42 | 초고층 건축물의 정의
22, 11

건축 법령에 따른 초고층 건축물의 기준은?

① 층수가 20층 이상이거나 높이가 50m 이상인 건축물
② 층수가 30층 이상이거나 높이가 100m 이상인 건축물
③ 층수가 50층 이상이거나 높이가 200m 이상인 건축물
④ 층수가 100층 이상이거나 높이가 400m 이상인 건축물

해설 건축 법령상 초고층 건축물이라 함은 층수가 50층 이상이거나 높이가 200m 이상인 건축물이다.

43 | 건축주의 정의
12

건축법상 건축물의 건축·대수선·용도변경, 건축 설비의 설치 또는 공작물의 축조에 관한 공사를 발주하거나 현장 관리인을 두어 스스로 그 공사를 하는 자로 정의되는 것은?

① 설계자
② 건축주
③ 공사감리자
④ 공사시공자

정답 36. ④ 37. ④ 38. ④ 39. ② 40. ④ 41. ② 42. ③ 43. ②

해설 설계자는 자기의 책임(보조자의 도움을 받는 경우를 포함)으로 설계도서를 작성하고 그 설계도서에서 의도하는 바를 해설하며, 지도하고 자문에 응하는 자이고, 공사감리자는 자기의 책임(보조자의 도움을 받는 경우를 포함)으로 건축법으로 정하는 바에 따라 건축물, 건축설비 또는 공작물이 설계도서의 내용대로 시공되는지를 확인하고, 품질관리·공사관리·안전관리 등에 대하여 지도·감독하는 자이며, 공사시공자는 「건설산업기본법」에 따른 건설공사를 하는 자이다.

44 | 리모델링의 정의
22, 14

건축법상 건축물의 노후화를 억제하거나 기능 향상 등을 위하여 대수선하거나 일부 증축하는 행위로 정의되는 것은?

① 재축 ② 개축
③ 리모델링 ④ 리노베이션

해설 '리모델링'이란 건축물의 노후화를 억제하거나 기능 향상 등을 위하여 대수선하거나 일부 증축하는 행위를 말한다(건축법의 규정).

45 | 용어의 정의
10

다음 중 건축법상 용어의 정의가 옳지 않은 것은?

① 건축이란 건축물을 신축, 증축, 재축, 개축하거나 건축물을 이전하는 것을 말한다.
② 대수선이란 건축물의 기둥, 보, 주계단, 장막벽의 구조 또는 외부 형태를 수선하는 것을 말한다.
③ 리모델링이란 건축물의 노후화를 억제하거나 기능 향상 등을 위하여 대수선하거나 일부 증축하는 행위를 말한다.
④ 거실이란 건축물 안에서 거주, 집무, 작업, 집회, 오락, 그 밖에 이와 유사한 목적을 위하여 사용되는 방을 말한다.

해설 대수선이란 건축물의 기둥, 보, 내력벽, 주계단 등의 구조나 외부 형태를 수선, 변경하거나 증설하는 것으로 대통령령으로 정하는 것을 말한다.

46 | 지하층의 정의
18, 14, 11, 09

다음은 건축법상 지하층의 정의와 관련된 기준 내용이다. ( ) 안에 알맞은 것은?

> '지하층'이란 건축물의 바닥이 지표면 아래에 있는 층으로서 바닥에서 지표면까지 평균 높이가 해당 층 높이의 ( ) 이상인 것을 말하다.

① 2분의 1 ② 3분의 1
③ 3분의 2 ④ 4분의 1

해설 건축법에 규정된 지하층이란 건축물의 바닥이 지표면 아래에 있는 층으로서 바닥에서 지표면까지의 평균 높이가 해당 층 높이의 1/2 이상인 것을 의미한다.

47 | 건축법의 적용 건축물
09

다음 중 건축법이 적용되는 건축물은?

① 고속도로 통행료 징수 시설
② 문화재보호법에 따른 지정 문화재
③ 철도의 선로 부지에 있는 플랫폼
④ 문화 및 집회 시설 중 동·식물원

해설 건축법의 적용을 받지 않는 건축물은 문화재 보호법에 의한 지정·가지정 문화재, 철도 또는 궤도의 선로 부지 안에 운전 보안 시설, 철도 선로의 상하를 횡단하는 보행 시설, 플랫폼, 당해 철도 또는 궤도 사업용 급수, 급탄 및 급유 시설 등과 고속도로 통행료 징수 시설 등이다.

48 | 대수선의 범위
22, 07

다음 중 대수선의 범위기준으로 옳지 않은 것은?

① 내력벽의 벽면적 $20m^2$ 이상 수선 또는 변경하는 것
② 기둥을 3개 이상 수선 또는 변경하는 것
③ 보를 3개 이상 수선 또는 변경하는 것
④ 지붕틀을 3개 이상 수선 또는 변경하는 것

해설 대수선은 내력벽의 벽면적 $30m^2$ 이상, 기둥, 보 및 지붕틀을 3개 이상을 해체하여 수선 또는 변경하는 것이다.

49 | 건폐율의 정의
22, 19, 18, 12

대지 면적에 대한 건축 면적의 비율을 의미하는 것은?

① 용적률 ② 건폐율
③ 점유율 ④ 수용률

해설 건폐율은 대지 면적에 대한 건축 면적의 비로

건폐율$=\frac{\text{건축 면적}}{\text{대지 면적}}$이고, 용적률은 대지 면적에 대한 연면적의 비로 용적률$=\frac{\text{연면적}}{\text{대지 면적}}$이다.

정답 44. ③ 45. ② 46. ① 47. ④ 48. ① 49. ②

50 | 용적률의 정의
24, 21, 20, 10, 09

건축물의 대지 면적에 대한 연면적의 비율을 무엇이라고 하는가?

① 체적률　② 건폐율
③ 입체율　④ 용적률

해설 건폐율은 대지 면적에 대한 건축 면적의 비로

건폐율$=\frac{\text{건축 면적}}{\text{대지 면적}}$이고, 용적률은 대지 면적에 대한 연면적의 비로 용적률$=\frac{\text{연면적}}{\text{대지 면적}}$이다.

51 | 용적률 산정 시 연면적 적용
08

용적률 산정 시 연면적에서 제외되는 것은?

① 지상 1층 주차장(당해 건축물의 부속 용도)
② 지상 1층 근린 생활 시설
③ 지상 2층 사무실
④ 지상 3층 병원

해설 연면적은 용적률을 산정하는 지표로서 하나의 건축물의 각 층의 바닥 면적의 합계를 의미하고, 지하층의 면적과 당해 건축물의 부속 용도로서 지상층의 주차창으로 사용되는 면적은 용적률 산정에서 제외한다.

52 | 바닥 면적의 정의
11

건축법상 다음과 같이 정의되는 것은?

> 건축물의 각 층 또는 그 일부로서 벽, 기둥, 그 밖에 이와 비슷한 구획의 중심선으로 둘러싸인 부분의 수평투영 면적

① 바닥 면적　② 연면적
③ 대지 면적　④ 건축 면적

해설 연면적은 하나의 건축물의 각 층의 바닥 면적의 합계이고, 대지 면적은 건축법상 기준 폭이 확보된 도로와 인접 대지 경계선 사이의 면적이며, 건축 면적은 건축물의 외벽(외벽이 없는 경우 외곽 부분의 기둥)의 중심선으로 둘러싸인 부분의 수평투영 면적이다.

53 | 초등학교 학생용 계단
21, 20, 18, 17, 13

연면적 200m^{2}를 초과하는 초등학교의 학생용 계단의 단높이는 최대 얼마 이하이어야 하는가?

① 15cm　② 16cm
③ 18cm　④ 20cm

해설 연면적이 200m^{2}를 초과하는 초등학교의 계단인 경우 계단 및 계단참의 너비는 150cm 이상, 단높이는 16cm 이하, 단너비는 26cm 이상으로 할 것

정답 50. ④ 51. ① 52. ① 53. ②

1-2. 조형 계획

1 선의 느낌

(1) 직선

① 수직선 : 지각적으로는 구조적 높이감을 주며 심리적으로는 존엄성, 엄숙함, 상승감, 긴장감, 고결함과 희망을 나타내고, 고딕 건물의 고결하고 종교적인 표정은 수직선이 갖는 표정에서 온 것이다.

② 수평선 : 단조롭고, 편안하며, 평화롭고 정지된 모습의 안정된 분위기를 가지게 하며, 즉 영원, 확대, 무한, 평화 및 고요 등으로 건축물의 구조에 많이 이용되고, 낮은 탁자나 소파 등의 가구와 수평 블라인드에서 쉽게 볼 수 있다.

③ 사선 : 동적이고 불안정한 느낌을 주나 건축에 강한 표정을 줄 수 있는 조형 요소이다.

(2) 곡선

자유 곡선은 자유분방하고 감정이 풍부한 표정을 주며, 기하 곡선은 포물선(스피드), 쌍곡선(단순함), 와선(동적이고 발전적임) 등의 느낌을 준다.

2 디자인의 기본 원리

(1) 리듬의 구성과 종류

① 리듬의 구성

㉮ 리듬이란 건축 형태의 구성 원리 중 규칙적인 요소들의 반복을 통해 디자인에 시각적인 질서를 부여하는 통제된 운동 감각을 의미한다.

㉯ 각 부분 사이에 시각적으로 강한 힘과 약한 힘이 규칙적으로 연속될때 이루어진다. 동적인 질서는 활기 있는 표정으로, 보는 이에게 유쾌한 감정을 주는 형태의 구성 방식이다.

㉰ 다른 조화에 비하여 이해하기가 힘들고 질서 있게 하기는 어려우나, 생명감 · 약동감 · 성장감 등을 강하게 한다.

② 리듬의 종류

㉮ 반복 : 같은 형식의 구성이 반복될 때 시선이 이동하여 상대적으로 동적인 감정을 얻을 수 있는 데에서 리듬이 나타나며, 시각적으로는 힘의 강약이라고 할 수 있다. 특히, 동일 단위의 반복은 통일된 질서와 아름다움 가운데 연속감이나 운동감을 표현하며, 반복이 많아지면 한층 균일적인 표현이 되어 질서 있는 아름다움을 발휘한다.

출제 키워드

■ 직선
- 수직선 : 존엄성, 엄숙함, 상승감 등
- 수평선 : 영원, 확대, 무한, 평화 및 고요 등
- 사선 : 동적이고 불안정한 느낌을 주나 건축에 강한 표정

■ 곡선
- 자유 곡선 : 자유분방하고 감정이 풍부한 표정
- 기하 곡선 : 포물선(스피드), 쌍곡선(단순함), 와선(동적이고 발전적임) 등

■ 리듬
규칙적인 요소들의 반복을 통해 디자인에 시각적인 질서를 부여하는 통제된 운동 감각을 의미

출제 키워드

■ 대비

디자인의 기본 원리 중 성질이나 질량이 전혀 다른 둘 이상의 것이 동일한 공간에 배열될 때 서로의 특질을 한층 돋보이게 하는 현상

■ 통일

건축물에서 공통되는 요소에 의해 전체를 일관되게 보이도록 하는 것

■ 조화

- 부분과 부분 및 부분과 전체 사이에 안정된 관련성
- 전체적인 조립 방법이 모순 없이 질서를 잡는 것
- 유사 조화(동질 부분의 조화)와 대비 조화(이질 부분의 조화)

■ 균형

인간의 주의력에 의해 감지되는 시각적 무게의 평형 상태

■ 균형의 종류

대칭, 비대칭, 비례, 주도와 종속 등

■ 균형의 원리

기하학적 형태는 불규칙한 형태보다 시각적 중량감이 작고(가볍게 느껴지고), 사선이 수직선, 수평선보다 시각적 중량감이 크다.

■ 황금비

어떤 길이를 둘로 나누어 작은 부분과 큰 부분의 비와 큰 부분과 전체의 비가 1 : 1.618이 되도록 하는 분할

㉯ 계조 : 어떤 형태가 등차급수적으로 규칙적인 변화를 하거나 등비급수적으로 점진적인 변화를 하게 되는 경우의 구성 방법을 말하며, 반복 구성보다 더 동적이고 유동성이 풍부하며, 기념적인 건축물에서 볼 수 있다.

㉰ 억양 : 시간적인 힘의 강약 단계를 말하며, 각 부분을 강・중・약 또는 주・객・종 등 변화의 묘미를 가지는 리드미컬한 아름다움을 나타내기도 한다. 억양이 없는 형태는 단조롭고 산만하게 보이기 쉽다.

(2) 대비

서로 다른 부분의 조합에 의하여 이루어지는 것으로, 시각상으로는 힘의 강약에 의한 감정 효과라고 할 수 있으며, 그 표정은 극히 개성적이고 설득력이 있으므로 보는 이에게 보다 강한 인상을 준다. 특히, 디자인의 기본 원리 중 성질이나 질량이 전혀 다른 둘 이상의 것이 동일한 공간에 배열될 때 서로의 특질을 한층 돋보이게 하는 현상으로, 전혀 성질이 다른 각 구성 요소들이 전체로서 동일한 이미지를 갖게 하는 것이다.

(3) 통일

건축물에서 공통되는 요소에 의해 전체를 일관되게 보이도록 하는 것이다. 한편 단조로워지기 쉬우므로, 다른 구성 요소를 적절하게 계획하여 전체적으로 조화를 이룰 수 있도록 하는 것이 좋다.

(4) 조화

조화란 부분과 부분 및 부분과 전체 사이에 안정된 관련성을 주며, 이들 상호간에 공감을 불러일으킬 수 있는 효과를 말하고, 유사 조화(동질 부분의 조화)와 대비 조화(이질 부분의 조화)가 있다. 설득력이 풍부하며, 강한 형태의 감정을 느끼게 한다. 특히, 전체적인 조립 방법이 모순 없이 질서를 잡는 것이다.

(5) 균형

부분과 부분, 부분과 전체 사이에 인간의 주의력에 의해 감지되는 시각적 무게의 평형상태를 의미하는 것으로 종류에는 대칭, 비대칭, 비례, 주도와 종속 등이 있다. 또한, 균형의 원리에서 기하학적 형태는 불규칙한 형태보다 시각적 중량감이 작고(가볍게 느껴지고), 사선이 수직선, 수평선보다 시각적 중량감이 크다.

(6) 황금비

어떤 길이를 둘로 나누어 작은 부분과 큰 부분의 비와 큰 부분과 전체의 비가 1 : 1.618이 되도록 하는 분할을 황금 분할이라고 하며, 고대 그리스 시대에 널리 보급되어 사용하던 비례이다. 파르테논 신전에 사용되었고, 균제가 이루어진 가장 아름다운 비례이며, 직사각형에 있어서 두 변의 비가 1 : 1.618의 비를 갖는 사각형을 황금비 직사각형이라고 한다.

(7) 게슈탈트의 4법칙

① 접근성(factor of proximity) : 보다 가까이 있는 2개 또는 둘 이상의 시각 요소들은 패턴이나 그룹으로 지각될 가능성이 크다는 법칙이다.

② 유사성(factor of similarity) : 형태, 규모, 색채, 질감 등에 있어서 유사한 시각적 요소들이 서로 연관되어 자연스럽게 그루핑(grouping)하여 하나의 패턴으로 보이는 법칙이다.

③ 연속성(factor of continuity) : 유사한 배열이 하나의 그루핑으로 지각되는 것으로, 공동 운명의 법칙이라고도 한다.

④ 폐쇄성(factor of closure) : 시각 요소들이 어떤 형상을 지각하게 하는 데 있어서 폐쇄된 느낌을 주는 법칙이다.

3 건물의 색채 계획

(1) 건축물의 색채 계획

① 건축물의 색채 계획에 있어서 건물의 배색은 먼저 주변과의 조화를 고려하여 상호간의 색이 품위를 유지하는 것이 다른 색과의 조화를 이룬다. 건물 배색의 구체적인 계획을 세우기 위해서는 건물의 실내(바닥, 벽, 천정 등), 재료, 용도 등에 따라 배색 계획을 세워야 한다.

② 병원의 수술실은 의사와 간호사, 기타 관계자들의 눈의 피로를 풀어주어야 하므로 피의 색깔인 붉은색과 보색 관계인 녹색을 사용한다.

③ 거실 천장의 조명은 고명도의 색을 사용하여 밝게 하고, 바닥은 저명도의 색을 사용하여 안정감을 주도록 한다. 또한, 천장재를 선택할 때, 색채에 있어서는 밝은 색으로 할수록 빛의 반사 효과가 크고, 질감에 있어서는 매끄러울수록 반사 효과가 크다. 이러한 특성을 잘 활용하면 전기의 소비 절약에도 도움이 된다. 그리고 높은 천장은 짙은 색의 천장재를 사용하여 무거워 보이게 하고, 낮은 천장에는 밝은 색의 천장재를 사용하여 가벼워 보이게 함으로써 천장 높이를 시각적으로 교정할 수 있다.

④ 실내의 색채 계획에 있어서 배색의 기본은 벽, 천장 및 바닥의 색에 따라 달라진다. 실내의 색채는 전체적으로 안정감을 느끼도록 하며, 눈에 피로를 주지 않도록 천장의 반사율이 높으면서 무광택의 재료를 사용한다. 특히, 사용되는 색의 수를 적게 하여야 한다.

(2) 색의 3요소

색상, 명도, 채도 등이 있고, 색광의 3원색은 빨강, 파랑 및 녹색이고, 색상의 3원색은 빨강, 노랑 및 파랑이다.

① 색상 : 색의 느낌(빨강, 주황, 노랑, 녹색, 파랑, 보라 및 남색 등)이다. 같은 색상의 청색 중에서 채도가 높은 색을 순색, 명도가 높은 색을 명청색, 명도가 낮은 색을 암청색, 회색이 섞인 채도가 낮은 색을 탁색이라고 하며, 색입체의 내측 색이다.

출제 키워드

■ 게슈탈트의 4법칙 중 연속성
공동 운명의 법칙, 유사한 배열로 구성된 형들이 방향성을 지니고 연속되어 보이는 하나의 그룹으로 지각되는 법칙

■ 건물의 색채 계획
- 건물의 배색은 먼저 주변과의 조화를 고려한다.
- 병원의 수술실은 피의 색깔인 붉은색과 보색 관계인 녹색을 사용한다.
- 거실 천장의 조명은 고명도의 색을 사용하여 밝게 한다.
- 실내의 색채 계획에서 사용되는 색의 수를 적게 한다.

■ 색의 3요소
색상, 명도, 채도

■ 색광의 3원색
빨강, 파랑 및 녹색

■ 색상의 3원색
빨강, 노랑 및 파랑

출제 키워드

■ 명도
• 같은 계통의 색상이라도 색이 밝고 어두운 정도의 차가 있는데, 색의 밝기를 나타내는 성질과 밝음의 감각을 척도화한 것
• 무게감에 가장 많은 영향을 미치는 요소

■ 명시(가독)성
• 명시(가독)성은 명도차가 큰 것이 높고, 그 다음이 채도차, 색상차의 순이다.
• 가시도가 높은 배경색과 주조색 중에서 검정 배경 위에는 노랑, 주황, 녹색, 파랑, 빨강, 보라의 순이다.

■ 먼셀 표색계
• 물체 표면의 색지각을 색상, 명도, 채도와 같은 색의 3속성에 따라 3차원 공간의 한 점에 대응시켜 세 방향으로 배열
• 배열하는 방법은 지각적으로 고른 감도가 되도록 측도를 정한 것

■ 색상, 명도/채도로 표시
5R 1/14에서 빨강의 순색은 색상 : R, 명도 : 1, 채도 : 14

■ 보색
색상환에서 마주 보는 색이 보색으로 보라의 보색은 연두

② **명도** : 같은 계통의 색상이라도 색이 밝고 어두운 정도의 차가 있는데, 색의 밝기를 나타내는 성질과 밝음의 감각을 척도화한 것으로 무게감에 가장 많은 영향을 미치는 요소이다.

③ **채도** : 색의 선명하고 탁한 정도를 말한다.

(3) 색의 진출, 후퇴와 팽창, 수축

구분 / 색의 지각	명도		채도		한색	난색
	높음	낮음	높음	낮음		
진출과 후퇴	진출	후퇴	진출	후퇴	후퇴	진출
팽창과 수축	팽창	수축	팽창	수축	–	–

(4) 명시(가독)성

① 명시(가독)성(표식 등 각종 시각 표시나 선전, 광고, 패키지 디자인에서 문자의 읽을 때 그 문자 등의 읽기 쉬움에 주는 색의 영향)은 명도차가 큰 무채색과 유채색의 조합의 경우에 가장 큰 영향을 미치고, 그 다음이 채도차, 색상차의 순이다.

② 가시도(시감도, 파장마다 느끼는 빛의 밝기 정도)가 높은 배경색과 주조색 중에서 검정 배경 위에는 노랑, 주황, 녹색, 파랑, 빨강, 보라의 순이다.

(5) 먼셀 표색계

이 표색계의 원리는 물체 표면의 색지각을 색상, 명도, 채도와 같은 색의 3속성에 따라 3차원 공간의 한 점에 대응시켜 세 방향으로 배열하되, 배열하는 방법은 지각적으로 고른 감도가 되도록 측도를 정한 것이다.

먼셀의 표색계에서는 R(빨강), Y(노랑), G(녹색), B(파랑), P(보라)의 5색을 주가 되는 색으로 하고, 그 중간의 YR(주황), GY(연두), BG(청록), PB(남색), RP(자주)의 5색을 합한 10개의 순색을 기준으로 하여 각 순색을 10개의 색으로 다시 세분한 100색상으로 나누어 왔으나, 실용적으로는 10순색을 2, 5, 5, 7, 5, 10의 4단계로 나누어 전체를 40색상으로 나눈 것이 사용되고 있다. 색상, 명도/채도로 표시한다. 즉, 5R 1/14에서 빨강의 순색은 색상 : R, 명도 : 1, 채도 : 14로 나타낸다.

(6) 보색

두 색광을 혼합하면 백색과 거의 같은 색의 감각을 일으키는 한 쌍의 색을 보색이라고 하며, 보색의 관계는 다음과 같다.(단, 색상환에서 마주 보는 색이 보색이다.)

색상	빨강	보라	남색	파랑
보색	청록(녹색)	연두	노랑	주황

(7) 연변 대비

어떤 두 색이 맞붙어 있을 경우, 그 경계의 언저리가 경계로부터 멀리 떨어져 있는 부분보다 색의 3속성별로 색상 대비, 명도 대비, 채도 대비의 현상이 더욱 강하게 일어나는 현상이다.

(8) 기타

① **조도** : 일면상의 점이 받는 빛의 분량 또는 광원에서 비춰진 어떤 면의 밝기 즉, 어떤 면이 받고 있는 입사광속의 면적 밀도이다.

② **휘도** : 발광체의 표면 밝기를 나타내는 단위, 또는 발광체나 빛을 받고 있는 물체를 어떤 방향에서 볼 때 그 방향에 수직한 단위 면적에 대한 광도를 말한다.

③ **질감** : 매끄러운 질감(유리나 금속 등)은 빛을 많이 반사하므로 가볍고 환한 느낌을 주며, 본래의 색보다 강조되어 보이고, 면이 거칠면 거칠수록 많은 빛을 흡수하여 무겁고, 안정된 느낌을 준다.

출제 키워드

■ 연변 대비
색상 대비, 명도 대비, 채도 대비의 현상이 더욱 강하게 일어나는 현상이다.

■ 질감
매끄러운 질감(유리나 금속 등)은 빛을 많이 반사하므로 가볍고 환한 느낌

CHAPTER 01

| 1-2. 조형 계획 |

과년도 출제문제

01 | 조형효과(수평선) 20, 19, 13

디자인 요소 중 수평선이 주는 조형 효과와 가장 거리가 먼 것은?

① 영원 ② 존엄
③ 평화 ④ 고요

해설 수평선은 단조롭고, 편안하며, 평화롭고 정지된 모습의 안정된 분위기를 가지게 하며, 즉 영원, 평화 및 고요 등으로 건축물의 구조에 많이 이용되고, 낮은 탁자나 소파 등의 가구와 수평 블라인드에서 쉽게 볼 수 있다. 존엄은 수직선에서 느낄 수 있다.

02 | 수평선 07

다음 중 수평선에 관한 설명으로 적당하지 않은 것은?

① 안정되고 침착한 느낌을 준다.
② 평화스럽고 조용한 느낌이다.
③ 구조적인 높이와 존엄성을 느끼게 한다.
④ 영원, 확대, 무한의 느낌을 준다.

해설 수평선의 느낌은 ①, ②, ④ 등이고, ③은 수직선에 대한 느낌이다.

03 | 조형효과(수직선) 23, 19, 14

고딕 성당에서 존엄성, 엄숙함 등의 느낌을 주기 위해 사용된 선은?

① 사선 ② 곡선
③ 수직선 ④ 수평선

해설 사선은 단조로움을 없애 주고, 흥미를 유발하며, 활동적인 분위기를 만들어 주고, 곡선은 실내 분위기를 활동적으로 하며, 경직된 분위기를 부드럽고, 우아하게 해 주는 선이며, 수평선은 단조롭고, 편안하며, 평화롭고, 정지된 모습의 안정된 분위기를 유발한다.

04 | 조형효과(수직선) 23②, 22, 16, 15, 11

심리적으로 상승감, 존엄성, 엄숙함 등의 조형 효과를 주는 선의 종류는?

① 사선 ② 곡선
③ 수평선 ④ 수직선

해설 사선은 동적이고, 불안정하나, 건축에서 강한 표정을 주며, 곡선 중 자유 곡선은 자유분방하고, 감정이 풍부한 표정, 기하곡선(포물선 : 스피드감, 쌍곡선 : 단순함, 와선 : 동적이고, 발전적임)이며, 수평선은 평화롭고, 조용하며, 안정감, 침착함, 영원, 확대 및 무한의 느낌이다.

05 | 조형효과(수직선) 13②

지각적으로는 구조적 높이감을 주며 심리적으로는 상승감, 존엄감의 느낌을 주는 선의 종류는?

① 사선 ② 곡선
③ 수직선 ④ 수평선

해설 수직선은 고결함, 존엄성, 엄숙함, 희망감, 상승감 및 긴장감을 준다. 특히, 고딕 건물의 고결하고 종교적인 표정은 수직선이 가지는 표정에서 온 것이다.

06 | 조형효과(수직선) 18, 11

디자인 요소 중 수직선의 조형 효과와 가장 거리가 먼 것은?

① 상승감 ② 존엄성
③ 엄숙함 ④ 우아함

해설 수직선은 고결함, 존엄성, 엄숙함, 희망감, 상승감 및 긴장감을 준다. 특히, 고딕 건물의 고결하고 종교적인 표정은 수직선이 가지는 표정에서 온 것이다.

정답 01. ② 02. ③ 03. ③ 04. ④ 05. ③ 06. ④

07 | 조형효과(사선) 24, 21, 18, 07

동적이고 불안정한 느낌을 주나 건축에 강한 표정을 줄 수 있는 조형 요소는?

① 곡선 ② 수평선
③ 수직선 ④ 사선

해설 사선은 동적이고, 불안정하나, 건축에서 강한 표정을 준다.

08 | 형태의 구성원리(리듬) 21, 18, 16, 11, 08

다음 설명이 나타내는 건축 형태의 구성 원리는?

> 일반적으로 규칙적인 요소들의 반복으로 디자인에 시각적인 질서를 부여하는 통제된 운동 감각을 말한다.

① 통일 ② 균형
③ 강조 ④ 리듬

해설 통일은 건축물에서 공통되는 요소에 의해 전체를 일관되게 보이도록 하는 것이고, 균형은 부분과 부분 및 부분과 전체 사이에 시각적인 힘의 평형이 이루어지면 쾌적한 느낌을 주는 조형 원리이며, 강조는 리듬(반복, 교체, 점이 등)을 바탕에 두고 전혀 다른 형태, 질감, 무늬, 색채 등을 갑자기 등장시킴으로써 한 부분을 드러나게 하는 것이다.

09 | 형태의 구성원리(조화) 07

다음 중 조화에 대한 설명으로 틀린 것은?

① 전체적인 조립 방법이 모순 없이 질서를 잡는 것이다.
② 부분과 부분 및 부분과 전체 사이에 안정된 관련성을 준다.
③ 조화에는 유사 조화와 대비 조화가 있다.
④ 전혀 성질이 다른 각 구성 요소들이 전체로서 동일한 이미지를 갖게 하는 것이다.

해설 ④는 대비에 대한 설명이다.

10 | 형태의 구성원리(균형) 24, 19, 17, 10

건축 형태의 구성 원리 중 인간의 주의력에 의해 감지되는 시각적 무게의 평형 상태를 의미하는 것은?

① 균형 ② 리듬
③ 비례 ④ 강조

해설 부분과 부분, 부분과 전체 사이에 인간의 주의력에 의해 감지되는 시각적인 힘의 평형이 잡히면 쾌적한 느낌을 주는 형식은 균형을 의미하고, 균형의 종류에는 대칭, 비대칭, 비례, 주도와 종속 등이 있다.

11 | 형태의 구성원리(균형) 15

균형의 원리에 관한 설명으로 옳지 않은 것은?

① 크기가 큰 것이 작은 것보다 시각적 중량감이 크다.
② 기하학적 형태가 불규칙적인 형태보다 시각적 중량감이 크다.
③ 색의 중량감은 색의 속성 중 특히 명도, 채도에 따라 크게 작용한다.
④ 복잡하고 거친 질감이 단순하고 부드러운 것보다 시각적 중량감이 크다.

해설 균형(시각적 무게의 평형 상태)의 원리에서 기하학적 형태는 불규칙한 형태보다 시각적 중량감이 작고(가볍게 느껴지고), 사선이 수직선, 수평선보다 시각적 중량감이 크다.

12 | 형태의 구성원리(통일) 23, 21, 17, 08

건축 형태의 구성 원리 중 건축물에서 공통되는 요소에 의해 전체를 일관되게 보이도록 하는 것은?

① 리듬 ② 통일
③ 대칭 ④ 조화

해설 리듬은 부분과 부분 사이에 시각적인 강약이 규칙적으로 연속될 때 나타나는 것으로서, 이와 같은 동적인 질서는 활기찬 표정을 나타내고 보는 사람에게 쾌적한 느낌을 준다. 대칭은 질서 잡기가 쉽고, 통일감을 얻기 쉽지만, 때로는 표정이 단정하여 견고한 느낌을 주기도 한다. 조화란 부분과 부분 및 부분과 전체 사이에 안정된 관련성을 주며, 이들 상호간에 공감을 불러일으킬 수 있는 효과를 말한다.

13 | 형태의 구성원리(대비) 21, 19, 17, 16, 07

디자인의 기본 원리 중 성질이나 질량이 전혀 다른 둘 이상의 것이 동일한 공간에 배열될 때 서로의 특질을 한층 돋보이게 하는 현상은?

① 대비 ② 통일
③ 리듬 ④ 강조

해설 대비는 서로 다른 부분의 조합에 의하여 이루어지는 것으로, 시각상으로는 힘의 강약에 의한 감정 효과라고 할 수 있으며, 그 표정은 극히 개성적이고 설득력이 있으므로 보는 이에게 보다 강한 인상을 준다.

정답 07. ④ 08. ④ 09. ④ 10. ① 11. ② 12. ② 13. ①

14 | 황금비
22, 21②, 19③, 18, 17, 13, 09, 06

다음 중 황금비로 옳은 것은?

① 1 : $\sqrt{2}$　② 1 : 1.618
③ 1 : 2　④ 1 : $\sqrt{3}$

해설 황금비는 어떤 길이를 둘로 나누어 작은 부분과 큰 부분의 비와 큰 부분과 전체의 비가 1 : 1.618이 되도록 하는 분할을 말한다.

15 | 형태의 구성 요소
21, 17③, 09

형태를 구성하는 요소에 대한 설명 중 옳은 것은?

① 공간에 하나의 점을 둘 경우 관찰자의 시선을 집중시킨다.
② 고딕 건물의 고결하고 종교적인 표정은 수평선이 주는 감정 표현이다.
③ 공간에 크기가 같은 두 개의 점이 있을 때 주의력은 하나의 점에만 작용한다.
④ 곡선은 약동감, 생동감 넘치는 에너지와 운동감, 속도감을 주며, 사선은 우아함, 여성적인 느낌을 준다.

해설 고딕 건물의 고결하고 종교적인 표정은 수직선이 주는 감정 표현이고, 공간에 크기가 동일한 점은 균형을 의미하며, 사선은 불안정하고 동적이다. 특히, 강한 표정을 준다.

16 | 형태의 지각 심리(연속성)
20, 19

다음 설명에 알맞은 형태의 지각 심리는?

- 공동 운명의 법칙이라고도 한다.
- 유사한 배열로 구성된 형들이 방향성을 지니고 연속되어 보이는 하나의 그룹으로 지각되는 법칙을 말한다.

① 유사성　② 근접성
③ 폐쇄성　④ 연속성

해설 게슈탈트의 4법칙 중 접근성(factor of proximity)은 보다 가까이 있는 2개 또는 둘 이상의 시각 요소들은 패턴이나 그룹으로 지각될 가능성이 크다는 법칙이고, 유사성(factor of similarity)은 형태, 규모, 색채, 질감 등에 있어서 유사한 시각적 요소들이 서로 연관되어 자연스럽게 그루핑(grouping)하여 하나의 패턴으로 보이는 법칙이며, 폐쇄성(factor of closure)은 시각 요소들이 어떤 형상을 지각하게 하는 데 있어서 폐쇄된 느낌을 주는 법칙이다.

17 | 색광의 3원색
13

색광의 3원색에 속하지 않는 것은?

① 빨강(R)　② 노랑(Y)
③ 녹색(G)　④ 파랑(B)

해설 색광의 3원색은 빨강, 파랑 및 녹색이고, 색상의 3원색은 빨강, 노랑 및 파랑이다.

18 | 색의 3요소
22, 15

색의 3요소에 속하지 않는 것은?

① 광도　② 명도
③ 채도　④ 색상

해설 색의 3요소에는 색상, 명도, 채도가 있고, 광도는 점광원으로부터 단위 입체각당의 발산 광속 또는 어떤 광원에서 발산하는 빛의 세기를 의미한다.

19 | 색의 3요소(무게감)
07

색의 3요소 중 무게감에 가장 많은 영향을 미치는 것은?

① 명도　② 채도
③ 색상　④ 농도

해설 난색(빨강·주황·노랑)은 무겁게, 한색(청록·파랑·남색)은 가볍게 느껴진다. 즉, 색의 3요소 중 명도는 무게감을 나타낸다.

20 | 색의 중량감
23②, 16

시각적 중량감에 관한 설명으로 옳지 않은 것은?

① 어두운 색이 밝은 색보다 시각적 중량감이 크다.
② 차가운 색이 따뜻한 색보다 시각적 중량감이 크다.
③ 기하학적 형태가 불규칙적인 형태보다 시각적 중량감이 크다.
④ 복잡하고 거친 질감이 단순하고 부드러운 것보다 시각적 중량감이 크다.

해설 시각적인 중량감을 보면 기하학적 형태가 불규칙적인 형태보다 시각적인 중량감이 작다.

정답 14. ② 15. ① 16. ④ 17. ② 18. ① 19. ① 20. ③

21 | 명도의 용어
09

같은 계통의 색상이라도 색의 밝고 어두운 정도의 차가 있는데, 이처럼 색채의 밝기를 나타내는 성질과 밝음의 감각을 척도화한 것을 무엇이라 하는가?

① 조도 ② 휘도
③ 명도 ④ 채도

해설 조도는 광원에서 비춰진 어떤 면의 밝기이고, 휘도는 발광체의 표면 밝기를 나타내는 단위, 또는 발광체나 빛을 받고 있는 물체를 어떤 방향에서 볼 때 그 방향에 수직한 단위 면적에 대한 광도이며, 채도는 색의 선명하고 탁한 정도를 말한다.

22 | 명도의 용어
20, 11.

명시도는 색의 3속성의 차가 커질수록 높아지는데, 색의 3속성 중 특히 명시도에 가장 영향을 많이 주는 것은?

① 색상 ② 채도
③ 명도 ④ 잔상

해설 명시(가독)성(표식 등 각종 시각 표시나 선전, 광고, 패키지 디자인에서는 문자의 읽기 쉬움이 중요하지만 그 문자 등의 읽기 쉬움에 주는 색의 영향)은 명도차가 큰 무채색과 유채색의 조합이 가장 높은 명시(가독)성을 만들어 내고, 그 다음이 채도차, 색상차의 순이다.

23 | 색의 명시도 영향 요소
20, 19, 12

색의 명시도에 가장 큰 영향을 끼치는 것은?

① 색상차 ② 명도차
③ 채도차 ④ 질감차

해설 명도차는 색의 명시도에 가장 큰 영향을 끼친다.

24 | 먼셀의 표색계의 용어
10

다음 설명이 나타내는 표색계는?

> 이 표색계의 원리는 물체 표면의 색지각을 색상, 명도, 채도와 같은 색의 3속성에 따라 3차원 공간의 한 점에 대응시켜 세 방향으로 배열하되, 배열하는 방법은 지각적으로 고른 감도가 되도록 측도를 정한 것이다.

① 먼셀 표색계 ② 오스트발트 표색계
③ 2차원 표색계 ④ 3차원 표색계

해설 색채를 나타내는 체계를 표색계라 하며 먼셀 표색계, 오스트발트 표색계, CIE(국제조명위원회) 표색계 등이 있고, 이 중에서도 먼셀 표색계가 가장 많이 쓰이고 있는데, 이것은 미국의 색채학자인 먼셀(Munsell. A.H. 1858~1918)에 의해 창안된 것으로, 우리나라에서는 한국산업규격(KSA 0062)으로 채택되어 있다.

25 | 먼셀 표색계의 5가지 색
18, 17, 16

먼셀 표색계에서 기본색이 되는 5색이 아닌 것은?

① 노랑 ② 파랑
③ 연두 ④ 보라

해설 먼셀의 표색계에서는 R(빨강), Y(노랑), G(녹색), B(파랑), P(보라)의 5색을 주가 되는 색으로 하고, 그 중간의 YR(주황), GY(연두), BG(청록), PB(남색), RP(자주)의 5색을 합한 10개의 순색을 기준으로 한다.

26 | 먼셀 표색계의 10가지 색
07

먼셀 표색계에서 사용하는 10개의 기본 색상에 해당하지 않는 것은?

① 빨강 ② 연두
③ 분홍 ④ 보라

해설 먼셀 표색계에서는 R, Y, G, B, P의 5색을 주가 되는 색으로 하고, 그 중간의 YR, GY, BG, PB, RP의 5색을 합한 10개의 순색을 기준으로 한다.

27 | 빨강의 순색 표시 기호
18, 06

먼셀의 표색계에서는 색을 나타내기 위하여 기호를 사용하는데, 다음 중 빨강의 순색은?

① 5R 1/14 ② 5R 5/12
③ 5R 7/8 ④ 5R 6/10

해설 먼셀의 표색계는 색을 나타내기 위해서 색상, 명도 및 채도의 순으로 나타내며, 5R 1/14는 빨강의 순색은 색상 : R, 명도 : 1, 채도 : 14로 나타낸다.

28 | 빨강의 순색 표시 기호
22②, 20, 18, 16

먼셀의 표색계에서 5R 4/14로 표시되었다면 이 색의 명도는?

① 1 ② 4
③ 5 ④ 14

정답 21.③ 22.③ 23.② 24.① 25.③ 26.③ 27.① 28.②

해설 먼셀의 표색계는 색을 나타내기 위해서 색상, 명도/채도의 순으로 나타내며, 빨강의 순색은 색상 : R, 명도 : 4, 채도 : 14로 나타낸다.

29 순색의 용어
24②, 09

다음 중 같은 색상의 청색 중에서 가장 채도가 높은 색은?

① 순색 ② 명청색
③ 암청색 ④ 탁색

해설 같은 색상의 청색 중에서 채도가 높은 색(무채색의 포함량이 가장 적은 색)을 순색, 명도가 높은 색을 명청색, 명도가 낮은 색을 암청색, 회색이 섞인 채도가 낮은 색을 탁색이라고 하며, 색입체의 내측 색이다.

30 순색의 용어
12

어떤 하나의 색상에서 무채색의 포함량이 가장 적은 색은?

① 명색 ② 순색
③ 탁색 ④ 암색

해설 명(명청)색은 명도가 높은 색이고, 순색은 채도가 높은 색(무채색의 포함량이 가장 적은 색)이며, 탁색은 회색이 섞인 채도가 낮은 색이다. 또한, 암(암청)색은 명도가 낮은 색이다.

31 보색 관계
06

다음의 한 쌍의 색상 중 보색 관계가 아닌 것은?

① 빨강과 청록 ② 보라와 녹색
③ 노랑과 남색 ④ 파랑과 주황

해설 두 색광을 혼합하면 백색과 거의 같은 색의 감각을 일으키는 한 쌍의 색을 보색이라고 하며, 보색의 관계는 빨강과 청록(녹색), 보라와 연두, 노랑과 남색, 파랑과 주황 등이다.

32 색의 지각적 효과
23, 20②, 11

색의 지각적 효과에 대한 설명 중 옳지 않은 것은?

① 명시도에 가장 영향을 끼치는 것은 채도차이다.
② 일반적으로 고명도, 고채도의 색이 주목성이 높다.
③ 명도가 높은 색은 외부로 확산되려는 현상을 나타낸다.
④ 고명도, 고채도, 난색계의 색은 진출, 팽창되어 보인다.

해설 명시(가독)성(표식 등 각종 시각 표시나 선전, 광고, 패키지 디자인에서는 문자의 읽기 쉬움이 중요하지만 그 문자 등의 읽기 쉬움에 주는 색의 영향)은 명도차가 큰 무채색과 유채색의 조합이 가장 높은 명시(가독)성을 만들어 내고, 그 다음이 채도차, 색상차의 순이다.

33 가시도(배경이 검정)
14

배경을 검정으로 하였을 경우, 다음 중 가시도가 가장 높은 색은?

① 노랑 ② 주황
③ 녹색 ④ 파랑

해설 가시도(시감도, 파장마다 느끼는 빛의 밝기 정도)가 높은 배경색과 주조색 중에서 검정 배경 위에는 노랑, 주황, 녹색, 파랑, 빨강, 보라의 순이다.

34 연변 대비의 용어
20, 19, 17, 14

다음 설명에 알맞은 색의 대비와 관련된 현상은?

> 어떤 두 색이 맞붙어 있을 경우, 그 경계의 언저리가 경계로부터 멀리 떨어져 있는 부분보다 색의 3속성별로 색상 대비, 명도 대비, 채도 대비의 현상이 더욱 강하게 일어나는 현상

① 동시 대비 ② 연변 대비
③ 한란 대비 ④ 유사 대비

해설 동시 대비는 서로 인접한 두 개의 색을 동시에 볼 때 생기는 대비이고, 한란 대비는 색이 차고 따뜻함에 변화가 오는 현상이며, 유사 대비는 색상환에서 가까운 위치에 있는 색상끼리의 조합이다. 색상에 공통성이 있으면서도 적당한 변화가 느껴지는 조합이기에 보기에 조화롭다. 동일색상 배색처럼 역시 선택한 색상에 따라 이미지가 달라지는데, 유사색상에 유사색조 배색을 하면 부드럽고 편안한 분위기가 연출된다.

35 색의 느낌
08

색채가 가지는 느낌을 잘못 설명한 것은?

① 면적이 큰 색은 밝게 보이고, 채도도 높아 보인다.
② 채도가 높으면 진출의 느낌을, 낮으면 후퇴의 느낌을 준다.
③ 보는 사람에 따라서는 일반적으로 좋아하는 색, 유쾌한 색은 가볍게 느껴지는 것이 보통이다.
④ 명도가 높은 것은 멀리 있는 것처럼 보인다.

해설 명도가 높은 것은 가까이 있는 것처럼 보이고, 명도가 낮은 것은 멀리 있는 것처럼 보인다.

정답 29. ① 30. ② 31. ② 32. ① 33. ① 34. ② 35. ④

36 | 색채 계획
08

다음 색채 계획 중 가장 부적당한 것은?

① 교실의 벽 – 담록색
② 수영풀 수조 내부 – 녹색
③ 암실 – 흑색
④ 병원의 수술실 – 백색

해설 병원의 수술실은 의사와 간호사, 기타 관계자들의 눈의 피로를 풀어주어야 하므로 피의 색깔인 붉은색과 보색 관계인 녹색을 사용한다.

37 | 주택의 색채 계획
08

주택의 색채 계획에 대한 설명 중 옳지 않은 것은?

① 건물의 외벽은 일반적으로 밝은 색으로 하는 것이 원칙이며, 부분적으로는 어두운 색을 써서 대비감을 주기도 한다.
② 현관의 색은 대체적으로 외부에서 들어오는 사람들이 서먹서먹한 기분이 들지 않도록 부드러운 엷은 색이 무난하다.
③ 응접실은 일반적으로 격조 있는 밝은 저채도의 색상을 기초로 하면 무난하다.
④ 거실 천장은 조명 효과를 고려할 경우에는 저명도의 색이 적당하다.

해설 거실 천장의 조명은 고명도의 색을 사용하여 밝게 하고, 바닥은 저명도의 색을 사용하여 안정감을 주도록 한다.

38 | 건물의 색채 계획 시 고려사항
24, 07

건물의 색채 계획에서 가장 먼저 고려할 사항은?

① 마감 재료의 내구성　② 주변과의 조화
③ 도색 작업 시간　④ 도료의 종류

해설 건축물의 색채 계획에 있어서 건물의 배색은 먼저 주변과의 조화를 고려하여 상호간의 색이 품위를 유지하는 것이 다른 색과의 조화를 이룬다.

39 | 실내의 색채 계획
12

실내 색채 계획에 관한 설명으로 옳지 않은 것은?

① 주가 되는 색을 명확히 선정한다.
② 사용되는 색의 수는 되도록 많게 한다.
③ 각 실의 위치, 밝기, 조명 등의 영향을 고려한다.
④ 색의 팽창과 수축성에 따른 실의 확대, 축소감에 유의한다.

해설 실내의 색채 계획에 있어서 배색의 기본은 벽, 천장 및 바닥의 색에 따라 달라지고, 사용되는 색의 수를 적게 하여야 한다.

40 | 질감
12

질감(texture)에 관한 설명으로 옳지 않은 것은?

① 모든 물체는 일정한 질감을 갖는다.
② 질감의 선택에서 중요한 것은 스케일, 빛의 반사와 흡수 등이다.
③ 매끄러운 재료는 빛을 흡수하므로 무겁고 안정적인 느낌을 준다.
④ 촉각 또는 시각으로 지각할 수 있는 어떤 물체 표면상의 특징을 말한다.

해설 매끄러운 질감(유리나 금속 등)은 빛을 많이 반사하므로 가볍고 환한 느낌을 주며, 본래의 색보다 강조되어 보이고, 면이 거칠면 거칠수록 많은 빛을 흡수하여 무겁고, 안정된 느낌을 준다.

정답 36. ④ 37. ④ 38. ② 39. ② 40. ③

출제 키워드

1-3. 건축 환경 계획

1 열 환경의 4요소 등

■ 열 환경의 4요소
공기의 온도, 습도, 기류 및 주위 벽(벽체, 천장, 바닥 등)의 열복사

(1) 열 환경의 4요소

열 환경의 4요소(온열 요소, 즉 인체의 온열 감각에 가장 크게 영향을 끼치는 요소)에는 공기의 온도, 습도, 기류 및 주위 벽(벽체, 천장, 바닥 등)의 열복사 등이 있고, 그 중 가장 중요한 요소는 공기의 온도이다.

■ 실감(유효, 감각) 온도
온도, 습도, 기류

(2) 실감(유효, 감각) 온도

온도, 습도, 기류의 3요소를 일정한 범위 내에서 여러 가지로 조합했을 때 인체의 온열감에 감각적인 효과를 나타내는 온도이다. 이 조건의 지표는 온열감을 나타낼 뿐만 아니라, 한서에 의하여 일어나는 인체의 생리적인 효과를 어느 정도 명확하게 알 수 있게 한다.

■ 건물의 일조 조절
- 일조 조절 방법은 창의 방향, 모양, 크기, 수 등
- 차양, 발코니, 루버(수평, 수직, 격자 및 가동 루버 등) 등
- 흡열 유리, 이중 유리, 유리 블록, 식수 등

(3) 건물의 일조 조절

일반적으로 일조량을 조절하기 위해서 겨울에는 일조를 받아 들이고, 여름에는 일조를 차단한다. 기본적인 일조 조절 방법은 창의 방향, 모양, 크기, 수 등을 고려하여 이루어지며, 그 밖에 방법 외에는 차양, 발코니, 루버(수평, 수직, 격자 및 가동 루버 등) 등을 이용하거나, 흡열 유리, 이중 유리, 유리 블록, 식수 등 이용되고 있다.

■ 집합 주택을 배치시 남북간의 인동 간격
동지 때 4시간의 일조를 기준

① 집합 주택을 배치함에 있어서 남북간의 인동 간격은 동지 때 4시간의 일조를 기준으로 하며, 동서 간의 인동 간격은 각 동 사이의 교통・통풍・독립성 등으로 결정하고, 최소 4m 이상으로 한다.

■ 일교차
하루 동안의 기온차(최고 기온과 최저 기온의 차)를 의미

② 일교차는 하루 동안의 기온차(최고 기온과 최저 기온의 차)를 의미하고, 연교차는 월평균 기온의 연중 최고치와 최저치의 차를 의미한다.

③ 각 방위에 따른 일조 효과

㉮ 동측 : 아침에는 햇빛이 깊숙이 들어온다. 따라서 겨울의 아침은 따뜻하지만, 오후에는 햇빛이 들지 않아 춥다.

㉯ 서측 : 오후에는 햇빛이 집안 깊숙이까지 들어오므로 여름에는 매우 덥다.

■ 남측의 일조 효과
우리나라의 기후 환경상 가장 유리한 건축물 방위

㉰ 남측 : 여름철에는 태양이 높기 때문에 햇빛이 깊이 들어오지 않으며, 겨울에는 태양이 낮기 때문에 햇빛이 깊이 들어와 실내를 따뜻하게 한다. 일조를 고려할 경우 우리나라의 기후 환경상 가장 유리한 건축물 방위이다.

■ 북측의 일조 효과
- 햇빛이 종일 들지 않는다.
- 겨울에는 북풍을 받아 춥다.
- 광선은 종일 균일하다.

㉱ 북측 : 햇빛이 종일 들지 않는다. 겨울에는 북풍을 받아 춥다. 광선은 종일 균일하다.

④ **일조의 직접적인 효과** : 적외선의 열(일사) 효과, 가시광선의 광 효과, 자외선(화학선)의 생리적 효과가 있다. 특히 자외선은 생물에 대한 생육 작용, 살균 작용 및 사진 화학 반응을 하는데, 인간의 건강과 깊은 관계가 있는 건강선인 자외선을 도르노선(2,900~3,200Å의 범위의 자외선)이라고 한다.

(4) 열의 이동

① **전도** : 열이 물질을 따라 고온부에서 저온부로 전달되는 현상으로, 원인은 구성 원자의 운동에너지이다.

② **대류** : 액체나 기체가 열을 받으면 열팽창에 의하여 밀도가 낮아져서 상하로 순환 운동을 통해 열에너지가 이동하는 현상이다.

③ **복사** : 고온의 물체로부터 열에너지가 전자기파의 형태로 방사되어 전달되는 현상 또는 어떤 물체에 발생하는 열에너지가 전달 매개체 없이 직접 다른 물체에 도달하는 현상이다.

④ **열관류** : 벽과 같은 고체를 통하여 고체 양쪽의 유체에서 유체로 열이 전해지는 현상이다. 열관류량(Q)의 산정 시 필요한 사항은 공기층의 열저항(열관류율의 역수), 열관류율(열전도율, 벽체(구성 재료)의 두께, 내·외표면의 열전단률, 공기층의 저항 등), 온도차, 벽면적 및 시간 등이 있다.

(5) 건축물의 에너지 절약 계획

① 건축물의 에너지 절약을 위한 계획으로 공동 주택은 인동 간격을 넓게 하여 저층부의 일사 수열량을 증대시킨다.

② 건축물의 에너지 절약 계획에 있어서 외벽의 부위는 외단열로 시공하여야 한다.

③ 단열은 구조체를 통한 열손실 방지와 보온 역할로서, 열관류 저항값이 클수록 단열 효과가 크고, 열관류 저항값이 작을수록 단열 효과가 작다.

2 결로

습도가 높은 공기를 냉각하면 공기 중의 수분이 더 이상은 수증기로 존재할 수 없는 한계를 노점 온도라 하며, 이 공기가 노점 온도 이하의 차가운 벽면 등에 닿으면 그 벽면에 물방울이 생기는 현상을 결로 현상이라고 한다.

(1) 결로의 원인

① 실내공기의 수증기량 증가, 상대 습도 증가 및 습기 제거 시설의 미비는 결로 현상을 일으키는 원인이 된다. 실내공기의 빈번한 환기는 결로 현상을 방지할 수 있다.

출제 키워드

■ 일조의 직접적인 효과
- 적외선 : 열(일사) 효과
- 가시광선 : 광 효과
- 자외선(화학선) : 생리적 효과(생육·살균·사진 화학 반응)
- 도르노선(2,900~3,200Å의 범위의 자외선) : 인간의 건강과 깊은 관계가 있는 건강선

■ 복사

어떤 물체에서 발생한 열에너지가 전달 매개체 없이 직접 다른 물체에 도달하는 현상

■ 열관류

벽과 같은 고체를 통하여 고체 양쪽의 유체에서 유체로 열이 전해지는 현상

■ 열관류량(Q)의 산정 요소

공기층의 열저항(열관류율의 역수), 열관류율(열전도율, 벽체(구성 재료)의 두께, 내·외표면의 열전단률, 공기층의 저항 등), 온도차, 벽면적 및 시간 등

■ 건축물의 에너지 절약 계획
- 공동 주택은 인동 간격을 넓게 하여, 저층부의 일사 수열량 증대
- 외벽의 부위는 외단열로 시공
- 열관류 저항값이 클수록 단열 효과가 크다.

■ 결로 현상

공기가 노점 온도 이하의 차가운 벽면 등에 닿을 때 공기 중의 수분의 일부가 물방울이 생기는 현상

■ 결로의 원인

실내공기의 수증기량의 증가, 상대 습도의 증가 및 습기 제거 시설의 미비 등

출제 키워드

■ 결로의 방지 대책
- 실내 벽면에 방수재료(방습층)를 사용하는 것보다 단열재료(단열재)를 사용하는 것이 유리하다.
- 저온(실외)측에는 단열재, 고온(실내)측에는 방습층을 설치한다.
- 낮은 온도로 난방 기간을 길게 하는 것이 효과적이다.
- 열관류 저항값이 클수록 단열 효과가 크다.

■ 잔향 시간
- 음 에너지의 밀도가 60dB 감소하는 데 소요되는 시간
- 실용적에 비례, 실의 흡음력에 반비례, 실의 형태와는 무관
- 잔향 시간이 길면 음량이 많아지고, 짧으면 음이 명료하여 음을 듣기 쉬움

② **실내의 결로 방지** : 실내 벽면에 방수재료(방습층)를 사용하는 것보다 단열재료(단열재)를 사용하는 것이 유리하고, 저온(실외) 측에는 단열재, 고온(실내) 측에는 방습층을 설치한다.

③ 낮은 온도로 난방 시간을 길게 하는 것이 높은 온도로 난방 시간을 짧게 하는 것보다 결로 방지에 효과적이다.

(2) 결로의 방지

① **환기** : 환기는 습한 공기를 제거하여 실내의 결로를 방지한다. 습기가 많이 발생하는 곳에서는 수시 환기가 가장 효율적이다. 부엌이나 욕실의 습기가 다른 실로 전파되는 것을 막기 위해 부엌이나 욕실의 환기창을 자동문으로 설치하는 것이 좋다. 즉, 환기를 자주 하면 결로 현상을 방지할 수 있다.

② **난방** : 결로 방지를 위한 난방은 건물 내부공간의 표면 온도를 올려서, 실내 기온을 노점 이상으로 유지시키도록 한다. 가열된 공기는 더 많은 습기를 함유할 수 있어, 차가운 표면상에 결로로 인하여 발생한 습기를 포함하고 있다가 환기 시 외부로 배출하면서 결로를 제거한다.

③ **단열** : 단열은 구조체를 통한 열손실 방지와 보온 역할을 한다. 조적벽과 같은 중공구조의 내부에 위치한 단열재는 난방 시 실내 표면 온도를 신속히 올릴 수 있다. 중공벽 내부의 실내측에 단열재를 시공한 벽은 상대적으로 외측 부분이 온도가 낮기 때문에 생기는 내부 결로 방지를 위하여 고온측에 방습층의 설치가 효과적이다. 또한, 단열은 구조체를 통한 열손실 방지와 보온 역할로서, 열관류 저항값이 클수록 단열 효과가 크고, 열관류 저항값이 작을수록 단열 효과가 작다.

3 잔향

① 잔향 시간(음원에서 소리가 끝난 후 실내에서 음의 에너지가 그 백만분의 일이 될 때까지의 시간 또는 음 에너지의 밀도가 60dB 감소하는 데 소요되는 시간)은 실의 체적, 벽면의 흡음도에 따라 결정되며, 실의 형태와는 관계가 없다. 즉, 실용적에 비례하고, 실의 흡음력에 반비례한다.

② 잔향 시간이 길면 음량이 많아지고, 없으면 음이 명료하여 음을 듣기 쉽게 된다.

| 1-3. 건축 환경 계획 |

과년도 출제문제

01 | 일영곡선의 사용(동지)
24, 20, 16, 10, 07

건물의 남북간 인동간격을 결정할 때 하루 동안에 필요한 최소한도의 4시간 일조를 얻기 위해서는 어느 때 일영곡선을 사용하는가?

① 춘분 ② 추분
③ 하지 ④ 동지

해설 집합 주택을 배치함에 있어서 남북간의 인동간격은 동지 때 4시간의 일조를 기준으로 하며, 동서간의 인동간격은 각 동 사이의 교통·통풍·독립성 등으로 결정하고, 최소 4m 이상으로 한다.

02 | 일교차
23②, 22, 20, 18, 10

다음 중 일교차에 대한 설명으로 옳은 것은?

① 하루 중의 최고 기온과 최저 기온의 차이
② 월평균 기온의 연중 최저치와 최고치의 차이
③ 기온의 역전 현상
④ 일평균 기온의 연중 최저치와 최고치의 차이

해설 일교차는 하루 동안의 기온차(최고 기온과 최저 기온의 차)를 의미하고, 연교차는 월평균 기온의 연중 최고치와 최저치의 차를 의미한다.

03 | 남향의 특성
09

일조를 고려할 경우 우리나라의 기후 환경상 가장 유리한 건축물 방위는?

① 동향 ② 서향
③ 남향 ④ 북향

해설 동측은 아침에는 햇빛이 깊숙이 들어오기 때문에, 겨울의 아침은 따뜻하나, 햇빛이 들지 않는 오후에는 춥다. 서측은 오후에 햇빛이 집안 깊숙이 들어오므로 여름에는 매우 덥다. 북측은 햇빛이 종일 들지 않는다. 겨울에는 북풍을 받아 춥고, 광선은 종일 균일하다.

04 | 일조의 직접적인 효과
23, 11

다음 중 일조의 직접적인 효과로 볼 수 없는 것은?

① 광 효과 ② 열 효과
③ 환기 효과 ④ 생리적 효과

해설 일조의 직접적인 효과에는 적외선의 열 효과, 가시광선의 광 효과, 자외선(화학선)의 생리적 효과가 있다. 특히 자외선은 즉 생물에 대한 생육 작용, 살균 작용 및 사진 화학 반응을 하는데, 인간의 건강과 깊은 관계가 있는 건강선인 자외선을 도르노선(2,900~3,200Å의 범위의 자외선)이라고 한다.

05 | 태양광선(열적 효과)
24, 16

태양광선 가운데 적외선에 의한 열적 효과를 무엇이라 하는가?

① 일사 ② 채광
③ 살균 ④ 일영

해설 태양광선은 적외선(열선, 열적 효과가 크다), 가시광선(눈으로 느낄 수 있는 광 효과) 및 자외선(사진 화학 반응, 생물에 대한 생육 작용, 살균 작용을 하므로 일명 화학선이라고도 한다.

06 | 태양광선 중 자외선 효과
09

태양광선 중 자외선의 작용이 아닌 것은?

① 빛(밝음)의 작용
② 화학적 작용
③ 생물에 대한 생육 작용
④ 살균 작용

해설 일조의 직접적인 효과는 적외선의 열 효과, 가시광선의 광 효과, 자외선(화학선)의 생리적 효과 등이 있다. 특히 자외선은 생물에 대한 생육 작용, 살균 작용 및 사진 화학 반응을 한다. 빛(밝음)의 작용은 가시 광선의 작용이다.

정답 01. ④ 02. ① 03. ③ 04. ③ 05. ① 06. ①

07 | 건물의 일조 조절 방법
20, 14, 13, 06

다음 중 건물의 일조 조절 방법으로 이용되지 않는 것은?

① 차양 ② 발코니
③ 이중창 ④ 루버

해설 기본적인 일조 조절 방법은 창의 방향, 모양, 크기, 수 등을 고려하여 이루어지며, 그 밖에는 차양, 발코니, 루버(수평, 수직, 격자 및 가동 루버 등) 등을 이용하거나, 흡열 유리, 이중 유리, 유리 블록, 식수 등도 이용되고 있다.

08 | 실감(유효) 온도의 3요소
21, 20, 19③, 18④, 12②, 08

실내 환경에서 실감 온도(유효 온도)의 3요소가 아닌 것은?

① 온도 ② 습도
③ 기류 ④ 열복사

해설 실감(유효, 감각)온도는 온도, 습도, 기류의 3요소를 일정한 범위 내에서 여러 가지로 조합했을 때 인체의 온열감에 감각적인 효과를 나타내는 온도이다. 이 조건의 지표는 온열감을 나타낼 뿐만 아니라, 한서에 의하여 일어나는 인체의 생리적인 효과를 어느 정도 명확하게 알 수 있게 한다.

09 | 실감(유효) 온도의 용어
24, 22, 20, 16, 13, 11, 07

기온, 습도, 기류의 3요소의 조합에 의한 실내 온열 감각을 기온의 척도로 나타낸 것은?

① 유효 온도 ② 작용 온도
③ 등가 온도 ④ 불쾌 지수

해설 작용 온도는 인체로부터 대류+복사 방열량과 같은 방열량이 되는 기온과 주벽 온도가 동일한 가상실의 온도이고, 등가 온도는 기온, 평균 복사 온도 및 풍속을 조합한 지표이며, 불쾌지수((건구 온도+습구 온도)×0.72+40.6)는 여름철에 그 날의 무더움을 나타내는 지표이다.

10 | 열 환경의 4요소(온열 요소)
08

열 환경의 4요소(온열 요소)에 속하지 않는 것은?

① 공기의 습도 ② 공기 중 산소의 함량
③ 공기의 온도 ④ 주위 벽의 복사열

해설 열 환경의 4요소(온열 요소 즉, 인체의 온열 감각에 가장 크게 영향을 끼치는 요소)에는 공기의 온도, 습도, 기류 및 주위 벽의 열복사 등이 있고, 그 중 가장 중요한 요소는 공기 중의 온도이다.

11 | 열의 이동 방법
12, 11

열의 이동 방법에 해당되지 않는 것은?

① 복사 ② 회절
③ 전도 ④ 대류

해설 열의 이동 방법에는 전도, 대류 및 복사 등이 있고, 회절(파동은 진행 중에 장애물이 있으면 직진하지 않고 그 뒤쪽으로 돌아가는 현상)은 음에서 나타나는 현상이다.

12 | 열의 이동 방법(복사)
06

열의 이동 방법 중 어떤 물체에서 발생한 열에너지가 전달 매개체 없이 직접 다른 물체에 도달하는 것은?

① 대류 ② 복사
③ 전도 ④ 관류

해설 열의 이동 방법 중 전도는 열이 물질을 따라 고온부에서 저온부로 전달되는 현상으로, 원인은 구성원자의 운동에너지이고, 대류는 액체나 기체가 열을 받으면 열팽창에 의하여 밀도가 작아져서 상하의 순환운동에 의해서 열에너지를 이동시켜 주는 현상이며, 관류는 고체 벽의 양측 유체의 온도가 다를 때 고온의 유체에서 저온의 유체로 열이 이동하는 현상이다.

13 | 열의 이동 방법(열관류)
12

벽과 같은 고체를 통하여 고체 양쪽의 유체에서 유체로 열이 전해지는 현상은?

① 열복사 ② 열대류
③ 열관류 ④ 열전도

해설 열복사는 어떤 물체에서 발생한 열에너지가 전달 매개체 없이 직접 다른 물체에 도달하는 현상이고, 열대류는 액체나 기체가 열을 받으면 열팽창에 의하여 밀도가 낮아져서 순환 운동을 통해 열에너지가 이동하는 현상이며, 열전도는 열이 물질을 따라 고온부에서 저온부로 전달되는 현상으로 구성 원자의 운동에너지 이동이다.

14 | 열관류율의 계산 요소
21, 15

벽체의 열관류율을 계산할 때 필요한 사항이 아닌 것은?

① 상대 습도
② 공기층의 열저항
③ 벽체 구성 재료의 두께
④ 벽체 구성 재료의 열전도율

정답 07. ③ 08. ④ 09. ① 10. ② 11. ② 12. ② 13. ③ 14. ①

해설 열관류량(Q)의 산정 시 필요한 사항은 공기층의 열저항(열관류율의 역수), 열관류율(열전도율, 벽체(구성 재료)의 두께, 내·외표면의 열전단률, 공기층의 저항 등), 온도차, 벽면적 및 시간 등이 있다.

15 | 건축물의 에너지 절약 방법
20, 15, 13

건축물의 에너지 절약을 위한 계획 내용으로 옳지 않은 것은?

① 실의 용도 및 기능에 따라 수평, 수직으로 조닝 계획을 한다.
② 공동 주택은 인동 간격을 좁게 하여 저층부의 일사 수열량을 감소시킨다.
③ 거실의 층고 및 반자 높이는 실의 용도와 기능에 지장을 주지 않는 범위 내에서 가능한 한 낮게 한다.
④ 건축물의 체적에 대한 외피 면적의 비 또는 연면적에 대한 외피 면적의 비는 가능한 한 작게 한다.

해설 건축물의 에너지 절약을 위한 계획으로 공동 주택은 인동 간격을 넓게하여 저층부의 일사 수열량을 증대시킨다.

16 | 건축물의 에너지 절약 방법(단열 계획)
18, 14

건축물의 에너지 절약을 위한 단열 계획으로 옳지 않은 것은?

① 외벽 부위는 내단열로 시공한다.
② 건물의 창호는 가능한 작게 설계한다.
③ 태양열 유입에 의한 냉방 부하 저감을 위하여 태양열 차폐 장치를 설치한다.
④ 외피의 모서리 부분은 열교가 발생하지 않도록 단열재를 연속적으로 설치하고 충분히 단열되도록 한다.

해설 건축물의 에너지 절약 계획에 있어서 외벽의 부위는 외단열로 시공하여야 한다.

17 | 벽체의 단열
21, 19, 18, 17, 08

벽체의 단열에 대한 설명 중 옳지 않은 것은?

① 단열은 구조체를 통한 열손실 방지와 보온 역할을 한다.
② 열관류 저항값이 작을수록 단열 효과는 크다.
③ 열관류율이 클수록 단열성이 낮다.
④ 조적벽과 같은 중공 구조의 내부에 위치한 단열재는 난방시 실내 공간의 표면 온도를 신속히 올릴 수 있다.

해설 단열은 구조체를 통한 열손실 방지와 보온 역할로서, 열관류 저항값이 클수록 단열 효과가 크고, 열관류 저항값이 작을수록 단열 효과가 작다.

18 | 결로 현상의 원인
22, 21, 20, 18, 14

다음의 결로 현상에 관한 설명 중 ( ) 안에 알맞은 것은?

> 습도가 높은 공기를 냉각하면 공기 중의 수분이 그 이상은 수증기로 존재할 수 없는 한계를 ( )라 하며, 이 공기가 ( ) 이하의 차가운 벽면 등에 닿으면 그 벽면에 물방울이 생긴다. 이를 결로 현상이라 한다.

① 절대 습도　② 상대 습도
③ 습구 온도　④ 노점 온도

해설 습도가 높은 공기를 냉각하면 공기 중의 수분이 더 이상은 수증기로 존재할 수 없는 한계를 노점 온도라 하며, 결로 현상은 공기가 노점 온도 이하의 차가운 벽면 등에 닿을 때 벽면에 물방울이 생기는 현상이다.

19 | 결로 현상의 원인
07

다음 중 결로 현상의 원인과 가장 관계가 먼 것은?

① 빈번한 환기
② 수증기량의 증가
③ 상대 습도의 증가
④ 습기 제거 시설의 미비

해설 수증기량의 증가, 상대 습도의 증가 및 습기 제거 시설의 미비는 결로 현상을 일으키는 원인이 되나, 빈번한 환기는 결로 현상을 방지할 수 있다.

20 | 결로 현상의 방지 대책
07

실내의 결로 방지 방법 중 가장 효과가 적은 것은?

① 실내를 자주 환기시킨다.
② 건물 내부 공간의 표면 온도를 올리고, 실내 기온을 노점 이상으로 유지시킨다.
③ 실내의 수증기 발생을 억제한다.
④ 실내 벽면을 방수재료로 마무리한다.

해설 실내의 결로를 방지하기 위해서는 실내 벽면에 방수재료(방습층)를 사용하는 것보다 단열재료(단열재)를 사용하는 것이 유리하고, 저온(실외)측에는 단열재, 고온(실내)측에는 방습층을 설치한다.

정답 15. ② 16. ① 17. ② 18. ④ 19. ① 20. ④

21 결로 현상의 방지 대책
22, 18, 14

표면 결로의 방지 방법에 관한 설명으로 옳지 않은 것은?

① 실내에서 발생하는 수증기를 억제한다.
② 환기에 의해 실내 절대 습도를 저하한다.
③ 직접 가열이나 기류 촉진에 의해 표면 온도를 상승시킨다.
④ 낮은 온도로 난방 시간을 길게 하는 것보다 높은 온도로 난방 시간을 짧게 하는 것이 결로 방지에 효과적이다.

해설 낮은 온도로 난방 기간을 길게 하는 것이 높은 온도로 난방 시간을 짧게 하는 것보다 결로 방지에 효과적이다.

22 실내의 잔향 시간
23, 21, 16

실내의 잔향 시간에 관한 설명으로 옳지 않은 것은?

① 실의 용적에 비례한다.
② 실의 흡음력에 비례한다.
③ 일반적으로 잔향 시간이 짧을수록 명료도는 높아진다.
④ 음악을 주목적으로 하는 실의 경우는 잔향 시간을 비교적 길게 계획하는 것이 좋다.

해설 잔향 시간(음원에서 소리가 끝난 후 실내에서 음의 에너지가 그 백만분의 일이 될 때까지의 시간)은 실의 체적, 벽면의 흡음도에 따라 결정되며, 실의 형태와는 관계가 없다. 즉, 실용적에 비례하고, 실의 흡음력에 반비례한다.

23 잔향 시간
09

잔향 시간에 대한 설명으로 옳은 것은?

① 음 에너지의 밀도가 최초 값보다 30dB 감소하는 데 걸리는 시간이다.
② 잔향 시간은 실의 용적에 비례하고 흡음력에 반비례한다.
③ 잔향 시간이 길면 음량이 적어지고, 잔향 시간이 짧으면 음이 명료하지 않아 음을 듣기 어렵게 된다.
④ 잔향 시간은 실의 형태에 크게 영향을 받는다.

해설 잔향 시간은 음 에너지의 밀도가 60dB까지 감소하는 데 소요되는 시간이고, 잔향 시간이 길면 음량이 많아지고, 짧으면 음이 명료하여 음을 듣기 쉽게 되며, 잔향 시간은 실의 형태에 영향을 받지 아니한다.

24 잔향 이론
20, 18, 10

다음 중 잔향 이론에 대한 설명으로 옳지 않은 것은?

① 실의 용도에 따라 적절한 잔향 시간을 결정할 수 있도록 설계가 이루어져야 한다.
② 잔향 시간이 길면 음이 명료하지 않다.
③ 잔향 시간은 실용적에 비례하고 흡음력에 반비례한다.
④ 잔향 시간은 음원에서 소리가 끝난 후, 실내에 음의 에너지가 그 천만분의 일이 될 때까지의 시간을 의미한다.

해설 잔향 시간은 음원에서 소리가 끝난 후, 실내에 음의 에너지가 그 백만분의 일이 될 때까지의 시간 또는 실내에 남은 음의 에너지가 60dB 감소하는 데 소요되는 시간을 말한다.

정답 21. ④ 22. ② 23. ② 24. ④

1-4. 주거 건축 계획

1 한 · 양식 주택의 비교

분류 \ 형식	한식	양식
평면	• 조합 평면(은폐적, 실의 조합) • 분산식(병렬식) • 공간의 융통성이 높다. • 홀(hall)로 연결	• 기능적인 분화 평면(개방적, 실의 분화) • 집중 배열식 • 공간의 융통성이 낮다. • 복도로 연결
구조	• 바닥이 높고, 개구부가 크다. • 가구식(목조)	• 바닥이 낮고, 개구부가 작다. • 조적식(벽돌, 블록조)
관습	• 다목적용 좌식 생활(거실, 객실, 서재, 식사) • 장점 : 경제적이다. • 단점 : 비위생적이고(취침시) 분화성이 없으며 근대적이지 못하다.	• 용도별 입식 생활(가구와 침대의 관계) • 장점 : 위생적이고(취침시) 분화성이 있으며 근대적이다. 활동이 편리하다. • 단점 : 융통성이 없고 비경제적이다.
용도	• 다목적 용도 • 각 실의 프라이버시(privacy) 보장이 어렵다.	• 단일 용도 • 각 실의 프라이버시(privacy) 보장
가구	• 가구는 부수적인 내용물	• 가구는 주요한 내용물
설비	• 바닥의 복사 난방	• 대류식 난방

2 주거 면적의 기준

(단위 : m^2/인 이상)

구분	최소한 주택의 면적	코르노(cologne) 기준	숑바르 드 로브			국제 주거회의(최소)
			병리 기준	한계 기준	표준 기준	
면적	10	16	8	14	16	115

3 건축 계획 과정 중 평면 계획

① 입면 설계의 수직적 크기를 나타내는 계획은 평면 계획이 아니라 입면 계획이다.

② 건축 계획 과정 중 평면 계획 시 각 공간에서의 생활 행위를 분석한 후 공간의 규모와 치수를 결정하여야 한다.

③ 건축물의 평면 계획 시 고려하여야 할 사항으로 가장 중요한 것은 각 실의 기능 만족 및 실의 배치이다.

출제 키워드

■ 한 · 양식 주택의 비교
• 한식 : 혼(다)용도, 가구는 부수적임
• 양식 : 단일용도, 가구는 주요한 내용물

■ 숑바르 드 로브(사회학자) 주거 면적의 기준
병리 기준은 $8m^2$/인 이상

■ 평 · 입면 계획
• 입면 설계의 수직적 크기를 나타내는 계획
• 평면 계획 시 각 공간에서의 생활 행위를 분석한 후 공간의 규모와 치수를 결정
• 평면 계획 시 각 실의 기능 만족 및 실의 배치 고려

출제 키워드

■ 주거 공간의 구성
인체 동작 공간(주거 공간을 구성하는 가장 기본적인 공간) – 단위 공간(사람 + 가구 + 여유(인체 동작 공간)) – 실내 공간 – 주거 공간 – 주거 집합 공간으로 구성

■ 평면 요소의 배열
• 시간적으로 연속되는 생활 행위에 대한 평면 요소는 근접
• 조건에 상반되는 평면 요소는 서로 격리

■ 주택의 소요실
• 공동 공간(거실, 식당, 응접실)
• 개인 공간(부부침실, 노인방, 어린이방, 서재).

■ 동선 처리의 원칙
• 동선의 3요소 : 속도(길이), 빈도, 하중
• 서로 다른 종류의 동선은 될 수 있는 대로 서로 교차하지 않도록 한다.
• 가사 노동의 동선(주부의 동선)은 가능한 한 남쪽에 오도록 하고, 짧게 한다.
• 공간의 레이아웃은 동선 계획과 밀접한 관계를 갖고 있다.
• 교통량이 많은 동선 또는 사용 빈도가 높은 공간(화장실, 현관, 계단 등)은 가능한 한 짧게 처리한다.

4 주거 공간의 구성

주거 공간은 인체 동작 공간(주거 공간을 구성하는 가장 기본적인 공간) – 단위 공간 – 실내 공간 – 주거 공간 – 주거 집합 공간으로 구성된다.

① 단위 공간 = 사람 + 가구 + 여유(인체 동작 공간)
② 실내 공간 = 단위 공간들의 합 + 여유(생활 양식과 전통 등)
③ 주거 공간 = 실내 공간들의 합 + 여유(생활 양식, 전통, 지위의 상징 등)
④ 주거 집합 공간 = 주거 공간들의 합 + 여유(환경, 공공시설 등)

5 평면 요소의 배열

① 같은 구성 인원(한 사람의 경우와 같은 행동을 하는 여러 사람의 경우가 있다)이 영위하는 생활 행위에 대한 평면 요소는 서로 근접시킨다.
   예 주인의 생활 행위, 즉 수면 · 중간 휴식 · 식사 · 위생 · 출입 · 단란 · 오락 · 운동 · 경의 · 응접 · 학습 · 연구 · 작업 활동이 모두 포함되는데, 이에 대응하는 모든 평면 요소를 최대한 근접하도록 계획한다.
② 시간적으로 연속되는 생활 행위에 대한 평면 요소는 근접시킨다.
   ㉮ 한 방 속에 조합된다 : 취침 준비, 수면, 침구정돈
   ㉯ 부엌과 식사실이 서로 근접해야 한다 : 조리, 상보기, 식사, 설거지
③ 비슷한 생활 행위에 대해서는 평면 요소의 공용을 생각한다. 이 공용의 경우 시간적으로 교대되는 것은 전용, 시간적으로 중복되는 것은 겸용이라 한다.
④ 조건에 상반되는 평면 요소는 서로 격리한다. 학습 · 연구와 오락 · 유희, 작업 활동과 휴양, 식사와 배설 등은 상반되는 면을 가지고 있으므로 이들의 평면 요소는 서로 격리하거나 절연하여야 한다.

6 주택의 소요실

공동 공간	개인 공간	그 밖의 공간			
		가사 노동	생리 위생	수납	교통
거실, 식당, 응접실	부부침실, 노인방, 어린이방, 서재	부엌, 세탁실, 가사실, 다용도실	세면실, 욕실, 변소	창고, 반침	문간, 홀, 복도, 계단

7 동선 처리의 원칙

동선의 3요소는 속도(길이), 빈도 및 하중 등이다.

① 동선은 될 수 있는 대로 짧아야 한다.
② 동선이 나타내는 모양은 될 수 있는 대로 직선이고, 간단하여야 한다.

③ 서로 다른 종류의 동선(사람과 차량, 오는 사람과 가는 사람)은 될 수 있는 대로 서로 교차하지 않도록 하여야 한다. 만일 부득이할 때에는 가장 지장이 적은 동선부터 교차시키도록 하여야 한다. 즉, 개인, 사회 및 가사 노동권의 3개 동선이 서로 분리되어 간섭이 없어야 한다.

④ 가사 노동의 동선(주부의 동선)은 가능한 한 남쪽에 오도록 하고, 짧게 하며, 동선에는 공간이 필요하고, 가구를 놓지 않아야 한다.

⑤ 공간의 레이아웃은 평면 계획으로서 동선 계획과 밀접한 관계를 갖고 있다.

⑥ 주택의 동선 계획에 있어 교통량이 많은 동선 또는 사용 빈도가 높은 공간(화장실, 현관, 계단 등)은 가능한 한 짧게 처리하는 것이 바람직하다.

8 주택의 계획

(1) 현관의 성격과 일반 사항

① 단지 출입을 위한 장소가 아니라, 주택의 외부와 내부를 연결하는 중요한 기능이 있다. 주택의 평면, 대지의 모양 및 도로와의 관계에 의하여 결정된다.

② 일반적으로 북쪽이나 북서쪽 또는 동쪽과 서쪽이 적합하고, 건축물의 중앙부가 되는 것이 유리하다.

③ 독립된 현관은 신발장·우산대·외투걸이 등의 자리를 따로 잡고, 최소한 너비는 1.2m, 깊이는 0.9m가 필요하다.

④ 현관의 바닥에서 거실 홀의 단높이는 90~210mm 정도로 하고, 현관의 벽체는 고명도, 고채도의 색채를 사용하고, 현관의 바닥은 저명도, 저채도의 색채로 계획하는 것이 바람직하다.

(2) 거실의 정의, 위치와 방위

① 거실은 가족 공용의 공간 또는 가족생활의 중심이 되는 공간으로, 개인적인 생활 외에 거의 모든 것이 이루어진다. 거실의 기능은 가족의 단란, 대화, 휴식, 사교, 접객, 오락, 독서, 식사, 어린이 놀이, 가사 작업 등으로 나눌 수 있다.

② 거실은 현관, 식당, 화장실, 부엌의 위치와 가까울수록 좋다. 특히, 주부 활동의 장소는 될 수 있는 한 거실과 가깝게 한다. 거실은 가족의 단란을 위해 평면 계획상 통로나 홀로 사용되지 않도록 하는 것이 좋다.

③ 거실의 위치는 각 실과 배치상 균형을 고려하여야 하나, 그 성격상 주택 내 중심의 위치에 있어야 한다. 가급적 현관에서 가까운 곳에 위치하되, 현관이 거실과 직접 면하는 것은 피해야 한다. 방위상 위치로는 남쪽, 남동·남서쪽에 면하는 것이 바람직하다.

④ 거실의 위치는 남향이 가장 적당하고, 햇빛과 통풍이 잘 되는 곳이어야 하며, 거실이 통로가 되는 평면 배치는 사교·오락에 장애가 되므로 통로에 의해 실이 분할되지

출제 키워드

■ 주택의 현관 결정 요소 등
- 주택의 평면, 대지의 모양 및 도로와의 관계 등
- 현관의 바닥에서 거실 홀의 단높이는 90~210mm 정도
- 현관의 벽체는 고명도, 고채도의 색채를 사용
- 현관의 바닥은 저명도, 저채도의 색채로 계획

■ 거실의 정의
- 가족 공용의 공간
- 가족생활의 중심이 되는 공간

■ 거실의 기능

가족의 단란, 대화, 휴식, 사교, 접객, 오락, 독서, 식사, 어린이 놀이, 가사 작업 등

■ 거실의 위치 등
- 현관, 식당, 화장실, 부엌의 위치와 가까울수록 좋다.
- 현관이 거실과 직접 면하는 것은 피해야 한다.
- 통로나 홀로 사용되지 않도록 하는 것이 좋다.

출제 키워드

▪ 거실의 가구 배치법 중 대면형
• 서로 시선이 마주쳐 다소 딱딱하고 어색한 분위기를 만들 우려
• 가구 자체가 차지하는 면적이 커지므로 실내가 협소해 보임

▪ 주택의 침실
• 개인의 사적 생활(프라이버시 유지)의 기본이 되는 공간
• 정원 등의 공지에 면하는 것이 좋다.
• 출입문을 한 개로 하는 것이 가구 배치와 독립성 확보에서 유리

▪ 침실의 위치
남쪽·남동쪽이 이상적, 북쪽은 피하는 것이 좋다.

▪ 부부 침실
부부 생활의 장소가 되기 때문에 독립성을 확보, 사적인 생활공간으로서 조용한 곳

▪ 노인 침실
아래층(1층)이 좋다.

▪ 부엌의 설비 배열
준비대 → 개수대 → 조리대 → 가열대 → 배선대 → 식당의 순

않도록 유의하여야 한다. 또한, 거실은 다른 방과 접속되면 유리하고, 침실과는 항상 대칭되게 한다. 거실의 크기는 1인당 4~6m^{2}가 적합하다.

⑤ 거실의 가구 배치법

㉮ 코너(ㄱ자)형은 시선이 부딪히지 않아 심리적인 부담이 작고, 공간의 활용성이 높다.

㉯ 직선(일자)형은 시선의 교차가 없어 자연스러운 분위기를 연출하나, 단란함이 약해진다.

㉰ 자유형은 어떤 유형에도 구애받지 않고, 자유롭게 배치된 형태로 개성적인 실내 연출이 가능하다.

㉱ 대면형은 서로 시선이 마주쳐 다소 딱딱하고 어색한 분위기를 만들 우려가 있으며, 일반적으로 가구 자체가 차지하는 면적이 커지므로 실내가 협소해 보일 수 있다.

(3) 주택의 침실

① 침실은 수면을 위한 공간이며, 동시에 개인의 사적 생활(프라이버시 유지)의 기본이 되는 공간이다. 따라서 수면을 취할 때에는 다른 사람으로부터 방해가 되지 않는 곳이어야 하며, 정원 등의 공지에 면하는 것이 좋다.

② 침실 계획에 있어서 출입문을 한 개로 하는 것이 가구 배치와 독립성 확보에서 유리하다.

③ 침실의 위치는 방위상 일조와 통풍이 좋은 남쪽·남동쪽이 이상적이나 다른 실과의 관계를 고려하여 하루에 한 번 정도 직사광선을 받을 수 있고 통풍이 좋은 위치면 무난하다. 북쪽은 피하는 것이 좋다.

④ 부부 침실은 단순한 취침을 위한 공간이라기보다는 부부 생활의 장소가 되기 때문에 독립성을 확보하고, 사적인 생활공간으로서 조용한 곳이어야 한다.

⑤ 노인 침실의 구조는 바닥의 높고 낮음이 없어야 좋고, 아래층(1층)이 좋으며, 화장실은 될 수 있으면 개실에 딸린 것이 좋다. 특히, 햇빛이 잘 들고 (남쪽)통풍이 잘 되는 조용한 곳으로 뜰을 바라볼 수 있는 곳이 좋다.

(4) 부엌의 위치와 설비 배열

① 부엌의 위치 : 부엌의 위치는 항상 쾌적하고, 일광에 의한 소독을 할 수 있는 남쪽과 동쪽이 좋으며, 식사실과 인접하고, 작업 중 어린이의 놀이 등을 관찰할 수 있는 곳이면 더욱 좋다. 서쪽은 여름철 오후에 음식물을 쉽게 상하게 하므로 반드시 피해야 한다.

② 부엌의 설비 배열 : 부엌 설비의 배열 순서는 준비대 → 개수대 → 조리대 → 가열대 → 배선대 → 식당의 순이다.

③ 부엌의 설비 배열 형식

㉮ 일렬형 : 동선과 배치가 간단하지만, 설비 기구가 많은 경우에는 작업 동선이 길어진다. 소규모 주택에 적합한 형식으로 동선의 혼란이 없고, 한 눈에 작업 내용을 알아볼 수 있는 이점이 있다. 작업대 전체 길이가 2,700mm 이상을 넘지 않도록 한다.

㉯ 병렬형 : 양쪽 벽면에 작업대가 마주보도록 배치한 것으로, 부엌의 폭이 길이에 비해 넓은 부엌의 형태에 적당한 형식으로, 작업 동선은 줄일 수 있지만 몸을 앞뒤로 바꾸는 데 불편하다. 여유 공간에 식탁을 배치하여 식당 겸 부엌으로 사용하는 경우에 적합하다.

㉰ ㄱ(ㄴ)자형 : 두 벽면을 이용하여 작업대를 배치한 형태로 한쪽 면에 싱크대를, 다른 면에는 가스레인지를 설치하면 능률적이다. 작업대를 설치하지 않은 남은 공간을 식사나 세탁 등의 용도로 사용할 수 있다.

㉱ ㄷ자형 : 동선의 길이를 가장 짧게 할 수 있고, 부엌 내의 벽면을 이용하여 작업대를 배치한 형태로 매우 효율적인 형태가 된다. 다른 동선과 완전 분리가 가능하며, ㄷ자형의 사이를 1,000~1,500mm 정도 확보하는 것이 좋다.

④ 부엌의 작업 삼각형(냉장고, 싱크대 및 조리대)은 삼각형 세 변 길이의 합이 짧을수록 효과적이다. 삼각형 세 변 길이의 합이 3.6~6.6m 사이에서 구성하는 것이 바람직하며, 싱크대와 조리대 사이의 길이는 1.2~1.8m가 가장 적합하고, 개수대와 냉장고 사이의 변이 가장 짧아야 한다.

⑤ 주택의 주방과 식당 계획 시 가장 중요한 사항은 주부의 동선(작업 동선)을 가능한 한 줄여야 한다는 것이다.

⑥ 부엌 작업대의 높이는 80~85cm가 적당하고, 작업의 흐름 순서는 한쪽(오른쪽에서 왼쪽)으로 이동하도록 한다.

(5) 식당

① 식사실의 크기나 형태는 가족의 수, 식사실 가구의 종류 및 크기, 통행의 여유 치수 등에 의해 결정되나, 4~5인 경우에는 3×5m 정도이다.

② 식당의 색채는 명도가 높은 난색 계통, 밝은색으로 청결함을 주도록 사용하며, 소박하고 단순한 형태가 바람직하다.

③ 위치별로 본 식사실의 형태

㉮ 다이닝 알코브(dining alcove, 리빙 다이닝)는 거실의 일부에 식탁을 꾸미는 것인데, 보통 6~9m^2 정도의 크기로 하고, 소형일 경우에는 의자 테이블을 만들어 벽쪽에 붙이고 접는 것으로 한다.

㉯ 리빙 키친(living dining kitchen)은 거실, 식사실 및 부엌의 기능을 한 곳에 집합시킨 것으로 공간을 효율적으로 활용할 수 있어서 소규모의 주택이나 아파트에 많이 사용된다. 가족 구성원의 수가 많고 주택의 규모가 큰 경우에는 리빙 키친은 부적당하다.

출제 키워드

■ 부엌의 설비 배열 형식 중 일렬형
- 동선과 배치가 간단
- 설비 기구가 많은 경우에는 작업 동선이 길어짐
- 소규모 주택에 적합한 형식

■ 부엌의 설비 배열 형식 중 병렬형
- 양쪽 벽면에 작업대가 마주보도록 배치한 것
- 부엌의 폭이 길이에 비해 넓은 부엌의 형태
- 작업 동선은 줄일 수 있지만 몸을 앞뒤로 바꾸는 데 불편
- 여유 공간에 식탁을 배치하여 식당 겸 부엌으로 사용

■ 부엌의 설비 배열 형식 중 ㄷ자형
동선의 길이를 가장 짧게 할 수 있다.

■ 부엌의 작업 삼각형
- 냉장고, 싱크대 및 조리대 등

■ 주택의 주방과 식당 계획
- 주부의 동선(작업 동선)을 가능한 한 감소
- 부엌 작업대의 높이는 80~85cm가 적당

■ 식사실의 크기나 형태의 결정 요소
가족의 수, 식사실 가구의 종류 및 크기, 통행의 여유 치수 등

■ 식당의 색채
명도가 높은 난색 계통 사용

■ 다이닝 알코브(리빙 다이닝)
거실의 일부에 식탁을 꾸미는 것

■ 리빙 키친
- 거실, 식사실 및 부엌의 기능을 한 곳에 집합시킨 것
- 공간을 효율적으로 활용
- 소규모의 주택이나 아파트에 많이 사용
- 가족 구성원의 수가 많고 주택의 규모가 큰 경우에는 리빙 키친은 부적당

㉢ 다이닝 키친(dining kitchen)은 부엌의 일부에 간단히 식탁을 꾸민 것 또는 부엌의 일부분에 식사실을 두는 형태로, 부엌과 식사실을 유기적으로 연결시켜 노동력을 절감하기 위한 형태이다. 즉, 공사비의 절약, 주부의 동선 단축과 노동력의 절감, 공간 활용도가 높고, 실면적의 절약 및 소규모 주택에 적합하다.

㉣ 키친 네트(kitchenette)는 작업대 길이가 2m 정도인 소형 주방가구가 배치된 간이 부엌의 형식으로 사무실이나 독신자 아파트에 주로 설치한다.

(6) 주택의 평면 계획시 유의사항

① 주택의 평면 계획에서 각 실의 상호 관계가 깊은 것은 인접시키고, 상호관계가 낮은 것 또는 상반되는 성질의 것은 격리시킨다.

② 물을 사용하는 공간(부엌, 욕실 및 화장실 등)이므로 가능한한 한 곳에 집중 배치를 하는 것이 유리하다.

③ 주택의 평면 계획에서 인접의 원칙에 적합한 경우는 식당과 주방, 거실과 현관, 주방과 다용도실 등이 있고, 식당과 화장실은 일정한 거리를 두는 것이 바람직하다.

④ 부엌의 위치는 가사 노동권 가운데 주부가 가장 오랜 시간을 보내는 곳이므로 항상 쾌적하고 일광에 의한 건조 소독을 할 수 있는 남쪽 또는 동쪽이 가장 이상적이나, 거실이나 아동실의 배치관계로 대개 동북의 모퉁이에 위치하는 경우가 많은데 서쪽은 절대로 피해야 한다.

⑤ 주택의 각 실의 위치를 결정할 때 고려하여야 할 사항은 일조, 동선 및 프라이버시 등이다.

⑥ 주택의 대지에 있어서 대지가 작으면 일조, 통풍 및 독립성 등의 확보가 불리하고, 평면 계획에 제약을 받는다.

⑦ 세면기의 높이는 70~75cm(700~750mm) 정도로 낮게 하는 것이 팔꿈치에서 물이 흘러내리지 않는 높이이다.

⑧ 거실 천장의 조명은 고명도의 색을 사용하여 밝게 하고, 바닥은 저명도의 색을 사용하여 안정감을 주도록 한다. 또한 천장재를 선택할 때, 색채에 있어서는 밝은 색으로 할수록 빛의 반사 효과가 크고, 질감에 있어서는 매끄러울수록 반사 효과가 크다. 이러한 특성을 잘 활용하면 전기의 소비 절약에도 도움이 된다. 그리고 높은 천장에는 짙은 색의 천장재를 사용하여 무거워 보이게 하고, 낮은 천장에는 밝은 색의 천장재를 사용하여 가벼워 보이게 함으로써 천장 높이를 시각적으로 교정할 수 있다.

9 아파트

(1) 아파트의 성립 요인

아파트의 성립 요인 중 사회적인 요인에는 도시 인구의 증가, 도시 생활자의 이동성, 세대 인원의 감소 및 수 세대의 주거로 성립되고, 계획적·경제적인 요인에는 단독 주거

출제 키워드

■ 다이닝 키친
• 부엌의 일부분에 식사실을 두는 형태
• 부엌과 식사실을 유기적으로 연결시켜 노동력을 절감
• 공사비의 절약
• 주부의 동선 단축과 노동력의 절감, 공간 활용도가 높음
• 실면적의 절약 및 소규모 주택에 적합

■ 키친 네트
• 작업대 길이가 2m 정도인 소형 주방가구가 배치된 간이 부엌의 형식
• 사무실이나 독신자 아파트에 주로 설치

■ 주택의 평면 계획
• 각 실의 관계가 깊은 것은 인접
• 상반되는 성질의 것은 격리
• 물을 사용하는 공간은 가능한 한 한 곳에 집중 배치
• 식당과 화장실은 일정한 거리를 두는 것이 바람직

■ 주택의 각 실의 위치를 결정 요소
일조, 동선 및 프라이버시 등

■ 주택의 대지가 작은 경우
• 일조, 통풍 및 독립성 등의 확보가 불리
• 평면 계획에 제약을 받음

■ 세면기의 높이
70~75cm(700~750mm) 정도로 낮게 설치

■ 거실 천장의 조명
고명도의 색을 사용

■ 아파트의 성립 요인 중 사회적인 요인
도시인구의 증가, 도시 생활자의 이동성, 세대인원의 감소 및 수세대의 주거

■ 계획적·경제적인 요인
넓은 옥외공간 및 좋은 환경 조성 가능

로는 해결할 수 없는 넓은 옥외공간 및 좋은 환경 조성 가능하고, 대지비, 건축비 및 유지비를 절약할 수 있다.

(2) 주동의 평면 형식

① 통로 형식에 의한 분류 : 계단실형(홀형), 편복도형, 중복도형, 집중형 등이 있다.

㉮ 계단실(홀)형 : 복도를 통하지 않고 계단실, 엘리베이터 홀에서 직접 단위 주거에 도달하는 형식이다. 양쪽에 창호를 설치할 수 있으므로 채광과 통풍이 가장 유리하고, 프라이버시가 양호하며, 통행부 면적이 작아서 건물의 이용도가 높고, 좁은 대지에서 집약형 주거 등이 가능하나, 엘리베이터의 효율이 나쁘다.

㉯ 편복도형 : 엘리베이터나 계단에 의해 각 층에 올라와 편복도를 따라 각 단위 주거에 도달하는 형식으로 엘리베이터의 이용률이 홀형에 비해 매우 높다.

㉰ 중복도형 : 엘리베이터나 계단에 의해 각 층에 올라와 중복도를 따라 각 단위 주거에 도달하는 형식이다.

㉱ 집중형 : 건물 중앙 부분의 엘리베이터와 계단을 이용해서 각 단위 주거에 도달하는 형식으로 일조와 환기 조건이 가장 불리한 형식이다.

평면 형식	프라이버시	채광	통풍	거주성	엘리베이터의 효율	비고
계단실형	좋음	좋음	좋음	좋음	나쁨(비경제적)	저층(5층 이하)에 적당
중복도형	나쁨	나쁨	나쁨	나쁨	좋음	독신자 아파트에 적당
편복도형	중간	좋음	좋음	중간	중간	고층에 적당
집중형	중간	나쁨	나쁨	나쁨	중간	고층 정도에 적당

② 단위 주거의 형식에 의한 분류 : 단층형, 복층형, 트리플렉스형 등이 있다.

㉮ 단층(flat)형 : 한 주호의 각 실 면적 배분이 한 층만으로 구성되어 있으며, 특히 각 실이 인접해 있으므로 독립성이 깨어지지 않도록 유의해야 한다. 공동 주택에 가장 많이 쓰이는 형식이며 특징은 다음과 같다.

㉠ 평면 구성에 있어서 제약이 적고, 작은 면적에서도 설계가 가능하다.

㉡ 각 실이 인접되어 있고, 공용 복도에 면하는 부분이 많으므로 프라이버시 유지가 어렵다.

㉯ 복층(메조네트)형 : 한 주호가 두 개 층에 나뉘어 구성 또는 1개의 단위 주거가 2개층에 걸쳐 있는 경우로서 독립성이 좋고 전용 면적비가 크다. 소규모(50m^2 이하)의 주거 형식에는 비경제적이다. 듀플렉스형이라고도 한다.

㉠ 특징

- 단위 주거의 평면 계획에 변화를 줄 수 있으나, 공용 복도가 없는 층은 피난하는 데 결점이 생긴다. 공용 통로 면적을 절약할 수 있고 임대 면적을 증가시킨다(복도 1층을 걸러서 설치).
- 편복도형이 많이 쓰이며 복도가 없는 층은 남·북면이 트여지면 좋은 평면이 된다.

출제 키워드

▪ 통로의 형식에 의한 분류

계단실형(홀형), 편복도형, 중복도형, 집중형 등

▪ 계단실(홀)형

- 복도를 통하지 않고 계단실, 엘리베이터 홀에서 직접 단위 주거에 도달하는 형식
- 채광과 통풍이 가장 유리
- 프라이버시가 양호
- 건물의 이용도가 높음
- 좁은 대지에서 집약형 주거 등이 가능
- 엘리베이터의 효율이 나쁨

▪ 편복도형

엘리베이터의 이용률이 홀형에 비해 매우 높음

▪ 집중형

일조와 환기 조건이 가장 불리

▪ 단층(flat)형

한 층만으로 구성

▪ 복층(메조네트)형

- 1개의 단위 주거가 2개층에 걸쳐 있는 형식이다.
- 단위 주거의 평면 계획에 변화를 줄 수 있다.
- 엘리베이터의 정지층이 감소하여 경제적이다.
- 구조·설비 등이 복잡해지고 설계가 어렵다.

출제 키워드

■ 스킵 플로어형
- 단층형과 복층형에서 동일 층으로 하지 않고 반 층씩 엇나게 하는 형식
- 복도 면적이 감소

■ 주동의 외관 형식 중 탑상형
- 대지의 조망을 해치지 않음
- 건물의 그림자도 적어서 변화를 줄 수 있는 형태
- 단위 주거의 실내 환경 조건이 불균등

■ 공동 주택의 배치
- 남북간의 인동 간격은 동지 때 4시간의 일조를 기준
- 동서 및 남북간의 인동 간격은 각 동 사이의 일조·통풍·독립성(프라이버시)·연소·환기 및 채광 등으로 결정하고, 최소 4m 이상
- 갓복도(편복도)식의 2세대 이상이 공동으로 사용하는 복도의 유효 폭은 120cm 이상

■ 아파트의 단점
- 공간의 다양화
- 생활의 변화에 대응할 수 있는 융통성이 부족

- 주·야간의 생활 공간을 분리할 수 있고, 엘리베이터를 복도가 있는 층(한 층씩 걸러)에만 설치하므로 정지층이 감소하여 경제적이다.

㉡ 평면 계획 : 문간층(거실·부엌), 위층(침실)으로 계획하며 다른 평면형의 상·하층을 서로 포개게 되므로 구조·설비 등이 복잡해지고 설계가 어렵다.

㉰ 트리플렉스형(triplex type) : 하나의 주호가 3층으로 구성되어 있는 것으로 특징은 다음과 같다.

㉠ 프라이버시의 확보와 통로 면적의 절약은 메조네트형보다 유리하다.

㉡ 상당한 주호 면적이 없으면 플랜상의 융통성이 없어지고, 피난 계획도 곤란하다.

㉢ 상당한 주호 면적의 확보는 메조네트형보다 유리하다.

㉱ 스킵 플로어형 : 아파트의 단면 구성 형식 중 주거 단위의 단면을 단층형과 복층형에서 동일 층으로 하지 않고 반 층씩 엇나게 하는 형식 또는 복도를 1층 또는 2층 걸러 설치하거나, 그 밖의 층에서는 복도가 없이 계단실에서 단위 주거에 도달하는 형식이다. 프라이버시가 확보되고, 엘리베이터의 정지 층수를 줄일 수 있으며, 복도 면적이 감소하는 장점이 있다. 동선이 복잡하고, 구조 및 설비 계획이 난이하며, 동일한 주거동에 다른 모양의 세대 배치가 발생한다.

(3) 주동의 외관 형식

① **판상형** : 같은 형식의 단위 주거를 수평·수직으로 배치하기 때문에 단위 주거에 균등한 조건을 줄 수 있는 평면 계획이 용이하고, 건물 시공이 쉽다. 건물의 그림자가 커지고 건물의 중앙부 아래층의 주거에서는 시야가 막히는 결점이 있다.

② **탑상형** : 대지의 조망을 해치지 않고 건물의 그림자도 적어서 변화를 줄 수 있는 형태이지만, 단위 주거의 실내 환경 조건이 불균등해진다.

③ **복합형** : 여러 가지 형태를 복합한 것으로 H형, L형 등 복잡한 형태가 된다. 이 형태는 대지의 모양에 따라서 제약을 받는 경우가 생기는 주동의 형태이다.

(4) 공동 주택의 배치

① 공동 주택을 배치함에 있어서 남북간의 인동 간격은 동지 때 4시간의 일조를 기준으로 하며, 동서 및 남북간의 인동 간격은 각 동 사이의 일조·통풍·독립성(프라이버시)·연소·환기 및 채광 등으로 결정하고, 최소 4m 이상으로 한다.

② 갓복도(편복도)식의 공동 주택에 있어서 2세대 이상이 공동으로 사용하는 복도의 유효 폭은 120cm 이상이다.

③ 공동 주택 중 아파트는 공간의 다양화, 생활의 변화에 대응할 수 있는 융통성이 부족한 단점이 있다. 이에 비하면 단독주택은 공간의 다양화나 생활의 변화에 대해 융통성 있게 대응할 수 있는 장점을 가지고 있다.

출제 키워드

- 인보구
20~40호
- 근린분구
400~500호
- 근린주구
1,600~2,000호, 초등학교

10 단지의 구성

구분 단위	주택 호수(호)	인구(명)	면적(ha)	공동 시설 및 일반 사항	비고
인보구	20～40	–	0.5～2.5	유아 놀이터, 공동 세탁소, 쓰레기 처리장	• 커뮤니티의 단위로는 미약하다.
근린분구	400～500	2,000	15～25	• 소비 시설 : 잡화점, 주점, 과자점, 미곡상 • 후생 시설 : 대중탕, 이발소, 진료소, 약국, 우체국 • 보육 시설 : 유치원(보육원), 어린이 공원	
근린주구	1,600～2,000	8,000～10,000	100	• 시가지의 간선 도로로 둘러싼 블록이고, 일상 생활에 필요한 점포나 공공 시설을 갖추고 있다. • 근린주구는 도시 계획의 종합 계획과 연결시킨다. • 점포, 병원, 초등학교, 운동장, 우체국, 소방서	• 커뮤니티의 최소 단위이다. • 커뮤니티센터의 설치가 바람직하다.

11 연립 주택의 분류

연립 주택의 종류에는 타운 하우스, 로우 하우스 및 중정형 주택 등이 있다.

(1) 타운 하우스

토지의 효율적 이용 및 건설비, 유지 관리비의 절약을 고려한 연립 주택으로서 단독 주택의 장점을 최대한 활용한 형식이다. 부엌은 출입구 가까운 쪽에, 거실 및 식사실은 테라스와 정원을 향하며, 2층 침실은 발코니를 설치할 수 있다.

① 독립성을 위하여 단위 주거의 사이에 경계벽을 설치한다.
② 단위 주거마다 자동차의 주차가 용이하며, 집단인 경우에는 정원 입구에 공동 주차를 시킬 수 있다.
③ 일조의 확보를 위하여 남향 또는 남동향으로 배치한다.
④ 프라이버시 확보는 단지 내에 나무를 적절하게 심어 해결한다.
⑤ 주동의 길이가 긴 경우에는 전진・후퇴를 시켜 변화를 주며, 층의 다양화를 위하여 주동의 양끝 단위 주거나 단지의 외곽동을 1층으로 하며, 중앙부에 3층을 배치할 수 있다.

(2) 중정 주택

보통 단위 주거가 한 층을 점유하는 주거 형식으로, 중정을 향하여 ㅁ자형으로 둘러싸여 있다.

① 격자형의 단조로움을 피하기 위하여 돌출, 후퇴시킬 수 있으며, 중정에 나무를 심는다.

출제 키워드

■ 테라스 하우스

- 경사지를 적절하게 이용
- 상부층으로 갈수록 약간씩 뒤로 후퇴
- 각 호마다 전용의 정원을 갖는 주택 형식

② 내부 단위 주거들이 불리한 그늘의 감소를 위하여 동쪽 또는 북쪽의 단위 주거들은 2층으로 해도 좋다.

③ 놀이, 휴식, 수영장 등 커뮤니티 시설이나 오픈 스페이스를 확보하기 위하여 단위 주거를 제거할 수 있다.

(3) 테라스 하우스

경사지를 적절하게 이용할 수 있고, 상부층으로 갈수록 약간씩 뒤로 후퇴하며 각 호마다 전용의 정원을 갖는 주택 형식이다.

(4) 로우 하우스

저층 주거로 3층 이하(보통은 2층 이하)의 도시형 주택으로 이상적이다. 2동 이상의 단위 주거가 경계벽을 공유하며, 토지의 효율적 이용, 건설비의 절감을 고려한 형식이다. 단독 주택에 비해 높은 밀도를 유지할 수 있고, 공동 시설을 적절하게 배치할 수 있으며, 단위 주거는 지면에서 직접 출입이 가능한 특성이 있다.

| 1-4. 주거 건축 계획 |

과년도 출제문제

01 한·양식 주택의 비교
14, 11, 08, 06

한식 주택과 양식 주택에 대한 설명 중 옳지 않은 것은?

① 한식 주택의 각 실들은 다용도 형식으로 되어 있어 융통성이 많다.
② 양식 주택은 개인의 생활 공간이 보호되는 유리한 점이 있는 만큼 많은 주거 면적이 소요된다.
③ 양식 주택의 가구는 부차적 존재이며, 한식 주택의 가구는 주요한 내용물이다.
④ 한식 주택은 좌식 생활이며, 양식 주택은 입식 생활이다.

해설 한·양식 주택의 비교

형식 / 분류	한식	양식
평면	• 조합 평면 (은폐적, 실의 조합) • 분산식(병렬식) • 공간의 융통성이 높다. • 홀(hall)로 연결	• 기능적인 분화 평면 (개방적, 실의 분화) • 집중 배열식 • 공간의 융통성이 낮다. • 복도로 연결
구조	• 바닥이 높고, 개구부가 크다. • 가구식(목조)	• 바닥이 낮고, 개구부가 작다. • 조적식(벽돌, 블록조)
관습	• 다목적용 좌식 생활 (거실, 객실, 서재, 식사) • 장점 : 경제적이다. • 단점 : 비위생적이고(취침시) 분화성이 없으며 근대적이지 못하다.	• 용도별 입식 생활 (가구와 침대의 관계) • 장점 : 위생적이고(취침시) 분화성이 있으며 근대적이다. 활동이 편리하다. • 단점 : 융통성이 없고 비경제적이다.
용도	• 다목적 용도 • 각 실의 프라이버시(privacy) 보장이 어렵다.	• 단일(용도별) 용도 • 각 실의 프라이버시(privacy) 보장
가구	• 가구는 부수적인 내용물	• 가구는 주요한 내용물
설비	• 바닥의 복사 난방	• 대류식 난방

02 한·양식 주택의 비교
23③, 12, 10②

한식 주택과 양식 주택에 대한 설명 중 옳지 않은 것은?

① 한식 주택은 좌식이고, 양식 주택은 입식이다.
② 한식 주택의 가구는 부차적 존재이며, 양식 주택의 가구는 주요한 내용물이다.
③ 한식 주택의 방은 단일 용도이나, 양식 주택의 방은 다용도이다.
④ 한식 주택은 은폐적이며, 양식 주택은 개방형이다.

해설 양식 주택의 실은 단일(용도별) 용도이고, 한식 주택의 실은 혼합(다목적) 용도이다.

03 한·양식 주택의 비교
10

한식 주택과 양식 주택에 대한 설명 중 옳지 않은 것은?

① 양식 주택은 입식이고 한식 주택은 좌식이다.
② 양식 주택에서는 각 실이 단일용도로 이용된다.
③ 한식 주택은 가구의 종류와 형태에 따라 각 방의 크기와 너비가 결정된다.
④ 각 실의 관계에서 한식은 실의 조합식이고 양식은 실의 분화식이다.

해설 양식 주택에 있어서 가구는 주요한 내용물이므로 가구의 종류와 형태에 따라서 각 방의 크기와 형태가 결정되나, 한식 주택에 있어서 가구는 부수적인 내용물이므로 가구의 종류와 형태에 따라서 각 방의 크기와 형태가 결정되지 않는다.

04 숑바르 드 로브의 병리 기준
21, 16

프랑스의 사회학자 숑바르 드 로브(Chombard de Lawve)가 설정한 주거 면적 기준 중 거주자의 신체적 및 정신적인 건강에 나쁜 영향을 끼칠 수 있는 병리 기준은?

① $8m^2$/인 이하　　② $14m^2$/인 이하
③ $16m^2$/인 이하　　④ $18m^2$/인 이하

정답 01. ③ 02. ③ 03. ③ 04. ①

해설 주거 면적의 기준

(단위 : m^2/인 이상)

구분	최소한 주택의 면적	코르노 (cologne) 기준	숑바르 드 로브 (사회학자)			국제 주거회의의 (최소)
			병리 기준	한계 기준	표준 기준	
면적	10	16	8	14	16	15

05 | 건축의 평면 계획
10

건축 평면 계획에 대한 설명 중 옳지 않은 것은?

① 동선 계획과 동시에 진행되는 것이 보통이다.
② 주어진 기능의 어떤 건물 내부에서 일어나는 모든 활동의 종류, 규모 및 그 상호관계를 합리적으로 평면상에 배치함을 말한다.
③ 입면 설계의 수직적 크기를 나타낸다.
④ 소음 및 악취 등 환경적 문제를 해결해야 한다.

해설 입면 설계의 수직적 크기를 나타내는 계획은 평면 계획이 아니라 입면 계획이다.

06 | 건축의 평면 계획
14, 09

건축 계획 과정 중 평면 계획에 관한 설명으로 옳지 않은 것은?

① 평면 계획은 일반적으로 동선 계획과 함께 진행된다.
② 실의 배치는 상호 유기적인 관계를 가지도록 계획한다.
③ 평면 계획 시 공간 규모와 치수를 결정한 후 각 공간에서의 생활 행위를 분석한다.
④ 평면 계획은 2차원적인 공간의 구성이지만, 입면 설계의 수평적 크기를 나타내기도 한다.

해설 건축 계획 과정 중 평면 계획 시 각 공간에서의 생활 행위를 분석한 후 공간의 규모와 치수를 결정하여야 한다.

07 | 건축의 평면 계획 시 고려사항
24, 13

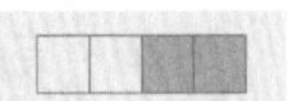

다음 중 건축물의 평면 계획 시 고려하여야 할 사항으로 가장 중요한 것은?

① 주위 환경과의 조화
② 경제적인 구조체 설계
③ 각 실의 기능 만족 및 실의 배치
④ 명암, 색채, 질감의 요소를 고려한 마감 재료의 조화

해설 건축물의 평면 계획 시 고려하여야 할 사항으로 가장 중요한 것은 각 실의 기능 만족 및 실의 배치이다.

08 | 주거 공간 구성의 기본 요소
24, 21, 20, 17, 09

생활 행위에 따른 동작을 가능하게 하며, 주거 공간을 구성하는 가장 기본적인 것은?

① 인체 동작 공간
② 개인 공간
③ 공동 공간
④ 주거 집합 공간

해설 주거 공간의 구성은 인체 동작 공간(주거 공간을 구성하는 가장 기본적인 공간) → 단위 공간 → 실내 공간 → 주거 공간 → 주거 집합 공간의 순으로 구성된다.

09 | 단위 공간과 평면 요소
11

단위 공간 및 평면 요소에 관한 설명 중 옳지 않은 것은?

① 건축 공간은 개개의 단위 공간이 모여서 전체를 구성한다.
② 단위 공간 안에서는 인간의 동작에 필요한 공간이 요구 조건은 아니다.
③ 어린이 방의 평면 요소에는 취침, 공부, 수납 등의 공간이 요구된다.
④ 부엌의 평면 요소에는 개수대, 조리대, 가열대, 배선대 등 조리 작업 공간이 요구된다.

해설 단위 공간(U)=사람+가구+여유(인체 동작 구간), 실내 공간(R)=단위 공간(U)+여유(생활 양식과 전통 등), 주거 공간(H)=실내 공간(R)+여유(생활양식과 전통, 지위의 상징 등), 주거 집합 공간=주거 공간+여유(환경, 공공시설 등) 등이다.

10 | 평면 요소의 배치
07

주거 건축 계획에서 평면 요소의 배치에 관한 설명 중 옳지 않은 것은?

① 같은 구성 인원이 영위하는 생활 행위에 대한 평면 요소는 서로 접근시킨다.
② 시간적으로 연속되는 생활 행위에 대한 평면 요소는 서로 격리시킨다.
③ 비슷한 생활 행위에 대한 평면 요소는 공용을 생각한다.
④ 조건이 상반되는 평면 요소는 서로 격리한다.

해설 시간적으로 연속되는 생활 행위에 대한 평면 요소는 근접시킨다. 즉, 한 방 속에 조합된다(취침 준비, 수면, 침구 정돈 등). 부엌과 식사실이 서로 근접해야 한다(조리, 상보기, 식사, 설거지 등).

정답 05. ③ 06. ③ 07. ③ 08. ① 09. ② 10. ②

11 | 개인 공간의 종류
15, 13, 11, 07

주거 공간은 주행동에 의해 개인 공간, 사회 공간, 가사 노동 공간 등으로 구분할 수 있다. 다음 중 개인 공간에 속하는 것은?

① 식당 ② 서재
③ 부엌 ④ 거실

해설 ①은 사회(공동) 공간, ③은 가사 노동 공간, ④는 사회(공동) 공간에 속한다.

12 | 사회 공간의 종류
14, 13, 12

주거 공간을 주행동에 의해 개인 공간, 사회 공간, 가사 노동 공간 등으로 구분할 경우, 다음 중 사회 공간에 속하는 것은?

① 서재 ② 식당
③ 부엌 ④ 다용도실

해설 ①은 서재는 개인 공간, ③과 ④는 가사 노동 공간에 속한다.

13 | 공동 생활 공간의 종류
17, 11, 07, 06

주택의 생활 공간을 개인 생활 공간, 공동 생활 공간, 가사 생활 공간으로 구분할 경우, 다음 중 공동 생활 공간에 속하지 않는 것은?

① 거실 ② 서재
③ 식당 ④ 응접실

해설 주택에서의 소요실

공동 공간	개인 공간	그 밖의 공간			
		가사 노동	생리 위생	수납	교통
거실, 식당, 응접실	부부침실, 노인방, 어린이방, 서재	부엌, 세탁실, 가사실, 다용도실	세면실, 욕실, 변소	창고, 반침	문간, 홀, 복도, 계단

14 | 동선의 3요소
24, 21, 20, 19, 17③, 16②, 14, 12, 11, 10, 09

동선의 3요소에 속하지 않는 것은?

① 속도 ② 빈도
③ 하중 ④ 방향

해설 동선은 일상생활에 있어서 어떤 목적이나 작업을 위하여 사람이나 물건이 움직이는 자취를 나타내는 선으로 동선의 3요소는 길이(속도), 하중 및 빈도이다.

15 | 공간의 레이아웃(평면 계획)
24, 22, 21, 20, 19, 18④, 17, 14

다음 중 공간의 레이아웃(layout)과 가장 밀접한 관계를 갖는 것은?

① 재료 계획 ② 동선 계획
③ 설비 계획 ④ 색채 계획

해설 공간의 레이아웃은 평면 계획으로서 동선 계획과 밀접한 관계를 갖고 있다.

16 | 동선 계획의 원칙
07

동선 계획의 일반적인 원칙에 대한 설명 중 옳지 않은 것은?

① 동선은 직선이고 간단해야 한다.
② 동선은 한 곳에 집중시켜야 한다.
③ 동선은 될 수 있으면 짧아야 한다.
④ 서로 다른 동선은 서로 교차하지 않도록 한다.

해설 동선 처리의 원칙은 될 수 있는 대로 짧아야 하고, 직선이며, 간단하여야 한다. 또한, 서로 다른 종류의 동선(사람과 차량, 오는 사람과 가는 사람)은 될 수 있는 대로 서로 교차하지 않도록 하여야 한다. 즉, 동선은 분산시켜야 한다.

17 | 동선 계획
22, 06

일반 주택의 동선 계획에 대한 설명 중 옳지 않은 것은?

① 개인, 사회, 가사 노동권의 3개 동선이 서로 분리되어 간섭이 없어야 한다.
② 가사 노동의 동선은 되도록 북쪽에 오도록 하고, 길게 한다.
③ 동선에는 공간이 필요하고 가구를 두지 않는다.
④ 주택의 내부 동선은 외부 조건과 배실 설계에 따른 출입 형태에 의해 1차적으로 결정된다.

해설 주택의 동선 계획에 있어서 가사 노동의 동선은 가능한 한 남쪽에 오도록 하고, 짧게 한다.

정답 11. ② 12. ② 13. ② 14. ④ 15. ② 16. ② 17. ②

18 | 동선 계획 12

주택의 동선 계획에 관한 설명으로 옳지 않은 것은?

① 동선에는 개인의 동선과 가족의 동선 등이 있다.
② 상호간에 상이한 유형의 동선은 명확히 분리하는 것이 좋다.
③ 가사 노동의 동선은 되도록 북쪽에 오도록 하고 길게 처리하는 것이 좋다.
④ 수평 동선과 수직 동선으로 나누어 생각할 때 수평 동선은 복도 등이 부담한다고 볼 수 있다.

해설 가사 노동의 동선은 새로운 주택 설계의 방향에서 알 수 있듯이 가사 노동을 경감하기 위하여 가능한 한 남쪽에 오도록 하고, 짧게 하는 것이 바람직하다.

19 | 동선 계획 14

주택의 동선 계획에 관한 설명으로 옳지 않은 것은?

① 상호간의 상이한 유형의 동선은 분리한다.
② 교통량이 많은 동선은 가능한 한 길게 처리하는 것이 좋다.
③ 가사 노동의 동선은 가능한 한 남측에 위치시키는 것이 좋다.
④ 개인, 사회, 가사 노동권의 3개 동선은 상호간 분리하는 것이 좋다.

해설 주택의 동선 계획에 있어 교통량이 많은 동선은 가능한 한 짧게 처리하는 것이 바람직하다.

20 | 동선 계획 18, 14

주택의 동선 계획에 관한 설명으로 옳지 않은 것은?

① 동선에는 독립적인 공간을 두지 않는다.
② 동선은 가능한 한 짧게 처리하는 것이 좋다.
③ 서로 다른 동선은 교차하지 않도록 한다.
④ 가사 노동의 동선은 가능한 한 남측에 위치시킨다.

해설 주택의 동선 계획에서 동선은 독립적인 공간을 두는 것이 바람직하다.

21 | 동선 계획 24, 21, 15

주택의 동선 계획에 관한 설명으로 옳지 않은 것은?

① 교통량이 많은 공간은 상호간 인접 배치하는 것이 좋다.
② 가사 노동의 동선은 가능한 한 남측에 위치시키는 것이 좋다.
③ 개인, 사회, 가사 노동권의 3개 동선은 상호간 분리하는 것이 좋다.
④ 화장실, 현관, 계단 등과 같이 사용 빈도가 높은 공간은 동선을 길게 처리하는 것이 좋다.

해설 사용 빈도가 높은 공간(화장실, 현관, 계단 등)은 동선을 짧게 처리하는 것이 바람직하다.

22 | 동선 처리의 원칙 06

다음 중 평면 계획에 있어 동선 처리 원칙과 가장 거리가 먼 것은?

① 서로 다른 종류의 동선은 접근시키고 필요 이상의 교차는 피하도록 한다.
② 동선이 나타내는 모양은 될 수 있는 대로 직선이고 간단해야 한다.
③ 주택 설계 시 가장 큰 비중을 두는 것은 가사 노동의 경감을 위한 주부의 동선이다.
④ 부득이 서로 교차할 때에는 가장 지장이 적은 동선부터 교차시킨다.

해설 동선 처리의 원칙 중 서로 다른 종류의 동선(사람과 차량, 오는 사람과 가는 사람)은 될 수 있는 대로 서로 교차하지 않도록 하여야 한다. 만일 부득이할 때에는 가장 지장이 적은 동선부터 교차시키도록 하여야 한다.

23 | 현관과 실내 바닥면의 높이차 20, 18, 17, 16, 14, 10, 07

다음 중 주택 출입구에서 현관의 바닥면과 실내 바닥면의 높이차로 가장 알맞은 것은?

① 5cm　　② 15cm
③ 30cm　　④ 45cm

해설 현관은 단지 출입을 위한 장소가 아니고, 주택의 외부와 내부를 연결하는 중요한 기능을 가지고, 주택의 평면이나 대지의 모양, 도로와의 관계에 따라서 결정되며, 특히 주택의 평면과는 깊은 연관을 갖고 있다. 현관의 바닥에서 거실 홀의 단높이는 90~210mm 정도로 한다.

정답 18. ③ 19. ② 20. ① 21. ④ 22. ① 23. ②

24 | 현관의 위치 결정 요소
19, 18, 17, 16, 12

다음 중 주택 현관의 위치를 결정하는 데 가장 큰 영향을 끼치는 것은?

① 현관의 크기 ② 대지의 방위
③ 대지의 크기 ④ 도로와의 관계

해설 주택의 현관 위치는 주택의 평면, 대지의 모양 및 도로와의 관계에 의하여 결정된다.

25 | 주택의 현관
20, 11

주택의 현관에 관한 설명 중 옳지 않은 것은?

① 주택 외부와 내부의 연결 기능을 갖는다.
② 현관의 위치는 대지의 형태 및 도로와의 관계 등에 의하여 결정된다.
③ 현관의 크기는 접객의 용무 외에 다양한 활동이 가능하도록 가급적 크게 하는 것이 좋다.
④ 현관 바닥에서 홀(hall)의 단 높이는 일반적으로 10~20cm 정도로 한다.

해설 현관은 일반적으로 북쪽이나 북서쪽 또는 동쪽과 서쪽이 적합하고, 건축물의 중앙부가 되는 것이 유리하다. 현관의 크기는 접객의 용무 외에 독립된 현관은 신발장·우산대·외투걸이 등의 자리를 따로 잡고, 최소한 너비는 1.2m, 깊이는 0.9m를 필요로 한다. 특히, 현관의 바닥에서 거실 홀의 단 높이는 90~210mm 정도로 한다.

26 | 주택의 현관
20, 14

주택의 현관에 관한 설명으로 옳지 않은 것은?

① 한 가정에 대한 첫 인상이 형성되는 공간이다.
② 현관의 위치는 도로와의 관계, 대지의 형태 등에 의해 결정된다.
③ 현관의 조명은 부드러운 확산광으로 구석까지 밝게 비추는 것이 좋다.
④ 현관의 벽체는 저명도, 저채도의 색채로 바닥은 고명도, 고채도의 색채로 계획하는 것이 좋다.

해설 현관의 벽체는 고명도, 고채도의 색채를 사용하고, 현관의 바닥은 저명도, 저채도의 색채로 계획하는 것이 바람직하다.

27 | 주택의 평면 계획
09

단독 주택의 평면 계획에 대한 설명 중 옳지 않은 것은?

① 침실은 다른 실의 통로가 되지 않도록 한다.
② 각 실의 상호 관계가 깊은 것은 격리시키는 것이 좋다.
③ 내부 공간과 외부 공간을 합리적으로 연결시킨다.
④ 평면 모양은 복잡하지 않도록 하고, 대지는 충분한 여유가 있어야 한다.

해설 주택의 평면 계획에서 각 실의 상호 관계가 깊은 것은 인접시키고, 상호관계가 낮은 것은 격리시킨다.

28 | 주택의 평면 계획
09

주택의 평면 계획에 관한 설명 중 옳지 않은 것은?

① 주택의 평면 계획은 먼저 주택의 규모를 결정해야 하고, 다음에 각 실의 크기 등을 결정해야 한다.
② 건축 공간의 계획은 전체에서 부분으로, 부분에서 전체로 반복하여 검토하면서 정리한다.
③ 각 실의 상호 관계는 관계가 깊은 것은 격리시키고, 상반되는 성질의 것은 인접시킨다.
④ 주택 내에서 공동 공간은 거실 및 식사실을 말한다.

해설 주택의 평면 계획에서 각 실의 상호 관계가 깊은 것은 인접시키고, 상반되는 성질의 것은 격리시킨다.

29 | 주택의 평면 계획
24, 06

주택의 평면 계획의 방침으로 옳지 못한 것은?

① 각 실의 상호 관계에서 관계가 깊은 것은 인접시킨다.
② 침실은 독립성을 확보하고, 다른 실의 통로가 되지 않게 한다.
③ 부엌, 욕실, 화장실 등은 분산시켜 배치하는 것이 좋다.
④ 평면 모양은 복잡하지 않도록 한다.

해설 물을 사용하는 공간(부엌, 욕실 및 화장실 등)이므로 가능한 한 한 곳에 집중 배치를 하는 것이 유리하다.

30 | 평면 계획 시 인접실의 관계
23, 21, 13

주택의 평면 계획에서 인접의 원칙에 해당하지 않는 것은?

① 거실 – 현관 ② 식당 – 주방
③ 식당 – 화장실 ④ 주방 – 다용도실

해설 주택의 평면 계획에서 인접의 원칙에 적합한 경우는 식당과 주방, 거실과 현관, 주방과 다용도실 등이 있고, 식당과 화장실은 일정한 거리를 두는 것이 바람직하다.

정답 24. ④ 25. ③ 26. ④ 27. ② 28. ③ 29. ③ 30. ③

31 | 각 실과 방위 관계
11

다음 중 주택에서 각 실의 방위가 가장 부적절한 것은?

① 거실 – 남쪽 ② 부엌 – 서쪽
③ 침실 – 동남쪽 ④ 화장실 – 북쪽

해설 부엌의 위치는 가사 노동권 가운데 주부가 가장 오랜 시간을 보내는 곳이므로 항상 쾌적하고 일광에 의한 건조 소독을 할 수 있는 남쪽 또는 동쪽이 가장 이상적이다. 거실이나 아동실의 배치관계로 대개 동북의 모퉁이에 위치하는 경우가 많은데 서쪽은 절대로 피해야 한다.

32 | 각 실의 위치 결정 시 고려사항
12

주택의 각 실의 위치를 결정할 때 고려해야 할 사항과 가장 거리가 먼 것은?

① 일조 ② 동선
③ 시공 순서 ④ 프라이버시

해설 주택의 각 실의 위치를 결정할 때 고려하여야 할 사항은 일조, 동선 및 프라이버시 등이다.

33 | 주택의 단위 공간 계획
09

주택의 단위 공간 계획에 대한 설명 중 옳지 않은 것은?

① 거실의 형태는 일반적으로 직사각형의 형태가 정사각형의 형태보다 가구의 배치나 실의 활용상 유리하다.
② 식당의 위치는 기본적으로 부엌과 근접 배치시키는 것이 이용상 편리하다.
③ 거실은 통로로 쓰이는 면적을 줄이기 위해 현관에서 먼 곳이나 평면상 중앙에 위치시키는 것이 바람직하다.
④ 침실은 소음원이 있는 쪽은 피하고, 정원 등의 공지에 면하도록 하는 것이 좋다.

해설 거실의 위치는 각 실과 배치상 균형을 고려하여야 하나 그 성격상 주택 내 중심의 위치에 있어야 하며, 또 가급적 현관에서 가까운 곳에 위치하되 현관이 거실과 직접 면하는 것은 피해야 한다. 방위상의 위치로는 남쪽 또는 남동·남서쪽에 면하는 것이 바람직하다.

34 | 주택의 대지
08

다음의 주택 대지에 대한 설명 중 옳지 않은 것은?

① 대지의 모양은 정사각형이나 직사각형에 가까운 것이 좋다.
② 경사지일 경우 기울기는 1/10 정도가 적당하다.
③ 대지가 작으면 일조, 통풍, 독립성 등의 확보가 용이하고 평면 계획에 제약을 받지 않는다.
④ 대지의 방위는 지방에 따라 다르지만, 남향이 좋다.

해설 주택의 대지에 있어서 대지가 작으면 일조, 통풍 및 독립성 등의 확보가 불리하고, 평면 계획에 제약을 받는다.

35 | 주택 거실의 용어
11

주택의 실내 공간 중 가족의 휴식, 대화, 단란한 공동생활의 중심이 되는 곳은?

① 거실 ② 응접실
③ 침실 ④ 서재

해설 거실은 가족 공용의 공간 또는 가족 생활의 중심이 되는 공간으로서 개인적인 생활 외에 거의 모든 것이 이루어진다. 거실의 기능은 가족의 단란, 대화, 휴식, 사교, 접객, 오락, 독서, 식사, 어린이 놀이, 가사 작업 등으로 나눌 수 있다.

36 | 거실의 평면 계획
09

거실의 평면 계획에 대한 설명 중 옳은 것은?

① 거실은 현관, 식당, 화장실, 부엌의 위치와 멀수록 좋다.
② 주부 활동의 장소는 될 수 있는 한 거실과 멀어지게 한다.
③ 거실의 전체적인 형태는 정방형보다 장방형이 공간 활용의 융통성이 크다.
④ 거실은 가족의 단란을 위해 평면 계획상 통로나 홀로 사용될 수 있도록 하는 것이 좋다.

해설 거실은 현관, 식당, 화장실, 부엌의 위치와 가까울수록 좋고, 주부 활동의 장소와 될 수 있는 한 가깝게하며, 가족의 단란을 위해 평면 계획상 통로나 홀로 사용되지 않도록 하는 것이 좋다.

37 | 거실의 가구(대면형)의 용어
20, 19, 14

다음 설명에 알맞은 거실의 가구 배치 형식은?

- 서로 시선이 마주쳐 다소 딱딱하고 어색한 분위기를 만들 우려가 있다.
- 일반적으로 가구 자체가 차지하는 면적이 커지므로 실내가 협소해 보일 수 있다.

① 대면형 ② 코너형
③ 직선형 ④ 자유형

정답 31.② 32.③ 33.③ 34.③ 35.① 36.③ 37.①

해설 코너(ㄱ자)형은 시선이 부딪히지 않아 심리적인 부담이 작고, 공간의 활용성이 높은 형식이며, 직선(일자)형은 시선의 교차가 없어 자연스러운 분위기를 연출하나, 단란함이 약해진다. 또한, 자유형은 어떤 유형에도 구애 받지 않고, 자유롭게 배치된 형태로 개성적인 실내 연출이 가능하다.

38 거실의 평면 계획
23, 06

주택의 거실 계획에 대한 설명 중 옳지 않은 것은?

① 심리적으로 모이기 쉽고 안정된 분위기를 조성한다.
② 일조, 통풍 등의 자연 조건이 좋은 곳에 배치한다.
③ 가급적 현관에 직접 면하는 위치에 배치한다.
④ 생활에 알맞게 충분한 공간을 확보한다.

해설 거실의 위치는 각 실과 배치상 균형을 고려하여야 하나, 그 성격상 주택 내 중심의 위치에 있어야 하며, 가급적 현관에서 가까운 곳에 위치하되, 현관이 거실과 직접 면하는 것은 피해야 한다.

39 거실의 평면 계획
22, 18, 13

주택의 거실에 관한 설명으로 옳지 않은 것은?

① 가급적 현관에서 가까운 곳에 위치시키는 것이 좋다.
② 거실의 크기는 주택 전체의 규모나 가족 수, 가족 구성 등에 의해 결정된다.
③ 전체 평면의 중앙에 배치하여 각 실로 통하는 통로로서의 역할을 하도록 한다.
④ 거실의 형태는 일반적으로 직사각형이 정사각형보다 가구의 배치나 실의 활용 측면에서 유리하다.

해설 거실은 전체 평면의 중앙에 배치하나, 각 실의 통로로 사용되는 경우 사교, 오락에 장애가 되므로 통로로 사용되는 것은 피하도록 한다.

40 거실의 평면 계획
23②, 13, 10

주택의 거실에 관한 설명으로 옳지 않은 것은?

① 다목적 공간으로서 활용되도록 한다.
② 주택의 단부에 위치시킬 경우 개인적인 공간과 구분을 명확히 할 수 있다.
③ 안정된 거실 분위기를 위해 동선에 유의하고 출입구 수를 가능한 한 줄이는 것이 좋다.
④ 가족 구성원이 많고 주택의 규모가 큰 경우에는 리빙 키친을 적용하는 것이 좋다.

해설 리빙 키친은 거실, 식사실 및 부엌의 기능을 한 곳에 집합시킨 것으로 공간을 효율적으로 활용할 수 있어서 소규모의 주택이나 아파트에 많이 사용된다. 가족 구성원의 수가 많고 주택의 규모가 큰 경우에는 리빙 키친은 부적당하다.

41 주택 침실의 용어
22, 11

다음 중 주택 공간의 배치 계획에서 다른 공간에 비하여 프라이버시 유지가 가장 요구되는 것은?

① 현관 ② 거실
③ 식당 ④ 침실

해설 침실은 수면을 위한 공간이며, 동시에 개인의 사적 생활(프라이버시 유지)의 기본이 되는 공간으로, 수면을 취할 때에는 다른 사람으로부터 방해가 되지 않는 곳이어야 하며, 정원 등의 공지에 면하는 것이 좋다.

42 주택의 침실 위치
17, 10

침실의 위치에 대한 설명 중 옳지 않은 것은?

① 현관에서 떨어진 곳이 좋다.
② 도로 쪽은 피하고 독립성이 있는 곳이 좋다.
③ 일조, 통풍이 좋은 남쪽이나 동남쪽이 좋다.
④ 정원 등의 공지에 면하지 않는 것이 좋다.

해설 침실은 수면을 위한 공간이며, 동시에 개인의 사적 생활(프라이버시 유지)의 기본이 되는 공간으로, 수면을 취할 때에는 다른 사람으로부터 방해가 되지 않는 곳이어야 하며, 정원 등의 공지에 면하는 것이 좋다.

43 주택의 침실 계획
11, 06

주택의 침실 계획에 대한 설명으로 옳지 않은 것은?

① 방위는 일조와 통풍이 좋은 남쪽이나 동남쪽이 이상적이다.
② 침실의 크기는 사용 인원수, 침구의 종류, 가구의 종류, 통로 등의 사항에 따라 결정된다.
③ 노인 침실의 경우, 바닥이 고저차가 없어야 하며 위치는 가급적 2층 이상이 좋다.
④ 침실 환기 시 통풍의 흐름이 직접 침대 위를 통과하지 않도록 한다.

해설 노인 침실의 구조는 바닥 차이가 없어야 하고, 위치는 1층이 좋으며, 일조와 통풍이 양호하고 조용한 위치에 두는 것이 좋다. 특히, 뜰을 바라볼 수 있는 곳이 좋고, 정신적 안정과 보건에 편리하도록 계획한다.

정답 38. ③ 39. ③ 40. ④ 41. ④ 42. ④ 43. ③

44 | 주택의 침실 계획
10

주택의 침실 계획에 대한 설명 중 옳지 않은 것은?

① 침실의 독립성 확보에 있어서 출입문과 창문의 위치는 매우 중요하다.
② 문이 두 개인 경우 분산되는 것이 가구 배치와 독립성 확보를 위해 효과적이다.
③ 입구에서 옷장 등 수납 공간까지 동선을 짧게 하는 것이 좋다.
④ 문이 옷을 갈아입는 공간과 똑바로 일치되지 않는 것이 프라이버시 확보에 유리하다.

해설 침실 계획에 있어서 출입문을 한 개로 하는 것이 가구 배치와 독립성 확보에서 유리하다.

45 | 주택의 침실 계획
21, 16, 15

주택의 침실에 관한 설명으로 옳지 않은 것은?

① 방위상 직사광선이 없는 북쪽이 가장 이상적이다.
② 침실은 정적이며 프라이버시 확보가 잘 이루어져야 한다.
③ 침대는 외부에서 출입문을 통해 직접 보이지 않도록 배치하는 것이 좋다.
④ 침실의 위치는 소음원이 있는 쪽은 피하고, 정원 등의 공지에 면하도록 하는 것이 좋다.

해설 침실의 위치는 방위상 일조와 통풍이 좋은 남쪽·동남쪽이 이상적이나 다른 실과의 관계를 고려하여 하루에 한 번 정도 직사광선을 받을 수 있고 통풍이 좋은 위치면 무난하며, 북쪽은 피하는 것이 좋다.

46 | 주택의 침실 계획
22, 20②, 18, 09

다음의 주택 침실에 관한 설명 중 옳지 않은 것은?

① 침실의 위치는 소음의 원인이 되는 도로쪽은 피하고, 정원 등의 공지에 면하도록 하는 것이 좋다.
② 침실의 크기는 사용 인원수, 침구의 종류, 가구의 종류, 통로 등의 사항에 따라 결정된다.
③ 부부 침실은 주택 내의 공동 공간으로서 가족 생활의 중심이 되도록 한다.
④ 어린이 침실은 주간에는 공부를 할 수 있고, 유희실을 겸하는 것이 좋다.

해설 거실은 가족의 공용 공간 또는 가족생활의 중심이 되는 공간이라고 할 수 있고, 부부 침실은 단순한 취침을 위한 공간이라기보다는 부부 생활의 장소가 되기 때문에 독립성을 확보하고, 사적인 생활공간으로서 조용한 곳이어야 한다.

47 | 주택의 침실 계획
23, 08

주택의 침실에 대한 설명으로 옳지 않은 것은?

① 침실의 위치는 소음원이 있는 쪽은 피하고, 정원 등의 공지에 면하도록 하는 것이 좋다.
② 어린이 침실은 주간에는 공부를 할 수 있고 놀이 공간을 겸하는 것이 좋다.
③ 침실의 크기는 사용 인원 수, 침구의 종류, 가구의 종류, 통로 등의 사항에 결정된다.
④ 방위상 직사광선이 없는 북쪽이 이상적이다.

해설 침실의 위치는 방위상 일조와 통풍이 좋은 남쪽·동남쪽이 이상적이나 다른 실과의 관계를 고려하여 하루에 한 번 정도 직사광선을 받을 수 있고 통풍이 좋은 위치면 무난하며, 북쪽은 피하는 것이 좋다.

48 | 주택의 침실 계획
16

주택의 침실에 관한 설명으로 옳지 않은 것은?

① 현관과 떨어지고, 도로 쪽을 피하며, 독립성이 있는 곳이어야 한다.
② 부부 침실은 주택 내의 공동 공간으로서 가족과 긴밀한 연락이 가능 하도록 하여야 한다.
③ 일조와 통풍이 좋고, 침실의 환기에서 통풍의 흐름이 직접 침대 위를 통과하지 않도록 한다.
④ 노인 침실의 경우 위치는 가급적 1층 또는 조용한 곳이어야 한다.

해설 부부 침실은 단순한 취침을 위한 공간이라기보다는 부부 생활의 장소가 되기 때문에 독립성을 확보하고, 사적인 생활 공간으로서 조용한 곳이어야 하고, 주택 내의 공동 공간으로서 가족생활의 중심이 되는 공간은 거실이다.

49 | 부엌의 작업대(ㄱ자형)
12, 10

부엌 작업대의 배치 유형 중 양 벽면에 인접한 작업대를 붙여서 배치한 형태로 여유공간에 식탁을 배치하여 식당 겸 부엌으로 사용하는 경우에 적합한 것은?

① 일렬형　　② 병렬형
③ ㄱ자형　　④ ㄷ자형

해설 ㄷ(U)자형은 부엌 내의 벽면을 이용하여 작업대를 배치한 형태로 매우 효율적인 형태로서 동선의 길이를 가장 짧게할 수 있는 형식이고, 다른 동선과 완전 분리가 가능하며 ㄷ자형의 사이를 1,000~1,500mm 정도로 확보하는 것이 좋다.

정답 44.② 45.① 46.③ 47.④ 48.② 49.③

50 | 부엌의 작업대(병렬형)
23, 22, 20, 19③, 17, 15, 14, 12

다음 설명에 알맞은 부엌 가구의 배치 유형은?

- 양쪽 벽면에 작업대가 마주보도록 배치한 것으로 부엌의 폭이 길이에 비해 넓은 부엌의 형태에 적당한 형식이다.
- 작업 동선은 줄일 수 있지만 몸을 앞뒤로 바꾸는 데 불편하다.

① 일자형 ② L자형
③ 병렬형 ④ 아일랜드형

해설 부엌의 설비 배열 형식 중 일렬형(일자형)은 동선과 배치가 간단하지만, 설비 기구가 많은 경우에는 작업 동선이 길어진다. 소규모 주택에 적합한 형식으로 작업대 전체 길이가 2,700mm 이상을 넘지 않도록 한다. ㄴ(L)자형은 두 벽면을 이용하여 작업대를 배치한 형태로 한쪽 면에 싱크대를, 다른 면에는 가스레인지를 설치하면 능률적이다. 작업대를 설치하지 않은 남은 공간을 식사나 세탁 등의 용도로 사용할 수 있다. 아일랜드형은 부엌의 중앙에 세트를 놓고 주위를 돌아가며 작업할 수 있게 한 형태의 부엌이다.

51 | 부엌의 작업대(ㄷ자형)
24, 22②, 21②, 14

다음 중 동선의 길이를 가장 짧게 할 수 있는 부엌 가구의 배치 형태는?

① 일자형 ② ㄱ자형
③ 병렬형 ④ ㄷ자형

해설 일자형은 소규모 주택에 적합하고, ㄱ자형은 일자형보다 동선이 짧고, 중간과 소규모 부엌에 주로 사용한다. 병렬형은 부엌의 가구가 마주 보도록 배치하는 형태이고, ㄷ자형은 동선이 가장 짧으며, 면적이 넓은 부엌에 적합하다.

52 | 부엌의 작업대(일렬형)
19, 06

부엌의 평면형 중 동선과 배치가 간단하지만, 설비 기구가 많은 경우에는 작업 동선이 길어지므로 소규모 주택에 적합한 형식은?

① 병렬형 ② ㄱ자형
③ ㄷ자형 ④ 일렬형

해설 병렬형은 양쪽 벽면에 작업대가 마주 보도록 배치한 것으로 부엌의 폭이 길이에 비해 넓은 부엌의 형태에 적당한 형식이고, 작업 동선은 줄일 수 있지만 몸을 앞뒤로 바꾸는 데 불편하다. ㄱ자형은 일자형보다 동선이 짧고, 중간과 소규모 부엌에 주로 사용한다. 병렬형은 부엌의 가구가 마주 보도록 배치하는 형태이고, ㄷ자형은 동선이 가장 짧으며, 면적이 넓은 부엌에 적합하다.

53 | 부엌의 작업대 배치 순서
18, 17, 16, 07

부엌의 평면 계획 시 작업 과정에 따른 작업대의 배열이 가장 알맞은 것은?

① 개수대 – 조리대 – 가열대 – 배선대
② 조리대 – 가열대 – 배선대 – 개수대
③ 가열대 – 배선대 – 개수대 – 조리대
④ 배선대 – 개수대 – 가열대 – 조리대

해설 부엌 설비의 배열 순서는 준비대 – 개수대 – 조리대 – 가열대 – 배선대 – 식당의 순이다.

54 | 부엌의 작업 삼각형 요소
21, 16

주택의 부엌에서 작업 삼각형(work triangle)의 구성에 속하지 않은 것은?

① 냉장고 ② 배선대
③ 개수대 ④ 가열대

해설 부엌의 작업 삼각형(냉장고, 싱크대 및 조리대)은 삼각형 세 변 길이의 합이 짧을수록 효과적이고, 삼각형 세 변 길이의 합이 3.6~6.6m 사이에서 구성하는 것이 바람직하다. 싱크대(개수대)와 조리대 사이의 길이는 1.2~1.8m가 가장 적합하고, 싱크대(개수대)와 냉장고 사이의 변이 가장 짧아야 한다.

55 | 주방과 식당 계획 시 고려할 사항
24, 17, 14

주택의 주방과 식당 계획 시 가장 중요하게 고려하여야 할 사항은?

① 채광 ② 조명 배치
③ 작업 동선 ④ 색채 조화

해설 주택의 주방과 식당 계획 시 가장 중요한 사항은 주부의 동선(작업 동선)을 가능한 한 줄여야 한다는 것이다.

56 | 부엌 작업대의 설치 높이
13, 09

다음 중 부엌에 설치하는 작업대의 높이로 가장 적절한 것은?

① 450mm ② 600mm
③ 850mm ④ 1,000mm

해설 부엌 작업대의 높이는 80~85cm가 적당하고, 작업의 흐름 순서는 한쪽(오른쪽에서 왼쪽)으로 이동하도록 한다.

정답 50. ③ 51. ④ 52. ④ 53. ① 54. ② 55. ③ 56. ③

57 | 주택의 부엌 계획
07

다음의 부엌 계획에 대한 설명 중 옳지 않은 것은?

① 쾌적하고 능률적으로 작업할 수 있는 것은 물론 위생적인 측면에 유의하여야 한다.
② 작업 순서의 흐름 방향은 한쪽으로 한다.
③ 위치는 항상 쾌적하고, 일광에 의한 건조 소독을 할 수 있는 서쪽이 가장 좋다.
④ 부엌의 평면 형태 중 병렬형의 경우, 양쪽의 작업대 사이 간격이 너무 크면 좋지 않다.

해설 부엌의 위치는 항상 쾌적하고, 일광에 의한 소독을 할 수 있는 남쪽과 동쪽이 좋으며, 식사실과 인접하고, 작업 중 어린이의 놀이 등을 관찰할 수 있는 곳이면 더욱 좋다. 서쪽은 여름철 오후에 음식물을 쉽게 상하게 하므로 반드시 피해야 한다.

58 | 식사실의 형태(다이닝 키친)
20, 19③, 18④, 16③, 15, 14, 13②, 11, 09, 08

주택 식사실의 종류 중 부엌의 일부분에 식사실을 두는 형태로, 부엌과 식사실을 유기적으로 연결시켜 노동력을 절감하기 위한 형태는?

① 리빙 키친　② 리빙 다이닝
③ 다이닝 키친　④ 다이닝 포치

해설 식사실의 형태에는 리빙 키친(living kitchen)은 거실, 식사실, 부엌을 겸용한 것이고, 다이닝 알코브(dining alcove, 리빙 다이닝)형은 거실의 일부에다 식탁을 꾸미는 것인데, 보통 $6 \sim 9m^2$ 정도의 크기로 하고, 소형일 경우에는 의자 테이블을 만들어 벽쪽에 붙이고 접는 것으로 한다. 다이닝 테라스(dining terrace) 또는 다이닝 포치(dining porch)는 여름철 날씨에 테라스나 포치에서 식사하는 것이다.

59 | 다이닝 키친의 채택 이유
15, 12

다음 중 소규모 주택에서 다이닝 키친(Dining Kitchen)을 채택하는 이유와 가장 거리가 먼 것은?

① 공사비의 절약　② 실면적의 절약
③ 조리 시간의 단축　④ 주부 노동력의 절감

해설 다이닝 키친(부엌의 일부분에 식사실을 두는 형태로, 부엌과 식사실을 유기적으로 연결시켜 노동력을 절감하기 위한 형태)은 소규모 주택에 적합하고 동선(주부의 노동력 절감)이 단축되며, 면적의 활용도(공사비와 실면적의 절약)가 높은 특성이 있다.

60 | 식사실의 형태(다이닝 키친)
24, 21, 14, 10

주택 계획에서 다이닝 키친(Dining Kitchen)에 관한 설명으로 옳지 않은 것은?

① 공간 활용도가 높다.
② 주부의 동선이 단축된다.
③ 소규모 주택에 적합하다.
④ 거실의 일단에 식탁을 꾸며 놓은 것이다.

해설 다이닝 키친은 부엌의 일부에 식탁을 꾸민 것으로 소규모 주택에 적합하고 동선(주부의 노동력 절감)이 단축되며, 면적의 활용도(공사비와 실면적의 절약)가 높은 특성이 있다.

61 | 식사실의 형태(리빙 다이닝)
11, 07

주택에서 거실의 한 부분에 식탁을 설치하는 형식은?

① 리빙 키친
② 다이닝 키친
③ 다이닝 포치
④ 리빙 다이닝

해설 리빙 키친은 거실, 식사실, 부엌의 기능을 한 곳에 집합시킨 형태로 공간을 효율적으로 사용할 수 있어 소주택, 아파트에 많이 사용하는 형식이고, 다이닝 키친은 부엌의 일부에 식탁을 꾸민 형태이며, 다이닝 포치는 테라스나 포치에 식사실을 꾸민 형태이다.

62 | 주택의 실구성 형식(LDK형)
19③, 16, 12, 09

다음 설명에 알맞은 주택의 실구성 형식은?

- 소규모 주택에서 많이 사용된다.
- 거실 내에 부엌과 식사실을 설치한 것이다.
- 실을 효율적으로 이용할 수 있다.

① K형　② DK형
③ LD형　④ LDK형

해설 DK(Dining Kitchen)형은 부엌의 일부분에 식사실을 두는 형태이고, LD(Living Dining)형은 거실의 일부분에 식탁을 설치하는 형태이며, LDK(Living Dining Kitchen)형은 거실 내에 부엌과 식사실을 설치하는 형식으로 실을 효율적으로 이용할 수 있고, 소규모 주택에서 많이 사용되는 형식이다.

정답 57. ③ 58. ③ 59. ③ 60. ④ 61. ④ 62. ④

63 식사실의 형태(키친 네트)
21, 19③, 17, 16

다음 설명에 알맞은 주택 부엌의 유형은?

- 작업대 길이가 2m 정도인 소형 주방가구가 배치된 간이 부엌의 형식이다.
- 사무실이나 독신자 아파트에 주로 설치한다.

① 키친 네트(kitchenette)
② 오픈 키친(open kitchen)
③ 리빙 키친(living kitchen)
④ 다이닝 키친(dining kitchen)

해설 다이닝 키친은 부엌의 일부에다 간단하게 식사실을 꾸민 형식이고, 리빙 키친(living kitchen, LDK형)은 거실, 식당, 부엌의 기능을 한 곳에서 수행할 수 있도록 계획한 형식으로 소규모의 주택이나 아파트에 많이 이용되며, 키친 네트는 작업대 길이가 2m 이내의 소형 주방 가구가 배치된 주방 형식이다.

64 주택의 식사실
23, 06

단독 주택의 식사실(dining room)에 대한 설명으로 틀린 것은?

① 한식 주택에서는 하나의 방이 침실, 거실, 식사실의 기능을 겸하였다.
② 식사실의 위치는 기본적으로 부엌과 근접 배치시키는 것이 이용상 편리하다.
③ 식사실은 무엇보다도 실내 환경 디자인에 유의하여 식사의 쾌적한 분위기를 살릴 수 있도록 한다.
④ DK(Dining Kitchen)형은 거실의 한 부분에 식탁을 설치하는 형태로, 부엌과의 연결이 유기적이지 못하다.

해설 다이닝 키친은 부엌의 일부에 식탁을 꾸민 것으로 부엌과의 연결이 유기적이다. 소규모 주택에 적합하며 동선이 단축되고, 면적의 활용도가 높은 특성을 갖고 있다. 리빙 키친(living dining kitchen, LDK형)은 거실, 식당, 부엌의 기능을 한 곳에서 수행할 수 있도록 설계한 것으로 소규모의 주택이나 아파트에 많이 이용한다.

65 주택의 식당과 부엌
20, 19, 18, 17, 16, 13

주택의 식당 및 부엌에 관한 설명으로 옳지 않은 것은?

① 식당의 색채는 채도가 높은 한색 계통이 바람직하다.
② 식당은 부엌과 거실의 중간 위치에 배치하는 것이 좋다.
③ 부엌의 작업대는 준비대 → 개수대 → 조리대 → 가열대 → 배선대의 순서로 배치한다.
④ 키친네트는 작업대 길이가 2m 정도인 소형 주방 가구가 배치된 간이 부엌의 형태이다.

해설 식당의 색채는 명도가 높은 난색 계통, 밝은색으로 청결함을 주는 재료를 사용하며, 소박하고 단순한 형태가 바람직하다.

66 욕실의 세면기 높이
19, 12, 11, 10

주택 욕실에 배치하는 세면기의 높이로 가장 적당한 것은?

① 600mm ② 750mm
③ 850mm ④ 900mm

해설 세면기의 높이는 700~750mm 정도로 낮게 해야 팔꿈치에서 물이 흘러내리지 않는다.

67 주택의 식당 크기의 결정 요소
06

다음 중 주택의 식당 크기를 결정하는 요인과 가장 거리가 먼 것은?

① 가족의 수 ② 부엌의 크기
③ 식당 가구의 크기 ④ 통행 여유 치수

해설 식사실의 크기나 형태는 가족의 수, 식사실 가구의 종류 및 크기, 통행의 여유 치수 등에 의해 결정된다. 4~5인 경우에는 3×5m 정도가 적당하다.

68 주택의 계획
07

다음의 주택 계획에 대한 설명 중 옳지 않은 것은?

① 현관은 주택의 주출입구이며, 안과 밖을 연결시켜 주는 공간이기 때문에 주택 외부에서 쉽게 알아볼 수 있는 위치에 있어야 한다.
② 거실은 각 실로의 연결 통로이므로 평면 계획상 통로의 목적에 충실하도록 배치한다.
③ 주방 작업대의 높이는 80~86cm가 적당하다.
④ 아동 침실은 공부방과 유희실을 겸하도록 하고 채광, 통풍, 환기 등을 고려해야 한다.

해설 거실의 위치는 남향이 가장 적당하고, 햇빛과 통풍이 잘 되는 곳이어야 한다. 거실이 통로가 되는 평면 배치는 사교·오락에 장애가 되므로 통로에 의해 실이 분할되지 않도록 유의하여야 한다. 또한, 거실은 다른 방과 접속되면 유리하고, 침실과는 항상 대칭되게 한다. 거실의 크기는 1인당 4~6m^2가 적합하다.

정답 63. ① 64. ④ 65. ① 66. ② 67. ② 68. ②

69 | 아파트 발생 원인
06

다음 중 아파트가 발생하게 된 요인 중 사회적 요인이 아닌 것은?

① 도시 인구밀도의 증가
② 세대 인원의 감소
③ 도시 생활자의 이동성
④ 단독 주거로는 해결할 수 없는 넓은 옥외공간 및 좋은 환경 조성 가능

해설 아파트의 성립 요인 중 사회적인 요인에는 도시 인구의 증가, 도시 생활자의 이동성, 세대 인원의 감소 및 수세대의 주거 등이 있고, 계획적·경제적인 요인에는 단독 주거로는 해결할 수 없는 넓은 옥외공간 및 좋은 환경 조성 가능하고, 대지비, 건축비 및 유지비를 절약 등이 있다.

70 | 아파트의 평면 형식
17, 16, 13, 11, 07②, 06

아파트의 평면 형식에 따른 분류에 속하지 않는 것은?

① 판상형 ② 집중형
③ 계단실형 ④ 편복도형

해설 통로(평면) 형식에 의한 분류에는 계단실형(홀형), 편복도형, 중복도형, 집중형 등이 있고, 단위 주거(입체) 형식에 의한 분류에는 단층형, 복층형, 트리플렉스형 등이 있으며, 판상형(같은 형식의 단위 주거를 수평, 수직으로 배치)은 공동 주택 주동 배치 형태의 일종이다.

71 | 아파트의 평면 형식
23, 20②, 11

다음 중 아파트의 평면 형식에 의한 분류에 속하지 않는 것은?

① 홀형 ② 탑상형
③ 집중형 ④ 편복도형

해설 통로(평면)의 형식에 의한 분류에는 계단실형(홀형), 편복도형, 중복도형, 집중형 등이 있고, 단위 주거(입체)의 형식에 의한 분류에는 단층형, 복층형, 트리플렉스형 등이 있다. 탑상형(대지의 조망을 해치지 않고, 건물의 그림자가 적으나, 실내 환경이 불균등한 형식)은 공동 주택 주동 배치 형태의 일종이다.

72 | 아파트의 평면 형식(계단실형)
16, 07

계단 또는 엘리베이터 홀로부터 직접 주거 단위로 들어가는 형식으로 프라이버시의 확보가 양호한 것은?

① 계단실형 ② 편복도형
③ 중복도형 ④ 집중형

해설 편복도형은 엘리베이터나 계단에 의해 각 층에 올라와 편복도를 따라 각 단위 주거에 도달하는 형식이고, 중복도형은 엘리베이터나 계단에 의해 각 층에 올라와 중복도를 따라 각 단위 주거에 도달하는 형식이며, 집중형은 건물 중앙 부분의 엘리베이터와 계단을 이용해서 각 단위 주거에 도달하는 형식이다.

73 | 아파트의 평면 형식(계단실형)
23②, 22, 18, 14, 09

다음 설명에 알맞은 아파트 평면 형식은?

- 프라이버시가 양호하다.
- 통행부 면적이 작아서 건물의 이용도가 높다.
- 좁은 대지에서 집약형 주거 등이 가능하다.

① 편복도형 ② 중복도형
③ 계단실형 ④ 집중형

해설 공동 주택의 평면 형식에 의한 분류 중 계단실(홀)형은 복도를 통하지 아니하고 계단실, 엘리베이터 홀에서 직접 단위 주거에 도달하는 형식으로 프라이버시가 양호하고, 건물의 이용도가 높으며, 좁은 대지에서 집약형 주거 등이 가능한 특성을 갖고 있다.

74 | 아파트의 평면 형식(계단실형)
19, 12, 07, 06

계단실(홀)형 아파트에 관한 설명으로 옳지 않은 것은?

① 프라이버시 확보가 좋다.
② 동선이 짧아 출입이 용이하다.
③ 엘리베이터 효율이 가장 우수하다.
④ 통행 부분(공용 면적)의 면적이 작다.

해설 홀(계단실)형은 단위 주거의 수에 대한 엘리베이터의 수가 많으므로 비경제적, 비효율적인 단점이 있다.

75 | 아파트의 평면 형식(계단실형)
06

계단실형 아파트에 관한 설명으로 틀린 것은?

① 계단실에서 직접 주거 단위로 연결된다.
② 좁은 대지에서 집약형 주거 등이 가능하다.
③ 각 단위 평면의 독립성이 보장된다.
④ 통행부 면적을 크게 차지하는 단점이 있다.

해설 홀(계단실)형의 아파트는 복도를 통하지 않고 계단실, 엘리베이터 홀에서 직접 단위 주거에 도달하는 형식으로 공용 통로 부분의 면적을 작게 차지하므로 건축물의 이용도가 높다.

정답 69. ④ 70. ① 71. ② 72. ① 73. ③ 74. ③ 75. ④

76 | 아파트의 평면 형식(계단실형) 20, 19, 18, 17, 16

홀형 아파트에 관한 설명으로 옳지 않은 것은?

① 거주의 프라이버시가 높다.
② 통행부 면적이 작아서 건물의 이용도가 높다.
③ 계단실 또는 엘리베이터 홀로부터 직접 주거 단위로 들어가는 형식이다.
④ 1대의 엘리베이터에 대한 이용가능 세대수가 가장 많은 형식이다.

해설 홀(계단실)형(복도를 통하지 않고, 계단실, 엘리베이터 홀에서 직접 단위 주거에 도달하는 형식) 아파트는 1대의 엘리베이터에 대한 이용 가능한 세대수가 가장 적은 형식으로 엘리베이터의 효율이 가장 나쁜 형식이다.

77 | 아파트의 평면 형식(계단실형) 24, 10

홀(hall)형 아파트에 관한 설명 중 옳지 않은 것은?

① 통행부의 면적이 작으므로 건물의 이용도가 높다.
② 프라이버시가 양호하다.
③ 집중형에 비해 대지의 이용도가 높다.
④ 홀에서 직접 각 주거 단위로 연결된다.

해설 홀(계단실)형은 단위 주거 수에 대한 엘리베이터의 수가 많으므로 비경제적이고, 집중형에 비해 대지의 이용도가 낮다.

78 | 아파트의 평면 형식(계단실형) 13

홀(hall)형 아파트에 관한 설명으로 옳지 않은 것은?

① 프라이버시의 확보가 용이하다.
② 공용 통로 부분의 면적이 비교적 작다.
③ 채광 및 통풍이 가장 불리한 형식이다.
④ 건물의 양면에 개구부를 설치할 수 있다.

해설 계단실(홀)형은 양쪽에 창호를 설치할 수 있으므로 채광과 통풍이 가장 유리한 방식이다.

79 | 아파트의 평면 형식(편복도형) 19, 18, 12

공동 주택의 평면 형식 중 편복도형에 관한 설명으로 옳지 않은 것은?

① 복도에서 각 세대로 접근하는 유형이다.
② 엘리베이터 이용률이 홀(hall)형에 비해 낮다.
③ 각 세대의 거주성이 균일한 배치 구성이 가능하다.
④ 계단 및 엘리베이터가 직접적으로 각 층에 연결된다.

해설 공동 주택의 평면 형식 중 편복도형(편복도를 따라 각 주거에 도달하는 형식)은 엘리베이터의 이용률이 홀형에 비해 매우 높다.

80 | 아파트의 평면 형식(집중형) 16

다음의 아파트 평면 형식 중 일조와 환기 조건이 가장 불리한 것은?

① 홀형 ② 집중형
③ 편복도형 ④ 중복도형

해설 평면 형식에 의한 분류의 비교

평면 형식	프라이버시	채광	통풍	거주성	엘리베이터의 효율	비고
계단실형	좋음	좋음	좋음	좋음	나쁨	저층(5층 이하)에 적당
중복도형	나쁨	나쁨	나쁨	나쁨	좋음	독신자 아파트에 적당
편복도형	중간	좋음	좋음	중간	중간	고층에 적당
집중형	중간	나쁨	나쁨	나쁨	중간	고층 정도에 적당

81 | 아파트의 단면 형식 13

아파트 단위 주거의 단면 형식에 따른 분류에 속하는 것은?

① 집중형 ② 판상형
③ 복층형 ④ 계단실형

해설 공동 주택을 통로(평면)형식에 의해 분류하면 계단실형(홀형), 편복도형, 중복도형, 집중형 등이 있고, 단면(입체)형식에 의해 분류하면 단층형, 복층형(메조넷형) 및 트리플렉스형 등이 있다. 판상형은 공동 주택의 주동 형태의 일종이다.

82 | 아파트의 단면 형식(메조넷형) 09, 08

아파트의 단위 주거 단면 구성에 따른 종류 중 하나의 주거 단위가 복층 형식을 취하는 것은?

① 메조넷형 ② 탑상형
③ 플랫형 ④ 집중형

해설 복층형은 한 주호가 두 개층에 나누어 구성되어 있으며 독립성이 좋고 전용 면적비가 크나, 소규모($50m^2$ 이하)의 주거 형식에는 비경제적이다. 평면 계획에 있어서 문간층(거실·부엌), 위층(침실)으로 계획하며 다른 평면형의 상·하층을 서로 포개게 되므로 구조·설비 등이 복잡해지고 설계가 어렵다.

정답 76.④ 77.③ 78.③ 79.② 80.② 81.③ 82.①

83 아파트의 단면 형식(플랫형) 09

아파트 단위 주거의 단면 형식 중 플랫형에 대한 설명으로 옳은 것은?

① 1개의 단위 주거가 2개층에 걸쳐 있는 경우를 말한다.
② 단위 주거가 1층만으로 되어 있는 것으로 평면 계획과 구조가 단순하다.
③ 편복도형에 쓰이는 경우가 많으며, 복도는 1층 걸러서 설치된다.
④ 엘리베이터의 정지층이 매 층마다 있지 않으며, 단위 주거의 평면 계획에 변화를 줄 수 있다.

해설 ①, ③, ④는 복층(메조넷)형, ②는 플랫형에 대한 설명이고, 스킵 플로어형은 주거 단위의 단면을 단층형과 복층형에서 동일 층으로 하지 않고 반 층씩 엇나게 하는 형식이다.

84 아파트의 단면 형식(복층형) 20, 15, 06

아파트의 단위 주거 단면 구성에 의한 분류 중 하나의 단위 주거가 2개 층에 걸쳐 있는 아파트 형식은?

① 플랫형　② 집중형
③ 듀플렉스형　④ 트리플렉스형

해설 단층(flat)형은 한 주호의 각 실면적 배분이 한 층만으로 구성된 공동 주택에 가장 많이 쓰이는 형식이고, 집중형은 건물 중앙 부분의 엘리베이터와 계단을 이용해서 각 단위 주거에 도달하는 형식이며, 트리플렉스형(triplex type)은 하나의 주호가 3층으로 구성되어 있는 형식이다. 듀플렉스형은 복층형, 메조넷형과 동일한 형이다.

85 아파트의 단면 형식(메조넷형) 07

공동 주택의 건물 단면형 중 메조넷형(maisonette type)에 대한 설명으로 옳지 않은 것은?

① 주택 내의 공간의 변화가 있다.
② 거주성, 특히 프라이버시가 높다.
③ 각 층마다 통로와 엘리베이터 홀이 설치되어야 한다.
④ 양면 개구에 의한 일조, 통풍 및 전망이 좋다.

해설 복층형(메조넷형, 듀플렉스형)은 한 주호가 두 개층에 나누어 구성되어 있으며 한 층씩 걸러 통로와 엘리베이터 홀을 설치하므로 독립성이 좋고 전용 면적비가 크나, 소규모(50m^2 이하)의 주거 형식에는 비경제적이다.

86 아파트의 단면 형식(복층형) 19, 18, 16

복층형 공동 주택에 관한 설명으로 옳지 않은 것은?

① 공용 통로 면적을 절약할 수 있다.
② 상·하층의 평면이 똑같아 평면 구성이 자유롭다.
③ 엘리베이터의 정지 층수가 적어지므로 운영면에서 효율적이다.
④ 1개의 단위 주거가 2개 층 이상에 걸쳐 있는 공동 주택을 일컫는다.

해설 복층형 아파트는 문간층(거실, 부엌 등), 위층(거실)으로 계획하므로 다른 평면형의 상·하층을 서로 포개게 되므로 구조, 설비 등이 복잡해지고 설계가 어렵다.

87 아파트의 단면 형식(복층형) 11

복층형 아파트에 대한 설명으로 옳지 않은 것은?

① 프라이버시의 확보가 용이하다.
② 엘리베이터의 정지층 수를 적게 할 수 있다.
③ 단위 주거의 평면 계획에 변화를 줄 수 없다.
④ 복도가 없는 층은 남북면이 모두 외기에 면할 수 있다.

해설 복층형 아파트는 한 주호가 두 개 층에 나누어 구성되어 있고, 독립성과 전용 면적비가 좋으나, 소규모(50m^2 이하) 주거에는 부적합하다. 또한, 주호 내의 변화를 줄 수 있고, 공용 통로를 절약할 수 있어 임대 면적이 증대되며, 주·야간의 생활 공간을 분리할 수 있다.

88 아파트의 단면 형식(스킵 플로어형) 22, 17, 14

스킵 플로어형 공동 주택에 관한 설명으로 옳지 않은 것은?

① 복도 면적이 증가한다.
② 액세스(access) 동선이 복잡하다.
③ 엘리베이터의 정지 층수를 줄일 수 있다.
④ 동일한 주거동에 각기 다른 모양의 세대 배치 계획이 가능하다.

해설 스킵 플로어형은 아파트의 단면 구성 형식 중 복도를 1층 또는 2층 걸러 설치하거나, 그 밖의 층에서는 복도가 없이 계단실에서 단위 주거에 도달하는 형식이다. 프라이버시가 확보되고, 엘리베이터의 정지 층수를 줄일 수 있으며, 복도 면적이 감소하는 장점이 있으나, 동선이 복잡하고, 동일한 주거동에 다른 모양의 세대 배치가 발생한다.

정답 83. ② 84. ③ 85. ③ 86. ② 87. ③ 88. ①

89 | 아파트의 단면 형식(스킵 플로어형) 06

아파트의 단면 구성 형식 중 주거 단위의 단면을 단층형과 복층형에서 동일 층으로 하지 않고 반 층씩 엇나게 하는 형식은?

① 홀형　　② 편복도형
③ 스킵 플로어형　　④ 플랫형

해설 홀(계단실)형은 계단실 또는 엘리베이터 홀에서 직접 단위 주거에 들어가는 형식이고, 편복도형은 건물 한 쪽의 긴 복도에서 단위 주거에 들어가는 형식이며, 플랫형은 단위 주거가 1층만으로 되어 있는 것으로 같은 평면을 수직으로 중첩시킨 형식이다.

90 | 아파트의 단면 형식(스킵 플로어형) 18③, 13

스킵 플로어형 공동 주택에 관한 설명으로 옳지 않은 것은?

① 구조 및 설비 계획이 용이하다.
② 주택 내의 공간의 변화가 있다.
③ 통풍·채광의 확보가 용이하다.
④ 엘리베이터의 효율적 운행이 가능하다.

해설 스킵 플로어형은 주거 단위의 단면을 단층형과 복층형에서 동일 층으로 하지 않고 반 층씩 어긋나게 하는 형식으로, 구조 및 설비 계획이 용이하지 못한 단점이 있다.

91 | 아파트의 주동 형식(탑상형) 07

다음과 같은 특징을 갖는 아파트 주동의 외관 형식은?

> 대지의 조망을 해치지 않고 건물의 그림자도 적어서 변화를 줄 수 있는 형태이지만, 단위 주거의 실내 환경 조건이 불균등하게 된다.

① 테라스형　　② 탑상형
③ 중복도형　　④ 복층형

해설 공동 주택 주동의 외관 형식에는 탑상형은 대지의 조망을 해치지 않고, 건물의 그림자도 적어서 변화를 줄 수 있으나, 단위 주거의 실내 환경 조건이 불균등하게 되는 형식이다. 이에 비해 판상형은 같은 형식의 단위 주거를 수평, 수직으로 배치하므로 단위 주거가 균등한 조건을 가지며, 평면 계획이 용이하고, 건물의 시공이 쉽다.

92 | 공동 주택의 인동간격 결정 09, 08

다음 중 공동 주택 배치에서 인동 간격의 결정 요소와 가장 거리가 먼 것은?

① 일조　　② 경관
③ 채광　　④ 통풍

해설 집합 주택을 배치함에 있어서 남북간의 인동 간격은 동지 때 4시간의 일조를 기준으로 한다. 또한 동서 및 남북간의 인동 간격은 각 동 사이의 일조·통풍·독립성(프라이버시)·연소·환기 및 채광 등으로 결정하고, 최소 4m 이상으로 한다.

93 | 공동 주택의 복도 유효 폭 22, 14

공동 주택의 2세대 이상이 공동으로 사용하는 복도의 유효 폭은 최소 얼마 이상이어야 하는가? (단, 갓복도의 경우)

① 90cm　　② 120cm
③ 150cm　　④ 180cm

해설 갓복도(편복도)식의 공동 주택에 있어서 2세대 이상이 공동으로 사용하는 복도의 유효 폭은 120cm 이상이다.

94 | 아파트 07

아파트에 관한 설명 중 옳지 못한 것은?

① 아파트의 평면 형식은 진입 방식에 따라 홀형, 편복도형, 중복도형, 집중형 등으로 분류된다.
② 도시 인구의 급증, 도시 생활자의 이동성, 세대 인원의 감소로 인해 성립되었다.
③ 공간의 다양화나 생활의 변화에 대해 융통성 있게 대응할 수 있다는 장점이 있다.
④ 단지 생활에 편리한 상업적·문화적 공동 시설을 만들어 생활 협동체로서 주거 환경의 질을 높일 수 있다.

해설 공동 주택 중 아파트는 공간의 다양화, 생활의 변화에 대응할 수 있는 융통성이 부족한 단점이 있다. 대신에 공간의 다양화나 생활의 변화에 대해 융통성 있게 대응할 수 있는 장점을 가지고 있다.

95 | 공동 주택 09

공동 주택에 관한 설명 중 옳지 않은 것은?

① 토지 이용의 효율을 높일 수 있다.
② 설비를 집중화하기 쉽다.
③ 프라이버시가 양호하며 생활의 변화에 대해 자유롭게 대응할 수 있다.
④ 동일 면적의 단독 주택에 비하여 유지 관리비를 절감할 수 있다.

해설 공동 주택은 프라이버시 보호가 힘들고, 생활의 변화에 대해 대응이 불가능하다.

정답 89. ③ 90. ① 91. ② 92. ② 93. ② 94. ③ 95. ③

96 | 주택 단지의 구성
14, 12, 11, 09, 07

주택지의 단위 분류에 속하지 않는 것은?

① 인보구 ② 근린분구
③ 근린주구 ④ 근린지구

해설 주택 단지의 구성은 인보구(15~40호, 100~200명, 0.5~2.5ha) → 근린분구(400~500호, 2,000~2,500명, 15~25ha) → 근린주구(1,600~2,000호, 8,000~10,000명, 100ha)이다.

97 | 주택 단지의 구성(인보구)
24, 21, 20, 19, 15

다음의 주택 단지의 단위 중 규모가 가장 작은 것은?

① 인보구 ② 근린분구
③ 근린주구 ④ 근린지구

해설 주택 단지의 구성은 인보구(15~40호, 100~200명, 0.5~2.5ha) → 근린분구(400~500호, 2,000~2,500명, 15~25ha) → 근린주구(1,600~2,000호, 8,000~10,000명, 100ha)이다. 즉, 인보구 → 근린분구 → 근린주구의 순이다.

98 | 주택 단지의 구성(주택 호수)
09, 08

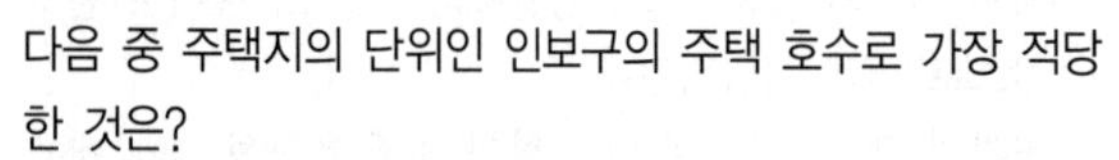

다음 중 주택지의 단위인 인보구의 주택 호수로 가장 적당한 것은?

① 20~40호
② 50~100호
③ 200~300호
④ 400~500호

해설 주택 단지의 구성은 인보구(15~40호, 100~200명, 0.5~2.5ha) → 근린분구(400~500호, 2,000~2,500명, 15~25ha) → 근린주구(1,600~2,000호, 8,000~10,000명, 100ha)이다.

99 | 주택 단지의 구성(주택 호수)
23②, 21, 19③, 18, 17, 12, 11, 10, 09

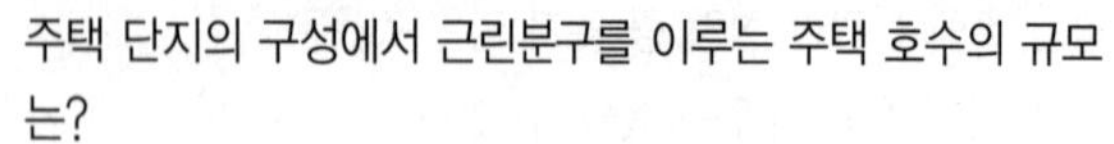

주택 단지의 구성에서 근린분구를 이루는 주택 호수의 규모는?

① 20~40호
② 400~500호
③ 1,600~2,000호
④ 2,500~10,000호

해설 주택 단지의 구성은 인보구(15~40호, 100~200명, 0.5~2.5ha) → 근린분구(400~500호, 2,000~2,500명, 15~25ha) → 근린주구(1,600~2,000호, 8,000~10,000명, 100ha)이다.

100 | 초등학교 중심의 단지
22, 18, 14, 12, 10, 08

주거 단지의 단위 중 초등학교를 중심으로 한 단위는?

① 인보구 ② 근린지구
③ 근린분구 ④ 근린주구

해설 인보구는 어린이 놀이터, 근린분구는 후생 시설(대중탕, 이발소, 진료소, 약국, 우체국 등), 보육 시설(유치원(보육원), 어린이 공원 등) 및 소비 시설(잡화점, 주점, 과자점, 미곡상 등), 근린주구는 초등학교를 중심으로 구성한다.

101 | 근린주구의 중심시설
11, 08

근린주구의 중심이 되는 시설은?

① 초등학교 ② 중학교
③ 고등학교 ④ 대학교

해설 단지의 구성 중 근린주구는 시가지의 간선 도로로 둘러싸인 블록이고, 일상생활에 필요한 점포나 공공 시설을 갖추고 있으며, 도시 계획의 종합 계획과 연결시키며, 점포, 병원, 초등학교, 운동장, 우체국, 소방서 등이 있다.

102 | 주택 단지의 구성
13, 11, 09

주택 단지 계획에서 근린주구에 해당되는 주택 호수로 알맞은 것은?

① 10~20호 ② 400~500호
③ 1,600~2,000호 ④ 6,000~12,000호

해설 주택 단지의 구성은 인보구(15~40호, 100~200명, 0.5~2.5ha) → 근린분구(400~500호, 2,000~2,500명, 15~25ha) → 근린주구(1,600~2,000호, 8,000~10,000명, 100ha)이다.

103 | 테라스 하우스의 용어
22, 21, 20, 19③, 18, 10

경사지를 적절하게 이용할 수 있고, 상부층으로 갈수록 약간씩 뒤로 후퇴하며 각 호마다 전용의 정원을 갖는 주택 형식은?

① town house ② row house
③ courtyard house ④ terrace house

해설 연립 주택 중 타운 하우스는 토지의 효율적 이용 및 건설비, 유지 관리비의 절약을 잘 고려한 연립 주택의 형태로서, 단독 주택의 장점을 최대로 활용하고 있다. 로우 하우스는 경계벽을 공유한 2동 이상의 단위 주거 형태이다. 출입은 직접 주거에 출입하며, 저층 주거로 층수는 3층 이하이다. 중정형 주택(courtyard house)은 단위 주거나 한 층을 점유하는 주거 형식으로, 중정을 향하여 ㅁ자형으로 둘러싸여 있는 주택이다.

정답 96. ④ 97. ① 98. ① 99. ② 100. ④ 101. ① 102. ③ 103. ④

CHAPTER

02 건축 설비

핵심 Point

- 급수·급탕·배수·위생 기구에 관한 이론의 이해를 통하여 출제 문제의 경향을 파악하고, 문제를 풀이할 수 있다.
- 냉방·난방·환기·공기조화설비에 관한 이론의 이해를 통하여 출제 문제의 경향을 파악하고, 문제를 풀이할 수 있다.
- 조명·배전 및 배선·방재·전원 설비에 관한 이론의 이해를 통하여 출제 문제의 경향을 파악하고, 문제를 풀이할 수 있다.
- 가스·소화 설비에 관한 이론의 이해를 통하여 출제 문제의 경향을 파악하고, 문제를 풀이할 수 있다.
- 정보·승강 설비에 관한 이론의 이해를 통하여 출제 문제의 경향을 파악하고, 문제를 풀이할 수 있다.

출제 키워드

2-1. 급·배수 위생 설비

1 수질 관련 용어

① SS(Suspended Solid : **부유 물질**) : 물속에 존재하는 고형물을 말한다. 보통 ppm(오염의 지표로서 농도를 나타내는 단위이고, 1ppm=1/1,000,000)으로 나타낸다. 물의 오염 원인이 되는 것으로서 용해성 물질에 반대되는 물질이다.

② DO(Dissolved Oxygen : **용존 산소**) : 물속에 용해되어 있는 산소를 ppm으로 나타낸 것으로, 깨끗한 물에는 7~14ppm의 산소가 용존되어 있다. 물속의 산소 용존은 수중 생물의 생존에는 불가결하나 보일러 용수에는 점식 등의 부식 원인이 되므로 탈산소한다.

③ COD(Chemical Oxygen Demand : **화학적 산소 요구량**) : 수질 오탁 지표로서 값이 작을수록 수질 오탁은 적다. 측정법은 배수의 종류에 따르지만, 분뇨 오수 관계의 시료는 20℃에서 과망간산칼륨을 산화제로 하여 화학적으로 산화시킬 때 소비되는 산소 소비량을 측정하는 방법을 이용하며, 단위는 ppm으로 나타낸다.

④ BOD(Biological Oxygen Demand : **생물 화학적 산소 요구량**) : 물속에 포함된 유기물이 미생물에 의해 호기 분해를 받을 때 필요로 하는 산소량을 ppm 단위로 나타낸 것이다. 물속의 용존 산소에 의하여 영향을 받는 유기물의 양을 간접적으로 나타낼 때의 척도가 되며 하천, 하수, 공장 폐수 등의 오염 농도를 나타내는 데 사용한다.

■ 수질 관련 용어
- SS(Suspended Solid) : 부유 물질
- DO(Dissolved Oxygen) : 용존 산소
- COD(Chemical Oxygen Demand) : 화학적 산소 요구량
- BOD(Biological Oxygen Demand) : 생물학적 산소 요구량)

출제 키워드

■ 수도 직결 방식
- 오염 가능성이 적으므로 가장 위생적인 급수 방식
- 주택이나 소규모 건축물에 이용

■ 고가(옥상) 탱크 방식
- 높이차에 의한 수압을 이용하는 급수 방식
- 급수 압력이 일정
- 단수 시에도 일정량의 급수가 가능
- 대규모의 급수 수요에 쉽게 대응

■ 압력 탱크 방식
- 단수 시에 일정량의 급수가 가능
- 급수압이 일정치 않음

■ 공기실(에어 챔버)
수격 작용을 방지

2 급수 설비

(1) 급수 설비

급수 설비란 건축물에서 사용하는 물(음료, 세탁, 대·소변 등)을 공급하기 위한 설비이다. 건물의 사용 수량은 인원수로 산출하는 방법과 급수 기구의 종류와 개수 및 급수 기구 단위를 기초로 하는 것 등이 있다. 급수 방식은 다음과 같다.

① **수도 직결 방식** : 수도 본관에 인입관을 연결하여 건축물 내의 필요한 곳에 직접 급수하는 방식으로 오염 가능성이 적으므로 가장 위생적인 급수 방식으로 주택이나 소규모 건축물에 이용한다.

② **고가(옥상) 탱크 방식** : 물을 지하 저수 탱크에 받아 이것을 양수 펌프로 건물의 옥상에 설치된 고가 탱크에 양수하여 높이차에 의한 수압을 이용하는 급수 방식으로 급수 압력이 일정하고, 단수 시에도 일정량의 급수를 계속할 수 있으며, 대규모의 급수 수요에 쉽게 대응할 수 있다.

③ **압력 탱크 방식** : 수도 본관에서 인입관 등에 의해 일단 저탱크에 저수한 다음, 급수 펌프로 압력 탱크에 보내면 압력 탱크에서 공기를 가압하여 그 압력에 의해 물을 건물 내의 필요한 곳으로 급수하는 방식이다. 단수 시에 일정량의 급수가 가능하며, 압력차가 커서 급수압이 일정치 않고 시설비가 비싸며, 다른 방식에 비해 고장이 잦은 단점이 있다.

④ **탱크 없는 부스터 방식** : 수도 본관으로부터 물을 일단 저장 탱크에 저수한 후 급수 펌프만으로 건물 내에 급수하는 방식으로, 구미 각국에서 많이 이용되고 있는 방식이다.

(2) 오염 가능성

급수 방식 중 오염의 가능성이 낮은 것으로부터 높은 것의 순으로 나열하면, 수도 직결 방식 → 탱크가 없는 부스터 방식 → 압력 탱크 방식 → 고가(옥상) 수조 방식의 순이다.

(3) 급수 설비의 부속품

① **플러시 밸브** : 급수관으로부터 직접 나오는 물을 사용하여 변기 등 설비품을 씻는 데 사용하는 밸브로서, 한 번 핸들을 누루면 급수의 압력으로 일정량의 물이 나온 후 자동적으로 잠기도록 된 밸브이다.

② **공기실(에어 챔버)** : 수격 작용(배관 중에 물의 흐름을 급격히 막으면 순간적으로 이상한 충격압이 발생)으로 배관이나 기구가 손상될 수 있으므로 펌프의 토출관이나 세척 밸브에 공기실을 설치하여 압축 공기의 탄성에 의한 충격을 방지한다. 즉, 수격 작용을 방지한다.

③ **신축 곡관** : 증기와 온수를 운반하는 긴 배관에 온도 변화에 따른 팽창과 수축을 흡수하기 위하여 설치하는 부품이다.

④ **통기관** : 봉수의 파괴 원인을 방지하기 위한 기구로서 트랩 가까이에 설치하는 관이다.

⑤ 건축 설비에 주로 사용되는 펌프(급수 펌프, 양수 펌프 및 순환 펌프 등)는 원심식 펌프(임펠러가 원심력에 의하서 액체의 속도 형태로서 운동 에너지가 형성되는 펌프)이다.

(4) 건축 설비의 종류

① **배수 설비** : 건물이나 대지에서 생긴 오수, 빗물, 폐수 등을 외부에 배출하기 위한 설비이다.

② **급수 설비** : 건축물에서 사용하는 물(음료, 세탁, 대・소변 등)을 공급하기 위한 설비이다.

③ **급탕 설비** : 열원(증기, 가스, 전기, 석탄 등)을 이용한 물의 가열 장치를 설치하여 온수를 만들어 공급하는 설비이다.

3 급탕 설비

열원(증기, 가스, 전기, 석탄 등)을 이용한 물의 가열 장치를 설치하여 온수를 만들어 공급하는 설비이다. 개별식 급탕 방식의 종류에는 순간 온수기 방식, 저탕형 탕비기 방식, 기수 혼합식 등이 있고, 중앙식 급탕 방식의 종류에는 직접 가열식, 간접 가열식 등이 있다. 간접 가열식 설비는 열효율이 직접 가열식에 비해 낮고, 고압용 보일러를 반드시 사용할 필요는 없으며, 일반적으로 규모가 큰 건물의 급탕에 사용된다. 또한, 가열 보일러는 난방용 보일러와 겸용할 수 있다.

4 배수 설비

(1) 대변기의 세정 급수 방식

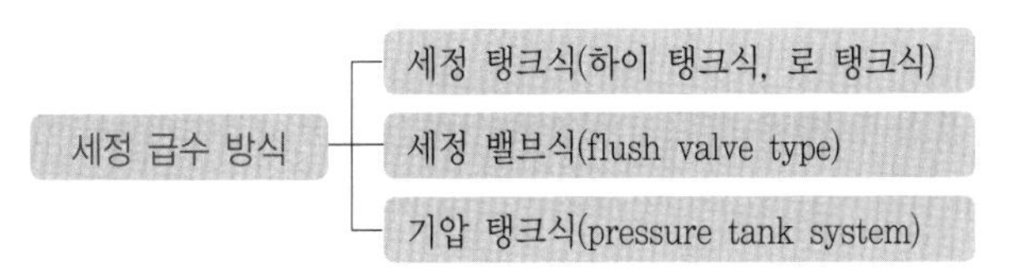

① **하이 탱크식(high tank system)** : 하이 탱크식은 고수조식 또는 하이 시스템식이라고도 한다. 높은 곳에 세정 탱크를 설치하여 급수관을 통하여 물을 채운 다음, 이 물을 세정관을 통하여 변기에 분사함으로써 세정하는 방법이다.

② **로 탱크식(low tank system)** : 저수조식 또는 로 시스템식이라고도 하며, 탱크에는 도기 제품이 사용된다. 세정수의 수압이 낮으므로 세정관이 굵어야 하며(50mm), 저항을 줄이고 단시간에 소용량을 분사하여 세정하도록 되어 있다. 급수관의 관지름은 15mm 정도이면 충분하다.

출제 키워드

■ **원심식 펌프**
건축 설비에 주로 사용되는 펌프

■ **급탕 설비**
열원을 이용한 물의 가열 장치를 설치하여 온수를 공급하는 설비

■ **개별식 급탕 방식의 종류**
순간 온수기 방식, 저탕형 탕비기 방식, 기수 혼합식

■ **중앙식 급탕 방식의 종류**
직접 가열식, 간접 가열식 등

출제 키워드

- **세정 밸브식**
  - 급수관에 직접 연결하여 핸들을 누르면 일정량의 물이 방출 변기를 세정
  - 대변기의 연속 사용이 가능
  - 사용 빈도가 많거나 일시적으로 많은 사람들이 사용하는 경우에 적용

- **트랩의 역할**

  배수관 속의 악취, 유독 가스 및 벌레 등이 실내로 침투하는 것을 방지

- **드럼 트랩**
  - 가옥 트랩으로서 옥내 배수 수평 주관의 말단 등 가옥 내 배수 기구에 부착하여 공공 하수관으로부터 해로운 가스가 집 안으로 침입하는 것을 방지
  - 부엌용 개수기류에 사용
  - 관 트랩에 비하여 봉수의 파괴가 적음

- **벨 트랩**

  욕실 바닥의 물을 배수할 때 사용

- **그리스 포집기**

  레스토랑의 주방 등에서 배출되는 배수 중의 유지분을 포집하는 데 사용

- **트랩의 봉수 파괴 원인**

  자기 사이펀 작용, 흡출 작용, 모세관 현상, 증발, 분출 작용 등

③ **세정 밸브식(flush valve system)** : 급수관에 직접 연결된 핸들을 누르면 급수관으로부터 일정량의 물이 방출되어 변기를 세정하는 방식으로 소음이 크나, 대변기의 연속 사용이 가능하며, 학교, 호텔, 사무실, 백화점 등 사용 빈도가 많거나 일시적으로 많은 사람들이 연속하여 사용하는 경우 등에 적용된다. 또한, 급수관의 관지름이 25mm 이상이어야 하므로, 가정용 수도 인입관이 20mm 정도인 일반주택에서는 사용하기가 곤란하다.

④ **기압 탱크식(pressure tank system)** : 기압 탱크는 철판제 원통형이고, 상부에 공기 밸브가 장치되어 있어 이 밸브에서 공기관이 탱크 속 밑으로 뻗어 있다. 세정 밸브의 핸들을 작동하면 탱크 속의 물은 세정 밸브를 통하여 분사되고, 공기 밸브에서 공기관을 통하여 탱크 속의 공기가 흡입되는 동시에 급수관에서 나오는 물도 함께 분사되어 세정 밸브가 자동적으로 닫히고 사수가 정지된다. 기압 탱크식에서는 15mm 관으로 세정 밸브를 사용하는 것이 특징이다.

(2) 트랩

배수관 속의 악취, 유독 가스 및 벌레 등이 실내로 침투하는 것을 방지하기 위하여 배수 계통의 일부에 봉수가 고이게 하는 기구로서 종류는 다음과 같다.

① **S트랩** : 세면기, 대변기 등에 사용하는 것으로, 사이펀 작용에 의해 봉수가 파괴되는 때가 많다.

② **P트랩** : 위생 기구에 가장 많이 쓰이는 형식으로, 벽체 내의 배수 입관에 접속한다. S트랩보다 봉수가 안전하다.

③ **U트랩** : 가로 배관에 사용되며, 유속을 저해하는 단점이 있다. 공공 하수관에서의 하수 가스 역류용으로 사용된다.

④ **드럼 트랩(drum trap)** : 가옥 트랩으로서 옥내 배수 수평 주관의 말단 등 가옥 내 배수 기구에 부착하여 공공 하수관으로부터 해로운 가스가 집 안으로 침입하는 것을 방지하는 데 사용한다. 부엌용 개수기류에 사용하는 경우가 많으며, 관 트랩에 비하여 봉수의 파괴가 적다.

⑤ **벨 트랩(bell trap)** : 욕실 바닥의 물을 배수할 때 사용한다.

⑥ **그리스 포집기** : 배수 설비에 사용되는 포집기 중 레스토랑의 주방 등에서 배출되는 배수 중의 유지분을 포집하는 데 사용한다.

(3) 트랩의 봉수 파괴 원인

① **자기 사이펀 작용** : 배수 시에 트랩 및 배수관은 사이펀 관을 형성하여 기구에 만수된 물이 일시에 흐르게 되면 트랩 내의 물이 자기 사이펀 작용에 의해 모두 배수관 쪽으로 흡인되어 배출하게 된다. 이 현상은 S트랩의 경우에 특히 심하다.

② **흡출 작용** : 수직관 가까이에 기구가 설치되어 있을 때 수직관 위로부터 일시에 다량의 물이 낙하하면 그 수직관과 수평관의 연결부에 순간적으로 진공이 생기고 그 결과 트랩의 봉수가 흡입·배출된다.

③ 모세관 현상 : 트랩의 오버 플로관 부분에 머리카락, 걸레 등이 걸려 아래로 늘어져 있으면 모세관 작용으로 봉수가 천천히 흘러내려 마침내 말라버리게 된다.

④ 증발 : 위생 기구를 오래도록 사용하지 않을 경우 또는 사용도가 적고 사용하는 시간 간격이 긴 경우에는 수분이 자연 증발하여 마침내 봉수가 없어지게 된다. 특히 바닥을 청소하는 일이 드문 바닥 트랩에서는 물의 보급을 게을리하면 이러한 현상이 자주 일어난다.

⑤ 분출 작용 : 트랩에 이어진 기구 배수관이 배수 수평지관을 경유하거나 또는 직접 배수 수직관에 연결되었을 때 이 수평지관 또는 수직관 내를 일시에 다량의 배수가 흘러내리는 경우가 발생하는데, 그 물덩어리가 일종의 피스톤 같은 작용으로 트랩이 봉수 파괴 현상을 일으켜 하류 또는 하층 기구의 트랩 속 봉수를 공기의 압력에 의해 역으로 역류시키는 현상을 말한다.

※ 봉수 파괴 원인이 될 수 없는 원인은 간접 배수, 온도차에 의한 변화 및 환기 작용 등이다.

■ 봉수 파괴 원인이 될 수 없는 요인
간접 배수, 온도차에 의한 변화 및 환기 작용 등

(4) 기타 부속품 등

① 슬리브 : 배관 등을 콘크리트 벽이나 슬래브에 설치할 때 사용하는 통모양의 부품으로 관이 자유로이 신축할 수 있도록 고려된 것이다.

② 플러시 밸브 : 급수관으로부터 직접 나오는 물을 사용하여 변기 등의 설비품을 씻는데 사용하는 밸브 또는 한 번 핸들을 누르면 급수의 압력으로 일정량의 물이 나온 다음 자동적으로 잠기도록 되어 있는 밸브이다.

③ 팽창관 : 온수 보일러의 배관 계통에서 공기나 팽창된 물이 빠지도록 구부려 올린 관이다.

④ 게이트 밸브 : 펌프의 앞이나 뒤에 설치하거나 배수관의 시작이나 끝 또는 관의 도중에 설치하여 열고 닫음으로써 관 속에 흐르는 유체의 양을 조절하는 밸브이다.

⑤ 펌프 : 지구의 중력에 반대되는 방향으로 유체를 분사 또는 분출시키는 장치로서 급수용, 배수용, 소화용, 순환용, 진공형 등이 있다.

5 통기관

(1) 통기관의 역할

봉수를 유지함으로써 트랩의 기능을 다하기 위하여 트랩 가까이에 통기관을 세워 트랩의 봉수 파괴를 방지하고, 배수의 흐름을 원활히 하며, 배수관 내의 환기를 도모한다.(통기관의 끝 부분은 건물 외부에 개방한다.)

■ 통기관의 역할
- 트랩의 봉수 파괴를 방지
- 배수의 흐름을 원활
- 배수관 내의 환기를 도모

출제 키워드

■ 개별 통기관
- 가장 이상적인 통기 방식
- 각 가구의 트랩마다 통기관을 설치, 트랩마다 통기되기 때문에 가장 안정도가 높음
- 자기 사이펀 작용을 방지

(2) 통기관의 종류

① **개별 통기관** : 통기 효과가 최대이므로 가장 이상적인 방식으로 각 가구의 트랩마다 통기관을 설치한다. 트랩마다 통기되기 때문에 가장 안정도가 높으며, 자기 사이펀 작용의 방지에도 효과가 있다.

② **루프(환상 또는 회로) 통기관** : 여러 개의 기구군에 1개의 통기지관을 빼내어 통기 수직관에 접속하는 방식이다.

③ **습식 통기관** : 배수 횡주관(수평지관) 최상류 기구의 바로 아래에 연결한 통기관이다.

④ **결합 통기관** : 배수 수직주관을 통기 수직주관에 연결하는 통기관이다.

| 2-1. 급·배수 위생 설비 |

과년도 출제문제

01 수질 용어(BOD)
06

수질과 관련된 용어 중 생물화학적 산소 요구량을 의미하는 것은?

① BOD ② COD
③ SS ④ pH

해설 COD(Chemical Oxygen Demand : 화학적 산소 요구량)는 수질 오탁 지표로서 값이 적을수록 수질 오탁은 적다. 측정법은 배수의 종류에 따르지만, 분뇨 오수 관계의 시료는 20°C에서 과망간산 칼륨을 산화제로 하여 화학적으로 산화시킬 때 소비되는 산소 소비량을 측정하는 방법을 이용하며, 단위는 PPM으로 나타낸다. SS(Suspended Solid : 부유 물질)는 물 속에 존재하는 고형물을 말하며, 보통 PPM으로 나타낸다. 물의 오염 원인이 되는 것으로, 용해성 물질에 반대되는 물질이다.

02 가장 위생적인 급수 방식
21, 20, 10

다음 급수 방식 중 가장 위생적인 급수 방식은?

① 고가 탱크 방식 ② 수도 직결 방식
③ 압력 탱크 방식 ④ 진공 펌프 방식

해설 급수 방식의 비교

㉠ 수질 오염의 가능성 : 수질 오염의 가능성(위생성)이 낮은 것부터 높은 것의 순으로 나열하면, 수도 직결 방식 → 탱크 없는 부스터 방식 → 압력 탱크 방식 → 고가 탱크 방식의 순이다.
㉡ 설비비 : 설비비가 적게 드는 것부터 많이 드는 것의 순으로 나열하면, 수도 직결 방식 → 압력 탱크 방식 → 고가 탱크 방식 → 탱크 없는 부스터 방식의 순이다.
㉢ 운전비 : 운전비가 적게 드는 것부터 많이 드는 것의 순으로 나열하면, 수도 직결 방식 → 탱크 없는 부스터 방식 → 압력 탱크 방식 → 고가 탱크 방식의 순이다.
㉣ 에너지 절약 : 에너지가 적게 드는 것부터 많이 드는 것의 순으로 나열하면, 수도 직결 방식 → 고가 탱크 방식 → 압력 탱크 방식 → 탱크 없는 부스터 방식의 순이다.

03 오염 가능성이 가장 적은 급수 방식
23, 21, 09, 08

다음 중 오염 가능성이 가장 적은 급수 방식은?

① 수도 직결 방식 ② 고가 탱크 방식
③ 압력 탱크 방식 ④ 탱크 없는 부스터 방식

해설 수질 오염의 가능성(위생성)이 낮은 것부터 높은 것의 순으로 나열하면, 수도 직결 방식 → 탱크 없는 부스터 방식 → 압력 탱크 방식 → 고가 탱크 방식의 순이다.

04 급수 방식(고가 수조 방식)
24, 23, 21, 20②, 19, 18③, 17, 16, 08

다음과 같은 특징을 갖는 급수 방식은?

- 급수 압력이 일정하다.
- 단수 시에도 일정량의 급수를 계속할 수 있다.
- 대규모의 급수 수요에 쉽게 대응할 수 있다.

① 수도 직결 방식 ② 압력 수조 방식
③ 펌프 직송 방식 ④ 고가 수조 방식

해설 수도 직결 방식은 수도 본관에 인입관을 연결하여 건축물 내의 필요한 곳에 직접 급수하는 방식이고, 압력 수조 방식은 펌프에 의해 물을 수조 내에서 압입하여 수조 내의 압축된 공기의 힘으로 급수하는 방식이다. 펌프 직송(탱크 없는 부스터) 방식은 수도 본관에 인입관을 연결하여 일단 저탱크에 저수한 후 급수 펌프로 압력 탱크에 보내면 압력 탱크에서 공기를 가압하여 그 압력으로 건물 내의 필요한 곳에 급수하는 방식이다.

05 급수 방식(압력 탱크 방식)
22, 18③, 17, 16, 13

압력 탱크식 급수 방법에 관한 설명으로 옳은 것은?

① 급수 공급 압력이 일정하다.
② 정전 시에도 급수가 가능하다.
③ 단수 시에 일정량의 급수가 가능하다.
④ 위생성 측면에서 가장 바람직한 방법이다.

해설 급수 공급 압력이 일정하고 정전(전력 공급 차단) 시에도 급수가 가능한 급수 방식은 고가 탱크 방식이고, 위생성 측면에서 가장 바람직한 급수 방식은 수도 직결 방식이다. 특히, 압력 탱크 방식은 전력 공급 차단 시 급수가 불가능하다.

정답 01. ① 02. ② 03. ① 04. ④ 05. ③

06 | 급수 방식(고가 수조 방식)
10

높이에 의한 수압 차이로 급수하는 방식으로 항상 일정한 수압을 유지하며 대규모 급수 설비에 적합한 급수 방식은?

① 부스터 방식
② 압력 탱크 방식
③ 고가 탱크 방식
④ 수도 직결 방식

해설 고가 탱크 방식은 우물물 또는 상수를 일단 지하 물받이 탱크(receiving)에 받아 이것을 양수 펌프에 의해 건물 옥상 또는 높은 곳에 가설한 탱크로 양수하여 그 수위를 이용해 탱크에서 밑으로 세운 급수관에 의해 급수하는 방식으로 장점은 항상 일정한 수압으로 급수할 수 있고, 단수 시에도 일정량(탱크의 저수량)의 급수를 계속할 수 있으며, 대규모 급수 설비에 가장 적합한 방식이다.

07 | 급수 방식(압력 탱크 방식)
10

압력 탱크식 급수 방식에 관한 설명 중 옳지 않은 것은?

① 탱크의 설치 위치에 제한을 받지 않는다.
② 소규모 급수에 적합하며 급수압이 항상 일정하다.
③ 국부적으로 고압을 필요로 하는 경우에 적합하다.
④ 취급이 곤란하며 다른 방식에 비해 고장이 많다.

해설 압력 탱크 방식(수도 본관으로부터의 인입관 등에 의해 일단 물받이 탱크에 저수한 다음 급수 펌프로 압력 탱크에 보내면 압력 탱크에서 공기를 압축 가압하여, 그 압력에 의해 물을 건축 구조물 내의 필요한 곳으로 급수하는 방식)은 조작상 최고·최저의 압력차가 크므로 급수압이 일정하지 않다.

08 | 공기실의 용어
17, 11, 07

급수 설비에서 수격 작용을 방지하기 위해 설치하는 것은?

① 플러시 밸브 ② 공기실
③ 신축 곡관 ④ 배수 트랩

해설 플러시 밸브는 한 번 핸들을 누르면 급수의 압력으로 일정량의 물이 나온 후 자동으로 잠기게 한 밸브이고, 신축 곡관은 증기나 온수를 운반하는 긴 배관에, 온도 변화에 따른 팽창과 수축을 흡수하기 위하여 설치하는 부품이며, 배수 트랩은 위생 기구의 배수구 가까이나 욕실의 바닥 등에 설치하며, 트랩 속에 고인 물에 의해 하수 가스나 작은 벌레 등이 배수관에서 실내에 침입하는 것을 막는 역할을 한다.

09 | 건축 설비에 사용되는 펌프
24, 21, 14

급수 펌프, 양수 펌프, 순환 펌프 등으로 건축 설비에 주로 사용되는 펌프는?

① 왕복식 펌프 ② 회전식 펌프
③ 피스톤 펌프 ④ 원심식 펌프

해설 급수 펌프, 양수 펌프 및 순환 펌프 등으로 건축 설비에 주로 사용되는 펌프는 원심식 펌프(임펠러가 원심력에 의해서 액체의 속도 형태로서 운동 에너지가 형성되는 펌프)이다.

10 | 대변기의 세정 급수 방식
18, 06

대변기의 세정 급수 방식과 관련 없는 것은?

① 로 탱크식(low tank type)
② 하이 탱크식(high tank type)
③ 압력 탱크 방식(pressure tank system)
④ 플러시 밸브식(flush valve type)

해설 로 탱크식(저수조식 또는 로 시스템식)은 낮은 곳에 세정 탱크를 설치하여 급수관을 통하여 물을 채운 다음, 이 물을 세정관을 통하여 변기에 분사함으로써 세정하는 방법이다. 하이 탱크식(고수조식 또는 하이 시스템식)은 변기의 세정용수를 담아두는 탱크의 위치를 벽 상부나 변기와 가까운 곳에 설치하는 방식으로 소음이 크나, 대변기의 연속 사용이 가능하며, 사무실, 백화점 등 사용 빈도가 많거나 일시적으로 많은 사람들이 연속하여 사용하는 경우 등에 적용되는 방식이다. 세정 밸브식은 급수관에 직접 연결하여 핸들을 누르면 급수관으로부터 일정량의 물이 방출되어 변기를 세정하는 방식이다. 압력 탱크 방식은 급수 방식의 일종이다.

11 | 대변기의 세정(플러시 밸브)
23②, 21, 19, 18, 12

다음 설명에 알맞은 대변기의 세정 방식은?

- 소음이 크나, 대변기의 연속 사용이 가능하다.
- 사무실, 백화점 등 사용 빈도가 많거나 일시적으로 많은 사람들이 연속하여 사용하는 경우 등에 적용된다.

① 세락식 ② 로 탱크식
③ 하이 탱크식 ④ 플러시 밸브식

해설 세락식은 변기의 가장자리에서 사출되는 세정수의 일부는 변기의 벽을 세척하고, 일부의 물이 트랩의 바닥면에 일시적으로 떨어져 오물을 배기관으로 밀어 넣는 방식이고, 로 탱크식은 변기의 세정용수를 담아두는 탱크의 위치를 벽 하부나 변기와 가까운 곳에 설치하는 방식이며, 하이 탱크식은 높은 곳에 설치한 세정 탱크에 설치한 급수관을 통하여 물을 채운 다음 이 물을 세정관을 통하여 변기에 분사하는 방식이다.

정답 06. ③ 07. ② 08. ② 09. ④ 10. ③ 11. ④

12 | 대변기의 세정(플러시 밸브)
06

대변기 세정수의 급수 방식 중 급수관에 직접 연결된 핸들을 누르면 급수관으로부터 일정량의 물이 방출되어 변기를 세정하는 방식은?

① 플러시 밸브식 ② 로 탱크식
③ 하이 탱크식 ④ 세출식

해설 세출식은 변기의 용기 일부분에 물이 고여 있는 부분이 있어 오물을 저장하고 세정 시에는 물의 낙차에 의하여 오물을 트랩 방향으로 유출하는 방식이다.

13 | 대변기의 세정(플러시 밸브)
13

세정 밸브식 대변기에 관한 설명으로 옳지 않은 것은?

① 대변기의 연속 사용이 가능하다.
② 일반 가정용으로는 거의 사용되지 않는다.
③ 세정음은 유수음도 포함되기 때문에 소음이 크다.
④ 레버의 조작에 의해 낙차에 의한 수압으로 대변기를 세척하는 방식이다.

해설 대변기의 세정 밸브식은 급수관에 직접 연결된 핸들을 돌리면 급수관으로부터 일정량의 물이 방출되어 변기를 세정하는 방식으로 연속 사용이 가능하나, 일반 가정용으로는 거의 사용하지 않으며, 소음이 큰 단점이 있다. ④는 하이 탱크식에 대한 설명이다.

14 | 급탕 설비의 용어
18③, 17, 09, 08, 06

증기, 가스, 전기, 석탄 등을 열원으로 하는 물의 가열 장치를 설치하여 온수를 만들어 공급하는 설비는?

① 변전 설비 ② 배수 설비
③ 급수 설비 ④ 급탕 설비

해설 변전 설비는 건물의 부하 설비(조명, 전원 및 동력 등)에 전력을 공급하기 위하여 각 설비에 적합한 전압을 유지하는 설비이고, 배수 설비는 건물이나 대지에서 생긴 오수, 빗물, 폐수 등을 외부에 배출하기 위한 설비이며, 급수 설비는 건축물에서 사용하는 물(음료수, 세탁용, 대·소변 배출용 등)을 공급하기 위한 설비이다.

15 | 개별식 급탕 방식의 종류
22, 19, 18, 17③, 16, 13

다음 중 개별식 급탕 방식에 속하지 않는 것은?

① 순간식 ② 저탕식
③ 직접 가열식 ④ 기수 혼합식

해설 개별식 급탕 방식의 종류에는 순간 온수기 방식, 저탕형 탕비기 방식, 기수 혼합식 등이 있고, 중앙식 급탕 방식의 종류에는 직접 가열식, 간접 가열식 등이 있다.

16 | 중앙식 급탕의 간접 가열식
12

중앙식 급탕법 중 간접 가열식에 관한 설명으로 옳지 않은 것은?

① 열효율이 직접 가열식에 비해 높다.
② 고압용 보일러를 반드시 사용할 필요는 없다.
③ 일반적으로 규모가 큰 건물의 급탕에 사용된다.
④ 가열 보일러는 난방용 보일러와 겸용할 수 있다.

해설 중앙식 급탕법 중 간접 가열식은 ②, ③ 및 ④ 외에 열효율이 직접 가열식에 비해 매우 낮은 단점이 있다.

17 | 트랩의 용어
20, 18, 17, 14, 11, 10, 06②

배수관 속의 악취, 유독 가스 및 벌레 등이 실내로 침투하는 것을 방지하기 위하여 배수 계통의 일부에 봉수가 고이게 하는 기구는?

① 사이펀 ② 플랜지
③ 트랩 ② 통기관

해설 플랜지는 부재의 주위에 차양과 같이 돌출한 부분으로 관이나 축의 말단에 접속, 보강하기 위하여 만든 부품이다. 통기관의 설치 목적은 트랩의 봉수 파괴를 방지하고, 배수관의 배수를 원활히 하며, 배수관의 환기를 촉진하는 것 등이다.

18 | 배수 트랩의 종류
15

배수 트랩의 종류에 속하지 않는 것은?

① S트랩 ② 벨트랩
③ 버킷 트랩 ④ 드럼 트랩

해설 트랩(배수관 속의 악취, 유독 가스 및 벌레 등이 실내로 침투하는 것을 방지하기 위하여 배수 계통의 일부에 봉수가 고이게 하는 기구)의 종류에는 S트랩, P트랩, U트랩, 벨트랩 및 드럼 트랩 등이 있다. 버킷 트랩은 증기 난방에 사용하는 트랩으로 버킷에 들어 있는 응축수가 일정량이 되면 부력을 상실한 버킷이 떨어져 밸브를 열고, 증기압으로 배수하는 구조의 트랩이다.

정답 12. ① 13. ④ 14. ④ 15. ③ 16. ① 17. ③ 18. ③

19 | 배수 트랩 중 욕실 바닥
12

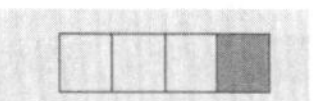

욕실 바닥의 물을 배수할 때 주로 사용되는 트랩은?

① 드럼 트랩 ② U트랩
③ P트랩 ④ 벨 트랩

해설 드럼 트랩은 부엌용 개수기류에 사용되는 경우가 많고, 관 트랩에 비하여 봉수 파괴가 적다. U트랩은 가로 배관에 사용되고, 유속을 저해하는 단점이 있으며, 공공 하수관에 사용된다. P트랩은 위생 기구에 가장 많이 사용되는 형식으로 벽체 내의 배수 입관에 접속하며 S트랩보다 봉수가 안전하다.

20 | 배수 트랩 중 U트랩의 용어
21, 20, 13

가옥 트랩으로서 옥내 배수 수평주관의 말단 등 가옥 내 배수 기구에 부착하여 공공 하수관으로부터 해로운 가스가 집 안으로 침입하는 것을 방지하는 데 사용되는 것은?

① P트랩 ② S트랩
③ U트랩 ④ 버킷 트랩

해설 가옥 트랩으로서 옥내 배수 수평주관의 말단 등 가옥 내 배수 기구에 부착하여 공공 하수관으로부터 해로운 가스가 집 안으로 침입하는 것을 방지하는 데 사용되는 기구는 U트랩이다.

21 | 배수 트랩 중 U트랩의 용어
11, 08, 07

부엌용 개수기류에 사용되는 트랩으로, 관 트랩에 비하여 봉수의 파괴가 적은 것은?

① S트랩 ② P트랩
③ U트랩 ④ 드럼 트랩

해설 S트랩은 일반적으로 많이 사용하나, 봉수가 빠지는 경우가 많다. P트랩은 봉수가 S트랩보다 안전하고, 세면기에 많이 사용한다. U트랩(가옥 트랩, 메인 트랩)은 가로 배관에 사용하나, 유속을 저해하는 결점이 있다.

22 | 그리스 포집기의 용어
22, 21, 20, 19, 18, 12

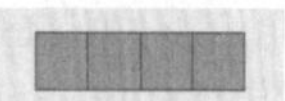

배수 설비에 사용되는 포집기 중 레스토랑의 주방 등에서 배출되는 배수 중의 유지분을 포집하는 것은?

① 오일 포집기 ② 헤어 포집기
③ 그리스 포집기 ④ 플라스터 포집기

해설 오일 포집기는 배수 중에 함유된 오일유(수면에 뜨게 하여 제거), 모래 찌꺼기(침전으로 제거), 가솔린(포집기의 상부에 있는 통기관을 통하여 방출) 등을 분리 배제하는 기구이다. 헤어 포집기는 모발이 배수관에 유입되는 것을 방지하기 위하여 사용하는 포집기이다. 플라스터 포집기는 병원의 치과 또는 외과의 기브스실에 설치하는 포집기로 금속재의 부스러기나 플라스터를 걸러낸다.

23 | 트랩의 봉수 파괴 원인
24②, 18, 17, 16, 14, 12, 09, 08, 07, 06

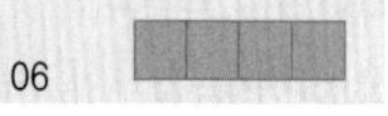

트랩(trap)의 봉수 파괴 원인과 가장 관계가 먼 것은?

① 증발 현상 ② 수격 작용
③ 모세관 현상 ④ 자기 사이펀 작용

해설 트랩의 봉수 파괴 원인에는 자기 사이펀 작용, 흡출 작용, 모세관 현상, 증발 및 분출 작용 등이 있다. 수격 작용은 급수 설비에 있어서 배관 중의 물의 흐름을 급격히 막으면 순간적으로 이상한 충격압이 발생하는 현상이다.

24 | 통기관의 설치 목적
10

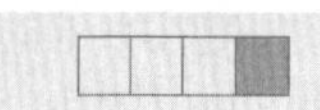

통기관의 설치 목적과 가장 관계가 먼 것은?

① 트랩의 봉수를 보호한다.
② 배수관 내의 흐름을 원활하게 한다.
③ 배수 중에 발생되는 유해 물질을 배수관으로부터 분리한다.
④ 신선한 공기를 유통시켜 배수관 계통의 환기를 도모한다.

해설 통기관은 사이펀 작용 및 배압으로부터 트랩의 봉수를 보호하고, 배수관 내의 흐름을 원활하게 하며, 배수관 내에 신선한 공기를 유통시켜 배수관 계통의 환기를 도모하기 위해 설치한다. 배수 중 발생되는 유해 물질을 배수관으로부터 분리하는 것은 트랩이다.

25 | 통기관의 용어
21, 09

트랩의 봉수를 보호하고 배수관 내의 흐름을 원활히 하기 위하여 설치하는 것은?

① 스위블 조인트 ② 팽창관
③ 넘침관 ④ 통기관

해설 스위블 조인트는 배관의 신축을 흡수하기 위하여 2개 이상의 엘보를 이음쇠로 나사 맞춤부의 나사 회전을 이용하는 이음이다. 팽창관은 온수 보일러나 저탕조 등에 안전 장치로 사용되는 관이며, 넘침관은 옥상(고가) 탱크, 팽창 탱크의 측벽 상부에 설치하여 수면 이상으로 물이 흘러넘치는 것을 방지하기 위한 관이다.

정답 19. ④ 20. ③ 21. ④ 22. ③ 23. ② 24. ③ 25. ④

26 | 통기관 중 각개 통기 방식
11

다음 설명에 알맞은 통기 방식은?

- 각 가구의 트랩마다 통기관을 설치한다.
- 트랩마다 통기되기 때문에 가장 안정도가 높은 방식으로, 자기 사이펀 작용의 방지에도 효과가 있다.

① 각개 통기 방식 ② 루프 통기 방식
③ 회로 통기 방식 ④ 신정 통기 방식

해설 루프(환상, 회로) 통기관은 여러 개의 기구군에 1개의 통기지관을 빼내어 통기 수직관에 접속하는 방식이다. 신정 통기관은 배수 수직관의 상부를 배수 수직관과 동일 관경으로 위로 배관하여 배기 중에 개방하는 통기관이다.

27 | 가장 이상적인 통기 방식
10

다음의 통기 방식 중 가장 이상적인 통기 방식은?

① 각개 통기 방식 ② 도피 통기 방식
③ 회로 통기 방식 ④ 습윤 통기 방식

해설 도피 통기관은 배수 수평지관이 배수 수직관과 접속하기 전에 통기관을 취하는 방법으로서, 최하류에서 기구 배수관이 접속된 직후의 배수 수평지관에서 세운 통기관이다. 루프(환상, 회로) 통기 방식은 2개 이상의 기구의 트랩을 1개의 통기관으로 통기하는 방식이다. 습식 통기관은 배수 횡주관 최상류 기구의 바로 아래에서 연결한 통기관으로서, 환상 통기에 연결되어 통기와 배수의 역할을 겸하는 통기관을 말한다.

28 | 가장 안정도가 높은 통기 방식
18, 14

통기 방식 중 트랩마다 통기되기 때문에 가장 안정도가 높은 방식은?

① 루프 통기 방식 ② 결합 통기 방식
③ 각개 통기 방식 ④ 신정 통기 방식

해설 개별(각개) 통기 방식은 각 가구의 트랩마다 통기관을 설치하는 방식으로 트랩마다 통기되기 때문에 가장 안정도(이상적인)가 높은 방식이다. 자기 사이펀 작용의 방지에도 효과가 있는 통기 방식이다.

정답 26. ① 27. ① 28. ③

2-2. 냉·난방 및 공기 조화 설비

1 지역 난방

(1) 지역 난방의 정의

지역 난방은 한 군데에 보일러(power plant)를 설치하여 일정 구역의 다수 건물에 고압 증기 또는 고온수를 공급하는 방식으로 증기 난방, 온수 난방, 복사 난방, 온풍 난방 등이 있다.

■ 지역 난방의 특징
• 보일러실 불필요
• 설비 면적 감소
• 건축물의 유효 면적 증대

(2) 지역 난방의 특징

① 설비의 고도화로 도시의 매연을 경감시킬 수 있고, 화재의 위험이 없으며, 인건비와 연료비를 줄일 수 있다.
② 보일러실이 불필요하여 설비 면적이 감소되므로 건축물의 유효 면적이 증대된다.
③ 배관의 길이가 상당히 길어서 열 손실이 매우 크다.

2 온수 난방

현열(sensible heat)을 이용한 난방으로, 보일러에서 가열된 온수를 복관식 또는 단관식의 배관을 통하여 방열기에 공급하여 난방하는 방식이다.

■ 온수 난방의 장점
현열을 이용한 난방, 증기 난방에 비해 쾌감도가 높다.

(1) 장점

① 난방 부하의 변동에 따라 온수 온도와 온수의 순환 수량을 쉽게 조절할 수 있다.
② 현열을 이용한 난방이므로 증기 난방에 비해 쾌감도가 높다.
③ 방열기 표면 온도가 낮으므로 표면에 부착된 먼지가 타서 냄새나는 일이 적고, 화상을 입을 염려가 없다.
④ 난방을 정지하여도 난방 효과가 잠시 지속된다.
⑤ 보일러 취급이 안전하고 용이하다.

■ 온수 난방의 단점
• 증기 난방에 비해 방열 면적과 배관이 크고 설비비가 많이 든다.
• 열용량이 작기 때문에 온수 순환 시간과 예열 시간이 길다.

(2) 단점

① 증기 난방에 비해 방열 면적과 배관이 크고 설비비가 많이 든다.
② 열용량이 작기 때문에 온수 순환 시간과 예열 시간이 길다.
③ 한랭 시 난방을 정지하였을 경우 동결이 우려된다.

(3) 온수 난방의 배관 방식

① 복관식 : 보일러에서 방열기로 보내는 관과 환수관을 따로 배관하는 방식

② **단관식** : 증기나 온수를 방열기로 운반하는 배관을 1관만 설치한 방식

③ **심야 전력 온수기** : 대형 물탱크 바닥에 전기 히터를 삽입하고, 전기 요금이 할인되는 심야에 전기를 이용하여 탱크 안에 물을 고온으로 가열하여 난방 및 급탕용으로 사용하는 방식

3 증기 난방

증기 난방은 보일러에서 물을 가열하여 발생한 증기를 배관에 의하여 각 실에 설치된 방열기로 보내고, 이 수증기의 증발 잠열로 난방하는 방식이다. 방열기 내에서 수증기는 증발 잠열을 빼앗기므로 응축되며, 이 응축수는 트랩에서 증기와 분리되어 환수관을 통하여 보일러에 환수된다. 응축수 환수 방식에는 중력 환수식, 기계 환수식 및 진공 환수식 등이 있다.

(1) 장점

① 증발 잠열을 이용하기 때문에 열의 운반 능력이 크다.

② 예열 시간이 온수 난방에 비해 짧고, 증기의 순환이 빠르다.

③ 방열 면적을 온수 난방보다 작게 할 수 있고, 설비비와 유지비가 싸다.

(2) 단점

① 난방의 쾌감도가 낮고, 난방 부하의 변동에 따라 방열량의 조절이 곤란하다.

② 소음이 많이 나고, 보일러의 취급 기술이 필요하다.

(3) 응축수의 환수 방식

① **중력 환수식** : 응축수의 구배를 충분히 두어 환수관을 통해 중력만으로 보일러에 환수하는 방식

② **기계 환수식** : 환수관을 수수 탱크에 접속하여 응축수를 이 탱크에 모아 펌프로 보일러에 송수하는 방식

③ **진공 환수식** : 환수관의 말단에 진공 펌프를 접속하여 응축수와 관 내의 공기를 흡인해서 증기 트랩 이후의 환수관 내를 진공압으로 만들어 응축수의 흐름을 촉진하는 방식

4 복사 난방

복사 난방(panel heating)은 건축 구조체(천장, 바닥, 벽 등)에 동판, 강판, 폴리에틸렌관 등으로 코일(coil)을 배관하여 가열면을 형성하고, 여기에 온수 또는 증기를 통하여 가열면의 온도를 높여서 복사열에 의한 난방을 하는 것으로, 쾌감 온도가 높은 난방 방식이다.

출제 키워드

■ 증기 난방의 장점
예열 시간이 온수 난방에 비해 짧다.

■ 증기 난방의 단점
• 난방의 쾌감도가 낮다.
• 난방 부하의 변동에 따라 방열량의 조절이 곤란

■ 응축수의 환수 방식에 따른 분류
중력 환수식, 기계 환수식 및 진공 환수식 등

출제 키워드

■ 복사 난방의 장점
- 방열기가 필요치 않다.
- 바닥면의 이용도가 높다.
- 방이 개방 상태에서도 난방 효과가 있다.
- 대류가 적어 바닥면의 먼지가 상승하지 않는다.

■ 복사 난방의 단점
- 열용량이 크다.
- 외기 온도의 급변에 대해서 곧 발열량을 조절할 수 없다.

■ 전공기식

단일 덕트, 이중 덕트, 각 층 유닛 방식 및 멀티존 유닛 방식 등

■ 단일 덕트 방식
- 전공기 방식
- 냉풍과 온풍을 혼합하는 혼합 상자가 필요 없다.
- 소음과 진동이 적다.
- 각 실이나 존의 부하 변동에 즉시 대응할 수 없다.

(1) 장점

① 대류식 난방 방식은 바닥면에 가까울수록 온도가 낮고 천장면에 가까울수록 온도가 높아지는 데 비해, 복사 난방 방식은 실내의 온도 분포가 균등하고 쾌감도가 높다.

② 방열기가 필요치 않으며, 바닥면의 이용도가 높다.

③ 방이 개방 상태에서도 난방 효과가 있으며, 평균 온도가 낮기 때문에 동일 발열량에 대해서 손실 열량이 비교적 적다.

④ 대류가 적으므로 바닥면의 먼지가 상승하지 않는다.

(2) 단점

① 가열 코일을 매설하는 관계상 시공, 수리와 방의 모양을 바꿀 때 불편하며, 건축 벽체의 특수 시공이 필요하므로 설비비가 많이 든다.

② 회벽 표면에 균열이 생기기 쉽고, 매설 배관이 고장났을 때 발견하기가 곤란하다.

③ 열손실을 막기 위한 단열층이 필요하다.

④ 열용량이 크기 때문에 외기 온도의 급변에 대해서 곧 발열량을 조절할 수 없다.

5 공기 조화 방식

(1) 열매의 종류에 의한 공기 조화 방식

① **전공기식** : 공기 조화기로 냉·온풍을 만들어 송풍하는 방식으로 전공기 방식에는 단일 덕트, 이중 덕트, 각 층 유닛 방식 및 멀티존 유닛 방식 등이 있다.

② **수공기식** : 1차 공기 조화기와 2차 공기 조화기(또는 실내 유닛)를 병용하는 것으로, 1차 공기 조화기가 외기 및 환기를 처리한 다음 덕트로 방에 송풍하고, 2차 공기 조화기에서는 냉·온수가 동시 또는 단독으로 송입되어 실내 공기를 처리하는 방식이다.

③ **전수 방식** : 덕트를 쓰지 않고, 배관에 의해 냉·온수가 동시 또는 단독으로 실내에 처리된 유닛 속에 보내져 방의 공기를 처리하는 방식이다.

④ **냉매식** : 송풍 덕트나 냉·온수 배관이 없으며, 패키지형은 내부의 냉매 배관이 공장에서 시공되어 있어 현장에서 냉매 배관으로 실내의 공기를 직접 처리하는 방식이다.

(2) 설비 방식에 의한 공기 조화 방식

① **단일 덕트 방식(single duct system)** : 오래 전부터 사용되어 온 공조 방식으로 중앙에서 에어 핸들링 유닛(air handling unit)이나 패키지형 공조기(package air conditioner) 등을 써서, 실내와 환기 덕트 내 자동 온도 조절기(thermostat) 또는 자동 습도 조절기(humidistat)에 의해 각 실의 조건에 맞게 조절된 냉풍이나 온풍을 하나의 덕트와 취출구를 통하여 각 실에 보내서 공조하는 방식이다. 전공기 방식으로 냉풍과 온풍을 혼합하는 혼합 상자가 필요 없어 소음과 진동이 적지만, 각 실이나 존의 부하 변동에 즉시 대응하기 어렵다.

② **이중 덕트 방식(double duct system)** : 냉풍, 온풍의 2개의 덕트를 만들어, 말단에 혼합 유닛(unit)에서 열부하에 알맞은 비율로 혼합하여 송풍함으로써 실온을 조절하는 전공식의 조절 방식이다. 냉·온수관이나 전기 배선 등을 실내에 설치하지 않아도 되는 특성이 있다.

③ **각 층 유닛 방식** : 각 층 유닛 방식은 각 층마다 조건이 다른 건물에 적합하며, 각 층 또는 각 구역마다 공기 조화 유닛을 설치하는 방식이다. 중간 규모 이상이거나 대규모 건물에 적합하며, 환기 덕트가 있는 경우와 없는 경우가 있다.

④ **멀티존 유닛 방식(multi-zone unit system)** : 단일 덕트에서 비롯된 것으로 열 특성이 이중 덕트 방식과 동일하며, 중간 규모 이하의 건물에서는 중앙식으로 사용되고 있다. 이 방식은 냉풍과 온풍을 만들고 각 지역(zone)별로 이들을 혼합 공기로 한 후 각각의 덕트에 보낸다. 하나의 유닛만으로 여러 개의 지역을 조절할 수 있기 때문에 배관이나 조절 장치 등을 한 곳에 집중시킬 수 있다.

⑤ **팬 코일 유닛 방식(fan-coil unit system)** : 전동기 직결의 소형 송풍기, 냉·온수 코일 및 필터(filter) 등을 갖춘 실내형 소형 공조기(fan-coil unit)를 각 실에 설치하여 중앙 기계실로부터 냉수 또는 온수를 받아서 공기 조화를 하는 전수 방식이다. 이 방식은 호텔의 객실, 아파트, 주택 및 사무실에 적용되며, 직접 난방을 채용하고 있는 기존 건물의 공기 조화에도 적용시킬 수 있다. 그러나 극장 같은 큰 공간에는 부적당하며, 유닛이 실내에 설치되므로 공간 이용에 어려움이 많다.

⑥ **패키지 유닛 방식** : 패키지형 공기 조화기(packaged air conditioner)에 의한 방식으로 소형 유닛형과 덕트 병용 방식이 있으며, 수년 전까지만 해도 소규모 건물에만 사용되어 왔으나, 시공과 취급이 간편하고 대량 생산에 의한 원가 절감 등으로 현재에는 점차 대용량의 건물에도 많이 사용되고 있다.

⑦ **복사 패널 덕트 병용 방식(panel air system)** : 건물 바닥 또는 천장면의 구조체 파이프 코일을 설치하여 여름에는 냉수, 겨울에는 온수를 통하게 하며, 또 공기를 중앙의 공기 조화 장치로부터 덕트를 통해 공급하므로 실의 공기 조화를 한다. 이 방식은 일반적으로 덕트와 병용하여 사용하지 않으며, 여름에는 패널(panel)면에 결로가 발생할 우려가 있다. 그러나 실내의 현열비가 극히 크고, 실온이 높을 때에는 덕트가 없이도 냉·난방이 가능해진다.

(3) 공기의 오염과 환기 방식

① 실내 환기의 척도는 이산화탄소의 농도를 기준으로 한다. 즉, 공기 중의 이산화탄소량은 실내 공기 오염의 척도가 된다.

출제 키워드

■ **이중 덕트 방식**
냉·온수관이나 전기 배선 등을 실내에 설치하지 않는다.

■ **팬 코일 유닛 방식**
- 전동기 직결의 소형 송풍기, 냉·온수 코일 및 필터 등을 갖춘 실내형 소형 공조기를 각 실에 설치하여 중앙 기계실로부터 냉수 또는 온수를 받아서 공기 조화를 하는 전수 방식
- 호텔의 객실, 아파트, 주택 및 사무실에 적용
- 극장 같은 큰 공간에는 부적당

■ **실내 환기의 척도**
이산화탄소의 농도를 기준

출제 키워드

■ 환기 방식
- 제1종 환기(병용식) : 송풍기, 배풍기, 임의 압
- 제2종 환기(압입식) : 송풍기, 개구부, 정압
- 제3종 환기(흡출식) : 개구부, 배풍기, 부압

② 환기 방식

방식	명칭	급기	배기	환기량	실내의 압력차	용도
기계 환기	제1종 환기(병용식)	송풍기	배풍기	일정	임의 (정, 부압)	모든 경우에 사용
	제2종 환기(압입식)	송풍기	개구부	일정	정압	제3종 환기일 경우에만 제외
	제3종 환기(흡출식)	개구부	배풍기	일정	부압	화장실, 기계실, 주차장, 취기나 유독가스 발생이 있는 실
자연 환기	제4종 환기(흡출식)	개구부	자연 환기	부정	부압	
		개구부	개구부	부정	부압	

| 2-2. 냉·난방 및 공기 조화 설비 |

과년도 출제문제

01 | 온수 난방
23, 21, 19, 18, 08

다음의 온수 난방에 대한 설명 중 옳지 않은 것은?

① 한랭 시 난방을 정지하였을 경우 동결의 우려가 있다.
② 현열을 이용한 난방이므로 증기 난방에 비해 쾌감도가 높다.
③ 난방을 정지하여도 난방 효과가 잠시 지속된다.
④ 열용량이 작기 때문에 온수 순환 시간이 짧다.

해설 온수 난방은 ①, ② 및 ③ 외에 난방 부하에 따른 온수 온도와 온수 순환 수량을 쉽게 조절할 수 있고, 방열기 표면의 온도가 낮아 부착된 먼지가 타서 냄새가 나는 일이 없으며, 보일러의 취급이 안전하고 용이한 장점이 있는 반면에 예열 시간이 길고, 증기 난방에 비해 방열 면적과 배관이 크므로 설비비가 많아진다. 특히, 열용량이 크기 때문에 온수 순환 시간이 길다.

02 | 온수 난방
09

다음 중 온수 난방에 대한 설명으로 옳은 것은?

① 예열 시간이 증기 난방에 비해 짧다.
② 증기 난방에 비해 방열 면적과 배관이 작다.
③ 한랭 시 난방을 정지하였을 경우 동결의 우려가 없다.
④ 현열을 이용한 난방이므로, 증기 난방에 비해 쾌감도가 높다.

해설 온수 난방은 증기 난방에 비해 예열 시간이 길고, 방열 면적과 배관의 관경이 크며, 한랭 시 난방을 정지하였을 때 동결의 우려가 크다.

03 | 증기 난방의 응축수 환수 방식
09

증기 난방의 응축수 환수 방식에 의한 분류에 속하지 않는 것은?

① 중력 환수식 ② 기계 환수식
③ 진공 환수식 ④ 습식 환수식

해설 응축수 환수 방식에는 중력 환수식(중력에 의한 응축수 환수), 기계 환수식(응축수 펌프를 이용) 및 진공 환수식(진공 펌프를 이용)이 있다.

04 | 증기 난방
20, 18, 17, 13

증기 난방 방식에 관한 설명으로 옳지 않은 것은?

① 예열 시간이 온수 난방에 비해 짧다.
② 온수 난방에 비해 한랭지에서 동결의 우려가 적다.
③ 증발 잠열을 이용하기 때문에 열의 운반 능력이 크다.
④ 온수 난방에 비해 부하 변경에 따른 방열량 조절이 용이하다.

해설 증기 난방은 난방 부하의 변동에 따른 방열량의 조절이 곤란하다.

05 | 증기 난방
24, 18, 10, 09

증기 난방 방식에 대한 설명 중 옳지 않은 것은?

① 난방의 쾌감도가 낮다.
② 예열 시간이 온수 난방에 비해 길다.
③ 방열 면적을 온수 난방보다 작게 할 수 있다.
④ 난방 부하의 변동에 따라 방열량 조절이 곤란하다.

해설 증기 난방(steam heating)은 보일러에서 물을 가열하여 발생된 증기를 배관에 의하여 각 실에 설치된 방열기로 보내어 이 수증기의 증발 잠열(latent heat)로 난방을 하는 방식으로 예열 시간이 온수 난방에 비해 짧고, 증기의 순환이 빠르다.

06 | 증기 난방
13

증기 난방에 관한 설명으로 옳지 않은 것은?

① 계통별 용량 제어가 곤란하다.
② 온수 난방에 비해 예열 시간이 길다.
③ 증발 잠열을 이용하는 난방 방식이다.
④ 부하 변동에 따른 실내 방열량의 제어가 곤란하다.

해설 증기 난방은 온수 난방에 비해 예열 시간이 짧고, 증기의 순환이 빠르다.

정답 01. ④ 02. ④ 03. ④ 04. ④ 05. ② 06. ②

07 | 증기 난방
19, 18, 17③, 15, 12

증기 난방에 관한 설명으로 옳지 않은 것은?

① 예열 시간이 온수 난방에 비해 짧다.
② 방열 면적을 온수 난방보다 작게 할 수 있다.
③ 난방 부하의 변동에 따른 방열량 조절이 용이하다.
④ 증발 잠열을 이용하기 때문에 열의 운반 능력이 크다.

해설 증기 난방은 난방 부하의 변동에 따른 방열량의 조절이 어렵다.

08 | 온수 난방과 비교한 증기 난방
19, 14, 11

온수 난방과 비교한 증기 난방의 특징으로 옳지 않은 것은?

① 예열 시간이 짧다.
② 열의 운반 능력이 크다.
③ 난방의 쾌감도가 높다.
④ 방열 면적을 작게 할 수 있다.

해설 증기 난방은 온수 난방에 비해 난방의 쾌감도가 낮고, 난방 부하의 변동에 따른 방열량의 조절이 곤란하다.

09 | 난방 방식(복사 난방의 용어)
09

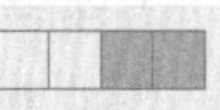

난방 방식의 종류 중 방열기가 필요치 않으며, 바닥면의 이용도가 높은 것은?

① 증기 난방 ② 온수 난방
③ 복사 난방 ④ 배관 난방

해설 복사 난방(panel heating)은 건축 구조체(천장, 바닥, 벽 등)에 동관, 강관, 폴리에틸렌관 등으로 코일(coil)을 배관하여 가열면을 형성하고, 여기에 온수 또는 증기를 통하여 가열면의 온도를 높여서 복사열에 의한 난방을 하는 방식이다. 방열기가 필요치 않으며, 바닥면의 이용도가 높다.

10 | 복사 난방
21, 10②

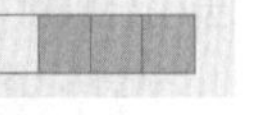

복사 난방 방식에 대한 설명 중 옳지 않은 것은?

① 실내의 온도 분포가 균등하고 쾌감도가 높다.
② 방이 개방 상태인 경우에도 난방 효과가 있다.
③ 방열기 설치 면적이 크므로, 바닥면의 이용도가 낮다.
④ 시공, 수리와 방의 모양을 바꿀 때 불편하며, 매설 배관이 고장났을 때 발견하기가 어렵다.

해설 복사 난방(panel heating)은 건축 구조체(천장, 바닥, 벽 등)에 동관, 강관, 폴리에틸렌관 등으로 코일(coil)을 배관하여 가열면을 형성하고, 여기에 온수 또는 증기를 통하여 가열면의 온도를 높여서 복사열에 의한 난방을 하는 방식이다. 방열기가 필요치 않고, 바닥면의 이용도가 높다.

11 | 복사 난방
22, 20, 13

복사 난방에 관한 설명으로 옳은 것은?

① 방열기 설치를 위한 공간이 요구된다.
② 실내의 온도 분포가 균등하고 쾌감도가 높다.
③ 대류식 난방으로 바닥면의 먼지 상승이 많다.
④ 열용량이 작기 때문에 방열량 조절이 용이하다.

해설 복사 난방은 방열기 설치를 위한 공간이 필요 없고, 복사식 난방으로 대류가 적으므로 먼지의 상승이 적지만, 열용량이 크기 때문에 방열량의 조절이 용이하지 못하다. 실내의 온도 분포가 균등하고, 쾌감도가 높은 장점이 있다.

12 | 복사 난방
23, 19, 11

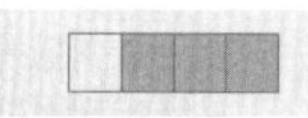

복사 난방에 대한 설명으로 옳지 않은 것은?

① 실내의 온도 분포가 균등하고 쾌감도가 높다.
② 방열기가 필요하지 않으며, 바닥면의 이용도가 높다.
③ 열용량이 크기 때문에 방열량 조절에 시간이 걸린다.
④ 천장고가 높은 공장이나 외기 침입이 있는 곳에서는 난방감을 얻을 수 없다.

해설 복사 난방은 천장고가 높은 공장이나 외기 침입이 있는 곳에서도 난방감을 얻을 수 있다. 즉, 개방되어 있어도 난방 효과가 있다.

13 | 지역 난방
13, 08

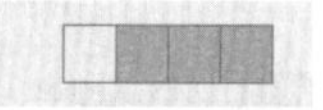

지역 난방(district heating)에 관한 설명으로 옳지 않은 것은?

① 각 건물의 설비 면적이 증가된다.
② 각 건물마다 보일러 시설을 할 필요가 없다.
③ 설비의 고도화에 따라 도시의 매연을 경감시킬 수 있다.
④ 각 건물에서는 위험물을 취급하지 않으므로 화재 위험이 적다.

해설 지역 난방은 각 건물의 보일러실이 불필요하므로 설비 면적이 감소되고, 각 건물의 유효 면적이 증대된다.

정답 07. ③ 08. ③ 09. ③ 10. ③ 11. ② 12. ④ 13. ①

14 | 공기 조화(전공기 방식) 13

공기 조화 방식 중 전공기 방식에 관한 설명으로 옳지 않은 것은?

① 덕트 스페이스가 필요하다.
② 중간기에 외기 냉방이 가능하다.
③ 실내에 배관으로 인한 누수의 우려가 없다.
④ 팬 코일 유닛 방식, 유인 유닛 방식 등이 있다.

해설 팬 코일 유닛 방식은 전수 방식이고, 유인 유닛 방식은 공기·수방식이며, 전공기 방식에는 단일 덕트, 이중 덕트 및 멀티존 유닛 방식 등이 있다.

15 | 공기 조화(전공기 방식) 24, 22, 12

다음의 공기 조화 방식 중 전공기 방식에 해당되지 않는 것은?

① 단일 덕트 방식 ② 각 층 유닛 방식
③ 팬 코일 유닛 방식 ④ 멀티존 유닛 방식

해설 공기 조화 방식에서 전공기 방식에는 단일 덕트 방식, 이중 덕트 방식, 멀티존 유닛 방식 등이 있고, 공기·수방식에는 덕트 병용 팬 코일 유닛 방식, 각 층 유닛 방식, 유인 유닛 방식 및 복사 냉난방 방식 등이 있다. 전수 방식에는 팬 코일 유닛 방식 등이 있다.

16 | 공기 조화(단일 덕트 방식) 22②, 20②, 19③, 18, 17, 12

다음과 같은 특성을 갖는 공기 조화 방식은?

- 전공기 방식의 특징이 있다.
- 냉풍과 온풍을 혼합하는 혼합 상자가 필요 없어 소음과 진동이 적다.
- 각 실이나 존의 부하 변동에 즉시 대응할 수 없다.

① 단일 덕트 방식 ② 이중 덕트 방식
③ 멀티존 유닛 방식 ④ 팬 코일 유닛 방식

해설 단일 덕트 방식은 오래 전부터 사용되어 온 공조 방식으로 중앙에서 에어 핸들링 유닛이나 패키지형 공조기 등을 써서, 실내와 환기 덕트 내 자동 온도 조절기(thermostat) 또는 자동 습도 조절기(humidistat)에 의해 각 실의 조건에 맞게 조절된 냉풍이나 온풍을 하나의 덕트와 취출구를 통하여 각 실에 보내서 공조하는 방식이다. 멀티존 유닛 방식은 냉풍과 온풍을 만들고 각 지역별로 이들을 혼합 공기로 한 후 각각 덕트로 보내는 방식으로 하나의 유닛으로 여러 개의 지역을 조절할 수 있으므로 배관과 조절 장치를 한 곳에 집중 배치할 수 있는 방식이다. 팬 코일 유닛 방식은 전동기 직결의 소형 송풍기, 냉온수 코일 및 필터 등을 갖춘 실내형 소형 공조기로서 각 실에 설치하여 중앙 기계실로부터 냉수 또는 온수를 받아서 공기 조화를 하는 방식이다.

17 | 공기 조화(이중 덕트 방식) 16

공기 조화 방식 중 이중 덕트 방식에 관한 설명으로 옳지 않은 것은?

① 혼합 상자에서 소음과 진동이 생긴다.
② 냉풍과 온풍의 혼합으로 인한 혼합 손실이 발생한다.
③ 전수 방식이므로 냉·온수관과 전기 배선 등을 실내에 설치하여야 한다.
④ 단일 덕트 방식에 비해 덕트 샤프트 및 덕트 스페이스를 크게 차지한다.

해설 공기 조화 방식 중 이중 덕트 방식은 전공기 방식으로 냉풍과 온풍의 2개의 풍도를 설치하여 말단 유닛으로 혼합하여 송풍하는 방식이므로 냉·온수관이나 전기 배선 등을 실내에 설치하지 않아도 되는 특성이 있다.

18 | 공기 조화(팬 코일 유닛 방식) 20, 17, 16, 10

전동기 직결의 소형 송풍기, 냉·온수 코일 및 필터 등을 갖춘 실내형 소형 공조기를 각 실에 설치하여 중앙 기계실로부터 냉수 또는 온수를 공급 받아 공기 조화를 하는 방식은?

① 2중 덕트 방식
② 멀티존 유닛 방식
③ 팬 코일 유닛 방식
④ 단일 덕트 방식

해설 이중 덕트 방식(double duct system)은 2개의 덕트(냉풍, 온풍)를 만들어, 말단에 혼합 유닛(unit)에서 열부하에 알맞은 비율로 혼합하여 송풍함으로써 실온을 조절하는 전공식의 조절 방식이다. 멀티존 유닛 방식(multi-zone unit system)은 냉풍과 온풍을 만들고 각 지역(zone)별로 이들을 혼합 공기로 한 후 각각의 덕트에 보내는 방식으로, 하나의 유닛만으로 여러 개의 지역을 조절할 수 있기 때문에 배관이나 조절 장치 등을 한 곳에 집중시킬 수 있다.
단일 덕트 방식은 에어 핸들링 유닛이나 패키지형 공조기 등을 사용하여 실내와 환기 덕트 내 자동 온도 조절기 또는 자동 습도 조절기에 의해 각 실의 조건에 맞게 조절된 냉풍이나 온풍을 하나의 덕트와 취출구를 통해서 각 실로 보내어 공조하는 방식이다.

19 | 공기 조화(전수 방식의 종류) 24, 21, 14

공기 조화 방식의 열반송 매체에 의한 분류 중 전수 방식에 속하는 것은?

① 단일 덕트 방식 ② 이중 덕트 방식
③ 팬 코일 방식 ④ 멀티존 유닛 방식

정답 14. ④ 15. ③ 16. ② 17. ③ 18. ③ 19. ③

해설 공기 조화 방식에서 전공기 방식에는 단일 덕트 방식, 이중 덕트 방식 및 각 층 유닛 방식, 멀티존 유닛 방식 등이 있다. 공기·수방식에는 덕트 병용 팬 코일 유닛 방식, 유인 유닛 방식 및 복사 냉난방 방식 등이 있으며, 전수 방식에는 팬 코일 유닛 방식 등이 있다.

20 | 공기 조화(팬 코일 유닛 방식) 07

다음 중 팬 코일 유닛 방식(fan-coil unit system)에 의한 공기 조화가 가장 적당하지 않은 건축물은?

① 아파트 ② 극장
③ 호텔의 객실 ④ 사무실

해설 팬 코일 유닛 방식은 전동기 직결의 소형 송풍기, 냉·온수 코일 및 필터 등을 구비한 실내형 소형 공조기를 각 실에 설치하여 중앙 기계실로부터 냉수 또는 온수를 공급하여 공기 조화하는 방식으로 호텔의 객실, 아파트, 주택 및 사무실에 사용되고, 직접 난방을 채용하고 있는 기존 건물의 공기 조화에도 적용시킬 수 있다.

21 | 공기 조화(팬 코일 유닛 방식) 19③, 17, 16

공기 조화 방식 중 팬 코일 유닛 방식에 관한 설명으로 옳지 않은 것은?

① 전공기 방식에 속한다.
② 각 실에 수배관으로 인한 누수의 우려가 있다.
③ 덕트 방식에 비해 유닛의 위치 변경이 용이하다.
④ 유닛을 창문 밑에 설치하면 콜드 드래프트를 줄일 수 있다.

해설 팬 코일 유닛 방식은 전동기 직결의 소형 송풍기, 냉·온수 코일 및 필터 등을 갖춘 실내형 소형 공조기를 각 실에 설치하여 중앙 기계실로부터 냉수 또는 온수를 받아서 공기 조화를 하는 방식으로 전수 방식이고, 덕트 병용 팬코일 유닛 방식은 공기·수 방식이다.

22 | 공조 방식과 적용 건축물 07

다음 중 공기 조화 방식과 대상 건물의 연결이 가장 적당하지 않은 것은?

① 이중 덕트 방식 : 고급 사무실
② 팬 코일 유닛 방식 : 극장
③ 각층 유닛 방식 : 백화점
④ 패키지형 공조 방식 : 레스토랑

해설 팬 코일 유닛 방식은 극장과 같이 큰 공간에는 부적당하며, 유닛이 설치되므로 공간의 이용에 어려움이 있다.

23 | 흡수식 냉동기의 구성 요소 19, 18③, 13

흡수식 냉동기의 구성에 해당하지 않는 것은?

① 증발기 ② 재생기
③ 압축기 ④ 응축기

해설 흡수식 냉동기는 재생기(발생기), 응축기, 증발기 및 흡수기 등으로 구성되고, 압축식 냉동기는 압축기, 응축기, 증발기 및 팽창 밸브 등으로 구성된다.

24 | 자연 환기 10

자연 환기에 대한 설명 중 옳지 않은 것은?

① 개구부를 통해 급기와 배기가 이루어진다.
② 일정한 환기량을 유지할 수 있다.
③ 풍향, 풍속 및 실내·외의 온도차와 공기 밀도차에 의한 방법이다.
④ 온도차에 의한 자연 환기는 중력 환기라고도 한다.

해설 자연 환기 방식은 환기량을 일정하게 유지하기 어렵다. 일정한 환기량을 유지할 수 있는 방식은 기계 환기 방식이다.

25 | 제1종 환기 방식 21, 20, 19, 15

다음 설명에 알맞은 환기 방식은?

> 급기와 배기 측에 송풍기를 설치하여 정확한 환기량과 급기량 변화에 의해 실내압을 정압 또는 부압으로 유지할 수 있다.

① 제1종 ② 제2종
③ 제3종 ④ 제4종

해설 제1종 환기법(병용식)은 송풍기와 배풍기를 사용한 환기법이고, 제2종 환기법(압입식)은 송풍기와 개구부를 사용한 환기법이며, 제3종 환기법(흡출식)은 개구부와 배풍기를 사용한 환기법이다.

26 | 실내 공기 오염도 지표 21, 20, 19, 18, 13, 11

실내 공기 오염도의 종합적 지표로서 이용되는 오염 물질은?

① 산소 ② 질소
③ 이산화탄소 ④ 아황산가스

해설 실내 환기의 척도는 이산화탄소의 농도를 기준으로 한다. 즉, 공기 중의 이산화탄소량은 실내 공기 오염의 척도가 된다.

정답 20.② 21.① 22.② 23.③ 24.② 25.① 26.③

27 | 제2종 환기 방식
11

기계 환기 방식 중 송풍기에 의하여 실내로 송풍하고 배기는 배기구 및 틈새 등으로 배출되는 환기 방식은?

① 제1종 ② 제2종
③ 제3종 ④ 제4종

해설 제1종 환기법(병용식)은 송풍기와 배풍기를 사용하고, 제2종 환기법(압입식)은 송풍기와 개구부를 사용하며, 제3종 환기법(흡출식)은 개구부와 배풍기를 사용하는 환기 방식이다.

28 | 제1종 환기 방식
24, 23②, 22, 20, 18, 17, 14, 12, 11, 08

급기와 배기측에 송풍기를 설치하여 정확한 환기량과 급기량 변화에 의해 실내압을 정압(+) 또는 부압(−)으로 유지할 수 있는 환기 방법은?

① 중력 환기 ② 제1종 환기
③ 제2종 환기 ④ 제3종 환기

해설 압입식(제2종 환기)은 급기는 송풍기, 배기는 배기구로서 환기량은 일정하고, 실내·외 압력차는 정압이며, 흡출식(제3종 환기)은 급기는 급기구, 배기는 배풍기로서 환기량은 일정하고, 실내·외 압력차는 부압이다.

29 | 실내 공기 오염도의 척도
21, 10, 07

실내 공기 오염도의 척도로 주로 이용되는 것은?

① 공기 중의 산소 농도
② 공기 중의 아황산가스 농도
③ 공기 중의 이산화탄소 농도
④ 공기 중의 질소 농도

해설 실내 환기의 척도는 이산화탄소의 농도를 기준으로 한다. 즉, 공기 중의 이산화탄소량은 실내 공기 오염의 척도가 된다.

정답 27. ② 28. ② 29. ③

출제 키워드

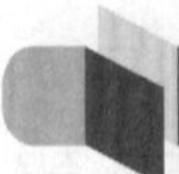

2-3. 전기 설비

■ 전압의 구분
• 직류의 저압 : 1,500V 이하
• 교류의 저압 : 1,000V 이하

1 전압의 구분

구분	저압	고압	특고압
직류	1,500V 이하	1,500V 초과 7,000V 이하	7,000V 초과
교류	1,000V 이하	1,000V 초과 7,000V 이하	

2 실내 조명 설계 등

■ 조명 설계의 순서
소요 조도의 결정→전등 종류의 결정→조명 방식 및 조명 기구→광원의 수와 배치→광속의 계산→소요 전등 크기의 결정

(1) 조명 설계의 순서

실내 조명의 설계 순서는 소요 조도의 결정→전등 종류의 결정→조명 방식 및 조명 기구→광원의 수와 배치→광속의 계산→소요 전등 크기의 결정 순이다.

(2) 조명 방식

조명의 방식에는 직접 조명, 반직접 조명, 전반 확산 조명, 반간접 조명, 간접 조명 등 다섯 가지가 있다.

명칭	빛의 방향	상향 광속 (%)	하향 광속 (%)	장점	단점
직접 조명		0~10	90~100	• 조명률이 좋다. 먼지에 의한 감광이 적다. • 벽, 천장의 반사율의 영향이 적다. • 자외선 조명을 할 수 있다. • 설비비가 일반적으로 싸다. • 시계에 어둠, 밝음의 차이가 적다. • 기구, 전구의 손상이 적고, 유지, 배선이 쉽다.	• 글로브를 사용하지 않을 경우는 추한 조명이 되기 쉽다. • 기구의 선택을 잘못하면 눈부심을 준다. • 소요 전력이 크다.
반직접 조명		10~40	60~90		
전반 확산 조명		40~60	40~60		
반간접 조명		60~90	10~40	• 직접 조명과 간접 조명의 중간	

명칭	빛의 방향	상향 광속 (%)	하향 광속 (%)	장점	단점
간접 조명		90~100	0~10	• 조도가 가장 균일하다. • 음영이 가장 적다. • 연직인 물건에 대한 조도가 가장 높다.	• 조명률이 가장 낮다. 즉, 조명 효율이 나쁘다. • 먼지에 의한 감광이 많으며, 천장면 마무리의 양부에 크게 영향을 준다. • 음기한 감을 주기 쉽다. • 물건에 입체감을 주지 않는다.

(3) 건축화 조명

건축화 조명 방식(조명이 건축물의 일부가 되고, 건물의 일부가 광원의 역할을 하는 조명 방식)의 종류에는 천장 매설형, 코너 조명, 코니스 조명, 다운 라이트, 광창 조명, 광천장 조명, 광량 조명, 코브 라이트, 밸런스 조명, 벽면 조명, 코퍼 라이트 및 루버 조명 등이 있다.

① 천장에 매입한 것 : 광원 조명(반매입 라인 라이트), 코퍼 조명(천장 매입), 다운 라이트 조명(핀홀 라이트) 등

② 천장면을 광원으로 하는 것 : 광천장 조명, 루버 천장 조명, 코브 조명(간접 조명)

③ 벽면을 광원으로 하는 것 : 코니스 조명(벽면 조명), 밸런스 조명(벽면 조명), 라이트 윈도(빛의 벽)

(4) 배선 공사 방식

① 합성수지관 공사 : 열적 영향이나 기계적 외상을 받기 쉬운 곳이 아니면 금속 배관과 같이 광범위하게 사용 가능하고, 관 자체가 절연체이므로 감전의 우려가 없다.

② 목재 몰드 공사 : 목재에 홈을 파서 절연 전선을 넣고 뚜껑을 덮어 실시하는 공사로 콘센트, 스위치류 등의 인하선에 이용된다.

③ 금속 몰드 공사 : 철재 홈통의 바닥에 전선을 넣고 뚜껑을 덮는 공사이다.

④ 가요 전선관 공사 : 가요성이 있으므로 굴곡 장소가 많아서 금속관 공사가 어려운 경우와 엘리베이터의 배선이나 공장 등의 전동기에 이르는 짧은 배선에 사용된다.

(5) 전기의 법칙

① 키르히호프 제1법칙 : 도선망 중 임의의 분기점에 유입하는 전류와 유출하는 전류의 대수화는 영이다.

② 키르히호프 제2법칙 : 도선망 중 어느 폐회로에 대해서도 그 회로 중에 흐르는 전류와 그 회로의 저항값의 적의 대수화는 그 회로망 중에 포함되어 있는 모든 기전력의 대수화와 같다.

출제 키워드

■ 건축화 조명 방식

코니스 조명, 광천장 조명, 코브 라이트 및 루버 조명 등

■ 합성수지관 공사

• 열적 영향이나 기계적 외상을 받기 쉬운 곳이 아니면 금속 배관과 같이 광범위하게 사용 가능
• 관 자체가 절연체이므로 감전의 우려가 없다.

③ **옴의 법칙** : 회로의 저항에 흐르는 전류의 크기는 인가된 전압에 비례하고, 그 도체의 저항에 반비례하는 법칙이다. V(전압)$=I$(전류)R(저항)

④ **플레밍 왼손법칙** : 자계가 전류에 미치는 작용, 즉 자계 중에 전류를 유입시킨 도체를 두었을 때, 도체가 받는 힘을 규정하는 법칙이다.

(6) 기타

① **분기 회로** : 간선으로부터 분기하여 분기 과전류 보호기를 거쳐 전등 또는 콘센트와 같은 부하에 이르는 배선

② **간선** : 주동력선에서 분기되어 나오는 것으로 주택에서는 각 실의 콘센트에 전원을 공급하는 전선이다. 간선의 배선 방식에는 평행식, 나뭇가지식 및 평행식과 나뭇가지식의 병용식(루프식) 등이 있다. 군관리 방식은 엘리베이터 운전 방식의 일종이다.

③ 옥내 배선도에는 전등의 위치, 콘센트의 위치 및 종류, 배선의 방향(상향 및 하향 등) 등을 표시(가구의 배치 표시와는 무관)

④ **변압기** : 전기 기기의 하나로서 전압을 임의로 바꾸는(올리거나 내리거나 등) 장치

⑤ **콘덴서** : 축전기라고도 하며, 전기의 도체에 다량의 전기량을 축적하여 두는 기구

⑥ **분전반** : 소형의 배전반으로서 빌딩과 같이 많은 방을 가지는 곳에서 각 방의 가스나 전력에 대하여 배선할 때 분기 회로용의 개폐기나 보안 장치를 소형 배전반에 만들어 놓고, 각 구간 또는 한 개소에서 취급할 수 있도록 한 것

⑦ **차단기** : 상시 부하 전류의 개폐, 회로의 단락・지락, 과전류 및 과전압 등 이상 상태를 각 계전기에 의하여 자동적으로 차단하는 장치 또는 부하 전류를 개폐함과 동시에 단락 및 지락 사고 발생시 각종 계전기와의 조합으로 신속히 전로를 차단하여 기기 및 전선을 보호하는 장치이다.

⑧ 할로겐 램프는 석영 유리에 할로겐 원소를 봉입한 것으로 연색성(조명에 따라 물체의 색깔이 달라 보이는 광원의 성질로 광원이 백색에서 멀어질수록 연색성이 떨어진다)은 좋다. 또한 휘도가 높고, 흑화(조명등에 있는 필라멘트의 전자 방사 물질이 비산되어 전극 부분의 램프 내벽에 부착되면서 생기는 검은 무늬)가 거의 일어나지 않으며, 광속이나 색 온도의 저하가 작다.

⑨ 메탈 할라이드 램프는 효율이 비교적 양호(70~95lm/W)하고, 연색성이 좋아 옥외 조명에 적합하다.

⑩ 수・변전실의 위치는 사용 부하의 중심에서 가깝고, 수전 및 배전의 거리가 짧은(가까운) 곳이어야 한다.

⑪ **접지** : 대지에 이상 전류를 방류 또는 계통 구성을 위해 의도적이거나 우연하게 전기 회로를 대지 또는 대지를 대신하는 전도체에 연결하는 전기적인 접속이다.

⑫ **전력 퓨즈** : 과전류가 통과하면 가열되어 끊어지는 용융 회로 개방형의 가용성 부분이 있는 과전류 보호 장치이다. 릴레이(전기 전자 제품의 구동과 신호 전달 기능을 수행하는 전자 부품)와 변성기(통신 전송계에 있어서 주로 임피던스 정합에 사용하는 기기)는 필요 없다.

출제 키워드

■ 옴의 법칙
회로의 저항에 흐르는 전류의 크기는 인가된 전압에 비례, 저항에 반비례

■ 간선
• 주동력선에서 분기된 전선
• 주택에서는 각 실의 콘센트에 전원을 공급하는 전선

■ 간선의 배선 방식
평행식, 나뭇가지식 및 평행식과 나뭇가지식의 병용식(루프식) 등

■ 옥내 배선도의 표시 사항
전등의 위치, 콘센트의 위치 및 종류, 배선의 방향(상향 및 하향 등) 등

■ 차단기
부하 전류를 개폐함과 동시에 단락 및 지락 사고 발생시 각종 계전기와의 조합으로 신속히 전로를 차단하여 기기 및 전선을 보호하는 장치

■ 할로겐 램프
연색성 우수

■ 메탈 할라이드 램프
연색성이 좋아 옥외 조명에 적합

■ 수・변전실의 위치
• 사용 부하의 중심에서 가까운 곳
• 수전 및 배전의 거리가 짧은(가까운) 곳

■ 접지
대지에 이상 전류를 방류 또는 계통 구성을 위해 의도적이거나 우연하게 전기 회로를 대지 또는 대지를 대신하는 전도체에 연결하는 전기적인 접속

■ 전력 퓨즈
과전류가 통과하면 가열되어 끊어지는 용융 회로 개방형의 가용성 부분이 있는 과전류 보호 장치

3 피뢰 설비

피뢰 설비는 낙뢰에 대한 피해를 줄이고 뇌격 전류를 신속하게 땅으로 방류시켜 인명과 건축물을 보호하기 위한 것으로, 건축물의 높이가 20m 이상인 경우에는 반드시 피뢰침을 설치하도록 규정하고 있다. 중요한 건조물이나 천연 기념물, 화약류, 가연성 액체나 가스 등의 위험물을 저장, 제조 또는 취급하는 건축물, 많은 사람이 모이는 건물 등은 20m 이하인 경우에도 피뢰침을 설치하는 것이 바람직하다. 일반 건물의 돌침 및 수평도체의 보호각은 60° 이하, 위험물 관계 건축물의 경우는 45° 이하로 한다. 피뢰침을 구조상으로 나누면 돌침부, 피뢰도선, 접지 전극으로 나눌 수 있다. 피뢰 설비의 방식은 다음과 같다.

① 케이지 방식 : 건축물의 주위를 적당한 간격의 망상 도체로 감싸는 방식
② 수평도체 방식 : 건축을 상부에 수평 도체를 가설하여 뇌격 전류를 흡인하는 방식
③ 가공지선 : 애자나 전선에 직격뇌가 맞는 것을 대신 맞아 선로를 보호하는 형식
④ 돌침 방식 : 금속체를 피보호물에서 돌출시켜 수뢰부로 하는 것으로 투영 면적이 비교적 작은 건축물에 적합한 피뢰 설비 방식

출제 키워드

■ 피뢰 설비
건축물의 높이가 20m 이상인 건축물에는 반드시 설치

■ 돌침 방식
• 금속체를 피보호물에서 돌출시켜 수뢰부로 하는 것
• 투영 면적이 비교적 작은 건축물에 적합한 피뢰 설비 방식

| 2-3. 전기 설비 |

과년도 출제문제

01 | 건축화 조명의 종류
22, 09

다음 중 건축화 조명에 속하지 않는 것은?

① 코브 조명　② 광천장 조명
③ 루버 조명　④ 전반 확산 조명

해설 건축화 조명 방식(조명이 건축물의 일부가 되고, 건물의 일부가 광원의 역할을 하는 조명 방식)의 종류에는 천장 매설형, 코너 조명, 코니스 조명, 다운 라이트, 광창 조명, 광천장 조명, 광량 조명, 코브 라이트, 밸런스 조명, 벽면 조명, 코퍼 라이트 및 루버 조명 등이 있다. 전반 확산 조명 방식은 직접광이 40~60% 범위에서 작업면을 비추는 조명 방식이다.

02 | 건축화 조명의 종류
22, 20, 19, 16

건축화 조명에 속하지 않는 것은?

① 코브 조명　② 루버 조명
③ 코니스 조명　④ 펜던트 조명

해설 건축화 조명 방식의 종류에는 천장 매설형, 밸런스 조명, 코너 조명, 코니스 조명, 다운 라이트, 광창 조명, 광천장 조명, 광량 조명, 코브 라이트, 벽면 조명, 코퍼 라이트 및 루버 조명 등이 있다. 펜던트 조명은 체인, 파이프 및 코드 등으로 늘어지는 조명이다.

03 | 건축화 조명의 종류
23②, 19, 11

다음 중 건축화 조명의 종류에 속하지 않는 것은?

① 코브 조명　② 코니스 조명
③ 밸런스 조명　④ 펜던트 조명

해설 건축화 조명 방식의 종류에는 천장 매설형, 밸런스 조명, 코너 조명, 코니스 조명, 다운 라이트, 광창 조명, 광천장 조명, 광량 조명, 코브 라이트, 벽면 조명, 코퍼 라이트 및 루버 조명 등이 있다. 펜던트 조명은 체인, 파이프 및 코드 등으로 늘어지는 조명이다.

04 | 건축화 조명
11

건축화 조명에 대한 설명으로 옳지 않은 것은?

① 조명이 건축물과 일체가 되고, 건물의 일부가 광원의 역할을 하는 것을 건축화 조명이라 한다.
② 건축화 조명은 건축 공간의 조명적 디자인이므로 천장이나 벽면의 크기, 재료, 색채 등의 전체적인 조화가 필요하다.
③ 코브 조명은 천장면을 확산 투과 재료로 마감하고, 그 속에 광원을 넣어 조명하는 방식이다.
④ 코니스 조명은 벽면의 상부에 위치하여 모든 빛이 아래로 직사하도록 하는 조명 방식이다.

해설 코브 조명은 건축화 조명의 일종으로 광원을 눈가림판으로 가리고, 빛을 천정에 반사시켜 간접 조명하는 방식이고, ③은 광천장 조명 방식이다.

05 | 실내 조명의 설계 순서
22, 20, 18, 17④, 13, 06

다음 중 실내 조명 설계 순서에서 가장 먼저 이루어져야 할 사항은?

① 조명 방식의 선정　② 소요 조도의 결정
③ 전등 종류의 결정　④ 조명 기구의 배치

해설 실내 조명의 설계 순서는 소요 조도의 결정 → 전등 종류의 결정 → 조명 방식 및 조명 기구 → 광원의 수와 배치 → 광속의 계산 → 소요 전등의 크기 결정의 순이다.

06 | 옥내 배선도의 기입 사항
18, 17, 09, 07

주택에서 옥내 배선도에 기입하여야 할 사항과 가장 관계가 먼 것은?

① 전등의 위치　② 가구의 배치 표시
③ 콘센트의 위치 및 종류　④ 배선의 상향, 하향의 표시

해설 옥내 배선도에는 전등의 위치, 콘센트의 위치 및 종류, 배선의 방향(상향 및 하향 등) 등을 표시하며, 가구의 배치는 표시하지 않는다.

정답 01. ④ 02. ④ 03. ④ 04. ③ 05. ② 06. ②

07 | 직접 조명
23, 08

직접 조명에 관한 기술 중 옳지 않은 것은?

① 작업면에서 높은 조도를 얻을 수 있다.
② 조명률이 좋고, 먼지에 의한 감광이 적다.
③ 실내 전체적으로 볼 때, 밝고 어두움의 차이가 거의 없다.
④ 설비비가 일반적으로 싸다.

해설 실내 조명의 직접 조명 방식은 조명률이 좋고, 그림자가 강하게 생기며, 눈부심이 일어나기 쉽다. 특히, 실내 전체적으로 볼 때, 밝고 어두움의 차이가 매우 크다. 실내의 조도 분포가 균일한 방식은 간접 조명 방식이다.

08 | 직접 조명
22, 14, 12

직접 조명에 관한 설명으로 옳지 않은 것은?

① 조명률이 좋다.
② 그림자가 강하게 생긴다.
③ 눈부심이 일어나기 좋다.
④ 실내의 조도 분포가 균일하다.

해설 실내 조명의 직접 조명 방식은 조명률이 좋고, 그림자가 강하게 생기며, 눈부심이 일어나기 쉽다. 실내의 조도 분포가 균일한 방식은 간접 조명 방식이다.

09 | 합성수지관 공사
11

다음과 같은 특징을 갖는 배선 공사는?

- 열적 영향이나 기계적 외상을 받기 쉬운 곳이 아니면 금속 배관과 같이 광범위하게 사용 가능하다.
- 관 자체가 절연체이므로 감전의 우려가 없다.

① 목재 몰드 공사
② 금속 몰드 공사
③ 합성수지관 공사
④ 가요 전선관 공사

해설 목재 몰드 공사는 목재에 홈을 파서 절연 전선을 넣고 뚜껑을 덮어 실시하는 공사로 콘센트, 스위치류 등의 인하선에 이용된다. 금속 몰드 공사는 철재 홈통의 바닥에 전선을 넣고 뚜껑을 덮는 공사이다. 가요 전선관 공사는 가요성이 있으므로 굴곡 장소가 많아서 금속관 공사가 어려운 경우와 엘리베이터의 배선이나 공장 등의 전동기에 이르는 짧은 배선에 사용된다.

10 | 할로겐 램프
22, 21, 18, 14

할로겐 램프에 관한 설명으로 옳지 않은 것은?

① 휘도가 높다.
② 청백색으로 연색성이 나쁘다
③ 흑화가 거의 일어나지 않는다.
④ 광속이나 색 온도의 저하가 작다.

해설 할로겐 램프는 석영 유리에 할로겐 원소를 봉입한 것으로 연색성(조명에 따라 물체의 색깔이 달라 보이는 광원의 성질로 광원이 백색에서 멀어질수록 연색성이 떨어진다)은 좋다. 또한 휘도가 높고, 흑화(조명등에 있는 필라멘트의 전자 방사 물질이 비산되어 전극 부분의 램프 내벽에 부착되면서 생기는 검은 무늬)가 거의 일어나지 않으며, 광속이나 색 온도의 저하가 작다.

11 | 메탈 할라이드 램프
14

메탈 할라이드 램프에 관한 설명으로 옳지 않은 것은?

① 휘도가 높다.
② 시동 전압이 높다.
③ 효율은 높으나 연색성이 나쁘다.
④ 1등당 광속이 많고 배광 제어가 용이하다.

해설 메탈 할라이드 램프는 효율이 비교적 양호(70~95lm/W)하고, 연색성이 좋아 옥외 조명에 적합하다.

12 | 조명의 단위
21, 20, 17, 12

조명과 관련된 단위의 연결이 옳지 않은 것은?

① 광속 : N ② 광도 : cd
③ 휘도 : nt ④ 조도 : lx

해설 광속(단위 시간당 흐르는 빛의 에너지양)의 단위는 루멘이다.

13 | 옴의 법칙
20, 17, 10

다음 설명이 나타내는 법칙은?

회로의 저항에 흐르는 전류의 크기는 인가된 전압의 크기와 비례하며 저항과는 반비례한다.

① 키르히호프 제1법칙
② 키르히호프 제2법칙
③ 옴의 법칙
④ 플레밍 왼손 법칙

정답 07. ③ 08. ④ 09. ③ 10. ② 11. ③ 12. ① 13. ③

해설 키르히호프 제1법칙은 도선망 중 임의의 분기점에 유입하는 전류와 유출하는 전류의 대수화는 영이다. 키르히호프 제2법칙은 도선망 중 어느 폐회로에 대해서도 그 회로 중에 흐르는 전류와 그 회로의 저항값의 적의 대수화는 그 회로망 중에 포함되어 있는 모든 기전력의 대수화와 같다. 플레밍 왼손 법칙은 자계가 전류에 미치는 작용, 즉 자계 중에 전류를 유입시킨 도체를 두었을 때, 도체가 받는 힘을 규정하는 법칙이다.

14 | 수·변전설비의 위치 선정
22, 19, 13

수·변전실의 위치 선정 시 고려 사항으로 옳지 않은 것은?

① 외부로부터의 수전이 편리한 위치로 한다.
② 용량의 증설에 대비한 면적을 확보할 수 있는 장소로 한다.
③ 사용 부하의 중심에서 멀고, 수전 및 배전 거리가 긴 곳으로 한다.
④ 화재, 폭발의 우려가 있는 위험물 제조소나 저장소 부근은 피한다.

해설 수·변전실의 위치는 사용 부하의 중심에서 가깝고, 수전 및 배전의 거리가 짧은(가까운) 곳이어야 한다.

15 | 전압의 종류(저압)
20, 19, 12

전압의 종류에서 저압에 해당하는 기준은?

① 직류 750V 이하, 교류 600V 이하
② 직류 600V 이하, 교류 750V 이하
③ 직류 1,500V 이하, 교류 1,000V 이하
④ 직류 1,000V 이하, 교류 1,500V 이하

해설 전압의 구분

구분	저압	고압	특고압
직류	1,500V 이하	1,500V 초과 7,000V 이하	7,000V 초과
교류	1,000V 이하	1,000V 초과 7,000V 이하	

16 | 접지의 용어
24, 21, 18④, 17③, 16, 15

다음과 같이 정의되는 전기 설비 관련 용어는?

> 대지에 이상 전류를 방류 또는 계통 구성을 위해 의도적이거나 우연하게 전기 회로를 대지 또는 대지를 대신하는 전도체에 연결하는 전기적인 접속

① 접지　② 절연
③ 피복　④ 분기

해설 절연은 전기 또는 열의 부도체로 둘러싸는 것이고, 피복은 전기 절연재로 인정하지 않는 합성물 또는 두꺼운 재료로 전선을 씌우는 것이며, 분기는 간선에서 과전류 차단기를 거쳐 부하에 이르는 배선을 말한다.

17 | 간선의 용어
06

전기 설비 관련 용어 중 주동력선에서 분기되어 나오는 것으로, 주택에서는 각 실의 콘센트에 전원을 공급하는 선은?

① 분기 회로　② 금속관
③ 간선　④ 배선

해설 분기 회로는 간선으로부터 분기하여 분기 과전류 보호기를 거쳐 전등 또는 콘센트와 같은 부하에 이르는 배선이다. 배선은 기구류의 각 구성 부분을 전선에 의하여 접속시켜 전류의 통로를 만들고, 회로를 구성하는 것 또는 접속한 전선을 말한다.

18 | 간선의 배선 방식
13

전기 설비에서 간선의 배선 방식에 속하지 않는 것은?

① 평행식
② 루프식
③ 나뭇가지식
④ 군관리 방식

해설 전기 설비에서 간선의 배선 방식에는 평행식, 나뭇가지식 및 평행식과 나뭇가지식의 병용식(루프식) 등이 있고, 군관리 방식은 엘리베이터 운전 방식의 일종이다.

19 | 차단기의 용어
09

부하 전류를 개폐함과 동시에 단락 및 지락 사고 발생 시 각종 계전기와의 조합으로 신속히 전로를 차단하여 기기 및 전선을 보호하는 장치는?

① 변압기　② 콘덴서
③ 분전반　④ 차단기

해설 변압기는 전기 기기의 하나로서 전압을 임의로 바꾸는(올리거나 내리거나 등) 장치이고, 콘덴서(축전기)는 전기의 도체에 다량의 전기량을 축적하여 두는 기기이다. 분전반은 소형의 배전반으로 빌딩과 같이 많은 방을 가지는 곳에서 각 방의 가스나 전력에 대하여 배선할 때 분기 회로용의 개폐기나 보안 장치를 소형 배전반에 만들어 놓고, 각 구간 또는 한 개소에서 취급할 수 있도록 한 것을 말한다.

정답 14. ③ 15. ③ 16. ① 17. ③ 18. ④ 19. ④

20 | 퓨즈의 용어
21, 15, 14

과전류가 통과하면 가열되어 끊어지는 용융 회로 개방형의 가용성 부분이 있는 과전류 보호 장치는?

① 퓨즈 ② 캐비닛
③ 배전반 ④ 분전반

해설 캐비닛은 배전반 및 분전반 등을 넣는 문이 달린 금속제이고, 배전반은 절연판의 앞, 뒤 또는 양면에 과전류 차단기, 개폐기, 스위치, 기타 방호 설비 및 일반 계기를 부착시킨 집합체이다. 분전반은 전기 회로를 둘 이상으로 분기하기 위하여 필요한 과전류 차단기나 보호 장치 등의 분기 개폐기를 한 곳에 집합시킨 독립된 것이다.

21 | 전력 퓨즈
21, 19, 17③, 16, 12

전력 퓨즈에 관한 설명으로 옳지 않은 것은?

① 재투입이 불가능하다.
② 릴레이나 변성기가 필요하다.
③ 과전류에서 용단될 수도 있다.
④ 소형으로 큰 차단 용량을 가졌다.

해설 전력 퓨즈는 전력 회로에 사용되는 퓨즈로서 주로 고전압 회로 및 기기의 단락 보호용으로 차단기와 같은 과전류 보호 장치이다. 릴레이(전기 전자 제품의 구동과 신호 전달 기능을 수행하는 전자 부품)와 변성기(통신 전송계에 있어서 주로 임피던스 정합에 사용하는 기기)는 필요 없다.

22 | 피뢰 설비의 설치 높이
21, 18③, 17, 09, 06

피뢰 설비를 설치해야 하는 건축물의 높이 기준은?

① 20m 이상 ② 25m 이상
③ 30m 이상 ④ 35m 이상

해설 피뢰 설비는 낙뢰의 우려가 있는 건축물, 높이가 20m 이상의 건축물과 공작물에 설치하고, 일반 건축물의 돌침 및 수평 도체의 보호각은 60° 이하, 위험물 관계 건축물의 경우에는 45° 이하로 한다.

23 | 돌침의 용어
13

금속체를 피보호물에서 돌출시켜 수뢰부로 하는 것으로 투영 면적이 비교적 작은 건축물에 적합한 피뢰 설비 방식은?

① 돌침 ② 가공지선
③ 케이지 방식 ④ 수평 도체 방식

해설 케이지 방식은 건축물의 주위를 적당한 간격의 망상 도체로 감싸는 방식이고, 수평도체 방식은 건축을 상부에 수평 도체를 가설하여 뇌격 전류를 흡인하는 방식이다. 가공지선은 애자나 전선에 직격뇌가 맞는 것을 대신 맞아 선로를 보호하는 방식이다.

정답 20. ① 21. ② 22. ① 23. ①

출제 키워드

2-4. 가스 및 소화 설비

1 LP가스

(1) 연료용 가스

연료용 가스의 사용은 최근에 와서 급격히 증가하여 주방용, 냉·난방용은 물론, 상·공업용에 이르기까지 그 용도가 매우 다양하다.

도시가스는 석탄가스, 기름가스, 액화 석유가스(LPG), 액화 천연가스(LNG) 등으로 분류되며, 현재는 액화 석유가스와 액화 천연가스를 많이 사용한다.

① **액화 석유가스(프로판가스, propane gas)** : 주로 용기(bomb)에 의해 가정용 연료뿐만 아니라 가스 절단 등 공업용으로 많이 사용한다. LP가스는 비중이 공기보다 무거워서 누설되는 경우 바닥에 깔리므로 매우 위험하다.

② **액화 천연가스** : 공기보다 가볍기 때문에 누설이 될 경우 공기 중에 흡수되기 때문에 안정성이 높은 장점이 있으나 작은 용기에 담아서 사용할 수 없고, 반드시 대규모 저장 시설을 만들어 배관을 통해서 공급해야 하는 단점이 있다.

■ 액화 석유가스(프로판가스)
- 비중이 공기보다 무겁다.
- 누설되는 경우 바닥에 깔리므로 매우 위험하다.

■ 액화 천연가스
- 공기보다 가볍다.
- 공기 중에 흡수되기 때문에 안정성이 높다.

(2) 가스 공급 및 배관

① **가스 공급 방식** : 가스 공급 방식은 압력에 따라 분류하며 고압, 중압, 저압 등을 각 수송 방식에 따라 병용하는 것이 보통인데, 가까운 곳으로의 공급은 중압 또는 저압으로 공급하고, 고압은 먼 곳의 수송용으로 이용되고 있다.

② **가스 기구 위치** : 가스 기구는 용도 및 성능을 고려하여 안전하고 사용하기 쉬운 장소에 설치하며, 다음과 같은 사항에 특히 주의한다.

㉮ 용도에 적합하고 사용하기 쉬울 것

㉯ 열에 의한 주위의 손상 등이 없을 것

㉰ 연소에 의한 급·배기가 가능할 것

㉱ 가스 기구의 손질이나 점검이 용이할 것

③ **배관 위치** : 용도에 적합하고 열이나 충격에 강한 배관용 재료를 선택하여 다음과 같이 배관한다.

㉮ 외부로부터의 부식과 손상이 될 우려가 있는 장소를 피하며, 되도록 온도 변화를 받지 않는 장소를 택할 것

㉯ 사용하기 편리한 장소를 택할 것

㉰ 건물의 주요 구조부를 관통하지 말 것

㉱ 인입 전기 설비와는 60cm 이상의 거리를 유지할 것

④ **가스 미터기 설치상 주의사항**

㉮ 가스 미터의 계량 성능에 영향을 미치는 장소가 아닐 것

㉯ 가스 미터의 검침, 검사, 교환 등의 작업이 용이하고, 미터 콕의 조작에 지장이 없는 장소일 것

㉰ 전기 설비와 가스관과의 이격 거리

(단위 : cm 이상)

배선의 종류	저압 옥내, 옥외 배선	전기 점멸기, 전기 콘센트	전기 개폐기, 계량기, 안전기	고압 옥내 배선	저압 옥상 전선로	특별 고압 지중, 옥내 배선	피뢰 설비
이격 거리	15	30	60		100		150

2 소방 시설 등

(1) 옥내 소화전

옥내 소화전 설비는 소화전에 호스와 노즐을 접속하여 건물 각 층의 소정 위치에 설치하고, 급수 설비로부터 배관에 의하여 압력수를 노즐로 공급하며, 사람의 수동 동작으로 불을 추적해 가면서 소화하는 것이다.

(2) 옥외 소화전

건물 또는 옥외 화재를 소화하기 위하여 옥외에 설치하는 고정식 소화 설비로, 대규모의 화재 또는 이웃 건물로 연소 확대의 우려가 있을 때 소화하기 위해 설치하는 소화설비이다.

(3) 스프링클러 설비

일정한 소화 설비 기준에 따라 방화 대상물의 상부 또는 천장면에 배수관을 설치하고, 그 끝에 폐쇄형 또는 개방형의 살수 기구(head)를 소정 간격으로 설치하여 급수원에 연결시켜 두었다가 화재가 발생하였을 때, 수동 또는 자동으로 물이 헤드로부터 분사되어 소화되는 고정식 종합 소화 설비이다. 일반적으로 스프링클러 헤드 하나가 소화할 수 있는 면적은 $10m^2$ 정도이다.

(4) 드렌처(drencher) 설비

건축물의 외벽, 창, 지붕 등에 설치하여 인접 건물에 화재가 발생하였을 때 수막을 형성함으로써 화재의 연소를 방지하는 설비이다.

(5) 연결 살수 설비

소방대 전용 소화전인 송수구를 통하여 실내로 물을 공급하여 소화 활동을 하는 것으로, 지하층의 일반 화재 진압을 위한 설비로서 스프링클러 설비와 비슷하며, 지하층에 해당하는 바닥 면적의 합계가 $700m^2$ 이상인 경우에 설치하도록 되어 있다.

출제 키워드

■ 전기 설비와 가스관과의 이격 거리
- 전기 점멸기, 전기 콘센트 : 30cm 이상
- 전기 개폐기, 계량기, 안전기 : 60cm 이상

■ 옥외 소화전
- 건물 또는 옥외 화재를 소화하기 위하여 옥외에 설치하는 고정식 소화 설비
- 대규모의 화재 또는 이웃 건물로 연소 확대의 우려가 있을 때 소화하기 위해 설치하는 소화 설비

■ 드렌처(drencher) 설비

건축물의 외벽, 창, 지붕 등에 설치하여 인접 건물에 화재가 발생하였을 때 수막을 형성함으로써 화재의 연소를 방지하는 설비

■ 연결 살수 설비
- 소방대 전용 소화전인 송수구를 통하여 실내로 물을 공급하여 작동시키는 소화 활동 설비
- 지하층의 일반 화재 진압을 위한 설비

출제 키워드

■ 소화 설비의 종류
옥내 소화전 설비, 스프링클러 설비, 물분무등 소화 설비 등

■ 소화 활동 설비의 종류
제연 설비, 연결 송수관 설비, 연결 살수 설비, 비상 콘센트 설비, 무선 통신 보조 설비 등

■ 자동 화재 탐지 설비의 감지기
• 열감지기 : 차동식, 보상식 및 정온식 등
• 연기 감지기 : 광전식, 이온화식 등

(6) 소화 설비

소화 설비의 종류에는 소화 기구, 옥내 소화전 설비, 스프링클러 설비, 물분무 등 소화 설비, 강화액 소화 설비, 옥외 소화전 설비 등이 있다.

(7) 소화 활동 설비

소화 활동 설비의 종류에는 제연 설비, 연결 송수관 설비, 연결 살수 설비, 비상 콘센트 설비, 무선 통신 보조 설비 및 연소 방지 설비 등이 있다.

(8) 화재 경보 설비

경보 설비는 화재의 발생을 신속하게 알리기 위한 설비로서 경보 설비의 종류에는 비상 경보 설비(비상벨 설비, 자동식 사이렌 설비), 단독 경보형 감지기, 누전 경보기, 비상 방송 설비, 자동 화재 탐지 설비 및 시각 경보기, 자동 화재 속보 설비, 가스 누설 경보기, 통합 감시 시설 등이 있다.

① **자동 화재 경보기** : 감지기와 수신기로 구성되며, 화재 발생과 장소를 자동적으로 소방서나 수위실 등에 통보하는 장치이다. 화재로 인한 물리적 변화를 감지기를 통하여 자동적으로 전기적 신호로 바꾸어 전달하는 방법을 취하고 있다.

② **자동 화재 탐지 설비** : 화재 발생시 화재 감지기에 의하여 자동적으로 경보를 발하는 설비로, 화재 경보 수신반, 수동 발신기, 화재 감지기 등으로 구성된다. 감지기 작동 방식으로는 열감지기(차동식, 보상식 및 정온식)와 연기 감지기(광전식, 이온화식) 등이 있다.

(9) 특수 소화 설비

물분무 소화 설비, 포말 소화 설비, 이산화탄소 소화 설비, 할로겐화합물 소화 설비 및 분말 소화 설비 등이 있다.

| 2-4. 가스 및 소화 설비 |

과년도 출제문제

01 | LP 가스
19, 16, 13, 12, 11, 07

다음 중 LP 가스의 특성이 아닌 것은?

① 비중이 공기보다 크다.
② 발열량이 크며 연소 시에 필요한 공기량이 많다.
③ 누설이 될 경우 공기 중에 흡수되기 때문에 안전성이 높다.
④ 석유 정제 과정에서 채취된 가스를 압축 냉각해서 액화시킨 것이다.

해설 액화 석유 가스(LP 가스)는 비중이 공기보다 무거우므로 누설되는 경우에는 바닥에 깔리므로 매우 위험하다.

02 | LP 가스
23, 22, 14, 11, 09

LPG에 관한 설명으로 옳지 않은 것은?

① 공기보다 가볍다.
② 액화 석유 가스이다.
③ 주성분은 프로판, 프로필렌, 부탄 등이다.
④ 석유 정제 과정에서 채취된 가스를 압축 냉각해서 액화시킨 것이다.

해설 액화 석유 가스(LPG)는 비중이 공기보다 무거우므로 누설되는 경우 바닥에 깔리므로 매우 위험하다.

03 | LP 가스
22, 21③, 20②, 18, 16, 13, 09

액화 석유 가스(LPG)에 관한 설명으로 옳지 않은 것은?

① 공기보다 가볍다.
② 용기(bomb)에 넣을 수 있다.
③ 가스 절단 등 공업용으로도 사용된다.
④ 프로판 가스(propane gas)라고도 한다.

해설 액화 석유 가스(LPG)는 비중이 공기보다 무거우므로 누설되는 경우에는 바닥에 깔리므로 매우 위험하다.

04 | LP 가스
04

LPG의 특성에 관한 설명으로 옳지 않은 것은?

① 순수한 LPG는 무색무취이다.
② LPG의 비중은 공기의 비중보다 크다.
③ 도시가스에 비해 발열량이 크다.
④ 일산화탄소를 함유하고 있어 생가스에 의한 중독의 위험이 있다.

해설 액화 석유 가스(LPG)의 성분은 탄화수소물(에탄, 메탄, 부탄 등)이고, 독성가스(일산화탄소, 염소, 암모니아 등)를 전혀 함유하고 있지 않으므로, 생가스에 의한 중독의 위험이 없다.

05 | 가스 계량기와 전기 점멸기
24, 23, 21, 18, 16

도시가스 배관 시 가스 계량기와 전기 점멸기의 이격 거리는 최소 얼마 이상으로 하는가?

① 30cm ② 50cm
③ 60cm ④ 90cm

해설 가스관과 전선, 전기 점멸기 및 가스 계량기는 30cm 이상, 전기 개폐기는 60cm 이상, 피뢰 도선과는 100cm 이상을 각각 이격시켜야 한다.

06 | 가스 계량기와 전기 개폐기
24, 23, 19, 18③, 13, 09

가스 계량기는 전기 개폐기로부터 최소 얼마 이상 떨어져 설치하여야 하는가?

① 20cm ② 30cm
③ 45cm ④ 60cm

해설 가스 계량기는 전기 개폐기로부터 최소 60cm 이상 떨어져 설치하여야 한다.

정답 01. ③ 02. ① 03. ① 04. ④ 05. ① 06. ④

07 | 가스관과 전기 콘센트
10, 08

도시가스 배관시 가스관과 전기 콘센트의 이격 거리는 최소 얼마 이상으로 하는가?

① 30cm　② 50cm
③ 60cm　④ 90cm

해설 전기 설비와 가스관과의 이격 거리

(단위 : cm 이상)

배선의 종류	저압 옥내, 옥외 배선	전기 점멸기, 전기 콘센트	전기 개폐기, 계량기, 안전기	고압 옥내 배선	저압 옥상 전선로	특별 고압지중, 옥내 배선	피뢰 설비
이격 거리	15	30	60		100		150

08 | 옥외 소화전 설비의 용어
10

건물 또는 옥외 화재를 소화하기 위하여 옥외에 설치하는 고정식 소화 설비로, 대규모의 화재 또는 이웃 건물로 연소 확대의 우려가 있을 때 소화하기 위해 설치하는 것은?

① 스프링클러 설비
② 연결 살수 설비
③ 옥내 소화전 설비
④ 옥외 소화전 설비

해설 스프링클러 설비는 일정한 소화 설비 기준에 따라 방화 대상물의 상부 또는 천장면에 배수관을 설치하고, 그 끝에 폐쇄형 또는 개방형의 살수 기구(head)를 소정 간격으로 설치하여 급수원에 연결시켜 두었다가 화재가 발생하였을 때, 수동 또는 자동으로 물이 헤드로부터 분사되어 소화되는 고정식 종합 소화 설비이다. 연결 살수 설비는 소방대 전용 소화전인 송수구를 통하여 실내로 물을 공급하여 소화 활동을 하는 것으로, 지하층의 일반 화재 진압을 위한 설비이다. 옥내 소화전 설비는 소화전에 호스와 노즐을 접속하여 건물 각 층의 소정 위치에 설치하고, 급수 설비로부터 배관에 의하여 압력수를 노즐로 공급하며, 사람의 수동 동작으로 불을 추적해 가면서 소화하는 것이다.

09 | 드렌처 설비
21, 20, 17, 15, 10

드렌처 설비에 관한 설명으로 옳은 것은?

① 화재의 발생을 신속하게 알리기 위한 설비이다.
② 소화전에 호스와 노즐을 접속하여 건물 각 층 내부의 소정 위치에 설치한다.
③ 인접 건물에 화재가 발생하였을 때 수막을 형성함으로써 화재의 연소를 방재하는 설비이다.
④ 소방대 전용 소화전인 송수구를 통하여 실내로 물을 공급하여 소화 활동을 하는 설비이다.

해설 ①은 화재 경보 설비, ②는 옥내 소화전 설비, ④는 연결 살수 설비에 대한 설명이다.

10 | 드렌처 설비의 용어
19④, 18, 17③, 11, 09

건물의 외벽, 창, 지붕 등에 설치하여 인접 건물에 화재가 발생하였을 때 수막을 형성함으로써 화재의 연소를 방지하는 설비는?

① 스프링클러 설비
② 드렌처 설비
③ 연결 살수 설비
④ 옥내 소화전 설비

해설 스프링클러 설비는 일정한 소화 설비 기준에 따라 방화 대상물의 상부 또는 천장면에 배수관을 설치하고, 그 끝에 폐쇄형 또는 개방형의 살수 기구(head)를 소정 간격으로 설치하여 급수원에 연결시켜 두었다가 화재가 발생하였을 때, 수동 또는 자동으로 물이 헤드로부터 분사되어 소화되는 고정식 종합 소화 설비이다. 연결 살수 설비는 소방대 전용 소화전인 송수구를 통하여 실내로 물을 공급하여 소화 활동을 하는 것으로, 지하층의 일반 화재 진압을 위한 설비이다. 옥내 소화전 설비는 소화전에 호스와 노즐을 접속하여 건물 각 층의 소정 위치에 설치하고, 급수 설비로부터 배관에 의하여 압력수를 노즐로 공급하며, 사람의 수동 동작으로 불을 추적해 가면서 소화하는 것이다.

11 | 연결 살수 설비의 용어
20, 19③, 12, 08

소방대 전용 소화전인 송수구를 통하여 실내로 물을 공급하여 소화 활동을 하는 것으로, 지하층의 일반 화재 진압 등에 사용되는 소방 시설은?

① 드렌처 설비　② 연결 살수 설비
③ 스프링클러 설비　④ 옥외 소화전 설비

해설 드렌처(drencher)설비는 건축물의 외벽, 창, 지붕 등에 설치하여 인접 건물에 화재가 발생하였을 때 수막을 형성함으로써 화재의 연소를 방재하는 방화 설비이고, 스프링클러 설비는 일정한 소화 설비 기준에 따라 방화 대상물의 상부 또는 천장면에 배수관을 설치하고, 그 끝에 폐쇄형 또는 개방형의 살수 기구(head)를 소정 간격으로 설치하여 급수원에 연결시켜 두었다가 화재가 발생하였을 때, 수동 또는 자동으로 물이 헤드로부터 분사되어 소화되는 고정식 종합 소화 설비이며, 옥외 소화전 설비는 건물 또는 옥외 화재를 소화하기 위하여 옥외에 설치하는 고정식 소화 설비로, 대규모의 화재 또는 이웃 건물로 연소할 우려가 있을 때 소화하기 위해 설치하는 설비이다.

정답 07. ① 08. ④ 09. ③ 10. ② 11. ②

12 | 소화 설비의 종류
22②, 21③, 20, 19, 14

소방 시설은 소화 설비, 경보 설비, 피난 구조 설비, 소화 용수 설비, 소화 활동 설비로 구분할 수 있다. 다음 중 소화 설비에 속하지 않는 것은?

① 연결 살수 설비 ② 옥내 소화전 설비
③ 스프링클러 설비 ④ 물분무 등 소화 설비

해설 소화 설비의 종류에는 소화 기구, 옥내 소화전 설비, 스프링클러 설비, 물분무 등 소화 설비, 강화액 소화 설비, 옥외 소화전 설비 등이 있고, 연결 살수 설비는 소화 활동 설비에 속한다.

13 | 소화 활동 설비의 종류
18, 15

소방 시설은 소화 설비, 경보 설비, 피난 설비, 소화 활동 설비 등으로 구분할 수 있다. 다음 중 소화 활동 설비에 속하지 않는 것은?

① 제연 설비 ② 옥내 소화전 설비
③ 연결 송수관 설비 ④ 비상 콘센트 설비

해설 소화 활동 설비의 종류에는 제연 설비, 연결 송수관 설비, 연결 살수 설비, 비상 콘센트 설비, 무선 통신 보조 설비 및 연소 방지 설비 등이 있고, 옥내 소화전 설비는 소화 설비에 속한다.

14 | 경보 설비의 종류
19, 14

소방 시설은 소화 설비, 경보 설비, 피난 설비, 소화 용수 설비, 소화 활동 설비로 구분할 수 있다. 다음 중 경보 설비에 속하지 않는 것은?

① 누전 경보기
② 비상 방송 설비
③ 무선 통신 보조 설비
④ 자동 화재 탐지 설비

해설 소방 시설 중 경보 설비의 종류에는 비상 경보 설비(비상벨 설비, 자동식 사이렌 설비), 단독 경보형 감지기, 누전 경보기, 비상 방송 설비, 자동 화재 탐지 설비 및 시각 경보기, 자동 화재 속보 설비, 가스 누설 경보기, 통합 감시 시설 등이 있다. 무선 통신 보조 설비는 소화 활동 설비이다.

15 | 연기 감지기의 종류
21, 17③, 13

다음의 자동 화재 탐지 설비의 감지기 중 연기 감지기에 해당하는 것은?

① 광전식 ② 차동식
③ 정온식 ④ 보상식

해설 소방 설비 중 자동 화재 탐지 설비는 화재 발생 시 화재 감지기에 의하여 자동적으로 경보를 발하는 설비로 화재 경보 수신반, 수동 발신기 및 화재 감지기 등으로 구성된다. 감지기 작동 방식에는 열감지기(차동식, 보상식 및 정온식 등)와 연기 감지기(광전식, 이온화식 등) 등이 있다.

16 | 열감지기의 종류
08

자동 화재 탐지 설비 중 온도 상승에 의한 감지기 작동 방식이 아닌 것은?

① 광전식 ② 차동식
③ 정온식 ④ 보상식

해설 자동 화재 탐지 설비의 감지기 종류에는 열감지기(차동식, 보상식 및 정온식)와 연기 감지기(광전식, 이온화식 등) 등이 있다.

17 | 열감지기의 종류
23, 21, 10

자동 화재 탐지 설비의 감지기 중 열감지기에 해당하지 않는 것은?

① 광전식 ② 차동식
③ 정온식 ④ 보상식

해설 자동 화재 탐지 설비의 감지기 종류에는 열감지기(차동식, 보상식 및 정온식)와 연기 감지기(광전식, 이온화식 등) 등이 있다.

정답 12. ① 13. ② 14. ③ 15. ① 16. ① 17. ①

출제 키워드

■ 구내 교환 설비
건물의 외부와 내부 및 내부 상호간에 연락을 하기 위한 설비

■ 구내 교환 설비의 구성
구내 전화기, 전력 설비, 보안 설비, 배전반, 단자함, 국선, 내선, 보조 설비, 국선 전화기 등

■ 표시 설비
램프(lamp)나 카드, 숫자에 의하여 상황이나 행위를 표현하여 다수가 알도록 하는 설비

2-5. 정보 및 승강 설비

1 구내 교환 설비 등

(1) 구내 교환 설비(PBX : Private Branch Exchange)

보통은 전화 설비에 포함시키지 않고 따로 전화 교환 설비라고도 하며, 건물의 외부와 내부 및 내부 상호간에 연락을 하기 위한 설비를 뜻한다. 구내 전화기, 전력 설비, 보안 설비, 배전반, 단자함, 국선, 내선, 보조 설비, 국선 전화기 등으로 구성되어 있다.

(2) 인터폰 설비

인터폰(interphone)은 구내 또는 옥내 전용의 통화 연락을 목적으로 설치하는 것으로 주택의 현관과 거실, 주방을 연결하는 도어 폰(door phone)을 비롯하여 업무용, 공장용, 엘리베이터용 등에 널리 사용되고 있다. 인터폰의 시공은 전화 배선과는 별도로 하여야 하며, 전원 장치는 보수가 쉽고 안전한 장소에 시설해야 한다. 설치 높이는 바닥에서 1.5m가 좋다.

(3) 표시 설비

램프(lamp)나 카드, 숫자에 의하여 상황이나 행위를 표현하여 다수가 알도록 하는 설비로서 표시에는 출·퇴근, 안내, 득점, 경보 등 여러 가지가 있다. 같은 표시에서도 시각을 나타내는 것은 전기 시계이고, 카메라를 사용하여 화상으로 표시하는 것이 ITV이다.

(4) 방송 설비

방송 설비는 건물 내외에 스피커를 설치하여 연락, 안내, 통보 등을 행하며 일반 방송, 비상 방송, 극장이나 홀 등의 연출용 방송 등으로 나뉜다. 또 이 장치는 라디오, TV, 스테레오 등으로도 구성되고 업무용, 오락용 등 다방면에 이용되고 있다.

(5) 안테나 설비

텔레비전과 라디오 등의 공동 시청 설비를 말하는 것으로 전기적 성능을 얻는 것도 중요하지만, 건물의 미관을 해치지 않도록 주의해야 한다. 안테나의 설치 장소는 다음과 같은 조건을 고려하여 결정한다.

① 안테나는 풍속 40m/s에 견디도록 고정한다.
② 안테나는 피뢰침 보호각 내에 들어가도록 한다.
③ 접합기의 설치 높이는 바닥에서 30cm 높이로 한다.

(6) HA 시스템

각 가정에서 사용하고 있는 여러 가전 제품의 기능을 보다 좋게 하고, 효율적으로 기능하게 하기 위하여 각 기기를 상호 결합하며, 컴퓨터나 외부의 정보와도 접속하여 종합적으로 제어하려는 것이 가정 자동화이다.

HA 시스템은 주택의 규모 및 요구에 따라 선택할 수 있으며, 홈 오토메이션(home automation), 홈 컨트롤(home control), 재난 방지(home security), 홈 매니지먼트(home management)의 기능을 가진다.

2 수송 설비

수송 설비는 수평적인 이동과 수직적인 이동으로 나뉘는데, 동력을 이용하여 사람이나 물건을 움직이도록 한다. 건축물에서 수직 이동으로는 엘리베이터, 에스컬레이터 등을 이용하며, 수평이동으로는 이동 보도나 컨베이어 벨트 등이 이용된다.

(1) 엘리베이터

① 엘리베이터란 전용 승강로 내를 동력으로 상하 승강하는 케이지(cage)를 중심으로 구성된 운송 시스템이며, 운송 대상은 주로 사람과 물품이다.

② 엘리베이터는 수송 대상에 따라 승객용, 사람과 화물 겸용, 화물용 등이 있으며, 구동 방식에 따라 로프식, 유압식, 나사식, 래크 피니언식, 경사형 엘리베이터 등이 있다.

③ 엘리베이터는 불특정 다수인이 이용한다는 점에서 육상의 일반 교통 기관과 같이 공공성이 매우 높다. 운전 조건은 운행, 정지의 반복 빈도가 높은 변동 부하를 가지고 있으며, 또 승객 자신이 직접 조작을 하는 경우가 많은 특성을 가지고 있다. 따라서 구조적인 강도와 제어의 안정성을 충분히 고려하여야 한다.

④ 일주 시간이란 엘리베이터가 출발 기준층에서 승객을 싣고 출발하여 각 층에 서비스한 후 출발 기준층으로 되돌아와 다음 서비스를 위해 대기하는 데까지 걸리는 총시간이다. 즉, 승강 및 하강 시간의 합계이다.

▎교류 엘리베이터와 직류 엘리베이터의 비교▎

구분	교류 엘리베이터	직류 엘리베이터
기동 토크	기동 토크가 작다.	임의의 기동 토크를 얻는다.
속도 조정	속도의 선택과 제어 불가, 부하에 의한 속도 변동이 있다.	속도의 선택과 제어 가능, 부하에 의한 속도 변동이 없다.
승강 기분	직류에 비해 나쁘다	가감속이 가능하므로 양호하다.
착상 오차	수mm의 오차 발생, 직류에 비해 크다.	1mm 이내의 오차 발생, 작다.
효율(%)	40~60%	60~80%
가격	저가	교류에 비해 고가(1.5~2.0배)
속도(m/분)	30, 45, 60	90, 105, 120, 150, 180, 210, 240

출제 키워드

■ 엘리베이터의 운전 조건

운행, 정지의 반복 빈도가 높은 변동 부하

■ 일주 시간

- 엘리베이터가 출발 기준층에서 승객을 싣고 출발하여 각 층에 서비스한 후 출발 기준층으로 되돌아와 다음 서비스를 위해 대기하는 데까지 걸리는 총시간
- 승강 및 하강 시간의 합계

■ 교류 및 직류 엘리베이터의 비교

- 교류 엘리베이터는 속도의 선택과 제어 불가
- 직류 엘리베이터는 속도의 선택과 제어 가능

출제 키워드

■ 에스컬레이터
• 계단식으로 된 컨베이어
• 30° 이하의 기울기를 가지는 트러스에 발판을 부착시켜 레일로 지지한 구조체
• 최대 속도는 30m/min 이하
• 설치 시에는 가능한 한 주행 거리를 짧게
• 구성 요소는 난간 데크, 스커트 및 내부 패널 등

■ 에스컬레이터의 수송 능력
• 엘리베이터 수송 능력의 10~15배 정도
• 너비 1,200mm의 수송 능력은 8,000명/h(대인 2인) 정도

■ 롤러 컨베이어
• 수평용으로 사용
• 기물을 굴려 운반

(2) 에스컬레이터

① 에스컬레이터는 계단식으로 된 컨베이어로서, 30° 이하의 기울기를 가지는 트러스에 발판을 부착시켜 레일로 지지한 구조체이며, 최대 속도는 하향의 안전을 위하여 30m/min 이하로 하여야 한다.

② 에스컬레이터 설치 시에는 가능한 한 주행 거리를 짧게 하고, 사람 흐름의 중심에 배치하며, 일반적으로 경사도는 30° 이내로 한다. 또한, 지지보나 기둥에 하중이 균등하게 실리도록 한다.

③ 에스컬레이터의 구성 요소는 난간 데크, 스커트(에스컬레이터의 난간에 이어져 발판과 접하는 패널) 및 내부 패널(난간과 계단 사이의 옆판) 등으로 구성된다.

④ 에스컬레이터의 수송 능력은 엘리베이터 수송 능력의 10~15배 정도로 크다(에스컬레이터의 수송 능력은 5,000~8,000명/h이고, 엘리베이터의 수송 능력은 400~500명/h).

너비	1,200mm	900mm	800mm	600mm
수송 인원	8,000명/h	6,000명/h	5,000명/h	4,000명/h
비고	대인 2인	대인 1인, 어린이 1인이 병렬		대인 1인

(3) 이동 보도

① 이동 보도란 수평에 대하여 경사 10~15°의 범위 내에서 승객을 수평으로 이동시키는 장치이다.

② 이동 보도의 기본적인 특징은 승객을 목적지까지 조속히 수송하고 또 교통 혼잡을 해소하는 것이다.

③ 이동 보도가 설치되는 장소는 박람회장, 버스터미널, 공항, 백화점, 지하철, 건물 간의 승객 수송 등이다.

(4) 컨베이어 벨트

컨베이어 벨트는 임의의 장소에 연속적으로 화물을 수송할 수 있고, 수신인이 항상 대기하지 않아도 되는 장점이 있다. 주용도는 도서관의 서적 관리, 사무소 건물의 우편물, 소화물 등의 운송이다. 컨베이어의 종류는 다음과 같다.

① 버킷 컨베이어 : 버킷으로 떠올려 운반하는 수직, 경사용이다.

② 체인 컨베이어 : 체인에 물건을 걸어서 운반하는 수평, 경사용이다.

③ 롤러 컨베이어 : 수송 설비인 컨베이어 벨트 중 수평용으로 사용되며 기물을 굴려 운반하는 수평용이다.

④ 에이프런 컨베이터 : 평탄한 판을 연속으로 운송하는 수평용이다.

| 2-5. 정보 및 승강 설비 |

과년도 출제문제

01 | 구내 교환 설비의 용어
20, 06

건물의 외부와 내부 및 내부 상호 간에 연락을 하기 위한 설비를 무엇이라고 하는가?

① 구내 교환 설비 ② 인터폰 설비
③ 표시 설비 ④ 방송 설비

해설 인터폰 설비는 구내 또는 옥내 전용의 통화 연락을 목적으로 설치하는 것이고, 표시 설비는 상황이나 행위 등을 표현하여 다수가 알 수 있도록 하는 설비로서 램프, 카드 및 숫자에 의하며, 표시에는 출퇴근, 안내, 득점, 경보 등 여러 가지가 있다. 방송 설비는 건물 내외에 스피커를 설치하여 연락, 안내, 통보 등을 행하는 설비로, 일반 방송, 비상 방송, 극장이나 홀 등의 연출용 방송으로 구분한다.

02 | 구내 교환 설비의 구성 요소
08

다음 중 구내 교환 설비의 구성 요소와 관련이 없는 것은?

① 구내 전화기 ② 전력 설비
③ 단자함 ④ 안테나

해설 구내 교환 설비(PBX : Private Branch Exchange)는 건물의 외부와 내부 및 내부 상호 간에 연락을 위한 설비이다. 구내 교환 설비의 구성은 구내 전화기, 전력 설비, 보안 설비, 배전반, 단자함, 국선, 내선, 보조 설비, 교환대, 시험 설비, 국선 전화기 등으로 이루어진다.

03 | 표시 설비의 용어
07

램프나 카드, 숫자에 의하여 상황이나 행위를 표현하여 다수가 알도록 하는 설비를 무엇이라 하는가?

① 인터폰 설비 ② 표시 설비
③ 방송 설비 ④ 안테나 설비

해설 인터폰 설비는 구내 또는 옥내 전용의 통화 연락을 목적으로 설치하는 것이고, 방송 설비는 건물 내외에 스피커를 설치하여 연락, 안내, 통보 등을 행하는 설비이다. 안테나 설비는 공동 시청 설비(라디오나 텔레비전)를 말하는 것으로 전기적 성능을 얻는 것도 중요하나, 건물의 미관을 해치지 않도록 하여야 한다.

04 | 엘리베이터의 일주 시간
23②, 21, 19, 18, 17, 16

다음과 같이 정의되는 엘리베이터 관련 용어는?

> 엘리베이터가 출발 기준층에서 승객을 싣고 출발하여 각 층에 서비스한 후 출발 기준층으로 되돌아와 다음 서비스를 위해 대기하는 데까지 걸리는 총시간

① 승차 시간 ② 일주 시간
③ 주행 시간 ④ 서비스 시간

해설 서비스 시간은 대기 행렬 시간에서 엘리베이터의 서비스에 소요되는 시간이다.

05 | 교류 엘리베이터
19, 18, 17③, 11

교류 엘리베이터에 대한 설명 중 옳지 않은 것은?

① 기동 토크가 적다.
② 부하에 의한 속도 변동이 있다.
③ 직류 엘리베이터에 비해 착상 오차가 크다.
④ 속도를 선택할 수 있고, 속도 제어가 가능하다.

해설 교류 엘리베이터와 직류 엘리베이터의 비교

구분	교류 엘리베이터	직류 엘리베이터
기동 토크	기동 토크가 작다.	임의의 기동 토크를 얻는다.
속도 조정	속도의 선택과 제어 불가, 부하에 의한 속도 변동이 있다.	속도의 선택과 제어 가능, 부하에 의한 속도 변동이 없다.
승강 기분	직류에 비해 나쁘다	가감속이 가능하므로 양호하다.
착상 오차	수mm의 오차 발생, 직류에 비해 크다.	1mm 이내의 오차 발생, 작다.
효율(%)	40~60%	60~80%
가격	저가	교류에 비해 고가 (1.5~2.0배)
속도 (m/분)	30, 45, 60	90, 105, 120, 150, 180, 210, 240

정답 01. ① 02. ④ 03. ② 04. ② 05. ④

06 | 엘리베이터
20, 07

다음의 엘리베이터에 대한 설명 중 틀린 것은?

① 운송 대상은 주로 사람과 물품이다.
② 운행, 정지의 반복 빈도가 낮은 변동 부하를 가지고 있다.
③ 승객 자신이 직접 조작하는 경우가 많다.
④ 구조적인 강도와 제어의 안전성을 충분히 고려하여야 한다.

해설 엘리베이터의 운행 조건은 운행, 정지의 반복 빈도가 높은 변동 부하를 가진다.

07 | 에스컬레이터의 용어
24, 21, 17, 10, 08, 06

계단식으로 된 컨베이어로서, 일반적으로 30° 이하의 기울기를 가지는 트러스에 발판을 부착시켜 레일로 지지한 구조체를 무엇이라 하는가?

① 엘리베이터 ② HA 시스템
③ 이동보도 ④ 에스컬레이터

해설 엘리베이터는 전용 승강로 내를 동력으로 상하 승강하는 케이지를 중심으로 구성된 운송 시스템으로 운송 대상은 주로 사람과 화물이다. HA 시스템은 가정 자동화로서, 각 가정에서 사용하고 있는 여러 가전 제품의 기능을 보다 크게 하고, 효율적으로 하기 위하여 각 기기를 상호 결합하며, 컴퓨터나 외부의 정보와도 접속하여 종합적으로 제어하려는 시스템이다. 이동 보도는 수평에 대하여 경사 10~15°의 범위 내에서 승객을 수평으로 이동하는 장치이다.

08 | 에스컬레이터의 최대 속도
06

에스컬레이터는 최대 얼마 이하의 속도로 운행하여야 하는가?

① 10m/min 이하 ② 20m/min 이하
③ 30m/min 이하 ④ 40m/min 이하

해설 에스컬레이터는 계단식으로 된 컨베이어로서 30° 이하의 기울기를 갖는 발판을 부착시켜 레일로 지지한 구조체이며, 최대 속도는 하향의 안전을 위하여 30m/min 이하로 하여야 한다.

09 | 에스컬레이터의 수송 능력
18, 17④, 16

1,200형 에스컬레이터의 공칭 수송 능력은?

① 4,800인/h ② 6,000인/h
③ 7,200인/h ④ 9,000인/h

해설 에스컬레이터의 수송 능력

너비	1,200mm	900mm	800mm	600mm
수송 인원	8,000명/h	6,000명/h	5,000명/h	4,000명/h
비고	대인 2인	대인 1인, 어린이 1인이 병렬		대인 1인

10 | 에스컬레이터 난간 데크
18, 13

에스컬레이터의 구성 요소 중 핸드레일 가이드 측면과 만나고 상부 커버를 형성하는 난간의 가로 요소는?

① 뉴얼 ② 스커트
③ 난간 데크 ④ 내부 패널

해설 에스컬레이터(건물 내의 교통 수단의 하나로 30° 이하의 기울기를 가진 계단식 컨베이어)의 구성 요소는 난간 데크, 스커트(에스컬레이터의 난간에 이어져 밟은 판과 접하는 패널) 및 내부 패널(난간과 계단 사이의 옆판) 등으로 구성된다.

11 | 에스컬레이터
23, 22, 21, 14

에스컬레이터에 관한 설명으로 옳지 않은 것은?

① 수송 능력이 엘리베이터에 비해 작다.
② 대기 시간이 없고 연속적인 수송 설비이다.
③ 연속 운전되므로 전원 설비에 부담이 적다.
④ 건축적으로 점유 면적이 적고, 건물에 걸리는 하중이 분산된다.

해설 에스컬레이터의 수송 능력은 엘리베이터 수송 능력의 10~15배 정도로 크다(에스컬레이터의 수송 능력은 5,000~8,000명/h이고, 엘리베이터의 수송 능력은 400~500명/h이다).

12 | 에스컬레이터
22, 21, 19, 16

에스컬레이터에 관한 설명으로 옳지 않은 것은?

① 수송량에 비해 점유 면적이 작다.
② 엘리베이터에 비해 수송 능력이 작다.
③ 대기 시간이 없고 연속적인 수송 설비이다.
④ 연속 운전되므로 전원 설비에 부담이 적다.

해설 에스컬레이터는 엘리베이터의 수송 능력의 10~15배 정도로 수송 능력이 매우 큰 승강 설비이다.

정답 06. ② 07. ④ 08. ③ 09. ④ 10. ③ 11. ① 12. ②

13 | 에스컬레이터
20②, 19③, 18, 15

에스컬레이터에 관한 설명으로 옳지 않은 것은?

① 수송량에 비해 점유 면적이 작다.
② 대기 시간이 없고 연속적인 수송 설비이다.
③ 수송 능력이 엘리베이터의 1/2 정도로 작다.
④ 승강 중 주위가 오픈되므로 주변 광고 효과가 크다.

해설 에스컬레이터는 엘리베이터의 수송 능력의 10~15배 정도로 수송 능력이 매우 큰 승강 설비이다.

14 | 에스컬레이터 설치 시 주의사항
10

에스컬레이터 설치 시 주의사항으로 옳지 않은 것은?

① 지지보나 기둥에 하중이 균등하게 걸리게 한다.
② 사람 흐름의 중심에 배치한다.
③ 일반적으로 경사도는 30° 이하로 한다.
④ 주행 거리는 가능한 길게 한다.

해설 에스컬레이터 설치 시에는 가능한 한 주행 거리를 짧게 하고, 사람 흐름의 중심에 배치하며, 일반적으로 경사도는 30° 이내로 한다. 또한, 지지보나 기둥에 하중이 균등하게 실리도록 한다.

15 | 롤러 컨베이어의 용어
19, 10

수송 설비인 컨베이어 벨트 중 수평용으로 사용되며 기물을 굴려 운반하는 것은?

① 버킷 컨베이어 ② 체인 컨베이어
③ 롤러 컨베이어 ④ 에이프런 컨베이어

해설 버킷 컨베이어는 버킷으로 떠올려 운반하는 수직, 경사용이고, 체인 컨베이어는 체인에 물건을 걸어서 운반하는 수평, 경사용이며, 에이프런 컨베이어는 평탄한 판을 연속으로 운송하는 수평용이다.

정답 13. ③ 14. ④ 15. ③

MEMO
나만의 합격비법 정리

PART

2

건축 제도

Craftsman Computer Aided Architectural Drawing

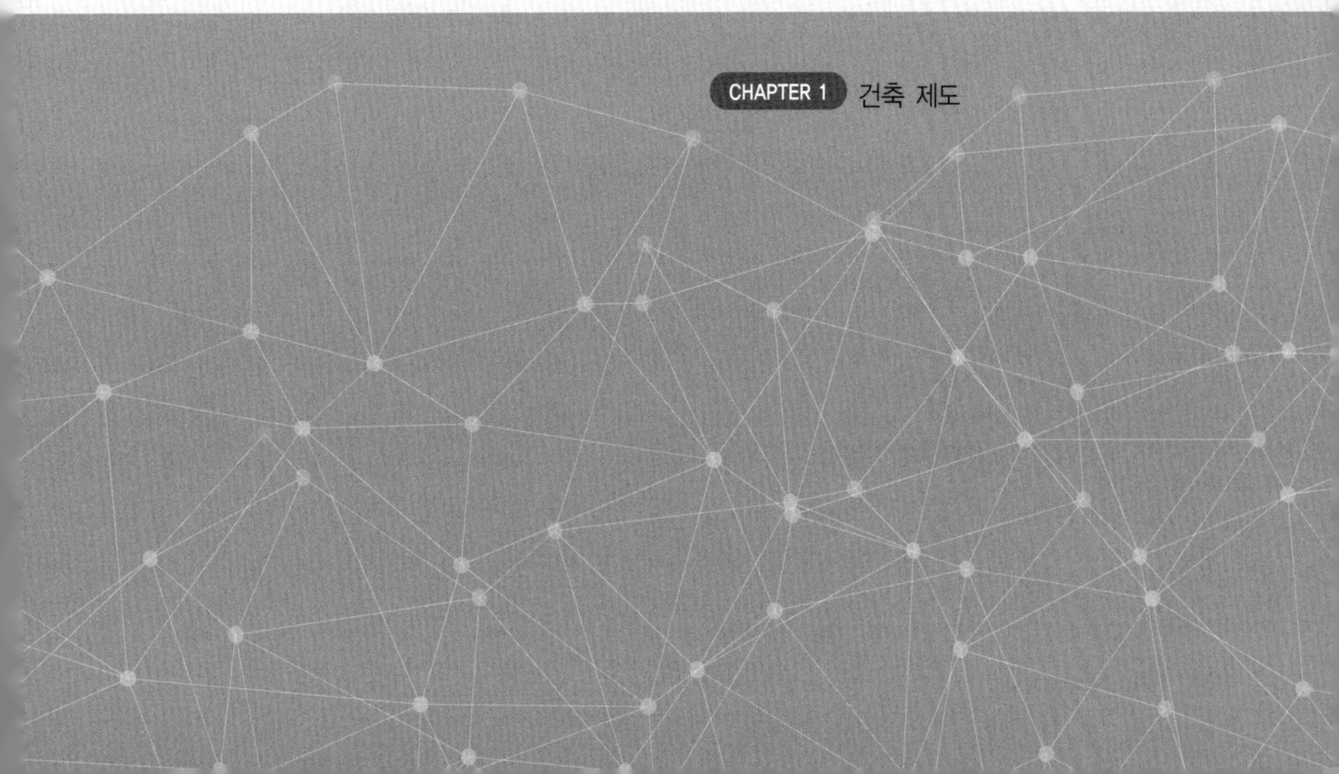

CHAPTER 01

건축 제도

출제 키워드

핵심 Point

- KS제도통칙, 도면의 표시방법에 관한 사항의 이해를 통하여 출제 문제의 경향을 파악하고, 문제를 풀이할 수 있다.
- 건축물의 묘사와 표현에 관한 이론의 이해를 통하여 출제 문제의 경향을 파악하고, 문제를 풀이할 수 있다.
- 구조부의 이해, 재료 표시 기호, 건축물의 주요 구조부에 관한 이론의 이해를 통하여 출제 문제 경향을 파악하고, 문제를 풀이할 수 있다.

1-1. 제도 규약

■ 한국산업규격의 분류 기호
토건은 KS F이다.

1 한국산업규격의 분류 기호

부문	기본	기계	전기	금속	광산	토건	일용품	식료품	섬유	요업	화학	의료	항공
기호	A	B	C	D	E	F	G	H	K	L	M	P	W

2 제도 용구와 재료

■ T자
- 수평선을 그리거나 삼각자와 함께 사용하여 수직선, 사선을 그릴 때 사용
- T자의 머리를 제도판의 가장자리에 밀착
- 수평선은 왼쪽에서 오른쪽으로

(1) T자

① 수평선을 그리거나 삼각자와 함께 사용하여 수직선, 사선을 그릴 때 사용한다.

② 선을 그을 때에는 T자의 머리를 제도판의 가장자리에 밀착시켜 움직이지 않도록 하며, 수평선은 왼쪽에서 오른쪽으로 긋는다.

③ 연필은 T자의 날에 꼭 닿아야 하며, 선을 긋는 방향으로 약간 기울여 일정한 힘을 가하여 일정한 속도로 긋는다.

(2) 삼각자

삼각자는 T자와 같이 사용하여 수직선과 사선을 그을 때 사용하고, T자와 삼각자를 이용해서 나타낼 수 있는 각도는 15°의 배수이다.

■ 선의 작도법
수직선은 밑(아래)에서 위로

(3) 선의 작도법

수평선은 좌에서 우로, 수직선은 밑에서 위로, 사선은 좌측 상단에서 우측 하단으로, 좌측 하단에서 우측 상단으로 선을 긋는다.

(4) 스케일

삼각 스케일의 축척에는 1/100, 1/200, 1/300, 1/400, 1/500 및 1/600 축척의 눈금이 있다.

(5) 제도 용지

① 제도 용지의 크기 및 여백

(단위 : mm)

제도지의 치수		A0	A1	A2	A3	A4	A5	A6
$a \times b$		841×1,189	594×841	420×594	297×420	210×297	148×210	105×148
c(최소)		10			5			
d (최소)	철하지 않을 때							
	철할 때	25						
제도지 절단		전지	2절	4절	8절	16절	32절	64절

여기서, a : 도면의 가로 길이, b : 도면의 세로 길이
c : 테두리선과 도면의 우측, 상부 및 하부 외곽과의 거리
d : 테두리선과 도면의 좌측 외곽과의 거리

② 제도 용지의 크기 : $An = A0 \times \left(\frac{1}{2}\right)^n$

여기서, n : 제도 용지의 치수

③ 제도 용지 A0의 크기는 세로×가로=841×1,189mm이고, 면적은 약 $1m^2$ 정도이며, 길이의 비는 1 : $\sqrt{2}$ 정도이다.

④ 건축 도면의 복사도는 보관, 정리 또는 취급상 접을 필요가 있는 경우 A4를 기준으로 한다.

(6) 자유곡선자

임의의 모양을 구부려 사용할 수 있으며, 원 이외의 원호 또는 불규칙한 곡선을 그릴 때 사용한다.

3 선의 종류와 용도

(1) 선의 종류와 용도

종류	실선		허선			
	전선	가는선	파선	일점쇄선		이점쇄선
용도	단면선, 외형선, 파단선	치수선, 치수 보조선, 인출선, 지시선, 해칭선	물체의 보이지 않는 부분	중심선 (중심축, 대칭축)	절단선, 경계선, 기준선	물체가 있는 가상 부분(가상선), 일점쇄선과 구분
굵기 (mm)	굵은선 0.3~0.8	가는선 (0.2 이하)	중간선 (전선 1/2)	가는선	중간선	중간선 (전선 1/2)

출제 키워드

▪ 삼각 스케일의 축척
1/100, 1/200, 1/300, 1/400, 1/500 및 1/600 축척의 눈금

▪ 제도 용지 A0
- 크기 : 세로×가로=841×1,189mm
- 면적 : 약 $1m^2$ 정도
- 길이의 비 : 1 : $\sqrt{2}$ 정도

▪ A4용지
도면의 보관, 정리 또는 취급상 접을 필요가 있는 경우

▪ 자유곡선자
불규칙한 곡선을 그릴 때 사용

▪ 선의 종류와 용도
- 실선의 전선 : 단면선, 외형선, 파단선
- 실선의 가는선 : 치수선, 치수 보조선, 인출선, 지시선, 해칭선
- 허선의 파선 : 물체의 보이지 않는 부분
- 허선의 일점쇄선 : 중심선(중심축, 대칭축), 절단선, 경계선, 기준선
- 허선의 이점쇄선 : 물체가 있는 가상 부분(가상선), 일점 쇄선과 구분

출제 키워드

■ 해칭선
- 가는선을 같은 간격으로 밀접하게 그은 선
- 단면의 표시에 사용

■ 지시선
직선 사용이 원칙

■ 선긋기의 유의사항
축척과 도면의 크기에 따라서 선의 굵기를 다르게 함

■ 치수 기입 시 주의사항
- 도면의 아래로부터 위로, 왼쪽에서 오른쪽으로 읽을 수 있도록 치수선 위의 가운데(중앙)에 기입
- 특별히 명시하지 않는 한 마무리 치수로 표시
- 치수의 단위는 mm를 기준
- 치수선의 양 끝 표시 방법인 화살 또는 점은 같은 도면에서 혼용하지 않도록 할 것
- 치수선과 치수선의 간격은 8~10mm 정도
- 치수보조선은 치수선에 직각이 되도록 긋되, 2~3mm 정도 떨어져 긋기 시작

① **중심선** : 물체의 중심축과 대칭축을 표시하는 데 사용한다.

② **해칭선** : 가는 선을 같은 간격으로 밀접하게 그은 선으로 단면의 표시에 사용한다.

③ **절단선** : 절단하여 보이려는 위치를 표시하는 선이다.

④ **가상선** : 가공하기 전의 모양, 움직이는 물체의 서로의 위치, 다른 부품을 참고하기 위함 및 가상 단면을 표시할 때 사용한다.

⑤ **지시선** : 지시선은 직선 사용을 원칙으로 하고, 지시 대상이 선인 경우 지적 부분은 화살표를 사용하며, 지시 대상이 면인 경우 지적 부분은 채워진 원을 사용한다. 특히, 지시선은 다른 제도선과 혼동되지 않도록 가늘고 명료하게 그린다.

(2) 선긋기의 유의사항

① 축척과 도면의 크기에 따라서 선의 굵기를 다르게 한다.

② 선과 선이 각을 이루어 만나는 곳은 정확하게 작도가 되도록 한다.

③ 선의 굵기를 조절하기 위해 중복하여 여러 번 긋지 않도록 한다.

④ 파선이나 점선은 선의 길이와 간격이 일정해야 하고, 용도에 따라 선의 굵기를 구분한다.

⑤ 굵은 선의 굵기는 0.8mm 정도면 적당하다.

⑥ 시작부터 끝까지 일정한 힘을 주어 일정한 속도로 긋는다.

4 치수의 기입 시 주의사항

① 중복을 피하고, 계산하지 않고도 알 수 있도록 기입하며, 치수선에 평행하게 기입한다.

② 도면의 아래로부터 위로, 또는 왼쪽에서 오른쪽으로 읽을 수 있도록 치수선 위의 가운데(중앙)에 기입하고, 외형선에 직접 넣을 수도 있으며, 특별히 명시하지 않는 한 마무리 치수로 표시한다.

③ 전체의 치수는 각 부분 치수의 바깥쪽에 기입하고, 좁은 부분은 인출선을 쓰거나 치수선의 왼쪽, 오른쪽 또는 위아래에 치수를 기입한다.

④ 그림이 작을 때에는 별도로 상세도를 그려서 치수를 기입한다.

⑤ 원호는 원호를 따라 표기하고, 현의 길이는 직선으로 표기하며, 지름의 기호 ϕ, 반지름의 기호 R, 정사각형 기호 □는 치수 숫자 앞(왼쪽)에 쓴다. 특히, 치수의 단위는 mm를 기준으로 한다.

⑥ 치수선의 양 끝 표시 방법인 화살 또는 점은 같은 도면에서 혼용하지 않는 것이 좋다.

⑦ 치수선은 그림에 방해가 되지 않는 적당한 위치에 긋고, 치수선과 치수선의 간격은 8~10mm 정도로 한다. 치수보조선은 치수선에 직각이 되도록 긋되, 2~3mm 정도 떨어져 긋기 시작한다. 치수보조선의 끝은 치수선 너머로 약 3mm 정도 더 나오도록 하는 것이 좋다.

⑧ 지붕 물매의 표기 시 지면의 물매나 바닥의 배수 물매가 작을 때에는 분자를 1로 한 분수로 표시하고, 지붕처럼 비교적 물매가 클 때에는 분모를 10으로 한 분수로 표시한다 (4/10, 1/200).

5 제도 문자

(1) 도면의 글자와 숫자

① 글자 쓰기에서 글자는 명확하게 하고, 문장은 왼쪽에서부터 가로쓰기를 원칙으로 한다. 다만, 가로쓰기가 곤란할 때에는 세로쓰기도 무방하며, 숫자는 아라비아 숫자를 원칙으로 한다.

② 글자체는 고딕체로 하고, 수직 또는 15° 경사로 쓰는 것을 원칙으로 한다.

③ 글자의 크기는 높이로 표시하고, 20, 16, 12.5, 10, 8, 6.3, 5, 4, 3.2, 2.5 및 2mm의 11종류가 있다. 네 자리 이상의 숫자는 세 자리마다 자릿점을 찍든지, 간격을 두어 표시한다.

④ 글자의 크기는 각 도면(축척과 도면의 크기)의 상황에 맞추어 알아보기 쉬운 크기로 한다.

⑤ 화살표의 크기는 선의 굵기와 조화를 이루도록 하고, 도면에 표기된 기호는 치수 앞에 쓰며, 반지름은 R, 지름은 ϕ로 표기한다.

(2) 도면의 표제란

도면의 우측 하단에 위치하고, 그림의 형태가 치수에 비례하지 않을 경우에 표시하는 방법으로 NS(No Scale)를 사용한다.

(3) 도면의 척도(축척)의 종류와 길이 산정법

① 척도의 종류 : 건축 제도 통칙에서 사용하는 척도의 종류에는 $\frac{2}{1}$, $\frac{5}{1}$, $\frac{1}{1}$, $\frac{1}{2}$, $\frac{1}{3}$, $\frac{1}{4}$, $\frac{1}{5}$, $\frac{1}{10}$, $\frac{1}{20}$, $\frac{1}{25}$, $\frac{1}{30}$, $\frac{1}{40}$, $\frac{1}{50}$, $\frac{1}{100}$, $\frac{1}{200}$, $\frac{1}{250}\left(\frac{1}{300}\right)$, $\frac{1}{500}$, $\frac{1}{600}$, $\frac{1}{1,000}$, $\frac{1}{1,200}$, $\frac{1}{2,000}$, $\frac{1}{2,500}\left(\frac{1}{3,000}\right)$, $\frac{1}{5,000}$, $\frac{1}{6,000}$ 등의 24종이다.

② 척도에 의한 길이 산정법 : 축척이란 실제의 길이에 비례하여 도면에 표기하는 길이로서, 즉 축척$=\frac{\text{도면상의 길이}}{\text{실제의 길이}}$이므로 도면상의 길이=실제 길이×축척이다.

(4) 주 기준선과 보조 기준선의 표기법

① 주 기준선

② 보조 기준선

출제 키워드

■ 도면의 글자와 숫자
- 세로쓰기도 무방, 숫자는 아라비아 숫자를 원칙
- 글자체는 고딕체
- 글자의 크기는 높이로 표시(11종류), 네 자리 이상의 숫자는 세 자리마다 자릿점을 찍든지, 간격을 두어 표시

■ 척도의 종류

건축 제도 통칙에서 사용하는 척도의 종류에는 24종

■ 척도에 의한 길이 산정법
- 축척$=\frac{\text{도면상의 길이}}{\text{실제의 길이}}$
- 도면상의 길이=실제 길이×축척

출제 키워드

■ 재료 표시 기호
- 단열재
- 망(사)
- 모르타르 마감
- 목재의 구조용
- 목재의 치장용
- 벽돌
- 블록
- 석재
- 인조석
- 평벽

6 재료 구조 표시 기호

(1) 단면용 기호

표시 사항 구분		원칙	준용 사용	비고
지반		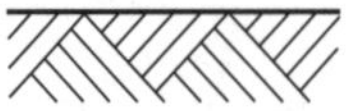	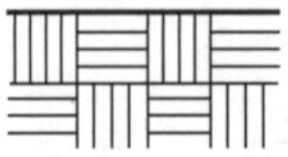	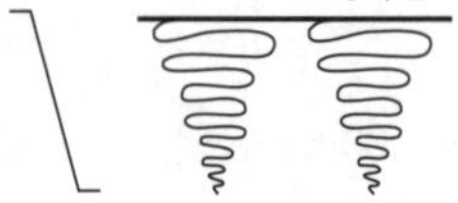 경사면
잡석다짐		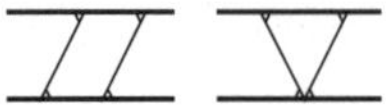		
자갈 모래		a 자갈  b 모래	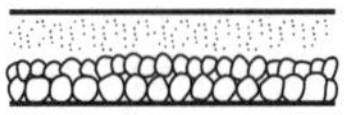 자갈, 모래 섞기	타재와 혼용될 우려가 있을 때에는 반드시 재료명을 기입한다.
석재				
인조석 (모조석)				
콘크리트		a b c 		• a : 강자갈 • b : 깬자갈 • c : 철근 배근일 때
벽돌		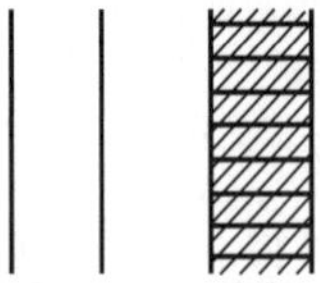	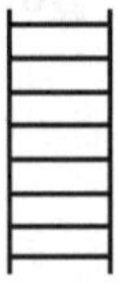	
블록		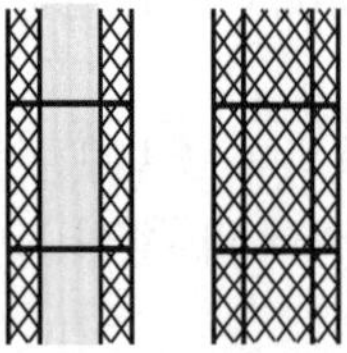	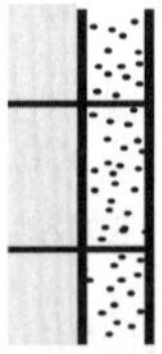	
목재	치장재	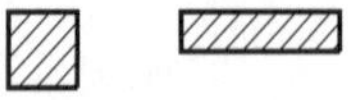	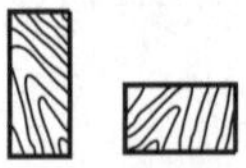 단면 직사각형 단면	
	구조재		 합판	유심재, 거심재를 구분할 때 유심재 거심재
철재			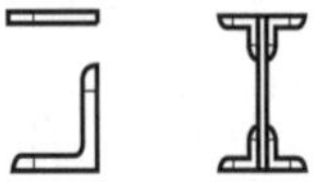	준용란은 축척이 실척에 가까울 때 쓰인다.

출제 키워드

표시 사항 구분	원칙	준용 사용	비고
차단재 (보온, 흡음, 방수, 기타)	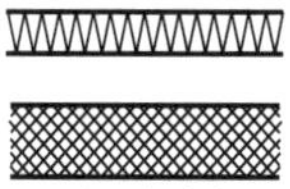 재료명 기입		
얇은재 (유리)	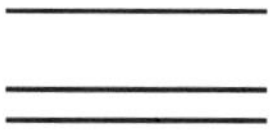 a		a는 실척에 가까울 때 사용한다.
망(사)	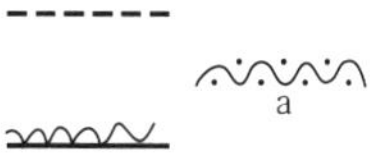 a		
기타	윤곽을 그리고 재료명을 기입한다.	재료명	실척에 가까울수록 윤곽 또는 실형을 그리고 재료명을 기입한다.

(2) 평면용 기호

축척 정도별 구분 표시 사항		축척 $\frac{1}{100}$ 또는 $\frac{1}{200}$일 때	축척 $\frac{1}{20}$ 또는 $\frac{1}{50}$일 때
벽 일반		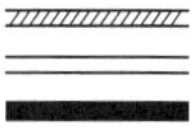	
철골 철근 콘크리트 기둥 및 철근 콘크리트 벽		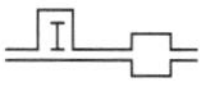	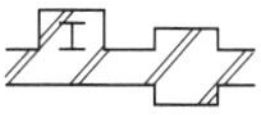
철근 콘크리트 기둥 및 장막벽		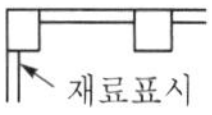 재료표시	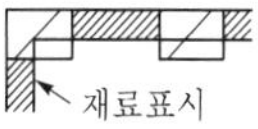 재료표시
철골 기둥 및 장막벽		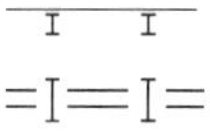	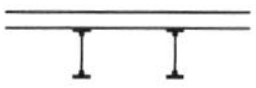
블록벽			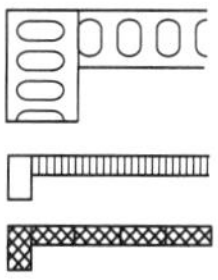 축척 $\frac{1}{20}$ 축척 $\frac{1}{50}$
벽돌벽		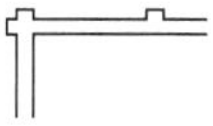	
목조벽	양쪽 심벽 안심벽 밖평벽 안팎 평벽	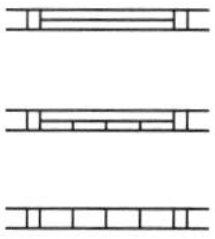	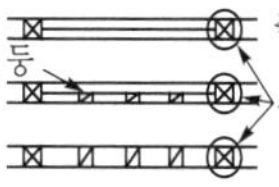 반쪽 기둥 축척 $\frac{1}{20}$ 통재 기둥

출제 키워드

7 창호 평면 표시 기호

명칭	평면	입면	명칭	평면	입면
출입구 일반		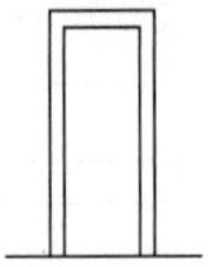	미서기문	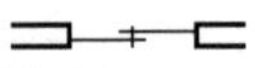	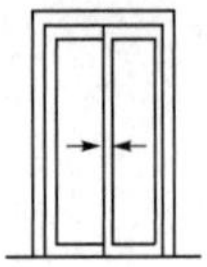
회전문		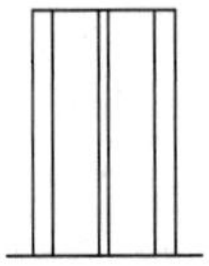	미닫이문		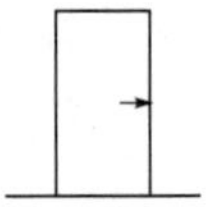
쌍여닫이문		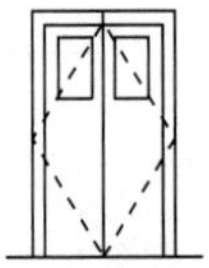	셔터	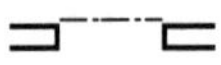	
접이문		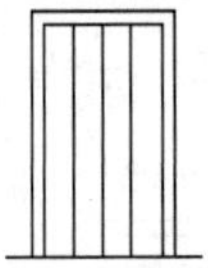	빈지문	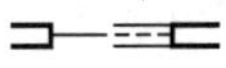	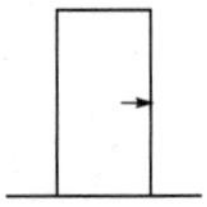
여닫이문		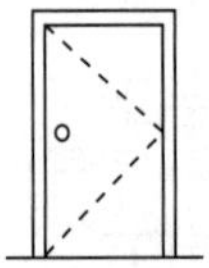	방화벽과 쌍여닫이문		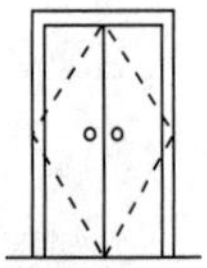
주름문 (재질 및 양식 기입)		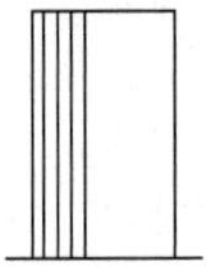	쌍여닫이창	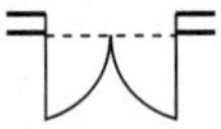	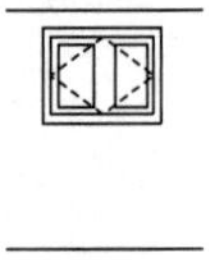
빈지문		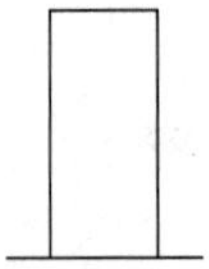	망사창	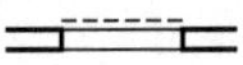	
자재문	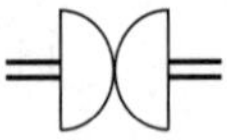	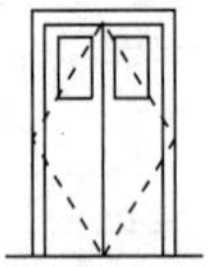	여닫이창	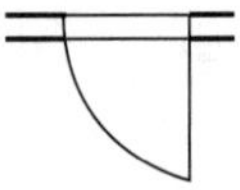	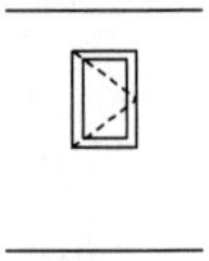
망사문		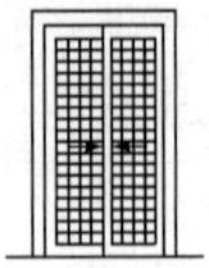	셔터창	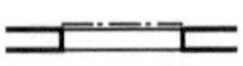	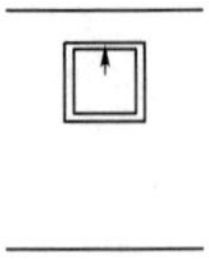

명칭	평면	입면	명칭	평면	입면
창 일반			미서기창		
회전창 또는 돌출창			격자창		
오르내리창			계단 오름 표시	내림(ON) 오름(UP)	

| 1-1. 제도 규약 |

과년도 출제문제

01 건축 제도 통칙
19, 07, 04, 02, 01, 99

한국산업규격에서 건축 제도 통칙의 기호로 옳은 것은?

① KS C　　② KS B
③ KS F　　④ KS E

해설 한국산업규격의 분류 기호

부문	기본	기계	전기	금속	광산	토건	일용품	식료품	섬유	요업	화학	의료	항공
기호	A	B	C	D	E	F	G	H	K	L	M	P	W

02 수직선 긋기 방법
09, 04

I자 위에 놓인 삼각자를 사용하여 선을 그을 때 작도 방향이 잘못된 것은?

① 
② 
③ 
④ 

해설 선의 작도법에서 수평선은 좌측에서 우측으로, 수직선은 밑에서 위로, 사선은 좌측 상단에서 우측 하단으로, 좌측 하단에서 우측 상단으로 선을 긋는다.

03 자유 곡선자의 용도
14, 10, 08, 98

건축 제도에서 불규칙한 곡선을 그릴 때 사용하는 제도 용구는?

① 삼각자　　② 스케일
③ 자유 곡선자　　④ 만능 제도기

해설 제도 용구 중 삼각자는 T자와 함께 수직선과 사선을 그을 때 사용하고, 스케일은 실제의 길이를 줄이거나, 늘릴 때 사용한다. 만능 제도기는 T자, 삼각자, 각도기, 물매자 및 축척자(스케일) 등의 기능을 모두 갖춘 제도 용구이다. 자유 곡선자는 불규칙한 곡선을 그릴 때 사용하는 용구이다.

04 제도 용구
10, 03

제도 용구에 관한 설명 중 옳은 것은?

① T자는 단독으로 평행선, 수직선, 사선을 긋는다.
② 선을 그릴 때 T자 머리를 제도판에서 약간 띄운다.
③ T자로 수평선을 그을 때는 오른쪽에서 왼쪽으로 긋는다.
④ 삼각자 1개 또는 2개를 가지고 위치를 바꾸면서 여러 가지 각도의 선을 그을 수 있다.

해설 T자는 수평선을 그리거나 삼각자와 함께 사용하여 수직선, 사선을 그릴 때 사용한다. 선을 그을 때에는 T자의 머리를 제도판의 가장자리에 밀착시켜 움직이지 않도록 하며, 수평선은 왼쪽에서 오른쪽으로 긋는다.

05 제도 용지의 여백(A3)
20, 19, 18, 11, 03, 00

A3 도면에 테두리를 만들 경우, 도면의 여백은 최소 얼마 이상으로 하여야 하는가? (단, 묶지 않을 경우)

① 5mm　　② 10mm
③ 15mm　　④ 20mm

해설 제도 용지의 크기 및 여백

(단위 : mm)

제도지의 치수		A0	A1	A2	A3	A4	A5	A6
$a \times b$		841 × 1,189	594 × 841	420 × 594	297 × 420	210 × 297	148 × 210	105 × 148
c(최소)		10			5			
d (최소)	철하지 않을 때							
	철할 때	25						

여기서, c : 도면의 상, 하 및 우측의 여백
d : 도면의 좌측 여백

정답 01. ③ 02. ① 03. ③ 04. ④ 05. ①

06 | 제도 용지의 여백(A2)
22, 16, 13, 04②, 01, 00

A2 제도지의 도면에 테두리를 만들 때 여백을 최소한 얼마나 두어야 하는가? (단, 도면을 묶지 않을 경우)

① 5mm ② 10mm
③ 15mm ④ 20mm

해설 제도 용지의 여백

구분		A0, A1, A2	A3, A4, A5, A6
테두리선과 도면의 좌측 외곽과의 거리	철할 때	25mm	
	철하지 않을 때	10mm	5mm
테두리선과 도면의 우측, 상부 및 하부 외곽과의 거리		10mm	5mm

07 | 제도 용지의 규격(A0 용지)
12, 06, 03, 01, 00

건축 제도 용지 중 A0용지의 크기는?

① 594×841mm ② 841×1,189mm
③ 1,189×1,090mm ④ 1,090×1,200mm

해설 제도 용지의 크기 및 여백

(단위 : mm)

제도지의 치수	A0	A1	A2	A3	A4	A5	A6
$a \times b$	841×1,189	594×841	420×594	297×420	210×297	148×210	105×148

08 | 제도 용지의 규격(A2 용지)
23, 21, 13, 04, 99

건축 제도 용지 중 A2 용지의 크기는?

① 420×594mm ② 594×841mm
③ 841×1189mm ④ 297×420mm

해설 A열 제도지의 크기$(An) = A0 \times \left(\frac{1}{2}\right)^n$이다. A2의 용지는 $n=2$이므로, $A2 = A0 \times \left(\frac{1}{2}\right)^2$ =A0의 $\frac{1}{4}$이다. 그러므로 A2 용지=A0 용지의 1/4=A1 용지의 1/2=(841−1)×1/2mm×594=420×594mm이다.

09 | 제도 용지의 규격(A4 용지)
24, 21, 10, 03

제도 용지 중 A4의 규격으로 맞는 것은?

① 594×841mm ② 420×594mm
③ 297×420mm ④ 210×297mm

해설 A열 제도지의 크기$(An) = A0 \times \left(\frac{1}{2}\right)^n$이다. 즉, A4의 용지는 $n=4$이므로, $A4 = A0 \times \left(\frac{1}{2}\right)^4$ =A0의 $\frac{1}{16}$이다. A4의 용지의 크기는 210×297mm이다.

10 | 제도 용지의 규격(A0, A2)
08, 02, 01

제도 용지 A2의 크기는 A0의 용지의 얼마 정도의 크기인가?

① 1/2 ② 1/4
③ 1/8 ④ 1/10

해설 제도 용지의 크기$(An) = A0 \times \left(\frac{1}{2}\right)^n$이다. 그런데 $n=2$이므로, $A2 = \frac{1}{4}A0$이다.

11 | 제도 용지의 규격(A0, A2)
19, 04, 02, 00

제도 용지에 규격에 있어서 A0 용지의 크기는 A2 용지의 몇 배인가?

① 2.0배 ② 2.5배
③ 3.0배 ④ 4.0배

해설 An(제도 용지의 크기)$= A0 \times \left(\frac{1}{2}\right)^n$이다.

그러므로 $A2 = A0 \times \left(\frac{1}{2}\right)^2 = \frac{1}{4}A0 \quad \therefore A0 = 4A2$

12 | 제도 용지의 규격
18, 17, 13, 10, 09, 06, 02②, 01

KS에서 규정한 제도 용지의 세로와 가로 길이의 비는 얼마인가?

① 1 : 1 ② 1 : $\sqrt{2}$
③ 1 : 2 ④ 1 : 3

해설 제도 용지 A0의 크기는 세로×가로=841mm×1,189mm이고, 면적은 약 $1m^2$ 정도이며, 길이의 비는 1 : $\sqrt{2}$ 정도이다.

13 | 도면을 접을 때 규격
18, 11, 08, 05, 04②, 00, 98

건축 도면을 보관, 정리 또는 취급상 접을 때에 얼마의 크기로 접는 것을 표준으로 하는가?

① A1 ② A2
③ A3 ④ A4

해설 건축 도면의 복사도를 보관, 정리 또는 취급상 접을 때에는 A4를 기준으로 하여 접는다.

정답 06.② 07.② 08.① 09.④ 10.② 11.④ 12.② 13.④

14 | 도면을 접을 때 규격
08

문서 등의 철을 위하여 도면을 접을 때 접는 크기는 얼마를 원칙으로 하는가?

① A2 ② A3
③ A4 ④ A6

해설 건축 도면의 복사도를 보관, 정리 또는 취급상 접을 때에는 A4를 기준으로 하여 접는다.

15 | 제도 용지
20, 15, 09

제도 용지에 관한 설명으로 옳지 않은 것은?

① A0 용지의 넓이는 약 $1m^2$이다.
② A2 용지의 크기는 A0 용지의 1/4이다.
③ 제도 용지의 가로와 세로의 길이비는 $\sqrt{2}:1$이다.
④ 큰 도면을 접을 때에는 A3의 크기로 접는 것을 원칙으로 한다.

해설 건축 도면의 복사도를 보관, 정리 또는 취급상 접을 때에는 A4를 기준으로 하여 접는다.

16 | 도면의 크기와 방향
18, 14

건축 도면의 크기 및 방향에 관한 설명으로 옳지 않은 것은?

① A3 제도 용지의 크기는 A4 제도 용지의 2배이다.
② 접은 도면의 크기는 A4의 크기를 원칙으로 한다.
③ 평면도는 남쪽을 위로 하여 작도함을 원칙으로 한다.
④ A3 크기의 도면은 그 길이 방향을 좌우 방향으로 놓은 위치를 정위치로 한다.

해설 평면도는 북쪽을 위로 하여 작도함을 원칙으로 한다.

17 | 삼각 스케일의 축척
13, 05

삼각 스케일에 표기되어 있는 축척이 아닌 것은?

① 1/100 ② 1/300
③ 1/600 ④ 1/800

해설 삼각 스케일의 축척에는 1/100, 1/200, 1/300, 1/400, 1/500 및 1/600 축척의 눈금이 있다.

18 | 척도의 종류
02, 01

건축 제도에 사용하는 척도는 몇 종류를 원칙으로 하는가? (KS 규정)

① 12 ② 15
③ 18 ④ 24

해설 건축 제도의 통칙에는 배척(2/1, 5/1), 실척(1/1), 축척(1/2, 1/3, 1/4, 1/5, 1/10, 1/20, 1/25, 1/30, 1/40, 1/50, 1/100, 1/200, (1/300), 1/500, 1/600, 1/1,000, 1/1,200, 1/2,000, 1/2,500, (1/3,000), 1/5,000, 1/6,000)의 24종으로 규정하고 있다.

19 | 척도의 종류
20, 15, 14, 06

한국산업표준(KS)의 건축 제도 통칙에 규정된 척도가 아닌 것은?

① 5/1 ② 1/1
③ 1/400 ④ 1/6,000

해설 건축 제도의 통칙에는 배척(2/1, 5/1), 실척(1/1), 축척(1/2, 1/3, 1/4, 1/5, 1/10, 1/20, 1/25, 1/30, 1/40, 1/50, 1/100, 1/200, (1/300), 1/500, 1/600, 1/1,000, 1/1,200, 1/2,000, 1/2,500, (1/3,000), 1/5,000, 1/6,000)의 24종으로 규정하고 있다.

20 | 선(굵은선의 용도)
22, 20, 19③, 16③, 15, 12, 11, 04②, 03, 02, 01, 00, 98

다음 중 도면에서 가장 굵은선으로 표현되는 것은?

① 치수선 ② 경계선
③ 기준선 ④ 단면선

해설 선의 종류와 용도

종류	실선		허선			
	전선	가는선	파선	일점쇄선		이점쇄선
용도	단면선, 외형선, 파단선	치수선, 치수 보조선, 인출선, 지시선, 해칭선	물체의 보이지 않는 부분	중심선 (중심축, 대칭축)	절단선, 경계선, 기준선	물체가 있는 가상 부분 (가상선), 일점 쇄선과 구분
굵기 (mm)	굵은선 0.3~0.8	가는선 (0.2 이하)	중간선 (전선 1/2)	가는선	중간선	중간선 (전선 1/2)

정답 14.③ 15.④ 16.③ 17.④ 18.④ 19.③ 20.④

21 선(가는 실선의 용도)
24, 23②, 20, 21, 19, 18③, 17, 14, 11, 10, 08, 03, 02

스터럽(늑근)이나 띠철근을 철근 배근도에서 표시할 때 일반적으로 사용하는 선은?

① 가는 실선　② 파선
③ 굵은 실선　④ 이점쇄선

해설 철근 구조 도면에 있어서 보의 늑근이나 기둥의 띠철근은 가는 실선으로 표시하고, 가새근은 파선으로 표시한다.

22 선(가는 실선의 용도)
24, 21, 19③, 12, 07

건축 제도에서 가는 실선의 용도에 해당하는 것은?

① 단면선　② 중심선
③ 상상선　④ 치수선

해설 ①은 실선의 굵은선, ②는 일점쇄선의 가는선, ③은 이점쇄선을 사용한다.

23 선(실선의 종류)
21, 09

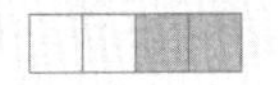

다음 중 사용되는 선의 종류가 실선이 아닌 것은?

① 치수선　② 치수 보조선
③ 단면선　④ 경계선

해설 치수선, 치수 보조선 및 단면선은 실선을 사용하고, 경계선은 허선의 중간선을 사용한다.

24 선(파선의 용도)
24, 21, 18③, 15, 14, 13②, 12, 10, 03, 02, 00

건축 도면에서 보이지 않는 부분을 표시하는 데 사용되는 선은?

① 파선　② 굵은 실선
③ 가는 실선　④ 일점쇄선

해설 굵은 실선은 단면선, 외형선, 파단선에 사용하고, 가는 실선은 치수선, 치수 보조선, 인출선, 지시선 및 해칭선에 사용하며, 일점쇄선의 가는선은 중심선, 일점쇄선의 중간선은 절단선, 기준선 및 경계선에 사용한다.

25 선(기준선의 표기)
02

도면에서 기준선으로 사용되는 선은?

① 파선　② 점선
③ 일점쇄선　④ 이점쇄선

해설 파선은 보이지 않는 부분을 표시하는 데 사용하고, 점선은 파선과 구별할 필요가 있을 때 사용하며, 이점쇄선의 가는선은 가상선(물체가 있는 것으로 가상되는 부분)에 사용한다.

26 선(일점쇄선의 용도)
14, 09, 07

다음 중 물체의 절단한 위치를 표시하거나 경계선으로 사용되는 선은?

① 굵은 실선　② 가는 실선
③ 일점쇄선　④ 파선

해설 굵은 실선은 단면선, 외형선, 파단선에 사용하고, 가는 실선은 치수선, 치수 보조선, 인출선, 지시선 및 해칭선에 사용하며, 파선은 숨은선(물체의 보이지 않는 부분)에 사용한다.

27 선(일점쇄선의 용도)
23②, 16

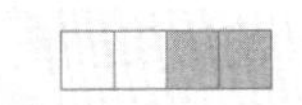

건축 도면에서 중심선, 절단선의 표시에 사용되는 선의 종류는?

① 실선　② 파선
③ 1점쇄선　④ 2점쇄선

해설 굵은 실선은 단면선, 외형선, 파단선에 사용하고, 가는 실선은 치수선, 치수 보조선, 인출선, 지시선 및 해칭선에 사용하며, 파선은 숨은선(물체의 보이지 않는 부분)에 사용한다. 또한, 이점쇄선은 가상선(물체가 있는 것으로 가상되는 부분)으로 사용한다.

28 선(일점쇄선의 용도)
24, 06

다음 중 도면에서 1점쇄선으로 표현되는 선은?

① 단면선　② 치수 보조선
③ 중심선　④ 상상선

해설 굵은 실선은 단면선, 외형선, 파단선에 사용하고, 가는 실선은 치수선, 치수 보조선, 인출선, 지시선 및 해칭선에 사용하며, 이점쇄선은 가상(상상)선(물체가 있는 것으로 가상되는 부분)으로 사용한다.

29 선(일점쇄선의 용도)
15

일점쇄선의 용도에 속하지 않는 것은?

① 상상선　② 중심선
③ 기준선　④ 참고선

해설 일점쇄선의 가는선은 중심선에 사용하고, 일점쇄선의 중간선은 절단선, 기준(참고)선 및 경계선으로 사용한다.

정답 21. ①　22. ④　23. ④　24. ①　25. ③　26. ③　27. ③　28. ③　29. ①

30 선(이점쇄선의 용도)
23, 22, 20, 08, 02, 01

도면에서 상상선을 나타낼 때 또는 일점쇄선과 구별할 필요가 있을 때 사용되는 선은?

① 점선 ② 파선
③ 파단선 ④ 이점쇄선

해설 점선은 파선과 구분할 때 사용하고, 파선은 일점쇄선의 가는선으로 숨은선에 사용하며, 파단선은 긴 기둥을 도중에서 자를 때, 파단되는 것이 명백할 때, 단면이 원형일 때, 직선이 계속될 때, 자를 사용하지 않을 때 굵은선을 사용하여 그린다.

31 선(해칭선의 형태)
13

다음 도면에서 A가 가리키는 선의 종류로 옳은 것은?

80
40
A

① 중심선
② 해칭선
③ 절단선
④ 가상선

해설 해칭선은 가는 선을 45° 각도, 같은 간격으로 밀접하게 그은 선으로, 단면의 표시에 사용한다.

32 선(지시선의 사용 방법)
14

도면 각 부분의 표기를 위한 지시선의 사용 방법으로 옳지 않은 것은?

① 지시선은 곡선 사용을 원칙으로 한다.
② 지시 대상이 선인 경우 지적 부분은 화살표를 사용한다.
③ 지시 대상이 면인 경우 지적 부분은 채워진 원을 사용한다.
④ 지시선은 다른 제도선과 혼동되지 않도록 가늘고 명료하게 그린다.

해설 지시선은 어느 부분을 지적하여 설명하거나 표시할 때 사용하는 선으로 직선 사용을 원칙으로 한다.

33 선의 용도
11, 05

건축 제도에 사용되는 선의 용도에 관한 설명으로 옳지 않은 것은?

① 실선은 단면의 윤곽 표시에 사용된다.
② 파선은 치수 보조선, 인출선, 격자선에 사용된다.
③ 점선은 보이지 않는 부분의 모양을 표시하는 데 사용된다.
④ 1점쇄선은 중심선, 절단선, 기준선, 경계선 등에 사용된다.

해설 파선은 물체의 보이지 않는 부분(숨은선)을 나타낼 때 사용하고, 중간선(전선의 1/2)을 사용한다. 인출선, 치수 보조선, 치수선, 지시선 및 해칭선은 실선의 가는선을 사용한다.

34 선의 종류와 용도 연결
06, 03, 00

도면 작성 시 사용되는 선의 종류와 용도의 연결이 옳지 않은 것은?

① 굵은 실선 – 단면선 ② 가는 실선 – 치수선
③ 2점쇄선 – 상상선 ④ 1점쇄선 – 숨은선

해설 일점쇄선의 가는 선은 중심선으로 사용하고, 숨은선(물체의 보이지 않는 부분의 모양을 표시)은 파선의 중간선을 사용한다.

35 선의 용도
11

건축 제도에 사용되는 선에 대한 설명 중 옳지 않은 것은?

① 굵은 실선은 단면의 윤곽 표시에 사용된다.
② 파선은 보이는 부분의 윤곽 표시에 사용된다.
③ 1점쇄선은 중심선, 절단선, 기준선 등의 표시에 사용된다.
④ 2점쇄선은 상상선 또는 1점쇄선과 구별할 필요가 있을 때 사용된다.

해설 파선은 물체의 보이지 않는 부분을 나타낼 때 사용하고, 끊어진 부분의 길이와 간격을 일정하게 한다. 보이는 부분의 윤곽 표시는 실선의 굵은선을 사용한다.

36 선긋기 방법
13, 03

건축 제도에서 선긋기에 관한 설명으로 옳지 않은 것은?

① 한번 그은 선은 중복해서 긋지 않는다.
② 굵은 선의 굵기는 0.8mm 정도면 적당하다.
③ 시작부터 끝까지 일정한 힘을 주어 일정한 속도로 긋는다.
④ 용도에 따른 선의 굵기는 축척과 도면의 크기에 관계없이 동일하게 한다.

해설 선긋기의 유의사항에 따르면, 용도에 따라 선의 굵기를 구분하여 사용하고, 시작부터 끝까지 일정한 힘을 주어 일정한 속도로 그으며, 파선의 끊어진 부분은 길이와 간격을 일정하게 하여야 한다. 또한, 축척과 도면의 크기에 따라서 선의 굵기를 다르게 하고, 각을 이루어 만나는 선은 정확하게 작도하도록 하며, 한 번 그은 선은 중복해서 긋지 않는다.

정답 30. ④ 31. ② 32. ① 33. ② 34. ④ 35. ② 36. ④

37 | 선긋기 시 유의사항
14, 11

건축 도면에 선을 그을 때 유의사항에 관한 설명으로 옳지 않은 것은?

① 선과 선이 각을 이루어 만나는 곳은 정확하게 작도가 되도록 한다.
② 선의 굵기를 조절하기 위해 중복하여 여러 번 긋지 않도록 한다.
③ 파선이나 점선은 선의 길이와 간격이 일정해야 한다.
④ 선 굵기는 도면의 축척이 다르더라도 항상 일정하여야 한다.

해설 건축 제도의 선긋기에 있어서 용도에 따른 선의 굵기는 축척과 도면의 크기에 따라 달리한다.

38 | 선긋기 시 유의사항
04

선긋기의 유의사항 중 틀린 것은?

① 용도에 따라 선의 굵기를 구분한다.
② 축척과 도면의 크기가 변화하더라도 선 굵기는 변화가 없다.
③ 각을 이루어 만나는 선은 정확히 긋는다.
④ 한번 그은 선은 중복해 긋지 않는다.

해설 선긋기의 유의사항에 따르면 축척과 도면의 크기에 따라서 선의 굵기를 다르게 하고, 각을 이루어 만나는 선은 정확하게 작도하도록 하며, 한번 그은 선은 중복해서 긋지 않는다.

39 | 치수의 단위
14, 11

다음은 건축 도면에 사용하는 치수의 단위에 대한 설명이다. ( ) 안에 공통으로 들어갈 내용은?

> 치수의 단위는 ( )를 원칙으로 하고, 이때 단위 기호는 쓰지 않는다. 치수 단위가 ( )가 아닌 때에는 단위 기호를 쓰거나 그 밖의 방법으로 그 단위를 명시한다.

① cm ② mm
③ m ④ Nm

해설 건축 제도에서 치수의 단위는 mm를 원칙으로 하고, 이때 단위 기호는 쓰지 않는다. 치수 단위가 mm가 아닌 때에는 단위 기호를 쓰거나, 그 밖의 방법으로 그 단위를 명시한다.

40 | 치수의 단위
21, 16, 04, 03, 01, 00, 99, 98

건축 도면을 작성할 때 일반적으로 사용되는 길이의 단위는?

① cm ② mm
③ m ④ km

해설 건축 제도에서 치수의 단위는 mm를 원칙으로 하고, 이때, 단위 기호는 쓰지 않는다. 치수 단위가 mm가 아닌 때에는 단위 기호를 쓰거나, 그 밖의 방법으로 그 단위를 명시한다.

41 | 치수의 기입 방법
18, 17, 13, 12, 06, 02

건축 도면의 치수 기입 방법에 관한 설명으로 옳은 것은?

① 치수는 특별히 명시하지 않는 한 마무리 치수로 표시한다.
② 치수 기입은 치수선 중앙 아랫부분에 기입하는 것이 원칙이다.
③ 치수 기입은 치수선에 평행하게 도면의 오른쪽에서 왼쪽으로, 위로부터 아래로 읽을 수 있도록 기입한다.
④ 치수선의 양 끝은 화살 또는 점으로 혼용해서 사용할 수 있으며 같은 도면에서 치수선이 작은 것은 점으로 표시한다.

해설 치수 기입은 치수선의 중앙 윗부분에 기입하는 것이 원칙이다. 치수선에 평행하게 도면의 왼쪽에서 오른쪽으로, 아래로부터 위로 읽을 수 있도록 기입하며, 치수선의 양 끝은 화살과 점을 혼용해서는 안 된다.

42 | 치수의 기입 방법
21②, 09

다음 중 건축 제도의 치수 기입에 관한 설명으로 옳은 것은?

① 치수 기입은 치수선을 중단하고 선의 중앙에 기입하는 것이 원칙이다.
② 치수 기입은 치수선에 평행하게 도면의 오른쪽에서 왼쪽으로 읽을 수 있도록 기입한다.
③ 치수의 단위는 밀리미터(mm)를 원칙으로 하고, 반드시 단위 기호를 명시하여야 한다.
④ 치수는 특별히 명시하지 않는 한 마무리 치수로 표시한다.

해설 치수의 기입은 원칙적으로 치수선의 상부에 도면에 평행하게 기입하고, 도면의 아래에서 위, 왼쪽에서 오른쪽으로 읽을 수 있도록 하며, 치수의 단위는 mm로 도면에서는 생략한다.

정답 37. ④ 38. ② 39. ② 40. ② 41. ① 42. ④

43 | 치수의 기입 방법
22, 19, 12, 07

건축 제도의 치수 기입에 관한 설명 중 옳지 않은 것은?

① 치수는 특별히 명시하지 않는 한 마무리 치수로 표시한다.
② 치수 기입은 치수선 중앙 윗부분에 기입하는 것이 원칙이다.
③ 치수의 단위는 cm를 원칙으로 하고, 이때 단위 기호는 쓰지 않는다.
④ 협소한 간격이 연속될 때에는 인출선을 사용하여 치수를 쓴다.

해설 건축 제도에서 치수의 단위는 mm를 원칙으로 하고, 이때 단위 기호는 쓰지 않는다. 치수 단위가 mm가 아닌 때에는 단위 기호를 쓰거나, 그 밖의 방법으로 그 단위를 명시한다.

44 | 치수의 기입 방법
16, 08

다음 그림에서 치수 기입 방법이 잘못된 것은?

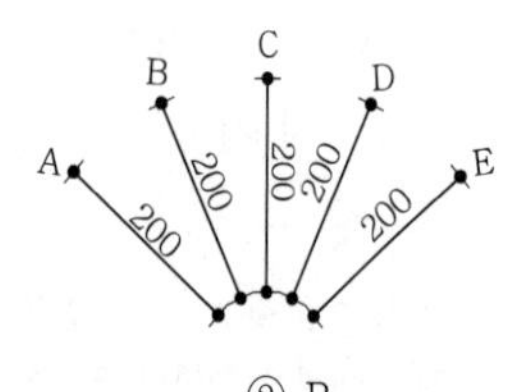

① A　② B
③ C　④ D

해설 200의 표기는 수직의 치수선에 표기하므로 왼쪽의 아래에서 위로 표기하고, 그 예로는 다음 그림과 같다.

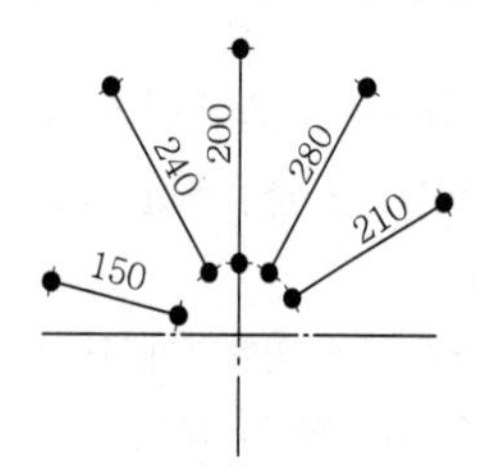

45 | 치수의 기입 방법
16, 10

건축 제도에서 치수를 표기하는 요령으로 옳지 않은 것은?

① 치수는 특별히 명시하지 않는 한 마무리 치수로 표시한다.
② 협소한 간격이 연속될 때에는 인출선을 사용하여 치수를 쓴다.
③ 치수의 단위는 밀리미터(mm)를 원칙으로 하고, 이때 단위 기호는 쓰지 않는다.
④ 치수 기입은 치수선을 중단하고 선의 중앙에 기입하는 것이 원칙이다.

해설 치수 기입 시 도면의 아래로부터 위로, 또는 왼쪽에서 오른쪽으로 읽을 수 있도록 치수선 위의 가운데(중앙)에 치수선과 평행하게 기입한다. 치수선의 양 끝 표시 방법인 화살 또는 점은 같은 도면에서 혼용하지 않는 것이 좋다.

46 | 치수와 치수선
22, 14, 08, 06, 03

건축 제도의 치수 및 치수선에 관한 설명으로 옳지 않은 것은?

① 치수는 특별히 명시하지 않는 한 마무리 치수로 표시한다.
② 협소한 간격이 연속될 때에는 인출선을 사용하여 치수를 쓴다.
③ 치수선의 양 끝 표시는 화살 또는 점으로 표시할 수 있으며 같은 도면에서 2종을 혼용할 수 있다.
④ 치수 기입은 치수선에 평행하게 도면의 왼쪽에서 오른쪽으로, 아래로부터 위로 읽을수 있도록 기입한다.

해설 치수 기입 시 도면의 아래로부터 위로, 또는 왼쪽에서 오른쪽으로 읽을 수 있도록 치수선 위의 가운데(중앙)에 기입한다. 치수선의 양 끝 표시 방법인 화살 또는 점은 같은 도면에서 혼용하지 않는 것이 좋다.

47 | 치수선과 치수선의 간격
02, 99

아래와 같은 평면도를 CAD를 1/50로 그릴 경우 치수선과 치수선과의 간격으로 가장 적당한 것은?

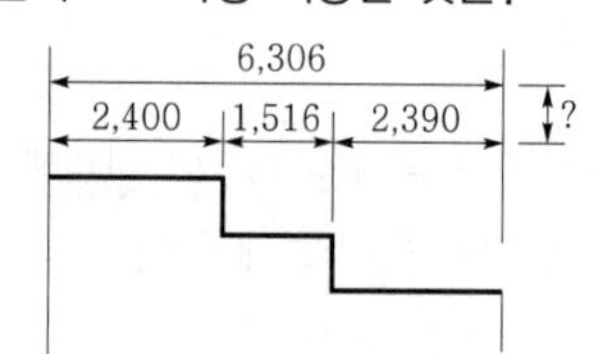

① 5~7mm　② 8~10mm
③ 11~13mm　④ 14~15mm

해설 치수선은 그림에 방해가 되지 않는 적당한 위치에 긋고, 치수선과 치수선의 간격은 8~10mm 정도로 한다. 치수 보조선은 치수선에 직각이 되도록 긋되, 2~3mm 정도 떨어져 긋기 시작하고, 치수 보조선의 끝은 치수선 너머로 약 3mm 정도 더 나오도록 하는 것이 좋다.

정답 43. ③ 44. ③ 45. ④ 46. ③ 47. ②

48 | 치수 보조선의 양끝 05

치수 보조선은 치수를 나타내는 부분의 양끝에서 어느 정도 떨어져서 긋기 시작하는가?

① 0.5~1mm ② 2~3mm
③ 6~7mm ④ 9~10mm

해설 치수선은 그림에 방해가 되지 않는 적당한 위치에 긋고, 치수선과 치수선의 간격은 8~10mm 정도로 한다. 치수 보조선은 치수선에 직각이 되도록 긋되, 2~3mm 정도 떨어져 긋기 시작하고, 치수 보조선의 끝은 치수선 너머로 약 3mm 정도 더 나오도록 하는 것이 좋다.

49 | 건축 도면 08

다음의 건축 도면에 대한 설명 중 옳지 않은 것은?

① 평면도는 건축물을 각 층마다 일정한 높이에서 수평으로 자른 수평 단면도이다.
② 입면도는 건축물을 수직으로 잘라 그 단면을 나타낸 것이다.
③ 전개도는 건물 내부의 입면을 정면에서 바라보고 그린 것이다.
④ 배치도는 대지 안에 건물이나 부대 시설을 배치한 도면이다.

해설 입면도는 건축물의 외관을 나타낸 직립 투상도로, 남쪽, 동쪽, 서쪽 및 북쪽 입면도 또는 정면도, 측면도 및 배면도 등으로 나누어 그린다. ②의 해설은 단면도에 대한 설명이다.

50 | 제도의 글자 17, 09

건축 도면에 사용되는 글자에 대한 설명 중 옳은 것은?

① 글자의 크기는 높이로 나타낸다.
② 글자체에 대한 규정은 없다.
③ 문장은 가로쓰기가 원칙이며 세로쓰기는 어떠한 경우에도 할 수 없다.
④ 4자리의 수는 3자리에 휴지부를 찍거나 간격을 반드시 두어야 한다.

해설 제도 통칙에 있어서 제도 글자의 크기는 높이로 표시하고, 글자체는 고딕체로 하며, 문장은 가로쓰기를 원칙으로 하나, 세로쓰기도 가능하다. 또한, 4자리수 이상의 3자리마다 휴지부를 찍거나, 간격을 두어야 한다.

51 | 제도의 글자 20, 19, 18, 16

건축 도면의 글자에 관한 설명으로 옳지 않은 것은?

① 숫자는 로마 숫자를 원칙으로 한다.
② 문장은 왼쪽에서부터 가로쓰기를 원칙으로 한다.
③ 글자체는 수직 또는 15° 경사의 고딕체로 쓰는 것을 원칙으로 한다.
④ 글자의 크기는 각 도면의 상황에 맞추어 알아보기 쉬운 크기로 한다.

해설 건축 도면의 숫자는 아라비아 숫자를 원칙으로 한다.

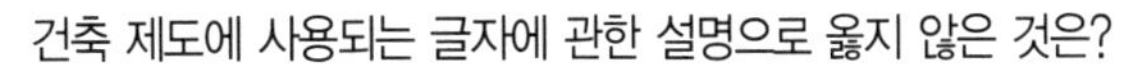

52 | 제도의 글자 21, 16, 12

건축 제도에 사용되는 글자에 관한 설명으로 옳지 않은 것은?

① 숫자는 아라비아 숫자를 원칙으로 한다.
② 문장은 왼쪽에서부터 가로쓰기를 원칙으로 한다.
③ 글자체는 수직 또는 15° 경사의 명조체로 쓰는 것을 원칙으로 한다.
④ 4자리 이상의 수는 3자리마다 휴지부를 찍거나 간격을 두는 것을 원칙으로 한다.

해설 글자 쓰기에서 글자는 명확하게 하고, 문장은 왼쪽에서부터 가로쓰기를 원칙으로 하며(다만, 가로쓰기가 곤란할 때에는 세로쓰기도 무방), 글자체는 고딕체로 하며, 수직 또는 15° 경사로 쓰는 것을 원칙으로 한다.

53 | 제도의 글자 17, 15, 10, 07, 05

건축 제도의 글자에 관한 설명으로 옳지 않은 것은?

① 숫자는 아라비아 숫자를 원칙으로 한다.
② 문장은 왼쪽에서부터 가로쓰기를 원칙으로 한다.
③ 글자체는 수직 또는 30° 경사의 명조체로 쓰는 것을 원칙으로 한다.
④ 글자의 크기는 각 도면의 상황에 맞추어 알아보기 쉬운 크기로 한다.

해설 글자 쓰기에서 글자는 명확하게 하고, 문장은 왼쪽에서부터 가로쓰기를 원칙으로 하며(다만, 가로쓰기가 곤란할 때에는 세로쓰기도 무방), 글자체는 고딕체로 하며, 수직 또는 15° 경사로 쓰는 것을 원칙으로 한다.

정답 48. ② 49. ② 50. ① 51. ① 52. ③ 53. ③

54 | 글자 크기의 종류
02, 01, 00

제도에 사용하는 글자의 크기는 몇 가지를 표준으로 하는가?

① 9종류 ② 10종류
③ 11종류 ④ 12종류

해설 제도 통칙에 있어서 정해진 문자의 크기는 글자의 높이로 하고, 20, 16, 12.5, 10, 8, 6.3, 5, 4, 3.2, 2.5, 2mm의 11종류를 표준으로 하고 있다.

55 | 글자와 치수
19, 13

건축 도면의 글자 및 치수에 관한 설명으로 옳지 않은 것은?

① 숫자는 아라비아 숫자를 원칙으로 한다.
② 치수는 특별히 명시하지 않는 한 마무리 치수로 표시한다.
③ 글자체는 수직 또는 15° 경사의 고딕체로 쓰는 것을 원칙으로 한다.
④ 치수는 치수선에 평행하게 도면의 오른쪽에서 왼쪽으로 읽을 수 있도록 기입한다.

해설 건축 도면의 글자 및 치수에서 치수는 치수선에 평행하게 도면의 왼쪽에서 오른쪽으로 읽을 수 있도록 기입한다.

56 | 제도의 글자
03, 01

제도 글씨를 쓸 때 일반 사항으로 틀린 것은?

① 글자는 명확하게 쓴다.
② 문장은 왼쪽에서부터 가로쓰기를 원칙으로 한다.
③ 글자체는 수직 또는 15° 경사의 고딕체로 쓰는 것을 원칙으로 한다.
④ 글자의 크기는 폭에 의하여 결정된다.

해설 글자의 크기는 글자의 높이를 기준으로 하며, 20, 16, 12.5, 10, 8, 6.3, 5, 4, 3.2, 2.5 및 2mm 의 11종류를 표준으로 한다.

57 | 제도의 기본 사항
06

건축 제도 기본 사항에 관한 설명 중 틀린 것은?

① 평면도, 배치도 등은 북쪽을 위로 하여 작도함을 원칙으로 한다.
② 제도 용지 가로와 세로의 비는 2 : 1이다.
③ 도면 A0의 넓이는 약 $1m^2$이다.
④ 큰 도면을 접을 때 접은 도면의 크기는 A4의 크기를 원칙으로 한다.

해설 A0 용지의 크기는 841×1,189mm이므로 면적은 약 $1m^2$ 정도이며, 길이의 비는 약 $1 : \sqrt{2}$ 정도이므로 가로 : 세로= $\sqrt{2} : 1$이다.

58 | 제도의 기본 사항
19, 17, 12

건축 제도의 기본 사항에 관한 설명으로 옳지 않은 것은?

① 투상법은 제3각법으로 작도함을 원칙으로 한다.
② 접은 도면의 크기는 A3의 크기를 원칙으로 한다.
③ 평면도, 배치도 등은 북쪽을 위로 하여 작도함을 원칙으로 한다.
④ 입면도, 단면도 등은 위아래 방향을 도면지의 위아래와 일치시키는 것을 원칙으로 한다.

해설 건축 도면을 보관, 정리 또는 취급상 접을 때 도면의 크기는 A4(210×297mm)의 크기를 원칙으로 한다.

59 | NS(No Scale)의 의미
23, 21, 17, 15, 03

도면에는 척도를 기입해야 하는데, 그림의 형태가 치수에 비례하지 않을 경우 표시 방법으로 옳은 것은?

① US ② DS
③ NS ④ KS

해설 그림의 형태가 치수에 비례하지 않을 경우에 표시하는 방법으로 NS(No Scale)를 사용한다.

60 | 도면상의 길이 산정
23③, 21, 20②, 19, 16, 12

실제 길이 3m는 축척 1/30 도면에서 얼마로 나타나는가?

① 1cm ② 10cm
③ 3cm ④ 30cm

해설 축척이란 실제의 길이에 비례하여 도면에 표기하는 길이로서

$$축척=\frac{도면상의\ 길이}{실제의\ 길이}$$ 이므로

도면상의 길이=실제 길이×축척=300×1/30=10cm이다.

61 | 도면상의 길이 산정
22, 19③, 18, 17③, 16, 15, 14, 12, 06, 03, 02, 01, 00, 98

실제 길이 16m를 축척 1/200인 도면에 나타낼 경우 도면상의 길이는?

① 80cm ② 8cm
③ 8m ④ 8mm

정답 54.③ 55.④ 56.④ 57.② 58.② 59.③ 60.② 61.②

해설 축척이란 실제의 길이에 비례하여 도면에 표기하는 길이로서

축척 $=\dfrac{\text{도면상의 길이}}{\text{실제의 길이}}$ 이므로

도면상의 길이 = 실제의 길이 × 축척에서

16m = 1,600cm를 1/200로 축소하면 1,600 × 1/200 = 8cm이다.

62 | 주 기준선 표시 기호
02, 01, 00

건축 도면에서 주 기준선의 표시 기호로 옳은 것은?

① 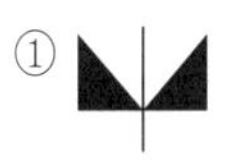

② 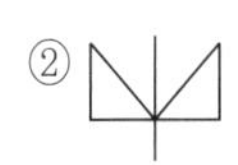

③ 

④ 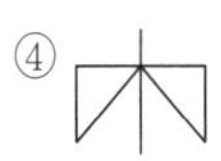

해설 ①은 주 기준선의 표시이고, ②는 보조 기준선의 표시이다.

63 | 재료 구조 표시 기호(목재)
20②, 19, 07, 04, 01, 98

다음의 단면 재료 표시 기호 중 구조용으로 쓰이는 목재의 표시 방법은?

① 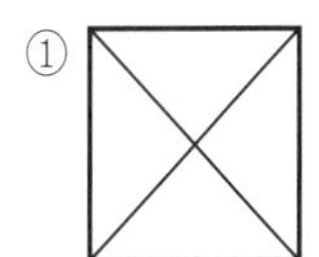

② 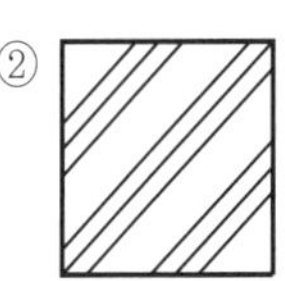

③ 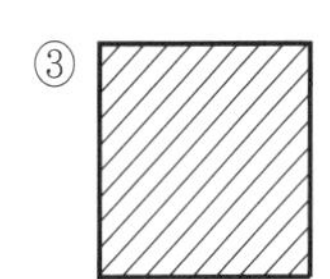

④ 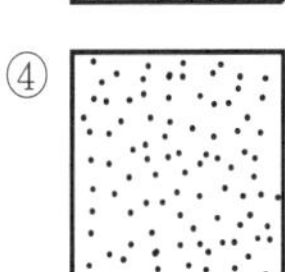

해설 ①은 목재의 구조재, ②는 철근을 배근한 콘크리트의 단면, ③은 벽돌벽 단면, ④는 모르타르의 단면 표시 기호이다.

64 | 재료 구조 표시 기호(목재 등)
03, 01

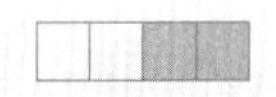

재료 구조 표시 기호 중 틀린 것은?

① 치장목재

② 망사

③ 단열재

④ 모르타르 마감

해설 ①은 목재의 구조재 표시 기호이다.

65 | 재료 구조 표시 기호(치장재)
21②, 17, 14, 13, 11, 10, 02, 01, 00

건축 도면에서 다음과 같은 단면용 재료 표시 기호가 나타내는 것은?

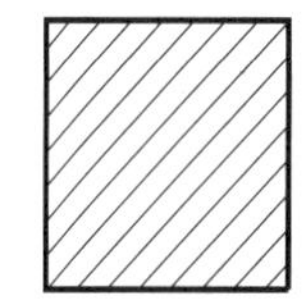

① 석재

② 인조석

③ 목재 치장재

④ 목재 구조재

해설 재료의 단면 표시 기호

재료의 명칭	석재	인조석	목재 구조재
재료의 단면 표시 기호			

66 | 재료 구조 표시 기호(석재)
24, 21, 20, 19, 18③, 17③, 03, 00, 98

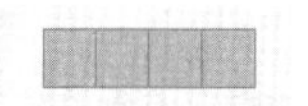

아래 그림의 재료명으로 옳은 것은?

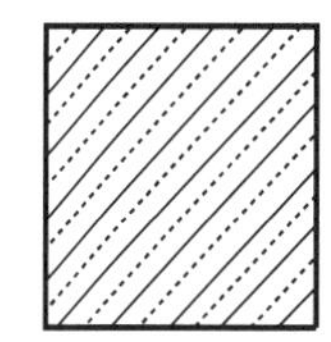

① 석재

② 인조석

③ 벽돌

④ 목재 치장재

해설 재료의 단면 표시 기호

재료의 명칭	석재	벽돌	목재 구조재
재료의 단면 표시 기호			

67 | 재료 구조 표시 기호(석재)
13, 09②, 03, 02, 00, 99

건축 제도에서 석재의 재료 표시 기호(단면용)로 옳은 것은?

① 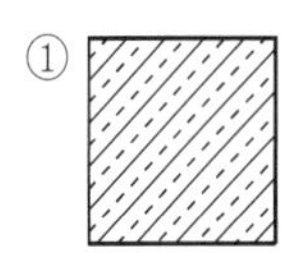

② 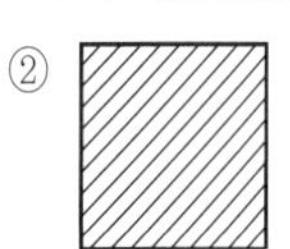

③ 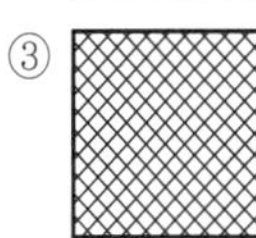

④ 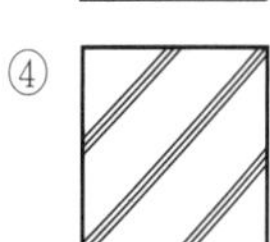

해설 ②는 목재 중 치장재 또는 벽돌, ③은 블록과 차단재(보온, 흡음, 방음 등), ④는 콘크리트로서 철근을 배근한 것이다.

정답 62. ① 63. ① 64. ① 65. ③ 66. ① 67. ①

68 | 평면 표시 기호(평벽) 08, 04, 02, 98

목조벽 중 벽체 양면이 평벽을 나타내는 표시법은?

①　　　　　　②

③　　　　　　④

해설 목조벽의 표시 기호

축척 정도별 구분 표시 사항		축척 1/100 또는 1/200일 때	축척 1/20 또는 1/50일 때
목조벽	양쪽 심벽 안심벽 밖평벽 안팎 평벽		반쪽기둥 통재기둥

69 | 창호 표시 기호(붙박이창) 24, 21, 19, 18, 16③, 13, 11, 10, 03

다음 창호의 평면 표시 기호의 명칭으로 옳은 것은?

① 외여닫이창
② 회전창
③ 망사창
④ 붙박이창

해설 평면 표시 기호

명칭	외여닫이창	회전창	붙박이창	망사창
표시 기호				

70 | 창호 표시 기호(셔터달린창) 22, 20, 18③, 17, 11, 08, 04, 02

다음의 평면 표시 기호가 의미하는 것은?

① 미단이창
② 셔터달린창
③ 이중창
④ 망사창

해설

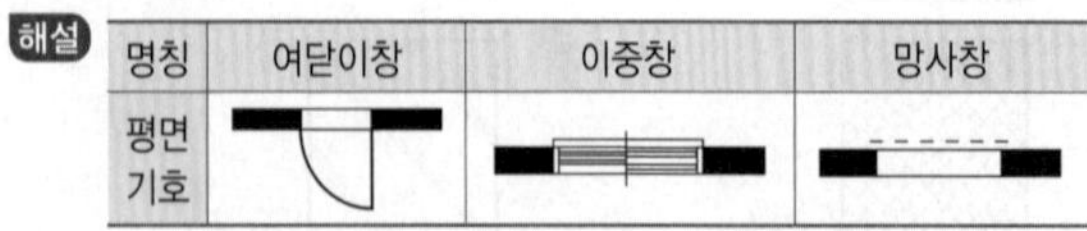

명칭	여닫이창	이중창	망사창
평면 기호			

※ 셔터달린창의 표시는 창문 앞에 일점 쇄선으로 표기하고, 망사창의 표시는 창문 앞에 점선(파선)으로 표기한다.

71 | 창호 표시 기호(오르내리창) 07

다음 창호 기호의 명칭으로 옳은 것은?

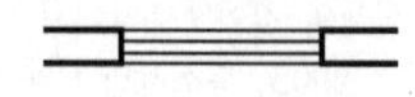

① 셔터창　　② 회전창
③ 망사창　　④ 오르내리기창

해설 평면 표시 기호

명칭	오르내리창	셔터창	망사창
평면 기호			

72 | 창호 표시 기호(외여닫이문) 05

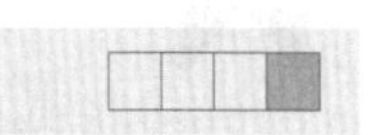

창호의 평면 표시 기호 명칭이 잘못 연결된 것은?

① 외여닫이창

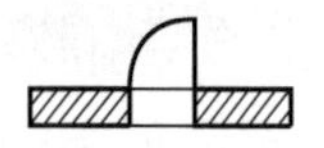

② 미서기창

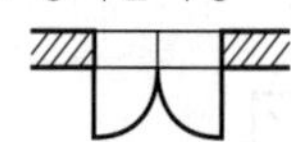

③ 외미닫이창

④ 쌍여닫이창

해설 ③은 붙박이창을 의미하고, 외미닫이창은 (기호)이다.

73 | 창호 표시 기호(외여닫이문) 18, 02

창호의 평면 그림과 일치하는 입면은?

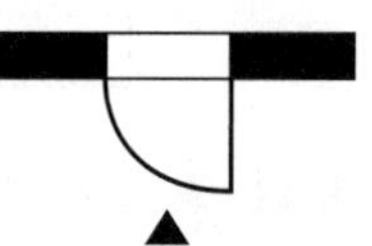

①

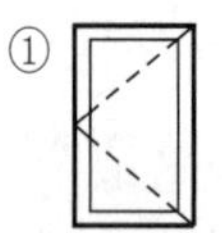

②

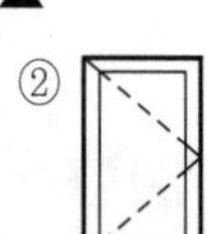

③

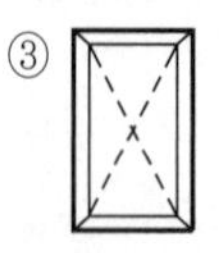

④

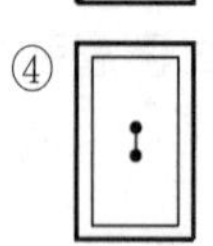

해설 파선의 교차점이 있는 쪽은 경첩을 배치한다. 즉, ①과 ②는 문의 개폐 방향이 반대이다.

정답 68.② 69.④ 70.② 71.④ 72.③ 73.②

1-2. 건축물의 묘사와 표현

출제 키워드

1 입체의 표현

(1) 입체의 표현 등

입체 표면에 명암이나 음영을 넣어 표현함으로써 형태를 좀더 쉽게 이해할 수 있으며, 면의 명확한 구분 사용은 도면상 형태 표현의 기본 요점이 된다.

① 아무것도 그려 있지 않은 백지는 우리에게 아무런 느낌이나 크기, 방향 등을 제시하지 못하나 일단 백지 위에 윤곽이나 명암을 달리하는 도형을 그려 놓으면 크기와 방향 등을 느끼게 된다. [그림 (a)]

② 같은 크기와 농도로 그려진 2개의 점은 동일 평면상에서 위치한 것으로 보인다. [그림 (b)]

③ 같은 크기의 점이라도 그 명암을 달리하면 진한 쪽은 돋보이고, 흐린 쪽은 후퇴한 것처럼 보인다. [그림 (c)]

④ 2개의 직사각형의 경우, 같은 굵기로 그려진 때에는 동일면상에 있는 것처럼 보이나 그 중 한 직사각형의 윤곽선의 굵기를 굵게 하면 다른 직사각형보다 돋보이고, 한쪽은 후퇴하여 보인다. [그림 (d)]

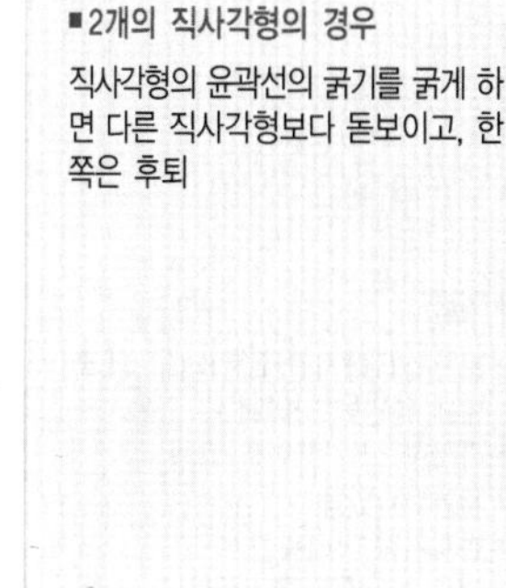

■ 2개의 직사각형의 경우

직사각형의 윤곽선의 굵기를 굵게 하면 다른 직사각형보다 돋보이고, 한쪽은 후퇴

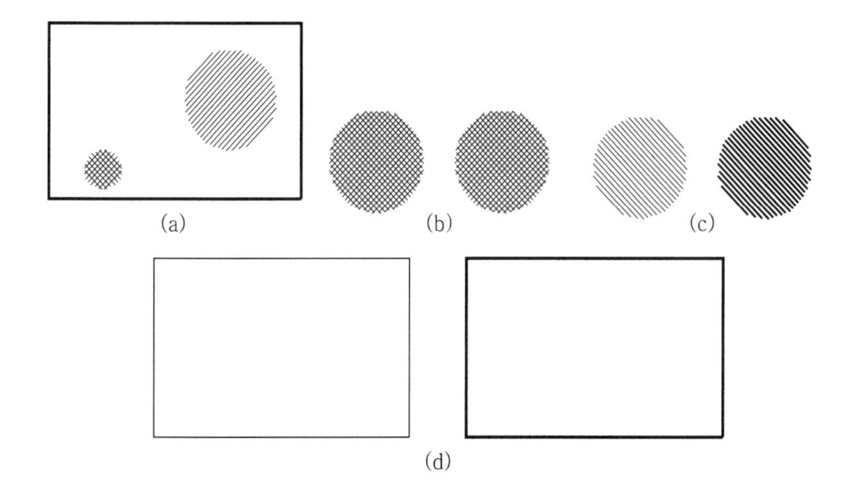

(a) (b) (c)

(d)

(2) 각종 배경의 표현

① 주변 환경, 스케일 및 용도 등을 나타낼 때에는 꼭 필요할 때에만 적당하게 표현하고, 표현은 상황에 따라 섬세하게, 단순하게 표현하도록 한다.

② 건물보다 앞에 표현될 배경은 사실적으로 그리고, 멀리 있는 것은 단순하게 그린다.

③ 공간과 구조, 그들의 관계를 표현하는 요소들에 지장을 주어서는 아니 된다.

■ 주변 환경, 스케일 및 용도 등을 나타낼 때

- 꼭 필요할 때에만 적당하게 표현
- 상황에 따라 섬세하게, 단순하게 표현
- 건물보다 앞에 표현될 배경은 사실적, 멀리 있는 것은 단순하게 그림

출제 키워드

■ 건축물의 표현에서 사람의 배경과 표현
건축물의 크기(스케일감), 공간의 깊이와 높이 및 공간의 용도(관습적인 용도)를 나타내기 위함

■ 연필
• 밝은 상태에서 어두운 상태까지 폭넓게 명암을 나타낼 수 있음
• 다양한 질감 표현이 가능
• 지울 수 있음
• 번지거나 더러워짐
• H의 수가 클수록 단단하고 흐림

■ 잉크
• 여러 가지 색상을 표현
• 색층이 일정하고 도면이 깨끗하고 선명하며 농도를 정확히 나타낼 수 있음

■ 유성 마카펜
트레이싱지에 컬러를 표현하기에 가장 적합

④ 표현 요소의 크기와 비중 및 배치는 도면 전체의 구성을 고려하여 결정한다.
⑤ 건축물의 표현에서 사람의 배경과 표현은 건축물의 크기(스케일감), 공간의 깊이와 높이 및 공간의 용도(관습적인 용도)를 나타내기 위함이다.

(3) 묘사 기법

① 윤곽선을 강하게 묘사하면 공간상의 입체를 돋보이게 하는 효과가 있다.
② 곡면인 경우에는 농도에 변화를 주어 묘사하고, 일반적으로 그림자는 표면의 그늘보다 어둡게 표현한다.
③ 그늘과 그림자는 물체의 위치, 보는 사람의 위치, 빛의 방향, 그림자가 비칠 바닥의 형태에 의하여 표현을 달리한다.

(4) 건축물의 색채

외관의 색채를 결정하는 요인은 건축물의 형태, 위치 및 용도 등이 있으며, 건축물의 구조와는 무관하다.

2 묘사 도구와 방법

(1) 묘사 도구

① **연필** : 효과적으로 구분하여 사용하면 밝은 상태에서 어두운 상태까지 폭넓게 명암을 나타낼 수 있으며, 다양한 질감 표현이 가능하다. 지울 수 있는 장점이 있으나, 번지거나 더러워지는 단점이 있다. 연필의 표시에서 H, B는 Hard와 Black의 약자이고, H의 수가 클수록 단단하고 흐리며, B의 수가 클수록 연하고 진하다. 9H부터 6B까지 15종류에 F, HB를 포함하여 17단계로 구분한다.
② **잉크** : 여러 가지 색상을 가지고 있고 색층이 일정하고 도면이 깨끗하고 선명하며 농도를 정확히 나타낼 수 있는 것으로 도면이 깨끗하며, 다양한 묘사가 가능하다.
③ **색연필** : 간단하게 도면을 채색하여 실물의 느낌을 표현하는 데 많이 사용하는 방법으로, 작품성은 부족하나 실내 건축물의 간단한 마감 재료를 그리는 데 사용한다.
④ **물감** : 재료에 따라 차이가 있으며, 수채화는 투명하고 윤이 나고 신선한 느낌을 주며, 부드럽고 밝은 특징이 있다. 불투명은 주로 포스터 물감을 주로 사용하는데, 사실적이며 재료의 질감 표현과 수정이 용이하여 많이 사용하는 방법으로, 붓을 사용하여 그린다. 또한, 건축물의 묘사에 있어서 트레이싱지에 컬러를 표현하기에 가장 적합한 것은 유성 마카펜이고, 투시도의 착색 마무리에서 유채색의 마무리 중 불투명 마무리 색채로 가장 적합한 것은 포스터 컬러이다.

(2) 묘사 방법(Ⅰ)

① **모눈종이 묘사** : 묘사하고자 하는 내용 위에 사각형의 격자를 그리고, 한 번에 하나의 사각형을 다른 종이에 같은 형태로 옮겨 그리며, 사각형이 원본보다 크거나 작다면 완성된 그림은 사각형의 크기에 따라 규격이 정해진다. 또한, 사각형의 격자는 빠르게 스케치 할 때, 리듬을 중복되게 하거나 비율을 정확히 맞춰주며 일정한 각도(90°, 45°)로 그리려고 할 때 도움이 된다.

② **투명 용지 묘사** : 그리고자 하는 대상물에 트레이싱 페이퍼를 올려놓고 그대로 그리는 것으로, 이것을 여러 번 해 본 후에는 평면에 선의 형태로 대상물을 단순히 옮긴다는 순수한 그림의 원칙을 이해하게 된다.

③ **보고 그리기 묘사** : 보면서 그림을 그릴 때에는 주의 깊게 사물을 관찰하여야 하고, 사물에 대한 고정적인 관념을 배제하여야 하며, 사실적인 묘사 이외에 형태의 본질 파악에 주의를 기울여야 한다.

(3) 묘사 방법(Ⅱ)

건축물의 묘사 방법에는 단선에 의한 묘사, 여러 선에 의한 묘사, 단선과 명암에 의한 묘사, 명암 처리만으로의 묘사, 점에 의한 묘사 등이 있다.

① **단선에 의한 묘사** : 선의 종류와 굵기에 따라 묘사가 가능하다. 선의 위계에 유의하며 명확하고도 일관성이 있는 적절한 선이 되도록 하여야 한다.

② **여러 선에 의한 묘사** : 선의 간격에 변화를 주어 면과 입체에 한정시키는 방법이다. 평면은 같은 간격으로 곡면은 선의 간격을 달리하여 나타내고, 묘사하는 선의 방향은 면이나 입체에 대하여 수직, 수평의 방위에 맞추며 물체의 윤곽선은 그리지 않는다.

③ **단선과 명암에 의한 묘사** : 선으로 공간을 한정하고 명암으로 음영을 넣는 방법으로 평면의 경우는 같은 명암의 농도로, 곡면의 경우에는 농도의 변화를 주어 묘사한다.

④ **명암 처리만으로 묘사** : 면이 다른 경우에는 면의 명암 차이를 명확히 나타나도록 하고, 명암의 표현에서 방향을 나타낼 때에는 면의 수직과 수평 방향이 일치하도록 한다.

⑤ **점에 의한 묘사** : 여러 점으로 입체의 면이나 형태를 나타내고자 할 때 각 면의 명암 차이를 표현하고 점을 많이 또는 적게 찍어 형태의 변화를 준다.

(4) 음영의 표현 방법

음영은 어떤 물체에 빛을 주었을 때, 빛이 비치지 않는 면과 바닥에 나타난 물체의 그늘과 그림자를 표현하는 것이다. 건축물의 입체적인 표현을 강조하기 위하여 그리며, 물체의 위치, 보는 사람의 위치, 빛의 방향, 그림자가 나타나는 바닥 형태에 의해 표현이 달라진다. 그림자를 그리는 데에는 측광, 역광, 배광 등 여러 가지 음영 도법이 있다. 음영을 나타내는 표현법은 실내 투시도(일점 광원)와 외관 투시도(평행 광원)에 주로 사용되고, 건물의 그림자는 건물 표면의 그늘보다 어둡게 표현한다.

출제 키워드

■ 모눈종이 묘사
묘사하고자 하는 내용 위에 사각형의 격자를 그리고, 한 번에 하나의 사각형을 다른 종이에 같은 형태로 옮겨 그리며, 사각형이 원본보다 크거나 작다면 완성된 그림은 사각형의 크기에 따라 규격이 정해진다.

■ 여러 선에 의한 묘사
- 선의 간격에 변화를 주어 면과 입체에 한정시키는 방법이다.
- 평면은 같은 간격으로 선의 간격을 달리하여 곡면을 나타낸다.
- 선의 방향은 면이나 입체에 대하여 수직, 수평의 방위에 맞춘다.

■ 단선과 명암에 의한 묘사
- 선으로 공간을 한정
- 명암으로 음영을 넣는 방법
- 평면의 경우는 같은 명암의 농도
- 곡면의 경우에는 농도의 변화를 주어 묘사

■ 음영의 표현 방법
- 건축물의 입체적인 표현을 강조
- 물체의 위치, 보는 사람의 위치, 빛의 방향에 의해 달리 표현
- 실내 투시도(일점 광원)와 외관 투시도(평행 광원)에 주로 사용
- 건물의 그림자는 건물 표면의 그늘보다 어둡게 표현

출제 키워드

■ 사람을 8등분시 비례
다리는 4.0 정도이다.

■ 투시도의 원리
• 물체의 크기는 화면에 가까이 있는 것보다 멀리 있는 것이 작아 보임.
• 화면보다 앞에 있는 물건은 확대

■ 투시도의 용어
• 기면(G.P) : 사람이 서 있는 면
• 화면(P.P) : 물체와 시점 사이에 기면과 수직(직립)한 평면
• 기선(G.L) : 기면과 화면의 교차선
• 정점(S.P) : 사람이 서 있는 곳
• 시점(E.P) : 보는 사람의 눈의 위치
• 시선축(A.V) : 시점에서 화면에 수직하게 통하는 투사선

■ 1소점 투시도
실내 투시도 또는 기념 건축물과 같은 정적인 건물의 표현

(5) 사람을 8등분 하였을 때 비례 관계

신체 부위	머리	목	팔	몸통	다리	팔굽	무릎
비례	1	1/2	3.0	2.5	4.0	팔의 1/2	지표면에서 2.5

3 투시도

(1) 투시도의 원리

① 투시도에 있어서 투사선은 관측자의 시선으로, 화면을 통과하여 시점에 모이게 된다.

② 투사선이 한곳에 모이므로 물체의 크기는 화면에 가까이 있는 것보다 멀리 있는 것이 작아 보이고, 화면보다 앞에 있는 물건은 확대되어 나타나며, 화면에 접해 있는 부분만이 실제의 크기가 된다.

③ 투시도에서 수평면은 시점 높이와 같은 평면 위에 있고, 화면에 평행하지 않은 평행선들은 소점으로 모인다.

(2) 투시도의 용어

① 기면(Ground Plane : G.P) : 사람이 서 있는 면

② 화면(Picture Plane : P.P) : 물체와 시점 사이에 기면과 수직(직립)한 평면

③ 수평면(Horizontal Plane : H.P) : 눈높이에 수평한 면

④ 기선(Ground Line : G.L) : 기면과 화면의 교차선

⑤ 수평선(Horizontal Line : H.L) : 수평선과 화면의 교차선

⑥ 정점(Station Point : S.P) : 사람이 서 있는 곳

⑦ 시점(Eye Point : E.P) : 보는 사람의 눈의 위치

⑧ 시선축(Axis of Vision : A.V) : 시점에서 화면에 수직하게 통하는 투사선

⑨ 소점(Vanishing Point : V.P) : 좌측 소점 · 우측 소점 또는 중심 소점 등으로 투시도에서 직선을 무한히 먼 거리로 연장하였을 때 그 무한 거리 위의 점과 시점을 연결하는 시선과의 교점이다.

(3) 투시도의 종류

투시도의 형식은 물체와 화면의 관계 및 소점의 수에 따라 세 가지(1소점, 2소점 및 3소점 투시도)로 분류할 수 있다.

① 1소점 투시도 : 화면에 그리려는 물체가 화면에 대하여 평행 또는 수직이 되게 놓이는 경우로 소점이 1개가 된다. 실내 투시도 또는 기념 건축물과 같은 정적인 건물의 표현에 효과적이다.

② **2소점 투시도** : 2개의 수평선이 화면과 각을 가지도록 물체를 돌려 놓은 경우로, 소점이 2개가 생기고 수직선은 투시도에서 그대로 수직으로 표현되는 가장 널리 사용되는 방법이다.

③ **3소점 투시도(조감도)** : 물체가 돌려져 있고 화면에 대하여 기울어져 있는 경우로, 화면과 평행한 선이 없으므로 소점은 3개가 된다. 아주 높은 위치나 낮은 위치에서 물체의 모양을 표현할 때 쓰이나, 건축에서는 제도법이 복잡하여 자주 사용되지 않는다.

4 투상도

(1) 투상도의 종류

투상도에서 무한대의 거리에 설정된 시점은 평행하며, 소점은 존재하지 않고, 어디에서도 모이지 않는 일정 방향에 대하여 모두 평행이다. 임의의 각도를 결정하는 것만으로 어떤 복잡한 것이라도 쉽게 입체감을 표현할 수가 있어 편리하다. 투상도의 축에는 수직축, 수평축, 경사진 임의의 축이 각각 하나씩 만들어지는 세 가지의 유형이 있다.

① **등각 투상도** : 입방체를 정투상하는 경우에 평화면에 수직으로 놓으면 그 투상도에서는 두 면밖에 안 나타나고, 평화면에 경사지게 놓고 투상하면 3면이 투상되어, 비로소 입체감이 생기게 된다. 이와 같은 입체적인 입방체의 투영도를 직접 그릴 수 있는 도법 중의 하나가 등각 투상법으로 등각도에서는 인접 두 축 사이의 각이 120°이므로, 한 축이 수직일 때에는 나머지 두 축은 수평선과 30°가 되어 T자와 30° 삼각자를 이용하면 쉽게 등각 투상도를 그릴 수 있다.

② **이등각 투상도** : 3개의 축선 가운데 2개의 수평선과 등각을 이루고 하나의 축선이 수평선과 수직이 되게 그린 것이다.

③ **부등각 투상도** : 수평선과 2개의 축선이 이루는 각을 서로 다르게 그린 것이다.

④ **유각 투시도** : 물체가 화면에 대해서 일정한 각도를 가지며, 지반면에 대해서는 수직으로 놓여 있을 경우의 투시도로서, 이 경우 평면도는 기선에 대해서 30° 및 60°로 두 변을 취하도록 놓는 것이 일반적이다.

(2) 정투상법

정투상법(화면에 수직인 평행 투사선에 의해 물체를 투상)에는 제1각법과 제3각법이 있으며, 건축 제도 통칙에서는 제3각법을 원칙으로 한다.

① **제1각법** : 눈 – 물체 – 투상면의 순으로 투상면의 앞쪽에 물체를 놓게 되므로 우측면도는 정면의 왼쪽에, 좌측면도는 정면도의 오른쪽에, 저면도는 정면도의 위에 그리며, 평면도는 밑에 그린다.

출제 키워드

- **3소점 투시도(조감도)**
건축에서는 제도법이 복잡하여 자주 사용되지 않음

- **등각 투상도**
등각도에서는 인접 두 축 사이의 각이 120°

- **정투상법**
  - 정투상법의 종류에는 제1각법(눈 – 물체 – 투상면)과 제3각법
  - 건축 제도 통칙에서는 제3각법(눈 – 투상면 – 물체의 순)이 원칙

출제 키워드

② **제3각법** : 눈 – 투상면 – 물체의 순으로 투상면의 뒤쪽에 물체를 놓게 되므로 정면도를 기준으로 하여 그 좌우상하에서 본 모양을 본 쪽에서 그리는 것이므로 투상도 상호 관계 및 위치를 보기가 쉽다. 건축 제도 통칙에서는 사용하는 투상법이다.

(3) 도면과 투상도

① **입면도** : 건축물의 외관을 나타낸 직립 투상도(건축물의 외형 또는 외관을 각 면에 대하여 정투상법으로 투상한 도면)로, 동, 서, 남, 북측 입면도 또는 정면도, 측면도, 배면도 등으로 나타낸다.

② **배치도** : 대지 안에 건물이나 부대 시설의 배치를 나타낸 도면으로, 위치, 간격, 축척, 방위, 경계선 등을 나타낸다.

| 1-2. 건축물의 묘사와 표현 |

과년도 출제문제

01 건축 도면(배경과 세부 표현)
11, 08

건축 도면에서 각종 배경과 세부 표현에 대한 설명 중 옳지 않은 것은?

① 건축 도면 자체의 내용을 해치지 않아야 한다.
② 건물의 배경이나 스케일, 그리고 용도를 나타내는 데 꼭 필요할 때에만 적당히 표현한다.
③ 공간과 구조, 그리고 그들의 관계를 표현하는 요소들에 지장을 주어서는 안 된다.
④ 가능한 한 현실과 동일하게 보일 정도로 디테일하게 표현한다.

해설 각종 배경의 표현 방법은 건물보다 앞에 표현될 배경은 사실적으로 그리고, 멀리 있는 것은 단순하게 그리며, 표현 요소의 크기와 비중 및 배치는 도면 전체의 구성을 고려하여 결정한다.

02 건축물의 표현 방법
22, 20, 14, 09

건축물의 표현 방법에 관한 설명으로 옳지 않은 것은?

① 단선에 의한 표현 방법은 종류와 굵기에 유의하여 단면선, 윤곽선, 모서리선, 표면의 조직선 등을 표현한다.
② 여러 선에 의한 표현 방법에서 평면은 같은 간격의 선으로, 곡면은 선의 간격을 달리하여 표현한다.
③ 단선과 명암에 의한 표현 방법은 선으로 공간을 한정시키고 명암으로 음영을 넣는 방법으로 농도에 변화를 주어 표현한다.
④ 명암 처리만으로의 표현 방법에서 면이나 입체를 한정시키고 돋보이게 하기 위하여 공간상 입체의 윤곽선을 굵은 선으로 명확히 그린다.

해설 건축물의 표현 방법에서 면이나 입체를 한정시키는 방법은 여러 선에 의한 묘사 방법이고, 공간상의 입체를 돋보이게 하기 위한 방법은 단선에 의한 묘사 방법이다.

03 건축 도면(배경의 표현)
21, 12, 09, 05, 03, 01

건축물과 관련된 각종 배경의 표현 방법으로 가장 알맞은 것은?

① 배경을 다양하게 표현한다.
② 표현은 항상 섬세하게 하도록 한다.
③ 건물을 이해할 수 있도록 배경을 다소 크게 표현한다.
④ 건물보다 앞쪽의 배경은 사실적으로, 뒤쪽의 배경은 단순하게 표현한다.

해설 각종 배경의 표현에 있어서 주변 환경, 스케일 및 용도 등을 나타낼 때에는 꼭 필요할 때에만 적당하게 표현하고, 표현은 상황에 따라 섬세하게, 단순하게 표현하도록 한다.

04 건축 도면(배경 표현의 주의사항)
23, 15, 03

배경 표현법의 주의사항으로 옳지 않은 것은?

① 건물 앞의 것은 사실적으로, 멀리 있는 것은 단순하게 그린다.
② 건물의 용도와는 무관하게 가능한 한 세밀한 그림으로 표현한다.
③ 공간과 구조, 그리고 그들의 관계를 표현하는 요소들에 지장을 주어서는 안 된다.
④ 표현에서는 크기와 무게, 그리고 배치는 도면 전체의 구성 요소가 고려되어야 한다.

해설 각종 배경의 표현에 있어서 주변 환경, 스케일 및 용도 등을 나타낼 때에는 꼭 필요할 때에만 적당하게 표현한다.

정답 01. ④ 02. ④ 03. ④ 04. ②

05 | 건축물의 표현 방법
12

각종 배경의 표현에 관한 설명으로 옳지 않은 것은?

① 차는 도면이나 투시도에 움직임이나 감각적인 요소를 부여하기도 한다.
② 수목은 멀리 있는 나무는 자세하게, 가까운 곳의 나무는 간결하게 그린다.
③ 건물의 주변을 이루고 있는 수목은 공간의 표현에 있어서 중요한 표현 소재가 된다.
④ 나뭇잎이 달려 있는 아래쪽의 밀도를 높여주거나 줄기와 가지의 앞뒤에 나뭇잎을 그려주면 입체감이 생긴다.

해설 각종 배경의 표현에 있어서 수목은 멀리 있는 나무는 간결하게, 가까운 곳의 나무는 자세하게 표현한다.

06 | 건축물의 묘사와 표현
12, 08, 06, 05

건축물의 묘사 및 표현에 관한 설명 중 옳지 않은 것은?

① 음영은 건축물의 입체적인 표현을 강조하기 위해 그려 넣는 것으로 실시 설계도나 시공도에 주로 사용된다.
② 건축 도면에 사람의 그림을 그려 넣는 목적은 스케일감을 나타내기 위해서이다.
③ 건축 도면에서 수목의 배치와 표현을 통해 건물 주변 대지의 성격을 나타낼 수 있다.
④ 여러 선에 의한 건축물의 표현 방법은 선의 간격을 달리함으로서 면과 입체를 결정한다.

해설 음영을 나타내는 표현법은 실내 투시도(일점 광원)와 외관 투시도(평행 광원)에 주로 사용되는 표현법이다.

07 | 건축물의 묘사와 표현
13, 10, 09, 06

건축물의 묘사와 표현 방법에 관한 설명으로 옳지 않은 것은?

① 일반적으로 건물의 그림자는 건물 표면의 그늘보다 밝게 표현한다.
② 윤곽선을 강하게 묘사하면 공간상의 입체를 돋보이게 하는 효과가 있다.
③ 각종 배경 표현은 건물의 배경이나 스케일, 그리고 용도를 나타내는 데 꼭 필요할 때만 적당히 표현한다.
④ 그늘과 그림자는 물체의 위치, 보는 사람의 위치, 빛의 방향, 그림자가 비칠 바닥의 형태에 의하여 표현을 달리한다.

해설 일반적으로 건물의 그림자는 건물 표면의 그늘보다 어둡게 표현한다.

08 | 건축물의 묘사와 표현
24, 14, 11, 04, 00

건축물의 입체적인 표현에 관한 설명 중 옳지 않은 것은?

① 같은 크기라도 명암이 진한 것이 돋보인다.
② 윤곽이나 명암을 그려 넣으면 크기와 방향을 느끼게 된다.
③ 같은 크기와 농도로 된 점들은 동일 평면상에 위치한 것으로 보인다.
④ 굵기가 다르고 크기가 같은 직사각형 중 굵은 선의 직사각형이 후퇴되어 보인다.

해설 건축물의 입체적인 표현에서 굵기가 다르고 크기가 같은 직사각형 중 굵은 선의 직사각형은 진출되어 보이고, 가는 선의 직사각형은 후퇴되어 보인다.

09 | 음영의 형태와 표현
22, 04

음영의 형태와 표현이 달라지는 사항과 가장 관계가 없는 것은?

① 물체의 위치 ② 보는 사람의 위치
③ 빛의 방향 ④ 물체의 색상

해설 음영의 표현은 어떤 물체에 빛을 주었을 때, 빛이 비치지 않는 면과 바닥에 나타난 물체의 그늘과 그림자이다. 음영은 건축물의 입체적인 표현을 강조하기 위하여 그리며, 물체의 위치, 보는 사람의 위치, 빛의 방향, 그림자가 나타나는 바닥 형태에 의해 표현이 달라진다. 그림자를 그리는 데에는 측광, 역광, 배광 등 여러 가지 음영 도법이 있다.

10 | 인체의 8등분(다리)
04

인체를 표현할 때 8등분으로 표현한다면 수직 길이를 가장 길게 표현해야 하는 부분은?

① 머리 ② 팔
③ 몸통 ④ 다리

해설 사람을 8등분하여 비례를 보면 다음과 같다.

신체 부위	머리	목	팔	몸통	다리	팔굽	무릎
비례	1	1/2	3.0	2.5	4.0	팔의 1/2	지표면에서 2.5

정답 05. ② 06. ① 07. ① 08. ④ 09. ④ 10. ④

11 | 건축 도면의 사람
19, 18, 15, 13, 10, 03, 02

다음 중 건축 도면에 사람을 그려 넣는 목적과 가장 거리가 먼 것은?

① 스케일감을 나타내기 위해
② 공간의 용도를 나타내기 위해
③ 공간 내 질감을 나타내기 위해
④ 공간의 깊이와 높이를 나타내기 위해

해설 건축물의 표현에서 사람의 배경과 표현은 건축물의 크기(스케일감), 공간의 깊이와 높이 및 공간의 용도(관습적인 용도)를 나타내기 위함이다.

12 | 여러 선에 의한 표현
24, 20, 13, 10

다음 설명에 알맞은 건축물의 입체적 표현 방법은?

> 선의 간격을 달리함으로써 면과 입체를 결정하는 방법으로, 평면은 같은 간격의 선으로, 곡면은 선의 간격을 달리하여 표현하며, 선의 방향은 면이나 입체의 수직, 수평의 방위에 맞추어 그린다.

① 단선에 의한 표현
② 여러 선에 의한 표현
③ 명암 처리만으로 표현
④ 단선과 명암에 의한 표현

해설 단선에 의한 묘사는 선의 종류와 굵기에 따라 묘사하는 방법으로 선의 위계에 유의하며 명확하고도 일관성이 있는 적절한 선이 되도록 하여야 한다. 명암 처리만으로 묘사는 면이 다른 경우에는 면의 명암 차이를 명확히 나타나도록 하고, 명암의 표현에서 방향을 나타낼 때에는 면의 수직과 수평 방향이 일치하도록 한다. 단선과 명암에 의한 묘사는 선으로 공간을 한정하고 명암으로 음영을 넣는 방법으로, 평면의 경우는 같은 명암의 농도로, 곡면의 경우에는 농도의 변화를 주어 묘사한다.

13 | 여러 선에 의한 표현
19, 17, 12, 09

건축물을 묘사함에 있어서 선의 간격에 변화를 주어 면과 입체를 표현하는 묘사 방법은?

① 단선에 의한 묘사 방법
② 여러 선에 의한 묘사 방법
③ 단선과 명암에 의한 묘사 방법
④ 명암 처리에 의한 묘사 방법

해설 여러 선에 의한 묘사는 선의 간격에 변화를 주어 면과 입체에 한정시키는 방법으로, 평면은 같은 간격으로, 곡면은 선의 간격을 달리하여 나타낸다. 묘사하는 선의 방향은 면이나 입체에 대하여 수직, 수평으로 맞추며 물체의 윤곽선은 그리지 않는다.

14 | 모눈종이 묘사
22, 12, 08, 03, 00, 98

다음은 어떤 묘사 방법에 대한 설명인가?

> 묘사하고자 하는 내용 위에 사각형의 격자를 그리고 한 번에 하나의 사각형을 그릴 수 있도록 다른 종이에 같은 형태로 옮기며, 사각형이 원본보다 크거나 작다면, 완성된 그림은 사각형의 크기에 따라 규격이 정해진다.

① 모눈종이 묘사
② 투명 용지 묘사
③ 복사 용지 묘사
④ 보고 그리기 묘사

해설 투명 용지 묘사는 그리고자 하는 대상물에 트레이싱페이퍼를 올려놓고, 그대로 그리는 것으로 이것을 여러 번 해 본 후에는 평면에 선의 형태로 대상물을 단순히 옮긴다는 순수한 그림의 원칙을 이해하게 된다. 보고 그리기 묘사는 보면서 그림을 그릴 때에는 주의 깊게 사물을 관찰하여야 하고, 사물에 대한 고정적인 관념을 배제하여야 하며, 사실적인 묘사 이외에 형태의 본질 파악에 주의를 기울여야 한다.

15 | 단선과 명암에 의한 표현
18, 17③, 14, 12

다음에서 설명하는 묘사 방법으로 옳은 것은?

> • 선으로 공간을 한정시키고 명암으로 음영을 넣는 방법
> • 평면은 같은 명암의 농도로 하여 그리고 곡면은 농도의 변화를 주어 묘사

① 단선에 의한 묘사 방법
② 명암 처리만으로의 방법
③ 여러 선에 의한 묘사 방법
④ 단선과 명암에 의한 묘사 방법

해설 단선과 명암에 의한 묘사는 선으로 공간을 한정하고 명암으로 음영을 넣는 방법으로, 평면의 경우는 같은 명암의 농도로, 곡면의 경우에는 농도의 변화를 주어 묘사한다.

정답 11. ③ 12. ② 13. ② 14. ① 15. ④

16 | 묘사 도구(잉크)의 용어
19, 18, 14, 04, 01, 99

건축물의 묘사 도구 중 여러 가지 색상을 가지고 있고, 색층이 일정하고 도면이 깨끗하고 선명하며 농도를 정확히 나타낼 수 있는 것은?

① 연필 ② 물감
③ 색연필 ④ 잉크

해설 연필은 효과적으로 구분하여 사용하면 밝은 상태에서 어두운 상태까지 폭넓게 명암을 나타낼 수 있으며, 다양한 질감 표현이 가능하다. 지울 수 있는 장점이 있으나, 번지거나 더러워지는 단점이 있다. 색연필은 간단하게 도면을 채색하여 실물의 느낌을 표현하는데 많이 사용되는 방법으로 작품성은 부족하나 실내 건축물의 간단한 마감 재료를 그리는 데 사용한다. 물감은 재료에 따라 차이가 있으며, 수채화는 투명하고 윤이 나고 신선한 느낌을 주며, 부드럽고 밝은 특징이 있다. 불투명은 포스터 물감을 주로 사용하는데, 사실적이며, 재료의 질감 표현과 수정이 용이하며 많이 사용하는 방법으로 붓을 사용하여 그린다.

17 | 묘사 도구(연필)의 용어
24, 21, 17, 16, 13, 11, 09

다음과 같은 특징을 갖는 투시도 묘사 용구는?

- 밝은 상태에서 어두운 상태까지 폭넓게 명암을 나타낼 수 있다.
- 다양한 질감 표현이 가능하다.
- 지울 수 있는 장점이 있는 반면에 번지거나 더러워지는 단점이 있다.

① 잉크 ② 연필
③ 볼펜 ④ 포스터 칼라

해설 연필은 효과적으로 구분하여 사용하면 밝은 상태에서 어두운 상태까지 폭넓게 명암을 나타낼 수 있으며, 다양한 질감 표현이 가능하다. 지울 수 있는 장점이 있으나 번지거나 더러워지는 단점이 있다.

18 | 묘사 도구(연필)의 용어
17, 12, 10, 08, 03

묘사 용구 중 지울 수 있는 장점 대신 번질 우려가 있는 단점을 지닌 재료는?

① 잉크 ② 연필
③ 매직 ④ 물감

해설 잉크는 농도를 정확히 나타낼 수 있고, 선명해 보이기 때문에 도면이 깨끗하며 다양한 묘사가 가능하다. 매직은 필기 도구의 하나로서 색깔을 가지고 있으며, 트레이싱지에 컬러를 표현하기에 가장 적합한 것은 수성 마카펜이고, 불투명 마무리 색채로 가장 적합한 것은 포스터 칼라이다.

19 | 묘사 도구(연필)
09, 05

묘사 도구 중 연필에 대한 설명으로 옳지 않은 것은?

① 연필은 9H부터 6B까지 15종류에 F, HB를 포함하여 17단계로 구분한다.
② 밝은 상태에서 어두운 상태까지 폭넓게 명암을 나타낼 수 있다.
③ 선명하게 보이고, 도면이 더러워지지 않는다.
④ 다양한 질감 표현이 가능하며, 지울 수 있는 장점이 있다.

해설 연필은 번지거나 더러워지는 단점이 있고, 농도를 정확하게 나타낼 수 있다. 선명하게 보이는 것은 잉크이다.

20 | 묘사 도구(연필)
11

묘사 도구 중 연필에 대한 설명으로 옳지 않은 것은?

① 선명하게 보이고, 도면이 더러워지지 않는다.
② 다양한 질감 표현이 가능하며, 지울 수 있는 장점이 있다.
③ 밝은 상태에서 어두운 상태까지 폭넓게 명암을 나타낼 수 있다.
④ 연필은 심의 종류에 따라서 진한 것과 흐린 것으로 나누어지며 무른 것과 딱딱한 것으로도 나누어진다.

해설 연필은 폭넓은 명암, 다양한 질감의 표현도 가능하고, 지울 수 있는 장점이 있는 반면에 번지거나 더러워지는 단점이 있으므로 종류에 따른 특성을 잘 알고 사용하여야 한다.

21 | 묘사 도구(연필)
18③, 14, 12

건축물의 묘사에 있어서 묘사 도구로 사용하는 연필에 관한 설명으로 옳지 않은 것은?

① 다양한 질감 표현이 가능하다.
② 밝고 어두움의 명암 표현이 불가능하다.
③ 지울 수 있으나 번지거나 더러워질 수 있다.
④ 심의 종류에 따라서 무른 것과 딱딱한 것으로 나누어진다.

해설 연필은 효과적으로 구분하여 사용하면 밝은 상태에서 어두운 상태까지 폭넓게 명암을 나타낼 수 있으며, 다양한 질감 표현이 가능하다. 지울 수 있는 장점이 있으나, 번지거나 더러워지는 단점이 있다. 연필의 표시에서 H, B는 Hard와 Black의 약자이고, H의 수가 클수록 단단하고 흐리며, B의 수가 클수록 연하고 진하다.

정답 16.④ 17.② 18.② 19.③ 20.① 21.②

22 | 묘사 도구(연필)
09, 03

건축물의 묘사에 있어서 묘사 도구로 사용하는 연필에 대한 설명 중 틀린 것은?

① 폭이 넓은 명암을 나타낸다.
② 다양한 질감 표현이 가능하다.
③ 지울 수 있으나 번지거나 더러워질 수 있다.
④ 일반적으로 H의 수가 많을수록 무르다.

해설 연필의 표시에서 H는 Hard, B는 Black의 약자이고, H의 수가 클수록 굳고 흐리며, B의 수가 클수록 연하고 진하다.

23 | 묘사 도구
14, 10, 07

제도에서 묘사에 사용되는 도구에 관한 설명 중 옳지 않은 것은?

① 잉크는 농도를 정확하게 나타낼 수 있고, 선명하게 보이기 때문에 도면이 깨끗하다.
② 연필은 지울 수 있는 장점이 있는 반면 폭넓은 명암이나 질감 표현이 불가능하다.
③ 잉크는 여러 가지 모양의 펜촉 등을 사용할 수 있어 다양한 묘사가 가능하다.
④ 물감으로 채색할 때 불투명 표현은 포스터 물감을 주로 사용한다.

해설 연필은 폭넓은 명암, 다양한 질감의 표현도 가능하고, 지울 수 있는 장점이 있는 반면에 번지거나 더러워지는 단점이 있으므로 종류에 따른 특성을 잘 알고 사용하여야 한다.

24 | 묘사 도구(유성 마카펜)
17③, 11, 08, 02, 99

다음 중 건축물의 묘사에 있어서 트레이싱지에 컬러(color)를 표현하기에 가장 적합한 도구는?

① 연필 ② 수채 물감
③ 포스터컬러 ④ 유성 마카펜

해설 수채 물감의 채색은 재료에 따라서 차이가 있으나, 수채화는 투명하고 윤이 나며, 신선한 느낌을 준다. 불투명은 주로 포스터컬러를 사용하고, 재료의 질감 표현이 사실적이며, 수정이 용이하여 많이 사용하는 방법이다.

25 | 투시도의 종류
03, 00

투시도의 종류에 속하지 않는 것은?

① 조감도 ② 2소점 투시도
③ 전개도 ④ 1소점 투시도

해설 투시도의 형식은 물체와 화면의 관계 및 소점의 수에 따라 세 가지로 분류할 수 있다. 1소점 투시도는 화면에 그리려는 물체가 화면에 대하여 평행 또는 수직이 되게 놓여지는 경우로 소점이 1개가 된다. 실내 투시도 또는 기념 건축물과 같은 정적인 건물의 표현에 효과적이다. 2소점 투시도는 2개의 수평선이 화면과 각을 가지도록 물체를 돌려 놓은 경우로, 소점이 2개가 생기고 수직선은 투시도에서 그대로 수직으로 표현되는 가장 널리 사용되는 방법이다. 3소점 투시도(조감도)는 물체가 돌려져 있고 화면에 대하여 기울어져 있는 경우로, 화면과 평행한 선이 없으므로 소점이 3개가 된다. 아주 높은 위치나 낮은 위치에서 물체의 모양을 표현할 때 쓰이나, 건축에서는 제도법이 복잡하여 자주 사용되지 않는다.

26 | 투시도법의 용어
19, 05

투시도법에 사용되는 용어의 연결이 옳지 않은 것은?

① 소점 : V.P ② 정점 : S.P
③ 화면 : E.P ④ 수평면 : H.P

해설 기면(Ground Plane : G.P)은 사람이 서 있는 면, 화면(Picture Plane : P.P)은 물체와 시점 사이에 기면과 수직한 평면, 수평면(Horizontal Plane : H.P)은 눈높이에 수평한 면, 기선(Ground Line : G.L)은 기면과 화면의 교차선, 수평선(Horizontal Line : H.L)은 수평선과 화면의 교차선, 정점(Station Point : S.P)은 사람이 서 있는 곳, 시점(Eye Point : E.P)은 보는 사람의 눈의 위치, 시선축(Axis of Vision : A.V)은 시점에서 화면에 수직하게 통하는 투사선, 소점(Vanishing point : V.P)은 좌측 소점, 우측 소점 또는 중심 소점이다.

27 | 투시도법(시선축의 용어)
20, 18, 14, 03, 98

투시도법의 시점에서 화면에 수직으로 통하는 투사선의 명칭으로 옳은 것은?

① 소점 ② 시점
③ 시선축 ④ 수직선

해설 투시법에 쓰이는 용어 중에서 시선축(Axis of Vision : A.V)은 시점에서 화면에 수직으로 통하는 투사선이며, 시점(Eye Point : E.P)은 보는 사람의 눈의 위치이다.

정답 22.④ 23.② 24.④ 25.③ 26.③ 27.③

28 | 투시도의 작도
02

투시도 작도에 관한 설명으로 옳지 못한 것은?

① 화면보다 앞에 있는 물체는 축소되어 나타난다.
② 화면에 접해 있는 부분만이 실제의 크기가 된다.
③ 물체와 시점 사이에 기선과 수직한 평명을 화면(P.P)이라 한다.
④ 화면에 평행하지 않은 평행선들은 소점(V.P)으로 모인다.

해설 화면보다 앞에 있는 물건은 확대되어 보이고, 화면보다 뒤에 있는 물건은 축소되어 보인다.

29 | 투시도법(화면의 용어)
21, 18, 13, 02

투시도 용어 중 물체와 시점 사이에 기면과 수직한 직립 평면을 나타내는 것은?

① 기선(G.L) ② 화면(P.P)
③ 수평면(H.P) ④ 지반면(G.P)

해설 기선(G.L : Ground Line)은 기면과 화면의 교차선이고, 수평면(H.P : Horizontal Plane)은 눈높이에 수평한 면이며, 지반면은 G.L.에 수평한 면이다.

30 | 투시도법의 용어
22, 21, 18, 17, 06

투시도법에 쓰이는 용어에 대한 표시로 맞지 않는 것은?

① 시점 – E.P ② 수평면 – H.P
③ 소점 – S.P ④ 화면 – P.P

해설 정점(S.P : Station Point)은 사람이 서 있는 곳이고, 소점(V.P : Vanishing Point)은 좌측 소점, 우측 소점 및 중심 소점 등으로 투시도에서 직선을 무한한 먼 거리로 연장하였을 때 그 무한거리 위의 점과 시점을 연결하는 시선과의 교점이다.

31 | 투시도법의 용어
19, 16, 02, 99

투시도에 사용되는 용어의 관계가 잘못 연결된 것은?

① 화면 – P.P. ② 수평면 – H.P.
③ 기선 – G.L. ④ 시점 – V.P.

해설 시점(Eye Point : E.P)은 보는 사람의 눈의 위치, 시선축(Axis of Vision : A.V)은 시점에서 화면에 수직하게 통하는 투사선, 소점(Vanishing point : V.P)은 좌측 소점, 우측 소점 또는 중심 소점 등으로 투시도에서 직선을 무한한 먼 거리로 연장하였을 때 그 무한거리 위의 점과 시점을 연결하는 시선과의 교점이다.

32 | 투시도
14, 09, 03, 00, 98

투시도에 관한 설명으로 옳지 않은 것은?

① 투시도에 있어서 투사선은 관측자의 시선으로, 화면을 통과하여 시점에 모이게 된다.
② 투사선이 1점으로 모이기 때문에 물체의 크기는 화면 가까이 있는 것보다 먼 곳에 있는 것이 더 커 보인다.
③ 투시도에서 수평면은 시점 높이와 같은 평면위에 있다.
④ 화면에 평행하지 않은 평행선들은 소점으로 모인다.

해설 투시도에 있어서 투사선이 한 곳에 모이므로 물체의 크기는 화면에 가까이 있는 물건이 크게 보이고, 멀리 있는 물체는 작게 보인다.

33 | 투시도
07

건축물의 투시도에 관한 설명 중 옳지 않은 것은?

① 투시도의 회화적인 효과를 변화시키는 요소에는 건물 평면과 화면과의 각도, 시선의 각도, 시점의 거리 등이 있다.
② 수평선 위에 있는 수평면은 천장 부분이 보이게 되며, 수평선 아래의 수평면은 바닥이 보이게 된다.
③ 3소점 투시도는 실내 투시도 또는 기념 건축물과 같은 정적인 건축물의 표현에 가장 효과적이다.
④ 물체의 크기는 화면 가까이 있는 것보다 먼 곳에 있는 것이 작아 보인다.

해설 1소점 투시도는 화면에 그리려는 물체가 화면에 대하여 평행 또는 수직이 되게 놓여지는 경우로 소점이 1개가 되고, 실내 투시도 또는 기념 건축물과 같은 정적인 건물의 표현에 효과적이며, 3소점 투시도는 물체가 돌려져 있고 화면에 대하여 기울어져 있는 경우로, 화면과 평행한 선이 없으므로 소점은 3개가 된다.

34 | 투시도법의 용어
06, 04

투시도법에 쓰이는 용어와 그 표시의 연결이 옳은 것은?

① 시점 – E.P ② 정점 – P.P
③ 기선 – H.P ④ 소점 – G.P

해설 화면(Picture Plane : P.P)은 물체와 시점 사이에 기면과 수직한 평면이고, 정점(Station Point : S.P)은 사람이 서 있는 곳이다.

정답 28.① 29.② 30.③ 31.④ 32.② 33.③ 34.①

35 | 투시도
06

투시도에 대한 설명으로 잘못된 것은?

① 2소점 투시도는 소점이 2개가 생기며, 건축에서는 제도법이 복잡하여 거의 사용되지 않는다.
② 1소점 투시도는 실내 투시도와 같은 정적인 건물 표현에 효과적이다.
③ 3소점 투시도는 아주 높거나 낮은 위치에서 건축물을 표현할 때 사용된다.
④ 같은 크기의 면이라도 보이는 면적은 시점의 높이에 가까워질수록 좁게 보인다.

해설 2소점 투시도는 2개의 수평선이 화면과 각을 가지도록 물체를 돌려 놓은 경우로, 소점이 2개가 생기고 수직선은 투시도에서 그대로 수직으로 표현되는 가장 널리 사용되는 방법이며, 3소점 투시도는 아주 높은 위치나 낮은 위치에서 물체의 모양을 표현할 때 쓰이나, 건축에서는 제도법이 복잡하여 자주 사용되지 않는다.

36 | 건축 모형
11

건축 모형에 대한 설명으로 옳지 않은 것은?

① 건물 완성 시 결과를 예측할 수 있다.
② 투시도보다 다각적인 관측이 어렵다.
③ 음영 효과, 색채 대비의 확인이 용이하다.
④ 설계 검토 시 평면만으로 부족할 때 유용하다.

해설 건축 모형은 투시도보다 다각적으로 관측할 수 있고, 건축물 완성 시 결과의 예측 및 설계 검토 시 평면만으로 부족할 때 유용하다.

37 | 투상법의 원칙(건축 도면)
23, 22②, 20②, 19, 18, 17, 15, 14, 11, 10, 09, 07, 04②, 03, 02②, 01, 00, 99, 98

건축 도면 작성 시 사용되는 투상법의 원칙은?

① 제1각법 ② 제2각법
③ 제3각법 ④ 제4각법

해설 정투상법에는 제1각법(눈 – 물체 – 투상면의 순으로 투상면의 앞쪽에 물체를 놓게 된다.)과 제3각법이 있으며, 건축 제도 통칙에서는 제3각법(눈 – 투상면 – 물체의 순으로 투상면의 뒤쪽에 물체를 놓는다.)을 원칙으로 한다.

38 | 투상도(정투상도의 용어)
17, 12

투상도 중 화면에 수직인 평행 투사선에 의해 물체를 투상하는 것은?

① 정투상도 ② 등각 투상도
③ 경사 투상도 ④ 부등각 투상도

해설 등각 투상도는 하나의 투상면 위에서 볼 수 있도록 측면 모서리를 수평선과 30°가 되게 놓아서 물체의 세 모서리가 120°의 등각을 이루도록 그린 투상도이고, 경사 투상도는 물체를 투상면에 대하여 한쪽으로 경사지게 투상하여 입체적으로 그린 투상도이며, 부등각 투상도는 수평선과 2개의 축선이 이루는 각을 서로 다르게 그린 투상도이다.

39 | 등각 투상도의 축 사이 각도
02, 01

등각 투상도에서 축과 축 사이의 각도로 적합한 것은?

① 45° ② 60°
③ 90° ④ 120°

해설 등각 투상도(3개의 축이 화면에 같은 각이 되도록 물체를 회전시켜서 그린 하나의 투상도)에서는 인접 두 축 사이의 각이 120°이므로, 한 축이 수직일 때에는 나머지 두 축은 수평선과 30°가 되어 T자와 30° 삼각자를 이용하면 쉽게 그릴 수 있다.

40 | 투상도(등각 투상도의 용어)
21, 19, 10, 08

투상도의 종류 중 X, Y, Z의 기본 축이 120°씩 화면으로 나누어 표시되는 것은?

① 등각 투상도 ② 이등각 투상도
③ 부등각 투상도 ④ 유각 투상도

해설 이등각 투상도는 3개의 축선 가운데 2개가 수평선과 등각을 이루고 하나의 축선이 수평선과 수직이 되게 그린 것이고, 부등각 투상도는 수평선과 2개의 축선이 이루는 각을 서로 다르게 그린 것이며, 유각 투시도는 물체가 화면에 대해서 일정한 각도를 가지며, 지반면에 대해서는 수직으로 놓여 있을 경우의 투시도로서 이 경우, 평면도는 기선에 대해서 30° 및 60°로 두 변을 취하도록 놓은 것이 일반적이다.

정답 35. ① 36. ② 37. ③ 38. ① 39. ④ 40. ①

41 | 투상법의 도면 명칭(좌측면도)
24, 21, 18, 04, 02, 98

그림의 투상법에서 A방향이 정면도일 때 C방향의 명칭은?

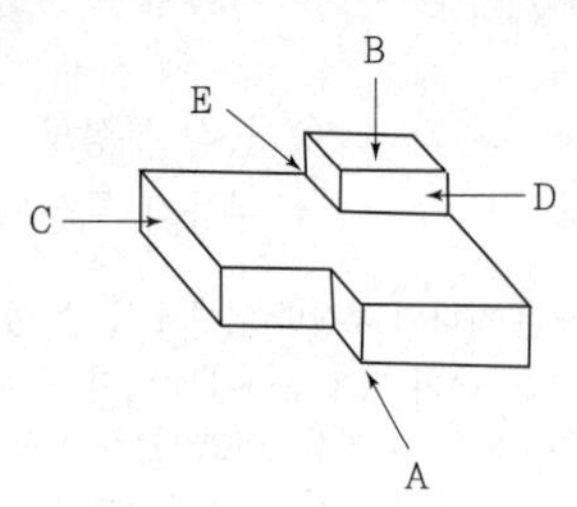

① 정면도　　② 좌측면도
③ 우측면도　　④ 배면도

해설 A : 정면도, B : 평면도, C : 좌측면도, D : 우측면도, E : 배면도이다.

42 | 투상도
04

투상도에 대한 설명 중 틀린 것은?

① 시점이 평행이다.
② 소점이 존재한다.
③ 모든 시점의 선들과 투영선은 주요 평면에 대해 직각을 이룬다.
④ 수직축, 수평축, 경사진 임의 축이 만들어진다.

해설 투상도에서 무한대의 거리에 설정된 시점은 평행하며, 소점은 존재하지 않고, 어디에서도 모이지 않는 일정 방향에 대하여 모두 평행이다. 또한, 모든 시점의 선들과 투영선은 주요 평면에 대해 직각을 이루고 수직축, 수평축, 경사진 임의 축이 만들어진다.

정답 41. ② 42. ②

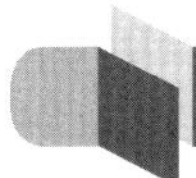

1-3. 건축 설계 도면

1 설계 도면의 종류

설계도서는 건축물의 건축 등에 관한 공사용 도면과 구조 계산서 및 시방서, 기타 국토교통부령이 정하는 공사에 필요한 서류(건축설비계산 관계 서류, 토질 및 지질 관계 서류, 기타 공사에 필요한 서류 등)를 말한다.

(1) 설계 도면의 종류

구분		내용
계획 설계도	구상도, 조직도, 동선도, 면적 도표 등	
	기본 설계도, 계획도, 스케치도	
실시 설계도	일반도	배치도, 평면도, 입면도, 단면도, 전개도, 창호도, 현치도, 투시도 등
	구조도	기초 평면도, 바닥틀 명편도, 지붕틀 평면도, 골조도, 기초, 기중, 보, 바닥판, 일람표, 배근도, 각부 상세 등
	설비도	전기, 위생, 냉・난방, 환기, 승강기, 소화 설비도 등
시공도	시공 상세도, 시공 계획도, 시방서 등	

(2) 기본 설계도

기본 설계도는 건축주와의 협의를 거쳐 확정시킨 계획 설계 내용을 정리하여, 도면 상호간의 관련성이나 구조, 설비, 공사비 등의 문제를 종합적으로 검토한 후, 실시 설계의 전제로서 확정된 도면을 말한다. 건축 도면(투시도, 배치도, 평면도, 입면도, 단면도, 실내 마감표 등)과 설비 계통도(위생, 난방, 전기 통신 등), 설계 설명서와 공사비 계산서 등이 있다. 또한, 구조도는 실시 설계도에 속한다.

(3) 계획 설계도

설계 도면의 종류에서 시기적으로 가장 먼저 이루어지는 도면으로 구상도, 조직도, 동선도, 면적 도표 등이 있고, 이를 바탕으로 실시 설계도(일반도, 구조도 및 설비도)가 이루어지며 그 후에 시공도가 작성된다.

① **구상도** : 구상한 계획을 자유롭게 표현하기 위하여 모눈종이, 스케치에 프리핸드로 그리게 되며, 대개 1/200~1/500의 축척으로 표현되는 기초적인 도면이다.

② **조직도** : 평면 계획의 기초 단계에서 각 실의 크기나 형태로 들어가기 전에 동・식물의 각 기관이 상호 관계에 있는 것과 같이 용도나 내용의 관련성을 정리하여 조직화한다.

③ **동선도** : 사람이나 차 또는 화물 등이 움직이는 흐름을 도식화하여 기능도, 조직도를 바탕으로 관찰하고 동선 이론의 본질에 따르도록 한다.

출제 키워드

▪ 설계 도면의 종류
- 계획 설계도 : 구상도, 조직도, 동선도, 면적 도표 등
- 실시 설계도 : 일반도(배치도, 평면도, 입면도, 단면도, 전개도, 창호도, 현치도, 투시도 등)와 구조도(골조도) 등

▪ 기본 설계도
- 건축 도면(투시도, 배치도, 평면도, 입면도, 단면도, 실내 마감표 등)
- 설비 계통도(위생, 난방, 전기 통신 등)
- 설계 설명서와 공사비 계산서 등

▪ 계획 설계도
시기적으로 가장 먼저 이루어지는 도면

▪ 동선도
사람이나 차 또는 화물 등이 움직이는 흐름을 도식화 한 것

출제 키워드

■ 배치도에 표시할 내용
- 대지의 모양, 고저, 방위, 대지에 접한 도로의 위치와 너비
- 각 실의 바닥 구조와 지붕 물매는 단면도에 표시
- 각 실의 위치(배치)와 크기는 평면도, 외부 마감재는 입면도에 표시

■ 평면도
- 건축물을 각 층마다 창틀 위(바닥에서 높이 1~1.5m 정도)의 수평 투상도
- 벽두께, 벽 중심선, 창문(창의 형상)과 출입구 등을 표현

■ 입면도
- 건축물의 외관을 나타낸 직립 투상도
- 건물벽 직각 방향에서 건물의 겉모습을 그린 도면

■ 입면도에 표시하여야 할 사항

주요 구조부의 높이(건물의 전체 높이, 처마 높이 등), 창문의 형태, 벽 및 기타 마감 재료 등

■ 단면도에 표시하여야 할 사항

기초, 지반, 바닥, 처마, 층높이 등의 높이와 지붕의 물매, 처마의 내민 길이 등을 표시

■ 단면도의 강조 부분
- 평면도만으로 이해하기 힘든 부분
- 전체 구조의 이해를 필요로 하는 부분
- 설계자의 강조 부분 등을 강조

■ 단면도를 그리는 순서

지반선의 위치 결정 → 기둥의 중심선 → 기둥의 크기와 벽의 크기 → 창틀 및 문틀의 위치 → 지붕 → 천정 → 치수 기입

■ 전개도
- 각 실 내부의 의장을 명시하기 위해 작성하는 도면
- 실내의 입면을 그린 다음 벽면의 형상, 치수, 마감 등을 표시하고, 건물 내부의 입면을 정면에서 바라보고 그리는 내부 입면도
- 천장면 내지 벽면 등의 절단된 부분은 그 실내측의 마무리면만을 그리면 되지만 절단면에 출입구나 창 등이 있는 경우에는 그 단면을 그려야 함

④ **면적 도표** : 전체 면적 중에 각 소요실의 비율이나 공동 부분(복도, 계단 등)의 비율(건폐율)을 산출한다.

(4) 실시 설계도

설계 도면의 종류 중 실시 설계도는 일반도(배치도, 평면도, 입면도, 단면도, 전개도, 창호도, 현치도, 투시도 등), 구조도(기초 평면도, 바닥틀 평면도, 지붕틀 평면도, 골조도, 배근도, 기초·기둥·보·바닥판, 일람표, 각부 상세도 등) 및 설비도(전기, 위생, 냉·난방, 환기, 승강기, 소화 설비도 등)로 나눈다.

① **배치도** : 대지 안에 건물이나 부대 시설의 배치를 나타낸 도면으로, 배치도에 표시할 내용은 축척, 대지의 모양, 고저, 치수, 건축물의 위치, 방위, 대지 경계선까지의 거리, 대지에 접한 도로의 위치와 너비, 출입구의 위치, 문·담장·주차장의 위치, 정화조의 위치, 조경 계획 등이고, 각 실의 바닥 구조와 지붕 물매는 단면도, 각 실의 위치(배치)와 크기는 평면도, 외부 마감재는 입면도에 표시할 사항이다.

② **평면도** : 건축물을 각 층마다 창틀 위(바닥에서 높이 1~1.5m 정도)에서 수평으로 자른 수평 투상도로서 실의 배치 및 크기, 벽두께, 벽 중심선, 개구부의 위치 및 크기, 창문(창의 형상)과 출입구 등을 나타낸다.

③ **입면도** : 건축물의 외관을 나타낸 직립 투상도 또는 건물벽 직각 방향에서 건물의 겉모습을 그린 도면으로서 입면도에 표시하여야 할 사항은 주요부의 높이(건물의 전체 높이, 처마 높이 등), 지붕의 경사 및 모양(지붕 물매, 지붕 이기 재료 등), 창문의 형태, 벽 및 기타 마감 재료 등이다.

④ **단면도** : 건축물을 주요 부분을 수직으로 절단한 것을 상상하여 그린 것으로서 기초, 지반, 바닥, 처마, 층높이 등의 높이와 지붕의 물매, 처마의 내민 길이 등을 표시하며, 특히, 평면도만으로 이해하기 힘든 부분, 전체 구조의 이해를 필요로 하는 부분, 설계자의 강조 부분 등을 그려야 한다. 단면도를 그리는 순서는 지반선의 위치 결정 → 기둥의 중심선 → 기둥의 크기와 벽의 크기 → 창틀 및 문틀의 위치 → 지붕 → 천정 → 치수 기입의 순으로 작도한다.

⑤ **전개도** : 각 실 내부의 의장을 명시하기 위해 작성하는 도면으로, 실내의 입면을 그린 다음 벽면의 형상, 치수, 마감 등을 표시하고, 건물 내부의 입면을 정면에서 바라보고 그리는 내부 입면도이며, 천장면 내지 벽면 등의 절단된 부분은 그 실내측의 마무리면만을 그리면 되지만 절단면에 출입구나 창 등이 있는 경우에는 그 단면을 그려야 한다.

2 표제란

(1) 표제란의 기입 내용

표제란은 반드시 설정하여야 하며, 표제란에는 도면명, 도면 번호, 공사 명칭, 축척, 설계 책임자의 서명, 설계자의 성명, 도면 작성 날짜, 도면 작성 기관 및 도면 분류 기호 등을 기입한다.

(2) 표제란의 위치

표제란의 위치는 일반적으로 도면의 우측 하단으로 하며, 오른쪽 끝 일부 및 도면의 아래쪽 일부를 사용하기도 한다.

(3) 표제란에 기입하지 않아도 되는 사항

감리자의 성명, 시공 회사 명칭, 시공 책임자의 서명, 공사비 및 시공자 서명 등이다.

출제 키워드

■ 표제란
- 표제란은 반드시 설정
- 표제란의 위치는 일반적으로 도면의 우측 하단

■ 표제란에 기입하지 않아도 되는 사항

감리자의 성명, 시공 회사 명칭, 시공 책임자의 서명, 공사비 및 시공자 서명 등

| 1-3. 건축 설계 도면 |

과년도 출제문제

01 | 계획 설계도의 종류
23, 21, 18, 14

다음 중 계획 설계도에 속하지 않는 것은?

① 구상도　　② 조직도
③ 배치도　　④ 동선도

해설 설계 도면의 종류

구분		내용
계획 설계도		구상도, 조직도, 동선도, 면적도표 등
		기본 설계도, 계획도, 스케치도
실시 설계도	일반도	배치도, 평면도, 입면도, 단면도, 전개도, 창호도, 현치도, 투시도 등
	구조도	기초 평면도, 바닥틀 평면도, 지붕틀 평면도, 골조도, 기초, 기중, 보, 바닥판, 알람표, 배근도, 각부 상세 등
	설비도	전기, 위생, 냉·난방, 흰기, 승강기, 소화 설비도 등
시공도		시공 상세도, 시공 계획도, 시방서 등

02 | 계획 설계도의 종류
24, 23, 20②, 18, 16

다음 중 계획 설계도에 속하는 것은?

① 동선도　　② 배치도
③ 전개도　　④ 평면도

해설 계획 설계도는 설계 도면의 종류에서 가장 먼저 이루어지는 도면으로 구상도, 조직도, 동선도, 면적 도표 등이 있고, 이를 바탕으로 실시 설계도(일반도, 구조도 및 설비도)가 이루어지며 그 후에 시공도가 작성된다. 배치도, 평면도 및 전개도는 실시 설계도의 일반도에 속한다.

03 | 가장 먼저 이루어지는 도면
11, 08, 05

다음 중에서 시기적으로 가장 먼저 이루어지는 도면은?

① 기본 설계도　　② 실시 설계도
③ 계획 설계도　　④ 시공 계획도

해설 계획 설계도는 설계 도면의 종류에서 가장 먼저 이루어지는 도면으로 구상도, 조직도, 동선도, 면적 도표 등이 있다.

04 | 계획 설계도(동선도의 용어)
21, 11, 02②

사람이나 차, 또는 화물 등의 흐름을 도식화하여 나타낸 계획 설계도는?

① 동선도　　② 구상도
③ 조직도　　④ 면적도표

해설 구상도는 설계에 대한 최초의 발상으로 모눈종이나 스케치북에 프리핸드로 그리게 되는, 가장 기초적인 도면이다. 조직도는 평면 계획의 기초 단계에서 각 실의 크기나 형태로 들어가기 전에 동식물의 각 기관이 상호 관계가 있는 것과 같이 용도나 내용의 관련성을 정리하여 조직화한 도면이다. 면적 도표는 면적표를 만들기 위한 예비 행위로서 전체 면적 중의 각 소요실의 비율이나 공통 부분의 비율을 산정한 도표이다.

05 | 기본 설계도의 종류
02

기본 설계도를 작성할 때 해당하지 않는 것은?

① 배치도　　② 평면도
③ 건물 개요　　④ 구조도

해설 기본 설계도는 건축주와의 협의를 거쳐 확정시킨 계획 설계 내용을 정리하여, 도면 상호간의 관련성이나 구조, 설비, 공사비 등의 문제를 종합적으로 검토한 후, 실시 설계의 전제로서 확정된 도면을 말한다. 건축 도면(투시도, 배치도, 평면도, 입면도, 단면도, 실내 마감표 등)과 설비 계통도(위생, 난방, 전기 통신 등), 설계 설명서와 공사비 계산서 등이 있다. 또한, 구조도는 실시 설계도에 속한다.

06 | 실시 설계도의 종류
03

건축 도면 중 실시 설계도에 포함되는 것은?

① 구상도　　② 조직도
③ 전개도　　④ 동선도

해설 실시 설계도의 종류에는 일반도(배치도, 평면도, 입면도, 단면도, 전개도, 창호도, 현치도, 투시도 등), 구조도(기초 평면도, 바닥틀 평면도, 지붕틀 평면도, 골조도 기초, 기둥, 보 바닥판, 일람표, 배근도, 각부 상세도 등) 및 설비도(전기, 위생, 냉· 난방, 환기, 승강기, 소화 설비도 등) 등이 있다. 구상도, 조직도 및 동선도는 계획 설계도에 속한다.

정답 01. ③ 02. ① 03. ③ 04. ① 05. ④ 06. ③

07 | 실시 설계도(일반도의 종류) 04

다음 중 실시 설계도의 일반도가 아닌 것은?

① 배치도 ② 입면도
③ 동선도 ④ 창호도

해설 배치도, 입면도 및 창호도는 실시 설계도 중 일반도에 속하고, 동선도는 계획 설계도에 속한다.

08 | 실시 설계도(일반도의 종류) 04

도면을 일반도와 구조설계도로 나눌 때, 일반도에 속하지 않는 것은?

① 배치도 ② 단면도
③ 창호도 ④ 골조도

해설 실시 설계도의 종류에는 일반도로서 배치도, 평면도, 입면도, 단면도, 전개도, 창호도, 현치도, 투시도 등이 있고, 구조도로서 기초 평면도, 바닥틀 평면도, 지붕틀 평면도, 골조도, 기초, 기둥, 보 바닥판, 일람표, 배근도, 각부 상세도 등이 있다.

09 | 실시 설계도(전개도의 용어) 05, 04

다음은 어떤 도면에 대한 설명인가?

> 각 실 내부의 의장을 명시하기 위해 작성하는 도면으로, 천장면 내지 벽면 등의 절단된 부분은 그 실내측의 마무리면만을 그리면 되지만 절단면에 출입구나 창 등이 있는 경우에는 그 단면을 그려야 한다.

① 구상도 ② 전개도
③ 동선도 ④ 설비도

해설 동선도는 사람이나 차 또는 화물 등의 흐름을 도식화하여, 기능도와 조직도를 바탕으로 관찰하고, 동선 이론의 원칙에 따르도록 한다. 구상도는 설계에 대한 최초의 발상으로, 모눈종이나 스케치북에 프리핸드(free hand)로 그리게 되는 가장 기초적인 도면이다. 배치도와 평면도는 동일한 도면에 동시에 표현되며, 필요에 따라 입면도나 건물 내·외부의 투시도가 포함되기도 한다. 조직도는 평면 계획 초기 단계에서 각 실의 크기나 형태로 들어가기 전에 동·식물의 각 기관이 상호 관계에 있는 것과 같이 용도나 내용의 관련성을 정리하여 조직화한다.

10 | 실시 설계도(전개도의 용어) 15, 10

건물 내부의 입면을 정면에서 바라보고 그리는 내부 입면도는?

① 배근도 ② 전개도
③ 설비도 ④ 구조도

해설 배근도는 기초 바닥에서 옥상 슬래브 상단까지 기초, 기초보, 바닥, 기둥, 보 등의 배근 상태를 표시한 도면이고, 설비도는 전기, 위생, 냉·난방, 환기, 승강기, 소화 설비 등을 표시한 도면이다. 구조도는 기초 평면도, 바닥틀 평면도, 지붕틀 평면도, 골조도, 블록 나누기도 및 배근도 등이다.

11 | 실시 설계도(전개도의 용어) 17, 16

각 실내의 입면으로 벽의 형상, 치수, 마감 상세 등을 나타낸 도면은?

① 평면도 ② 전개도
③ 배치도 ④ 단면 상세도

해설 전개도는 건축물의 각 실내의 입면도 또는 건물 내부의 입면을 정면에서 바라보고 그리는 내부 입면도를 그린 다음 벽면의 형상, 치수, 마감 등을 나타낸 도면이다.

12 | 실시 설계도(전개도의 표시) 22, 12

전개도에 표현되는 사항에 해당되지 않는 것은?

① 반자 높이 ② 가구의 입면
③ 기초의 형태 ④ 걸레받이 형태

해설 전개도는 건축물의 각 실내의 입면도 또는 건물 내부의 입면을 정면에서 바라보고 그리는 내부 입면도를 그린 다음 벽면의 형상, 치수, 마감 등을 나타낸 도면이다. 천장면 내지 벽면 등의 절단된 부분은 그 실내측의 마무리면만을 그리면 되지만 절단면에 출입구나 창 등이 있는 경우에는 그 단면을 그려야 한다.

13 | 실시 설계도의 종류 04

다음 중 설계도서에 해당되지 않는 것은?

① 도면 ② 구조 계산서
③ 시방서 ④ 견적서

해설 설계도서는 건축물의 건축 등에 관한 공사용 도면과 구조 계산서 및 시방서, 기타 국토교통부령이 정하는 공사에 필요한 서류(건축설비 계산 관계 서류, 토질 및 지질 관계 서류, 기타 공사에 필요한 서류 등)를 말한다.

정답 07. ③ 08. ④ 09. ② 10. ② 11. ② 12. ③ 13. ④

14 | 공사 예산서 작성 요소
03

공사 예산서 작성 시 불필요한 것은?

① 공사에 소요되는 재료명
② 재료의 수량
③ 각종 단가
④ 구조 계산서

해설 공사 예산서 작성시 필요한 사항은 공사에 소요되는 재료명, 재료의 수량 및 각종 재료의 단가 등이다.

15 | 실시 설계도(배치도의 표시)
12

건축 도면 중 배치도에 표시할 사항에 해당되지 않는 것은?

① 방위 ② 부지의 고저
③ 인접 도로의 폭 ④ 각 실의 바닥 구조

해설 배치도에 표시할 내용에는 축척, 대지의 모양, 고저, 치수, 건축물의 위치, 방위, 대지 경계선까지의 거리, 대지에 접한 도로의 위치와 너비, 출입구의 위치, 문·담장·주차장의 위치, 정화조의 위치, 조경 계획 등이 있다. 각 실의 바닥 구조는 단면도에 표시한다.

16 | 실시 설계도(배치도의 표시)
13, 02

다음 중 배치도에 표시하지 않아도 되는 사항은?

① 축척 ② 건물의 위치
③ 대지 경계선 ④ 각 실의 위치

해설 배치도에 표시할 내용에는 축척, 대지의 모양, 고저, 치수, 건축물의 위치, 방위, 대지 경계선까지의 거리, 대지에 접한 도로의 위치와 너비, 출입구의 위치, 문, 담장, 주차장의 위치, 정화조의 위치, 조경 계획 등이 있다. 각 실의 위치는 평면도에 표시한다.

17 | 실시 설계도(배치도의 표시)
05

주택 배치도의 제도 내용에서 반드시 표시하여야 하는 것은?

① 방위 및 경계선 ② 실의 크기
③ 외부 마감재 ④ 지붕 물매

해설 배치도에 표시할 내용에는 축척, 대지의 모양, 고저, 치수, 건축물의 위치, 방위, 대지 경계선까지의 거리, 대지에 접한 도로의 위치와 너비, 출입구의 위치, 문, 담장, 주차장의 위치, 정화조의 위치, 조경 계획 등이 있다. 실의 크기는 평면도에, 외부 마감재는 입면도에, 지붕 물매는 단면도에 표시한다.

18 | 실시 설계도(배치도의 표시)
24, 18, 11, 04

건축 설계 도면의 배치도에 일반적으로 나타내는 사항과 가장 거리가 먼 것은?

① 우편함의 위치
② 인접 도로의 폭 및 길이
③ 건물 내 실의 배치와 넓이
④ 대지 내 건물과 인접 경계선의 거리

해설 배치도에 표시할 내용에는 축척, 대지의 모양, 고저, 치수, 건축물의 위치, 방위, 대지 경계선까지의 거리, 대지에 접한 도로의 위치와 너비, 출입구 및 우편함의 위치, 문, 담장, 주차장의 위치, 정화조의 위치, 조경 계획 등이 있다. 또한, 실의 배치와 넓이는 평면도에 표시한다.

19 | 실시 설계도(대지 경계선)
18, 04

배치도에서 대지 경계선을 표시할 때 사용하는 선은?

① 실선 ② 파선
③ 일점쇄선 ④ 이점쇄선

해설 배치도에서 대지 경계선을 표시할 때에는 일점쇄선의 중간선을 사용하여야 한다.

20 | 실시 설계도(평면도의 용어)
24, 11

바닥에서 높이 1~1.5m 정도에서 수평 절단하여 수평 투상한 도면은?

① 평면도 ② 입면도
③ 단면도 ④ 전개도

해설 평면도는 건축물의 창틀 위(바닥에서 약 1.2~1.5m 내외)에서 수평으로 자른 투상도면이다.

21 | 실시 설계도(평면도)
12

건축 도면 중 평면도에 관한 설명으로 옳은 것은?

① 계획 설계도에 해당된다.
② 실의 배치 및 크기가 표현된다.
③ 건축물의 외관을 나타낸 직립 투상도이다.
④ 천장 높이, 지붕 물매, 처마 길이 등이 표현된다.

해설 평면도는 건축물의 창틀 위(바닥에서 약 1.2~1.5m 내외)에서 수평으로 자른 수평 투상도면으로 실의 배치 및 크기, 개구부의 위치 및 크기, 창문과 출입구 등을 나타낸 도면이다. ③은 입면도이고, 천장 높이, 지붕 물매, 처마 길이 등은 단면도에 표시된다.

정답 14. ④ 15. ④ 16. ④ 17. ① 18. ③ 19. ③ 20. ① 21. ②

22 | 실시 설계도(평면도의 표시)
07

일반 평면도에 나타내지 않아도 되는 것은?

① 실의 배치 및 크기
② 개구부의 위치 및 크기
③ 창문과 출입구의 구별
④ 보 등 구조 부분의 높이 및 크기

해설 보 등의 구조 부분의 높이 및 크기는 단면도에 나타내어야 한다.

23 | 실시 설계도(평면도의 표시)
23, 13

다음 중 평면도에 나타내야 할 사항이 아닌 것은?

① 층고 ② 벽두께
③ 창의 형상 ④ 벽 중심선

해설 평면도는 건축물의 창틀 위(바닥에서 약 1.2~1.5m 내외)에서 수평으로 자른 수평 투상도로서 실의 배치 및 크기, 벽두께, 벽 중심선, 개구부의 위치 및 크기, 창문(창의 형상)과 출입구 등을 나타낸다. 층고는 단면도에 나타낸다.

24 | 실시 설계도(평면도의 표시)
22, 21, 18, 17, 16

일반 평면도의 표현 내용에 속하지 않는 것은?

① 실의 크기 ② 보의 높이 및 크기
③ 창문과 출입구의 구별 ④ 개구부의 위치 및 크기

해설 보 등의 구조 부분의 높이와 크기는 단면도에 표시해야 한다.

25 | 실시 설계도(입면도의 용어)
07, 03, 02

건축도면 중 건축물의 외관을 나타낸 투상도는?

① 입면도 ② 배치도
③ 단면도 ④ 평면도

해설 배치도는 대지 안에서 건축물이나 부대 시설의 배치를 나타낸 도면으로서 위치, 간격, 축척, 방위 및 경계선을 나타낸다. 단면도는 건축물을 수직한 면으로 절단하여 절단된 면과 그 면으로부터 앞으로 보이는 입면을 나타낸 것으로 축척은 평면도, 입면도와 같이 한다. 평면도는 건축물의 각층마다 창틀 위(바닥면으로부터 1.2m)에서 수평으로 자른 수평 투상도로서 실의 배치 및 크기를 나타낸다.

26 | 실시 설계도(입면도의 용어)
20, 19③, 18, 17③, 13, 12, 10, 09

건물벽 직각 방향에서 건물의 겉모습을 그린 도면은?

① 평면도 ② 배치도
③ 입면도 ④ 단면도

해설 평면도는 건축물의 창틀 위(바닥에서 1.2~1.5m)에서 수평으로 자른 투상도면이고, 배치도는 대지 안의 건물이나 부대 시설의 배치를 나타내는 도면이며, 단면도는 건축물을 수직으로 잘라 그 단면을 나타낸 도면이다.

27 | 실시 설계도(입면도의 표시)
09, 07, 04, 02

입면도에 표시되는 내용이 아닌 것은?

① 외벽의 마감 재료 ② 처마 높이
③ 창문의 형태 ④ 바닥 높이

해설 입면도에 표시하여야 할 사항은 주요부의 높이(건물의 전체 높이, 처마 높이 등), 지붕의 경사 및 모양(지붕 물매, 지붕 이기 재료 등), 창문의 형태, 벽 및 기타 마감 재료 등이다.

28 | 입면도
02

건축물의 입면도에 관한 기술 중 옳지 않은 것은?

① 동서남북 각각 4면의 외부 형태를 나타낸다.
② 창의 형상, 창대 높이 등이 표시된다.
③ 단면도와 지붕 평면도를 그리는 기초 도면이다.
④ 정투상도법에 의한 직립 투상도로 외관을 나타낸다.

해설 입면도란 건축물의 외관을 나타내는 정투상도에 의한 직립 투상도로서 동, 서, 남, 북의 네 면의 외부 형태를 나타내며, 창의 형상, 창의 높이 등을 나타낸다. 단면도와 지붕 평면도를 그리는 기초 도면은 평면도이다.

29 | 실시 설계도(단면도의 용어)
09

건물의 주요 부분을 수직 절단한 것을 상상하여 그린 것으로서 건물의 높이, 지붕 구조 등을 알 수 있는 도면은?

① 단면도 ② 평면도
③ 전개도 ④ 입면도

해설 입면도는 건축물의 외관을 나타낸 직립 투상도로서 남쪽, 동쪽, 서쪽 및 북쪽 입면도 또는 정면도, 배면도, 측면도(좌우) 등으로 나뉜다. 배치도는 대지 안에서 건축물이나 부대 시설의 배치를 나타낸 도면으로서 위치, 간격, 축척, 방위 및 경계선을 나타낸다. 평면도는 건축물의 각 층마다 창틀 위(바닥면으로부터 1.2m)에서 수평으로 자른 수평 투상도로서 실의 배치 및 크기를 나타낸다.

정답 22. ④ 23. ① 24. ② 25. ① 26. ③ 27. ④ 28. ③ 29. ①

30 | 실시 설계도(단면도의 표시)
14, 02

다음 중 단면도를 그려야 할 부분과 가장 거리가 먼 것은?

① 설계자의 강조 부분
② 평면도만으로 이해하기 어려운 부분
③ 전체 구조의 이해를 필요로 하는 부분
④ 시공자의 기술을 보여주고 싶은 부분

해설 단면 상세도는 건축물의 구조상 중요한 부분을 수직으로 자른 것을 그린 도면으로 평면도만으로 이해하기 힘든 부분, 전체 구조의 이해를 필요로 하는 부분, 설계자의 강조 부분 등을 그려야 한다.

31 | 단면도
18, 11, 07

다음 중 단면도에 관한 설명으로 옳은 것은?

① 건축물을 정투상도법에 의하여 수직투상하여 외관을 나타낸 도면이다.
② 건축물의 주요 부분을 수직 절단한 것을 상상하여 그린 도면이다.
③ 건물 내부의 입면을 정면에서 바라보고 그리는 내부 입면도이다.
④ 건축물을 창높이에서 수평으로 절단하였을 때의 수평 투상도이다.

해설 ①은 입면도, ③은 전개도, ④는 평면도에 대한 설명이다.

32 | 실시 설계도(단면도의 표시)
16, 06

다음 중 단면도를 그릴 때 가장 먼저 행하는 것은?

① 지반선의 위치를 결정한다.
② 기둥의 중심선을 일점쇄선으로 그린다.
③ 마루, 천장의 윤곽선을 그린다.
④ 내외벽, 지붕을 그리고 필요한 치수를 기입한다.

해설 단면도를 그리는 순서는 지반선의 위치 결정 → 기둥의 중심선 → 기둥의 크기와 벽의 크기 → 창틀 및 문틀의 위치 → 지붕 → 천정 → 치수 기입의 순으로 작도한다. 그러므로 작도의 순서는 가 → 나 → 다 → 라의 순이다.

33 | 실시 설계도(단면도의 표시)
16, 06, 04

단면도에 표기하는 사항과 가장 거리가 먼 것은?

① 건물 높이, 층 높이, 처마 높이
② 각 실의 용도, 부지 경계선
③ 창대 높이, 창 높이
④ 지반에서 1층 바닥까지의 높이

해설 단면도 제도 시 필요한 사항은 기초, 지반, 바닥, 처마, 층 등의 높이와 지붕의 물매, 처마의 내민 길이 등을 나타내고, 단면 상세도는 건축물의 구조상 중요한 부분을 수직으로 자른 것으로 각 부의 높이, 부재의 크기, 접합 및 마감 등을 상세하게 그린다. 각 실의 용도는 평면도에, 부지 경계선은 배치도에 표시한다.

34 | 실시 설계도(단면도의 표시)
10, 04

다음 중 단면도에 표시되는 사항은?

① 슬래브의 철근 배치 ② 보 철근 및 기둥 철근
③ 창 높이 ④ 창호 부호

해설 단면도 제도시 필요한 사항은 기초, 지반, 바닥, 처마, 층 등의 높이와 지붕의 물매, 처마의 내민 길이 등이고, 단면 상세도는 건축물의 구조상 중요한 부분을 수직으로 자른 것으로 각 부의 높이, 부재의 크기, 접합 및 마감 등을 상세하게 그린다. 슬래브의 철근 배치와 보 철근 및 기둥 철근은 배근도에, 창호 부호는 평면도에 표시한다.

35 | 실시 설계도(단면도의 표시)
22, 03

단면도에서 표시해야 할 일반적인 사항이 아닌 것은?

① 층 높이, 천장 높이
② 창턱 높이, 창 높이
③ 처마 높이, 처마나옴 길이, 용마루 높이
④ 실명, 등고선, 창호 기호 표시

해설 단면도는 건축물을 수직으로 잘라 그 단명을 나타낸 것으로 기초, 지반, 바닥, 처마, 층 등의 높이와 지붕의 물매, 처마의 내민 길이 등을 나타내며, 단면 상세도는 건축물의 구조상 중요한 부분을 수직으로 자른 것으로 각 부의 높이, 부재의 크기, 접합 및 마감 등을 상세하게 그린다. 또한, 실명, 창호 기호 표시 등은 평면도에 등고선은 배치도에 나타낼 내용이다.

36 | 실시 설계도(단면도의 표시)
10, 03

단면도에 표시할 사항과 가장 거리가 먼 것은?

① 건축물의 높이, 층 높이
② 처마 높이, 창 높이
③ 난간 높이, 베란다의 돌출 정도
④ 지붕의 물매, 개폐법

정답 30. ④ 31. ② 32. ① 33. ② 34. ③ 35. ④ 36. ④

해설 단면도 제도시 필요한 사항은 기초, 지반, 바닥, 처마, 층 등의 높이와 지붕의 물매, 처마의 내민 길이 등이고, 단면 상세도는 건축물의 구조상 중요한 부분을 수직으로 자른 것으로 각 부의 높이, 부재의 크기, 접합 및 마감 등을 상세하게 그린다. 지붕의 물매는 단면도에, 창호의 개폐법은 평면도에 표기한다.

37 | 실시 설계도(천장 평면도)
23②, 08

천장 평면도 작성시 표시 사항과 가장 거리가 먼 것은?

① 환기구 개구부　　② 조명 기구 및 설비 기구
③ 천장 높이　　④ 반자틀 재료 및 규격

해설 천장 평면도는 환기구 개구부, 조명 기구 및 설비 기구, 반자틀의 재료 및 규격 등을 표시하고, 천장의 높이는 단면도에 표기한다.

38 | 각종 도면
04

다음의 각종 도면에 대한 설명 중 옳지 않은 것은?

① 각층 바닥 복도의 축척은 보통 평면도와 같이 하고 상세를 필요로 하는 경우에는 1/50, 1/20로 한다.
② 기초 복도의 척도는 보통 1/100으로 한다.
③ 지붕 복도는 지붕 마무리면의 의장이나 재료를 나타낸다.
④ 천장 복도는 천장의 의장이나 마무리를 나타내기 위한 것으로, 천장 밑에서 쳐다본 그림이다.

해설 천장 복도는 천장의 복도를 말하는 것으로 한 건물 내에서 여러 종류의 천장일 경우에는 재료 등을 상세하게 기입할 때가 많으며, 환기구 및 조명 기구 등의 위치를 기입한다.

39 | 건축 도면
07

건축 도면에 관한 설명 중 옳지 않은 것은?

① A2의 도면 크기는 420m×594mm이다.
② 도면은 그 길이 방향을 좌우 방향으로 놓은 위치를 정위치로 한다.
③ A2의 도면의 크기는 A0의 1/2이다.
④ 제도 용지의 크기는 KS A 5201의 A열의 A0~A6을 따른다.

해설 A2용지는 A1용지의 1/2이고, A1용지는 A0용지의 1/2이므로, A2용지는 A0용지의 1/4이다. 즉, An의 용지$=A0\times\left(\frac{1}{2}\right)^n$이므로 A2의 용지$=A0\times\left(\frac{1}{2}\right)^2$=A0용지의 1/4이다.

40 | 표제란의 표시 사항
05, 04, 02②

도면 표제란의 표기 사항이 아닌 것은?

① 도면 번호, 도면 명칭
② 축척, 도면 작성 연월일
③ 공사비, 시공자 서명, 시공회사 명칭, 감리자 성명
④ 도면 작성 기관 명칭

해설 표제란은 반드시 설정하여야 하며, 표제란의 표기 사항에는 도면 번호 및 명칭, 공사 명칭, 축척, 설계 책임자의 서명, 설계자의 성명, 도면 작성 기관의 명칭, 도면 작성 연월일 및 도면 분류 기호 등을 기입한다. 표제란의 위치는 일반적으로 도면의 우측 하단으로 하며, 오른쪽 끝 일부 및 도면의 아래쪽 일부를 사용하기도 한다.

41 | 표제란
04

다음은 표제란에 대한 설명이다. 잘못된 것은?

① 도면은 반드시 표제란을 설정해야 한다.
② 표제란에는 도면 번호, 도면 명칭, 축척, 책임자의 서명, 설계자의 성명, 도면 작성 연월일 등을 기입한다.
③ 표제란의 위치는 왼쪽의 상부로 잡는 것이 보통이다.
④ 기타 주의사항은 표제란 부근에 기입하는 것이 원칙이다.

해설 표제란은 반드시 설정하여야 하며, 표제란에는 도면 번호, 공서 명칭, 축척, 설계 책임자의 서명, 설계자의 성명, 도면 작성 날짜 및 도면 분류 기호 등을 기입한다. 표제란의 위치는 일반적으로 도면의 우측 하단으로 하며, 오른쪽 끝 일부 및 도면의 아래쪽 일부를 사용하기도 한다.

42 | 도면의 표시 기호(높이)
23②, 06

도면에 사용하는 일반 기호 중 높이를 나타내는 것은?

① L　　② W
③ A　　④ H

해설 도면의 표시 기호

명칭	길이	높이	폭	면적	두께	직경	반지름	용적
표시 기호	L	H	W	A	TH	D	R	V

정답 37. ③ 38. ④ 39. ③ 40. ③ 41. ③ 42. ④

43 | 도면의 표시 기호
24, 20②, 18③, 16③

건축 도면의 표시 기호와 표시 사항의 연결이 옳지 않은 것은?

① V – 용적　　② Wt – 너비
③ ϕ – 지름　　④ TH – 두께

해설 제도의 표기에 있어서 너비는 W로 표기한다.

44 | 도면의 표시 기호
18, 15, 13②, 12, 04

도면 중에 쓰는 기호와 표시 사항의 연결이 옳지 않은 것은?

① V – 용적　　② W – 높이
③ A – 면적　　④ R – 반지름

해설 제도의 표기에 있어서 W는 너비(폭)를 의미하고, 높이는 H로 표기한다.

45 | 도면의 표시 기호
20, 14, 11, 04

도면의 표시 사항과 기호의 연결이 옳지 않은 것은?

① 면적 – A　　② 높이 – H
③ 반지름 – R　　④ 길이 – V

해설 제도의 표기에 있어서 길이는 L로 표기하고, V는 용적(체적)을 의미한다.

46 | 도면의 표시 기호(기초보)
02

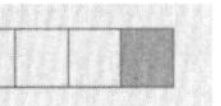

도면의 기호 표시에서 기초보를 나타내는 것은?

① G　　② WG
③ FG　　④ ST

해설 도면의 기호에 있어서 기초보는 FG로 표기한다.

47 | 도면 표시 기호
03

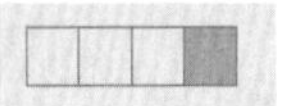

도면 표시 기호를 바르게 설명한 것은?

① 치수 보조선은 도면에서 2~3mm 떨어져 긋는다.
② 화살표의 크기는 글씨 크기와 조화되게 쓴다.
③ 도면에 표시된 기호는 치수 뒤에 쓴다.
④ 반지름을 나타내는 기호는 ϕ이다.

해설 화살표의 크기는 선의 굵기와 조화 이루도록 하고, 도면에 표기된 기호는 치수 앞에 쓰며, 반지름은 R, 지름은 ϕ로 표기한다.

48 | 도면 표시 기호
22, 09, 03, 02

도면의 표시 기호로 옳지 않은 것은?

① L : 길이　　② H : 높이
③ W : 너비　　④ A : 용적

해설 도면의 표시 기호

명칭	길이	높이	폭	면적	두께	직경	반지름	용적
표시 기호	L	H	W	A	TH	D	R	V

49 | 창호 표시 기호
22, 16, 14, 10, 08

다음의 창호 기호 표시가 의미하는 것은?

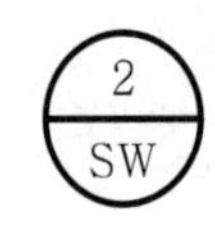

① 강철 창
② 강철 그릴
③ 스테인리스 스틸 창
④ 스테인리스 스틸 그릴

해설 기호의 의미는 강제(스틸) 창 2번이다.

50 | 실시 설계도(창호도의 표시)
07, 02

창호도에 표시하지 않아도 되는 것은?

① 창호 형태　　② 개폐 방법
③ 재료 및 치수　　④ 창호 단면도

해설 창호도란 건축물에 사용되는 창호의 형태, 창호의 개폐 방법, 재료 및 치수, 마감, 창호 철물, 유리 등을 나타낸 도면이다.

51 | 창호의 재질과 용도별 기호
20, 19③, 18, 13

창호의 재질·용도별 기호의 연결이 옳지 않은 것은?

① WW : 목재 창
② PD : 합성수지 문
③ AW : 알루미늄 합금
④ SS : 스테인리스 스틸 셔터

해설 SS는 스테인리스 강을 의미하고, S는 강재를 의미한다.

정답 43. ② 44. ② 45. ④ 46. ③ 47. ① 48. ④ 49. ① 50. ④ 51. ④

52 | 창호의 재질과 용도별 기호
18, 16, 12, 10

창호의 재질별 기호가 옳지 않은 것은?

① W : 목재　　② SS : 강철
③ P : 합성수지　　④ A : 알루미늄 합금

해설 창호의 재질별 기호 중 SS는 스테인리스 스틸이고, 강철은 S로 표기한다.

53 | 창호의 재질과 용도별 기호
04

다음 중 창호 재료 종류별 기호를 옳지 않은 것은?

① G – 유리　　② W – 목재
③ A – 알루미늄　　④ P – 철재

해설 구성 종류별 기호는 알파벳 문자 및 한글로 표시하고 그 기호는 다음과 같다.

기호	구성 종류별 창호 명칭	기호	구성 종류별 창호 명칭
A	알루미늄문	Pr	프레스문
F	플러시문	S	셔터
G	유리문	Pl	합판문
L	비늘살문	Pa	창호지문
M·N	망사문	Pp	종이장지문
P	양판문		

54 | 창호의 재질과 용도별 기호
11

도면에서 창호의 재질별 기호로 옳지 않은 것은?

① 알루미늄 합금 : A　　② 합성수지 : P
③ 강철 : S　　④ 목재 : T

해설 목재는 W로 표기한다.

정답 52. ② 53. ④ 54. ④

출제 키워드

■ 도면의 표시 기호
높이는 H, 폭(너비)는 W, 면적은 A로 표기

■ 창호 표시 기호
P : 양판문, SS : 스테인리스강

■ 각종 도면의 제도 순서
제도 용지 부착 → 도면의 배치 → 배치 후 흐린 선 잡기 → 상세히 그리기

■ 기초 제도의 순서
• 최초는 테두리선, 도면 위치를 정함
• 최종은 치수와 재료명을 기입

1-4. 각종 구조부의 제도

1 도면 및 창호 표시 기호

(1) 도면의 표시 기호

명칭	길이	높이	폭(너비)	면적	두께	직경	반지름	용적	기초보
표시 기호	L	H	W	A	TH	D	R	V	FG

(2) 창호 표시 기호

구성 종류별 기호는 알파벳 문자 및 한글로 표시하고, 그 기호는 다음과 같다.

기호	구성 종류별 창호 명칭	비고	기호	구성 종류별 창호 명칭	비고
A	알루미늄문	한쪽일 때에는 기호의 상부에 ㅇ인을 붙인다.	Pr	프레스문	한쪽일 때에는 기호의 상부에 ㅇ인을 붙인다.
F	플러시문		S	셔터	
G	유리문		Pl	합판문	
L	비늘살문		Pa	창호지문	
M·N	망사문		Pp	종이장지문	
P	양판문				

※ SS는 스테인리스강을 의미한다.

2 각종 도면의 제도 순서

(1) 도면의 제도 순서

제도판에 제도 용지 부착 → 도면의 배치 결정 → 전체 배치 후 흐린 선 잡기 → 상세히 그리기의 순이다.

(2) 기초 제도의 순서

① 기초 크기에 알맞게 축척을 정한다.
② 테두리선을 그리고, 도면 위치를 정한다.

③ 지반선과 기초벽의 중심선을 일점쇄선으로 그린다.
④ 지정과 기초판 각 부분의 두께와 너비를 그린다.
⑤ 단면선과 입면선을 구분하여 그린다.
⑥ 재료의 단면 표시를 한다.
⑦ 치수선과 치수 보조선, 인출선을 가는 선으로 긋는다.
⑧ 치수와 재료명을 기입한다.
⑨ 표제란을 작성하고 표시 사항의 누락 여부를 확인한다.

출제 키워드

(3) 조적조 벽체의 제도 순서

▪조적조 벽체의 제도 순서
제도 용지에 테두리선, 축척에 알맞게 구도 → 지반선과 벽체의 중심선 → 기초의 깊이와 벽체의 너비 → 단면선과 입면선을 구분 → 치수선과 인출선을 긋고, 치수와 명칭을 기입

① 제도 용지에 테두리선을 긋고, 축척에 알맞게 구도를 잡는다.
② 지반선과 벽체의 중심선을 긋는다.
③ 기초의 깊이와 벽체의 너비를 정한다.
④ 벽체와 연결된 바닥이나 마루, 처마 등의 위치를 잡는다.
⑤ 단면선과 입면선을 구분하여 그린다.
⑥ 각 부분에 재료 표시를 한다.
⑦ 치수선과 인출선을 긋고, 치수와 명칭을 기입한다.

(4) 철근 콘크리트 줄기초 그리기 순서

▪철근 콘크리트 줄기초 그리기 순서
• 최초는 기초 크기에 알맞게 축척 기입
• 최종은 치수와 재료명 기입

① 기초 크기에 알맞게 축척을 정한다.
② 테두리선을 그리고, 도면 위치를 정한다.
③ 지반선과 기초벽의 중심선을 일점쇄선으로 그린다.
④ 지정과 기초판 각 부분의 두께와 너비를 그린다.
⑤ 단면선과 입면선을 구분하여 그린다.
⑥ 재료의 단면 표시를 한다.
⑦ 치수선과 치수 보조선, 인출선을 가는선으로 긋는다.
⑧ 치수와 재료명을 기입한다.
⑨ 표제란을 작성하고 표시 사항의 누락 여부를 확인한다.

(5) 왕대공 지붕틀의 작도 순서

▪왕대공 지붕틀의 작도 순서
최종은 지붕틀의 각 평면도를 그린 다음 인출선 및 치수선을 긋고, 명칭 및 치수를 기입

① 테두리선을 긋고 축척에 따라 구도를 정한다.
② 벽체 중심선, 평보의 중심을 그은 다음 정해진 물매에 따라 물매선인 ㅅ자보의 중심선을 긋는다.
③ 위의 중심선에 따라 평보, 깔도리, 처마도리, 테두리보, ㅅ자보를 그린다.
④ 왕대공, 빗대공, 달대공의 중심선을 긋고, 규격에 따라 그린 다음, 왕대공 위에 마룻대를 그린다.

■ 입면도 그리는 순서
최초는 지반선

■ 벽돌조의 줄기초
밑창 콘크리트의 두께는 5~6cm 정도

■ 샛기둥의 간격
기둥 간격의 1/4(50cm) 정도

■ 동바리 마루의 상부에서부터의 시공 재료의 순서
플로어링 널 → 내수 합판 → 장선 → 멍에 → 동바리

■ 장선 45×45 @450의 의미
4.5cm각 장선의 간격 45cm를 배치함을 의미

■ 왕대공 지붕틀 부재의 크기
평보는 100×180mm이다.

⑤ ㅅ자보 위에 중도리의 간격을 나누고, ㅅ자보에 평행하게 중도리, 구름받이, 서까래를 그린다.

⑥ 대공 가새, 평보잡이, 귀잡이보를 그린 다음, 각종 보강 철물(앵커 볼트는 처마도리, 평보, 깔도리에 사용)을 그린다.

⑦ 지붕틀의 각 평면도를 그린 다음 인출선 및 치수선을 긋고, 명칭 및 치수를 기입한다.

(6) 입면도 그리는 순서

입면도의 작도 순서는 지반선 → 벽체의 중심선 → 벽체의 외곽선 → 개구부의 수직선 → 처마선 → 각 부의 높이 → 개구부의 높이 → 지붕의 처마 높이 → 각 부의 높이에 따른 외곽선 → 재료의 마감 표시와 조경 및 인출선이다.

(7) 벽돌조의 줄기초

벽돌조 줄기초에 있어서 벽체에서 2단씩 B/4 정도를 벌려서 쌓되, 벽돌로 쌓은 맨 밑의 너비는 벽체 두께의 2배로 한다. 특히, 밑창 콘크리트의 두께는 5~6cm 정도로 한다.

3 부재의 구분 등

(1) 부재의 구분

수평재는 수평 방향으로 놓인, 즉 토대, 깔도리 및 층도리 등이 있고, 수직재는 부재가 수직 방향으로 세워진 부재로서 기둥 등이 있다. 또한 샛기둥의 간격은 기둥 간격의 1/4(50cm) 정도로 한다.

(2) 동바리 마루 구조

동바리 마루 구조에서 상부에서부터의 시공 재료의 순서는 플로어링 널 → 내수 합판 → 장선 → 멍에 → 동바리의 순이다. 또한, 부재의 표시 방법에는 설계 도면에 있어서 표시 방법은 단위를 mm로 나타내므로, 4.5cm=45mm, 45cm=450mm이다. 그러므로 4.5cm각 장선의 간격 45cm를 표시하면, 장선 45×45 @450이다. 특히, 화장실은 물을 사용하는 곳으로 바닥 구조는 콘크리트 바탕에 타일을 사용하여 내수성을 증대시켜야 하며, 납작마루를 사용하는 경우에는 내수성이 약하므로 부적당하다.

(3) 왕대공 지붕틀 부재의 크기

(단위 : mm)

부재명	평보	ㅅ자보	왕대공	빗대공	달대공	평보잡이	귀잡이보
크기	100×180	100×200	100×180	100×90	100×50	60×120	100×165

(4) 지붕의 물매

① 물매 표시법 : 건축 제도에 있어서 지붕 물매의 표시 방법에는 지붕처럼 비교적 물매가 큰 경우에는 분모를 10으로 하는 분수로 표시하고, 지면의 물매나 바닥 배수의 물매같이 작은 경우에는 분자를 1로 하는 분수로 표시한다. 즉 지붕의 경사에는 3/10, 바닥 배수의 경우에는 1/100 등으로 표시한다.

② 물매의 산정식

㉮ 트러스의 높이=1/2 간사이×물매=1/2×15×2/10=1.5m

㉯ 지붕의 물매=용마루의 높이÷간사이의 1/2

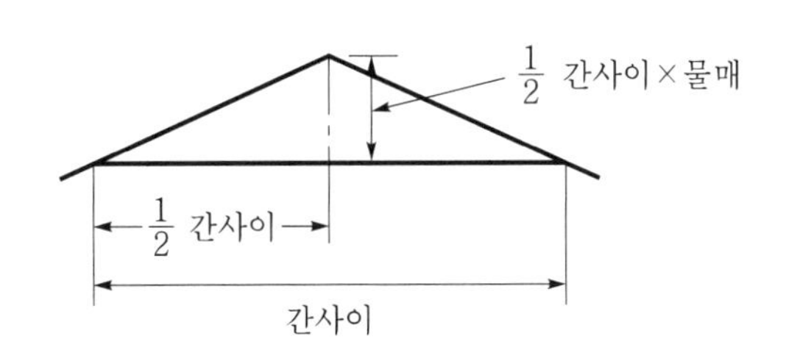

③ 지붕 물매의 구분

구분	평물매	되물매	된물매
표시	4cm물매, 4/10	10cm	10cm 초과
비고		지붕 경사 45°	지붕 경사 45°초과

(5) 계단 및 기와

① 계단 : 계단의 도중에 만든 면이 넓은 단으로 계단을 오르내릴 때의 위험 방지나 휴식 또는 계단의 방향을 바꾸어 올리는 단을 계단참이라고 하고, 난간두겁은 난간동자 위에 건너 댄 부재로서, 디딤바닥의 중심에서 75~90cm 정도의 높이로 한다. 난간 위의 손스침에 사용되며, 단면의 형상은 원형, 4각, 8각 등이 있다. 특히, 난간두겁의 높이는 900mm 정도로 한다.

② 기와 : 일식 기와는 근래 주택 등의 경사지붕에 많이 쓰이는 기와로서 암키와, 수키와의 구별이 없는 것이 한식 기와와의 차이점이다.

4 조적조 벽체

(1) 조적 구조 벽체의 제도시 요구되는 사항

조적 구조 벽체의 제도시 요구되는 사항은 구성 재료의 치수, 종류 및 벽체의 두께 등이고, 토대는 목구조에 사용되는 부재로서 기초 위에 가로 놓아 기둥을 고정하는 벽체의 최하 수평 부재이다.

출제 키워드

■ 물매 표시법
- 지붕처럼 비교적 물매가 큰 경우에는 분모를 10으로 하는 분수로 표시(예 1/10, 3/10)
- 지면의 물매나 바닥 배수의 물매같이 작은 경우에는 분자를 1로 하는 분수로 표시(예 1/200)

■ 물매의 산정식
- 트러스의 높이=1/2 간사이×물매
- 지붕의 물매=용마루의 높이÷간사이의 1/2

■ 조적 구조 벽체의 제도시 요구되는 사항

구성 재료의 치수, 종류 및 벽체의 두께 등

출제 키워드

■ 벽돌벽의 두께
1.5B=1.0B+모르타르(10mm)+0.5B
=190+10+90=290mm

■ 시멘트 블록의 기본 치수
길이×높이×두께
=390×190mm×(100, 150, 190mm)

■ D13 @200의 의미
• D는 이형 철근, 13은 공칭 직경, @는 간격, 200은 200mm를 의미
• 이형 철근 중 공칭 직경이 13mm인 철근을 200mm 간격으로 배근하라는 뜻

■ 철근의 표시선
늑근이나 띠철근의 표시는 가는 실선으로, 가새근은 파선으로 표시

■ 이형 철근에 있어서 마디와 리브를 만드는 이유
철근의 표면적을 크게 하여 콘크리트와의 접촉면을 증가시켜 철근과 콘크리트의 부착응력을 크게 하기 위함

(2) 벽돌의 두께

(단위 : mm)

벽돌의 종류 \ 두께	0.5B	1.0B	1.5B	2.0B	2.5B	계산식 (단, n : 벽두께)	치수
장려형(신형)	90	190	290	390	490	$90+[\{(n-0.5)/0.5\}\times100]$	190×190×57
재래형(구형)	100	210	320	430	540	$100\times[\{(n-0.5)/0.5\}\times110]$	210×100×60

※ 조적재의 너비=(조적재의 길이−줄눈의 폭)/2이고, 조적재의 높이=(조적재의 길이−줄눈의 폭×2)/3이다.

(3) 시멘트 블록의 기본 치수

형상	치수(mm)		
	길이	높이	두께
기본 블록	390	190	190, 150, 100
이형 블록	길이, 높이 및 두께의 최소 치수를 90mm 이상으로 한다.		

(4) 시멘트 기와의 규격

길이(mm)	너비(mm)	두께(mm)	$3.3m^2$(1평)당 매수	휨 강도(kg/cm^2)	흡수율(%)
340	300	15	45 이상	80 이상	12 이하

5 철근 배근 표시법 등

(1) 철근의 표기 및 배근 방법

① 이형 철근의 13mm는 D13으로, 배근 간격이 150mm는 @150으로 표기하므로 이형 철근의 직경이 13mm이고, 배근 간격이 150mm인 경우는 D13 @150으로 표기한다. 또한, D13 @200이란 뜻은 D는 이형 철근, 13은 공칭 직경, @는 간격, 200은 200mm를 의미하므로 이형 철근 중 공칭 직경이 13mm인 철근을 200mm 간격으로 배근하라는 뜻이다.

② 철근의 피복 두께란 철근의 표면으로부터 콘크리트의 표면까지의 거리를 말하고, 보에서는 늑근의 표면에서 콘크리트의 표면까지이며, 기둥에서는 대근의 표면에서 콘크리트의 표면까지의 거리이다.

③ 철근 배근도에서 늑근이나 띠철근의 표시는 가는 실선으로, 가새근은 파선으로 표시한다.

④ 철근 콘크리트 보의 단부 부분에 있어서 하부에 생기는 압축력은 콘크리트가 거의 저항하므로 철근을 적게 배근하고, 상부에 생기는 인장력은 거의 대부분 철근이 저항하므로 상부에 철근을 많이 배근하며, 하부에 철근을 적게, 중앙부에서는 이와 반대로 상부에는 적게, 하부에는 많이 배근한다. 또한, 이형 철근에 있어서 마디와 리브를 만드는 이유는 철근의 표면적을 크게 하여 콘크리트와의 접촉면을 증가시켜 철근과 콘크리트의 부착응력을 크게 하기 위함이다.

⑤ 철근 콘크리트의 주근은 D13(ϕ12) 이상의 것을 띠철근의 장방형, 원형기둥에서는 4개 이상, 나선 철근의 기둥에서는 6개 이상을 사용하고, 기둥의 최소 단면의 치수는 20cm 이상이고 최소 단면적은 600cm^2 이상이며, 기둥의 간격은 4~8m이다.

(2) 철근 콘크리트 슬래브

① 슬래브의 두께 : 철근 콘크리트의 슬래브의 두께는 8cm 이상으로서 다음 표에 의하여 산정한 값 이상으로 한다.

❙ 콘크리트의 바닥판 두께 ❙

지지 조건	주변의 고정된 경우	캔틸러버의 경우
변장비(λ) ≤ 2의 경우 2방향으로 배근한 콘크리트 바닥 슬래브	$\frac{l_n}{36+9\beta}$	
변장비(λ) > 2의 경우 1방향으로 배근한 콘크리트 바닥 슬래브	$\frac{l}{28}$	$\frac{l}{10}$

여기서, β : 슬래브의 단변에 대한 장변의 순경간비, l_n : 2방향 슬래브의 장변 방향의 순경간
l : 1방향 슬래브 단변의 보 중심간 거리

② 철근 콘크리트 2방향 슬래브의 배근에 있어서 철근을 많이 배근하여야 하는 곳부터 나열하면 단변 방향의 단부－단변 방향의 중앙부－장변 방향의 단부－장변 방향의 중앙부의 순이고, 철근 콘크리트 바닥판의 배근 간격은 다음과 같다.

㉮ 주근 : 20cm 이하, 직경 9mm 미만의 용접철망을 사용하는 경우에는 15cm 이하로 한다.

㉯ 부근(배력근) : 30cm 이하, 바닥판 두께의 3배 이하, 직경 9mm 미만의 용접철망을 사용하는 경우에는 20cm 이하로 한다.

③ 바닥보 복도에는 각종 구조부의 표시를 하고, 창호의 위치는 평면도에, 벽돌의 표시는 평면도 및 단면도에, 마감 재료의 표시는 단면도에 표기한다.

(3) 강재의 표시

① 강재의 표시법 중 2L(L형강 2개)$-A\times B\times t_1\times t_2$의 표시법은 2L : L형강 2개, A : 형강의 폭, B : 형강의 춤, t : 형강의 두께 또는 웨브, 플랜지를 의미한다.

② SS41에서 첫 번째 S는 Steel, 즉 재질의 첫 문자이고, 두 번째 S는 제품의 형상, 용도, 강의 종류를 뜻하며, 숫자는 최저 항복 강도(MPa), 그리고 재료의 종류, 번호의 숫자를 표시하는 경우가 많다. 또한 SWS 50A에서 마지막의 A는 강재의 품질을 의미하고, A, B, C의 순으로 용접성이 양호한 고품질의 강임을 뜻한다.

(4) 아스팔트 8층 방수층의 형성

층	제1층	제2층	제3층	제4층	제5층	제6층	제7층	제8층
재료	프라이머	콤파운드	펠트	콤파운드	루핑	콤파운드	루핑	콤파운드

출제 키워드

■ 철근 콘크리트의 철근 배근 등
- 띠철근의 장방형, 원형기둥에서는 주근 4개 이상
- 나선 철근의 기둥에서는 주근 6개 이상을 사용
- 기둥의 최소 단면의 치수는 20cm 이상
- 최소 단면적은 600cm^2 이상

■ 철근 콘크리트 슬래브의 두께
철근 콘크리트의 슬래브의 두께는 8cm 이상

■ 철근을 많이 배근하여야 하는 곳부터 나열
단변 방향의 단부－단변 방향의 중앙부－장변 방향의 단부－장변 방향의 중앙부의 순

■ 철근 콘크리트 바닥판의 배근 간격
부근(배력근)은 30cm 이하, 바닥판 두께의 3배 이하

■ SS41의 의미
- 첫 번째 S는 Steel, 즉 재질의 첫 문자
- 두 번째 S는 제품의 형상, 용도, 강의 종류
- 숫자는 최저 항복 강도(MPa)

■ 아스팔트 8층 방수층의 형성
프라이머 → 콤파운드 → 펠트 → 콤파운드 → 루핑 → 콤파운드 → 루핑 → 콤파운드의 순

| 1-4. 각종 구조부의 제도 |

과년도 출제문제

01 | 도면의 제도 순서 07

다음 중 도면 제도 순서로 가장 알맞은 것은?

> ㉠ 도면의 배치 결정
> ㉡ 제도판에 용지 부착
> ㉢ 전체적인 배치 후 흐린 선 잡기
> ㉣ 상세히 그리기

① ㉠, ㉡, ㉢, ㉣　② ㉠, ㉡, ㉣, ㉢
③ ㉡, ㉠, ㉢, ㉣　④ ㉡, ㉠, ㉣, ㉢

해설 도면의 제도 순서에는 제도판에 용지 부착 → 도면의 배치 결정 → 전체 배치 후 흐린선 잡기 → 상세히 그리기의 순이다. 그러므로 ㉡ → ㉠ → ㉢ → ㉣이다.

02 | 기초 평면도(최종의 작업) 21, 20, 18, 13

다음 중 기초 평면도 작도 시 가장 나중에 이루어지는 작업은?

① 각 부분의 치수를 기입한다.
② 기초 평면도의 축척을 정한다.
③ 기초의 모양과 크기를 그린다.
④ 평면도에 따라 기초 부분의 중심선을 긋는다.

해설 기초 평면도 작도 시 순서는 기초 평면도의 축척을 정한다. → 평면도에 따라 기초 부분의 중심선을 긋는다. → 기초의 모양과 크기를 그린다. → 각 부분의 치수를 기입한다.

03 | 줄기초의 최종 작업 08

다음 중 철근 콘크리트 줄기초 그리기에서 순서가 가장 늦은 것은?

① 기초 크기에 알맞게 축척을 정한다.
② 치수와 재료명을 기입한다.
③ 재료의 단면 표시를 한다.
④ 지반선과 기초벽의 중심선을 일점쇄선으로 그린다.

해설 기초의 제도 순서는 ① → ④ → ③ → ②의 순으로 가장 늦은 것은 치수와 재료명을 기입한다.

04 | 기초 제도 시 최우선 작업 19, 13, 03

다음 중 기초의 제도 시 가장 먼저 해야 할 것은?

① 치수선을 긋고 치수를 기입한다.
② 제도지에 테두리선을 긋고 표제란을 만든다.
③ 제도지에 기초의 배치를 적당히 잡아 가로와 세로 나누기를 한다.
④ 중심선에서 기초와 벽의 두께, 푸팅 및 잡석 지정의 너비를 양분하여 연하게 그린다.

해설 기초 제도 시 가장 먼저 해야 할 것은 제도지에 테두리선을 긋고, 표제란을 만드는 일이다.

05 | 줄기초의 최우선 작업 20, 12

다음 중 철근 콘크리트 줄기초 그리기에서 가장 먼저 이루어지는 작업은?

① 재료의 단면 표시를 한다.
② 기초 크기에 알맞게 축척을 정한다.
③ 단면선과 입면선을 구분하여 그린다.
④ 표제란을 작성하고 표시 사항의 누락 여부를 확인한다.

해설 철근 콘크리트 줄기초 그리기 순서는 ① 기초 크기에 알맞게 축척을 정한다. →② 테두리선을 그리고, 도면 위치를 정한다. →③ 지반선과 기초벽의 중심선을 일점쇄선으로 그린다. →④ 지정과 기초판 각 부분의 두께와 너비를 그린다. →⑤ 단면선과 입면선을 구분하여 그린다. →⑥ 재료의 단면 표시를 한다. →⑦ 치수선과 치수 보조선, 인출선을 가는선으로 긋는다. →⑧ 치수와 재료명을 기입한다. →⑨ 표제란을 작성하고 표시 사항의 누락 여부를 확인한다.

06 | 기초 평면도의 표시 사항 21, 12

기초 평면도의 표현 내용에 해당하지 않는 것은?

① 반자 높이　② 바닥 재료
③ 동바리 마루 구조　④ 각 실의 바닥 구조

해설 기초 평면도에는 바닥 재료, 동바리 마루 구조 및 각 실의 바닥 구조 등이 표시되나, 반자 높이는 단면도에 표시된다.

정답 01. ③ 02. ① 03. ② 04. ② 05. ② 06. ①

07 | 줄기초의 최종 작업
23, 05

다음의 철근 콘크리트 줄기초 제도 순서에 관한 내용 중 가장 나중에 이루어지는 것은?

① 지반선과 기초벽의 중심선을 그린다.
② 재료의 단면 표시를 한다.
③ 표제란을 작성하고, 표시 사항의 누락 여부를 확인한다.
④ 지정과 기초판 각 부분의 두께와 너비를 그린다.

해설 기초의 제도 순서는 ① → ④ → ② → ③의 순으로 가장 늦은 것은 표제란을 작성하고, 표시 사항의 누락 여부를 확인한다.

08 | 줄기초(콘크리트)의 제도
09

철근 콘크리트 줄기초 부분의 제도에 관한 설명 중 옳지 않은 것은?

① 지반에서 기초의 길이를 고려하여 지반선을 그린다.
② 축척은 1/100로만 하며, 단면선과 입면선을 구분하여 그린다.
③ 중심선을 기준으로 하여 좌우에 기초벽의 두께, 콘크리트 기초판의 너비 등을 양분하여 그린다.
④ 재료의 단면 표시를 하고, 치수선과 치수 보조선, 인출선을 가는 선으로 긋고, 부재의 명칭과 치수를 기입한다.

해설 철근 콘크리트 기초의 축척은 기초 크기에 알맞게 축척을 정하고, 단면선과 입면선을 구분하여 그린다.

09 | 동바리 마루 구조의 부재
04

동바리 마루 구조에서 상부에서부터 시공 재료의 순서가 가장 바르게 나열된 것은?

① 플로어링 널 – 내수 합판 – 장선 – 멍에 – 동바리
② 플로어링 널 – 장선 – 내수 합판 – 멍에 – 동바리
③ 플로어링 널 – 내수 합판 – 멍에 – 장선 – 동바리
④ 플로어링 널 – 멍에 – 장선 – 내수 합판 – 동바리

해설 동바리 마루 구조의 배열은 상부에서 하부로 나열하면, 플로어링 널 → 내수 합판 → 장선 → 멍에 → 동바리의 순이다.

10 | 동바리 마루 구조의 부재
17, 13

다음 중 동바리 마루 바닥 그리기와 관련이 없는 부재는?

① 장선 ② 멍에
③ 달대 ④ 동바리

해설 동바리 마루는 장선, 멍에 및 동바리 등을 짜 맞추어 만든 마루로서, 1층 마루의 하나이고, 달대는 반자틀을 위에서 달아매는 세로재이다.

11 | 입면도의 최종 작업
04

다음 중 입면도를 그리는 순서로 가장 나중에 해야 하는 것은?

① 지반선 GL을 긋는다.
② 각 층의 높이를 가는 선으로 긋는다.
③ 창의 모양에 따라 창과 문의 형태를 작도한다.
④ 바닥면에서 창 높이를 가는 선으로 긋는다.

해설 입면도의 작도 순서는 ① 지반선을 긋는다 → ② 각 층의 높이를 가는선으로 긋는다. → ③ 바닥면에서 창문의 높이를 가는 선으로 긋는다. → ④ 창호의 모양에 따라 창과 문의 형태를 작도한다.

12 | 입면도의 최우선 작업
16, 10

다음 중 주택의 입면도 그리기 순서에서 가장 먼저 이루어져야 할 사항은?

① 처마선을 그린다.
② 지반선을 그린다.
③ 개구부 높이를 그린다.
④ 재료의 마감 표시를 한다.

해설 입면도의 작도 순서는 지반선 → 벽체의 중심선 → 벽체의 외곽선 → 개구부의 수직선 → 처마선 → 각 부의 높이 → 개구부의 높이 → 지붕의 처마 높이 → 각 부의 높이에 따른 외곽선 → 재료의 마감 표시와 조경 및 인출선이다. 즉, ② → ① → ③ → ④의 순이다.

13 | 지붕틀 제도의 최종 작업
06, 04

다음은 지붕틀을 제도하는 과정의 일부를 나열한 것이다. 이 중에서 가장 나중에 하는 과정은?

① 축척에 따라 구도를 정한다.
② 각종 보강 철물을 그린다.
③ 각부 부재를 그린다.
④ 인출선과 치수선을 긋는다.

해설 왕대공 지붕틀의 작도 순서는 ① → ③ → ② → ④의 순이다. 특히 가장 나중에 그려야 할 내용은 지붕틀의 각 평면도를 그린 다음 인출선 및 치수선을 긋고, 명칭 및 치수를 기입한다.

정답 07. ③ 08. ② 09. ① 10. ③ 11. ③ 12. ② 13. ④

14 | 주택 도면의 유의사항
03

주택 도면을 제도하는 데 있어서 유의해야 할 사항에 대한 설명으로서 부적당한 것은?

① 기초에 사용하는 재료를 알아야 한다.
② 기초의 깊이는 지질에 따라서만 결정하면 된다.
③ 제도 순서와 도면 내용을 숙지해야 한다.
④ 기초의 구조와 크기 등을 이해해야 한다.

해설 기초의 깊이는 지질에 따라 결정하는 것이 아니라, 지방의 동결선(남부 지방 : 60cm, 중부 지방 : 90cm, 북부 지방 : 120cm 이상)에 유의하여야 하고, 장차 건축물의 상부 증축을 고려하여 기초에 여유를 두어야 한다.

15 | 도면 작도 시 유의사항
08

도면 작도 시 유의사항으로 옳지 않은 것은?

① 축척과 도면의 크기에 관계없이 글자의 크기는 같아야 한다.
② 용도에 따라서 선의 굵기를 구분하여 사용한다.
③ 숫자는 아라비아 숫자를 원칙으로 한다.
④ 글자체는 수직 또는 15° 경사의 고딕체로 쓰는 것을 원칙으로 한다.

해설 도면 작도 시 글자의 크기는 각 도면(축척과 도면의 크기)의 상황에 맞추어 알아 보기 쉬운 크기로 한다.

16 | 도면 작도 시 유의사항
08

도면 작성 시 고려해야 할 사항이 아닌 것은?

① 도면의 인지도를 높이기 위하여 선의 굵기를 고려하여 그린다.
② 표제란에는 작성자 성명, 축척, 도면명 등을 기입한다.
③ 도면의 글씨는 깨끗하게 자연스러운 필기체로 쓰는 것이 좋다.
④ 도면상의 배치를 고려하여 작도한다.

해설 글자 쓰기에서 글자는 명확하게 하고, 문장은 왼쪽에서부터 가로쓰기를 원칙으로 하며(다만, 가로쓰기가 곤란할 때에는 세로쓰기도 무방), 글자체는 고딕체로 하고, 수직 또는 15° 경사로 쓰는 것을 원칙으로 한다. 특히, 글자의 크기는 높이로 표시하며, 네 자리 이상의 숫자는 세 자리마다 자릿점을 찍든지, 간격을 두어 표시한다.

17 | 도면의 표시 방법(장선)
02

4.5cm각의 장선을 간격 45cm로 배치할 때 도면에서 일반적인 표시 방법은?

① 장선 4.5×4.5 @45　② 장선 45×45 @450
③ 장선 4.5×4.5 THK45　④ 장선 45×45 THK450

해설 4.5cm의 각은 45×45로 표기하고, 간격 45cm=450mm이므로, @450으로 표기한다. 그러므로, '4.5cm각의 장선을 45cm 간격으로 배치'할 때의 표기 방법은 '장선 45×45 @450'으로 표기한다.

18 | 도면의 표시 방법(지붕 물매)
20, 10②, 08, 04

다음 중 지붕 경사의 표시로 가장 알맞은 것은?

① 4/10　② 4/100
③ 4/50　④ 2/100

해설 건축 제도에 있어서 물매의 표시 방법에는 지붕처럼 비교적 물매가 큰 경우에는 분모를 10으로 하는 분수로 표시하고, 지면의 물매나 바닥 배수의 물매같이 작은 경우에는 분자를 1로 하는 분수로 표시한다. 즉, 지붕의 경사에는 3/10, 바닥 배수의 경우에는 1/100 등으로 표시한다.

19 | 물매의 표시 방법
02②

경사 지붕 물매와 같이 비교적 물매가 클 때 사용하는 물매 표시법은?

① 분자를 1로 한 분수
② 분모를 10으로 한 분수
③ 분모를 100으로 한 분수
④ 분모를 200으로 한 분수

해설 건축 제도에 있어서 물매의 표시 방법에는 지붕처럼 비교적 물매가 큰 경우에는 분모를 10으로 하는 분수로 표시하고, 지면의 물매나 바닥 매수의 물매같이 작은 경우에는 분자를 1로 하는 분수로 표시한다.

20 | 물매의 표시 방법(경사 지붕)
24, 23, 21, 10

경사 지붕의 경사를 표시하는 방법으로 옳은 것은?

① 6/100　② 2/3
③ 4/10　④ 40/50

해설 건축 제도에 있어서 물매의 표시 방법에는 지붕처럼 비교적 물매가 큰 경우에는 분모를 10으로 하는 분수로 표시하고, 지면의 물매나 바닥 매수의 물매같이 작은 경우에는 분자를 1로 하는 분수로 표시한다.

정답 14.② 15.① 16.③ 17.② 18.① 19.② 20.③

21 | 수직부재
04

다음 중 수직재는?

① 토대 ② 기둥
③ 층도리 ④ 깔도리

해설 토대, 깔도리 및 층도리는 수평재이고, 기둥은 수직재이다.

22 | 부재의 크기(왕대공 지붕틀)
03

왕대공 지붕틀에 사용하는 부재의 크기가 잘못된 것은? (단위 : mm)

① 서까래 50×50 ② 깔도리 100×120
③ 평보 90×90 ④ 왕대공 100×180

해설 왕대공 지붕틀 부재의 크기

(단위 : mm)

부재명	평보	ㅅ자보	왕대공	빗대공	달대공	평보 잡이	귀잡 이보
크기	100×180	100×200	100×180	100×90	100×50	60×120	100×165

23 | 앵커 볼트의 용도
03

왕대공 지붕틀에서 앵커 볼트는 어느 부재를 연결할 때 사용되는가?

① 평보 – 왕대공
② ㅅ자보 – 평보
③ 처마도리 – 평보 – 깔도리
④ 왕대공 – 대공 가새

해설 ①의 평보와 왕대공의 보강 철물은 감잡이쇠, ②의 ㅅ자보와 평보의 보강 철물은 볼트, ③의 처마도리, 평보와 깔도리의 보강 철물은 주걱 볼트, ④의 왕대공과 대공 가새의 보강 철물은 양나사 볼트를 사용한다.

24 | 조적조 벽체의 제도 시 요구사항
10, 05

조적 구조 벽체의 제도 시 요구되는 사항이 아닌 것은?

① 구성 재료의 치수 ② 토대의 크기
③ 구성 재료의 종류 ④ 벽체의 두께

해설 조적 구조 벽체의 제도 시 요구되는 사항은 구성 재료의 치수, 종류 및 벽체의 두께 등이고, 토대는 목구조에 사용되는 부재로서 기초 위에 가로 놓아 기둥을 고정하는 벽체의 최하 수평 부재이다.

25 | 조적조 벽체 그리기 순서
15, 08

조적조 벽체 그리기를 할 때 순서로 옳은 것은?

> ㉠ 제도 용지에 테두리선을 긋고, 축척에 알맞게 구도를 잡는다.
> ㉡ 단면선과 입면선을 구분하여 그리고, 각 부분에 재료 표시를 한다.
> ㉢ 지반선과 벽체의 중심선을 긋고, 기초의 깊이와 벽체의 너비를 정한다.
> ㉣ 치수선과 인출선을 긋고, 치수와 명칭을 기입한다.

① ㉠ – ㉡ – ㉢ – ㉣ ② ㉢ – ㉠ – ㉡ – ㉣
③ ㉠ – ㉢ – ㉡ – ㉣ ④ ㉡ – ㉠ – ㉢ – ㉣

해설 조적조 벽체의 제도 순서는 ㉠ → ㉢ → ㉡ → ㉣의 순이다.

26 | 조적조 벽체 그리기 순서
17, 14, 11, 09, 03

조적조 벽체를 제도하는 순서로 가장 알맞은 것은?

> ⓐ 축척과 구도 정하기
> ⓑ 지반선과 벽체 중심선 긋기
> ⓒ 치수와 명칭을 기입하기
> ⓓ 벽체와 연결 부분 그리기
> ⓔ 재료 표시
> ⓕ 치수선과 인출선 긋기

① ⓐ – ⓑ – ⓒ – ⓓ – ⓔ – ⓕ
② ⓐ – ⓑ – ⓓ – ⓕ – ⓔ – ⓒ
③ ⓐ – ⓑ – ⓓ – ⓔ – ⓕ – ⓒ
④ ⓐ – ⓕ – ⓑ – ⓒ – ⓓ – ⓔ

해설 조적조 벽체의 제도 순서는 축척 및 구도 정하기 → 지반선과 벽체 중심선 긋기 → 벽체와 연결 부분 그리기 → 재료 표시 → 치수선과 인출선 긋기 → 치수와 명칭 기입하기의 순이다. 즉, ⓐ – ⓑ – ⓓ – ⓔ – ⓕ – ⓒ의 순이다.

27 | 벽 두께의 산정(1.0B 공간)
23, 19, 18, 12, 10, 04

벽돌조 벽체에 있어서 1.0B 공간 쌓기의 벽 두께로 옳은 것은? (단, 벽돌은 표준형을 사용하고, 공간은 75mm로 한다.)

① 180mm ② 255mm
③ 265mm ④ 285mm

해설 1.0B 공간 쌓기의 벽 두께 = 0.5B+공간의 치수+0.5B
= 90mm+75mm+90mm = 255mm

정답 21. ② 22. ③ 23. ③ 24. ② 25. ③ 26. ③ 27. ②

28 | 벽두께의 산정(1.5B 쌓기)
21, 20②, 18, 17③, 16, 14, 13, 11, 09②, 07, 06

조적조 벽체에서 1.5B 쌓기의 두께로 옳은 것은? (단, 표준형 벽돌 사용)

① 190mm ② 220mm
③ 280mm ④ 290mm

해설 1.5B의 벽 두께를 그림으로 표시 또는 벽체의 두께 $=90+[\{(n-0.5)/0.5\}\times 100]$에서 $n=1.5$이다.

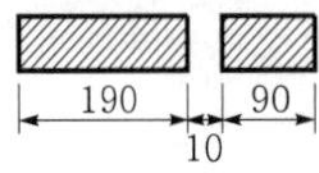

위의 그림에서 190+10+90=290mm이다.

29 | 벽돌 벽체의 중심선
23, 19, 18③, 04, 02

1.0B+70mm+0.5B의 벽돌벽체 공간쌓기에서 벽체의 두께선은 중심선에서 얼마를 띄어야 하는가? (단, 표준형 벽돌을 사용함)

① 150mm ② 175mm
③ 180mm ④ 195mm

해설 1.0B=190mm, 공간 70mm, 0.5B=90mm이므로, 벽두께는 190+70+90=350이다.
∴ 350×1/2=175mm이다.

30 | 조적조의 개구부의 합계
18, 17, 03

대린벽으로 구획된 벽돌조 내력벽의 벽길이가 7m일 때 개구부의 폭의 합계는 최대 얼마 이하로 하는가?

① 3m ② 3.5m
③ 4m ④ 4.5m

해설 벽돌조에 있어서 각층의 대린벽으로 구획된 벽에서 문골 너비의 합계는 그 벽길이의 1/2 이하로 하고, 문골 바로 위에 있는 문골과의 수직 거리는 60cm 이상으로 하여야 하므로, 7×1/2=7/2=3.5m 이상이다.

31 | 블록 1단위의 높이
02②

보강 블록조 도면에서 블록 1단위의 높이는?

① 10cm ② 15cm
③ 20cm ④ 40cm

해설 보강 블록조 내력벽에 사용하는 블록 1단위 높이는 기본 블록의 치수 190mm에 줄눈 10mm 합하여 200mm=20cm가 된다.

32 | 치장 줄눈의 명칭(평줄눈)
06, 03, 01, 00, 98

그림에서 줄눈의 명칭이 틀린 것은?

① 평줄눈 ② 오목줄눈
③ 내민줄눈 ④ 빗줄눈

해설 ①은 민줄눈을 의미하고, 평줄눈은 (그림)이다.

33 | 강재의 표시
03

KS D 3503 SS41의 기호 중 사각형 안의 첫 번째 S의 뜻으로 옳은 것은?

① 재질 ② 형상
③ 강도 ④ 규격

해설 SS41에서 첫 번째 S는 Steel 즉, 재질의 첫문자이고, 두 번째 S는 형상, 용도, 강의 종류를 뜻하며, 숫자는 최저 인장 강도(kg/cm^2), 그리고 재료의 종류, 번호의 숫자를 표시하는 수가 많다.

34 | 강재의 표시
09

KS D 3503에서 강재의 종류를 나타내는 기호인 SS490의 첫 번째 S가 의미하는 것은?

① 재질 ② 형상
③ 강도 ④ 지름

해설 'SS490'의 표기에서 첫 번째 문자는 강재의 steel(재질)이고, 두 번째 문자는 제품의 형상이라든가 용도, 강종을 뜻하며, 숫자는 최소 인장 강도 그리고 재료의 종류, 번호의 숫자를 표시한다.

35 | 강재의 표시
21, 18, 17, 14, 03

강재 표시 방법 2L−125×125×6에서 6이 나타내는 것은?

① 수량 ② 길이
③ 높이 ④ 두께

해설 강재 표시 방법 중 '2L−125×125×6'의 의미는 2개의 L형강으로 높이 125mm×너비 125mm×두께 6mm의 의미이다.

정답 28. ④ 29. ② 30. ② 31. ③ 32. ① 33. ① 34. ① 35. ④

36 | 도면의 표시(철근의 간격) 22, 21, 20, 19, 16, 12, 09, 03

직경 13mm의 이형 철근을 200mm 간격으로 배치할 때 도면 표시 방법으로 옳은 것은?

① D13 #200　　② D13 @200
③ ϕ13 #200　　④ ϕ13 @200

해설 철근의 배근에 사용되는 용어는 이형 철근은 D, 원형 철근은 ϕ, 간격은 @와 함께 숫자(mm)로 표시한다. 즉 '직경 13mm의 이형 철근은 D13으로, 간격 200mm는 @200으로 표시'하므로, 'D13 @200'으로 표기한다.

37 | D13 @200 중 @의 의미 03

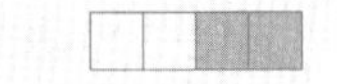

철근 콘크리트 그리기 기호 중 D13 @200에서 @의 뜻은?

① 철근 길이　　② 철근 무게
③ 철근 종류　　④ 철근 간격

해설 'D13 @200'이란 뜻은 D는 이형 철근, 13은 공칭 직경, @는 간격, 200은 200mm를 의미하므로 이형 철근 중 '공칭 직경이 13mm인 철근을 200mm 간격으로 배근'하라는 뜻이다.

38 | 이형 철근의 마디 설치 이유 03

이형 철근에서 표면에 마디를 만드는 이유로 가장 알맞은 것은?

① 부착 강도를 높이기 위해
② 인장 강도를 높이기 위해
③ 압축 강도를 높이기 위해
④ 항복점을 높이기 위해

해설 이형 철근에 있어서 마디와 리브를 만드는 이유는 철근의 표면적을 크게 하여 콘크리트와의 접촉면을 증가시켜 철근과 콘크리트의 부착 응력을 크게 하기 위함이다.

39 | 철근 콘크리트 기둥(단면적) 03

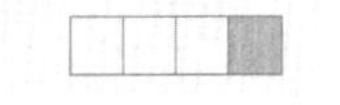

철근 콘크리트 구조물에서 기둥의 최소 단면적은 얼마 이상이어야 하는가?

① 600cm²　　② 500cm²
③ 400cm²　　④ 300cm²

해설 철근 콘크리트의 주근은 D13(ϕ12) 이상의 것을 장방형의 기둥에서는 4개 이상, 원형기둥에서는 6개 이상을 사용하고, 기둥의 최소 단면의 치수는 20cm 이상이고 최소 단면적은 600cm² 이상이며, 기둥의 간격은 4~8m이다.

40 | 철근 콘크리트 기둥의 배근 03

철근 콘크리트 기둥의 철근 배근에 대한 설명 중 부적당한 것은?

① 기둥을 보강하는 세로철근, 즉 축방향 철근이 주근이다.
② 띠철근이나 나선 철근은 주근의 좌굴과 콘크리트가 수평을 터져나가는 것을 구속한다.
③ 주근은 사각형 기둥에서는 6개 이상, 원형, 다각형 기둥에서는 4개 이상을 사용한다.
④ 띠철근 간격은 보통 30cm 이하로 한다.

해설 철근 콘크리트 기둥 철근 배근시 주근은 D13(ϕ12) 이상의 것을 장방형의 기둥에서는 4개 이상, 원형기둥에서는 6개 이상을 사용한다.

41 | 철근 콘크리트 슬래브의 두께 03

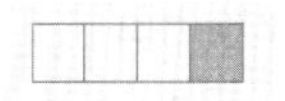

철근 콘크리트 슬래브 두께는 최소 얼마 이상인가?

① 5cm　　② 8cm
③ 10cm　　④ 12cm

해설 철근 콘크리트의 슬래브의 두께는 8cm 이상으로서 다음 표에 의하여 산정한 값 이상으로 한다.

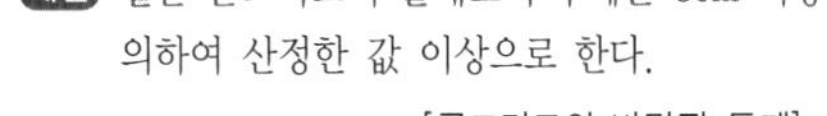

[콘크리트의 바닥판 두께]

지지 조건	주변의 고정된 경우	캔틸러버의 경우
변장비(λ)≦2의 경우 2방향으로 배근한 콘크리트 바닥 슬래브	$\frac{l_n}{36+9\beta}$	
변장비(λ)>2의 경우 1방향으로 배근한 콘크리트 바닥 슬래브	$\frac{l}{28}$	$\frac{l}{10}$

여기서, β : 슬래브의 단변에 대한 장변의 순경간비
l_n : 2방향 슬래브의 장변 방향의 순경간
l : 1방향 슬래브 단변의 보 중심간 거리

42 | 철근 콘크리트 슬래브의 배근 05, 02

철근 콘크리트 슬래브 배근도에서 철근을 가장 많이 배근해야 할 곳은?

① 장변 방향 단부　　② 장변 방향 중앙부
③ 단변 방향 단부　　④ 단변 방향 중앙부

해설 철근 콘크리트 2방향 슬래브의 배근에 있어서 철근을 많이 배근하여야 하는 곳부터 나열하면, 단변 방향의 단부-단변 방향의 중앙부-장변 방향의 단부-장변 방향의 중앙부의 순이다.

정답 36. ② 37. ④ 38. ① 39. ① 40. ③ 41. ② 42. ③

43 | 철근 콘크리트 슬래브의 배근
03

철근 콘크리트 슬래브의 장변 방향 철근의 배근 간격은 몇 cm 이하로 하는가?

① 10cm ② 20cm
③ 30cm ④ 40cm

해설 철근 콘크리트 바닥판의 배근 간격
㉠ 주근 : 20cm 이하, 직경 9mm 미만의 용접철망을 사용하는 경우에는 15cm 이하로 한다.
㉡ 부근(배력근) : 30cm 이하, 바닥판 두께의 3배 이하, 직경 9mm 미만의 용접철망을 사용하는 경우에는 20cm 이하로 한다.

44 | 철근 콘크리트 단순보의 배근
04

철근 콘크리트 구조의 단순보 배근에 대한 설명이 틀린 것은?

① 보의 주근은 중앙에서는 하부에 많이 넣는다.
② 보의 주근은 단부에서는 하부에 많이 넣는다.
③ 보의 늑근은 중앙보다 단부에서 좁게 넣는다.
④ 보의 늑근은 인장력에 저항하므로 주근이 많은 곳에 많이 배근한다.

해설 철근 콘크리트 단순보의 철근 배근에 있어서 집중 하중 및 등분포 하중이 작용하는 경우의 휨 모멘트도는 다음과 같으므로 철근 배근은 다음 그림과 같다.

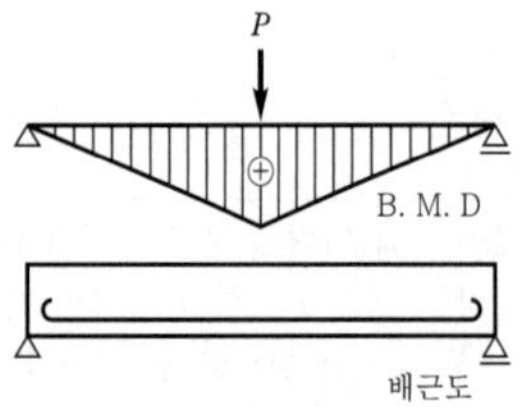

* 보의 늑근은 전단력에 저항하므로 전단력이 큰 곳에 많이 배근하며, 단순보의 배근에 있어서 주근은 중앙부나 단부에는 하부에 많이 배근한다.

45 | 철근 콘크리트 단순보의 배근
04, 01, 00, 98

철근 콘크리트 단순보의 중앙부 철근 배근에 가장 적합한 것은?

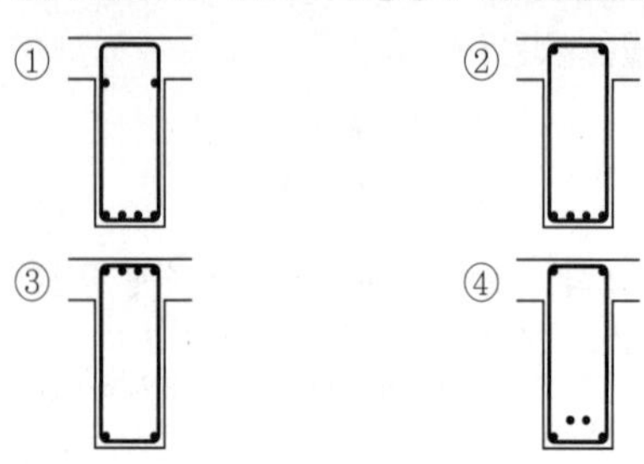

해설 철근 콘크리트 보의 단부 부분에 있어서 하부에 생기는 압축력은 콘크리트가 거의 저항하므로 철근을 적게 배근하고, 상부에 생기는 인장력은 거의 대부분 철근이 저항하므로 상부에 철근을 많이 배근하며, 중앙부에서는 이와 반대로 상부에는 적게, 하부에는 많이 배근한다.

46 | 피복 두께의 정의
04

다음 그림 중 피복 두께가 30mm인 철근 콘크리트보를 나타내는 것은?

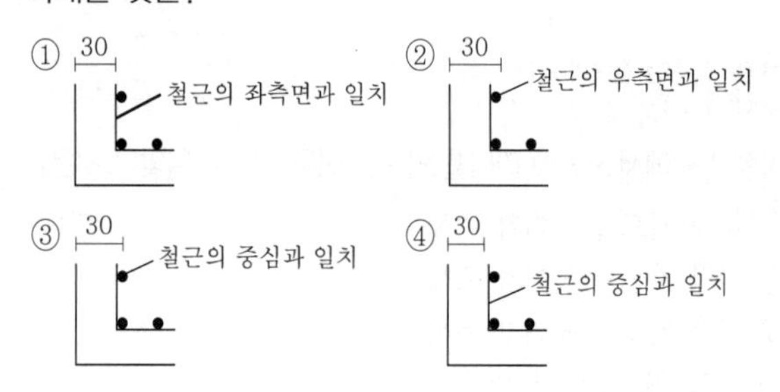

해설 철근의 피복 두께란 철근의 표면으로부터 콘크리트의 표면까지의 거리를 말하고, 보에서는 늑근의 표면에서 콘크리트의 표면까지의 거리이며, 기둥에서는 대근의 표면에서 콘크리트의 표면까지의 거리이다.

정답 43. ③ 44. ④ 45. ② 46. ①

PART

3

건축 구조

Craftsman Computer Aided Architectural Drawing

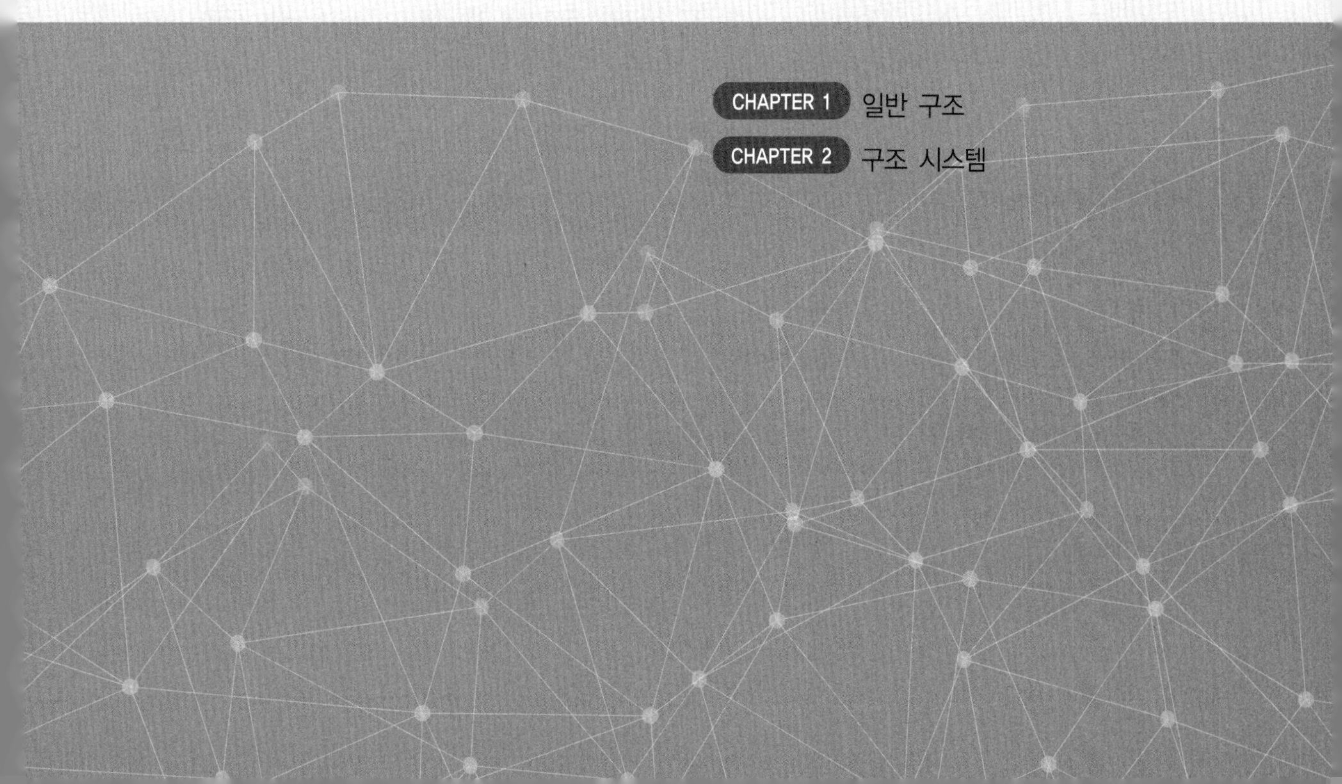

CHAPTER 01

일반 구조

출제 키워드

핵심 Point
- 건축 구조의 개념·분류 및 각 구조의 특성에 관한 이론의 이해를 통하여 출제 문제의 경향을 파악하고, 문제를 풀이할 수 있다.
- 건축물의 각 구조(조적, 철근 콘크리트, 철골 및 목구조 등)에 관한 이론의 이해를 통하여 출제 문제의 경향을 파악하고, 문제를 풀이할 수 있다.

1-1. 건축 구조의 일반 사항

1 건축 구조의 분류

(1) 건축 구조의 분류

■ 구조 재료에 의한 분류
목구조, 돌구조, 철골(강) 구조 등

구분	구조의 종류	
구조 재료에 의한 분류	목구조, 벽돌 구조, 블록 구조, 돌구조, 철골 구조(강구조), 철근 콘크리트 구조, 철골 철근 콘크리트 구조 등	
구성 방식에 의한 분류	가구식 구조	목구조, 철골 구조
	조적식 구조	벽돌 구조, 블록 구조, 돌구조
	일체식 구조	철근 콘크리트 구조, 철골 철근 콘크리트 구조
시공 과정에 의한 분류	습식 구조	조적식 구조(벽돌, 블록, 돌구조), 일체식 구조(철근 콘크리트조, 철골 철근 콘크리트조)
	건식 구조	목구조, 철골 구조
	조립식 구조	프리 패브리케이션

① 구성 방식에 의한 분류

■ 가구식 구조
- 가늘고 긴 재료(목재, 철재 등)를 조립하여 뼈대를 만드는 구조체인 기둥과 보를 부재의 접합에 의해서 축조하는 방법
- 뼈대를 삼각형으로 짜 맞추면 안정한 구조체를 만들 수 있는 구조 방법
- 목구조, 철골 구조 등

㉮ 가구식 구조 : 비교적 가늘고 긴 재료(목재, 철재 등)를 조립하여 뼈대를 만드는 구조체인 기둥과 보를 부재의 접합에 의해서 축조하는 방법이다. 뼈대를 삼각형으로 짜 맞추면 안정한 구조체를 만들 수 있는 구조 방법으로서 목구조, 철골 구조 등이 있으며, 안정한 구조체로 하기 위하여 삼각형으로 짜맞춘다. 특히, 철골 구조는 건물 전체의 무게가 비교적 가벼우면서 강도가 커 고층이나 간사이가 큰 대규모 건축물에 적합한 구조이다.

■ 조적식 구조
내구적·방화적이나 횡력이나 진동에 약하고 균열이 생기기 쉬운 구조이다.

㉯ 조적식 구조 : 비교적 작은 하나하나의 재료(벽돌, 블록, 돌 등)를 접합재를 사용하여 쌓아올려 건축물을 구성한 구조이다. 벽돌 구조, 블록 구조 및 돌구조 등이 있으며, 내구적·방화적이나 횡력이나 진동에 약하고 균열이 생기기 쉽다.

㉰ 일체식 구조 : 철근 콘크리트 구조와 철골 철근 콘크리트 구조(철골 철근 콘크리트 구조는 철골 구조와 철근 콘크리트 구조의 합성 구조로서 연직(수직) 하중은 철골이 부담하고, 수평 하중은 철골과 철근 콘크리트의 양자가 부담하는 구조) 등이 있다. 철근 콘크리트 구조는 현장에서 거푸집을 짜서 전 구조체를 일체로 만들어 콘크리트 속에 강재(철근)를 배치한 구조로서 내구성, 내화성, 내진성 및 거주성이 우수하나 자중이 무겁고 시공 과정이 복잡하여 공사 기간이 긴 단점이 있다.

② 공법에 의한 분류

㉮ 습식 구조 : 물을 많이 사용하는 공정이 포함된 건축 구조의 방식으로 조적식 구조(벽돌, 블록, 돌구조), 일체식 구조(철근 콘크리트조, 철골 철근 콘크리트조)가 이에 속한다.

㉯ 건식 구조 : 규격화된 기성제품(뼈대를 만들어 규격화한 각종 기성재)을 가구식으로 짜맞추어 물을 거의 사용하지 않고 축조하는 구조이다.

㉰ 조립식 구조(프리 패브리케이션) : 공장 생산에 의한 대량 생산이 가능하고, 공사 기간을 단축할 수 있으며, 시공이 용이하고, 가격이 저렴하다. 특히, 기후의 영향을 받지 않으므로 연중 공사가 가능하다. 그러나 초기에 시설비가 많이 들고, 각 부재의 다원화가 힘들며, 강한 수평력(지진, 풍력 등)에 대하여 취약하므로 보강이 필요한 것이 단점이다. 특히, 각 부품의 일체화가 힘들다.

(2) 건축 구조의 장 · 단점

종류	장점	단점
목구조	• 가볍고 가공성이 좋다. • 시공이 용이하며, 공사 기간이 짧다. • 외관이 아름답다.	• 큰 부재를 얻기 어렵다. • 강도가 작고, 내구력이 약하다. • 부패, 화재 위험 등이 높다.
벽돌 구조	• 내구적, 방화적이다. • 공사 기간이 짧다.	• 횡력과 진동에 약하다. • 균열이 생기기 쉽다.
블록 구조	• 공사비가 비교적 싸다. • 단열, 방음 효과가 크다. • 자중이 가볍다.	• 횡력과 진동에 약하다. • 균열이 생기기 쉽다.
돌구조	• 내구, 내화적이다. • 외관이 아름답고, 웅장한 느낌을 준다.	• 시공이 까다롭고, 공사 기간이 길다. • 공사비가 비싸다. • 횡력과 진동에 약하다.
철근 콘크리트 구조	• 내구, 내화, 내진적이다. • 설계가 자유롭다. • 고층 건물이 가능하다.	• 공사 기간이 길다. • 균일한 시공이 어렵다. • 자중이 크다.
철골 구조	• 넓은 스팬이 가능하다. • 내진, 내풍적이다. • 해체, 수리가 용이하다.	• 공사비가 비싸다. • 정밀 시공이 요구된다. • 내화성이 부족하다.
철골 철근 콘크리트 구조	• 대규모 건축물에 적합하다. • 내구, 내화, 내진적이다.	• 시공이 복잡하고, 공사 기간이 길다. • 공사비가 비싸다.

출제 키워드

▪ 일체식 구조
철근 콘크리트 구조와 철골 철근 콘크리트 구조 등

▪ 습식 구조
조적식 구조(벽돌, 블록, 돌구조), 일체식 구조(철근 콘크리트조, 철골 철근 콘크리트조) 등

▪ 건식 구조
규격화된 기성 제품을 가구식으로 짜맞추어 물을 거의 사용하지 않고 축조하는 구조

▪ 조립식 구조
각 부품의 일체화가 힘들다.

▪ 건축 구조의 장 · 단점
• 벽돌 구조는 횡력과 진동에 약함
• 철골 구조는 내화성이 부족함

출제 키워드

■ 기초
건물의 최하부에 놓여져 건물의 무게를 안전하게 지반에 전달하는 구조부

■ 계단
높이가 다른 바닥의 상호간에 단을 만들어 연결하는 구조체로서 세로 방향의 중요한 통로

■ 바닥
천장과 함께 공간을 구성하는 수평적 요소로서 생활을 지탱하는 역할

■ 방서 구조
열의 차단으로 더위를 막기 위해 축조된 구조

■ 내진 구조
지진에 의한 피해를 방지할 수 있는 구조

■ 내진벽
지진력에 대하여 저항시킬 목적으로 구성한 벽

■ 방층 구조
바닥 마감판과 바탕 사이에 암면 등의 완충재를 넣어 판의 진동을 감소시키는 구조

■ 방화벽
인접 건축물의 화재에 의해 연소되지 않도록 하는 구조

2 건축물의 구성 요소

(1) 건축물의 구성 요소

① **기초** : 상부 구조물의 하중을 지반에 전달하는 부재로서 건축물을 안정되게 지탱하는 최하부 구조체이며, 건축물의 자중 및 적재 하중을 지반에 전달하는 구조부 또는 건물의 최하부에 놓여져 건물의 무게를 안전하게 지반에 전달하는 구조부이다.

② **계단** : 높이가 다른 바닥의 상호간에 단을 만들어 연결하는 구조체로서 세로 방향의 중요한 통로 역할을 한다.

③ **창호** : 채광과 통풍을 하는 창과 통행을 하는 문을 통틀어서 일컫는 말로서 창호가 있는 곳을 개구부라고 한다.

④ **수장** : 건축물의 뼈대에 덧붙여 꾸미는 것으로 기와이기, 미장 등이 있으나, 수장 위에 다시 마무리하는 것도 수장이라고 할 수 있다.

⑤ **지붕** : 건축물의 최상부를 막아 비나 눈이 건축물의 내부로 흘러들지 못하게 하고, 실내 공기를 보호하는 부분으로 그 모양과 기울기가 다양하다.

⑥ **바닥** : 실내 공간을 형성하는 주요 기본 구성요소 중 천장과 함께 공간을 구성하는 수평적 요소로서 생활을 지탱하는 역할을 한다.

(2) 구조의 분류

① **방화 구조** : 화염의 확산을 막을 수 있는 성능을 가진 구조

② **내화 구조** : 화재에 견딜 수 있는 성능을 가진 구조

③ **방서 구조** : 열의 차단으로 더위를 막기 위해 축조된 구조

④ **내진 구조** : 지진에 의한 피해를 방지할 수 있는 구조이고, 내진벽은 지진력에 대하여 저항시킬 목적으로 구성한 벽이다.

⑤ **방층 구조** : 바닥 마감판과 바탕 사이에 암면 등의 완충재를 넣어 판의 진동을 감소시키는 구조이다.

(3) 벽의 종류와 역할

① **흡음벽** : 실내의 반사음을 줄이기 위하여 실내의 소리를 되도록 재료에 흡수시키는 벽

② **보온벽** : 단열 또는 열손실을 적게 하기 위하여 열 부도체로 둘러쌓은 벽

③ **방습벽** : 습기를 방지하는 벽

④ **방화벽** : 방화 구획 내의 방화 구조 또는 내화 구조의 벽으로 인접 건축물의 화재에 의해 연소되지 않도록 하는 구조

⑤ **내진벽** : 지진력에 대하여 저항시킬 목적으로 구성한 벽

3 지정

(1) 지정

① 잡석 지정 : 100~200mm의 잡석을 세워 편평하게 갈고, 틈서리 부분에는 틈막이 자갈을 채워 넣으며, 가장자리부터 중앙부로 충분히 다져 단단한 지반을 만드는 지정이다.

② 자갈 지정 : 깬 자갈 또는 모래를 반쯤 섞은 자갈을 100mm 정도의 두께로 편평하게 깔고 다지는 지정으로 잡석 지정을 할 필요가 없는 비교적 양호한 지반에서 사용되는 지정 방식이다.

③ 모래 지정 : 지반이 약하고, 건축물의 무게가 비교적 가벼울 때 사용하고, 약한 지반을 소요 깊이까지 파내고 두께 300mm씩 모래를 다져 넣고 물을 충분히 부어 젖어들게 한 다음 재차 모래를 넣어 1m 정도의 모래층을 만드는 지정이다.

④ 말뚝 지정 : 위층의 지반이 약하고, 튼튼한 지반은 대단히 깊이 있는 경우에 사용하는 지정으로 나무 말뚝 지정, 콘크리트 말뚝 지정 등이 있다.

(2) 나무 말뚝 지정

나무 말뚝의 재료는 직경 15~20cm 정도, 길이는 5~20m 정도의 소나무, 낙엽송, 밤나무 등으로 곧고 긴 생통나무의 껍질을 벗겨서 사용하며, 나무 말뚝의 머리는 상수면 이하에 두어 산소를 차단함으로써 부패를 방지한다. 목재 부식의 4가지 필수 요소인 공기(산소), 온도, 습도, 양분 중 공기(산소)를 차단하여 부패를 방지한다.

(3) 기초 말뚝 중심간 최소 거리

말뚝의 종류	나무	기성 콘크리트	강재	현장 타설 콘크리트
말뚝 중심간 거리 (d : 말뚝의 직경)	2.5d		2.0d(폐단 강관 말뚝은 2.5d)	2.0d
	600mm	750mm	750mm	직경 + 1,000mm

(4) 보링의 종류

① 회전식 보링 : 지층을 그대로 원통상으로 채취하여 지층의 상태를 알아보는 방식으로 중공의 강철제 코어 튜브를 회전시켜 뚫는 방식 또는 속이 빈 강철재의 절단기를 회전하여 구멍을 뚫고 지층을 그대로 원통모양으로 채취하는 방식이다.

② 충격식 보링 : 보링대를 관 속에서 상하로 회전시켜 충격과 회전력으로 관 내의 토석을 뚫고 토사 채취 공구를 사용하여 꺼내어 보는 방식으로 비교적 굳은 지층까지 깊이 뚫어 보는 방법이다.

③ 수세식 보링 : 지중에 외관을 쳐 박고 그 속에 내관을 넣어 내관 끝에서 물을 내뿜게 하여 외관 밑의 토사를 씻어 올리고 침전통에 침전시켜서 지층의 형태를 알아보는 방식

④ 탄성파식 지하 탐사 : 낙하추나 화약 폭발로써 인공 지진동을 일으켜 진동 이론을 응용하여 굳은 층의 지하 구조 즉, 위치, 형상, 경도 등을 판단하는 방식

출제 키워드

■ 자갈 지정
잡석 지정을 할 필요가 없는 비교적 양호한 지반에서 사용되는 지정 방식

■ 나무 말뚝 지정
나무 말뚝의 머리는 상수면 이하에 두어 산소를 차단함으로써 부패를 방지

■ 기초 말뚝 중심간 최소 거리
- 기성 콘크리트 말뚝은 말뚝 직경의 2.5배 이상, 750mm 이상
- 현장 타설 콘크리트 말뚝은 말뚝 직경의 2.0배 이상, 직경+1,000mm 이상

■ 회전식 보링
속이 빈 강철재의 절단기를 회전하여 구멍을 뚫고 지층을 그대로 원통모양으로 채취하는 방식

■ 출제 키워드

■ 지반의 허용 지내력도
- 연암반 : 1,000~2,000kN/m² 이상
- 자갈 : 300kN/m² 이상
- 모래 섞인 점토 : 150kN/m² 이상
- 모래 또는 롬토 : 100kN/m² 이상

■ 기초판 형식에 따른 분류
독립 기초, 복합 기초, 연속 기초 및 온통 기초 등

■ 지정 형식에 의한 분류
직접 기초, 말뚝 기초, 피어 기초(우물통 기초, 잠함 기초 등) 등

■ 줄기초
벽 또는 일련의 기둥으로부터의 응력을 띠모양으로 하여 지반 또는 지정에 전달하도록 하는 기초

■ 온통 기초(매트 슬래브, 매트 기초)
- 건축물의 밑바닥 전부를 두꺼운 기초판으로 구성한 기초
- 하중에 비하여 지내력이 작을 때 설치하는 기초
- 지반이 연약하거나 기둥에 작용하는 하중이 커서 기초판이 넓어야 할 때 사용하는 기초
- 건물의 하부 전체 또는 지하실 전체를 하나의 기초판으로 구성한 기초

■ 잠함 기초(케이슨 기초)
견고한 지반이 깊이 있을 경우 지상에서 원형통, 사각형통의 밑 없는 상자를 만들고 그 속에서 토사를 파내어 상자를 내리 앉히고 저부에 콘크리트를 부어 만든 기초

4 지반의 허용 지내력도

(단위 : kN/m²)

지반		장기 응력에 대한 허용 응력도	단기 응력에 대한 허용 응력도
경암반	화강암, 섬록암, 편마암, 안산암 등의 화성암 및 굳은 역암 등의 암반	4,000	장기 응력에 대한 허용 응력도 각각의 값의 1.5배로 한다.
연암반	편암, 판암 등의 수성암의 암반	2,000	
	혈암, 토단반 등의 암반	1,000	
자갈		300	
자갈과 모래의 혼합물		200	
모래 섞인 점토 또는 롬토		150	
모래 또는 점토		100	

5 기초

(1) 기초의 구분

① **기초판 형식에 따른 분류** : 독립 기초, 복합 기초, 연속 기초 및 온통 기초 등

② **지정 형식에 의한 분류** : 직접 기초, 말뚝 기초, 피어 기초(우물통 기초, 잠함 기초 등) 등

(2) 각종 기초의 종류

① **독립 기초** : 1개의 기초가 1개의 기둥을 지지하는 기초로서 기둥마다 구덩이 파기를 한 후에 그곳에 기초를 만드는 것으로서, 경제적이나 침하가 고르지 못하고, 횡력에 위험하므로 이음보, 연결보 및 지중보가 필요하다.

② **줄기초** : 벽 또는 일련의 기둥으로부터의 응력을 띠모양으로 하여 지반 또는 지정에 전달하도록 하는 기초 형식으로 주로 조적 구조의 기초에 사용하는 기초이다.

③ **복합 기초** : 두 개 이상의 기둥을 한 개의 기초에 연속되어 지지하는 기초로서 단독 기초의 단점을 보완한 기초이다.

④ **온통 기초(매트 슬래브, 매트 기초)** : 건축물의 전체 바닥에 철근 콘크리트 기초판을 설치한 기초로서 모든 하중이 기초판을 통하여 지반에 전달된다. 지반이 지나친 지내력 부담을 받지 않아 하중에 비하여 지내력이 작은 연약 지반에 사용한다. 건축물의 밑바닥 전부를 두꺼운 기초판으로 구성한 기초이며, 하중에 비하여 지내력이 작을 때 설치하는 기초 또는 지반이 연약하거나 기둥에 작용하는 하중이 커서 기초판이 넓어야 할 때 사용하는 기초로, 건물의 하부 전체 또는 지하실 전체를 하나의 기초판으로 구성한 기초이다.

⑤ **잠함 기초(케이슨 기초)** : 잠함[지상에서 구축한 철근 콘크리트제의 상자나 통 형태의 지하 구축물(기초, 하부 구조물)로서 그 밑을 굴착하여 소정의 위치까지 침하시키는 것]을 사용하여 만든 기초 또는 견고한 지반이 깊이 있을 경우 지상에서 원형통, 사각

형통의 밑 없는 상자를 만들고 그 속에서 토사를 파내어 상자를 내리 앉히고 저부에 콘크리트를 부어 만든 기초이다.

(3) 기초 구조의 결정

① 기초 구조를 결정함에 있어서 고려하여야 할 사항은 상부 건축물의 구조와 규모, 지반의 상황 및 시공성, 공사비 및 공사 기간 등이 있고, 건물의 설계 기간은 기초 구조와 무관하다.

② 한 건축물의 기초를 여러 종류 사용하는 경우 부동 침하의 원인이 될 수 있으므로 이를 방지하기 위하여 기초의 종류를 한 종류로 통일하여야 한다.

③ 기초에 사용된 콘크리트의 두께가 두꺼울수록 펀칭 전단력(뚫림 전단력)의 저항성이 우수하다.

6 연약 지반에 대한 대책

(1) 연약 지반에 대한 대책

① 상부 구조와의 관계 : 건축물의 경량화, 평균 길이를 짧게 할 것, 강성을 높게 할 것, 이웃 건축물과 거리를 멀게 할 것, 건축물의 중량을 분배할 것

② 기초 구조와의 관계 : 굳은 층(경질층)에 지지시킬 것, 마찰 말뚝을 사용할 것 및 지하실을 설치할 것 등이다. 특히, 지반과의 관계에서 흙다지기, 물빼기, 고결, 바꿈 등의 처리를 하며, 방법으로는 전기적 고결법, 모래 지정, 웰 포인트, 시멘트 물 주입법 등으로 한다.

(2) 부동 침하의 원인

부동 침하의 원인은 연약층, 경사 지반, 이질 지층, 낭떠러지, 일부 증축, 지하수위 변경, 지하 구멍, 메운 땅 흙막이, 이질 지정 및 일부 지정 등이다. 또한, 지반이 동결 작용을 했을 때, 지하수가 이동될 때 및 이웃 건물에서 깊은 굴착을 할 때 등이다.

7 흙막이 공법의 종류

(1) 흙막이 공법의 종류

① 오픈 컷 공법 : 터파기 주위의 토사가 무너지지 않도록 알맞은 각도를 두어 굴삭하는 방식으로, 공사 기간이 길지 않은 경우에는 흙의 안식각의 2배 정도를 두는 것이 보통이다. 굴삭 토량이 많지 않으며, 대지에 여유가 있는 경우에 주로 사용하는데, 버팀대가 필요하지 않으며 안전하게 공사할 수 있다.

출제 키워드

▪ **기초 구조 결정시 고려 요소**
상부 건축물의 구조와 규모, 지반의 상황 및 시공성, 공사비 및 공사 기간 등

▪ **부동 침하 방지**
기초의 종류를 한 종류로 통일

▪ **펀칭 전단력(뚫림 전단력)**
기초판의 콘크리트 두께가 두꺼울수록 펀칭 전단력(뚫림 전단력)의 저항성이 우수

▪ **연약 지반에 대한 대책 중 상부 구조와의 관계**
건축물의 경량화, 평균 길이를 짧게 할 것, 강성을 높게 할 것, 이웃 건축물과 거리를 멀게 할 것 및 건축물의 중량을 분배할 것

▪ **부동 침하의 원인**
연약층, 이질 지층, 일부 지정 등

▪ **오픈 컷 공법**
터파기 주위의 토사가 무너지지 않도록 알맞은 각도를 두어 굴삭하는 방식

출제 키워드

■ 띠장
토압과 수압을 지탱하기 위해 널말뚝 벽면에 수평으로 대는 부재

■ 흙막이 공사에서 일어나는 현상
보일링, 히빙 및 파이핑 등

■ 언더 피닝
기존 구조물의 기초를 보강 또는 새로이 기초를 삽입하는 공사의 총칭

② **수평 버팀대식 공법** : 널말뚝이나 어미 말뚝을 박고, 띠장(토압과 수압을 지탱하기 위해 널말뚝 벽면에 수평으로 대는 부재)을 댄 다음 버팀대를 수평으로 질러 토압을 지지하는 공법으로 가장 대표적인 흙막이 공법이다. 터파기가 넓을 때에는 중간에 지주를 세워 버팀대를 지지하며, 터파기가 진행되면서 2단, 3단의 수평 버팀대를 질러 나간다.

③ **아치형 버팀대식 공법** : 수평 버팀대의 중앙 부분에 압축력을 받아 줄 수 있는 아치형을 이용하여 둥글게 함으로써 중앙 부분에 큰 공간을 구성하여 작업을 쉽게 하려는 방법이며, 가끔 원형 제작이 용이한 철근 콘크리트를 사용하기도 한다.

④ **아일랜드 공법** : 주변부를 얕게 터파기를 한 다음 널말뚝을 박고, 널말뚝에서 중앙부를 향하여 경사를 두는 터파기를 한다. 중앙부의 터파기가 끝나면 중앙부에 마치 섬처럼 기초나 지하 구조물의 일부를 축조하고, 그것과 주변부의 널말뚝 사이에 경사지게 버팀대를 댄다. 주변부의 얕게 판 부분에 남은 곳을 파고, 중앙부의 지하 구조물을 주변부에 연장하면서 중앙부 위층의 공사를 진행한다. 즉, 아일랜드 공법은 먼저 중앙부를 정해진 깊이까지 파고 차츰 주변부로 파 나가는 공법으로 비교적 깊고 넓은 곳을 터파기할 때 적당하다.

(2) 흙막이 공사에서 일어나는 현상과 방지책

	현상	방지책
보일링	사질 지반에서 흙막이벽을 설치하고, 기초 파기를 할 때에 흙막이벽 뒷면 수위가 높아져 지하수가 흙막이벽 밑을 통하여 상승하는 유수로 말미암아 모래 입자가 부력을 받아 물이 끓듯이 지하수가 모래와 같이 솟아오르는 현상	• 널말뚝 저면의 타설 깊이를 깊게 한다. • 널말뚝을 불투수성 점토질 지층까지 깊이 때려 박는다. • 웰 포인트 공법에 의하여 지하수면을 낮추어 용출하는 물의 압력을 감소시킨다.
히빙	하부 지반이 연약할 때 흙파기 저면선에 대하여 흙막이 바깥에 있는 흙의 중량과 지표 재하중의 중량에 못 견디어 저면의 흙이 붕괴되고, 흙막이 바깥에 있는 흙이 안으로 밀려 볼록하게 되는 현상 또는 흙막이벽 양쪽 토압의 차이로 흙막이 뒷부분의 흙이 흙막이벽 밑을 돌아서 기초파기를 하는 공사장으로 미끄러져 들어오는 현상	• 설계 계획을 변경 또는 표토를 제거하여 하중을 적게 한다. • 굴착면에 하중을 가하거나 지반을 개량한다. • 트렌치 공법 또는 부분 굴착을 하거나, 케이슨이나 아일랜드 공법을 사용한다. • 가장 좋은 방법으로는 강성이 높고, 강력한 흙막이벽의 밑을 양질의 지반 속까지 깊이 박는다.
파이핑	흙막이벽의 부실 공사로 인하여 흙막이벽의 뚫린 구멍 또는 이음새를 통하여 물이 공사장 내부 바닥으로 파이프 작용을 하여 보일링 현상이 생기는 현상	• 흙막이벽의 강성을 높이고, 수밀성을 양호하게 한다.

※ 언더 피닝이란 기존 구조물의 기초를 보강 또는 새로이 기초를 삽입하는 공사의 총칭으로, ① 기초의 침하가 심할 때, ② 인접 대지에 현존 건물의 기초보다 깊은 지하실을 축조할 때, ③ 기존 건물의 옥상에 증축할 때, ④ 지하실 바닥을 높게 할 때 등의 경우에 사용한다.

(3) 흙막이 부재

① **띠장** : 흙막이 부재 중 토압과 수압을 지탱하기 위해 널말뚝 벽면에 수평으로 대는 부재이다.

② **멍에** : 장선의 하중을 받아주는 가로재로서, 장선과 동바리를 연결하는 역할을 한다.

③ **장선** : 마룻널의 하중을 받아 멍에에 전달하는 부재이다.

④ **어미 말뚝** : 흙막이 널을 지지하기 위한 말뚝

⑤ **옹벽** : 흙의 붕괴를 방지하기 위한 벽의 일종으로, 수평 방향으로 작용하는 수압과 토압에 저항하도록 만들어진 벽이다.

출제 키워드

■ **옹벽**
- 흙의 붕괴를 방지하기 위한 벽의 일종
- 수평 방향으로 작용하는 수압과 토압에 저항하도록 만들어진 벽

| 1-1. 건축 구조의 일반 사항 |

과년도 출제문제

01 | 구조 재료에 따른 분류
09, 08, 06

다음 중 건축 구조의 재료에 따른 분류에 속하지 않는 것은?

① 목 구조 ② 돌 구조
③ 아치 구조 ④ 강 구조

해설 주체 재료에 의한 분류에는 목구조, 벽돌 구조, 블록 구조, 돌구조, 철골(강)구조, 철근 콘크리트 구조, 철골 철근 콘크리트 구조 등이 속하고, 아치 구조는 구성 형식에 의한 분류에 속한다.

02 | 철근 콘크리트 구조의 용어
12, 06

다음 중 내구적, 방화적이나 횡력과 진동에 약하고 균열이 생기기 쉬운 구조는?

① 철골 구조
② 목 구조
③ 벽돌 구조
④ 철근 콘크리트 구조

해설 건축 구조 형식 중 조적식 구조(벽돌, 블록, 돌 구조 등)는 내구적·방화적이나 횡력과 진동에 약하고 균열이 생기기 쉬운 구조이다.

03 | 철골 철근 콘크리트 구조의 용어
20, 14

연직 하중은 철골에 부담시키고 수평 하중은 철골과 철근 콘크리트의 양자가 같이 대항하도록 한 구조는?

① 철골 철근 콘크리트 구조
② 셸 구조
③ 절판 구조
④ 프리스트레스트 구조

해설 철골 철근 콘크리트 구조는 철골 구조와 철근 콘크리트 구조의 합성 구조로서 연직(수직) 하중은 철골이 부담하고, 수평 하중은 철골과 철근 콘크리트의 양자가 부담하는 형식의 구조이다.

04 | 구성 방식에 의한 분류
23, 21, 20, 17, 16, 06

건축 구조의 구성 방식에 의한 분류에 속하지 않는 것은?

① 가구식 구조 ② 일체식 구조
③ 습식 구조 ④ 조적식 구조

해설 건축 구조의 분류 중 구성 양식에 의한 분류에는 가구식 구조(나무 구조, 철골 구조 등), 조적식 구조(벽돌 구조, 블록 구조 및 돌 구조 등) 및 일체식 구조(철근 콘크리트 구조, 철골 철근 콘크리트 구조 등)등이 있다. 습식 구조는 시공 과정에 의한 분류에 속한다.

05 | 구성 방식(조적식 구조의 종류)
21, 14

조적식 구조로만 짝지어진 것은?

① 철근 콘크리트 구조 – 벽돌 구조
② 철골 구조 – 목 구조
③ 벽돌 구조 – 블록 구조
④ 철골 철근 콘크리트 구조 – 돌 구조

해설 ①은 일체식-조적식 구조이고, ②는 가구식-가구식 구조이며, ④는 일체식-조적식 구조이나 ③은 조적식-조적식 구조이다.

06 | 구성 방식(가구식 구조의 용어)
21, 17, 16③

건축 구조의 구성 방식에 의한 분류 중 하나로, 구조체인 기둥과 보를 부재의 접합에 의해서 축조하는 방법으로 뼈대를 삼각형으로 짜 맞추면 안정한 구조체를 만들 수 있는 구조는?

① 가구식 구조 ② 캔틸레버 구조
③ 조적식 구조 ④ 습식 구조

해설 캔틸레버 구조는 한 쪽만을 고정(고정 지점)시키고, 다른 끝은 돌출시켜(자유단) 그 위에 하중을 지지하도록 한 구조이고, 조적식 구조는 개별적 재료(벽돌, 블록, 돌 등)를 석회나 시멘트 등의 접착제를 이용하여 구조체를 만드는 구조이며, 습식 구조는 건축 시공 시 현장에서 공정상 물을 사용하여 구조체를 완성하는 방식이다.

정답 01. ③ 02. ③ 03. ① 04. ③ 05. ③ 06. ①

07 | 구성 방식(일체식 구조의 종류)
15

다음 건축 구조의 분류 중 일체식 구조에 해당하는 것은?

① 조적 구조
② 철골 철근 콘크리트 구조
③ 조립식 구조
④ 목구조

해설 일체식 구조는 전 구조체(기둥, 보, 벽, 지붕 및 바닥 등)를 일체로 만드는 구조로서 철근 콘크리트 구조, 철골 철근 콘크리트 구조 등이 있다. 목구조는 가구식 구조이다.

08 | 구성 방식(가구식 구조의 용어)
12, 06

구조의 구성 방식에 의한 분류 중 구조체인 기둥과 보를 부재의 접합에 의해서 축조하는 방법으로 목구조, 철골 구조 등을 의미하는 것은?

① 조적식 구조 ② 가구식 구조
③ 습식 구조 ④ 건식 구조

해설 조적식 구조는 비교적 작은 하나하나의 재료(벽돌, 블록, 돌)를 접합재를 사용하여 쌓아 올려 건축물을 구성하는 구조이고, 습식 구조는 물을 사용하는 공정이 포함된 건축 구조의 방식이며, 건식 구조는 뼈대를 만들어 규격화한 각종 기성재를 짜맞추는 방법으로 물을 거의 사용하지 않은 구조이다.

09 | 구성 방식(가구식 구조)
17, 14

가구식 구조에 대한 설명으로 옳은 것은?

① 개개의 재료를 접착제를 이용하여 쌓아 만든 구조
② 목재, 강재 등 가늘고 긴 부재를 접합하여 뼈대를 만드는 구조
③ 철근 콘크리트 구조와 같이 전 구조체가 일체가 되도록 한 구조
④ 물을 사용하는 공정을 가진 구조

해설 ①은 조적식 구조, ③은 일체식 구조, ④는 습식 구조에 대한 설명이다.

10 | 건식 구조의 용어
19, 17, 09

규격화된 기성 제품을 가구식으로 짜맞추어 물을 거의 사용하지 않고 축조하는 구조는?

① 건식 구조 ② 습식 구조
③ 조적 구조 ④ 철근 콘크리트 구조

해설 건식 구조는 뼈대를 만들어 규격화한 각종 기성재를 짜맞추는 방법으로 물을 거의 사용하지 않으며, 나무 구조와 철골 구조 등이 있다. 또한 습식 구조는 물을 사용하는 공정을 가진 구조로서 벽돌, 돌, 블록, 철근 콘크리트 구조 등이 있다.

11 | 습식 구조의 종류
13, 07

다음 중 습식 구조와 가장 거리가 먼 것은?

① 목 구조 ② 철근 콘크리트 구조
③ 블록 구조 ④ 벽돌 구조

해설 습식 구조(물을 많이 사용하는 공정이 포함된 구조)에는 조적식 구조(벽돌, 블록, 돌구조)와 일체식 구조(철근 콘크리트조, 철골 철근 콘크리트조) 등이 있고, 건식 구조에는 목 구조와 철골 구조 등이 있다.

12 | 건축 구조
03

건축 구조에 관한 기술 중 옳은 것은?

① 나무 구조는 내구성이 약하다.
② 돌 구조는 횡력과 진동에 강하다.
③ 철근 콘크리트 구조는 공사 기간이 짧다.
④ 철골 구조는 공사비가 싸고 내화적이다.

해설 나무 구조는 내구성이 약하고, 돌 구조는 횡력과 진동에 약하며, 철근 콘크리트 구조는 습식 구조이므로 공사 기간이 길다. 또한, 철골 구조는 공사비가 비싸고, 내화적이지 못하다.

13 | 건축 구조
14

각종 건축 구조에 관한 설명 중 틀린 것은?

① 철근 콘크리트 구조는 다양한 거푸집 형상에 따른 성형성이 뛰어나다.
② 조적식 구조는 개개의 재료를 접착 재료로 쌓아 만든 구조이며 벽돌 구조, 블록 구조 등이 있다.
③ 목구조는 철근 콘크리트 구조에 비하여 무게가 가볍지만 내화, 내구적이지 못하다.
④ 강구조는 일체식 구조로 재료 자체의 내화성이 높고 고층 구조에 적합하다.

해설 철골(강) 구조는 건축물의 골조를 각종 형강과 강판을 접합(리벳, 볼트, 고력 볼트, 용접 접합 등)으로 조립하거나, 단일 형강을 사용하여 구성하는 구조물로서 가구식 구조에 속하고, 재료 자체(강재)의 내화성이 낮으나, 초고층이나 스팬이 큰 공간 건축에 적합하다.

정답 07. ② 08. ② 09. ② 10. ① 11. ① 12. ① 13. ④

14 | 건축 구조의 분류
05, 00, 98

건축 구조의 분류에 따른 기술 중 옳지 않은 것은?

① 가구식 구조는 각 부재의 결합 및 짜임새에 따라 구조체의 강도가 좌우된다.
② 일체식 구조는 각 부분이 일체화되어 비교적 균일한 강도를 가진다.
③ 조립식 구조는 경제적이나 공기가 길다.
④ 조적식 구조는 조적 단위 재료의 접착 강도가 클수록 좋다.

해설 조립식 구조는 공장 생산에 의한 대량 생산이 가능하고 공사 기간을 단축시킬 수 있으며, 기후의 영향을 받지 않는 구조로서 건축의 생산성 향상을 위한 방법으로 사용한다.

15 | 건축 구조
10②, 08

다음의 각 건축 구조에 대한 설명으로 옳지 않은 것은?

① 건식 구조는 기성재를 짜맞추어 구성하는 구조로서 물을 거의 쓰이지 않는다.
② 일체식 구조는 철근 콘크리트 구조 등을 말한다.
③ 조립식 구조는 경제적이나 공기(工期)가 길다.
④ 비내력벽 구조는 상부하중을 받지 않는 구조로서 장막벽 등을 말한다.

해설 조립식 구조(프리 패브리케이션)는 공장 생산에 의한 대량 생산이 가능하고, 공사 기간을 단축할 수 있으며, 시공이 용이하고, 가격이 저렴하다. 특히, 기후의 영향을 받지 않으므로 연중 공사가 가능하다. 단점으로는 초기에 시설비가 많이 들고, 각 부재의 다원화가 힘들며, 강한 수평력(지진, 풍력 등)에 대하여 취약하므로 보강이 필요하다.

16 | 조립식 구조의 용어
24, 20, 15, 14

선 공장 제작하여 현장에서 짜맞춘 구조이며, 규격화할 수 있고, 대량 생산이 가능하고, 공사 기간을 단축할 수 있는 구조체의 구성 양식은?

① 조립식 구조　　② 습식 구조
③ 조적식 구조　　④ 일체식 구조

해설 습식 구조는 물을 많이 사용하는 공정이 포함된 구조 방식으로, 조적식과 일체식이 속한다. 조적식 구조는 비교적 작은 재료 하나 하나의 재료(벽돌, 돌, 블록 등)를 접합재(시멘트, 석회 등)를 사용하여 쌓아 올린 구조이며, 일체식 구조는 철근 콘크리트조와 철골 철근 콘크리트조와 같이 기둥, 보의 구조재 부분을 일체로 만든 구조이다.

17 | 건축 구조
15, 09

다음 중 건축 구조에 관한 기술로 옳은 것은?

① 나무 구조는 친화감이 있으나 부패되기 쉽다.
② 돌 구조는 횡력과 진동에 강하다.
③ 철근 콘크리트 구조는 타구조에 비해 공사 기간이 월등히 짧다.
④ 철골 구조는 공사비가 싸고 내화적이다.

해설 돌 구조는 횡력과 지진에 약하고, 철근 콘크리트 구조는 공사 기간이 길며, 철골 구조는 공사비가 비싸고, 내화성이 부족하다.

18 | 각종 구조의 특성
23②, 22, 13

각종 구조에 대한 설명 중 옳지 않은 것은?

① 경량 철골 구조 – 내화, 내구성이 좋지 않다.
② 목구조 – 내화, 내구적이지 못하다.
③ 철근 콘크리트 구조 – 내구, 내진, 내화성이 뛰어나다.
④ 벽돌 구조 – 내진적이며 고층 건물에 적합하다.

해설 각종 구조 중 벽돌 구조는 조적식 구조로서 횡력에 약하므로, 내진적이지 못하고, 고층 건축물에는 부적합하다.

19 | 조립식 구조물(P.C)의 정의
23, 21, 19, 12

조립식 구조물(P.C)에 대하여 옳게 설명한 것은?

① 슬래브의 부재는 크고 무거워서 P.C로 생산이 불가능하다.
② 접합의 강성을 높이기 위하여 접합부는 공장에서 일체식으로 생산한다.
③ P.C는 현장 콘크리트 타설에 비해 결과물의 품질이 우수한 편이다.
④ P.C는 장비를 사용하므로 공사 기간이 많이 소요된다.

해설 ①은 슬래브 부재의 크기와 무게에 관계없이 P.C 생산이 가능하고, ②는 접합의 강성을 높이기 위하여 접합부는 현장에서 접합하며, ④는 장비를 사용하므로 공사 기간이 단축된다.

20 | 구조재의 종류
22, 15, 11

건축물 구성 부분 중 구조재에 속하지 않는 것은?

① 기둥　　② 기초
③ 슬래브　　④ 천장

해설 건축물의 구성은 구조재(기둥, 기초, 벽 및 바닥(슬래브))와 비구조재(천장, 수장재와 같은 마감 부분 등)로 구별된다.

정답 14. ③ 15. ③ 16. ① 17. ① 18. ④ 19. ③ 20. ④

21 조립식 구조의 특성
22, 20, 19, 17, 14, 12

조립식 구조의 특성으로 틀린 것은?

① 각 부품과의 접합부가 일체화되기가 어렵다.
② 정밀도가 낮은 단점이 있다.
③ 공장 생산이 가능하다.
④ 기계화 시공으로 단기 완성이 가능하다.

해설 조립식 구조(프리 패브리케이션)는 건축의 생산성 향상을 위한 방법으로 사용하고, 비능률적인 현장 작업에 쓸 각종 부재들을 되도록이면 공장에서 미리 만들어 현장에 반입, 조립함으로써 정밀도가 높은 점과 대량 생산의 효과를 얻을 수 있다.

22 계단의 용어
10, 07

높이가 다른 바닥의 상호간에 단을 만들어 연결하는 구조체로서 세로 방향의 통로로 중요한 역할을 하는 것은?

① 수장 ② 기초
③ 계단 ④ 창호

해설 수장은 건축물의 뼈대에 덧붙여 꾸미는 것으로 기와이기, 미장 등이 있고, 기초는 상부 구조물의 하중을 지반에 전달하는 부재로서 건축물을 안정되게 지탱하는 최하부 구조체이며, 창호는 채광과 통풍을 하는 창과 통행을 하는 문을 통틀어서 일컫는 말로서 창호가 있는 곳을 개구부라고 한다.

23 방음 바닥 구조의 용어
10

바닥 마감판과 바탕 사이에 암면 등의 완충재를 넣어 판의 진동을 감소시키는 바닥 구조는?

① 방부 바닥 구조 ② 방음 바닥 구조
③ 방충 바닥 구조 ④ 전도 바닥 구조

해설 방음 바닥 구조는 바닥 마감판과 바탕 사이에 완충재(암면 등)를 넣어 밑의 진동을 막아주는 구조이고, 방부 바닥 구조는 부식을 방지하는 구조이며, 방충 바닥 구조는 충해를 막는 바닥 구조이다.

24 바닥의 용어
10

실내 공간을 형성하는 주요 기본 구성요소 중 천장과 함께 공간을 구성하는 수평적 요소로서 생활을 지탱하는 역할을 하는 것은?

① 벽 ② 보
③ 기초 ④ 바닥

해설 벽은 건축물의 평면을 구획하는 부재로서 내부와 외부를 구획하는 외벽과 건축물의 내부를 구획하는 칸막이벽으로 구분된다. 보는 건물 또는 구조물의 형틀 부분을 구성하는 수평부재로 작은 보, 큰 보 등이 있다. 기초는 상부 구조물의 하중을 지반에 전달하는 부재로서 건축물을 안정되게 지탱하는 최하부의 구조재이다.

25 방화벽의 용어
11, 10

인접 건물의 화재에 의해 연소되지 않도록 하는 구조는?

① 흡음벽
② 보온벽
③ 방습벽
④ 방화벽

해설 흡음벽은 실내의 소리를 되도록 재료에 흡수시켜 실내의 반사음을 적게 하기 위한 벽이고, 보온벽은 단열하거나 온도를 유지(열손실을 적게)하기 위하여 열의 부도체로 둘러싼 벽이며, 방습벽은 습기를 방지하기 위한 벽이다.

26 내진벽의 용어
14

지진력에 대하여 저항시킬 목적으로 구성한 벽의 종류는?

① 내진벽
② 장막벽
③ 칸막이벽
④ 대린벽

해설 장막(칸막이)벽은 벽체 자체의 무게 이외의 하중을 부담하지 않는 벽으로 외부에 접하지 않는 건축물 내부를 여러 칸으로 구획하여 막아주는 벽이며, 대린벽은 서로 인접하는 2개의 벽 또는 서로 직각으로 교차되는 내력벽이다.

27 내진 구조의 용어
19, 18, 12, 07

다음 재해 방지 성능상의 분류 중 지진에 의한 피해를 방지할 수 있는 구조는?

① 방화 구조
② 내화 구조
③ 방공 구조
④ 내진 구조

해설 방화 구조는 건물의 외부에서 인접 화재에 의한 연소 방지와 건물 내에서 불이 붙는 것을 방지할 목적의 구조이고, 내화 구조는 화재에 대하여 완전히 견디어 낼 수 있도록 한 구조이다.

정답 21. ② 22. ③ 23. ② 24. ④ 25. ④ 26. ① 27. ④

28 | 구조 부재의 보호 대책
24, 12

다음 중 구조 부재를 보호하는 방법으로 옳은 것은?

① 철근 콘크리트 기둥의 파손을 방지하기 위하여 내부에 알루미늄을 삽입하였다.
② 서해대교 케이블의 보호를 위하여 염소를 발랐다.
③ 목조 지붕틀의 방식을 위하여 광명단을 칠했다.
④ 화재로부터 철골 부재를 보호하기 위하여 내화 뿜칠을 하였다.

해설 ①의 알루미늄은 알칼리성에 약하므로 콘크리트 속에서는 부식되고, ②의 염소는 철을 부식시키며, ③의 광명단은 철의 부식을 방지하는 도료이다.

29 | 자갈 지정의 용어
20②, 17, 14

잡석 지정을 할 필요가 없는 비교적 양호한 지반에서 사용되는 지정 방식은?

① 자갈 지정
② 제자리 콘크리트 말뚝 지정
③ 나무 말뚝 지정
④ 기성제 철근 콘크리트 말뚝 지정

해설 자갈 지정(잡석 다짐의 잡석 대신에 깬자갈 또는 모래를 반 섞은 자갈을 6~12cm 두께로 깔고 평평하게 다진 지정)은 잡석 지정을 할 필요가 없는 비교적 양호한 지반에 사용한다.

30 | 말뚝 중심 간의 거리
19, 18③, 14, 08, 02②

기성 콘크리트 말뚝을 타설할 때 그 중심 간격은 말뚝머리 지름의 최소 몇 배 이상으로 하여야 하는가?

① 1.5
② 2.5
③ 3.5
④ 4.5

해설 말뚝의 간격

말뚝의 종류	나무 말뚝	기성 콘크리트 말뚝	제자리 콘크리트 말뚝	철제 말뚝
말뚝의 간격	말뚝 직경의 2.5배 이상		말뚝 직경의 2배 이상 (폐단 강관 말뚝 2.5배 이상)	
	60cm 이상	75cm 이상		90cm 이상

31 | 말뚝 기초
07, 06, 02

말뚝 기초에 관한 설명 중 옳은 것은?

① 나무 말뚝 머리는 상수면 위에서 자른다.
② 현장 타설 콘크리트 말뚝을 배치할 때 그 중심 간격은 말뚝머리 지름의 2.5배 이상으로 한다.
③ 기성 콘크리트 말뚝을 타설할 때 그 중심 간격은 말뚝머리 지름의 2.5배 이상 또한 700mm 이상으로 한다.
④ 현장 타설 콘크리트 말뚝의 선단부는 지지층에 확실히 도달시켜야 한다.

해설 나무 말뚝의 머리는 상수면 이하에 두어 부식을 방지한다. 현장 타설 콘크리트 말뚝을 배치할 때 그 중심 간격은 말뚝머리 지름의 2.0배 이상으로 하며, 말뚝의 중심 최소 간격은 말뚝 머리 직경의 2.5배 이상으로 한다. 나무 말뚝은 600mm, 기성 콘크리트 말뚝은 750mm, 제자리 콘크리트 말뚝은 900mm 이상으로 하여야 한다.

32 | 말뚝 중심 간 거리의 산정
20, 19, 08

말뚝 기초에서 말뚝머리 지름이 300mm인 기성 콘크리트 말뚝을 타설할 때 말뚝 중심 간의 최소 간격은?

① 300mm ② 450mm
③ 750mm ④ 900mm

해설 기성 콘크리트 말뚝의 말뚝 중심 간 거리는 다음 ㉠, ㉡의 최대값으로 하여야 한다.
㉠ 말뚝 직경의 2.5배 이상 : 2.5×300=750mm 이상
㉡ 75cm 이상 : 750mm 이상
그러므로 ㉠, ㉡의 최대값인 말뚝 중심 간의 최소 거리는 750mm 이상이다.

33 | 보링(회전식 보링)의 용어
10

보링 방법 중 속이 빈 강철재의 절단기를 회전하여 구멍을 뚫고 지층을 그대로 원통모양으로 채취하는 것은?

① 회전식 보링 ② 충격식 보링
③ 수세식 보링 ④ 탄성파식 지하탐사

해설 충격식 보링은 보링대를 관 속에서 상하로 회전시켜 충격과 회전력으로 관 내의 토석을 뚫고 토사 채취 공구를 사용하여 꺼내어 보는 방식이고, 수세식 보링은 지중에 외관을 쳐박고 그 속에 내관을 넣어 내관 끝에서 물을 내뿜게 하여 외관 밑의 토사를 씻어 올려 침전통에 침전시켜 지층의 형태를 알아보는 방식이다. 탄성파식 지하탐사는 낙하추나 화약폭발로 인공 지진동을 일으켜 진동 이론을 응용하여 굳은 층의 지하 구조 즉, 위치, 형상, 경도 등을 판단하는 방식이다.

정답 28. ④ 29. ① 30. ② 31. ④ 32. ③ 33. ①

34 | 말뚝 중심 간의 거리
02, 01, 00, 98

나무 말뚝 설치 시 말뚝의 최소 중심 간격은 말뚝 직경의 얼마 이상으로 하는가?

① 1.25배 ② 1.5배
③ 2.5배 ④ 3.0배

해설 나무 말뚝 지정 설치 시 말뚝의 최소 중심 간격은 말뚝 끝마구리 직경의 2.5배 이상, 600mm 이상으로 한다.

35 | 지정 형식에 의한 분류
10

기초의 분류 중 지정 형식에 의한 분류가 아닌 것은?

① 연속 기초 ② 직접 기초
③ 피어 기초 ④ 말뚝 기초

해설 기초의 구분에서 기초판 형식에 따른 분류에는 독립 기초, 복합 기초, 연속 기초 및 온통 기초 등이 있고, 지정 형식에 의한 분류에는 직접 기초, 말뚝 기초, 피어 기초(우물통 기초, 잠함 기초 등) 등이 있다.

36 | 지반의 허용 지내력도
07

모래 또는 점토 지반의 장기 응력에 대한 허용 지내력도는?

① $100kN/m^2$
② $300kN/m^2$
③ $1,000kN/m^2$
④ $4,000kN/m^2$

해설 지반의 허용 지내력도

(단위 : kN/m^2)

지반		장기 응력에 대한 허용 지내력도	단기 응력에 대한 허용 지내력도
경암반	화강암, 섬록암, 편마암, 안산암 등의 화성암 및 굳은 역암 등의 암반	4,000	장기 응력에 대한 허용 응력도 값의 1.5배로 한다.
연암반	편암, 판암 등의 수성암의 암반	2,000	
	혈암, 토단반 등의 암반	1,000	
자갈		300	
자갈과 모래의 혼합물		200	
모래 섞인 점토 또는 롬토		150	
모래 또는 점토		100	

37 | 지반의 허용 지내력도
08, 04, 03, 02, 00, 99, 98

지반의 허용 지내력도가 가장 큰 것은?

① 자갈 ② 모래
③ 연암반 ④ 모래 섞인 점토

해설 지반의 허용 응력도를 보면, 자갈은 $300kN/m^2$, 모래는 $100kN/m^2$, 연암반은 $1,000\sim2,000kN/m^2$, 모래 섞인 점토는 $150kN/m^2$이다.

38 | 지반의 허용 지내력도
02

지반의 허용 지내력도가 가장 큰 지반은?

① 자갈 ② 모래
③ 진흙 ④ 모래 섞인 진흙

해설 지반의 허용 응력도를 순서대로 늘어 놓으면, 자갈($300kN/m^2$)−자갈·모래의 혼합물($200kN/m^2$)−모래 섞인 점토, 또는 롬토($150kN/m^2$)−모래 또는 점토($100kN/m^2$)의 순이다.

39 | 기초의 용어
07

건물의 최하부에 놓여져 건물의 무게를 안전하게 지반에 전달하는 구조부는?

① 지붕 ② 계단
③ 기초 ④ 창호

해설 지붕은 건축물의 최상부를 막아 비나 눈이 건축물의 내부로 흘러들지 못하게 하고, 실내 공기를 보호하는 부분으로 그 모양과 기울기가 다양하다. 계단은 바닥의 일부로서 높이가 서로 다른 바닥을 연결하는 통로의 구실을 한다. 창호는 채광과 통풍을 하는 창과 통행을 하는 문을 함께 부르는 것으로, 창호가 있는 곳을 개구부라고 한다.

40 | 매트 기초의 용어
19③, 18, 17, 13, 09

바닥 슬래브 전체가 기초판 역할을 하는 것은?

① 매트 기초 ② 복합 기초
③ 독립 기초 ④ 줄기초

해설 온통 기초(매트 기초, 매트 슬래브 기초)는 건축물의 전체 바닥에 철근 콘크리트 기초판을 설치한 기초 또는 건물의 하부(바닥 슬래브) 전체 또는 지하실 전체를 하나의 기초판으로 구성한 기초로서 모든 하중이 기초판을 통하여 지반에 전달된다. 지반이 지나친 지내력 부담을 받지 않아 하중에 비하여 지내력이 작은 연약 지반에 사용한다.

정답 34.③ 35.① 36.① 37.③ 38.① 39.③ 40.①

41 | 줄 기초의 용어
24, 22, 18, 12, 11

벽 또는 일련의 기둥으로부터의 응력을 띠모양으로 하여 지반 또는 지정에 전달하도록 하는 기초 형식으로 연속 기초라고도 하는 것은?

① 복합 기초　② 줄 기초
③ 독립 기초　④ 온통 기초

해설 복합 기초는 독립 기초의 단점을 보완하기 위한 기초로서 두 개 이상의 기둥을 한 개의 기초에 연속하여 지지하도록 한 기초이다. 독립 기초는 1개의 기초가 1개의 기둥을 지지하는 기초로서 기둥마다 구덩이 파기를 한 후에 그 곳에 기초를 만드는 것으로서 경제적이나, 침하가 고르지 못하고 횡력에 약하므로 이음보, 연결보 및 지중보가 필요하다. 온통 기초는 건축물의 전체 바닥에 철근 콘크리트 기초판을 설치한 기초 또는 건물의 하부(바닥 슬래브) 전체 또는 지하실 전체를 하나의 기초판으로 구성한 기초로서 모든 하중이 기초판을 통하여 지반에 전달되고, 지반이 지나친 지내력 부담을 받지 않아 하중에 비하여 지내력이 작은 연약 지반에 사용한다.

42 | 온통 기초의 용어
21, 18, 17③, 16, 13, 06

건물의 하부 전체 또는 지하실 전체를 하나의 기초판으로 구성한 기초는?

① 독립 기초　② 줄기초
③ 복합 기초　④ 온통 기초

해설 줄(연속) 기초는 벽 또는 일련의 기둥으로부터의 응력을 일정한 폭, 길이 방향으로 연속된 띠모양으로 하여 지반 또는 지정에 전달하도록 하는 기초 형식으로 주로 조적 구조의 기초에 사용하는 기초이다. 복합 기초는 지반이 연약하거나 협소할 때, 상부 구조가 밀집되어 있을 때, 편심 하중이 생길 때 사용하는 기초로서 2개 이상의 기둥에서 내려오는 하중을 하나의 기초판이 받도록 설계된 기초이다.

43 | 온통 기초의 용어
24, 20, 18, 17, 13

건축물의 밑바닥 전부를 두꺼운 기초판으로 구성한 기초이며, 하중에 비하여 지내력이 작을 때 설치하는 기초는?

① 온통 기초　② 독립 기초
③ 복합 기초　④ 연속 기초

해설 온통 기초(매트 기초, 매트 슬래브 기초)는 건축물의 전체 바닥에 철근 콘크리트 기초판을 설치한 기초 또는 건물의 하부(바닥 슬래브) 전체 또는 지하실 전체를 하나의 기초판으로 구성한 기초이다. 모든 하중이 기초판을 통하여 지반에 전달되고, 지반이 지나친 지내력 부담을 받지 않아 하중에 비하여 지내력이 작은 연약 지반에 사용한다.

44 | 온통 기초의 용어
14, 10, 09, 08, 07, 04, 03

건물의 하부 전체 또는 지하실 전체를 하나의 기초판으로 구성한 기초로서 매트 슬래브 기초 또는 매트 기초라고 불리는 것은?

① 독립 기초　② 줄 기초
③ 복합 기초　④ 온통 기초

해설 온통 기초(매트 기초, 매트 슬래브 기초)는 건축물의 전체 바닥에 철근 콘크리트 기초판을 설치한 기초 또는 건물의 하부(바닥 슬래브) 전체 또는 지하실 전체를 하나의 기초판으로 구성한 기초이다. 모든 하중이 기초판을 통하여 지반에 전달되고, 지반이 지나6친 지내력 부담을 받지 않아 하중에 비하여 지내력이 작은 연약 지반에 사용한다.

45 | 온통 기초의 용어
22, 15, 04, 03, 01

지반이 연약하거나 기둥에 작용하는 하중이 커서 기초판이 넓어야 할 때 사용하는 기초로, 건물의 하부 전체 또는 지하실 전체를 하나의 기초판으로 구성한 것은?

① 잠함 기초　② 온통 기초
③ 독립 기초　④ 복합 기초

해설 잠함(케이슨) 기초는 잠함(지상에서 구축한 철근 콘크리트제의 상자나 통 형태의 지하 구축물로서 그 밑 부분을 굴착하여 소정의 위치까지 침하시키는 것)을 이용한 기초 또는 견고한 지반이 깊이 있을 경우 지상에서 원형통, 사각형통의 밑 없는 상자를 만들고 그 속에서 토사를 파내어 상자를 내리 앉히고 저부에 콘크리트를 부어 넣은 기초이다. 독립 기초는 한 개의 기초가 한 개의 기둥을 지지하는 기초이며, 복합 기초는 두 개 이상의 기둥을 한 개의 기초가 지지하는 기초이다.

46 | 잠함 기초의 용어
09

견고한 지반이 깊이 있을 경우 지상에서 원형통, 사각형통의 밑 없는 상자를 만들고 그 속에서 토사를 파내어 상자를 내리 앉히고 저부에 콘크리트를 부어 기초로 하는 것으로 케이슨 기초라고 불리는 것은?

① 주춧돌 기초　② 잠함 기초
③ 말뚝 기초　④ 직접 기초

해설 주춧돌 기초는 호박돌 기초의 호박돌 대신에 네모진 돌을 깎아 다듬고, 땅을 약 90cm 깊이로 파고, 잡석 다짐 또는 콘크리트 다짐 위에 기초를 설치한다. 말뚝 기초는 말뚝에 의해서 구조물을 지지하는 기초이다. 직접 기초는 상부 구조로부터의 하중을 말뚝 등을 사용하지 않고, 기초판으로 직접 지반에 전달하는 기초이다.

정답 41. ② 42. ④ 43. ① 44. ④ 45. ② 46. ②

47 | 기초 구조 결정 시 고려할 사항
09

기초 구조를 정할 때 고려할 점 중 옳지 않은 것은?

① 인접 건물의 기초에 주의하고 손상을 주지 않도록 한다.
② 지내력이 좋은 지반에 설치한다.
③ 기초 밑면을 동결선 밑에 놓는다.
④ 한 건물의 기초 형식은 여러 형식을 혼용한다.

해설 한 건축물의 기초를 여러 종류 사용하는 경우 부동 침하의 원인이 될 수 있으므로 이를 방지하기 위하여 기초의 종류를 한 종류로 통일하여야 한다.

48 | 기초 구조 결정 요소
04

다음 중 기초 구조의 결정 사항과 가장 관계가 먼 것은?

① 상부 건축물의 구조와 규모
② 지반의 상황 및 시공성
③ 공사비와 공사 기간
④ 건물 설계 기간

해설 기초 구조를 결정함에 있어서 고려하여야 할 사항은 상부 건축물의 구조와 규모, 지반의 상황 및 시공성, 공사비 및 공사 기간 등이 있고, 건물의 설계 기간이나 기초 구조와는 무관하다.

49 | 기초
24, 22, 15, 11

다음 중 기초에 대한 설명으로 옳지 않은 것은?

① 매트 기초는 부동 침하가 염려되는 건물에 유리하다.
② 파일 기초는 연약 지반에 적합하다.
③ 기초에 사용된 콘크리트의 두께가 두꺼울수록 인장력에 대한 저항 성능이 우수하다.
④ RCD 파일은 현장 타설 말뚝 기초의 하나이다.

해설 기초에 사용된 콘크리트의 두께가 두꺼울수록 펀칭 전단력(뚫림 전단력)의 저항성이 우수하다.

50 | 부동 침하의 원인
09, 04

다음 중 건물의 부동 침하 원인과 가장 관계가 먼 것은?

① 연약층
② 경사 지반
③ 지하실을 강성체로 설치
④ 건물의 일부 증축

해설 부동 침하의 원인은 연약층, 경사 지반, 이질 지층, 낭떠러지, 증축, 지하수위 변경, 지하 구멍, 메운땅 흙막이, 일부 증축, 이질 지정 및 일부 지정 등이다.

51 | 부동 침하의 원인
21, 19, 15, 10, 00

건물의 부동 침하의 원인과 가장 거리가 먼 것은?

① 지반이 동결 작용을 받을 때
② 지하수위가 변경될 때
③ 이웃 건물에서 깊은 굴착을 할 때
④ 기초를 크게 할 때

해설 부동 침하의 원인은 연약층, 경사 지반, 이질 지층, 낭떠러지, 증축, 지하수위 변경, 지하 구멍, 메운땅 흙막이 일부 증축, 이질 지정 및 일부 지정 등이다.

52 | 부동 침하의 원인
09, 04

다음 중 부동 침하의 원인과 가장 관계가 먼 것은?

① 건물의 위치가 이질 지층일 경우
② 일부 지정을 하였을 경우
③ 건물을 경량화하였을 경우
④ 지반이 연약한 경우

해설 부동 침하의 원인은 연약층, 경사 지반, 이질 지층, 낭떠러지, 증축, 지하수위 변경, 지하 구멍, 메운땅 흙막이, 일부 증축, 이질 지정 및 일부 지정 등이다. 또한, 부동 침하의 원인과 관계가 없는 경우는 지하실을 강성체, 기초의 크기를 크게, 건축물을 경량화하는 경우 등이다.

53 | 부동 침하의 방지대책
17, 14, 11

연약 지반에 건축물을 축조할 때 부동 침하를 방지하는 대책으로 옳지 않은 것은?

① 건물의 강성을 높일 것
② 지하실을 강성체로 설치할 것
③ 건물의 중량을 크게 할 것
④ 건물은 너무 길지 않게 할 것

해설 연약 지반에 대한 대책에는 상부 구조와의 관계에서 건축물의 경량화, 평균 길이를 짧게 할 것, 강성을 높게 할 것, 이웃 건축물과 거리를 멀게 할 것 및 건축물의 중량을 분배할 것 등이고, 기초 구조와의 관계에서 굳은 층(경질층)에 지지시킬 것, 마찰 말뚝을 사용할 것 및 지하실을 강성체로 설치할 것 등이다.

정답 47. ④ 48. ④ 49. ③ 50. ③ 51. ④ 52. ③ 53. ③

54 부동 침하의 방지대책
20, 03

연약한 지반에 있어서 부동 침하를 방지하는 대책에 대한 설명으로 잘못된 것은?

① 건물을 경량화한다.
② 건물의 구조 강성을 높인다.
③ 평면상으로 보아 건물의 길이를 짧게 한다.
④ 인접 건물과의 거리를 가깝게 한다.

해설 연약 지반에 대한 대책에는 상부 구조와의 관계에서 건축물의 경량화, 평균 길이를 짧게 할 것, 강성을 높게 할 것, 이웃 건축물과 거리를 멀게 할 것 및 건축물의 중량을 분배할 것 등이고, 기초 구조와의 관계에서 굳은 층(경질층)에 지지시킬 것, 마찰 말뚝을 사용할 것 및 지하실을 강성체로 설치할 것 등이다.

55 흙막이 공사 시 발생 현상
07

신축 건물의 기초 파기 중 토질에 생기는 현상과 가장 관계가 먼 것은?

① 보일링 ② 파이핑
③ 언더피닝 ④ 융기현상

해설 흙막이 공사에서 일어나는 현상에는 보일링(흙막이 벽 뒷면의 수위가 높아져 지하수가 흙막이 벽 하부를 통하여 상승하는 유수로 인하여 지하수가 모래와 같이 솟아오르는 현상), 히빙(흙막이 바깥에 있는 흙의 중량과 지표 재하중의 중량에 못견뎌 저면의 흙이 붕괴되고 흙막이 바깥의 흙이 안으로 밀려 볼록하게 되는 현상) 및 파이핑(흙막이 벽의 부실 공사로 인하여 흙막이 벽의 뚫린 구멍 또는 이음새를 통하여 물이 공사장 내부 바닥으로 파이프 작용을 하여 보일링 현상이 생기는 현상) 등이 있고, 언더 피닝은 기초를 새로이 보강하는 방법이다.

56 흙막이 공사 시 발생 현상
24, 09

다음 중 흙막이벽 공사시 토질에 생기는 현상과 거리가 먼 것은?

① 보일링 ② 파이핑
③ 언더피닝 ④ 히빙

해설 흙막이 공사에서 일어나는 현상에는 보일링, 히빙 및 파이핑 등이 있고, 언더 피닝이란 기존 구조물의 기초를 보강 또는 새로이 기초를 삽입하는 공사의 총칭으로 ① 기초의 침하가 심할 때, ② 인접 대지에 현존 건물의 기초보다 깊은 지하실을 축조할 때, ③ 기존 건물의 옥상에 증축할 때, ④ 지하실 바닥을 높게 할 때 등의 경우에 사용한다.

57 오픈컷의 용어
02

흙막이 공법에서 터파기 주위의 토사가 무너지지 않도록 알맞은 각도를 두어 굴삭하는 방식은?

① 오픈컷 공법 ② 수평 버팀대식 공법
③ 아치형 공법 ④ 아일랜드 공법

해설 수평 버팀대식 공법은 널말뚝이나 어미 말뚝을 박고, 띠장을 댄 다음 버팀대를 수평으로 질러 토압을 지지하는 공법으로 가장 대표적인 흙막이 공법이고, 아치형 버팀대식 공법은 수평 버팀대의 중앙 부분에 압축력을 받아 줄 수 있는 아치형을 이용하여 둥글게 함으로써 중앙 부분에 큰 공간을 구성하여 작업을 쉽게 하려는 방법이다. 아일랜드 공법은 먼저 중앙부를 정해진 깊이까지 파고 차츰 주변부로 파나가는 공법으로 비교적 깊고 넓은 곳을 터파기할 때 적당하다.

58 띠장의 용어
21, 20, 19, 09, 05

흙막이 부재 중 토압과 수압을 지탱하기 위해 널말뚝 벽면에 수평으로 대는 것은?

① 어미 말뚝 ② 멍에
③ 규준틀 ④ 띠장

해설 어미 말뚝은 흙막이널을 지지하기 위한 말뚝이고, 멍에는 동바리 또는 동바리 기둥 위에 얹히어 장선을 받는 부재이며, 규준틀은 건물의 위치, 고저 경사 등의 규준을 표시하는 가설물이다.

59 옹벽의 용어
24, 10

흙의 붕괴를 방지하기 위한 벽의 일종으로, 수평 방향으로 작용하는 수압과 토압에 저항하도록 만들어진 것은?

① 벽돌벽 ② 블록벽
③ 옹벽 ④ 장막벽

해설 옹벽은 수평 방향으로 작용하는 수압과 토압에 저항하도록 만들어진 벽으로 흙의 붕괴를 막기 위한 벽의 일종이다. 벽돌벽과 블록벽은 벽돌과 블록으로 쌓은 벽이며, 장막벽(칸막이벽)은 벽체 자체의 무게 이외의 하중을 부담하지 않는 벽으로 외부에 접하지 않는 건축물 내부를 여러 칸으로 구획하여 막아 주는 벽이다.

정답 54. ④ 55. ③ 56. ③ 57. ① 58. ④ 59. ③

1-2. 건축물의 각 구조

1-2-1. 목구조

1 목재 및 목구조의 특성

(1) 목재의 특성

① **장점** : 열전도율이 작고, 비강도(비중에 비한 강도)가 크며, 가공이 비교적 용이하다. 또한, 자중이 가볍고, 구조 공작이 쉬우며, 공사 기간이 단축된다.

② **단점** : 함수율의 증감에 따라 팽창과 수축으로 인하여 변형(갈림, 휨, 뒤틀림 등)이 생기는 것이 가장 큰 단점이다. 또한, 고층 건축이나 간사이가 큰 건축에는 곤란하고, 내화성이 부족하며, 부패 및 충해가 크다. 특히, 큰 단면이나 긴 부재를 얻기 힘든 점이 있다.

(2) 나무 구조의 특징

① 한식 구조는 주로 심벽식을 사용하고, 간사이가 작을 때 절충식 지붕틀을, 간사이가 큰 경우에는 왕대공 지붕틀(트러스)을 사용한다.

㉮ 평벽식 : 목조 기둥의 바깥면에 벽을 쳐서 기둥이 보이지 않고 평평한 벽을 말하며, 실내의 기밀성이 좋고 방한·방습·방음의 효과가 있다.

㉯ 심벽식 : 기둥의 중앙에 벽을 쳐서 기둥이 벽의 바깥쪽으로 내보이게 된 것으로서 한식 구조에 많이 이용된다.

② 목골 구조는 나무 구조를 모체로 하고, 평벽식은 내진, 내풍성을 증대시킬 수 있다.

2 토대

(1) 토대의 재료 및 설치

토대는 연속(줄) 기초 위에 수평으로 놓고 앵커 볼트로 고정시켜, 기둥에서 내려오는 상부의 하중을 기초에 전달하는 역할을 하므로 될 수 있는 대로 지반에서 높이 설치하는 것이 습기가 차지 않아서 좋다. 기초에 닿는 부분은 방부제를 칠한다. 재료로는 잘 썩지 않는 낙엽송, 적송(소나무) 등을 쓰는 것이 좋고, 토대의 크기는 기둥과 같거나 다소 큰 것을 사용한다.

(2) 토대의 종류

바깥 토대, 귀잡이 토대 및 칸막이 토대 등이 있다.

출제 키워드

■ 목재의 장점
열전도율이 작다.

■ 목재의 단점
- 함수율의 증감에 따라 팽창과 수축으로 인하여 변형이 생긴다.
- 내화성이 부족하다.
- 큰 단면이나 긴 부재를 얻기 어렵다.

■ 한식 구조
심벽식을 사용

■ 토대
- 연속(줄) 기초 위에 수평으로 놓고 앵커 볼트로 고정
- 기둥에서 내려오는 상부의 하중을 기초에 전달하는 역할

■ 토대의 종류
바깥 토대, 귀잡이 토대, 칸막이 토대 등

■ 가새
- 수평력에 대한 안정성을 보강하기 위한 부재
- 버팀대보다 강한 부재
- 가새의 단면이 큰 경우 역하중을 작용시킬 우려가 있어 주의
- 가새의 경사는 45°에 가까운 것이 유리

■ 귀잡이보
가로재가 서로 수평으로 맞추어지는 곳을 안정한 세모 구조로 하기 위하여 설치하는 부재

(3) 토대의 이음 방법

토대의 이음 방법에는 턱걸이 메뚜기장 이음, 턱걸이 주먹장 이음 등이 있다. 보강 철물을 사용하는 경우에는 턱걸이 주먹장 이음 시 띠쇠를 대고 볼트 죔을 한다. 간단한 토대의 이음은 턱이음과 반턱 이음을 사용한다.

3 가새와 버팀대

(1) 가새

① 가새는 사각형으로 짠 뼈대에 대각선상으로 빗대는 경사재로서 수직·수평재의 각도 변형을 막기 위하여 설치하는 부재를 말한다. 수평력에 대한 안정성(내진, 내풍적으로 하는 구조법)을 보강하기 위한 부재로서 버팀대보다 강한 부재이다. 가새의 단면이 큰 경우에는 오히려 역하중을 작용시킬 우려가 있으므로 주의하여야 한다.

② 가새의 경사는 45°에 가까운 것이 유리하고, 인장 가새와 압축 가새를 번갈아 설치하는 것이 안정적이다. 내진·내풍적인 구조법(가새의 역할을 할 수 있는 경우)은 토대를 앵커 볼트로 기초에 긴결하거나 기둥과 횡가재를 철물로 긴결한다.

(2) 기타 부재

① **버팀대** : 가로재와 세로재가 맞추어지는 안귀에 빗대는 보강재로서, 목구조에 보와 접합 부분(기둥)의 변형을 줄이고, 절점을 강으로 만들어서 기둥과 보를 일종의 라멘으로 함으로써 횡력에 저항하도록 한 것이다.

② **귀잡이보** : 가로재(토대·보·도리 등)가 서로 수평으로 맞추어지는 곳을 안정한 세모 구조로 하기 위하여 설치하는 부재이다.

③ **처마도리** : 외벽 위에 건너 대어 서까래를 받는 도리 또는 기둥의 맨 위에서 기둥의 머리를 연결하고 지붕틀을 받는 가로재를 깔도리라 한다. 이 깔도리 위에 지붕틀을 걸치고 지붕틀의 평보 위에 깔도리와 같은 방향으로 걸친 가로재를 처마도리라고 하는데, 양식 지붕틀 구조에 많이 사용한다. 단면의 크기는 기둥과 같은 정도 또는 다소 춤이 높은 것을 사용하고, 한식 및 일식 구조에서는 처마도리가 깔도리를 겸하고 있다.

④ **꿸대** : 기둥과 동자 기둥 등을 꿰뚫어 찌른 보강 가로재로서 심벽의 뼈대로 기둥과 기둥 사이에 가로 꿰뚫어 넣어 외를 엮어 대어 힘살이 되는 것을 말하며, 심벽식에 사용한다.

4 목조 판벽

(1) 목조 판벽

① 영식 비늘판벽 : 널 두께 위를 10mm, 밑을 20mm 정도로 비켜서 윗널 밑은 반턱 쪽매로 하여 밑널과 15mm 깊이 정도 겹쳐 물리게 하고 기둥 또는 샛기둥에 못으로 박아 댄다.

② 턱솔 비늘판벽 : 널을 바깥면에 경사지게 붙이지 않고, 너비 200mm, 두께 20mm 이상 되는 널의 위·아래·옆을 반턱으로 하여 기둥 및 샛기둥에 가로쪽매로 하여 붙이고, 줄눈 너비 6~18mm 정도의 오목 줄눈이 생기게 하여 모서리 부분은 연귀 맞춤으로 한다.

③ 누름대 비늘판벽 : 두께 9~18mm, 너비 180~240mm의 널을 위·아래 15mm 이상 겹쳐대고, 이 위에 30mm각 정도의 누름대를 기둥, 샛기둥 맞이에 세워 댄 것이다.

■ 턱솔 비늘판벽
널의 위·아래·옆을 반턱으로 하여 기둥 및 샛기둥에 가로쪽매

(2) 판벽 붙임 방법

① 평판 붙임 : 기둥과 샛기둥에 500mm 간격으로 가로 댄 띠장을 바탕으로 하여 판벽 널을 걸레받이와 두겁대에 홈을 파 넣고 못을 박아 댄다.

② 양판 붙임 : 걸레받이와 두겁대 사이에 틀을 짜 대고 그 사이에 넓은 널을 끼운 것으로 그 널을 양판이라고 한다.

(3) 징두리 판벽

실 내부의 벽 하부에서 높이 1~1.5m 정도의 높이로 설치하여 벽의 밑부분을 보호하고 장식을 겸하여 널을 댄 벽을 말하고, 높이가 1.5m 이상의 것을 높은 판벽이라고 한다. 또한, 징두리 판벽의 부재에는 비늘판, 띠장, 걸레받이 및 두겁대 등이 있다.

① 걸레받이(벽면을 보호하고 장식하기 위해 벽의 하부에 붙이는 마감재)의 크기는 두께 24mm, 너비 240mm 정도로 한다.

② 밑의 마룻널에 가는 홈을 파넣고, 윗면은 가는 홈을 파서 판벽 널을 끼우거나 턱솔을 파서 회반죽에 물려지도록 한다.

③ 이음은 기둥·샛기둥과 같이 나무가 닿는 부분에서 턱솔이음으로 숨은 못치기로 하고, 모서리는 연귀 맞춤으로 한다.

■ 징두리 판벽
실 내부의 벽 하부에서 높이 1~1.5m 정도의 높이로 설치하여 벽의 밑부분을 보호하고 장식을 겸하여 널을 댄 벽

■ 걸레받이의 크기
두께 24mm, 너비 240mm 정도

(4) 벽체의 구성 부재

벽체의 구성 부재는 수직 부재(기둥과 샛기둥), 수평 부재(토대, 보, 층도리, 깔도리, 처마도리 등)와 빗방향의 부재(버팀대, 가새, 귀잡이 등)로 구성된다. 주각은 철골 구조 기둥의 응력을 기초에 전달하는 작용을 하는 부분이다.

■ 벽체의 구성 부재
수직 부재(기둥과 샛기둥), 수평 부재(토대, 보, 층도리, 깔도리, 처마도리 등)와 빗방향의 부재(버팀대, 가새, 귀잡이 등) 등

(5) 기타 부재

① 걸레받이 : 벽의 하단(굽도리), 바닥과 접하는 곳에 가로댄 부재로서 벽면의 보호와 실내의 장식이 되고, 목재, 석재, 타일, 고무 및 금속판을 사용한다.

출제 키워드

■ 동바리마루 구조
• 장선, 멍에, 동바리 등을 짜 맞추어 만든 마루
• 동바리는 동바리돌 위에 수직재로 설치한다.

■ 납작마루
콘크리트 슬래브 위에 바로 멍에를 걸거나 장선을 대어 마루틀을 짜고 마루널을 깐 마루

■ 홑(장선)마루
• 2.5m 이하
• 층도리와 칸막이 도리+장선+마루널

■ 보마루
• 2.5m 이상 6.4m 이하
• 보+장선+마루널

■ 짠마루
• 6.4m 이상
• 큰 보+작은 보+장선+마루널

② **반자돌림대** : 반자의 가장자리 벽과 천장의 접속부에 둘러댄 테이다.

③ **반자대** : 반자널 또는 미장 바름 바탕으로 천장에 수평으로 건너지르는 부재이다.

④ **문선** : 문의 양쪽에 세워 문짝을 끼워 달게 된 기둥과 벽끝을 아물리고 장식으로 문틀 주위에 둘러대는 테두리 또는 문골과 벽체의 접합면에서 벽체의 마무리를 좋게 하기 위해 대는 부재이다.

⑤ **풍소란** : 바람을 막기 위하여 창호의 갓둘레에 덧대는 선 또는 창호의 마중대의 틀을 막아 여미게 하는 소란을 말한다.

⑥ **선대** : 세워대는 문의 울거미 또는 창문짝의 좌우 또는 중간에 세워댄 뼈대를 말한다.

⑦ **인방** : 기둥과 기둥에 가로대어 창문틀의 상·하벽을 받고 하중은 기둥에 전달하며, 창문틀을 끼워 댈 때 뼈대가 되는 것을 말한다.

5 마루 구조

(1) 1층 마루

1층 마루의 종류에는 동바리마루와 납작마루 등이 있다.

① 동바리마루 구조는 장선, 멍에, 동바리 등을 짜 맞추어 만든 마루로, 동바리는 멍에에 짧은 장부 맞춤으로 하여 큰 못 또는 꺽쇠치기로 하고, 멍에는 내이음으로 주먹장 이음 또는 메뚜기장 이음으로 하며, 장선은 멍에에 걸침턱으로 맞춘다. 특히, 동바리는 동바리돌 위에 수직재로 설치한다. 또한, 건축물의 최하층에 있는 거실의 바닥이 목조인 경우에는 그 바닥 높이를 지표면으로부터 45cm 이상으로 하여야 한다. 다만, 지표면을 콘크리트 바닥으로 설치하는 등 방습을 위한 조치를 한 경우에는 예외로 한다. 이 규정은 건축물의 방화, 피난 규정에 관한 규칙 제18조에 규정되어 있다.

② 납작마루는 콘크리트 슬래브 위에 바로 멍에를 걸거나 장선을 대어 마루틀을 짜고 마루널을 깐 것으로 사무실이나 판매장과 같이 출입을 편리하게 하기 위하여 마루의 높이를 낮출 때 사용한다.

(2) 2층 마루의 종류 및 구성

2층 마루의 종류에는 홑(장선)마루, 보마루 및 짠마루 등이 있다.

구분	홑(장선)마루	보마루	짠마루
간사이	2.5m 이하	2.5m 이상 6.4m 이하	6.4m 이상
구성	복도 또는 간사이가 적을 때, 보를 쓰지 않고 층도리와 칸막이 도리에 직접 장선을 약 50cm 사이로 걸쳐 대고, 그 위에 널을 깐 것	보를 걸어 장선을 받게 하고, 그 위에 마루널을 깐 것	큰 보 위에 작은 보를 걸고, 그 위에 장선을 대고 마루널을 깐 것

(3) 플로어링 널 깔기

플로어링 널 깔기는 두께 15mm 이상, 너비 100mm 정도의 제혀 쪽매널 또는 딴혀 쪽매널을 숨은 못치기로 하고, 널의 너비가 180mm보다 넓은 경우에는 마구리 중앙에 주걱 꺾쇠를 박고 장선에 못치기를 하는 것이 좋다.

(4) 쪽매의 종류

① 제혀 쪽매 : 목재 마루널 깔기에서 널 옆이 서로 물려지게 하고 마루의 진동에 의하여 못이 솟아오르는 일이 없는 이상적인 마루깔기법이다.
② 맞댄 쪽매 : 널 옆을 서로 맞대어 깔거나 붙여 대는 쪽매이다.
③ 반턱 쪽매 : 널의 옆을 부재 두께의 반만큼 턱지게 깎아서 서로 반턱이 겹치게 물리는 쪽매이다.
④ 딴혀 쪽매 : 널의 양 옆에 홈을 파고 혀를 따로 끼워 댈수 있게 한 쪽매이다.

6 보와 기타 부재 등

(1) 층도리

상층의 마룻바닥이 있는 부분에 건 도리로서, 목구조에 있어서 통재기둥과 층도리의 맞춤은 다음과 같다.

① 한편 맞춤(모서리 기둥)의 경우에는 빗턱통 넣고 내다지장부 맞춤, 벌림 쐐기치기로 하거나, 빗턱통 넣고 짧은 장부 맞춤, ㄱ자쇠를 쓰고, 가시못치기, 볼트 조임으로 한다.
② 양편 맞춤의 경우에는 빗턱 내다지 반장부로 좌우에서 서로 상하로 끼우고, 산지치기 또는 빗턱 짧은 장부에 띠쇠를 대고 가시못치기, 볼트 조임으로 한다.

(2) 토대

목조 건축물의 기초 위에 가로 대어 기둥을 고정하는 벽체의 최하부의 수평 부재로서, 상부 하중을 분산시켜 기초에 전달하는 역할을 하는 부재이다.

(3) 처마도리

건물의 외벽에서 지붕머리를 연결하고 지붕보를 받아 지붕의 하중을 기둥에 전달하는 가로재 또는 변두리 기둥에 얹히고 처마 서까래를 받는 도리이다.

(4) 서까래

처마도리와 중도리 및 마룻대 위에 지붕 물매의 방향으로 걸쳐대고 산자나 지붕널을 받는 경사 부재이다.

출제 키워드

■ 제혀 쪽매
널 옆이 서로 물려지게 하고 마루의 진동에 의하여 못이 솟아오르는 일이 없는 이상적인 쪽매

■ 층도리 한편 맞춤(모서리 기둥)의 경우
빗턱통 넣고 내다지장부 맞춤, 벌림 쐐기치기

■ 처마도리
건물의 외벽에서 지붕머리를 연결하고 지붕보를 받아 지붕의 하중을 기둥에 전달하는 가로재

출제 키워드

■ 깔도리

- 기둥 상부를 연결하여 지붕틀의 하중을 기둥에 전달하는 부재
- 크기는 기둥 단면과 같게 하는 부재
- 기둥 맨 위 처마의 부분에 수평으로 거는 것으로 기둥머리를 고정하여 지붕틀을 받아 기둥에 전달하는 역할

■ 본기둥

건축물의 모서리나 벽체가 교차되는 곳에 하고, 그 외의 장소에는 1.8~2m 간격으로 배치

■ 스팬

부재(기둥, 큰 보, 작은 보, 바닥판 및 조이스트 등)의 지점과 지점 간의 수평 거리

■ 통재기둥

밑층에서 위층까지 한 개의 부재로 되어 있는 기둥

■ 평기둥

- 밑층에서 위층까지 따로따로 되어 있는 기둥
- 통재기둥 사이에 2m 간격으로 배치

(5) 가새

4각형으로 짠 뼈대에 대각선상으로 빗대는 경사재로 수직, 수평재의 각도 변형을 막기 위해 사용한다.

(6) 인방

기둥과 기둥에 가로 대어 창문틀의 상·하벽을 받고 하중은 기둥에 전달하며 창문틀을 끼워 댈 때 뼈대가 되는 것이다. 또는 기둥과 기둥 사이를 연결한 벽체의 뼈대 또는 문틀이 되는 가로 부재이다.

(7) 깔도리

목조 양식 지붕틀의 기둥 상부를 연결하여 지붕틀의 하중을 기둥에 전달하는 부재로, 크기는 기둥 단면과 같게 하는 부재 또는 기둥 맨 위 처마의 부분에 수평으로 거는 것으로 기둥머리를 고정하여 지붕틀을 받아 기둥에 전달하는 역할을 한다.

(8) 허리잡이

긴 수평 부재를 두 수직 부재의 중간 부분을 맞대어 고정시키는 부재이다.

(9) 버팀대

흙막이 띠장을 버티는 부재 또는 가로재와 세로재가 맞추어지는 안 귀에 빗대는 보강재, 목구조에서 보의 접합 부분(기둥)과의 변형을 적게 할 목적으로 사용하는 부재

(10) 귀잡이보

직교하는 깔도리에 45°각 대각선상으로 댄 보강보 또는 평보의 좌우에서 45°각 대각선상으로 깔도리에 걸친 보

7 목조의 기둥

(1) 본기둥

본기둥의 배치는 건축물의 모서리나 벽체가 교차되는 곳에 하고, 그 외의 장소에는 1.8~2m 간격으로 배치한다. 또한, 스팬이란 부재 등(기둥, 큰 보, 작은 보, 바닥판 및 조이스트 등)의 지점과 지점 간의 수평 거리이다.

① **통재기둥** : 상부에서 내려오는 하중을 받아 토대에 전달하는 수직재로서 밑층에서 위층까지 한 개의 부재로 되어 있는 기둥으로 건축물의 모서리, 중간 요소(칸막이벽과 바깥벽이 만나는 부분)에 배치한다.

② **평기둥** : 상부에서 내려오는 하중을 받아 토대에 전달하는 수직재로서 밑층에서 위층까지 따로따로 되어 있는 기둥을 말한다. 통재기둥 사이에 2m 간격으로 배치한다.

(2) 샛기둥

샛기둥은 본기둥과 본기둥 사이에 벽체의 바탕으로 배치한 기둥이고, 가새의 휨 방지나 졸대 등 벽재의 뼈대로 활용한다. 크기는 본기둥의 반쪽 또는 1/3쪽, 간격은 400~600mm 또는 본기둥 간격의 1/4 정도(약 50cm)이다.

(3) 한식 기둥

① **고주** : 한 층에서 일반 높이의 기둥(평기둥)보다 높아 동자주를 겸하는 기둥으로 위에 중도리 또는 종보를 받고, 옆에 들보가 끼이는 기둥이다.

② **누주(다락기둥)** : 한식 기둥에서 2층 기둥을 말하는 경우도 있고, 1층으로서 높은 마루를 놓는 기둥을 말한다.

③ **찰주** : 옥심기둥 또는 중심주라고 하고, 심초석 위에 세운다. 중심주는 부위 사방에 세운 사천주와 가로재 또는 경사재로 연결된다.

④ **활주** : 추녀 뿌리를 받치는 기둥이고, 1층에서는 기단 위에 작은 주춧돌을 놓고, 위에는 촉을 꽂아 세우거나 추녀 밑에 받이재를 초새김하여 대고 그 밑을 받칠 때도 있다.

(4) 한식 공사

① **치목** : 나무를 깎고 다듬는 일 또는 통나무를 도끼나 자귀로 재목을 만드는 일

② **상량** : 집을 지을 때 기둥에 보를 얹고, 그 위에 처마도리, 중도리 등을 걸고, 종도리(최종 마루대)를 올리는 일

③ **입주** : 목재의 마름질, 바심질이 끝난 다음 기둥 세우기, 보, 도리를 짜 맞추는 일

8 이음과 맞춤

(1) 이음과 맞춤의 정의

이음은 재를 길이 방향으로 접합하는 것을 말하고, 맞춤은 재가 서로 직각으로 접합하는 것을 말한다.

(2) 이음과 맞춤 시 유의사항

① 재는 가급적 적게 깎아내어 부재가 약해지지 않도록 한다.

② 될 수 있는 대로 응력이 적은 곳에서 접합하도록 한다.

③ 복잡한 형태를 피하고 되도록 간단한 방법을 쓴다.

④ 접합되는 부재의 접촉면 및 따낸 면은 잘 다듬어서 틈이 생기지 않고, 응력이 고르게 작용하도록 한다.

⑤ 이음 및 맞춤의 단면은 응력의 방향에 직각되게 하여야 한다.

⑥ 국부적으로 큰 응력이 작용하지 않도록 적당한 철물을 써서 충분히 보강한다.

출제 키워드

■ 샛기둥
- 본기둥과 본기둥 사이에 벽체의 바탕으로 배치한 기둥
- 가새의 휨 방지나 졸대 등 벽재의 뼈대로 활용
- 본기둥 간격의 1/4 정도(약 50cm)

■ 활주
추녀 뿌리를 받치는 기둥

■ 상량
집을 지을 때 종도리(최종 마루대)를 올리는 일

■ 이음과 맞춤 시 유의사항
- 될 수 있는 대로 응력이 적은 곳에서 접합
- 접합되는 부재의 접촉면 및 따낸 면은 잘 다듬어서 틈이 생기지 않을 것

출제 키워드

■ 목재 접합의 종류
이음, 맞춤 및 쪽매 등

■ 엇걸이 이음
• 산지(dowel) 등을 박아 매우 튼튼한 이음
• 휨을 받는 가로재의 내이음으로 많이 사용되는 이음

■ 엇걸이 산지 이음
• 옆에서 산지치기
• 중간은 빗물리게 한 이음
• 토대, 처마도리, 중도리 등에 주로 쓰이는 이음

■ 맞춤
두 부재가 직각 또는 경사로 물려 짜이는 것 또는 그 자리

■ 연귀 맞춤
목재의 마구리를 감추면서 창문 등의 마무리에 이용되는 맞춤

■ 산지
목재의 이음 및 맞춤에서 서로 빠지는 것을 방지하기 위한 일종의 나무못

■ 반자틀의 구성
반자돌림대, 반자틀, 반자틀받이(약 90cm 간격), 달대 및 달대받이 등

(3) 목재의 접합

목재 접합의 종류에는 이음, 맞춤 및 쪽매 등이 있다.

① 이음 : 두 부재를 재의 길이 방향으로 길게 접하는 것 또는 그 자리이다.

㉮ 엇걸이 이음 : 목구조의 이음 위치에 산지(dowel) 등을 박아 매우 튼튼한 이음이며, 휨을 받는 가로재의 내이음으로 많이 사용되는 이음이다.

㉯ 엇걸이 산지 이음 : 옆에서 산지치기로 하고, 중간은 빗물리게 한 이음으로 토대, 처마도리, 중도리 등에 주로 쓰이는 이음이다.

② 맞춤 : 두 부재가 직각 또는 경사로 물려 짜이는 것 또는 그 자리이고, 연귀 맞춤은 목재의 마구리를 감추면서 창문 등의 마무리에 이용되는 맞춤이다.

③ 쪽매 : 좁은 폭의 널을 옆으로 붙여 그 폭을 넓게 하는 것으로 마룻널이나 양판문의 제작에 사용한다.

④ 목재의 보강재

㉮ 산지 : 목재의 이음 및 맞춤에서 서로 빠지는 것을 방지하기 위해 원형 또는 각형의 가늘고 긴 일종의 나무못이다.

㉯ 촉 : 접합면에 사각 구멍을 파고 한편에 작은 나무 토막을 반 정도 박아 넣고 포개어 접합재의 이동을 방지하는 것이다.

㉰ 쐐기 : 맞춤을 견고하게 하기 위하여 두 부재의 틈새를 막는 나무쪽이다.

(4) 각종 접합 철물

철물 종류	감잡이쇠	ㄱ자쇠	띠쇠	안장쇠	앵커 볼트	주걱 볼트
사용처	평보와 왕대공	기둥과 보	기둥과 층도리, 토대와 기둥	큰 보와 작은 보	기초와 토대	깔도리와 처마도리

9 목구조의 반자

(1) 반자의 구조

반자는 지붕 밑 또는 위층 바닥 밑을 가려 장식적, 방온적으로 꾸민 구조 부분을 말한다. 반자틀의 구성은 반자돌림대, 반자틀, 반자틀받이, 달대 및 달대받이로 짜 만들며, 주택 거실의 반자 높이는 2.1m 이상으로 한다. 또한, 반자틀받이는 약 90cm 간격으로 대고 달대로 매달며, 달대를 반자틀에 외주먹장 맞춤으로 하고, 위는 달대받이 층보・평보・장선 옆에 직접 못을 박아 댄다.

(2) 반자의 종류

① 바름 반자 : 반자틀에 졸대를 못박아 대고, 그 위에 수염을 약 30cm^{2}에 하나씩 박아 늘이고 회반죽 또는 플라스터를 바른다. 반자돌림을 크게 할 때에는 쇠시리 모양으로

형판을 기둥, 샛기둥과 반자틀에 약 40mm 간격으로 대고 졸대를 박아 바탕을 꾸민다. 회반죽이 떨어지기 쉬우므로, 특히 진동이 심한 곳이나 빗물을 받기 쉬운 곳은 메탈 라스를 치고 바르면 안전하다.

② **우물 반자** : 반자틀은 격자 모양으로 하고, 서로 +자로 만나는 곳은 연귀 턱맞춤으로 하며, 이음은 턱솔 또는 주먹장으로 한다. 달대는 그 윗면에서 주먹장 맞춤 또는 나사못 등을 박고 철사로 달아 매거나 나무 달대로 하고, 널은 틀 위에 덮어 대거나, 틀에 턱솔을 파서 끼우게 한다.

③ **구성 반자** : 응접실, 다방 등의 반자를 장식 겸 음향 효과가 있게 층단으로 또는 주위 벽에서 띄어 구성하고, 전기 조명 장치도 간접 조명으로 반자에 은폐하는 방식을 사용한다.

④ **널반자** : 반자틀을 짜고 그 밑에 널을 쳐올려 못박아 붙여 대는 반자로서, 널은 반턱, 빗턱 등의 쪽매로 하고, 널이음은 반자틀심에 일정하게 엇갈리도록 하여 끝은 반자돌림 위에 걸쳐댄다.

⑤ **달반자** : 상층 바닥틀 또는 지붕틀에 달아맨 반자이다.

⑥ **제물 반자** : 바닥판 밑을 제물 또는 직접 바르는 반자이다.

출제 키워드

■ 구성 반자
• 응접실, 다방 등의 반자를 장식 겸 음향 효과가 있게 층단으로 또는 주위 벽에서 띄어 구성
• 전기 조명 장치도 간접 조명으로 반자에 은폐하는 방식을 사용

■ 제물 반자
바닥판 밑을 제물 또는 직접 바르는 반자

10 목조 지붕

왕대공 지붕틀과 절충식 지붕틀을 비교하면, 왕대공(양식) 지붕틀은 매우 역학적인 구조물이고, 중도리는 서까래를 받쳐 주는 부재이다.

■ 중도리
서까래를 받쳐 주는 부재

■ 왕대공 지붕틀의 구성 부재
ㅅ자보, 평보, 빗대공, 달대공, 버팀대, 중도리 등

(1) 왕대공 지붕틀

구성 부재	구성 방법	특성
왕대공, ㅅ자보, 평보, 빗대공, 달대공, 귀잡이보, 보잡이, 대공가새, 버팀대, 중도리, 마룻대, 서까래, 지붕널 등	3각형의 구조로 짜 맞추어 댄 지붕틀에 지붕의 힘을 받아 깔도리를 통하여 기둥이나 벽체에 전달시킨 것으로 지붕보는 축방향력을 받게 된다.	• 간사이의 대소에 따라 부재 춤의 변화가 별로 없고, 튼튼한 지붕의 뼈대를 만들 수 있다. • 칸막이벽이 적고 간사이가 큰 건축물에 이용된다. • 양식 지붕틀의 종류에는 왕대공, 쌍대공, 외쪽, 톱날, 꺾임 지붕틀 등이 있으나, 왕대공 지붕틀이 가장 많이 사용된다.

우미량은 모임지붕에 사용하는 부재로서, 도리와 보에 걸쳐 동자기둥을 받는 보 또는 처마도리와 동자기둥에 걸쳐 그 일단을 중도리로 쓰는 보이다. 소꼬리 모양으로 휘어져 있어 중도리를 겸하게 된다.

① **왕대공 지붕틀의 부재 응력** : 수직, 수평 부재는 인장력, 경사 부재는 압축력을 받고, ㅅ자보와 평보는 휨 모멘트가 작용한다.

부재	ㅅ자보	평보	왕대공, 달대공	빗대공
응력	압축 응력, 중도리에 의한 휨 모멘트	인장 응력, 천장 하중에 의한 휨 모멘트	인장 응력	압축 응력

■ 왕대공 지붕틀의 부재 응력
• 수직, 수평 부재는 인장력
• 경사 부재는 압축력
• ㅅ자보와 평보는 휨 모멘트

출제 키워드

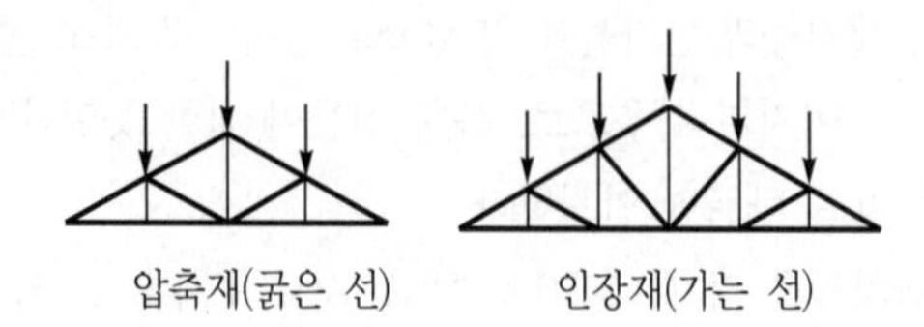

② 왕대공 지붕틀의 부재 크기

(단위 : mm)

부재	왕대공	평보	중도리	ㅅ자보	달대공	마룻대	처마도리	빗대공
크기	105×100	180×150	90×90	100×200	100×50	105×120	100×120	100×90

■ 안장 맞춤
평보와 ㅅ자보의 맞춤

③ 왕대공 지붕틀의 맞춤

부재명	평보와 ㅅ자보	토대와 기둥
맞춤 방법	안장 맞춤	짧은 장부 맞춤

④ 보강 철물

부재명	ㅅ자보와 중도리	깔도리와 처마도리	빗대공과 왕대공	평보와 왕대공	달대공과 평보	ㅅ자보와 평보	대공밑잡이와 왕대공
보강 철물	엇꺾쇠	주걱 볼트	꺾쇠	감잡이쇠	볼트		

㉮ 주걱 볼트는 볼트의 머리가 주걱 모양으로 되고 다른 끝은 넓적한 띠쇠로 된 볼트로, 기둥과 보의 긴결에 사용하는 보강 철물을 말한다.

㉯ 두 부재를 간단하게 접합시키기 위하여 보통꺾쇠, 엇꺾쇠, 주걱꺾쇠 등을 사용한다. 특히, 목조 왕대공 트러스에서 ㅅ자보에 중도리를 맞출 때에는 엇꺾쇠를 사용한다.

㉰ 안장쇠는 목재 접합 시에 쓰이는 금속 보강재 중에서 큰 보를 따내지 않고 작은 보를 걸쳐 받게 하는 철물이다.

(2) 절충식 지붕틀

구성 부재	구성 방법	특성
지붕보, 베게보, 동자기둥, 대공, 지붕 펠대, 종보, 중도리, 마루대, 서까래, 지붕널	지붕보에 동자기둥, 대공 등을 세워 서까래를 받치는 중도리를 걸쳐 댄 것으로 지붕보는 휨 응력을 받는다.	• 간사이가 크면 휨 작용이 커져서 단면이 큰 부재를 필요로 한다. • 강도가 크고, 가격이 염가인 통나무로 만드는 것이 좋다. • 간사이가 커지면, 양식 지붕틀로 하는 것이 강도도 있고, 경제적이다.

■ 절충식 지붕틀
• 지붕보를 약 1.8~2m 간격으로 배치
• 동자기둥(대공)을 약 90cm 간격으로 세운 다음 중도리를 그 위에 배치
• 규모가 크고, 동자기둥과 대공이 상당히 높은 경우에 종보를 설치

① 절충식 지붕틀은 지붕보를 약 1.8~2m 간격으로 벽체 위에 걸쳐 대고, 동자 기둥(대공)을 약 90cm 간격으로 세운 다음 중도리를 그 위에 걸쳐 댄다. 지붕이 큰 경우에는 종보를 설치한다.

② 절충식 지붕틀의 규모가 크고, 동자기둥과 대공이 상당히 높은 경우에 종보를 설치한다.

③ 주걱 볼트는 절충식 구조에서 지붕보와 처마도리의 연결을 위한 보강 철물이다.
④ 지붕 꿸대는 절충식 지붕틀에서 동자기둥을 서로 연결하기 위하여 수평 또는 빗 방향으로 대는 부재이다.

11 목조 지붕의 물매 등

지붕 물매(빗물의 흐름이 잘 되도록 두는 경사)의 결정 요소에는 건축물의 용도, 간사이의 크기, 지붕의 크기와 형상, 지붕이기 재료, 지붕 재료의 성질, 1개의 크기, 지붕 흐름면의 길이, 강우량의 다소에 따라 달리한다.

(1) 지붕의 물매

구분	평기와	본기와	슬레이트		금속판 평이음	금속판, 기와 가락, 골판 이음	아스팔트 루핑	널, 이엉
			소형	대형				
물매	4/10	3.5/10	5/10	3/10	3/10	2.5/10	3/10	5/10

(2) 지붕 물매의 구분

구분	평물매	되물매	된물매
물매의 표시	4cm 물매, 1/10	10cm 물매	10cm 초과 물매
지붕의 경사도		45°	45° 초과

(3) 지붕 물매의 표시 방법

물매의 표시 방법은 지면의 물매나 바닥의 배수 물매 등 물매가 작은 경우에는 분자를 1로 한 분수로 표기하고, 지붕의 물매처럼 비교적 물매가 큰 경우에는 분모를 10으로 한 분수로 표기한다.

(4) 지붕의 평면 모양(형태)

지붕의 형태는 건축물의 크기와 종류 및 용도, 외관, 재료, 지역적 특성 및 기후 등에 따라 결정되고, 건축물의 외적인 면에 큰 영향을 주기 때문에 그 모양과 색깔 등은 매우 중요하다.

① **박공지붕** : 건축물의 모서리에 추녀가 없고 용마루까지 벽이 삼각형으로 되어 올라간 지붕 또는 지붕의 흐름면이 박공에서 멈추게 된 지붕을 말한다.
② **합각지붕** : 지붕 위에 까치박공이 달리게 된 지붕 또는 끝은 모임지붕처럼 되고 용마루의 부분에 삼각형의 벽을 만든 지붕 또는 모임지붕 일부에 박공지붕을 같이 한 것으로, 화려하고 격식이 높으며 대규모 건물에 적합한 한식 지붕 구조이다.

출제 키워드

■ 지붕 꿸대
절충식 지붕틀에서 동자기둥을 서로 연결하기 위하여 수평 또는 빗 방향으로 대는 부재

■ 지붕 물매의 결정 요소
지붕의 크기와 형상, 지붕 재료의 성질, 강우량의 다소 등

■ 지붕의 물매
• 평기와 : 4/10
• 금속판, 기와 가락, 골판 이음 : 2.5/10

■ 지붕 물매의 표시 방법
• 지면의 물매나 바닥의 배수 물매 등 물매가 작은 경우에는 분자를 1로 한 분수로 표기
• 지붕의 물매처럼 비교적 물매가 큰 경우에는 분모를 10으로 한 분수로 표기

■ 지붕 형태의 결정 요소
건축물의 크기와 종류 및 용도, 외관, 재료, 지역적 특성 및 기후 등

■ 합각지붕
• 모임지붕 일부에 박공지붕을 같이 한 것
• 화려하고 격식이 높으며 대규모 건물에 적합한 한식 지붕 구조

출제 키워드

③ **모임지붕** : 건축물의 모서리에서 오는 추녀마루가 용마루까지 경사지어 올라가 모이게 된 지붕 또는 추녀마루가 용마루에 모여 합친 지붕을 말한다.
④ **방형지붕** : 삿갓 형태의 지붕을 말한다.
⑤ **솟을지붕** : 지붕의 일부가 높이 솟아 오른 지붕 또는 중앙간의 지붕이 높고 좌우간의 지붕이 낮은 지붕이다. 채광과 통풍을 위하여 지붕의 일부분이 더 높게 솟아오른 작은 지붕으로 공장 등의 경사지붕에 쓰인다.
⑥ **꺾임지붕** : 지붕면이 도중에서 꺾여 두 물매로 된 지붕 또는 박공지붕의 물매의 상하가 다른 지붕이다.
⑦ **외쪽지붕** : 지붕 전체가 한 쪽으로만 물매진 지붕으로 지붕 모양별 종류의 하나이다.
⑧ **톱날지붕** : 외쪽 지붕(지붕 전체가 한 쪽으로만 물매진 지붕)이 연속하여 톱날 모양으로 된 지붕으로 주택에는 일반적으로 사용하지 않는 지붕이다.

■ 톱날지붕
주택에는 일반적으로 사용하지 않는 지붕

(5) 트러스(용마루)의 높이 산정

'지붕의 물매 = 용마루의 높이 ÷ 간사이의 1/2'에서 '용마루의 높이=지붕의 물매×간사이의 1/2'이다.

(6) 금속판이기

■ 금속판이기
못이나 볼트를 박는 경우에는 볼록한 부분에 박는다.

금속판이기에 있어서 주의할 점은 판의 신축을 자유롭게 하기 위하여 될 수 있으면 납땜 또는 못 박아 고정하지 않는 것이 좋으며, 못이나 볼트를 박는 경우에는 볼록한 부분에 박는다.

(7) 지붕의 홈통

① **선홈통** : 지붕의 빗물을 지상으로 유도하기 위해 설치하는 홈통이다.
② **장식통** : 홈통의 구성 요소 중 처마홈통 낙수구 또는 깔대기홈통을 받아 선홈통에 연결하는 것이다.

■ 선홈통
지붕의 빗물을 지상으로 유도하기 위해 설치하는 홈통

■ 장식통
처마홈통 낙수구 또는 깔대기홈통을 받아 선홈통에 연결하는 홈통

(8) 기타 부재

① **평고대** : 처마서까래, 부연 등의 밑끝 위에 대는 가로재 또는 서까래 끝을 연결하고, 지붕 끝을 아물리는 오림목
② **처마돌림** : 처마 끝에서 서까래의 끝을 감추기 위해 댄 가로판재
③ **단골막이널** : 지붕마루 기와잇기에서 착고 대신에 수키와를 기와골에 맞게 토막내어 댄 것
④ **박공널** : 박공벽 쪽의 처마 끝에 대는 ㅅ자 모양의 널
⑤ **우미량** : 모임지붕, 합각지붕 등의 측면에서 동자주를 세우기 위하여 처마도리와 지붕보에 걸쳐 댄 보

■ 우미량
모임지붕, 합각지붕 등의 측면에서 동자주를 세우기 위하여 처마도리와 지붕보에 걸쳐 댄 보

12 목조 계단

(1) 계단의 종류

계단의 종류에는 모양(형상)에 따라 곧은 계단, 꺾은 계단 및 돌음 계단 등이 있고, 사용하는 재료에 따라 목조 계단(틀계단, 옆판 계단, 따낸 옆판 계단 등), 철근 콘크리트조 계단, 철골조 계단 및 석조 계단 등이 있다.

(2) 계단의 구조

① 틀계단 : 옆판에 디딤판을 통째로 넣고 2~4단 걸름으로 장부를 꿰뚫어 넣고 쐐기치기로 한다. 뒤에는 경사진 대로 챌판 겸 계단 뒤 반자로 널판을 댄다. 디딤판은 두께 25~35mm, 너비 150~250mm 정도로 하고, 옆판은 두께 35~45mm로 한다.

② 정식 계단 : 정식 계단은 옆판 계단과 따낸 옆판 계단으로 대별되는데 이의 구성은 디딤판·챌판·옆판·멍에·엄지기둥·난간두겁·난간동자 등으로 하고, 계단 너비가 1.2m 이상일 때에는 계단멍에를 설치한다.

㉮ 디딤판 : 두께 30~40mm로 우그러짐을 막기 위하여 뒤에 30mm×60mm각재를 약 60cm 간격으로 거멀 띠장을 대고, 옆판을 통파넣고 밑에서 쐐기를 치는데 쐐기에는 못을 박아 빠짐을 방지한다. 디딤판의 앞쪽에는 미끄럼막이를 대고 디딤판의 상면에는 리놀륨, 아스타일 등을 붙이기도 한다.

㉯ 챌판 : 널 두께는 15~25mm 정도로 하고, 상·하는 디딤판에 홈파넣기를 하거나 위는 홈파넣기, 밑은 디딤판에 옆대고 못박기로 한다. 특히 옆판에는 통넣고 쐐기치기로 한다.

㉰ 옆판 : 옆판의 두께는 50~100mm 정도, 디딤판 및 챌판을 끼울 세로 홈을 깊이 30mm 정도 파넣고 윗면에는 난간동자의 장부 구멍파기를 한다. 옆판의 밑 끝은 멍에에, 위쪽은 계단받이 보에 걸치고, 주걱 볼트 죔, 엄지기둥에 주먹장부 넣기로 한다. 따낸 옆판은 챌판, 디딤판을 파넣지 않고 계단의 디딤판마다 위를 따낸 옆판 위에 얹은 것이다. 이때 난간동자는 디딤판을 꿰뚫어 옆판에 고정하게 된다. 옆판 내보임면에서 디딤판은 마구리를 내밀고, 챌판은 옆판과 연귀 맞춤으로 한다.

㉱ 계단멍에 : 계단의 폭이 1.2m 이상이 되면 디딤판의 처짐, 보행 진동 등을 막기 위하여 계단의 경사에 따라 중앙에 걸쳐 대는 보강재이다. 양끝은 계단받이 보 또는 바닥 보에 장부 맞춤하고 볼트죔으로 한다.

㉲ 엄지기둥 : 목조 계단에서 양 끝에 세우는 굵은 난간동자로 적절한 조형적인 가공을 하고 바닥 보 또는 계단받이 보에 긴 장부 산지치기 맞춤으로 한다.

㉳ 난간 : 난간은 두겁과 난간동자로 구성된다. 난간두겁(손스침)은 계단 난간의 웃머리에 가로대는 가로재로서 손스침이 좋고 먼지가 앉지 않는 모양으로 엄지기둥에 통넣고 장부 맞춤 또는 지옥 장부 아교붙임으로 한다. 난자동자는 목조 계단에서 목재, 철봉, 금속제 파이프 등이 사용된다. 목재의 경우에는 상·하는 다같이 두겁대, 옆판에 통넣고, 장부 맞춤, 숨은 못박기로 한다.

출제 키워드

■ 계단의 종류
- 모양(형상)에 따라 곧은 계단, 꺾은 계단 및 돌음 계단 등
- 사용하는 재료에 따라 목조 계단(틀계단, 옆판 계단, 따낸 옆판 계단 등), 철근 콘크리트조 계단, 철골조 계단 및 석조 계단 등

■ 틀계단
- 옆판에 디딤판을 통째로 넣는다.
- 챌판 겸 계단 뒤 반자로 널판을 댄다.

■ 계단멍에
계단의 폭이 1.2m 이상이 되면 디딤판의 처짐, 보행 진동 등을 막기 위하여 계단의 경사에 따라 중앙에 걸쳐 대는 보강재

■ 엄지기둥
목조 계단에서 양 끝에 세우는 굵은 난간동자

■ 난간의 두겁(손스침)
계단 난간의 웃머리에 가로대는 가로 부재

출제 키워드

■ 계단실의 크기를 결정하는 요인
층높이, 계단참의 유무 및 계단의 너비 등

■ 계단의 물매
건축물의 용도에 따라 달리한다.

(3) 계단의 기타 사항

① 계단실의 크기를 결정하는 요인에는 층높이, 계단참의 유무 및 계단의 너비 등이고, 계단 마감재료의 종류와는 무관하다.

② 계단의 물매는 건축물의 용도에 따라 달라지고, 경사도가 낮다고 편리한 것은 아니다. 즉, 건축물의 용도에 따라 경사도를 달리한다.

1-2-2. 조적조

1 조적조 기초

(1) 독립 기초

1개의 기초가 1개의 기둥을 지지하는 기초로서 기둥마다 구덩이 파기를 한 후에 그곳에 기초를 만드는 것으로서 경제적이나 침하가 고르지 못하고, 횡력에 위험하므로 이음보, 연결보 및 지중보가 필요하다.

■ 줄기초
조적 구조의 기초

■ 조적식 구조의 내력벽
최하층 벽두께에 2/10를 가산한 두께

■ 콘크리트 기초판의 두께
- 그 너비의 1/3 정도(보통 20~30cm)
- 기초벽의 두께는 250mm 이상

■ 벽돌조 줄기초
- 벽체에서 2단씩 B/4 정도를 벌려서 쌓는다.
- 벽돌로 쌓은 맨 밑의 너비는 벽체 두께의 2배

(2) 줄기초

구조상 복합 기초보다 튼튼하고, 지내력도가 적은 경우, 기초의 면적을 크게 할 때 적당한 기초로서 일정한 폭, 길이 방향으로 연속된 띠 형태의 기초이다. 주로 조적 구조에 사용하는 기초이다. 또한, 벽돌조 기초는 다음과 같다.

① 조적식 구조인 내력벽의 기초(최하층의 바닥면 이하에 해당하는 부분)를 연속 기초로 하고, 기초 중 기초판은 철근 콘크리트 구조 또는 무근 콘크리트 구조로 한다. 기초벽의 두께는 최하층의 벽의 두께에 그 2/10를 가산한 두께 이상으로 하여야 한다.

② 콘크리트 기초판의 두께는 그 너비의 1/3 정도(보통 20~30cm)로 하고, 벽돌면보다 10~15cm 정도 내밀고 철근을 보강하기도 하며, 잡석다짐의 두께는 20~30cm, 너비는 콘크리트 기초판보다 10~15cm 더 넓힌다. 또한, 기초벽의 두께는 250mm 이상으로 하여야 한다.

③ 벽돌조 줄기초에 있어서 벽체에서 2단씩 B/4 정도를 벌려서 쌓되, 벽돌로 쌓은 맨 밑의 너비는 벽체 두께의 2배로 한다.

(3) 온통 기초(매트 슬래브, 매트 기초)

건축물의 전체 바닥에 철근 콘크리트 기초판을 설치한 기초로서 모든 하중이 기초판을 통하여 지반에 전달된다. 지반이 지나친 지내력 부담을 받지 않아 하중에 비하여 지내력이 작은 연약 지반에 사용한다. 건물의 하부 전체 또는 지하실 전체를 하나의 기초판으로 구성한 기초로 지반이 연약하거나 기둥에 작용하는 하중이 커서 기초판이 넓어야 할 때 사용한다.

(4) 주춧돌 기초

호박돌 기초의 호박돌 대신에 네모진 돌을 깍아 다듬고, 땅을 약 90cm 깊이로 파고 잡석 다짐 또는 콘크리트 다짐 위에 설치하는 기초로서 목조에 많이 사용한다.

2 벽돌 쌓기법

조적식 구조 벽체의 종류에는 내력벽(벽, 지붕, 바닥 등의 수직 하중과 풍력, 지진 등의 수평 하중을 받는 중요 벽체)과 비내력벽(벽 자체의 하중만 받는 벽체) 등이 있고, 내력벽에는 전단벽, 비내력벽에는 커튼월, 칸막이벽, 장막벽 등이 있다.

(1) 벽돌 쌓기 방식

① **영국식 쌓기** : 서로 다른 아래·위 켜(입면상으로 한 켜는 마구리쌓기, 다음 한 켜는 길이쌓기로 번갈아)로 쌓고, 통줄눈이 생기지 않으며, 내력벽을 만들 때에 많이 이용되는 벽돌 쌓기법이다. 특히, 모서리 부분에 반절, 이오토막 벽돌을 사용하며, 가장 튼튼한 쌓기법으로 통줄눈이 생기지 않게 하려면 반절을 사용하여야 한다.

② **네덜란드(화란)식 쌓기** : 한 면의 모서리 또는 끝에 칠오토막을 써서 길이쌓기의 켜를 한 다음에 마구리쌓기를 하여 마무리하고, 다른 면은 영국식 쌓기로 하는 방식으로 영국식 쌓기 못지 않게 튼튼하다.

③ **플레밍(불식)식 쌓기** : 입면상으로 매 켜에서 길이쌓기와 마구리쌓기가 번갈아 나오도록 되어 있는 방식이다.

④ **미국식 쌓기** : 뒷면은 영국식 쌓기로 하고, 표면은 치장 벽돌을 써서 5켜 또는 6켜는 길이쌓기로 하며, 다음 1켜는 마구리쌓기로 하여 뒷벽돌에 물려서 쌓는 방식이다.

(2) 벽돌 쌓기의 비교

구분	영국식	네덜란드식	플레밍식	미국식
A켜	마구리 또는 길이		길이와 마구리	표면 치장벽돌 5켜 뒷면은 영식
B켜	길이 또는 마구리			
사용 벽돌	반절, 이오토막	칠오토막	반토막	
통줄눈	안 생김		생김	생기지 않음
특성	가장 튼튼함	주로 사용함	외관상 아름답다.	내력벽에 사용

(3) 기타 쌓기

① **들여쌓기** : 벽 모서리, 교차부 또는 공사 관계로 그 일부를 나중쌓기로 할 때, 나중 쌓은 벽돌을 먼저 쌓은 벽에 물려 쌓을 수 있게 벽돌을 한 단 걸름 또는 단단으로 후퇴시켜 들여 놓아 벽돌을 쌓는 일이다.

출제 키워드

■ 조적식 구조 벽체의 종류
내력벽(전단벽)과 비내력벽(커튼 월, 칸막이벽, 장막벽) 등

■ 영국식 쌓기
- 서로 다른 아래·위 켜로 쌓는다.
- 통줄눈이 생기지 않음
- 통줄눈이 생기지 않게 하려면 반절을 사용
- 내력벽을 만들 때에 많이 이용됨
- 모서리 부분에 반절, 이오토막 벽돌을 사용
- 가장 튼튼한 쌓기법

■ 네덜란드(화란)식 쌓기
- 한 면의 모서리 또는 끝에 칠오토막을 써서 길이쌓기의 켜로 마감
- 한 다음에 마구리 쌓기를 하여 마무리함
- 다른 면은 영국식 쌓기로 하는 방식으로 영국식 쌓기 못지 않게 튼튼함

■ 플레밍(불식)식 쌓기
매 켜에서 길이쌓기와 마구리쌓기가 번갈아 나오도록 되어 있는 방식

■ 미국식 쌓기
- 표면은 치장 벽돌을 써서 5켜 또는 6켜 길이쌓기
- 뒷면은 영국식 쌓기
- 다음 1켜는 마구리쌓기로 하여 뒷벽돌에 물려서 쌓는 방식

■ 사용 벽돌
- 영국식 : 반절, 이오토막
- 네덜란드식 : 칠오토막
- 플레밍식 : 반토막

출제 키워드

■ 공간쌓기
- 벽돌 구조에서 방음, 단열, 방습을 위해 벽돌벽을 이중으로 하고 중간을 띄어 쌓는 법
- 연결철물의 수직 간격은 6켜(40~45cm) 이내마다 넣고, 수평간격은 90~100cm 이내

■ 벽돌벽 내쌓기
- 1단씩 내쌓을 경우에는 B/8씩
- 2단씩 내쌓을 경우에는 B/4씩
- 내미는 정도는 2.0B 정도

■ 영롱쌓기
벽돌벽 등에 장식적으로 사각형, 십자형 구멍을 내어 쌓는 것

■ 길이쌓기
조적조 공간벽의 외부에서 보이는 벽에 많이 쓰이는 쌓기법

■ 아치쌓기
압축력만이 작용되도록 한 구조

■ 줄눈의 종류
가로 줄눈과 세로 줄눈(통줄눈과 막힌 줄눈) 및 치장 줄눈 등

■ 막힌 줄눈
상부의 하중을 전 벽면에 균등하게 분포(응력의 분산)시키도록 하는 줄눈

■ 통줄눈
세로 줄눈의 아래·위가 통한 줄눈

② **공간쌓기** : 벽돌 구조에서 방음, 단열, 방습을 위해 벽돌벽을 이중으로 하고 중간을 띄어 쌓는 법으로, 공간 조적벽에 있어서 연결 철물은 벽면적 $0.4m^2$ 이내마다 1개씩 사용하고, 켜가 달라질 때마다 엇갈리게 배치하며, 연결 철물의 수직 간격은 6켜(40~45cm) 이내마다 넣고, 수평 간격은 90~100cm 이내로 한다.

③ **내쌓기** : 벽돌, 돌 등을 쌓을 때 벽(면)보다 내밀어서 쌓는 것으로 벽체에 마루를 설치한다든지 또는 방화벽으로 처마 부분을 가리기 위해 사용한다. 벽돌벽 내쌓기(마루나 방화벽을 설치하고자 할 때 벽돌을 벽에서 부분적으로 내어 쌓는 방식) 방식은 1단씩 내쌓을 경우에는 B/8씩, 2단씩 내쌓을 경우에는 B/4씩을 내밀어 쌓으며, 내미는 정도는 2.0B 정도이다.

④ **기초쌓기** : 조적조 기초에서 기초판 위에 조적재를 벽두께보다 넓혀 내쌓고 위로 올라갈수록 좁게 쌓아 벽두께와 같거나 약간 크게 쌓는 일이다.

⑤ **영롱쌓기** : 벽돌벽 등에 장식적으로 사각형, 십자형 구멍을 내어 쌓는 것으로 담장에 많이 사용되는 쌓기법이다.

⑥ **길이쌓기** : 조적조 공간벽의 외부에서 보이는 벽에 많이 쓰이는 조적 방법이다.

⑦ **아치쌓기** : 개구부의 상부 하중을 지지하기 위하여 조적재를 곡선형으로 쌓아서 압축력만이 작용되도록 한 구조이다.

(4) 줄눈의 종류

줄눈의 종류에는 가로 줄눈과 세로 줄눈(통줄눈과 막힌 줄눈) 및 치장 줄눈 등이 있다.

① **막힌 줄눈** : 세로 줄눈의 아래·위가 막힌 줄눈을 막힌 줄눈이라고 하며 상부의 하중을 전 벽면에 균등하게 분포(응력의 분산)시키도록 하는 줄눈이다.

② **통줄눈** : 세로 줄눈의 아래·위가 통한 줄눈을 통줄눈이라고 하며 하중의 집중 현상이 일어나 균열이 발생하고 지반의 습기가 차기 쉬우나 외관상 보기가 좋으므로 큰 강도를 필요로 하지 않는 구조나 플레밍식 쌓기에 사용된다.

③ 줄눈의 형태

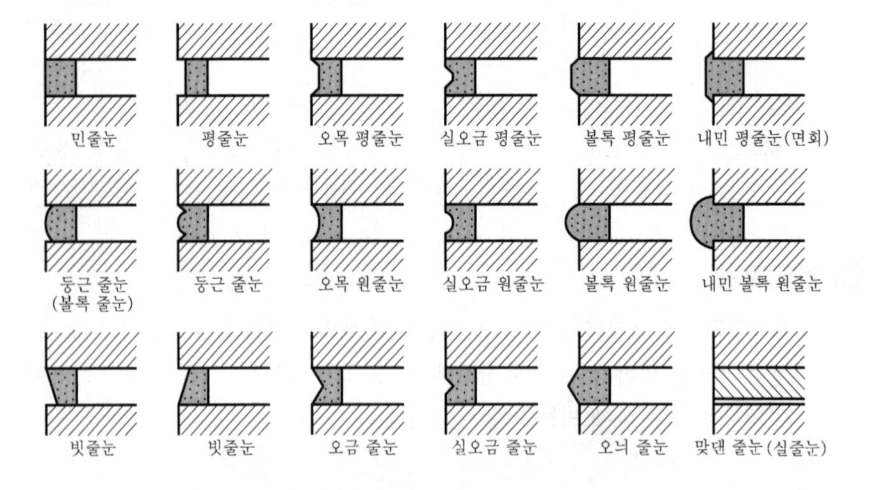

3 조적조의 구조 기준에 관한 규칙

(1) 내력벽의 두께 및 길이

① 내력벽으로 둘러싸인 부분의 바닥 면적은 $80m^2$ 이하로 하여야 하고, $60m^2$를 넘는 경우에는 내력벽의 두께는 다음 표에 의한 두께 이상으로 한다.

(단위 : cm 이상)

층수 \ 층별	1층	2층	3층
1층	19	29	39
2층	–	19	29
3층	–	–	19

② 내력벽으로서 토압을 받는 부분의 높이가 2.5m 이하일 경우에는 벽돌 조적조의 내력벽으로 할 수 있다. 이때 높이가 1.2m 이상일 때에는 그 내력벽의 두께는 그 직상층의 벽 두께에 100mm를 가산한 두께 이상으로 하여야 한다.

③ 조적식 구조인 내력벽의 두께는 그 건축물의 층수, 높이 및 벽의 길이에 따라서 달라지며, 조적재가 벽돌인 경우에는 벽 높이의 1/20 이상, 블록조인 경우에는 벽 높이의 1/16 이상으로 하여야 한다.

④ 조적식 구조인 내력벽을 이중벽으로 하는 경우에는 당해 이중벽 중 하나의 내력벽에 대하여 적용한다. 다만, 건물의 최상층(1층인 건축물의 경우 1층을 말한다)에 위치하고 그 높이가 3m를 넘지 아니하는 이중벽인 내력벽으로, 그 각 벽 상호간의 가로・세로 각각 40cm 이내의 간격으로 보강한 내력벽에 있어서는 그 각 벽의 두께와 합계를 당해 내력벽의 두께로 본다.

⑤ 벽돌조 벽체의 두께와 높이에 있어 벽돌조 벽은 높거나 긴 벽일수록 두께를 두껍게 하며, 최상층의 내력벽의 높이는 4m를 넘지 않도록 한다. 벽의 길이가 너무 길어지면, 휨과 변형 등에 대해서 약하므로, 최대 길이 10m 이하로 하며, 벽의 길이가 10m를 초과하는 경우에는 중간에 붙임기둥 또는 부축벽을 설치한다.

(2) 개구부

① 조적조에 있어서 문골(개구부) 상호간 또는 문골(개구부)과 대린벽 중심의 수평 거리는 벽 두께의 2배 이상으로 하여야 한다.

② 개구부 바로 위에 있는 개구부와의 수직 거리는 60cm 이상으로 하고, 각 벽의 개구부 폭의 합계는 그 벽 길이의 1/2 이하로 하며, 개구부의 너비가 1.8m 이상 되는 개구부의 상부에는 철근 콘크리트 구조의 윗인방을 설치하고, 양쪽 벽에 물리는 부분은 길이 20cm 이상으로 한다.

(3) 테두리보

① 건축물의 각 층 내력벽의 위에는 춤이 벽 두께의 1.5배인 철골 구조 또는 철근 콘크리

출제 키워드

■ $80m^2$ 이하
내력벽으로 둘러싸인 부분의 바닥 면적

■ 조적식 구조인 내력벽의 두께
- 그 건축물의 층수, 높이 및 벽의 길이에 따라 달라짐
- 벽돌인 경우에는 벽 높이의 1/20 이상

■ 벽돌조 벽체
최대 길이 10m 이하

■ 벽 두께의 2배 이상
문골(개구부) 상호간 또는 문골(개구부)과 대린벽 중심의 수평 거리

■ 조적조의 규정
- 개구부 바로 위에 있는 개구부와의 수직 거리는 60cm 이상
- 각 벽의 개구부 폭의 합계는 그 벽 길이의 1/2 이하
- 개구부의 너비가 1.8m 이상 되는 개구부의 상부에는 철근 콘크리트 구조의 윗인방을 설치
- 양쪽 벽에 물리는 부분은 길이 20cm 이상
- 각 층의 벽은 편심 하중이 작용되지 않도록 할 것

출제 키워드

- 나무 구조의 테두리보로 대체
  - 철근 콘크리트 바닥을 슬래브로 하는 경우
  - 1층 건물로서 벽 두께가 높이의 1/16 이상이 되거나, 벽의 길이가 5m 이하인 경우

트 구조의 테두리 보를 설치해야 한다. 그러나 다음의 경우에는 나무 구조의 테두리 보로 대체할 수 있다.

㉮ 철근 콘크리트 바닥을 슬래브로 하는 경우

㉯ 1층 건물로서 벽 두께가 높이의 1/16 이상이 되거나 벽의 길이가 5m 이하인 경우

② 조적식 구조에서 각 층의 벽이 편재해 있을 때에는 편심 거리가 커져서 수평 하중에 의한 전단 작용과 휨 작용을 동시에 크게 받게 되어 벽체에 균열이 발생하므로 각 층의 벽은 편심 하중이 작용되지 않도록 하여야 한다.

- 9cm 이상
  칸막이벽의 두께

(4) 칸막이벽

① 조적식 구조인 칸막이벽(내력벽이 아닌 기타의 벽을 포함)의 두께는 9cm 이상으로 하여야 한다. 다만, 국토교통부장관이 안전상 지장이 없다고 인정하여 정하는 경우에는 예외로 한다.

② 조적식 구조인 칸막이벽의 바로 위층에 조적식 구조인 칸막이벽이나 주요 구조물을 설치하는 경우에는 당해 칸막이벽의 두께는 19cm 이상으로 하여야 한다. 다만, 테두리보를 설치하는 경우에는 예외로 한다.

4 벽돌벽의 두께 등

- 벽돌벽의 두께 등
  - 1.5B=1.0B+모르타르(10mm)+0.5B
    =190+10+90
    =290mm
  - 2.5B=1.0B+모르타르(10mm)
    +1.0B
    =190+10+190
    =390mm

(1) 벽돌의 두께

(단위 : mm)

벽돌의 종류 \ 두께	0.5B	1.0B	1.5B	2.0B	2.5B	계산식(단, n : 벽 두께)
장려형(신형)	90	190	290	390	490	$90+[\{(n-0.5)/0.5\}\times100]$
재래형(구형)	100	210	320	430	540	$100\times[\{(n-0.5)/0.5\}\times110]$

- 내력벽의 두께의 결정 요소
  건축물의 층수, 내력벽의 길이, 높이 등

벽돌 구조에 있어서 내력벽의 두께는 건축물의 층수, 내력벽의 길이 및 높이에 의해서 결정된다.

- 공간 조적벽에 있어서 연결 철물
  6켜(45cm) 이내, 수평 간격은 90~100cm 이내

(2) 연결 철물

공간 조적벽에 있어서 연결 철물은 벽 면적 $0.4m^2$ 이내마다 1개씩 사용하고, 켜가 달라질 때마다 엇갈리게 배치한다. 연결 철물은 6켜(45cm) 이내마다 넣고, 수평 간격은 90~100cm 이내로 한다.

- 벽돌벽 홈파기
  가로로 팔 때에는 그 길이를 3m 이하, 그 깊이는 벽 두께의 1/3 이하

(3) 벽돌벽의 홈파기

벽돌벽 홈파기에 있어 벽돌벽에 배선·배관을 위하여 벽체에 홈을 팔 때, 홈을 깊게 연속하여 파거나 대각선으로 파면 수평력에 의하여 갈라지기 쉬우므로, 그 층 높이의 3/4 이상 연속되는 홈을 세로로 팔 때에는 그 홈의 깊이를 벽 두께의 1/3 이하로 하고, 가로로 팔 때에는 그 길이를 3m 이하로 하며, 그 깊이는 벽 두께의 1/3 이하로 한다.

(4) 벽돌의 마름질

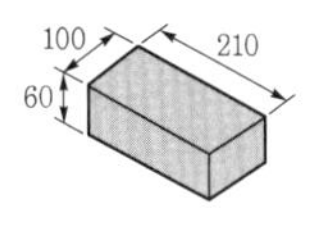

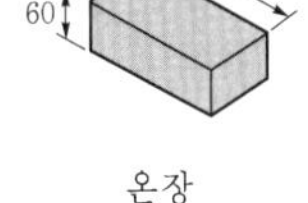

온장

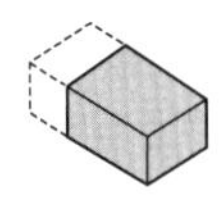

칠오토막

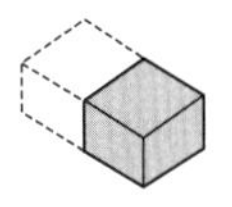

반토막

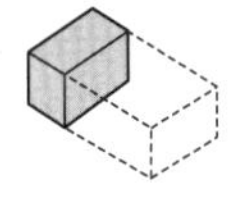

이오토막

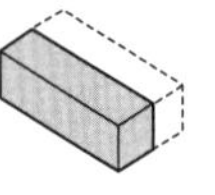

반절

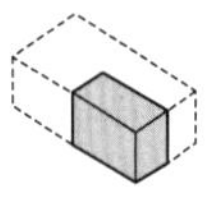

반반절

(5) 세로(수직) 규준틀

벽돌 쌓기에 있어서 세로(수직) 규준틀의 표시 사항에는 벽돌 한 켜의 높이, 각 층의 바닥 높이, 창문틀 위치, 아치, 나무 벽돌, 앵커 볼트의 위치 등이 있고, 개구부의 폭은 수평 규준틀에 표기한다.

5 벽돌 기둥

벽돌 기둥의 종류에는 독립 기둥, 붙임 기둥, 부축벽 등이 있다.

① 독립 기둥 : 벽체와 일체가 되지 않게 영식과 프랑스식으로 쌓은 내력 독립 기둥을 말한다. 기둥의 높이는 기둥 단면 최소 치수의 10배를 넘지 않아야 한다.

② 붙임 기둥 : 길고 높은 벽돌 벽체를 보강하기 위하여 벽돌벽에 붙여 일체가 되게 영국식 쌓기와 프랑스식 쌓기로 쌓은 기둥으로 아래·위의 단면의 크기가 같다.

③ 버트레스(부축벽, 버팀벽) : 횡력을 받는 벽을 지지하기 위하여 설치하며, 길고 높은 벽돌 벽체를 보강하기 위하여 벽돌벽에 붙여 일체가 되게 영국식 쌓기와 프랑스식 쌓기로 쌓은 벽으로, 밑에서 위로 갈수록 단면의 크기가 작아진다.

6 블록 구조

(1) 블록조의 일반 사항

① 기초보의 두께는 벽체의 두께(블록의 두께)와 같게 하거나 다소 크게 하고, 기초보의 높이는 처마 높이의 1/12 이상 또는 60cm 이상(단층의 경우에는 45cm 이상)으로 한다. 2층 건축물로서 처마 높이가 7m인 경우에는 60cm 이상, 3층 건축물로서 처마 높이가 11m인 경우에는 90cm 이상으로 한다.

② 보강 블록조의 평면상 내력벽의 길이는 55cm 이상(보통 60cm)으로 하거나 벽의 양쪽에 있는 문골 높이 평균값의 30% 이상으로 한다. 보강 콘크리트 블록조에 있어서 내력벽의 두께는 15cm(150mm) 이상으로 하고, 그 내력벽의 구조 내력상 주요한 지점 간의 수평 거리의 1/50 이상으로 하며, 내력벽의 위치는 위층의 내력벽은 아래층의 내력벽 위에 배치하여야 한다.

출제 키워드

■ 벽돌의 마름질
- 절은 길이와 평행 방향으로 자른 벽돌
- 토막은 길이와 직각 방향으로 자른 벽돌
- 칠오 토막은 길이 방향과 직각 방향으로 3/4(75%)을 자른 벽돌
- 이오 토막은 길이 방향과 직각 방향으로 1/4(25%)을 자른 벽돌
- 반절은 길이와 평행 방향으로 너비 방향으로 반을 자른 벽돌
- 반반절은 길이와 평행 방향으로 길이 방향 및 너비 방향의 반을 자른 벽돌

■ 세로(수직) 규준틀의 표시 사항
벽돌 한 켜의 높이, 각 층의 바닥 높이, 창문틀 위치, 아치, 나무 벽돌, 앵커 볼트의 위치 등

■ 벽돌 기둥의 종류
독립 기둥, 붙임 기둥, 부축벽 등

■ 독립 기둥
기둥의 높이는 기둥 단면 최소 치수의 10배를 넘지 않아야 한다.

■ 버트레스(부축벽, 버팀벽)
횡력을 받는 벽을 지지하기 위하여 설치

■ 블록조 기초보
- 기초보의 두께는 벽체의 두께(블록의 두께)와 같게 하거나 다소 크게
- 기초보의 높이는 처마 높이의 1/12 이상 또는 60cm 이상(단층 45cm 이상)

■ 보강 블록조의 내력벽 두께
- 내력벽의 두께는 15cm(150mm) 이상
- 그 내력벽의 구조 내력상 주요한 지점 간의 수평 거리의 1/50 이상
- 내력벽 최대 길이 10m 이하

출제 키워드

▪보강 블록조 내력벽의 길이
• 55cm(보통 60cm) 이상
• 개구부 높이 평균값의 30% 이상

▪보강 블록조의 벽량
• 내력벽 길이의 총합계를 그 층의 건물 면적으로 나눈 값
• 단위 면적에 대한 그 면적 내에 있는 내력벽의 비
• 벽량$=\frac{\text{내력벽의 전체 길이(cm)}}{\text{그 층의 바닥 면적}(m^2)}$
• $15cm/m^2$ 이상
• 큰 건물일수록 벽량을 증가
• 벽 두께를 두껍게 하는 것보다 벽의 길이를 길게 하여 내력벽의 양을 증가

▪보강 블록조의 테두리보 정의
조적조의 벽체를 보강하여 지붕, 처마, 층도리 부분에 둘러댄 철근 콘크리트 구조의 보

▪보강 블록조의 테두리보의 너비
그 밑에 있는 내력벽의 두께 이상, 대린벽 중심간의 1/20 이상

▪보강 블록조의 테두리보의 춤
• 2, 3층 건물은 두께의 1.5배 이상 또한 30cm 이상
• 단층 건물은 25cm 이상

▪보강 블록조의 테두리보의 설치 이유
세로 철근 정착

③ 조적조 벽체의 두께와 높이에 있어 조적조 벽은 높거나 긴 벽일수록 두께를 두껍게 하며, 최상층의 내력벽의 높이는 4m를 넘지 않도록 한다. 벽의 길이가 너무 길어지면 휨과 변형 등에 대해서 약하므로 최대 길이 10m 이하로 하며, 벽의 길이가 10m를 초과하는 경우에는 중간에 붙임기둥 또는 부축벽을 설치한다.

④ 보강 블록조의 평면상 내력벽의 길이는 55cm 이상(보통 60cm)으로 하거나 벽의 양쪽에 있는 문골 높이의 평균값의 30% 이상으로 한다. 보강 콘크리트 블록조에 있어서 내력벽의 두께는 15cm(150mm) 이상으로 하며, 그 내력벽의 구조 내력상 주요한 지점 간의 수평 거리의 1/50 이상으로 하며, 내력벽의 위치는 위층의 내력벽은 아래층의 내력벽 위에 배치하여야 한다.

⑤ 보강 블록조 내력벽에 사용하는 블록 1단의 높이는 기본 블록의 치수 190mm에 줄눈 10mm를 합하여 190+10mm=200mm=20cm가 된다.

⑥ 보강 블록조 내력벽의 벽량(내력벽 길이의 총합계를 그 층의 건물 면적으로 나눈 값으로, 즉 단위 면적에 대한 그 면적 내에 있는 내력벽의 비)은 보통 $15cm/m^2$ 이상으로 하고, 내력벽의 양이 증가할수록 횡력에 대항하는 힘이 커지므로 큰 건물일수록 벽량을 증가시킬 필요가 있다. 또한, 내력벽 두께를 표준벽보다 두껍게 하면 내력벽 두께/표준벽 두께의 비율로 벽의 길이를 증가시킬 수 있으나, 벽 길이의 한도는 $3cm/m^2$ 이상을 감해서는 안 된다. 즉, 내력벽은 그 길이 방향으로 외력에 견디므로 벽 두께를 두껍게 하는 것보다 벽의 길이를 길게 하여 내력벽의 양을 증가시키는 것이 좋다. 벽량의 산출식은 다음과 같다.

$$\text{벽량}=\frac{\text{내력벽의 전체 길이(cm)}}{\text{그 층의 바닥 면적}(m^2)}$$

⑦ 보강 블록조의 테두리 보

㉮ 조적조 테두리 보의 역할은 벽체를 일체화하여 벽체의 강성을 증대시키고, 횡력에 대한 벽의 직접 피해를 완화시키며, 수직 균열을 방지하고, 수축 균열의 발생을 최소화한다. 또한, 개구부 상부의 하중을 좌우측 벽체로 전달하는 보는 인방보이다.

㉯ 테두리 보란 조적조의 벽체를 보강하여 지붕, 처마, 층도리 부분에 둘러댄 철근 콘크리트 구조의 보로, 조적조의 맨 위에는 철근 콘크리트의 테두리 보를 설치하여야 한다. 테두리 보의 너비는 그 밑에 있는 내력벽의 두께와 동일하거나 다소 크게 하고, 테두리 보의 춤은 2, 3층 건물에서는 내력벽 두께의 1.5배 이상 또한 30cm 이상, 단층 건물에서는 25cm 이상으로 한다. 테두리 보의 너비는 내력벽의 두께 이상 또는 대린벽 중심간의 1/20 이상으로 한다.

㉰ 블록 구조의 테두리 보 설치 이유는 세로 철근을 정착하기 위해서, 횡력에 의해 발생하는 균열을 방지하며, 하중을 균등히 분포시키고, 집중 하중을 받는 블록을 보강하기 위함이다.

⑧ 블록 쌓기에 있어서 사춤 모르타르 등의 충진이 잘 되도록 하기 위하여 블록은 살 두께가 두꺼운 쪽이 위쪽으로 향하게 하여야 한다. 즉 블록의 윗부분의 공간이 작고, 아랫부분의 공간을 크게 하여 사춤 모르타르의 충진을 쉽게 할 수 있도록 한다.

(2) 블록 구조의 종류

① **조적식 블록조** : 블록을 단순히 모르타르를 사용하여 쌓아 올린 것으로 상부에서 오는 힘을 직접 받아 기초에 전달하며, 1, 2층 정도의 소규모 건축물에 적합하다.

② **블록 장막벽** : 주체 구조체(철근 콘크리트조나 철골 구조 등)에 블록을 쌓아 벽을 만들거나, 단순히 칸을 막는 정도로 쌓아 상부에서의 힘을 직접 받지 않는 벽으로 라멘 구조체의 벽에 많이 사용한다.

③ **보강 블록조** : 블록의 빈 속에 철근과 콘크리트를 부어 넣은 것으로서 수직 하중・수평 하중에 견딜 수 있는 구조로 가장 이상적인 블록 구조로 4~5층의 대형 건물에도 이용한다. 보강 블록조의 내력벽은 보강을 위한 철근을 배근하기 위하여 통줄눈(세로 줄눈의 위, 아래가 통한 줄눈)쌓기를 하여야 한다. 블록 구조에서 벽의 보강 철근의 배근에 있어서 부착력(철근의 주장에 비례)을 증대시키기 위하여 철근은 가는 것을 많이 배근하는 것이 굵은 것을 조금 배근하는 것보다 유리하다.

④ **거푸집 블록조** : ㄱ자형, ㄷ자형, T자형, ㅁ자형 등으로 살 두께가 얇고 속이 없는 블록을 콘크리트의 거푸집으로 사용하고, 블록 안에 철근을 배근하여 콘크리트를 부어 넣어 벽체를 만든 것이다.

(3) 부축벽

부축벽이란 벽이 쓰러지지 않게 버티어 대거나 보강하기 위하여 달아낸 벽으로서 부축벽의 길이는 층 높이의 1/3 정도로 하고, 또 단층에서는 1m 이상, 2층 밑층에서는 2m 이상으로 하며, 모양은 평면적으로 전후 좌우 대칭인 것이 좋다.

7 돌쌓기 방식

(1) 돌구조의 특징

① 장점

㉮ 압축 강도가 크고, 불연성, 내구성, 내마멸성, 내수성이 있다.

㉯ 외관이 장중하고 미려하며, 생산량이 풍부하다.

② 단점

㉮ 비중이 커서 무겁고 견고하여 가공이 힘들며, 길고 큰 부재를 얻기 힘들다.

㉯ 압축 강도에 비해 인장 강도가 매우 작으며, 일부 석재는 고열에 약하다.

출제 키워드

■ 보강 블록조 쌓기
살 두께가 두꺼운 쪽이 위쪽으로 향하게 한다.

■ 블록 장막벽
- 주체 구조체(철근 콘크리트조나 철골 구조 등)에 블록을 쌓은 벽
- 단순히 칸을 막는 정도의 벽
- 상부에서의 힘을 직접 받지 않는 벽
- 라멘 구조체의 벽에 사용

■ 보강 블록조
- 블록의 빈 속에 철근과 콘크리트를 부어 넣은 벽
- 수직・수평 하중에 견딜 수 있는 구조의 이상적인 벽
- 통줄눈을 사용
- 철근은 가는 것을 많이 배근하는 것이 유리

■ 거푸집 블록조
- 살 두께가 얇고 속이 없는 블록을 콘크리트의 거푸집으로 사용
- 블록 안에 철근을 만든 배근하여 콘크리트를 부어 넣어 만든 벽체

■ 부축벽
- 벽이 쓰러지지 않게 버티어 대거나 보강하기 위하여 달아낸 벽
- 부축벽의 길이는 층 높이의 1/3 정도(단층 : 1m 이상, 2층 : 밑층에서는 2m 이상)
- 모양은 평면적으로 전후 좌우 대칭

출제 키워드

■ 바른층쌓기
돌쌓기의 1켜의 높이는 모두 동일한 것을 쓰고 수평 줄눈이 일직선으로 통하게 쌓는 방식

■ 허튼층쌓기(막쌓기)
네모돌을 수평 줄눈이 부분적으로만 연속되게 쌓고, 일부 상하 세로 줄눈이 통하게 쌓는 방식

■ 석재의 가공 순서
혹두기 → 정다듬 → 도드락 다듬 → 잔다듬 → 물갈기

■ 인방돌
개구부(창문 등) 위에 가로로 길게 건너 대는 돌

■ 창대돌
- 창 밑 바닥에 댄 돌
- 빗물을 처리하고 장식적 용도
- 빗물의 침입을 막고 물흘림이 잘 됨

■ 쌤돌
- 창문틀 옆에 세워대는 돌
- 벽돌벽의 중간 중간에 설치한 돌

■ 두겁돌
난간벽, 부란, 박공벽 위에 덮은 돌

■ 견치돌
- 면이 30cm 각 정방형에 가까운 네모뿔형의 돌
- 석축에 사용되는 돌

(2) 돌쌓기 방식

① **바른층쌓기** : 돌쌓기의 1켜의 높이는 모두 동일한 것을 쓰고 수평 줄눈이 일직선으로 통하게 쌓는 돌쌓기 방식이다.

② **허튼층쌓기(막쌓기)** : 줄눈이 규칙적으로 되지 않게 쌓는 방식 또는 네모돌을 수평 줄눈이 부분적으로만 연속되게 쌓고, 일부 상하 세로 줄눈이 통하게 쌓는 방식이다.

③ **층지어쌓기** : 허튼층쌓기로 하되, 돌 서너 켜마다 수평 줄눈을 일직선으로 통하게 쌓는 방식이다.

④ **완자쌓기** : 허튼층쌓기의 일종으로 네모진 돌을 사용하여 줄눈은 수평·수직으로 하고, 간혹 경사 줄눈이 있게 쌓는 방식이다.

(3) 석재의 가공

석재의 가공 순서는 혹두기(메다듬, 쇠메 망치, 마름돌의 거친 면의 돌출부를 쇠메 등으로 쳐서 면을 보기 좋게 다듬는 것) → 정다듬(정, 혹두기의 면을 정으로 곱게 쪼아 표면에 미세하고 조밀한 흔적을 내어 평탄하고 거친 면으로 만드는 것) → 도드락 다듬(도드락 망치, 거친 정다듬한 면을 도드락 망치로 더욱 평탄하게 다듬는 것) → 잔다듬(양날 망치, 도드락 다듬한 면을 양날 망치로 평행 방향으로 정밀하게 곱게 쪼아 표면을 더욱 평탄하게 만드는 것) → 물갈기(와이어 톱, 다이아몬드 톱, 글라인더 톱, 원반 톱, 플레이너, 글라인더로 잔다듬한 면에 금강사를 뿌려 철판, 숫돌 등으로 물을 뿌려 간 다음, 산화 주석을 헝겊에 묻혀서 잘 문질러 광택을 낸 것) 순으로 한다.

(4) 석구조의 부재

① **문지방돌** : 문지방은 문턱이 되는 밑틀과 출입구 또는 창문 바닥의 목재 또는 석재의 인방을 말하고, 문지방돌은 출입문 밑에 문지방으로 댄 돌을 말한다.

② **인방돌** : 인방(기둥과 기둥에 가로 대어 창문틀의 상·하 벽을 받고, 하중은 기둥에 전달하며 창문틀을 끼워 댈 때 뼈대가 되는 것)돌이란 개구부(창문 등) 위에 가로로 길게 건너 대는 돌을 말한다.

③ **창대돌** : 창 밑 바닥에 댄 돌로, 빗물을 처리하고 장식적으로 쓰인다. 또한 윗면·밑면·옆면에 물끊기, 물돌림 등을 두어 빗물의 침입을 막고 물흘림이 잘 되게 하는 역할을 한다. 창 너비가 크면 2개 이상 이어쓰기도 하지만 방수상, 외관상 통째로 사용하는 것이 좋다.

④ **쌤돌** : 창문틀 옆에 세워대는 돌 또는 벽돌벽의 중간 중간에 설치한 돌로서 돌 구조와 벽돌 구조에 사용하며, 면접기나 쇠시리를 하고, 쌓기는 일반 벽체에 따라 촉과 긴결 철물로 긴결한다.

⑤ **두겁돌** : 난간벽, 부란, 박공벽 위에 덮은 돌로서 빗물막이와 난간 동자받이의 목적 이외에 장식도 겸하는 돌이다.

⑥ **이맛돌** : 반원 아치 쌓기에 있어서 중앙부에 설치하는 돌이다.

⑦ **견치돌** : 면이 30cm 각 정방형에 가까운 네모뿔형의 돌로서 석축에 사용되는 돌이다.

(5) 석재의 용도

석재의 용도에 따른 분류에는 구조용(하중을 받는 곳에 쓰이는 것으로서 기초돌과 장석) 마감용(외장용으로는 화강암, 안산암, 점판암 등이 쓰이고, 내장용으로는 대리석, 사문암, 응회암 등) 및 골재(모르타르, 콘크리트에 혼합한 것으로서 자갈, 모래, 황화석, 석면 등) 등이 있다.

1-2-3. 철근 콘크리트 구조

1 철근 콘크리트 구조와 원리

(1) 철근 콘크리트 구조체의 원리

① 단순보에 하중이 작용하면 그림 (a)와 같이 중립축을 경계선으로 하여 위쪽에는 압축 응력, 아래쪽에는 인장 응력이 생긴다.

② 이 경우 보를 콘크리트로 만들면 콘크리트는 압축력에는 강하나 인장력에는 약하므로, 인장력을 받는 부분은 철근으로 그림 (b)와 같이 보완한다.

③ 그림 (c)와 같이 양측 단부에 빗 인장력에 의한 균열 파괴가 생기므로 늑근을 설치하여 균열을 방지한다.

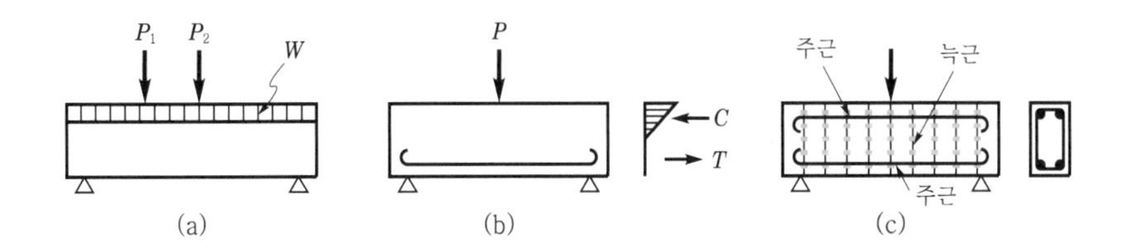

(2) 철근 콘크리트의 특성

① 장점 : 부재의 크기와 형상을 자유자재로 제작할 수 있고, 철근을 콘크리트로 피복하므로 내화성과 내식성이 크며, 철근과 콘크리트가 일체가 되어 내화성, 내구성, 내진성 및 내풍성이 강한 구조이다.

② 단점 : 철근 콘크리트는 작업 방법, 기후, 기온 및 양생 조건 등이 강도에 큰 영향을 미치기 때문에 구조물 전체의 균일한 시공이 곤란한 단점이 있다. 시공이 복잡하고, 균열의 발생이 많다. 또한, 습식 구조이므로 공사 기간이 길다.

(3) 철근 콘크리트가 일체식으로 가능한 이유

① 콘크리트와 철근이 강력히 부착되면 철근의 좌굴이 방지된다.

② 콘크리트와 철근의 선팽창 계수가 거의 같고, 콘크리트는 알칼리성이므로 철근의 부식을 방지한다(철근의 선팽창 계수는 1.2×10^{-5}이고, 콘크리트의 선팽창 계수는 $(1.0\sim1.3)\times10^{-5}$이다).

출제 키워드

■ 석재의 용도
구조용, 마감용, 골재 등

■ 철근 콘크리트 구조체의 원리
콘크리트는 압축력에는 강하나 인장력에는 약하므로, 인장력을 받는 부분은 철근으로 보강

■ 철근 콘크리트의 단점
- 균일한 시공이 곤란
- 시공이 복잡
- 균열의 발생이 많음

■ 철근 콘크리트가 일체식으로 가능한 이유
- 콘크리트와 철근의 선팽창 계수가 거의 같고, 콘크리트는 철근의 부식을 방지
- 콘크리트는 철근을 피복 보호
- 콘크리트는 압축력에 견디고, 철근은 인장력과 휨에 견딤

출제 키워드

③ 콘크리트는 내구성과 내화성이 있어 철근을 피복 보호한다.

④ 콘크리트는 압축력에 강하므로 압축력에 견디고, 철근은 인장력과 휨에 강하므로 인장력과 휨에 견딘다.

(4) 콘크리트의 일반 사항

콘크리트는 압축력에는 강하나 인장력에는 약하고, 철근은 인장력과 압축력에 강하나 압축력을 받는 경우에는 좌굴이 생기므로 이를 서로 보완하여 만들어진 구조가 철근 콘크리트 구조이다. 즉, 철근은 인장력에 강한 장점을 이용하여 콘크리트의 인장력이 작용하는 부분에 배근하여야 한다.

2 철근 콘크리트 기둥

■ 주각 고정
지중보를 크게 하여 강성을 높이는 것이 가장 유리

(1) 주각 고정

철근 콘크리트 구조에 있어서 주각 고정의 상태를 유지하기 위해서는 지중보를 크게 하여 강성을 높이는 것이 가장 유리하다.

■ 기초보
• 주각의 이동과 회전을 구속
• 기초의 부동 침하를 방지

(2) 기초보

기초보는 기초와 기초를 연결하는 보로서 독립 기초 상호간을 연결하고, 주각의 이동과 회전을 구속하며, 지진 시에 주각에서 전달되는 모멘트에 저항하는 역할을 한다. 특히, 기초의 부동 침하를 방지하는 역할을 한다.

■ 철근의 피복 두께
• 콘크리트의 표면으로부터 철근의 표면까지의 거리
• 철근의 부식 방지, 내화, 내구 및 부착력의 확보

■ 현장치기 콘크리트의 피복 두께
• 수중에서 타설하는 콘크리트는 100mm 이상
• 피복 두께가 큰 것부터 나열하면 기초 → 기둥 → 바닥의 순

(3) 콘크리트의 피복 두께

① 철근의 피복 두께는 철근 콘크리트 구조물을 내구, 내화적으로 유지하기 위한 덮임 두께로서 콘크리트의 표면으로부터 철근의 표면까지의 거리를 의미한다.

② 철근의 피복 두께를 확보하여야 하는 이유는 콘크리트는 알칼리성이므로 철근의 부식 방지, 내화, 내구 및 부착력의 확보를 위함이고, 철근의 강도와는 무관하다.

③ 현장치기 콘크리트의 피복 두께

(단위 : mm)

구분	수중에서 타설하는 콘크리트	흙에 접하여 콘크리트를 친 후 영구히 흙에 묻히는 콘크리트	흙에 접하거나 옥외 공기에 직접 노출되는 콘크리트		옥외의 공기나 흙에 접하지 않는 콘크리트				
					슬래브, 벽체, 장선 구조		보, 기둥		셸, 절판 부재
			D19 이상	D16 이하, 16mm 이하 철선	D35 초과	D35 이하	$f_{ck}<$ 40MPa	$f_{ck}\geq$ 40MPa	
피복 두께	100	75	50	40	40	20	40	30	20

※ 피복 두께가 큰 것부터 작은 것의 순으로 나열하면 기초 → 기둥 → 바닥의 순이다.

3 거푸집

(1) 거푸집이 갖추어야 할 조건

① 형상과 치수가 정확하고 변형(처짐, 배부름, 뒤틀림 등)이 생기지 않게 하고, 외력에 충분히 안전하여 파괴되지 않을 것
② 조립·제거 시 파손·손상되지 않게 하고, 운반과 가공이 쉬우며 소요 자재가 절약되고, 반복 사용이 가능할 것
③ 거푸집 널의 쪽매는 수밀하게 하여 모르타르나 시멘트풀이 새지 않게 할 것
④ 강재 거푸집은 콘크리트, 즉 알칼리성에 오염 가능성이 높지만, 목재 거푸집은 오염 가능성이 낮은 특성이 있다.

출제 키워드

- 거푸집이 갖추어야 할 조건
  - 반복 사용이 가능할 것
  - 강재 거푸집은 알칼리성에 오염 가능성이 높음
  - 목재 거푸집은 오염 가능성이 낮음

(2) 거푸집의 종류

① 기초 거푸집은 단단한 지반일 때에는 기초를 소요 크기에 맞춰 파고 직접 콘크리트를 부어넣을 수도 있으나, 무른 진흙, 모래와 같은 불안정한 지반일 때에는 모서리에 말뚝을 박고 기초 거푸집을 고정한다. 즉, 거푸집을 사용하여야 한다.
② 벽 거푸집은 일반적으로 한쪽 벽 옆판은 버팀대로 지지하여 세우고 철근을 배근한 후에 다른 쪽 옆판을 세워서 조립한다.
③ 기둥 거푸집 재료로는 목재 합판이나 강재 패널 등을 사용하고, 보거푸집은 바닥 거푸집과 함께 설치하는 경우가 많다.

- 기초 거푸집
  무른 진흙, 모래와 같은 불안정한 지반일 때 사용

(3) 거푸집의 부속 철물

① 세퍼레이터(separater) : 거푸집 상호간의 간격을 유지하기 위한 격리재이다.
② 스페이서(spacer) : 거푸집과 철근 사이의 간격을 유지하기 위한 간격재이다.
③ 동바리(support) : 철근 콘크리트 공사에서 거푸집을 받치는 가설재이다.
④ 드롭 헤드 : 주로 철재 또는 금속재 거푸집에 사용되는 철물로서 지주를 제거하지 않고 슬래브 거푸집만 제거할 수 있도록 한 것이다.

- 세퍼레이터(separater)
  거푸집 상호간의 간격을 유지하기 위한 격리재
- 스페이서(spacer)
  거푸집과 철근 사이의 간격을 유지하기 위한 간격재
- 동바리(support)
  철근 콘크리트 공사에서 거푸집을 받치는 가설재
- 드롭 헤드
  지주를 제거하지 않고 슬래브 거푸집만 제거할 수 있도록 한 것

(4) 거푸집의 측압

콘크리트 타설 시 슬럼프 값이 클(높을)수록, 부배합일수록, 콘크리트 붓기 속도가 빠를수록, 온도가 낮을수록 거푸집에 작용하는 측압은 크다.

- 거푸집 측압의 증대 요인
  슬럼프 값이 클(높을)수록

(5) 기타 보강 철물

① 꺽쇠 : 강봉 토막의 양 끝을 뾰족하게 하고, ㄷ자형으로 구부려 2부재(목재)를 이어 연결 또는 엇갈리게 고정시킬 때 사용하는 철물이다.
② 띠쇠 : 띠 모양으로 된 이음 철물이고, 좁고 긴 철판을 적당한 길이로 잘라 양쪽에 볼트, 가시 못구멍을 뚫은 철물로서 두 부재의 이음새, 맞춤새에 대어 두 부재가 벌어

출제 키워드

지지 않도록 보강하는 철물이다. 보통 띠쇠, ㄱ자쇠, 감잡이쇠, 모서리쇠, 안장쇠 등이 있다.

③ **듀벨** : 듀벨은 볼트와 함께 사용하는데, 듀벨은 전단력에, 볼트는 인장력에 작용시켜 접합재 상호간의 변위를 막는 강한 이음을 얻는 데 사용한다. 큰 간사이의 구조, 포갬보 등에 쓰이고 파넣기식과 압입식이 있다.

4 철근 콘크리트 보

(1) 철근 콘크리트 보의 배근

① 주근

■ 철근 콘크리트 보의 주근
주근은 D13 또는 ϕ12 이상의 철근

■ 철근 콘크리트 보의 주근 간격
- 주근 간격은 2.5cm(25mm) 이상
- 최대 굵은 골재 직경의 4/3배 이상
- 공칭 철근 지름의 1.0배 이상

■ 철근 콘크리트 보 주근의 이음 위치
인장력과 휨 응력이 가장 작게 작용하는 곳

■ 복근보의 사용 이유
- 늑근 설치 용이
- 장기 처짐의 감소
- 연성 거동 증진 등

■ 늑근
- 사장력으로 인한 보의 빗방향의 균열을 방지
- 양단부에서는 늑근의 간격을 좁히고, 중앙부로 갈수록 늑근의 간격을 넓혀 배근
- 스터럽과 띠철근의 가공 시 철근의 구부림 각도는 90°, 135° 등

㉮ 철근 콘크리트 보의 주근은 D13 또는 ϕ12 이상의 철근을 쓰고, 배근 단수는 특별한 경우를 제외하고는 2단 이하로 한다.

㉯ 주근 간격은 2.5cm(25mm) 이상, 최대 굵은 골재 직경의 4/3배 이상, 공칭 철근 지름의 1.0배 이상으로 한다.

㉰ 극한 강도 설계법에 의한 구조 설계의 규정으로 벽체에서 휨 주철근의 간격은 벽체나 슬래브 두께의 3배 이하, 또한 400mm 이하로 하여야 하며, 콘크리트 장선 구조의 경우에는 이 규정을 적용하지 아니한다.

㉱ 철근 콘크리트 보에 있어서 주근은 인장력과 휨 응력에 견디어야 하므로 주근의 이음 위치는 인장력과 휨 응력이 가장 작게 작용하는 곳(경미한 인장력이 생기는 곳 또는 압축측)에서 이음을 하는 것이 가장 유리하다.

㉲ 철근 콘크리트 건물에 가장 많이 쓰이는 철근의 규격은 D10~D25이다. 철근 콘크리트 보에서 압축 철근(복근보)을 사용하는 이유는 늑근 설치 용이, 장기 처짐의 감소 및 연성 거동 증진 등이며, 전단 내력의 증진은 늑근의 역할이다.

② 늑근

㉮ 철근 콘크리트 보는 전단력에 대해서 콘크리트가 어느 정도 견디나 그 이상의 전단력은 늑근을 배근하여 사장력으로 인한 보의 빗방향의 균열을 방지한다. 늑근(전단력의 보강을 위하여 배근)의 간격은 보의 전길이에 대하여 같은 간격으로 배치하나 보의 전단력은 일반적으로 양단에 갈수록 커지므로 양단부에서는 늑근의 간격을 좁히고, 중앙부로 갈수록 늑근의 간격을 넓혀 배근한다.

㉯ 보의 춤이 높은 경우(600mm 이상)에는 늑근잡이로, 직경 9mm 이상의 보조근을 넣고, 늑근은 직경 6mm 이상의 철근을 사용하며, 그 간격은 전단 보강 철근이 필요하지 않은 경우에는 3/4×보의 춤 이하 또는 450mm 이하로 한다.

㉰ 스터럽과 띠철근의 가공에 있어서 대표적인 철근의 구부림 각도는 90°, 135° 등으로 한다.

㉱ 전단 철근의 간격 제한

㉠ 부재축에 직각으로 배치된 전단 철근의 간격은 철근 콘크리트 부재일 경우에

$d/2$ 이하, 프리스트레스트 콘크리트 부재일 경우는 0.75(부재 전체의 두께) 이하이어야 하고, 또 어느 경우든 600mm 이하이어야 한다.

㉡ 경사 스터럽과 굽힘 철근은 부재의 중간 높이인 0.5에서 반력점 방향으로 주인장 철근까지 연장된 45°선과 한 번 이상 교차되도록 배치하여야 한다.

(2) 철근 콘크리트 보의 춤

(단, l : 간사이)

종류	철근 콘크리트 보	철골 보		
		트러스 보	라멘 보	형강 보
보의 춤	$l/10 \sim l/12$	$l/10 \sim l/12$	$l/15 \sim l/16$	$l/15 \sim l/30$

(3) 헌치

① 보, 슬래브의 단부의 단면을 중앙부의 단면보다 크게 한 부분으로 그 부분의 휨 모멘트나 전단력을 견디게 하기 위하여 단부의 단면(폭과 높이)을 증가시킨 것이다.

② 헌치의 폭은 안목 길이의 1/10~1/12 정도이며, 헌치의 춤은 헌치 폭의 1/3 정도이다.

(4) 보의 배치와 보강

① 건축물의 작은 보 배치에 있어서 큰 보의 사이에 짝수를 배치하면 중앙 부분의 집중 하중에 의한 휨 모멘트를 줄일 수 있으므로 유리하다.

② 철근 콘크리트 보의 보강에 있어서 탄소섬유는 방향성이 있어 시공 시 유의하여야 한다.

5 철근과 콘크리트의 부착력

(1) 철근과 콘크리트의 부착 강도

① 철근과 콘크리트의 부착 강도는 콘크리트의 압축 강도, 철근의 표면적, 철근의 배근 위치, 피복 두께, 철근의 단면 모양과 표면 상태(마디와 리브), 철근의 주장 및 압축 강도에 따라 변화하며, 콘크리트의 압축 강도와 부착 강도는 비례한다. 즉, 콘크리트의 압축 강도가 작으면 부착 강도도 작아진다.

② u(철근 콘크리트의 부착 응력)$= u_c$(철근의 허용 부착 응력도)$\times \Sigma O$(철근의 주장)$\times$ L(정착 길이)이다. 그러므로 철근 콘크리트 부재를 설계할 때 부착력을 증가시키기 위하여 인장 철근의 주장을 증가시키려면, 같은 단면적이면 직경이 큰 철근을 조금 사용하는 것보다 작은 철근을 여러 개 사용하는 것이 주장을 늘릴 수 있다. 즉, 철근과 콘크리트의 부착 강도는 철근의 주장과 정착 길이에 비례한다.

출제 키워드

■ 헌치
- 보, 슬래브의 단부의 단면을 중앙부의 단면보다 크게 한 부분
- 휨 모멘트나 전단력을 견디게 하기 위함

■ 건축물의 작은 보 배치에 있어서 큰 보의 사이에 짝수를 배치

중앙 부분의 집중 하중에 의한 휨 모멘트를 줄일 수 있어 유리

■ 철근 콘크리트 보의 보강

탄소섬유는 방향성이 있어 시공 시 유의

■ 철근과 콘크리트의 부착 강도
- 콘크리트의 압축 강도가 작으면 부착 강도도 작아진다.
- 철근의 주장과 정착 길이에 비례

출제 키워드

■ 철근의 갈고리

기둥 또는 굴뚝 이외에 있어서 이형 철근을 사용하는 경우 갈고리 설치 제외

■ 철근의 정착 및 이음 길이

- 콘크리트의 강도, 철근의 굵기와 종류 및 갈고리의 유무에 따라 다름
- D35를 초과하는 철근은 겹침이음을 하지 않음
- 정착 길이는 항상 200mm 이상(압축 이형 철근), 300mm 이상(인장 이형 철근)

■ 철근의 부착력 확보

- 콘크리트 강도(클수록 짧아짐)
- 철근의 항복 강도(클수록 길어짐)
- 철근의 지름(클수록 길어짐)

■ 철근의 이음 위치

- 응력이 작은 곳
- 반 이상을 엇갈리게 배치

③ 철근의 부착력은 철근의 주장에 비례하므로, 철근 콘크리트 보에 있어서 콘크리트 단면을 바꾸지 아니하고, 부착력을 증가시키는 방법은 주장을 증가시키는 것이다.

(2) 철근의 갈고리

철근의 정착에 있어서 갈고리는 상당한 정착 능력이 있으므로 직선부가 부착력에 무력하게 되더라도 최후의 뽑힘 저항에 대항하는 것이다. 다만, 기둥 또는 굴뚝 이외에 있어서 이형 철근을 사용하는 경우에는 그 끝부분은 구부리지 않을 수 있다.

(3) 철근의 정착 길이

인장 철근의 정착 길이는 최상층과 중간층을 다음과 같이 산정한다.

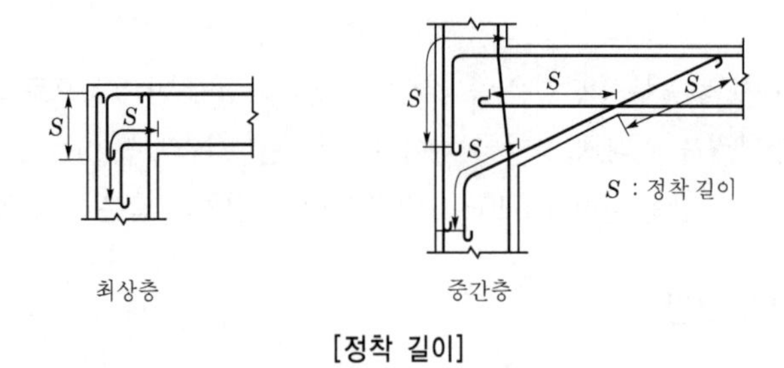

[정착 길이]

(4) 철근의 정착 및 이음

① 철근의 이음 길이와 정착 길이는 콘크리트의 강도, 철근의 굵기와 종류 및 갈고리의 유무에 따라 다르다.

② 보나 기둥의 부재에서 철근의 이음은 재료, 운반 거리 등의 이유로 반드시 생기게 마련이고, 중요 부재의 이음 위치는 응력이 작은 부분에 두어야 하며, 원칙적으로 D35를 초과하는 철근은 겹침이음을 하지 않는다.

③ 철근의 정착 길이는 l_{db}(기본 정착 길이)$=\dfrac{0.6d_b(\text{철근의 직경})f_y(\text{철근의 항복 강도})}{\lambda\sqrt{f_{ck}}(\text{설계 기준 강도})}$

이고, 철근의 부착력을 확보하기 위한 것으로 콘크리트 강도(클수록 짧아짐)와 철근의 항복 강도(클수록 길어짐), 철근의 지름(클수록 길어짐) 및 철근의 표면 상태 등에 따라 달라진다. 또한, 정착 길이는 정착 길이는 항상 200mm 이상(압축 이형 철근), 300mm 이상(인장 이형 철근)으로 하여야 한다.

④ 철근 콘크리트 구조에서 철근의 이음 위치는 응력이 작은 곳에서 하고, 철근의 이음 위치는 반 이상을 엇갈리게 배치한다. 즉, 이음 위치는 상이한 것이 좋다.

6 철근의 배근 방법

(1) 연속보의 철근 배근

중앙 지점 부근에서 압축력을 받고 양 끝지점 철근에서 인장력을 받으므로 휨 모멘트도 (B.M.D.)에 따라 배근하면 된다.

(2) 단순보의 철근 배근

철근 콘크리트 구조의 배근 방법은 구조물 풀이에 의한 휨 모멘트도를 그려 그 모양대로 철근을 배근하면 된다.

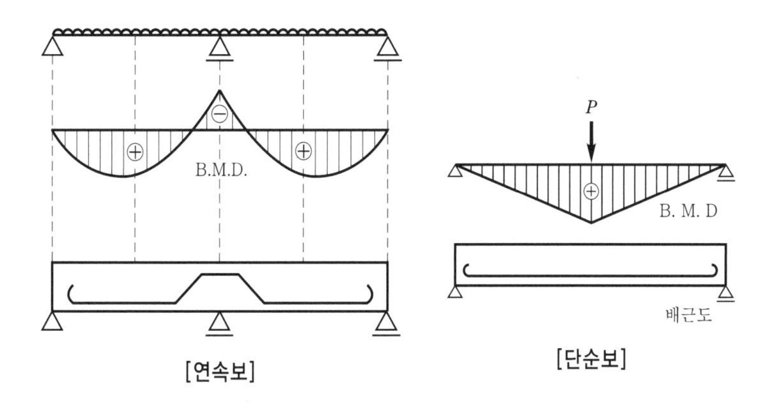

[연속보] [단순보]

7 철근 콘크리트 기둥

(1) 기둥 철근 배근 시 유의사항

① 기둥 주근(축방향 철근)은 D13(ϕ12) 이상의 것을 장방형의 기둥에서는 4개 이상, 원형기둥에서는 6개 이상을 사용하고, 콘크리트의 단면적에 대한 주근의 총 단면적의 비율은 기둥 단면의 최소 너비와 각 층마다의 기둥의 유효 높이의 비가 5 이하인 경우에는 0.4% 이상, 10을 초과하는 경우에는 0.8% 이상으로 한다.

② 기둥 주근의 간격은 배근된 철근 표면의 최단 거리를 말하며, 2.5cm 이상, 철근 공칭 직경의 1.5배 이상, 굵은 골재의 최대 치수의 4/3배 이상으로 한다.

③ 띠철근의 직경은 6mm 이상의 것을 사용하고, 그 간격은 주근 직경의 16배 이하, 띠철근 직경의 48배 이하, 기둥 단면의 치수 이하 중의 최소값으로 한다.(단, 띠철근은 기둥 상·하단으로부터 기둥의 최대 너비에 해당하는 부분에서는 앞에서 설명한 값의 1/2로 한다.) 또한 대근의 역할은 전단력에 대한 보강, 주근의 위치를 고정 및 압축력에 의한 주근의 좌굴 방지이다.

④ 기둥 철근의 이음 위치는 기둥 유효 높이의 2/3에 두고, 각 철근의 이음 위치는 분산시킨다. 보통 바닥판 위 1m 위치에 두는 것이 좋으며, 한 자리에서 반 이상 잇지 않는다.

출제 키워드

■ 기둥 주근의 간격
- 배근된 철근 표면의 최단 거리 2.5cm 이상
- 철근 공칭 직경의 1.5배 이상
- 굵은 골재의 최대 치수의 4/3배 이상

■ 기둥의 띠철근(대근)의 간격
- 주근 직경의 16배 이하
- 띠철근 직경의 48배 이하
- 기둥 단면의 치수 이하

■ 기둥의 띠철근(대근)의 역할
- 전단력에 대한 보강
- 주근의 위치를 고정
- 압축력에 의한 주근의 좌굴 방지

■ 기둥 철근의 이음 위치
보통 바닥판 위 1m 위치에 두는 것이 좋다.

출제 키워드

■ 기둥의 치수와 단면적
- 기둥의 최소 단면의 치수는 20cm(200mm) 이상
- 최소 단면적은 $600cm^2$ ($60,000cm^2$) 이상
- 기둥 간사이의 1/15 이상

■ 기둥의 주근 개수
- 직사각형 및 원형 단면의 띠철근 내부의 축방향 주철근의 개수는 4개 이상
- 나선 철근으로 둘러싸인 철근의 경우 6개 이상

■ $20 \sim 40m^2$($30m^2$ 내외)
4개의 기둥으로 만들어지는 바닥 면적

⑤ 기둥의 최소 단면의 치수는 20cm(200mm) 이상이고, 최소 단면적은 $600cm^2$($60,000mm^2$) 이상이며, 기둥 간사이의 1/15 이상으로 한다. 또한 기둥의 간격은 4~8m이다.

⑥ 기둥의 대근에는 띠철근(장방형의 기둥에 있어서 주근 주위를 둘러 감은 철근)과 나선 철근(원형기둥에 있어서 주근 주위를 나선형으로 둘러 감은 철근)이 있다.

⑦ 극한 강도 설계법의 압축 부재

㉮ 철근 콘크리트의 압축 부재에 있어서 단면의 최소 치수는 200mm 이상이고, 단면적은 $600cm^2$($60,000mm^2$) 이상이며, 나선 철근의 압축 부재 단면의 심부 직경은 200mm 이상이다.

㉯ 철근 콘크리트 압축 부재에서 직사각형 및 원형 단면의 띠철근 내부의 축방향 주철근의 개수는 4개 이상이고, 삼각형 띠철근 내부의 철근의 경우 3개, 나선 철근으로 둘러싸인 철근의 경우 6개 이상으로 하여야 한다.

(2) 철근 콘크리트 기둥의 배치

철근 콘크리트 기둥의 배치에 있어 평면상으로는 같은 간격으로 단면상으로는 위 층의 기둥 바로 밑에 아래 층의 기둥이 오도록 규칙적으로 배치한다. 규칙적으로 직사각형의 상태로 배치될 때 4개의 기둥으로 만들어지는 바닥 면적은 $20 \sim 40m^2$의 범위로 하는 것이 좋고 가장 적당한 것은 30㎡ 내외(기둥 하나가 지지하는 바닥 면적은 $30m^2$를 기준)이다. 그러므로 기둥과 기둥을 잇는 큰 보의 길이는 5~7m 정도로 하는데 간사이가 이보다 더 클 때에는 철골조나 철골 철근 콘크리트조로 하는 것이 좋다.

8 철근 콘크리트 바닥판

(1) 슬래브(바닥판)의 두께

철근 콘크리트 바닥판의 두께는 8cm(경량 콘크리트 10cm) 이상 또는 다음 표에 의한 값으로 하여야 한다.

지지 조건	주변의 고정된 경우	캔틸러버의 경우
변장비(λ) ≦ 2의 경우 2방향으로 배근한 콘크리트 바닥 슬래브	$\frac{l_n}{36+9\beta}$	
변장비(λ) > 2의 경우 1방향으로 배근한 콘크리트 바닥 슬래브	$\frac{l}{28}$	$\frac{l}{10}$

여기서, β : 슬래브의 단변에 대한 장변의 순경간비
l_n : 2방향 슬래브의 장변 방향의 순경간
l : 1방향 슬래브 단변의 보 중심간 거리

(2) 슬래브의 주근 간격

① 주근(슬래브의 단변 방향의 인장 철근)은 20cm 이하, 직경 9mm 미만의 용접 철망을 사용하는 경우에는 15cm 이하로 한다. 슬래브 배근에 있어서 주근은 휨 모멘트에 견딜 수 있도록 단면 2차 모멘트를 크게 하기 위하여 주근 배력근의 바깥쪽에 배근하여야 한다.

② 부근(배력근, 슬래브의 장변 방향의 인장 철근으로 주근의 안쪽에 배근)은 30cm 이하, 바닥판 두께의 3배 이하, 직경 9mm 미만의 용접 철망을 사용하는 경우에는 20cm 이하로 한다. 또한, 바닥판에 배근하는 철근인 온도 조절 철근(배력근)의 역할은 균열을 방지하고, 응력을 분산하며, 주철근의 간격을 유지하는 역할을 한다.

③ 슬래브의 장변 및 단변의 굽힘 철근의 위치는 단변 방향의 순 간사이의 1/4인 점에 위치한다.

④ 슬래브 배근 시 주근과 배력근 모두 D10(ϕ9) 이상의 철근을 사용하거나 6mm 이상의 용접 철망을 사용한다.

(3) 1방향 슬래브의 두께

① 1방향 슬래브의 두께는 다음 표에 따라야 하며, 최소 100mm 이상으로 하여야 한다.

구분	최소 두께			
	단순 지지	1단 연속	양단 연속	캔틸레버
1방향 슬래브	$l/20$	$l/24$	$l/28$	$l/10$

② 1방향 슬래브는 단변 방향만 응력에 저항하므로 단변 방향은 주근을 배근하고, 장변 방향은 균열을 방지하기 위한 온도 철근을 배근한다.

③ 2방향 슬래브는 변장비(λ) $\leq$ 2의 경우로 2방향으로 배근한 콘크리트 바닥 슬래브이고, 1방향 슬래브는 변장비(λ) > 2의 경우로 1방향으로 배근한 콘크리트 바닥 슬래브이다.

(4) 주근의 배근 상태

철근 콘크리트 2방향 슬래브의 배근에 있어서 철근을 많이 배근하여야 하는 곳부터 나열하면 단변 방향의 단부 → 단변 방향의 중앙부 → 장변 방향의 단부 → 장변 방향의 중앙부의 순이다.

출제 키워드

■ 슬래브의 주근
- 주근의 간격은 20cm 이하
- 주근은 배력근의 바깥쪽에 배근

■ 슬래브의 부근
- 부근(배력근)의 간격은 30cm 이하
- 부근은 주근의 안쪽에 배근

■ 슬래브 부근(배력근)의 역할
- 균열을 방지
- 응력을 분산
- 주철근의 간격을 유지

■ 슬래브의 장변 및 단변의 굽힘 철근의 위치

단변 방향의 순 간사이의 1/4인 점

■ 슬래브의 철근
- 주근과 배력근 모두 D10(ϕ9) 이상의 철근
- 6mm 이상의 용접 철망

■ 1방향 슬래브
- 1방향 슬래브의 두께는 최소 100mm 이상
- 단변 방향은 주근을 배근
- 장변 방향은 균열을 방지하기 위한 온도 철근을 배근

■ 슬래브의 구분
- 2방향 슬래브는 변장비(λ) $\leq$ 2의 경우
- 1방향 슬래브는 변장비(λ) >2의 경우

■ 슬래브의 철근을 많이 배근하여야 하는 곳부터 나열

단변 방향의 단부 → 단변 방향의 중앙부 → 장변 방향의 단부 → 장변 방향의 중앙부의 순

■ 무량판 구조(플랫 슬래브)
• 보를 없애고 바닥판을 두껍게 해서 보의 역할을 겸하도록 한 구조
• 하중을 직접 기둥에 전달하는 슬래브
• 층고 문제를 해결하기 위해 주상복합이나 지하 주차장 등에 사용하는 구조
• 기둥 주위의 전단력과 모멘트를 감소시키기 위해 드롭 패널과 주두를 설치

■ 플랫 슬래브의 기둥 단면 치수
• 그 방향의 기둥 중심 사이의 거리의 1/20 이상
• 300mm 이상
• 층 높이의 1/15 이상의 최대값

■ 인서트
콘크리트 슬래브에 묻어 천장 달림재를 고정시키는 철물

9 철근 콘크리트 바닥판의 종류

(1) 무량판 구조(플랫 슬래브)

① 정의

㉮ 무량판 구조는 보를 없애고 바닥판을 두껍게 해서 보의 역할을 겸하도록 한 구조로서, 하중을 직접 기둥에 전달하는 슬래브 또는 철근 콘크리트 구조의 형식 중 층고 문제를 해결하기 위해 주상복합이나 지하 주차장 등에 사용하는 구조이다.

㉯ 실내의 공간을 크게 하기 위하여 실내에 돌출된 보를 없애고, 바닥판을 직접 기둥이 받게 한 구조로서 기둥 주위의 전단력과 모멘트를 감소시키기 위해 드롭 패널과 주두를 둔다.

② 기둥의 단면 치수는 한 변의 길이 D(원형기둥에 있어서는 직경)가 그 방향의 기둥 중심 사이의 거리의 1/20 이상, 300mm 이상 및 층 높이의 1/15 이상의 최대값으로 하고, 바닥판의 두께는 150mm 이상으로 한다.(단, 지붕 바닥판은 이 제한에 따르지 않아도 좋으나 일반 바닥판은 최소 두께 이하로 해서는 안 된다.)

③ 배근의 방법에는 2방식, 3방식, 4방식, 원형식이 있으며, 이 중에서 2방식 또는 4방식이 많이 쓰인다. 바닥판의 형태는 바닥판, 받침판, 기둥머리, 기둥으로 구성된다.

(2) 장선(리브드, 조이스트) 슬래브

등간격으로 분할된 장선과 슬래브가 일체로 된 슬래브를 말하고, 단부는 보 또는 벽체에, 슬래브는 장선에 의해 지지된다.

(3) 와플 슬래브

장선 슬래브의 장선을 직교시켜 구성한 우물 반자 형태로 된 2방향 장선 슬래브로서 보를 사용하지 않고도 비교적 큰 바닥판을 만들 수 있다.

(4) 긴결 철물

① **인서트** : 콘크리트 슬래브에 묻어 천장 달림재를 고정시키는 철물이다.

② **익스펜션 볼트** : 스크루 앵커(삽입된 연질 금속 플러그에 나사못을 끼운 것)와 똑같은 원리로서 인발력은 270~500kg 정도이다.

③ **듀벨** : 목재를 이음할 때 목재와 목재 사이에 끼워서 전단에 대한 저항 작용을 목적으로 한 철물로서 볼트와 함께 사용한다.

④ **코너 비드** : 기둥 및 모서리 면에 미장을 쉽게 하고, 모서리를 보호할 목적으로 설치하는 철물이다.

10 철근 콘크리트 벽체

(1) 철근 콘크리트 내력벽(내진벽)

① 철근 콘크리트의 벽체의 내진벽(내력벽)은 기둥과 보로 둘러싸인 벽으로 수평 하중(지진력, 바람 등)에 대해서 안전하도록 설계하고, 내력벽의 두께는 15cm 이상으로 하며, 내력벽의 두께가 25cm 이상인 경우에는 복근으로 배근(수직 및 수평철근을 벽면에 평행하게 양면으로 배치)하여야 한다.

② 사용 철근은 ϕ9 또는 D10 이상을 사용하여야 하고, 배근의 간격은 45cm 이하로 하여야 하며, 부득이 내력벽에 개구부를 설치하는 경우 문골 모서리 부분의 빗방향으로 배근하는 보강근은 D13 이상의 철근을 2개 이상 사용한다.

(2) 내진벽의 최소 두께

① 벽체의 최소 두께는 수직 또는 수평 지지점 간의 거리 중 작은 값의 1/25 이상이거나 또는 100mm 이상이어야 한다.

② 지하실 외벽 및 기초 벽체의 두께는 200mm 이상으로 하여야 한다. 드라이 에어리어는 지하실 외부에 흙막이벽을 설치하고 그 사이에 공간을 둔 것이며, 방수, 채광, 통풍에 좋도록 설치하는 것이다.

(3) 내진벽의 배치

내진벽은 수평력에 대하여 가장 유효하게 작용하고, 그 부담력이 고르도록 다음과 같은 사항을 고려하여 배치한다.

① 내진벽의 평면상 교점이 2개 이상이면 안정되지만, 교점이 없거나 하나인 경우에는 불안정해진다.

② 내진벽은 상·하층 모두 같은 위치에 오도록 배치한다.

11 건축 구조법

(1) 건축 구조법

① 플랫 슬래브 구조 : 보가 없고 슬래브만으로 된 바닥을 기둥으로 받치는 철근 콘크리트 슬래브 구조이다.

② 라멘 구조 : 수직 부재인 기둥과 수평 부재인 보, 슬래브 등의 뼈대를 강접합하여 하중에 대하여 일체로 저항하도록 하는 구조 또는 구조 부재의 절점, 즉 결합부가 강절점으로 되어 있는 골조로서 인장재, 압축재 및 휨재가 모두 결합된 형식으로 된 구조이다. 특히, 강접합된 기둥과 보는 함께 이동하고, 함께 회전하므로 수직 하중에 대해서 뿐만 아니라 같은 수평 하중(바람이나 지진 등)에 대해서도 큰 저항력을 가진다.

출제 키워드

■ 철근 콘크리트 내력벽(내진벽)
- 내력벽의 두께가 25cm 이상인 경우에는 복근으로 배근
- 사용 철근은 ϕ9 또는 D10 이상을 사용

■ 드라이 에어리어
지하실 외벽 및 기초 벽체의 두께는 200mm 이상

■ 내진벽의 배치
내진벽은 상·하층 모두 같은 위치에 오도록 배치

■ 라멘 구조
- 수직 부재인 기둥과 수평 부재인 보, 슬래브 등의 뼈대를 강접합하여 하중에 대하여 일체로 저항하도록 하는 구조
- 구조 부재의 절점, 즉 결합부가 강절점으로 되어 있는 골조로서 인장재, 압축재 및 휨재가 모두 결합된 형식으로 된 구조
- 강접합된 기둥과 보는 함께 이동하고, 함께 회전하므로 수직·수평 하중에 대해서도 저항

출제 키워드

③ **벽식 구조** : 기둥이나 들보를 뼈대로 하여 만들어진 건축물에 대하여 기둥이나 들보가 없이 벽과 마루로서 건물을 조립하는 건축 구조이다.

④ **셸 구조** : 입체적으로 휘어진 면구조이며, 이상적인 경우에는 부재에 면내 응력과 전단 응력만이 생기고 휘어지지 않는 구조이다.

(2) 부재의 응력

① **인장 응력** : 축방향력의 하나로서 물체의 내부에 생기는 응력 가운데 잡아당기는 작용을 하는 힘을 말한다. 철근 콘크리트 보에서 인장력은 보의 주근이 저항한다.

② **압축 응력** : 축방향력의 하나로서 부재의 끝에 작용하는 외력이 서로 미는 것처럼 가해질 때, 부재의 내부에 생기는 힘을 말한다. 압축력은 콘크리트가 저항한다.

■ 전단 응력
부재를 직각으로 자를 때에 생기는 응력

③ **전단 응력** : 부재의 임의의 단면(단면 방향과 평행 방향 또는 축방향과 직각 방향)을 따라 작용하여 부재가 서로 밀려 잘리도록 작용하는 힘 또는 부재에 하중이 작용하면 각 부재의 내부에는 외력에 저항하는 힘인 응력 중 부재를 직각으로 자를 때에 생기는 힘을 말한다. 부재의 어느 단면에서 한쪽으로 작용하는 외력의 총계의 접선 방향의 성분은 그 단면에 대하여 엇갈리게 하는 전단 작용을 나타내므로 이 힘을 그 단면에서의 전단력이라고 한다. 전단력은 보의 늑근과 기둥의 대근이 저항한다.

■ 휨 모멘트
외력을 받아 구부릴 때 작용

④ **휨 모멘트** : 외력을 받아 부재가 구부러질 때, 그 부재의 어느 점에서 약간 떨어진 평행한 두 단면을 생각하고, 사각형이 부채꼴로 되려고 하는 두 단면에 작용하는 1조의 모멘트를 말하며, 부재의 아래쪽이 늘어나고 위쪽이 오므라드는 작용을 하는 모멘트를 정(正)으로 한다. 철근 콘크리트 보에서는 주근이 휨 모멘트에 저항한다.

(3) 지점의 종류

① **이동 지점** : 회전이 자유롭게 힌지 구조를 두고 있으며, 또 지지하고 있는 면에 평행한 방향으로 이동이 자유롭도록 롤러 구조를 갖고 있다. 그러므로 지점에 수직인 방향의 반력이 생기는 지점이다.

② **회전 지점** : 지지하고 있는 면에 평행한 방향과 수직인 방향으로의 이동이 방지되어 있으므로 이들 두 방향에 대한 반력, 수직, 수평 반력이 생기는 지점이다.

■ 고정 지점
상·하 이동, 좌·우 이동 및 회전 등을 방지

③ **고정 지점** : 상·하 이동, 좌·우 이동 및 회전 등의 모든 움직임이 방지되어 있으므로 수직, 수평 및 모멘트 반력이 생기는 지점 또는 이동과 회전이 불가능한 지점 상태로 반력은 수평 반력과 수직 반력 그리고 모멘트 반력이 생기는 지점이다.

구분	힘의 종류		
힘의 방향	수직 방향의 반력	수평 방향의 반력	회전(모멘트)방향의 반력
이동 지점	저항함	저항 못함	
회전 지점	저항함		저항 못함
고정 지점	저항함		

(4) 절점의 종류

① 회전 절점(핀 절점) : 부재와 부재를 연결할 때 사용하는 구조로서 수직 및 수평 이동은 불가능하고, 회전만 가능한 절점이다.

② 고정(강) 절점 : 부재와 부재를 연결할 때 사용하는 구조로서 수직, 수평 및 회전 이동이 불가능한 절점이다.

(5) 설계 기준 강도

콘크리트 타설 후 28일(4주) 압축 강도를 의미한다.

(6) 철근 콘크리트의 중량 산정 방법

철근 콘크리트의 중량(무게)=비중×체적(너비×춤×길이)이므로, 중량=비중×너비×춤×길이이다. 또한 단위를 통일하여야 한다.

(7) 콘크리트 타설시 현상

① 블리딩 : 아직 굳지 않은 모르타르나 콘크리트에 있어서 윗면에 물이 스며나오는 현상으로, 블리딩이 많으면 콘크리트가 다공질이 되고 강도, 수밀성, 내구성, 부착력이 감소한다.

② 레이턴스 : 콘크리트를 다지면 수분 상승으로 인하여 콘크리트나 모르타르의 표면에 떠올라서 가라앉은 미세한 물질로서 콘크리트 이어붓기를 하기 위해 제거해야 한다. 콘크리트를 부어 넣었을 때 균질로 혼합되지 못하여 재료가 각각 분리되어 비중의 차이대로 물은 위로, 모래・자갈은 밑으로 내려 앉아 물이 증발한 후에 불순물로 된 미세물이 표면에 나타난다. 레이턴스가 생긴 표면은 미세한 균열이 발생하고 콘크리트의 부착이 나빠지므로, 콘크리트 위에 떠오른 물과 레이턴스는 제거해야 한다.

③ 페이스트 : 시멘트와 물을 혼합, 끈끈한 풀과 같이 만든 것으로 콘크리트에서 골재와 골재끼리 서로 잘 부착되도록 접착 역할을 한다. 콘크리트에서 시멘트풀은 전체의 22~34%를 차지하는 것이 적당하다.

④ 철근 콘크리트 신축 이음의 설치 위치는 기존 건물과의 접합부, 저층의 긴 건물과 고층 건물의 접속부, 평면이 복잡한 부분에서의 교차부, 건축물의 한 끝에 달린 날개형의 건축물, 50~60m를 넘는 건축물, 두 고층 사이에 있는 긴 저층 건축물 및 평면이 ㄴ, ㄷ, T자형의 교차 부분 등이다.

출제 키워드

■ 철근 콘크리트의 중량 산정 방법
철근 콘크리트의 중량(무게)
=비중×체적(너비×춤×길이)

■ 레이턴스
- 콘크리트를 다지면 수분 상승으로 인하여 미세한 물질에 의해 생기는 피막
- 콘크리트 이어붓기를 하기 위해 필히 제거

■ 철근 콘크리트 신축 이음의 설치 위치
- 기존 건물과의 접합부
- 저층의 긴 건물과 고층 건물의 접속부
- 평면이 복잡한 부분에서의 교차부

출제 키워드

■ 철골(강) 구조의 장점
• 강도가 강하고, 현장 시공의 공사 기간을 단축
• 고층이나 간사이가 큰 대규모 건축물에 적합한 구조

■ 철골 구조의 단점
• 열과 부식에 약함
• 고온에서는 강도가 저하
• 내구·내화에 특별한 주의가 필요
• 바닥 진동이 증대

■ 철골 구조의 분류
• 재료상 : 경량 철골 구조, 강관 구조
• 구조 형식상 : 라멘 구조, 입체 구조, 트러스 구조

■ TMCP강
용접성과 내진성을 가진 극후판의 고강도 강재

■ 철골(강) 구조의 접합법
리벳, 볼트, 고력볼트 및 용접(강접합) 등

1-2-4. 철골 구조

1 철골 구조의 특성

철골 구조는 건물 전체의 무게가 비교적 가벼우면서 강도가 커 고층이나 간사이가 큰 대규모 건축물에 적합한 구조이다.

(1) 철골(강) 구조의 특성

① **장점** : 강구조는 구조체의 자중에 비하여 강도가 강하고, 현장 시공의 공사 기간을 단축(동절기 기후의 영향을 받지 않는다.)할 수 있으며, 재료의 품질을 확보할 수 있고, 모양이 경쾌한 구조물이다.

② **단점** : 열에 약하고, 고온에서는 강도가 저하되므로 내구·내화에 특별한 주의가 필요하고 부식에 약하다. 조립 구조여서 접합, 세장하므로 변형과 좌굴 등의 단점이 있다. 특히, 바닥 진동이 증대된다.

(2) 철골 구조의 분류

구분	종류
재료상	보통 형강 구조, 경량 철골 구조, 강관 구조, 케이블 구조 등
구조 형식상	라멘 구조, 가새 골조 구조, 현수 구조, 아치 구조, 튜브 구조, 입체 구조, 트러스 구조 등

(3) 강재의 종류

① SS강 : 일반 구조용 압연 강재이다.

② FR강 : 600℃의 이하 범위에서 무내화 피복이 가능한 내화강이다.

③ SN강 : 건축물의 내진 성능을 확보하기 위한 건축 구조용 압연강이다.

④ TMCP강(Thermo Mechanichal Control Process steel) : 구조물의 고층화, 대형화의 추세에 따라 우수한 용접성과 내진성을 가진 극후판의 고강도 강재이다.

2 철골(강) 구조의 접합법

철골(강) 구조의 접합법에는 리벳, 볼트, 고력 볼트 및 용접(강접합) 등이 있다.

(1) 용접(강접합)

설계와 재료 및 시공에 유의하면 가장 신뢰도가 높은 접합 방법으로 재료 단면의 결손이 없고, 접합부의 연속성 및 강성이 있으며, 접합 시 소음이 없고 자유로운 접합 형식을 택할 수 있다. 그러나 접합부의 가열로 변형이 생기고, 시공이 불량하면 불안전한 용접

이 되는 결점이 있다. 현재 용접 기술과 재료의 진보로 이러한 장애가 극복되어, 금속 재료의 접합법으로 가장 우수한 것으로 인정되어 점차적으로 보급되어 나가고 있다.

① **용접의 결함** : 용접 결함의 종류에는 공기 구멍(blow hole, 용접 부분 안에 생기는 기포), 선상 조직, 슬래그 혼입, 외관 불량, 언더컷, 오버랩 등이 있다.

② 철골 구조의 접합 방법 중 수직 방향과 수평 방향의 힘, 휨 모멘트에 대해 모두 저항할 수 있는 접합으로, 이를 위해 고력 볼트, 용접 등이 이용된다.

③ **용접의 종류** : 모살 용접은 거의 직각을 이루는 두 면의 구석을 용접 또는 모살을 덧붙이는 용접으로 한쪽의 모재의 끝을 다른 모재의 면에 맞대거나 한쪽의 모재의 면을 다른 모재의 면에 겹치고, 그 접촉 부분의 모서리부를 용접하는 것이다. 종류로는 맞댄 용접, 겹친 용접, 모서리 용접, T자 용접, 단속 용접, 갓용접, 덧판 용접, 양면 덧판 용접, 산지 용접 및 혼합 용접 등이 있다. 또한, 플러그 용접은 슬롯 용접이다.

④ **용접의 검사** : 초음파 탐상법은 용접 부위에 초음파 투입과 동시에 모니터의 화면에 용접 상태가 형상으로 나타난다. 결함의 종류, 위치 및 방위 등을 검출하는 용접 검사 방법의 하나로 넓은 면을 판단할 수 있고, 판독이 빠르고 쉬우며 경제적이나, 복잡한 형상의 검사가 불가능하다.

⑤ **용접과 관계되는 용어**

㉮ 엔드 탭 : 철골 부재의 용접의 처음과 끝에서 결함이 생기지 않도록 하기 위한 보조판으로 용접 후에 제거하는 부품이다.

㉯ 뒷댐재 : 루트 부분에 아크가 강하여 녹아떨어지는 것을 방지하기 위한 보조판이다.

㉰ 스캘럽 : 철골 부재의 용접 시 이음 및 접합 부위의 용접선이 교차되어 재 용접된 부위가 열 영향을 받아 취약해지기 때문에 모재에 부채꼴 모양의 모따기를 한 것이다.

(2) 고력 볼트 접합

철골 구조의 접합에서 접합면에 생기는 마찰력으로 힘이 전달되는 것으로 마찰 접합이라고도 불리며, 또는 볼트를 조이면 그 힘에 의하여 생기는 접합재 사이의 마찰력에 따라 응력을 전달하는 접합법으로, 볼트가 잘 풀리지 않는다. 고력볼트 접합의 종류에는 마찰 접합(마찰력), 인장 접합(압축력) 및 지압 접합(마찰력, 전단력 및 지압력) 등이 있다. 또한, 철골 공사의 볼트 접합에 있어서 볼트의 구멍은 볼트의 지름보다 0.5mm 이내의 한도 내에서 크게 뚫을 수 있다. 즉, 볼트의 구멍 직경 ≤ 볼트의 직경+0.5mm이다. 또한, 고력 볼트의 장단점은 다음과 같다.

① 접합부의 강성이 높아 볼트와 평행 및 수직 방향의 접합부 변형이 거의 없다.

② 접합 판재의 유효 단면에서 하중이 적게 전달되고, 피로 강도가 높다.

③ 볼트에는 마찰 접합의 경우 전단 및 지압 응력이 생기지 않는다.

④ 일정하고 정확한 강도를 얻을 수 있고, 너트는 풀리지 않는다.

출제 키워드

■ 용접 결함의 종류
공기 구멍(blow hole), 선상 조직, 슬래그 혼입, 외관 불량, 언더컷, 오버랩 등

■ 용접 및 고력볼트 접합
수직·수평 방향의 힘, 휨 모멘트에 대해 모두 저항

■ 용접의 종류
- 모살 용접 : 겹침 용접, T형 용접, 모서리 용접, 단부(끝동)용접 등
- 맞댄 용접 : 완전용입 맞댄용접, 부분용입 맞댄용접

■ 용접의 검사 중 초음파 탐상법
- 판독이 빠르고 쉬우며 경제적
- 복잡한 형상의 검사가 불가능

■ 고력 볼트 접합(마찰 접합)
- 마찰력으로 힘이 전달
- 볼트가 잘 풀리지 않음

■ 고력 볼트 접합의 종류
- 마찰 접합(마찰력)
- 인장 접합(압축력)
- 지압 접합(마찰력, 전단력 및 지압력)

■ 고력 볼트의 접합
피로 강도가 높다.

출제 키워드

■ 리벳 접합
- 철골 부재의 단부에는 리벳을 2개 이상 사용
- 리벳치기의 표준 피치는 리벳 직경의 3~4배이고, 최소한 2.5배 이상
- 리벳으로 접합하는 판의 총 두께는 리벳 직경의 5배 이하

■ 게이지
각 게이지 라인 간의 거리 또는 게이지 라인과 재면의 거리

■ 클리어런스
리벳과 수직재면의 거리

■ 부재 중심선
구조체의 역학상의 중심선 또는 부재의 응력 중심선

■ 판 보(플레이트 보)
웨브에 철판을 쓰고 상하부에 플랜지 철판을 용접하거나 ㄱ형강을 리벳 접합한 보

(3) 핀(교절) 접합

교절(핀)로 부재를 연결하는 것이고, 연결된 곳에서 부재가 이동하지 못하는 접합법으로 휨 모멘트는 전달하지 않고, 전단력과 축방향력만을 전하도록 하는 접합법이다.

(4) 리벳 접합

리벳 접합은 리벳 지름보다 1~2mm 정도 크게 뚫어 800℃ 정도로 가열한 다음 유압 또는 압축 공기로 리벳치기를 한다.

① 철골 구조에 있어서 일반적으로 철골 부재의 단부에는 리벳을 2개 이상 박아야 한다.
② 리벳치기의 표준 피치는 리벳 직경의 3~4배이고, 최소한 2.5배 이상이어야 한다.
③ 철골 구조에 있어서 리벳으로 접합하는 판의 총 두께는 리벳 직경의 5배 이하로 하여야 한다.
④ 리벳의 직경에 따른 구멍 직경은 다음과 같다.

리벳의 직경(d)	20mm 미만	20mm 이상
리벳 구멍의 직경	d +1.0[mm]	d +1.5[mm]

여기서, d : 리벳의 직경

⑤ 리벳에 관한 용어
㉮ 게이지 라인 : 재축 방향의 리벳 중심선
㉯ 게이지 : 각 게이지 라인 간의 거리 또는 게이지 라인과 재면의 거리
㉰ 피치 : 게이지 라인상의 리벳 간격
㉱ 클리어런스 : 리벳과 수직재면의 거리
㉲ 부재 중심선 : 구조체의 역학상의 중심선 또는 부재의 응력 중심선
㉳ 그립 : 리벳으로 접합하는 부재의 총 두께

3 철골보

(1) 판 보(플레이트 보)

① 플레이트 보의 개요
㉮ L형강과 강판 또는 강판만을 조립하여 만드는 보 또는 웨브[H형강, 챈널, 판보 등의 중앙 복부(플랜지 사이의 넓은 부분)]에 철판을 쓰고 상하부에 플랜지(I형강, ㄷ형강, 철근 콘크리트 T형 보 등의 상하의 날개처럼 생긴 부분) 철판을 용접하거나 ㄱ형강을 리벳 접합한 보이다.
㉯ 플랜지 부분은 휨 모멘트를, 웨브 부분은 전단력에 저항하도록 설계되어 있으며, 하중이 큰 곳에 있어서는 단일 형강보다 경제적이다. 트러스 보에 비하여 충격, 진동, 하중의 증대에 따른 영향도 적으며, 제작하기 쉽고, 유지・보수・보강하기도 간단하므로 가장 많이 사용한다.
㉰ 철골 구조의 판 보(플레이트 보)의 춤은 간사이의 1/15~1/16 정도로 한다.

② **플레이트 보의 구성재** : 판 보(플레이트 보)의 구성재에는 플랜지 플레이트, 커버 플레이트(휨내력의 보강을 위함), 플랜지 앵글, 웨브 플레이트, 스티프너 및 필러 등이 있다.

㉮ 플랜지 플레이트는 보의 춤은 일정하게 하고, 휨 내력(단면 2차 모멘트를 증가시킴)을 증가시키기 위하여 플랜지의 단면을 휨 모멘트의 크기에 따라 변화시킨다. 플랜지 플레이트의 내민 길이는 리벳 접합인 경우 리벳의 두 개분 정도이며, 용접 접합인 경우에는 플랜지 플레이트 너비의 1/2 이상이 필요하다. 또한, 플랜지 플레이트의 두께는 플랜지 L형강의 두께와 같게 하거나 또는 그 이하로 하고, 플랜지 플레이트의 매수는 리벳 접합인 경우 보통 3매, 최고 4매로 하며, 2매 이상의 플랜지 플레이트를 사용하는 경우에는 같은 두께의 것을 사용한다. 용접할 때에는 플레이트를 겹쳐 쓰는 것보다 두꺼운 판을 이어나가는 경우가 많으며, 이 경우 판 두께의 차이가 6mm 이상이 되는 경우에는 1/5 이하의 물매가 되도록 깎는다.

㉯ 웨브 플레이트는 전단력의 계산에 따라 그 두께가 정해지나 6mm 이상이 필요하고, 계산에 의하여 두께가 얇아도 되는 경우에는 시공, 운반상의 손상이나 저장 중에 녹이 스는 것 등을 염려하여 8mm 이상으로 하는 것이 좋다. 웨브 플레이트의 두께가 너무 얇으면 웨브의 좌굴을 막기 위하여 스티프너가 많이 필요하게 되므로 플랜지와 웨브를 연결하는 플랜지의 옆 리벳의 간격이 좁아져서 비경제적이다.

㉰ 스티프너의 종류와 역할은 다음과 같다.

㉠ 하중점 스티프너 : 기둥 밑, 보를 지지하는 곳 및 보의 끝부분에 설치하는 스티프너를 말하며, 플랜지에 직접 집중 하중을 받는 곳에서 하중은 플랜지에서 웨브로 전달되어, 웨브 플레이트의 좌굴에 저항할 뿐 아니라 플랜지의 보강을 위하여 플랜지 ㄱ자 형강과 같은 두께의 필러를 대고 스티프너를 ㄱ자 형강의 안면에 밀착시킨다. 보통 4개의 L형강, 평강을 사용해서 만드나 하중이 작은 경우에는 2개의 형강을 사용하기도 한다.

㉡ 중간 스티프너 : 웨브의 좌굴을 막기 위한 것으로 대개 ㄱ자 형강을 사용하며, 웨브 플레이트의 두께가 옆 리벳의 중심선간 거리의 1/80보다 작은 경우에 사용한다. 중간 스티프너의 설치 방법은 하중점 스티프너와 같이 필러를 끼워 대는 경우와 보의 춤이 1m 이상일 때에는 스티프너를 구부려서 대는 두 가지가 사용된다.

㉢ 수평 스티프너 : 재축에 나란하게 설치하는 것으로 거의 사용을 하지 않는다.

(2) 형강 보

주로 I형강과 H형강의 단면을 그대로 이용하므로 부재의 가공 절차가 간단하고 기둥과 접합도 단순하며, 다른 철골 구조보다 재료가 절약되어 경제적이다. H자 형강 보의 플랜지 부분에 커버 플레이트를 사용하는 가장 주된 목적은 철골 구조에서 커버 플레이트를 설치하여 단면 계수를 증대시키므로 휨 내력의 부족을 보충하는 것이다.

출제 키워드

- **플레이트 보의 구성재**
  플랜지 플레이트, 커버 플레이트, 플랜지 앵글, 웨브 플레이트, 스티프너 및 필러 등
- **플랜지 플레이트의 매수**
  보통 3매, 최고 4매
- **하중점 스티프너**
  웨브 플레이트의 좌굴에 저항할 뿐 아니라 플랜지의 보강
- **중간 스티프너**
  웨브의 좌굴 방지
- **수평 스티프너**
  재축에 나란하게 설치하는 것
- **형강 보**
  - 부재의 가공 절차가 간단하고 기둥과 접합도 단순함
  - 다른 철골 구조보다 재료가 절약되어 경제적인 보

출제 키워드

■ 래티스 보
플랜지에 웨브재를 45°, 60°로 접합한 보

■ 격자 보
• 플랜지에 웨브재를 직각(90°)으로 접합한 보
• 콘크리트로 피복되지 아니하고 단독으로 사용되는 경우는 거의 없음

■ 트러스 보
• 플레이트 보의 웨브에 빗재 및 수직재를 사용
• 거싯 플레이트로 플랜지 부분과 조립한 보
• 판보로 하기에는 비경제적일 때 사용하는 것
• 접합판(gusset plate)을 대서 접합한 조립보
• 간사이가 15m를 넘거나, 보의 춤이 1m 이상되는 보

■ 허니컴 보
• I형강의 웨브를 톱니 모양으로 절단한 후 구멍이 생기도록 맞추고 용접한 보
• 구멍을 각 층의 배관에 이용하도록 제작한 보

■ 합성 보
콘크리트 슬래브와 철골보를 전단 연결재로 연결하여 일체화시킨 보

■ 철골 구조의 주각 부재
윙 플레이트, 베이스 플레이트, 사이드 앵글, 앵커 볼트 및 리브를 사용

(3) 래티스 보

상하 플랜지에 ㄱ자 형강을 대고 플랜지에 웨브재를 45°, 60°로 접합한 보를 말한다. 웨브판의 두께는 6~12mm, 너비는 60~120mm 정도이고, 리벳은 직경 16~19mm를 2~3개로 플랜지에 접합한다. 주로 지붕 트러스의 작은 보, 부지붕틀로 사용한다.

(4) 격자 보

상하 플랜지에 ㄱ자 형강을 대고 플랜지에 웨브재를 직각(90°)으로 접합한 보를 말한다. 철골 철근 콘크리트 구조물에 주로 쓰이고, 콘크리트로 피복되지 아니하고 단독으로 사용되는 경우는 거의 없다.

(5) 트러스 보

플레이트 보의 웨브에 빗재 및 수직재를 사용하고, 거싯 플레이트로 플랜지 부분과 조립한 보로서, 플랜지 부분의 부재를 현재라고 한다. 트러스 보에 작용하는 휨 모멘트는 현재가 부담하고, 전단력은 웨브재의 축방향으로 작용하므로 트러스 보를 구성하는 부재는 모두 인장재나 압축재로 설계된다. 특히, 간사이가 15m를 넘거나, 보의 춤이 1m 이상되는 보를 판보로 하기에는 비경제적일 때 사용하는 것으로 접합판(gusset plate)을 대서 접합한 조립보이다.

(6) 허니컴 보

I형강의 웨브를 톱니 모양으로 절단한 후 구멍이 생기도록 맞추고 용접하여 구멍을 각 층의 배관에 이용하도록 제작한 보이다.

(7) 합성 보

콘크리트 슬래브와 철골보를 전단 연결재(shear connector)로 연결하여 외력에 대한 구조체의 거동을 일체화시킨 구조이다.

4 철골의 기둥과 주각부

(1) 철골 구조의 주각부

철골 구조의 주각부는 기둥이 받는 내력을 기초에 전달하는 부분으로, 윙 플레이트(힘의 분산을 위함), 베이스 플레이트(힘을 기초에 전달함), 기초와의 접합을 위한 클립 앵글, 사이드 앵글 및 앵커 볼트 및 리브를 사용한다.

① 베이스 플레이트 : 콘크리트의 압축력에 저항력은 강재보다 작으므로 기둥의 힘을 전달하려면 그 접촉부가 넓어야 하는데, 이때 사용하는 강재를 말한다. 베이스 플레이트의 두께는 보통 15mm 정도가 많이 쓰이나 30mm까지도 사용한다.

㉮ 외력이 작은 경우 : 기둥을 클립 앵글로 베이스 플레이트에 붙여 대고, 앵커 볼트로 기초에 연결시킨다.

㉯ 외력이 큰 경우 : 윙 플레이트를 대서 힘을 분산시키고, 사이드 앵글로 베이스 플레이트에 붙여 댄다.

② **앵커 볼트** : 굵기는 보통 16~32mm의 것이 많이 사용되며, 인장력이 작은 경우에는 기초 콘크리트에서 빠지지 않도록 끝을 구부린 것을 사용한다. 묻어 두는 길이는 볼트 직경의 40배 정도가 필요하다.

(2) 철골조의 기둥

기둥은 구조 형식이나 하중 상태에 따라 다르고, 압축력이 생기는 부재이나 휨 모멘트와 전단력도 생길 수 있으며, 라멘 구조의 기둥에는 수평 하중(지진력, 풍압 등)을 받아 큰 휨 모멘트가 생긴다. 따라서, 기둥 단면에도 하중의 크기에 따라 보와 같은 형식의 단일재와 조립재 등이 사용된다. 간사이가 크고, 옆면의 기둥 간격이 좁은 건축물(공장, 체육관 등)에서는 I형 기둥이 유리하고, 기둥이 가로, 세로 방향으로 등간격인 사무소 건축물에서는 상자 기둥이나 십자 기둥이 유리하다. 기둥의 종류는 다음과 같다.

① **단일재** : I형강과 H형강을 그대로 사용하는 형강 기둥과 강관 기둥 등

㉮ H형강 기둥 : H형강을 사용하고, 공작이 간단하며, 보와의 맞춤이 좋은 기둥

㉯ 강관 기둥 : 강관을 사용한 기둥

② **조립재** : 플레이트 기둥, 트러스 기둥, 래티스 기둥, 사다리 기둥 등

㉮ 래티스 기둥 : 조립 기둥으로 판기둥과 대판(앵글, 채널 등)을 플랜지에 40°, 60° 등으로 접합한 기둥

㉯ 격자 기둥 : 조립 기둥으로 판기둥과 대판(앵글, 채널 등)을 플랜지에 직각으로 접합한 기둥

(3) 기타 철골 부재

① 톱 앵글은 보와 기둥의 맞춤에 있어서 보의 상현재와 기둥의 주재를 결합하는 접합산형강이다.

② 데크 플레이트는 철골 공사 시 바닥 슬래브를 타설하기 전에 철골 보 위에 설치하여 바닥판 등으로 사용하는 절곡된 얇은 판의 부재로, 지붕이기, 벽널 및 콘크리트 바닥과 거푸집의 대용으로 사용한다.

③ 거싯 플레이트는 철골 구조의 절점에 있어 부재의 접합에 덧대는 연결 보강용 강판의 총칭이다.

④ 스터드 볼트는 둥근 쇠막대의 양 끝에 나사가 있고, 너트를 사용하여 죄어야 할 때 사용하는 볼트이다.

출제 키워드

■ **I형 기둥**
간사이가 크고, 옆면의 기둥 간격이 좁은 건축물에 유리

■ **상자 및 십자 기둥**
기둥이 가로, 세로 방향으로 등간격인 사무소 건축물에 유리

■ **격자 기둥**
대판(앵글, 채널 등)을 플랜지에 직각으로 접합한 기둥

■ **데크 플레이트**
철골보 위에 설치하여 바닥판 등으로 사용하는 절곡된 얇은 판의 부재

■ **스터드 볼트**
둥근 쇠막대의 양 끝에 나사가 있고, 너트를 사용하여 죄어야 할 때 사용하는 볼트

출제 키워드

■ 좌굴(buckling)
• 길고 가느다란 부재가 압축 하중이 증가함에 따라 부재의 길이에 직각 방향으로 변형하여 내력이 급격히 감소하는 현상
• 압축력을 받는 세장한 기둥 부재가 하중의 증가 시 내력이 급격히 떨어지게 되는 현상

■ 스틸 하우스
벽체가 얇기 때문에 결로 현상이 발생

■ 강제 계단
• 구조가 비교적 간단
• 형태를 자유롭게 구성
• 진동에 불리

■ 플러시문
• 울거미를 짜고 중간살을 배치한 다음 양면에 합판을 접착
• 뒤틀림 등의 변형이 적음

■ 비늘살문, 망사문 또는 발문
차양이 되고 통풍에 유리한 문

■ 양판문
울거미를 짜고 정간에 양판을 끼워 넣은 양식 목재문

(4) 좌굴(buckling)

① 길고 가느다란 부재가 압축 하중이 증가함에 따라 부재의 길이에 직각 방향으로 변형하여 내력이 급격히 감소하는 현상이다.

② 압축력을 받는 세장한 기둥 부재가 하중의 증가 시 내력이 급격히 떨어지게 되는 현상이다.

③ 수직 부재가 축방향으로 외력을 받았을 때 그 외력이 증가하면 부재의 어느 위치에서 갑자기 휘어버리는 현상이다.

④ 압축력을 받는 길고 가느다란 부재가 하중이 증가함에 따라 하중이 작용하는 직각 방향으로 변형하여 내력이 급격히 감소하는 현상이다.

(5) 스틸 하우스

내부 변경이 용이하고 공간 활용이 효율적이며, 공사 기간이 짧고 자재의 낭비가 적은 반면에 얇은 천장을 통해 방 사이의 차음이 문제가 되고, 벽체가 얇기 때문에 결로 현상이 발생한다.

1-2-5. 기타 구조

1 강제(철) 계단

강제 계단의 특성은 불연성이고 무게가 가벼우며, 구조가 비교적 간단하고 형태를 자유롭게 구성할 수 있어서 옥내뿐만 아니라 비상용 옥외 계단에도 사용한다. 진동에 불리하다.

2 창호와 창호 주변 부재 등

(1) 창호의 종류

① 플러시문 : 울거미를 짜고 중간살을 25~30cm 이내의 간격으로 배치한 다음 양면에 합판을 접착하여 표면에 살대와 짜임을 나타내지 않는 문으로서, 현대 건축에 있어서 내·외부의 창호로 많이 쓰인다. 뒤틀림 등의 변형이 적고 경쾌한 감을 주는 것이 특징이므로, 충분히 건조한 목재를 사용하여야 한다. 차양이 되고 통풍에 유리한 문은 비늘살문, 망사문 또는 발문 등이 있다.

② 널문 : 수직으로 댄 널의 뒤쪽에 띠장을 댄 문, 문의 울거미를 짜고 널을 붙인 문 또는 가로 띠장에 널을 붙여 댄 것으로, 문짝의 일그러짐을 막기 위하여 가새를 대고 문의 울거미를 짜기도 한다.

③ 양판문 : 울거미를 짜고 정간에 양판(넓은 한 장 널이나 베니어 합판으로 하여 울거미에 4방홈을 파 끼우고, 양판 및 울거미, 면접기, 쇠시리를 하거나 또는 선으로 장식한다.)을 끼워 넣은 양식 목재문으로 가장 널리 사용되고 있다.

문 울거미는 선대, 중간 선대, 윗막이, 밑막이, 중간막이 또는 띠장, 살 등으로 구성된다.

㉮ 울거미재의 두께는 3~5cm로 하고 너비는 윗막이, 선대 같은 크기로 90~120mm 정도, 자물쇠가 붙은 중간막이대는 윗막이대의 약 1.5배, 밑막이는 1.5~2.5배 정도로 한다.

㉯ 맞춤은 윗막이대와 밑막이대는 두쌍장부, 중간막이대는 쌍장부로 하여 꿰뚫어 넣고 벌림쐐기 치기로 한다.

④ **합판문** : 문의 울거미를 짜고 울거미 안에 합판 또는 얇은 널을 끼워 댄 문으로, 이때 중간살 하나는 빗장으로 쓰이게 하고, 또 그 한 면에 종이를 바른 것은 널도듬문이라고 한다.

⑤ **접이 창호** : 포개어 겹쳐 접게 된 문 또는 몇 개의 문짝을 서로 경첩으로 연결하거나 문 위틀에 설치한 레일에 도르래가 달린 철물로 달아, 접어서 열고 펴서 닫는 식의 창호이다.

⑥ **미서기 창호**

㉮ 웃틀과 밑틀에 두 줄로 홈을 파서 문 한 짝을 다른 한 짝 옆에 밀어 붙이게 한 창호이다. 미서기 창호의 창호 철물에는 레일, 오목손잡이 및 꽂이쇠 등이 있고, 경첩은 여닫이 창호에 사용하는 창호 철물이다.

㉯ 미닫이 창호(문짝을 상하 문틀로 홈파 끼우고, 옆벽에 문짝을 몰아붙이거나 이중벽 중간에 몰아넣는 형태의 창호)와 거의 같은 구조이며, 우리나라 전통 건축에서 많이 볼 수 있는 창호로 칸막이 기능을 가지고 있는 창호이다.

㉰ 목재의 미서기창에 있어서 홈대의 홈의 너비는 창문의 두께에 따라서 다르나, 보통은 20mm 정도를 사용하며 홈의 깊이는 윗홈대는 15mm, 밑홈대는 3mm 정도로 한다.

㉱ 풍소란(바람을 막기 위하여 창호의 갓둘레에 덧대는 선, 문짝선 등 또는 창호의 마중대의 틀을 막아 여미게 하는 소란 또는 미서기문의 마중대는 서로 턱솔 또는 딴혀를 대어 방풍적으로 물려지게 하는것)은 미서기문에 사용한다.

⑦ **회전문** : 은행・호텔 등의 출입구에 통풍・기류를 방지하고 출입 인원을 조절할 목적으로 쓰이며 원통형을 기준으로 3~4개의 문으로 구성된 문이다.

⑧ **여닫이 창호** : 경첩(hinge) 등을 축으로 개폐되는 창호를 말하며, 열고 닫을 때 실내의 유효 면적을 감소시키는 특징이 있는 창호이다. 창호 철물에는 도어 클로저(도어 체크, 문 위틀과 문짝에 설치하여 여닫이문을 자동으로 닫히게 하는 장치), 경첩(정첩, 여닫이 창호를 달 때, 한쪽은 문틀에 다른 한쪽은 여닫는 지도리가 되는 철물) 및 함자물쇠(출입문의 울거미에 대는 자물쇠를 작은 상자에 장치한 것) 등이 있다.

⑨ **오르내리창** : 창에 추를 달아 문틀의 상부에 댄 도르래에 걸어 내려 창이 상하로 오르내릴 수 있는 창이다. 잠그는 데 사용하는 철물은 크레센트이다.

출제 키워드

■ **양판문의 구성**
- 울거미재의 두께는 3~5cm, 너비는 윗막이, 선대 같은 크기로 90~120mm 정도
- 중간막이대는 윗막이대의 약 1.5배, 밑막이는 1.5~2.5배 정도

■ **양판문의 맞춤**
- 윗막이대와 밑막이대는 두쌍장부
- 중간막이대는 쌍장부

■ **미서기 창호 철물**
레일, 오목손잡이 및 꽂이쇠 등

■ **미서기 창호**
- 미닫이 창호와 거의 같은 구조
- 우리나라 전통 건축에서 많이 볼 수 있는 창호로 칸막이 기능을 가지고 있는 창호

■ **미서기 창호 홈의 깊이**
- 윗홈대는 15mm, 밑홈대는 3mm 정도
- 풍소란을 사용

■ **회전문**
- 은행・호텔 등의 출입구에 통풍・기류를 방지
- 출입 인원을 조절할 목적
- 원통형을 기준으로 3~4개의 문으로 구성된 문

■ **여닫이 창호 철물**
도어 클로저, 경첩 및 함자물쇠 등

■ **크레센트**
오르내리창을 잠그는 데 사용하는 철물

출제 키워드

■ 붙박이창
채광만을 목적으로 하고 환기를 할 수 없는 밀폐된 창

■ 아코디언 도어(접이문, 접문)
특수한 도르래(달바퀴)가 달린 철물로 달아 접어서 열고 펴서 닫는 식의 문

■ 문선
문꼴을 보기 좋게 만드는 동시에 주위 벽의 마무리를 잘하기 위하여 둘러대는 누름대

■ 멀리온
- 창 면적이 클 때에는 스틸 바만으로는 약한 경우와 여닫을 때 진동으로 인하여 유리를 강하고 외관을 꾸미기 위한 부재
- 강판을 중공형으로 접어 가로나 세로로 댄 것

■ 창대돌
빗물의 침입을 막고, 물흘림이 잘 되게 하는 돌

⑩ **붙박이창** : 틀에 바로 유리를 고정시킨 창 또는 열리지 않게 고정된 창 또는 창의 일부로서 주로 광선을 받기 위하여 설치한 창(채광창)으로, 채광만을 목적으로 하고 환기를 할 수 없는 밀폐된 창이다.

⑪ **아코디언 도어(접이문, 접문)** : 포개어 겹쳐 접게 된 문 또는 몇 개의 문짝을 서로 정첩으로 연결 또는 문 위틀에 설치한 레일에 특수한 도르래(달바퀴)가 달린 철물로 달아 접어서 열고 펴서 닫는 식의 문이다.

(2) 창호 부재 및 주변 부재들

① **문선** : 문의 양쪽에 세워 문짝을 끼워 달게 된 기둥 또는 벽 끝을 아물리고 장식으로 문틀 주위에 둘러대는 테두리 또는 문꼴을 보기 좋게 만드는 동시에 주위 벽의 마무리를 잘하기 위하여 둘러대는 누름대이다.

② **풍소란** : 바람을 막기 위하여 창호의 갓둘레에 덧대는 선 또는 창호의 마중대의 틈을 막아 여미게 하는 소란을 말한다.

③ **멀리온** : 창틀 또는 문틀로 둘러싸인 공간을 다시 세로로 세분하는 중간 선틀 또는 창 면적이 클 때에는 스틸 바만으로는 약한 경우와 여닫을 때 진동으로 인하여 유리가 파손될 우려가 있으므로 이것을 보강하고 외관을 꾸미기 위하여 강판을 중공형으로 접어 가로나 세로로 댄 것을 말한다.

④ **창틀** : 창짝을 다는 벽 둘레의 뼈대로서 웃틀, 선틀, 밑틀, 창선반 등으로 구성된다.

⑤ **마중대** : 미닫이, 미서기 등이 서로 맞닿는 선대를 말하고, 미서기 또는 오르내리창이 서로 여며지는 선대를 여밈대라고 한다.

⑥ **가새** : 수평력에 견디게 하고, 수직 · 수평재의 각도 변형을 방지하여 안정된 구조로 하기 위한 목적으로 쓰이는 경사재이다.

⑦ **인방** : 기둥과 기둥에 가로 대어 창문틀의 상 · 하벽을 받고 하중은 기둥에 전달하며, 창문틀을 끼워 댈 때 뼈대가 되는 것을 말한다.

⑧ **인방돌** : 창문 위로 가로 길게 건너대는 돌

⑨ **창대돌** : 창 밑, 바닥에 댄 돌로서 빗물을 처리하고 장식적으로 쓰이며, 윗면, 밑면, 옆면에는 물끊기, 물흘림 물매, 물돌림 등을 두어 빗물의 침입을 막고, 물흘림이 잘 되게 한다. 창 너비가 크면 2개 이상을 이어 쓰기도 하나 외관상, 방수상 통재를 사용하는 것이 좋다.

⑩ **쌤돌** : 창문 옆에 대는 돌로서, 돌구조와 벽돌 구조에 많이 사용하며, 면접기와 쇠시리를 하고, 쌓기는 일반 벽체에 따라 촉과 연결 철물로 긴결한다.

⑪ **돌림띠** : 벽, 천장, 처마 부분에 수평띠 모양으로 돌려 붙인 채양 또는 물끊기 등의 장식용 돌출부로서 각 층 벽의 중앙에 있는 것을 허리 돌림띠, 상부에 있는 것을 처마 돌림띠라고 한다.

3 창호 철물

(1) 도어 클로저

여닫이문을 자동적으로 개폐할 수 있게 하는 철물로서 재료는 강철, 청동 등의 주조물이며, 스프링이나 피스톤의 장치로서 개폐 속도를 조절한다.

(2) 경첩(정첩)

문틀에 여닫이 창호를 달 때 한쪽은 문틀에, 다른 한쪽은 문짝에 고정하고 여닫는 지도리(축)가 되는 철물이다.

(3) 레일

창호(미닫이, 미서기 등)에 쓰이는 철물로서 창호의 틀에 수평을 이루고 있다.

(4) 함자물쇠

자물쇠를 작은 상자에 장치한 것으로 출입문 등 문의 울거미 표면에 붙여대는 자물쇠이다.

(5) 크레센트

초생달 모양으로 된 것으로 오르내리창의 윗막이대 윗면에 대어 다른 창의 밑막이에 걸리게 하는 걸쇠이다. 즉, 오르내리창의 잠금 장치이다.

(6) 래버터리 힌지

스프링 힌지의 일종으로 공중 화장실, 전화실 출입문 등에 사용한다. 저절로 닫혀지나 15cm 정도 열려 있어, 즉 표시기가 없어도 비어 있는 것을 알 수 있고, 사용시 내부에서 꼭 닫아 잠그게 되어 있다.

(7) 도어 체크(클로저)

문과 문틀에 장치하여 문을 열면 저절로 닫히는 장치가 되어 있는 창호 철물로 여닫이문에 사용한다.

(8) 도어 스톱

여닫이문이나 장치를 고정하는 철물로서 문을 열어 제자리에 머물러 있게 한다.

(9) 문버팀쇠

문짝을 열어 놓은 위치에 고정하거나 또는 벽 기타의 문 닫는 곳을 보호하기 위하여 벽 또는 바닥에 설치하는 것이다.

출제 키워드

■ 레일
창호에 쓰이는 철물로서 창호의 틀에 수평을 이루는 것

■ 도어 체크(클로저)
문을 열면 저절로 닫히는 장치가 되어 있는 창호 철물로 여닫이문에 사용

■ 문버팀쇠
문짝을 열어 놓은 위치에 고정하거나 또는 벽 기타의 문 닫는 곳을 보호하기 위하여 벽 또는 바닥에 설치하는 것

CHAPTER 01

| 1-2. 건축물의 각 구조 |

과년도 출제문제

1 목구조

01 | 목구조 08

다음 중 나무 구조에 대한 설명으로 틀린 것은?

① 내화성이 좋다.

② 철근 콘크리트조, 벽돌조와 비교하여 자중이 가볍다.

③ 고층 건축이나 큰 간사이의 건축이 곤란하다.

④ 구조 공작이 쉽고 공사 기간을 단축할 수 있다.

해설 나무 구조는 목재를 접합하여 건물의 뼈대를 구성하는 구조로서 비교적 저층의 주택에 적합하고, 가볍고 가공성이 좋으며 친화감이 있고 미려하나, 연소하기 쉽고(내화성이 나쁘다) 부패하기 쉽다.

02 | 목구조 09

다음 중 목구조에 대한 설명으로 옳지 않은 것은?

① 전각·사원 등의 동양고전식 구조법이다.

② 가구식 구조에 속한다.

③ 친화감이 있고, 미려하나 부패에 약하다.

④ 큰 단면이나 긴 부재를 얻기 쉽다.

해설 목구조의 단점에는 큰 단면이나 긴 부재를 얻기 힘든 점이 있다.

03 | 목재 08

목재에 대한 설명으로 옳지 않은 것은?

① 강재에 비해 열전도율이 작다.

② 비강도가 크다.

③ 가공이 비교적 용이하다.

④ 습기에 따른 신축이 거의 없다.

해설 목재는 함수율의 증감에 따라 팽창과 수축으로 인하여 변형(갈림, 휨, 뒤틀림 등)이 생기는 것이 가장 큰 단점이나, 섬유포화점 이상에서는 팽창과 수축 및 강도의 변화가 없다.

04 | 목구조의 특징 22, 10, 04

목구조의 특징에 관한 설명 중 옳지 않은 것은?

① 부재의 함수율에 따른 변형이 크다.

② 부패 및 충해가 크다.

③ 열전도율이 크다.

④ 고층 건물에 부적당하다.

해설 나무 구조의 특징 중 열전도율이 작아 단열 효과가 높은 것이 장점의 하나이다.

05 | 목구조 10

다음 중 목구조에 대한 설명으로 옳지 않은 것은?

① 토대는 기초 위에 가로놓아 상부에서 오는 하중을 기초에 전달한다.

② 토대와 토대의 이음은 턱걸이 주먹장이음 또는 엇걸이 산지이음 등으로 한다.

③ 평기둥은 밑층에서 위층까지 한 개의 부재로 되어 있다.

④ 간 사이의 중간에서 지붕보를 받는 부재를 베개보라 한다.

해설 목구조 기둥의 종류에는 평기둥(상부에서 내려오는 하중을 받아 토대에 전달하는 수직재로서 각 층마다 별개로 되어 있는 기둥으로 통재기둥 사이에 배치한다.)과 통재기둥[상부에서 내려오는 하중을 받아 토대에 전달하는 수직재로서 밑층에서 위층까지 한 개의 부재로 되어 있는 기둥으로 건축물의 모서리, 중간 요소(칸막이벽과 바깥벽이 만나는 부분)에 배치한다.] 등이 있다.

06 | 목재의 성질 03

목재의 성질로 틀린 것은?

① 함수율에 의한 변형이 크다.

② 가공하기 쉽다.

③ 불에 타기 쉽다.

④ 열전도율이 크다.

정답 01. ① 02. ④ 03. ④ 04. ③ 05. ③ 06. ④

해설 목재의 장점은 감촉이 좋고, 비중에 비하여 강도가 크며, 열전도율과 열팽창률이 작다. 또한, 종류가 많고 각각 외관이 다르며 우아하며, 산성약품 및 염분에 강하다. 목재의 단점은 착화점이 낮아 내화성이 작고, 흡수성이 크며, 쉽게 변형이 일어난다. 또한, 습기가 많은 곳에서는 부식하기 쉽고, 충해나 풍화에 의하여 내구성이 떨어진다.

07 | 목조 벽체의 토대
10

목조 벽체의 토대에 대한 설명으로 옳은 것은?

① 기초 위에 가로놓아 상부로부터 오는 하중을 기초에 전달하고 기둥 밑을 고정한다.
② 지붕, 마루 등의 하중을 전달하는 수직 구조재이다.
③ 본기둥 사이의 벽체를 이루는 것으로 가새의 옆휨을 막는 데 유효하다.
④ 모서리나 칸막이벽과의 교차부 또는 집중 하중을 받는 위치에 설치한다.

해설 토대는 기초 위에 가로놓아 상부로부터 오는 하중을 기초에 전달하고 기둥 밑 부분을 고정하는 역할을 하는 부재이다. ②는 동바리, ③은 샛기둥, ④는 평기둥에 대한 설명이다.

08 | 목조 벽체의 토대
21, 14, 12, 05

목구조의 토대에 대한 설명으로 틀린 것은?

① 기둥에서 내려오는 상부의 하중을 기초에 전달하는 역할을 한다.
② 토대에는 바깥 토대, 칸막이 토대, 귀잡이 토대가 있다.
③ 연속 기초 위에 수평으로 놓고 앵커 볼트로 고정시킨다.
④ 이음으로 사개 연귀 이음과 주먹장 이음이 주로 사용된다.

해설 토대의 이음 방법에는 턱걸이 메뚜기장 이음, 턱걸이 주먹장 이음 등이 있으며, 보강 철물을 사용하는 경우에는 턱걸이 주먹장 이음 시 띠쇠를 대고 볼트 죔을 한다. 간단한 토대의 이음은 턱이음과 반턱 이음을 사용한다.

09 | 목조 벽체의 부재
14, 03

목조 벽체에 들어가지 않는 것은?

① 샛기둥　② 평기둥
③ 가새　④ 주각

해설 목조 벽체의 구성 부재는 수직 부재(기둥과 샛기둥), 수평 부재(토대, 보, 층도리, 깔도리, 처마도리 등)와 빗방향의 부재(버팀대, 가새, 귀잡이 등)로 구성되고, 주각은 기둥의 응력을 기초에 전달하는 작용하는 부분으로 철골(강) 구조에 사용된다.

10 | 기둥(샛기둥의 간격)
18, 07

다음 중 목조에서 본기둥 간격이 2m일 때 샛기둥의 간격으로 가장 적당한 것은?

① 30cm　② 50cm
③ 80cm　④ 100cm

해설 샛기둥(본기둥과 본기둥 사이에 벽체의 바탕으로 배치한 기둥)은 가새의 휨 방지나 졸대 등 벽재의 뼈대로 배치하며, 크기는 본기둥의 반쪽 또는 1/3쪽으로 간격은 40~60cm 정도 또는 본기둥 간격의 1/4로 한다.

$\therefore\ 200 \times \frac{1}{4} = 50\text{cm}$

11 | 가새의 용어
22, 21, 19③, 15, 14, 12, 09②, 02, 01, 99

목조 벽체를 수평력에 견디게 하고 안정한 구조로 하는 데 필요한 부재는?

① 멍에　② 장선
③ 가새　④ 동바리

해설 가새는 사각형으로 짠 뼈대에 대각선상으로 빗대는 경사재로서 수직·수평재의 각도 변형을 막기 위하여 설치하는 부재를 말하며, 수평력에 대한 안정성을 보강하기 위한 부재로서 버팀대보다 강한 부재이다.

12 | 가새
16

목구조에서 가새에 대한 설명으로 옳지 않은 것은?

① 벽체를 안정형 구조로 만들어준다.
② 구조물에 가해지는 수평력보다는 수직력에 대한 보강을 위한 것이다.
③ 힘의 흐름상 인장력과 압축력을 번갈아 저항할 수 있다.
④ 가새를 결손시켜 내력상 지장을 주어서는 안된다.

해설 목구조의 가새는 사각형으로 짠 뼈대에 대각선상으로 빗대는 경사재로서 수직·수평재의 각도 변형을 막기 위하여 설치하는 부재로서 수평력에 대한 안정성을 보강하기 위한 부재이고, 버팀대보다 강한 부재이다.

정답 07. ① 08. ④ 09. ④ 10. ② 11 ③ 12. ②

13 | 가새
24, 11, 09, 06

목구조에서 가새에 대한 설명으로 옳은 것은?

① 목조 벽체를 수평력에 견디게 하고 안정한 구조로 하기 위한 것이다.
② 가새의 경사는 30°에 가까울수록 유리하다.
③ 기초와 토대를 고정하는 데 설치한다.
④ 가새에는 인장 응력만 발생한다.

해설 가새는 사각형으로 짠 뼈대에 대각선상으로 빗대는 경사 부재로 수직, 수평재의 각도 변형을 막기 위하여 설치한다. 가새의 경사는 45°에 가까울수록 유리하고, 압축 응력과 인장 응력이 번갈아 발생한다.

14 | 가새
24, 21, 17, 10, 07

목조 벽체에 사용되는 가새에 대한 설명으로 옳지 않은 것은?

① 목조 벽체를 수평력에 견디게 하고 안정한 구조로 하기 위해 사용된다.
② 가새는 일반적으로 네모 구조를 세모 구조로 만든다.
③ 주요 건물에서는 한 방향 가새로만 하지 않고 X자형으로 하여 인장과 압축을 겸비하도록 한다.
④ 가새의 경사는 60°에 가까울수록 횡력 저항에 유리하다.

해설 가새는 수평력에 견디게 하고, 수직・수평재의 각도변형을 방지하여 안정된 구조로 하기 위한 목적으로 쓰이는 경사재로서 버팀대보다 강하며, 가새의 경사는 45°에 가까울수록 유리하다.

15 | 가새
14, 04

목조 벽체에 사용되는 가새에 대한 설명 중 옳지 않은 것은?

① 목조 벽체를 수평력에 견디게 하고 안정한 구조로 하기 위한 것이다.
② 가새는 45°에 가까울수록 유리하다.
③ 가새의 단면은 크면 클수록 좌굴할 우려가 없다.
④ 뼈대가 수평 방향으로 교체되는 하중을 받으면 가새에는 압축 응력과 인장 응력이 번갈아 일어난다.

해설 목조 벽체의 가새의 단면을 크게 하면 할수록 오히려 기둥에 역하중인 모멘트를 작용시켜 좌굴을 일으킬 우려가 있다.

16 | 수평력의 저항 부재
23, 21, 19, 18, 11

목구조에서 수평력을 견디기 위해 설치하는 구조재로 거리가 먼 것은?

① 토대 ② 가새
③ 귀잡이보 ④ 버팀대

해설 가새는 사각형으로 짠 뼈대에 대각선상으로 빗대는 경사재로서 수직・수평재의 각도 변형을 막기 위하여 설치하는 부재를 말하며, 수평력에 대한 안정성을 보강하기 위한 부재로서 버팀대보다 강한 부재이고, 버팀대는 가로재(토대・보・도리 등)와 세로재(기둥 등)의 접합 부분에 변형을 적게 할 목적으로 하는 부재이며, 귀잡이보(토대・보・도리 등의 가로재가 서로 수평으로 맞추어지는 곳을 안정한 세모 구조로 하기 위하여 설치하는 부재)는 수평력에 견디기 위해 설치하는 보이다.

17 | 귀잡이보의 용어
21, 13

토대・보・도리 등의 가로재가 서로 수평으로 맞추어지는 곳을 안정한 세모 구조로 하기 위하여 설치하는 것은?

① 귀잡이보 ② 꿸대
③ 가새 ④ 버팀대

해설 꿸대는 기둥, 동자기둥 등을 꿰뚫어 찌른 보강 가로재이고, 가새는 사각형으로 짠 뼈대에 대각선상으로 빗대는 경사재로서 수직・수평재의 각도 변형을 막기 위하여 설치하는 부재이고, 버팀대는 가로재(토대・보・도리 등)와 세로재(기둥 등)의 접합 부분에 변형을 적게할 목적으로 하는 부재이다.

18 | 내진, 내풍의 구조법
02, 00

목조 건축물을 내진・내풍적(耐震・耐風的)으로 하는 구조법으로서 적당하지 않은 것은?

① 토대를 앵커 볼트로 기초에 긴결한다.
② 벽체의 요소에 가새를 넣는다.
③ 지붕틀의 부재를 크게 한다.
④ 기둥과 횡가재는 철물로 긴결한다.

해설 가새는 수평력(지진, 풍압력 등)에 견디게 하고 수직・수평재의 각도 변형을 방지하여, 안정된 구조로 하기 위한 목적으로 쓰이는 경사재이다. 수평력에 견디게 하기 위한 방법으로는 수직재와 수평재를 긴결 즉, 기초와 토대, 기둥과 횡가재를 철물 등으로 긴결하여야 한다.

정답 13. ① 14. ④ 15. ③ 16. ① 17. ① 18. ③

19 | 가새와 버팀대
18, 03

목구조에서 버팀대와 가새에 대한 설명 중 잘못된 것은?

① 가새의 경사는 45°에 가까울수록 유리하다.
② 가새는 하중의 방향에 따라 압축 응력과 인장 응력이 번갈아 일어난다.
③ 버팀대는 가새보다 수평력에 강한 벽체를 구성한다.
④ 버팀대는 기둥 단면에 적당한 크기의 것을 쓰고, 기둥 따내기도 되도록 적게 한다.

해설 가새는 수평력에 견디게 하고 수직·수평재의 각도 변형을 방지하여, 안정된 구조로 하기 위한 목적으로 쓰이는 경사재로서 버팀대보다 강하며, 경사는 45°로 한다.

20 | 턱솔 비늘판벽의 구조
12, 02

그림과 같이 널판 상, 하, 옆을 반턱으로 하여 기둥 및 샛기둥에 가로쪽매로 하여 붙이는 판벽은?

① 영국식 비늘판벽
② 턱솔 비늘판벽
③ 얇은널 비늘판벽
④ 누름대 비늘판벽

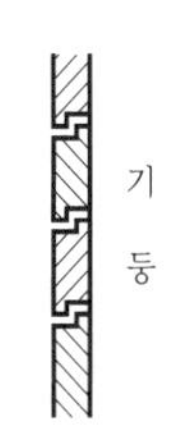

해설

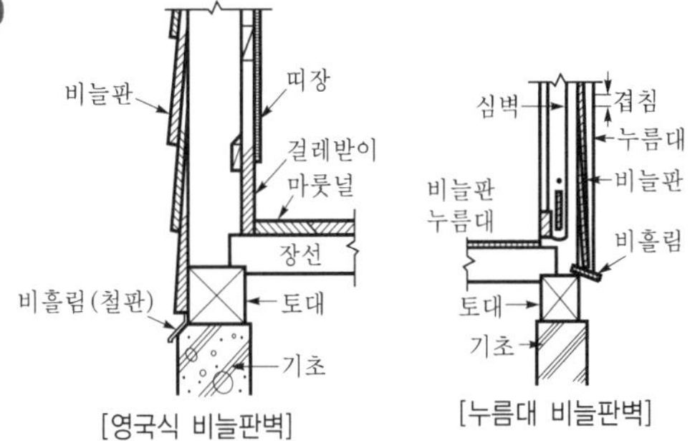

[영국식 비늘판벽] [누름대 비늘판벽]

21 | 걸레받이의 용어
08

벽면을 보호하고 장식하기 위해 벽의 하부에 붙이는 마감재는?

① 걸레받이 ② 반자돌림대
③ 문선 ④ 반자대

해설 반자돌림대는 반자의 가장자리 벽과 천장과의 접속부에 둘러 댄 테이고, 문선은 문의 양쪽에 세워 문짝을 끼워 달게 된 것 또는 벽 끝을 아물리고 장식으로 문틀의 주위에 둘러대는 테두리 부재이며, 반자대는 반자널 또는 미장바름 바탕으로 천장에 수평으로 건너지르는 부재이다.

22 | 징두리판벽의 용어
20, 19, 18③, 17, 13, 06

실 내부의 벽 하부에서 1~1.5m 정도의 높이로 설치하여 밑부분을 보호하고 장식을 겸한 용도로 사용하는 것은?

① 걸레받이 ② 고막이널
③ 징두리 판벽 ④ 코펜하겐 리브

해설 걸레받이는 벽의 하단과 바닥이 접하는 곳에 가로로 댄 부재로서 벽면의 보호와 실내 장식을 위한 부재이고, 고막이널은 토대나 밑인방과 지면 사이를 널로 막아 댄 것이며, 코펜하겐 리브는 넓은 강당, 영화관 및 극장 등의 안벽에 붙여 음향 조절이나 장식 효과가 있는 벽 수장재이다.

23 | 한식 목조의 벽체 형식
24, 19, 11

일반적으로 한식 목조 주택에 사용되는 벽의 형식은?

① 심벽식 ② 평벽식
③ 옹벽식 ④ 판벽식

해설 평벽식은 목조 기둥의 바깥면에 벽을 쳐서 기둥이 보이지 않고 평평하게 된 벽을 말하며, 실내의 기밀성이 좋고 방한·방습·방음의 효과가 있다. 또한, 심벽식은 기둥의 중앙에 벽을 쳐서 기둥이 벽의 바깥쪽으로 내보이게 된 것으로서 한식 구조의 안벽에 많이 이용된다.

24 | 샛기둥의 용어
21, 19, 06

나무 구조에서 본기둥 사이에 벽체를 이루는 것으로서 가새의 옆 휨을 막는데 유효한 것은?

① 장선 ② 멍에
③ 토대 ④ 샛기둥

해설 장선은 지붕 또는 바닥, 마룻널을 받기 위해 좁은 간격(450mm)으로 배열된 부재이고, 멍에는 동바리돌 또는 동바리 기둥에 얹혀 장선을 받는 부재이며, 토대는 기둥 밑을 연결하여 기초 위에 가로놓아 상부에서 하중을 기초에 분포시키는 역할을 하는 가로재로서 벽을 치는 뼈대가 된다.

25 | 납작마루의 부재
13, 04

납작마루에 사용되는 부재가 아닌 것은?

① 마룻널 ② 장선
③ 멍에 ④ 동바리

해설 납작마루는 콘크리트 슬래브 위에 바로 멍에를 걸거나, 장선을 대어 마루틀을 짜고, 마루널을 깐 것으로 출입이 편리하게 하기 위하여 마루 높이를 낮출 때 사용한다. 또한, 동바리는 동바리마루의 구성 부재이다.

정답 19.③ 20.② 21.① 22.③ 23.① 24.④ 25.④

26 | 동바리마루의 부재
12, 07

다음 중 동바리마루의 구성 부분이 아닌 것은?

① 인방　　② 멍에
③ 장선　　④ 동바리돌

해설 동바리마루 구조는 장선, 멍에, 동바리, 동바리돌 등을 짜 맞추어 만든 마루로서 동바리는 멍에에 짧은 장부 맞춤으로 하여 큰 못 또는 꺾쇠치기로 하고, 멍에는 내이음으로 주먹장 이음 또는 메뚜기장 이음으로 하며, 장선은 멍에에 걸침턱으로 맞춘다. 인방은 기둥과 기둥에 가로 대어 창문틀의 상하벽을 받고, 하중은 기둥에 전달하며, 창문틀을 끼워 댈 때 뼈대가 되는 것이다.

27 | 2층 마루의 종류
23, 21, 17, 03

2층 마루의 구조상 분류에 속하지 않는 것은?

① 홑마루　　② 보마루
③ 짠마루　　④ 납작마루

해설 2층 마루의 종류

구분	홑(장선)마루	보마루	짠마루
간사이	2.5m 이하	2.5m 이상 6.4m 이하	6.4m 이상
구성	보를 쓰지 않고 층도리와 칸막이 도리에 직접 장선을 약 50cm 사이로 걸쳐 대고, 그 위에 널을 깐 것	보를 걸어 장선을 받게 하고, 그 위에 마루널을 깐 것	큰 보 위에 작은 보를 걸고, 그 위에 장선을 대고 마루널을 깐 것

또한, 1층 마루의 종류에는 납작마루와 동바리마루 등이 있다.

28 | 2층 마루(홑마루틀)
24, 18, 11

나무 구조의 홑마루틀에 대한 설명으로 옳은 것은?

① 1층 마루의 일종으로 마루 밑에는 동바리돌을 놓고 그 위에 동바리를 세운다.
② 큰 보 위에 작은 보를 걸고 그 위에 장선을 대고 마룻널을 깐 것이다.
③ 보를 걸어 장선을 받게 하고 그 위에 마룻널을 깐 것이다.
④ 보를 쓰지 않고 층도리와 간막이도리에 직접 장선을 걸쳐대고 그 위에 마룻널을 깐 것이다.

해설 ①은 1층 마루 중 동바리마루, ②는 2층 마루 중 짠마루, ③은 2층 마루 중 보마루, ④는 2층 마루 중 홑(장선)마루에 대한 설명이다.

29 | 2층 마루(홑마루틀의 용어)
13, 11

복도 또는 간사이가 적을 때에 보를 쓰지 않고 층도리와 간막이도리에 직접 장선을 걸쳐 대고 그 위에 마루널을 깐 마루는?

① 동바리마루　　② 홑마루
③ 짠마루　　④ 납작마루

해설 동바리마루는 1층 마루의 일종으로 장선, 멍에, 동바리, 동바리돌 등을 짜 맞추어 만든 마루이고, 짠마루는 큰 보 위에 작은 보를 걸고, 그 위에 장선을 대고 마루널을 깐 마루이며, 납작마루는 콘크리트 슬래브 위에 바로 멍에를 걸거나, 장선을 대어 마루틀을 짜고, 마루널을 깐 마루이다.

30 | 2층 마루(짠마루틀의 용어)
21②, 19, 18③, 14, 09

2층 마루 중에서 큰 보 위에 작은 보를 걸고 그 위에 장선을 대고 마루널을 깐 것은?

① 동바리마루　　② 짠마루
③ 홑마루　　④ 납작마루

해설 동바리마루는 1층 마루의 일종으로 장선, 멍에, 동바리, 동바리돌 등을 짜 맞추어 만든 마루이고, 홑마루는 보를 쓰지 않고 층도리와 칸막이 도리에 직접 장선을 걸쳐 대고, 그 위에 널을 깐 마루이며, 납작마루는 콘크리트 슬래브 위에 바로 멍에를 걸거나, 장선을 대어 마루틀을 짜고, 마루널을 깐 마루이다.

31 | 2층 마루 구조
04

다음 중 2층 마루 구조에 관한 설명으로 틀린 것은?

① 장선마루에서 장선은 춤을 높은 것을 사용하기 때문에 옆휨을 막기 위해 가새로 서로 보강한다.
② 홑마루는 보를 쓰지 않고 층도리와 칸막이도리에 장선을 걸친다.
③ 보마루는 보통 간사이가 4m 이상일 때에 쓰이고, 보의 간격은 3m 정도로 한다.
④ 짠마루는 큰 보위에 작은 보를 걸고 그 위에 장선을 대고 마루널을 깐다.

해설 보마루는 보를 걸어 장선을 받게 하고, 그 위에 마루널을 깐 마루로서, 보통 간사이가 2.5m 이상의 6.4m 이하의 마루에 사용하며, 2m 정도의 간격으로 보를 걸치고, 이 위에 장선을 배치하여 마룻널을 깐다.

정답 26.① 27.④ 28.④ 29.② 30.② 31.③

32 | 나무 구조의 마루
23, 21, 12, 07

나무 구조의 마루에 대한 설명 중 옳지 않은 것은?

① 1층 마루에는 동바리마루, 납작마루가 있다.
② 2층 마루 중 보마루는 보를 걸어 장선을 받게 하고 그 위에 마루널을 깐 것이다.
③ 동바리는 동바리돌 위에 수평재로 설치한다.
④ 동바리마루는 동바리돌, 동바리, 멍에, 장선 등으로 구성된다.

해설 동바리마루 구조는 장선, 멍에, 동바리 등을 짜 맞추어 만든 마루로서 동바리는 멍에에 짧은 장부 맞춤으로 하여 큰 못 또는 꺽쇠치기로 하고, 멍에는 내이음으로 주먹장 이음 또는 메뚜기장 이음으로 하며, 장선은 멍에에 걸침턱으로 맞춘다. 특히, 동바리는 동바리돌 위에 수직재로 설치한다.

33 | 쪽매(제혀 쪽매)의 용어
13

목재 마루널 깔기에서 널 옆이 서로 물려지게 하고 마루의 진동에 의하여 못이 솟아오르는 일이 없는 이상적인 마루깔기법은?

① 맞댄 쪽매 ② 반턱 쪽매
③ 제혀 쪽매 ④ 딴혀 쪽매

해설 맞댄 쪽매는 널 옆을 서로 맞대어 깔거나 붙여 대는 쪽매이고, 반턱 쪽매는 널의 옆을 부재 두께의 반만큼 턱지게 깎아서 서로 반턱이 겹치게 물리는 쪽매이며, 딴혀 쪽매는 널의 양 옆에 홈을 파고 혀를 따로 끼워 댈수 있게 한 쪽매이다.

34 | 본기둥의 위치
05

본기둥의 사용 위치로 옳지 않은 것은?

① 모서리 부분
② 깔도리와 처마도리 사이
③ 집중 하중이 오는 위치
④ 칸막이 벽과의 교차부

해설 본기둥은 샛기둥・수장 기둥 등이 아닌 뼈대가 되는 기둥으로 주요 구조체가 되는 모서리 부분, 집중 하중이 작용하는 위치 및 칸막이 벽과의 교차 부분에 설치하는 기둥이다. 또한 깔도리와 처마도리 사이에는 평보를 배치한다.

35 | 기둥
20, 18, 16

목구조의 기둥에 관한 설명으로 옳지 않은 것은?

① 중층 건물의 상하층 기둥이 길게 한 채로 된 것을 토대라 한다.
② 활주는 추녀뿌리를 받친 기둥이고, 단면은 원형 또는 팔각형이 많다.
③ 심벽조는 기둥이 노출된 형식이다.
④ 기둥 몸이 밑둥에서부터 위로 올라가면서 점차 가늘게 된 것을 흘림기둥이라 한다.

해설 목구조에서 중층 건축물의 상・하층 기둥이 길게 한 부재로 된 것을 통재기둥이라고 한다. 토대는 기초 위에 놓아 상부에서 내려오는 하중을 기초에 전달하며, 기둥의 밑부분을 고정하는 역할을 하는 부재이다.

36 | 기둥
18, 20, 15, 06

목구조에서 기둥에 대한 설명으로 틀린 것은?

① 마루, 지붕 등의 하중을 토대에 전달하는 수직 구조재이다.
② 통재기둥은 2층 이상의 기둥 전체를 하나의 단일재로 사용하는 기둥이다.
③ 평기둥은 각 층별로 각 층의 높이에 맞게 배치되는 기둥이다.
④ 샛기둥은 본기둥 사이에 세워 벽체를 이루는 기둥으로, 상부의 하중을 대부분 받는다.

해설 샛기둥(본기둥과 본기둥 사이에 벽체의 바탕으로 배치한 기둥)은 가새의 휨 방지나 졸대 등 벽재의 뼈대로 배치하고, 상부의 하중은 대부분 본기둥과 통재기둥이 받는다.

37 | 기둥(평기둥)의 배치 간격
16, 02, 99

목구조에서 평기둥의 배치 간격으로 적당한 것은?

① 1m 정도 ② 2m 정도
③ 3m 정도 ④ 4m 정도

해설 목구조에 있어서 통재기둥은 2층 이상의 건축물의 모서리나 벽체가 교차되는 곳에 배치하고, 평기둥은 한 층 높이의 길이로 된 기둥으로 건축물의 모서리나 벽체가 교차되는 곳 이외의 장소에 2m 간격으로 배치한다.

정답 32. ③ 33. ③ 34. ② 35. ① 36. ④ 37. ②

38 | 기둥(활주)의 용어
22, 21, 14, 09, 04

한식 건축에서 추녀뿌리를 받치는 기둥의 명칭은?

① 평기둥 ② 누주
③ 활주 ④ 통재기둥

해설 평기둥은 상부에서 내려오는 하중을 받아 토대에 전달하는 수직재로서 밑층에서 위층까지 따로따로 되어 있는 기둥으로, 통재기둥 사이에 배치한다. 누주(다락기둥)는 2층 기둥을 말하는 경우도 있고, 1층으로서 높은 마루를 놓는 기둥을 말하며, 통재기둥은 상부에서 내려오는 하중을 받아 토대에 전달하는 수직재로서 밑층에서 위층까지 한 개의 부재로 되어 있는 기둥으로 건축물의 모서리, 중간 요소(칸막이벽과 바깥벽이 만나는 부분)에 배치한다.

39 | 기둥(다락기둥)의 용어
16, 10, 04

다음 중 한옥 구조에서 다락기둥이 의미하는 것은?

① 고주 ② 누주
③ 찰주 ④ 활주

해설 고주는 한 층에서 일반 높이의 기둥(평기둥)보다 높아 동자주를 겸하는 기둥으로 위에 중도리 또는 종보를 받고, 옆에 들보가 끼이는 기둥이다. 찰주(옥심기둥 또는 중심주)는 심초석 위에 세우며, 부위 사방에 세운 사천주와 가로재 또는 경사재로 연결된다. 활주는 추녀 뿌리를 받친 기둥이고, 1층에서는 기단 위에 작은 주춧돌을 놓고, 위에는 촉을 꽂아 세우거나 추녀 밑에 받이재를 초새김하여 대고 그 밑을 받칠 때도 있다.

40 | 스팬의 용어
21, 18, 14, 06

다음 중 기둥과 기둥 사이의 간격을 나타내는 용어는?

① 아치 ② 스팬
③ 트러스 ④ 버트레스

해설 아치는 개구부 상부의 하중을 지지하기 위하여 돌이나 벽돌을 곡선형으로 쌓아 올려 하부에 인장력이 생기지 않도록 한 구조이다. 트러스는 2개 이상의 부재를(삼각형으로 조립해서) 마찰이 없는 활절로 연결하여 만든 뼈대 구조물 (보 또는 지붕 등)로서 부재에 생기는 응력이 모멘트와 전단력을 없게 하고 축방향력(압축 및 인장)만 생기도록 한 구조물이다. 버트레스(버팀벽 또는 부축벽)는 벽에서 돌출하여 만든 보강용 벽이다.

41 | 상량의 용어
21, 10, 08, 03

한식 공사에서 종도리를 얹는 것을 의미하는 것은?

① 열초 ② 치목
③ 상량 ④ 입주

해설 열초는 기둥을 세울 자리에 초석을 놓는 작업이고, 치목은 나무를 깎고 다듬는 일 또는 통나무를 도끼나 자귀로 재목으로 만드는 일이며, 입주는 목재의 마름질, 바심질이 끝난 다음 기둥 세우기, 보, 도리를 짜 맞추는 일이다.

42 | 토대와 기둥의 맞춤법
14, 11, 09, 08

목구조에서 토대와 기둥에 가장 적합한 맞춤은?

① 반턱 맞춤 ② 메뚜기장 맞춤
③ 짧은 장부 맞춤 ④ 통 맞춤

해설 반턱 맞춤은 두 부재를 서로 그 높이의 반만큼 따내고 맞추는 것이고, 메뚜기장 맞춤은 메뚜기장부를 사용하는 맞춤이며, 통 맞춤은 나무의 한 끝이 다른 큰 나무의 옆에 판 구멍에 통설치로 들어가 끼일 수 있게 한 맞춤법이다.

43 | 긴결철물과 사용처 연결
13

목구조 접합부와 그 접합부에 사용되는 철물이 적절하게 연결되지 않은 것은?

① 왕대공과 평보 – 감잡이쇠
② 평기둥과 층도리 – 띠쇠
③ 큰 보와 작은 보 – 안장쇠
④ 토대와 기둥 – 앵커 볼트

해설 목구조 접합부에 사용되는 철물로는 모서리 기초와 토대는 앵커 볼트를, 평기둥과 토대는 꺽쇠를 사용한다.

44 | 긴결철물(기초와 토대)
12

목구조에서 기초와 토대를 연결시키기 위하여 사용되는 것은?

① 감잡이쇠 ② 띠쇠
③ 앵커 볼트 ④ 듀벨

해설 감잡이쇠는 ㄷ자형으로 구부려 만든 띠쇠로서 두 부재를 감아 연결하는 목재의 이음, 맞춤을 보강하는 철물로 평보를 대공에 달아맬 때, 평보와 ㅅ자보의 밑에, 기둥과 들보를 걸쳐대고 못을 박을 때, 대문 장부에 감아 박을 때 사용한다. 띠쇠는 띠 모양으로 만든 이음 철물로 좁고 긴 철판을 적당한 길이로 잘라 양쪽에 볼트, 가시못 구멍을 뚫은 철물로서 두 부재의 이음새, 맞춤새에 대어 두 부재가 벌어지지 않도록 보강하는 철물이다. 듀벨은 볼트와 함께 사용하는 데, 듀벨은 전단력에, 볼트는 인장력에 작용시켜 접합재 상호간의 변위를 막는 강한 이음에 사용하며, 목재와 목재 사이에 끼워서 전단에 대한 저항 작용을 목적으로 하는 철물이다.

정답 38. ③ 39. ② 40. ② 41. ③ 42. ③ 43. ④ 44. ③

45 | 감잡이쇠의 사용처
02

목구조에서 감잡이쇠가 사용되는 곳은?

① 기둥과 보 ② 기둥과 층도리
③ 평보와 왕대공 ④ 큰 보와 작은 보

해설 감잡이쇠(ㄷ자형으로 구부려 만든 띠쇠)는 평보와 왕대공, 토대와 기둥을 조이는 데 사용하는 보강 철물을 말한다. ①은 ㄱ자쇠, ②는 띠쇠, ④는 안장쇠를 사용한다.

46 | 긴결철물(깔도리와 처마도리)
19, 12, 04

목구조에서 깔도리와 처마도리를 고정시켜 주는 철물은?

① 주걱 볼트 ② 안장쇠
③ 띠쇠 ④ 꺽쇠

해설 안장쇠는 안장 모양으로 한 부재에 걸쳐대고 다른 부재를 받게하는 이음, 맞춤의 보강 철물로 큰보와 작은보, 귓보와 귀잡이보의 맞춤에 사용한다. 띠쇠는 좁고 긴 철판을 적당한 길이로 잘라 양쪽에 볼트, 가시못 구멍을 뚫은 철물로서 두 부재의 이음새, 맞춤새에 대어 두 부재가 벌어지지 않도록 하는 철물이며, 꺽쇠는 강봉 토막의 양 끝을 뾰쪽하게 하고, ㄷ자형으로 구부려 2부재를 이을 때 사용하는 철물이다.

47 | 긴결철물(기둥과 기초)
17, 13

목구조에서 토대를 기둥 및 기초부와 연결해주는 연결재가 아닌 것은?

① 띠쇠 ② 듀벨
③ 산지 ④ 감잡이쇠

해설 목구조에서 토대를 기둥 및 기초부와 연결하는 경우 연결재로는 띠쇠, 산지 및 감잡이쇠 등을 사용하고, 듀벨은 목재의 겹침 이음 부분에 사용하는 철물이다.

48 | 긴결철물과 사용처 연결
13

다음 각 접합부와 철물의 사용이 옳지 않은 것은?

① 평기둥과 층도리 – 띠쇠
② 토대와 기둥 – 앵커 볼트
③ 큰 보와 작은 보 – 안장쇠
④ ㅅ자보와 중도리 – 꺽쇠

해설 앵커 볼트는 토대, 기둥, 보, 도리 등을 기초나 돌, 콘크리트 구조체에 정착시킬 때 사용하고, 토대와 기둥의 맞춤에는 T자쇠를 사용한다.

49 | 통재기둥과 층도리의 맞춤법
17, 13, 10

목구조에서 통재기둥에 한편 맞춤이 될 때 통재기둥과 층도리의 맞춤 방법으로서 가장 적합한 것은?

① 쌍장부 넣고 띠쇠를 보강한다.
② 빗턱통 넣고 내다지장부 맞춤·벌림 쐐기치기로 한다.
③ 걸침턱 맞춤으로 하고 감잡이쇠로 보강한다.
④ 통재넣기로 하고 주걱 볼트로 보강한다.

해설 층도리가 통재기둥에 한편 맞춤이 될 때에는 빗턱통 넣고, 내다지장부 맞춤·벌림 쐐기치기로 하거나, 빗턱통 넣고 짧은 장부 맞춤·ㄱ자쇠를 쓰고, 가시못치기·볼트 조임으로 한다. 또한, 양편 맞춤일 때, 빗턱 내다지 반장부로 좌우에서 서로 상하로 끼우고, 산지치기 또는 빗턱 짧은 장부에 띠쇠를 대고, 가시못치기·볼트 조임으로 한다.

50 | 엇걸이 이음의 용어
19, 13

목구조의 이음 위치에 산지(dowel) 등을 박아 매우 튼튼한 이음이며, 휨을 받는 가로재의 내이음으로 많이 사용되는 이음은?

① 엇걸이 이음 ② 주먹장 이음
③ 메뚜기장 이음 ④ 반턱 이음

해설 주먹장 이음은 주먹장부(주먹 모양으로 끝이 조금 넓고 안쪽으로 좁게 하여 도드라진 촉이 끼면 빠지지 않도록 하는 맞춤장부)에 의한 이음이고, 메뚜기장 이음은 나무 끝에 길게 촉을 내되, 그 촉의 중간에서 너비를 넓게 하고 끝 머리는 좁게 하여 물리면 당겨도 빠지지 않도록 된 이음이며, 반턱 이음은 두 부재를 서로 반턱으로 하여 잇는 이음이다.

51 | 엇걸이 산지 이음의 용어
21, 16, 11

옆에서 산지치기로 하고, 중간은 빗물리게 한 이음으로 토대, 처마도리, 중도리 등에 주로 쓰이는 것은?

① 엇걸이 산지 이음
② 빗 이음
③ 엇빗 이음
④ 겹친 이음

해설 빗 이음은 경사지게 자르거나 켜서 맞댄 이음이고, 엇빗 이음은 반자틀, 반자 살대 등에 사용하고, 재의 반을 서로 반대 경사로 빗 이음한 것 또는 두 갈래의 촉이 서로 반대 방향으로 경사지게 물리게 된 이음이다. 겹친 이음은 두 부재를 단순히 겹쳐대고, 잇는 이음이다.

정답 45. ③ 46. ① 47. ② 48. ② 49. ② 50. ① 51. ①

52 | 목재 접합의 종류 11

목재 접합의 종류가 아닌 것은?

① 이음　② 맞춤
③ 촉　④ 쪽매

해설 이음은 부재의 길이 방향으로 두 재를 길게 접합하는 것 또는 그 자리이고, 맞춤은 두 부재가 직각 또는 경사로 물려 짜여지는 것 또는 그 자리이며, 쪽매는 나무를 옆으로 넓게 대는 것이다. 또한, 촉은 접합면에 사각 구멍을 파고 한편에 작은 나무 토막을 반 정도 박아 넣고 포개어 접합재의 이동을 방지하는 것이다.

53 | 접합(연귀맞춤의 용어) 21, 20②, 19, 14

목재의 마구리를 감추면서 창문 등의 마무리에 이용되는 맞춤은?

① 연귀 맞춤　② 장부 맞춤
③ 통맞춤　④ 주먹장 맞춤

해설 장부 맞춤은 장부(한 부재의 끝 부분을 얇게 하여 다른 부재의 구멍에 끼우는 돌기)를 장부 구멍(장부가 끼이는 구멍)에 끼우는 맞춤이고, 통 맞춤은 한 부재의 마구리 또는 옆면이 통째로 다른 부재의 홈 또는 턱을 딴 자리에 물리는 맞춤이다. 주먹장 맞춤은 한 부재의 끝을 주먹 모양으로 그 밑둥보다 조금 넓게 만들어 다른 부재의 구멍에 끼우는 맞춤이다.

54 | 보강재(산지) 용어 11

목재의 이음 및 맞춤에서 서로 빠지는 것을 방지하기 위해 원형 또는 각형의 가늘고 긴 일종의 나무못을 사용하는데, 이 보강재를 무엇이라고 하는가?

① 촉　② 산지
③ 쐐기　④ 쪽매

해설 촉은 접합면에 사각 구멍을 파고 한편에 작은 나무 토막을 반 정도 박아 넣고 포개어 접합재의 이동을 방지하는 것이고, 쐐기는 맞춤을 견고하게 하기 위하여 두 부재의 틈새를 막는 나무쪽이며, 쪽매는 나무를 옆으로 넓게 대는 것이다.

55 | 접합(이음과 맞춤) 시 주의사항 19, 13, 07

다음 중 목재의 이음과 맞춤을 할 때 주의사항으로 옳지 않은 것은?

① 공작이 간단하고 튼튼한 접합을 선택할 것
② 맞춤면은 수축, 팽창을 위해 틈을 주어 가공할 것
③ 이음과 맞춤의 위치는 응력이 작은 곳으로 할 것
④ 이음・맞춤의 단면은 응력의 방향에 직각으로 할 것

해설 이음과 맞춤 시 유의사항은 ①, ③ 및 ④ 이외에 재는 가급적 적게 깎아내어 부재가 약하게 되지 않도록 하고, 접합되는 부재의 접촉면 및 따낸 면은 잘 다듬어서 응력이 고르게 작용하도록 하며, 국부적으로 큰 응력이 작용하지 않도록 적당한 철물을 써서 충분히 보강한다. 특히, 맞춤면은 정확히 가공하여 서로 밀착되어 빈틈이 없도록 할 것.

56 | 접합(이음과 맞춤) 시 주의사항 24, 12

목재의 이음과 맞춤을 할 때 주의해야 할 사항으로 옳지 않은 것은?

① 이음과 맞춤은 응력이 큰 곳에서 하여야 한다.
② 맞춤면은 정확히 가공하여 서로 밀착되어 빈틈이 없게 한다.
③ 공작이 간단하고 튼튼한 접합을 선택하여야 한다.
④ 재는 될 수 있는 한 적게 깎아내어 약하게 되지 않도록 한다.

해설 목재의 이음과 맞춤 시 될 수 있는 한 응력이 작은 곳에서 접합하도록 한다.

57 | 접합(맞춤의 용어) 17, 16, 08

목재의 접합에서 두 재가 직각 또는 경사로 짜여지는 것을 의미하는 용어는?

① 이음　② 맞춤
③ 벽선　④ 쪽매

해설 이음은 두 부재를 재의 길이 방향으로 길게 접하는 것 또는 그 자리이고, 벽선은 벽면의 인방과 중방에 세워대어 창문의 옆틀이 되는 부재 또는 벽 중간에 세운 문설주(문의 양쪽에 세워 문짝을 끼워 달게 된 기둥)이며, 쪽매는 좁은 폭의 널을 옆으로 붙여 그 폭을 넓게 하는 것으로 마룻널이나 양판문의 제작에 사용한다.

58 | 반자틀의 구성 부재 12, 11, 07

목조 반자틀의 구성 부재와 관계 없는 것은?

① 반자틀　② 반자틀받이
③ 달대　④ 꿸대

해설 목조 반자틀은 반자틀받이, 반자틀, 달대받이 및 달대로 구성되고, 꿸대는 기둥과 동자기둥을 꿰뚫어 찌른 보강 가로재로서 심벽의 뼈대에 사용한다.

정답 52. ③ 53. ① 54. ② 55. ② 56. ① 57. ② 58. ④

59 | 반자틀의 구성 부재
21, 20, 16

반자 구조의 구성 부재가 아닌 것은?

① 반자돌림대 ② 달대
③ 변재 ④ 달대받이

해설 목조 반자틀은 반자틀받이, 반자틀, 달대받이 및 달대로 구성된다. 변재는 목재의 양분을 함유한 수액을 보내어 수목을 자라게 하거나, 양분을 저장하는 세포이다.

60 | 반자틀받이의 간격
24, 16, 02, 00

목재 반자 구조에서 반자틀받이의 설치 간격으로 가장 적절한 것은?

① 45cm ② 60cm
③ 90cm ④ 120cm

해설 반자틀받이는 약 90cm간격으로 대고 달대로 매달며, 달대를 반자틀에 외주먹장 맞춤으로 한다. 위는 달대받이 층보·평보·장선 옆에 직접 못을 박아댄다.

61 | 반자
10, 03

반자에 관한 설명으로 옳지 않은 것은?

① 지붕 밑 또는 위층 바닥 밑을 가리어 장식적, 방온적으로 꾸민 구조 부분을 말한다.
② 반자틀은 반자돌림대, 반자틀받이, 달대, 달대받이로 짜 만든다.
③ 널반자에는 치받이 널반자, 살대 반자, 우물 반자가 있다.
④ 달반자는 바닥판 밑을 제물로 또는 직접 바르는 반자이다.

해설 천장 구조체인 반자는 2가지(달반자, 제물 반자) 중의 하나로서 주로 나무 구조 또는 철골 구조에 쓰인다. 상층 바닥틀 또는 지붕틀에 달아맨 반자를 달반자라고 하고, 제물 반자는 바닥판 밑을 제물 또는 직접 바르는 반자로, 철근 콘크리트 건축 또는 순 한식 고미반자 등이 있다.

62 | 반자(구성 반자의 용어)
04

응접실 등의 천장을 장식겸 음향 효과가 있게 층단으로 또는 주위벽에서 띄어 구성하고 전기 조명 장치도 간접 조명으로 천장에 은폐하는 반자는?

① 바름 반자 ② 우물 반자
③ 구성 반자 ④ 널반자

해설 바름 반자는 반자틀에 졸대를 못박아 대고, 그 위에 수염을 약 30cm^{2}에 하나씩 박아 느리고 회반죽 또는 플라스터를 바른 반자이다. 우물 반자는 반자틀을 격자 모양으로 하고, 서로 +자로 만나는 곳은 연귀 턱맞춤으로 하며, 이음은 턱솔 또는 주먹장으로 한 반자이다. 널반자는 반자틀을 짜고 그 밑에 널을 쳐 올려 못박아 붙여대는 반자이다.

63 | 반자틀의 구성 부재의 명칭
05

다음 그림은 일반 반자뼈대를 나타낸 것이다. 명칭이 옳지 않은 것은?

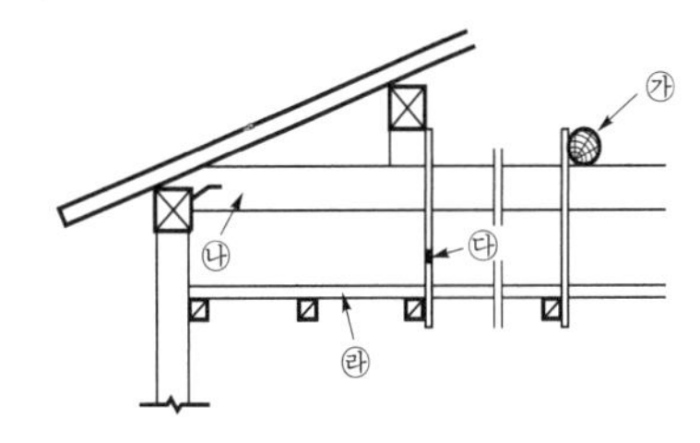

① ㉮ – 달대받이 ② ㉯ – 지붕보
③ ㉰ – 달대 ④ ㉱ – 처마도리

해설 반자의 구조

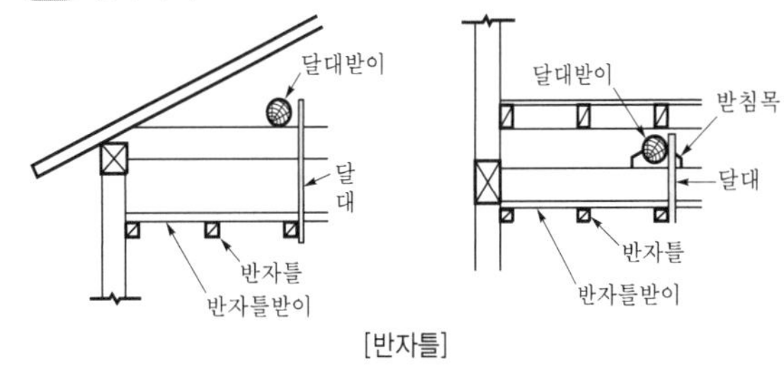

[반자틀]

64 | 부재(깔도리의 용어)
12, 06

목조 양식 지붕틀의 기둥 상부를 연결하여 지붕틀의 하중을 기둥에 전달하는 부재로 크기는 기둥 단면과 같게 하는 것은?

① 층도리 ② 처마도리
③ 깔도리 ④ 토대

해설 층도리는 2층 이상의 건축물에서 바닥을 제외한 각 층을 만드는 가로 부재이고, 처마도리는 건물의 외벽에서 기둥머리를 연결하고 지붕보를 받아 지붕의 하중을 기둥에 전달하는 가로재이다. 토대는 줄(연속)기초 위에 수평으로 놓고 앵커 볼트로 고정시켜 기둥에 내려오는 상부의 하중을 기초에 전달하는 역할을 하는 부재이다.

정답 59. ③ 60. ③ 61. ④ 62. ③ 63. ④ 64. ③

65 부재(깔도리의 용어)
22, 20, 19, 18④, 17③, 12

목조 벽체에서 기둥 맨 위 처마 부분에 수평으로 거는 가로재로서 기둥 머리를 고정하는 것은?

① 처마도리 ② 샛기둥
③ 깔도리 ④ 꿸대

해설 처마도리는 건물의 외벽에서 기둥 머리를 연결하고 지붕보를 받아 지붕의 하중을 기둥에 전달하는 가로재이고, 샛기둥은 본기둥과 본기둥 사이에 벽체의 바탕으로 배치한 기둥으로 가새의 휨 방지나 졸대 등 벽재의 뼈대로 배치한 기둥이며, 꿸대는 기둥, 동자 기둥 등을 꿰뚫어 찌른 보강 가로재이다.

66 부재(처마도리의 용어)
22, 13, 12, 09, 07

건물의 외벽에서 기둥 머리를 연결하고 지붕보를 받아 지붕의 하중을 기둥에 전달하는 가로재는?

① 토대 ② 처마도리
③ 서까래 ④ 층도리

해설 토대는 목조에서 기초 위에 가로 놓아 기둥을 고정하는 최하부의 수평 부재이고, 서까래는 처마도리, 중도리 및 마룻대 위에서 지붕 물매의 방향으로 걸쳐대고 산자나 지붕널을 받는 경사 부재이며, 층도리는 상층의 마룻바닥을 받는 부재이다.

67 부재(깔도리의 용어)
23②, 12, 03

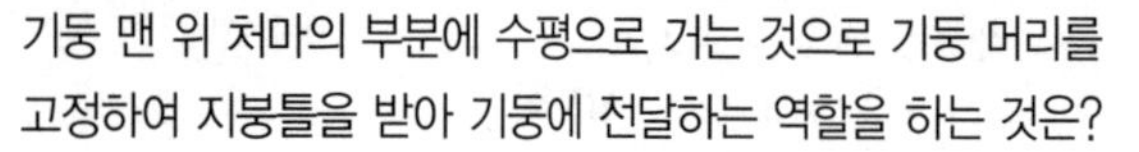

기둥 맨 위 처마의 부분에 수평으로 거는 것으로 기둥 머리를 고정하여 지붕틀을 받아 기둥에 전달하는 역할을 하는 것은?

① 깔도리 ② 층보
③ 허리잡이 ④ 처마도리

해설 층보는 각 층의 마루(바닥)를 받는 보이고, 허리잡이는 긴 수평 부재를 두 수직 부재의 중간 부분을 맞대어 고정시키는 부재이며, 처마도리는 건물의 외벽에 지붕 머리를 연결하고, 지붕보를 받아 지붕의 하중을 기둥에 전달하는 가로 부재 또는 지붕틀의 평보 위에 깔도리와 같은 방향으로 걸쳐대는 도리이다.

68 부재(왕대공 지붕틀)
24, 06

목구조에서 왕대공 지붕틀 구조에 사용하는 구성 재료의 명칭이 아닌 것은?

① 달대공, 평보 ② ㅅ자보, 빗대공
③ 중도리, 버팀대 ④ 지붕보, 대공

해설 왕대공(양식) 지붕틀의 부재에는 평보, ㅅ자보, 왕대공, 빗대공, 달대공, 중도리, 지붕 가새, 버팀대 및 대공 밑잡이 등이 있고, 지붕보와 대공은 절충식의 부재이다.

69 부재(왕대공 지붕틀)
19, 12

목조 왕대공 지붕틀의 구성 부재와 관련 없는 것은?

① 빗대공 ② 우미량
③ ㅅ자보 ④ 달대공

해설 왕대공(양식) 지붕틀의 부재에는 평보, ㅅ자보, 왕대공, 빗대공, 달대공, 중도리, 지붕 가새, 버팀대 및 대공 밑잡이 등이 있고, 우미량은 도리와 보에 걸쳐 동자기둥을 받는 보 또는 처마도리와 동자기둥에 걸쳐 그 일단을 중도리로 쓰이는 보로서 한식(모임) 지붕에 사용하는 부재이다.

70 부재(중도리를 지지)
24, 17, 09

왕대공 지붕틀에서 중도리를 직접 받쳐주는 것은?

① 처마도리 ② ㅅ자보
③ 깔도리 ④ 평보

해설 처마도리는 변두리 벽 위에 건너대어 서까래를 받는 도리로서 건물의 외벽에서 기둥 머리를 연결하고 지붕보를 받아 지붕의 하중을 기둥에 전달하는 가로재이다. 깔도리는 기둥의 맨 위에서 기둥 머리를 연결하고, 지붕틀을 받는 가로재로, 기둥 맨 위 처마의 부분에 수평으로 거는 것으로 기둥 머리를 고정하여 지붕틀을 받아 기둥에 전달하는 역할을 하는 가로재이다. 양식 지붕틀의 기둥 상부를 연결하여 지붕틀의 하중을 기둥에 전달하는 부재 또는 목조 벽체에서 기둥 맨 위 처마 부분에 수평으로 거는 가로재로서 기둥머리를 고정하는 부재이다. 평보는 지붕틀의 최하부에 있어 주로 인장력을 받는 부재이다.

71 부재의 응력(왕대공 지붕틀)
22, 18, 14, 13, 08, 06

목조 왕대공 지붕틀에서 압축력과 휨 모멘트를 동시에 받는 부재는?

① 빗대공 ② 왕대공
③ ㅅ자보 ④ 평보

해설 왕대공 지붕틀의 부재 응력

부재	ㅅ자보	평보	왕대공, 달대공	빗대공
응력	압축 응력, 중도리에 의한 휨 모멘트	인장 응력, 천장 하중에 의한 휨 모멘트	인장 응력	압축 응력

정답 65. ③ 66. ② 67. ① 68. ④ 69. ② 70. ② 71. ③

72 | 부재의 응력(왕대공)
20, 18, 12

그림과 같은 왕대공 지붕틀의 ⊙표의 부재가 일반적으로 받는 힘의 종류는?

① 인장력
② 전단력
③ 압축력
④ 비틀림 모멘트

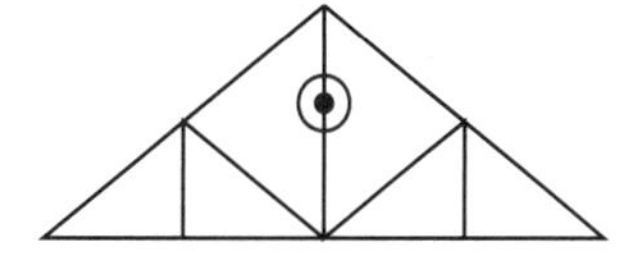

해설 왕대공 지붕틀 부재의 응력은 수직 및 수평 부재(왕대공, 달대공 및 평보)는 인장력을 받고, 경사 부재(ㅅ자보, 빗대공)는 압축력을 받는다. 특히, ㅅ자보는 압축력과 중도리에 의한 휨 모멘트, 평보는 인장력과 천장 하중에 의한 휨 모멘트를 받는다.

73 | 부재의 응력(압축력)
17, 02

목조 왕대공 지붕틀에서 압축력을 받는 부재는?

① 왕대공 ② 빗대공
③ 달대공 ④ 평보

해설 왕대공 지붕틀 부재의 응력은 수직 및 수평 부재(왕대공, 달대공 및 평보)는 인장력을 받고, 경사 부재(ㅅ자보, 빗대공)는 압축력을 받는다. 특히, ㅅ자보는 압축력과 중도리에 의한 휨 모멘트, 평보는 인장력과 천장 하중에 의한 휨 모멘트를 받는다.

74 | 긴결철물(ㅅ자보와 중도리)
24, 09, 98

목조 지붕틀에서 ㅅ자보와 중도리 맞춤 시 보강 철물은?

① 띠쇠 ② 안장쇠
③ 꺾쇠 ④ 듀벨

해설 띠쇠는 띠 모양으로 만든 이음 철물로 좁고 긴 철판을 적당한 길이로 잘라 양쪽에 볼트, 가시못 구멍을 뚫은 철물로서 두 부재의 이음새, 맞춤새에 대어 두 부재가 벌어지지 않도록 보강하는 철물이다. 안장쇠는 안장 모양으로 한 부재에 걸쳐대고 다른 부재를 받게 하는 이음, 맞춤의 보강 철물로 큰 보와 작은 보, 귓보와 귀잡이보의 맞춤에 사용한다. 듀벨은 볼트와 함께 사용하는데, 듀벨은 전단력에, 볼트는 인장력에 작용시켜 접합재 상호간의 변위를 막는 강한 이음에 사용하며, 목재와 목재 사이에 끼워서 전단에 대한 저항 작용을 목적으로 하는 철물이다.

75 | 긴결철물(왕대공과 평보)
21, 13

왕대공 지붕틀에서 평보와 왕대공의 맞춤에 사용되는 보강 철물은?

① 감잡이쇠 ② 띠쇠
③ 꺾쇠 ④ 주걱 볼트

해설 왕대공 지붕틀에서 평보와 왕대공의 맞춤에는 감잡이쇠가 사용되고, 띠쇠는 왕대공과 ㅅ자보의 맞춤에, 꺾쇠는 평보와 서까래의 맞춤에 사용된다. 또한, 주걱 볼트는 기둥과 보의 긴결에 사용한다.

76 | 긴결철물(왕대공 지붕틀)
21, 14, 08

목재 왕대공 지붕틀에 사용되는 부재와 연결 철물의 연결이 옳지 않은 것은?

① ㅅ자보와 평보 – 안장쇠
② 달대공과 평보 – 볼트
③ 빗대공과 왕대공 – 꺾쇠
④ 대공 밑잡이와 왕대공 – 볼트

해설 왕대공 지붕틀에 있어서 ㅅ자보의 밑은 평보 위에 안장 맞춤(가름장 맞춤) 또는 빗턱통 넣고 장부 맞춤으로 하여 볼트 죔으로 한다. 안장쇠는 안장 모양으로 한 부재에 걸쳐대고 다른 부재를 받게 하는 이음, 맞춤의 보강 철물로 큰 보와 작은 보, 귓보와 귀잡이보의 맞춤에 사용한다.

77 | 긴결철물(왕대공 지붕틀)
22, 18, 12

왕대공 지붕틀에서 보강 철물 사용이 옳지 않은 것은?

① 달대공과 평보 – 볼트
② 빗대공과 ㅅ자보 – 꺾쇠
③ ㅅ자보와 평보 – 안장쇠
④ 왕대공과 평보 – 감잡이쇠

해설 왕대공 지붕틀에 있어서 ㅅ자보의 밑은 평보 위에 안장 맞춤(가름장 맞춤) 또는 빗턱통 넣고 장부 맞춤으로 하여 볼트 죔으로 하고, 안장쇠는 안장 모양으로 한 부재에 걸쳐대고 다른 부재를 받게 하는 이음, 맞춤의 보강 철물로 큰 보와 작은 보, 귓보와 귀잡이보의 맞춤에 사용한다.

78 | 접합(평보와 ㅅ자보의 맞춤)
20, 09

다음 중 왕대공 지붕틀에서 평보와 ㅅ자보의 맞춤으로 알맞은 것은?

① 걸침턱 맞춤 ② 안장 맞춤
③ 사개 맞춤 ④ 턱솔 맞춤

해설 왕대공 지붕틀에 있어서 ㅅ자보의 밑은 평보 위에 안장 맞춤(가름장 맞춤) 또는 빗턱통 넣고 장부 맞춤으로 하여 볼트 죔으로 한다. 걸침턱 맞춤은 큰 보에 작은 보 또는 멍에에 장선을 걸칠 때 사용하고, 사개 맞춤은 기둥 머리를 도리나 장여에 박기 위하여 사용하며, 턱솔 맞춤은 부재에 턱솔을 만들어 서로 물리게 하는 맞춤새이다.

정답 72. ① 73. ② 74. ③ 75. ① 76. ① 77. ③ 78. ②

79 | 지붕틀의 명칭
22, 11, 02

그림과 같은 양식 지붕틀의 명칭은?

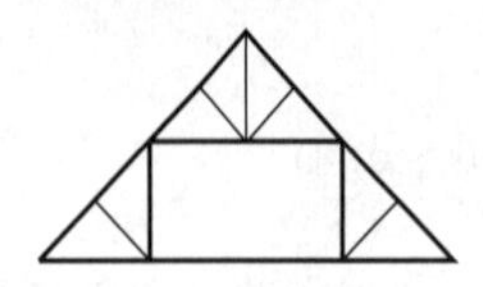

① 왕대공 지붕틀 ② 쌍대공 지붕틀
③ 팬 지붕틀 ④ 맨사드 지붕틀

해설 쌍대공 지붕틀은 쌍으로 서로 마주보는 대공을 세워 대고, 빗대공과 달대공으로 짜서 만든 양식 지붕틀로서 간사이가 큰 건축물인 경우와 지붕속(보꾹방)을 이용할 때, 또는 꺾임 지붕틀로 외관을 꾸밀 때 사용하는 것으로 지붕속 가운데가 사각형으로 되는 것이 특징이다.

80 | 긴결철물(안장쇠의 용어)
11

목재 접합 시에 쓰이는 금속 보강재 중에서 큰 보를 따내지 않고 작은 보를 걸쳐 받게 하는 철물은?

① 꺾쇠 ② 안장쇠
③ 감잡이쇠 ④ 띠쇠

해설 꺾쇠는 강봉 토막의 양쪽 끝을 뾰족하게 하고 ㄷ자형으로 구부려 2부재를 접합할 때 사용하고, 감잡이쇠는 평보에 대공을 달아맬 때 또는 평보와 ㅅ자보의 밑에 사용하며, 띠쇠는 I자형으로 된 철판에 가시못 또는 볼트 구멍을 뚫은 것이다.

81 | 긴결철물(지붕보와 처마도리)
24, 21, 14

절충식 구조에서 지붕보와 처마도리의 연결을 위한 보강 철물로 사용되는 것은?

① 주걱 볼트 ② 띠쇠
③ 감잡이쇠 ④ 갈고리 볼트

해설 띠쇠는 I자형으로 된 철판에 가시못 또는 볼트 구멍을 뚫은 것이고, 감잡이쇠는 평보에 대공을 달아맬 때 또는 평보와 ㅅ자보의 밑에 사용하며, 갈고리 볼트는 머리 대신 한 끝을 갈고리로 만든 볼트로서 기초 볼트에 사용한다.

82 | 절충식 지붕틀(지붕 꿸대의 용어)
11

절충식 지붕틀에서 동자기둥을 서로 연결하기 위하여 수평 또는 빗 방향으로 대는 부재는?

① 대공 ② 지붕 꿸대
③ 서까래 ④ 중도리

해설 대공은 왕대공 지붕틀의 왕대공과 같이 마룻대를 받는 짧은 대공이다. 서까래는 처마도리와 중도리 및 마룻대 위에 지붕 물매의 방향으로 걸쳐대고 산자나 지붕널을 받는 경사 부재이다. 중도리는 동자기둥 또는 ㅅ자보 위에 처마도리와 평행으로 배치하여 서까래 또는 지붕널을 받는 부재이다.

83 | 절충식 지붕틀(동자기둥 지지)
23, 21, 19, 18, 10

절충식 지붕틀에서 동자기둥이 받는 부재는?

① 중도리와 마룻대
② 서까래와 벼개보
③ 대공과 지붕보
④ 깔도리와 처마도리

해설 절충식 지붕틀은 처마도리에 지붕보를 걸고, 그 위에 동자기둥과 대공을 세워 중도리와 마룻대를 걸쳐 대고 서까래를 받게 한 지붕틀로서 작업이 단순하고 공사비가 적어 소규모 건축물에 적당하다.

84 | 절충식 지붕틀(지붕보의 간격)
05, 99

절충식 지붕틀에서 지붕보의 간격은?

① 9.0m ② 1.8m
③ 3.6m ④ 4.8m

해설 절충식 지붕틀은 처마도리 또는 기둥 위에 직접 보를 걸쳐대고, 그 위에 대공을 세워 서까래를 받치는 중도리를 댄 것으로서 역학적으로 좋지 않은 구조이며, 간사이에 따라서 지붕보를 처마도리 위에 1.8m간격으로 걸쳐대고, 중도리와 대공은 약 90cm의 간격으로 댄다.

85 | 절충식 지붕틀
04

절충식 지붕틀 구조에 관한 기술 중 부적당한 것은?

① 지붕보의 간격은 1.8m 정도로 한다.
② 중도리는 동자기둥에, 마루대는 대공 위에 수평으로 걸쳐 대고 서까래를 받는다.
③ 지붕틀 규모가 작고, 동자기둥, 대공이 상당히 낮게 될 때에는 종보를 설치한다.
④ 지붕보는 처마도리 위에 두겁주먹장 걸침으로 하고 주걱 볼트로 보와 도리를 연결한다.

해설 절충식 지붕틀은 지붕틀의 규모가 크고, 동자기둥과 대공이 상당히 높은 경우에 종보를 설치한다.

정답 79.② 80.② 81.① 82.② 83.① 84.② 85.③

86 지붕(주택의 지붕)
19, 12, 09

다음 중 주택에 일반적으로 사용되는 지붕이 아닌 것은?

① 모임지붕　② 박공지붕
③ 평지붕　④ 톱날지붕

해설 톱날지붕은 공장 특유의 지붕 형태이다. 채광창의 면적에 관계없이 채광이 되며, 채광창은 북향으로 하루 종일 변함없는 조도를 가진 약한 광선을 받아들여 작업 능률에 지장이 없도록 하나, 기둥이 많이 소요되므로 바닥 면적이 증대되며, 기둥으로 인하여 기계의 배치 등의 융통성과 작업 능력의 감소를 초래한다.

87 지붕(합각지붕의 용어)
23②, 22, 18③, 17, 11, 05

모임지붕 일부에 박공지붕을 같이 한 것으로, 화려하고 격식이 높으며 대규모 건물에 적합한 한식 지붕 구조는?

① 외쪽지붕　② 합각지붕
③ 솟을지붕　④ 꺾인지붕

해설 외쪽지붕은 지붕 전체가 한쪽으로만 물매진 지붕으로 지붕 모양별 종류의 하나이고, 솟을지붕은 지붕의 일부가 높이 솟아오른 지붕 또는 중앙간의 지붕이 높고 좌우간의 지붕이 낮은 지붕이며, 꺾인지붕은 지붕면이 도중에서 꺾여 두 물매로 된 지붕 또는 박공 지붕의 물매의 상하가 다른 지붕이다.

88 지붕 부재(우미량 용어)
14

모임지붕, 합각지붕 등의 측면에서 동자주를 세우기 위하여 처마도리와 지붕보에 걸쳐 댄 보를 무엇이라 하는가?

① 서까래　② 우미량
③ 중도리　④ 충량

해설 서까래는 처마도리와 중도리 및 마룻대 위에 지붕의 물매 방향으로 걸쳐대고, 산자나 지붕널을 받는 부재이고, 중도리는 동자기둥 또는 ㅅ자보 위에 처마도리와 평행으로 배치하여 서까래 또는 지붕널 등을 받는 가로재이다. 충량은 보의 한 끝은 기둥 머리에 짜이고, 딴 끝은 들보의 중간에 걸쳐댄 보이다.

89 지붕의 형태 결정 요소
06

지붕 구조에서 지붕의 형태를 결정하는 데 중요하지 않은 것은?

① 건물의 크기　② 건물의 종류와 용도
③ 지역적 특성과 기후　④ 건물의 색깔

해설 지붕의 형태는 건축물의 크기와 종류 및 용도, 외관, 재료, 지역적 특성 및 기후 등에 따라 결정된다. 건축물의 외적인 면에 큰 영향을 주기 때문에 그 모양과 색깔 등이 매우 중요하다.

90 지붕(박공지붕) 평면도
11

다음 그림은 지붕의 평면도를 나타낸 것이다. 박공지붕에 해당하는 것은?

①　②
③　④

해설 ②는 모임지붕, ③은 합각지붕, ④는 반박공지붕이다.

91 지붕(합각지붕) 평면도
20, 18, 17, 13

다음 그림과 같은 지붕 평면도를 가진 지붕의 명칭은?

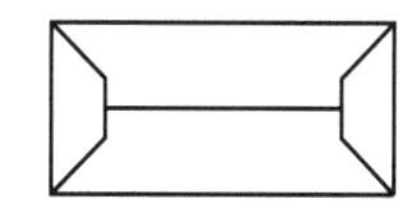

① 박공지붕　② 합각지붕
③ 모임지붕　④ 방형지붕

해설 지붕 평면도

명칭	박공지붕	모임지붕	방형지붕
지붕 평면도			

92 지붕(꺾인 지붕) 평면도
24, 21, 20, 19, 18, 17, 16, 14, 10, 03

그림 중 꺾인 지붕(crub roof)의 평면 모양은?

①　②
③　④

해설 ①은 박공지붕, ②는 모임지붕, ③은 솟을지붕이다.

93 지붕 물매의 결정 요소
11

지붕의 물매를 결정하는 데 있어 가장 영향이 적은 사항은?

① 지붕의 종류
② 지붕의 크기와 형상
③ 지붕 재료의 성질
④ 강수량

정답 86. ④ 87. ② 88. ② 89. ④ 90. ① 91. ② 92. ④ 93. ①

해설 지붕 물매(빗물의 흐름이 잘 되도록 두는 경사)의 결정 요소에는 건축물의 용도, 간사이의 크기, 지붕의 크기와 형상, 지붕이기 재료, 지붕 재료의 성질, 1개의 크기, 지붕 흐름면의 길이, 강우량의 다소 등이 있다.

94 | 지붕 물매의 결정 요소
24, 21, 20, 19, 18③, 13

지붕 물매의 결정 요소가 아닌 것은?

① 건축물 용도 ② 처마 돌출 길이
③ 간사이 크기 ④ 지붕이기 재료

해설 지붕 물매(빗물의 흐름이 잘 되도록 두는 경사)의 결정 요소에는 건축물의 용도, 간사이의 크기, 지붕의 크기와 형상, 지붕이기 재료, 지붕 재료의 성질, 1개의 크기, 지붕 흐름면의 길이, 강우량의 다소 등이 있다.

95 | 지붕 물매의 표시
03

다음 중 지붕 경사의 표시로 가장 알맞은 것은?

① 4/10 ② 4/100
③ 4/50 ④ 2/100

해설 지면의 물매나 바닥의 물매 등의 물매가 작을 때에는 분자를 1로 한 분수로 표시하고, 지붕의 물매처럼 비교적 물매가 클 때에는 분모를 10으로 한 분수로 표시한다.

96 | 지붕 물매(되물매)
24, 21, 17, 12, 01, 99

지붕 물매 중 되물매에 해당하는 물매는?

① 4cm 물매 ② 6cm 물매
③ 10cm 물매 ④ 12cm 물매

해설 지붕 물매의 종류 중 평물매는 45° 미만(10cm 미만)이고, 되물매는 45°(10cm 물매)이며, 된물매는 45° 초과(10cm 초과)이다.

97 | 지붕틀의 높이 산정
21, 19, 18, 17, 06, 04

간사이가 15m일 때, 2cm 물매인 트러스의 높이는?

① 1m ② 1.5m
③ 2m ④ 2.5m

해설 지붕의 물매＝용마루의 높이÷간사이의 $\frac{1}{2}$에서 용마루의 높이이므로 용마루의 높이＝지붕의 물매×간사이의 $\frac{1}{2}$이다.
그런데, 지붕의 물매＝$\frac{2}{10}$, 간사이＝15m이다.
∴ 트러스의 높이＝$\frac{1}{2}$ 간사이×물매＝$\frac{1}{2}\times 15\times\frac{2}{10}$＝1.5m

98 | 지붕 물매(되물매)
23, 21, 16

지붕의 물매 중 되물매의 경사로 옳은 것은?

① 15° ② 30°
③ 45° ④ 60°

해설 지붕 물매의 종류 중 평물매는 45° 미만(10cm 미만)이고, 되물매는 45°(10cm 물매)이며, 된물매는 45° 초과(10cm 초과)이다.

99 | 지붕의 골슬레이트 잇기
11

지붕의 골슬레이트 잇기에 관한 사항 중 옳지 않은 것은?

① 직접 중도리 위에 이을 때가 많다.
② 골판의 크기에 맞추어 중도리 간격을 정한다.
③ 도리 방향의 겹침은 한골 반이나 두골을 겹친다.
④ 못이나 볼트는 골형의 오목한 곳에 박는다.

해설 지붕의 골슬레이트 잇기에 있어서 직접 중도리 위에 이을 때도 있다. 골판의 크기에 맞춰 중도리 간격을 정하며, 도리 방향은 한 골 반이나 두 골 정도를 겹친다. 특히, 못이나 볼트를 골이 볼록한 곳에 박아야 하는 이유는 물이 스며드는 것을 방지하기 위함이다.

100 | 홈통(선홈통의 용어)
18③, 17, 12

다음 중 지붕의 빗물을 지상으로 유도하기 위해 설치하는 것은?

① 아스팔트 루핑
② 선홈통
③ 기와
④ 석면 슬레이트

해설 아스팔트 루핑은 아스팔트 펠트의 양면에 아스팔트 콤파운드를 피복한 다음 그 위에 활석 또는 운석의 분말을 부착시킨 제품이다. 기와는 지붕 외관의 미화, 방수 및 보온 등을 목적으로 쓰이는 판형의 지붕 잇기 재료이며, 석면 슬레이트는 시멘트 및 석면을 주원료로 하여 가압 성형한 판으로서 주로 지붕에 사용하는 제품이다.

101 | 홈통(장식통의 용어)
17, 12

홈통의 구성 요소 중 처마홈통 낙수구 또는 깔대기홈통을 받아 선홈통에 연결하는 것은?

① 장식통 ② 지붕골홈통
③ 상자홈통 ④ 안홈통

정답 94. ② 95. ① 96. ③ 97. ② 98. ③ 99. ④ 100. ② 101. ①

해설 지붕골홈통은 지붕면과 또 다른 지붕면이 만나는 지붕골 부분에 골에 맞추어 거멀접기나 납땜질한 홈통이다. 상자홈통은 목재 또는 철재로 틀을 상자형으로 짜서 만든 홈통으로 건물의 처마, 지붕 또는 벽체에 볼트 등으로 튼튼히 설치하고 변형되지 않게 연결, 고정한 홈통이다. 안홈통은 처마 위 난간벽의 안 쪽에 댄 홈통이다.

102 지붕 부재(평고대)
24, 15, 03

그림에서 화살표가 지시하는 부재의 명칭으로 옳은 것은?

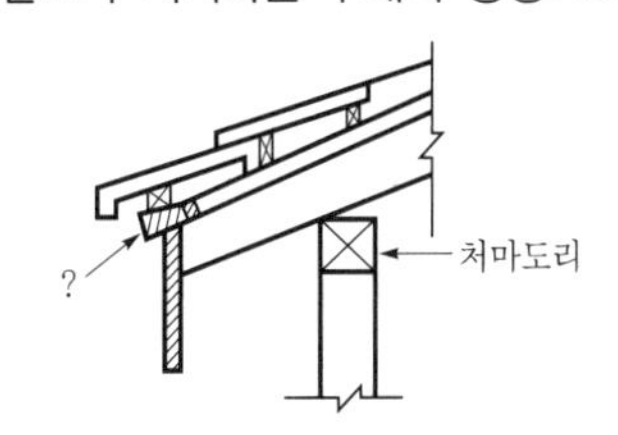

① 평고대 ② 처마돌림
③ 단골막이널 ④ 박공널

해설 처마돌림은 처마 끝부분에서 서까래의 끝을 감추기 위해 대는 가로판이다. 당골막이널은 지붕 마루턱까지 암키와와 수키와를 덮고, 수키와 사이에 수키와와 반토막으로 막아대고, 위에 암키와(적새)를 쌓은 것이다. 박공널은 박공벽 쪽의 처마 끝에 대는 ㅅ자 모양의 널이다.

103 지붕 물매의 비교
02

지붕이기에서 지붕 물매를 가장 적게 할 수 있는 것은?

① 기와
② 소형 슬레이트
③ 금속판
④ 금속판 기왓가락

해설 ① 기와의 물매 : 4/10~5/10
② 소형 슬레이트의 물매 : 5/10
③ 금속판의 물매 : 3/10
④ 금속판 기왓가락의 물매 : 2.5/10

104 지붕 물매(평기와)
08, 03

평기와로 지붕잇기 공사를 하려면 지붕의 경사는 최소 얼마 이상으로 하는가?

① 1/10 ② 2/10
③ 3/10 ④ 4/10

해설 기와의 물매는 4/10~5/10이므로, 평기와 물매의 최소 한도는 4/10 또는 21°48′ 정도이다.

105 계단의 분류(형상)
13②, 09, 03

다음 중 형상에 따른 계단의 분류에 속하지 않는 것은?

① 틀계단 ② 돌음 계단
③ 곧은 계단 ④ 꺾은 계단

해설 계단의 종류 중 모양(형상)에 따른 분류에는 곧은 계단, 꺾인 계단 및 돌음 계단 등이 있고, 사용하는 재료에 따른 분류에는 목조 계단(틀계단, 옆판 계단, 따낸 옆판 계단 등), 철근 콘크리트조 계단, 철골조 계단 및 석조 계단 등이 있다.

106 계단의 분류(재료)
23, 19, 17, 14

계단의 종류 중 재료에 의한 분류에 해당되지 않는 것은?

① 석조 계단 ② 철근 콘크리트 계단
③ 목조 계단 ④ 돌음 계단

해설 계단의 종류 중 모양(형상)에 따른 분류에는 곧은 계단, 꺾인 계단 및 돌음 계단 등이 있고, 사용하는 재료에 따른 분류에는 목조 계단(틀계단, 옆판 계단, 따낸 옆판 계단 등), 철근 콘크리트조 계단, 철골조 계단 및 석조 계단 등이 있다.

107 목조 틀계단의 구조
02

목재 틀계단 구조에 대하여 설명한 내용이다. 잘못된 내용은?

① 주택에 주로 많이 이용된다.
② 디딤판의 두께는 2.5~3.0cm 정도로 한다.
③ 구조로는 옆판, 디딤판, 챌판으로 구성된다.
④ 디딤판은 옆판에 통장부 맞춤 쐐기치기로 한다.

해설 틀계단은 옆판에 디딤판을 통째로 넣고 2~4단 걸름으로 장부 꿰뚫어 넣고 쐐기치기로 한다. 뒤에는 경사진 대로 챌판겸 계단 뒤 반자로 널판을 댄다. 디딤판은 두께 25~35mm, 너비 150~250mm정도로 하고, 옆판은 두께 35~45mm로 한다.

108 계단(난간두겁대의 용어)
23②, 22, 21, 20, 19, 11, 02②

계단 난간의 웃머리에 가로대는 가로재로 손스침이라고도 하는 것은?

① 챌판 ② 난간동자
③ 계단참 ④ 난간두겁대

해설 챌판은 계단의 디딤판 밑에 새로 막아댄 널이고, 난간동자는 계단의 옆 난간에 세워 댄 짧은(낮은) 기둥이며, 계단참은 계단을 오르내릴 때 발걸음 쉼 또는 돌아 올라가는 곳의 조금 넓게 된 계단의 한 부분이다.

정답 102. ① 103. ④ 104. ④ 105. ① 106. ④ 107. ③ 108. ④

109 | 계단(계단멍에의 용어) 20, 17, 04

목조 계단에서 디딤판의 처짐, 보행 시의 진동 등을 막기 위하여 중간에 댄 보강재는?

① 계단멍에
② 계단두겁
③ 엄지기둥
④ 달대

해설 엄지기둥은 의장에 따라 조각 등을 하고, 밑 끝은 멍에 또는 계단받이 보에 긴장부 산지치기, 또는 옆 다 넣고 2개의 볼트 조임으로 한다. 난간두겁은 손스침이 좋고 먼지가 앉지 않는 모양으로 쇠시리를 하여 엄지기둥에 통넣어 장부 꽂고 산지치기, 아교칠 지옥 장부 꽂기 또는 단순히 통넣고 숨은 보강 철물을 대고 나사못 조임으로 한다. 달대는 반자틀을 매달기 위하여 달아 매는 세로재이다.

110 | 계단(계단멍에의 용어) 24, 08, 02, 01, 00

목조 계단의 폭이 1.2m 이상일 때 디딤판의 처짐, 보행 진동 등을 막기 위하여 계단 뒷면에 보강하는 부재는?

① 계단멍에
② 엄지기둥
③ 난간두겁
④ 계단참

해설 엄지기둥은 의장에 따라 조각 등을 하고, 밑 끝은 멍에 또는 계단받이 보에 긴장부 산지치기, 또는 옆 다 넣고 2개의 볼트 조임으로 한다. 난간두겁은 손스침이 좋고 먼지가 앉지 않는 모양으로 쇠시리를 하여 엄지기둥에 통넣어 장부 꽂고 산지치기, 아교칠 지옥 장부 꽂기 또는 단순히 통넣고 숨은 보강 철물을 대고 나사못 조임으로 한다. 계단참은 계단을 오르내릴 때 발걸음의 쉼 또는 돌아 올라가는 곳의 넓게 된 계단의 한 부분이다.

111 | 계단(엄지기둥의 용어) 18, 13, 05

목조 계단에서 양 끝에 세우는 굵은 난간동자의 명칭은?

① 계단멍에
② 두겁대
③ 엄지기둥
④ 디딤판

해설 계단멍에는 목조 계단의 폭이 1.2m 이상일 때 디딤판의 처짐, 보행 진동 등을 막기 위하여 계단 뒷면에 보강하는 부재이고, 두겁대는 평평하나 상부로부터 물의 침입을 막도록 곡면이거나 경사, 이중으로 경사지게 한 부재이며, 디딤판은 계단을 이루는 각 단의 디딤면이다.

112 | 계단실의 크기 결정 요소 07

다음 중 계단실의 크기 결정 시 고려할 사항과 가장 관계가 먼 것은?

① 계단 마감 재료의 종류
② 층높이
③ 계단참의 유무
④ 계단 너비

해설 계단실의 크기를 결정하는 요인에는 층높이, 계단참의 유무 및 계단의 너비 등이고, 계단 마감 재료의 종류와는 무관하다.

113 | 계단 03

계단에 대한 설명 중 옳지 않은 것은?

① 느린 층계(shallow stair)일수록, 즉 계단의 경사도가 낮으면 낮을수록 편리하다.
② 디딤판이 계속될 때 중간에 단이 없이 넓게 되어 다리 쉼과 돌림 등에 쓰이는 부분을 계단참이라 한다.
③ 철 계단은 경쾌한 구조로서 비교적 내구・내화적이고, 공장, 창고 등에 널리 쓰인다.
④ 목조 계단에서 계단의 디딤널의 양 옆에서 지지하는 경사진 재를 계단 옆판이라 하고, 중간에 보조 지지대로 대는 것을 계단멍에라고 한다.

해설 계단의 물매는 건축물의 용도에 따라 달라지고, 경사도가 낮다고 편리한 것은 아니다. 즉, 건축물의 용도에 따라 경사도를 달리한다.

114 | 목구조의 각 부분 21, 19, 18, 12

목구조 각 부분에 대한 설명으로 옳지 않은 것은?

① 평보의 이음은 중앙 부근에서 덧판을 대고 볼트로 긴결한다.
② 보잡이는 평보의 옆휨을 막기 위해 설치한다.
③ 가새는 수평 부재와 60°로 경사지게 하는 것이 가장 합리적이다.
④ 토대의 이음은 기둥과 앵커 볼트의 위치를 피하여 턱걸이 주먹장 이음으로 한다.

해설 목구조에 있어서 가새의 경사는 45° 정도로 경사지게 하는 것이 가장 합리적이다.

정답 109. ① 110. ① 111. ③ 112. ① 113. ① 114. ③

2 조적조

01 기초판의 너비
07②, 06②, 04, 03, 02, 01, 00

벽돌조에서 줄기초의 기초판의 두께는 일반적으로 기초판 너비의 얼마 정도로 하는가?

① 1/2 ② 1/3
③ 1/4 ④ 1/5

해설 벽돌조 기초에서 콘크리트 기초판의 두께는 그 너비의 1/3 정도(보통 20~30cm)로 하고, 벽돌면보다 10~15cm 정도 내밀고 철근을 보강하기도 한다.

02 기초벽의 두께
21, 19, 18, 14

조적식 구조인 내력벽의 콘크리트 기초판에서 기초벽의 두께는 최소 얼마 이상으로 하여야 하는가?

① 150mm ② 200mm
③ 250mm ④ 300mm

해설 조적식 구조인 내력벽의 기초(최하층의 바닥면 이하에 해당하는 부분)를 연속 기초로 하고, 기초 중 기초판은 철근 콘크리트 구조 또는 무근 콘크리트 구조로 하며, 기초벽의 두께는 250mm 이상으로 하여야 한다.

03 줄눈(막힌 줄눈의 채용 이유)
02

조적조 내력벽 쌓기에서 막힌 줄눈 쌓기를 하는 이유는?

① 외관을 좋게 하기 위하여
② 각 재료의 부착을 좋게 하기 위하여
③ 응력의 분산을 위하여
④ 시공을 용이하게 하기 위하여

해설 세로 줄눈의 아래·위가 통한 줄눈을 통줄눈이라고 하며 하중의 집중 현상이 일어나 균열이 발생하고 지반의 습기가 차기 쉬우나, 외관상 보기가 좋으므로 큰 강도를 필요로 하지 않는 구조나 플레밍식 쌓기에 사용된다. 그러나 내력벽일 경우에는 응력의 분산을 위하여 막힌 줄눈을 사용한다.

04 줄눈의 종류
08

벽돌 구조에서 줄눈의 종류가 아닌 것은?

① 가로 줄눈 ② 세로 줄눈
③ 통 줄눈 ④ 경사 줄눈

해설 줄눈의 종류에는 가로 줄눈, 세로 줄눈(통 줄눈, 막힌 줄눈) 및 치장 줄눈 등이 있다.

05 줄눈(통줄눈을 피하는 이유)
12

벽돌 구조에서 통줄눈을 피하는 가장 중요한 이유는?

① 내부 구조상 하중의 분산을 위하여
② 외관의 미적 표현을 위하여
③ 벽체의 습기 방지를 위하여
④ 시공의 편의를 위하여

해설 세로 줄눈의 아래·위가 통한 줄눈을 통줄눈이라고 한다. 이는 하중의 집중현상이 일어나 균열이 발생하고 지반의 습기가 차기 쉬우나, 외관상 보기가 좋았으므로 큰 강도를 필요로 하지 않는 구조나 플레밍식 쌓기에 사용된다. 그러나 내력벽일 경우에는 응력의 분산을 위하여 막힌 줄눈을 사용한다.

06 벽체(비내력벽)
16

역학 구조상 비내력벽에 속하지 않는 벽은?

① 장막벽
② 칸막이벽
③ 전단벽
④ 커튼월

해설 조적식 구조의 벽체에는 내력벽(벽, 지붕, 바닥등의 수직 하중과 풍력, 지진 등의 수평 하중을 받는 중요 벽체)과 비내력벽(벽 자체의 하중만 받는 벽체) 등이 있다. 내력벽에는 전단벽, 비내력벽에는 커튼월, 칸막이벽, 장막벽 등이 있다.

07 줄눈(막힌 줄눈의 용어)
21, 19, 17, 12

벽돌벽 줄눈에서 상부의 하중을 전 벽면에 균등하게 분포시키도록 하는 줄눈은?

① 빗줄눈
② 막힌 줄눈
③ 통 줄눈
④ 오목 줄눈

해설 빗줄눈은 아래쪽이 경사지어 들어간 줄눈이고, 통 줄눈은 세로 줄눈의 아래, 위가 통한 줄눈으로 하중의 집중 현상이 일어나 균열이 발생하고 지반에 습기가 차기 쉬우며 외관상 보기 좋은 줄눈이며, 오목 줄눈은 단면의 형상이 곡면인 오목한 줄눈이다.

정답 01. ② 02. ③ 03. ③ 04. ④ 05. ① 06. ③ 07. ②

08 기초판의 너비
08, 02, 01

다음 그림의 조적조에서 콘크리트 기초판(footing)의 두께(AB)로 가장 알맞은 것은?

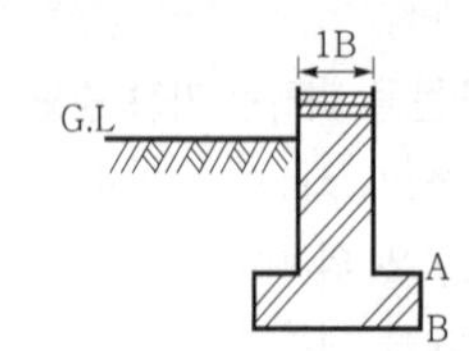

① 200mm ② 150mm
③ 100mm ④ 50mm

해설 벽돌조 기초에서 콘크리트 기초판의 두께는 그 너비의 1/3 정도(보통 20~30cm)로 하고, 벽돌면보다 10~15cm 정도 내밀고 철근을 보강하기도 한다. 잡석 다짐의 두께는 20~30cm, 너비는 콘크리트 기초판보다 10~15cm 더 넓힌다.

09 벽돌 쌓기(영국식 쌓기의 용어)
02

벽돌조 조적법 중 가장 튼튼한 내력벽 쌓기는?

① 영국식 쌓기 ② 미국식 쌓기
③ 네덜란드식 쌓기 ④ 플레밍식 쌓기

해설 벽돌 쌓기의 특성

구분	영국식	화란식	플레밍식	미국식
A켜	마구리 또는 길이		길이와 마구리	표면 치장벽돌 5켜 뒷면은 영식
B켜	길이 또는 마구리			
사용벽돌	반절, 이오토막	칠오토막	반토막	
통줄눈	안생김		생김	생기지 않음
특성	가장 튼튼함	주로 사용함	외관상 아름답다.	내력벽에 사용

10 벽돌 쌓기(영국식 쌓기의 용어)
24, 21, 17, 14, 06, 01, 00, 98

벽돌 쌓기에서 길이쌓기 켜와 마구리쌓기 켜를 번갈아 쌓고 벽의 모서리나 끝에 반절이나 이오토막을 사용한 것은?

① 영국식 쌓기 ② 영롱 쌓기
③ 미국식 쌓기 ④ 화란식 쌓기

해설 영국식 쌓기는 서로 다른 아래·위켜(입면상 한 켜는 마구리쌓기, 다음 한 켜는 길이쌓기로 번갈아)로 쌓고, 벽돌 쌓기에 있어서 가장 튼튼한 방법으로 내력벽에 사용되며, 조적법 중에서 가장 널리 사용되고 있다.

11 벽돌 쌓기(영국식 쌓기의 용어)
24, 21, 18, 17③, 16③, 15, 11, 07, 06, 04

벽돌 쌓기 방법 중 처음 한 켜는 마구리쌓기, 다음 한 켜는 길이쌓기를 교대로 쌓는 것으로, 통줄눈이 생기지 않으며, 가장 튼튼한 쌓기법으로 내력벽을 만들 때에 많이 이용되는 것은?

① 영국식 쌓기 ② 미국식 쌓기
③ 네덜란드식 쌓기 ④ 프랑스식 쌓기

해설 미국식 쌓기는 표면에는 치장 벽돌로 5켜 정도는 길이쌓기로, 뒷면은 영국식 쌓기로 하고, 다음 한 켜는 마구리쌓기하여 뒷벽돌에 물려서 쌓는 방법이다. 네덜란드(화란)식 쌓기는 한 면의 모서리 또는 끝에 칠오토막을 써서 길이쌓기의 켜를 한 다음에 마구리쌓기를 하여 마무리한 방식이며, 플레밍식 쌓기는 입면상으로 매 켜에서 길이쌓기와 마구리쌓기가 번갈아 나오도록 되어 있는 방식이다.

12 벽돌 쌓기(프랑스식 쌓기의 용어)
20, 18③, 14

벽돌 쌓기 방법 중 프랑스식 쌓기에 대한 설명으로 옳은 것은?

① 한 켜 안에 길이쌓기와 마구리쌓기를 병행하여 쌓는 방법이다.
② 처음 한 켜는 마구리쌓기, 다음 한 켜는 길이쌓기를 교대로 쌓는 방법이다.
③ 5~6켜는 길이쌓기로 하고, 다음 켜는 마구리쌓기를 하는 방식이다.
④ 모서리 또는 끝부분에 칠오토막을 사용하여 쌓는 방법이다.

해설 프랑스식(불식)쌓기는 입면상으로 매 켜에서 길이쌓기와 마구리쌓기가 번갈아 나오도록 되어 있는 방식이다. ②는 영국식 쌓기, ③은 미국식 쌓기, ④는 네덜란드(화란)식 쌓기법에 대한 설명이다.

13 벽돌 쌓기(화란식 쌓기의 용어)
24, 22, 21③, 19, 17, 13, 09, 07②, 06, 05

한 켜는 길이쌓기로 하고 다음은 마구리쌓기로 하는 것은 영국식 쌓기와 같으나 모서리 또는 끝에서 칠오토막을 사용하는 벽돌 쌓기법은?

① 불식 쌓기 ② 화란식 쌓기
③ 미식 쌓기 ④ 반장 쌓기

해설 플레밍식(불식) 쌓기는 입면상으로 매 켜에서 길이쌓기와 마구리쌓기가 번갈아 나오도록 되어 있는 방식이다. 미국식 쌓기는 표면에는 치장 벽돌로 5켜 정도는 길이쌓기로, 뒷면은 영국식 쌓기로 하고, 다음 한 켜는 마구리쌓기하여 뒷벽돌에 물려서 쌓는 방법이며, 반장 쌓기는 0.5B 쌓기 방법이다.

정답 08. ① 09. ① 10. ① 11. ① 12. ① 13. ②

14 | 벽돌 쌓기(화란식 쌓기의 용어)
21, 20, 19, 17, 08

다음 그림과 같이 벽돌을 쌓는 방식은?

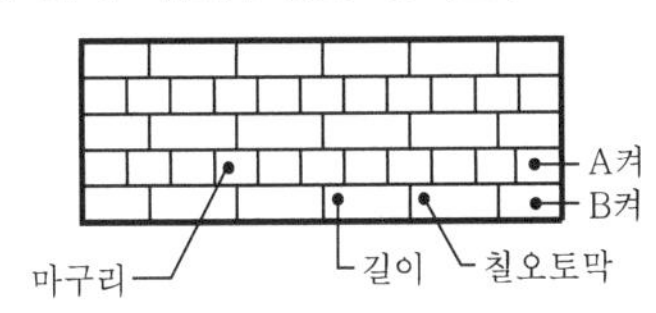

① 영국식 쌓기 ② 네덜란드식 쌓기
③ 프랑스식 쌓기 ④ 미국식 쌓기

해설 화란식(네덜란드식) 쌓기는 영국식 쌓기와 거의 비슷하나 모서리나 끝부분에는 칠오토막을 사용하여 길이쌓기의 켜 다음에 마구리쌓기를 한다.

15 | 벽돌 쌓기(미국식 쌓기의 용어)
23, 11

뒷면은 영국식 쌓기로 하고 표면은 치장 벽돌을 써서 5켜 또는 6켜는 길이쌓기로 하며, 다음 1켜는 마구리쌓기로 하여 뒷벽돌에 물려서 쌓는 방식은?

① 미국식 쌓기 ② 네덜란드식 쌓기
③ 프랑스식 쌓기 ④ 영롱 쌓기

해설 네덜란드(화란)식 쌓기는 한 면의 모서리 또는 끝에 칠오토막을 써서 길이쌓기의 켜를 한 다음에 마구리쌓기를 하여 마무리하고, 다른 면은 영국식 쌓기로 하는 방식이다. 플레밍식 쌓기는 입면상으로 매 켜에서 길이쌓기와 마구리쌓기가 번갈아 나오도록 되어 있는 방식이다. 영롱 쌓기는 벽돌 장식 쌓기의 하나로 벽돌담에 구멍(삼각형, 사각형, +자형, −자형 등)을 내어 쌓는 방법으로 담의 두께는 0.5B 두께로 쌓는다.

16 | 벽돌 쌓기(화란식 쌓기의 용어)
22②, 16, 13, 11, 10, 00

벽돌 쌓기법 중 모서리에 칠오토막을 사용하여 통줄눈이 되지 않도록 하는 벽돌 쌓기 방법은?

① 영국식 쌓기 ② 화란식 쌓기
③ 프랑스식 쌓기 ④ 미국식 쌓기

해설 영국식 쌓기는 이오토막과 반절의 벽돌을 사용하고, 프랑스식 쌓기는 반토막을 사용하며, 미국식 쌓기는 뒷면에는 영국식 쌓기와 동일한 벽돌을 사용한다.

17 | 벽돌 쌓기(영롱 쌓기의 용어)
23, 21②, 18, 12

벽돌벽 등에 장식적으로 사각형, 십자형 구멍을 내어 쌓는 것으로 담장에 많이 사용되는 쌓기 법은?

① 엇모 쌓기 ② 무늬 쌓기
③ 공간벽 쌓기 ④ 영롱 쌓기

해설 벽돌의 기타 쌓기법에는 엇모 쌓기는 45° 각도로 모서리가 면에 나오도록 쌓고, 담이나 처마 부분에 사용하는 방식이며, 무늬 쌓기법은 벽돌면에 무늬를 넣어 쌓는 방식이며, 공간벽 쌓기는 벽돌 쌓기에서 바깥벽의 방습, 방열, 방한, 방서 등을 위하여 벽돌벽의 중간에 공간을 두어 쌓는 방식이다.

18 | 벽돌 쌓기(길이 쌓기의 용어)
13

조적조 공간벽의 외부에서 보이는 벽에 많이 쓰이는 조적 방법은?

① 길이쌓기 ② 마구리쌓기
③ 옆세워쌓기 ④ 세워쌓기

해설 공간쌓기는 벽돌 쌓기에서 바깥벽의 방습, 방열, 방한, 방서 등을 위하여 벽돌벽의 중간에 공간을 두어 쌓는 방식으로, 외부에서 보이는 벽은 길이쌓기를 사용한다.

19 | 벽돌 쌓기(공간 쌓기의 용어)
23, 16, 10, 04

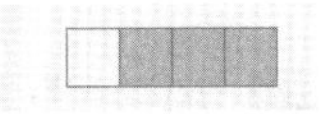

벽돌 구조에서 방음, 단열, 방습을 위해 벽돌벽을 이중으로 하고 중간을 띄어 쌓는 법은?

① 들여쌓기 ② 공간쌓기
③ 내쌓기 ④ 기초쌓기

해설 들여쌓기는 벽 모서리, 교차부 또는 공사 관계로 그 일부를 나중쌓기로 할 때, 나중 쌓은 벽돌을 먼저 쌓은 벽에 물려 쌓을 수 있게 벽돌을 한 단 걸름 또는 단단으로 후퇴시켜 들여 놓아 벽돌을 쌓는 방식이다. 내쌓기는 벽돌, 돌 등을 쌓을 때 벽(면)보다 내밀어서 쌓는 것으로 벽체에 마루를 설치하거나 또는 방화벽으로 처마 부분을 가리기 위해 사용하는 방식이며, 기초쌓기는 조적조 기초에서 기초판 위에 조적재를 벽두께보다 넓혀 내쌓고 위로 올라갈수록 좁게 쌓아 벽두께와 같거나 약간 크게 쌓는 방식이다.

20 | 공간 쌓기의 연결 철물 간격
17, 07, 04, 02

벽돌조 공간쌓기에서 벽체 연결 철물 간의 수평 간격은 최대 얼마 이하로 하여야 하는가?

① 450mm ② 600mm
③ 750mm ④ 900mm

해설 공간 조적벽에 있어서 연결 철물은 벽면적 $0.4m^2$ 이내마다 1개씩 사용하고, 켜가 달라질 때마다 엇갈리게 배치하며, 연결 철물은 6켜(45cm) 이내마다 넣고, 수평 간격은 90~100cm 이내로 한다.

정답 14. ② 15. ① 16. ② 17. ④ 18. ① 19. ② 20. ④

21 공간 쌓기의 연결 철물 간격
04, 03, 02, 01

공간조적벽을 쌓을 때 연결재의 간격 중 옳게 된 것은?

① 수직 간격 : 90cm 이내, 수평 간격 : 40cm 이내
② 수직 간격 : 50cm 이내, 수평 간격 : 80cm 이내
③ 수직 간격 : 40cm 이내, 수평 간격 : 90cm 이내
④ 수직 간격 : 80cm 이내, 수평 간격 : 50cm 이내

해설 공간 조적벽에 있어서 연결 철물은 벽면적 $0.4m^2$이내마다 1개씩 사용하고, 켜가 달라질 때마다 엇갈리게 배치하며, 연결 철물의 수직 간격은 6켜(45cm) 이내마다 넣고, 수평 간격은 90~100cm 이내로 한다.

22 공간 쌓기의 연결 철물 간격
03

벽돌조 이중벽(공간벽)쌓기에서 연결재의 배치 · 거리 간격의 수직 거리는 최대 얼마 이하로 하는가?

① 40cm ② 50cm
③ 75cm ④ 90cm

해설 공간 조적벽에 있어서 연결철물은 벽면적 $0.4m^2$ 이내마다 1개씩 사용하고, 켜가 달라질 때마다 엇갈리게 배치하며, 연결 철물의 수직 간격은 6켜(40~45cm) 이내마다 넣고, 수평 간격은 90~100cm 이내로 한다.

23 벽돌 쌓기
04

벽돌 쌓기에 대한 설명이다. 틀린 것은?

① 영국식 쌓기 – 통줄눈이 생기지 않으며, 내력벽을 만들 때에 많이 이용된다.
② 미국식 쌓기 – 구조적으로 약해 치장용 벽돌 쌓기법에 이용된다.
③ 불식 쌓기 – 부분적으로 통줄눈이 생기므로 구조 벽체로는 부적합하다.
④ 네덜란드식 쌓기 – 모서리에 칠오토막이 사용되며 모서리가 다소 약한 흠이 있다.

해설 네덜란드식 쌓기는 한 면의 모서리 또는 끝에 칠오토막을 써서 길이쌓기의 켜를 한 다음에 마구리쌓기를 하여 마무리하고, 다른 면은 영국식 쌓기로 하는 방식으로 모서리가 튼튼한 방식이다.

24 벽돌 쌓기법과 사용 벽돌의 연결
09

다음 중 벽돌 쌓기법과 사용 벽돌의 연결이 잘못된 것은?

① 영국식 쌓기 – 이오토막
② 네덜란드식 쌓기 – 이오토막
③ 플레밍식 쌓기 – 반반절
④ 미국식 쌓기 – 치장 벽돌

해설 벽돌 쌓기에 있어서 네덜란드(화란)식 쌓기 방법에는 칠오토막(길이의 75%)의 벽돌을 사용한다.

25 한 켜씩 내쌓기의 한도
24, 23②, 22, 20②, 19③, 18, 17, 16, 14, 13②

벽돌 벽체 내쌓기에 있어서 한 켜씩 내쌓을 경우 그 내미는 길이의 한도는?

① 1/2B ② 1/3B
③ 1/4B ④ 1/8B

해설 벽돌벽 내쌓기(마루나 방화벽을 설치하고자 할 때 벽돌을 벽에서 부분적으로 내어 쌓는 방식)방식은 1단씩 내쌓을 경우에는 B/8씩, 2단씩 내쌓을 경우에는 B/4씩을 내밀어 쌓으며, 내미는 정도는 2.0B 정도이다.

26 두 켜씩 내쌓기의 한도
18, 12

벽돌 벽체 내쌓기에서 벽돌을 2켜씩 내쌓기할 경우 내쌓는 부분의 길이는 얼마 이내로 하는가?

① $\frac{1}{2}$B ② $\frac{1}{4}$B
③ $\frac{1}{6}$B ④ $\frac{1}{8}$B

해설 벽돌벽 내쌓기(마루나 방화벽을 설치하고자 할 때 벽돌을 벽에서 부분적으로 내어 쌓는 방식) 방식은 1단씩 내쌓을 경우에는 B/8씩, 2단씩 내쌓을 경우에는 B/4씩을 내밀어 쌓으며, 내미는 정도는 2.0B 정도이다.

27 벽돌 쌓기(내쌓기의 한도)
22, 20, 19②, 18④, 14, 13②, 11, 06, 04, 03, 02②, 01, 00, 99

벽돌 벽체 내쌓기에서 벽체의 내밀 수 있는 한도는?

① 1.0B ② 1.5B
③ 2.0B ④ 2.5B

해설 벽돌벽 내쌓기(마루나 방화벽을 설치하고자 할 때 벽돌을 벽에서 부분적으로 내어 쌓는 방식) 방식은 1단씩 내쌓을 경우에는 B/8씩, 2단씩 내쌓을 경우에는 B/4씩을 내밀어 쌓으며, 내미는 정도는 2.0B 정도이다.

정답 21.③ 22.① 23.④ 24.② 25.④ 26.② 27.③

28 | 개구부의 최소 수직 거리
21③, 19, 18, 17, 16③, 14, 10②, 07

조적조에서 하나의 층에 있어서의 개구부와 그 바로 위층에 있는 개구부와의 최소 수직 거리는 얼마 이상인가?

① 20cm ② 40cm
③ 60cm ④ 80cm

해설 개구부 바로 위에 있는 개구부와의 수직 거리는 60cm 이상으로 하고, 각 벽의 개구부 폭의 합계는 그 벽길이의 1/2 이하로 한다. 폭 1.8m를 넘는 개구부의 상부에는 철근 콘크리트의 윗 인방을 설치한다.

29 | 개구부와 대린벽 중심간 거리
17, 12, 05

벽돌조에서 개구부 상호간 또는 개구부와 대린벽 중심과의 수평 거리는 벽두께의 최소 몇 배 이상으로 하는가?

① 1배 ② 2배
③ 3배 ④ 4배

해설 조적조에 있어서 좁은 벽은 수평력(횡력)에 약하므로 개구부 상호간 또는 개구부와 대린벽 중심과의 수평 거리는 벽두께의 2배 이상으로 하여야 한다.

30 | 개구부의 폭의 합계와 벽체
05, 02, 01

조적조에서 대린벽으로 구획된 각 벽에 있어서 개구부의 폭의 합계는 그 벽길이의 얼마 이하로 하는가?

① 1/2 ② 1/3
③ 1/4 ④ 1/8

해설 벽돌조에 있어서 각 층의 대린벽으로 구획된 벽에서 개구부의 폭의 합계는 그 벽길이의 1/2 이하로 하고, 개구부 바로 위에 있는 개구부와의 수직 거리는 60cm 이상으로 하여야 한다.

31 | 개구부 폭의 합계 산정
16, 14②, 04

대린벽으로 구획된 벽돌조 내력벽의 벽길이가 7m일 때 개구부의 폭의 합계는 최대 얼마 이하로 하는가?

① 3m ② 3.5m
③ 4m ④ 4.5m

해설 벽돌조에 있어서 각 층의 대린벽으로 구획된 벽에서 개구부 너비의 합계는 그 벽 길이의 1/2 이하로 하고, 개구부 바로 위에 있는 개구부와의 수직 거리는 60cm 이상으로 하여야 하므로, $7 \times 1/2 = 3.5$m 이상이다.

32 | 개구부
03

벽돌 구조에서 개구부에 관한 설명 중 옳지 않은 것은?

① 너비 180cm가 넘는 개구부의 상부에는 철근 콘크리트 인방보를 설치한다.
② 대린벽으로 구획된 벽에서 개구부 너비의 합계는 그 벽 길이의 1/3 이하로 한다.
③ 개구부와 바로 위에 있는 개구부와의 수직 거리는 60cm 이상으로 한다.
④ 개구부 상호간 또는 개구부와 대린벽의 중심과의 수평 거리는 그 벽 두께의 2배 이상으로 한다.

해설 각 층의 대린벽으로 구획된 벽에서 개구부 너비의 합계는 그 벽 길이의 1/2 이하로 하고, 개구부 바로 위에 있는 개구부와의 수직 거리는 60cm 이상으로 한다.

33 | 벽돌(온장의 3/4)의 용어
21, 20, 18, 17, 16, 14

온장 벽돌의 3/4 크기를 의미하는 벽돌의 명칭은?

① 반절 ② 이오토막
③ 반반절 ④ 칠오토막

해설 벽돌의 마름질 중 절은 길이와 평행 방향으로 자른 벽돌이고, 토막은 길이와 직각 방향으로 자른 벽돌이므로 반절은 길이와 평행 방향으로 너비 방향으로 반을 자른 벽돌이다. 이오토막은 길이 방향과 직각 방향으로 1/4(25%)를 자른 벽돌이며, 반반절은 길이와 평행 방향으로 길이 방향 및 너비 방향의 반을 자른 벽돌이다. 또한, 칠오토막은 길이 방향과 직각 방향으로 3/4(75%)를 자른 벽돌이다.

34 | 세로 규준틀의 표시 사항
11

벽돌 쌓기에서 세로 규준틀에의 표시 사항이 아닌 것은?

① 벽돌 한 켜의 높이 ② 창문틀의 위치
③ 각층 바닥 높이 ④ 개구부의 폭

해설 벽돌 쌓기에 있어서 세로(수직) 규준틀의 표시 사항에는 벽돌 한 켜의 높이, 각 층의 바닥 높이, 창문틀 위치, 아치, 나무 벽돌, 앵커 볼트의 위치 등이 있고, 개구부의 폭은 수평 규준틀에 표기한다.

35 | 내력벽 두께의 결정 요소
13, 09

벽돌 구조의 내력벽 두께를 결정하는 요소와 가장 관계가 먼 것은?

① 벽의 높이 ② 지붕 물매
③ 벽의 길이 ④ 건축물의 층수

정답 28.③ 29.② 30.① 31.② 32.② 33.④ 34.④ 35.②

해설 벽돌 구조에 있어서 내력벽의 두께는 건축물의 층수, 내력벽의 길이 및 높이에 의해서 결정된다.

36 | 내력벽의 두께와 벽높이
19, 18③, 14, 12, 11, 09, 02, 01, 98

벽돌조에서 내력벽의 두께는 당해 벽 높이의 최소 얼마 이상으로 해야 하는가?

① 1/8 ② 1/12
③ 1/16 ④ 1/20

해설 조적조의 내력벽의 두께는 벽돌벽인 경우에는 벽 높이의 1/20 이상, 블록벽인 경우에는 벽 높이의 1/16 이상, 돌과 벽돌, 돌과 블록을 병용하는 경우에는 규정에 의한 벽두께에 2/10를 가산한 두께로 하되, 해당 벽높이의 1/15 이상으로 하여야 한다.

37 | 경계벽의 최소 두께
02

조적식 구조에서 경계벽의 두께는 최소 얼마 이상으로 하는가?

① 9cm ② 12cm
③ 15cm ④ 20cm

해설 조적식 구조인 경계벽(내력벽이 아닌 그 밖의 벽을 포함)의 두께는 9cm 이상으로 하여야 하고, 조적식 구조인 경계벽의 바로 위층에 조적식 구조인 경계벽이나 주요 구조물을 설치하는 경우에는 당해 경계벽의 두께는 19cm 이상으로 하여야 한다. 다만, 테두리 보를 설치하는 경우에는 예외로 한다.

38 | 벽돌벽의 두께(1.5B)
24, 23, 22②, 16, 15②, 10, 05, 03, 00, 93

벽돌벽 쌓기에서 표준형 벽돌을 사용해서 1.5B 쌓기할 때 벽 두께는? (단, 공간쌓기가 아님)

① 270mm ② 290mm
③ 320mm ④ 390mm

해설 벽돌의 두께

(단위 : mm)

벽돌의 종류 \ 두께	0.5B	1.0B	1.5B	2.0B	2.5B	계산식 (단, n : 벽 두께)
장려형 (신형)	90	190	290	390	490	90+ $[\{(n-0.5)/0.5\}\times 100]$
재래형 (구형)	100	210	320	430	540	100× $[\{(n-0.5)/0.5\}\times 110]$

∴ 두께 $=90+[\{(n-0.5)/0.5\}\times 100]$
$=90+[\{(1.5-0.5)/0.5\}\times 100]$
$=290$mm

39 | 벽체의 두께 산정
24②, 22, 19, 17, 13, 12, 09, 08

공간 벽돌 쌓기에서 표준형 벽돌로 바깥벽은 0.5B, 공간 80mm, 안벽 1.0B로 할 때 총 벽체 두께는?

① 290mm ② 310mm
③ 360mm ④ 380mm

해설 표준형 벽돌의 크기는 190×90×57mm이므로, 1.0B 공간쌓기의 벽 두께는 90+80+190=360mm이다.

40 | 벽돌벽의 두께(2.5B)
04, 00

벽돌벽 2.5B 쌓기의 벽 두께는? (단, 벽돌 치수 190×90×57mm, 공간쌓기 아님)

① 490mm ② 530mm
③ 540mm ④ 470mm

해설 벽돌의 두께 $=90+[\{(n-0.5)/0.5\}\times 100]$
$=90+[\{(2.5-0.5)/0.5\}\times 100]=490$mm

41 | 벽돌벽의 홈(가로홈)의 깊이
06

벽돌벽에 배관을 위한 홈파기를 할 때 가로홈의 길이는 최대 얼마 이하로 하는가?

① 1.0m ② 2.0m
③ 3.0m ④ 4.0m

해설 조적식 구조인 벽에 홈파기(벽돌벽에 배선·배관을 위하여 벽체에 홈을 팔 때)를 하는 경우, 그 층의 높이의 3/4 이상 연속되는 홈을 세로로 설치하는 경우에는 그 홈의 깊이는 벽두께의 1/3 이하로 하고, 가로홈을 설치하는 경우에는 벽의 두께의 1/3 이하로 하되, 그 길이를 3m 이하로 하여야 한다.

42 | 벽돌조 독립기둥의 높이
02②, 01

벽돌조 독립기둥의 높이는 기둥 단면 최소 치수의 얼마를 넘지 않아야 하는가?

① 5배 ② 7배
③ 10배 ④ 15배

해설 벽돌 독립기둥은 벽체와 일체가 되지 않게 영식과 프랑스식으로 쌓은 내력 독립기둥을 말하며, 기둥의 높이는 단면 최소 치수의 10배를 넘지 않아야 한다.

정답 36.④ 37.① 38.② 39.③ 40.① 41.③ 42.③

43 | 내력벽의 최대 길이
18, 17③, 16

조적조에서 내력벽의 길이는 최대 얼마 이하로 하여야 하는가?

① 6m ② 8m
③ 10m ④ 15m

해설 조적조 구조인 내력벽의 길이(대린벽의 경우에는 그 접합된 부분의 각 중심을 이은 선의 길이)는 10m를 넘을 수 없다. 벽의 길이가 10m를 초과하는 경우에는 중간에 붙임벽, 붙임 기둥 또는 부축벽을 설치하여야 한다.

44 | 내력벽으로 둘러싸인 바닥 면적
21, 19, 15, 11, 05, 02, 01, 99

조적조의 내력벽으로 둘러싸인 부분의 바닥 면적은 몇 m^2 이하로 해야 하는가?

① $80m^2$ ② $90m^2$
③ $100m^2$ ④ $120m^2$

해설 조적식 구조인 건축물 중 2층 건축물에 있어서 2층의 내력벽의 높이는 4m를 넘을 수 없고, 내력벽의 길이는 10m를 넘을 수 없다. 내력벽으로 둘러싸인 부분의 바닥 면적은 $80m^2$를 넘을 수 없다.

45 | 버트레스의 용어
21, 20②, 18, 11

횡력을 받는 벽을 지지하기 위해서 설치하는 구조물은?

① 버트레스 ② 커튼 월
③ 타이 바 ④ 컬럼 밴드

해설 커튼 월은 건축물의 외장재로서 벽을 미리 공장에서 제작한 다음 현장에서 판을 부착하여 외벽을 형성하는 시스템이고, 타이 바는 아치에서 양쪽으로 벌어지려는 힘을 잡아주는 인장 부재이다. 컬럼 밴드는 기둥 형틀에 콘크리트를 타설할 때 거푸집 널의 수직 부재를 지지하는 수평 부재의 역할을 하는 것이다.

46 | 벽체의 보강을 위한 부재
22, 13, 10

조적식 벽체의 길이가 10m를 넘을 때, 벽체를 보강하기 위해 사용되는 것이 아닌 것은?

① 부축벽 ② 수벽
③ 붙임벽 ④ 붙임 기둥

해설 조적조의 벽체 길이가 10m를 넘는 경우에는 벽체를 보강하기 위하여 부축벽, 붙임벽 및 붙임 기둥 등을 설치한다.

47 | 조적 구조
17, 05

조적조에 대한 설명 중 옳지 않은 것은?

① 내력벽의 길이는 10m 이하로 한다.
② 벽돌벽을 이중으로 하고 중간을 띄어 쌓는 법을 공간쌓기라 한다.
③ 문꼴의 너비가 2m 정도일 때에는 목재 또는 석재 인방보를 설치한다.
④ 영롱쌓기는 벽돌벽 등에 장식적으로 구멍을 내어 쌓는 것이다.

해설 개구부의 너비가 1.8m 이상(2m 정도)되는 경우에는 개구부의 상부에는 철근 콘크리트 구조의 윗인방을 설치하여야 하고, 양쪽 벽에 물리는 부분의 길이는 20cm 이상으로 한다.

48 | 조적 구조
03

조적 구조에 대한 설명으로 틀린 것은?

① 조적재를 모르타르로 쌓아서 벽체를 축조하는 구조이다.
② 일반적으로 벽돌 구조 건축은 풍압력, 지진력, 기타 인위적 횡력에 약한 구조체이므로 고층, 대건물에는 부적당하다.
③ 아치는 개구부의 상부 하중을 지지하기 위하여 조적재를 곡선형으로 쌓아서 인장력만이 작용되도록 한 구조이다.
④ 조적재로는 벽돌, 블록, 석재 등이 있다.

해설 아치는 돌이나 벽돌 등을 쌓아 올려서 상부에서 오는 직압력을 개구부의 양측으로 전달되게 한 구조로서, 압축력만 작용하도록 하고, 부재의 하부에 인장력이 생기지 않게 한 구조이다.

49 | 조적 구조
10

조적 구조에 대한 설명으로 옳지 않은 것은?

① 수평력에 약하다.
② 내력벽의 두께는 바로 위층의 내력벽 두께 이상이어야 한다.
③ 인방보는 출입구 하단에 설치하는 문틀의 일부다.
④ 내력벽 상단에 테두리보를 설치하는 것이 유리하다.

해설 목조의 인방보는 기둥과 기둥에 가로대어 창문틀의 상하벽을 받고 하중은 기둥에 전달하며 창문틀을 끼워 대는 뼈대가 되는 것이고, 조적조의 인방보는 개구부 상단에 목재, 석재, 철재 또는 철근 콘크리트보를 건너 대고 그 위에 아치를 틀거나 그냥 벽돌을 쌓은 보를 의미한다.

정답 43. ③ 44. ① 45. ① 46. ② 47. ③ 48. ③ 49. ③

50 | 블록의 하루 쌓기 높이
21, 07

블록공사에서 블록의 하루 쌓기 높이의 표준은?

① 1.5m 이내 ② 1.8m 이내
③ 2.1m 이내 ④ 2.4m 이내

해설 블록 쌓기에 있어서 하루 쌓는 높이는 1.5m(7켜) 이내를 표준으로 한다.

51 | 블록 쌓기의 원칙
11

블록 쌓기의 원칙으로 옳지 않은 것은?

① 블록은 살 두께가 두꺼운 쪽이 아래로 향하게 된다.
② 블록의 하루 쌓기 높이는 1.2~1.5m 정도로 한다.
③ 막힌 줄눈을 원칙으로 한다.
④ 인방보는 좌우 지지벽에 20cm 이상 물리게 한다.

해설 블록 쌓기에 있어서 사춤 모르타르 등의 충진이 잘 되도록 하기 위하여 블록은 살 두께가 두꺼운 쪽이 위쪽으로 향하게 하여야 한다. 즉 블록의 윗부분의 공간이 작고, 아랫부분의 공간을 크게 하여 사춤 모르타르의 충진을 쉽게 할 수 있도록 한다.

52 | 조적 구조
08

조적식 구조에 대한 설명 중 옳지 않은 것은?

① 조적식 구조인 각 층의 벽은 편심 하중이 작용하도록 설계하여야 한다.
② 조적식 구조인 내력벽의 길이는 10m를 넘을 수 없다.
③ 조적식 구조인 내력벽으로 둘러싸인 부분의 바닥 면적은 $80m^2$를 넘을 수 없다.
④ 조적식 구조인 내력벽의 두께는 바로 윗층의 내력벽의 두께 이상이어야 한다.

해설 조적식 구조에서 각 층의 벽이 편재해 있을 때에는 편심 거리가 커져서 수평 하중에 의한 전단 작용과 휨 작용을 동시에 크게 받게 되어 벽체에 균열이 발생하므로 각 층의 벽은 편심 하중이 작용되지 아니하도록 설계하여야 한다.

53 | 보강 블록조의 용어
22, 16, 11, 10②, 09, 08②, 04②

블록의 빈 속에 철근과 콘크리트를 부어 넣어 보강한 수직 하중·수평 하중에 견딜 수 있는 구조로 가장 이상적인 블록 구조는?

① 조적식 블록조
② 거푸집 블록조
③ 보강 블록조
④ 장막벽 블록조

해설 블록 구조의 종류 중 조적식 블록조는 블록을 단순히 모르타르를 사용하여 쌓아 올린 것으로 상부에서 오는 힘을 직접 받아 기초에 전달하며, 1, 2층 정도의 소규모 건축물에 적합하다. 블록 장막벽은 주체 구조체(철근 콘크리트조나 철골 구조 등)에 블록을 쌓아 벽을 만들거나, 단순히 칸을 막는 정도로 쌓아 상부에서의 힘을 직접 받지 않는 벽으로 라멘 구조체의 벽에 많이 사용된다. 거푸집 블록조는 살 두께가 얇고 속이 없는 ㄱ, T, ㅁ자형 등의 블록을 콘크리트의 거푸집으로 사용하고, 그 안에 철근을 배근하여 콘크리트를 부어 넣어 벽체를 만든 것이다.

54 | 벽체(비내력벽)
24, 13

다음 중 상부에서 오는 하중을 받지 않는 비내력벽은?

① 조적식 블록조
② 보강 블록조
③ 거푸집 블록조
④ 장막벽 블록조

해설 조적식 블록조, 보강 블록조 및 거푸집 블록조는 상부에서 오는 하중을 받는 내력벽이고, 장막벽 블록조는 주체 구조체(철근 콘크리트조나 철골 구조 등)에 블록을 쌓아 벽을 만들거나, 단순히 칸을 막는 정도로 쌓아 상부에서의 힘을 직접 받지 않는 벽이다.

55 | 블록 구조
13

블록 구조에 관한 설명으로 옳지 않은 것은?

① 블록 구조는 지진 등과 같은 수평력에 약하지만, 보강 철근을 사용하면 수평력에 견딜 수 있는 힘이 증가한다.
② 보강 블록조는 뼈대를 철근 콘크리트 구조나 철골 구조로 하고 칸막이벽으로서는 블록을 쌓는 방식이다.
③ 거푸집 블록조는 살 두께가 얇고 속이 비어 있는 ㄱ자형, ㄷ자형, T자형, ㅁ자형으로 블록에 철근을 배근하여 콘크리트를 채워 벽체를 만드는 방식이다.
④ 내력벽으로 둘러싸인 부분의 바닥 면적은 $80m^2$를 넘지 않도록 한다.

해설 보강 블록조는 블록의 빈 속에 철근과 콘크리트를 부어 넣은 구조로서 수직, 수평 하중에 견딜 수 있는 가장 이상적인 구조이며, 4~5층 정도의 건축물에 적합한 블록 구조이다. ②는 장막벽 블록조에 대한 설명이다.

정답 50.① 51.① 52.① 53.③ 54.④ 55.②

56 | 블록 구조
10

블록 구조에 대한 설명 중 옳지 않은 것은?

① 블록 장막벽은 라멘 구조에서 내부 칸막이로 사용하는 비내력벽 구조이다.
② 참쌤용 블록은 창문틀의 하부에 설치하여 물끊기홈이 설치되어 있다.
③ 보강 블록조는 블록의 빈 곳에 철근과 콘크리트를 부어 넣어 보강한 것이다.
④ 창대용 블록은 문틀이 맞추어지고 물흘림·물끊기가 달린 것이다.

해설 창쌤용 블록은 창문틀(선대) 주위에 사용하는 블록이고, 창문틀의 하부에 설치하여 물끊기홈이 설치되어 있는 블록은 창대 블록에 대한 설명이다.

57 | 조적조 벽체
06

조적조 벽체에 관한 설명 중 옳지 않은 것은?

① 각 층의 대린벽으로 구획된 벽에서 개구부의 너비의 합계는 그 벽길이의 1/2 이하로 한다.
② 단층 건축물로서 벽의 길이가 10m 이하인 경우 목조 테두리보 구조로 할 수 있다.
③ 개구부 위와 그 바로 위의 개구부와의 수직 거리는 60cm 이상으로 한다.
④ 개구부 상호간 또는 개구부와 대린벽의 중심과의 수평 거리는 그 벽두께의 2배 이상으로 한다.

해설 건축물의 각 층 내력벽의 위에는 춤이 벽두께의 1.5배인 철골 구조 또는 철근 콘크리트 구조의 테두리보를 설치해야 하나, 1층인 건축물로서 벽의 두께가 벽의 높이의 1/16 이상이 되거나, 벽의 길이가 5m 이하인 경우에는 목조의 테두리보를 설치할 수 있다.

58 | 블록조 줄기초의 높이
02, 01, 98

보강 블록조 단층 건축물에 있어서 그림과 같이 철근 콘크리트의 줄기초를 설치할 때 높이 D는?

① 30cm 이상
② 45cm 이상
③ 60cm 이상
④ 92cm 이상

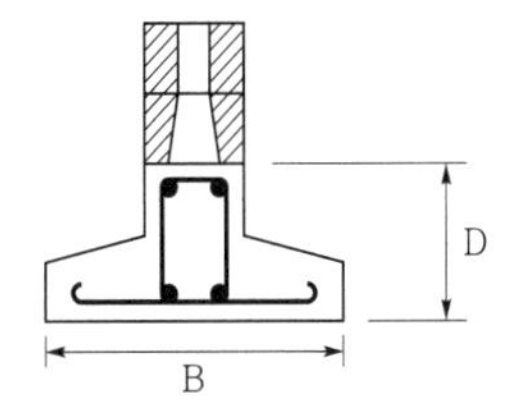

해설 보강 블록조에 있어서 기초보의 두께는 벽체의 두께(블록의 두께)와 같게 하거나 다소 크게 하고, 그 높이는 처마 높이의 1/12 이상 또는 60cm 이상(단층의 경우에는 45cm 이상)으로 한다. 2층 건축물로서 처마 높이가 7m인 경우에는 60cm 이상, 3층 건축물로서 처마 높이가 11m인 경우에는 90cm 이상으로 한다.

59 | 기초벽의 춤과 처마 높이
02

블록조에서 기초벽의 춤은 처마 높이의 얼마 이상으로 하는가?

① 1/10 ② 1/12
③ 1/15 ④ 1/20

해설 보강 블록조에 있어서 기초보의 두께는 벽체의 두께(블록의 두께)와 같게 하거나, 다소 크게 하고 그 춤은 처마 높이의 1/12 이상, 60cm 이상(단층일 경우에는 45cm 이상)으로 한다. 2층 건축물로서 처마 높이가 7m일 때에는 60cm 이상, 3층 건축물로서 처마 높이가 11m일 때에는 90cm 이상으로 한다.

60 | 보강 블록조의 벽량
24, 19③, 18③, 17, 16, 14, 13, 12②, 11, 08, 07, 04, 02②, 01, 00, 98

보강 콘크리트 블록조에서 내력벽의 벽량은 최소 얼마 이상으로 하여야 하는가?

① $10cm/m^2$ ② $15cm/m^2$
③ $18cm/m^2$ ④ $21cm/m^2$

해설 보강 콘크리트 블록조의 내력벽의 벽량(각 방향의 내력벽 길이의 총 합계를 그 층의 내력벽으로 둘러싸인 바닥 면적으로 나눈 값)은 $15cm/m^2$ 이상이다.

61 | 보강 블록조의 벽량
08

조적조의 벽량에 대한 설명으로 적당하지 못한 것은?

① 내력벽 길이의 총 합계를 그 층의 건물 면적으로 나눈 값을 의미한다.
② 단위 면적에 대한 그 면적 내에 있는 벽길이의 비를 나타낸다.
③ 내벽력의 양이 적을수록 횡력에 대항하는 힘이 커진다.
④ 큰 건물일수록 벽량을 증가할 필요가 있다.

해설 보강 블록조의 내력벽의 벽량(내력벽 길이의 총 합계를 그 층의 건물면적으로 나눈 값, 즉 단위 면적에 대한 그 면적 내에 있는 내벽력의 비)은 보통 $15cm/m^2$ 이상으로 하고, 내벽력의 양이 증가할수록 횡력에 대항하는 힘이 커지므로 큰 건물일수록 벽량을 증가시킬 필요가 있다.

정답 56. ② 57. ② 58. ② 59. ② 60. ② 61. ③

62 | 보강 블록조의 벽량
12

다음 ( ) 안에 적당한 것은?

> 내력벽 길이의 총 합계를 그 층의 바닥 면적으로 나눈 값을 벽량이라 하는데, 보강 블록조의 내력벽의 벽량은 ( )cm/m^2 이상으로 한다.

① 5　② 15
③ 25　④ 35

해설 내력벽 길이의 총 합계를 그 층의 바닥 면적으로 나눈 값을 벽량이라고 하는데, 보강 블록조의 내력벽의 벽량은 15cm/m^2 이상으로 한다.

63 | 보강 블록조의 벽량
23, 22, 21, 20②, 19, 17④, 16, 13, 10, 09, 08, 07, 02

바닥 면적이 40m^2일 때 보강 콘크리트 블록조의 내력벽 길이의 총 합계는 최소 얼마 이상이어야 하는가?

① 4m　② 6m
③ 8m　④ 10m

해설 내력벽 길이의 총 합계를 그 층의 바닥 면적으로 나눈 값을 벽량이라고 하는데, 보강 블록조의 내력벽의 벽량은 15cm/m^2 이상으로 하므로, 15cm/m^2×40m^2=600cm=6m 이상이다.

64 | 보강 블록조의 벽량
19, 15, 11

벽량에 대한 설명으로 옳지 않은 것은?

① 내력벽 길이의 총 합계를 그 층의 바닥 면적으로 나눈 값을 의미한다.
② 보강 블록 구조의 내력벽의 벽량은 15cm/m^2 이상이 되도록 한다.
③ 큰 건물에 비해 작은 건물일수록 벽량을 증가할 필요가 있다.
④ 벽량을 증가시키면 횡력에 대항하는 힘이 생긴다.

해설 벽량은 보강 블록조의 내력벽 길이의 총 합계를 바닥 면적으로 나눈 값. 즉, 단위 면적당 그 면적 내에 있는 벽 길이의 비로서, 작은 건물일수록 벽량을 감소시킬 수 있다.

65 | 보강 블록조의 벽량
20, 03

조적조에서 벽량의 산출식으로 옳은 것은?

① 벽량=$\dfrac{\text{그 층의 바닥 면적}(m^2)}{\text{내력벽의 전체 길이}(m^2)}$

② 벽량=$\dfrac{\text{내력벽의 전체 길이}(cm)}{\text{그 층의 바닥 면적}(m^2)}$

③ 벽량=$\dfrac{\text{그 층의 바닥 면적}(m^2)}{\text{내력벽의 전체 길이}(m)}$

④ 벽량=$\dfrac{\text{내력벽의 전체 길이}(m)}{\text{그 층의 바닥 면적}(m^2)}$

해설 보강 블록조에서 수평 응력에 강하게 하려면 내력벽의 양을 증가시켜야 되는데, 내력벽은 그 길이 방향으로 외력에 견디므로 벽 두께를 두껍게 하는 것보다 벽의 길이를 길게 하여 내력벽의 양을 증가시키는 것이 좋으며, 벽량은 다음과 같다.

벽량=$\dfrac{\text{내력벽의 전체 길이}(cm)}{\text{그 층의 바닥 면적}(m^2)}$

66 | 보강 블록조의 내력벽 두께
21, 20, 09, 03

보강 블록조에서 내력벽의 두께는 최소 얼마 이상이어야 하는가?

① 90mm　② 120mm
③ 150mm　④ 200mm

해설 보강 블록조의 평면상 내력벽의 길이는 55cm 이상(보통 60cm)으로 하거나 벽의 양쪽에 있는 개구부 높이의 평균값의 30% 이상으로 한다. 내력벽의 두께는 15cm(150mm) 이상으로 하되, 그 내력벽의 구조 내력상 주요한 지점간의 수평 거리의 1/50 이상으로 하며, 내력벽의 위치는 위층의 내력벽은 아래층의 내력벽의 위에 배치하여야 한다.

67 | 테두리 보의 역할
18, 16, 11

조적 구조에서 테두리 보의 역할과 거리가 먼 것은?

① 벽체를 일체화하여 벽체의 강성을 증대시킨다.
② 개구부 상부의 하중을 좌우측 벽체로 전달한다.
③ 기초의 부동침하나 지진 발생 시 지반 반력의 국부 집중에 따른 벽의 직접 피해를 완화시킨다.
④ 수직 균열을 방지하고, 수축 균열 발생을 최소화한다.

해설 조적조 테두리 보의 역할은 벽체를 일체화하여 벽체의 강성을 증대시키고, 횡력에 대한 벽의 직접 피해를 완화시키며, 수직 균열을 방지하고, 수축 균열의 발생을 최소화한다. 또한, 개구부 상부의 하중을 좌우측 벽체로 전달하는 보는 인방보이다.

정답 62. ② 63. ② 64. ③ 65. ② 66. ③ 67. ②

68 | 테두리 보
22, 20, 14②

블록조의 테두리 보에 대한 설명으로 옳지 않은 것은?

① 벽체를 일체화하기 위해 설치한다.
② 테두리 보의 너비는 보통 그 밑의 내력벽의 두께보다는 작아야 한다.
③ 세로 철근의 끝을 정착할 필요가 있을 때 정착 가능하다.
④ 상부의 하중을 내력벽에 고르게 분산시키는 역할을 한다.

해설 테두리 보란 조적조의 벽체를 보강하여 지붕, 처마, 층도리 부분에 둘러댄 철근 콘크리트 구조의 보로서 조적조의 맨 위에는 철근 콘크리트의 테두리 보를 설치하여야 하며, 테두리 보의 너비는 그 밑에 있는 내력벽의 두께와 동일하거나 다소 크게 한다.

69 | 테두리 보의 설치 이유
18, 14

블록 구조에 테두리 보를 설치하는 이유로 옳지 않은 것은?

① 횡력에 의해 발생하는 수직 균열의 발생을 막기 위해
② 세로 철근의 정착을 생략하기 위해
③ 하중을 균등히 분포시키기 위해
④ 집중 하중을 받는 블록의 보강을 위해

해설 블록 구조의 테두리 보 설치 이유는 세로 철근을 정착하기 위해서, 횡력에 의해 발생하는 균열을 방지하며, 하중을 균등히 분포시키고, 집중 하중을 받는 블록을 보강하기 위함이다.

70 | 테두리 보의 춤과 벽체의 두께
24, 04

보강 블록조에서 테두리 보의 춤은 벽체 두께의 최소 얼마 이상으로 하는가?

① 1배　　② 1.5배
③ 2배　　④ 2.5배

해설 보강블록 구조인 내력벽의 각 층의 벽 위에는 춤이 벽 두께의 1.5배 이상인 철근 콘크리트 구조의 테두리 보를 설치하여야 한다. 다만, 최상층의 벽으로서 그 벽 위에 철근 콘크리트 구조의 옥상 바닥판이 있는 경우에는 그러하지 아니하다.

71 | 테두리 보
02

콘크리트 블록조의 테두리 보에 관한 설명 중 옳지 않은 것은?

① 단층 건물에서 보의 춤은 250mm 이상으로 한다.
② 테두리 보의 춤은 내력벽 두께의 1.5배 이상으로 한다.
③ 2층 이상일 때 테두리 보의 춤은 최소 300mm 이상으로 한다.
④ 보의 너비는 그 밑에 있는 내력벽의 두께와 같게 하거나 다소 작게 한다.

해설 테두리 보란 조적조의 벽체를 보강하여 지붕, 처마, 층도리 부분에 둘러댄 철근 콘크리트 구조의 보로서 조적조의 맨 위에는 철근 콘크리트의 테두리 보를 설치하여야 한다. 테두리 보의 너비는 그 밑에 있는 내력벽의 두께와 동일하거나 다소 크게 한다.

72 | 테두리 보
24, 09

다음 중 테두리 보에 대한 설명으로 옳지 않은 것은?

① 철근 콘크리트 블록조에 있어서 벽체를 일체화하기 위해 설치한다.
② 테두리 보의 너비는 보통 그 밑의 내력벽의 두께보다는 작아야 한다.
③ 최상층의 경우 지붕 슬래브를 철근 콘크리트 바닥판으로 할 경우에는 테두리보를 따로 쓰지 않아도 좋다.
④ 테두리 보는 폐쇄된 수평면의 골조를 구성해야 한다.

해설 테두리 보란 조적조의 벽체를 보강하여 지붕, 처마, 층도리 부분에 둘러댄 철근 콘크리트 구조의 보로서 조적조의 맨 위에는 철근 콘크리트의 테두리 보를 설치하여야 한다. 테두리 보의 너비는 그 밑에 있는 내력벽의 두께와 동일하거나 다소 크게 한다.

73 | 블록 구조의 기초 및 테두리 보
17, 13, 10

블록 구조의 기초 및 테두리 보에 대한 설명으로 옳지 않은 것은?

① 기초보는 벽체 하부를 연결하고 집중 또는 국부적 하중을 균등히 지반에 분포시킨다.
② 테두리 보의 너비를 크게 할 필요가 있을 때에는 경제적으로 ㄱ자형, T자형으로 한다.
③ 테두리 보는 분산된 벽체를 일체로 연결하여 하중을 균등히 분포시키는 역할을 한다.
④ 기초보의 두께는 벽체의 두께보다 더 두껍게 해서는 안 된다.

해설 블록 구조의 기초보의 두께는 벽체의 두께 정도로 하거나, 또는 벽체의 두께보다 3cm 정도 더 두껍게 한다. 춤은 처마 높이의 1/12 이상 또는 45cm 이상, 2~3층은 60cm 이상으로 한다.

정답 68. ② 69. ② 70. ② 71. ④ 72. ② 73. ④

74 | 보강 블록조의 내력벽 구조 20, 16

보강 블록조의 내력벽 구조에 관한 설명 중 옳지 않은 것은?

① 벽 두께는 층수가 많을수록 두껍게 하며 최소 두께는 150mm 이상으로 한다.
② 수평력에 강하게 하려면 벽량을 증가시킨다.
③ 위층의 내력벽과 아래층의 내력벽은 바로 위·아래에 위치하게 한다.
④ 벽길이의 합계가 같을 때 벽 길이를 크게 분할하는 것보다 짧은 벽이 많이 있는 것이 좋다.

해설 보강 블록조의 내력벽 구조에 있어서 벽 길이의 합계가 같을 때, 벽 길이를 크게 분할하는 것보다 짧은 벽이 많이 있는 것이 좋지 못하다.

75 | 보강 블록조의 내력벽 17, 13

보강 블록조 내력벽에 관한 설명 중 옳지 않은 것은?

① 내력벽은 일반적으로 벽 두께를 늘이는 것보다 벽량을 크게 하는 쪽이 유효하다.
② 벽에 철근이 충분히 들어 있는 경우에도 테두리보를 두어야 한다.
③ 철근 배근 부분은 콘크리트를 충분히 채운다.
④ 통줄눈으로 쌓아서는 안된다.

해설 보강 블록조의 내력벽은 보강을 위한 철근을 배근하기 위하여 통줄눈(세로 줄눈의 위, 아래가 통한 줄눈) 쌓기를 하여야 한다.

76 | 보강 블록조의 벽체 06

보강 블록조의 벽체에 대한 설명 중 틀린 것은?

① 벽길이는 최대 15m 이하로 한다.
② 내력벽의 두께는 15cm 이상으로 한다.
③ 조적조의 내력벽으로 둘러싸인 부분의 바닥 면적은 $80m^2$ 이하로 한다.
④ 내력벽의 한 방향의 길이의 합계는 그 층의 바닥 면적 $1m^2$에 대하여 0.15m 이상이 되도록 한다.

해설 보강 블록조의 벽의 길이가 너무 길어지면, 휨과 변형 등에 대해서 약하므로, 벽의 최대 길이 10m 이하로 한다. 벽의 길이가 10m를 초과하는 경우에는 중간에 붙임벽, 붙임기둥 또는 부축벽을 설치한다.

77 | 보강 블록조 20, 18, 14, 10

보강 블록조에 대한 설명으로 옳지 않은 것은?

① 내력벽의 두께는 100mm 이상으로 한다.
② 내력벽으로 둘러싸인 부분의 바닥 면적은 $80m^2$를 넘지 않아야 한다.
③ 세로 철근의 양단은 각각 그 철근 지름의 40배 이상을 기초판 부분이나 테두리보 또는 바닥판에 정착시켜야 한다.
④ 내력벽은 그 끝부분과 벽의 모서리 부분에 12mm 이상의 철근을 세로로 배치한다.

해설 보강 콘크리트 블록조인 내력벽의 두께(마감 재료의 두께를 포함하지 아니한다.)는 150mm 이상으로 하되, 그 내력벽의 구조 내력상 주요한 지점간의 수평 거리의 1/50 이상으로 하여야 한다(건축물의 구조 기준 등에 관한 규칙).

78 | 보강 블록조 내력벽의 배근 09

블록 구조에서 벽의 보강 철근 배근 방법으로 옳지 않은 것은?

① 철근의 정착 이음은 기초보나 테두리보에 둔다.
② 철근은 가는 것을 많이 넣는 것보다 굵은 것을 조금 넣는 것이 좋다.
③ 철근을 배치한 곳에는 모르타르 또는 콘크리트를 채워 넣어 빈틈이 없게 한다.
④ 세로근은 기초에서 보까지 하나의 철근으로 하는 것이 좋다.

해설 블록 구조에서 벽의 보강 철근의 배근에 있어서 부착력(철근의 주장에 비례)을 증대시키기 위하여 철근은 가는 것을 많이 배근하는 것이 굵은 것을 조금 배근하는 것보다 유리하다.

79 | 보강 블록조 15, 12

보강 블록 구조에 대한 설명 중 틀린 것은?

① 내력벽의 양이 많을수록 횡력에 대항하는 힘이 커진다.
② 철근은 굵은 것을 조금 넣는 것보다 가는 것을 많이 넣는 것이 좋다.
③ 철근의 정착 이음은 기초보와 테두리보에 둔다.
④ 내력벽의 벽량은 최소 $20cm/m^2$ 이상으로 한다.

해설 보강 블록 구조 내력벽의 벽량(내력벽 길이의 총합계를 그 층의 바닥 면적으로 나눈 값으로, 즉 단위 면적에 대한 그 면적 내에 있는 내력벽의 비)은 $15cm/m^2$ 이상으로 하여야 한다.

정답 74. ④ 75. ④ 76. ① 77. ① 78. ② 79. ④

80 창대돌의 용어
23, 22, 21, 20, 19, 17, 16, 12, 11, 09

창의 하부에 건너 댄 돌로 빗물을 처리하고 장식적으로 사용되는 것으로, 윗면・밑면에 물끊기・물돌림 등을 두어 빗물의 침입을 막고, 물흘림이 잘 되게 하는 것은?

① 인방돌 ② 창대돌
③ 쌤돌 ④ 돌림띠

해설 인방(기둥과 기둥에 가로 대어 창문틀의 상・하 벽을 받고, 하중은 기둥에 전달하며 창문틀을 끼워 댈 때 뼈대가 되는 것)돌은 창문 위에 가로로 길게 건너 대는 돌을 말한다. 쌤돌은 창문 옆에 대는 돌로서 돌 구조와 벽돌 구조에 사용하며, 면접기나 쇠시리를 하고, 쌓기는 일반 벽체에 따라 촉과 긴결 철물로 긴결한다. 돌림띠는 벽, 천장, 처마 부분에 수평띠 모양으로 돌려 붙인 차양 또는 물끊기 등의 장식용 돌출부로서 허리 돌림띠(벽면에서 내밈이 작으므로 구조는 간단)와 처마 돌림띠(벽면에서 내밈이 크므로 돌 구조의 경우 벽돌벽에 깊이 물리고 내밈 길이는 돌림 길이보다 작게 하던지 거멀쇠 등으로 뒤에 튼튼히 걸어야 한다)가 있다.

81 쌤돌의 용어
19, 11, 10, 03

조적조에서 창문의 틀 옆에 세워대는 돌 또는 벽돌벽의 중간중간에 설치한 돌을 무엇이라 하는가?

① 인방돌 ② 창대돌
③ 문지방돌 ④ 쌤돌

해설 인방돌은 철근 콘크리트보나 벽돌 아치 등을 혼용하고, 치장하기 위해 1개의 석재로 하거나 평아치를 사용한다. 창대돌은 창의 하부에 건너 댄 돌로 빗물을 처리하고 장식적으로 사용되는 것으로, 윗면・밑면에 물끊기・물돌림 등을 두어 빗물의 침입을 막고, 물흘림이 잘 되게 하는 1개의 부재, 즉 통재를 사용한다. 문지방돌은 출입문 밑에 문지방에 사용되는 돌이다.

82 인방돌의 용어
21, 20②, 19, 18, 17, 16, 14, 13, 12, 11, 10, 08②, 07, 03

석 구조에서 창문 등의 개구부 위에 걸쳐대어 상부에서 오는 하중을 받는 수평 부재는?

① 인방돌 ② 창대돌
③ 문지방돌 ④ 쌤돌

해설 창대돌은 창의 하부에 건너 댄 돌로 빗물을 처리하고 장식적으로 사용되는 것으로, 위면, 밑면에 물끊기・물돌림 등을 두어 빗물의 침입을 막고, 물흘림이 잘 되게 하는 1개의 부재, 즉 통재를 사용한다. 문지방돌은 출입문 밑에 문지방에 사용되는 돌이며, 쌤돌은 창문의 틀 옆에 세워대는 돌 또는 벽돌벽의 중간중간에 설치한 돌이다.

83 두겁돌의 용어
19, 18, 14

난간벽, 부란, 박공벽 위에 덮은 돌로서 빗물막이와 난간동자받이의 목적 이외에 장식도 겸하는 돌은?

① 돌림띠 ② 두겁돌
③ 창대돌 ④ 문지방돌

해설 돌림띠는 허리 돌림띠(각 층벽의 중간에 설치한 것)와 처마 돌림띠(각 층의 상부에 댄 것) 등이 있고, 벽, 천장, 처마 부분에 수평띠 모양으로 둘려붙인 채양 또는 물끊기 등의 장식용 돌출부이다. 창대돌은 창 밑, 바닥에 댄 돌로서 빗물을 처리하고 장식적으로 사용되는 돌이며, 문지방돌은 출입문 밑에 문지방으로 댄 돌이다.

84 돌쌓기(허튼층쌓기의 용어)
23, 15

네모돌을 수평 줄눈이 부분적으로만 연속되게 쌓고, 일부 상하 세로 줄눈이 통하게 쌓는 방식을 무엇이라 하는가?

① 허튼층쌓기 ② 허튼쌓기
③ 바른층쌓기 ④ 층지어쌓기

해설 바른층쌓기는 돌의 한 켜 한 켜가 수평, 직선으로 되게 쌓는 방식이며, 층지어쌓기는 허튼층쌓기로 하되, 돌 서너 켜마다 수평 줄눈을 일직선으로 통하게 쌓는 방식이다.

85 돌쌓기(바른층쌓기의 용어)
22, 20, 18, 15, 10, 09, 08

돌쌓기의 1켜의 높이는 모두 동일한 것을 쓰고 수평 줄눈이 일직선으로 통하게 쌓는 돌쌓기 방식은?

① 바른층쌓기 ② 허튼층쌓기
③ 층지어쌓기 ④ 허튼쌓기

해설 바른층쌓기는 돌의 한 켜 한 켜가 수평, 직선으로 되게 쌓는 방식이고, 허튼층쌓기(막쌓기)는 네모돌을 수평 줄눈이 부분적으로만 연속되게 쌓고, 일부 상하 세로 줄눈이 통하게 쌓는 방식이다. 층지어쌓기는 허튼층쌓기로 하되, 돌 서너 켜마다 수평 줄눈을 일직선으로 통하게 쌓는 방식이다.

86 석재의 가공 순서(최종 작업)
11

다음 중 석재의 가공 시 가장 나중에 하는 작업은?

① 메다듬 ② 도드락다듬
③ 잔다듬 ④ 정다듬

해설 석재의 가공 순서는 혹두기(쇠메, 망치) → 정다듬(정) → 도드락 다듬(도드락 망치) → 잔다듬(양날 망치) → 물갈기(와이어 톱, 다이아몬드 톱, 그라인더 톱, 원반 톱, 플레이너, 그라인더 등)의 순이다.

정답 80. ② 81. ④ 82. ① 83. ② 84. ① 85. ① 86. ③

87 | 석재 가공(메다듬의 용어)
20, 18, 13, 09

마름돌의 거친 면의 돌출부를 쇠메 등으로 쳐서 면을 보기 좋게 다듬는 것을 무엇이라 하는가?

① 메다듬 ② 정다듬
③ 도드락다듬 ④ 잔다듬

해설 석재의 가공 순서는 혹두기(쇠메 망치, 돌의 면을 대강 다듬는 것) → 정다듬(정, 혹두기의 면을 정으로 곱게 쪼아 표면에 미세하고 조밀한 흔적을 내어 평탄하고 거친 면으로 만드는 것) → 도드락다듬(도드락 망치, 거친 정다듬한 면을 도드락 망치로 더욱 평탄하게 다듬는 것) → 잔다듬(양날 망치, 정다듬한 면을 양날 망치로 평행 방향으로 정밀하게 곱게 쪼아 표면을 더욱 평탄하게 만드는 것) → 물갈기(와이어 톱, 다이아몬드 톱, 글라인더 톱, 원반 톱, 플레이너, 글라인더로 잔다듬한 면에 금강사를 뿌려 철판, 숫돌 등으로 물을 뿌려 간 다음, 산화 주석을 헝겊에 묻혀서 잘 문지르며 광택을 낸다.)

88 | 석재 가공(잔다듬의 용어)
06

석재의 표면을 가공하는 방법 중 도드락 다듬면을 양날 망치로 세밀한 평행선을 그리며 때려 매끈하게 다듬는 것은?

① 메다듬 ② 잔다듬
③ 정다듬 ④ 물갈기

해설 석재의 가공 순서는 혹두기(쇠메, 망치) → 정다듬(정) → 도드락다듬(도드락 망치) → 잔다듬(양날 망치) → 물갈기(와이어 톱, 다이아몬드 톱, 그라인더 톱, 원반 톱, 플레이너, 그라인더 등)의 순이다.

89 | 석재의 표면 가공
09

석재의 표면 가공에 관한 설명으로 옳지 않은 것은?

① 혹두기는 쇠메로 쳐서 따내어 다듬는 정도로 마감한다.
② 정다듬은 정으로 쪼아 평평하게 다듬은 것이다.
③ 잔다듬은 카보런덤을 써서 윤이 나게 다듬는다.
④ 도드락다듬에 사용되는 도드락 망치의 망치날의 면은 돌출된 이로 구성되어 있다.

해설 석재의 가공에 있어서 잔다듬은 정다듬한 면을 양날 망치로 평행 방향으로 정밀하게 곱게 쪼아 표면을 더욱 평탄하게 만드는 것이고, 카보런덤을 써서 윤이 나게 다듬는 것은 물갈기에 속한다.

90 | 견치돌의 용어
19, 15

면이 30cm 각 정방형에 가까운 네모뿔형의 돌로서 석축에 사용되는 돌은?

① 마름돌 ② 각석
③ 견치돌 ④ 다듬돌

해설 마름돌은 일정한 형태와 치수로 까낸 석재 또는 채석장에서 대강의 크기로 갈라 떼낸 돌이고, 각석(장대돌, 장석)은 단면이 각형으로 된 긴 돌이고, 다듬돌은 채석된 석재의 표면을 다듬어서 소정의 크기, 형상으로 가공한 돌이다.

91 | 석재와 용도의 연결
03

다음 중 석재의 용도로서 적당하지 않은 것은?

① 트래버틴 – 특수 실내 장식재
② 응회암 – 구조용
③ 점판암 – 지붕재
④ 대리석 – 장식재

해설 석재의 용도에 따른 분류에는 구조용(하중을 받는 곳에 쓰이는 것으로서 기초돌과 장석) 마감용(외장용으로는 화강암, 안산암, 점판암 등이 쓰이고, 내장용으로는 대리석, 사문암, 응회암 등) 및 골재(모르타르, 콘크리트에 혼합한 것으로서 자갈, 모래, 황호석, 석면 등) 등이 있다.

92 | 은장 이음의 용어
14, 11

석재의 이음 시 연결 철물 등을 이용하지 않고 석재만으로 된 이음은?

① 꺽쇠 이음 ② 은장 이음
③ 촉이음 ④ 제혀 이음

해설 ①은 꺽쇠 이음은 꺽쇠, ②는 은장 이음은 은장, ③은 촉이음은 촉을 사용하나, ④는 제혀 이음은 돌의 이음부에 제혀(돌의 한 옆에 제물로 혀를 만들고, 딴 옆에 홈을 파 끼우는 방식)를 만들므로 연결 철물을 사용하지 않고, 석재만을 이용하는 이음이다.

93 | 돌구조
09

다음 중 돌구조에 대한 설명으로 옳지 않은 것은?

① 외관이 장중, 미려하다.
② 내화적이다.
③ 내구성, 내마멸성이 우수하다.
④ 목구조에 비해 가공이 용이하다.

해설 돌(석)구조는 질이 단단하므로 목구조에 비해 가공이 불편한 단점이 있다.

정답 87. ① 88. ② 89. ③ 90. ③ 91. ② 92. ④ 93. ④

94 | 타일 나누기
11

타일 나누기에 대한 설명으로 옳지 않은 것은?

① 기준 치수는 타일 치수와 줄눈 치수를 합하여 산정한다.
② 시공면의 높이, 중간 문꼴부 등은 정수배로 나누어지도록 한다.
③ 타일의 세로 줄눈은 통 줄눈 또는 막힌 줄눈으로 한다.
④ 수도, 전등의 위치는 타일 한가운데 위치하도록 한다.

해설 타일 나누기에 있어서 수도, 전등의 위치는 타일의 중앙 부분에 위치하면 구멍 뚫기가 곤란하므로, 타일의 가장자리(+자로 교차되는 줄눈)에 위치하도록 한다.

3 철근 콘크리트 구조

01 | 철근 콘크리트 구조의 특징
14

철근 콘크리트 구조의 특성으로 옳지 않은 것은?

① 내구・내화・내풍적이다.
② 목구조에 비해 자체 중량이 크다.
③ 압축력에 비해 인장력에 대한 저항 능력이 뛰어나다.
④ 시공의 정밀도가 요구된다.

해설 철근 콘크리트 구조는 철근은 인장력과 압축력에 강하고, 콘크리트는 압축력에 강하므로 인장력에 비해 압축력에 대한 저항 능력이 뛰어난 구조이다.

02 | 철근 콘크리트 구조의 특징
20, 17, 08

철근 콘크리트 구조의 특성으로 옳지 않은 것은?

① 부재의 크기와 형상을 자유자재로 제작할 수 있다.
② 내화성이 우수하다.
③ 작업 방법, 기후 등에 영향을 받지 않으므로 균질한 시공이 가능하다.
④ 철골조에 비해 철거 작업이 곤란하다.

해설 철근 콘크리트 구조의 단점은 작업 방법, 기후, 기온 및 양생 조건 등이 강도에 큰 영향을 끼치므로 구조물 전체의 균일한 시공이 곤란하고, 시공이 복잡하며, 균열의 발생이 많다.

03 | 철근 콘크리트 구조의 특징
23②, 16

철근 콘크리트 구조에 관한 설명으로 옳지 않은 것은?

① 역학적으로 인장력에 주로 저항하는 부분은 콘크리트이다.
② 콘크리트가 철근을 피복하므로 철골 구조에 비해 내화성이 우수하다.
③ 콘크리트와 철근의 선팽창 계수가 거의 같아 일체화에 유리하다.
④ 콘크리트는 알칼리성이므로 철근의 부식을 막는 기능을 한다.

해설 철근 콘크리트 구조에서 역학적으로 인장력에 주로 저항하는 부분은 철근이고, 압축력에 저항하는 부분은 콘크리트이다.

04 | 철근 콘크리트 구조의 특징
22, 20, 13

철근 콘크리트 구조의 특성 중 옳지 않은 것은?

① 콘크리트는 철근이 녹스는 것을 방지한다.
② 콘크리트와 철근이 강력히 부착되면 압축력에도 유효하게 된다.
③ 인장 응력은 콘크리트가 부담하고, 압축 응력은 철근이 부담한다.
④ 철근과 콘크리트는 선팽창 계수가 거의 같다.

해설 인장 응력은 철근이 부담하고, 압축 응력은 콘크리트가 부담하는 특성을 가진 구조는 철근 콘크리트 구조이다.

05 | 철근 콘크리트 구조의 특징
04

철근 콘크리트 구조의 특징이 아닌 것은?

① 내풍, 내진성이 크다.
② 시공이 간편하며 균열이 쉽게 발생되지 않는다.
③ 설계가 비교적 자유롭다.
④ 콘크리트의 성질이 알칼리성으로 철근의 부식을 막아 주므로 내구성이 크다.

해설 철근 콘크리트 구조는 작업 방법, 기후, 기온 및 양생 조건 등이 강도에 큰 영향을 끼치므로 구조물 전체의 균일한 시공이 곤란한 단점이 있다. 또한, 시공이 복잡하고, 균열의 발생이 많다.

정답 94. ④ / 01. ③ 02. ③ 03. ① 04. ③ 05. ②

06 | 철근 콘크리트 구조의 원리
23, 16

철근 콘크리트 구조의 원리에 대한 설명으로 옳지 않은 것은?

① 콘크리트와 철근이 강력히 부착되면 철근의 좌굴이 방지된다.
② 콘크리트는 압축력에 강하므로 부재의 압축력을 부담한다.
③ 콘크리트와 철근의 선팽창 계수는 약 10배의 차이가 있어 응력의 흐름이 원활하다.
④ 콘크리트는 내구성과 내화성이 있어 철근을 피복, 보호한다.

해설 철근 콘크리트의 구조 원리에 있어서 콘크리트와 철근의 선팽창 계수는 거의 동일하므로 일체화(부착력이 강함)되는 특성이 있다.

07 | 철근 콘크리트 구조의 장점
07, 05

철근 콘크리트 구조의 장점에 대한 설명으로 옳지 않은 것은?

① 콘크리트의 성질이 산성으로 철근의 부식을 막아 주므로 내구성이 크다.
② 콘크리트는 압축력에 강하고, 철근은 인장력에 강하다.
③ 설계가 비교적 자유롭고, 철골조보다 유지, 관리 비용이 저렴하다.
④ 철골조에 비해 처짐 및 진동이 적고, 소음이 비교적 적은 편이다.

해설 콘크리트는 알칼리성이므로 철근의 부식을 막아 주어 내구성이 크다.

08 | 철근 콘크리트 구조의 원리
10

철근 콘크리트 구조의 원리에 대한 설명으로 옳지 않은 것은?

① 콘크리트와 철근이 강력히 부착되면 철근의 좌굴이 방지된다.
② 콘크리트는 인장력에 강하므로 부재의 인장력을 부담한다.
③ 콘크리트와 철근의 선팽창 계수가 거의 같다.
④ 콘크리트는 내구성과 내화성이 있어 철근을 피복·보호한다.

해설 철근 콘크리트 구조의 원리에는 ①, ③, ④ 외에 콘크리트는 압축력에 강하므로 압축력에 견디고, 철근은 인장력과 휨에 강하므로 인장력과 휨에 견딘다.

09 | 철근 콘크리트 구조
04

철근 콘크리트 구조에 관한 설명으로 옳지 않은 것은?

① 철근과 콘크리트의 단점이 상호 보완되어 우수한 기능을 발휘하는 구조이다.
② 철근 콘크리트 구조는 일체식 구조이다.
③ 알칼리성의 콘크리트가 철근의 부식을 막는 기능을 한다.
④ 콘크리트가 압축력에 취약하므로 콘크리트 단면상에서 압축 응력이 분포되는 곳에 철근을 배근한다.

해설 콘크리트는 압축력에는 강하나 인장력에는 약하고, 철근은 인장력과 압축력에 강하나 압축력을 받는 경우에는 좌굴이 생기므로 이를 서로 보완하여 만들어진 구조가 철근 콘크리트 구조이다. 즉, 철근은 인장력에 강한 장점을 이용하여 콘크리트의 인장력이 작용하는 부분에 배근하여야 한다.

10 | 철근 콘크리트 구조
04

철근 콘크리트 구조에 대한 바른 설명은?

① 내구성·내진성·내풍성은 좋으나 내화성이 좋지 않다.
② 철근 콘크리트 건축은 자체 중량은 크지만, 강도 계산이 단순하며 공사 기일이 짧다는 장점이 있다.
③ 콘크리트의 부착력은 철근의 주장에 비례한다.
④ 철근의 선팽창 계수는 콘크리트의 선팽창 계수의 3배 정도이다.

해설 철근 콘크리트 구조는 내화성, 내구성, 내진성 및 내풍성이 강한 구조이다. 콘크리트와 철근의 부착력은 철근의 주장에 비례한다. 또한, 철근의 선팽창계수는 1.2×10^{-5}이고, 콘크리트의 선팽창계수는 $(1.0\sim1.3)\times10^{-5}$이다. 즉, 철근의 선팽창 계수는 콘크리트의 선팽창 계수와 거의 동일하다. 다만, 습식 구조이므로 공사 기간이 긴 점이 단점이다.

11 | 철근 콘크리트 구조
09

다음 중 철근 콘크리트 구조에 대한 설명으로 옳은 것은?

① 철근 콘크리트 부재는 철골 부재에 비해 가벼우면서 강도가 크다.
② 균질한 시공은 가능하지만 부재의 형상과 치수가 자유롭지 못하다.
③ 콘크리트의 약한 압축력을 보강하기 위해서 보의 하부에 철근을 배근한다.
④ 철골 구조에 비해 내화성이 뛰어난 편이다.

정답 06. ③ 07. ① 08. ② 09. ④ 10. ③ 11. ④

해설 철근 콘크리트 구조는 철골 구조에 비하여 무겁고, 강도가 작으며, 균질한 시공이 어려운 단점이 있지만, 부재의 형상과 치수가 자유운 장점이 있다. 또한, 콘크리트의 약한 인장력을 보강하기 위하여 보의 하부에 철근을 배근한다.

12 | 철근 콘크리트 구조 형식
14

철근 콘크리트 구조 형식으로 가장 부적합한 것은?

① 트러스 구조 ② 라멘 구조
③ 플랫 슬래브 구조 ④ 벽식 구조

해설 철근 콘크리트 구조 형식에는 라멘 구조, 플랫 슬래브 구조, 셸 구조 및 벽식 구조 등이 있고, 트러스 구조(작은 직선 부재를 삼각형 형태로 배열하여 만든 구조)는 철골 구조의 형식에 의한 분류에 속한다.

13 | 철근
15, 10, 08

철근 콘크리트 구조에 사용되는 철근에 관한 설명으로 틀린 것은?

① 인장력에 취약한 부분에 철근을 배근한다.
② 철근의 합산한 총 단면적이 같을 때 가는 철근을 사용하는 것이 부착력 향상에 좋다.
③ 철근의 이음 길이는 콘크리트 압축 강도와는 무관하다.
④ 철근의 이음은 인장력이 작은 곳에서 한다.

해설 철근과 콘크리트의 부착 강도는 콘크리트의 강도, 철근의 표면적, 피복 두께, 철근의 단면 모양과 표면 상태(마디와 리브), 철근의 주장 및 압축 강도에 따라 다르지만, 일반적으로 콘크리트의 압축 강도와 부착 강도는 비례한다.

14 | 철근의 피복 두께
21, 19, 15

다음 그림에서 철근의 피복 두께는?

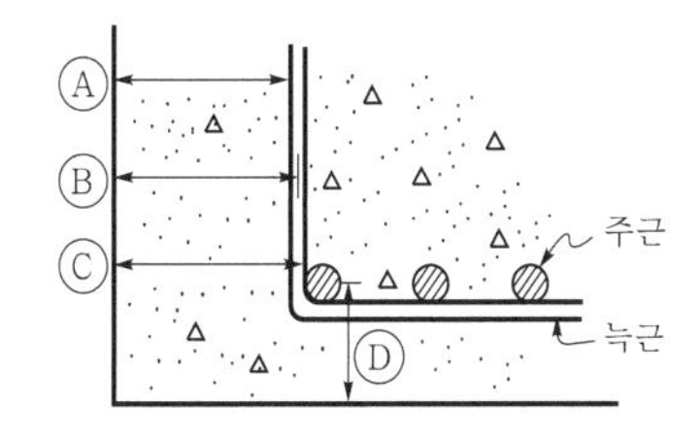

① A ② B
③ C ④ D

해설 철근의 피복 두께는 철근 콘크리트 구조물을 내구, 내화적으로 유지하기 위한 덮임 두께로서 콘크리트의 표면으로부터 철근의 표면까지의 거리를 의미하므로 'A' 부분을 의미한다.

15 | 피복 두께 확보의 목적
11

철근 콘크리트 부재에서 철근 피복 두께 확보의 직접적인 목적이 아닌 것은?

① 철근의 부식 방지 ② 철근의 내화
③ 철근의 강도 증가 ④ 철근의 부착력 확보

해설 철근의 피복 두께를 확보하여야 하는 이유는 콘크리트는 알칼리성이므로 철근의 부식 방지, 내화, 내구 및 부착력의 확보를 위함이고, 철근의 강도와는 무관하다.

16 | 피복 두께 확보의 목적
19, 18, 12

콘크리트에서의 최소 피복 두께의 목적에 해당되지 않는 것은?

① 철근의 부식 방지 ② 철근의 연성 감소
③ 철근의 내화 ④ 철근의 부착

해설 철근의 피복 두께를 확보하여야 하는 이유는 콘크리트는 알칼리성이므로 철근의 부식 방지, 내화, 내구 및 부착력의 확보를 위함이고, 철근의 연성 감소와는 무관하다.

17 | 최소 피복 두께 비교
17, 02, 01

철근 콘크리트 구조에 있어서 철근 피복의 최소 두께가 큰 것으로부터 차례로 배열된 것은?

① 기초 – 기둥 – 바닥 ② 기초 – 바닥 – 기둥
③ 기둥 – 기초 – 바닥 ④ 기둥 – 바닥 – 기초

해설 철근 콘크리트의 피복 두께

<table>
<tr><th colspan="3">구분</th><th>피복 두께
(mm)</th></tr>
<tr><td colspan="3">수중에서 치는 콘크리트</td><td>100</td></tr>
<tr><td colspan="3">흙에 접하여 콘크리트를 친 후
영구히 흙에 묻히는 콘크리트</td><td>75</td></tr>
<tr><td rowspan="2">흙에 접하거나
옥외 공기에 직접
노출되는 콘크리트</td><td colspan="2">D19 이상</td><td>50</td></tr>
<tr><td colspan="2">D16 이하, 16mm 이하의 철선</td><td>40</td></tr>
<tr><td rowspan="4">옥외의 공기나
흙에 접하지 않는
콘크리트</td><td rowspan="2">슬래브, 벽체,
장선 구조</td><td>D35 초과</td><td>40</td></tr>
<tr><td>D35 이하</td><td>20</td></tr>
<tr><td colspan="2">보, 기둥</td><td>40</td></tr>
<tr><td colspan="2">쉘, 절판 부재</td><td>20</td></tr>
</table>

* 보와 기둥의 경우, 콘크리트 설계기준압축강도(f_{ck})가 40MPa 이상인 경우에는 규정된 값에서 10mm를 저감할 수 있다.

정답 12. ① 13. ③ 14. ① 15. ③ 16. ② 17. ①

18 | 최소 피복 두께 비교
20, 19, 18, 08

현장치기 콘크리트에서 최소 피복 두께를 가장 크게 하여야 하는 경우는?

① 수중에서 타설하는 콘크리트
② 흙에 접하여 콘크리트를 친 후 영구히 흙에 묻혀 있는 콘크리트
③ 흙에 접하거나 옥외의 공기에 직접 노출되는 콘크리트
④ 옥외의 공기나 흙에 직접 접하지 않는 콘크리트

해설 현장치기 콘크리트의 피복 두께는 ①은 100mm 이상, ②는 80mm 이상, ③은 40mm 이상 60mm 이하, ④는 20mm 이상 40mm 이하이다.

19 | 최소 피복 두께 비교
17, 13

철근 콘크리트 구조에서 철근의 피복 두께를 가장 크게 해야 할 곳은?

① 기둥 ② 보
③ 기초 ④ 계단

해설 기초 부분은 흙에 접하여 콘크리트를 친 후 영구히 흙에 묻혀 있는 콘크리트이므로 피복 두께를 75mm 이상으로 하여야 한다.

20 | 최소 피복 두께(수중 타설)
23②, 22②, 21, 20, 18, 17, 16, 09

현장치기 콘크리트 중 수중에서 타설하는 콘크리트의 최소 피복 두께는 얼마인가?

① 60mm ② 75mm
③ 100mm ④ 120mm

해설 현장치기 콘크리트의 피복 두께에서 수중에서 타설하는 콘크리트는 100mm 이상이다.

21 | 최소 피복 두께
21, 19, 17③, 10, 07

철근 콘크리트 구조에서 옥외의 공기나 흙에 직접 접하지 않는 현장치기 콘크리트 보의 최소 피복 두께는?

① 20mm ② 40mm
③ 50mm ④ 60mm

해설 현장치기 콘크리트의 피복 두께에서 옥외의 공기나 흙에 직접 접하지 않는 경우는 보, 기둥은 40mm 이상이다.

22 | 기초보
06

철근 콘크리트 기초보에 대한 설명으로 옳지 않은 것은?

① 독립 기초 상호를 연결한다.
② 주각의 이동이나 회전을 구속한다.
③ 기둥의 부동 침하를 가속화시킨다.
④ 지진 시에 주각에서 전달되는 모멘트에 저항한다.

해설 기초보란 기초와 기초를 연결하는 보로서 독립 기초 상호 간을 연결하고, 주각의 이동과 회전을 구속하며, 지진시에 주각에서 전달되는 모멘트에 저항하는 역할을 하므로, 기둥 및 기초의 부동침하를 방지하는 역할을 한다.

23 | 기초보
24, 14

철근 콘크리트 기초보에 대한 설명으로 옳지 않은 것은?

① 부동 침하를 방지한다.
② 주각의 이동이나 회전을 원활하게 한다.
③ 독립 기초를 상호간 연결한다.
④ 지진 발생 시 주각에서 전달되는 모멘트에 저항한다.

해설 기초보란 기초와 기초를 연결하는 보로서 독립 기초 상호 간을 연결하고, 주각의 이동과 회전을 구속하며, 지진 시에 주각에서 전달되는 모멘트에 저항하는 역할을 하므로, 기둥 및 기초의 부동 침하를 방지하는 역할을 한다.

24 | 거푸집(세퍼레이터의 용어)
22, 18③, 10, 09, 05

다음 중 거푸집 상호간의 간격을 유지하는 데 쓰이는 긴결재는?

① 꺾쇠 ② 컬럼 밴드
③ 세퍼레이터 ④ 듀벨

해설 꺾쇠는 강봉 토막의 양 끝을 뾰족하게 하고, ㄷ자형으로 구부려 2부재(목재)를 이어 연결 또는 엇갈리게 고정시킬 때 사용하는 철물이다. 컬럼 밴드는 기둥 형틀에 콘크리트를 타설할 때 거푸집 널의 수직 부재를 지지하는 수평 부재의 역할을 하는 것이며, 듀벨은 볼트와 함께 사용하는데 듀벨은 전단력에, 볼트는 인장력에 작용시켜 접합재 상호간의 변위를 막는 강한 이음을 얻는 데 사용한다. 큰 간사이의 구조, 포갬보 등에 쓰이고 파넣기식과 압입식이 있다. 거푸집과 철근 사이의 간격을 유지하기 위한 간격재는 스페이서(spacer)이다.

정답 18. ① 19. ③ 20. ③ 21. ② 22. ③ 23. ② 24. ③

25 거푸집
05

다음의 거푸집에 대한 설명 중 옳지 않은 것은?

① 기초 거푸집은 지반이 무르고 좋지 않을 때는 사용하지 않는다.
② 벽거푸집은 일반적으로 한쪽 벽 옆판은 버팀대로 지지하여 세우고 철근을 배근한 후에 다른쪽 옆판을 세워서 조립한다.
③ 기둥 거푸집 재료로는 목재 합판이나 강재 패널 등을 사용한다.
④ 보거푸집은 바닥 거푸집과 함께 설치하는 경우가 많다.

해설 기초 거푸집은 단단한 지반일 때에는 기초를 소요 크기에 맞춰 파고 직접 콘크리트를 부어넣을 수도 있다. 무른 진흙, 모래와 같은 불안정한 지반일 때에는 모서리에 말뚝을 박고 기초 거푸집을 고정한다.

26 거푸집
23②, 22, 20, 18, 10, 06

거푸집에 대한 일반적인 설명으로 옳지 않은 것은?

① 강재 거푸집은 콘크리트 오염의 가능성이 없지만, 목재 거푸집은 오염의 가능성이 높다.
② 거푸집은 콘크리트의 형태를 유지시켜 주며 외기로부터 굳지 않은 콘크리트를 보호하는 역할을 한다.
③ 지반이 무르고 좋지 않을 때, 기초 거푸집을 사용한다.
④ 보거푸집은 바닥 거푸집과 함께 설치하는 경우가 많다.

해설 강재 거푸집은 콘크리트 즉, 알칼리성에 오염의 가능성이 높지만, 목재 거푸집은 오염 가능성이 낮은 특성이 있다.

27 거푸집(목재와 강재)의 비교
22, 11

목재 거푸집과 비교한 강재 거푸집의 특성 중 옳지 않은 것은?

① 변형이 적다.
② 정밀하다.
③ 콘크리트 표면이 매끄럽다.
④ 콘크리트 오염도가 낮다.

해설 강재 거푸집은 콘크리트, 즉 알칼리성에 오염될 가능성이 높지만, 목재 거푸집은 오염 가능성이 낮은 특성이 있다.

28 거푸집(동바리의 용어)
15

철근 콘크리트 공사에서 거푸집을 받치는 가설재를 무엇이라 하는가?

① 턴버클 ② 동바리
③ 세퍼레이터 ④ 스페이서

해설 턴버클은 줄(인장재)을 팽팽하게 당겨 조이는 나사 있는 탕개쇠로 거푸집 연결 시 철선을 조이는 공구이고, 세퍼레이터(separater)은 거푸집의 간격을 유지하기 위한 격리재이다. 스페이서(spacer)는 거푸집과 철근 사이의 간격을 유지하기 위한 간격재이다.

29 거푸집이 갖추어야 할 조건
10, 08

다음 중 철근 콘크리트 구조에서 거푸집이 갖추어야 할 조건으로 가장 거리가 먼 것은?

① 콘크리트를 부어 넣었을 때 변형되거나 파괴되지 않을 것
② 반복 사용할 수 없을 것
③ 운반과 가공이 쉬울 것
④ 시멘트 페이스트가 누출되지 않을 것

해설 거푸집이 갖추어야 할 조건은 외력에 충분히 안전하게 할 것, 조립, 제거 시 파손, 손상되지 않게 하고, 운반과 가공이 쉬우며, 소요 자재가 절약되고, 반복 사용이 가능할 것 등이다.

30 거푸집(드롭 헤드의 용어)
14

주로 철재 또는 금속재 거푸집에 사용되는 철물로서 지주를 제거하지 않고 슬래브 거푸집만 제거할 수 있도록 한 것은?

① 드롭 헤드 ② 컬럼 밴드
③ 캠버 ④ 와이어 클리퍼

해설 컬럼 밴드는 기둥 형틀에 콘크리트를 타설할 때 거푸집 널의 수직 부재를 지지하는 수평 부재의 역할을 하는 것이고, 캠버는 PC재가 하중을 받았을 때 처짐을 막기 위하여 거푸집에 미리 그 반대 모양의 밑창판을 넣어 만드는 PC재의 치올림이며, 와이어 클리퍼는 철근 공사용 기구로서 직경 13mm 이하의 철근 절단용에 사용하는 기구이다.

정답 25. ① 26. ① 27. ④ 28. ② 29. ② 30. ①

31 | 측압
16

측압에 대한 설명으로 옳지 않은 것은?

① 토압은 지하 외벽에 작용하는 대표적인 측압이다.
② 콘크리트 타설 시 슬럼프 값이 낮을수록 거푸집에 작용하는 측압이 크다.
③ 벽체가 받는 측압을 경감시키기 위하여 부축벽을 세운다.
④ 지하수위가 높을수록 수압에 의한 측압이 크다.

해설 콘크리트 타설 시 슬럼프 값이 클(높을)수록, 부배합일수록, 콘크리트 붓기 속도가 빠를수록, 온도가 낮을수록 거푸집에 작용하는 측압은 크다.

32 | 주근의 최소 직경
08, 02, 01, 99

철근 콘크리트보에 배근하는 주근의 직경은 최소 얼마 이상을 사용하는가?

① D6 ② D8
③ D10 ④ D13

해설 철근 콘크리트보의 배근에서 주근은 D13 또는 ϕ12mm 이상의 철근을 쓰고, 배근 단수는 특별한 경우를 제외하고는 2단 이하로 배치한다.

33 | 주근의 이음 위치
10, 06

다음 중 철근 콘크리트 부재에서 주근의 이음 위치로 가장 알맞은 것은?

① 큰 인장력이 생기는 곳
② 경미한 인장력이 생기는 곳 또는 압축측
③ 단순보의 경우 보의 중앙부
④ 단부에서 1m 떨어진 곳

해설 철근 콘크리트보에 있어서 주근은 인장력과 휨응력에 견디어야 하므로 주근의 이음 위치는 인장력과 휨응력이 가장 작게 작용하는 곳에서 이음을 하는 것이 가장 유리하다.

34 | 보의 춤과 간 사이의 관계
08, 02, 00, 99

철근 콘크리트 구조에서 보의 춤은 간 사이의 얼마 정도로 하는가?

① 1/6~1/7 ② 1/8~1/10
③ 1/10~1/15 ④ 1/15~1/18

해설 보의 춤

종류	철근 콘크리트보, 철골 트러스보	철근 라멘보	철골 형강보
보의 춤	간 사이의 1/10~1/12	1/15~1/16	1/15~1/30

35 | 철근의 수평 순간격
19, 10, 09, 02, 00, 98

철근 콘크리트 구조에서 동일 평면에서 평행하게 배치된 철근의 수평 순간격은 최소 몇 mm 이상이어야 하나?

① 20mm ② 25mm
③ 35mm ④ 40mm

해설 주근의 간격은 배근된 철근의 순간격과 표면의 최단 거리를 말하며, 2.5cm(25mm) 이상, 주근 직경의 1.5배 이상, 자갈 최대 직경의 1.25배 이상으로 한다.

36 | 보의 주근 배치 간격
06, 01, 00

철근 콘크리트보의 주근 최소 배치간격으로 옳은 것은?

① 주근 지름의 1.25배 이상
② 굵은 골재의 공칭 최대치수 1.5배 이상
③ 보 단면의 최소치수 이상
④ 25mm 이상

해설 주근의 간격은 배근된 철근의 순간격과 표면의 최단 거리를 말하며, 2.5cm 이상, 주근 직경의 1.5배 이상, 자갈 최대 직경은 1.25배 이상으로 한다.

37 | 철근의 간격 제한
06

철근 콘크리트 구조에서 철근의 간격 제한에 대한 설명 중 옳지 않은 것은?

① 동일 평면에서 평행하는 철근 사이의 수평 순간격은 25mm 이상으로 하여야 한다.
② 나선 철근과 띠철근 기둥에서 종방향 철근의 순간격은 40mm 이상으로 하여야 한다.
③ 벽체에서 휨 주철근의 간격은 600mm 이하로 하여야 한다.
④ 상단과 하단에 2단 이상으로 배치된 경우 상하 철근의 순간격은 25mm 이상으로 하여야 한다.

해설 본 문제는 극한강도 설계법에 의한 구조 설계의 규정으로 벽체에서 휨 주철근의 간격은 벽체나 슬래브 두께의 3배 이하로 하여야 하고, 또한 400mm 이하로 하여야 하며, 콘크리트 장선 구조의 경우에는 이 규정을 적용하지 아니한다.

정답 31. ② 32. ④ 33. ② 34. ③ 35. ② 36. ④ 37. ③

38 | 보의 전단 철근 간격 제한
24, 19, 12, 05

부재축에 직각으로 설치되는 전단 철근의 간격은 철근 콘크리트 부재의 경우 최대 얼마 이하로 하여야 하는가?

① 300mm ② 450mm
③ 600mm ④ 700mm

해설 전단 철근의 간격 제한
㉠ 부재축에 직각으로 배치된 전단 철근의 간격은 철근 콘크리트 부재일 경우에 /2 이하, 프리스트레스트 콘크리트 부재일 경우는 0.75(부재 전체의 두께) 이하이어야 하고, 또 어느 경우든 600mm 이하이어야 한다.
㉡ 경사 스터럽과 굽힘 철근은 부재의 중간 높이인 0.5에서 반력점 방향으로 주인장 철근까지 연장된 45°선과 한 번 이상 교차되도록 배치하여야 한다.

39 | 보의 단부 균열의 원인
03

시공 후 보의 단부에 균열이 생겼다. 설계상의 결함으로 가장 적당한 것은?

① 주근의 부족 ② 늑근의 부족
③ 대근의 부족 ④ 나선 철근의 부족

해설 철근 콘크리트 구조체의 원리 중 양측 단부에 빗 인장력(사인장력)에 의한 균열 파괴가 생기므로 늑근을 설치하여 균열을 방지한다.

40 | 보의 늑근 사용 이유
18, 17③, 04

철근 콘크리트 보에 늑근을 넣는 이유는?

① 전단력 보강 ② 인장력 보강
③ 압축력 보강 ④ 휨 모멘트 보강

해설 철근 콘크리트 보의 늑근은 보의 전단력에 저항하기 위하여 배근하는 철근으로, 보의 양단에는 전단력이 크므로 늑근의 간격을 좁게 배치하고, 중앙부에는 늑근의 간격을 넓게 배치하여야 한다.

41 | 보의 늑근 사용 이유
24, 20, 19, 17, 16, 04, 01, 00, 98

철근 콘크리트 보에 늑근을 사용하는 주된 이유는?

① 보의 전단 저항력을 증가시키기 위하여
② 철근과 콘크리트의 부착력을 증가시키기 위하여
③ 보의 강성을 증가시키기 위하여
④ 보의 휨저항을 증가시키기 위하여

해설 철근 콘크리트 보는 전단력에 대해서 콘크리트가 어느 정도 견디나, 그 이상의 전단력은 늑근을 배근하여 견디도록 하여야 한다.

42 | 늑근과 띠철근의 갈고리 길이
11, 09

다음 중 철근 가공에서 표준 갈고리의 구부림 각도를 135°로 할 수 있는 것은?

① 기둥 주근 ② 보 주근
③ 늑근 ④ 슬래브 주근

해설 ㉠ 철근의 가공시 표준 갈고리는 180°와 90° 표준 갈고리로 분류하며 180° 표준 갈고리는 180° 구부린 반원 끝에서 $4d_b$(철근의 공칭 지름) 이상, 또한 60mm 이상 더 연장하여야 하고, 90° 표준 갈고리는 90° 구부린 끝에서 $12d_b$ 이상 더 연장하여야 한다.
㉡ 스터럽과 띠철근의 표준 갈고리는 90°와 135° 표준 갈고리로 분류하며 90° 표준 갈고리의 경우, D16 이하의 철근은 구부린 끝에서 $6d_b$ 이상 더 연장하여야 하고, D19, D22와 D25의 철근은 구부린 끝에서 $12d_b$ 이상 더 연장하여야 한다. 또한, 135° 표준 갈고리는 D25 이하의 철근은 구부린 끝에서 $6d_b$ 이상 더 연장하여야 한다.

43 | 보의 늑근 용어
23②, 18, 12, 10, 07, 06, 03

철근 콘크리트 보에서 전단력을 보강하기 위해 사용하는 철근은?

① 띠철근 ② 주근
③ 나선 철근 ④ 늑근

해설 띠철근(대근)은 장방형의 기둥에서 주근의 좌굴을 방지하기 위한 철근이고, 주근은 구조물의 주요한 힘(인장력)을 받는 철근이고, 주근은 철근 콘크리트 구조의 보, 기둥, 슬래브 등에 있어 주요한 힘(인장력)을 받는 철근이며, 나선 철근은 철근 콘크리트 기둥의 축방향 철근을 나선형으로 둘러 싼 철근이다.

44 | 늑근과 띠철근의 갈고리 길이
07

다음 중 철근 콘크리트 구조에서 스터럽과 띠철근의 표준 갈고리에 속하는 것은?

① 60° 표준 갈고리
② 120° 표준 갈고리
③ 135° 표준 갈고리
④ 180° 표준 갈고리

정답 38. ③ 39. ② 40. ① 41. ① 42. ③ 43. ④ 44. ③

해설 스터럽과 띠철근의 표준 갈고리는 90°와 135° 표준 갈고리로 분류한다. 90° 표준 갈고리의 경우, D16 이하의 철근은 구부린 끝에서 $6d_b$ 이상 더 연장하여야 하고, D19, D22와 D25의 철근은 구부린 끝에서 $12d_b$ 이상 더 연장하여야 한다. 또한, 135° 표준 갈고리는 D25 이하의 철근은 구부린 끝에서 $6d_b$ 이상 더 연장하여야 한다.

45 | 이형 철근의 갈고리
02

철근 배근에서 이형 철근을 사용하는 경우에 갈고리를 만들지 않아도 되는 곳은?

① 늑근 ② 주근
③ 띠철근 ④ 굴뚝

해설 철근의 정착에 있어서 갈고리는 상당한 정착 능력이 있으므로 직선부가 부착력에 무력하게 되더라도 최후의 뽑힘 저항에 대항하는 것이다. 다만, 기둥 또는 굴뚝 이외에 있어서 이형 철근을 사용하는 경우에는 그 끝부분은 구부리지 않을 수 있다.

46 | 보의 늑근(스터럽)
21, 20, 19, 17③, 13, 07

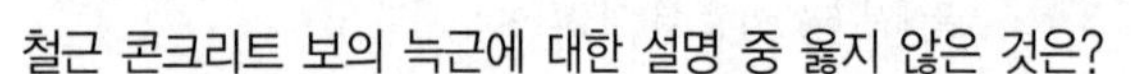

철근 콘크리트 보의 늑근에 대한 설명 중 옳지 않은 것은?

① 전단력에 저항하는 철근이다.
② 중앙부로 갈수록 조밀하게 배치한다.
③ 굽힘 철근의 유무에 관계없이 전단력의 분포에 따라 배치한다.
④ 계산상 필요 없을 때라도 사용한다.

해설 늑근의 간격은 보의 전길이에 대하여 같은 간격으로 배치하나 보의 전단력은 일반적으로 양단에 갈수록 커지므로 양단부에서는 늑근의 간격을 좁히고, 중앙부로 갈수록 늑근의 간격을 넓혀(느슨하게) 배근한다.

47 | 보의 늑근(스터럽)
02

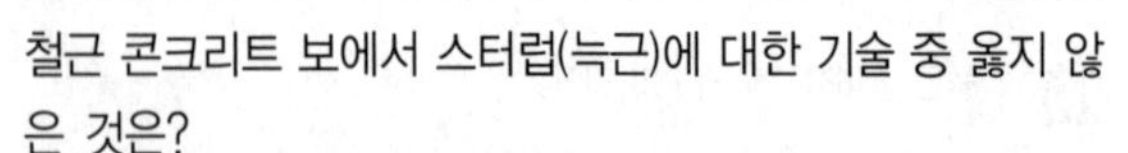

철근 콘크리트 보에서 스터럽(늑근)에 대한 기술 중 옳지 않은 것은?

① 보에 작용하는 전단력에 저항한다.
② 보의 중앙보다 양단에 많이 배근한다.
③ 끝부분의 구부림은 120° 이상으로 한다.
④ 늑근의 간격은 45cm를 넘을 수 없다.

해설 늑근의 끝부분에 대한 구부림의 각도는 90°, 135° 이상 구부려서 콘크리트 속으로 충분히 정착시키거나 끝부분을 맞대어 용접한다.

48 | 보의 압축 철근 사용 이유
12

철근 콘크리트 보에서 압축 철근을 사용하는 이유와 가장 거리가 먼 것은?

① 전단 내력 증진
② 장기 처짐 감소
③ 연성 거동 증진
④ 늑근의 설치 용이

해설 철근 콘크리트 보에서 압축 철근(복근보)을 사용하는 이유는 늑근의 설치가 용이, 장기 처짐의 감소 및 연성 거동 증진 등이며, 전단 내력의 증진은 늑근의 역할이다.

49 | 보(헌치의 용어)
19, 17, 12

철근 콘크리트 구조에서 휨 모멘트가 커서 보의 단부 아래쪽으로 단면을 크게 한 것은?

① T형보
② 지중보
③ 플랫 슬래브
④ 헌치

해설 T형보는 철근 콘크리트의 T형 단면을 가진 보 또는 보와 바닥이 연속되어 있을 때는 보에 접해 있는 바닥의 일부가 보와 협력하여 외력에 저항하는 보이다. 지중보는 기초의 부동 침하 또는 기둥의 이동 방지를 목적으로 지중에 기초와 기초를 연결한 보이며, 플랫 슬래브(평판 구조, 무량판 구조)는 건축 등의 바닥 또는 지붕 구조로서 보가 없고 슬래브만으로 된 바닥을 기둥으로 받치는 철근 콘크리트 슬래브이다.

50 | 보(헌치의 용어)
24, 21, 19, 18④, 17③, 13, 12, 10, 06, 03

휨 모멘트나 전단력을 견디게 하기 위해 사용되는 것으로 보의 단부의 단면을 중앙부의 단면보다 크게 한 부분은?

① 헌치 ② 슬래브
③ 래티스 ④ 지중보

해설 헌치란 보, 슬래브의 단부의 단면을 중앙부의 단면보다 크게 한 부분으로 폭과 높이를 크게 하여 그 부분의 휨 모멘트나 전단력을 견디게 하기 위하여 단부의 단면을 증가한 부분이다. 헌치의 폭은 안목 길이의 1/10~1/12 정도이며, 헌치의 춤은 헌치 폭의 1/3 정도이다.

정답 45. ② 46. ② 47. ③ 48. ① 49. ④ 50. ①

51 | 작은 보를 짝수로 배치 장점
15, 06, 03, 01, 00

건축물의 큰 보의 간사이에 작은 보(beam)를 짝수로 배치할 때의 주된 장점은?

① 미관이 뛰어나다.
② 큰 보의 중앙부에 작용하는 하중이 작아진다.
③ 층고를 낮출 수 있다.
④ 공사하기가 편리하다.

해설 건축물의 작은 보 배치에 있어서 큰 보의 사이에 짝수를 배치하면 중앙 부분의 집중 하중에 의한 휨 모멘트를 줄일 수 있으므로 유리하다.

52 | 내민보
21, 09, 03

다음 중 내민보(cantilever beam)에 대한 설명으로 옳은 것은?

① 연속보의 한 끝이나 지점에 고정된 보의 한 끝이 지지점에서 내민 형태로 달려 있는 보를 말한다.
② 보의 양단이 벽돌, 블록, 석조벽 등에 단순히 얹혀 있는 상태로 된 보를 말한다.
③ 단순보와 동일하게 보의 하부에 인장 주근을 배치하고 상부에는 압축 철근을 배치한다.
④ 전단력에 대한 보강의 역할을 하는 늑근은 사용하지 않는다.

해설 ②의 상태로 된 보를 단순보라고 한다. 내민보의 철근 배근은 내민 부분에는 상부에, 단순보의 부분에는 하부에 배근하며, 전단력의 보강을 위해서는 늑근을 배근한다.

53 | 보 부재의 보강
11

철근 콘크리트 보 부재의 보강에 대한 설명 중 적절하지 않은 것은?

① 보의 휨 보강을 위해 중앙부 하부면에 탄소섬유를 부착한다.
② 보의 전단 보강을 위해 단부 측면에 탄소섬유를 부착한다.
③ 탄소섬유는 방향성이 없어 시공 시 편리함이 있다.
④ 철판 보강은 구조체와의 일체성 확보를 위해 접합면에 에폭시 주입을 한다.

해설 철근 콘크리트 보의 보강에 있어서, 탄소섬유는 방향성이 있어 시공 시 유의하여야 한다.

54 | 보의 배근(단순보)
03

그림과 같은 보에 하중이 다음과 같이 작용할 때 가장 올바른 철근 배근은?

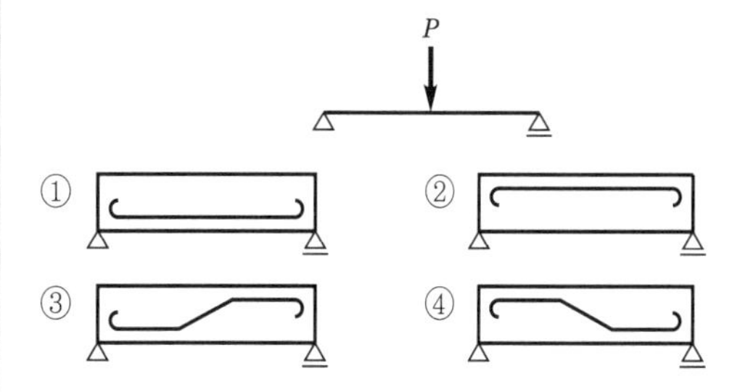

해설 철근 콘크리트 구조의 배근 방법은 구조물 풀이에 의한 휨 모멘트도에 따라 배근하면 된다. 즉, 아래 그림과 같다.

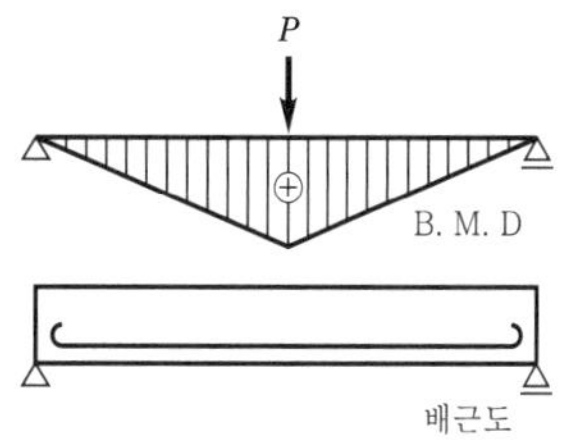

55 | 철근 콘크리트 구조의 배근
16, 11

철근 콘크리트 구조의 배근에 대한 설명으로 옳지 않은 것은?

① 기둥 하부의 주근은 기초판에 크게 구부려 깊이 정착한다.
② 압축측에도 철근을 배근한 보를 복근보라고 한다.
③ 단순보의 주근은 중앙부에서는 하부에 많이 넣어야 한다.
④ 슬래브의 철근은 단변 방향보다 장변 방향에 많이 넣어야 한다.

해설 철근 콘크리트 슬래브 배근에 있어서 단변 방향에는 주근을 배근하고, 장변 방향에는 부근(배력근, 온도 철근 등)을 배근한다. 즉, 장변 방향보다 단변 방향에 많이 배근한다.

56 | 보의 배근(단순보)
19, 10, 05

철근 콘크리트 단순보의 철근에 관한 설명 중 옳지 않은 것은?

① 인장력에 저항하는 재축방향의 철근을 보의 주근이라 한다.
② 중요한 보로서 압축측에도 철근을 배근한 것을 단근보라 한다.
③ 전단력을 보강하여 보의 주근 주위에 둘러감은 철근을 늑근이라 한다.
④ 늑근은 단부에서는 촘촘하게, 중앙부에서는 성기게 배치하는 것이 원칙이다.

정답 51. ② 52. ① 53. ③ 54. ① 55. ④ 56. ②

해설 단순보의 배근에 있어서 인장측 부분에만 배근한 보를 단근보라고 하고, 인장측과 압축측에 배근한 보를 복근보라고 한다.

57 | 보의 배근(연속보)
21, 18, 17③, 10, 04, 01

다음 중 그림과 같은 철근 콘크리트 연속보의 배근법으로 가장 옳은 것은? (단, 하중은 연직 아래 방향 등분포하중임)

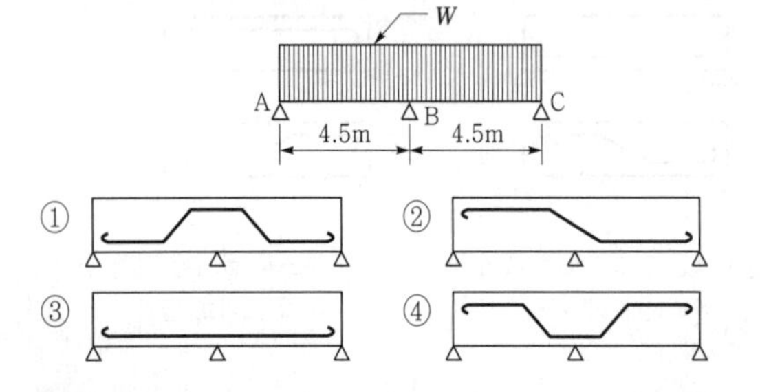

해설 오른쪽 그림에서 알 수 있듯이 중앙 지점 부근에서 압축력을 받고 양 끝지점 부근에서 인장력을 받으므로 휨 모멘트도(B.M.D.)에 따라 배근한다.

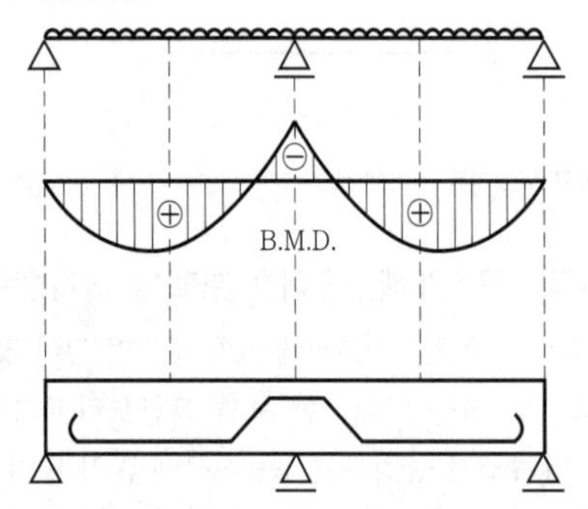

58 | 보의 배근(단순보)
14

철근 콘크리트 단순보의 철근에 관한 설명 중 옳지 않은 것은?

① 인장력에 저항하는 재축 방향의 철근을 보의 주근이라 한다.
② 압축축에도 철근을 배근한 보를 복근보라 한다.
③ 전단력을 보강하여 보의 주근 주위에 둘러서 감은 철근을 늑근이라 한다.
④ 늑근은 단부보다 중앙부에서 촘촘하게 배치하는 것이 원칙이다.

해설 철근 콘크리트 단순보에 있어서 전단력은 양단부로 갈수록 커지고, 중앙부로 올수록 작아지므로, 전단력에 대항하는 늑근의 배치는 중앙부에서는 느슨하게, 양단부에서는 촘촘하게 배치한다.

59 | 보의 배근
21, 20, 14

철근 콘크리트보의 형태에 따른 철근 배근으로 옳지 않은 것은?

① 단순보의 하부에는 인장력이 작용하므로 하부에 주근을 배치한다.
② 연속보에서는 지지점 부분의 하부에서 인장력을 받기 때문에 이곳에 주근을 배치하여야 한다.
③ 내민보는 상부에 인장력이 작용하므로 상부에 주근을 배치한다.
④ 단순보에서 부재의 축에 직각인 스터럽의 간격은 단부로 갈수록 촘촘하게 한다.

해설 연속보의 지지점 부근에서는 상부에서 인장력이 작용하기 때문에 상부에 철근을 배근하여야 한다.

60 | 보의 정의
12, 04

철근 콘크리트 보에 관한 설명 중 옳지 않은 것은?

① 내민보는 연속보의 한 끝이나 지점에 고정된 보의 한 끝이 지지점에서 내밀어 달려 있는 보이다.
② 단순보는 양단이 벽돌, 블록, 석조벽 등에 단순히 얹혀 있는 상태로 된 보이다.
③ 인장력에 대항하는 재축 방향의 철근을 보의 주근이라 한다.
④ 단순보에서 늑근은 단부보다 중앙부에서 더 촘촘하게 배치한다.

해설 단순보에서 늑근은 전단력에 저항하기 위하여 배근하는 철근으로 단순보의 양단에서는 전단력이 최대이고, 중앙부에서는 최소이다. 즉 양단부로 갈수록 전단력이 커지고, 중앙부로 올수록 전단력이 작아지므로 늑근의 배근은 양단부에서는 촘촘하게, 중앙부에서는 느슨하게 배근한다.

61 | 보
15

철근 콘크리트 보에 관한 설명으로 틀린 것은?

① 단순보는 중앙에 연직 하중을 받으면 휨 모멘트와 전단력이 생긴다.
② T형보는 압축력을 슬래브가 일부 부담한다.
③ 보 단부의 헌치는 주로 압축력을 보강하기 위해 만든다.
④ 캔틸레버 보에는 통상적으로 단면 상부에 철근을 배근한다.

정답 57. ① 58. ④ 59. ② 60. ④ 61. ③

해설 헌치란 보, 슬래브의 단부의 단면을 중앙부의 단면보다 크게 한 부분으로 폭과 높이를 크게 하여 그 부분의 휨 모멘트나 전단력을 견디게 하기 위하여 단부의 단면을 증가한 부분이다. 헌치의 폭은 안목 길이의 1/10~1/12 정도이며, 헌치의 춤은 헌치 폭의 1/3 정도이다.

62 | 보
07

다음의 철근 콘크리트보에 대한 설명 중 옳지 않은 것은?

① 내민보는 보의 한 끝이 지지점에서 내밀어 달려 있는 보이다.
② 연속보에서는 지지점 부분의 하부에서 인장력을 받기 때문에, 이 곳에 주근을 배치하여야 한다.
③ 내민보는 상부에 인장력이 작용하므로 상부에 주근을 배치한다.
④ 단순보에서 부재의 축에 직각인 스터럽의 간격은 단부로 갈수록 촘촘하게 한다.

해설 연속보는 2 이상의 스팬에 일체로 연결된 보이며, 지지점의 상부에서 인장력을 받기 때문에 상부에 주근을 배치하여야 한다.

63 | 보
06, 03

철근 콘크리트 보에 대한 설명 중 옳지 않은 것은?

① 보는 하중을 받으면 휨 모멘트와 전단력이 생긴다.
② T형보는 압축력을 슬래브가 일부 부담한다.
③ 보 단부의 헌치는 주로 압축력을 보강하기 위해 만든다.
④ 보의 인장력이 작용하는 부분에는 반드시 철근을 배근한다.

해설 헌치란 보, 슬래브의 단부의 단면을 중앙부의 단면보다 크게 한 부분으로 폭과 높이를 크게 하여 그 부분의 휨 모멘트나 전단력을 견디게 하기 위하여 단부의 단면을 증가한 부분이다. 헌치의 폭은 안목 길이의 1/10~1/12 정도이며, 헌치의 춤은 헌치 폭의 1/3 정도이다.

64 | 부착력 영향 요인
23, 22, 19, 13

콘크리트와 철근 사이의 부착력에 영향을 주는 것이 아닌 것은?

① 철근의 항복점
② 콘크리트의 압축 강도
③ 철근 표면적
④ 철근의 표면 상태와 단면 모양

해설 철근과 콘크리트의 부착력에 영향을 주는 요인은 철근의 배근 위치와 피복 두께, 콘크리트 압축 강도, 철근의 표면적, 철근의 주장, 철근의 표면 상태와 단면 모양 등이다.

65 | 부착력
13, 06

철근과 콘크리트의 부착력에 대한 설명으로 틀린 것은?

① 부착력은 정착 길이를 크게 증가함에 따라 비례 증가되지는 않는다.
② 압축 강도가 큰 콘크리트일수록 부착력은 커진다.
③ 콘크리트의 부착력은 철근의 주장(周長)에 반비례한다.
④ 철근의 표면 상태와 단면 모양에 따라 부착력이 좌우된다.

해설 u(철근 콘크리트의 부착응력)$=u_c$(철근의 허용 부착응력도)$\times$ ΣO(철근의 주장)$\times L$(정착 길이)이므로, 철근 콘크리트 부재를 설계할 때 부착력을 증가시키기 위하여 인장 철근의 주장을 증가시키려면, 같은 단면적이면 직경이 큰 철근을 조금 사용하는 것보다 작은 철근을 여러 개 사용하는 것이 주장을 늘릴 수 있다.

66 | 부착력
10, 08

철근 콘크리트 구조에서 철근과 콘크리트의 부착력에 대한 설명 중 옳지 않은 것은?

① 철근에 대한 콘크리트의 피복 두께가 얇으면 얇을수록 부착력이 감소된다.
② 철근의 표면 상태와 단면 모양에 따라 부착력이 좌우된다.
③ 콘크리트의 부착력은 철근의 주장에 비례한다.
④ 압축 강도가 작은 콘크리트일수록 부착력은 커진다.

해설 철근과 콘크리트의 부착 강도는 피복 두께, 철근의 단면 모양과 표면 상태, 철근의 주장 및 압축 강도에 따라 변화하며, 콘크리트의 압축 강도와 부착 강도는 비례한다. 즉, 콘크리트의 압축 강도가 작으면 부착 강도도 작아진다.

67 | 철근의 정착 길이의 결정 요소
19③, 18, 17④, 12, 11, 09, 06

다음 중 철근의 정착 길이의 결정 요인과 가장 관계가 먼 것은?

① 철근의 종류
② 콘크리트의 강도
③ 갈고리의 유무
④ 물-시멘트 비

해설 철근의 이음 길이와 정착 길이는 콘크리트의 강도, 철근의 굵기와 종류, 갈고리의 유무 등에 따라 달라진다. 물·시멘트 비는 콘크리트의 강도와 관계가 깊다.

정답 62. ② 63. ③ 64. ① 65. ③ 66. ④ 67. ④

68 | 철근의 정착(압축 이형 철근)
09

압축 이형 철근의 정착에 대한 설명으로 옳은 것은?

① 정착 길이는 철근의 항복 강도가 클수록 길어진다.
② 정착 길이는 콘크리트 강도가 클수록 길어진다.
③ 정착 길이는 항상 200mm 이하로 한다.
④ 정착 길이는 철근의 지름과는 무관하다.

해설 l_{db}(기본 정착 길이)

$$=\frac{0.6d_b(\text{철근의 직경})f_y(\text{철근의 항복 강도})}{\lambda\sqrt{f_{ck}}(\text{설계 기준 강도})}\text{이므로}$$

정착 길이는 철근의 직경, 철근의 항복 강도에 비례하여 길어지고, 설계 기준 강도의 제곱근에 반비례한다. 즉, 철근의 직경과 항복 강도가 클수록 정착 길이는 길어지고, 설계 기준 강도가 클수록 정착 길이는 짧아진다. 정착 길이는 항상 200mm 이상(압축 이형 철근)으로 하여야 한다.

69 | 철근의 정착
10

철근의 정착에 대한 설명으로 옳지 않은 것은?

① 바닥의 철근은 기둥에 정착시킨다.
② 기둥의 주근은 기초에 정착시킨다.
③ 벽의 철근은 기둥, 보 또는 바닥판에 정착시킨다.
④ 보의 주근은 기둥에 정착시킨다.

해설 철근의 정착 위치는 기둥의 주근은 기초에, 바닥판의 철근은 보 또는 벽체에, 벽철근은 기둥, 보, 기초 또는 바닥판에, 보의 주근은 기둥에, 작은 보의 주근은 큰보에, 또 직교하는 끝 부분의 보 밑에 기둥이 없는 경우에는 보 상호간에, 지중보의 주근은 기초 또는 기둥에 정착한다.

70 | 철근의 정착
10, 07

철근의 정착에 대한 설명 중 옳지 않은 것은?

① 철근의 부착력을 확보하기 위한 것이다.
② 정착 길이는 콘크리트의 강도가 클수록 짧아진다.
③ 정착 길이는 철근의 지름이 클수록 짧아진다.
④ 정착 길이는 철근의 항복 강도가 클수록 길어진다.

해설 철근의 정착 길이는 철근의 부착력을 확보하기 위한 것으로 콘크리트 강도(클수록 짧아짐)와 철근의 항복 강도(클수록 길어짐), 철근의 지름(클수록 길어짐) 및 철근의 표면 상태에 따라 달라진다.

71 | 철근의 수평 순간격
09②

철근 콘크리트 띠철근 기둥에서 종방향 철근의 순간격은 철근 공칭 지름에 대하여 최소 얼마 이상으로 하는가?

① 1.2배 ② 1.5배
③ 2.0배 ④ 2.5배

해설 보의 주근의 간격은 배근된 철근의 순간격과 표면의 최단 거리를 말하며, 25mm 이상, 철근 공칭 지름의 1.5배 이상, 굵은 골재 최대치수의 4/3배 이상으로 하고, 기둥의 주근의 간격은 40mm 이상, 철근 공칭 지름의 1.5배 이상, 굵은 골재 최대치수의 4/3배 이상으로 한다.

72 | 기둥의 주근 이음 위치
02

철근 콘크리트 구조 기둥 주근의 이음 위치로 가장 알맞은 것은? (단, 바닥에서부터 높이임.)

① 0.5m 부근에서 ② 1.0m 부근에서
③ 1.5m 부근에서 ④ 2.0m 부근에서

해설 철근 콘크리트 기둥 철근의 이음 위치는 기둥 지점 간의 거리(보통 층높이)의 2/3 이하에 두고, 보통 바닥판 위 1m 위치에 두는 것이 좋으며, 한 자리에서 반 이상을 잇지 아니한다.

73 | 기둥의 최소 단면적
04②, 03, 02, 01, 00, 98

철근 콘크리트 기둥의 단면적은 최소 얼마 이상으로 하여야 하는가?

① $300cm^2$ ② $450cm^2$
③ $600cm^2$ ④ $800cm^2$

해설 철근 콘크리트 기둥의 주근은 D13(ϕ12) 이상의 것을 장방형이나 원형 단면의 기둥에서는 4개 이상, 나선 철근 기둥에서는 6개 이상을 사용하고, 기둥의 최소 단면의 치수는 20cm 이상이고 최소 단면적은 $600cm^2$ 이상이며, 기둥의 간격은 4~8m이다.

74 | 기둥의 최소 단면적과 단면 치수
03

철근 콘크리트 건물 기둥의 최소 단면적과 최소 단면 치수로 옳은 것은?

① $600cm^2$ 이상, 최소 단면 치수는 20cm 이상
② $600cm^2$ 이상, 최소 단면 치수는 25cm 이상
③ $800cm^2$ 이상, 최소 단면 치수는 25cm 이상
④ $800cm^2$ 이상, 최소 단면 치수는 30cm 이상

정답 68. ① 69. ① 70. ③ 71. ② 72. ② 73. ③ 74. ①

해설 철근 콘크리트 기둥의 주근은 D13(ϕ12) 이상의 것을 장방형이나 원형 단면의 기둥에서는 4개 이상, 나선 철근 기둥에서는 6개 이상을 사용하고, 기둥의 최소 단면의 치수는 20cm 이상이고 최소 단면적은 600cm^2 이상이며, 기둥의 간격은 4~8m이다.

75 | 기둥의 최소 단면 치수
04, 99

철근 콘크리트 기둥의 최소 단면 치수는 기둥 간사이의 얼마 이상이어야 하는가?

① 1/10　　② 1/12
③ 1/15　　④ 1/20

해설 철근 콘크리트 기둥의 최소 단면의 치수는 20cm 이상, 기둥 간사이의 1/15 이상이고 최소 단면적은 600cm^2 이상이며, 기둥의 간격은 4~8m이다.

76 | 기둥의 띠철근 간격
22, 21, 15, 09, 02

철근 콘크리트 기둥에서 띠철근의 수직 간격 기준으로 틀린 것은?

① 기둥 단면의 최소 치수 이하
② 종방향 철근 지름의 16배 이하
③ 띠철근 지름의 48배 이하
④ 기둥 높이의 0.1배 이하

해설 띠철근의 간격은 주근 직경의 16배 이하, 띠철근 직경의 48배 이하, 기둥의 최소 치수 이하 중에 최소값으로 한다.(단, 띠철근은 기둥 상·하단으로부터 기둥의 최대 너비에 해당하는 부분에서는 앞에서 설명한 값의 1/2로 한다.)

77 | 기둥의 띠철근(대근)의 역할
03

사각형 단면의 철근 콘크리트 기둥에서 대근의 역할은?

① 주근의 좌굴을 막기 위하여
② 주근 단면을 보강하기 위하여
③ 콘크리트의 압축 강도를 증가시키기 위하여
④ 콘크리트의 수축 변형을 막기 위하여

해설 띠철근(대근)의 역할은 전단력에 대한 보강이 되고, 주근의 위치를 고정하며, 압축력에 의한 주근의 좌굴을 방지한다.

78 | 기둥의 띠철근 간격
19, 17, 14

철근 콘크리트 기둥에 철근 배근 시 띠철근의 수직 간격으로 가장 알맞은 것은? (단, 기둥 단면 400×400mm, 주근 지름 13mm, 띠철근 지름 10mm임)

① 200mm　　② 250mm
③ 400mm　　④ 480mm

해설 철근 콘크리트 기둥의 띠철근의 간격은 주근 직경의 16배 이하(16×13=208mm 이하), 띠철근 직경의 48배 이하(10×48=480mm 이하), 기둥의 최소 치수 이하(400mm 이하) 중의 최소값으로 한다. 그러므로 208mm 이하 즉, 200mm이다.

79 | 기둥의 띠철근(대근)의 간격
19, 15

철근 콘크리트 기둥에서 주근 주위를 수평으로 둘러 감은 철근을 무엇이라 하는가?

① 띠철근　　② 배력근
③ 수축 철근　　④ 온도 철근

해설 기둥에는 대근(띠철근, 장방형 기둥에서 주근의 주위를 둘러 감은 철근)과 나선 철근(원형기둥에서 주근의 주위를 나선형으로 감은 철근) 등이 있다.

80 | 기둥의 주근의 개수(띠철근)
22, 09, 03, 02, 01, 98

사각형이나 원형 띠철근으로 둘러싸인 압축 부재의 축방향 주철근의 최소 개수는?

① 2개 이상　　② 4개 이상
③ 5개 이상　　④ 6개 이상

해설 철근 콘크리트 압축 부재에서 직사각형 및 원형 단면의 띠철근 내부의 축방향 주철근의 개수는 4개 이상이고, 삼각형 띠철근 내부의 철근의 경우는 3개, 나선 철근으로 둘러싸인 철근의 경우는 6개로 하여야 한다.

81 | 기둥의 주근의 개수
22, 20, 19, 17, 15, 13, 09, 07, 03, 02

철근 콘크리트 사각형 기둥에는 주근을 최소 몇 개 이상 배근해야 하는가?

① 2개　　② 4개
③ 6개　　④ 8개

정답 75. ③ 76. ④ 77. ① 78. ① 79. ① 80. ② 81. ②

해설 철근 콘크리트 압축 부재에서 직사각형 및 원형 단면의 띠철근 내부의 축방향 주철근의 개수는 4개 이상이고, 삼각형 띠철근 내부의 철근의 경우는 3개, 나선 철근으로 둘러싸인 철근의 경우는 6개로 하여야 한다.

82 | 철근의 겹침 이음이 금지 직경 06

철근 콘크리트 구조에서 원칙적으로 최소 얼마를 초과하는 철근은 겹침 이음을 하지 않아야 하는가?

① D19 ② D22
③ D35 ④ D41

해설 보나 기둥의 부재에서 철근의 이음은 재료, 운반 거리 등의 이유로 반드시 생기게 마련이고, 중요 부재의 이음 위치는 응력이 작은 부분에 두어야 하며, 원칙적으로 D35를 초과하는 철근은 겹침 이음을 하지 않는다.

83 | 기둥 07

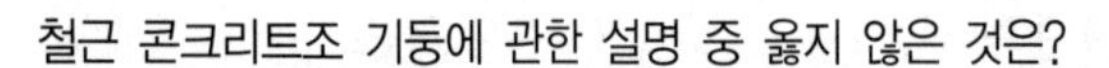

철근 콘크리트조 기둥에 관한 설명 중 옳지 않은 것은?

① 무근 콘크리트로 기둥을 만들 경우 단면이 커져서 실용적이지 않다.
② 띠철근 기둥 단면의 최소치수는 200mm이다.
③ 띠철근 기둥의 단면적은 최소 60,000mm^2 이상이어야 한다.
④ 기둥의 주근은 띠철근 또는 나선 철근이다.

해설 철근 콘크리트 구조에서 기둥의 대근은 띠철근과 나선 철근으로 구성되고, 주근은 압축 철근이다.

84 | 기둥 06

철근 콘크리트 기둥에 관한 설명으로 옳지 않은 것은?

① 축방향의 수직 철근을 주근이라 한다.
② 띠철근은 기둥의 좌굴을 방지한다.
③ 사각기둥과 원기둥에서는 주근을 최소 3개 이상 배근한다.
④ 띠철근 기둥 단면의 최소 치수는 200mm이다.

해설 기둥의 배근에서 주근(축방향 철근)의 최소 개수는 사각형이나 원형 띠철근으로 둘러싸인 경우 4개 이상, 나선 철근으로 둘러싸인 경우 6개 이상으로 하여야 한다.

85 | 기둥 16

철근 콘크리트 기둥의 배근에 관한 설명 중 옳지 않은 것은?

① 기둥을 보강하는 세로 철근, 즉 축방향 철근이 주근이 된다.
② 나선 철근은 주근의 좌굴과 콘크리트가 수평으로 터져 나가는 것을 구속한다.
③ 주근의 최소 개수는 사각형이나 원형 띠철근으로 둘러싸인 경우 6개, 나선 철근으로 둘러싸인 철근의 경우 4개로 하여야 한다.
④ 비합성 압축 부재의 축방향 주철근 단면적은 전체 단면적의 0.01배 이상, 0.08배 이하로 하여야 한다.

해설 기둥의 배근에서 주근(축방향 철근)의 최소 개수는 사각형이나 원형 띠철근으로 둘러싸인 경우 4개 이상, 나선 철근으로 둘러싸인 경우 6개 이상으로 하여야 한다.

86 | 기둥 하나가 지지하는 바닥 면적 04

철근 콘크리트 기둥의 배치에서 기둥 하나가 지지하는 바닥 면적은 층마다 얼마 정도를 기준으로 하는가?

① 10m^2 ② 20m^2
③ 30m^2 ④ 40m^2

해설 철근 콘크리트 기둥의 배치에 있어서, 평면상으로는 같은 간격으로, 단면상으로는 위 층의 기둥 바로 밑에 아래 층의 기둥이 오도록 규칙적으로 배치하고, 기둥 하나가 지지하는 바닥 면적은 30m^{2}를 기준으로 한다. 그러므로 기둥과 기둥을 잇는 큰 보의 길이는 5~7m 정도로 하는데 간사이가 이보다 더 클 때에는 철골조나 철골 철근 콘크리트조로 하는 것이 좋다.

87 | 기둥 03

철근 콘크리트 기둥에 관한 설명으로 틀린 것은?

① 기둥은 보와 함께 라멘 구조의 뼈대를 구성한다.
② 건물의 각 층 바닥 하중을 기초에 전달한다.
③ 축방향 철근이 주근이고, 원형, 다각형 기둥에서 주근 주위를 나선형으로 둘러감은 것을 띠철근이라 한다.
④ 무근 콘크리트로도 할 수 있으나 단면이 커져서 바닥 면적이 감소되어 실용적이 못 된다.

해설 철근 콘크리트 기둥에 있어서 축방향 철근이 주근이고, 원형 기둥에 있어서 주근 주위를 나선형으로 둘러 감은 철근을 나선 철근, 장방형의 기둥에 있어서 주근 주위를 둘러 감은 철근을 대근(띠철근)이라고 한다.

정답 82. ③ 83. ④ 84. ③ 85. ③ 86. ③ 87. ③

88 | 기둥 12

철근 콘크리트 기둥에 관한 설명 중 옳지 않은 것은?

① 철근으로 보강된 콘크리트 기둥은 동일 단면의 무근 콘크리트 기둥보다 수평력에 의한 휨에 유효하게 저항할 수 있다.
② 기둥에서는 축방향 철근의 주근이다.
③ 원형기둥에서 나선형으로 둘러감은 철근은 나선 철근이라 한다.
④ 각각 철근의 이음 위치는 동일 위치가 좋다.

해설 철근 콘크리트 구조에서 철근의 이음 위치는 응력이 작은 곳에서 하고, 철근의 이음 위치는 반 이상을 엇갈리게 배치한다. 즉, 이음 위치는 상이한 것이 좋다.

89 | 기둥 06

철근 콘크리트 기둥에 대한 설명으로 옳지 않은 것은?

① 기둥의 최소 단면적은 60,000mm^2 이상이어야 한다.
② 원형이나 다각형 기둥은 주근을 최소 2개 이상 사용하여야 한다.
③ 띠철근 기둥 단면의 최소 치수는 200mm이다.
④ 띠철근과 나선 철근은 주근의 좌굴을 막는 역할을 한다.

해설 기둥의 배근에서 주근(축방향 철근)의 최소 개수는 사각형이나 원형 띠철근으로 둘러싸인 경우 4개 이상, 나선 철근으로 둘러싸인 경우 6개 이상으로 하여야 한다.

90 | 기둥 23, 20, 12

철근 콘크리트 기둥에 대한 설명 중 옳은 것은?

① 기둥의 주근을 감싸고 있는 철근을 늑근이라 한다.
② 한 건물에서는 기둥의 간격을 다르게 하는 것이 유리하다.
③ 기둥의 축방향 주철근의 최소 개수는 직사각형 기둥의 경우 4개이다.
④ 기둥의 주근은 단면상 한쪽에만 배치하는 것이 유리하다.

해설 기둥의 주근을 감싸고 있는 철근을 대근(띠철근)이라고 하고, 한 건물에서 기둥의 간격을 다르게 하는 것이 불리하며, 기둥의 주근은 단면상 양쪽에 배치하는 것이 유리하다.

91 | 기둥의 배근 04

철근 콘크리트 기둥의 배근에 관한 기술 중 옳지 않은 것은?

① 원형기둥에서 기둥을 보강하는 세로 철근, 즉 축방향 철근이 주근이고, 그 주위에 나선형으로 둘러감은 것을 나선 철근이라 한다.
② 주근의 이음위치는 층높이의 1/2하부에 두고 한자리에서 2/3 이상을 잇지 아니한다.
③ 기둥 하부의 주근은 기초에 정착한다.
④ 사각형 기둥에서는 주근을 4개 이상 사용한다.

해설 기둥 철근 배근 시 철근의 이음 위치는 기둥의 유효 높이의 2/3 이하에 두고, 각 철근의 이음 위치는 가능한 한 분산시킨다.

92 | 압축 부재의 설계 06

다음 중 철근 콘크리트 압축 부재의 설계에 대한 설명으로 틀린 것은?

① 축방향 주철근의 최소 개수는 직사각형 띠철근 내부의 철근의 경우 4개이다.
② 띠철근 압축 부재 단면의 최소 치수는 300mm이다.
③ 띠철근 압축 부재 단면의 최소 단면적은 60,000mm^{2}이다.
④ 나선 철근 압축 부재 단면의 심부 지름은 200mm 이상이어야 한다.

해설 철근 콘크리트의 압축 부재에 있어서 단면의 최소 치수는 200mm 이상이고, 단면적은 600cm^2(60,000mm^2) 이상이며, 나선 철근의 압축 부재 단면의 심부 직경은 200mm 이상이다.

93 | 슬래브 배근의 철근 최소 직경 02

철근 콘크리트 슬래브에 배근하는 철근의 직경은 얼마 이상을 사용하는가?

① D6　② D8
③ D10　④ D13

해설 슬래브 배근 시 주근, 배력근 모두 D10(ϕ9) 이상의 철근을 사용하거나 6mm 이상의 용접 철망을 사용하고, 철근의 간격은 주근의 경우, 20cm 이하, 직경 9mm 미만의 용접 철망을 사용하는 경우에는 15cm 이하로 한다. 또한, 배력근(부근)의 경우에는 30cm 이하, 슬래브 두께의 3배 이하, 직경 9mm 미만의 용접철망을 사용하는 경우에는 20cm 이하로 한다.

정답 88. ④ 89. ② 90. ③ 91. ② 92. ② 93. ③

94 슬래브의 최소 두께
03, 02, 01, 00

철근 콘크리트 구조물의 슬래브 두께는 최소 얼마 이상이어야 하는가?

① 6cm ② 8cm
③ 15cm ④ 20cm

해설 철근 콘크리트 바닥판의 두께는 8cm(경량 콘크리트 10cm) 이상 또는 다음 표에 의한 값 이상으로 하여야 한다.

지지 조건	주변이 고정된 경우의 두께	캔틸레버의 두께
$\lambda>2$의 경우 한 방향으로 배근한 콘크리트 바닥 슬래브	$\frac{l}{28}$	$\frac{l}{10}$
$\lambda\leq 2$의 경우 두 방향으로 배근한 콘크리트 바닥 슬래브	$\frac{l_n}{36+9\beta}$	–

여기서, β : 슬래브의 단변에 대한 장변의 순경간비
l_n: 2방향 슬래브 장변의 순경간
l : 1방향 슬래브 단변의 보 중심간 거리

95 1방향 슬래브의 배근
24, 22, 18, 13, 03, 00

1방향 슬래브에 대하여 배근 방법을 옳게 설명한 것은?

① 단변 방향으로만 배근한다.
② 장변 방향으로만 배근한다.
③ 단변 방향은 온도 철근을 배근하고 장변 방향은 주근을 배근하다.
④ 단변 방향은 주근을 배근하고 장변 방향은 온도 철근을 배근한다.

해설 1방향 슬래브는 단변 방향만 응력에 저항하므로 단변 방향은 주근을 배근하고, 장변 방향은 균열을 방지하기 위한 온도 철근을 배근한다.

96 1방향 슬래브의 조건
09

4변에 의해 지지되는 철근 콘크리트 슬래브 중 장변의 길이가 단변 길이의 몇 배를 넘으면 1방향 슬래브로 해석하는가?

① 2배 ② 3배
③ 4배 ④ 5배

해설 철근 콘크리트 슬래브의 종류에는 1방향 슬래브(순 간사이의 장변과 단변의 비가 2를 초과하는 경우의 슬래브) 즉, β=장변 방향의 순 간사이/단변 방향의 순 간사이>2와 2방향 슬래브(순 간사이의 장변과 단변의 비가 2 이하) 즉, β=장변 방향의 순 간사이/단변 방향의 순 간사이≤2인 슬래브가 있다.

97 1방향 슬래브의 최소 두께
23, 18, 16, 07

철근 콘크리트 구조에서 1방향 슬래브의 두께는 최소 얼마 이상이어야 하는가?

① 80mm ② 100mm
③ 120mm ④ 160mm

해설 1방향 슬래브의 두께는 다음 표에 따라야 하며, 최소 100mm 이상으로 하여야 한다.

구분	최소 두께			
	단순 지지	1단 연속	양단 연속	캔틸레버
	큰 처짐에 의해 손상되기 쉬운 칸막이벽이나 기타 구조물을 지지 또는 부착하지 않은 부재			
두께	$l/20$	$l/24$	$l/28$	$l/10$

98 2방향 슬래브의 조건
23, 21, 19, 18④, 17③, 16, 14, 12②, 11, 02, 00, 98

2방향 슬래브가 되기 위한 조건으로 옳은 것은?

① (장변/단변) ≤ 2 ② (장변/단변) ≤ 3
③ (장변/단변) > 2 ④ (장변/단변) > 3

해설 철근 콘크리트 슬래브 중 2방향 슬래브(순 간사이의 장변과 단변의 비가 2 이하)는 β=장변 방향의 순 간사이/단변 방향의 순 간사이≤2인 슬래브이다.

99 2방향 슬래브의 용어
18, 13

4변으로 지지되는 슬래브로서 서로 직각되는 두 방향으로 주철근을 배치하는 슬래브는?

① 1방향 슬래브 ② 2방향 슬래브
③ 데크 플레이트 슬래브 ④ 캐피탈

해설 2방향 슬래브(순 간사이의 장변과 단변의 비가 2 이하)는 즉, λ=장변 방향의 순 간사이/단변 방향의 순 간사이≤2인 슬래브로서 4변으로 지지되어 있고, 서로 직각되는 두 방향으로 주철근을 배근하는 슬래브이다. 즉, 단변과 장변에 철근을 배근한 슬래브이다.

100 2방향 슬래브 장변의 길이
24, 08, 06, 98

철근 콘크리트 슬래브에서 단변 길이가 3m일 때 2방향 슬래브가 되기 위한 장변 길이는 최대 얼마 이하여야 하는가?

① 4.5m ② 5.0m
③ 6.0m ④ 6.5m

정답 94.② 95.④ 96.① 97.② 98.① 99.② 100.③

해설 철근 콘크리트 슬래브 중 2방향 슬래브의 변장비

즉, $\beta = \frac{\text{장변 방향의 순 간사이}}{\text{단변 방향의 순 간사이}} \leq 2$이다.

즉, 2방향 슬래브의 장변 방향의 순 간사이≦2×단변 방향의 순 간사이이다. 그런데 단변 방향의 순 간사이=3m이다. 그러므로 장변 방향의 순 간사이≦2×단변 방향의 순 간사이=2×3m=6m이다.

101 슬래브의 종류(장변과 단변의 비)
20, 19, 14

슬래브의 장변과 단변의 길이 비를 기준으로 한 슬래브에 해당하는 것은?

① 플랫 슬래브 ② 2방향 슬래브
③ 장선 슬래브 ④ 원형식 슬래브

해설 플랫 슬래브는 보를 없애고 바닥판을 두껍게 해서 보의 역할을 겸하도록 한 구조로서 하중을 직접 기둥에 전달하는 슬래브 또는 철근 콘크리트 구조의 형식 중 층고 문제를 해결하기 위해 주상복합이나 지하 주차장 등에 사용하는 슬래브이다. 장선(리브드, 조이스트) 슬래브는 등간격으로 분할된 장선과 슬래브가 일체로 된 슬래브로, 단부는 보 또는 벽체에, 슬래브는 장선에 의해 지지된다. 원형식 슬래브는 플랫 슬래브의 철근 배근 형식의 일종이다.

102 주근(단변 방향의 철근)
20, 19, 14

직사각형 슬래브에서 단변 방향으로 배치하는 인장 철근의 명칭은?

① 늑근 ② 온도 철근
③ 주근 ④ 배력근

해설 바닥판의 배근에서 주근은 슬래브의 단변 방향의 인장 철근이고, 부근(배력근)은 슬래브의 장변 방향의 인장 철근으로 주근의 안쪽에 배근한 철근이다.

103 주근(단변 방향)의 간격
04, 00, 98

철근 콘크리트 슬래브에서 단변 방향 주근의 간격은 얼마 이하로 하는가? (D10 철근 사용)

① 10cm ② 20cm
③ 30cm ④ 40cm

해설 철근 콘크리트 바닥판의 배근 간격은 주근의 경우 20cm 이하, 직경 9mm 미만의 용접 철망을 사용하는 경우에는 15cm 이하로 한다. 부근(배력근)의 경우 30cm 이하, 바닥판 두께의 3배 이하, 직경 9mm 미만의 용접 철망을 사용하는 경우에는 20cm 이하로 한다.

104 배력근의 용어
20, 13

바닥판의 주근을 연결하고 콘크리트의 수축, 온도 변화에 의한 열응력에 따른 균열을 방지하는 데 유효한 철근을 무엇이라 하는가?

① 굽힘 철근 ② 늑근
③ 띠철근 ④ 배력근

해설 굽힘 철근은 중앙부의 하부 철근을 굽혀 올려 단부의 상부 철근으로 이용하는 철근이고, 늑근은 철근 콘크리트 보의 전단력에 저항하는 철근이며, 띠철근(대근)은 기둥의 주근 좌굴을 방지하기 위한 철근이다.

105 배력근(온도 조절 철근)의 역할
24, 19, 18③, 17, 14

온도 조절 철근(배력근)의 역할과 가장 거리가 먼 것은?

① 균열 방지 ② 응력의 분산
③ 주철근 간격 유지 ④ 주근의 좌굴 방지

해설 바닥판에 배근하는 철근인 온도 조절 철근(배력근)의 역할은 균열을 방지하고, 응력을 분산하며, 주철근의 간격을 유지하는 역할을 한다. 주근의 좌굴 방지는 기둥에서 대근(띠철근)의 역할이다.

106 철근의 주된 역할
16

철근 콘크리트 구조에서 각 철근의 주된 역할로 옳지 않은 것은?

① 띠철근 : 휨 모멘트에 저항
② 온도 철근 : 균열 방지
③ 훅 : 철근의 정착
④ 늑근 : 전단 보강

해설 철근 콘크리트 기둥의 띠철근(대근)은 풍하중과 지진 하중 등과 같은 수평 방향으로 작용하는 하중에 대한 전단력 보강에 사용되고, 주근의 위치를 고정하며, 압축력에 의한 주근의 좌굴 방지를 한다.

107 슬래브(플랫 슬래브)의 용어
18③, 17, 14, 11

보가 없이 바닥판을 기둥이 직접 지지하는 슬래브는?

① 드롭 패널 ② 플랫 슬래브
③ 캐피탈 ④ 워플 슬래브

해설 드롭 패널은 플랫 슬래브 구조에서 기둥 머리 둘레의 바닥을 특히 두껍게 한 부분이고, 캐피탈(주두)은 기둥 머리를 장식하고, 공포 부재를 받는 됫박처럼 네모지게 만든 부재이다. 워플 슬래브는 장선 슬래브의 장선을 직교시켜 구성한 우물 반자 형태로 된 2방향의 장선 슬래브이다.

정답 101. ② 102. ③ 103. ② 104. ④ 105. ④ 106. ① 107. ②

108 | 슬래브(플랫 슬래브)의 용어
23②, 22, 21, 20, 12, 06

보를 없애고, 바닥판을 두껍게 해서 보의 역할을 겸하도록 한 구조로서, 하중을 직접 기둥에 전달하는 슬래브는?

① 장방향 슬래브　　② 장선 슬래브
③ 플랫 슬래브　　④ 워플 슬래브

해설 장선(리브드, 조이스트) 슬래브는 등간격으로 분할된 장선과 슬래브가 일체로 된 슬래브로, 단부는 보 또는 벽체에, 슬래브는 장선에 의해 지지된다. 워플 슬래브는 장선 슬래브의 장선을 직교시켜 구성한 우물 반자 형태로 된 2방향의 장선 슬래브이다.

109 | 슬래브(플랫 슬래브)의 용어
23, 10

철근 콘크리트 구조의 형식 중 층고 문제를 해결하기 위해 주상복합이나 지하 주차장 등에 사용하는 것은?

① 벨트트러스 구조　　② 다이아그리드 구조
③ 막 구조　　④ 플랫 슬래브 구조

해설 벨트 트러스 구조는 지렛대 작용을 하여 측방향 응력을 직접 외주에 전달하는 구조이고, 다이아그리드 구조는 대각 가새를 이용한 구조이다. 막 구조는 텐트나 천막은 자체로서는 전혀 하중을 지지할 수 없는 막을 잡아당겨 인장력을 주면 막 자체에 강성이 생겨 구조체로 힘을 받을 수 있는 구조이다.

110 | 슬래브(플랫 슬래브)의 구조
04

철근 콘크리트 플랫 슬래브 구조에 대한 설명 중 옳지 않은 것은?

① 2방향 배근 방식일 경우 바닥판 두께는 15cm 이상으로 한다.
② 기둥의 단면 최소치수는 기둥 중심 거리의 1/15 이상, 또는 25cm 이상으로 한다.
③ 고층 건물에는 부적당하고, 저층 건물인 학교, 창고, 공장 등에 이용된다.
④ 건물의 외부보를 제외하고는 내부에는 보 없이 바닥판만으로 구성하고 그 하중은 직접 기둥에 전달하는 것이다.

해설 무량판(플랫 슬래브) 구조에 있어서 기둥의 치수는 한 변의 길이 D(원형기둥에 있어서는 직경)는 그 방향의 기둥 중심 사이의 거리의 1/20 이상, 300mm 이상 및 층높이의 1/15 이상이고, 바닥판의 두께는 150mm 이상으로 한다. 단, 지붕 바닥판은 이 제한에 따르지 않아도 좋으나, 일반 바닥판은 최소 두께 이하로 해서는 안 된다.

111 | 슬래브(플랫 슬래브)의 두께
03

철근 콘크리트 플랫 슬래브의 두께는 얼마 이상으로 하는가?

① 8cm　　② 12cm
③ 15cm　　④ 18cm

해설 무량판(플랫 슬래브) 구조의 바닥판의 두께는 150mm(=15cm) 이상으로 한다. 단, 지붕 바닥판은 이 제한에 따르지 않아도 좋으나, 일반 바닥판의 최소 두께 이하로 해서는 안 된다.

112 | 슬래브(플랫 슬래브)의 구조
04

철근 콘크리트 슬래브에 관한 설명 중 옳지 않은 것은?

① 두께는 최소 12cm 이상으로 한다.
② 단변 방향의 철근 간격은 20cm 이하로 한다.
③ 장변 방향의 철근 간격은 30cm 이하로 한다.
④ 슬래브의 인장 철근은 D10 이상을 사용한다.

해설 슬래브의 두께는 8cm 이상(경량 콘크리트는 10cm 이상) 또는 산정식에 의한 값 이상으로 하여야 한다.

113 | 슬래브의 구조
06

철근 콘크리트 슬래브에 대한 설명 중 옳은 것은?

① 1방향 슬래브는 2방향으로 주근을 배근하는 것이 원칙이다.
② 나선 철근은 콘크리트 수축이나 온도 변화에 따른 균열을 방지하기 위해서 사용된다.
③ 플랫 슬래브는 기둥 주위의 전단력과 모멘트를 감소시키기 위해 드롭패널과 주두를 둔다.
④ 1방향 슬래브는 슬래브에 작용하는 모든 하중이 장변 방향으로만 전달되는 것으로 본다.

해설 1방향 슬래브의 주근은 단변 방향으로 배근하고, 장변 방향으로는 배력근 또는 온도 철근을 배근하며, 나선 철근은 기둥의 주근의 좌굴을 방지하기 위하여 배근하고, 1방향 슬래브는 슬래브에 작용하는 모든 하중이 단변 방향으로만 전달되는 것으로 본다.

정답 108. ③　109. ④　110. ②　111. ③　112. ①　113. ③

114 | 슬래브의 배근 시 주의사항
03

슬래브 배근상의 주의사항을 설명한 것이다. 적합하지 않은 것은?

① 슬래브의 인장 철근은 ϕ9, D10 이상 또는 지름 6mm 이상의 용접 철망을 사용한다.
② 단변 방향 중앙부의 철근의 간격은 20cm 이하로 한다.
③ 중앙부 배력근의 간격은 30cm 이하 또는 슬래브 두께의 3배 이하로 한다.
④ 단변 방향 철근은 그 성질상 반드시 장변 방향 철근의 안쪽에 배근하도록 한다.

해설 슬래브 배근에 있어서 주근은 휨 모멘트에 견딜 수 있도록 하기 위하여 단면 2차 모멘트를 크게 하여야 하며, 이를 위하여 주근(단변 방향의 철근)은 배력근(장변 방향의 철근)의 바깥쪽에 배근하여야 한다.

115 | 계단(경사보식)
12

철근 콘크리트 구조의 경사보식 계단에 대한 설명 중 옳지 않은 것은?

① 4변이 지지된 계단으로 본다.
② 좌우벽이나 측보로 지지한다.
③ 단변 방향에는 배력근, 장변 방향에는 주근을 배치한다.
④ 계단의 너비와 간사이가 큰 경우에 많이 사용된다.

해설 철근 콘크리트 구조의 경사보식의 계단은 계단의 너비가 큰 경우에 사용하는 방식으로 좌우벽이나 측벽에 지지되며, 4변이 지지된 계단이다. 특히, 철근 배근에 있어서 단변 방향에는 주근을, 장변 방향에는 배력근(부근)을 배근한다.

116 | 벽의 종류와 역할
13

벽의 종류와 역할에 대하여 가장 바르게 연결된 것은?

① 공간벽 – 벽돌 절감
② 전단벽 – 테두리보 설치 용이
③ 플라잉 월(flying wall) – 횡력 보강
④ 부축벽(buttress) – 기둥 수량 감소

해설 공간벽은 단열, 방음, 방습 및 보온에 효과가 있고, 전단벽은 수평 하중에 주로 저항하는 벽이며, 부축벽은 내력벽이 긴 경우에 내력벽의 보강을 위하여 설치하는 벽이다.

117 | 벽의 종류와 역할
11

벽의 종류와 역할에 대하여 가장 바르게 연결된 것은?

① 지하 외벽–결로 방지
② 실내의 칸막이벽–슬래브 지지
③ 옹벽의 부축벽–벽의 횡력 보강
④ 코어의 전단벽–기둥 수량 감소

해설 지하 외벽은 내력벽으로 하중을 부담하고, 실내의 칸막이벽은 칸막이 역할을 하며, 코어의 전단벽은 벽면에 평행하게 작용하는 수평력에 저항하여 면내 휨과 전단력만이 주대상이 된다.

118 | 벽의 최소 두께(복배근)
21, 20②, 08, 07, 06, 05, 01, 98

철근 콘크리트 구조의 내력벽에서 수직 및 수평 철근을 벽면에 평행하게 양면으로 배치하여야 하는 벽체의 최소 두께는?

① 100mm ② 150mm
③ 200mm ④ 250mm

해설 철근 콘크리트 벽체의 두께가 25cm(250mm) 이상인 경우에는 복배근을 하고, 벽에 D10 이상의 철근을 45cm 이하의 간격으로 배근하며, 벽체의 최소 두께는 15cm 이상으로 하여야 한다. 또한, 배근 방법에는 가로·세로 철근을 배치하는 2방향 배근법과 대각선 방향으로 배치하는 4방향 배근법이 있다.

119 | 벽의 최소 두께(축방향 하중)
08

축방향 하중을 받는 철근 콘크리트 벽체의 두께는 최소 얼마 이상이어야 하는가?

① 100mm ② 150mm
③ 200mm ④ 300mm

해설 축방향 하중을 받는 철근 콘크리트 벽체의 최소 두께는 수직 또는 수평 지지점 간의 거리 중 작은 값의 1/25 이상이거나 또는 100mm 이상이어야 하며, 지하실 외벽 및 기초 벽체의 두께는 200mm 이상으로 하여야 한다.

120 | 지하실 외벽과 기초 벽체
09

축방향 하중을 받는 지하실 외벽 및 기초 벽체의 두께는 최소 얼마 이상이어야 하는가?

① 100mm ② 150mm
③ 200mm ④ 300mm

해설 축하중을 받는 지하실의 외벽 및 기초 벽체의 두께는 최소 200mm 이상으로 하여야 한다.

정답 114. ④ 115. ③ 116. ③ 117. ③ 118. ④ 119. ① 120. ③

121 | 벽철근의 최소 직경
02, 99

철근 콘크리트 내력벽에 배근할 철근 직경은 최소 얼마 이상으로 하는가?

① D10 ② D13
③ D16 ④ D19

해설 철근 콘크리트의 벽체 중 내진벽(내력벽)은 기둥과 보로 둘러싸인 벽으로 수평 하중(지진력, 바람 등)에 대해서 안전하도록 설계하고, 내력벽의 두께는 15cm 이상으로 한다. 내력벽의 두께가 25cm 이상인 경우에는 복근으로 배근하여야 한다. 또한, 사용 철근은 $\phi 9$ 또는 D10 이상을 사용하여야 한다.

122 | 내진벽의 배치
14, 07

철근 콘크리트 내진벽의 배치에 관한 설명으로 틀린 것은?

① 위·아래층에서 동일한 위치에 배치한다.
② 아래층에 많이 배치한다.
③ 평면상으로 교점이 없으면 외력에 대한 저항력이 크다.
④ 하중을 고르게 부담하도록 배치한다.

해설 철근 콘크리트 내진벽은 수평력에 대하여 가장 유효하게 작용하고, 그 부담력이 고르게 되도록 내진벽의 평면상 교점이 2개 이상이면 안정되지만, 교점이 없거나 하나인 경우에는 불안정하게 된다. 또한, 내진벽은 상·하층 모두 같은 위치에 오도록 배치한다.

123 | 내진벽
24, 12, 08

다음 중 철근 콘크리트 구조의 내진벽에 관한 설명으로 틀린 것은?

① 내진벽은 수평 하중에 대하여 저항할 수 있도록 설계된 벽체이다.
② 평면상으로 둘 이상의 교점을 가지도록 배치한다.
③ 하중을 벽체가 고르게 부담할 수 있도록 배치한다.
④ 내진벽은 상부층에 많이 배치하는 것이 바람직하다.

해설 철근 콘크리트 내진벽은 수평력에 대하여 가장 유효하게 작용하고, 그 부담력이 고르게 되도록 내진벽은 상·하층 모두 같은 위치에 오도록 배치하며, 하부층에 많이 배치하는 것이 바람직하다.

124 | 하중의 분류(하중 방향)
16

하중의 작용 방향에 따른 하중 분류에서 수평 하중에 포함되지 않는 것은?

① 활하중 ② 풍하중
③ 수압 ④ 토압

해설 수평 하중의 종류에는 지진 하중, 풍하중, 토압 및 수압 등이 있고, 수직 하중에는 적설·적재 및 고정 하중 등이 있다. 활하중은 구조물의 사용과 점용 등에 의해 발생하는 하중으로 교량 위를 지나는 차량, 사람, 열차 등에 의한 하중으로 수직 하중이다.

125 | 하중의 분류(수평 방향)
09

다음 중 건축물에 수평으로 작용하는 하중은?

① 적설 하중 ② 고정 하중
③ 적재 하중 ④ 지진 하중

해설 수평 하중의 종류에는 지진 하중과 풍하중, 토압 및 수압 등이 있고, 적설, 적재 및 고정 하중은 수직 하중이다.

126 | 고정단의 용어
13, 08

구조물의 지점의 종류 중 이동과 회전이 불가능한 지점 상태로 반력은 수평 반력과 수직 반력, 그리고 모멘트 반력이 생기는 것은?

① 회전단 ② 이동단
③ 활절 ④ 고정단

해설 지점의 종류

구분	힘의 종류		
힘의 방향	수직 방향의 반력	수평 방향의 반력	회전(모멘트) 방향의 반력
이동 지점	저항함	저항 못함	
회전 지점	저항함		저항 못함
고정 지점	저항함		

127 | 휨 모멘트의 용어
11

부재를 휘게 하려는 힘을 무엇이라 하는가?

① 강성 ② 인장력
③ 압축력 ④ 휨 모멘트

정답 121. ① 122. ③ 123. ④ 124. ① 125. ④ 126. ④ 127. ④

해설 강성은 구조물이나 부재에 외력이 작용할 때 변형이나 파괴되지 않으려는 성질로, 외력을 받더라도 변형이 적은 것을 강성이 크다고 하며, 탄성계수와 밀접한 관계가 있다. 인장력은 물체를 양쪽에서 잡아당기는 상태로서 축방향으로 늘어나도록 하는 힘이며, 압축력은 인장력과 반대로 물체를 양쪽에서 누르는 상태로서 축방향으로 줄어들도록 하는 힘이다.

128 전단력의 용어
10, 08, 03

부재에 하중이 작용하면 각 부재의 내부에는 외력에 저항하는 힘인 응력이 생기는데, 다음 중 부재를 직각으로 자를 때에 생기는 것은?

① 인장 응력 ② 압축 응력
③ 전단 응력 ④ 휨 모멘트

해설 인장 응력은 축방향력의 하나로서 물체의 내부에 생기는 응력 가운데 잡아당기는 작용을 하는 응력이고, 압축 응력은 축방향력의 하나로서 부재의 끝에 작용하는 외력이 서로 미는 것처럼 가해질 때, 부재의 내부에 생기는 응력이며, 휨 모멘트는 외력을 받아 부재가 구부러질 때, 작용하는 응력이다.

129 드라이 에어리어의 용어
12

지하실 외부에 흙막이벽을 설치하고 그 사이에 공간을 둔 것이며, 방수, 채광, 통풍에 좋도록 설치한 것은?

① 드라이 에어리어 ② 이중벽
③ 방습층 ④ 선루프

해설 이중벽은 이중으로 되어 있는 벽으로 방수나 방습을 목적으로 밖벽을 이중으로 하여 투수가 되어도 실내에 직접 영향을 받지 않고 침입한 물이 적당한 방법으로 배수하는 벽으로, 밑으로 배수구 또는 배수관을 설치하며 습윤한 공기를 배출시킬 수 있게 하는 벽이다. 방습층은 마루 밑 접지 부근에서 벽을 타고 상승하는 습기를 막기 위해 조적조(벽돌조, 석조, 블록조 등)일 경우 적당한 위치에 수평 방습층을 설치하는 아스팔트 모르타르, 방수 모르타르 또는 천연 슬레이트판을 설치한 층이며, 선루프는 개폐식 지붕이다.

130 신축 이음의 위치
16

신축 이음새(Expansion joint)를 설치해야 하는 위치와 가장 거리가 먼 것은?

① 기존 건물과의 접합부
② 저층의 긴 건물과 고층 건물의 접속부
③ 평면이 복잡한 부분에서의 교차부
④ 단면이 균일한 소규모 바닥판

해설 철근 콘크리트 신축 이음의 설치 위치는 ①, ② 및 ④ 이외에 건축물의 한 끝에 달린 날개형의 건축물, 50~60m를 넘는 건축물, 두 고층 사이에 있는 긴 저층 건축물 및 평면이 ㄴ, ㄷ, T자형의 교차 부분 등이다.

131 보의 중량 산정
19, 18, 17, 09, 07, 04

다음과 같은 조건에서 철근 콘크리트보의 중량은?

- 보의 단면 너비 : 40cm
- 보의 높이 : 60cm
- 보의 길이 : 900cm
- 철근 콘크리트보의 단위 중량 : 2,400kg/m^3

① 5,184kg ② 518.4kg
③ 2,592kg ④ 259.2kg

해설 중량(무게)=비중×체적=비중×너비×춤×길이이다. 계산 시에는 단위를 통일하여야 하므로, 즉, 비중이 kg/m^{3}이므로 너비, 춤 및 길이를 m로 환산하여야 한다. 그런데 비중=2,400kg/m^3, 너비=40cm=0.4m, 춤=60cm=0.6m, 길이=900cm=9m이므로, 중량=비중×너비×춤×길이=2,400×0.4×0.6×9=5,184kg이다.

4 철골 구조

01 철골(강) 구조의 특징
21, 14

강구조의 특징을 설명한 것 중 옳지 않은 것은?

① 강도가 커서 부재를 경량화할 수 있다.
② 콘크리트 구조에 비해 강도가 커서 바닥 진동 저감에 유리하다.
③ 부재가 세장하여 좌굴하기 쉽다.
④ 연성 구조이므로 취성 파괴를 방지할 수 있다.

해설 강(철골) 구조는 콘크리트 구조에 비해 강도가 크나, 바닥 진동 저감에는 불리하다.

02 철골(강) 구조의 특징
13

철골 구조의 특성에 관한 기술 중 옳지 않은 것은?

① 고층이나 대규모 건물에 많이 사용된다.
② 내화적이다.
③ 정밀한 가공을 요한다.
④ 가구식 구조이다.

정답 128. ③ 129. ① 130. ④ 131. ① / 01. ② 02. ②

해설 철골(강)구조의 특성 중 화재에 약한 단점, 즉 내화성이 부족한 단점이 있다.

03 | 철골(강) 구조의 단점
03

다음 중 철골 구조의 약점이라 할 수 없는 것은?

① 내식성　　② 내화성
③ 내구성　　④ 좌굴

해설 철골 구조의 단점은 열에 약하고 고온에서는 강도가 저하되기 때문에 내화에 특별한 주의가 필요하고, 접합에 유의하여야 하며, 부재가 세장하기 때문에 변형이나 좌굴이 생기기 쉽다. 또한, 일반적으로 녹(부식)이 슬기 쉬우므로 녹막이 처리가 필수적이다.

04 | 개구부 설치 제약을 받는 구조
16, 11

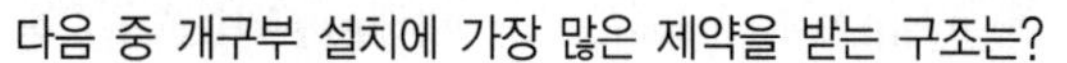

다음 중 개구부 설치에 가장 많은 제약을 받는 구조는?

① 목 구조　　② 블록 구조
③ 철근 콘크리트 구조　　④ 철골 구조

해설 건축물의 구조 기준 등에 관한 규칙에 규정된 조적조의 개구부 규정에 따르면, 많은 규정을 하고 있으므로 개구부 설치에 가장 많은 제약을 받는 구조는 조적조(벽돌, 블록, 돌구조 등)이다.

05 | 철골(강) 구조의 용어
13, 08

다음 중 건물 전체의 무게가 비교적 가벼우면서 강도가 커 고층이나 간사이가 큰 대규모 건축물에 적합한 구조는?

① 철근 콘크리트 구조　　② 철골 구조
③ 목구조　　④ 블록 구조

해설 철근 콘크리트 구조는 철근을 배근한 다음 거푸집에 콘크리트를 부어넣어 각 구조부를 일체로 구성한 구조로서 내구, 내화, 내진성이 뛰어나나, 자중이 무겁고 시공 과정이 복잡하다. 목구조는 목재를 접합하여 건물의 뼈대를 구성하는 구조로서 비교적 저층의 주택에 적합하고, 가볍고 가공성이 좋으며 친화감이 있고 미려하나, 연소하기 쉽고 부패하기 쉽다. 블록 구조는 속 빈 콘크리트 블록을 쌓아올려 뼈대를 구성한 구조로 빈 속에 철근을 배근하고 콘크리트를 부어넣으면 내구, 내화, 내진 구조를 경제적으로 구성할 수 있다.

06 | 철골(강) 구조
22, 14, 07

강 구조에 관한 설명 중 옳지 않은 것은?

① 내구, 내화적이다.
② 좌굴의 위험성이 높다.
③ 철근 콘크리트조에 비해 경량이다.
④ 고층 건물이나 장스팬 구조에 적당하다.

해설 강(철골) 구조는 구조체의 자중에 비하여 강도가 강하고, 현장 시공의 공사 기간을 단축할 수 있으며, 재료의 품질을 확보할 수 있고, 모양이 경쾌한 구조물인 장점이 있으나 열에 약하고, 고온에서는 강도가 저하되므로 내화에 특별한 주의가 필요하다.

07 | TMCP강의 용어
23②, 22, 21, 20, 18③, 17, 12

다음 중 구조물의 고층화, 대형화의 추세에 따라 우수한 용접성과 내진성을 가진 극후판의 고강도 강재는?

① TMCP강　　② SS강
③ FR강　　④ SN강

해설 ②의 SS강은 일반 구조용 압연 강재이고, ③의 FR강은 600℃의 이하 범위에서 무내화 피복이 가능한 내화강이며, ④의 SN강은 건축물의 내진 성능을 확보하기 위한 건축 구조용 압연강이다. TMCP강은 Thermo Mechanichal Control Process steel의 약자이다.

08 | 철골(강) 구조
08

강 구조에 대한 다음 설명 중 옳지 않은 것은?

① 고층 건물이나 장스팬 구조에 적합하다.
② 내화성이 우수하여 별도의 조치가 필요 없다.
③ 부재가 세장하므로 좌굴의 위험성이 높다.
④ 소성 변형 능력이 크다.

해설 강(철골) 구조는 열에 약하고, 고온에서는 강도가 저하되므로 내화에 특별한 주의가 필요하다.

09 | 철골(강) 구조
24, 10

철골 구조에 대한 설명으로 옳지 않은 것은?

① 구조재의 자중이 내력에 비해 작다.
② 강재는 연성이 커서 상당한 변위에도 견디어 낼 수 있다.
③ 열에 강하고 고온에서 강도가 증가한다.
④ 단면에 비해 부재가 세장하므로 좌굴하기 쉽다.

해설 강(철골) 구조는 열에 약하고, 고온에서는 강도가 저하되므로 내화에 특별한 주의가 필요하다.

정답 03. ③ 04. ② 05. ② 06. ① 07. ① 08. ② 09. ③

10 | 철골(강) 구조
10

철골 구조에 대한 설명 중 옳지 않은 것은?

① 내구, 내화, 내진적이다.
② 장 스팬(span)이 가능하다.
③ 해체 수리가 가능하다.
④ 철근 콘크리트 구조물에 비하여 중량이 가볍다.

해설 강(철골) 구조는 열에 약하고, 고온에서는 강도가 저하되므로 내화에 특별한 주의가 필요하다.

11 | 철골(강) 구조
10, 09

다음 중 철골 구조에 대한 설명으로 옳지 않은 것은?

① 벽돌 구조에 비하여 수평력이 강하다.
② 장스팬 구조가 가능하다.
③ 화재에 대비하기 위해서 적당한 내화 피복이 필요하다.
④ 철근 콘크리트 구조에 비하여 동절기 기후의 영향을 많이 받는다.

해설 철골(강) 구조는 볼트, 리벳 및 용접 등으로 부재를 접합함으로써 건식 공법에 의한 공사가 가능하므로 동절기 기후에 영향을 거의 받지 않는 구조이다.

12 | 철골(강) 구조
07

다음 중 철골 구조에 대한 설명으로 틀린 것은?

① 내진적 즉, 수평력에 강하다.
② 큰 간사이 구조가 가능하다.
③ 불연성이다.
④ 고열(高熱)과 부식에 강하다.

해설 강(철골) 구조는 구조체의 자중에 비하여 강도가 강하고, 현장 시공의 공사 기간을 단축할 수 있으며, 재료의 품질을 확보할 수 있고, 모양이 경쾌한 구조물인 장점이 있으나 열에 약하고, 고온에서는 강도가 저하되므로 내화에 특별한 주의가 필요하다.

13 | 강 구조의 구조 형식상 분류
20, 17, 10, 07

다음 중 철골 구조의 구조 형식상 분류에 속하지 않는 것은?

① 트러스 구조　② 입체 구조
③ 라멘 구조　④ 강관 구조

해설 철골 구조의 분류

재료상 분류	보통 형강 구조, 경량 철골 구조, 강관 구조, 케이블 구조
구조 형식상 분류	라멘 구조, 가새 골조 구조, 튜브 구조, 트러스 구조, 평면 구조(골조 구조, 아치 구조, 벽식 구조 등) 및 입체 구조(절판 구조, 셀 구조와 돔 구조, 입체 트러스 구조, 현수 구조, 막 구조 등) 등

14 | 강 구조의 구조 형식상 분류
17, 10

철골 구조의 구조 형식상 분류에 속하지 않는 것은?

① 트러스 구조　② 현수 구조
③ 아치 구조　④ 경량 철골 구조

해설 철골 구조의 구조 형식상 분류에는 라멘 구조, 가새 골조 구조, 튜브 구조, 트러스 구조, 평면 구조(골조 구조, 아치 구조, 벽식 구조 등) 및 입체 구조(절판 구조, 셀 구조와 돔 구조, 입체 트러스 구조, 현수 구조, 막 구조 등) 등이 있고, 경량 철골 구조는 재료상 분류에 속한다.

15 | 철골(강) 구조
03

철골조에 대한 기술 중 옳은 것은?

① 웨브재를 플랜지에 경사로 댄 것을 격자보라 한다.
② 격자보에 접합판을 대서 접합한 보를 래티스보라 한다.
③ 래티스 보의 웨브판은 두께 6~12mm로 한다.
④ 격자보는 콘크리트에 피복되지 않고 단독으로 쓰일 때가 많다.

해설 격자보는 상하 플랜지에 ㄱ자 형강을 대고 플랜지에 웨브재를 직각(90°)으로 접합한 보를 말하며, 콘크리트로 피복되지 아니하고 단독으로 사용되는 경우는 거의 없다. 래티스 보는 상하 플랜지에 ㄱ자 형강을 대고 플랜지에 웨브재를 45°, 60°로 접합한 보를 말하며, 주로 지붕 트러스의 작은 보, 부지붕틀로 사용한다.

16 | 철골(강) 구조의 접합 방법
24, 21, 18, 12, 09, 08, 04, 03

다음 중 철골 구조에서 사용되는 접합 방법에 속하지 않는 것은?

① 용접 접합
② 듀벨 접합
③ 고력 볼트 접합
④ 핀접합

정답 10.① 11.④ 12.④ 13.④ 14.④ 15.③ 16.②

해설 철골 구조의 접합에는 핀접합(교절(핀)로 부재를 연결하는 것이고, 연결된 곳에서 부재가 이동하지 못하는 접합법), 고력볼트 접합(볼트를 조이면 그 힘에 의하여 생기는 접합재 사이의 마찰력에 따라 응력을 전달하는 접합법) 및 용접 접합(설계와 재료 및 시공에 유의하면 가장 신뢰도가 높은 접합 방법) 등이 사용된다. 듀벨 접합은 목재의 접합에서 목재와 목재의 사이에 끼워 전단에 대한 저항 작용을 하는 보강 철물로서 볼트와 함께 사용한다.

17 | 접합(볼트와 구멍의 직경)
03

철골 구조에서 보통 볼트로 접합 시 볼트 구멍은 볼트 직경보다 얼마 이상 크게 해서는 안 되는가?

① 0.2mm ② 0.5mm
③ 0.9mm ④ 1.2mm

해설 철골 공사에 있어서 볼트의 구멍은 볼트의 지름보다 0.5mm 이내의 한도 내에서 크게 뚫을 수 있다. 즉, 볼트의 구멍 직경 ≤볼트의 직경+0.5mm이다. 또한 볼트 접합에 있어서 피치나 게이지 등은 리벳과 동일하다.

18 | 접합(리벳 상호 간의 간격)
04, 02, 01, 00, 98

철골 구조에서 리벳 상호 간의 중심 간격은 최소한 리벳 지름의 몇 배 이상으로 하여야 하는가?

① 1.5배 ② 2배
③ 2.5배 ④ 3배

해설 리벳치기의 표준 피치는 리벳 직경의 3~4배이고, 최소한 2.5배 이상이어야 한다.

19 | 접합판의 총두께와 리벳의 직경
02, 01, 99

철골 구조에서 리벳으로 접합하는 판의 총두께는 리벳 지름의 얼마 이하로 하는가?

① 3배 ② 4배
③ 5배 ④ 6배

해설 철골 구조에 있어서 리벳으로 접합하는 판의 총두께는 리벳 직경의 5배 이하로 하여야 한다.

20 | 접합(기준선의 용어)
02

철골 구조를 구성하는 부재의 응력 중심선에 해당하는 용어는?

① 게이지 라인 ② 중심선
③ 기준선 ④ 클리어런스

해설 게이지 라인은 재축 방향의 리벳 중심선을 말하고, 중심선은 부재 단면의 중심선을 말하며, 부재의 기준선은 구조체의 역학상의 중심선 또는 부재의 응력 중심선을 말한다. 또한, 클리어런스는 리벳과 수직재면의 거리를 말한다.

21 | 접합(클리어런스의 정의)
04, 02, 98

철골 구조의 리벳에 관한 세부 명칭 중 클리어런스의 의미는?

① 재축방향의 리벳 중심선
② 게이지 라인상의 리벳 간격
③ 리벳으로 접합되는 재의 총두께
④ 리벳과 수직재면과의 거리

해설 ①은 게이지 라인, ②는 피치, ③은 그립, ④는 클리어런스를 의미한다.

22 | 접합(게이지의 용어)
11

철골 구조에서 각 게이지 라인 간의 거리 또는 게이지 라인과 재면의 거리를 의미하는 용어는?

① 게이지 ② 클리어런스
③ 피치 ④ 그립

해설 게이지는 각 게이지 라인 간의 거리 또는 게이지 라인과 재면의 거리이고, 클리어런스는 리벳과 수직재 면의 거리이며, 피치는 게이지 라인상의 리벳의 간격이다. 또한, 그립은 리벳으로 접합하는 재의 총 두께이다.

23 | 접합(고력 볼트 접합의 용어)
23, 20②, 19, 07, 06, 00

철골 구조의 접합에서 접합면에 생기는 마찰력으로 힘이 전달되는 것으로 마찰 접합이라고도 불리우는 것은?

① 리벳 접합 ② 핀 접합
③ 고력 볼트 접합 ④ 용접 접합

해설 리벳 접합은 강판에 구멍을 뚫고 리벳을 넣어 양 쪽에서 두들겨 접합하는 방식이고, 핀(힌지) 접합은 수직, 수평 방향의 힘에 저항할 수 있으나, 회전력에는 저항할 수 없는 접합이다. 용접 접합은 모재인 강재의 접합부를 고온으로 녹이고, 모재와 모재 사이에 용착 금속을 녹여 넣어 접합부를 일체로 만드는 접합이다.

24 | 접합(고력 볼트 접합의 원리)
10, 04

다음 중 고력 볼트의 접합 원리에 해당하는 것은?

① 휨 모멘트 ② 압축력
③ 전단력 ④ 마찰력

정답 17.② 18.③ 19.③ 20.③ 21.④ 22.① 23.③ 24.④

해설 고장력(고력) 볼트 접합은 접합재(강재) 간에 생기는 마찰력에 의하여 저항하는 접합법으로 마찰 접합이다. 다른 볼트의 접합에 비하여 반복 하중에 대한 이음부의 강도 즉, 피로 강도가 높은 것이 장점이다.

25 | 접합(고력 볼트)
22, 21, 20②, 17, 15

고력 볼트 접합에 대한 설명으로 틀린 것은?

① 고력 볼트 접합의 종류는 마찰 접합이 유일하다.
② 접합부의 강성이 높다.
③ 피로 강도가 높다.
④ 정확한 계기 공구로 죄어 일정하고 정확한 강도를 얻을 수 있다.

해설 고력 볼트 접합의 종류에는 마찰 접합(마찰력), 인장 접합(압축력) 및 지압 접합(마찰력, 전단력 및 지압력) 등이 있다.

26 | 접합(고력 볼트)
23②, 13

철골 구조에서 고력 볼트 접합에 대한 설명 중 옳지 않은 것은?

① 마찰 접합, 지압 접합 등이 있다.
② 볼트가 쉽게 풀리는 단점이 있다.
③ 피로 강도가 높다.
④ 접합부의 강성이 높다.

해설 고력 볼트 접합의 종류에는 마찰 접합(마찰력), 인장 접합(압축력) 및 지압 접합(마찰력, 전단력 및 지압력) 등이 있다.

27 | 접합(고력 볼트)
24, 12

다음 중 철골 부재 접합에 대한 설명으로 옳지 않은 것은?

① 고장력 볼트는 상호 부재의 마찰력으로 저항한다.
② 용접은 품질 관리가 볼트보다 어렵다.
③ 메탈 터치(metal touch)는 기둥에서 각 부재면을 맞대는 접합 방식이다.
④ 초음파 탐상법은 사용 방법과 판독이 어려워 거의 사용되지 않고 있다.

해설 초음파 탐상법은 용접 부위에 초음파 투입과 동시에 모니터 화면에 용접 상태가 형상으로 나타난다. 결함의 종류, 위치 및 방위 등을 검출하는 용접 검사 방법의 하나로 넓은 면을 판단할 수 있고, 판독이 빠르고 쉬우며 경제적이나, 복잡한 형상의 검사가 불가능하다.

28 | 용접(모살 용접)
11, 03

다음 중 모살 용접이 쓰이지 않는 이음은?

① 플러그 이음　② 덧판 이음
③ 겹침 이음　④ T형 이음

해설 모살 용접의 종류에는 맞댄 용접, 겹친 용접, 모서리 용접, T자 용접, 단속 용접, 갓 용접, 덧판 용접, 양면 덧판 용접, 산지 용접 및 혼합 용접 등이 있고, 플러그 용접은 슬롯 용접이다.

29 | 용접의 결함(블로홀의 용어)
11

용접 결함 중 용접 부분 안에 생기는 기포를 무엇이라 하는가?

① 언더 컷(under cut)　② 블로 홀(blow hole)
③ 피트(pit)　④ 피시 아이(fish eye)

해설 언더 컷은 용착 금속이 홈에 채워지지 않고 홈 가장자리가 남아 있는 용접 결함이고, 피트는 용접 부분에 작은 구멍이 생기는 용접 결함이며, 피시 아이는 수소의 영향으로 용착 금속 단면에 생기는 직경 2~3mm 정도의 은색 원점이 생기는 용접 결함이다.

30 | 용접의 결함
23, 21, 19③, 18③, 17③, 14, 09, 07

철골 구조의 용접 부분에서 발생하는 용접 결함이 아닌 것은?

① 언더 컷(under cut)　② 블로 홀(blow hole)
③ 오버 랩(over lap)　④ 엔드 탭(end tab)

해설 용접 결함의 종류에는 공기 구멍, 선상 조직, 슬래그 혼입, 외관 불량, 언더 컷, 오버 랩 등이 있다. 엔드 탭은 용접의 처음과 끝에서 결함이 생기지 않도록 하기 위한 보조판으로 용접한 후 제거한다.

31 | 용접의 용어
21, 18, 16, 12

다음 중 철골 부재의 용접과 거리가 먼 용어는?

① 윙 플레이트　② 엔드 탭
③ 뒷댐재　④ 스캘럽

해설 철골 부재의 용접과 관계가 깊은 것에는 엔드 탭(철골 부재의 용접의 처음과 끝에서 결함이 생기지 않도록 하기 위한 보조판으로 용접 후에 제거하는 부품), 뒷댐재(루트 부분에 아크가 강하여 녹아떨어지는 것을 방지하기 위한 보조판) 및 스캘럽(철골 부재의 용접 시 이음 및 접합 부위의 용접선이 교차되어 재용접된 부위가 열 영향을 받아 취약해지기 때문에 모재에 부채꼴 모양의 모따기를 한 것) 등이 있다. 윙 플레이트는 기둥의 하중을 분산시켜 베이스 플레이트에 전달하는 부재로서 용접과는 무관하다.

정답 25. ① 26. ② 27. ④ 28. ① 29. ② 30. ④ 31. ①

32 | 용접의 용어
16, 11

다음 중 철골 부재의 용접 접합과 관계없는 것은?

① 엔드탭　② 뒷댐재
③ 필러 플레이트　④ 스캘럽

해설 엔드탭은 철골 부재의 용접의 처음과 끝에서 결함이 생기지 않도록 하기 위한 보조판으로 용접 후에 제거하는 판이고, 뒷댐재는 루트 부분에 아크가 강하여 녹아떨어지는 것을 방지하기 위한 보조판이다. 스캘럽은 철골 부재의 용접 시 이음 및 접합 부위의 용접선이 교차되어 재용접된 부위가 열 영향을 받아 취약해지기 때문에 모재에 부채꼴 모양의 모따기를 한 것이다.

33 | 접합(강 접합의 용어)
19, 17, 14, 11, 06

철골 구조에서 축방향력, 전단력 및 모멘트에 대해 모두 저항할 수 있는 접합은?

① 롤러 접합　② 전단 접합
③ 핀 접합　④ 강 접합

해설 전단(단순)접합은 접합부의 회전이 단순보의 재단과 같이 휨 모멘트에 대하여 충분히 회전할 수 있도록 연성이 요구되는 접합이다. 강접 접합부는 접합부가 모멘트 내력을 가지고 부재의 연속성이 유지되도록 충분한 회전 강성을 갖는 접합(축방향력, 전단력 및 모멘트)으로 대표적인 강접합의 형태에는 확장 엔드플레이트 접합, 스플릿 티 접합 등이 있다.

34 | 보(판 보의 용어)
16

강구조의 조립보 중 웨브에 철판을 쓰고 상·하부에 플랜지 철판을 용접하며, 커버 플레이트나 스티프너로 보강하는 것은?

① 허니컴 보　② 래티스 보
③ 트러스 보　④ 판 보

해설 허니컴 보는 H형강의 웨브를 절단하여 웨브에 육각형의 구멍이 생기도록 하여 다시 용접한 보이고, 래티스 보는 상·하 플랜지에 ㄱ자 형강을 대고, 플랜지에 웨브재를 직각으로 접합한 보이다. 트러스 보는 플레이트보의 웨브에 빗재 및 수직재를 사용하고, 거싯 플레이트로 플랜지 부분과 조립한 보이다.

35 | 보(판 보의 용어)
08

강구조의 조립보 중 웨브에 철판을 쓰고 상·하부에 플랜지 철판을 용접하거나 ㄱ형강을 리벳 접합한 것은?

① 형강 보　② 래티스 보
③ 격자 보　④ 판 보

해설 형강 보는 주로 I형강과 H형강을 사용하고, 단면의 크기가 부족한 경우에는 거싯 플레이트를 사용하기도 하고, L형강이나 ㄷ형강은 개구부의 인방이나 도리와 같이 중요하지 않은 부재에 사용하는 보이다. 래티스 보는 상하 플랜지에 ㄱ자 형강을 대고 플랜지에 웨브재를 45°, 60°로 접합한 보를 말한다. 격자 보는 상하 플랜지에 ㄱ자 형강을 대고 플랜지에 웨브재를 직각(90°)으로 접합한 보를 말하며, 철골 철근 콘크리트 구조물에 주로 쓰이고, 콘크리트로 피복되지 아니하고 단독으로 사용되는 경우는 거의 없다.

36 | 보(판 보의 구성 부재)
19, 10

철골 구조에서 판 보(plate girder)의 구성 부재 명칭과 관계가 없는 것은?

① 플랜지 앵글　② 스티프너
③ 웨브 플레이트　④ 메탈 터치

해설 판 보(플레이트 거더)는 커버 플레이트, 플랜지, 스티프너 및 웨브 플레이트 등으로 구성된다. 메탈 터치란 철골 구조 기둥의 이음부에 있어서 인장 응력의 발생이 없고, 접합부의 단면을 절삭 가공기(페이싱 머신, 로터리 플레이너 등)를 사용하여 밀착시키는 경우에는 압축력과 휨 모멘트의 1/4이 접촉면에 직접 전달되는 것으로 설계할 수 있는 방식이다.

37 | 보(판 보의 구성 부재)
19, 17, 12, 09, 05, 02, 00, 99

철골 구조에서 판 보(plate girder) 구성재와 가장 거리가 먼 것은?

① 플랜지(flange)
② 웨브 플레이트(web plate)
③ 스티프너(stiffener)
④ 래티스(lattice)

해설 판 보(플레이트 거더)는 커버 플레이트, 플랜지, 스티프너 및 웨브 플레이트 등으로 구성되고, 래티스는 래티스 보나 기둥에 사용하는 것으로 욋가지, 장대 또는 막대기를 교차시킴으로써 그물 모양을 이루는 금속이나 목재를 말한다.

정답 32. ③ 33. ④ 34. ④ 35. ④ 36. ④ 37. ④

38 보(판 보의 구성 부재)
21, 20, 18, 11②, 09, 07, 05

플레이트보에 사용되는 부재의 명칭이 아닌 것은?

① 커버 플레이트　② 웨브 플레이트
③ 스티프너　④ 베이스 플레이트

해설 판(플레이트)보의 구성 부재에는 플랜지, 웨브 플레이트, 커버 플레이트 및 스티프너(하중점, 중간 및 수평 스티프너 등) 등이 있다. 베이스 플레이트는 주각부의 구성 부재로서 하중을 기초에 전달하는 부재이다.

39 보(판 보의 춤과 간사이)
05, 02, 98

철골조에서 판 보의 춤은 간사이의 얼마 정도가 적당한가?

① 1/10~1/12 정도　② 1/15~1/16 정도
③ 1/18~1/20 정도　④ 1/20~1/25 정도

해설 철골 구조의 판 보(플레이트 보)의 춤은 간사이의 1/15~1/16 정도로 한다.

40 보(플랜지의 용어)
19, 16, 14, 10, 06

H형강, 판 보 또는 래티스 보 등에서 보의 단면 상·하에 날개처럼 내민 부분을 지칭하는 용어는?

① 웨브　② 플랜지
③ 스티프너　④ 거싯 플레이트

해설 웨브는 H형강, 채널, 판보 등의 중앙 복부(플랜지 사이의 넓은 부분)이고, 스티프너는 철골 구조의 플레이트 보에서 웨브의 두께가 춤에 비해서 얇을 때, 웨브의 국부 좌굴을 방지하기 위해 사용되는 부재이다. 거싯 플레이트는 철골 구조의 절점에 있어 부재의 접합에 덧대는 연결 보강용 강판의 총칭이다.

41 커버 플레이트의 설치 목적
20, 15, 13, 07

철골 구조에서 H 형강보의 플랜지 부분에 커버 플레이트를 사용하는 가장 주된 목적은?

① H형강의 부식을 방지하기 위해서
② 집중 하중에 의한 전단력을 감소시키기 위해서
③ 덕트 배관 등에 사용할 수 있는 개구부를 확보하기 위해서
④ 휨내력을 보강하기 위해서

해설 '휨 모멘트=허용 휨 응력도×단면 계수'이므로 같은 재질의 재료에서 휨 모멘트를 증대시키기 위해서는 단면 계수를 증대시켜야 한다. 즉, 철골 구조에서 커버 플레이트를 설치하여 단면계수를 증대시키므로 휨내력의 부족을 보충한다.

42 스티프너의 설치 목적
24, 23, 20, 19, 18, 17④, 13②, 12, 09, 08, 01

철골 구조의 플레이트 보에서 웨브의 두께가 춤에 비해서 얇을 때, 웨브의 국부 좌굴을 방지하기 위해 사용되는 것은?

① 데크 플레이트(Deck plate)
② 턴 버클(Turn buckle)
③ 베니션 블라인드(Venetion blind)
④ 스티프너(Stiffener)

해설 데크 플레이트는 얇은 강판에 골모양을 내어 만든 재료로서 지붕이기, 벽 패널 및 콘크리트 바닥과 거푸집 대용으로 사용하고, 턴 버클은 줄(인장재)을 팽팽히 당겨 조이는 나사 있는 탕개쇠로서 거푸집 공사에 사용한다. 베니션 블라인드는 실내의 직사광선을 차단, 통풍의 목적으로 사용하는 일종의 커튼이다.

43 스티프너의 설치 목적
22, 18, 16, 05

철골 구조의 플레이트 보에서 스티프너(stiffener)는 웨브의 무엇을 방지하기 위하여 사용하는가?

① 처짐　② 좌굴
③ 진동　④ 블리딩

해설 스티프너는 철골 구조의 플레이트 보에서 웨브의 두께가 춤에 비해서 얇을 때, 웨브의 국부 좌굴을 방지하기 위해 사용되는 것이다.

44 보(스티프너)
18, 16, 04, 98

철골 구조의 보에 사용되는 스티프너(stiffner)에 대한 기술 중 옳지 않은 것은?

① 하중점 스티프너는 집중 하중에 대한 보강용으로 쓰인다.
② 중간 스티프너는 웨브의 좌굴을 막기 위하여 쓰인다.
③ 재축에 나란하게 설치한 것을 수평 스티프너라고 한다.
④ 대개 I자 형강으로 만든다.

해설 스티프너는 플랜지에 직접 집중 하중을 받는 곳에서 하중은 플랜지에서 웨브에 전달되어, 웨브 플레이트 좌굴에 저항할 뿐 아니라, 플랜지의 보강을 위하여 플랜지 기역 형강과 같은 두께의 필러를 대고 스티프너를 기역자 형강의 안면에 밀착시킨다.

정답 38. ④ 39. ② 40. ② 41. ④ 42. ④ 43. ② 44. ④

45 | 판 보의 플랜지 플레이트
07, 00

강 구조의 판 보(plate girder)에 사용되는 플랜지 플레이트의 겹침수는 최대 얼마 이하로 하는가?

① 2장 ② 4장
③ 6장 ④ 8장

해설 철골조에 있어서 플레이트 보의 플랜지 플레이트는 4장 이하로 제한하고 있다.

46 | 보(형강 보의 용어)
24, 14, 06

철골보의 종류에서 형강의 단면을 그대로 이용하므로 부재의 가공 절차가 간단하고 기둥과 접합도 단순하며, 다른 철골 구조보다 재료가 절약되어 경제적인 것은?

① 조립 보 ② 형강 보
③ 래티스 보 ④ 트러스 보

해설 조립 보는 조립하여 구성한 보로서 철골조, 래티스 보, 격자 보 및 목조의 트러스 보 등이 있다. 래티스 보는 트러스 보와 구분이 어려우나 상하 플랜지에 ㄱ형강을 쓰고, 웨브재로 대철을 45°, 60°의 일정한 각도로 접합한 조립 보이며, 트러스 보는 철골 구조에서 간사이가 15m를 넘거나, 보의 춤이 1m 이상 되는 보를 판보로 하기에는 비경제적일 때 사용하는 것으로 접합판(gusset plate)을 대서 접합한 조립 보이다.

47 | 보(트러스 보의 용어)
10, 09, 05, 03

철골 구조에서 간사이가 15m를 넘거나, 보의 춤이 1m 이상 되는 보를 판보로 하기에는 비경제적일 때 사용하는 것으로 접합판(gusset plate)을 대서 접합한 조립 보는?

① 허니컴 보 ② 래티스 보
③ 상자형 보 ④ 트러스 보

해설 허니컴 보는 I형강의 웨브를 톱니 모양으로 절단한 후 구멍이 생기도록 맞추고 용접하여 구멍을 각 층의 배관에 이용하도록 제작한 보이다. 래티스 보는 트러스 보와 구분이 어려우나 상하 플랜지에 ㄱ형강을 쓰고, 웨브재로 대철을 45°, 60°의 일정한 각도로 접합한 조립 보이며, 상자형 보는 상자형 단면의 보로서 보의 상하부에 플랜지 철판을 대고, 웨브 철판을 플랜지 사이의 양쪽에 대어 ㄱ형강을 리벳 접합한 보이다.

48 | 보(허니컴 보의 용어)
21, 16

I형강의 웨브를 톱니 모양으로 절단한 후 구멍이 생기도록 맞추고 용접하여 구멍을 각 층의 배관에 이용하도록 제작한 보는?

① 트러스 보 ② 판 보
③ 래티스 보 ④ 허니컴 보

해설 트러스 보는 플레이트보의 웨브에 빗재 및 수직재를 사용하고, 거싯 플레이트로 플랜지 부분과 조립한 보이고, 판보는 웨브에 철판을 사용하고, 상·하부에 플랜지 철판을 용접하거나 ㄱ형강을 리벳으로 접합한 보이며, 래티스 보는 상·하플랜지에 ㄱ형강을 대고, 플랜지에 웨브재를 45°, 60°로 접합한 보이다.

49 | 보
17, 15

철골 보에 관한 설명 중 틀린 것은?

① 형강 보는 주로 I형강 또는 H형강이 많이 쓰인다.
② 판 보는 웨브에 철판을 쓰고 상하부에 플랜지 철판을 용접하거나 ㄱ형강을 접합한 것이다.
③ 허니컴 보는 I형강을 절단하여 구멍이 나게 맞추어 용접한 보이다.
④ 래티스 보에 접합판(gusset plate)을 대서 접합한 보를 격자 보라 한다.

해설 래티스 보는 상·하 플랜지에 ㄱ형강을 쓰고, 웨브재로 대철(평철)을 45°, 60° 등의 일정한 각도로 접합한 조립 보의 일종이고, 격자 보는 웨브재를 플랜지에 90°로 댄 보이다.

50 | 보
06

철골 구조의 보에 대한 기술 중 옳은 것은?

① 웨브재를 플랜지에 경사로 댄 것을 격자 보라 한다.
② 격자 보에 접합판을 대서 접합한 보를 래티스 보라 한다.
③ 판 보는 웨브에 철판을 쓰고 상·하부에 플랜지 철판을 용접하거나 ㄱ형강을 리벳 접합한 것이다.
④ 격자 보는 콘크리트에 피복되지 않고 단독으로 쓰일 때가 많다.

해설 격자 보는 상하 플랜지에 ㄱ자 형강을 대고 플랜지에 웨브재를 직각(90°)으로 접합한 보를 말하며, 철골 철근 콘크리트 구조물에 주로 쓰이고, 콘크리트로 피복되지 아니하고 단독으로 사용되는 경우는 거의 없다. 래티스 보는 상하 플랜지에 ㄱ자 형강을 대고 플랜지에 웨브재를 45°, 60°로 접합한 보를 말하며, 주로 지붕 트러스의 작은 보, 부지붕틀로 사용한다.

정답 45. ② 46. ② 47. ④ 48. ④ 49. ④ 50. ③

51 | 보
21, 10

철골조의 보에 대한 설명으로 옳지 않은 것은?

① 형강보에는 L형강이 가장 많이 사용된다.
② 트러스 보에는 모든 하중이 압축력과 인장력으로 작용한다.
③ 플레이트 보는 형강보다 큰 단면 성능을 가지도록 만들 수 있다.
④ 래티스 보는 힘을 많이 받는 곳에는 잘 쓰이지 않는다.

해설 형강보는 주로 I형강과 H형강을 사용하고, 힘을 많이 받게 하기 위하여 플랜지의 상·하부에 커버 플레이트를 붙이기도 하며, 보의 춤은 스팬의 1/18~1/20 정도로 한다.

52 | 기둥(격자 기둥의 용어)
21, 19, 18③, 16, 13, 08

강 구조의 기둥 종류 중 앵글·채널 등으로 대판을 플랜지에 직각으로 접합한 것은?

① H형강 기둥 ② 래티스 기둥
③ 격자 기둥 ④ 강관 기둥

해설 H형강 기둥은 H형강을 사용하고, 공작이 간단하며, 보와의 맞춤이 좋은 기둥이고, 래티스 기둥은 조립 기둥으로 판기둥과 대판(앵글, 채널 등)을 플랜지에 40°, 60° 등으로 접합한 기둥이며, 강관 기둥은 강관을 사용한 기둥이다.

53 | 기둥(단면의 형태)
05

철골 구조에서 간 사이가 크고 옆면의 기둥 간격이 좁은 공장이나 체육관 같은 건축물에 유리한 기둥 단면 형태는?

① 
② 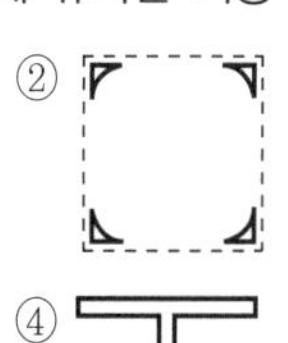
③ 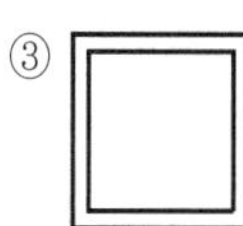
④ 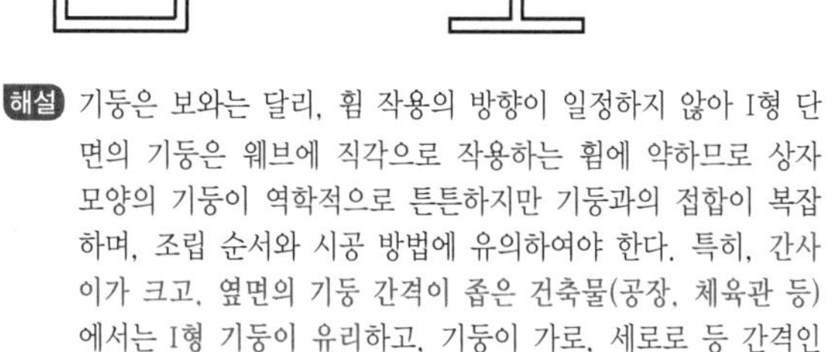

해설 기둥은 보와는 달리, 휨 작용의 방향이 일정하지 않아 I형 단면의 기둥은 웨브에 직각으로 작용하는 휨에 약하므로 상자 모양의 기둥이 역학적으로 튼튼하지만 기둥과의 접합이 복잡하며, 조립 순서와 시공 방법에 유의하여야 한다. 특히, 간사이가 크고, 옆면의 기둥 간격이 좁은 건축물(공장, 체육관 등)에서는 I형 기둥이 유리하고, 기둥이 가로, 세로로 등 간격인 사무소 건축물에서는 상자 기둥이나 십자 기둥이 유리하다.

54 | 기둥(주각 부분의 부재)
23, 22, 21, 20, 19③, 18, 17③, 14, 13, 10, 08, 06, 05, 99

철골조에서 주각 부분에 사용되는 부재가 아닌 것은?

① 베이스 플레이트 ② 사이드 앵글
③ 윙 플레이트 ④ 플랜지 플레이트

해설 철골 구조의 주각부는 기둥이 받는 내력을 기초에 전달하는 부분으로 윙 플레이트(힘의 분산을 위함), 베이스 플레이트(힘을 기초에 전달함), 기초와의 접합을 위한 클립 앵글, 사이드 앵글, 앵커 볼트 및 리브를 사용하고, 플랜지 플레이트는 플레이트 보에 사용한다.

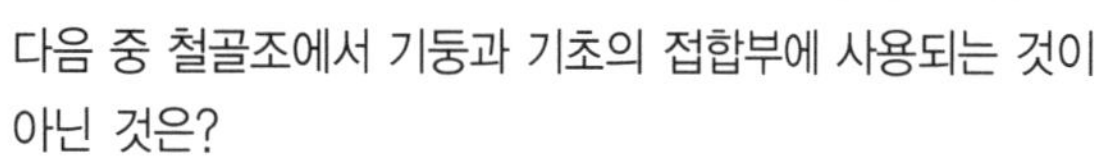

55 | 기둥(기둥과 기초의 접합 부재)
23, 21, 20, 19, 12, 09, 07, 01, 00

다음 중 철골조에서 기둥과 기초의 접합부에 사용되는 것이 아닌 것은?

① 베이스 플레이트
② 윙 플레이트
③ 리브
④ 스티프너

해설 철골조에서 기둥과 기초의 접합부에는 윙 플레이트(힘의 분산을 위함), 베이스 플레이트(힘을 기초에 전달함), 기초와의 접합을 위한 클립 앵글, 사이드 앵글, 앵커 볼트 및 리브 등이 있고, 스티프너는 철골보에서 웨브 플레이트 좌굴 방지를 위한 부재이다.

56 | 기둥(좌굴(버클링)의 용어)
16

길고 가느다란 부재가 압축 하중이 증가함에 따라 부재의 길이에 직각 방향으로 변형하여 내력이 급격히 감소하는 현상을 무엇이라 하는가?

① 칼럼 쇼트닝
② 응력 집중
③ 좌굴
④ 비틀림

해설 칼럼 쇼트닝은 수직 부재(벽체, 기둥 등)에서는 작용하는 하중에 의해 축소 변위가 일어나는데, 철골 기둥에서는 탄성적 축소만 존재하나, 콘크리트 기둥에서는 비탄성적 축소(시간이 지남에 따라 변형이 증가하는 현상)가 추가된다. 응력 집중은 용접 시 모재 또는 용접부의 형상적인 노치나 조직의 불연속이 있을 때 또는 부재의 단면이 급격히 변화하는 경우 그 부분의 응력이 다른 부분에 비하여 집중되는 현상이다. 비(뒤)틀림은 축과 같은 부재가 회전력을 받을 때 생기는 변형 상태이다.

정답 51. ① 52. ③ 53. ④ 54. ④ 55. ④ 56. ③

57 | 기둥(좌굴(버클링)의 용어)
11, 10

압축력을 받는 세장한 기둥 부재가 하중의 증가 시 내력이 급격히 떨어지게 되는 현상을 무엇이라 하는가?

① 버클링 ② 모멘트
③ 코어 ④ 전단 파괴

해설 모멘트는 물체를 회전시키는 힘이고, 코어는 건물 내의 공공 부분(화장실, 계단, 엘리베이터 등)이 한 곳에 집중되어 있는 부분이며, 전단 파괴는 전단 응력 또는 전단 변형에 의해 발생하는 파괴이다.

58 | 기둥(좌굴(버클링)의 용어)
20, 18, 14

수직 부재가 축방향으로 외력을 받았을 때 그 외력이 증가하면 부재의 어느 위치에서 갑자기 휘어버리는 현상을 의미하는 용어는?

① 폭열 ② 좌굴
③ 칼럼 쇼트닝 ④ 크리프

해설 폭열은 콘크리트에서 발생하며, 표면이 박리되거나, 비산해서 단면이 결손되는 현상으로 콘크리트 내부의 수분이 고열에 의해 팽창한 수증기가 외부로 빠져 나가지 못하여 발생한다. 컬럼 쇼트닝은 수직 부재(벽체, 기둥 등)에서는 작용하는 하중에 의해 축소 변위가 일어나는데, 철골 기둥에서는 탄성적 축소만 존재하나, 콘크리트 기둥에서는 비탄성적 축소(시간이 지남에 따라 변형이 증가하는 현상)가 추가된다. 크리프(플로)는 콘크리트 구조물에서 하중을 지속적으로 작용시킨 경우, 하중의 증가가 없어도 시간과 더불어 변형이 증대되는 현상이다.

59 | 기둥(좌굴(버클링)의 용어)
07

압축력을 받는 길고 가느다란 부재가 하중이 증가함에 따라 하중이 작용하는 직각 방향으로 변형하여 내력이 급격히 감소하는 현상을 무엇이라 하는가?

① 휨 ② 인장
③ 좌굴 ④ 비틀림

해설 휨은 수평으로 놓인 부재가 길이 방향에 수직으로 하중을 받으므로 생기는 현상이고, 인장은 부재를 양쪽에서 잡아당기는 상태에서 일어나는 현상이다. 비틀림은 다양한 상황으로부터 발생하는 구조재의 '꼬임 현상'으로 주로 하중의 편심 작용에 의해 발생한다.

60 | 슬래브(데크 플레이트의 용어)
21, 20, 19, 17, 15, 12, 08

철골 공사 시 바닥 슬래브를 타설하기 전에 철골 보 위에 설치하여 바닥판 등으로 사용하는 절곡된 얇은 판의 부재는?

① 윙 플레이트 ② 데크 플레이트
③ 베이스 플레이트 ④ 메탈 라스

해설 윙 플레이트(힘의 분산을 위함)와 베이스 플레이트(힘을 기초에 전달함)는 철골의 주각부에 사용하는 부재이고, 메탈 라스는 얇은 강판에 절목을 넣어 이를 옆으로 늘려 만든 금속 제품이다.

61 | 합성 골조
23, 22, 18, 16, 08

합성 골조에 대한 설명으로 적합하지 않은 것은?

① CFT(콘크리트 충전 강관 기둥)에서는 내부 콘크리트가 강관의 급격한 국부 좌굴을 방지한다.
② 코어(Core)의 전단벽에 횡력에 대한 강성을 증대시키기 위하여 철골 빔을 설치한다.
③ 데크 플레이트(Deck Plate)는 합성 슬래브의 한 종류이다.
④ 스터드 볼트(Stud Bolt)는 철골 기둥을 연결하는 데 사용한다.

해설 주각부의 구성은 힘의 분산을 위한 윙 플레이트, 힘을 기초에 전달하기 위한 베이스 플레이트, 기초와의 접합을 위한 클립 앵글, 사이드 앵글 및 앵커 볼트를 사용하고, 앵커 볼트의 직경은 16~36mm, 매립 깊이는 볼트 직경의 30~40배 정도로 한다. 또한, 스터드 볼트는 둥근 쇠막대의 양 끝에 나사가 있고, 너트를 사용하여 죄어야 할 때 사용하는 볼트 또는 철골보와 콘크리트 바닥판(데크 플레이트)과의 연결에 사용하는 연결재이다.

62 | 합성보의 용어
24, 21, 12

콘크리트 슬래브와 철골보를 전단 연결재(shear connector)로 연결하여 외력에 대한 구조체의 거동을 일체화시킨 구조의 명칭은?

① 허니컴 보 ② 래티스 보
③ 플레이트거더 ④ 합성보

해설 허니컴 보는 H형강의 웨브를 절단하여 웨브에 육각형의 구멍이 생기도록 하여 다시 용접합 보이고, 래티스 보는 상·하 플랜지에 ㄱ자 형강을 대고, 플랜지에 웨브재를 직각으로 접합한 보이다. 플레이트 보(판 보)는 L형강과 강판 또는 강판과 강판을 조립하여 형강보보다 훨씬 큰 단면 성능을 지니도록 한 보이다.

정답 57. ① 58. ② 59. ③ 60. ② 61. ④ 62. ④

63 | 스틸하우스
24, 22, 20, 18③, 06

다음 중 스틸 하우스에 대한 설명으로 틀린 것은?

① 내부 변경이 용이하고 공간 활용이 효율적이다.
② 공사 기간이 짧고 자재의 낭비가 적다.
③ 벽체가 얇기 때문에 결로 현상이 발생하지 않는다.
④ 얇은 천장을 통해 방 사이의 차음이 문제가 된다.

해설 스틸 하우스의 특성은 ①, ② 및 ④ 외에 결로 현상이 발생하는 단점이 있다.

64 | 철골(강) 계단
22, 04

강제 계단에 대한 설명으로 옳지 않은 것은?

① 불연성이다.
② 비교적 내구・내화적이다.
③ 구조가 복잡하여 형태가 자유롭지 못하다.
④ 공장, 창고 등에 널리 사용된다.

해설 강제 계단의 특성은 불연성이고 무게가 가벼우며 구조가 비교적 간단하고 형태를 자유롭게 구성할 수 있어서 옥내 뿐만 아니라 비상용 옥외 계단에도 사용한다.

65 | 철골(강) 계단
24, 21, 13, 09

다음 중 철(강제) 계단에 대한 설명으로 옳지 않은 것은?

① 피난 계단에 적당하다.
② 철계단의 접합은 보통 볼트 조임, 용접 등으로 한다.
③ 철골 구조라 진동에 유리하다.
④ 공장, 창고 등에 널리 사용된다.

해설 철계단은 경쾌한 구조로서 공장, 창고 등에 널리 사용되고, 피난 계단에 적합하며, 진동에 매우 불리하다. 특히, 구조가 간단하여 형태가 자유롭다.

5 기타 구조

01 | 창호(미서기 창호의 용어)
12, 05

미닫이 창호와 거의 같은 구조이며, 우리나라 전통 건축에서 많이 볼 수 있는 창호로 칸막이 기능을 가지고 있는 것은?

① 접이 창호 ② 미서기 창호
③ 붙박이 창호 ④ 자재 창호

해설 접이 창호는 몇 개의 문짝을 서로 경첩으로 연결 또는 문 윗틀에 설치한 레일에 특수한 도르래(달바퀴)가 달린 철물로 달아 접어서 열고, 펴서 닫는 식의 창호이다. 붙박이 창호는 틀에 바로 유리를 고정시킨 창 또는 열리지 않게 고정된 창 또는 창의 일부로서 주로 광선을 받기 위하여 설치한 창(채광창)으로, 환기가 불가능한 창호이다. 자재 창호는 안팎으로 열고 닫혀지게 된 여닫이문의 일종인 창호이다.

02 | 창호 철물(미서기 창호)
21, 19, 12

미서기 창호에 사용되는 철물과 관계가 없는 것은?

① 레일 ② 경첩
③ 오목 손잡이 ④ 꽂이쇠

해설 미서기 창호(웃틀과 밑틀에 두 줄로 홈을 파서 문 한짝을 다른 한짝의 옆으로 밀어 붙이게 한 창호)의 창호 철물에는 레일, 오목손잡이 및 꽂이쇠 등이 있고, 경첩은 여닫이 창호에 사용하는 창호 철물이다.

03 | 창호(풍소란 설치)
19, 17, 13, 08

창호 종류 중 방풍을 목적으로 풍소란을 설치하는 것은?

① 미서기문 ② 양판문
③ 플러시문 ④ 회전문

해설 풍소란(미서기문의 마중대는 서로 턱솔 또는 딴혀를 대어 방풍적으로 물려지게 하는 소란 또는 바람을 막기 위하여 창호의 마중대의 틀을 막아 여미게 하는 소란)은 미서기문에 사용한다.

04 | 창호(미서기문의 윗홈대 깊이)
10, 04, 02, 00

목재 미서기문에서 윗홈대의 홈의 깊이는 보통 얼마 정도로 하는가?

① 0.3cm ② 1.5cm
③ 3cm ④ 4cm

정답 63. ③ 64. ③ 65. ③ / 01. ② 02. ② 03. ① 04. ②

해설 한식과 절충식 구조에서는 인방 자체가 수장을 겸하는 수가 있는데 이것을 홈대라고 한다. 홈의 너비는 창문의 두께에 따라서 다르나, 보통은 20mm 정도를 사용하며, 홈의 깊이는 윗홈대는 15mm(1.5cm), 밑홈대는 3mm(0.3cm) 정도로 한다.

05 | 창호(풍소란의 용어)
20, 19, 18, 09

미서기문의 마중대는 서로 턱솔 또는 딴혀를 대어 방풍적으로 물려지게 하는데 이것을 무엇이라 하는가?

① 지도리 ② 풍소란
③ 접문 ④ 문선

해설 지도리는 장부가 구멍에 들어 끼어 돌게된 철물이다. 접문은 몇 개의 문짝을 서로 경첩으로 연결 또는 문 윗틀에 설치한 레일에 특수한 도르래(달바퀴)가 달린 철물로 달아 접어서 열고, 펴서 닫는 식의 창호이다. 문선은 문틀에 댄 선으로 문꼴을 보기 좋게 만드는 동시에 주위 벽의 마무림을 잘하기 위하여 문틀에 가는 홈을 파 넣고 숨은 못치기로 한다.

06 | 창호(미닫이문의 용어)
11

문짝을 상·하 문틀로 홈파 끼우고, 옆벽에 문짝을 몰아붙이거나 이중벽 중간에 몰아넣는 형태의 문은?

① 회전문 ② 미서기문
③ 여닫이문 ④ 미닫이문

해설 회전문은 주택보다는 대형 건물에 많이 사용하는 문으로서 개구부가 완전히 열리지 않아 실내를 냉·난방하였을 때 에너지 손실이 적은 장점이 있다. 미서기문은 여닫는 데 여분의 공간을 필요로 하지 않으므로 공간이 좁을 때 사용하면 편리하나, 문짝이 세워지는 부분은 열리지 않는 문이다. 여닫이문은 개구부가 모두 열릴 수 있고, 문을 여닫을 때 힘이 덜들기 때문에 노인방이나 환자방에 사용하는 것이 좋으나, 문의 개폐를 위한 여분의 공간이 필요하므로 개구부가 클수록 많은 공간이 필요하다.

07 | 창호(회전문의 용어)
14

은행·호텔 등의 출입구에 통풍·기류를 방지하고 출입 인원을 조절할 목적으로 쓰이며 원통형을 기준으로 3~4개의 문으로 구성된 것은?

① 미닫이문 ② 플러시문
③ 양판문 ④ 회전문

해설 미닫이문은 문짝을 상하 문틀로 홈파 끼우고, 옆벽에 문짝을 몰아붙이거나 이중벽 중간에 몰아넣는 형태의 문이고, 플러시문은 울거미를 짜고 중간에 살을 25cm 이내 간격으로 배치하여 양면에 합판을 교착하여 만든 문이다. 양판문은 울거미(윗막이, 밑막이, 중간 막이, 선대, 중간 선대 등)를 짜고 그 사이에 판자 또는 합판을 끼워 만든 문이다.

08 | 창호(플러시문의 용어)
23②, 22, 18, 12, 03, 02, 01

울거미를 짜고 중간에 살을 25cm 이내 간격으로 배치하여 양면에 합판을 교착하여 만든 문은?

① 접문 ② 플러시문
③ 띠장문 ④ 도듬문

해설 접문은 몇 개의 문짝을 서로 정첩으로 연결하거나 문 위틀에 레일과 도르래를 달아 접어서 열고 닫는 형식의 문이고, 띠장문은 널문의 일종으로 띠장에다 널을 세로로 엇비슷하게 대고 못치기 한 문이다. 도듬문은 울거미를 테두리로 내보이게 하고, 중간살을 가로 세로 성기게 짜며, 종이로 두껍게 바른 문이다.

09 | 플러시문
09

목재 플러시문(Flush Door)에 대한 설명으로 옳지 않은 것은?

① 울거미를 짜고 중간살을 25cm 이내의 간격으로 배치한 것이다.
② 양면에 합판을 교착한 것이다.
③ 차양이 되며 통풍에 유리하다.
④ 뒤틀림 변형이 적다.

해설 플러시문(울거미를 짜고 중간살을 25cm 이내의 간격으로 배치한 다음 양면에 합판을 접착하여 표면에 살대와 짜임을 나타내지 않는 문)은 현대 건축에 있어서 내·외부의 창호로 많이 쓰인다. 뒤틀림 등의 변형이 적고 경쾌한 감을 주는 장점이 있어 충분히 건조한 목재를 사용하여야 한다. 또한, 차양이 되고 통풍에 유리한 문은 비늘살문, 망사문 또는 발문 등이 있다.

10 | 플러시문
14

목재 플러시문(Flush Door)에 대한 설명으로 옳지 않은 것은?

① 울거미를 짜고 중간살을 25cm 이내의 간격으로 배치한 것이다.
② 뒤틀림 변형이 심한 것이 단점이다.
③ 양면에 합판을 교착한 것이다.
④ 위에는 조그마한 유치창경을 댈 때도 있다.

해설 목재 플러시문은 뒤틀림 등의 변형이 작고, 경쾌한 감을 주는데, 이러한 특징을 살리기 위해서는 충분히 건조된 목재를 사용하여야 한다.

정답 05. ② 06. ④ 07. ④ 08. ② 09. ③ 10. ②

11 | 창호(세살문의 형태) 21, 20, 08

다음 그림과 같은 문의 명칭은?

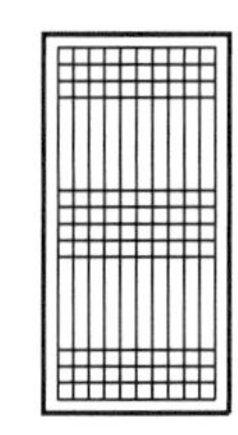

① 완자문 ② 아자문
③ 세살문 ④ 비늘살문

해설 완자문은 창호지문으로 울거미를 짜고, 살을 완자형 또는 살의 간격을 넓게, 좁게 짠 문이고, 아자문은 창호지문을 울거미를 짜고, 살을 아자형으로 짠 문이다. 세살문은 창호지문을 울거미을 짜고, 그 안에 가는 살을 가로, 세로로 댄 문이며, 비늘살문은 울거미를 짜고 얇고 넓은 살을 3~5cm 간격, 45~60° 경사지게 빗댄 문이다.

12 | 창호(여닫이창의 용어) 19, 17, 13

경첩(hinge) 등을 축으로 개폐되는 창호를 말하며, 열고 닫을 때 실내의 유효 면적을 감소시키는 특징이 있는 창호는?

① 미서기창 ② 여닫이창
③ 미닫이창 ④ 회전창

해설 미서기 창호는 미닫이 창호와 거의 같은 구조이며, 우리나라 전통 건축에서 많이 볼 수 있는 창호로 칸막이 기능을 가지고 있는 창호이다. 미닫이 창호는 문짝을 상하 문틀로 홈파 끼우고, 옆벽에 문짝을 몰아붙이거나 이중벽 중간에 몰아넣는 형태의 창호이다. 회전 창호는 은행·호텔 등의 출입구에 통풍·기류를 방지하고 출입 인원을 조절할 목적으로 쓰이며 원통형을 기준으로 3~4개의 문으로 구성된 창호이다.

13 | 창호 철물(여닫이문) 19③, 17, 16, 12, 07, 04

다음 중 여닫이 창호에 쓰이는 철물이 아닌 것은?

① 도어 클로저 ② 경첩
③ 레일 ④ 함자물쇠

해설 도어 클로저(문 위틀과 문짝에 설치하여 여닫이문을 자동으로 닫히게 하는 장치), 경첩(정첩, 여닫이 창호를 달 때, 한쪽은 문틀에 다른 한쪽은 여닫는 지도리가 되는 철물) 및 함자물쇠(출입문의 울거미에 대는 자물쇠를 작은 상자에 장치한 것)는 여닫이문에 사용한다. 레일(창문에 쓰이는 철물 또는 창호나 틀에 수평을 이루는 철물로 문을 수평으로 이동이 가능하게 함)은 미닫이문, 미서기문에 사용한다.

14 | 여닫이 창호 09

다음 중 여닫이 창호에 대한 설명으로 옳지 않은 것은?

① 여닫이 창호의 종류에는 외여닫이와 쌍여닫이 등이 있다.
② 밖여닫이는 빗물막기가 편리하지만 열렸을 때 바람에 손상되기 쉽다.
③ 경첩 등을 축으로 개폐되는 창호를 말한다.
④ 열고 닫을 때 실내 유효 면적이 증가되는 장점이 있다.

해설 여닫이 창호(여닫이 창과 문)는 창이 두 짝으로 된 쌍여닫이와 한 짝으로 된 외여닫이가 있으며, 개구부 전체가 열리기 때문에 환기에는 이로우나, 개구부가 열리는 공간 만큼의 여유 공간이 필요하므로 실내 유효 면적이 감소하는 단점이 있다.

15 | 창호(붙박이창의 용어) 20②, 14, 10, 04, 03

채광만을 목적으로 하고 환기를 할 수 없는 밀폐된 창은?

① 회전창 ② 오르내리창
③ 미닫이창 ④ 붙박이창

해설 붙박이창은 틀에 바로 유리를 고정시킨 창 또는 열리지 않게 고정된 창 또는 창의 일부로, 주로 광선을 받기 위하여 설치한 창(채광창)으로, 개폐가 불가능하므로 환기가 불가능한 창호이다.

16 | 창호(멀리온의 용어) 11, 06, 04

창 면적이 클 때에는 스틸 바만으로는 약하며, 또한 여닫을 때의 진동으로 유리가 파손될 우려가 있으므로 이것을 보강하고 외관을 꾸미기 위해 사용하는 것은?

① 멀리온 ② 풍소란
③ 코너 비드 ④ 마중대

해설 풍소란은 미서기문의 마중대는 서로 턱솔 또는 딴혀를 대어 방풍적으로 물려지게 하는 소란 또는 바람을 막기 위하여 창호의 마중대의 틈을 막아 여미게 하는 소란을 말한다. 코너 비드는 기둥 및 벽의 모서리 면에 미장하기 쉽고, 모서리를 보호할 목적으로 사용하는 철물로서 재질이 아연 도금 철제와 황동제로 되어 있으며, 마중대는 미닫이, 미서기 등이 서로 맞닿는 선대를 말하고, 미서기 또는 오르내리창이 서로 여며지는 선대를 여밈대라고 한다.

정답 11. ③ 12. ② 13. ③ 14. ④ 15. ④ 16. ①

17 | 창호(문선의 용어)
20, 12, 06, 03

문꼴을 보기 좋게 만드는 동시에 주위벽의 마무리를 잘하기 위하여 둘러대는 누름대를 무엇이라 하는가?

① 문선 ② 풍소란
③ 가새 ④ 인방

해설 풍소란은 미서기문의 마중대는 서로 턱솔 또는 딴혀를 대어 방풍적으로 물려지게 하는 소란 또는 바람을 막기 위하여 창호의 마중대의 틀을 막아 여미게 하는 소란이다. 가새는 사각형으로 짠 뼈대에 대각선상으로 빗대는 경사재로서 수직, 수평의 각도 변형을 막기 위하여 설치하는 부재로서 버팀대보다 강하다. 인방은 기둥과 기둥에 가로대어 창문틀의 상·하벽을 받고 하중은 기둥에 전달하며 창문틀을 끼워댈 때 뼈대가 되는 부재이다.

18 | 창호 철물(도어 체크)
19, 12

도어 체크(door check)를 사용하는 문은?

① 접문 ② 회전문
③ 여닫이문 ④ 미서기문

해설 도어 체크(문과 여닫이 문틀에 장치하여 문을 열면 저절로 닫히는 장치)는 여닫이문에 사용하는 창호 철물이다.

19 | 창호 철물(도어 체크)
16, 11, 06, 00

다음 중 열려진 여닫이문이 저절로 닫혀지게 하는 장치는?

① 문버팀쇠 ② 도어 스톱
③ 도어 체크 ④ 크레센트

해설 문버팀쇠는 문짝을 열어 놓은 위치에 고정하거나 또는 벽 기타의 문 닫는 곳을 보호하기 위하여 벽 또는 바닥에 설치하는 것이고, 도어 스톱은 여닫이 문이나 장치를 고정하는 철물로서 문을 열어 제자리에 머물러 있게 한다. 크레센트는 초생달 모양으로 된 것으로 오르내리창의 윗막이대 윗면에 대어 다른 창의 밑막이에 걸리게 하는 걸쇠이다.

20 | 창호 철물(오르내리창)
21, 05, 03, 01

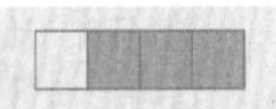

오르내리창을 잠그는 데 쓰이는 철물은?

① 크레센트(crescent)
② 래버터리 힌지(lavatory hinge)
③ 도어 체크(door check)
④ 도어 스톱(door stop)

해설 래버터리 힌지는 스프링 힌지의 일종으로 공중용 화장실, 전화실 출입문 등에 사용한다. 저절로 닫혀지나 15cm 정도 열려 있어 즉, 표시기가 없어도 비어 있는 것을 알 수 있고, 사용시 내부에서 꼭 닫아 잠그게 되어 있다. 도어 체크는 문과 문틀(여닫이)에 장치하여 문을 열면 저절로 닫히는 장치가 되어 있는 창호 철물을 말한다. 도어 스톱은 여닫이 문이나 장치를 고정하는 철물로서 문을 열어 제자리에 머물러 있게 하는 창호 철물이다.

21 | 창호와 창호 철물의 연결
24, 07

다음 중 창호 철물과 용도의 연결이 옳지 않은 것은?

① 레일 – 미서기문
② 도어 체크 – 여닫이문
③ 플로어 힌지 – 자재여닫이문
④ 크레센트 – 회전문

해설 크레센트는 오르내리창 또는 미서기창의 여밈 부분 등에 달아 내부에서 걸어서 잠그는 창호 철물로 2개의 철물로 되어 있으며, 한 쪽은 훅이 있는 고정 철물이고 다른 쪽은 손잡이가 달린 원반 가장자리에 나선모양의 돌출부를 만들어 이것을 돌려서 다른 쪽 훅에 걸어 잠근다.

22 | 창호와 창호 철물의 연결
18, 04

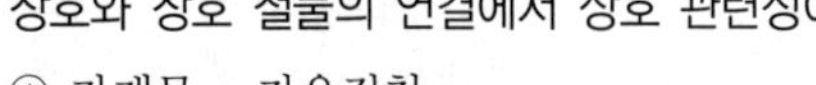

창호와 창호 철물의 연결에서 상호 관련성이 없는 것은?

① 자재문 – 자유정첩
② 오르내리창 – 크레센트
③ 여닫이문 – 도어체크
④ 아코디언문 – 실린더

해설 아코디언 도어(접이문, 접문)는 포개어 겹쳐 접게 된 문 또는 몇 개의 문짝을 서로 정첩으로 연결 또는 문 위틀에 설치한 레일에 특수한 도르래(달바퀴)가 달린 철물로 달아 접어서 열고 펴서 닫는식의 문을 말한다. 특히 문골의 폭이 크더라도 사용할 수 있으며, 칸막이겸 2실을 1실로 크게 사용하는 경우에 사용한다. 실린더 자물쇠는 자물쇠 장치를 실린더에 만든 것으로 기능이 좋은 가장 안전한 자물쇠로서 자물통 속에 있는 원통의 편심 위치에 원형의 마개와 같은 것을 장치하여 그 마개의 속에 열쇠 구멍을 만든 것이며, 나이트 래치와 같이 안쪽에서는 열쇠 없이 문을 열 수 있는 창호 철물로 여닫이문에 사용한다.

정답 17. ① 18. ③ 19. ③ 20. ① 21. ④ 22. ④

23 | 창호와 창호 철물의 연결 02

창호 철물의 용도를 짝지은 것이다. 옳지 않은 것은?

① 래버터리 힌지(lavatory hinge) – 공중 화장실
② 도어 체크(door check) – 여닫이문
③ 실린더(cylinder) – 플러시문
④ 크레센트(crescent) – 주름문

해설 크레센트는 오르내리창 또는 미서기창의 여밈 부분 등에 달아 내부에서 걸어서 잠그는 창호 철물로 2개의 철물로 되어 있으며, 한 쪽은 훅이 있는 고정 철물이고 다른 쪽은 손잡이가 달린 원반 가장자리에 나선모양의 돌출부를 만들어 이것을 돌려서 다른 쪽 훅에 걸어 잠근다.

정답 23. ④

CHAPTER 02

구조 시스템

출제 키워드

핵심 Point
- 일반 구조 시스템(골조, 벽식 및 아치 구조 등)에 관한 이론의 이해를 통하여 출제 문제의 경향을 파악하고, 문제를 풀이할 수 있다.
- 특수 구조 시스템(절판, 셸, 트러스, 현수 및 막 구조 등)에 관한 이론의 이해를 통하여 출제 문제의 경향을 파악하고, 문제를 풀이할 수 있다.

2-1. 일반 구조 시스템

(1) 벽식 구조

보와 기둥 대신 슬래브와 벽이 일체가 되도록 구성한 구조 **또는 기둥이나 보를 뼈대로 하여 만들어진 건축물에 비하여** 기둥이나 보가 없이 평면적인 구조체(벽, 슬래브)로서 건물을 조립하는 건축 구조를 벽식구조**라 한다. 똑같은 판이라도** 수직으로 세워져서 힘이 면을 따라 전달되는 것을 벽**이라 한다.** 판을 수평으로 설치하여 면에 직각으로 힘을 받는 것을 슬래브**라고 한다.** 벽식 구조의 종류**에는** PC(Precast Concrete), RC(Reinforced Concrete) **및** 조적 공사(Masonry) **등이 있다. 벽식 구조에서** 횡력에 대한 보강법**으로는** 벽 상부에 테두리 보**나** 부축벽을 설치하는 방법과 벽량 증가 **등의 방법을 사용한다.**

(2) 아치 구조

개구부 상부의 하중을 지지하기 위하여 돌이나 벽돌을 곡선형으로 쌓아올린 구조 **또는** 상부에서 오는 수직 하중을 아치의 축선을 따라 좌우로 나누어 줌으로써 밑으로 압축력만을 전달**하게 하고, 개구부의 상부에는 휨 응력이 작용하지 않도록 한 건축구조물을 말한다. 아치 구조에서 아치를 틀 때 벽돌의 줄눈이 아치의 축선에 직각이 되어 중심에 모이도록 쌓는다.** 아치의 추력에 저항하기 위한 방법**은** 아치를 서로 연결하여 교점에서 추력을 상쇄하거나, 버트레스(buttress) 설치, 타이바(tie bar) 설치 **및** 직접 저항할 수 있는 하부 구조 설치**한다.** 구조적으로 가장 안정된 상태의 아치는 상부 하중을 견딜 수 있도록 포물선의 형태로 설치**하는 것이다.**

① **층두리 아치** : 아치가 넓을 때에는 반장별로 층을 지어 겹쳐 쌓은 아치**이다.**

② **거친 아치** : 외관이 중요시되지 않는 아치로, 보통 벽돌을 쓰고 줄눈을 쐐기모양으로 한 아치**이다.**

■ 벽식 구조
- 보와 기둥 대신 슬래브와 벽이 일체가 되도록 구성된 구조
- 기둥이나 보가 없이 평면적인 구조체로서 건물을 조립하는 건축 구조

■ 벽식 구조의 종류

PC(Precast Concrete), RC(Reinforced Concrete) 및 조적 공사(Masonry) 등

■ 벽

판을 수직으로 세워져서 힘이 면을 따라 전달되는 것

■ 슬래브(바닥)

판을 수평으로 설치하여 면에 직각으로 힘을 받는 것

■ 벽식 구조의 횡력에 대한 보강법
- 상부에 테두리 보 이용
- 부축벽 설치
- 벽량 증가

■ 아치 구조
- 개구부 상부의 하중을 지지하기 위하여 돌이나 벽돌을 곡선형으로 쌓아올린 구조
- 상부에서 오는 수직 하중을 아치의 축선을 따라 좌우로 나누어 줌으로써 밑으로 압축력만을 전달하는 구조

③ **막만든 아치** : 보통 벽돌을 쐐기 모양으로 다듬어 쓰는 아치이다.

④ **본아치** : 아치 벽돌(사다리꼴 모양의 벽돌)을 주문 제작하여 만든 아치이다.

⑤ **숨은 아치** : 벽 개구부 인방 위에 설치된 간단한 아치로, 상부 하중을 지지하기 위한 아치 또는 보통 아치와 인방 사이에는 막혀 있는 블라인드 아치(개구부가 항구적인 벽체로 막혀 있는 아치)로 한다.

(3) 기타

① **쌤돌** : 창문 옆에 대는 돌로서 면접기나 쇠시리를 하고, 쌓기는 일반 벽체에 따라 촉과 연결 철물로 연결한다.

② **고막이돌** : 벽체 하부 밑인방 또는 문지방과 지면 사이에 막아 놓은 돌 또는 방고막이에 쌓은 돌

③ **두겁돌** : 석조, 벽돌조 등의 벽체 상부에 뚜껑처럼 올려 놓은 돌 또는 석실 위에 덮은 돌로 만든 뚜껑

④ **이맛돌** : 반원 아치 쌓기에 있어서 중앙부에 설치하는 돌이다.

출제 키워드

■ 아치의 추력 저항 방법
- 아치를 서로 연결하여 교점에서 추력을 상쇄
- 버트레스(buttress) 설치
- 타이바(tie bar) 설치
- 직접 저항할 수 있는 하부 구조 설치

■ 포물선 형태의 아치
구조적으로 가장 안정된 상태의 아치

■ 층두리 아치
아치가 넓을 때에는 반장별로 층을 지어 겹쳐 쌓은 아치

■ 거친 아치
보통 벽돌을 쓰고 줄눈을 쐐기모양으로 하는 아치

■ 본아치
아치 벽돌을 주문 제작하여 만든 아치

■ 숨은 아치
벽 개구부 인방 위에 설치된 간단한 아치

■ 이맛돌
반원 아치 쌓기에 있어서 중앙부에 설치하는 돌

CHAPTER 02

| 2-1. 일반 구조 시스템 |

과년도 출제문제

01 | 현수 구조의 케이블 응력
23②, 22, 20, 14

Suspension Cable에 의한 지붕 구조는 케이블의 어떠한 저항력을 이용한 것인가?

① 휨 모멘트 ② 압축력
③ 인장력 ④ 전단력

해설 Suspension Cable에 의한 지붕 구조는 케이블의 인장력(축방향으로 늘어나는 힘)에 의한 저항력을 이용한 케이블 구조이다.

02 | 방서 구조의 용어
12, 06

다음 중 열의 차단으로 더위를 막기 위해 축조된 구조는?

① 방서 구조 ② 방한 구조
③ 방충 구조 ④ 방청 구조

해설 방한 구조는 추위를 막기 위한 구조이고, 방충 구조는 해충에 의한 피해를 막기 위한 구조이며, 방청 구조는 부식을 방지하기 위한 구조이다.

03 | 라멘 구조의 용어
08

건축 구조의 구성 형식에 의한 분류의 하나로 기둥과 보, 슬래브 등의 뼈대를 강접합하여 하중에 대하여 일체로 저항하도록 하는 구조는?

① 플랫 슬래브 구조 ② 라멘 구조
③ 벽식 구조 ④ 셸 구조

해설 플랫 슬래브 구조는 보가 없고 슬래브만으로 된 바닥을 기둥으로 받치는 철근 콘크리트 슬래브 구조이다. 벽식 구조는 기둥이나 들보를 뼈대로 하여 만들어진 건축물에 비하여 기둥이나 들보 없이 벽과 슬래브로만 건물을 조립하는 건축 구조를 말한다. 셸 구조는 입체적으로 휘어진 면구조이며, 이상적인 경우에는 부재에 면내 응력과 전단 응력만이 생기고 휘어지지 않는 구조이다.

04 | 라멘 구조의 종류
09

다음 건축 구조의 분류 중 라멘 구조에 해당하는 것은?

① 철근 콘크리트 구조 ② 조적조
③ 벽식 구조 ④ 트러스 구조

해설 라멘 구조는 구조 부재의 접합점 즉, 절점이 강절점으로 되어 있는 골조로, 인장재, 압축재 및 휨재 모두가 결합된 형식으로 구조물이 전부 일체로 되어 외력에 저항하므로 지진이 많은 곳이나 교량, 고층 건축물의 구조에 사용한다. 라멘 구조의 종류에는 철근 콘크리트조, 철골 철근 콘크리트조 등이 있다.

05 | 라멘 구조
11, 07

다음 중 라멘 구조에 대한 설명으로 옳지 않은 것은?

① 기둥 위에 보를 단순히 얹어놓은 구조이다.
② 수직 하중에 대하여 큰 저항력을 가진다.
③ 수평 하중에 대하여 큰 저항력을 가진다.
④ 하중 작용 시 기둥 또는 보 부재의 변형으로 외부 에너지를 흡수한다.

해설 라멘 구조는 수직 부재인 기둥과 수평 부재인 보가 그 접합부에서 서로 강접으로 연결되어 있어 일체로 거동하는 구조를 말한다. 강접된 기둥과 보는 함께 이동하고 함께 회전하므로, 수직 하중에 대해서 뿐만 아니라 같은 수평 하중(바람이나 지진 하중)에 대해서도 큰 저항력을 가진다. ①의 설명은 단순보에 대한 설명이다.

06 | 라멘 구조
18③, 17, 13, 09

라멘 구조에 대한 설명으로 옳지 않은 것은?

① 예로는 철근 콘크리트 구조가 있다.
② 기둥과 보의 절점이 강접합되어 있다.
③ 기둥과 보에 휨응력이 발생하지 않는다.
④ 내부 벽의 설치가 자유롭다.

해설 라멘 구조는 기둥과 보에 절점이 강절점(고정 절점)으로 되어 있고, 휨응력이 발생하며, 내부 벽의 설치가 자유롭다. 예로는 철근 콘크리트 구조, 철골 철근 콘크리트 구조 등이 있다.

정답 01. ③ 02. ① 03. ② 04. ① 05. ① 06. ③

07 | 벽식 구조
07

다음의 벽식 구조에 대한 설명 중 ( ) 안에 알맞은 말은?

"똑같은 판이라도 수직으로 세워져서 힘이 면을 따라 전달되는 것을 (㉠)(이)라 하고, 판을 수평으로 설치하여 면에 직각으로 힘을 받는 것을 (㉡)(이)라 한다."

① ㉠ 슬래브, ㉡ 벽　② ㉠ 보, ㉡ 기둥
③ ㉠ 벽, ㉡ 슬래브　④ ㉠ 기둥, ㉡ 보

해설 벽식 구조란 벽체나 바닥판을 평면적인 구조체만으로 구성한 구조물, 즉 보나 기둥 없이 판으로 된 바닥 슬래브와 벽으로 연결되어 전체적으로 대단히 강한 구조물을 말한다. 벽식구조에서는 똑같은 판이라도 수직으로 세워져서 힘이 면을 따라 전달되는 것을 벽이라 하고, 판을 수평으로 설치하여 면에 직각으로 힘을 받는 것을 슬래브라고 한다.

08 | 벽식 구조의 용어
23③, 21, 10

다음 중 기둥과 보가 없이 평면적인 구조체만으로 구성된 구조 시스템은?

① 막 구조　② 셸 구조
③ 벽식 구조　④ 현수 구조

해설 막 구조는 자체로서는 전혀 하중을 지지할 수 없는 막을 잡아당겨 인장력을 주면 막 자체에 강성이 생겨 구조체로서 힘을 받을 수 있는 구조물을 말한다. 셸 구조는 곡률을 가진 얇은 판으로써 주변을 충분히 지지시키면, 면에 분포되는 하중을 인장과 압축과 같은 면내력으로 전달시키는 역학적 특성을 이용하여 만든 구조로, 가볍고 강성이 우수한 구조물이다. 현수 구조는 구조물의 주요 부분을 매달아서 축방향력 중 인장력만으로 저항하는 구조물이다.

09 | 벽식 구조의 횡력 보강 방법
11

벽식 구조에서 횡력에 대한 보강 방법으로 적합하지 않은 것은?

① 벽 상부의 슬래브 두께를 증가시킨다.
② 벽 상부에 테두리 보를 설치한다.
③ 벽량을 증가시킨다.
④ 부축벽(buttress)을 설치한다.

해설 벽식 구조는 보나 기둥 없이 판으로 된 바닥 슬래브와 벽으로 연결되어 전체적으로 대단히 강한 구조물로, 벽체나 바닥판을 평면적인 구조체만으로 구성한 구조물이다. 횡력에 대한 보강법으로 벽 상부에 테두리 보나 부축벽을 설치하거나 벽량 증가 등의 방법을 사용한다.

10 | 벽식 구조의 공법
19, 11

다음 중 벽식 구조로 적합하지 않은 공법은?

① PC(Precast Concrete)
② RC(Reinforced Concrete)
③ Masonry
④ Membrane

해설 PC(Precast Concrete), RC(Reinforced Concrete) 및 조적 공사(Masonry) 등은 벽식구조로 가능하나, Membrane(멤브레인)은 방수 공사에 속한다.

11 | 벽식 구조의 용어
21, 20, 19, 18③, 16, 14

보와 기둥 대신 슬래브와 벽이 일체가 되도록 구성한 구조는?

① 라멘 구조　② 플랫 슬래브 구조
③ 벽식 구조　④ 아치 구조

해설 벽식 구조는 기둥이나 보를 뼈대로 하여 만들어진 건축물에 비하여 기둥이나 보가 없이 벽과 바닥만으로 건물을 조립하는 건축 구조이다.

12 | 아치 구조의 용어
20②, 16

개구부 상부의 하중을 지지하기 위하여 돌이나 벽돌을 곡선형으로 쌓아올린 구조를 무엇이라 하는가?

① 골조 구조　② 아치 구조
③ 린텔 구조　④ 트러스 구조

해설 골조(라멘) 구조는 강접된 기둥과 보가 함께 이동하고 함께 회전하므로 수직 하중에 대해서뿐만 아니라 수평 하중(바람, 지진 등)에 대해서도 큰 저항력을 갖는 구조이다. 린텔 구조는 인방 구조이며, 트러스 구조는 목재나 강재로 삼각형으로 뼈대를 만들고 각 부재의 연결 부분을 핀으로 조립하여 접합 부위가 회전할 수 있도록 한 구조로, 교량이나 건축물의 지붕 구조물에 주로 사용된다.

13 | 아치 구조의 하부 응력
13, 10, 06, 04, 99

벽돌 구조의 아치(arch)는 부재의 하부에 어떤 힘이 생기지 않도록 의도된 구조인가?

① 인장력　② 압축력
③ 수평 반력　④ 수직 반력

해설 아치 구조는 개구부의 상부 하중을 지지하기 위하여 조적재를 곡선형으로 쌓아서 압축력만이 작용되도록 한 구조로서, 부재의 하부에 인장력이 생기지 않게 한 구조이다.

정답 07. ③ 08. ③ 09. ① 10. ④ 11. ③ 12. ② 13. ①

14 | 아치 구조
18, 08

다음 ( )에 알맞은 것은?

> 아치 구조는 상부에서 오는 수직 하중이 아치의 축선에 따라 좌우로 나누어져 밑으로 ( )만을 전달하게 한 것이다.

① 인장력　② 압축력
③ 휨 모멘트　④ 전단력

해설 아치란 상부에 작용하는 하중을 아치의 축선을 따라 좌우로 나누어 줌으로써 밑으로 압축력만을 전달하게 하고, 개구부의 상부에는 휨 응력이 작용하지 않도록 한 것으로서 아치를 틀 때 벽돌의 줄눈이 아치의 축선에 직각이 되어 중심에 모이도록 쌓는다.

15 | 아치(본아치의 용어)
24, 19, 18, 17③, 15

아치 벽돌을 사다리꼴 모양으로 특별히 주문 제작하여 쓴 것을 무엇이라고 하는가?

① 본아치　② 막만든 아치
③ 거친 아치　④ 층두리 아치

해설 막만든 아치는 보통 벽돌을 쐐기 모양으로 다듬어 쓰는 아치이고, 거친 아치는 외관이 중요시되지 않는 아치로 보통 벽돌을 쓰고 줄눈을 쐐기모양으로 한 아치를 말한다. 층두리 아치는 아치의 간사이가 넓은 경우 반장별로 층을 지어 이중으로 겹쳐 쌓은 아치이다.

16 | 아치(본아치의 용어)
23, 20, 13, 09, 04

아치 벽돌을 특별히 주문 제작하여 만든 아치는?

① 층두리 아치　② 거친 아치
③ 막만든 아치　④ 본 아치

해설 층두리 아치는 아치가 넓을 때에는 반장별로 층을 지어 겹쳐 쌓은 아치이고, 거친 아치는 외관이 중요시되지 않는 아치로 보통 벽돌을 쓰고 줄눈을 쐐기모양으로 한 아치를 말한다. 막만든 아치는 보통 벽돌을 쐐기 모양으로 다듬어 쓰는 아치이다. 또한 본 아치는 아치 벽돌을 주문 제작하여 만든 아치이다.

17 | 아치(거친 아치의 용어)
23, 21, 20②, 16, 10

외관이 중요시되지 않는 아치는 보통 벽돌을 쓰고 줄눈을 쐐기모양으로 하는데 이러한 아치를 무엇이라 하는가?

① 본아치　② 거친 아치
③ 막만든 아치　④ 층두리 아치

해설 본아치는 아치 벽돌을 사다리꼴 모양으로 특별히 주문 제작하여 쓴 아치이고, 막만든 아치는 보통 벽돌을 쐐기 모양으로 다듬어 사용한 아치이며, 층두리 아치는 아치의 너비가 넓은 경우 반장별로 층을 지어 겹쳐 쌓은 아치이다.

18 | 아치(이맛돌의 용어)
22, 21, 19③, 18, 17④, 16, 10, 07

반원 아치의 중앙에 들어가는 돌의 이름은?

① 쌤돌　② 고막이돌
③ 두겁돌　④ 이맛돌

해설 쌤돌은 창문 옆에 대는 돌로서, 면접기나 쇠시리를 하고, 쌓기는 일반 벽체에 따라 촉과 연결 철물로 연결한다. 고막이돌은 벽체 하부 밑인방 또는 문지방과 지면 사이에 막아 놓은 돌 또는 방고막이에 쌓은 돌이다. 두겁돌은 석조, 벽돌조 등의 벽체 상부에 뚜껑처럼 올려 놓은 돌 또는 석실 위에 덮은 돌로 만든 뚜껑이다.

19 | 아치(숨은 아치의 용어)
03

다음 중 인방보를 써서 쌓은 아치는?

① 본아치　② 거친 아치
③ 막만든 아치　④ 숨은 아치

해설 숨은 아치는 개구부 인방 위에 설치된 간단한 아치로, 상부 하중을 지지하기 위한 아치 또는 보통 아치와 인방 사이에는 막혀 있는 블라인드 아치(개구부가 항구적인 벽체로 막혀 있는 아치)로 한다. 특히, 인방보를 사용한다.

20 | 아치
18, 12, 09

다음 중 아치(Arch)에 대한 설명으로 옳지 않은 것은

① 조적 벽체의 출입문 상부에서 버팀대 역할을 한다.
② 아치 내에는 압축력만 작용한다.
③ 아치 벽돌을 특별히 주문 제작하여 쓴 것을 층두리 아치라 한다.
④ 아치의 종류에는 평 아치, 반원 아치, 결원 아치 등이 있다.

해설 층두리 아치는 아치가 넓을 때에는 반장별로 층을 지어 겹쳐 쌓은 아치이고, 본아치는 아치 벽돌을 사다리꼴 모양으로 특별히 주문 제작하여 만든 아치이다.

정답 14. ② 15. ① 16. ④ 17. ② 18. ④ 19. ④ 20. ③

21 | 아치
11

아치에 대한 설명으로 옳은 것은?

① 압축력을 주로 받는 구조이다.
② 개구부 폭은 넓을수록 구조적으로 안전하다.
③ 셸은 아치를 공간적으로 확장한 형태이다.
④ 하단에 온도에 의한 수축 팽창에 저항하기 위한 힌지를 설치한다.

해설 아치는 돌이나 벽돌 등을 쌓아 올려서 상부에서 오는 직압력을 개구부의 양측으로 전달되게 한 것으로서 부재의 하부에 인장력이 생기지 않게 한 구조이다.

22 | 아치 추력의 저항 방법
17, 14, 11

아치의 추력에 적절히 저항하기 위한 방법이 아닌 것은?

① 아치를 서로 연결하여 교점에서 추력을 상쇄
② 버트레스(buttress) 설치
③ 타이바(tie bar) 설치
④ 직접 저항할 수 있는 상부 구조 설치

해설 아치의 추력에 저항하기 위한 방법으로는 ①, ② 및 ③ 외에 직접 저항할 수 있는 하부 구조를 설치하여야 한다.

23 | 아치의 정의
24, 21, 20, 17, 16

구조적으로 가장 안정된 상태의 아치를 가장 잘 설명한 것은?

① 아치의 하단 단면의 크기를 작게 하여 공간의 활용도를 높였다.
② 상부 하중을 견딜 수 있도록 포물선의 형태로 설치하였다.
③ 응력 집중 현상을 방지할 수 있도록 절점을 많이 설치하였다.
④ 수직 방향의 응력만 유지될 수 있도록 하단에 이동단을 설치하였다.

해설 안정된 아치(개구부 상부의 하중을 지지하기 위하여 돌이나 벽돌을 곡선(포물선)형으로 쌓아 올린 구조)는 추력(아치 구조의 지점을 수평 방향으로 이동시키려는 힘)에 적절히 저항하도록 하여야 한다. 추력에 저항하는 대책은 하부 구조의 설치, 교점에서의 추력 상쇄, 버트레스(횡력을 받는 벽을 지지하기 위하여 벽체의 전면에 설치하는 벽) 및 타이 바(아치에서 양쪽으로 벌어지려는 힘을 잡아주는 부재)를 설치하는 것 등이다.

정답 21. ① 22. ④ 23. ②

출제 키워드

2-2. 특수 구조 시스템

(1) 막 구조(membrane structure)

① 막 구조의 정의

㉮ 재질이 가볍고 투명성이 좋아 채광을 필요로 하는 대공간지붕 구조로 가장 적합한 구조이다.

㉯ 내면에 균일한 인장력을 분포시켜 얇은 합성수지 계통의 천을 지지하여 지붕을 구성하는 구조이다.

㉰ 구조체 자체의 무게가 거의 없어 넓은 공간의 지붕 구조체로 효율성이 뛰어나며, 자연경관과도 잘 조화되어 많이 사용되고 있는 구조 시스템이다.

② 막 구조의 종류에는 골조막 구조(막의 무게를 골조가 부담), 현수막 구조(막의 무게를 케이블로 당겨 지지하는 구조), 공기막 구조(막상 재료로 공간을 덮어 건물 내외부의 기압차를 이용한 풍선 모양의 지붕 구조 또는 송풍에 의한 내압으로 외기압보다 약간 높은 압력을 주고, 압력에 의한 장력으로 공간 및 구조적인 안정성을 추구한 건축 구조) 및 하이브리드막 구조(골조막, 현수막 및 공기막 구조를 복합적으로 채용) 등이 있다. 상암동, 인천 및 제주도 월드컵 경기장 등이 막 구조에 속한다.

(2) 셸 구조(shell sturucture)

① 셸 구조의 정의

㉮ 구조물에 작용하는 외력을 곡면판의 면내력으로 전달시키는 특성을 가진 구조

㉯ 면에 곡률을 주어 경간을 확장하는 구조로서 곡면 구조 부재의 축선을 따라 발생하는 응력으로 외력에 저항하는 구조

㉰ 휨과 견고성이 셸을 구성 또는 곡면판이 지니는 역학적 특성을 응용한 구조로서, 외력은 주로 판의 면내력으로 전달되기 때문에 경량이고 강성이 우수하여 내력이 큰 구조물을 구성할 수 있는 특색이 있다.

② 재료의 휨 면과 견고함의 두 성질 외에도 셸 구조가 성립하기 위한 제한 조건은 건축 기술상 셸은 건축할 수 있는 형태를 가져야 하고, 넓은 공간, 공장, 건축 현장에서 용이하게 만들어지는 것이어야 한다.

③ 역학적인 면(면에 분포하여 하중을 인장과 압축과 같은 면 내력으로 전달시키는 역학적 특성)에서 재하 방법이 지지 능력과 어긋나지 않아야 한다. 또한, 지지점에서는 힘의 집중을 피할 수 없으므로 힘을 모아서 지지점에 무리 없이 전달되도록 셸 모양을 고려하여야 한다. 셸 구조의 대표적인 건축물은 시드니 오페라 하우스이다.

▪ 막 구조의 정의
- 재질이 가볍고 투명성이 좋아 채광을 필요로 하는 대공간지붕 구조
- 내면에 균일한 인장력을 분포시켜 얇은 합성수지 계통의 천을 지지하여 지붕을 구성하는 구조
- 구조체 자체의 무게가 거의 없어 넓은 공간의 지붕 구조체로 효율성이 뛰어나며, 자연경관과도 잘 조화되어 많이 사용되고 있는 구조

▪ 막 구조의 종류

골조막 구조, 현수막 구조, 공기막 구조 및 하이브리드막 구조 등

▪ 막 구조의 건축물

상암동, 인천 및 제주도 월드컵 경기장 등

▪ 셸 구조의 정의
- 구조물에 작용하는 외력을 곡면판의 면내력으로 전달시키는 특성을 가진 구조
- 면에 곡률을 주어 경간을 확장하는 구조로서 곡면 구조 부재의 축선을 따라 발생하는 응력으로 외력에 저항하는 구조
- 곡면판이 지니는 역학적 특성을 응용한 구조
- 외력은 주로 판의 면내력으로 전달되기 때문에 경량이고 강성이 우수하여 내력이 큰 구조물을 구조

▪ 시드니 오페라 하우스

셸 구조의 대표적인 건축물

(3) 현수 구조(suspension structure)

① 현수 구조의 정의

㉮ 구조물의 주요 부분(바닥 등의 슬래브)을 매달아서 인장력(축방향으로 늘어나는 힘)으로 저항하는 구조물

㉯ 건축 구조에서 중간에 기둥을 두지 않고, 직사각형의 면적에 지붕을 씌우는 형식으로 교량 시스템을 응용한 구조

㉰ 건물의 1층에 기둥이 없는 공간, 상부에서 기둥이 없는 공간을 만들기 위하여, 상부에서 기둥으로 전달되는 하중을 케이블 형태의 부재가 지지하고 있다.

㉱ 특수 지지 프레임을 두 지점에 세우고 프레임 상부 새들(saddle)을 통해 케이블(cable)을 걸치고 여기서 내린 로프로 도리를 매다는 구조이다.

② 하중은 상부에 있는 거대한 트러스에 의하여 지지되고, 이 트러스는 케이블의 지지점에서 안으로 모아지려는 압축력에 저항하고 있다. 최종적으로 각 층에 작용하는 수직력은 양단부에 있는 코어에 의하여 지반으로 전달된다.

③ 케이블을 이용한 구조 시스템에는 사장 구조(다리에 작용하는 하중은 케이블을 통해 바로 기둥으로 전달되는 구조로서 서해대교 등이 있다.), 현수 구조 및 막 구조 등이 있다.

(4) 트러스 구조(truss structure)

① 트러스 구조의 정의

㉮ 축방향력만을 받는 직선재를 핀으로 결합시켜 힘을 전달하는 구조이다.

㉯ 구조 형식 중 삼각형 뼈대를 하나의 기본형으로 조립하여 각 부재에는 축방향력만 생기도록 한 구조이다.

㉰ 상대적으로 얇고 길이가 짧은 부재를 상하 그리고 경사로 연결하여 장스팬의 길이를 확보할 수 있는 구조이다.

㉱ 직선 부재가 서로 한 점에서 만나고 그 형태가 삼각형인 구조물로서 인장력과 압축력의 축력만을 지지하는 구조이다.

② 트러스 중 비렌딜 트러스는 상현재와 하현재 사이에 수직재로 구성되어 있는 트러스이고, 복재는 상현재와 하현재 내에서 연결부 역할을 하는 부재이다.

③ 트러스의 응력 : 플랫 트러스의 경우 상현재와 수직재는 압축 응력, 하현재와 경사재는 인장 응력이 작용하고, 하우(왕대공) 트러스의 경우, 수직재와 수평재는 인장 응력, 경사재는 압축 응력이 작용한다.

④ 트러스의 부재 : 현재(트러스의 상하에 배치되어 그 하나는 인장력을, 다른 하나는 압축력을 받는 부재의 총칭)의 종류에는 상현재(상부에 있는 현재), 하현재(하부에 있는 현재) 및 복재(상현재와 하현재 내에서 연결부 역할을 하는 부재) 등이 있고, 절점(격점)은 부재의 교차점, 격간은 절점과 절점의 사이 등이 있다.

출제 키워드

▪현수 구조의 정의
- 구조물의 주요 부분을 매달아서 인장력으로 저항하는 구조
- 건축 구조에서 중간에 기둥을 두지 않고, 직사각형의 면적에 지붕을 씌우는 형식으로 교량 시스템을 응용한 구조
- 상부에서 기둥으로 전달되는 하중을 케이블 형태의 부재가 지지하고 있는 구조
- 특수 지지 프레임을 두 지점에 세우고 프레임 상부 새들을 통해 케이블을 걸치고 여기서 내린 로프로 도리를 매다는 구조

▪케이블을 이용한 구조 시스템
사장 구조(서해대교), 현수 구조 및 막 구조 등

▪트러스 구조의 정의
- 축방향력만을 받는 직선재를 핀으로 결합시켜 힘을 전달하는 구조
- 삼각형 뼈대를 하나의 기본형으로 조립하여 각 부재에는 축방향력만 생기도록 한 구조
- 상대적으로 얇고 길이가 짧은 부재를 상하 그리고 경사로 연결하여 장스팬의 길이를 확보할 수 있는 구조
- 직선 부재가 서로 한 점에서 만나고 그 형태가 삼각형인 구조물로서 인장력과 압축력의 축력만을 지지하는 구조

▪비렌딜 트러스
상현재와 하현재 사이에 수직재로 구성되어 있는 트러스

▪플랫 트러스의 응력
상현재와 수직재는 압축 응력, 하현재와 경사재는 인장 응력이 작용

▪하우(왕대공) 트러스의 응력
수직재와 수평재는 인장 응력, 경사재는 압축 응력이 작용

▪복재
상현재와 하현재 내에서 연결부 역할을 하는 부재

출제 키워드

■ 입체 트러스 구조
- 축방향만으로 힘을 받는 직선재를 핀으로 결합하여 효율적으로 힘을 전달하는 구조 시스템
- 최소 유닛(unit)은 삼각형 또는 사각형을 조합한 구조

■ 스페이스 프레임(스페이스 트러스)
- 트러스를 종횡으로 배치하여 입체적으로 구성한 구조
- 형강이나 강관을 사용하여 넓은 공간을 구성하는 데 이용

■ 인장링

돔의 하부에서 밖으로 퍼져 나가는 힘에 저항하기 위해 설치하는 것

■ 래티스 돔

트러스를 곡면으로 구성하여 돔을 형성하는 구조

■ 튜브 구조
- 초고층 구조 시스템
- 관과 같이 하중에 저항하는 수직 부재가 대부분 건물의 바깥쪽에 배치되어 있어 횡력에 효율적으로 저항하도록 계획된 구조

■ 절판 구조
- 자중도 지지하기 여려운 평면체를 아코디언과 같이 주름을 잡아 지지 하중을 증가시킨 구조
- 평면 형상으로 시공이 쉽고 구조적 강성이 우수하여 대공간 지붕 구조로 적합한 구조
- 철근 배근이 매우 어려운 구조

■ 커튼 월의 부재

노턴 테이프, 수직 알루미늄 바 및 패스너 등

(5) 입체 트러스 구조

입체 구조 시스템의 하나로서, 축방향만으로 힘을 받는 직선재를 핀으로 결합하여 효율적으로 힘을 전달하는 구조 시스템이다. 모든 방향으로 이동이 구속되어 있어서 평면 트러스보다 큰 하중을 지지할 수 있다. 입체 트러스의 최소 유닛(unit)은 삼각형 또는 사각형이고, 이것을 조합한 것도 있으며, 건축 구조물에서 입체 트러스는 체육관이나 공연장과 같이 넓은 대형 공간의 지붕 구조물로 많이 사용된다.

(6) 스페이스 프레임(스페이스 트러스)

2차원의 트러스(축방향만으로 힘을 받는 직선재를 핀으로 결합하여 효율적으로 힘을 전달하는 구조 시스템)를 평면 또는 곡면의 2방향으로 확장시킨 구조 또는 트러스를 종횡으로 배치하여 입체적으로 구성한 구조를 말한다. 형강이나 강관을 사용하여 넓은 공간을 구성하는 데 이용되며, 넓은 대형 공간(체육관, 공연장) 등의 지붕 구조물로 많이 사용한다.

(7) 돔 구조

주요 골조가 트러스로 구성되어 있고, 돔의 상부에 여러 부재가 만날 때 접합부가 조밀해지는 것을 방지하기 위해 압축링(돔 상부의 트러스 모형)을 설치한 구조이다. 돔의 하부에서 밖으로 퍼져 나가는 힘에 저항하기 위해 인장링을 설치하며, 트러스를 곡면으로 구성하여 돔을 형성하는 돔을 래티스 돔이라고 한다.

(8) 튜브 구조

초고층 구조 시스템의 하나로 관과 같이 하중에 저항하는 수직 부재가 대부분 건물의 바깥쪽에 배치되어 있어 횡력에 효율적으로 저항하도록 계획된 구조 시스템이다.

(9) 절판 구조

자중도 지지하기 여려운 평면체를 아코디언과 같이 주름을 잡아지지 하중을 증가시킨 구조 또는 평면 형상으로 시공이 쉽고 구조적 강성이 우수하여 대공간 지붕 구조로 적합한 구조이나 철근 배근이 매우 어렵다. 즉, 자중도 지지할 수 없는 얇은 판을 접으면 큰 강성을 발휘한다는 점에서 쉽게 이해할 수 있는 구조이다. 예로서, 데크 플레이트를 들 수 있다.

(10) 커튼 월 구조

건축물의 하중을 부담하지 않는 칸막이벽을 말하고, 생산성의 의미를 포함하여 프리패브 생산 방식으로 구성하고 마무리된 외벽을 말하기도 한다. 커튼 월의 부재에는 노턴 테이프(양면 테이프로서 복층유리를 멀리언에 고정시킬 때 사용), 수직 알루미늄 바(멀리언 바) 및 패스너(커튼 월을 구조체에 긴결(고정)시키는 부품) 등이 있다.

(11) 라멘 구조

구조 부재의 결합점, 즉 절점이 강절로 되어 있는 골조로서 인장재, 압축재 및 휨재가 모두 결합된 형식 또는 기둥과 보, 슬래브 등의 뼈대를 강접합하여 하중에 대하여 일체로 저항하도록 하는 구조이다. 구조물이 전부 일체가 되어 외력에 저항하므로 지진이 많은 곳이나 교량, 고층 건축물의 구조에 사용한다. 라멘 구조의 종류에는 철근 콘크리트조, 철골 철근 콘크리트조 등이 있다.

출제 키워드

■ 라멘 구조의 정의
기둥과 보, 슬래브 등의 뼈대를 강접합하여 하중에 대하여 일체로 저항하도록 하는 구조

■ 라멘 구조의 종류
철근 콘크리트조, 철골 철근 콘크리트조 등

(12) 철골 구조

각종 형강과 강관을 접합하여 뼈대를 구성한 구조로서 건축물의 무게가 비교적 가벼우면서 강도가 커 고층이나 간사이가 큰 대규모의 건축물에 적합하나, 강재의 특성상 불에 약하고 녹슬기 쉽다.

(13) 플랫 슬래브 구조

건축 등의 바닥 또는 지붕 구조로서 보가 없고 슬래브만으로 된 바닥을 기둥으로 받치는 철근 콘크리트 슬래브이다.

(14) 조적 구조

개개의 재(벽돌, 블록, 돌 등)를 교착제(석회, 시멘트 등)를 써서 구성한 구조이다. 재료 개개의 재의 강도와 교착제의 강도가 전체의 강도를 좌우하며, 철사, 철망 등을 사용하여 보강하면 더욱 튼튼해진다. 구성 방식에 의한 분류의 하나이다.

| 2-2. 특수 구조 시스템 |

과년도 출제문제

01 | 막 구조의 용어 19, 17, 14, 10

재질이 가볍고 투명성이 좋아 채광을 필요로 하는 대 공간 지붕 구조로 가장 적합한 것은?

① 막 구조　② 셸 구조
③ 절판 구조　④ 케이블 구조

해설 셸 구조는 곡률을 가진 얇은 판으로써 주변을 충분히 지지시키면, 면에 분포되는 하중을 인장과 압축과 같은 면내력으로 전달시키는 역학적 특성을 이용하여 만든 구조로, 가볍고 강성이 우수한 구조물이다. 절판 구조는 자중도 지지할 수 없는 얇은 판을 접으면 큰 강성을 발휘한다는 점을 착안하여 아코디언처럼 주름을 잡아지지 하중을 증가시키는 구조로서, 휨에 저항할 수 있는 저항 거리가 커져서 부재의 강성이 커지게 하는 구조이다. 케이블 구조는 케이블을 이용한 구조로서, 사장 구조(다리에 작용하는 하중은 케이블을 통해 바로 기둥으로 전달되는 구조)와 현수 구조(구조물의 무게를 케이블이 지지하게 되고, 케이블은 인장력을 받게 되므로 압축력을 받도록 설계된 구조물과 비교하여 부재의 좌굴을 고려할 필요가 없는 구조)로 나눈다.

02 | 막 구조의 용어 22, 14, 11

내면에 균일한 인장력을 분포시켜 얇은 합성수지 계통의 천을 지지하여 지붕을 구성하는 구조는?

① 입체 트러스 구조　② 막 구조
③ 절판 구조　④ 조적식 구조

해설 입체 트러스 구조는 모든 방향으로 이동이 구속되어 평면 트러스보다 큰 하중을 지지할 수 있는 구조로, 최소 유닛은 삼각형과 사각형이다. 절판 구조는 자중도 지지할 수 없는 얇은 판을 접으면 큰 강성을 발휘한다는 점에서 개발된 구조이며, 조적식 구조는 조적재의 하나하나를 석회, 시멘트 등의 접착제를 사용하여 쌓아올리는 구조이다.

03 | 막 구조의 종류 15, 09

하중 전달과 지지 방법에 따른 막 구조의 종류에 해당하지 않는 것은?

① 골조막 구조　② 현수막 구조
③ 공기 지지 구조　④ 절판막 구조

해설 공기막 구조는 단막 구조와 이중막 구조로 분류한다. 단막은 막 내부의 기압을 조절하여 낙하산에서와 같이 형태를 유지하는 형식이며, 이중막 구조는 풍선과 같이 막 안에 공기를 불어넣어 구조물을 형성하는 구조이다. 막 구조(골조막, 현수막, 공기막 및 하이브리드막 구조 등)는 자연 친화성, 구조미, 공사 기간, 그리고 채광 등에서 여러 가지 장점이 있어 최근에 많이 사용되고 있다.

04 | 막 구조의 용어 11

구조체 자체의 무게가 거의 없어 넓은 공간의 지붕 구조체로 효율성이 뛰어나며, 자연경관과도 잘 조화되어 많이 사용되고 있는 구조 시스템은?

① 막 구조　② 셸 구조
③ 현수 구조　④ 입체 트러스 구조

해설 셸(shell) 구조는 곡률을 가진 얇은 판으로써 주변을 충분히 지지시키면 면에 분포하여 하중을 인장과 압축과 같은 면내력으로 전달시키는 역학적 특성을 가지고 있으므로 가볍고 강성이 우수한 구조 시스템이며, 큰 공간을 덮는 지붕이나 액체를 담는 용기 등에 널리 사용되고 있다. 현수 구조(suspension structure)는 구조물의 주요 부분을 매달아서 인장력으로 저항하는 구조물이다. 건물의 1층에 기둥이 없는 공간을 만들기 위하여, 상부에 기둥이 없는 공간을 만들기 위하여 상부에서 기둥으로 전달되는 하중을 케이블 형태의 부재가 지지하고 있다. 입체 트러스 구조는 모든 방향으로 이동이 구속되어 있어서 평면 트러스보다 큰 하중을 지지할 수 있다. 입체 트러스의 최소 유닛(unit)은 삼각형 또는 사각형이고, 이것을 조합한 것도 있다. 건축 구조물에서 입체 트러스는 체육관이나 공연장과 같이 넓은 대형 공간의 지붕 구조물로 많이 사용된다.

05 | 막(공기막) 구조의 용어 24, 20, 18③, 13

막상(膜狀) 재료로 공간을 덮어 건물 내·외의 기압차를 이용한 풍선 모양의 지붕 구조를 무엇이라 하는가?

① 공기막 구조　② 현수 구조
③ 곡면판 구조　④ 입체 트러스 구조

정답 01. ① 02. ② 03. ④ 04. ① 05. ①

해설 현수 구조는 구조물의 주요 부분을 매달아서 인장력으로 저항하는 구조이고, 곡면판 구조는 부재의 형상에 의한 분류의 하나로 판이 곡면형으로 된 구조물이다. 입체 트러스 구조는 2차원의 트러스(축방향만으로 힘을 받는 직선재를 핀으로 결합하여 효율적으로 힘을 전달하는 구조)를 평면 또는 곡면의 2방향으로 확장시킨 구조이다.

06 | 막(공기막) 구조의 용어 16, 14

송풍에 의한 내압으로 외기압보다 약간 높은 압력을 주고, 압력에 의한 장력으로 공간 및 구조적인 안정성을 추구한 건축 구조는?

① 절판 구조 ② 공기막 구조
③ 셸 구조 ④ 현수 구조

해설 절판 구조는 자중도 지지할 수 없는 얇은 판을 접으면 큰 강성을 발휘한다는 점에서 쉽게 이해할 수 있는 구조이고, 셸 구조는 곡면판이 지지하는 역학적 특성을 응용한 구조이다. 현수 구조는 건축물의 주요 구조부를 매달아서 인장력으로 저항하는 구조물이다.

07 | 공기막 구조 14, 11

건물의 지붕에 적용된 공기막 구조에 대하여 옳게 설명한 것은?

① 구조재의 자중이 무거워 대스팬 구조에 불리하다.
② 내외부의 기압의 차를 이용하여 공간을 확보한다.
③ 아치를 양방향으로 확장한 형태다.
④ 얇은 두께의 콘크리트 내부에 섬유막을 함유하였다.

해설 공기막 구조는 단막 구조와 이중막 구조로 분류한다. 단막은 막 내부의 기압을 조절하여 낙하산에서와 같이 형태를 유지하는 형식이며, 이중막 구조는 풍선과 같이 막 안에 공기를 불어넣어 구조물을 형성하는 구조이다. 막 구조(골조막, 현수막, 공기막 및 하이브리드막 구조 등)는 자연 친화성, 구조미, 공사 기간, 그리고 채광 등에서 여러 가지 장점이 있어 최근에 많이 사용되고 있다.

08 | 막(현수막) 구조의 용어 24, 19, 13, 10

막 구조 중 막의 무게를 케이블로 지지하는 구조는?

① 골조막 구조 ② 현수막 구조
③ 공기막 구조 ④ 하이브리드막 구조

해설 막 구조의 종류에는 골조막 구조(막의 무게를 골조가 부담), 현수막 구조(막의 무게를 케이블로 당겨 지지), 공기막 구조(공기압으로 막의 형태를 유지) 및 하이브리드막 구조(골조막, 현수막 및 공기막 구조를 복합적으로 채용) 등이 있다. 상암동 및 제주도 월드컵 경기장 등이 막 구조에 속한다.

09 | 막 구조의 건축물 11, 08, 06

다음 중 막 구조로 이루어진 구조물은?

① 금문교 ② 장충체육관
③ 시드니 오페라 하우스 ④ 상암동 월드컵 경기장

해설 막 구조의 종류에는 골조막 구조(막의 무게를 골조가 부담), 현수막 구조(막의 무게를 케이블로 당겨 지지), 공기막 구조(공기압으로 막의 형태를 유지) 및 하이브리드막 구조(골조막, 현수막 및 공기막 구조를 복합적으로 채용) 등이 있다. 상암동 및 제주도 월드컵 경기장 등이 막 구조에 속한다. 금문교는 현수교, 장충체육관은 돔 구조, 시드니 오페라 하우스는 셸 구조이다.

10 | 막 구조의 건축물 24, 21③, 20, 19, 17, 12

다음 중 막 구조로 이루어진 구조물이 아닌 것은?

① 서귀포 월드컵 경기장 ② 상암동 월드컵 경기장
③ 인천 월드컵 경기장 ④ 수원 월드컵 경기장

해설 서귀포, 상암동 및 인천 월드컵 경기장의 지붕 구조는 막 구조이고, 수원 월드컵 경기장의 지붕 구조는 철근 콘크리트 구조이다.

11 | 건축물과 지붕 구조 20, 10, 09

다음 건물 중 그 건물의 지붕에 적용된 대표적인 구조 형식이 옳게 연결된 것은?

① 시드니 오페라 하우스 – 돔 구조
② 도쿄돔 – 현수 구조
③ 판테온 신전 – 볼트 구조
④ 상암 월드컵 경기장 – 막 구조

해설 상암동, 인천 및 제주도 월드컵 경기장 등이 막 구조에 속하고, 시드니 오페라 하우스는 셸 구조, 도쿄돔은 공기막 구조이다.

12 | 막 구조 24, 21, 15, 10

막 구조에 대한 설명으로 틀린 것은?

① 넓은 공간을 덮을 수 있다.
② 힘의 흐름이 불명확하여 구조 해석이 난해하다.
③ 막재에는 항시 압축 응력이 작용하도록 설계하여야 한다.
④ 응력이 집중되는 부위는 파손되지 않도록 조치해야 한다.

정답 06. ② 07. ② 08. ② 09. ④ 10. ④ 11. ④ 12. ③

해설 막 구조는 자체로서는 전혀 하중을 지지할 수 없는 막을 잡아당겨 인장력을 주면 막 자체에 강성이 생겨 구조체로서 힘을 받을 수 있는 구조물이다. 막 구조에서 막은 압축력을 견딜 수 없으므로 인장력에 견디도록 설계하여야 한다.

13 | 셸 구조의 용어
23, 18, 12

곡면판의 역학적 잇점을 살려서 큰 간사이의 지붕을 만들 수 있는 구조는?

① 절판 구조 ② 셸 구조
③ 현수 구조 ④ 철골 철근 콘크리트 구조

해설 절판 구조는 자중을 지지할 수 없는 얇은 판을 접으면 큰 강성을 발휘한다는 점을 이용한 구조로 데크 플레이트 등이 있다. 현수 구조는 구조물의 주요 부분을 매달아서 인장력으로 저항하는 구조로 와이어 로프나 PS 와이어를 사용한다. 철골 철근 콘크리트 구조는 철골의 주위에 철근을 배근하고, 그 위에 콘크리트를 타설함으로써 형성되는 구조이다.

14 | 셸 구조의 용어
12

구조물에 작용하는 외력을 곡면판의 면내력으로 전달시키는 특성을 가진 구조는?

① 절판 구조 ② 셸(shell) 구조
③ 현수 구조 ④ 다이아그리드 구조

해설 절판 구조는 철근 콘크리트 구조에 있어서 얇은 판을 꺽어서 만든 형태의 역학적 이론을 근거로 한 구조이다. 현수 구조(suspension structure)는 구조물의 주요 부분을 매달아서 인장력으로 저항하는 구조물로서, 건물의 1층에 기둥 없는 공간 또는 상부에서 기둥 없는 공간을 만들기 위하여, 상부에서 기둥으로 전달되는 하중을 케이블 형태의 부재가 지지하고 있다. 다이아그리드 구조는 대각 가새를 이용한 구조이다.

15 | 셸 구조의 용어
24, 11, 06

대표적인 구조물로 시드니 오페라 하우스가 있으며 간사이가 넓은 건축물의 지붕을 구성하는 데 많이 쓰이는 구조는?

① 셸 구조 ② 벽식 구조
③ 현수 구조 ④ 라멘 구조

해설 벽식 구조는 기둥이나 들보를 뼈대로 하여 만들어진 건축물에 비하여 기둥이나 들보가 없이 벽과 마루로서 건물을 조립하는 건축 구조이고, 현수 구조는 구조물의 주요 부분을 매달아서 인장력으로 저항하는 구조물이다. 건물의 1층에 기둥이 없는 공간을 만들거나, 상부에서 기둥이 없는 공간을 만들기 위하여 상부에서 기둥으로 전달되는 하중을 케이블 형태의 부재가 지지하고 있다. 이 하중은 상부에 있는 거대한 트러스에 의하여 지지되고, 이 트러스는 케이블의 지지점에서 안으로 모아지려는 압축력에 저항하고 있다. 최종적으로 각 층에 작용하는 수직력은 양단부에 있는 코어에 의하여 지반으로 전달된다. 라멘 구조는 구조 부재의 절점, 즉 결합부가 강절점으로 되어 있는 골조로서 인장재, 압축재 및 휨재가 모두 결합된 형식으로 된 구조이다.

16 | 셸 구조의 용어
13

면에 곡률을 주어 경간을 확장하는 구조로서 곡면 구조 부재의 축선을 따라 발생하는 응력으로 외력에 저항하는 구조는?

① 막 구조 ② 케이블 돔 구조
③ 셸 구조 ④ 스페이스 프레임 구조

해설 막 구조는 전혀 하중을 지지할 수 없는 막을 잡아당겨 인장력을 주면 막 자체에 강성이 생겨 구조체로서 힘을 받을 수 있는 구조이고, 케이블 돔 구조는 케이블을 이용한 돔 구조이다. 스페이스 프레임 구조는 2차원의 트러스를 평면 또는 곡면의 2방향으로 확장시킨 구조이다.

17 | 셸 구조의 용어
24, 23②, 22, 19, 17③, 16, 13, 03

곡면판이 지니는 역학적 특성을 응용한 구조로서 외력은 주로 판의 면내력으로 전달되기 때문에 경량이고 내력이 큰 구조물을 구성할 수 있는 것은?

① 철골 구조 ② 셸 구조
③ 현수 구조 ④ 커튼월 구조

해설 셸 구조는 곡면판의 역학적 잇점을 살려서 큰 간사이의 지붕을 만들 수 있는 구조, 곡면판이 지니는 역학적 특성을 응용한 구조로서 외력은 주로 판의 면내력으로 전달되기 때문에 경량이고, 내력이 큰 구조물을 구성할 수 있는 구조이다. 대표적인 구조물로 시드니 오페라 하우스가 있으며, 간사이가 넓은 건축물의 지붕을 구성하는 데 많이 쓰인다. 면에 곡률을 주어 경간을 확장하는 구조로서 곡면 구조 부재의 축선을 따라 발생하는 응력으로 외력에 저항하는 구조이다.

18 | 셸 구조의 건축물
24②, 23②, 22②, 20, 19, 18③, 17, 16③, 13, 10, 07

다음 중 셸 구조의 대표적인 구조물은?

① 세종 문화 회관 ② 시드니 오페라 하우스
③ 인천대교 ④ 상암동 월드컵 경기장

해설 ①은 경사 슬래브 구조, ③은 사장교, 접속교 및 고가교, ④는 막 구조이다.

정답 13.② 14.② 15.① 16.③ 17.② 18.②

19 | 셸 구조
17, 07

다음 중 셸 구조에 대한 설명으로 틀린 것은?

① 얇은 곡면 형태의 판을 사용한 구조이다.
② 가볍고 강성이 우수한 구조 시스템이다.
③ 넓은 공간을 필요로 할 때 이용된다.
④ 재료는 주로 텐트나 천막과 같은 특수천을 사용한다.

해설 셸 구조는 휘어진 얇은 판을 이용한 구조로서 휨과 견고성이 셸을 구성하는 특색이나, 이러한 재료의 휨 면과 견고함의 두 성질 외에도 셸 구조가 성립하기 위한 제한 조건은 건축 기술상 셸은 건축할 수 있는 형태를 가져야 하고, 공장, 건축 현장에서 용이하게 만들어지는 것이어야 하며, 역학적인 면에서 재하 방법이 지지 능력과 어긋나지 않아야 한다. 재료를 주로 텐트나 천막과 같은 천을 사용하는 구조는 막 구조에 대한 설명이다.

20 | 현수 구조의 용어
22, 21, 19, 18, 15, 12, 09

바닥 등의 슬래브를 케이블로 매단 특수 구조는?

① 공기막 구조　② 셸 구조
③ 커튼월 구조　④ 현수 구조

해설 공기막 구조는 전혀 하중을 지지할 수 없는 막을 잡아당겨 인장력을 주면, 막 자체가 강성이 생겨 구조체로 힘을 받을 수 있는 구조로 공기압으로 막의 형태를 유지하는 구조이다. 셸 구조는 곡률을 가진 얇은 판으로써 주변을 충분히 지지시키면, 면에 분포되는 하중을 인장, 압축과 같은 면 내력으로 전달시키는 구조이다. 커튼월 구조는 건축물의 외장재로 사용되는 벽을 미리 공장에서 제작한 다음 현장에서 판을 부착하여 외벽을 형성하는 시스템이다.

21 | 현수 구조의 용어
08

건축 구조에서 중간에 기둥을 두지 않고, 직사각형의 면적에 지붕을 씌우는 형식으로 교량 시스템을 응용한 것은?

① 절판 구조　② 공기막 구조
③ 셸 구조　④ 현수 구조

해설 절판 구조는 철근 콘크리트 구조에 있어서 얇은 판을 꺾어서 만든 형태의 역학적 이론을 근거로 한 구조이고, 공기막 구조는 막 구조(membrane structure) 중 공기압으로 막의 형태를 유지하는 구조이다. 셸 구조는 곡률을 가진 얇은 판으로써 주변을 충분히 지지시키면, 면에 분포되는 하중을 인장, 압축과 같은 면 내력으로 전달시키는 구조이다.

22 | 현수 구조의 용어
22, 19, 17, 06

구조물의 주요 부분을 매달아서 인장력으로 저항하는 구조물로서, 상부에서 기둥으로 전달되는 하중을 케이블 형태의 부재가 지지하고 있는 구조 시스템은?

① 막 구조
② 셸 구조
③ 현수 구조
④ 입체 트러스 구조

해설 막 구조(membrane structure)는 막 자체로서는 전혀 하중을 지지할 수 없는 막을 잡아당겨 인장력을 주면, 막 자체에 강성이 생겨 구조체로서 힘을 받을 수 있는 구조이다. 셸(shell) 구조은 곡률을 가진 얇은 판으로써 주변을 충분히 지지시키면, 면에 분포하여 하중을 인장과 압축과 같은 면 내력으로 전달시키는 역학적 특성을 가지고 있는 구조이다. 입체 트러스 구조는 모든 방향으로 이동이 구속되어 있어서 평면 트러스보다 큰 하중을 지지할 수 있는 구조이다.

23 | 현수 구조의 용어
21, 20, 19, 12

특수 지지 프레임을 두 지점에 세우고 프레임 상부 새들(saddle)을 통해 케이블(cable)을 걸치고 여기서 내린 로프로 도리를 매다는 구조는 무엇인가?

① 현수 구조　② 절판 구조
③ 셸 구조　④ 트러스 구조

해설 절판 구조는 자중도 지지할 수 없는 얇은 판을 접으면 큰 강성을 발휘할 수 있다는 점을 이용한 구조로서 대표적인 예는 데크 플레이트이다. 셸 구조는 곡면판이 지니는 역학적 특성을 응용한 구조로서 외력은 주로 판의 면내력으로 전달하기 때문에 경량이고 강성이 우수하여 내력이 큰 구조물을 구성할 수 있다. 트러스 구조는 2개 이상의 부재를 삼각형으로 조립해서 마찰이 없는 활절로 연결하여 만든 뼈대의 구조물이다.

24 | 케이블 구조의 용어
22, 19, 14, 10

다음 중 압축력이 발생하지 않는 구조 시스템은?

① 케이블 구조　② 트러스 구조
③ 절판 구조　④ 철골 구조

해설 케이블 구조 중 현수 구조는 구조물의 무게를 케이블이 지지하게 되고, 케이블은 인장력만 받게 되므로 압축력을 받도록 설계된 구조물과 비교하여 부재의 좌굴을 고려할 필요가 없다.

정답 19. ④ 20. ④ 21. ④ 22. ③ 23. ① 24. ①

25 | 케이블 구조의 용어
24, 13

케이블을 이용하는 구조물에 해당하지 않는 것은?

① 현수 구조 ② 사장 구조
③ 트러스 구조 ④ 막 구조

해설 케이블을 이용한 구조 시스템에는 사장 구조, 현수 구조 및 막 구조 등이 있다. 트러스 구조는 컴퍼스의 두 다리처럼 부재끼리 핀으로 연결되어 서로 떨어지지 않는 반면에 자유스럽게 회전할 수 있도록 연결된 구조 또는 작은 직선 부재를 삼각형의 형태로 배열하여 만든 구조이다.

26 | 케이블 구조의 용어
20, 18④, 17, 16, 11, 07

다음 중 케이블을 이용한 구조로만 연결된 것은?

① 절판 구조 – 사장 구조
② 현수 구조 – 셸 구조
③ 현수 구조 – 사장 구조
④ 막 구조 – 돔 구조

해설 사장 구조에 있어서 다리에 작용하는 하중은 케이블을 통해 기둥으로 전달되나, 현수 구조는 늘어진 케이블을 통하여 하중이 기둥으로 전달되는 구조로, 케이블을 이용한 구조 시스템은 크게 사장 구조와 현수 구조로 구분할 수 있다.

27 | 케이블 구조(사장교)의 형태
24, 21, 20, 13, 09

다음 그림은 케이블을 이용한 구조 시스템 중 하나이다. 서해대교에서 볼 수 있는 그림과 같은 다리의 구조 형식을 무엇이라 하는가?

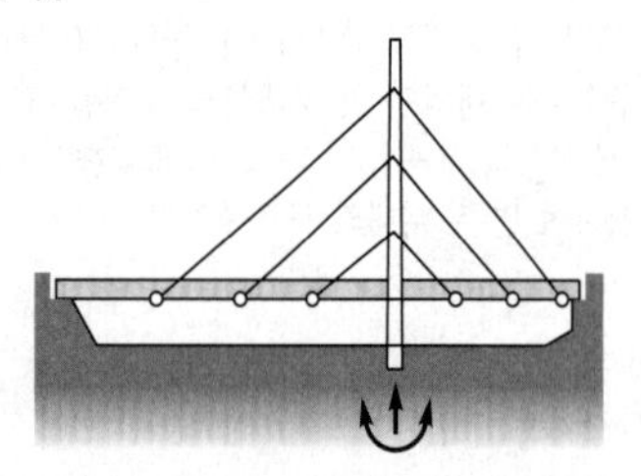

① 현수교 ② 사장교
③ 아치교 ④ 게르버교

해설 사장교는 다리에 작용하는 하중이 케이블을 통해 바로 기둥으로 전달되고, 현수교는 늘어뜨린 케이블을 통하여 하중을 기둥에 전달하는 구조이다. 두 경우 다 모든 수직 하중은 궁극적으로 기둥에 의하여 지반으로 전달된다.

28 | 인장력에 저항하는 부재
19, 15

다음 중 인장력과 관계가 없는 것은?

① 버트레스(Buttress) ② 타이 바(Tie Bar)
③ 현수 구조의 케이블 ④ 인장링

해설 버트레스(버팀벽)는 벽에서 돌출하여 만든 보강용 벽으로 주로 옹벽 등에 사용하는 벽이다. 타이 바(tie bar, 아치 구조에서 양쪽으로 벌어지려는 힘을 잡아주는 인장 부재), 현수 구조의 케이블(인장력을 받는 철선) 및 인장링(돔의 하부에서 밖으로 퍼져나가는 힘에 저항하기 위한 부재)은 인장력과 관계가 깊다.

29 | 트러스 구조의 용어
21, 17, 11

축방향력만을 받는 직선재를 핀으로 결합시켜 힘을 전달하는 구조는?

① 트러스 구조 ② 돔 구조
③ 절판 구조 ④ 막 구조

해설 트러스 구조는 축방향력(인장력과 압축력)만으로 힘을 받는 직선재를 핀으로 결합하여 효율적으로 힘을 전달하는 구조 시스템으로서 직선 부재가 서로 한 점에서 만나고 그 형태가 삼각형인 구조물이다.

30 | 트러스 구조의 용어
20, 19③, 18③, 17, 12, 09, 06, 04

구조 형식 중 삼각형 뼈대를 하나의 기본형으로 조립하여 각 부재에는 축방향력만 생기도록 한 구조는?

① 트러스 구조 ② PC 구조
③ 플랫 슬래브 구조 ④ 조적 구조

해설 트러스 구조는 2개 이상의 부재를 삼각형으로 조립해서 마찰이 없는 활절로 연결하여 만든 뼈대의 구조물 또는 삼각형 뼈대를 하나의 기본형으로 조립하여 각 부재에는 축방향력만 생기도록 한 구조이다.

31 | 트러스 구조의 용어
14

상대적으로 얇고 길이가 짧은 부재를 상하 그리고 경사로 연결하여 장스팬의 길이를 확보할 수 있는 구조는?

① 철근 콘크리트 구조
② 블록 구조
③ 트러스 구조
④ 프리스트레스트 구조

정답 25. ③ 26. ③ 27. ② 28. ① 29. ① 30. ① 31. ③

해설 트러스 구조는 삼각형 뼈대를 하나의 기본형으로 조립하여 각 부재에는 축방향력만 생기도록 한 구조이다. 상대적으로 얇고 길이가 짧은 부재를 상하 그리고 경사로 연결하여 장스팬의 길이를 확보할 수 있다. 또한 직선 부재가 서로 한 점에서 만나고 그 형태가 삼각형인 구조물로서 인장력과 압축력의 축력만을 지지하는 구조이다.

32 | 트러스 구조의 용어
11

직선 부재가 서로 한 점에서 만나고 그 형태가 삼각형인 구조물로서 인장력과 압축력의 축력만을 지지하는 구조는?

① 셸 구조 ② 아치 구조
③ 린텔 구조 ④ 트러스 구조

해설 셸 구조는 곡면 바닥판의 역학적 특성을 사용한 구조로서 하중은 축선에 따라 압축력을 하부에 전달하므로 휨 모멘트가 작고, 작은 단면으로 큰 간사이를 구성할 수 있는 구조이다. 아치 구조는 개구부 상부의 하중을 지지하기 위하여 돌이나 벽돌로 곡선형으로 쌓아올리는 구조이다. 린텔 구조는 기둥과 보를 주로 하는 구조 방식으로 조적조의 개구부에 있어서 아치 대신에 인방보를 사용하는 구조이다.

33 | 트러스(비렌딜)의 용어
16

트러스의 종류 중 상현재와 하현재 사이에 수직재로 구성되어 있는 것은?

① 플랫(Flat) 트러스
② 와렌(Warren) 트러스
③ 하우(Howe) 트러스
④ 비렌딜(Vierendeel) 트러스

해설 플랫 트러스는 사재의 경사 방향이 양단에서 중심부의 하단을 향하는 형태의 트러스로서 트러스의 사재가 인장 응력을 받도록 부재를 구성한 트러스이다. 와렌 트러스는 수직재가 없는 트러스로서 사재의 방향이 교대로 우와 좌로 변하므로 압축재와 인장재의 작용이 변화하는 트러스이다. 하우 트러스는 사재의 경사 방향이 양단에서 중심부 상단을 향하는 형태의 트러스로서 트러스의 사재 응력이 압축 응력을 받도록 부재를 구성한 트러스이다.

34 | 복부(웨브)재의 용어
21, 18, 11

트러스에서 상현재와 하현재 내에서 연결부 역할을 하는 부재는?

① lower chord member ② web member
③ upper chord member ④ supporting point

해설 트러스 보에서 상현재(upper chord member)와 하현재(lower chord member)의 연결부 역할을 하는 부재는 웨브재(web member)이다.

35 | 트러스(플랫) 부재의 응력
21, 13

다음과 같은 플랫 트러스에서 각각의 부재에 작용하는 응력이 옳지 않은 것은?

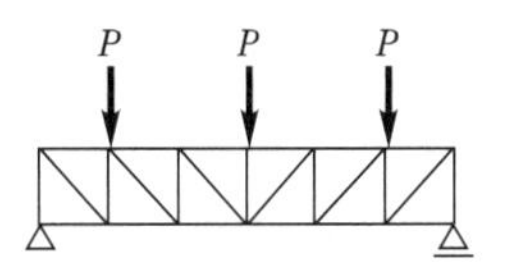

① 상현재 – 압축 응력 ② 경사재 – 인장 응력
③ 하현재 – 인장 응력 ④ 수직재 – 인장 응력

해설 트러스 부재의 응력

구분	하우(왕대공) 트러스	플랫 트러스
임장재	하현재, 수직재	하현재, 경사재
수직제압축제	상형제, 경사제	상형제, 수직제

36 | 트러스의 구조
16

트러스의 구조에 대한 설명으로 옳은 것은?

① 모든 방향에 대한 응력을 전달하기 위하여 결점은 강접합으로만 이루어져야 한다.
② 풍하중과 적설 하중은 구조 계산 시 고려하지 않는다.
③ 부재에 휨 모멘트 및 전단력이 발생한다.
④ 구성 부재를 규칙적인 3각형으로 배열하면 구조적으로 안정이 된다.

해설 트러스 구조에 있어서 절점은 힌지(pin, 활절점)로 접합되어 있고, 부재에는 축방향력(압축력, 인장력)만 작용하는 구조이며, 풍하중은 고려하지 않으나, 적설 하중은 고려한다.

37 | 트러스(강 구조)
24, 12, 08

강 구조 트러스에 대한 설명 중 옳지 않은 것은?

① 접합 시의 거싯 플레이트는 직사각형에 가까운 모양이 좋다.
② 지점의 중심선과 트러스 절점의 중심선은 가능한 일치시켜 편심 모멘트가 생기지 않도록 한다.
③ 현재란 수직으로 배치된 복재를 말한다.
④ 지점은 지지점이라고도 하며 트러스가 놓이는 점을 말한다.

정답 32. ④ 33. ④ 34. ② 35. ④ 36. ④ 37. ③

해설 트러스의 부재는 현재는 트러스의 상하에 배치되어 그 하나는 인장력을, 다른 하나는 압축력을 받는 부재의 총칭으로 상현재(상부에 있는 현재)와 하현재(하부에 있는 현재)로 구분한다. 복재(상현재와 하현재의 내에 있어 그를 연결하는 부재), 수직재, 경사재 등이 있다.

38 | 트러스 구조
20, 17, 13, 08

트러스 구조에 대한 설명으로 옳지 않은 것은?

① 지점의 중심선과 트러스 절점의 중심선은 가능한 한 일치시킨다.
② 항상 인장력을 받는 경사재의 단면이 가장 크다.
③ 트러스의 부재 중에는 응력을 거의 받지 않는 경우도 생긴다.
④ 트러스의 부재의 절점은 핀접합으로 본다.

해설 트러스 구조에서 인장력과 압축력을 받는 부재 중 부재의 응력에 따라 단면을 달리하여야 하나, 거의 동일한 단면의 부재를 사용한다.

39 | 래티스 돔의 용어
23, 21, 17③, 16

트러스를 곡면으로 구성하여 돔을 형성하는 것은?

① 와렌 트러스 ② 실린더 셸
③ 회전 셸 ④ 래티스 돔

해설 와렌 트러스는 수직재가 없는 트러스로서 사재의 방향이 교호로 우와 좌로 변하므로 사재는 교호로 압축재와 인장재의 작용이 변화하는 트러스이고, 실린더 셸은 평면을 임의의 축을 중심으로 회전시켜 얻은 곡면 셸이며, 회전 셸은 곡면을 임의의 축을 중심으로 회전시켜 얻은 구면 셸이다.

40 | 각 구조의 특성
20, 16

다음 각 구조에 대한 설명으로 옳지 않은 것은?

① PC의 접합 응력을 향상시키기 위하여 기둥에 CFT를 적용하였다.
② 초고층 골조 강성을 증가시키기 위하여 아웃 리거(Out Rigger)를 설치하였다.
③ 프리스트레스트 구조(Pre-stressed)에서 강성을 향상시키기 위해 강선에 미리 인장을 작용시켰다.
④ 철골 구조 접합부의 피로 강도 증진을 위하여 고력 볼트 접합을 적용하였다.

해설 콘크리트 채움 강관(CFT : Concrete Filled Tube)은 원형 또는 사각형의 강관 기둥 내부에 고강도·고유동화 콘크리트를 충진하여 만든 기둥이다.

41 | 입체 트러스 구조의 용어
21, 20②, 15, 10

입체 구조 시스템의 하나로서, 축방향만으로 힘을 받는 직선재를 핀으로 결합하여 효율적으로 힘을 전달하는 구조 시스템을 무엇이라 하는가?

① 막 구조 ② 셸 구조
③ 현수 구조 ④ 입체 트러스 구조

해설 막 구조는 자체로서는 전혀 하중을 지지할 수 없는 막을 잡아당겨 인장력을 주면 막 자체에 강성이 생겨 구조체로서 힘을 받을 수 있는 구조물이다. 셸 구조는 곡률을 가진 얇은 판으로써 주변을 충분히 지지시키면, 면에 분포되는 하중을 인장, 압축과 같은 면내력으로 전달시키는 역학적 특성을 갖고 있는 구조로서, 시드니 오페라 하우스가 대표적이다. 현수 구조는 구조물의 주요 부분을 매달아서 인장력으로 저항하는 구조물이다.

42 | 입체 트러스 구조
20, 19, 18, 14

입체 트러스의 구조에 대한 설명으로 옳은 것은?

① 모든 방향에 대한 응력을 전달하기 위하여 절점은 항상 자유로운 핀(pin) 접합으로 이루어져야 한다.
② 풍하중과 적설 하중은 구조 계산 시 고려하지 않는다.
③ 기하학적인 곡면으로는 구조적 결함이 많이 발생하기 때문에 주로 평면 형태로 제작된다.
④ 구성 부재를 규칙적인 3각형으로 배열하면 구조적으로 안정이 된다.

해설 ①의 축방향력만으로 응력을 전달하기 위하여 절점은 항상 자유로운 핀 접합으로만 이루어져야 하고, ②의 풍하중과 적설 하중을 고려하여야 하며, ③의 기하학적인 곡면은 구조적 결함이 적어 주로 곡면 형태로 제작한다.

43 | 입체 구조의 종류
19, 16

다음 중 입체 구조에 해당되지 않는 것은?

① 절판 구조 ② 아치 구조
③ 셸 구조 ④ 돔 구조

해설 입체 구조(외력에 대하여 3차원적으로 저항하는 구조로서 넓은 공간이 필요한 건축물의 지붕구조에 많이 이용되며, 힘의 흐름이 2차원보다 효율적이어서 경제적인 구조)의 종류에는 절판 구조, 셸 구조, 돔 구조, 입체 트러스 구조, 현수 구조 및 막 구조 등이 있다. 평면 구조(힘의 전달이 평면적인 형태로 진행되는 구조)의 종류에는 골조 구조, 아치 구조 및 벽식 구조 등이 있다.

정답 38. ② 39. ④ 40. ① 41. ④ 42. ④ 43. ②

44 | 스페이스 프레임의 용어
19, 18, 07

트러스를 종횡으로 배치하여 입체적으로 구성한 구조로서, 형강이나 강관을 사용하여 넓은 공간을 구성하는 데 이용되는 것은?

① 셸 구조　② 돔 구조
③ 현수 구조　④ 스페이스 프레임

해설 셸 구조는 곡률을 가진 얇은 판으로써 주변을 충분히 지지시키면, 면에 분포되는 하중을 면내력(인장과 압축)으로 전달시키는 역학적 특성을 갖고 있는 구조이다. 돔 구조는 주요 골조가 트러스로 구성되어 있고, 돔의 상부에 여러 부재가 만날 때 접합부가 조밀해지는 것을 방지하기 위해 압축링(돔 상부의 트러스 모형)을 설치한다. 현수 구조는 와이어 로프 또는 PS 와이어 등을 사용하여 주로 인장재가 힘을 받도록 설계된 구조이다.

45 | 절판 구조의 용어
21, 18, 15, 10

자중도 지지하기 어려운 평면체를 아코디언과 같이 주름을 잡아지지 하중을 증가시킨 구조 형태는?

① 절판 구조　② 셸 구조
③ 돔 구조　④ 입체 트러스

해설 셸 구조는 곡률을 가진 얇은 판으로써 주변을 충분히 지지시키면, 면에 분포되는 하중을 인장과 압축과 같은 면내력으로 전달시키는 역학적 특성을 갖고 있는 구조로서 시드니 오페라하우스가 대표적이다. 돔 구조는 트러스를 곡면으로 구성하여 돔을 형성하는 래티스 돔이 있으나, 셸 구조와는 차이가 있다. 즉, 셸 구조는 면으로 구성되나, 돔 구조는 직선 부재로 구성되며, 입체 트러스는 모든 방향으로 이동이 구속되어 있어서 평면 트러스보다 큰 하중을 지지할 수 있는 구조이다.

46 | 절판 구조의 용어
17, 14, 11

평면 형상으로 시공이 쉽고 구조적 강성이 우수하여 대공간 지붕 구조로 적합한 것은?

① 돔 구조　② 셸 구조
③ 절판 구조　④ PC 구조

해설 돔 구조는 셸 구조는 면으로 구성되나, 돔은 직선 부재로 구성되는 구조이고, 셸 구조는 곡률을 가진 얇은 판으로서 주변을 충분히 지지시키면 면에 분포되는 하중을 인장과 압축과 같은 면 내력으로 전달시키는 특성을 가지고 있는 구조로서 구조체가 가볍고 넓은 공간이 필요할 때 사용하며, PC 구조는 프리캐스트 구조로서 공장에서 고정 시설을 가지고 소요 부재(기둥, 보, 바닥판 등)를 철재 거푸집에 의해 제작하고 고온다습한 증기 보양실에서 단기 보양하여 기성 제품화한 부재를 사용한 구조이다.

47 | 절판 구조의 용어
21, 19, 09

절판 구조의 장점으로 가장 거리가 먼 것은?

① 강성을 얻기 쉽다.
② 슬래브의 두께를 얇게 할 수 있다.
③ 음향 성능이 우수하다.
④ 철근 배근이 용이하다.

해설 절판 구조는 자중도 지지할 수 없는 얇은 판을 접으면 큰 강성을 발휘한다는 점에서 착안된 구조로서 강성을 얻기 쉽고, 음향 성능이 우수하며, 두께를 얇게 할 수 있으나, 접는 구조이므로 철근 배근이 매우 힘들다. 대표적인 것으로는 데크 플레이트가 있다.

48 | 압축링의 용어
13, 11

돔의 상부에서 여러 부재가 만날 때 접합부가 조밀해지는 것을 방지하기 위해 설치하는 것은?

① 인장링　② 압축링
③ 트러스 리브　④ 트러스

해설 인장링은 돔의 하부에는 밖으로 퍼져 나가는 힘에 저항하기 위해 설치하는데, 이때 이 링은 인장력을 받게 된다. 트러스 리브는 압축링과 인장링을 연결하는 트러스 형태의 리브이다. 트러스는 직선 부재가 서로 한 점에서 만나고 그 형태가 삼각형인 구조물로서 부재는 압축과 인장의 축력만으로 지지하는 매우 효율적인 구조물이다.

49 | 인장링을 필요로 하는 구조
24, 22, 15, 13

다음 중 인장링이 필요한 구조는?

① 트러스　② 막 구조
③ 절판 구조　④ 돔 구조

해설 인장링은 돔 구조의 하부에서 밖으로 퍼져나가는 힘에 저항하기 위하여 설치하는 것으로, 인장력을 받아 인장링이라 한다. 압축링은 돔 구조의 상부에서 여러 부재가 만날 때, 접합부가 조밀해지는 것을 방지하기 위한 링으로, 압축력을 받아 압축링이라고 한다.

정답 44. ④ 45. ① 46. ③ 47. ④ 48. ② 49. ④

50 | 인장링의 용어
24, 23, 20, 19, 18, 17, 13

돔의 하부에서 밖으로 퍼져 나가는 힘에 저항하기 위해 설치하는 것은?

① 압축링　② 인장링
③ 래티스　④ 스페이스 트러스

해설 압축링은 돔의 상부에서 접합부가 조밀해지는 것을 방지하기 위해 설치하는 부재이다. 래티스는 래티스 보나 기둥에 사용하는 것으로 욋가지, 장대 또는 막대기를 교차시킴으로써 그물 모양을 이루는 금속이나 목재를 말한다. 스페이스 트러스는 트러스를 종횡으로 배치하여 입체적으로 구성한 트러스이다.

51 | 초고층 건물의 구조 시스템
22, 15

초고층 건물의 구조 시스템 중 가장 적합하지 않은 것은?

① 내력벽 시스템　② 아웃 리거 시스템
③ 튜브 시스템　④ 가새 시스템

해설 아웃 리거 시스템은 횡하중을 부담하는 코어에 아웃 리거와 벨트 트러스를 설치하여 외곽 기둥과 연결하는 시스템이고, 튜브 시스템은 건물의 외곽 기둥을 밀실하게 배치하고 일체화하여 초고층 건축물을 계획하는 구조 또는 초고층 구조의 건물에서 사용하는 구조 시스템의 하나로, 관과 같이 하중에 저항하는 수직 부재가 대부분 건물의 바깥쪽에 배치되어 있어 횡력에 효율적으로 저항하도록 계획된 구조이다. 가새 시스템은 가새(사각형으로 짠 뼈대에 대각선상으로 넓은 보강재)를 사용한 구조이다.

52 | 튜브 구조의 용어
19, 08

초고층 구조의 건물에서 사용하는 구조 시스템의 하나로, 관과 같이 하중에 저항하는 수직 부재가 대부분 건물의 바깥쪽에 배치되어 있어 횡력에 효율적으로 저항하도록 계획된 것은?

① 튜브 구조　② 절판 구조
③ 현수 구조　④ 공기막 구조

해설 절판 구조는 자중도 지지할 수 없는 얇은 판을 접으면 큰 강성을 발휘한다는 점에서 쉽게 이해할 수 있는 구조이다. 예로서, 데크 플레이트를 들 수 있다. 현수 구조는 와이어 로트 또는 PS와이어 등을 사용하여 주로 인장재가 힘을 받도록 설계된 구조이다. 공기막 구조는 막 구조(텐트나 천막과 같이 자체로서는 전혀 하중을 지지할 수 없고, 막을 잡아당겨 인장력을 주면 막 자체에 강성이 생겨 구조체의 힘을 받을 수 있는 구조)의 일종으로, 공기압으로 막의 형태를 유지한다.

53 | 커튼 월의 부재
11

커튼 월의 부재 중 구조 용도로 사용되는 것과 관련이 가장 적은 것은?

① 노턴 테이프
② 간봉
③ 수직 알루미늄 바(mullion bar)
④ 패스너(fastener)

해설 커튼 월의 부재에는 노턴 테이프(양면 테이프로서 복층유리를 멀리언에 고정시킬 때 사용), 수직 알루미늄 바(멀리언 바) 및 패스너(커튼 월을 구조체에 긴결(고정)시키는 부품) 등이 있다. 간봉은 유리와 유리사이 즉, 복층유리 사이에 단열, 결로, 보온 등의 목적으로 덧대어 끼워넣는 재료이다.

54 | 구조 형식의 관계
19, 14

구조 형식 중 서로 관계가 먼 것끼리 연결된 것은?

① 박판 구조 – 곡면 구조
② 가구식 구조 – 목 구조
③ 현수식 구조 – 공기막 구조
④ 일체식 구조 – 철근 콘크리트 구조

해설 현수 구조(suspension structure)는 구조물의 주요 부분을 매달아서 인장력으로 저항하는 구조물이고, 공기막 구조는 막 구조(membrane structure, 자체로서는 전혀 하중을 지지할 수 없는 막을 잡아당겨 인장력을 주면, 막 자체에 강성이 생겨 구조체로서 힘을 받을 수 있도록 한 구조)의 일종으로 공기압으로 막의 형태를 유지하는 구조이다.

정답 50. ② 51. ① 52. ① 53. ② 54. ③

PART

4

건축 재료

Craftsman Computer Aided Architectural Drawing

CHAPTER 01

건축 재료 일반

출제 키워드

핵심 Point
- 건축 재료학의 구성, 건축 재료의 생산과 발달 과정에 관한 이론의 이해를 통하여 출제 문제의 경향을 파악하고, 문제를 풀이할 수 있다.
- 건축 재료의 분류와 요구 성능에 관한 이론의 이해를 통하여 출제 문제의 경향을 파악하고, 문제를 풀이할 수 있다.
- 건축 재료의 일반적 성질(역학적, 물리적, 화학적, 내구성 및 내후성 등)에 관한 이론의 이해를 통하여 출제 문제의 경향을 파악하고, 문제를 풀이할 수 있다.

1-1. 건축 재료의 개요

1 현대 건축 재료의 발달

■ 현대 건축 재료의 세 가지 요구 조건
고성능화, 생산성 및 공업화 등

(1) 현대 건축 재료의 세 가지 요구 조건

현대 건축 재료의 세 가지 요구 조건은 고성능화(건축물의 종류가 다양화·대형화·고층화되고, 건축물의 요구 성능이 고도화됨), 생산성(에너지 절약화와 능률화), 공업화(건설 작업의 기계화, 합리화)이다.

① 건축물의 종류가 다양화·대형화·고층화되고, 건축물의 요구 성능이 고도화됨에 따라 건축 재료의 고성능화가 요구되고 있다.

② 건축 수요의 증대에 따라 재료의 공급과 시공의 양면에서 기술 노동자의 부족을 초래하고, 노무비의 상승과 기능의 질적 저하가 유발됨에 따라 공사 전체의 저품질화를 피하기 위하여 공사 내용의 간략화와 합리화를 도모하고, 에너지 절약화와 능률화의 중요성이 높아지고 있다.

③ 건축 생산의 근대화와 공업화 됨으로써 건설 작업의 기계화, 합리화에 따라 재료가 개선되고 개발이 이루어졌다.

■ 20세기 새로운 건축의 모체
소다 석회 유리, 포틀랜드 시멘트의 발명, 프랑스의 모니에에 의해 철근 콘크리트의 이용 등

(2) 20세기의 새로운 건축 재료

20세기 새로운 건축의 모체는 건축 재료의 측면에서 볼 때 18세기 말의 소다 석회 유리의 이용, 19세기 초의 포틀랜드 시멘트의 발명, 19세기 중엽의 프랑스의 모니에에 의한 철근 콘크리트(철근+콘크리트)의 이용 등에서 시작되었다. 즉, 유리, 시멘트 및 강철 등의 이용에서 시작되었다.

(3) 건축의 발전 방향

건축의 발전 방향은 수작업 → 기계화, 현장 시공 → 공장 시공, 비표준화 → 표준화 및 단일 기능의 건축물 → 고층화 다기능성 건축물의 방향이다.

(4) 건축물의 내구성

건축물의 내구성에 영향을 주는 인자로는 바람, 지진, 화재 등의 재해 요인과 건축 재료 자체에 의해 영향을 주는 목재의 충해, 금속의 부식 등의 요인이 있다.

출제 키워드

■ 건축의 발전 방향

수작업 → 기계화, 현장 시공 → 공장 시공, 비표준화 → 표준화, 단일 기능의 건축물 → 고층화 다기능성 건축물 등

■ 건축물의 내구성에 영향을 주는 인자

바람, 지진, 화재 등의 재해 요인

2 건축 재료의 분류와 요구 조건

(1) 건축 재료의 분류

분류		종류
제조 분야	천연	석재, 목재, 흙 등
	인공	금속 재료(철재), 요업 재료(테라코타), 합성수지 재료(고분자 재료)
사용 목적	구조	기둥, 보, 벽체 등에 사용하는 것으로 목재, 석재, 콘크리트, 철재
	마감	장식 등을 목적으로 하는 것으로 타일, 유리, 금속판, 보드류 등
	차단	방수, 방습, 차음, 단열 등에 사용하는 것으로 아스팔트, 실링재, 페어글라스 등
	방화·내화	화재의 연소 방지 및 내화성을 향상하는 것으로 방화문, 석면 시멘트판, 암면 등
화학 조성	무기 재료	비금속(석재, 흙, 콘크리트, 도자기 등), 금속(철재, 구리, 알루미늄 등)
	유기 재료	천연 재료(목재, 대나무, 아스팔트, 섬유판), 합성수지(플라스틱재, 도장재, 실링재, 접착제 등)
건축 부위		지붕, 바닥, 벽, 외벽, 내벽, 천장 등
공사 구분		토공사, 기초 공사, 뼈대 공사, 설비 공사, 창호 공사, 도장 공사 등

(2) 건축 재료에 요구되는 성질

재료		재료에 요구되는 성질
구조 재료		• 재질이 균일하고 강도, 내화 및 내구성이 큰 것이어야 한다. • 가볍고 큰 재료를 얻을 수 있고 가공이 용이한 것이어야 한다.
마무리 재료	지붕 재료	• 재료가 가볍고, 방수·방습·내화·내수성이 큰 것이어야 한다. • 열전도율이 작고, 외관이 좋은 것이어야 한다.
	벽, 천장 재료	• 열전도율이 작고, 차음성·내화성·내구성이 큰 것이어야 한다. • 외관이 좋고, 시공이 용이한 것이어야 한다.
	바닥, 마무리 재료	• 탄력성이 있고, 마멸이나 미끄럼이 적으며, 청소하기가 용이한 것이어야 한다. • 외관이 좋고, 내화·내구성이 큰 것이어야 한다.
	창호, 수장 재료	• 외관이 좋고, 내화·내구성이 큰 것이어야 한다. • 변형이 작고, 가공이 용이한 것이어야 한다.

■ 구조 재료의 요구 조건

• 재질이 균일
• 강도, 내화 및 내구성이 큰 것
• 가볍고 큰 재료
• 가공이 용이

■ 지붕 재료의 요구 조건

• 재료가 가볍다.
• 방수·방습·내화·내수성이 큰 것
• 열전도율이 작다.
• 외관이 좋은 것

■ 벽, 천장 재료의 요구 조건

열전도율이 작고, 외관이 좋은 것

■ 외관이 좋을 것

바닥, 마무리, 창호 및 수장 재료의 요구 조건이다.

출제 키워드

■ 한국산업규격의 분류
토건은 KS F이다.

■ 탄성
물체에 외력이 작용되면 순간적으로 변형이 생기지만 외력을 제거하면 원래의 상태로 되돌아가는 성질

■ 소성
재료에 사용하는 외력이 어느 한도에 도달하면 외력의 증가 없이 변형만 증대하는 성질

■ 점성
유체의 내부 흐름을 저지하려고 하는 내부 마찰 저항이 발생하는 성질

■ 전성
압력이나 타격에 의해 파괴됨 없이 얇은 판 모양으로 펼 수 있는 성질

■ 연성
어떤 재료에 인장력을 가하였을 때, 파괴되기 전에 큰 늘음 상태를 나타내는 성질

■ 인성
압연강, 껌과 같은 재료가 외력을 받아 파괴될 때까지의 에너지 흡수 능력이 큰 성질

■ 취성
- 어떤 재료에 외력을 가했을 때 작은 변형만 나타나도 곧 파괴되는 성질
- 어떤 힘에 대한 작은 변형으로도 파괴되는 재료의 성질
- 인성에 반대되는 용어로 유리와 같이 작은 변형으로도 파괴되는 성질
- 유리와 주철이 대표적인 취성 재료

(3) 한국산업규격의 분류

한국산업규격은 제품의 품질 개선과 향상에 도움이 되고, 생산, 유통, 소비의 편리를 도모하기 위하여 1961년 산업표준화법으로 제정되었으며, 이 법에는 제품의 품질, 모양, 치수 및 시험법 등을 규정하였다.

부문	기본	기계	전기	금속	광산	토건	일용품	식료품	섬유	요업	화학	의료	항공
기호	A	B	C	D	E	F	G	H	K	L	M	P	W

3 건축 재료의 역학적 · 열적 성질

(1) 건축 재료의 역학적 성질

① **탄성** : 물체에 외력이 작용되면 순간적으로 변형이 생기지만 외력을 제거하면 원래의 상태로 되돌아가는 성질이다. 탄성 계수는 부재의 재축 방향의 응력도와 세로 변형도와의 비로서, 응력과 변형이 비례하는 훅의 법칙 비례 상수이다.

② **소성** : 재료에 사용하는 외력이 어느 한도에 도달하면 외력의 증가 없이 변형만 증대하는 성질 또는 외력을 없애도 본래의 모양으로 되돌아가지 않고, 변형이 남아 있는 성질이다.
자연계의 모든 물체는 완전 탄성체, 완전 소성체는 없으며, 대부분은 외력의 어느 한도 내에서는 탄성 변형을 하지만 외력이 한도에 도달하면 소성 변형이 일어난다.

③ **점성** : 유체 내에 상대 속도로 인하여 마찰 저항(전단 응력)이 일어나는 성질을 말한다. 엿 또는 아라비아 고무와 같이 유동적이려 할 때 각 부에 서로 저항이 생기는 성질 또는 유체가 유동하고 있을 때, 유체의 내부 흐름을 저지하려고 하는 내부 마찰 저항이 발생하는 성질이다.

④ **강성** : 구조물이나 부재에 외력이 작용할 때 변형이나 파괴되지 않으려는 성질로 외력을 받더라도 변형이 작은 것을 강성이 큰 재료라고 한다. 강성은 탄성 계수와 밀접한 관계가 있다.

⑤ **전성** : 재료의 여러 성질 중 금, 은, 알루미늄 등과 같이 압력이나 타격에 의해 파괴됨 없이 얇은 판 모양으로 펼 수 있는 성질이다.

⑥ **연성** : 어떤 재료에 인장력을 가하였을 때, 파괴되기 전에 큰 늘음 상태를 나타내는 성질이다.

⑦ **인성** : 압연강, 껌과 같은 재료가 외력을 받아 파괴될 때까지의 에너지 흡수 능력이 큰 성질로서 큰 외력을 받아 변형을 나타내면서도 파괴되지 않고 견딜 수 있는 성질이다.

⑧ **취성** : 어떤 재료에 외력을 가했을 때 작은 변형만 나타나도 곧 파괴되는 성질, 어떤 힘에 대한 작은 변형으로도 파괴되는 재료의 성질 또는 인성에 반대되는 용어로 유리와 같이 작은 변형으로도 파괴되는 성질로 유리와 주철이 대표적인 취성 재료이다.

⑨ **크리프(플로우)** : 구조물에서 하중을 지속적으로 작용시켜 놓을 경우, 하중의 증가가 없어도 지속적인 하중에 의해 시간과 더불어 변형이 증대되는 현상이다.

⑩ **경도** : 재료의 단단한 정도로 굳기 또는 경도라고 한다. 긁히는 데 대한 저항도, 새김질에 대한 저항도, 탄력 정도, 마멸에 의한 저항도 등에 따라 표시 방법이 다르다. 브리넬 경도와 모스 경도 등이 있다.

㉮ 모스 경도 : 재료의 긁힘(마멸)에 대한 저항성을 나타내는 것으로, 주로 유리 및 석재의 경도를 표시하는 데 사용한다.

㉯ 브리넬 경도 : 금속 또는 목재에 적용되는 것으로, 지름 10mm의 강구를 시편 표면에 500~3,000kg의 힘으로 압입하여 표면에 생긴 원형 흔적의 표면적을 구하여 압력을 표면적으로 나눈 값이다.

⑪ **푸아송의 비** : 보통 재료에서 축방향에 하중을 받을 경우 그 방향과 수직의 횡방향에도 변형이 생긴다. 이때, 가로(횡) 방향의 변형과 세로(축) 방향의 변형과의 비를 푸아송의 비라 한다. 즉, 푸아송의 비$=\dfrac{\text{가로 변형도}(\beta)}{\text{세로 변형도}(\varepsilon)}$이다. 강재의 푸와송의 비는 1/3~1/4 정도이고, 콘크리트의 푸와송의 비는 1/6~1/12 정도이며, 최대값은 0.5를 넘을 수 없다. 푸아송의 비의 역수를 푸아송의 수라고 한다.

⑫ **부재의 응력**

㉮ 인장 응력 : 축방향력의 하나로서 물체의 내부에 생기는 응력 가운데 잡아당기는 작용을 하는 힘으로, 철근 콘크리트보에서 인장력은 보의 주근이 저항한다.

㉯ 압축 응력 : 축방향력의 하나로서 부재의 끝에 작용하는 외력이 서로 미는 것처럼 가해질 때, 부재의 내부에 생기는 힘을 말한다. 또한, 압축력은 콘크리트가 저항한다.

㉰ 전단 응력 : 부재의 임의의 단면을 따라 작용하여 부재가 서로 밀려 잘리도록 작용하는 힘 즉, 부재의 축에 직각, 단면 방향에 평행 방향으로 자르려는 힘을 말한다. 부재의 어느 단면에서 한쪽으로 작용하는 외력의 총계의 접선 방향의 성분은 그 단면에 대하여 엇갈리게 하는 전단 작용을 나타내므로 이 힘을 그 단면에서의 전단력이라고 한다. 전단력은 보의 늑근과 기둥의 대근이 저항한다.

㉱ 휨 모멘트 : 외력을 받아 부재가 구부러질 때, 그 부재의 어느 점에서 약간 떨어진 평행한 두 단면을 생각하고, 사각형이 부채꼴로 되려고 하는 두 단면에 작용하는 1조의 모멘트를 말한다. 부재의 아래쪽이 늘어나고 위쪽이 오므라드는 작용을 하는 모멘트를 정(正)으로 한다. 철근 콘크리트 보에서는 주근이 휨 모멘트에 저항한다.

⑬ **강도** : 재료의 강도란 외력에 대한 그 물체의 저항 정도를 나타내며, 단위로는 하중을 단면적으로 나눈 값, 즉 kg/cm^2를 사용한다. 즉, 안전율$=\dfrac{\text{최대 강도}}{\text{허용 강도}}$이다. 강도 구분에서 정적 강도(정하중에 의한 강도)에는 압축 강도, 인장 강도, 휨 강도 및 전단 강도 등이 있고, 충격 강도는 동적 강도에 속한다.

출제 키워드

■ **모스 경도**
재료의 긁힘(마멸)에 대한 저항성을 나타내는 것

■ **브리넬 경도**
금속 또는 목재에 적용, 강구를 시편 표면에 힘으로 압입하여 표면에 생긴 원형 흔적의 표면적을 구하여 압력을 표면적으로 나눈 값

■ **푸아송의 비**
가로(횡)방향의 변형과 세로(축)방향의 변형과의 비

■ **각종 재료의 푸와송의 비**
- 강재의 푸와송의 비는 1/3~1/4 정도
- 콘크리트의 푸와송의 비는 1/6~1/12 정도
- 최대값은 0.5를 넘을 수 없다.

■ **정적 강도의 종류**
압축 강도, 인장 강도, 휨강도 및 전단 강도 등

출제 키워드

■ 피로
반복 하중을 장기간 받을 때, 균열이 심화되는 경우를 의미

■ 비열
질량이 1g인 물체의 온도를 1℃ 올리는 데 필요한 열량

■ 비중과 밀도
• 비중
$=\frac{\text{물체의 중량}}{\text{부피가 동일한 4℃ 물의 중량}}$
• 밀도$=\frac{\text{질량}}{\text{단위 체적}}$

■ 용융점
금속 재료와 같이 열에 의해서 고체에서 액체로 변하는 경계점이 뚜렷한 것

■ 연화점
아스팔트나 유리와 같이 고체에서 액체로 변하는 경계점이 불분명한 것

■ 단열 재료의 성질
열전도율이 높을수록 단열 성능이 감소

⑭ **좌굴** : 물체가 압축력을 받을 때 힘의 작용 방향으로 변형을 일으키나, 하중이 점차 증가하면 부재의 길이에 직각 방향으로 변형이 발생하여 내력이 급격히 저하되는 현상이다.

⑮ **피로** : 강재가 항복 강도 이하의 강도를 유발하는 반복 하중을 장기간 받을 때, 균열이 심화되는 경우를 의미하는 용어이다.

(2) 건축 재료의 열적 성질

① **열용량** : 물체에 열을 저장할 수 있는 용량을 말하고, 비열×비중으로 구하며, 단위는 kcal/℃이다.

② **비열** : 질량이 1g인 물체의 온도를 1℃ 올리는 데 필요한 열량으로, 단위는 cal/g℃이다.

③ **비중** : 어떤 물체의 중량과 그것과 동일한 체적의 4℃, 1기압에 있어서의 순수한 물의 중량의 비를 말하고, 밀도는 단위 체적당의 질량을 말한다.

즉, 비중$=\frac{\text{물체의 중량}}{\text{부피가 동일한 4℃ 물의 중량}}$이고, 밀도$=\frac{\text{질량}}{\text{단위 체적}}$이다.

여기서, 물의 밀도는 $1g/cm^3$이고, 물체의 밀도는 $1kg/m^3=\frac{1,000g}{1,000,000cm^3}$

$=1g/1,000cm^3$이므로 비중$=\frac{1g/cm^3}{1,000g/cm^3}=0.001$이다.

④ **열전도율** : 보통 두께 1m의 두 물체 표면에 단위 온도차를 줄 때, 단위 시간에 전해지는 열량을 말하고, 단위는 kcal/m·h·℃ 또는 W/m·K이고, 기호는 λ이다. 재료의 열전도율은 다음과 같다.

(단위 : kcal/m·h·℃)

재료	철	콘크리트	소나무	코르크	유리
열전도율	0.087~0.134	1.00	0.12	0.04	0.48

* 유리의 열전도율은 0.48 kcal/m·h·℃로서, 이는 대리석, 타일보다 작고, 또 콘크리트의 1/2 정도이다. 즉, 유리의 전도율이 가장 작다.

⑤ **연화점과 용융점** : 금속 재료와 같이 열에 의해서 고체에서 액체로 변하는 경계점이 뚜렷한 것을 용융점이라고 하고, 아스팔트나 유리와 같이 경계점이 불분명한 것을 연화점이라고 한다.

⑥ **단열 재료의 성질**

㉮ 열전도율이 높을수록 단열 성능이 떨어지고, 열전도율이 낮을수록 단열 성능이 높아진다.

㉯ 일반적으로 다공질의 재료가 많고, 단열 재료의 대부분은 흡음성이 뛰어나므로 흡음 재료로서도 이용된다.

㉰ 섬유질 단열재는 겉보기 비중이 클수록 단열성이 좋다.

(3) 재료의 방음 성질

① 차음률 : 음의 전파를 막는 능력으로 비중이 클수록 크고, 음의 진동수에 따라 달라진다. 단위는 dB(데시벨)을 사용한다.

② **흡음률** : 음을 얼마나 흡수하느냐 하는 성질은 재료 표면의 요철이나 내부 공극의 상태에 따라 달라진다. 대표적인 흡음 재료로는 코르크판을 사용한다.

출제 키워드

■ 차음률
- 음의 전파를 막는 능력
- 비중이 클수록 크고, 음의 진동수에 따라 달라짐
- 단위는 dB(데시벨)을 사용

■ 흡음률
- 음을 얼마나 흡수하느냐 하는 성질
- 재료 표면의 요철이나 내부 공극의 상태에 따라 달라짐

|1-1. 건축 재료의 개요|

과년도 출제문제

1 현대 건축 재료의 발달

01 | 철근 콘크리트 사용 개발자
16, 08, 02

19세기 중엽 철근 콘크리트의 실용적인 사용법을 개발한 사람은?

① 모니에(Monnier) ② 케오프스(Cheops)
③ 애습딘(Aspdin) ④ 안토니오(Antonio)

해설 19세기 중엽에는 프랑스 모니에(Monnier)에 의해 철근 콘크리트의 이용법이 개발되어 그 구조 이론이 진보되고 체계화되어 실용적으로 응용되었다. 19세기 말부터는 독일을 중심으로 하여 전 세계에 보급되었으며, 20세기에 들어와서는 건축 재료의 주축을 이루어 여러 가지의 건설 공사에 널리 이용되었다.

02 | 영국 애습딘의 시멘트 개발
01, 99

영국의 에스프딘에 의해 포틀랜드 시멘트가 발명된 시기는?

① 18세기 중엽 ② 19세기 초
③ 19세기 중엽 ④ 20세기 초

해설 포틀랜드 시멘트는 영국의 벽돌공 조셉 에스프딘이 1791년 경질 석회석을 구워서 얻은 생석회에 물을 가하여 얻은 소석회에 점토를 혼합하여 만든 것이다.

03 | 20세기 3대 건축 재료
20, 17, 14, 00, 98

20세기 3대 건축 재료에 해당하지 않는 것은?

① 강철 ② 판유리
③ 시멘트 ④ 합성수지

해설 20세기의 새로운 건축 재료는 18세기 말의 소다 석회 유리, 19세기 초의 포틀랜드 시멘트, 19세기 중엽의 철근 콘크리트(철근+콘크리트) 등이다. 즉, 유리, 시멘트 및 강철 등이다.

04 | 재료의 발전 방향
23, 22, 17, 15, 08, 04

건축 재료의 발전 방향으로 틀린 것은?

① 고성능화 ② 현장 시공화
③ 공업화 ④ 에너지 절약화

해설 현대 건축 재료의 세 가지 요구 조건은 고성능화(건축물의 종류가 다양화·대형화·고층화되고, 건축물의 요구 성능이 고도화됨), 생산성(에너지 절약화와 능률화), 공업화(공장 시공, 건설 작업의 기계화, 합리화)이다.

05 | 건축의 발전 방향
23②, 21, 09

다음 중 건축의 발전 방향으로 옳지 않은 것은?

① 수작업 → 기계화
② 공장 시공 → 현장 시공
③ 비표준화 → 표준화
④ 단일 기능의 건축물 → 고층화 다기능성 건축물

해설 건설 작업의 기계화, 합리화에 따라 재료가 개선되고 개발됨으로써 건축 생산의 근대화와 공업화가 이루어졌다. 즉, 수작업의 기계화, 현장 시공의 공장 시공화(프리패브화), 비표준화의 표준화, 단일 기능의 고층화 다기능화로의 변화이다.

06 | 건축 재료
05, 03

현대 건축 재료에 대한 내용으로 틀린 것은?

① 고성능화, 생산성, 공업화가 요구된다.
② 건설 작업의 기계화에 맞도록 재료를 개선한다.
③ 수작업과 현장 시공의 재료로 개발한다.
④ 생산성을 높이고 에너지를 절약한다.

해설 현대 건축 재료의 세 가지 요구 조건은 고성능화(저품질을 고품질), 생산성(구공법을 합리화(에너지 절약형)), 공업화(수작업, 현장시공을 기계화, 프리패브화) 등이다.

정답 01. ① 02. ② 03. ④ 04. ② 05. ② 06. ③

07 | 재료의 발전 방향
24, 21, 18, 17, 15, 11

앞으로 요구되는 건축 재료의 발전 방향이 아닌 것은?

① 고품질 ② 합리화
③ 프리패브화 ④ 현장 시공화

해설 현대 건축 재료의 세 가지 요구 조건은 고성능화(건축물의 종류가 다양화·대형화·고층화되고, 건축물의 요구 성능이 고도화됨), 생산성(에너지 절약화와 능률화), 공업화(건설 작업의 기계화, 공장 시공, 합리화)이다.

08 | 재료의 발전 방향
18, 17, 13, 09, 07

다음 중 현대 건축 재료의 발전 방향에 대한 설명으로 옳지 않은 것은?

① 고성능화, 공업화
② 프리패브화의 경향에 맞는 재료 개선
③ 수작업과 현장 시공에 맞는 재료 개발
④ 에너지 절약화와 능률화

해설 현대 건축 재료의 발전 방향은 '수작업과 현장 시공에 맞는 재료 개발'을 '기계 작업과 공장 시공(프리패브)의 재료로 개발'하는 것이다.

2 건축 재료의 분류와 요구 조건

01 | 요구되는 성질(구조 재료)
07, 03, 02

건축 구조 재료에 요구되는 성질과 가장 거리가 먼 것은?

① 재질이 균일하고 강도가 커야 한다.
② 내화, 내구성이 커야 한다.
③ 가공이 쉬워야 한다.
④ 외관이 미려해야 한다.

해설 건축 구조 재료에 요구되는 성질은 재질이 균일하고, 강도가 큰 것이어야 하며, 내화, 내구성이 크고, 가공이 용이한 것이어야 한다. 또한, 가볍고, 큰 재료를 용이하게 얻을 수 있는 것이어야 한다. 외관이 미려하여야 하는 재료는 마무리 재료(지붕·벽·천정·바닥·마무리·창호·수장 등)에 요구되는 성질이다.

02 | 요구되는 성질(구조 재료)
15, 14, 10, 08, 05, 04

구조용 재료에 요구되는 성질과 가장 거리가 먼 것은?

① 재질이 균일하고 강도가 큰 것이어야 한다.
② 색채와 촉감이 좋은 것이어야 한다.
③ 가볍고 큰 재료를 용이하게 얻을 수 있어야 한다.
④ 내화·내구성이 큰 것이어야 한다.

해설 색채와 촉감이 좋은 것이어야 하는 것은 마무리 재료(지붕 재료, 벽·천장 재료, 바닥 마무리 재료, 창호 및 수장 재료 등)에 요구되는 성질이다.

03 | 요구되는 성질(지붕 재료)
24, 23②, 22, 21, 20, 19③, 16, 13, 08

다음 중 지붕 재료에 요구되는 성질과 가장 관계가 먼 것은?

① 외관이 좋은 것이어야 한다.
② 부드러워 가공이 용이한 것이어야 한다.
③ 열전도율이 작은 것이어야 한다.
④ 재료가 가볍고, 방수·방습·내화·내수성이 큰 것이어야 한다.

해설 지붕 재료에 요구되는 성질은 재료가 가볍고, 방수·방습·내화·내수성이 큰 것이어야 하며, 열전도율이 작고, 외관이 좋은 것이어야 한다. 부드러워 가공이 용이한 것은 창호 및 수장 재료의 요구 조건이다.

04 | 요구되는 성질(벽, 천장 재료)
19, 14, 13

건축 재료 중 벽, 천장 재료에 요구되는 성질이 아닌 것은?

① 외관이 좋은 것이어야 한다.
② 시공이 용이한 것이어야 한다.
③ 열전도율이 큰 것이어야 한다.
④ 차음이 잘 되고 내화·내구성이 큰 것이어야 한다.

해설 벽 및 천장 재료는 열전도율이 작고, 시공이 용이하며, 외관이 좋은 것이어야 한다. 또한 차음이 잘 되고, 내화, 내구성이 큰 것이어야 한다. 시공이 용이한 것은 창호 및 수장 재료의 요구 조건이다.

05 | 요구되는 성질(벽, 천장 재료)
18, 13, 06

다음 중 벽 또는 천장 재료에 요구되는 성질과 가장 관계가 먼 것은?

① 열전도율이 커서 열효율이 좋아야 한다.
② 외관이 아름다워야 한다.
③ 가공성이 용이해야 한다.
④ 방음 성능이 좋아야 한다.

정답 07. ④ 08. ③ / 01. ④ 02. ② 03. ② 04. ③ 05. ①

해설 벽 및 천장 재료는 열전도율이 작고, 시공이 용이하며, 외관이 좋은 것이어야 한다. 또한 차음이 잘 되고, 내화, 내구성이 큰 것이어야 한다.

06 요구되는 성질(벽, 천장 재료)
22, 11, 09

다음 중 벽 및 천장 재료에 요구되는 성질로 옳지 않은 것은?

① 열전도율이 큰 것이어야 한다.
② 차음이 잘 되어야 한다.
③ 내화·내구성이 큰 것이어야 한다.
④ 시공이 용이한 것이어야 한다.

해설 벽 및 천장 재료는 열전도율이 작고, 시공이 용이하며, 외관이 좋은 것이어야 한다. 또한 차음이 잘 되고, 내화, 내구성이 큰 것이어야 한다.

07 재료의 성능 항목
14

건축 재료의 각 성능과 연관된 항목들이 올바르게 짝지어진 것은?

① 역학적 성능 – 연소성, 인화성, 용융성, 발연성
② 화학적 성능 – 강도, 변형, 탄성계수, 크리프, 인성
③ 내구 성능 – 산화, 변질, 풍화, 충해, 부패
④ 방화, 내화 성능 – 비중, 경도, 수축, 수분의 투과와 반사

해설 역학적 성능에는 구조 재료(강도, 강성, 내피로성 등), 내화 재료(고온 강도, 고온 변형 등), 화학적 성능에는 구조 및 마감 재료(녹, 부식, 중성화 등), 내화 재료(화학적 안정), 방화·내화 성능에는 구조 재료(불연성, 내열성 등), 마감 및 차단 재료(비발연성, 비유독가스 등), 내화 재료(불연성 등) 등이 있다.

08 재료(제조 분야, 천연 재료)
21, 17, 16③, 13, 06, 04, 03

다음 건축 재료 중 천연 재료에 속하는 것은?

① 목재 ② 철근
③ 유리 ④ 고분자 재료

해설 건축 재료의 제조 분야별 분류에서 천연(자연) 재료에는 석재(골재), 목재, 점토, 흙 등이 있고, 인공(공업)재료에는 콘크리트 및 그 제품, 금속 재료(철재), 요업 재료(테라코타), 석유 화학 제품(아스팔트), 유리 재료, 합성수지(고분자) 등이 있다.

09 재료(제조 분야, 천연 재료)
24, 23, 19, 18, 12

건축 재료의 생산 방법에 따른 분류 중 1차적인 천연 재료가 아닌 것은?

① 흙 ② 모래
③ 석재 ④ 콘크리트

해설 건축 재료의 제조 분야별 분류에서 인공(공업) 재료에는 콘크리트 및 그 제품, 금속 재료(철재), 요업 재료, 석유 화학 제품, 유리 재료, 합성수지(고분자) 등이 있다.

10 재료(제조 분야, 천연 재료)
06

다음 중 건축 재료의 제조 분야별 분류상 천연 재료에 속하지 않는 것은?

① 석재 ② 금속 재료
③ 목재 ④ 흙

해설 인공(공업) 재료에는 콘크리트 및 그 제품, 금속 재료(철재), 요업 재료, 석유 화학 제품, 유리 재료, 합성수지(고분자) 등이 있다.

11 재료(제조 분야, 천연 재료)
07

다음 재료 중 천연 재료가 아닌 것은?

① 화강암 ② 테라코타
③ 석면 ④ 대리석

해설 인공(공업) 재료에는 콘크리트 및 그 제품, 금속 재료(철재), 요업 재료, 석유 화학 제품, 유리 재료, 합성수지(고분자) 등이 있다.

12 재료(제조 분야, 천연 재료)
23, 20, 16, 13

재료의 분류 중 천연 재료에 속하지 않는 것은?

① 목재 ② 대나무
③ 플라스틱재 ④ 아스팔트

해설 건축 재료의 제조 분야별 분류에서 천연(자연) 재료에는 석재(골재), 목재, 점토, 흙 등이 있고, 인공(공업) 재료에는 콘크리트 및 그 제품, 금속 재료(철재), 요업 재료(테라코타), 석유 화학 제품(아스팔트), 유리 재료, 합성수지(고분자) 등이 있다.

정답 06. ① 07. ③ 08. ① 09. ④ 10. ② 11. ② 12. ③

13 | 재료(사용 목적)
24, 23②, 20②, 19, 18, 17, 14, 09, 07

건축 재료의 사용 목적에 따른 분류에 해당하지 않는 것은?

① 구조 재료　　② 마감 재료
③ 방화, 내화 재료　　④ 천연 재료

해설 건축 재료를 사용 목적에 의해 분류하면, 구조 재료는 건축물의 뼈대(기둥, 보, 벽체 등 내력부분을 구성하는 재료)를 구성하는 재료이고, 마감 재료는 내력 부분 이외의 칸막이, 장식 등을 목적으로 하는 재료이며, 차단 재료는 방수, 방습, 차음, 단열 등을 목적으로 하는 재료이며, 방화·내화 재료는 화재의 연소 방지 및 내화성의 향상을 위한 재료 등이다. 천연 재료(석재, 목재, 흙 등)와 인공재료(금속·요업·합성수지 등)는 제조 분야별 분류에 속한다.

14 | 재료(화학 조성, 유기 재료)
17, 12

건축 재료의 화학적 조성에 의한 분류 중 유기질 재료가 아닌 것은?

① 목재　　② 역청 재료
③ 합성수지　　④ 석재

해설 건축 재료의 화학 조성에 의한 분류

구분	무기 재료		유기 재료	
	비금속	금속	천연 재료	합성수지
종류	**석재, 흙,** 콘크리트, 도자기	철재, 구리, **알루미늄**	**목재,** 대나무, 아스팔트, 섬유판	플라스틱재, 도장재, 실링재, 접착재

15 | 재료(화학 조성, 유기 재료)
21, 19③, 17③, 14

유기 재료에 속하는 건축 재료는?

① 철재　　② 석재
③ 아스팔트　　④ 알루미늄

해설 건축 재료 중 무기 재료에는 비금속 재료(석재, 흙, 도자기, 콘크리트 등)와 금속 재료(철재, 구리, 알루미늄 등) 등이 있고, 유기 재료에는 천연 재료(목재, 대나무, 아스팔트, 섬유판 등)와 합성수지(플라스틱재, 도장재, 실링재, 접착제 등) 등이 있다.

16 | 재료(사용 목적, 구조 재료)
06

건축 재료의 용도에 따른 분류 중 구조 주체의 재료가 아닌 것은?

① 석재　　② 목재
③ 도료　　④ 콘크리트

해설 건축 재료를 사용 목적에 의해 분류하면, 구조 재료는 건축물의 뼈대(기둥, 보, 벽체 등 내력부분을 구성하는 재료)를 구성하는 재료로서 목재, 석재, 콘크리트, 철재 등이다. 도료는 마감 재료이다.

17 | 재료(사용 목적, 구조 재료)
24, 23, 17, 14, 10

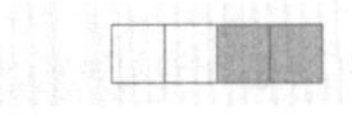

건축 재료 중 구조재로 사용할 수 없는 것끼리 짝지어진 것은?

① H형강·벽돌　　② 목재·벽돌
③ 유리·모르타르　　④ 목재·콘크리트

해설 건축 재료를 사용 목적에 의해 분류할 때 구조 재료는 건축물의 뼈대(기둥, 보, 벽체 등 내력 부분을 구성하는 재료)를 구성하는 재료로서 목재, 석재, 콘크리트, 철재 등이 활용된다. 유리는 치장재, 모르타르는 조적재의 접착제로 사용하므로 구조 재료는 사용이 불가능하다.

18 | 재료(사용 목적, 차단 재료)
15

건축물에서 방수, 방습, 차음, 단열 등을 목적으로 사용하는 재료는?

① 구조 재료　　② 마감 재료
③ 차단 재료　　④ 방화·내화 재료

해설 건축 재료를 사용 목적에 따라 분류하면, 구조 재료(기둥, 보, 벽체 등에 사용하는 것으로 목재, 석재 및 콘크리트 등), 마감 재료(장식 등을 목적으로 하는 것으로 유리, 금속판 및 보드류 등), 방화·내화 재료(화재의 연소 방지 및 내화성을 향상시키기 위한 것으로 방화문, 석면 시멘트판 및 암면 등) 등이 있다.

19 | 한국산업규격 분류 중 토건 부분
22, 20, 19③, 18, 17④, 16③, 15②, 14②, 13②, 07, 06②, 04, 98

한국산업표준의 분류 중 토목·건축 부분의 분류 기호는?

① A　　② D
③ F　　④ P

해설 한국산업규격의 분류 기호

부문	기본	기계	전기	금속	광산	건설	일용품	식료품	섬유	요업	화학	의료	항공 우주
기호	A	B	C	D	E	F	G	H	K	L	M	P	W

정답　13. ④　14. ④　15. ③　16. ③　17. ③　18. ③　19. ③

③ 건축 재료의 역학적 · 열적 성질

01 | 탄성과 소성
21, 19, 14

다음의 ㉠과 ㉡에 알맞은 것은?

> 대부분의 물체는 완전 (㉠)체, 완전 (㉡)체는 없으며, 대개 외력의 어느 한도 내에서는 (㉠) 변형을 하지만 외력이 한도에 도달하면 (㉡) 변형을 한다.

① ㉠ 소성, ㉡ 탄성　② ㉠ 인성, ㉡ 취성
③ ㉠ 취성, ㉡ 인성　④ ㉠ 탄성, ㉡ 소성

해설 대부분의 물체는 완전 탄성체, 완전 소성체는 없으며, 대개 외력의 어느 한도 내에서는 탄성 변형을 하지만 외력이 한도에 도달하면 소성 변형을 일으킨다.

02 | 탄성의 용어
23, 22, 21, 19③, 18, 17, 15, 12, 10, 05

물체에 외력이 작용되면 순간적으로 변형이 생기지만 외력을 제거하면 원래의 상태로 되돌아가는 성질은?

① 소성　② 점성
③ 탄성　④ 연성

해설 소성은 재료에 사용하는 외력이 어느 한도에 도달하면 외력의 증가 없이 변형만 증대되는 성질을 말한다. 즉, 외력을 가했다가 외력을 제거해도 원래 상태로 돌아오지 못하고, 변형이 잔류하는 성질이다. 점성은 유체가 유동하고 있을 때 유체의 내부에 흐름을 저지하려고 하는 내부 마찰 저항이며, 연성은 재료가 탄성 한계 이상의 힘을 받아도 파괴되지 않고, 가늘고 길게(넓고 또는 얇게) 늘어나는 성질이다.

03 | 소성의 용어
16, 01, 99

재료에 사용하는 외력이 어느 한도에 도달하면 외력의 증가 없이 변형만 증대하는 성질을 무엇이라 하는가?

① 소성　② 탄성
③ 전성　④ 연성

해설 탄성은 물체에 외력이 작용하면 순간적으로 변형이 생기지만 외력을 제거하면 순간적으로 원래의 상태로 되돌아가는 성질을 말한다. 전성은 압력과 타격에 의해 물체(금속)가 파괴됨이 없이 판상(가늘고, 길게, 넓게)으로 되는 성질이며, 연성은 어떤 재료에 인장력을 가하였을 때 파괴되기 전에 큰 늘음 상태를 나타내는 성질이다.

04 | 점성의 용어
24, 20, 19③, 18, 17, 16, 13

다음에서 설명하는 역학적 성질은?

> 유체가 유동하고 있을 때 유체의 내부에 흐름을 저지하려고 하는 내부 마찰 저항이 발생하는 성질

① 탄성　② 소성
③ 점성　④ 외력

해설 탄성은 물체에 외력이 작용되면 순간적으로 변형이 생기지만 외력을 제거하면 원래의 상태로 되돌아가는 성질이다. 소성은 외력이 작용하면 변형하였다가 외력을 제거해도 원래의 상태로 돌아가지 못하는 성질 또는 재료에 사용하는 외력이 어느 한도에 도달하면 외력의 증가 없이 변형만 증대하는 성질이다.

05 | 정적 강도의 종류
16, 13

건축 재료의 강도 구분에 있어서 정적 강도에 해당하지 않는 것은?

① 압축 강도　② 충격 강도
③ 인장 강도　④ 전단 강도

해설 건축 재료의 강도 구분에서 정적 강도(정하중에 의한 강도)에는 압축 강도, 인장 강도, 휨 강도 및 전단 강도 등이 있다. 충격 강도는 동적 강도에 속한다.

06 | 허용 강도의 용어
24, 23, 21, 20, 19, 18③, 17③, 10, 06, 04

최대 강도를 안전율로 나눈 값을 무엇이라고 하는가?

① 허용 강도　② 파괴 강도
③ 전단 강도　④ 휨 강도

해설 안전율$=\frac{\text{최대 강도}}{\text{허용 강도}}$이다. 그러므로 $\frac{\text{최대 강도}}{\text{안전율}}=$허용 강도이다.

07 | 푸아송비
21, 18, 16

재료의 푸아송비에 관한 설명으로 옳은 것은?

① 횡방향의 변형비를 푸아송비라 한다.
② 강의 푸아송비는 대략 0.3 정도이다.
③ 푸아송비는 푸아송수라고도 한다.
④ 콘크리트의 푸아송비는 대략 10 정도이다.

정답 01. ④ 02. ③ 03. ① 04. ③ 05. ② 06. ① 07. ②

해설 푸아송의 비는 보통 재료에서 축방향에 하중을 받을 경우 그 방향과 수직의 횡방향에도 변형이 생기는데 이때, 세로 방향의 변형에 대한 가로 방향의 변형의 비를 말한다. 강재의 푸와송의 비는 1/3~1/4 정도이고, 콘크리트의 푸와송의 비는 1/6~1/12 정도이며, 최대값은 0.5를 넘을 수 없다. 푸아송 비의 역수는 푸아송의 수라 한다.

08 | 푸아송비의 용어
24, 10

재료가 인장되거나 압축될 때, 세로 변형도와 가로 변형도와의 관계를 무엇이라 하는가?

① 푸아송비　　② 영계수
③ 응력도　　④ 탄성 계수

해설 탄성(영) 계수는 응력(σ)과 변형(ε)이 비례하므로 응력=비례상수×변형도이다. 이때의 비례 상수를 탄성(영) 계수라고 하고, 응력도(σ)$=\frac{\text{하중}}{\text{단면적}}$이다.
푸아송의 수는 푸아송의 비$\left(\frac{1}{m}=\frac{\beta(\text{가로 변형도})}{\varepsilon(\text{세로 변형도})}\right)$의 역수이다.

09 | 푸아송비의 용어
24, 20, 19, 18, 17, 15, 11, 09, 03

보통 재료에서는 축방향에 하중을 가할 경우 그 방향과 수직인 횡방향에도 변형이 생기는데, 횡방향 변형도와 축방향 변형도의 비를 무엇이라 하는가?

① 탄성 계수비　　② 경도비
③ 푸아송비　　④ 강성비

해설 세로 방향의 변형에 대한 가로 방향의 변형의 비를 푸아송비$\left(\frac{1}{m}=\frac{\beta(\text{가로 변형도})}{\varepsilon(\text{세로 변형도})}\right)$라 하고, 푸아송비의 역수를 푸아송수라고 한다.

10 | 브리넬 경도의 용어
21, 11, 08

금속 또는 목재에 적용되는 것으로서, 지름 10mm의 강구를 시편 표면에 500~3,000kg의 힘으로 압입하여 표면에 생긴 원형 흔적의 표면적을 구한 후 하중을 그 표면적으로 나눈 값을 무엇이라 하는가?

① 브리넬 경도　　② 모스 경도
③ 푸아송비　　④ 푸아송수

해설 모스 경도는 재료의 긁힘(마멸)에 대한 저항성을 나타내는 것으로서, 주로 유리 및 석재의 경도를 표시하는 데 사용한다. 재료에서 횡방향의 변형의 축방향의 변형에 대한 비, 즉 $\frac{1}{m}=\frac{\beta(\text{가로 변형도})}{\varepsilon(\text{세로 변형도})}$=푸아송의 비이고, 푸아송의 수는 푸아송의 비의 역수이다.

11 | 경도
15

재료의 기계적 성질 중의 하나인 경도에 대한 설명으로 틀린 것은?

① 경도는 재료의 단단한 정도를 의미한다.
② 경도는 긁히는 데 대한 저항도, 새김질에 대한 저항도 등에 따라 표시 방법이 다르다.
③ 브리넬 경도는 금속 또는 목재에 적용되는 것이다.
④ 모스 경도는 표면에 생긴 원형 흔적의 표면적을 구하여 압력을 표면적으로 나눈 값이다.

해설 모스 경도는 재료의 긁힘(마멸)에 대한 저항성을 나타내는 것으로 주로 유리나 석재의 경도를 표시하는 데 사용한다. 브리넬 경도는 금속과 목재에 적용되는 것으로 지름 10mm의 강구를 시편의 표면에 500~3,000kg의 힘으로 압입하여 표면에 생긴 원형 흔적의 표면적을 구하여 압력을 표면적으로 나눈 값이다.

12 | 연성의 용어
20, 13

재료를 잡아 당겼을 때 길게 늘어나는 성질을 무엇이라 하는가?

① 강성　　② 연성
③ 강도　　④ 전성

해설 강성은 구조물이나 부재에 외력이 작용할 때 변형이나 파괴되지 않으려는 성질이다. 강도는 물체에 하중이 작용할 때 하중에 저항하는 정도이며, 전성은 어떤 재료를 망치로 치거나 롤러로 누르면 얇게 펴지는 성질이다.

13 | 전성의 용어
23, 20, 06

재료의 여러 성질 중 금, 은, 알루미늄 등과 같이 압력이나 타격에 의해 파괴됨 없이 얇은 판 모양으로 펼 수 있는 성질을 무엇이라 하는가?

① 취성　　② 인성
③ 전성　　④ 강성

해설 취성은 적은 변형이 생기더라도 파괴되는 성질로 유리가 대표적인 취성 재료이다. 인성은 재료가 외력을 받아 파괴될 때까지의 에너지 흡수 능력이 큰 성질을 말하며 큰 외력을 받아도 변형을 나타내면서도 파괴되지 않는 성질이다. 강성은 구조물이나 부재에 외력이 작용할 때 변형이나 파괴되지 않으려는 성질로, 탄성 계수와 밀접한 관계가 있다.

정답 08. ① 09. ③ 10. ① 11. ④ 12. ② 13. ③

14 | 취성의 용어
23, 17, 14, 09, 07

건축 재료의 성질에 관한 용어로서 어떤 재료에 외력을 가했을 때 작은 변형만 나타나도 곧 파괴되는 성질을 나타내는 것은?

① 전성　　② 취성
③ 탄성　　④ 연성

해설 전성은 어떤 재료를 망치로 치거나 롤러로 누르면 얇게 펴지는 성질을 말한다. 탄성은 재료에 외력이 작용하면 변형이 생기며, 이 외력을 제거하면 재료가 원래의 모양, 크기로 되돌아가는 성질이다. 연성은 어떤 재료에 인장력을 가하였을 때, 파괴되기 전에 큰 늘음 상태를 나타내는 성질을 말한다.

15 | 취성의 용어
18, 17, 15, 13, 12

유리와 같이 어떤 힘에 대한 작은 변형으로도 파괴되는 재료의 성질을 나타내는 용어는?

① 연성　　② 전성
③ 취성　　④ 탄성

해설 연성은 어떤 재료에 인장력을 가하였을 때, 파괴되기 전에 큰 늘음 상태를 나타내는 성질을 말하고, 전성은 어떤 재료를 망치로 치거나 롤러로 누르면 얇게 펴지는 성질을 말한다. 탄성은 물체가 외력을 받으면 변형과 응력이 생기는데, 변형이 적은 경우에는 외력을 없애면 변형이 생겼다가 없어지며, 본래의 모양으로 되돌아가서 응력이 없어지는 성질이다.

16 | 취성의 용어
07, 06

인성에 반대되는 용어로 유리와 같이 작은 변형으로도 파괴되는 성질을 나타내는 용어는?

① 연성　　② 전성
③ 취성　　④ 탄성

해설 연성은 재료를 잡아당겼을 때, 길게 늘어나는 성질을 말한다. 전성은 압력이나 타격에 의해서 판자 모양으로 펼 수 있는 성질을 말하는데, 금, 은 및 알루미늄 등이 전성이 큰 대표적인 물체이다. 탄성은 물체에 외력이 작용하면 순간적으로 변형이 생기지만, 외력을 제거하면 순간적으로 원래의 상태로 되돌아가는 성질을 말한다.

17 | 피로의 용어
09

강재가 항복 강도 이하의 강도를 유발하는 반복 하중을 장기간 받을 때, 균열이 심화되는 경우를 의미하는 용어는?

① 취성　　② 피로
③ 변형도　　④ 인성

해설 취성은 인성에 반대되는 용어로 유리와 같이 작은 변형으로도 파괴되는 성질이고, 변형도는 단위 면적당 하중의 비이다. 인성은 압연강, 껌과 같은 재료가 파괴에 이르기까지 고강도의 응력에 견디며, 동시에 큰 변형을 나타내게 되는 성질이다.

18 | 비중의 산정
24, 23, 22, 21, 20②, 19④, 17, 16③, 12, 10

물의 밀도가 $1g/cm^3$이고 어느 물체의 밀도가 $1kg/m^3$라 하면 이 물체의 비중은 얼마인가?

① 1　　② 1,000
③ 0.001　　④ 0.1

해설 비중이란 어떤 물체의 중량과 그것과 동일한 체적의 4℃, 1기압에 있어서의 순수한 물의 중량의 비를 말하고, 밀도는 단위 체적당의 질량을 말한다.

즉, 비중$=\dfrac{\text{물체의 밀도}}{\text{4℃ 물의 밀도}}$

$=\dfrac{\text{물체의 무게}}{\text{물체와 같은 부피의 4℃ 물의 무게}}$이다.

그런데, 물의 밀도는 $1g/cm^3$이고, 어느 물체의 밀도는 $1kg/m^3=1,000g/1,000,000cm^3=1g/1,000cm^3$이므로

비중$=\dfrac{1g/1,000cm^3}{1g/cm^3}=0.001$이다.

19 | 비열의 용어
14, 04

단위 질량의 물질을 온도 1℃ 올리는 데 필요한 열량을 무엇이라 하는가?

① 열용량　　② 비열
③ 열전도율　　④ 연화점

해설 열용량은 물체에 열을 저장할 수 있는 용량이고, 열전도율은 보통 두께 1m의 물체 두 표면에 단위 온도차를 줄 때 단위 시간에 전해지는 열량을 말한다. 연화점은 아스팔트나 유리와 같이 고체에서 액체로 변하는 경계점이 불분명한 것이다.

정답 14. ② 15. ③ 16. ③ 17. ② 18. ③ 19. ②

20 | 용융점이 높은 금속 14

금속에 열을 가했을 때 녹는 온도를 용융점이라 하는데 용융점이 가장 높은 금속은?

① 수은 ② 경강
③ 스테인리스강 ④ 텅스텐

해설 금속의 용융점을 알아보면, 수은은 -38.87℃ 이상, 경강은 1,530℃ 이상, 스테인리스강은 1,420℃ 이상, 텅스텐은 3,370℃ 이상이다.

21 | 열전도율의 비교 02

열전도율이 큰 것부터 순서로 나열된 것은?

A. 소나무 B. 콘크리트 C. 코르크 D.철

① B – D – A – C
② B – D – C – A
③ D – B – A – C
④ D – B – C – A

해설 ㉠ 철 : 42kcal/m · h · ℃
㉡ 콘크리트 : 0.4~0.5kcal/m · h · ℃
㉢ 소나무 : 0.116kcal/m · h · ℃
㉣ 코르크 : 0.036kcal/m · h · ℃
따라서 열전도율이 큰 것부터 작은 것의 순으로 나열하면 철 → 콘크리트 → 소나무 → 코르크의 순이다.

22 | 열과 관련된 용어 15

열과 관련된 용어에 대한 설명으로 틀린 것은?

① 질량 1g의 물체의 온도를 1℃ 올리는 데 필요한 열량을 그 물체의 비열이라 한다.
② 열전도율의 단위로는 W/m · K이 사용된다.
③ 열용량이란 물체에 열을 저장할 수 있는 용량을 말한다.
④ 금속 재료와 같이 열에 의해서 고체에서 액체로 변하는 경계점이 뚜렷한 것을 연화점이라 한다.

해설 금속 재료와 같이 열에 의해서 고체에서 액체로 변하는 경계점이 뚜렷한 것을 용융점이라 하고, 아스팔트나 유리와 같이 경계점이 불분명한 것을 연화점이라고 한다.

23 | 내구성의 영향 인자 24, 17, 16, 10

건축물의 내구성에 영향을 주는 인자에 해당하지 않는 것은?

① 바람 ② 지진
③ 화재 ④ 광택

해설 건축물의 내구성에 영향을 주는 인자로는 바람, 지진, 화재 등의 재해 요인과 건축 재료 자체에 의해 영향을 주는 요인인 목재의 충해, 금속의 부식 등이 있다.

24 | 내구성의 영향 인자 24, 21, 18, 15

재료의 내구성에 영향을 주는 요인에 대한 설명 중 틀린 것은?

① 내후성 : 건습, 온도 변화, 동해 등에 의한 기후 변화 요인에 대한 풍화 작용에 저항하는 성질
② 내식성 : 목재의 부식, 철강의 녹 등의 작용에 대해 저항하는 성질
③ 내화학 약품성 : 균류, 충류 등의 작용에 대해 저항하는 성질
④ 내마모성 : 기계적 반복 작용 등에 대한 마모 작용에 저항하는 성질

해설 내화학 약품성은 화학적 침식, 풍화 등의 화학적 작용에 대해 저항하는 성질이고, 균류, 충류 등의 작용에 대해 저항하는 성질은 생물학적 작용으로, 내생물성이다.

25 | 재료의 용어 19, 16, 13, 07

재료의 용어에 대한 설명 중 옳지 않은 것은?

① 열팽창 계수란 온도의 변화에 따라 물체가 팽창, 수축하는 비율을 말한다.
② 비열이란 단위 질량의 물질을 온도 1℃ 올리는 데 필요한 열량을 말한다.
③ 열용량은 물체에 열을 저장할 수 있는 용량을 말하며, 단위는 kcal/℃이다.
④ 차음률은 음을 얼마나 흡수하느냐 하는 성질을 말하며, 재료의 비중이 클수록 작다.

해설 차음률은 음의 전파를 막는 능력으로 비중이 클수록 크고, 음의 진동수에 따라 달라지며, 단위는 dB(데시벨)을 사용한다. 음을 얼마나 흡수하느냐 하는 성질은 흡음률로서 재료 표면의 요철이나 내부 공극의 상태에 따라 달라진다.

정답 20. ④ 21. ③ 22. ④ 23. ④ 24. ③ 25. ④

26 | 재료의 용어 06

건축 재료에 관한 용어의 설명 중 틀린 것은?

① 인장 하중을 받으면 파괴될 때까지 큰 신장을 나타내는 것이 있는데, 이러한 종류의 재료를 연성이 크다고 한다.
② 작은 변형만 나타내면 파괴되는 주철, 유리와 같은 재료의 성질을 인성이라고 한다.
③ 크리프란 일정한 응력을 가할 때, 변형이 시간과 더불어 증대하는 현상을 의미한다.
④ 재료에 사용하는 외력이 어느 한도에 도달하면 외력의 증감없이 변형만 증대하는 성질을 소성이라 한다.

해설 취성은 어떤 재료에 외력을 가하였을 때, 작은 변형만 나타내도 곧 파괴되는 주철, 유리와 같은 재료의 성질을 말한다. 인성은 어떤 재료에 큰 외력을 가하였을 때, 큰 변형을 나타내면서도 파괴되지 않고 견딜 수 있는 성질을 말한다.

27 | 재료의 역학적 성질 16

재료의 역학적 성질에 관한 설명으로 옳지 않은 것은?

① 탄성 : 물체에 외력이 작용하면 순간적으로 변형이 생기지만, 외력을 제거하면 순간적으로 원래의 상태로 되돌아가는 성질
② 소성 : 재료에 사용하는 외력이 어느 한도에 도달하면 외력의 증가 없이 변형만 증대하는 성질
③ 점성 : 유체가 유동하고 있을 때 유체의 내부에 흐름을 저지하려고 하는 내부 마찰 저항이 발생하는 성질
④ 인성 : 외력에 파괴되지 않고 가늘고 길게 늘어나는 성질

해설 인성은 압연강, 껌 등과 같은 재료가 파괴에 이르기까지 고강도의 응력에 견디며, 동시에 큰 변형을 나타내는 성질을 말한다. 외력에 파괴되지 않고, 가늘고 길게 늘어나는 성질은 연성이다.

28 | 재료의 성질 09

다음 중 건축 재료의 일반적인 성질로 옳은 것은?

① 탄성 : 재료에 작용하는 외력이 어느 한도에 도달하면 외력의 증감 없이 변형만 증대하는 성질
② 소성 : 물체에 외력이 작용하면 순간적으로 변형이 생기나 외력을 제거하면 순간적으로 원래의 형태로 회복되는 성질
③ 취성 : 작은 변형만 나타나면 파괴되는 재료의 성질
④ 연성 : 외력에 의해 얇게 펴지는 성질

해설 ①은 소성, ②는 탄성, ④는 전성에 대한 설명이다.

정답 26. ② 27. ④ 28. ③

각종 건축 재료의 특성·용도·규격에 관한 지식

핵심 Point
- 각종 건축 재료의 특성·용도·규격에 관한 이론의 이해를 통하여 출제 문제의 경향을 파악하고, 문제를 풀이할 수 있다.
- 각종 실내 건축 재료의 특성·용도·규격에 관한 이론의 이해를 통하여 출제 문제의 경향을 파악하고, 문제를 풀이할 수 있다.

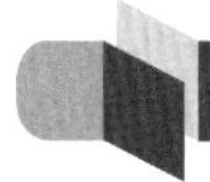

2-1. 목재

1 목재의 특성(장·단점)

(1) 장점

종류가 많고, 각각 외관이 다르며, 우아하다. 가볍고, 가공이 쉬우며, 감촉이 좋다. 비중에 비하여 강도가 크고, 열전도율과 열팽창률이 작다. 특히, 산성 약품 및 염분에 강하고, 재질이 부드러우며, 탄성이 있어 인체에 대한 접촉감이 좋다. 충격 및 진동을 잘 흡수한다.

(2) 단점

착화점이 낮아 내화성이 작고, 흡수성(함수율)이 커서 변형(팽창과 수축)되기 쉬우며, 습기가 많은 곳에서는 부식하기 쉽다. 특히, 충해나 풍화에 의하여 내구성이 떨어지고, 재질 및 방향에 따라서 강도가 다르다.

2 목재의 분류

구분		나무의 명칭
외장수	침엽수	소나무, 전나무, 잣나무, 낙엽송, 편백나무, 가문비나무, 삼송나무 등
	활엽수	참나무, 느티나무, 오동나무, 밤나무, 사시나무, 벚나무, 단풍나무 등
내장수		대나무, 야자수 등

출제 키워드

■ 목재의 장점
- 외관이 다르며 우아하다.
- 재질이 부드럽다.
- 인체에 대한 접촉감이 좋다.
- 충격 및 진동을 잘 흡수한다.

■ 목재의 단점
흡수성이 커서 변형하기 쉽다.

■ 침엽수의 종류
소나무, 전나무, 잣나무, 삼송나무 등

■ 활엽수의 종류
참나무, 느티나무, 벚나무, 단풍나무 등

출제 키워드

■ 목재의 주요 원소

탄소, 산소, 수소, 질소, 칼슘, 인, 칼륨 및 기타 회분으로 구성

■ 도관 세포

- 활엽수에 있는 세포
- 굵은 세포가 세로 방향으로 길게 연결되어 수액을 운반하는 역할

■ 리그닌

목재에서 힘을 받는 섬유소 간의 접착제 역할

■ 나뭇결

- 목재를 구성하는 섬유의 배열 상태 및 목재의 외관적 상태를 나타내는 것
- 외관상 중요할 뿐만 아니라 건조 수축에 의한 변형에도 관계가 깊음

■ 심재와 변재의 비교

심재는 변재에 비해 비중, 내구성 및 강도가 크고, 신축성이 작다.

■ 목재 흠의 종류

옹이, 껍질박이, 혹, 갈래, 상처, 썩정이 등

■ 겉보기 비중

목재의 건조 중량을 표면 건조 내부 포수 상태의 목재 용적으로 나눈 것

■ 진비중

- 목재의 공극이 전혀 없는 상태의 비중
- 목재의 종류에 관계없이 목재를 구성하고 있는 섬유질의 평균적인 진비중 값은 1.54

3 목재의 세포 구성

(1) 목재의 조성 원소

목재의 종류에 따라 약간의 차이는 있으나, 49% 내외의 탄소, 44% 내외의 산소, 6% 내외의 수소 원소로 되어 있다. 이외에 질소, 칼슘, 인, 칼륨 및 기타 회분으로 구성되어 있다.

(2) 목재의 세포 구성

① 도관 세포 : 주로 활엽수에 있는 세포로서 섬유보다 크고, 굵은 세포가 섬유와 같은 방향으로 들어 있는 세포로 수액을 운반하는 역할을 하는 세포이다.

② 리그닌 : 목재에서 힘을 받는 섬유소 간의 접착제 역할을 하는 성분이다.

③ 나뭇결 : 목재를 구성하는 섬유의 배열 상태 및 목재의 외관적 상태를 말하는 것으로 외관상 중요할 뿐만 아니라 건조 수축에 의한 변형에도 관계가 깊다.

(3) 심재와 변재의 비교

구분	비중	신축성	내구성	강도	폭	품질
심재	크다	작다	크다	크다	노목일수록 크다	좋음
변재	작다	크다	작다	작다	어린 나무일수록 크다	나쁨

(4) 목재의 흠

목재의 흠에는 옹이(수목이 성장하는 도중에 줄기에서 가지가 생기게 되면 나뭇가지와 줄기가 붙은 곳에 줄기 세포와 가지 세포가 교차되어 생기는 목재의 흠), 껍질박이(수목이 성장하는 도중에 나무 껍질이 상한 상태로 있다가 아물 때 그 일부가 목질부 속으로 말려 들어간 목재의 흠), 혹(섬유가 집중되어 볼록하게 된 부분으로 뒤틀리기 쉬우며 가공하기 어려운 목재의 흠), 갈래, 상처, 썩정이 등이 있다. 연륜(나이테)은 춘재와 추재의 한 쌍의 너비를 합한 것으로 목재의 흠과는 무관하다.

4 목재의 성질(I)

(1) 목재의 비중

비중은 실용적으로는 기건재의 단위 용적 무게에 상당하는 값으로, 목재를 구성하고 있는 세포막(섬유나 물관막)의 두께에 따라서 다르다. 같은 수종이라고 하더라도 나이테의 밀도, 생산지, 수령 또는 심재와 변재 등에 따라서 달라진다. 비중의 종류는 여러 가지가 있는데, 기건 비중은 목재의 기건 상태의 비중이고, 절건 비중은 목재의 절건 상태의 비중이며, 겉보기 비중은 목재의 건조 중량을 표면 건조 내부 포수 상태의 목재 용적으로 나눈 비중이다. 또한, 진비중은 목재의 공극이 전혀 없는 상태의 비중으로, 목재의 종류에 관계없이 목재를 구성하고 있는 섬유질의 평균적인 진비중 값은 1.54이다.

(2) 목재의 함수율과 성질

함수량은 수종, 수령, 생산지 및 심재와 변재에 따라서 다르며, 함수율에 따른 목재의 성질은 다음과 같다.

① 함수율이 작을수록 목재는 수축되고, 그 수축률은 방향에 따라 일정하지 않으나 전수축률은 무늿결 너비 방향이 가장 크고 섬유 방향(길이)이 가장 작으며, 곧은결 너비 방향은 중간이다.

② 함수율의 변화에 따라 목재의 강도도 변한다. 즉, 목재의 강도는 함수율과 반비례한다. 함수율이 100%에서 섬유 포화점인 30%까지는 강도의 변화가 작으나, 함수율이 30% 이하로 더욱 감소하면 강도는 급격히 증가하며, 기건 상태에서는 섬유 포화점 강도의 약 1.5배로 증가하고, 절건 상태(절건 상태)에서는 섬유 포화점 강도의 약 3배로 증가한다.

③ 함수율이 감소하면 목재의 무게가 감소하는데, 기건 상태 이상이 되면 함수율이 증가하여 부패균의 번식이 늘어나 목재의 부패가 심해진다.

④ 목재의 함수율

구분	전건재	기건재	섬유 포화점
함수율	0%	10～15%(12～18%)	30%
비고	-	습기와 균형	섬유 세포에만 수분 함유, 강도가 커지기 시작하는 함수율

⑤ 목재의 함수율 $= \dfrac{W_1 - W_2}{W_2} \times 100[\%]$

여기서, W_1 : 함수율을 구하고자 하는 목재편의 중량

W_2 : 100～105℃의 온도에서 일정량이 될 때까지 건조시켰을 때의 절건 중량

5 목재의 성질(Ⅱ)

(1) 목재의 공극률

목재의 공극률(목재에서 공기가 차지하는 비율) $V = \left(1 - \dfrac{w}{1.54}\right) \times 100[\%]$

여기서, w : 절건 비중

(2) 목재의 전수축률

목재의 전수축률 $= \dfrac{\text{생나무의 길이} - \text{전건 상태로 되었을 때의 길이}}{\text{생나무의 길이}} \times 100[\%]$이고, 목재의 건조 수축은 무늬결 너비 방향이 6～10%, 곧은결 너비 방향이 무늬결 너비 방향의 1/2(2.5～4.5%)이며, 길이(섬유) 방향은 곧은결 너비 방향의 1/20 정도(0.1～0.3%)이므로 목재의 건조 수축은 무늬결 방향이 가장 크고, 길이 방향이 가장 작다.

출제 키워드

■ 목재의 강도
- 기건 상태에서는 섬유 포화점 강도의 약 1.5배로 증가
- 절건 상태(절건 상태)에서는 섬유 포화점 강도의 약 3배로 증가

■ 목재의 함수율
- 전건재 : 0%
- 기건재 : 10～15%(12～18%)
- 섬유 포화점 : 30%

■ 목재의 함수율
$= \dfrac{W_1 - W_2}{W_2} \times 100[\%]$

■ 목재의 공극률
$= \left(1 - \dfrac{w}{1.54}\right) \times 100[\%]$

■ 목재의 전수축률
목재의 건조 수축은 무늬결 방향이 가장 크고, 길이 방향이 가장 작다.

출제 키워드

■ 목재의 강도 산정식
단위에 유의
$1Pa = 1N/m^2$, $1MPa = 1N/mm^2$
$\sigma(응력) = \frac{P(작용\ 하중)}{A(단면적)}$

■ 목재의 자연 발화점
400~450℃, 화기가 없어도 발화하는 점

■ 목재의 성질
- 목재는 콘크리트보다 인장 강도가 큼
- 목재의 강도는 함수율이 낮을수록 강도는 증가
- 강도는 비중이 증가할수록 증가, 외력에 대한 저항 증가
- 섬유 포화점 이상의 상태에서는 강도, 건조 수축 등이 일정
- 목재의 강도는 심재 부분이 변재 부분보다 강함
- 섬유 포화점 이하에서는 함수율이 낮을수록 강도가 증가하고, 인성이 감소

■ 목재의 강도 비교
목재의 강도를 큰 것부터 작은 것의 순으로 나열하면 인장 강도 → 휨 강도 → 압축 강도 → 전단 강도의 순

(3) 목재의 강도 산정식

단위에 유의하여야 한다. 즉, $1Pa = 1N/m^2$, $1MPa = 1N/mm^2$이다.

$$\sigma(응력) = \frac{P(작용\ 하중)}{A(단면적)}$$

(4) 목재의 연소

구분	100℃	인화점	착화점(화재 위험 온도)	자연 발화점
온도	100℃	180℃	260~270℃	400~450℃
현상	수분 증발	가연성 가스 발생	불꽃에 의해 목재에 착화	화기가 없어도 발화

6 목재의 성질(Ⅲ)

(1) 목재의 강도

섬유 방향에 대하여 직각 방향의 강도를 1이라 하면, 섬유 방향의 강도의 비는 압축 강도가 5~10, 인장 강도가 10~30, 휨 강도가 7~15 정도이고, 섬유 방향에 평행하게 가한 힘에 대하여 가장 강하고 직각 방향에 대하여 가장 약하다.

① 나무 섬유 세포에 있어서는 압축력에 대한 강도보다 인장력에 대한 강도가 크며, 목재는 콘크리트보다 인장 강도가 크다.

② 목재의 강도는 함수율이 낮을수록 강도는 증가하고, 나무 섬유 세포의 평행 방향에 대한 강도는 세포의 저항성이 폭방향보다 길이 방향이 크므로 나무 섬유 세포의 직각 방향에 대한 강도보다 크며, 나무의 허용 강도는 최고 강도의 1/7~1/8 정도이다.

③ 목재의 성질 중 강도는 비중이 증가할수록 증가하며, 외력에 대한 저항이 증가한다.

④ 목재의 함수율에 따른 성질은 섬유 포화점 이상의 상태에서는 함수율과 무관하게 강도, 건조 수축 등이 일정하다. 즉, 변화가 없다.

⑤ 목재의 강도는 심재 부분이 변재 부분보다 강하다.

⑥ 목재의 강도는 섬유 포화점 이상에서는 변함이 없으나, 섬유 포화점 30% 이하에서는 함수율이 낮을수록 강도가 증가하고, 인성(재료가 파괴에 이르기까지 고강도의 응력에 견딜수 있고, 동시에 큰 변형을 나타내는 성질)이 감소한다.

⑦ 목재의 강도를 큰 것부터 작은 것의 순으로 나열하면 인장 강도 → 휨 강도 → 압축 강도→ 전단 강도의 순이다. 섬유 방향의 평행 방향의 강도가 섬유 방향의 직각 방향의 강도보다 크고, 섬유 평행 방향의 인장 강도→섬유 평행 방향의 압축 강도→섬유 직각 방향의 인장 강도→섬유 직각 방향의 압축 강도의 순이다.

(2) 목재의 비중

기건재의 단위 용적 중량에 상당하는 값으로, 일반적으로는 기건 비중으로 나타내고 있으나, 경우에 따라서는 절건 비중으로도 나타낼 수 있다. 공극률이 큰 목재는 강도가 작아지고, 비중이 작은 목재는 일반적으로 강도가 약하다.

(3) 목재의 팽창과 수축

목재의 비중과 깊은 관계가 있다. 비중이 큰 목재는 팽창과 수축이 크고, 비중이 작은 목재는 팽창과 수축이 작다.

(4) 목재의 함수율

전건재 0%, 건조하여 대기 중의 습도와 균형을 이루는 함수율로서 10~15%(12~18%), 섬유 포화점은 30%이다.

(5) 목재의 나이테

기후의 변화가 뚜렷한 온대 지방의 나무에서 확실하게 나타나는 반면에 열대 지방의 나무에서는 연중 계속 성장하므로 나이테가 없으며, 있다고 하더라도 정확하지 않다.

(6) 목재의 벌목 시기

수간 중 수액이 적고, 수액의 이동이 적을수록 좋으므로 계절적으로 가을, 겨울이 가장 좋다.

7 목재의 건조

(1) 건조의 목적과 효과

생나무 원목을 기초 말뚝으로 사용하는 경우를 제외하고는 일반적으로 사용 전에 건조시킬 필요가 있다. 건조의 정도는 대략 생나무 무게의 1/3 이상 경감될 때까지로 하지만, 구조 용재는 기건 상태, 즉 함수율 15% 이하로, 마감 및 가구재는 10% 이하로 하는 것이 바람직하다.

① 무게를 줄일 수(중량의 경감) 있고, 강도 및 내구성이 증진되며, 사용 후 변형(수축 균열, 비틀림 등)을 방지할 수 있다.

② 부패균의 발생이 억제되어 부식을 방지(목재의 부패 조건으로는 적당한 온도(25~35℃), 수분 또는 습도(30~60%), 양분(리그닌) 및 공기(산소) 등이 있다.)할 수 있고, 도장 재료, 방부 재료 및 접착제 등의 침투 효과가 크다.

출제 키워드

■ 목재의 비중
- 공극률이 큰 목재는 강도가 작아진다.
- 비중이 큰 목재는 팽창과 수축이 크다.

■ 목재의 벌목 시기
가을, 겨울이 가장 좋다.

■ 목재의 건조 효과
- 중량의 경감
- 강도 및 내구성이 증진
- 부식을 방지
- 침투 효과 증대

출제 키워드

■ 자연 건조법의 종류
촉진 천연 건조, 태양열 건조 및 천연 건조 등

(2) 건조 방법

① **건조 전 처리** : 건조 전 처리란 목재를 본격적으로 건조시키기에 앞서, 목재에 충분히 수분을 주어 목재 내부의 수액을 가능한 한 물로 교환시키는 작업을 말한다. 본 건조 시 건조하기 쉽게 만들어 궁극적으로 부패나 균열, 변형 등의 피해를 막는 방법으로 다음과 같은 방법이 있다.

㉮ 수침법 : 원목을 2주간 이상 물에 담그는 것으로 계속 흐르는 물이 좋으며, 바닷물보다 민물인 담수가 좋다. 목재의 전체를 수중에 잠기게 하거나 상하를 돌려서 고르게 침수시키지 않으면 부식할 우려가 있다.

㉯ 자비법 : 목재를 끓는 물에 삶는 방법으로 수침법보다 단시간에 수액을 빼고, 물로 교환하는 목적을 달성할 수 있다. 목재의 크기에 한도가 있고, 어느 정도 강도가 감소하며, 광택이 줄어든다.

㉰ 증기법 : 수평 원통 솥에 넣고 밀폐한 다음 1.5~3.0기압의 포화 수증기로 찌는 방법으로 조작이 비교적 간단하고, 부패균의 살균 효과도 있다.

② **자연 건조법** : 옥외에 잘 건조되고 변형이 생기지 않도록 쌓거나, 옥내에서 일광이나 비에 직접 닿지 않도록 쌓아 건조시키는 방법으로 가장 간단한 방법이다. 시간이 많이 걸리는 단점이 있다(3cm의 침엽수재 3~6개월, 활엽수재 6~12개월).

㉮ 종류

㉠ 촉진 천연 건조 : 천연 건조를 촉진시키기 위해 간단한 송풍 또는 가열 장치를 적용하여 건조시키는 방법으로 송풍 건조, 태양열 건조 및 기타 건조(진동 건조, 원심 건조 등) 등이 있다.

㉡ 태양열 건조 : 촉진 천연 건조의 일종이다.

㉢ 천연 건조 : 천연 건조장에서 목재를 쌓아 자연 대기 조건에 노출시켜 건조시키는 방법이다.

㉯ 유의사항

㉠ 목재 상호간 간격, 지면에서의 거리를 충분히 유지한다. 즉 지면에서는 높이가 30cm 이상되는 굄목을 받친 다음에 쌓는다.

㉡ 건조를 균일하게 하기 위하여 가끔 상하 좌우로 바꾸어 쌓아준다.

㉢ 나무 마구리에서의 급속한 건조를 막기 위하여 이 부분의 일광을 막거나, 경우에 따라서는 마구리에 페인트를 칠한다.

㉣ 뒤틀림을 막기 위하여 받침대를 고루 괴어 준다.

③ **인공 건조법** : 건조실에 제재품을 쌓아 넣고 처음에는 저온 다습의 열기를 통과시키다가 점차로 고온 저습으로 조절하여 건조시키는 인공 건조 방법이다.

㉮ 증기법 : 건조실을 증기로 가열하여 건조시키는 방법

㉯ 열기법 : 건조실 내의 공기를 가열하거나 가열 공기를 넣어 건조시키는 방법

㉰ 훈연법 : 연기(짚이나 톱밥 등을 태운)를 건조실에 도입하여 건조시키는 방법

㉱ 진공법 : 원통형의 탱크 속에 목재를 넣고 밀폐하여 고온, 저압 상태하에서 수분을 빼내는 방법

8 목재의 방부제 및 처리법

(1) 목재의 방부제

방부제의 종류에는 크레오소트, 콜타르, 아스팔트, 펜타클로로 페놀 및 페인트 등 유용성 방부제(크레오소트, 콜타르, 아스팔트, 펜타클로로 페놀 및 페인트 등)와 수용성 방부제(황산구리용액, 염화아연용액, 염화 제2수은용액 및 플루오르화나트륨용액 등) 등이 있다.

① 유용성 방부제

㉮ 크레오소트 : 방부력이 우수하고 염가이나 냄새가 강하여 실내에서 사용할 수 없는 흑갈색의 용액으로 도포 부분이 갈색으로 변한다. 내습성이 있으며 침투성이 좋아서 목재에 깊게 주입할 수 있으므로, 미관을 고려하지 않는 외부에 많이 사용하나 페인트를 그 위에 칠할 수 없다.

㉯ 콜타르 : 가열하여 칠하면 방부성이 좋으나, 목재를 흑갈색으로 만들고 페인트칠도 불가능하므로 보이지 않는 곳이나 가설재 등에 이용한다.

㉰ 아스팔트 : 열을 가해 녹여서 목재에 도포하면 방부성이 우수하나, 흑색으로 착색되어 페인트칠이 불가능하므로 보이지 않는 곳에서만 사용할 수 있다.

㉱ 페인트 : 유성 페인트를 목재에 바르면 피막을 형성하여 목재 표면을 감싸주므로 방습・방부 효과가 있고, 색올림이 자유로우므로 외관을 아름답게 하는 효과도 겸하고 있다.

㉲ 펜타클로로 페놀(Penta Chloro Phenol : PCP) : 목재 보존의 약제처리용으로 무색이고, 방부력이 가장 우수하다. 석유 등의 용제로 녹여 쓰는 목재 방부제로서 그 위에 페인트칠도 할 수 있다. 크레오소트에 비하여 가격이 비싸다.

② 수용성 방부제

㉮ 황산구리용액 : 남색의 결정체로서 1% 정도의 수용액을 만들어 사용하는데, 방부성은 좋으나 철을 부식시키는 결점이 있다.

㉯ 염화아연용액 : 2~5%의 수용액은 살균 효과가 큰 반면에, 흡수성이 있고 목질부를 약화시키며 전기 전도율이 증가되고, 그 위에 페인트칠을 할 수 없다는 결점이 있다.

㉰ 염화제이수은용액 : 1%의 수용액으로 방부 효과는 우수하나, 철재를 부식시키고 인체에 유해하다.

㉱ 플루오르화나트륨용액 : 황색의 분말을 2% 수용액으로 만들어 사용하는데, 방부 효과가 우수하고 철재나 인체에 무해하며, 페인트 도장도 가능하지만 내구성이 부족하고 가격이 고가이다.

(2) 방부제의 처리법

① 도포법 : 가장 간단한 방법으로 목재를 충분히 건조시킨 다음, 균열이나 이음부 등에 주의하여 솔 등으로 바르는 것인데, 크레오소트 오일을 사용할 때에는 80~90℃ 정도로 가열하면 침투가 용이하게 된다. 침투 깊이가 5~6mm를 넘지 못한다.

출제 키워드

■ 유용성 방부제의 종류

크레오소트, 콜타르, 아스팔트, 펜타클로로 페놀 및 페인트 등

■ 수용성 방부제의 종류

황산구리용액, 염화아연용액, 염화 제2수은용액 및 플루오르화나트륨용액 등

■ 크레오소트

방부력이 우수하고 염가이나 도포 부분이 갈색으로 변하고, 냄새가 강하여 실내에서 사용할 수 없는 흑갈색의 용액

■ 펜타클로로 페놀

- 목재 보존의 약제처리용
- 무색이고 방부력이 가장 우수하며 석유 등의 용제로 녹여 쓰는 목재 방부제
- 그 위에 페인트칠도 할 수 있음

■ 방부제 처리법의 종류

도포법, 침지법, 상압 주입법, 가압 주입법 및 생리적 주입법 등

출제 키워드

② **침지법** : 상온의 크레오소트 오일 등에 목재를 몇 시간 또는 며칠 간 담그는 것으로서 액을 가열하면 15mm 정도까지 침투한다.

③ **상압 주입법** : 침지법과 유사하며, 80~120℃의 크레오소트 오일액에 3~6시간 담근 뒤 다시 찬 액에 5~6시간 담그면 15mm 정도까지 침투한다.

④ **가압 주입법** : 원통 안에 방부제를 넣고 7~31kg/cm^2 정도로 가압하여 주입하는 것으로, 70℃의 크레오소트 오일액을 쓴다.

⑤ **생리적 주입법** : 벌목 전에 나무 뿌리에 약액을 주입하여 나무 줄기로 이동하게 하는 방법이나, 별로 효과가 없는 것으로 알려져 있다.

9 합판

■ 합판의 정의
단판을 섬유 방향이 서로 직교되도록 홀수로 적층하면서 접착시켜 만든 판

(1) 합판의 정의

단판(목재의 얇은 판)을 만들어 이들을 섬유 방향이 서로 직교(90°로 교차)되도록 홀수(3, 5, 7장)로 적층하면서 접착시켜 만든 판이다.

(2) 단판의 제조법

■ 로터리 베니어
- 넓은 기계 대패로 나이테에 따라 두루마리를 펴듯이 연속적으로 벗기는 방법
- 표면이 거침
- 넓은 베니어를 얻기 쉽고 원목의 낭비가 적어 많이 사용

■ 슬라이스드 베니어
합판의 표면에 아름다운 결을 장식적으로 사용할 때 사용

① **로터리 베니어** : 일정한 길이로 자른 원목 양마구리의 중심을 축으로 하여 원목이 회전함에 따라 넓은 기계 대패로 나이테에 따라 두루마리를 펴듯이 연속적으로 벗기는 방법이다. 베니어가 널결만이어서 표면이 거친 결점이 있으나, 넓은 베니어를 얻기 쉽고 원목의 낭비가 적어 많이 사용된다. 생산 능률이 높으므로 80~90%가 이 방식에 의존하고 있다.

② **슬라이스드 베니어** : 상하 또는 수평으로 이동하는 너비가 넓은 대팻날로 얇게 절단한 것으로 합판의 표면에 곧은결 등의 아름다운 결을 장식적으로 사용할 때 사용한다. 원목 지름 이상의 넓은 단판을 얻을 수 없다는 것이 단점이다.

③ **소드 베니어** : 판재를 만드는 것과 같이 얇게 톱으로 켜내는 베니어로서 아름다운 결을 얻을 수 있다.

(3) 합판의 제조 방법

단판(베니어)에 접착제를 칠한 다음 여러 겹(홀수겹)으로 겹쳐서 접착제의 종류에 따라 상온 가압 또는 열압(10~18kg/cm^{2}의 압력과 150~160℃로 열을 가한 후 24시간 죔쇠로 조인다)하여 접착시킨다.

■ 합판의 특성
- 판재에 비해 균질
- 건조가 빠르고 팽창과 수축을 방지
- 너비가 큰 판, 곡면판을 얻을 수 있음

(4) 합판의 특성

① 합판은 판재에 비하여 균질이고, 목재의 이용률을 높일 수 있다.

② 베니어를 서로 직교시켜서 붙인 것으로 잘 갈라지지 않으며, 방향에 따른 강도의 차가 작다.

③ 베니어는 얇아서 건조가 빠르고 뒤틀림이 없으므로 팽창과 수축을 방지할 수 있다.
④ 아름다운 무늬가 되도록 얇게 벗긴 단판을 합판의 양쪽 표면에 사용하면, 값싸게 무늬가 좋은 판을 얻을 수 있다.
⑤ 너비가 큰 판을 얻을 수 있고, 쉽게 곡면판으로도 만들 수 있다.

10 파티클 보드 등

(1) 파티클 보드

목재 섬유와 소편을 방향성 없이 열압, 성형, 제판한 것 또는 나무 조각에 합성수지계 접착제를 섞어서 고열・고압으로 성형한 것으로 칸막이 가구, 내장재, 가구재 및 창호재 등에 이용되며, 특성은 다음과 같다.

① 강도와 섬유 방향에 따른 방향성이 없고, 변형(뒤틀림)도 극히 적지만 수분이나 고습도에 대해 약하기 때문에 별도의 방습 및 방수 처리가 필요하다.
② 방충・방부・방화성을 높일 수 있고, 가공성・흡음성과 열차단성이 크다.
③ 두께를 비교적 자유롭게 선택할 수 있고, 강도가 크므로 구조용으로도 적합하다.
④ 합판에 비하여 휨 강도가 떨어지나, 면내 강성은 우수하다.
⑤ 표면이 평활하고 경도가 크므로 균질한 판을 대량으로 얻을 수 있다.

(2) 섬유판

섬유판이란 식물성 재료(조각낸 목재 톱밥, 대팻밥, 볏짚, 보릿짚, 펄프 찌꺼기, 종이 등)를 원료로 하여 펄프로 만든 다음 접착제, 방부제 등을 첨가하여 제판한 것이다. 비중이 0.8 이상이고, 한국산업규격에는 연질 섬유판, 중질 섬유판 및 경질 섬유판 등이 있다.

① **연질 섬유판**(soft fiber board) : 건축의 내장 및 보온을 목적으로 성형한 밀도 0.4g/cm^3 미만인 판이다.
② **중질 섬유판**(Medium Density Fiberboard) : 밀도 0.4g/cm^3 이상, 0.8g/cm^3 미만인 판으로 내수성이 작고 팽창이 심하며, 재질도 약하고 습도에 의한 신축이 크나 비교적 가격이 싸므로 건축용으로 사용되고 있다. 특히, 천연 목재보다 강도가 크다.
③ **경질 섬유판**(hard fiber board) : 밀도 0.8g/cm^3 이상인 판으로 방향성을 고려할 필요가 없고, 내마모성이 큰 편이며 비틀림이 적다. 휨 강도에 따라 450형(450kg/cm^2 이상), 350형(350kg/cm^2 이상) 및 200형(200kg/cm^2 이상) 등이 있다.

(3) 코르크판

① **제법** : 코르크 나무껍질의 탄력성이 있는 부분을 원료로 하여 그 분말로 판을 만들어 가열・가압하면 코르크 분말에서 점성이 있는 액체가 나와 서로 엉기어 접착된 것이다.

출제 키워드

■ 파티클 보드
나무 조각에 합성수지계 접착제를 섞어서 고열・고압으로 성형한 것

■ 파티클 보드의 특성
• 강도와 섬유 방향에 따른 방향성이 없다.
• 변형이 극히 적지만 수분이나 고습도에 대해 약하다.
• 방습 및 방수 처리가 필요하다.
• 방충・방부・방화성을 높일 수 있다.
• 가공성・흡음성과 열차단성이 크다.

■ 섬유판의 원료
식물성 재료로서 조각낸 목재 톱밥, 대팻밥, 볏짚, 보릿짚, 펄프 찌꺼기, 종이 등

■ 중질 섬유판
천연 목재보다 강도가 크다.

출제 키워드

■ 코르크판의 용도
• 전산실의 바닥재
• 음악감상실, 방송실 등의 천장과 안벽의 흡음판
• 냉장고, 냉동고, 제빙 공장 등의 단열재

■ OSB
• 목조 주택의 건축용 외장재로 많이 사용
• 자체가 최종 마감재로 사용
• 얇은 나무 조각을 서로 직각으로 겹쳐지게 배열하고 내수 수지로 압착 가공한 패널

■ 목재를 2차 가공한 제품
• 합판, 섬유판, 집성 목재, 인조 목재, 개량 목재, 파티클 보드 등
• 제재목은 1차 제품

■ 코펜하겐 리브
• 면적이 넓은 강당, 극장, 영화관, 집회장 등에 음향 조절 효과와 장식 효과
• 일반 건물의 벽과 천장 수장재로 사용

■ 파키트리 블록
철물과 모르타르를 사용하여 콘크리트 마루에 깐다.

■ 플로어링 보드용 목재
참나무, 너도밤나무, 단풍나무 등을 사용

② **특성** : 표면은 편평하고 약간 굳어지나, 유공질의 판이므로 탄성, 단열성, 흡음성 등이 있다.

③ **용도** : 전산실의 바닥재, 음악감상실, 방송실 등의 천장과 안벽의 흡음판, 냉장고, 냉동고, 제빙 공장 등의 단열재로 사용한다.

(4) OSB(Oriented Strand Board)

목조 주택의 건축용 외장재로 많이 사용되는 목재로, 표면의 독특한 질감과 문양으로 인해 그 자체가 최종 마감재로 사용되는 경우가 많다. 직사각형 모양의 얇은 나무 조각을 서로 직각으로 겹쳐지게 배열하고 내수 수지로 압착 가공한 패널이다.

11 벽, 수장재 등

목재를 2차 가공한 제품에는 합판, 섬유판(연질, 중질, 경질 등), 집성 목재, 인조 목재, 개량 목재, 파티클 보드 등이 있다. 제재목은 1차 제품이다.

(1) 코펜하겐 리브

보통은 두께 3cm, 너비 10cm 정도로 긴 판이며, 표면은 자유 곡선으로 깎아 수직 평행선이 되게 리브를 만든 것으로, 면적이 넓은 강당, 극장, 영화관, 집회장 등에서 음향 조절 효과와 장식 효과가 있다. 주로 일반 건물의 벽과 천장 수장재로 사용한다.

(2) 파키트리 패널

두께 9~15mm, 너비 6cm, 길이는 너비의 정수배로 한 것으로서 양 측면을 제혀 쪽매로 가공하고 뒷면에 홈이 없다.

(3) 파키트리 블록

파키트리 보드(두께 9~15mm, 너비 6cm의 단판을 접착제나 파정으로 3~5장씩 접합하여 23cm각의 패널을 만든 것) 단판을 3~5장씩 접합하여 18cm, 30cm각으로 만들어 접합하여 방수 처리한 것으로 사용할 때에는 철물과 모르타르를 사용하여 콘크리트 마루에 깐다.

(4) 플로어링 보드

표면 가공, 제혀 쪽매 및 기타 필요한 가공을 하고, 마루 귀틀 위에 단독으로 시공하여도 마루널로서 필요한 강도를 가지는 바닥재이다. 참나무, 너도밤나무, 단풍나무 등을 사용하며, 마디카는 조각용으로 사용한다.

(5) 집성 목재

두께 15~50mm의 단판을 제재하여 섬유 방향을 거의 평행이 되게 여러 장 겹쳐서 접착한 목재로서 특성은 다음과 같다.

① 목재의 강도를 인공적으로 자유롭게 조절할 수 있다.
② 응력에 따라 필요한 단면을 만들 수 있으며, 필요에 따라서 아치와 같은 굽은 용재를 사용할 수 있다.
③ 길고 단면이 큰 부재를 간단히 만들 수 있다.

(6) 인조 목재

톱밥, 대팻밥, 나무 부스러기 등을 원료로 하여 분쇄 처리한 다음에 고압, 고열을 가하여 원료가 가지고 있는 리그닌 단백질을 이용하여 목재 섬유를 고착시켜 만든 견고한 판이다.

(7) 널재

두께가 60mm 미만, 너비는 두께의 3배 이상으로 널(두께 30mm 미만, 너비는 100mm 이상), 좁은 널(두께 30mm 미만, 너비는 100mm 미만) 및 판(두께 30mm 이상, 너비는 두께의 3배 이상)으로 구분하며, 오림목은 두께가 60mm 미만이고, 너비는 두께의 3배 미만이다.

출제 키워드

■ 집성 목재
두께 15~50mm의 단판을 제재하여 섬유 방향을 거의 평행이 되게 여러 장 겹쳐서 접착한 목재

■ 인조 목재
톱밥, 대팻밥, 나무 부스러기 등을 원료로 하여 분쇄 처리한 후, 고압, 고열을 가하여 목재 섬유를 고착시켜 만든 견고한 판

■ 널재
두께가 60mm 미만, 너비는 두께의 3배 이상

CHAPTER 02

| 2-1. 목재 |

과년도 출제문제

01 | 목재의 장점 04

목재의 장점으로 맞는 것은?

① 비중이 큰 반면에 인장 강도와 압축 강도가 모두 작은 편이다.
② 석재나 금속에 비하여 가공이 어렵다.
③ 다른 재료에 비하여 열전도율이 높다.
④ 재질이 부드럽고 탄성이 있어서 인체에 대한 접촉감이 좋다.

해설 목재의 장점은 비중이 작은 반면에 강도(인장 및 압축)가 큰 편이고, 석재나 금속에 비하여 가공이 쉬우며, 다른 재료에 비하여 열전도율이 낮은 점 등이 있다. 또한 재질이 부드럽고 탄성이 있어서 인체에 대한 접촉감이 좋다.

02 | 목재의 장점 24, 19, 12

다음 중 목재의 장점에 해당하는 것은?

① 내화성이 뛰어나다.
② 재질과 강도가 결 방향에 관계없이 일정하다.
③ 충격 및 진동을 잘 흡수한다.
④ 함수율에 따라 팽창과 수축이 작다.

해설 목재의 단점은 내화성이 부족하고, 재질과 강도가 결 방향에 따라 달라지며, 함수율에 따라 팽창과 수축이 크다.

03 | 목재의 장점 13

다음 중 목재의 장점이 아닌 것은?

① 가공과 운반이 쉽다.
② 외관이 아름답고 감촉이 좋다.
③ 중량에 비해 강도와 탄성이 크다.
④ 함수율에 따라 팽창과 수축이 작다.

해설 목재의 단점은 함수율에 따라 팽창과 수축이 매우 크다.

04 | 목재의 장점 18, 14

목재의 장점에 해당하는 것은?

① 내화성이 좋다.
② 재질과 강도가 일정하다.
③ 외관이 아름답고 감촉이 좋다.
④ 함수율에 따라 팽창과 수축이 작다.

해설 목재의 단점에는 내화성이 좋지 않고, 재질과 강도가 일정하지 않으며, 함수율에 따라 팽창과 수축이 큰 것 등이 있다.

05 | 내장수의 종류 02

목재의 분류 중 내장수에 속하는 것은?

① 전나무 ② 잣나무
③ 대나무 ④ 밤나무

해설 목재를 분류하면 외장수(건축 재료에 이용)에는 침엽수(연목재 : 소나무, 전나무, 잣나무, 낙엽송, 삼송나무 등)와 활엽수(견목재 : 참나무, 단풍나무, 느티나무, 벚나무, 오동나무, 밤나무 등) 등이 있고, 내장수에는 대나무, 야자수 등이 있다.

06 | 침엽수의 종류 20, 19, 14

다음 수종 중 침엽수가 아닌 것은?

① 소나무 ② 삼송나무
③ 잣나무 ④ 단풍나무

해설 소나무, 삼송나무 및 잣나무 등은 침엽수에 속하고, 단풍나무는 활엽수에 속한다.

07 | 침엽수의 종류 12

다음 목재 중 침엽수에 속하는 것은?

① 참나무 ② 느티나무
③ 벚나무 ④ 전나무

해설 참나무, 느티나무, 벚나무는 활엽수에 속한다.

정답 01. ④ 02. ③ 03. ④ 04. ③ 05. ③ 06. ④ 07. ④

08 | 목재의 조성 원소
11

목재의 조성 원소 중 가장 많이 포함되어 있는 원소는?

① 탄소 ② 산소
③ 수소 ④ 질소

해설 목재를 구성하는 주원소는 탄소, 수소, 산소이며, 이외에 질소, 칼슘, 인, 칼륨 및 기타 회분으로 구성된다. 목재의 종류에 따라 약간의 차이는 있으나, 원소의 조성은 49% 내외의 탄소, 44% 내외의 산소, 6% 내외의 수소 원소로 되어 있다.

09 | 리그닌의 용어
16, 11

목재에서 힘을 받는 섬유소 간의 접착제 역할을 하는 것은?

① 도관 세포 ② 헤미 셀룰로오스
③ 리그닌 ④ 탄닌

해설 도관 세포는 주로 활엽수에 있는 세포로서 섬유보다 크고, 굵은 세포가 섬유와 같은 방향으로 들어 있는 세포로 수액을 운반하는 역할을 하는 세포이다. 헤미 셀룰로오스는 식물 세포벽에서 섬유소의 미세섬유 사이의 기질겔을 구성하는 펙틴질 이외의 다당류의 총칭이며, 탄닌은 다가(多價) 페놀을 포함하며 유혁성(鞣革性)을 갖는 복잡한 조성의 식물 성분이다.

10 | 나뭇결의 용어
11

목재를 구성하는 섬유의 배열 상태 및 목재의 외관적 상태를 말하는 것으로, 외관상 중요할 뿐만 아니라 건조 수축에 의한 변형에도 관계가 깊은 것은?

① 옹이 ② 나뭇결
③ 심재 ④ 변재

해설 옹이는 가지가 줄기의 조직에 말려 들어간 것으로 목재의 흠 중 하나이지만 그 중에서도 산옹이는 강도에는 영향을 끼치지 않는다. 심재는 수심 사이에 둘러져 있는 생활 기능이 줄어든 세포의 집합으로 수액과 수분이 적고, 재질은 변재보다 단단하며, 변형이 적고 내구성이 있어 이용상의 가치가 높다. 변재는 심재의 외측과 수피 내측 사이에 있는 생활 세포의 집합으로 수액의 통로이고, 양분의 저장소이다.

11 | 목재의 심재
21, 18, 17, 16, 12

다음 중 목재의 심재에 대한 설명으로 옳지 않은 것은?

① 목질부 중 수심 부근에 있는 부분을 말한다.
② 변형이 적고 내구성이 있어 이용가치가 크다.
③ 오래된 나무일수록 폭이 넓다.
④ 색깔이 엷고 비중이 적다.

해설 목재의 심재는 수심 사이에 둘러져 있는 생활 기능이 줄어든 세포의 집합으로 수액과 수분이 적고, 재질은 변재보다 단단하며, 변형이 적고 내구성이 있어 이용상의 가치가 높다. 또한, 색깔이 짙고, 비중이 크다.

12 | 목재의 심재와 변재
12

심재와 변재에 대한 설명으로 옳은 것은?

① 변재 – 수목의 가운데로 진한 부분
② 심재 – 세포가 고화된 부분
③ 변재 – 수분이 적고 강도가 큰 부분
④ 심재 – 양분을 저장하는 부분

해설 수목 중 심재 부분은 수목의 가운데로 진하고, 세포가 고화된 부분이며, 수분이 적고 강도가 크다. 변재 부분은 수목의 가장자리에 연하고, 수분이 많고 강도가 작은 부분으로 양분을 저장하는 부분이다.

13 | 목재의 심재와 변재의 비교
11

목재의 심재를 변재와 비교하여 옳게 설명한 것은?

① 색깔이 연하다. ② 함수율이 높다.
③ 내구성이 작다. ④ 강도가 크다.

해설 심재(수심부의 색깔이 진한 부분)는 변재에서 변화되어 세포는 고화되고, 수지, 색소, 광물질 등이 고결된 것으로서, 수목의 강도를 크게 하고, 색깔이 진하고, 내구성이 크며, 함수율이 낮다.

14 | 목재의 심재와 변재의 비교
11

심재와 변재에 대해 비교 설명한 것 중 옳지 않은 것은?

① 신축성은 심재가 작고, 변재가 크다.
② 강도는 심재가 크고, 변재가 작다.
③ 비중은 심재가 크고, 변재가 작다.
④ 내구성은 심재가 작고, 변재가 크다.

해설 심재와 변재의 비교

구분	비중	신축성	내구성	강도	폭	품질
심재	크다	작다	크다	크다	노목일수록 크다	좋음
변재	작다	크다	작다	작다	어린 나무일수록 크다	나쁨

정답 08. ① 09. ③ 10. ② 11. ④ 12. ② 13. ④ 14. ④

15 | 목재의 흠의 종류
19, 11

다음 중 목재의 흠에 해당하지 않는 용어는?

① 옹이　　② 껍질박이
③ 연륜　　④ 혹

해설 목재의 흠에는 옹이(수목이 성장하는 도중에 줄기에서 가지가 생기게 되면 나뭇가지와 줄기가 붙은 곳에 줄기 세포와 가지 세포가 교차되어 생기는 목재의 흠), 껍질박이(수목이 성장하는 도중에 나무 껍질이 상한 상태로 있다가 아물 때 그 일부가 목질부 속으로 말려 들어간 목재의 흠), 혹(섬유가 집중되어 볼록하게 된 부분으로 뒤틀리기 쉬우며 가공하기 어려운 목재의 흠), 갈래, 상처, 썩정이 등이 있다. 연륜(나이테)은 춘재와 추재의 한 쌍의 너비를 합한 것으로 목재의 흠과는 무관하다.

16 | 진비중의 용어
21, 16, 12

목재의 공극이 전혀 없는 상태의 비중을 무엇이라 하는가?

① 기건 비중　　② 절건 비중
③ 진비중　　④ 겉보기 비중

해설 기건 비중은 목재의 기건 상태의 비중이고, 절건 비중은 목재의 절건 상태의 비중이며, 겉보기 비중은 골재의 건조 중량을 표면 건조 내부 포수 상태의 골재 용적으로 나눈 비중이다.

17 | 함수율(기건 상태)
24, 23, 21, 20, 18, 17, 16, 15, 14②, 10, 07, 06②, 05, 02, 00, 99

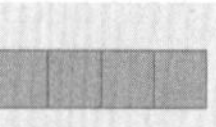

목재가 기건 상태일 때 함수율은 대략 얼마 정도인가?

① 7%　　② 15%
③ 21%　　④ 25%

해설 목재의 함수율

구분	전건재	기건재	섬유 포화점
함수율	0%	10~15%(12~18%)	30%
비고	-	습기와 균형	섬유 세포에만 수분 함유, 강도가 커지기 시작하는 함수율

18 | 진비중의 값
16

목재의 종류에 관계없이 목재를 구성하고 있는 섬유질의 평균적인 진비중 값으로 옳은 것은?

① 0.5　　② 0.67
③ 1.54　　④ 2.4

해설 목재의 비중은 동일한 수종이라도 나이테의 밀도, 생육지, 수령 또는 심재와 변재에 따라서 다소 다르나, 공극을 전혀 포함하지 않는 비중, 즉 진비중은 목재 세포막의 실질 중량에 상당하여 수종, 수령 등에도 불구하고 거의 일정하여 그 비중은 1.54 정도이다.

19 | 목재의 강도 비교
21, 09

보기의 목재 강도에 대하여 그 강도가 큰 순으로 옳게 나열한 것은?

> A. 섬유 방향의 압축 강도
> B. 섬유 방향의 인장 강도
> C. 섬유 방향의 휨 강도
> D. 섬유 직각 방향의 인장 강도

① A − B − C − D　　② D − C − B − A
③ A − D − B − C　　④ B − C − A − D

해설 목재의 강도를 큰 것부터 작은 것의 순으로 나열하면 인장 강도 → 휨 강도 → 압축 강도 → 전단 강도의 순이고, 섬유 방향의 평행 방향의 강도가 섬유 방향의 직각 방향의 강도보다 크다.

20 | 인장 강도가 가장 큰 방향
12

목재 섬유에서 인장 강도가 가장 큰 방향은?

① 섬유 방향　　② 섬유의 45° 방향
③ 섬유의 대각선 방향　　④ 섬유의 직각 방향

해설 목재의 강도를 큰 것부터 작은 것의 순으로 나열하면 인장 강도 → 휨 강도 → 압축 강도 → 전단 강도의 순이고, 섬유 방향의 평행 방향의 강도가 섬유 방향의 직각 방향의 강도보다 크다.

21 | 섬유 평행 방향의 약한 강도
14

목재의 섬유 평행 방향에 대한 강도 중 가장 약한 것은?

① 휨 강도　　② 압축 강도
③ 인장 강도　　④ 전단 강도

해설 목재의 강도를 큰 것부터 작은 것의 순으로 나열하면 인장 강도 → 휨 강도 → 압축 강도 → 전단 강도의 순이고, 섬유 방향의 평행 방향의 강도가 섬유 방향의 직각 방향의 강도보다 크다.

22 | 허용 인장 강도가 가장 큰 목재
13

다음 중 목재의 허용 인장 강도가 가장 큰 것은?

① 참나무　　② 낙엽송
③ 전나무　　④ 소나무

정답 15.③ 16.③ 17.② 18.③ 19.④ 20.① 21.④ 22.①

해설 각종 목재의 허용 인장 응력도를 보면 참나무는 95kg/cm^2(9.5MPa), 낙엽송은 90kg/cm^2(9.0MPa), 전나무는 70kg/cm^2(7.0MPa), 소나무는 90kg/cm^2(9.0MPa)이다.

23 | 함수율에 따른 강도의 비교 11

함수율에 따른 강도가 큰 것부터 순서대로 나열된 것은?

① 생나무>전건재>기건재
② 전건재>기건재>생나무
③ 생나무>기건재>전건재
④ 기건재>전건재>생나무

해설 목재의 강도는 함수율이 작을수록 커지므로 함수율에 따른 강도가 큰 것부터 작은 것의 순으로 나열하면, 전건재 → 기건재 → 생나무의 순이다.

24 | 목재의 강도 02

목재의 강도에 관한 기술 중 옳지 않은 것은?

① 목재는 건조할수록 강도가 증가한다.
② 목재는 인장 강도가 압축 강도보다 크다.
③ 목재의 인장 강도는 섬유 방향이 직각 방향보다 크다.
④ 목재는 콘크리트보다 인장 강도가 작다.

해설 나무 섬유세포에 있어서는 압축력에 대한 강도보다 인장력에 대한 강도가 크며, 목재는 콘크리트보다 인장 강도가 크다.

25 | 목재의 강도 07, 04

목재의 강도에 관한 기술 중 옳지 않은 것은?

① 습윤 상태일 때가 건조 상태일 때보다 강도가 크다.
② 목재의 강도는 가력방향과 섬유 방향의 관계에 따라 현저한 차이가 있다.
③ 비중이 큰 목재는 가벼운 목재보다 강도가 크다.
④ 심재가 변재에 비하여 강도가 크다.

해설 목재의 강도는 함수율이 낮을수록 증가한다. 나무 섬유 세포의 평행 방향에 대한 강도는 세포의 저항성이 폭방향보다 길이방향이 크므로 나무 섬유 세포의 직각방향에 대한 강도보다 크다. 나무의 허용 강도는 최고 강도의 1/7~1/8 정도이다.

26 | 목재의 강도 05

목재의 강도에 관한 설명 중 옳지 않은 것은?

① 섬유 포화점 이하에서는 함수율이 감소할수록 강도는 증대한다.
② 응력 방향이 섬유 방향에 평행할 경우 인장 강도가 압축 강도보다 크다.
③ 비중이 증가할수록 외력에 대한 저항이 감소하므로 목재의 강도는 감소한다.
④ 압축 강도는 옹이가 있으면 감소한다.

해설 목재의 성질 중 강도는 비중이 증가할수록 증가하며, 외력에 대한 저항이 증가한다.

27 | 목재의 강도 15

목재의 강도에 관한 설명으로 틀린 것은?

① 섬유 포화점 이하의 상태에서는 건조하면 함수율이 낮아지고 강도가 커진다.
② 옹이는 강도를 감소시킨다.
③ 일반적으로 비중이 클수록 강도가 크다.
④ 섬유 포화점 이상의 상태에서는 함수율이 높을수록 강도가 작아진다.

해설 목재의 함수율에 따른 성질은 섬유 포화점 이상의 상태에서는 함수율과 무관하게 강도, 건조 수축 등이 일정하다. 즉 변화가 없다.

28 | 목재의 강도 09

다음 중 목재의 강도에 대한 설명으로 옳지 않은 것은?

① 섬유의 평행 방향의 인장 강도가 목재의 제강도 중 가장 크다.
② 함수 포화점 이상에서는 일정하다.
③ 비중에 비례한다.
④ 심재보다는 변재가 크다.

해설 목재의 강도는 심재 부분이 변재 부분보다 강하다.

정답 23.② 24.④ 25.① 26.③ 27.④ 28.④

29 | 함수율과 역학적 성질
24, 23, 09

목재의 함수율과 역학적 성질에 관한 설명으로 옳은 것은? (단, 섬유 포화점 이하인 경우)

① 함수율이 낮을수록 강도가 증가한다.
② 함수율이 높을수록 강도가 증가한다.
③ 함수율과는 관계없이 강도는 일정하다.
④ 함수율이 낮을수록 인성은 증가한다.

해설 목재의 강도는 섬유 포화점 이상에서는 변함이 없으나, 섬유 포화점 이하에서는 함수율이 낮을수록 강도가 증가하고, 인성(재료가 파괴에 이르기까지 고강도의 응력에 견딜수 있고, 동시에 큰 변형을 나타내는 성질)이 감소하며, 섬유 포화점(30%)이하에서는 함수율에 따라 변화하나, 섬유포화점 이상에서는 일정하다.

30 | 함수율의 산정
24, 23, 21, 20, 18, 17③, 09

어느 목재의 중량을 달았더니 50g이었다. 이것을 건조로에서 완전히 건조시킨 후 달았더니 중량이 35g이었을 때 이 목재의 함수율은?

① 약 25%　② 약 33%
③ 약 43%　④ 약 50%

해설 목재의 함수율 $=\dfrac{W_1-W_2}{W_2}\times 100[\%]$

여기서, W_1 : 함수율을 구하고자 하는 목재편의 중량

W_2 : 100~105℃의 온도에서 일정량이 될 때까지 건조시켰을 때의 절건 중량

그런데, $W_1=50\text{g}$, $W_2=35\text{g}$이므로

목재의 함수율 $=\dfrac{W_1-W_2}{W_2}\times 100\%=\dfrac{50-35}{35}\times 100\%=42.87\%$

31 | 공극률의 산정
19, 18, 17, 13, 03, 00, 98

절대 건조 비중이 0.3인 목재의 공극률은?

① 60.5%　② 70.5%
③ 80.5%　④ 90.5%

해설 목재의 공극률$(V)=\left(1-\dfrac{w}{1.54}\right)\times 100[\%]$

여기서, w : 절대 건조 비중

1.54 : 목재를 구성하고 있는 섬유질의 비중

$\therefore V=\left(1-\dfrac{w}{1.54}\right)\times 100\%$

$=\left(1-\dfrac{0.3}{1.54}\right)\times 100\%=80.5\%$

32 | 공극률의 산정
22②, 21③, 20, 18, 17, 07, 04

목재의 절대 건조 비중이 0.54일 때 이 목재의 공극률은? (단, 공극을 제외한 실제 부분의 비중은 1.54)

① 35%　② 46%
③ 54%　④ 65%

해설 $V=\left(1-\dfrac{w(\text{절대 건조 비중})}{1.54}\right)\times 100[\%]$에서 $w=0.54$이다.

$\therefore V=\left(1-\dfrac{w}{1.54}\right)\times 100\%=\left(1-\dfrac{0.54}{1.54}\right)\times 100\%=65\%$

33 | 공극률의 산정
24, 23, 22, 21, 18, 10

참나무의 절대 건조 비중이 0.95일 때 공극률로 옳은 것은?

① 10.0%　② 23.4%
③ 38.3%　④ 52.4%

해설 목재의 공극률$(V)=\left(1-\dfrac{w}{1.54}\right)\times 100[\%]$

여기서, w : 절대 건조 비중

1.54 : 목재를 구성하고 있는 섬유질의 비중

그런데, $w=0.95$이다.

$\therefore V=\left(1-\dfrac{w}{1.54}\right)\times 100\%=\left(1-\dfrac{0.95}{1.54}\right)\times 100\%=38.3\%$

34 | 목재의 신축
23, 10

목재의 신축과 관련된 설명 중 옳지 않은 것은?

① 목재의 팽창·수축률은 변재가 심재보다 크다.
② 일반적으로 널결 쪽의 신축이 곧은결 쪽보다 크다.
③ 일반적으로 비중이 큰 목재일수록 강도가 작다.
④ 목재의 팽창·수축은 함수율이 섬유포화점 이상의 범위에서는 증감이 거의 없다.

해설 목재의 성질 중 강도는 비중이 클수록 크고, 외력에 대한 저항이 증가한다.

35 | 철과 목재의 비교
17, 11

철과 비교한 목재의 특징으로 옳지 않은 것은?

① 열전도율이 크다.　② 내화성이 작다.
③ 열팽창률이 작다.　④ 가공이 쉽다.

해설 목재는 철에 비해 열전도율, 내화성, 열팽창률이 작다. 또한, 가공이 쉽다.

정답 29. ① 30. ③ 31. ③ 32. ④ 33. ③ 34. ③ 35. ①

36 | 열적 성질(착화점) 23, 15

재료의 열에 대한 성질 중 착화점에 대한 설명으로 옳은 것은?

① 재료에 열을 계속 가하면 불에 닿지 않고도 자연 발화하게 되는 온도
② 재료에 열을 계속 가하면 열분해를 일으켜 증발 가스가 발생하며 불에 닿으면 쉽게 발화하게 되는데, 이때의 온도
③ 금속 재료와 같이 열에 의하여 고체에서 액체로 변하는 경계점의 온도
④ 아스팔트나 유리와 같이 금속이 아닌 물질이 열에 의하여 액체로 변하는 온도

해설 ①은 자연 발화점, ③은 용융점, ④는 연화점의 설명이다.

37 | 자연 발화점의 평균 온도 03, 00

목재의 자연 발화점 평균 온도는 어느 정도인가?

① 250℃ ② 350℃
③ 450℃ ④ 550℃

해설 목재의 연소

온도	100℃	180℃ 전후	260~270℃	400~450℃
현상	수분 증발	가연성 가스 발생 (인화점)	가연성 가스의 다량 발생 (착화점, 화재 위험 온도)	자연 발화가 되는 점 (자연 발화점)

38 | 목재 02

목재에 관한 기술 중 옳은 것은?

① 목재의 비중은 섬유 포화점 상태의 함수율을 기준으로 한다.
② 절건 비중이 큰 목재일수록 공극률이 작아진다.
③ 공극률이 큰 목재는 강도가 커진다.
④ 비중이 작은 목재는 강도가 크다.

해설 목재의 비중은 기건재의 단위 용적 중량에 상당하는 값으로서, 일반적으로는 기건 비중으로 나타내고 있으나, 경우에 따라서는 절건 비중으로도 나타낼 수 있다. 공극률이 큰 목재는 강도가 작아지고, 비중이 작은 목재는 일반적으로 강도가 약하다.

39 | 목재의 성질 16

목재의 성질에 관한 설명으로 옳지 않은 것은?

① 함수율이 적어질수록 목재는 수축하며, 수축률은 방향에 따라 다르다.
② 함수율의 변동에 따라 목재의 강도에 변동이 있다.
③ 침엽수와 활엽수의 수축률은 차이가 있다.
④ 목재를 섬유 포화점 이하로만 건조시키면 부패 방지가 가능하다.

해설 목재의 부패 조건 중 균의 발육 가능한 최저 습도는 85%, 최적 습도는 90% 이상이고, 20% 이하에서는 균이 사멸되므로 섬유 포화점인 30% 이하에서는 부패 방지가 불가능하다.

40 | 목재 14, 04

목재에 관한 설명 중 옳지 않은 것은?

① 섬유 포화점 이하에서는 함수율이 감소할수록 목재 강도는 증가한다.
② 섬유 포화점 이상에서는 함수율이 증가해도 목재 강도는 변화가 없다.
③ 가력 방향이 섬유에 평행할 경우 압축 강도가 인장 강도보다 크다.
④ 심재는 일반적으로 변재보다 강도가 크다.

해설 목재의 강도를 큰 것부터 작은 것의 순으로 나열하면 인장 강도 → 휨 강도 → 압축 강도 → 전단 강도의 순이고, 섬유 방향의 평행 방향의 강도가 섬유 방향의 직각 방향의 강도보다 크다.

41 | 목재 14

목재에 관한 설명 중 틀린 것은?

① 온도에 대한 신축이 비교적 적다.
② 외관이 아름답다.
③ 중량에 비하여 강도와 탄성이 크다.
④ 재질, 강도 등이 균일하다.

해설 목재의 특성 중 단점은 착화점이 낮아 내화성이 작고 흡수성(함수율)이 커서 변형되기 쉬우며, 습기가 많은 곳에서는 부식되기 쉽다. 특히, 충해나 풍화에 의하여 내구성이 떨어지고, 재질과 강도가 방향에 따라서 균일하지 못하다.

정답 36. ② 37. ③ 38. ② 39. ④ 40. ③ 41. ④

42 | 목재 02

목재에 대한 설명 중 옳지 않은 것은?

① 목재의 강도는 비중과 비례한다.
② 함수율이 작을수록 강도는 커진다.
③ 팽창 수축률은 비중이 클수록 작다.
④ 팽창 수축은 함수율과 관계가 있다.

해설 목재의 팽창과 수축은 목재의 비중과 깊은 관계가 있으며, 비중이 큰 목재는 팽창과 수축이 크고, 비중이 작은 목재는 팽창과 수축이 작다.

43 | 목재 11

목재에 대한 설명 중 옳지 않은 것은?

① 심재는 목재의 수심에 가까이 위치하고 암색 부분을 띠고 나무줄기에 견고성을 준다.
② 제재 시는 건조에 대한 수축을 고려하여 여유 있게 계획선을 긋는다.
③ 인공 건조법은 다습 저온의 열기를 통과시켰다가 점차로 고온 저습으로 조절하여 건조한다.
④ 목재의 전수축률은 무늬결 방향이 가장 작고 길이 방향이 가장 크다.

해설 목재의 건조 수축은 무늬결 너비 방향이 6~10%, 곧은결 너비 방향이 무늬결 너비 방향의 1/2(2.5~4.5%)이다. 길이(섬유) 방향은 곧은결 너비 방향의 1/20 정도(0.1~0.3%)이므로 목재의 건조 수축은 무늬결 방향이 가장 크고, 길이 방향이 가장 작다.

44 | 목재의 성질 06

목재의 성질에 대한 설명으로 옳지 않은 것은?

① 목재는 열전도도가 아주 낮아 여러 가지 보온재로 사용된다.
② 섬유 포화점 이하에서는 그 강도는 일정하나 섬유 포화점 이상에서는 함수율이 증가할수록 강도는 증대된다.
③ 목재의 강도는 전단 강도를 제외하고 응력 방향이 섬유 방향에 평행한 경우에 강도가 최대가 된다.
④ 목재는 비중이 증가할수록 외력에 대한 저항이 증대된다.

해설 함수율이 100%에서 섬유 포화점인 30%까지는 강도의 변화가 없이 일정하나, 함수율이 30% 이하로 더욱 감소하면 강도는 급격히 증가하며, 전건(절건) 상태에서는 섬유 포화점 강도의 약 3배로 증가한다. 또한, 함수율이 감소하면 목재의 무게가 감소하는데 기건 상태 이상이 되면 함수율이 증가하여 부패균의 번식이 증가하며 목재의 부패가 심해진다.

45 | 목재의 장 · 단점 14

목재에 대한 장·단점을 설명한 것으로 옳지 않은 것은?

① 중량에 비해 강도와 탄성이 작다.
② 가공성이 좋다.
③ 충해를 입기 쉽다.
④ 건조가 불충분한 것은 썩기 쉽다.

해설 목재는 중량에 비해 강도와 탄성이 크다.

46 | 목재의 물리적 성질 02

목재의 물리적 성질 중 옳지 않은 것은?

① 열전도율은 전반적으로 적은 편이고, 비중이 적은 것일수록 열전도율도 적다.
② 비중이 큰 목재일수록 신축이 적다.
③ 비중이 큰 목재는 강도도 크다.
④ 함수율이 섬유 포화점 이상인 경우를 생목(生木)이라 한다.

해설 비중이 큰 목재일수록 신축이 크고, 비중이 작은 목재일수록 신축이 작다.

47 | 목재의 역학적 성질 21, 20, 18, 17, 14

목재의 역학적 성질에 대한 설명 중 틀린 것은?

① 섬유 포화점 이하에서는 강도가 일정하나 섬유 포화점 이상에서는 함수율이 증가함에 따라 강도는 증가한다.
② 목재는 조직 가운데 공간이 있기 때문에 열의 전도가 더디다.
③ 목재의 강도는 비중 및 함수율 이외에도 섬유 방향에 따라서도 차이가 있다.
④ 목재의 압축 강도는 옹이가 있으면 감소한다.

해설 목재의 강도는 함수율과 반비례한다. 함수율이 100%에서 섬유 포화점인 30%까지는 강도의 변화가 없이 일정하나, 함수율이 30% 이하로 더욱 감소하면 강도는 급격히 증가하며, 전건 상태(절건 상태)에서는 섬유 포화점 강도의 약 3배로 증가한다.

48 | 인장 강도의 산정 24, 23, 21, 19, 18, 17③, 16, 13, 10

10×10cm인 목재를 400kN의 힘으로 잡아당겼을 때 끊어졌다면, 이 목재의 최대 인장 강도는 얼마인가?

① 4MPa ② 40MPa
③ 400MPa ④ 4,000MPa

정답 42. ③ 43. ④ 44. ② 45. ① 46. ② 47. ① 48. ②

해설 단위에 유의하여야 한다.

즉, $1Pa=1N/m^2$, $1MPa=1N/mm^2$

σ(응력도)$=P$(작용 하중)$/A$(단면적)이다.

그런데, $P=400kN=400,000N$,

$A=100\times100=10,000mm^2$이다.

$\therefore\ \sigma=\frac{P}{A}=\frac{400,000}{10,000}=40N/mm^2=40MPa$

49 | 전수축률의 산정
04

길이가 4m인 생나무가 절대 건조 상태로 되었을 때 3.92m 라면 전수축률은 몇 %인가?

① 1% ② 2%

③ 3% ④ 4%

해설 전수축률

$=\frac{\text{생나무의 길이} - \text{전건 상태로 되었을 때의 길이}}{\text{생나무의 길이}}\times100[\%]$

이다. 무늬결 너비 방향은 6~10%, 곧은결 너비 방향은 무늬결 너비 방향의 1/2(2.5~4.5%), 길이(섬유) 방향은 곧은결 너비 방향의 1/20(0.1~0.3%)이다. 그런데, 위의 식에서 생나무의 길이는 4m이고, 전건 상태로 되었을 때의 길이는 3.92m이다.

$\therefore$ 전수축률$=\frac{4-3.92}{4}\times100\%=2\%$

50 | 전수축률의 산정
22, 21, 20, 19, 18③, 17, 16, 13

길이 5m인 생나무가 전건 상태에서 길이가 4.5m로 되었다면 수축률은 얼마인가?

① 6% ② 10%

③ 12% ④ 14%

해설 목재의 전수축률

$=\frac{\text{생나무의 길이} - \text{전건 상태로 되었을 때의 길이}}{\text{생나무의 길이}}\times100[\%]$

$=\frac{5.0-4.5}{5.0}\times100\%=10\%$

51 | 목재의 벌목 시기
21, 20, 19, 17③, 12

목재를 벌목하기에 가장 적당한 계절로 짝지어진 것은?

① 봄 – 여름 ② 여름 – 가을

③ 가을 – 겨울 ④ 겨울 – 봄

해설 목재의 벌목은 목재의 수액이 가장 적은 가을, 겨울이 가장 적당하다.

52 | 벌목 시기의 겨울철
11, 10

목재의 벌목 시기로 겨울철이 가장 좋은 이유는?

① 목질이 연약하여 베어내기 쉽기 때문

② 사람의 왕래가 적기 때문

③ 수액이 적어 건조가 빠르기 때문

④ 옹이가 적기 때문

해설 벌목의 시기는 수간 중의 수액이 적고, 수액의 이동이 적을수록 좋으므로 계절적으로 겨울이 가장 좋다.

53 | 목재의 건조 목적
15

목재를 건조하는 목적으로 틀린 것은?

① 중량의 경감 ② 강도 및 내구성 증진

③ 도장 및 약제 주입 방지 ④ 부패 균류의 발생 방지

해설 목재의 건조의 목적은 ①, ② 및 ④ 외에 사용 후 변형(수축 균열 및 뒤틀림 등)을 방지할 수 있고, 침투 효과(도장 재료, 방부 재료 및 접착제 등)가 크다. 즉, 도장 및 약제 주입을 촉진시킨다.

54 | 인공 건조법
19, 08

목재의 건조 방법 중 인공 건조에 속하는 것은?

① 송풍 건조 ② 태양열 건조

③ 열기 건조 ④ 천연 건조

해설 촉진 천연 건조는 천연 건조를 촉진시키기 위해 간단한 송풍 또는 가열 장치를 적용하여 건조시키는 방법으로 송풍 건조, 태양열 건조 및 기타 건조(진동 건조, 원심 건조 등) 등이 있다. 천연 건조는 천연 건조장에서 목재를 쌓아 자연 대기 조건에 노출시켜 건조시키는 방법이다. 열기 건조(건조실에 목재를 쌓고, 온도, 습도, 풍속 등을 인위적으로 조절하면서 건조시키는 방법)는 인공 건조법이다.

55 | 자연 건조법의 종류
12

목재의 건조 방법에는 자연 건조법과 인공 건조법이 있는데 다음 중 자연 건조법에 해당하는 것은?

① 증기 건조법 ② 침수 건조법

③ 진공 건조법 ④ 고주파 건조법

해설 증기 건조법, 진공 건조법 및 고주파 건조법 등은 인공 건조법에 속하고, 침수 건조법은 자연 건조법의 일종이다.

정답 49. ② 50. ② 51. ③ 52. ③ 53. ③ 54. ③ 55. ②

56 | 부패 원인
16

목재의 부패와 관련된 직접적인 조건과 가장 거리가 먼 것은?

① 적당한 온도 ② 수분
③ 목재의 밀도 ④ 공기

해설 목재의 부패 조건으로는 적당한 온도(25~35℃), 수분 또는 습도(30~60%), 양분 및 공기(산소)등이 있다.

57 | 방부제
05

다음 중 목재의 방부제로서 가장 부적절한 것은?

① 황산동 1%의 수용액 ② 염화아연 3% 수용액
③ 수성 페인트 ④ 크레오소트 오일

해설 방부제의 종류에는 유용성 방부제(크레오소트, 콜타르, 아스팔트, 펜타클로로페놀 및 유성 페인트 등)와 수용성 방부제(황산구리 용액, 염화아연 용액, 염화제2수은 용액 및 플루오르화나트륨(불화소다)용액 등) 등이 있다.

58 | 수용성 방부제
14, 12, 06

목재의 방부제 중 수용성 방부제에 속하는 것은?

① 크레오소트 오일 ② 불화소다 2% 용액
③ 콜타르 ④ PCP

해설 방부제의 종류에는 유용성 방부제(크레오소트, 콜타르, 아스팔트, 펜타클로로페놀 및 유성 페인트 등)와 수용성 방부제(황산구리 용액, 염화아연 용액, 염화제2수은 용액 및 플루오르화나트륨(불화소다)용액 등) 등이 있다.

59 | 크레오소트의 용어
13

목재 방부제 중 방부력이 우수하고 염가이나 도포 부분이 갈색이고 냄새가 강하여 실내에서 사용할 수 없는 것은?

① 콜타르 ② 불화소다
③ 크레오소트 ④ 염화아연

해설 콜타르는 가열하여 칠하면 방부성이 좋으나, 페인트 칠이 불가능하므로 주로 보이지 않는 곳에 사용한다. 불화소다는 방부 효과가 우수하고, 인체에 무해하며, 페인트 도장이 가능하나, 가격이 고가이다. 또한, 염화아연은 흡수성이 있고, 목질부를 약화시키며, 페인트를 칠할 수 없다.

60 | PCP의 용어
16, 08

무색이고 방부력이 가장 우수하며 석유 등의 용제로 녹여 쓰는 목재 방부제는?

① 콜타르 ② 크레오소트유
③ PCP ④ 플로화나트륨

해설 목재의 방부제 중 PCP(펜타클로르 페놀)는 무색이고, 방부력이 가장 우수하며, 그 위에 페인트를 칠할 수 있다. 하지만, 크레오소트에 비하여 가격이 비싸며, 석유 등의 용제로 녹여서 사용해야한다.

61 | PCP의 용어
02

목재 보존의 약제 처리용으로써 무색이고 방부력이 가장 우수하며 그 위에 페인트칠도 할 수 있는 것은?

① 크레오소트(Creosote)
② 콜타르(Coal tar)
③ 황산구리
④ PCP(Penta Chloro Phenol)

해설 목재의 방부제 중 PCP(펜타클로르 페놀)는 무색이고, 방부력이 가장 우수하며, 그 위에 페인트를 칠할 수 있다. 하지만, 크레오소트에 비하여 가격이 비싸며, 석유 등의 용제로 녹여서 사용해야 한다.

62 | 합판
13

목재 합판을 가장 잘 설명한 것은?

① 목재를 얇은 판으로 만들어 이들을 섬유 방향이 서로 직교되도록 홀수로 적층하면서 접착시켜 만든 판을 말한다.
② 목재 및 기타 식물의 섬유질소편에 합성수지 접착제를 도포하여 가열압착 성형한 판상 제품이다.
③ 목재 또는 기타 식물을 섬유화하여 성형한 판상 제품의 총칭이다.
④ 목편, 목모, 목질 섬유 등과 시멘트를 혼합하여 성형한 보드를 말한다.

해설 ②는 파티클 보드, ③은 섬유판, ④는 목편·목모 시멘트판에 대한 설명이다.

정답 56. ③ 57. ③ 58. ② 59. ③ 60. ③ 61. ④ 62. ①

63 방부제 처리법
24, 22, 20, 19, 18③, 17, 15

목재의 보존성을 높이고 충해 및 변색 방지를 위한 방부 처리법이 아닌 것은?

① 도포법 ② 저장법
③ 침지법 ④ 주입법

해설 방부제 처리법의 종류에는 도포법, 침지법, 주입법(상압, 가압 및 생리적) 등이 있다.

64 합판의 특성
07

합판의 특성에 대한 설명 중 옳지 않은 것은?

① 함수율 변화에 따른 팽창 · 수축의 방향성이 없다.
② 단판은 섬유 방향이 평행하도록 짝수로 적층하면서 접착제로 접착하여 합친 판을 말한다.
③ 뒤틀림이나 변형이 적은 비교적 큰 면적의 평면 재료를 얻을 수 있다.
④ 균일한 강도의 재료를 얻을 수 있다.

해설 보통 합판은 3장 이상의 얇은 판을 1장마다 섬유 방향이 다른 각도(90°)로 교차되도록 한다. 여기서 1장의 얇은 판을 단판이라 하고, 겹치는 장수는 3, 5, 7장 등의 홀수이며, 이와 같이 겹쳐서 만든 것은 합판이라고 한다.

65 합판의 특성
22, 04

합판의 특징에 대한 설명 중 옳지 않은 것은?

① 섬유 방향이 서로 직각되게 여러 장의 단판을 짝수 붙임하여 제작한다.
② 함수율 변화에 따른 팽창, 수축의 방향성이 없다.
③ 뒤틀림이나 변형이 적은 비교적 큰 면적의 평면 재료를 얻을 수 있다.
④ 균일한 강도의 재료를 얻을 수 있다.

해설 보통 합판은 3장 이상의 얇은 판을 1장마다, 섬유 방향이 다른 각도(90°)로 교차되도록 한다. 여기서 한 장의 얇은 판을 단판이라고 하고, 겹치는 장수는 3, 5, 7장 등의 홀수이며, 이와 같이 겹쳐서 만든 것은 합판이라고 한다.

66 합판 제조법(로터리 베니어)
24, 08

베니어가 널결만이어서 표면이 거친 결점이 있으나, 넓은 베니어를 얻기 쉽고 원목의 낭비가 적어 많이 사용되는 베니어 제조법은?

① 소드 베니어 ② 반소드 베니어
③ 슬라이스드 베니어 ④ 로터리 베니어

해설 슬라이스드 베니어는 상 · 하 또는 수평으로 이동하는 너비가 넓은 대팻날로 얇게 절단한 것으로 합판의 표면에 곧은결 등의 아름다운 결을 장식적으로 사용할 때 사용한다. 소드 베니어는 판재를 만드는 것과 같이 얇게 톱으로 켜내는 베니어로 아름다운 결을 얻을 수 있다.

67 합판 제조법(로터리 베니어)
22, 18④, 16

넓은 기계 대패로 나이테를 따라 두루마리를 펴듯이 연속적으로 벗기는 방법으로, 얼마든지 넓은 베니어를 얻을 수 있으며 원목의 낭비도 적어 합판 제조의 80~90%에 해당하는 것은?

① 소드 베니어 ② 로터리 베니어
③ 반 로터리 베니어 ④ 슬라이스드 베니어

해설 슬라이스드 베니어는 상 · 하 또는 수평으로 이동하는 너비가 넓은 대팻날로 얇게 절단한 것으로 합판의 표면에 곧은결 등의 아름다운 결을 장식적으로 사용할 때 사용한다. 소드 베니어는 판재를 만드는 것과 같이 얇게 톱으로 켜내는 베니어로 아름다운 결을 얻을 수 있다.

68 합판 제조법(슬라이스드 베니어)
19, 13

베니어의 제법 중 슬라이스드 베니어에 대한 설명으로 옳은 것은?

① 얼마든지 넓은 판을 얻을 수 있으며 원목의 낭비가 없다.
② 합판 표면에 아름다운 무늬를 얻으려 할 때 사용한다.
③ 원목을 일정한 길이로 절단하여 이것을 회전시키면서 연속적으로 제작한다.
④ 판재와 각재를 집성하여 대재를 얻을 때 사용한다.

해설 ①과 ③은 로터리 베니어(베니어가 널결만이어서 표면이 거친 결점이 있으나, 넓은 베니어를 얻기 쉬운 베니어 또는 넓은 기계 대패로 나이테를 따라 두루마리를 펴듯이 연속적으로 벗기는 방법으로, 원목의 낭비도 적어 합판 제조의 80~90%에 해당)에 대한 설명이고, ④는 집성 목재이다.

정답 63. ② 64. ② 65. ① 66. ④ 67. ② 68. ②

69 | MDF
24, 18, 16

M.D.F(Medium Density Fiberboard)에 대한 설명으로 옳지 않은 것은?

① 톱밥, 나무 부스러기 등을 사용한 인공 합성 목재이다.
② 고정 철물을 사용한 곳은 재시공이 어렵다.
③ 천연 목재보다 강도가 작다.
④ 천연 목재보다 습기에 약하다.

해설 섬유판은 조각낸 목재 톱밥, 대팻밥, 볏집, 보릿짚, 펄프 찌꺼기, 종이 등의 식물성 재료를 원료로 하여 펄프로 만든 다음, 접착제, 방부제 등을 첨가하여 재판한 것으로서 천연 목재보다 강도가 크고, 변형이 적으며, 원료 얻기가 쉽다.

70 | 경질 섬유판
19, 17, 16, 14, 04

경질 섬유판에 대한 설명으로 옳지 않은 것은?

① 식물 섬유를 주원료로 하여 성형한 판이다.
② 신축의 방향성이 크며 소프트 텍스라고도 불리운다.
③ 비중이 0.8g/m^3 이상으로 수장판으로 사용된다.
④ 연질, 반경질 섬유판에 비하여 강도가 우수하다.

해설 섬유판 중 신축의 방향성이 큰 것은 연질 섬유판(soft fiber board)에 대한 설명이고, 경질 섬유판은 hard fiber board, hard board 라고도 한다.

71 | 파티클 보드
20, 17, 16, 07, 03

목재 제품 중 파티클 보드(Particle board)에 대한 설명으로 옳지 않은 것은?

① 합판에 비해 휨 강도는 떨어지나 면내 강성은 우수하다.
② 강도에 방향성이 거의 없다.
③ 두께는 비교적 자유롭게 선택할 수 있다.
④ 음 및 열의 차단성이 나쁘다.

해설 파티클 보드(목재 섬유와 소편을 방향성 없이 열압, 성형 및 제판한 것 또는 나무 조각에 합성수지계 접착제를 섞어서 고열, 고압으로 성형한 것)는 강도와 섬유 방향에 따른 방향성이 없고, 변형도 극히 적으며, 방부, 방화성을 높일 수 있고, 흡음성과 열차단성도 좋다. 특히, 강도가 크므로 구조용으로도 적합하다.

72 | 파티클 보드의 용어
14

나무 조각에 합성수지계 접착제를 섞어서 고열·고압으로 성형한 것은?

① 코르크 보드 ② 파티클 보드
③ 코펜하겐 리브 ④ 플로어링 보드

해설 코르크 보드는 코르크 참나무 수피, 떡갈나무의 외피를 부수어 금속 형틀에 넣고 압축하여 열기 또는 과열 증기로 가열하여 만든 판이다. 코펜하겐 리브는 강당, 극장, 집회장 등에 음향 조절용으로 쓰거나, 일반 건축물의 벽 수장재로 이용되는 목재 제품이다. 플로어링 보드는 마루널의 일종으로 표면 가공, 제혀 쪽매 및 기타 필요한 가공을 한 제품이다.

73 | 파티클 보드
24, 16, 06

파티클 보드에 대한 설명으로 틀린 것은?

① 변형이 적고, 음 및 열의 차단성이 우수하다.
② 상판, 칸막이벽, 가구 등에 이용된다.
③ 수분이나 고습도에 대해 강하기 때문에 별도의 방습 및 방수 처리가 필요없다.
④ 합판에 비해 휨 강도는 떨어지나 면내 강성은 우수하다.

해설 파티클 보드(목재 섬유와 소편을 방향성 없이 열압, 성형 및 제판한 것 또는 나무 조각에 합성수지계 접착제를 섞어서 고열, 고압으로 성형한 것)의 특성은 ①, ② 및 ④ 외에 방충 및 방부성은 있으나, 방수 및 방습성은 부족하므로 처리가 필요하다.

74 | 파티클 보드
23, 22, 10, 09, 06

파티클 보드에 대한 설명 중 옳지 않은 것은?

① 변형이 아주 적다.
② 합판에 비해 휨 강도는 떨어지나 면내 강성은 우수하다.
③ 흡음성과 열의 차단성이 작다.
④ 칸막이벽, 가구 등에 이용된다.

해설 파티클 보드(목재 섬유와 소편을 방향성 없이 열압, 성형 및 제판한 것 또는 나무 조각에 합성수지계 접착제를 섞어서 고열, 고압으로 성형한 것)는 강도와 섬유 방향에 따른 방향성이 없고, 변형도 극히 적으며, 방부, 방화성을 높일 수 있고, 흡음성과 열차단성도 좋다. 특히, 강도가 크므로 구조용으로도 적합하다.

정답 69. ③ 70. ② 71. ④ 72. ② 73. ③ 74. ③

75 | 파티클 보드
19, 17, 12

다음 중 파티클 보드의 특성에 대한 설명으로 옳지 않은 것은?

① 큰 면적의 판을 만들 수 있다.
② 표면이 평활하고 경도가 크다.
③ 방충, 방부성은 비교적 작은 편이다.
④ 못, 나사못의 지지력은 목재와 거의 같다.

해설 파티클 보드의 특성은 ①, ② 및 ④ 외에 방충, 방부성이 크고, 강도에 방향성이 거의 없으며, 가공성이 대단히 우수한 목재의 가공품이다.

76 | 파티클 보드
15, 08

파티클 보드의 특성에 관한 설명으로 옳지 않은 것은?

① 칸막이·가구 등에 이용된다.
② 열의 차단성이 우수하다.
③ 가공성이 비교적 양호하다.
④ 강도에 방향성이 있어 뒤틀림이 거의 일어나지 않는다.

해설 파티클 보드의 특성은 ①, ② 및 ③ 외에 방충, 방부성이 크고, 강도에 방향성이 거의 없으며, 변형도 극히 적다. 특히, 가공성이 대단히 우수한 목재의 가공품이다.

77 | 집성 목재의 장점
16, 00, 99

집성 목재의 장점에 속하지 않는 것은?

① 목재의 강도를 인공적으로 조절할 수 있다.
② 응력에 따라 필요한 단면을 만들 수 있다.
③ 길고 단면이 큰 부재를 간단히 만들 수 있다.
④ 톱밥, 대패밥, 나무 부스러기를 이용하므로 경제적이다.

해설 집성 목재는 두께 15~50mm의 단판을 제재하여 섬유 방향을 거의 평행이 되게 여러 장 겹쳐서 접착한 것이고, ④의 톱밥, 대패밥, 나무 부스러기 등을 이용한 제품은 섬유판이다.

78 | 코펜하겐 리브의 용어
24, 23, 20, 10, 08

다음에서 설명하는 목재의 제품은?

> 강당, 극장, 집회장 등에 음향 조절용으로 쓰이며, 단면형은 설계자의 의도에 따라 선택할 수 있고 두께가 3cm이고 폭이 10cm 정도의 긴 판에 가공한 것

① 합판　　② 집성재
③ 플로어링 보드　　④ 코펜하겐 리브

해설 합판은 3장 이상의 얇은 판을 1장마다 섬유 방향이 다른 각도(90°)로 교차되도록 하고, 홀수장(3, 5, 7, 9장)을 겹쳐 만든 것이다. 집성 목재는 단판을 제재하여 섬유 방향을 거의 평행이 되게 여러 장 겹쳐서 접착한 것이며, 플로어링 보드는 표면 가공, 제혀 쪽매 및 기타 필요한 가공을 하고, 마루 귀틀 위에 단독으로 시공하여도 마루널로서 필요한 강도를 가지는 바닥재이다.

79 | 코펜하겐 리브의 용어
19, 18, 16, 13, 08

다음의 목재 제품 중 일반 건물의 벽 수장재로 사용되는 것은?

① 플로링 보드　　② 코펜하겐 리브
③ 파키트리 패널　　④ 파키트리 블록

해설 플로링 보드는 표면 가공, 제혀 쪽매 및 기타 필요한 가공을 하고, 마루 귀틀 위에 단독으로 시공하여도 마루널로서 필요한 강도를 가지는 바닥재이다. 파키트리 패널은 파키트리 보드(두께 9~15mm, 너비 6cm, 길이는 너비의 정수배(3~5배)로 한 것으로서 양 측면을 제혀 쪽매로 가공한 것)를 4매씩 조합하여 접착제나 파정으로 붙인 제품이며, 파키트리 블록은 파키트리 보드의 단판을 3~5장씩 접합하여 18cm, 30cm각으로 만들어 접합하여 방수 처리한 것으로, 사용할 때에는 철물과 모르타르를 사용하여 콘크리트 마루에 깐다.

80 | 코펜하겐 리브의 용어
22, 18, 09, 07, 04

다음 중 강당, 집회장 등의 음향 조절용으로 쓰이거나 일반 건물의 벽 수장재로 사용하여 음향 효과를 거둘 수 있는 목재 제품은?

① 플로어링 블록　　② 코펜하겐 리브
③ 플로어링 보드　　④ 파키트리 패널

해설 플로어링 블록은 플로링 보드의 길이를 그 너비의 정수배로 하여 3~5장씩 붙여서 길이와 너비를 같게 하여 4면을 제혀 쪽매로 만든 정사각형의 블록이다. 플로어링 보드는 굳고 무늬가 아름다운 나무(참나무, 미송, 나왕, 떡갈나무, 밤나무, 아피톤 등)를 모자이크처럼 만든 것이다. 파키트리 패널은 파키트리 보드(두께 9~15mm, 너비 6cm, 길이는 너비의 정수배(3~5배)로 한 것으로서 양 측면을 제혀 쪽매로 가공한 것)를 4매씩 조합하여 접착제나 파정으로 붙인 제품이다.

81 | 코펜하겐 리브의 용어
20, 19③, 18③, 17, 12, 03

벽 및 천장재로 사용되는 것으로 강당, 집회장 등의 음향 조절용으로 쓰이거나 일반 건물의 벽 수장재로 사용하여 음향 효과를 거둘 수 있는 목재 가공품은?

① 파키트리 패널　　② 플로어링 합판
③ 코펜하겐 리브　　④ 파키트리 블록

정답 75. ③ 76. ④ 77. ④ 78. ④ 79. ② 80. ② 81. ③

해설 플로어링 보드는 굳고 무늬가 아름다운 나무(참나무, 단풍나무, 미송, 나왕, 떡갈나무, 밤나무, 너도밤나무, 아피톤 등)를 모자이크처럼 만든 것이며, 파키트리 블록은 파키트리 보드의 단판을 3~5장씩 접합하여 18cm, 30cm각으로 만들어 접합하여 방수 처리한 것으로, 사용할 때에는 철물과 모르타르를 사용하여 콘크리트 마루에 깐다.

82 | 코펜하겐 리브 06

코펜하겐 리브(copenhagen rib)에 대한 설명으로 옳은 것은?

① 철물과 모르타르를 사용하여 콘크리트 마루에 깔 수 있도록 가공 제작된 것이다.
② 강당, 집회장 등의 음향 조절용이나 일반 건물의 벽 수장재로 사용된다.
③ 코르크나무 표피를 원료로 하여 분말된 것을 판형으로 열압한 것이다.
④ 목재와 합성수지를 복합하거나 또는 약품 처리에 의해 제조된 목재로서 제재품과는 성질이 다른 목재의 총칭이다.

해설 ①은 파키트리 블록, ③은 탄화 코르크판, ④는 인조 목재에 대한 설명이다.

83 | 목질계의 재료 15

내장재로 사용되는 판재 중 목질계와 가장 거리가 먼 것은?

① 합판류 ② 강화 석고 보드
③ 파티클 보드 ④ 섬유판

해설 합판류, 파티클 보드 및 섬유판은 목질계에 속하고, 강화 석고 보드는 석고 보드에 섬유를 강화시킨 제품으로 시멘트 제품으로 무기질계에 속한다.

84 | 마루판에 적합 21②, 11

다음 중 마루판에 가장 적합한 것은?

① 플로어링 블록 ② 탄화 코르크판
③ 코펜하겐 리브 ④ 연질 섬유판

해설 마루판에 사용되는 재료에는 참나무, 나왕, 미송 및 티크 등이 있고, 종류에는 플로어링 보드, 무늬목 치장 합판 플로어링 보드, 가압식 방부 처리 플로어링 보드 및 플로어링 블록 등이 있다. 탄화 코르크판은 보온, 보냉재, 코펜하겐 리브는 벽 수장재, 연질 섬유판은 내벽, 천장 등의 보온, 흡음 대용의 목재 섬유 제품의 하나이다.

85 | 플로링판의 수종 21, 15

바닥재를 플로어링 판으로 마감을 할 경우의 수종으로 부적합한 것은?

① 참나무 ② 너도밤나무
③ 단풍나무 ④ 마디카

해설 플로어링 보드는 굳고 무늬가 아름다운 나무(참나무, 단풍나무, 미송, 나왕, 떡갈나무, 밤나무, 너도밤나무, 아피톤 등)를 모자이크처럼 만든 판재를 곱게 대패질하여 마감하고, 양 측면을 제혀 쪽매로 하여 접합에 편리하게 한 목재 제품이다. 마디카는 모형 제작이나 조각 제품에 사용하는 목재로서 내구성이 약하다.

86 | 목재의 2차 가공 재료 12

목재를 2차 가공하여 사용하는 건축 재료가 아닌 것은?

① 합판 ② 파티클 보드
③ 집성 목재 ④ 제재목

해설 목재를 2차 가공한 제품에는 합판, 섬유판(연질, 중질, 경질 등), 집성 목재, 인조 목재, 개량 목재, 파티클 보드 등이 있고, 제재목은 1차 제품이다.

87 | OSB 14

목조 주택의 건축용 외장재로 많이 사용는 목재로, 표면의 독특한 질감과 문양으로 인해 그 자체가 최종 마감재로 사용되는 경우도 있고, 직사각형 모양의 얇은 나무 조각을 서로 직각으로 겹쳐지게 배열하고 내수 수지로 압착 가공한 패널을 의미하는 것은?

① 코어합판 ② OSB
③ 집성 목재 ④ 코펜하겐 리브

해설 코어 합판은 심재를 넣거나 다른 판목재를 넣어서 만든 제품으로 더 강력하고 단단한 합판이고, 집성 목재는 두께 15~50mm의 단판을 제재하여 섬유 방향을 거의 평행이 되게 여러 장 겹쳐서 접착한 목재이다. 코펜하겐 리브는 표면은 자유 곡선으로 깎아 수직 평행선이 되게 리브를 만든 것으로 면적이 넓은 강당, 영화관, 극장 등의 안벽에 붙이면 음향 조절 효과와 장식 효과가 있다.

88 | 흡음재 10, 07

다음 중 흡음재로 사용하기에 가장 적합한 것은?

① 코르크판 ② 유리
④ 콘크리트 ④ 모자이크 타일

정답 82. ② 83. ② 84. ① 85. ④ 86. ④ 87. ② 88. ①

해설 흡음률은 음을 얼마나 흡수하느냐 하는 성질로서 재료 표면의 요철이나 내부 공극의 상태에 따라 달라진다. 즉, 요철이나 내부 공극이 많은 재료가 흡음률이 크므로 이 문제에서는 코르크판이 흡음재로 사용된다.

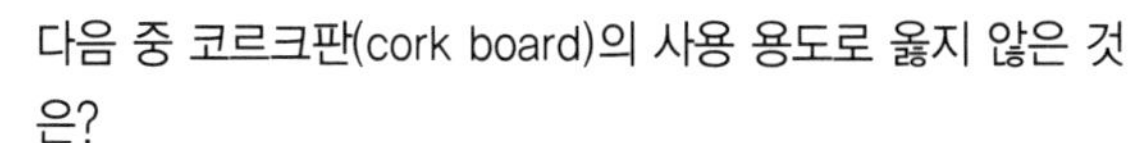

다음 중 코르크판(cork board)의 사용 용도로 옳지 않은 것은?

① 방송실의 흡음재　② 제빙 공장의 단열재
③ 전산실의 바닥재　④ 내화 건물의 불연재

해설 코르크판(코르크 나무껍질의 탄력성이 있는 부분을 원료로 하여 그 분말로 판을 만들어 가열, 가압하면 코르크 분말에서 점성이 있는 액체가 나와 서로 엉기어 접착된 것)은 표면이 편평하고 약간 굳어지나, 유공질의 판이므로 탄성, 단열성, 흡음성 등이 있어 음악감상실, 방송실 등의 천장과 안벽의 흡음판, 냉장고, 냉동고, 제빙 공장 등의 단열판으로 사용된다. 코르크판은 유기질 섬유재이므로 불연재로의 사용은 불가능하다.

정답 89. ④

출제 키워드

2-2. 석재

1 석재의 특성

(1) 장점

압축 강도가 크고, 불연·내구·내마멸·내수성이 있으며, 아름다운 외관을 가지고 있으며, 풍부한 양이 생산된다.

(2) 단점

비중이 커서 무겁고 견고하여 가공이 어렵다. 길고 큰 부재를 얻기 힘들고, 압축 강도에 비하여 인장 강도가 매우 작으며, 일부 석재는 고열에 약하다.

2 성인에 의한 석재의 분류

■ 화성암의 종류
화강암, 안산암, 부석 등

■ 퇴적(수성)암의 종류
점판암, 사암, 응회암, 석회암 등

■ 변성암의 종류
수성암계의 대리석, 화성암계의 사문암

구분	화성암		퇴적(수성)암					변성암	
	심성암	화산암	쇄설성			유기적	화학적	수성암계	화성암계
종류	화강암, 섬록암, 반려암	안산암 (휘석, 각섬, 운모, 석영), 현무암, 부석 등	이판암, 점판암	사암, 역암	응회암 (사질, 각력질)	석회암, 처트	석고	대리석	사문암

3 각종 석재의 특성 및 용도

■ 화강암
• 석질이 견고, 마멸에 강함
• 건축 토목의 구조재, 콘크리트용 골재로 많이 사용
• 고열을 받는 곳에는 부적당
• 큰 판재를 얻을 수 있음

(1) 화강암

화성암의 대표적인 심성암으로, 성분은 석영, 장석, 운모, 휘석, 각섬석 등이고, 석질이 견고(압축 강도 1,500kg/cm^2 정도)하며 풍화 작용이나 마멸에 강하다. 바탕색과 반점이 아름다울 뿐만 아니라 석재의 자원도 풍부하므로 건축 토목의 구조재, 내·외장재 및 콘크리트용 골재로 많이 사용된다. 내화도가 낮아서 고열을 받는 곳에는 적당하지 않으며, 세밀한 조각이 필요한 곳에는 가공이 불편하여 적당하지 않다. 또한, 질이 단단하고, 내구성 및 강도가 크고, 외관이 수려하며, 절리가 비교적 커서 큰 판재를 얻을 수 있다. 다만, 너무 단단하여 조각 등에는 부적당하다.

■ 화산암(부석)
화강암에 비하여 압축 강도가 작다.

(2) 화산암(부석)

비중이 0.7~0.8로 석재 중 가벼운 편이고, 화강암에 비하여 압축 강도가 작으며, 내화도가 높아 내화재로 사용된다.

(3) 안산암

화성암 중 화산암에 속하는 것으로, 석질은 화강암과 비슷하다. 종류가 다양하고 가공이 용이하며, 조각을 필요로 하는 곳에 적합하다. 표면은 갈아도 광택이 나지 않으므로 거친 돌 또는 잔다듬한 정도로 사용한다. 내화성이 높다. 휘석, 안산암 계통 등은 콘크리트용 골재로 사용하는 경우 알칼리 골재 반응을 일으키는 경우가 있으므로 주의하여야 한다.

(4) 사암

석영질의 모래가 압력을 받아 규산질, 산화철질, 탄산석회질, 점토질 사암 등의 교착제에 의해 응고·경화된 것으로, 빛깔은 교착제에 따라 규산질은 담색, 산화철질은 적갈색, 탄산석회질은 회색, 점토질은 암색으로 나타난다. 강도가 큰 것부터 작은 것의 순으로 나열하면, 교착제에 따라 규산질 → 산화철질 → 탄산석회질 → 점토질의 순으로 강도가 떨어지며, 내화성 및 흡수성이 크고, 가공하기 쉽다. 특히, 규산질 사암은 견고하여 구조재로 적당하나 외관이 좋지 않다. 연질 사암은 실내 부분에서 손상이나 마멸이 잘 되지 않는 곳의 장식용에 사용할 수 있다.

(5) 응회암

화산재, 화산 모래 등이 퇴적·응고되거나 물에 의하여 운반되어 암석 분쇄물과 혼합되어 침전된 것으로 대체로 다공질이다. 강도와 내구성이 작아 구조재로 적합하지 않으나, 내화성이 있으며 외관이 좋고 조각하기 쉬우므로 내화재, 장식재로 많이 이용된다.

(6) 점판암

석재 중 얇은 판으로 떼어 내어 기와 대신 지붕재로 사용할 수 있는 석재이다.

(7) 석회암

석회암은 화강암이나 동·식물의 잔해 중에 포함되어 있는 석회분이 물에 녹아 침전되어 응고된 것으로, 주성분은 탄산석회($CaCO_3$)로서 백색이다. 석질은 치밀·견고하나, 내산성, 내화성이 부족하므로 석재로 사용하기에는 부적합하며, 주로 석회나 시멘트의 원료로 사용한다.

(8) 현무암

화산암의 일종이며, 내화성은 적고 가공이 어렵다. 안산암의 판석 또는 분출암의 하나로 회장석분이 풍부한 사장석과 휘석을 주성분으로 하는 염기화산암으로 지구에서 가장 분포가 넓은 화산암이다. 또한 입자가 잘고 치밀하며, 비중이 2.9~3.1 정도로 색깔은 검은색, 암회색이다. 석질은 견고하므로 토대석, 석축 등에 쓰이고, 근래에는 암면의 원료로서 중요도가 높아지고 있다.

출제 키워드

■ 안산암
거친 돌 또는 잔다듬한 정도로 사용
내화성이 높다.

■ 사암
강도가 큰 것부터 작은 것의 순으로 나열, 규산질 → 산화철질 → 탄산석회질 → 점토질의 순이다.

■ 응회암
- 강도, 내구성이 작아 구조재로 부적합
- 내화재, 장식재로 많이 사용

■ 점판암
얇은 판으로 떼어 내어 기와 대신 지붕재로 사용할 수 있는 석재

■ 석회암
- 석질은 치밀·견고함
- 내산성, 내화성이 부족하므로 석재로 사용하기에는 부적합
- 석회나 시멘트의 원료로 사용

■ 현무암
- 가공이 어려우며 암면의 원료로 사용
- 입자가 잘거나 치밀하다.
- 비중이 2.9~3.1 정도로 색깔은 검은색, 암회색이다.
- 석질이 견고하므로 토대석, 석축 등에 사용한다.

출제 키워드

■ 대리석
- 석회암이 지열·지압으로 인하여 변질되어 결정화된 것
- 주성분은 탄산석회($CaCO_3$)
- 실내 장식용 또는 조각용 석재로 사용
- 열 및 산·알칼리 등에는 매우 약함

■ 트래버틴
- 대리석의 한 종류
- 다공질이며, 석질이 균일하지 못하고 암갈(황갈)색의 무늬가 있음
- 특수한 실내 장식재로 이용

■ 인조석
- 아름다운 쇄석과 백색 시멘트, 안료 등을 물로 반죽하여 제조
- 색조나 성질이 천연 석재와 비슷하게 만든 것
- 인조석의 원료는 종석, 백색 시멘트, 강모래, 안료, 물 등

■ 테라초
- 대리석의 쇄석을 종석으로 하여 시멘트를 사용, 콘크리트판의 한쪽 면에 타설한 후 가공 연마하여 대리석과 같이 미려한 광택을 갖도록 마감한 것
- 테라초의 원료는 종석, 백색 시멘트, 강모래, 안료, 물 등

■ 질석
- 운모계와 사문암계 광석
- 800~1,000℃로 가열하면 부피가 5~6배로 팽창
- 비중이 0.2~0.4인 다공질 경석
- 단열, 흡음, 보온 효과가 있는 석재 제품

■ 석재의 가공 순서

혹두기 → 정다듬 → 도드락 다듬 → 잔다듬 → 물갈기

(9) 대리석

석회암이 오랜 세월 동안 땅 속에서 지열, 지압으로 인하여 변질되어 결정화된 것으로, 주성분은 탄산석회($CaCO_3$)이다. 석질은 치밀하고 견고하며, 포함된 성분에 따라 경도, 색채, 무늬 등이 매우 다양하여 아름답다. 물갈기를 하면 광택이 나므로 실내 장식용 또는 조각용 석재로 사용되는 고급품이나, 열 및 산·알칼리 등에는 매우 약하다.

(10) 트래버틴

대리석의 한 종류로서 다공질이며, 석질이 균일하지 못하고 암갈(황갈)색의 무늬가 있다. 석판으로 만들어 물갈기를 하면 평활하고 광택이 나는 부분과 구멍과 골이 진 부분이 있어 특수한 실내 장식재로 이용된다.

(11) 인조석

대리석, 화강암, 사문암 등의 아름다운 쇄석(종석)과 백색 시멘트, 안료(황토, 주토 및 산화철 등) 등을 혼합하여 물로 반죽한 다음 색조나 성질이 천연 석재와 비슷하게 만든 것이다. 인조석의 원료로는 종석(대리석, 화강암 및 사문암의 쇄석), 백색 시멘트, 강모래, 안료, 물 등이 활용된다.

(12) 테라초

대리석의 쇄석을 종석으로 하여 시멘트를 사용, 콘크리트판의 한쪽 면에 타설한 후 가공 연마하여 대리석과 같이 미려한 광택을 갖도록 마감한 것 또는 인조석의 종석을 대리석의 쇄석으로 사용하여 대리석 계통의 색조가 나도록 표면을 물갈기한 것을 말한다. 테라초의 원료는 종석(대리석의 쇄석), 백색 시멘트, 강모래, 안료, 물 등이다.

(13) 암면

안산암, 사문암 등의 원료를 고열로 녹여 작은 구멍을 통하여 분출시킨 것을 고압 공기로 불어 날려 만든 솜모양의 것으로, 흡음·단열·보온성 등이 우수한 불연재로 사용한다.

(14) 질석

운모계와 사문암계 광석으로, 800~1,000℃로 가열하면 부피가 5~6배로 팽창되며, 비중이 0.2~0.4인 다공질 경석으로 단열, 흡음, 보온 효과가 있는 석재 제품이다.

4 석재의 가공 순서

석재의 가공 순서는 혹두기(쇠메, 망치) – 정다듬(정) – 도드락 다듬(도드락 망치) – 잔다듬(양날 망치) – 물갈기(와이어 톱, 다이아몬드 톱, 글라인더 톱, 원반 톱, 플레이너, 글라인더)의 순이다.

① **혹두기(메다듬)** : 쇠메 망치로 돌의 면을 대강 다듬는 것

② **정다듬** : 혹두기의 면을 정으로 곱게 쪼아, 표면에 미세하고 조밀한 흔적을 내어 평탄하고 거친 면으로 만드는 것

③ **도드락 다듬** : 도드락 망치로 거친 정다듬한 면을 더욱 평탄하게 다듬는 것

④ **잔다듬** : 양날 망치로 정다듬한 면을 평행 방향으로 정밀하게 곱게 쪼아 표면을 더욱 평탄하게 만드는 것

⑤ **물갈기** : 와이어 톱, 다이아몬드 톱, 글라인더 톱, 원반 톱, 플레이너, 글라인더로 잔다듬한 면에 금강사를 뿌려 철판, 숫돌 등으로 물을 뿌리며 간 다음, 산화 주석을 헝겊에 묻혀서 잘 문지르면 광택이 난다.

5 석재의 조직 및 형상

(1) 석재의 조직

① 석목은 암석이 가장 쪼개기지 쉬운 면으로, 절리보다 불분명하나 절리와 비슷한 조직이고, 절리 이외에 작게 쪼개어지기 쉬운 면이다.

② 절리는 화성암의 특유한 것으로, 암석 중에 있는 갈라진 틈이다.

③ 석리는 석재의 조직 중 석재의 외관 및 성질과 가장 관계가 깊고, 석재 표면을 구성하고 있는 조직이다.

④ 층리는 수성암 중 점판암, 변성암 등에서 볼 수 있는 평행 상태의 절리(암석 중의 갈라진 틈) 또는 수성암 중 점판암과 같이 퇴적층이 쌓여 지표면에 생긴 것으로 얇게 떼어 낼 수 있는 조직이다.

(2) 석재의 형상

① **판석** : 석재를 형상에 의해 분류할 때 두께가 15cm 미만으로, 대략 너비가 두께의 3배 이상이 되는 석재이다.

② **각석** : 너비가 두께의 3배 미만으로 어느 정도의 길이를 가지고 있는 석재이다.

③ **견치석** : 면이 대략 정사각형에 가까운 것으로 뒷길이, 즉, 네 면을 쪼개내어 면에 직각으로 잰 길이는 면의 최소 변의 길이에 1.5배 이상인 석재이다.

④ **사괴석** : 면이 원칙적으로 정사각형에 가까운 것으로 뒷길이는 최소 변 길이의 1.2배 이상인 석재이다.

6 석재의 용도

(1) 석재의 용도

구분	화강암	석회암	점판암	대리석	트래버틴	사문암
용도	구조재, 내장재, 외장재	석회나 시멘트 원료	지붕재	고급 실내 장식재	외장재	대리석 대용

출제 키워드

■ 석리

석재의 외관 및 성질과 가장 관계가 깊고, 석재 표면을 구성하고 있는 조직

■ 층리

• 점판암, 변성암 등에서 볼 수 있는 평행 상태의 절리

• 퇴적층이 쌓여 지표면에 생긴 것으로 얇게 떼어 낼 수 있는 조직

■ 판석

두께가 15cm 미만으로, 대략 너비가 두께의 3배 이상이 되는 석재

■ 석회암의 용도

석회나 시멘트의 원료

출제 키워드

■ 마감용 중 외장용
화강암, 안산암, 점판암 등

■ 마감용 중 내장용
대리석, 사문암, 응회암 등

■ 석재의 압축 강도 비교
화강암(1,450~2,000kg/cm²) → 대리석(1,000~1,800kg/cm²) → 사문암(970kg/cm²) → 사암(360kg/cm²)

■ 석재의 흡수율 비교
화강암(0.33~0.5%) → 대리석(0.09~0.12%) → 안산암(1.83~3.2%)

■ 석재의 인장 강도
압축 강도의 1/10~1/40 정도

■ 석재의 내구성 감소 원인
- 빗물 속의 산소, 이산화탄소, 탄산, 아황산 등
- 온도의 변화에 따른 광물의 팽창과 수축
- 동결과 융해 작용의 반복

■ 석재의 내구 연한
- 사암 : 5~15년
- 석회암 : 20~40년
- 대리석 : 60~100년
- 화강암 : 75~200년

■ 석재의 내화도
- 안산암·응회암·사암 : 1,000℃
- 대리석·석회암 : 600~800℃
- 화강암 : 600℃

(2) 석재의 구분

① 구조용 : 하중을 받는 곳에 쓰이는 것으로서 기초돌과 장석
② 마감용
　㉮ 외장용 : 화강암, 안산암, 점판암 등
　㉯ 내장용 : 대리석, 사문암, 응회암 등
③ 골재 : 모르타르, 콘크리트에 혼합한 것으로서 자갈, 모래, 황화석, 석면 등

7 석재의 압축 강도

(1) 석재의 압축 강도, 비중 및 흡수율

구분	평균 압축 강도(kg/cm²)	비중	흡수율(%)	비고
화강암	1,450~2,000	2.62~2.69	0.33~0.5	• 흡수율은 공극률에 반드시 비례하지 않는다. • 독립하여 존재하는 공극은 흡수의 요소가 아니다.
황화석	25	1.3	26.2	
안산암	1,050~1,150	2.53~2.59	1.83~3.2	
응회암	90~370	2~2.4	13.5~18.2	
사암	360	2.5	13.2	
대리석	1,000~1,800	2.7~2.72	0.09~0.12	
사문석	970	2.76	0.37	
슬레이트	1,890	2.75	0.24	

※ 압축 강도 : 화강암(1,450~2,000kg/cm²) → 대리석(1,000~1,800kg/cm²) → 사문암(970kg/cm²) → 사암(360kg/cm²)

(2) 석재의 인장 강도

석재는 압축력에는 강하나 인장력에는 매우 약하므로 석재의 인장 강도는 압축 강도의 1/10~1/40 정도에 불과하다.

(3) 석재의 내구성

석재의 내구성이 감소하는 이유는 빗물 속의 산소, 이산화탄소 등에 의한 석재의 표면 침해, 온도의 변화에 따른 광물의 팽창과 수축에 의한 석재의 갈라짐, 동결과 융해 작용의 반복에 의한 석재의 파괴 등의 영향이 크다. 또한, 공기 속이나 빗물 속의 탄산, 아황산 등의 작용에 의해서 내구성이 감소한다. 석재의 내구 연한을 보면, 사암은 5~15년, 석회암은 20~40년, 대리석은 60~100년, 화강암은 75~200년이다.

(4) 석재의 내화도

구분	안산암·응회암·사암	대리석·석회암	화강암
내화도	1,000℃	600~800℃	600℃

(5) 석재 사용 시 주의사항

석재를 구조재로 사용하는 경우에는 압축재로 사용하고, 인장재의 사용은 피하며, 가공 시 가능한 한 둔각으로 한다. 또한 중량이 큰 것은 낮은 곳에, 중량이 작은 것은 높은 곳에 사용하고, 외벽 특히 콘크리트 표면 첨부용 석재는 연석을 피해야 한다.

출제 키워드

■ 석재 사용 시 주의사항
- 압축재로 사용
- 가능한 한 둔각으로 가공
- 중량이 큰 것은 낮은 곳에 설치

CHAPTER 02

| 2-2. 석재 |

과년도 출제문제

01 | 화성암의 종류 18, 09

다음 중 화성암에 속하지 않는 석재는?

① 부석　② 사암
③ 안산암　④ 화강암

해설 화성암에는 심성암(화강암, 섬록암, 반려암 등)과 화산암(안산암(휘석, 각섬, 운모, 석영), 현무암, 부석 등)이 있다.

02 | 화성암의 종류 24, 23, 21, 09, 99

다음 석재 중 화성암계에 속하는 것은?

① 응회암
② 안산암
③ 대리석
④ 점판암

해설 화성암에는 심성암(화강암, 섬록암, 반려암 등)과 화산암(안산암(휘석, 각섬, 운모, 석영), 현무암, 부석 등)이 있다.

03 | 수성암의 종류 18, 17, 12

다음 중 수성암이 아닌 석재는?

① 응회암
② 석회암
③ 안산암
④ 점판암

해설 응회암은 쇄설성 퇴적암이고, 석회암은 유기적 퇴적암이며, 점판암은 쇄설성 퇴적암으로 수성암에 속한다. 안산암은 화성암의 화산암이다.

04 | 수성암의 종류 23, 20②, 18, 16②

수성암에 속하지 않는 것은?

① 사암　② 안산암
③ 석회암　④ 응회암

해설 성인에 의한 석재의 분류

구분	화성암		퇴적(수성)암					변성암	
	심성암	화산암	쇄설성			유기적	화학적	수성암계	화성암계
종류	화강암, 섬록암 반려암	**안산암** 현무암, 부석	이판암 점판암	사암 역암	응회암 (사질, 각력질)	석회암 처트	석고	대리석	사문암

05 | 변성암의 종류 14

석재의 종류 중 변성암에 속하는 것은?

① 섬록암　② 화강암
③ 사문암　④ 안산암

해설 변성암의 종류에는 수성암계의 대리석, 화성암계의 사문암 등이 있다.

06 | 변성암의 종류 22, 20, 19, 13, 02, 00

다음 석재 중 변성암에 속하는 것은?

① 안산암　② 석회암
③ 응회암　④ 사문암

해설 안산암은 화성암의 화산암이고, 응회암은 퇴적(수성)암의 쇄설성 퇴적암이며, 석회암은 퇴적(수성)암의 유기적 수성암이고, 사문암은 화성암계의 변성암이다.

07 | 화산암 21, 20, 19, 11

화산암에 대한 설명 중 옳지 않은 것은?

① 다공질로 부석이라고도 한다.
② 비중이 0.7~0.8로 석재 중 가벼운 편이다.
③ 화강암에 비하여 압축 강도가 크다.
④ 내화도가 높아 내화재로 사용된다.

해설 화산암에는 안산암(휘석, 각섬, 운모, 석영 안산암), 석면, 조면암 등이 있고, 화강암에 비해 압축 강도가 작다.

정답 01. ② 02. ② 03. ③ 04. ② 05. ③ 06. ④ 07. ③

08 | 수성암의 종류
23, 03

화성암의 풍화물, 유기물, 기타 광물질이 땅속에 퇴적되어 지열과 지압의 영향을 받아 응고된 것을 수성암이라 하는데, 다음 중 수성암에 해당되지 않는 것은?

① 안산암 ② 석회암
③ 응회암 ④ 사암

해설 석회암은 화강암이나 동·식물의 잔해 중에 포함되어 있는 석회분이 물에 녹아 침전되어 퇴적, 응고된 석재이다. 응회암은 화산재, 화산 모래 등이 퇴적·응고되거나, 물에 의하여 운반되어 암석 분쇄물과 혼합되어 침전된 석재이다. 사암은 석영질의 모래가 압력을 받아 규산질, 산화철질, 탄산석회질, 점토질 사암 등의 교착제에 의해 응고, 경화된 석재이다.

09 | 압축 강도의 비교
16, 08

평균적으로 압축 강도가 가장 큰 석재부터 순서대로 나열된 것은?

a. 화강암 b. 사문암
c. 사암 d. 대리석

① a–d–b–c ② a–b–c–d
③ a–c–d–b ④ d–c–b–a

해설 석재의 압축 강도를 보면, 화강암은 1,450~2,000kg/cm^2, 사문암은 970kg/cm^2, 사암은 360kg/cm^2, 대리석은 1,000~1,800kg/cm^2 정도이다. 압축 강도가 큰 것부터 나열하면 화강암 → 대리석 → 사문암 → 사암의 순이다.

10 | 압축 강도의 비교
23, 19, 17③, 16

다음 중 평균적으로 압축 강도가 가장 큰 석재는?

① 화강암 ② 사문암
③ 사암 ④ 대리석

해설 석재의 압축 강도를 보면, 화강암은 1,450~2,000kg/cm^2, 사문암은 970kg/cm^2, 사암은 360kg/cm^2, 대리석은 1,000~1,800kg/cm^2 정도이다. 압축 강도가 큰 것부터 나열하면 화강암 → 대리석 → 사문암 → 사암의 순이다.

11 | 외부 벽체 마감용
23, 13, 09, 02

다음 중 건물의 외부 벽체 마감용으로 적당하지 않은 석재는?

① 화강암 ② 안산암
③ 점판암 ④ 대리석

해설 석재를 용도에 따라 분류하면 구조용(하중을 받는 곳에 쓰이는 것으로서 기초돌과 장석), 마감용(외장용으로는 화강암, 안산암, 점판암 등, 내장용으로는 대리석, 사문암, 응회암 등) 및 골재(모르타르, 콘크리트에 혼합한 것으로서 자갈, 모래, 황화석, 석면 등) 등이 있다. 대리석은 내장용으로 사용한다.

12 | 석재의 용도
13, 06

다음 각 석재의 용도로 옳지 않은 것은?

① 트래버틴 – 특수 실내 장식재
② 응회암 – 구조재
③ 점판암 – 지붕재
④ 대리석 – 장식재

해설 응회암은 화산재, 화산 모래 등이 퇴적·응고되거나 물에 의해 운반되어 암석 분쇄물과 혼합되어 침전된 것으로 대체로 다공질이고 강도와 내구성이 작아 구조재로 적합하지 않으나, 내화성이 있으며 외관이 좋고 조각하기 쉬우므로 내화재, 장식재로 많이 이용된다.

13 | 재료의 주용도
20②, 16, 07, 02, 99

다음의 각 재료의 주 용도로 옳지 않은 것은?

① 테라초 – 바닥 마감재
② 트래버틴 – 특수 실내 장식재
③ 타일 – 내외벽, 바닥의 수장재
④ 테라코타 – 흡음재

해설 테라코타는 석재 조각물 대신에 사용되는 장식용 공동의 대형 점토 제품으로서 속을 비게 하여 가볍게 만들고, 건축물의 패러핏, 버팀벽, 주두, 난간벽, 창대, 돌림띠 등의 장식에 사용한다.

14 | 석재의 용도
20, 16, 04, 00

석재의 용도에 관한 기술 중 부적당한 것은?

① 화강암 – 외장재
② 점판암 – 지붕재
③ 석회암 – 구조재
④ 대리석 – 실내 장식재

해설 석재의 용도를 보면, 화강암은 구조재, 내장재, 외장재 등, 점판암은 지붕재, 석회암은 석회나 시멘트의 원료, 대리석은 고급 장식재로 사용한다.

정답 08.① 09.① 10.① 11.④ 12.② 13.④ 14.③

15 | 판석의 용어
20, 17, 13

석재를 형상에 의해 분류할 때 두께가 15cm 미만으로, 대략 너비가 두께의 3배 이상이 되는 것을 무엇이라 하는가?

① 판석 ② 각석
③ 견치석 ④ 사괴석

해설 각석은 너비가 두께의 3배 미만으로 어느 정도의 길이를 가지고 있는 석재이다. 견치석은 면이 대략 정사각형에 가까운 것으로 뒷길이, 즉, 네 면을 쪼개 내어 면에 직각으로 잰 길이는 면의 최소 변 길이의 1.5배 이상인 석재이다. 사괴석은 면이 원칙적으로 정사각형에 가까운 것으로 뒷길이는 최소 변 길이의 1.2배 이상인 석재이다.

16 | 석재의 조직(석리의 용어)
22, 16, 11

석재 표면을 구성하고 있는 조직을 무엇이라 하는가?

① 석목 ② 석리
③ 층리 ④ 도리

해설 석목은 암석이 가장 쪼개기지 쉬운 면으로, 절리보다 불분명하나 절리와 비슷한 조직이고, 층리는 수성암, 변성암 등에서 볼 수 있는 평행 상태의 절리(자연적으로 금이 간 상태)이다.

17 | 석재의 조직(석리의 용어)
16, 12

석재의 조직 중 석재의 외관 및 성질과 가장 관계가 깊은 것은?

① 조암 광물 ② 석리
③ 절리 ④ 석목

해설 조암 광물은 암석을 구성하고 있는 광물로 그 성분의 비율이나 결합 상태에 따라서 여러 가지의 색조와 성질을 가지고 있다. 절리는 화성암의 특유한 것으로 암석 중에 있는 갈라진 틈이며, 석목은 절리 이외에 작게 쪼개어지기 쉬운 면이다.

18 | 석재의 표면 가공 순서
03

석재의 손가공시 표면의 평활도 가공 순서로 맞는 것은?

① 혹두기 – 정다듬 – 잔다듬 – 갈기 – 도드락 다듬
② 정다듬 – 잔다듬 – 혹두기 – 갈기 – 도드락 다듬
③ 혹두기 – 정다듬 – 도드락 다듬 – 잔다듬 – 갈기
④ 도드락 다듬 – 잔다듬 – 도드락 다듬 – 혹두기 – 갈기

해설 석재의 가공 순서는 혹두기(쇠메, 망치)–정다듬(정)–도드락 다듬(도드락 망치)–잔다듬(양날 망치)–물갈기(와이어 톱, 다이아몬드 톱, 글라인더 톱, 원반 톱, 플레이너, 글라인더)의 순이다.

19 | 석재의 내구성 감소 이유
13

석재의 내구성이 오랜 세월이 지나면 감소하는 이유로 가장 거리가 먼 것은?

① 빗물 속의 산소, 이산화탄소 등에 의한 석재의 표면 침해
② 온도의 변화에 따른 광물의 팽창과 수축에 의한 석재의 갈라짐
③ 동결과 융해 작용의 반복에 의한 석재의 파괴
④ 공기 속 질소의 영향으로 인한 석재 내부의 파괴

해설 석재의 내구성이 감소하는 이유는 ①, ② 및 ③항 외에 채석이나 가공 과정 중에 석재에 준 충격 및 균열 등의 영향이 크다. 또한, 공기 속이나 빗물 속의 탄산, 아황산 등의 작용에 의해서 내구성이 감소한다.

20 | 석재의 조직(층리의 용어)
24, 20, 19, 10

수성암 중 점판암과 같이 퇴적층이 쌓여 지표면에 생긴 것으로 얇게 떼어 낼 수 있는 것을 무엇이라 하는가?

① 층리 ② 절목
③ 도리 ④ 조암

해설 층리는 수성암, 변성암 등에서 볼 수 있는 평행 상태의 절리(암석 중의 갈라진 틈) 또는 수성암 중 점판암과 같이 퇴적층이 쌓여 지표면에 생긴 것으로 얇게 떼어 낼 수있는 것이다.

21 | 석재의 표면 가공
13

석재의 표면 마감 방법이 나머지 셋과 다른 것은?

① 정다듬 ② 혹두기
③ 버너 마감 ④ 도드락 다듬

해설 정다듬, 혹두기 및 도드락 다듬은 석재의 가공 순서에 포함되나, 버너 마감은 석재 가공 순서 중 물갈기의 한 방법이다.

22 | 석재의 표면 가공(혹두기)
12②

석재의 가공 과정에서 쇠메나 망치로 돌의 면을 대강 다듬는 것을 무엇이라 하는가?

① 혹두기 ② 정다듬
③ 도드락다듬 ④ 잔다듬

해설 정다듬은 혹두기의 면을 정으로 곱게 쪼아, 표면에 미세하고 조밀한 흔적을 내어 평탄하고 거친 면으로 만드는 것이고, 도드락 다듬은 도드락 망치로 거친 정다듬한 면을 더욱 평탄하게 다듬는 것이다. 잔다듬은 양날 망치로 정다듬한 면을 평행 방향으로 정밀하게 쪼아 표면을 더욱 평탄하게 만드는 것이다.

정답 15.① 16.② 17.② 18.③ 19.④ 20.① 21.③ 22.①

23 | 화강암의 용어 12

석질이 견고하고 마멸에 강하며 대형재가 생산되므로 구조용 재료로 이용되며, 콘크리트용 골재로도 많이 사용되는 석재는?

① 현무암 ② 화강암
③ 감람석 ④ 대리석

해설 현무암은 입자가 잘거나 치밀한 암석이고, 감람석은 크롬 철광으로 된 흑색의 치밀한 석재로서 이것이 변성된 사문석, 사회석은 건축용 장식재로 사용된다. 대리석은 석회암이 오랜 세월 동안 땅 속에서 지열, 지압으로 인하여 변질되어 결정화된 것으로 주성분은 탄산칼슘이며, 열과 산에 약하다.

24 | 석재의 내구성 비교 24, 11

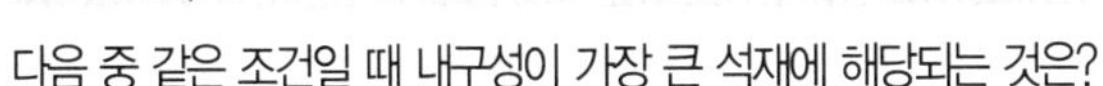
다음 중 같은 조건일 때 내구성이 가장 큰 석재에 해당되는 것은?

① 사암 ② 석회암
③ 대리석 ④ 화강암

해설 각 항의 내구 연한을 보면, 사암은 5~15년, 석회암은 20~40년, 대리석은 60~100년, 화강암은 75~200년이다.

25 | 석재의 흡수율 비교 09

다음 중 흡수율이 가장 큰 석재는?

① 화강암 ② 대리석
③ 안산암 ④ 점판암

해설 석재의 압축 강도, 비중 및 흡수율

구분	평균 압축 강도 (kg/cm²)	비중	흡수율 (%)	비고
화강암	1,450~2,000	2.62~2.69	0.33~0.5	• 흡수율은 공극률에 반드시 비례하지 않는다. • 독립하여 존재하는 공극은 흡수의 요소가 아니다.
황화석	25	1.3	26.2	
안산암	1,050~1,150	2.53~2.59	1.83~3.2	
응회암	90~370	2~2.4	13.5~18.2	
사암	360	2.5	13.2	
대리석	1,000~1,800	2.7~2.72	0.09~0.12	
사문석	970	2.76	0.37	
슬레이트	1,890	2.75	0.24	

26 | 점판암의 용어 12

석재 중 얇은 판으로 떼어 내어 기와 대신 지붕재로 사용할 수 있는 것은?

① 점판암 ② 사암
③ 석회암 ④ 응회암

해설 사암은 석영질의 모래가 압력을 받아 규산질, 산화철질, 탄산석회질, 점토질 등의 교착제에 의해 응고·경화된 것이다. 석회암은 화강암이나 동·식물의 잔해 중에 포함되어 있는 석회분이 물에 녹아 침전되어 퇴적·응고된 것으로 주성분은 탄산칼슘으로 회백색으로 장식용으로 사용한다. 응회암은 화산재, 화산 모래 등이 퇴적·응고되거나, 물에 녹아 침전되어 퇴적·응고한 것으로 내화재·장식재로 사용한다.

27 | 화강암 23, 09, 05

화강암에 대한 설명 중 옳지 않은 것은?

① 심성암에 속하고 주성분은 석영, 장석, 운모, 각섬석 등으로 형성되어 있다.
② 질이 단단하고 내구성 및 강도가 크다.
③ 고열을 받는 곳에 적당하며 석영이 많은 것이 가공이 쉽다.
④ 용도로는 외장, 내장, 구조재, 도로 포장재, 콘크리트 골재 등에 사용된다.

해설 화강암은 화성암의 대표적인 심성암으로, 성분은 석영, 장석, 운모, 휘석, 각섬석 등이고, 석질이 견고(압축 강도 1,500kg/cm² 정도)하고, 풍화 작용이나 마멸에 강하며, 바탕색과 반점이 아름다울 뿐만 아니라 석재의 자원도 풍부하므로 건축 토목의 구조재, 내·외장재로 많이 사용된다. 내화도가 낮아서 고열을 받는 곳에는 적당하지 않으며, 세밀한 조각이 필요한 곳에는 가공이 불편하여 적당하지 않다.

28 | 석재의 내화도 비교 20, 18, 14, 10, 08, 02, 01

다음 중 내화도가 가장 큰 석재는?

① 화강암 ② 대리석
③ 석회암 ④ 응회암

해설 석재의 내화도

구분	안산암·응회암·사암	대리석·석회암	화강암
내화도	1,000℃	600~800℃	600℃

정답 23. ② 24. ④ 25. ③ 26. ① 27. ③ 28. ④

29 | 시멘트의 주원료인 석재
07

시멘트의 주원료로 사용되는 석재는?

① 사문암　　② 안산암
③ 석회암　　④ 화강암

해설 시멘트는 석회암과 점토를 주원료로 하여, 이것을 가루로 만들어 적당한 비율(석회석 : 점토=4 : 1)로 섞어 용융될 때까지 회전가마에서 소성하여 얻어진 클링커에 응결 시간 조정제로 약 3% 정도의 석고를 넣어 가루로 만든 것이다. 즉, 시멘트의 주원료는 석회암, 점토 및 석고 등이다.

30 | 대리석의 용어
19, 13

다음 석재 중 색채, 무늬 등이 다양하여 건물의 실내 마감 장식재로 가장 적합한 것은?

① 점판암
② 대리석
③ 화강암
④ 안산암

해설 대리석은 석재 중 색채, 무늬 등이 다양하여 건물의 실내 마감 장식재로 가장 적합한 석재이다. 점판암은 기와 대용으로 사용하며, 화강암은 건축 토목의 구조재, 내·외장재로 사용한다. 또한, 안산암은 조각을 필요로 하는 곳에 적합하다.

31 | 대리석의 용어
11

주성분이 탄산석회이고 연마하면 광택이 나며, 산과 열에 약한 석재는?

① 사문암　　② 사암
③ 대리석　　④ 화강암

해설 사문암은 흑록색의 치밀한 화강석인 감람석 중에 포함되어 있던 철분이 변질되어 흑록색 바탕에 적갈색의 무늬를 가진 것으로 물갈기를 하면 광택이 나므로 대리석의 대용으로 사용하는 석재이다. 사암은 석영질의 모래가 압력을 받아 규산질, 산화철질, 탄산석회질, 점토질 사암 등의 교착제에 의해 응고, 경화된 석재이다. 화강암은 화성암의 대표적인 심성암으로 석질이 견고(압축 강도 1,500kg/cm^2 정도)하고, 풍화 작용이나 마멸에 강하며, 바탕색과 반점이 아름다울 뿐만 아니라 석재의 자원도 풍부하므로 건축 토목의 구조재, 내·외장재로 많이 사용된다. 다만, 내화도가 낮아서 고열을 받는 곳에는 적당하지 않으며, 세밀한 조각이 필요한 곳에는 가공이 불편하여 적당하지 않다.

32 | 대리석의 용어
23, 22, 19, 18, 17, 12, 10, 08, 07

석회석이 변성되어 결정화한 것으로 석질이 치밀하고 견고할 뿐 아니라 외관이 미려하여 실내 장식재 또는 조각재로 사용되는 석재는?

① 점판암　　② 사문암
③ 대리석　　④ 안산암

해설 점판암은 이판암이 오랜 세월 동안 지열과 지압에 의하여 변성되어 층상으로 응고된 것이며, 회청색의 치밀한 판석으로 떼어 낼 수 있어, 얇은 판으로 만들 수 있다. 또 석질이 치밀하여 방수성이 있으므로 기와 대용, 지붕 및 바닥재로 사용이 가능하다. 사문암은 흑록색의 치밀한 화강석인 감람석 중에 포함되어 있던 철분이 변질되어 흑록색 바탕에 적갈색의 무늬를 가진 것으로 물갈기를 하면 광택이 나므로 대리석의 대용으로 사용한다. 안산암은 화성암 중 화산암에 속하는 석재로 화강암과 비슷한 치밀한 조직을 가진 석재로, 가공이 용이하여 조각을 필요로 하는 곳에 적합하다. 표면을 갈아도 광택이 나지 않으므로 잔다듬을 하여 사용하며, 특히, 내화성이 크다.

33 | 대리석
24, 18, 10

대리석에 대한 설명 중 옳지 않은 것은?

① 외부 장식재로 적당하다.
② 내화성이 낮고 풍화되기 쉽다.
③ 석회석이 변성되어 결정화한 것이다.
④ 물갈기 하면 고운 무늬가 생긴다.

해설 대리석은 석회암이 오랜 세월 동안 땅 속에서 지열과 지압으로 변성되어 결정화된 것으로, 주성분은 탄산석회이며, 갈면 광택이 나므로 내부 장식용 석재 중에서는 가장 고급재로 쓰인다. 열이나 산에 매우 약하다.(이탈리아산이 가장 우수하다.)

34 | 트래버틴의 용어
07, 03

대리석의 일종으로 특수 실내 장식재로 사용되는 것은?

① 석회석　　② 트래버틴
③ 안산암　　④ 화산암

해설 석회석은 화강암이나 동·식물의 잔해 중에 포함되어 있는 석회분이 물에 녹아 침전되어 퇴적, 응고한 것으로 주성분은 탄산석회이다. 석질은 견고, 치밀하나, 내산성, 내화성이 부족하므로 석재로는 부적합하고, 석회나 시멘트의 원료로 사용한다. 안산암은 화성암 중 화산암으로, 가공이 용이하여 조각을 필요로 하는 곳에 적합하고, 내화성이 높으며, 표면을 갈아도 광택이 나지 않는 특성이 있다. 화산암은 지표면에 용암이 유출되어 갑자기 응고, 냉각된 석재이다.

정답 29. ③ 30. ② 31. ③ 32. ③ 33. ① 34. ②

35 | 트래버틴의 용어
20, 19, 13, 06

대리석의 일종으로 다공질이며, 황갈색의 무늬가 있으며, 특수한 실내 장식재로 이용되는 것은?

① 테라코타 ② 트래버틴
③ 점판암 ④ 석회암

해설 테라코타는 난간, 주두, 돌림띠 및 외벽 등의 장식재로 사용되는 점토 제품이다. 점판암은 기와 대용으로 사용되며, 석회암은 석회나 시멘트의 원료로 사용된다.

36 | 트래버틴의 용어
22②, 17, 14, 02

대리석의 한 종류로서 다공질이며 석질이 균일하지 못하고 암갈색의 무늬가 있다. 물갈기를 하면 평활하고 광택이 나는 부분과 구멍과 골이 진 부분이 있어 특수한 실내 장식재로 이용되는 것은?

① 테라초(Terrazzo) ② 트래버틴(Travertine)
③ 펄라이트(Perlite) ④ 점판암(Clay stone)

해설 테라초는 백색 포틀랜드 시멘트와 종석, 안료를 섞어서 반죽하여 만든 인조석 중 대리석의 쇄석을 사용하여 대리석 계통의 색조가 나도록 표면을 물갈기한 것이다. 펄라이트는 진주암, 흑요암, 송지석 또는 이에 준하는 석질(유리질 화산암)을 포함한 암석을 분쇄하여 소성, 팽창시켜 제조한 백색의 다공질 경석이다. 점판암은 이판암이 오랜 세월 동안 지열, 지압으로 인하여 변성되어 층상으로 응고된 석재이다.

37 | 질석의 용어
23, 19, 18, 13

운모계와 사문암계 광석으로, 800~1,000℃로 가열하면 부피가 5~6배로 팽창되며, 비중이 0.2~0.4인 다공질 경석으로 단열, 흡음, 보온 효과가 있는 것은?

① 부석 ② 탄각
③ 질석 ④ 펄라이트

해설 부석은 마그마가 급속히 냉각될 때 가스가 방출하면서 다공질의 유리질로 된 석재로서 비중이 0.7~0.8 정도로 석재 중 가장 가벼운 석재이다. 탄각은 석탄을 때고 나오는 재 중의 덩어리 진 것이며, 펄라이트는 진주암, 흑요암, 송지석 또는 이에 준하는 석질(유리질 화산암)을 포함한 암석을 분쇄하여 소성, 팽창시켜 제조한 백색의 다공질 경석이다.

38 | 인조석의 용어
21②, 20, 18③, 12, 06

대리석, 사문암, 화강암 등의 쇄석을 종석으로 하여 백색 포틀랜드 시멘트에 안료를 섞어 천연 석재와 유사하게 성형시킨 것은?

① 점판암 ② 석회석
③ 인조석 ④ 화강암

해설 점판암은 이판암(점토가 강물에 녹아 바다 밑에 침전, 응결된 석재)이 오랜 세월 동안 지열, 지압으로 인하여 변성되어 층상으로 응고된 석재이다. 석회석은 석질이 치밀, 견고하나 내산성, 내화성이 부족하여 석회나 시멘트의 원료로 사용한다. 화강암은 내화도가 낮아서 고열을 받는 곳과 세밀한 조각이 필요한 곳에는 가공이 불편하여 적당하지 않으나, 질이 단단하고 내구성 및 강도가 크며 절리가 큰 석재이다.

39 | 인조석의 안료
16, 09

인조석에 사용되는 각종 안료로서 적절하지 않은 것은?

① 트래버틴 ② 황토
③ 주토 ④ 산화철

해설 인조석은 대리석, 화강암 등의 아름다운 쇄석(종석), 백색 시멘트, 안료(황토, 주토 및 산화철 등) 등을 혼합하여 반죽해 다진 다음 색조와 성질을 천연 석재와 비슷하게 만든 것이다.

40 | 테라초
10

테라초(terrazzo)에 대한 설명으로 옳은 것은?

① 대리석의 쇄석을 종석으로 하여 시멘트를 사용, 콘크리트판의 한쪽 면에 타설한 후 가공 연마하여 대리석과 같이 미려한 광택을 갖도록 마감한 것을 말한다.
② 운모계 광석을 고열로 가열시켜 체적이 5~6배 된 다공질 경석을 말한다.
③ 화성암 중의 석회분이 물에 녹아 바닷속에 침전되어 퇴적, 응고된 것이다.
④ 대리석과 동일하나 석질이 불균일하고 다공질이며 특수 실내 장식재로 사용된다.

해설 ②는 질석, ③은 석회암, ④는 트래버틴에 대한 설명이다.

정답 35. ② 36. ② 37. ③ 38. ③ 39. ① 40. ①

41 | 테라초의 용어
11

백색 포틀랜드 시멘트와 종석, 안료를 섞어서 반죽하여 만든 것은?

① 코킹(caulking) ② 테라코타(terra－cotta)
③ 테라초(terrazzo) ④ 트래버틴(travertine)

해설 코킹은 콘크리트, 목재 및 철재 창호를 주위나 이음새, 균열부 등의 틈을 메워 수밀하게 하는 재료이고, 테라코타는 석재 조각물 대신에 사용되는 장식용 점토 소성 제품으로 속을 비게 하여 가볍게 만들어 버팀벽, 주두, 패러핏 및 돌림띠 등에 사용하는 재료이다. 트래버틴은 대리석의 한 종류로서 다공질이며, 석질이 균일하지 못하여 암갈색의 무늬를 띠고, 석판으로 만들어 물갈기를 하면 평활하고 광택이 나는 부분과 골이 진 부분이 있어 특수 실내 장식재로 사용한다.

42 | 석재 사용 시 주의사항
09, 07

다음 중 석재의 사용 시 유의사항으로 옳은 것은?

① 석재를 구조재로 사용 시 인장재로만 사용해야 한다.
② 가공 시 되도록 예각으로 한다.
③ 외벽 특히 콘크리트 표면 첨부용 석재는 연석을 피해야 한다.
④ 중량이 큰 것은 높은 곳에 사용하도록 한다.

해설 석재를 구조재로 사용하는 경우에는 압축재로 사용하고, 인장재의 사용은 피하며, 가공 시 가능한 한 둔각으로 한다. 또한, 중량이 큰 것은 낮은 곳에, 중량이 작은 것은 높은 곳에 사용한다.

43 | 석재
03

석재에 관한 기술에서 옳지 않은 것은?

① 휘석안산암은 구조재나 판석, 비석 등의 재료로 사용된다.
② 대리석의 쇄석을 종석으로 하여 대리석과 같이 미려한 광택을 갖도록 한 인조석을 테라초라고 한다.
③ 응회암은 일반적으로 연질이고 내화성이 적다.
④ 대리석은 색채와 반점이 아름답고, 갈면 광택이 나므로 주로 실내 장식재, 조각재로 사용된다.

해설 응회암은 화산재, 화산 모래 등이 퇴적·응고되거나, 물에 의해 운반되어 암석 분쇄물과 혼합되어 침전된 것으로 다공질이고 강도와 내구성이 작으나, 내화성이 있고 외관이 아름다우며 조각하기 쉽다. 용도로는 내화재와 장식재로 사용된다.

44 | 각종 석재
24, 23, 05

각종 석재에 대한 설명 중 옳은 것은?

① 화강암은 내구성 및 내화성이 크고 절리의 거리가 비교적 커서 대재를 얻을 수 있다.
② 안산암은 내화력은 우수하지만 강도, 경도, 비중이 적어 구조용 석재로 사용할 수 없다.
③ 현무암은 내화성은 적으나 가공이 쉬우며 암면의 원료로 사용된다.
④ 석회암은 석질은 치밀하고 강도는 크나 내화성이 적고 화학적으로는 산에는 약하다.

해설 화강암은 내구성이 크나, 내화성이 작으며, 절리의 거리가 비교적 커서 대재를 얻을 수 있다. 안산암은 내화력이 우수하며 강도, 경도, 비중이 커서, 구조용 석재로 사용할 수 있다. 현무암은 내화성은 적으나 가공이 어려우며 암면의 원료로 사용된다.

45 | 각종 석재
07

다음의 각종 석재에 대한 설명 중 옳은 것은?

① 화강암 : 내화성이 좋다.
② 안산암 : 물갈기를 하면 특유의 광택이 난다.
③ 점판암 : 얇게 가공하여 지붕재료로 사용한다.
④ 석회암 : 석질이 치밀하고 견고하며 내화성이 커서 구조재로 많이 사용한다.

해설 화강암은 내화성이 부족하고, 안산암은 물갈기를 하여도 광택이 나지 않는다. 석회암은 내화성이 부족하고, 주로 석회나 시멘트의 원료로 사용된다.

정답 41. ③ 42. ③ 43. ③ 44. ④ 45. ③

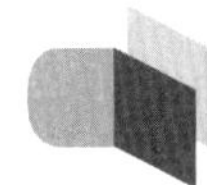

2-3. 점토 재료

출제 키워드

1 점토의 성질

(1) 점토의 일반적인 성질

■ 점토의 일반적인 성질
- 점토의 비중은 2.5~2.6 정도로서 불순 점토일수록 작음
- 점토의 입자가 작을수록 양질의 점토

① **비중** : 점토의 비중은 2.5~2.6(고알루미나질 점토는 비중이 3.0 내외) 정도로서 불순 점토일수록 작고, 알루미나분이 많을수록 크다.

② **입자 크기** : 보통 0.1~25μm 정도의 미세한 입자가 많으나, 모래알 정도의 크기를 함유할 때도 있으며, 점토의 입자가 작을수록 양질의 점토가 된다.

③ **포수율과 건조 수축** : 건조 점토 분말을 물로 개어 가장 가소성이 적당한 경우, 점토 입자가 물을 함유하는 능력을 포수율이라 말하는데, 점토의 포수율이 작은 것은 7~10%, 큰 것은 40~50%이다. 또, 이때 길이 방향의 건조 수축률을 구하면, 작은 것은 5~6%, 큰 것은 10~15% 정도로, 포수율과 건조 수축률은 비례하여 증감된다. 포수율의 크고 작음은 건조 속도와 수축의 크고 작음에 관계하는 것으로 점토 제품 제조 공정상 매우 중요한 조건이 된다.

■ 점토의 가소성
- 양질의 점토일수록 가소성이 좋다.
- 소성된 점토를 빻아 만든 것은 샤모트이다.

④ **가소성** : 양질의 점토일수록 가소성이 좋으며(점토는 입자의 크기가 작을수록 가소성이 좋고, 클수록 가소성이 작아진다.) 알칼리성일 때에는 가소성을 해친다. 성형할 점토를 반죽하여 일정 기간 재어두는 것은 원료 점토 중에 함유된 유기물이 부패, 발효되면 산성화하여 가소성을 증대시키기 때문이다. 또한, 소성된 점토를 빻아 만든 것은 샤모트이다.

■ 점토의 강도
- 인장 강도는 3~10kg/cm^2(0.3~1MPa)
- 압축 강도는 인장 강도의 약 5배 정도
- 불순물이 많을수록 강도가 낮아짐

⑤ **강도** : 점토의 인장 강도 시험은 점토 분말을 물로 개어 시멘트 시험체와 같이 만들고 110℃로 완전 건조시켜 시험하는데, 일반적으로 인장 강도는 3~10kg/cm^2(0.3~1MPa)이고, 압축 강도는 인장 강도의 약 5배 정도이다. 불순물이 많을수록 강도가 낮아진다.

⑥ **용융점** : 순수한 점토일수록 용융점이 높고 강도도 크다. 불순물이 많거나 화합수의 양이 많이 함유된 저급 점토는 비교적 저온에서 녹고, 그 이상 가열하면 변형되어 붕괴된다.

■ 점토의 색상
철 산화물은 적색, 석회 물질은 황색

⑦ **색상** : 점토 제품의 색상은 철 산화물 또는 석회 물질에 의해 나타나며, 철 산화물이 많으면 적색이 되고, 석회 물질이 많으면 황색을 띠게 된다.

(2) 점토의 화학적인 성질

점토의 화학 성분은 내화성, 소성 변형, 색채 등에 영향을 미치는데, 자기류 등의 고급 제품을 만드는 데에 쓰이는 점토는 대부분이 함수 규산알루미나로 되어 있다. 점토의 대부분은 원래의 암석 성분에 따라 산화철, 석회, 산화마그네슘, 산화칼륨, 산화나트륨 등을 포함하고 있다. 또한, 산화철, 석회, 산화마그네슘, 산화칼륨, 산화나트륨 등을 많이 포함하고 있는 점토는 소성 온도는 낮아지나, 소성 변형이 커서 좋은 제품을 만들

출제 키워드

■ 점토 제품의 제조 순서
원토 처리 → 원료 배합 → 반죽 → 성형 → 건조 → (소성) → 시유 → 소성 → 냉각 → 검사 및 선별

■ 토기
- 흡수성이 큼
- 기와, 벽돌, 토관에 사용
- 최저급 점토 사용

■ 도기
- 소성 온도 1,100~1,230℃
- 백색의 유색, 불투명
- 타일, 위생도기, 테라코다 타일 등에 사용

■ 석기
마루 타일, 클링커 타일 등에 사용

■ 자기
- 소성 온도 1,230~1,460℃
- 흡수율이 아주 작음
- 위생도기, 자기질 타일 등에 사용
- 양질의 도토 사용

■ 점토 제품의 소성 온도(SK)
- 광학 온도계, 방전 온도계, 열전쌍 온도계 등을 사용
- 제게르 추가 가장 많이 사용
- 600~2,000℃까지는 온도를 측정 가능

■ 점토 벽돌의 흡수율
- 1종 : 10% 이하
- 2종 : 15% 이하

■ 점토 벽돌의 압축 강도
- 1종 : 24.50MPa
- 2종 : 14.70MPa

수 없다. 점토 제품의 색상은 철 산화물 또는 석회 물질에 의해 나타나는데, 철 산화물이 많으면 적색이 되고, 석회 물질이 많으면 황색을 띠게 된다.

2 점토 제품의 제조 순서

점토 제품의 제조 순서는 원토 처리 → 원료 배합 → 반죽 → 성형 → 건조 → (소성) → 시유 → 소성 → 냉각 → 검사 및 선별의 순이다.

3 점토 제품의 분류

(1) 점토 제품의 분류

종류	소성 온도(℃)	소지		투명도	건축 재료	비고
		흡수성	빛깔			
토기	790~1,000	크다. (20% 이상)	유색	불투명	기와, 벽돌, 토관	최저급 원료(전답토)로 강도가 취약하다.
도기	1,100~1,230	약간 크다. (10%)	백색 유색	불투명	타일, 위생도기, 테라코타 타일	다공질로서 흡수성이 있고, 질이 굳으며, 두드리면 탁음이 난다. 유약을 사용한다.
석기	1,160~1,350	작다. (3~10%)	유색	불투명	마루 타일, 클링커 타일	시유약은 쓰지 않고 식염유를 쓴다.
자기	1,230~1,460	아주 작다. (0~1%)	백색	투명	위생도기, 자기질 타일	양질의 도토 또는 장석분을 원료로 하고, 두드리면 금속음이 난다.

(2) 점토 제품의 소성 온도

점토 제품의 소성 온도(SK)를 측정하는 데에는 광학 온도계, 방전 온도계, 열전쌍 온도계 등이 쓰이나 제게르 추가 가장 많이 사용되며, 600~2,000℃까지는 온도를 측정할 수 있다.

4 점토 벽돌

(1) 점토 벽돌의 품질 기준

구분	1종	2종
흡수율(%)	10 이하	15 이하
압축 강도(MPa, N/mm^2)	24.50 이상	14.70 이상

(2) 벽돌의 치수 및 구성

① 벽돌의 표준 치수에서 표준형(블록 혼합형)은 190mm×90mm×57mm이고, 기존형(재래형)은 210mm×100mm×60mm이다.

② 조적재 규격의 구성

㉮ 조적재의 너비 = $\dfrac{\text{조적재의 길이} - \text{줄눈의 폭}}{2}$

㉯ 조적재의 높이 = $\dfrac{\text{조적재의 길이} - \text{줄눈의 폭} \times 2}{2}$

③ 벽돌의 마름질

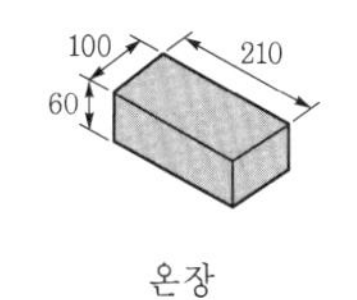

온장

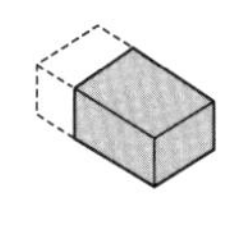
칠오토막

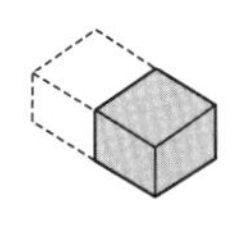
반토막

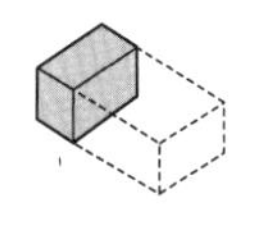
이오토막

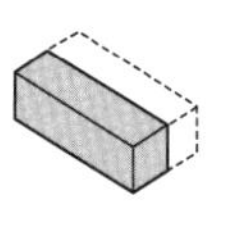
반절

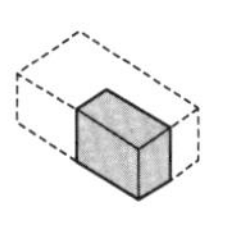
반반절

출제 키워드

■ 벽돌의 표준 치수
- 표준형(블록 혼합형) : 190mm×90mm×57mm
- 기존형(재래형) : 210mm×100mm×60mm

(3) 특수 벽돌의 종류

① **과소품 벽돌** : 매우 높은 온도로 구워낸 것으로 모양이 좋지 않고 빛깔은 짙으나 흡수율이 매우 적고 압축 강도가 매우 큰 벽돌로서 기초쌓기나 특수 장식용으로 이용된다.

② **다공질 벽돌** : 경량 벽돌로, 원료인 점토에 톱밥, 분탄 등의 유기질 가루(30~50%)를 혼합하여 성형 소성한 것으로, 비중은 1.5 정도로서 보통 벽돌의 2.0보다 작다. 절단(톱질)과 못박기의 가공성이 우수하며, 단열과 방음성 및 흡음성이 있으나 강도가 약하므로 구조용으로의 사용은 불가능하다. 규격은 보통 벽돌과 동일하다.

③ **공동(중공) 벽돌** : 블록과 비슷하게 속을 비게 하여 만든 벽돌로서 가볍고, 단열과 방음성 및 보온성이 우수하여 방음벽, 단열층 및 보온벽에 사용되며, 칸막이벽이나 외벽 등에 사용한다.

④ **내화 벽돌** : 내화 점토를 원료로 하여 만든 점토 제품으로, 보통 벽돌보다 내화성이 크다. 내화도에 따라 저급 내화 벽돌(SK 26~SK 29), 보통 내화 벽돌(SK 30~SK 33), 고급 내화 벽돌(SK 34~SK 42) 등의 세 종류로 구분할 수 있다. 종류로는 샤모트 벽돌, 규석 벽돌 및 고토 벽돌이 있다. 내화 벽돌의 크기는 230×114×65mm로, 보통 벽돌보다 치수가 크며, 줄눈은 작게 한다. 내화 벽돌을 쌓을 때에는 접착제로 내화 점토를 사용한다. 내화 벽돌은 기건성이므로 물축이기를 하지 않는다.

▌내화 벽돌의 소성 온도▐

벽돌의 종류	내화도	용도
저급 내화 벽돌	SK 26(1,580℃)~SK 29(1,650℃)	굴뚝, 페치카의 안쌓기
중급 내화 벽돌	SK 30(1,670℃)~SK 33(1,730℃)	보통의 가마
고급 내화 벽돌	SK 34(1,750℃)~SK 42(2,000℃)	고열 가마

■ 과소품 벽돌
- 매우 높은 온도로 구워낸 것
- 모양이 좋지 않고 빛깔은 짙으나 흡수율이 매우 적고 압축 강도가 매우 큰 벽돌

■ 다공질 벽돌
- 경량 벽돌의 일종
- 원료인 점토에 톱밥, 분탄 등의 유기질 가루(30~50%)를 혼합하여 성형 소성한 것
- 절단(톱질)과 못박기의 가공성이 우수
- 방음성 및 흡음성이 있으나 강도는 약함
- 구조용으로의 사용은 불가능

■ 내화 벽돌
- 저급 내화 벽돌(SK 26~SK 29), 보통 내화 벽돌(SK 30~SK 33), 고급 내화 벽돌(SK 34~SK 42) 등의 세 종류로 구분
- 내화 벽돌의 크기는 230mm×114mm×65mm
- 내화 벽돌은 기건성이므로 물축이기를 하지 않음

⑤ 포도(포도용) 벽돌 : 마멸과 충격에 강하고, 흡수율이 작으며, 내화력이 강한 것으로 도로 포장용이나 옥상 포장용으로 사용하는 벽돌이다.

⑥ 오지 벽돌 : 벽돌에 오지물을 칠해 소성한 벽돌이다.

5 타일

(1) 타일의 흡수율

타일의 소지질	자기질	석기질	도기질	클링커 타일
흡수율	3% 이하	5% 이하	18% 이하	8% 이하

(2) 타일의 구분

호칭명	소지의 질	비고
내장 타일	자기질, 석기질, 도기질	• 도기질 타일은 흡수율이 커서 동해를 받을 수 있으므로 내장용에만 이용된다. • 클링커 타일은 비교적 두꺼운 바닥 타일로서, 시유 또는 무유의 석기질 타일이다.
외장 타일	자기질, 석기질	
바닥 타일	자기질, 석기질	
모자이크 타일	자기질	

(3) 타일의 종류

① 스크래치 타일 : 표면에 홈이 나란히 파여 있는 타일이다.

② 보더 타일 : 장방형의 타일 중에서 길쭉한 것, 즉 타일 치수에서 길이가 폭의 3배 이상으로 가늘고 긴 타일로서 징두리벽 등의 장식용에 사용되는 타일이다.

③ 세라믹 타일 : 점토, 모래 등의 비철 금속 무기물을 가열하여 만드는 요업 제품인 타일이다.

④ 아트 타일 : 색깔이 다양한 것으로 모양이나 그림을 나타내는 타일이다.

⑤ 클링커 타일 : 색깔은 진한 다갈색이고 요철을 넣어 바닥 등에 사용하는 외부 바닥용의 특수 타일로서, 고온으로 충분히 소성한 타일이다.

6 테라코타

테라코타는 석재 조각물 대신에 사용되는 장식용 공동의 대형 점토 제품으로서 속을 비게 하여 가볍게 만들고, 건축물의 패러핏, 버팀벽, 주두, 난간벽, 창대, 돌림띠 등의 장식에 사용한다. 특성은 일반 석재보다 가볍고, 압축 강도는 80~90MPa로서 화강암의 1/2 정도이다. 화강암보다 내화력이 강하고 대리석보다 풍화에 강하므로 외장에 적당하다. 1개의 크기는 제조와 취급상 $0.5m^3$ 또는 $0.3m^3$ 이하로 하는 것이 좋고, 단순한 제품의 경우 압축 성형 및 압출 성형 등의 방법을 사용한다.

출제 키워드

■ 포도(포도용) 벽돌
도로 포장용이나 옥상 포장용으로 사용하는 벽돌

■ 오지 벽돌
벽돌에 오지물을 칠해 소성한 벽돌

■ 타일의 흡수율
• 자기질(3% 이하)
• 석기질(5% 이하)
• 도기길(18% 이하)
• 클링커 타일(8% 이하)

■ 타일의 구분
• 내장 타일 : 자기질, 석기질, 도기질
• 외장 타일 : 자기질, 석기질
• 모자이크 타일 : 자기질

■ 보더 타일
• 타일 치수에서 길이가 폭의 3배 이상으로 가늘고 긴 타일
• 징두리벽 등의 장식용에 사용

■ 클링커 타일
• 색깔은 진한 다갈색
• 요철을 넣어 바닥 등에 사용하는 외부 바닥용의 특수 타일
• 고온으로 충분히 소성한 타일

■ 테라코타
• 석재 조각물 대신에 사용되는 장식용 공동의 대형 점토 제품
• 건축물의 패러핏, 버팀벽, 주두, 난간벽, 창대, 돌림띠 등의 장식에 사용

7 점토 제품의 품질 시험 등

(1) 건축 재료의 품질 시험법

종류	벽돌	타일	기와	내화 벽돌
판별 요소	압축 강도, 흡수율	뒤틀림, 치수의 불규칙도, 흡수율, 내균열성, 내마멸성, 내동해성, 내약품성, 꺾임 강도	휨 강도, 흡수율	내화도

(2) 점토 제품의 주용도

제품	테라초	트래버틴	타일	테라코타
용도	벽, 바닥의 수장재	내벽의 수장재	내외벽, 바닥의 수장재	장식용

(3) 점토 제품의 각종 현상

① 박리 현상 : 타일 시공 후 압착이 충분하지 않는 경우 등으로 타일이 떨어지는 현상이다.

② 백화 현상 : 콘크리트나 벽돌을 시공한 후 흰 가루가 돋아나는 현상이다.

③ 소성 현상 : 외력을 가했다가 제거해도 원래의 상태로 돌아가지 못하는 현상이다.

④ 동해 현상 : 동결에 의한 피해 현상이다.

(4) 점토 제품의 종류

벽돌, 기와, 타일, 내화 벽돌, 위생도기, 모자이크 타일 및 테라코타 등이 있고, 점토 제품이 아닌 것에는 아스팔트 타일(역청 제품), 펄라이트(석재 제품), 테라초(석재 제품) 등이 있다.

(5) 건축의 신재료

① 금속계 신재료는 초고장력 강, 구조용 비자성 강 및 비정질 금속 등이 있다.

② 합성수지계 신재료는 엔지니어링 플라스틱(폴리카보네이트, 변성 폴리올레핀 나일론, 폴리판 수지 및 폴리에틸렌 수지 등)과 고내구성 고분자계 도료 등이 있다.

③ 세라믹계 신재료는 시멘트계 재료(강섬유 보강 콘크리트, 유리섬유 보강 콘크리트, 탄소섬유 보강 콘크리트 및 기타 섬유 보강 콘크리트 등)와 유리계 신재료(표면 처리 유리, 조광 유리 등) 등이 있다.

출제 키워드

■ 점토 제품의 박리 현상
타일 시공 후 압착이 충분하지 않는 경우 등으로 타일이 떨어지는 현상

■ 점토 제품의 종류
벽돌, 기와, 타일, 내화 벽돌, 위생도기, 모자이크 타일 및 테라코타 등

■ 점토 제품이 아닌 것
아스팔트 타일, 펄라이트, 테라초 등

■ 세라믹계 신재료
- 시멘트계 재료에는 강섬유 보강 콘크리트, 유리섬유 보강 콘크리트, 탄소섬유 보강 콘크리트 및 기타 섬유 보강 콘크리트 등
- 유리계 신재료에는 표면 처리 유리, 조광 유리 등

CHAPTER 02

| 2-3. 점토 재료 |

과년도 출제문제

01 물리적 성질
24, 22, 21②, 20, 19, 17, 10, 08

점토의 물리적 성질에 대한 설명으로 옳지 않은 것은?

① 비중은 일반적으로 2.5~2.6 정도이다.
② 입자의 크기가 클수록 가소성이 좋다.
③ 양질의 점토는 습윤 상태에서 현저한 가소성을 나타낸다.
④ 압축 강도는 인장 강도의 약 5배 정도이다.

해설 점토의 물리적 성질은 입자의 크기가 작을수록 가소성이 좋고, 클수록 가소성이 나빠진다.

02 물리적 성질
11, 09

다음 중 점토의 물리적 성질에 대한 설명으로 옳은 것은?

① 점토의 비중은 일반적으로 3.5~3.6 정도이다.
② 양질의 점토일수록 가소성은 나빠진다.
③ 미립 점토의 인장 강도는 3~10MPa 정도이다.
④ 점토의 압축 강도는 인장 강도의 약 5배이다.

해설 점토의 비중은 2.5~2.6 정도이고, 양질의 점토일수록 가소성이 좋으며, 미립 점토의 인장 강도는 0.3~1MPa(3~10kg/cm^2)이다.

03 물리적 성질
10

다음 중 점토의 성질에 대한 설명으로 옳지 않은 것은?

① 불순물이 많을수록 점토의 강도가 높아진다.
② 인장 강도는 점토의 종류, 입자 크기 등에 영향을 받는다.
③ 양질의 점토일수록 가소성이 좋다.
④ 가소성이 과대할 때는 모래 또는 샤모트를 섞는다.

해설 점토의 성질은 불순물이 많을수록 강도가 낮아진다.

04 점토의 압축과 인장 강도의 관계
09, 07

점토의 압축 강도는 인장 강도의 약 얼마 정도인가?

① 1배 ② 2배
③ 3배 ④ 5배

해설 점토의 인장 강도 시험은 점토의 분말을 물로 개어 시멘트 시험체와 같이 만들고, 110℃로 완전 건조시켜 시험하며, 일반적으로 인장 강도는 3~10kg/cm^2(0.3~1MPa)이고, 압축 강도는 인장 강도의 약 5배 정도이다.

05 점토 벽돌의 붉은색의 성분
15, 11, 03, 99, 98

점토 벽돌에 붉은색을 갖게 하는 성분은?

① 산화철 ② 석회
③ 산화나트륨 ④ 산화마그네슘

해설 점토 제품의 색상은 철 산화물 또는 석회 물질에 의해 나타나며, 철 산화물이 많으면 적색이 되고, 석회 물질이 많으면 황색을 띠게 된다.

06 샤모테의 용어
16, 14, 10, 01

점토를 한 번 소성하여 분쇄한 것으로서 점성 조절재로 이용되는 것은?

① 질석 ② 샤모테
③ 돌로마이트 ④ 고로 슬래그

해설 질석은 운모계와 사문암계 광석으로 800~1,000℃로 가열하면 부피가 5~6배로 팽창되며, 비중이 0.2~0.4인 다공질 경석으로 단열, 흡음, 보온 효과가 있다. 돌로마이트는 마그네시아를 주성분으로 하는 석회이며, 고로 슬래그는 고로에서 선철을 만들 때 나오는 광재를 물 속에서 급히 냉각시켜, 잘게 부분 수쇄 슬래그이다.

정답 01. ② 02. ④ 03. ① 04. ④ 05. ① 06. ②

07 흡수성(가장 큰 것)
17, 14, 09, 03

다음 점토 제품 중 흡수성이 가장 큰 것은?

① 토기 ② 도기
③ 석기 ④ 자기

해설 점토 제품의 흡수율

종류	저급 점토(토기)	석암 점토(석기)	도토(도기)	자토(자기)
흡수율	20% 이상	3~10%	10%	0~1%

08 흡수성(가장 적은 것)
21, 20②, 18, 17, 14, 09, 02③, 01, 00, 98

점토 제품 중 흡수율이 가장 적은 것은?

① 토기 ② 석기
③ 도기 ④ 자기

해설 점토 제품의 흡수율을 보면, 토기(저급 점토)는 20% 이상, 석기(석암 점토)는 3~10% 정도, 도기(도토)는 10% 정도, 자기(자토)는 0~1% 정도이다.

09 점토제품(저급 원료)
07

다음의 점토 제품 중 가장 저급의 원료를 사용하는 것은?

① 타일 ② 기와
③ 테라코타 ④ 위생도기

해설 점토 제품의 분류

종류	토기	도기	석기	자기
소성	790~1,000℃	1,100~1,230℃	1,160~1,350℃	1,230~1,460℃
제품	기와, 벽돌, 토관	타일, 테라코타 타일, 위생도기	마루 타일, 클링커 타일	위생도기, 자기질 타일

10 토기
09

토기에 대한 설명으로 옳지 않은 것은?

① 기와, 벽돌, 토관 등의 건축 재료로 사용된다.
② 소성 온도는 790~1,000℃ 정도이다.
③ 흡수성이 크고 강도가 약하다.
④ 양질의 도토를 원료로 한다.

해설 토기는 최저급 원료(전답토)를 사용하여 강도가 취약하고, 790~1,000℃에서 소성하며, 불투명이고, 기와, 벽돌, 토관 등에 사용한다.

11 도기의 용어
19, 17, 16, 13, 12

석영, 운모 등의 풍화물로 만들어진 도토를 원료로 1,100~1,250℃ 정도 소성하면 백색 불투명한 바탕을 이루어 타일 제조에 많이 이용되는 점토 제품은?

① 토기 ② 자기
③ 도기 ④ 석기

해설 토기는 최저급 원료(전답토)로, 강도가 취약하고, 790~1,000℃ 정도로 소성하며, 불투명이고, 기와, 벽돌, 토관 등에 사용한다. 자기는 양질의 도토 또는 장석분을 원료로 사용하며, 두드리면 금속음이 나고, 1,230~1,460℃ 정도로 소성하며, 투명이고, 자기질 타일 등의 제작에 사용한다. 석기는 1,160~1,350℃ 정도로 소성하고, 불투명이며, 마루 타일, 클링커 타일 등에 사용한다.

12 소성 온도(도기)
11

점토 제품 중 도기의 소성 온도로 옳은 것은?

① 790~1,000℃ ② 1,100~1,230℃
③ 1,160~1,350℃ ④ 1,230~1,460℃

해설 점토 제품의 소성 온도

종류	저급 점토(토기)	석암 점토(석기)	도토(도기)	자토(자기)
소성 온도	790~1,000℃	1,160~1,350℃	1,100~1,230℃	1,230~1,460℃

13 소성 온도(가장 높은 것)
24, 20, 19, 18③, 17, 13, 10, 04, 03

다음 중 가장 높은 온도에서 소성된 점토 제품은?

① 토기 ② 도기
③ 석기 ④ 자기

해설 소성 온도가 낮은 것에서 높은 것으로 나열하면 토기(저급 점토, 790~1,000℃) → 도기(도토, 1,100~1,230℃) → 석기(석암 점토, 1,160~1,350℃) → 자기(자토, 1,230~1,460℃)의 순이다.

14 자기의 용어
19, 10, 04

소성 온도는 1,230℃~1,460℃ 정도이고 견고하고 치밀한 구조로서 흡수율이 1% 이하로 거의 없으며, 위생도기 등에 사용되는 것은?

① 토기 ② 석기
③ 도기 ④ 자기

정답 07. ① 08. ④ 09. ② 10. ④ 11. ③ 12. ② 13. ④ 14. ④

해설 토기는 최저급 원료(전답토)로, 강도가 취약하고, 790~1,000℃ 정도로 소성하며, 불투명이고, 기와, 벽돌, 토관 등에 사용한다. 도기는 도토를 사용하고, 1,100~1,230℃ 정도로 소성하며, 타일, 테라코타 타일, 위생 도기 등에 사용한다. 흡수성이 약간 크고, 빛깔은 백색, 유색이며, 불투명, 다공질이다. 석기는 1,160~1,350℃ 정도로 소성하고, 불투명이며, 마루 타일, 클링커 타일 등에 사용한다.

15 | 제품의 분류
04

다음 중 점토 제품의 분류가 가장 옳게 된 것은?

① 토기 – 타일, 테라코타 타일
② 도기 – 기와, 벽돌, 토관
③ 석기 – 마루 타일, 클링커 타일
④ 자기 – 수도관, 위생도기

해설 도기는 타일, 테라코타 타일에 사용하고, 토기는 기와, 벽돌, 토관에 사용하며, 석기는 마루 타일, 클링커 타일에 사용한다. 또한, 자기는 자기질 타일에 사용한다.

16 | 제품의 제법 순서
22②, 14, 10②

점토 제품의 제법 순서를 옳게 나열한 것은?

① 반죽	② 성형
③ 건조	④ 원토 처리
⑤ 원료 배합	⑥ 소성

① ④–⑤–①–②–③–⑥
② ①–②–③–④–⑤–⑥
③ ②–③–⑥–④–⑤–①
④ ③–⑥–⑤–②–④–①

해설 점토 제품의 제조 순서는 원토 처리 → 원료 배합 → 반죽 → 성형 → 건조 → (소성) → 시유 → 소성 → 냉각 → 검사 및 선별의 순이다.

17 | 소성 온도(측정)
24, 23, 21, 17③, 13, 09, 99

다음 중 점토 제품의 소성 온도 측정에 쓰이는 것은?

① 샤모트(Chamotte) 추　② 머플(Muffle) 추
③ 호프만(Hoffman) 추　④ 제게르(Seger) 추

해설 점토 제품의 SK 번호는 소성 온도를 나타내고, 소성 온도를 측정하는 데에는 광학 온도계, 방전 온도계, 열전쌍 온도계 등이 쓰이나 제게르 추가 가장 많이 사용되며, 600~2,000℃까지 온도를 측정할 수 있다.

18 | SK의 의미
12, 05, 00

점토 제품에서 SK의 번호는 무엇을 나타내는 것인가?

① 제품의 크기를 표시한다.
② 점토의 구성 성분을 표시한다.
③ 제품의 용도를 나타낸다.
④ 소성 온도를 나타낸다.

해설 점토 제품의 SK의 번호는 소성 온도를 나타내고, 소성 온도를 측정하는 데에는 광학 온도계, 방전 온도계, 열전쌍 온도계 등이 쓰이나 제게르 추가 가장 많이 사용되며, 600~2,000℃까지 온도를 측정할 수 있다.

19 | 벽돌의 크기(표준형)
23, 21, 20, 19③, 17③, 14, 09, 06, 04②, 03, 02, 01

표준형 점토 벽돌의 크기는? (단, 단위는 mm)

① 190×90×57　② 200×90×60
③ 210×100×57　④ 210×120×60

해설 벽돌의 표준 치수에서 표준형(블록 혼합형)은 190×90×57mm이고, 기존형(재래형)은 210×100×60mm이다.

또한, 조적재의 너비$=\frac{\text{조적재의 길이}-\text{줄눈의 폭}}{2}$이고,

조적재의 높이$=\frac{\text{조적재의 길이}-\text{줄눈의 폭}\times 2}{3}$이다.

20 | 벽돌의 크기(마름질)
21, 18, 14

벽돌 마름질과 관련하여 다음 중 전체적인 크기가 가장 큰 토막은?

① 이오 토막　② 반 토막
③ 반반절　④ 칠오 토막

해설 벽돌의 마름질에 의한 벽돌의 크기를 보면, 벽돌 전체 크기를 100%로 본다면, 이오 토막은 25%, 반 토막은 50%, 반반절은 25%, 칠오토막은 75% 정도이다.

21 | 벽돌의 압축 강도(1종)
23, 22, 21②, 20, 18, 14, 06②, 04, 03, 02②, 01, 00, 99, 98

1종 점토 벽돌의 압축 강도 기준으로 옳은 것은?

① 10.78N/mm^2 이상　② 20.59N/mm^2 이상
③ 24.50N/mm^2 이상　④ 26.58N/mm^2 이상

해설 점토 벽돌의 품질 기준

구분	1종	2종
흡수율(%)	10 이하	15 이하
압축 강도(MPa, N/mm^2)	24.50 이상	14.70 이상

정답 15.③ 16.① 17.④ 18.④ 19.① 20.④ 21.③

22 벽돌의 압축 강도(2종)
18, 11

다음 중 2종 점토 벽돌의 압축 강도는 최소 얼마 이상인가?

① 10.78N/mm^2 ② 14.70N/mm^2
③ 22.54N/mm^2 ④ 24.58N/mm^2

해설 점토 벽돌의 품질 기준

구분	1종	2종
흡수율(%)	10 이하	15 이하
압축 강도(MPa, N/mm^2)	24.50 이상	14.70 이상

23 벽돌의 품질 결정 요소
14, 07, 05, 03, 02②

점토 벽돌의 품질 결정에 가장 중요한 요소는?

① 압축 강도와 흡수율
② 제품 치수와 함수율
③ 인장 강도와 비중
④ 제품 모양과 색깔

해설 점토 벽돌의 품질 결정은 압축 강도와 흡수율로 판정한다.

24 벽돌(다공질)의 용어
23, 21, 19, 18, 16②, 09, 08, 06, 03

점토에 톱밥이나 분탄 등을 혼합하여 소성시킨 것으로 절단, 못치기 등의 가공성이 우수하며 방음·흡음성이 좋은 경량 벽돌은?

① 이형 벽돌 ② 포도 벽돌
③ 다공질 벽돌 ④ 내화 벽돌

해설 이형 벽돌은 특수 구조부(창, 출입구, 천장 등)에 사용하는 벽돌이고, 포도 벽돌은 도로 포장용, 건물 옥상 포장용 및 공장 바닥용에 사용하므로 마멸이나 충격에 강하고, 내화력이 강한 것이 요구된다. 내화 벽돌은 높은 온도를 요하는 장소(용광로, 시멘트 및 유리 소성가마, 굴뚝 등)에 사용하는 벽돌이다.

25 벽돌의 종류(다공질)
07

다음의 다공 벽돌에 대한 설명 중 옳지 않은 것은?

① 비중이 1.2~1.5 정도이다.
② 방음, 흡음성이 좋다.
③ 절단, 못치기 등의 가공이 우수하다.
④ 구조용으로 주로 사용된다.

해설 다공질 벽돌은 원료인 점토에 톱밥 등의 유기질 가루를 혼합하여 성형 소성한 것으로 비중은 1.5 정도로서 보통 벽돌의 2.0보다 작고, 톱질과 못박기가 가능하며, 단열과 방음성이 있으나 강도는 약하므로 구조용으로 부적당하다.

26 벽돌의 종류(다공질)
14, 05, 03

다공질 벽돌에 관한 설명 중 옳지 않은 것은?

① 방음, 흡음성이 좋지 않고 강도도 약하다.
② 점토에 분탄, 톱밥 등을 혼합하여 소성한다.
③ 비중은 1.5 정도로 가볍다.
④ 톱질과 못박음이 가능하다.

해설 다공질 벽돌은 원료인 점토에 톱밥, 분탄 등의 유기질 가루(30~50%)를 혼합하여 성형 소성한 것으로, 단열과 방음성 및 흡음성이 있으나 강도는 약하므로 구조용으로 부적당하다.

27 벽돌의 종류(다공질)
24, 21, 19, 18③, 17③, 12

다공질 벽돌에 대한 설명으로 옳지 않은 것은?

① 원료인 점토에 탄가루와 톱밥, 겨 등의 유기질 가루를 혼합하여 성형, 소성한 것이다.
② 비중이 1.2~1.5 정도인 경량 벽돌이다.
③ 단열 및 방음성이 좋으나 강도는 약하다.
④ 톱질과 못박기가 어렵다.

해설 다공질 벽돌은 절단(톱질)과 못박기의 가공성이 우수하며, 단열과 방음성 및 흡음성이 있으나 강도는 약하므로 구조용으로 부적당하다.

28 소성 온도(내화 벽돌)
24, 02, 99

내화 벽돌이란 소성 온도가 얼마 이상인 것을 말하는가?

① SK 11 이상
② SK 21 이상
③ SK 26 이상
④ SK 36 이상

해설 내화 벽돌의 내화도와 용도

벽돌의 종류	내화도	용도
저급 내화 벽돌	SK 26(1,583℃)~ SK 29(1,650℃)	굴뚝, 페치카의 안쌓기
보통 내화 벽돌	SK 30(1,670℃)~ SK 33(1,730℃)	보통의 가마
고급 내화 벽돌	SK 34(1,750℃)~ SK 42(2,000℃)	고열 가마

정답 22.② 23.① 24.③ 25.④ 26.① 27.④ 28.③

29 | 벽돌(내화 벽돌)의 규격
08, 04, 01, 00

표준형 내화 벽돌의 규격 치수는?

① 190×90×57mm
② 210×100×60mm
③ 210×100×57mm
④ 230×114×65mm

해설 내화 벽돌의 크기는 230×114×65mm이고, 내화 벽돌을 쌓을 경우에 사용하는 접착제는 내화 점토로서, 내화 점토는 기건성이므로 물축이기를 하지 않는다.

30 | 벽돌의 종류(내화 벽돌)
04

내화 벽돌에 대한 설명 중 옳지 않은 것은?

① 보통 벽돌보다 비중이 크고 내화성도 높다.
② 굴뚝 등의 내부쌓기용으로 사용된다.
③ 종류로는 샤모트 벽돌, 규석 벽돌, 고토 벽돌 등이 있다.
④ 쌓을 때 적당히 물축임을 한다.

해설 내화 벽돌은 내화 점토를 물반죽하여 쌓고, 내화 점토와 주성분은 산성 점토(규산 점토, 알루미나 등), 염기성 점토인 마그네사이트, 중성 점토인 크롬 철광 등이 있고, 기건성이므로 내화 벽돌은 물축임을 하지 않는다.

31 | 벽돌의 종류(과소품)의 용어
20, 19, 17, 14, 07

점토 벽돌 중 매우 높은 온도로 구워 낸 것으로 모양이 좋지 않고 빛깔은 짙으나 흡수율이 매우 적고 압축 강도가 매우 큰 벽돌을 무엇이라 하는가?

① 이형 벽돌 ② 과소품 벽돌
③ 다공질 벽돌 ④ 포도 벽돌

해설 이형 벽돌은 특수 구조부(창, 출입구, 천장 등)에 사용하는 벽돌이다. 다공질 벽돌은 원료인 점토에 톱밥 등의 유기질 가루를 혼합하여 성형 소성한 것으로 비중은 1.5 정도로서 보통 벽돌의 2.0보다 작고, 톱질과 못박기가 가능하며, 단열과 방음성이 있으나 강도는 약하므로 구조용으로 부적당하다. 포도 벽돌은 도로 포장용, 건물 옥상 포장용 및 공장 바닥용에 사용하므로 마멸이나 충격에 강하고, 내화력이 강한 것이 요구된다.

32 | 타일(보더 타일)의 용어
20, 19③, 17③, 13, 03, 00

길이가 폭의 3배 이상으로 가늘고 길게 된 타일로서 징두리 벽 등의 장식용에 사용되는 것은?

① 스크래치 타일 ② 보더 타일
③ 모자이크 타일 ④ 논슬립 타일

해설 스크래치 타일은 표면에 홈이 나란히 파인 타일이고, 모자이크 타일은 4cm 이하의 소형으로 된 타일이며, 논슬립 타일은 클링커 타일로 계단 코에 붙여 미끄럼을 방지하는 타일이다.

33 | 타일(외장용)
08

다음 중 외장용으로 사용할 수 없는 타일은?

① 석기질 타일 ② 자기질 타일
③ 모자이크 타일 ④ 도기질 타일

해설 타일의 구분

호칭명	소지의 질	비고
내장 타일	자기질, 석기질, 도기질	• 도기질 타일은 흡수율이 커서 동해를 받을 수 있으므로 내장용에만 이용된다. • 클링커 타일은 비교적 두꺼운 바닥 타일로서, 시유 또는 무유의 석기질 타일이다.
외장 타일	자기질, 석기질	
바닥 타일	자기질, 석기질	
모자이크 타일	자기질	

34 | 타일(흡수율이 가장 큰 것)
24, 23, 20, 16③, 08, 03

다음 소지의 질에 의한 타일의 구분에서 흡수율이 가장 큰 것은?

① 자기질 ② 석기질
③ 도기질 ④ 클링커 타일

해설 타일의 흡수율은 자기질 3%, 석기질 5%, 도기질 18% 및 클링커 타일 8% 이하로 규정하고 있다.

35 | 타일(모자이크 타일)의 재질
18, 14, 11, 06, 04

다음 중 모자이크 타일의 재질로 가장 좋은 것은?

① 토기질 ② 자기질
③ 석기질 ④ 도기질

해설 타일의 구분에서 내장 타일은 자기질, 석기질, 도기질(흡수율이 커서 동해를 받을 수 있으므로 내장용에만 이용)이고, 외장 타일과 바닥 타일은 자기질, 석기질이며, 모자이크 타일은 자기질이다. 또한, 클링커 타일은 비교적 두꺼운 바닥 타일로서, 시유 또는 무유의 석기질 타일이다.

정답 29. ④ 30. ④ 31. ② 32. ② 33. ④ 34. ③ 35. ②

36 | 타일의 흡수율
05

타일의 흡수율에 대한 규정으로 옳은 것은? (한국산업규격)

① 자기질 8%, 석기질 15%, 도기질 18%, 클링커 타일 28% 이하로 규정되어 있다.
② 자기질 13%, 석기질 15%, 도기질 18%, 클링커 타일 18% 이하로 규정되어 있다.
③ 자기질 3%, 석기질 5%, 도기질 18%, 클링커 타일 8% 이하로 규정되어 있다.
④ 자기질 15%, 석기질 15%, 도기질 18%, 클링커 타일 28% 이하로 규정되어 있다.

해설 타일의 흡수율은 자기질 3%, 석기질 5%, 도기질 18% 및 클링커 타일 8% 이하로 규정하고 있다.

37 | 타일
22, 12

점토 제품 중 타일에 대한 설명으로 옳지 않은 것은?

① 자기질 타일의 흡수율은 3% 이하이다.
② 일반적으로 모자이크 타일은 건식법에 의해 제조된다.
③ 클링커 타일은 석기질 타일이다.
④ 도기질 타일은 외장용으로만 사용된다.

해설 타일 중 도기질 타일은 내장 타일로만 사용이 가능하고, 외장용 타일은 자기질과 석기질이 사용된다.

38 | 박리 현상의 용어
20, 13

타일 시공 후 압착이 충분하지 않는 경우 등으로 타일이 떨어지는 현상을 무엇이라 하는가?

① 백화 현상 ② 박리 현상
③ 소성 현상 ④ 동해 현상

해설 백화 현상은 콘크리트나 벽돌을 시공한 후 흰 가루가 돋아나는 현상이고, 소성 현상은 외력을 가했다가 제거해도 원래의 상태로 돌아가지 못하는 현상이며, 동해 현상은 동결에 의한 피해 현상이다.

39 | 점토 제품(테라코타의 용어)
22, 21, 20, 18, 17, 14, 12, 06, 03, 02

난간벽, 돌림띠, 창대, 주두 등에 장식용으로 사용되는 공동(空胴)의 대형 점토 제품은?

① 콘크리트 ② 인조석
③ 테라초 ④ 테라코타

해설 콘크리트는 시멘트, 모래, 자갈 및 물을 섞어서 놓은 것이다. 인조석은 대리석, 화강암 등의 쇄석(종석)에, 백색 시멘트, 안료(황토, 주토 및 산화철 등) 등을 혼합하여 반죽해 다진 다음 색조와 성질을 천연 석재와 비슷하게 만든 것이다. 테라초는 대리석의 쇄석을 사용하여 백색 포틀랜드 시멘트와 종석, 안료를 섞어서 반죽하여 만든 인조석 중 대리석 계통의 색조가 나도록 표면을 물갈기한 것이다.

40 | 점토 제품(테라코타의 용어)
06

테라코타(terra-cotta)의 주된 용도는?

① 구조재 ② 방수재
③ 내화재 ④ 장식재

해설 테라코타는 석재 조각물 대신에 사용되는 장식용 공동의 대형 점토 제품으로서 속을 비게 하여 가볍게 만들고 버팀벽, 주두, 돌림띠 등의 장식용 석재로 사용한다.

41 | 점토 제품(테라코타의 목적)
18③, 12, 11, 07, 02, 01, 00

테라코타는 주로 어떤 목적으로 건축물에 사용되는가?

① 장식재 ② 보온재
③ 방수재 ④ 방진재

해설 테라코타는 석재 조각물 대신에 사용되는 장식용 공동의 대형 점토 제품으로서 속을 비게 하여 가볍게 만들고 버팀벽, 주두, 돌림띠 등의 장식용 석재로 사용한다.

42 | 세라믹 계열의 재료
23, 21, 11

세라믹 계열의 재료가 아닌 것은?

① 강섬유 보강 콘크리트
② 유리섬유 보강 콘크리트
③ 고내구성 고분자계 도료
④ 탄소섬유 보강 콘크리트

해설 금속계 신재료는 초고장력 강, 구조용 비자성 강 및 비정질 금속 등이 있고, 합성수지계 신재료는 엔지니어링 플라스틱(폴리카보네이트, 변성 폴리올레핀 나일론, 폴리판 수지 및 폴리에틸렌 수지 등)과 고내구성 고분자계 도료 등이 있다. 세라믹계 신재료는 시멘트계 재료(강섬유 보강 콘크리트, 유리섬유 보강 콘크리트, 탄소섬유 보강 콘크리트 및 기타 섬유 보강 콘크리트 등)와 유리계 신재료(표면 처리 유리, 조광 유리 등) 등이 있다.

정답 36.③ 37.④ 38.② 39.④ 40.④ 41.① 42.③

43 | 점토 제품(테라코타) 03

테라코타에 관한 기술 중 옳지 않은 것은?

① 장식용으로 사용되며 시멘트 제품이다.
② 대리석보다 풍화에 강하므로 외장에 적당하다.
③ 압축 강도는 800~900kg/cm^2 정도이다.
④ 단순한 제품은 기계로 압축, 성형, 압출 성형하여 만든다.

해설 테라코타는 석재 조각물 대신에 사용되는 장식용 공동의 대형 점토 제품으로서 속을 비게 하여 가볍게 만들고 버팀벽, 주두, 돌림띠 등의 장식용 석재로 사용한다. 특성은 일반 석재보다 가볍고, 압축 강도는 800~900kg/cm^{2}로서 화강암의 1/2 정도이며, 화강암보다 내화력이 강하고 대리석보다 풍화에 강하므로 외장에 적당하다.

44 | 점토 제품의 종류 24, 19, 11

다음 중 점토 제품이 아닌 것은?

① 내화 벽돌 ② 위생도기
③ 모자이크 타일 ④ 아스팔트 타일

해설 내화 벽돌, 위생도기 및 모자이크 타일은 점토 제품이나, 아스팔트 타일(아스팔트와 쿠마론인덴 수지를 혼합하여 충전제, 안료를 섞어 열압 성형한 두께 3mm, 크기는 30cm각의 타일)은 역청 제품이다.

45 | 점토 제품의 종류 22, 19, 18, 17, 16, 10, 09, 04

다음 중 점토 제품이 아닌 것은?

① 타일 ② 테라코타
③ 내화 벽돌 ④ 테라초

해설 테라초는 인조석의 일종으로 종석을 대리석의 쇄석으로 사용하여 대리석 계통의 색조가 나도록 표면을 물갈기한 것을 말한다. 테라초의 원료는 대리석의 쇄석, 백색 시멘트, 강모래, 안료, 물 등이다.

46 | 점토 제품 15, 06

각종 점토 제품에 대한 설명 중 틀린 것은?

① 테라코타는 공동(空胴)의 대형 점토 제품으로 주로 장식용으로 사용된다.
② 모자이크 타일은 일반적으로 자기질이다.
③ 토관은 토기질의 저급 점토를 원료로 하여 건조 소성시킨 제품으로 주로 환기통, 연통 등에 사용된다.
④ 포도 벽돌은 벽돌에 오지물을 칠해 소성한 벽돌로서, 건물의 내·외장 또는 장식물의 치장에 쓰인다.

해설 포도(포도용) 벽돌은 마멸과 충격에 강하고, 흡수율이 작으며, 내화력이 강한 것으로 도로 포장용이나 옥상 포장용으로 사용하는 벽돌이다. ④는 오지 벽돌에 대한 설명이다.

47 | 점토 23, 21, 17, 10, 08

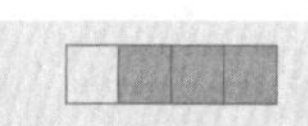

점토에 대한 다음 설명 중 옳지 않은 것은?

① 제품의 색깔과 관계있는 것은 규산 성분이다.
② 점토의 주성분은 실리카, 알루미나이다.
③ 각종 암석이 풍화, 분해되어 만들어진 가는 입자로 이루어져 있다.
④ 점토를 구성하고 있는 점토 광물은 잔류 점토와 침적 점토로 구분된다.

해설 점토의 화학 성분은 내화성, 소성 변형, 색채 등에 영향을 준다. 산화철은 제품의 색깔과 관계가 있다. 즉 산화철은 적색을 띠며, 석회는 소성된 다음 물에 의해 팽창하므로 좋지 않은 영향을 주고, 황색을 띤다.

정답 43. ① 44. ④ 45. ④ 46. ④ 47. ①

2-4. 시멘트

출제 키워드

1 시멘트의 성질 등

(1) 시멘트의 원료

시멘트는 석회석과 점토를 주원료로 하여 이것을 가루로 만들어 적당한 비율(석회석 : 점토=4 : 1)로 섞어 용융될 때까지 회전 가마에서 소성하여 얻어진 클링커(시멘트 제조 시에 최고 온도까지 소성이 이루어진 후에 공기를 이용하여 급랭시키면 생성되는 암록색의 덩어리에 응결 시간 조정제인 석고를 약 3% 정도를 넣어 가루로 만든 것이다. 따라서 시멘트의 주원료는 석회석, 점토 및 석고 등이다.

■ 시멘트의 주원료
석회석, 점토 및 석고 등

(2) 시멘트의 주요 화학 성분

포틀랜드 시멘트의 주요 화학 성분에는 석회(63~67%), 실리카(20~24%), 산화철(2~5%), 마그네시아(1~2%), 알루미나 및 무수황산 등이 있다.

■ 시멘트의 주요 화학 성분
석회(63~67%), 실리카(20~24%), 산화철(2~5%), 마그네시아(1~2%), 알루미나 및 무수황산 등

(3) 시멘트의 비중

시멘트의 비중은 소성 온도, 성분 등에 따라 달라지는데, 보통 3.05~3.15이다. 같은 종류의 시멘트라고 하더라도 풍화 현상(시멘트가 공기 중의 습기를 받아 천천히 수화 반응을 일으켜, 작은 알갱이 모양으로 굳어졌다가 이것이 계속 진행되면 주변의 시멘트와 달라붙어 결국에는 큰 덩어리가 되는 현상)이 진행될수록 소성이 불충분하고, 이물질이 혼합된 경우에는 비중이 작아진다.

■ 시멘트의 비중
시멘트의 비중은 소성 온도, 성분 등에 따라 달라지는데, 보통 3.05~3.15

(4) 시멘트의 단위 용적 중량

시멘트의 단위 용적 중량은 1,500kg/m^3로 본다.

■ 1,500kg/m^3
시멘트의 단위 용적 중량

2 시멘트의 응결과 경화 등

(1) 시멘트의 응결과 경화

① 시멘트의 응결 시간은 가수한 후 1시간에 시작하여 10시간 후에 종결하나, 시결 시간은 작업을 할 수 있도록 여유를 가지기 위하여 1시간 이상이 되는 것이 좋으며, 종결은 10시간 이내가 됨이 좋다.

② 시멘트의 응결(모르타르 또는 콘크리트가 유동적인 상태에서 겨우 형체를 유지할 수 있을 정도로 엉키는 초기 작용을 의미 또는 시멘트에 적당한 양의 물을 부어 뒤섞은 시멘트풀이 천천히 점성이 늘어남에 따라 유동성이 점차 없어져서 차차 굳어지는 상태로서 고체의 모양을 유지할 정도의 상태)은 가수량이 적을수록, 온도가 높을수

■ 시멘트의 응결 시간
가수한 후 1시간에 시작하여 10시간 후에 종결

■ 시멘트 응결의 정의
모르타르 또는 콘크리트가 유동적인 상태에서 겨우 형체를 유지할 수 있을 정도로 엉키는 초기 작용을 의미

출제 키워드

■ 시멘트의 응결과 경화
- 영향을 주는 요인에는 시멘트의 화학 성분, 혼합 물질, 온도, 습도, 풍화의 정도 및 분말도 등
- 응결은 분말도가 높을수록, 알루민산3칼슘이 많을수록 빨라진다.

■ 시멘트의 분말도의 영향
분말도가 높으면, 수화 작용의 촉진, 조기 강도가 증대, 수축·균열의 발생이 증가, 풍화 작용의 발생, 재료분리가 감소, 수축·균열이 발생, 투수성이 감소

■ 시멘트의 풍화
시멘트가 공기 중의 습기를 받아 천천히 수화 반응을 일으켜 작은 알갱이 모양으로 굳어졌다가, 이것이 계속 진행되면 주변의 시멘트와 달라붙어 결국에는 큰 덩어리로 굳어지는 현상

■ 시멘트의 안정성 시험 방법
오토클레이브 팽창도 시험법

■ 염화 칼슘
경화 촉진제로 사용

■ 시멘트의 강도에 영향을 끼치는 요인
시멘트의 성분, 분말도, 사용하는 물의 양, 풍화 정도, 양생 조건 및 시험 방법 등

■ 콘크리트의 강도에 영향을 주는 요인
물·시멘트 비, 물, 시멘트, 골재의 품질, 비비기 방법, 부어넣기 방법 등의 시공 방법, 보양 및 재령과 시험 방법 등

록, 분말도가 높을수록, 알루민산3칼슘이 많을수록 빨라진다. 또한, 시멘트의 응결과 경화에 영향을 주는 요인에는 시멘트의 화학 성분, 혼합 물질, 온도, 습도, 풍화의 정도 및 분말도 등이 있다.

③ 시멘트의 분말도(시멘트 입자의 굵고 가늚을 나타내는 것)가 높으면, 수화 작용이 빨라지고, 조기 강도가 높아지며, 응결할 때 초기 균열의 발생이 증가한다. 또한, 풍화 작용이 일어나기 쉽고, 재료 분리가 작으며, 수축·균열이 발생한다. 특히, 투수성이 적어진다.

④ 시멘트의 경화란 응결된 시멘트의 고체가 시간이 지남에 따라 조직이 굳어져서 강도가 커지게 되는 상태를 말한다.

⑤ 시멘트의 풍화란 시멘트가 공기 중의 습기를 받아 천천히 수화 반응을 일으켜 작은 알갱이 모양으로 굳어졌다가, 이것이 계속 진행되면 주변의 시멘트와 달라붙어 결국에는 큰 덩어리로 굳어지는 현상이다.

(2) 시멘트의 시험 방법

시험법	비중	분말도	응결과 경화	안정성	강도
종류	르 샤틀리에 비중병	블레인법, 표준체법	길모어 침, 비카트 침에 의한 방법	오토클레이브 팽창도 시험법	슈미트 테스트 해머

(3) 시멘트의 혼화 재료

① **혼화제** : 사용량이 비교적 적어 약품적인 사용에 그치는 것으로 AE제, 감수제, 유동화제, 응결 시간 조정제, 경화 촉진제(시멘트 경화 작용을 촉진시키기 위하여 쓰이는 혼화제)로서 응결 시간이 촉진되고, 방동에 대한 효과가 있어 동기 공사, 수중 공사에 이용된다. 염화칼슘(시멘트 중량의 1~2%)이 주로 사용된다. 방수제, 기포제, 발포제, 착색제 등

② **혼화재** : 사용량이 비교적 많아 그 자체의 용적이 콘크리트의 배합 계산에 포함되는 것으로 포졸란, 플라이 애시 및 팽창재 등이 있다.

(4) 시멘트의 강도

① 시멘트의 강도에 영향을 끼치는 요인에는 시멘트의 성분, 분말도, 사용하는 물의 양, 풍화 정도, 양생 조건 및 시험 방법 등이 있다.

② 콘크리트의 강도에 영향을 주는 요인 중 가장 큰 영향을 미치는 것은 물·시멘트비이고, 그 밖에 물, 시멘트, 골재의 품질, 비비기 방법, 부어넣기 방법 등의 시공 방법, 보양 및 재령과 시험 방법 등이 있다.

(5) 물 · 시멘트 비의 산정

$$\text{물·시멘트 비} = \frac{\text{물의 중량}}{\text{시멘트의 중량}} \times 100[\%]$$

출제 키워드

■ 물 · 시멘트 비

$= \frac{\text{물의 중량}}{\text{시멘트의 중량}} \times 100[\%]$

3 포틀랜드 시멘트의 성질 등

(1) 포틀랜드 시멘트의 성질

① **보통 포틀랜드 시멘트** : 시멘트 중에 가장 많이 사용되고, 보편화된 것으로 공정이 비교적 간단하고, 생산량이 많으며 일반적인 콘크리트 공사에 광범위하게 사용한다.

② **조강 포틀랜드 시멘트** : 조강 포틀랜드 시멘트는 원료 중에 규산삼칼슘(C_3S)의 함유량이 많아 보통 포틀랜드 시멘트에 비하여 경화가 빠르고 조기 강도(낮은 온도에서도 강도 발현이 크다)가 크다. 조기 강도가 크므로 재령 7일이면 보통 포틀랜드 시멘트의 28일 정도의 강도를 나타낸다. 또 조강 포틀랜드 시멘트는 분말도가 커서 수화열이 크고, 기간을 단축시킬 수 있다. 특히 한중 콘크리트에 보온 시간을 단축하는 데 효과적이고, 분말도가 커서 점성이 크므로 수중 콘크리트를 시공에도 적합하다. 또한, 콘크리트의 수밀성이 높고 경화에 따른 수화열이 크므로 낮은 온도에서도 강도의 발생이 크다.

■ 조강 포틀랜드 시멘트

- 규산삼칼슘(C_3S)의 함유량이 많다.
- 조기 강도가 크다.
- 콘크리트의 수밀성이 높다.
- 낮은 온도에서도 강도의 발생이 크다.

③ **중용열 포틀랜드 시멘트** : 중용열 포틀랜드 시멘트(석회석+점토+석고)는 원료 중의 석회, 알루미나, 마그네시아의 양을 적게 하고, 실리카와 산화철을 다량으로 넣어서 수화 작용을 할 때 수화열(발열량)을 적게 한 시멘트로서, 조기(단기) 강도는 작으나 장기 강도는 크며, 경화 수축(체적의 변화)이 적어서 균열의 발생이 적다. 특히 방사선의 차단, 내수성, 화학 저항성, 내침식성, 내식성 및 내구성이 크므로 댐 축조, 매스 콘크리트, 대형 구조물, 콘크리트 포장, 원자로의 방사능 차폐용 콘크리트에 적당하다.

■ 중용열 포틀랜드 시멘트

- 수화열을 적게 한 시멘트이다.
- 조기(단기) 강도는 작다.
- 균열의 발생이 적다.
- 방사선의 차단, 내수성, 화학 저항성, 내침식성이 크다.
- 댐 축조, 매스 콘크리트, 원자로의 방사능 차폐용 콘크리트에 적당하다.

④ **백색 포틀랜드 시멘트** : 백색 포틀랜드 시멘트는 철분이 거의 없는 백색 점토를 사용하여 시멘트에 포함되어 있는 산화철, 마그네시아의 함유량을 제한한 시멘트로서, 보통 포틀랜드 시멘트와 품질은 거의 같다. 건축물의 표면(내 · 외면) 마감, 도장에 주로 사용하고 구조체에는 거의 사용하지 않는다. 인조석 제조에 주로 사용된다.

■ 백색 포틀랜드 시멘트

- 건축물의 표면(내 · 외면) 마감, 도장, 인조석 제조에 주로 사용한다.
- 구조체에는 거의 사용하지 않는다.

⑤ **내황산염 포틀랜드 시멘트** : 시멘트 성분 중 알루민산삼칼슘과 같은 경우에는 황산염에 대한 저항성이 약하므로 이것의 함유량을 적게 한 시멘트로 황산염에 대한 저항성이 크고, 화학적으로 안정하며, 강도 발현도 우수하고, 건조 수축도 보통 포틀랜드 시멘트보다 적다. 용도로는 황산염 토양 지대의 콘크리트 공사, 온천 지대의 구조물 공사, 화학 폐수물이 함유된 공장 폐수 처리 시설 및 원자로 공사, 항만 및 하수 공사의 수리 구조물에 이용된다.

출제 키워드

■ 고로 시멘트
• 슬래그를 급랭한 급랭 슬래그를 혼합
• 수화 열량이 적어 매스 콘크리트용으로 사용
• 보통 포틀랜드 시멘트보다 작은 2.85 이상
• 응결 시간이 약간 느림
• 초기 강도는 약간 낮지만 장기 강도는 높음
• 화학 저항성 또는 바닷물에 대한 저항성이 큼

■ 플라이 애시 시멘트
• 플라이 애시를 혼화재로 사용한 시멘트
• 콘크리트의 워커빌리티를 좋게 하며 수밀성을 크게 할 수 있는 시멘트

■ 실리카(포졸란)시멘트
• 초기 강도는 약간 낮지만 장기 강도는 높다.
• 화학 저항성 또는 바닷물에 대한 저항성이 크다.

■ 알루미나 시멘트
• 물을 가한 후 24시간 내에 보통 포틀랜드 시멘트의 4주 강도 발현
• 장기에 걸친 강도의 증진은 없지만 조기의 강도 발생이 커서 긴급 공사에 사용
• 보크사이트와 같은 Al_2O_3의 함유량이 많은 광석과 거의 같은 양의 석회석을 혼합하여 전기로에서 완전히 용융시켜 미분쇄한 것으로, 조기의 강도 발생이 큰 시멘트

4 혼합 및 특수 시멘트

(1) 고로 시멘트

고로 시멘트는 포틀랜드 시멘트 클링커에 철용광로로부터 나온 급랭한 슬래그를 혼합하여 이에 응결 시간 조정용 석고를 혼합하여 분쇄한 것으로 수화 열량이 적어 매스 콘크리트용으로 사용할 수 있는 시멘트이다. 또한 고로에서 선철을 만들 때에 나오는 광재를 물에 넣어 급히 냉각시켜 잘게 부순 것에 포틀랜드 시멘트 클링커를 혼합한 다음, 석고를 적당히 섞어서 분쇄하여 분말로 한 것이다. 클링커는 약 30% 정도이고 비중은 보통 포틀랜드 시멘트보다 작은 2.85 이상으로 특징은 다음과 같다.

① 건조에 의한 수축은 일반 포틀랜드 시멘트보다 크나, 수화할 때 발열이 적고, 화학적 팽창에 뒤이은 수축이 적어서 균열이 적다. 특히, 매스 콘크리트용으로 사용이 가능하다.
② 비중이 작고, 바닷물에 대한 저항이 크며, 풍화가 쉽다.
③ 응결 시간이 약간 느리고, 콘크리트 블리딩이 적어진다.
④ 초기 강도는 약간 낮지만 장기 강도는 높고, 화학 저항성 또는 바닷물에 대한 저항성이 크다.

(2) 플라이 애시 시멘트

플라이 애시(화력발전소와 같이 미분탄을 연료로 하는 보일러의 연도에서 집진기로 채취한 미립자의 재) 시멘트는 플라이 애시를 혼화재로 사용한 시멘트로서, 콘크리트의 워커빌리티를 좋게 하며 수밀성을 크게 할 수 있는 시멘트이다. 무게로 5~30%의 플라이 애시를 시멘트 클링커에 혼합한 다음, 약간의 석고를 넣어 분쇄하여 만든 것이다. 수화열이 적고, 조기 강도는 낮으나 장기 강도는 커지며, 수밀성이 크고, 단위 수량을 감소시킬 수 있으며, 콘크리트의 워커빌리티가 좋다. 특히, 하천, 해안, 해수 공사와 기초, 댐 등의 매스 콘크리트에 사용한다.

(3) 실리카(포졸란) 시멘트

실리카(포졸란) 시멘트는 포틀랜드 시멘트의 클링커에 5~30%의 포졸란(화산재, 규조토, 규산 백토 등의 천연 포졸란 재료와 플라이 애시 등의 인공 포졸란 등이 있으며, 이 두 포졸란(천연 및 인공)은 실리카질의 혼화재)을 혼합하고, 적당량의 석고를 넣고 분쇄하여 분말로 만든 것이다. 특징 및 용도는 고로 슬래그 시멘트와 거의 동일하고, 초기 강도는 약간 낮지만 장기 강도는 높고, 화학 저항성 또는 바닷물에 대한 저항성이 크다.

(4) 알루미나 시멘트

알루미나 시멘트는 물을 가한 후 24시간 내에 보통 포틀랜드 시멘트의 4주 강도가 발현되는 시멘트, 장기에 걸친 강도의 증진은 없지만 조기의 강도 발생이 커서 긴급 공사에

사용되는 시멘트이다. 보크사이트와 같은 Al_2O_3의 함유량이 많은 광석과 거의 같은 양의 석회석을 혼합하여 전기로에서 완전히 용융시켜 미분쇄하여 만든다. 조기의 강도 발현이 큰 시멘트로, 성질은 초기(조기) 강도가 크고(보통 포틀랜드 시멘트 재령 28일 강도를 재령 1일에 나타낸다.), 수화열이 높으며, 화학 작용에 대한 저항성이 크다. 또한, 수축이 적고 내화성이 크므로 동기, 해수 및 긴급 공사에 사용한다.

5 시멘트의 종류 및 용도

(1) 시멘트의 종류

구분	포틀랜드 시멘트	혼합 시멘트	특수 시멘트
종류	보통, 중용열, 조강 및 백색 시멘트, 저열 포틀랜드 시멘트, 내황산염 포틀랜드 시멘트	고로 슬래그 시멘트, 플라이 애시 시멘트, 포틀랜드 포졸란 시멘트, 착색 시멘트	산화 알루미늄 시멘트, 팽창 시멘트

(2) 시멘트의 용도

종류	포틀랜드 시멘트				혼합 시멘트		특수 시멘트
	보통	중용열	조강	백색	고로	플라이 애시	알루미나
용도	일반적	댐, 방사능 차폐용	한중, 수중, 긴급 공사	미장, 도장용	해수, 대형 구조체	하천, 해안, 해수 및 매스 콘크리트	동기, 해안, 긴급

6 시멘트 제품 등

① 시멘트 블록의 기본 치수

형상	치수(mm)		
	길이	높이	두께
기본 블록	390	190	100, 150, 190
이형 블록	길이, 높이 및 두께의 최소 수치를 90mm 이상으로 한다.		

② 시멘트 콘크리트 제품의 종류 중 판상 제품으로는 가압 시멘트판 기와, 석면 시멘트 제품(석면 시멘트 판류, 석면 시멘트 관 등), 목모 시멘트 판류(목모 시멘트 판, 목편 시멘트 판, 펄프 시멘트 판 등), 봉상 제품으로는 원심력 제품, 블록 제품으로는 조적재(속 빈 시멘트 블록, 시멘트 벽돌), 조립용 콘크리트 제품 등이 있다.

③ 시멘트 제품의 양생 방법 중 가장 이상적인 방법은 적당한 온도와 습도를 주어 수중 양생을 하는 것으로, 이 경우에 강도가 가장 좋다.

출제 키워드

■ 혼합 시멘트의 종류
고로 슬래그 시멘트, 플라이 애시 시멘트, 착색 시멘트 등

■ 시멘트의 용도
• 조강 포틀랜드 시멘트 : 한중, 수중, 긴급 공사
• 알루미나 시멘트 : 동기, 해안, 긴급 공사

■ 시멘트 블록의 기본 치수
길이×높이×두께 =390×190mm×(100, 150, 190mm)

■ 시멘트 콘크리트 제품의 종류
판상 제품, 봉상 제품, 블록 제품 등

■ 시멘트 제품의 양생 방법
가장 이상적인 방법은 적당한 온도와 습도를 주어 수중 양생한다.

출제 키워드

■ 시멘트의 저장
- 시멘트는 13포대 이상 쌓으면 안 된다.
- 장기간 저장할 경우 7포대 이상 쌓지 않는다.
- 입하 순서에 따라 사용한다.
- 환기창의 설치는 금한다.

7 시멘트의 저장

① 시멘트는 지상 30cm 이상되는 마루 위에 적재해야 한다. 또한 창고는 방습 설비가 완전해야 하며, 검사에 편리하도록 적재해야 한다.

② 포대에 들어 있는 시멘트는 13포대 이상 쌓으면 안 되며, 특히 장기간 저장할 경우 7포대 이상 쌓지 않는다.

③ 3개월 이상 저장한 시멘트 또는 습기를 받았다고 생각되는 시멘트는 반드시 사용 전에 시험하여야 한다.

④ 시멘트는 입하 순서에 따라 사용한다.

⑤ 시멘트의 보관은 공기 및 습기와의 접촉을 방지하기 위하여 개구부를 설치하는 것을 피해야 한다. 특히, 환기창의 설치는 금한다.

| 2-4. 시멘트 |

과년도 출제문제

01 | 시멘트의 제조 원료
08, 01, 99

다음 중 포틀랜드 시멘트의 제조 원료에 속하지 않는 것은?

① 석회석　　② 점토
③ 석고　　④ 종석

해설 시멘트는 석회석과 점토를 주원료로 하여 이것을 가루로 만들어 적당한 비율(석회석 : 점토=4 : 1)로 섞어 용융될 때까지 회전가마에서 소성하여 얻어진 클링커에 응결 시간 조정제로 약 3% 정도의 석고를 넣어 가루로 만든 것이다. 따라서 시멘트의 주원료는 석회석, 점토 및 석고 등이다.

02 | 시멘트의 화학 성분
12, 06

다음 중 보통 포틀랜드 시멘트에 일반적으로 함유되는 성분이 아닌 것은?

① 석회　　② 실리카
③ 구리　　④ 산화철

해설 포틀랜드 시멘트의 주요 화학 성분

종류 \ 성분	실리카 (SiO_2)	알루미나 (Al_2O_3)	석회 (CaO)	산화철 (Fe_2O_3)	마그네시아 (MgO)	무수 황산 (SO_2)
보통 포틀랜드 시멘트	21~23	5~6	63~66	3~4	1~2	1~1.6
조강 포틀랜드 시멘트	20~22	4~6	65~67	2~3	1~2	1~1.7
중용열 포틀랜드 시멘트	23~24	4~5	63~65	4~5	1~2	1~1.4

03 | 석고의 역할
18, 12

포틀랜드 시멘트류를 제조할 때 석고를 넣는 이유는?

① 응결 시간을 조절하기 위해서
② 강도를 높이기 위해서
③ 분말도를 높이기 위해서
④ 비중을 높이기 위해서

해설 포틀랜드 시멘트의 원료는 석회석과 점토의 비를 4 : 1로 섞어 만든 클링커에 응결 시간 조절제(응결 시간을 조절하기 위함)인 석고를 섞어서 제조한다.

04 | 시멘트의 화학 성분
19, 17, 09

시멘트를 구성하는 주요 화학 성분으로 가장 거리가 먼 것은?

① 실리카　　② 산화 알루미늄
③ 일산화탄소　　④ 석회

해설 시멘트를 구성하는 3대 성분은 석회(산화 칼슘), 실리카, 알루미나(산화 알루미늄) 등이고, 소량의 산화철, 산화 마그네슘, 아황산, 알칼리 등이 포함되어 있다.

05 | 시멘트 클링커의 용어
16

시멘트 제조할 때 최고 온도까지 소성이 이루어진 후에 공기를 이용하여 급랭시켜 소성물을 배출하게 되면 화산암과 같은 검은 입자가 나오는데, 이 검은 입자를 무엇이라 하는가?

① 포졸란　　② 시멘트 클링커
③ 플라이 애시　　④ 광재

해설 포졸란은 화산회 등의 광물질(실리카질) 분말로 된 콘크리트 혼화 재료의 일종이고, 플라이 애시는 세립의 석탄재로서 콘크리트의 혼화 재료로 쓰이는 규산질 물질로 포졸란의 일종이다. 광재(슬래그)는 용광로에서 철광을 제련할 때 생성되는 비금속성 생성물로 주성분은 규산염, 석회질, 규산반토 등의 염기물로 이루어진 것이다.

06 | 시멘트 $1m^3$당 무게
02

시멘트 $1m^3$의 중량으로서 가장 적합한 것은?

① 1,000kg　　② 1,200kg
③ 1,500kg　　④ 2,500kg

해설 시멘트의 단위 용적 중량은 $1,500kg/m^3$로 본다.

정답 01. ④ 02. ③ 03. ① 04. ③ 05. ② 06. ③

07 | 풍화의 용어
23, 13

시멘트가 공기 중의 습기를 받아 천천히 수화 반응을 일으켜 작은 알갱이 모양으로 굳어졌다가, 이것이 계속 진행되면 주변의 시멘트와 달라붙어 결국에는 큰 덩어리로 굳어지는 현상은?

① 응결　② 소성
③ 경화　④ 풍화

해설 응결은 시멘트가 물과 화합하면 수화 작용을 일으켜 형태가 변화되나 시간이 경과되면 형태가 변화하지 않는 현상이고, 소성은 외력을 가했다가 제거해도 원래의 상태로 되돌아가지 못하는 성질이다. 경화는 응결된 시멘트의 고체가 시간이 지남에 따라 조직이 굳어져서 강도가 커지게 되는 상태를 말한다.

08 | 시멘트의 분말도
23, 19, 16, 10

시멘트 분말도에 대한 설명으로 옳지 않은 것은?

① 분말도가 클수록 수화 작용이 빠르다.
② 분말도가 클수록 초기 강도의 발생이 빠르다.
③ 분말도가 클수록 강도 증진율이 높다.
④ 분말도가 클수록 초기 균열이 적다.

해설 시멘트의 분말도(시멘트 입자의 굵고 가늚을 나타내는 것)가 높으면 수화 작용이 빨라지고, 조기 강도가 높아지며, 응결할 때 초기 균열 발생이 증가한다. 또한, 풍화 작용이 일어나기 쉽다.

09 | 시멘트의 분말도의 성질
11

시멘트의 분말도가 높은 경우의 특징으로 옳지 않은 것은?

① 수화 작용이 빠르다.　② 시공 연도가 좋다.
③ 조기 강도가 크다.　④ 재료 분리가 크다.

해설 시멘트의 분말도가 높은 경우 수화 작용이 촉진되므로 응결이 빠르고, 조기 강도가 높아진다. 또한 시공 시 작업성이 좋고, 재료 분리 현상이 적으며, 수밀성이 증대되나, 초기 균열과 풍화 작용이 쉽게 일어나게 된다.

10 | 시멘트의 분말도의 성질
24, 23, 02, 00

시멘트 분말도가 높을수록 다음과 같은 성질이 있다. 옳지 않은 기술은?

① 초기 강도가 높다.　② 수화 작용이 빠르다.
③ 풍화하기 쉽다.　④ 수축 균열이 생기지 않는다.

해설 시멘트의 분말도는 시멘트 입자의 굵고 가늚을 나타내는 것으로 분말도가 높은 경우 발열량이 높아지므로 수축 균열이 많이 생긴다.

11 | 시멘트의 응결 시간의 단축
10

다음 중 시멘트 응결 시간이 단축되는 경우는?

① 풍화된 시멘트를 사용할 때
② 수량이 많을 때
③ 온도가 낮을 때
④ 시멘트 분말도가 클 때

해설 시멘트의 응결(시멘트에 적당한 양의 물을 부어 뒤섞은 시멘트풀이 천천히 점성이 늘어남에 따라 유동성이 점차 없어져서 굳어지는 상태로서 고체의 모양을 유지할 정도의 상태)은 가수량이 적을수록, 온도가 높을수록, 분말도가 높을수록, 알루민산삼칼슘이 많을수록 빨라진다.

12 | 시멘트의 분말도의 성질
19, 18, 13

시멘트의 품질이 일정할 경우 분말도가 클수록 일어나는 현상으로 옳은 것은?

① 초기 강도가 낮아진다.
② 시공 후 투수성이 적어진다.
③ 수화 작용이 느려진다.
④ 시공 연도가 떨어진다.

해설 시멘트의 분말도가 클수록 초기 강도가 높아지고, 수화 작용이 빨라지며, 시공 연도가 좋아진다. 또한, 시공 후 투수성이 적어진다.

13 | 응결의 용어
18, 11

모르타르 또는 콘크리트가 유동적인 상태에서 겨우 형체를 유지할 수 있을 정도로 엉키는 초기 작용을 의미하는 것은?

① 풍화　② 응결
③ 블리딩　④ 중성화

해설 풍화는 시멘트가 수분을 흡수하여 경미한 수화 작용을 하여 수산화칼슘과 공기 중의 이산화탄소가 작용하여 탄산칼슘이 생기게 하는 현상이다. 블리딩은 아직 굳지 않은 모르타르나 콘크리트에 있어서 윗면에 물이 스며 나오는 현상으로 블리딩이 많으면 콘크리트가 다공질이 되고, 강도, 수밀성, 내구성 및 부착력이 감소한다. 중성화 현상은 콘크리트는 원래 알칼리성이나 시일의 경과와 더불어 공기 중의 이산화탄소의 작용을 받아 수산화칼슘이 서서히 탄산칼슘으로 되어 알칼리성을 잃어가는 현상이다.

정답 07. ④ 08. ④ 09. ④ 10. ④ 11. ④ 12. ② 13. ②

14 | 시멘트의 응결 시간
19, 18, 17, 10, 08, 05, 03

보통 포틀랜드 시멘트의 응결 시간에 대한 설명 중 옳은 것은?

① 초결 30분 이상, 종결 10시간 이하
② 초결 30분 이상, 종결 20시간 이하
③ 초결 60분 이상, 종결 20시간 이하
④ 초결 60분 이상, 종결 10시간 이하

해설 시멘트의 응결 시간은 가수한 후 1시간 후에 시작하여 10시간 후에 종결하나 시작 시간은 작업을 할 수 있도록 여유를 가지기 위하여 1시간 이상이 되는 것이 좋으며, 종결은 10시간 이내가 됨이 좋다.

15 | 시멘트의 응결 시간
06, 02

시멘트의 응결 시간에 관한 설명 중 옳지 않은 것은?

① 가수량이 많을수록 응결이 늦어진다.
② 온도가 높을수록 응결 시간이 짧아진다.
③ 신선한 시멘트로서 분말도가 미세한 것일수록 응결이 빠르다.
④ 알루민산3칼슘 성분이 많을수록 응결이 늦어진다.

해설 시멘트의 응결(시멘트에 적당한 양의 물을 부어 뒤섞은 시멘트풀이 천천히 점성이 늘어남에 따라 유동성이 점차 없어져서 차차 굳어지는 상태로서 고체의 모양을 유지할 정도의 상태)은 가수량이 적을수록, 온도가 높을수록, 분말도가 높을수록, 알루민산삼칼슘이 많을수록 빨라진다.

16 | 시멘트의 응결
10

시멘트의 응결과 관련된 설명으로 옳지 않은 것은?

① 분말도가 낮을수록 응결이 빠르다.
② 온도가 높을수록 응결이 빠르다.
③ 알루민산3석회가 많을수록 응결이 빠르다.
④ 용수가 적을수록 응결이 빠르다.

해설 시멘트의 응결은 가수량이 적을수록, 온도가 높을수록, 분말도가 높을수록, 알루민산삼칼슘이 많을수록 빨라진다.

17 | 시멘트의 응결과 경화
23, 14

시멘트의 응결 및 경화에 영향을 주는 요인 중 가장 거리가 먼 것은?

① 시멘트의 분말도 ② 온도
③ 습도 ④ 바람

해설 시멘트의 응결과 경화에 영향을 주는 요인에는 시멘트의 화학 성분, 혼합 물질, 온도, 습도, 풍화의 정도 및 분말도 등이고, 가수량이 적을수록, 온도가 높을수록, 분말도가 높을수록, 알루민산3칼슘이 많을수록 빨라진다.

18 | 시멘트의 안정성 시험 방법
23, 07

다음 중 시멘트 안정성 시험 방법은?

① 비비 시험기에 의한 시험법
② 오토클레이브 팽창도 시험법
③ 브리넬 경도 측정
④ 슬럼프 시험법

해설 ①은 시공 연도의 측정, ③은 재료 표면의 단단한 정도의 측정, ④는 시공 연도의 측정에 사용된다.

19 | 오토클레이브 팽창도 시험
22, 14

오토클레이브(autoclave) 팽창도 시험은 시멘트의 무엇을 알아보기 위한 것인가?

① 풍화 ② 안정성
③ 비중 ④ 분말도

해설 시멘트의 시험 방법

시험법	비중	분말도	응결과 경화	안정성	강도
종류	르 샤틀리에 비중병	블레인법, 표준체법	길모어 침, 비카트 침에 의한 방법	**오토 클레이브 팽창도 시험법**	슈미트 테스트 해머

※ 안전성은 시멘트가 경화 중에 체적이 팽창하여 팽창균열이나 휨 등이 생기는 정도를 의미한다.

20 | 시멘트 강도의 영향 요소
21, 19, 18, 14, 13

시멘트의 강도에 영향을 주는 주요 요인이 아닌 것은?

① 시멘트 분말도 ② 비빔 장소
③ 시멘트 풍화 정도 ④ 사용하는 물의 양

해설 시멘트의 강도에 영향을 끼치는 요인에는 시멘트의 성분, 분말도, 사용하는 물의 양, 풍화 정도, 양생 조건 및 시험 방법 등이 있다. 콘크리트의 강도에 영향을 주는 요인 중 가장 큰 영향을 미치는 것은 물·시멘트 비이고, 그 밖에 물, 시멘트, 골재의 품질, 비비기 방법, 부어넣기 방법 등의 시공 방법, 보양 및 재령과 시험 방법 등이 있다.

정답 14. ④ 15. ④ 16. ① 17. ④ 18. ② 19. ② 20. ②

21 시멘트의 성질
06

시멘트의 성질에 대한 설명 중 옳지 않은 것은?

① 시멘트의 분말도는 단위 중량에 대한 표면적, 즉 비표면적에 의하여 표시한다.
② 분말도가 큰 시멘트일수록 수화 반응이 지연되어 응결 및 강도의 증진이 작다.
③ 시멘트의 풍화란 시멘트가 습기를 흡수하여 경미한 수화 반응을 일으켜 생성된 수산화칼슘과 공기 중의 탄산가스가 작용하여 탄산칼슘을 생성하는 작용을 말한다.
④ 시멘트의 안정성 측정은 오토클레이브 팽창도 시험 방법으로 행한다.

해설 시멘트의 분말도가 높으면 수화 작용이 촉진되므로 응결이 빠르고, 조기 강도가 높아지며, 시공 시 잘 비벼지고, 잘 채워지는 등의 작업성이 우수하다. 시공 후에는 물을 잘 통과시키지 않는 성질이 있는 반면에 콘크리트가 응결할 때 초기 균열이 일어나기 쉽고, 풍화 작용이 일어나기 쉽다.

22 시멘트(중용열 포틀랜드) 용어
08, 02, 01, 99

댐 공사나 방사능 차폐용 콘크리트에 가장 적당한 시멘트는?

① 조강 포틀랜드 시멘트
② 중용열 포틀랜드 시멘트
③ 팽창 시멘트
④ 알루미나 시멘트

해설 조강 포틀랜드 시멘트는 한중 및 수중 콘크리트에 사용하고, 팽창 시멘트는 콘크리트 구조물(수조 및 셸 구조 등)에 화학적 프리스트레스의 도입용에 사용하며, 알루미나 시멘트는 겨울철 공사, 해수 및 긴급 공사에 사용한다.

23 시멘트(중용열 포틀랜드) 용어
18, 10, 06

수화 속도를 지연시켜 수화열을 작게 한 시멘트로 매스 콘크리트에 사용되는 것은?

① 조강 포틀랜드 시멘트 ② 중용열 포틀랜드 시멘트
③ 백색 포틀랜드 시멘트 ④ 폴리머 시멘트

해설 조강 포틀랜드 시멘트는 원료 중에 규산삼칼슘(C_3S)의 함유량이 많아 보통 포틀랜드 시멘트에 비하여 경화가 빠르고 조기 강도(낮은 온도에서도 강도 발현이 크다)가 크다. 백색 포틀랜드 시멘트는 철분이 거의 없는 백색 점토를 써서 시멘트에 포함되어 있는 산화철, 마그네시아의 함유량을 제한한 시멘트이며, 폴리머 시멘트는 포틀랜드 시멘트에 폴리머(고분자 재료)를 혼입한 시멘트이다.

24 시멘트(중용열 포틀랜드) 용어
13, 09

수화열 발생이 적은 시멘트로서 원자로의 차폐용 콘크리트 제조에 가장 적합한 시멘트는?

① 중용열 포틀랜드 시멘트
② 조강 포틀랜드 시멘트
③ 보통 포틀랜드 시멘트
④ 알루미나 시멘트

해설 중용열 포틀랜드 시멘트(석회석+점토+석고)는 수화 작용을 할 때 발열량(수화열)이 적고, 경화를 느리게 한 시멘트로, 방사선의 차단과 내침식성, 내수성, 내식성 및 내구성이 크므로 댐 축조, 콘크리트 포장, 방사능 차폐용 콘크리트에 이용된다.

25 시멘트(중용열 포틀랜드) 용어
22, 20, 19, 17③, 11, 04, 03②, 98

수화열이 작고 단기 강도가 보통 포틀랜드 시멘트보다 작으나 내침식성과 내수성이 크고 수축률도 매우 작아서 댐 공사나 방사능 차폐용 콘크리트로 사용되는 것은?

① 백색 포틀랜드 시멘트
② 조강 포틀랜드 시멘트
③ 중용열 포틀랜드 시멘트
④ 내황산염 포틀랜드 시멘트

해설 중용열 포틀랜드 시멘트(석회석+점토+석고)는 수화 작용을 할 때 발열량(수화열)이 적고, 경화를 느리게 한 시멘트로, 조기 강도는 작으나 장기 강도는 크고, 체적의 변화가 적어서 균열의 발생(수축률)이 적다. 특히, 방사선의 차단과 내침식성, 내수성, 내식성 및 내구성이 크므로 댐 축조, 콘크리트 포장, 방사능 차폐용 콘크리트에 이용된다.

26 시멘트(중용열 포틀랜드)
20, 16, 10, 06

중용열 포틀랜드 시멘트에 대한 설명으로 옳은 것은?

① 초기 강도 증진을 위한 시멘트이다.
② 급속 공사, 동기 공사 등에 유리하다.
③ 발열량이 적고 경화가 느린 것이 특징이다.
④ 수화 속도가 빨라 한중 콘크리트 시공에 적합하다.

해설 중용열 포틀랜드 시멘트(석회석+점토+석고)는 원료 중의 석회, 알루미나, 마그네시아의 양을 적게 하고, 실리카와 산화철을 다량으로 넣어서 수화 작용을 할 때 발열량(수화열)이 적고, 경화를 느리게 한 시멘트로, 조기 강도는 작으나 장기 강도는 크며, 체적의 변화가 적어서 균열의 발생(수축률)이 적다. 특히, 방사선의 차단과 내침식성, 내수성, 내식성 및 내구성이 크므로 댐 축조, 콘크리트 포장, 방사능 차폐용 콘크리트에 이용된다. ①, ②, ④는 조강 포틀랜드 시멘트에 대한 설명이다.

정답 21.② 22.② 23.② 24.① 25.③ 26.③

27 | 시멘트(조강 포틀랜드) 용어
18, 13, 09, 02

한중 또는 수중, 긴급 공사를 시공할 때 가장 적합한 시멘트는?

① 보통 포틀랜드 시멘트
② 중용열 포틀랜드 시멘트
③ 백색 포틀랜드 시멘트
④ 조강 포틀랜드 시멘트

해설 시멘트의 용도

종류	포틀랜드				고로	플라이 애시	알루미나
	보통	중용열	조강	백색			
용도	일반적	댐, 방사능 차폐용	한중, 수중, 긴급 공사	미장, 도장용	해수, 대형 구조체	하천, 해안, 해수 및 매스 콘크리트	동기, 해안, 긴급

28 | 시멘트(조강 포틀랜드) 용어
21, 16

한중(寒中) 콘크리트의 시공에 가장 적합한 시멘트는?

① 조강 포틀랜드 시멘트
② 고로 시멘트
③ 백색 포틀랜드 시멘트
④ 플라이 애시 시멘트

해설 한중 콘크리트는 동기의 냉한기에 시공하는 콘크리트로, 콘크리트를 부어 넣은 후 4주까지의 예상 평균 기온이 약 영하 3℃ 이하일 때에 시공한다. 조기 응결을 위하여 조강 포틀랜드 시멘트가 사용된다.

29 | 시멘트(조강 포틀랜드) 용어
11, 08

보통 포틀랜드 시멘트보다 C_3S나 석고가 많고 분말도가 높아 조기에 강도 발현이 높은 시멘트는?

① 고로 시멘트
② 백색 포틀랜드 시멘트
③ 중용열 포틀랜드 시멘트
④ 조강 포틀랜드 시멘트

해설 조강 포틀랜드 시멘트는 원료 중에 규산삼칼슘(C_3S)의 함유량이 많아 보통 포틀랜드 시멘트에 비하여 경화가 빠르고 조기 강도(낮은 온도에서도 강도 발현이 크다)가 크다. 조강 포틀랜드 시멘트는 분말도가 커서 수화열이 크다. 따라서 공사 기간을 단축시킬 수 있다. 특히 한중 콘크리트의 보온 시간을 단축하는 데 효과적이고, 분말도가 커서 점성이 크므로 수중 콘크리트를 시공하기에도 적합하다.

30 | 시멘트(조강 포틀랜드)
15, 06

조강 포틀랜드 시멘트에 대한 설명으로 옳은 것은?

① 생산되는 시멘트의 대부분을 차지하며 혼합 시멘트의 베이스 시멘트로 사용된다.
② 장기 강도를 지배하는 C_2S를 많이 함유하여 수화 속도를 지연시켜 수화열을 작게 한 시멘트이다.
③ 콘크리트의 수밀성이 높고 경화에 따른 수화열이 크므로 낮은 온도에서도 강도의 발생이 크다.
④ 내황산염성이 크기 때문에 댐공사에 사용될 뿐만 아니라 건축용 매스 콘크리트에도 사용된다.

해설 ①은 보통 포틀랜드 시멘트이고, ②는 중용열 포틀랜드 시멘트이며, ④는 내황산염 포틀랜드 시멘트이다.

31 | 시멘트(백색 포틀랜드) 용어
18, 17, 09, 05

건축물의 내·외면 마감, 각종 인조석 제조에 주로 사용되는 시멘트는?

① 실리카 시멘트
② 조강 포틀랜드 시멘트
③ 팽창 시멘트
④ 백색 포틀랜드 시멘트

해설 백색 포틀랜드 시멘트(석회석+점토(철분이 거의 없는 백색 점토)+석고)는 산화철 및 마그네시아의 양을 제한한 시멘트로서 건축물의 내·외면 마감, 각종 인조석 제조, 미장재 및 도장재로 사용하고, 구조체의 축조에는 거의 사용되지 않는다.

32 | 시멘트(백색 포틀랜드) 용어
16, 13, 04, 00

건축물의 표면 마무리, 인조석 제조 등에 사용되며 구조체의 축조에는 거의 사용되지 않는 시멘트는?

① 조강 포틀랜드 시멘트
② 플라이 애시 시멘트
③ 백색 포틀랜드 시멘트
④ 고로 슬래그 시멘트

해설 백색 포틀랜드 시멘트(석회석+점토(철분이 거의 없는 백색 점토)+석고)는 산화철 및 마그네시아의 양을 제한한 시멘트로서 건축물의 내·외면 마감, 각종 인조석 제조, 미장재 및 도장재로 사용하고, 구조체의 축조에는 거의 사용되지 않는다.

정답 27. ④ 28. ① 29. ④ 30. ③ 31. ④ 32. ③

33 | 혼합 시멘트의 종류
24②, 18, 14, 12, 06

다음 중 혼합 시멘트에 속하지 않는 것은?

① 보통 포틀랜드 시멘트
② 고로 시멘트
③ 착색 시멘트
④ 플라이 애시 시멘트

해설 시멘트의 종류 중 혼합 시멘트에는 고로 슬래그 시멘트, 플라이 애시 시멘트, 포틀랜드 포졸란 시멘트 및 착색 시멘트 등이 있고, 보통 포틀랜드 시멘트는 포틀랜드 시멘트에 속한다.

34 | 혼합 시멘트(고로) 용어
20②, 18④, 17, 12

포틀랜드 시멘트 클링커에 철용광로로부터 나온 슬래그를 급랭한 급랭 슬래그를 혼합하여 이에 응결 시간 조정용 석고를 혼합하여 분쇄한 것으로 수화 열량이 적어 매스 콘크리트용으로 사용할 수 있는 시멘트는?

① 백색 포틀랜드 시멘트
② 조강 포틀랜드 시멘트
③ 고로 시멘트
④ 알루미나 시멘트

해설 백색 포틀랜드 시멘트는 건축물의 표면(내·외면) 마감, 도장에 주로 사용하고 구조체에는 거의 사용하지 않는 시멘트이다. 조강 포틀랜드 시멘트는 규산삼칼슘의 함유량이 많아 보통 포틀랜드 시멘트에 비하여 경화가 빠르고 조기 강도가 높은 시멘트이며, 알루미나 시멘트는 보크사이트, 석회석의 원료를 혼합하여 전기로에서 용융시켜 미분쇄한 시멘트이다.

35 | 혼합 시멘트(고로) 용어
08

고로 시멘트에 관한 설명 중 옳지 않은 것은?

① 바닷물에 대한 저항성이 크다.
② 초기 강도가 작다.
③ 수화 열량이 작다.
④ 매스 콘크리트용으로는 사용이 불가능하다.

해설 고로 시멘트는 건조에 의한 수축은 일반 포틀랜드 시멘트보다 크나, 수화할 때 발열이 적고(초기 강도가 적고), 화학적 팽창에 뒤이은 수축이 적어서 종합적으로 균열이 적다. 댐공사, 매스 콘크리트 공사에 적합하고, 비중(2.85 이상)이 작으며, 바닷물에 대한 저항이 크다.

36 | 혼합(고로) 시멘트의 특징
02

고로 시멘트의 특징이 아닌 것은?

① 댐 공사에 좋다.
② 보통 포틀랜드 시멘트보다 비중이 크다.
③ 초기 강도는 약간 낮지만 장기 강도는 높다.
④ 화학 저항성이 크다.

해설 고로 시멘트는 건조에 의한 수축은 일반 포틀랜드 시멘트보다 크나, 수화할 때 발열이 적고(초기 강도가 낮고, 장기 강도가 높다), 화학적 팽창에 뒤이은 수축이 적어서 종합적으로 균열이 적다. 댐공사, 매스 콘크리트 공사에 적합하고, 비중(2.85 이상)이 작으며, 바닷물에 대한 저항이 크다.

37 | 혼합(고로) 시멘트의 특징
09

고로 시멘트의 특징에 대한 설명으로 옳지 않은 것은?

① 건조 수축이 많으므로 시공에 유의해야 한다.
② 내열성이 크고 수밀성이 양호하다.
③ 응결 시간이 빠르고 초기 강도가 크다.
④ 화학 저항성이 높아 해수 등에 접하는 콘크리트에 적합하다.

해설 고로 시멘트는 건조에 의한 수축은 일반 포틀랜드 시멘트보다 크나, 수화할 때 발열이 적고(초기 강도가 낮고, 장기 강도가 높다), 화학적 팽창에 뒤이은 수축이 적어서 종합적으로 균열이 적다. 댐공사, 매스 콘크리트 공사에 적합하고, 비중(2.85 이상)이 작으며, 바닷물(화학 저항성)에 대한 저항이 크다. 특히, 내열성이 크고, 수밀성이 양호하며, 콘크리트 블리딩이 적어진다.

38 | 혼합(고로) 시멘트의 특징
02, 01, 00

보통 시멘트와 비교한 고로 슬래그 시멘트의 특징에 대한 설명 중 틀린 것은?

① 댐 공사에 적합하다.
② 바닷물에 대한 저항성이 크다.
③ 단기 강도가 작다.
④ 응결 시간이 빠르다.

해설 고로 시멘트는 건조에 의한 수축은 일반 포틀랜드 시멘트보다 크나, 수화할 때 발열이 적다(초기 강도가 낮고, 장기 강도가 높다). 댐공사, 매스 콘크리트 공사에 적합하고, 비중(2.85 이상)이 작으며, 바닷물(화학 저항성)에 대한 저항이 크다. 특히, 내열성이 크고, 수밀성이 양호하며, 콘크리트 블리딩이 적어진다.

정답 33. ① 34. ③ 35. ④ 36. ② 37. ③ 38. ④

39 | 혼합(플라이 애시) 시멘트
20, 18, 17, 12, 08

화력 발전소와 같이 미분탄을 연소할 때 석탄재가 고온에 녹은 후 냉각되어 구상이 된 미립분을 혼화재로 사용한 시멘트로서, 콘크리트의 워커빌리티를 좋게 하며 수밀성을 크게 할 수 있는 시멘트는?

① 플라이 애시 시멘트
② 고로 시멘트
③ 백색 포틀랜드 시멘트
④ AE 포틀랜드 시멘트

해설 플라이 애시(화력 발전소와 같이 미분탄을 연소할 때 석탄재가 고온에 녹은 후 냉각되어 구상이 된 미립분의 혼화재) 시멘트는 수화열이 적고, 조기 강도는 낮으나, 장기 강도는 커지며, 수밀성이 크고 콘크리트의 워커빌리티가 좋다.

40 | 혼합(실리카) 시멘트의 특징
22, 14

실리카 시멘트에 대한 설명 중 옳은 것은?

① 보통 포틀랜드 시멘트에 비해 초기 강도가 크다.
② 화학적 저항성이 크다.
③ 보통 포틀랜드 시멘트에 비해 장기 강도는 작은 편이다.
④ 긴급 공사용으로 적합하다.

해설 실리카(포졸란) 시멘트는 보통 포틀랜드 시멘트에 비해 초기 강도가 약간 낮으나, 장기 강도는 약간 크다. 구조용 또는 미장 모르타르용으로 적합하다. 특히, 화학적 저항성이 크다.

41 | 특수(알루미나) 시멘트
09

다음 중 초기 강도 발현이 가장 큰 시멘트는?

① 보통 포틀랜드 시멘트
② 고로 시멘트
③ 중용열 포틀랜드 시멘트
④ 알루미나 시멘트

해설 알루미나 시멘트는 보크사이트와 같은 Al_2O_3의 함유량이 많은 광석과 거의 같은 양의 석회석을 혼합하여 전기로에서 완전히 용융시켜 미분쇄한 것으로, 성질은 초기 강도가 크고(보통 포틀랜드 시멘트 재령 28일 강도를 재령 1일에 나타낸다.), 수화열이 높으며, 화학 작용에 대한 저항성이 크다. 또한 수축이 적고 내화성이 크므로 동기, 해수 및 긴급 공사에 사용한다.

42 | 특수(알루미나) 시멘트
24, 23, 18, 15

겨울철의 콘크리트 공사, 해수 공사, 긴급 콘크리트 공사에 적당한 시멘트는?

① 보통 포틀랜드 시멘트
② 알루미나 시멘트
③ 팽창 시멘트
④ 고로 시멘트

해설 시멘트의 용도

종류	포틀랜드				고로	플라이 애시	알루미나
	보통	중용열	조강	백색			
용도	일반적	댐, 방사능 차폐용	한중, 수중, 긴급 공사	미장, 도장용	해수, 대형 구조체	하천, 해안, 해수 및 매스 콘크리트	동기, 해안, 긴급

43 | 특수(알루미나) 시멘트
11

물을 가한 후 24시간 내에 보통 포틀랜드 시멘트의 4주 강도가 발현되는 시멘트는?

① 고로 시멘트　② 알루미나 시멘트
③ 팽창 시멘트　④ 플라이 애시 시멘트

해설 알루미나 시멘트는 보크사이트, 석회석을 원료로 하며, 성질은 초기 강도가 크고(보통 포틀랜드 시멘트 재령 28일 강도를 재령 1일에 나타낸다), 수화열이 높으며, 화학 작용에 대한 저항성이 크다. 또한 수축이 적고 내화성이 크므로 동기, 해수 및 긴급 공사에 사용한다.

44 | 특수(알루미나) 시멘트
19, 10, 05, 04, 00

장기에 걸친 강도의 증진은 없지만 조기의 강도 발생이 커서 긴급 공사에 사용되는 시멘트는?

① 중용열 포틀랜드 시멘트
② 고로 시멘트
③ 알루미나 시멘트
④ 보통 포틀랜드 시멘트

해설 알루미나 시멘트는 보크사이트, 석회석을 원료로 하며, 성질은 초기 강도가 크고(보통 포틀랜드 시멘트 재령 28일 강도를 재령 1일에 나타낸다), 수화열이 높으며, 화학 작용에 대한 저항성이 크다. 또한 수축이 적고 내화성이 크므로, 동기, 해수 및 긴급 공사에 사용한다.

정답 39. ① 40. ② 41. ④ 42. ② 43. ② 44. ③

45 | 특수(알루미나) 시멘트 07

보크사이트와 같은 Al_2O_3의 함유량이 많은 광석과 거의 같은 양의 석회석을 혼합하여 전기로에서 완전히 용융시켜 미분쇄한 것으로, 조기의 강도 발생이 큰 시멘트는?

① 고로 시멘트
② 실리카 시멘트
③ 보통 포틀랜드 시멘트
④ 알루미나 시멘트

해설 알루미나 시멘트는 보크사이트와 석회석을 원료로 하며, 성질은 초기 강도가 크고(보통 포틀랜드 시멘트 재령 28일 강도를 재령 1일에 나타낸다) 수화열이 높으며, 화학 작용에 대한 저항성이 크다. 또한, 수축이 적고 내화성이 크므로, 동기, 해수 및 긴급 공사에 사용한다.

46 | 시멘트의 특성 18, 16, 10

각종 시멘트의 특성에 관한 설명 중 옳지 않은 것은?

① 중용열 포틀랜드 시멘트에 의한 콘크리트는 수화열이 작다.
② 실리카 시멘트에 의한 콘크리트는 초기 강도가 크고 장기 강도는 낮다.
③ 조강 포틀랜드 시멘트에 의한 콘크리트는 수화열이 크다.
④ 플라이 애시 시멘트에 의한 콘크리트는 내해수성이 크다.

해설 실리카(포졸란) 시멘트의 특성은 화학 저항성, 수밀성 및 장기 강도가 크지만, 조기 강도는 낮으며, 건조 수축이 크다. 특히, 초기 양생이 매우 중요하다.

47 | 시멘트 07, 05

시멘트에 관한 설명 중 옳지 않은 것은?

① 시멘트의 비중은 소성 온도나 성분에 따라 다르며, 동일 시멘트인 경우에 풍화한 것일수록 작아진다.
② 우리나라의 경우 시멘트 1포는 보통 60kg이다.
③ 시멘트의 분말도는 브레인법 또는 표준체법에 의해 측정된다.
④ 안정성이란 시멘트가 경화될 때 용적이 팽창하는 정도를 말한다.

해설 우리나라의 경우 시멘트 1포는 보통 40kg이다.

48 | 시멘트 09

다음 중 시멘트에 대한 설명으로 옳지 않은 것은?

① 시멘트의 분말도는 단위 면적에 대한 표면적으로 브레인법 또는 표준체법에 의해 측정한다.
② 시멘트의 비중은 소성 온도나 성분에 따라 다르며, 동일 시멘트의 경우에 풍화한 것일수록 커진다.
③ 시멘트의 풍화란 시멘트가 습기를 흡수하여 경미한 수화 반응을 일으켜 생성된 수산화칼슘과 공기 중의 탄산가스가 작용하여 탄산칼슘을 생성하는 작용을 말한다.
④ 시멘트의 안정성이란 시멘트가 경화할 때 용적이 팽창하는 정도로서 오토클레이브 팽창도 시험 방법으로 행한다.

해설 시멘트의 비중은 소성 온도나 성분에 따라 다르며, 동일 시멘트의 경우에 풍화한 것일수록 작아진다.

49 | 시멘트의 중량 산정 14

물의 중량이 540kg이고 물·시멘트 비가 60%일 경우 시멘트의 중량은?

① 3,240kg ② 1,350kg
③ 1,100kg ④ 900kg

해설 $물 \cdot 시멘트의\ 비 = \frac{물의\ 중량}{시멘트의\ 중량} \times 100[\%]$

$$\therefore 시멘트의\ 중량 = \frac{물의\ 중량}{물 \cdot 시멘트의\ 비} \times 100 = \frac{540}{60} \times 100 = 900\text{kg}$$

50 | 시멘트 창고 12

시멘트 창고 설치에 대한 설명 중 옳지 않은 것은?

① 시멘트에 지상 30cm 이상 되는 마루 위에 적재해야 한다.
② 시멘트는 13포 이상 쌓지 않도록 한다.
③ 주위에는 배수구를 설치한다.
④ 시멘트의 환기를 위해 창문을 크게 설치한다.

해설 시멘트 창고의 설치에 있어서 시멘트의 풍화 현상(시멘트가 공기 중의 습기를 받아 천천히 수화 반응을 일으켜 작은 알갱이 모양으로 굳어졌다가 주변의 시멘트와 달라붙어 결국에는 큰 덩어리가 되는 현상)을 방지하기 위하여 출입구 이외의 창호는 설치하지 않는 것이 바람직하다.

정답 45. ④ 46. ② 47. ② 48. ② 49. ④ 50. ④

51 경화촉진제의 종류
02, 00

시멘트 모르타르의 경화 촉진제는?

① 규산백토
② 염화암모니아
③ 플라이 애시
④ 염화칼슘

해설 경화 촉진제는 시멘트 경화 작용을 촉진시키기 위하여 쓰이는 혼화제로서 응결 시간이 촉진되고, 방동에 대한 효과가 있다. 동기 공사, 수중 공사에 이용된다. 경화 촉진제로는 염화칼슘(시멘트 중량의 1~2%)이 주로 사용된다.

52 시멘트의 저장 방법
19, 17, 11

다음 중 시멘트의 저장 방법으로 옳지 않은 것은?

① 시멘트는 지면으로부터 30cm 위 마루 위에 저장한다.
② 시멘트는 13포대 이상 쌓지 않는다.
③ 약간이라도 굳은 시멘트는 사용하지 않는다.
④ 창고에서 약간의 수화 작용이 일어나도록 저장해야 한다.

해설 3개월 이상 저장한 시멘트 또는 습기를 받았다고 생각되는 시멘트는 사용 전에 반드시 시험하여야 한다. 따라서 창고에서는 절대로 수화 작용이 일어나지 않도록 하여야 한다.

53 시멘트의 저장 방법
22, 14

시멘트의 저장 방법 중 틀린 것은?

① 주위에 배수 도랑을 두고 누수를 방지한다.
② 채광과 공기 순환이 잘 되도록 개구부를 최대한 많이 설치한다.
③ 3개월 이상 경화한 시멘트는 재시험을 거친 후 사용한다.
④ 쌓기 높이는 13포 이하로 하며, 장기간 저장 시는 7포 이하로 한다.

해설 시멘트 창고의 설치에 있어서 시멘트의 풍화 현상(시멘트가 공기 중의 습기를 받아 천천히 수화 반응을 일으켜 작은 알갱이 모양으로 굳어졌다가 주변의 시멘트와 달라붙어 결국에는 큰 덩어리가 되는 현상)을 방지하기 위하여 출입구 이외의 창호는 설치하지 않는 것이 바람직하다.

54 시멘트의 저장 시 유의사항
21, 18, 16②

시멘트 저장 시 유의해야 할 사항으로 옳지 않은 것은?

① 시멘트는 개구부와 가까운 곳에 쌓여 있는 것부터 사용해야 한다.
② 지상 30cm 이상 되는 마루 위에 적재해야 하며, 그 창고는 방습 설비가 완전해야 한다.
③ 3개월 이상 저장한 시멘트 또는 습기를 머금은 것으로 생각되는 시멘트는 사용전 반드시 재시험을 실시해야 한다.
④ 포대에 들어 있는 시멘트는 13포대 이상 쌓으면 안 되며, 특히 장기간 저장할 경우에는 7포대 이상 쌓지 않는다.

해설 시멘트는 입하 순서에 따라 사용한다. 즉, 개구부에서 먼 곳의 시멘트부터 사용하여야 하므로 개구부를 2개소 설치하는 것이 바람직하다.

55 시멘트의 저장 시 유의사항
10, 08

시멘트의 저장 시 유의해야 할 사항을 설명한 내용으로 옳지 않은 것은?

① 시멘트는 지상 30cm 이상 되는 마루 위에 적재하는 것이 좋다.
② 시멘트는 방습적인 구조로 된 창고에 품종별로 구분하여 저장하여야 한다.
③ 3개월 이상 저장한 시멘트는 사용 전에 재시험을 실시해야 한다.
④ 시멘트를 쌓아올리는 높이는 7포대를 넘지 않도록 해야 한다.

해설 시멘트 저장 방법 중 포대에 들어 있는 시멘트는 13포대 이상 쌓으면 안 되며, 특히, 장기간 저장할 경우 7포대 이상 쌓지 않는다.

56 구조재로 사용 가능
09

다음 시멘트, 콘크리트 제품 가운데 벽체를 구성하는 구조재로 사용할 수 있는 것은?

① 석면 시멘트판　　② 목모 시멘트판
③ 펄라이트 시멘트판　　④ 속빈 시멘트 블록

해설 속빈 시멘트 블록은 빈 속에 철근을 배근하고, 콘크리트를 부어 넣어 보강한 이상적인 구조에 사용하는 보강 블록조의 블록이다.

정답 51. ④ 52. ④ 53. ② 54. ① 55. ④ 56. ④

57 | 블록의 기본 치수
04

다음 중 속빈 콘크리트 기본 블록의 치수로 알맞지 않은 것은? (KS 규격, 단위는 mm)

① 390×190×190　② 390×190×150
③ 390×190×100　④ 390×190×80

해설 시멘트 블록의 기본 치수는 다음 표와 같다.

형상	치수(mm)		
	길이	높이	두께
기본 블록	390	190	100, 150, 190
이형 블록	길이, 높이 및 두께의 최소 수치를 90mm 이상으로 한다.		

58 | 시멘트 및 콘크리트 제품
13, 10, 08

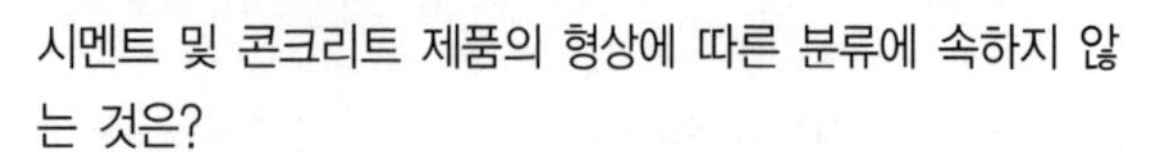
시멘트 및 콘크리트 제품의 형상에 따른 분류에 속하지 않는 것은?

① 판상 제품　② 블록 제품
③ 봉상 제품　④ 대형 제품

해설 시멘트 콘크리트 제품의 종류 중 판상 제품으로는 가압 시멘트판 기와, 석면 시멘트 제품(석면 시멘트 판류, 석면 시멘트관 등), 목모 시멘트 판류(목모 시멘트 판, 목편 시멘트 판, 펄프 시멘트 판 등), 봉상 제품으로는 원심력 제품, 블록 제품으로는 조적재(속 빈 시멘트 블록, 시멘트 벽돌), 조립용 콘크리트 제품 등이 있다.

59 | 시멘트 제품
09, 04

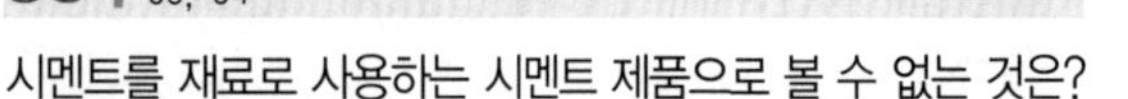
시멘트를 재료로 사용하는 시멘트 제품으로 볼 수 없는 것은?

① 석면 슬레이트　② 테라코타
③ 후형 슬레이트　④ 듀리졸

해설 테라코타는 석재 조각물 대신에 사용되는 공동의 점토 제품으로서 속을 비게 하여 가볍게 만들고 버팀벽, 주두, 돌림띠 등에 사용한다. 특성은 일반 석재보다 가볍고, 압축 강도는 800~900kg/cm^{2}로 화강암의 1/2 정도이며, 화강암보다 내화력이 강하고, 대리석보다 풍화에 강하므로 외장에 적당하다.

60 | 연소 방지와 내화성의 재료
19, 13

화재의 연소 방지 및 내화성의 향상을 목적으로 하는 재료는?

① 아스팔트
② 석면 시멘트판
③ 실링재
④ 글라스 울

해설 아스팔트는 방수성과 화학적 안정성이 크므로 방수 재료, 화학 공장의 내약품 재료, 그 밖의 녹막이 재료, 도로 포장 재료로 사용한다. 실링재는 퍼티, 코킹, 실링재의 총칭으로 사용시 페이스트 상태이나, 공기 중에서는 시간이 경과함에 따라 탄성이 풍부한 고무상 고상체이다. 글라스 울은 환기 장치의 먼지 흡수용, 화학 공장의 산 여과용으로 사용한다.

61 | 용도와 바닥재의 연결
18, 17, 14, 10, 06

건축물의 용도와 바닥 재료의 연결 중 적합하지 않은 것은?

① 유치원의 교실 – 인조석 물갈기
② 아파트의 거실 – 플로어링 블록
③ 병원의 수술실 – 전도성 타일
④ 사무소 건물의 로비 – 대리석

해설 유치원 교실의 바닥은 어린이들의 안전을 위하여 마룻바닥으로 하는 것이 바람직하다.

정답 57. ④ 58. ④ 59. ② 60. ② 61. ①

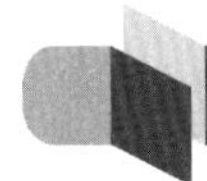

2-5. 콘크리트

1 콘크리트의 특성

(1) 콘크리트의 장점

① 압축 강도가 크고 방청성, 내화성, 내구성, 내수성 및 수밀성이 있고, 강재(철근, 철골)과 접착력이 우수하다. 현대 건축에 있어서 구조용 재료의 대부분을 차지하고 있다.

② 모양을 자유롭게 만들 수 있고, 유지 관리비가 저렴하며 경제적이다.

(2) 콘크리트의 단점

① 무게가 무겁고 인장 강도(보통 콘크리트의 인장 강도는 압축 강도의 1/9~1/13 정도이고, 경량 콘크리트의 인장 강도는 압축 강도의 1/9~1/15 정도이다.)가 작으며, 경화할 때 수축에 의한 균열이 생기기 쉽다.

② 균열의 보수와 제거가 곤란하다.

2 콘크리트용 골재

(1) 콘크리트용 골재가 갖추어야 할 조건

① 골재의 강도는 시멘트풀이 경화하였을 때 시멘트풀의 최대 강도 이상이어야 한다. 따라서 쇄설암(이판암, 점판암, 사암, 역암, 응회암 등), 유기암(석회암) 및 침적암(석고) 등의 수성암은 골재로는 부적합하다. 즉, 골재의 강도≧시멘트풀이 경화하였을 때 시멘트풀의 최대 강도

② 골재의 표면은 거칠고, 모양은 구형에 가까운 것이 좋으며, 평편하거나 세장한 것은 좋지 않다.

③ 진흙이나 유기 불순물 등의 유해물이 포함되지 않아야 한다.

④ 골재는 잔 것과 굵은 것이 적당히 혼합된 것이 좋다.

⑤ 운모가 다량으로 함유된 골재는 콘크리트의 강도를 떨어뜨리고, 풍화되기도 쉽다.

(2) 골재의 구분

구분		정의
크기	잔 골재	5mm체에 85% 이상 통과하는 골재
	굵은 골재	5mm체에 85% 이상 남는 골재

출제 키워드

■ 콘크리트의 장점
• 압축 강도가 크다.
• 강재와 접착력이 우수하다.

■ 콘크리트의 단점
• 무게가 무겁다.
• 인장 강도가 작다(압축 강도의 1/9 ~1/15).

■ 콘크리트용 골재가 갖추어야 할 조건
• 골재의 강도는 시멘트풀이 경화하였을 때 시멘트풀의 최대 강도 이상이어야 한다.
• 골재의 표면은 거칠고, 모양은 구형에 가까운 것이 좋다.

■ 골재의 구분
• 잔 골재 : 5mm체에 85% 이상 통과하는 골재
• 천연 골재 : 강, 산, 육지, 바다의 모래 및 자갈
• 인공 골재 : 깬 모래와 깬 자갈

구분		정의
형성 원인	천연 골재	강모래, 강자갈, 바다 모래, 바다 자갈, 산모래, 산자갈, 육지 모래, 육지 자갈 등
	인공 골재	깬 모래, 깬 자갈 등
	산업 부산물 이용 골재	고로 슬래그 부순 모래, 부순 자갈 등
	재생 골재	콘크리트 폐기물 부순 잔 골재와 굵은 골재
비중	보통 골재	전건 비중 2.5~2.7 정도의 것으로 강모래, 강자갈, 깬 자갈 등
	경량 골재	전건 비중 2.0 이하의 것으로 천연 화산재, 경석, 인공의 질석, 펄라이트 등
	중량 골재	전건 비중 2.8 이상의 것으로 중정석, 철광석 등에서 얻는다.

■ 골재의 공극률과 실적률
• 공극률
$=\left(1-\frac{\omega(\text{단위 용적 중량})}{\rho(\text{골재의 비중})}\right)\times 100[\%]$
• 실적률
$=\frac{\omega(\text{단위 용적 중량})}{\rho(\text{골재의 비중})}\times 100[\%]$
• 공극률+실적률=100%

(3) 골재의 공극률과 실적률

① **공극률** : 골재가 이루고 있는 부피 중에서 골재가 차지하고 있지 않은 부분을 말하며, 잔 골재 및 굵은 골재의 실적률은 30~40% 정도이다. 골재를 적당히 혼합하면 공극률을 20%까지 줄일 수 있다.

$$\text{공극률}=\left(1-\frac{\omega(\text{단위 용적 중량})}{\rho(\text{골재의 비중})}\right)\times 100[\%]$$

② **실적률** : 골재가 이루고 있는 부피 중에서 골재가 차지하고 있는 부분을 말하며, 잔 골재 및 굵은 골재의 실적률은 60~70% 정도이다.

$$\text{실적률}=\frac{\omega(\text{단위 용적 중량})}{\rho(\text{골재의 비중})}\times 100[\%]$$

(4) 골재의 함수 상태

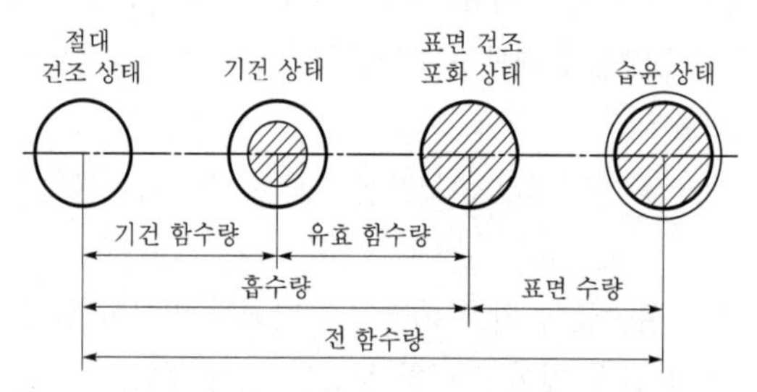

■ 골재의 입도
• 골재에서 대소(大小) 크기가 고르게 섞여 있는 정도
• 크고 작은 모래, 자갈이 혼합되어 있는 정도
• 콘크리트의 워커빌리티, 경제성 및 경화 후의 강도와 내구성과 관계가 깊다.

■ 입도 시험 방법
체가름 시험, 체가름 곡선 및 조립률 등

(5) 골재에 관한 용어

① **골재의 입도** : 골재에서 대소(大小) 크기가 고르게 섞여 있는 정도, 크고 작은 모래, 자갈이 혼합되어 있는 정도, 또는 콘크리트의 워커빌리티, 경제성 및 경화 후의 강도와 내구성과 깊은 관계가 있다. 입도가 좋지 않으면 콘크리트는 점성이 작아서 분리되기 쉬우며, 경화 후에 엠보싱(곰보) 현상이 일어나기 쉽다. 입도 시험 방법은 체가름 시험, 체가름 곡선 및 조립률에 의한다.

② 단위 용적 중량 : 골재는 계량하는 그릇의 모양, 크기, 채우는 방법, 함수량 등에 따라서 같은 부피라고 하더라도 실제로는 단위 용적 중량의 차이가 매우 심하다. 특히 잔 골재일수록 더욱 심하다. 표준 계량에 따르면 모래는 1.5~1.8kg/L, 자갈은 1.6~1.8kg/L이고, 가만히 계량할 때에는 앞의 값에 비하여 모래는 75~80%, 자갈은 85%가 된다. 또 경량 골재는 잔 골재가 0.65~1.25kg/L, 굵은 골재가 0.5~0.8kg/L가 된다.

③ 체가름 시험

㉮ 모래와 자갈을 눈이 좁은 것부터 차례로 띄워서 겹쳐 놓은 체진동기로 충분히 거른 다음, 각 체에 걸린 모래, 자갈의 무게를 측정하여 전체의 양에 대한 비율을 계산하는 시험으로 골재의 입도를 나타낸다.

㉯ 조립률(골재의 입도를 정수로 표시하는 방법)은 체가름 시험 시에 10개의 체(0.15mm, 0.3mm, 0.6mm, 1.2mm, 2.5mm, 5mm, 10mm, 20mm, 40mm, 80mm)에 남아 있는 누계 무게 백분율의 합계를 100으로 나눈 값이다.

④ 골재의 비중 : 골재 비중의 종류는 골재가 포함하고 있는 물에 따라 진비중, 표건 비중 및 절건 비중(일반적인 비중)으로 구분하는데, 골재의 비중 시험 시 사용되는 비중은 절건(전건) 비중이다.

출제 키워드

■ 조립률
체가름 시험 시에 10개의 체(0.15mm, 0.3mm, 0.6mm, 1.2mm, 2.5mm, 5mm, 10mm, 20mm, 40mm, 80mm)에 남아 있는 누계 무게 백분율의 합계를 100으로 나눈 값

■ 골재의 비중 시험
절건(전건) 비중

(6) 보통 골재의 품질(건축 공사 표준 시방서 기준)

종류	절건 비중	흡수율 (%)	점토량 (%)	씻기 시험시 손실되는 양(%)	유기 불순물	염화물 (NaCl)
굵은 골재	2.5 이상	3 이하	0.25 이하	1.0 이하	–	–
잔골재		3.5 이하	1.0 이하	3.0 이하	표준색보다 진하지 않은 것	0.04% 이하

■ 골재의 염화물 기준
0.04% 이하

3 콘크리트의 혼화 재료

(1) 혼화제

사용량이 비교적 적어 약품적인 사용에 그치는 것으로 AE제, 감수제, 유동화제, 응결시간 조정제, 방수제, 기포제, 발포제, 착색제 등이 있다.

① AE제 : AE제는 콘크리트 내부에 미세한 독립된 기포(직경 0.025~0.05mm)를 콘크리트 속에 균일하게 분포를 발생시켜 콘크리트의 작업성 및 동결 융해 저항(내구)성능을 향상시키기 위해 사용되는 화학 혼화제이다.

㉮ 사용 수량을 줄일 수 있어서 블리딩과 침하가 감소하고, 시공한 면이 평활해진다. 제물치장 콘크리트의 시공에 적합하다. 특히, 화학 작용에 대한 저항성이 증대된다.

㉯ 탄성을 가진 기포는 동결 융해, 수화 발열량의 감소 및 건습 등에 의한 용적 변화가 적고, 강도(압축 강도, 인장 강도, 전단 강도, 부착 강도 및 휨 강도 등)가 감소한다. 철근의 부착 강도가 떨어지며, 감소 비율은 압축 강도보다 크다.

㉰ 시공 연도가 좋아지고, 수밀성과 내구성이 증대하며, 수화 발열량이 낮아지고, 재료 분리가 적어진다.

■ AE제
• 콘크리트 내부에 미세한 기포를 콘크리트 속에 균일하게 분포를 발생
• 콘크리트의 작업성 및 동결 융해 저항(내구)성능을 향상
• 블리딩과 침하가 감소
• 강도가 감소

출제 키워드

■ 기포제
• 콘크리트의 경량, 단열, 내화성 등을 목적으로 사용
• 경량 기포 콘크리트(ALC)를 제조에 사용

■ 방청제
염분에 의해 철근의 부식을 방지

■ 경화 촉진제
• 시멘트 경화 작용을 촉진(발열량의 상승)을 위한 혼화제
• 염화칼슘(시멘트 중량의 1~2%)을 많이 사용
• 철물을 부식, 건조 수축과 조기 강도가 증대

■ 혼화재의 종류
포졸란, 고로 슬래그, 플라이 애시 및 팽창재 등

■ 혼화재료의 영향
• 초기 및 장기 강도의 증진, 워커빌리티 및 펌퍼빌리티 향상
• 수화열의 증가와 알칼리 골재 반응 형성은 콘크리트에 좋지 않다.
• 포졸란을 사용하면 블리딩이 감소

② **기포제** : 콘크리트의 경량, 단열, 내화성 등을 목적으로 사용되는 것으로, AE제와 동일하게 계면 활성 작용에 의하여 미리 만들어진 기포를 20~25%, 최고 85%까지 시멘트풀 또는 모르타르 등에 혼합하여 경량 기포 콘크리트(ALC)를 만드는 데 사용된다.

③ **방청제** : 철근 콘크리트용 방청제는 염분을 함유한 해사를 사용하거나 해안 콘크리트용 구조물과 같이 해염 입자가 침투할 경우 염분에 의해 철근이 쉽게 녹스는 것을 방지 또는 콘크리트 혼화 재료 중 콘크리트 내부의 철근이 콘크리트에 혼입되는 염화물에 의해 부식되는 것을 억제하기 위해 사용되는 혼화제로, 아황산소다, 인산염, 염화제일주석, 리그닌설폰염화칼슘염 등이 있다.

④ **경화 촉진제** : 시멘트 경화 작용을 촉진(발열량의 상승)시키기 위하여 쓰이는 혼화제로서 응결 시간이 촉진되고, 방동에 대한 효과가 있다. 동기 공사, 수중 공사에 이용된다. 경화 촉진제로는 염화칼슘(시멘트 중량의 1~2%)이 많이 사용되며, 사용 시 유의사항은 사용량이 많으면 흡습성이 커지고 철물을 부식시키고, 건조 수축과 조기 강도가 증대되며, 콘크리트의 시공연도가 빨리 감소되므로 시공을 빨리 해야 한다.

⑤ **감수제** : 일정한 작업성을 가진 콘크리트를 만드는 데 필요한 물의 양, 즉 단위 수량을 감소시키는 효과를 가진 혼화제로, 경제성 성취 및 고강도 콘크리트 제조 시에 이용된다. 표준형 이외에 콘크리트의 응결을 지연시키는 지연형(여름철), 응결을 촉진시키는 촉진형(겨울철) 등이 있다.

⑥ **방수제** : 모르타르나 콘크리트를 방수적으로 하기 위하여 사용하는 혼화제이다. 방수제를 콘크리트 속에 넣어 혼합하여 시멘트 수화를 촉진시켜 단시일 내에 치밀한 구조로 만드는 방법, 시멘트 수화 중 녹아 나올 수 있는 성분을 고정시켜 빈틈을 메우는 방법, 미세한 물질을 넣어 주어 공간을 채우는 방법, 물을 밀어내는 물질을 혼합하는 방법, 수밀성이 높은 막을 형성해 주는 방법 등이 있다.

⑦ **착색제** : 모르타르나 콘크리트에 색깔을 내기 위하여 넣는 혼화제로서 물을 붓기 전에 충분히 잘 혼합해야 균일한 색을 낼 수 있다.

(2) 혼화재

사용량이 비교적 많아 그 자체의 용적이 콘크리트의 배합 계산에 포함되는 것으로 포졸란, 고로 슬래그, 플라이 애시 및 팽창재 등이 있다. 콘크리트의 혼화재료(혼화재, 혼화제 등)는 콘크리트의 내부에 혼합되어 콘크리트의 성질을 향상시키고(초기 및 장기 강도의 증진), 워커빌리티 및 펌퍼빌리티를 향상시키기 위함이나, 수화열의 증가와 알칼리 골재 반응 형성은 콘크리트에 좋지 않은 결과를 초래하는 원인이 된다. 또한, 포졸란을 사용하면 블리딩이 감소한다.

4 콘크리트 배합용 물 등

(1) 콘크리트 배합용 물

콘크리트는 물과 시멘트의 화학적 결합에 의하여 경화되므로, 수분이 있는 한 장기간에 걸쳐 강도가 증진한다. 따라서 수질이 콘크리트의 강도나 내구력에 미치는 영향은 매우 크다. 기름, 산(약산도 지장이 있다), 알칼리(약알칼리는 해가 거의 없다), 당분(시멘트 무게의 0.1~0.2%가 함유되어도 응결이 늦고, 그 이상이면 강도가 저하), 염분(철근 부식의 원인), 그 밖에 유기물이 포함된 물은 시멘트의 수화 작용에 영향을 끼쳐 강도가 떨어질 수 있다.

(2) 콘크리트 배합의 물·시멘트 비

① 아브라함의 물·시멘트 비 설 : 아브라함은 콘크리트의 강도와 수량의 관계에 대해서 실험을 한 결과 콘크리트의 강도는 물·시멘트 비로 결정되는 물·시멘트 비 설을 발표하였으며, 물·시멘트 비의 역수인 시멘트물비설과 강도의 관계는 실용 범위 내에서는 직선으로 변화한다.

② 라이스의 시멘트·물 비 설 : 라이스가 발표한 시멘트·물 비 설로서 수량을 기준으로 하여 시멘트 양을 변화시키면 시멘트의 양에 비례하여 강도가 변한다는 설이다. 즉, 콘크리트의 강도는 물에 의하여 결정된다고 할 수 있다.

이상의 내용으로 보아, 콘크리트의 강도에 가장 큰 영향을 끼치는 요인은 물·시멘트 비이고, 그 이외에 재료(물, 시멘트, 골재)의 품질, 시공 방법(비비기 방법, 부어넣기 방법), 모양 및 재령과 시험법 등이 있다.

(3) 콘크리트 강도의 비교

콘크리트의 강도 중에서는 압축 강도가 가장 크고, 그 밖의 인장 강도, 휨 강도, 전단 강도는 압축 강도의 1/10~1/15에 불과하다. 구조상으로 오로지 압축 강도가 이용되므로 콘크리트의 강도라 함은 일반적으로 압축 강도를 의미한다.

(4) 모르타르와 콘크리트의 수축률

구분	모르타르	보통 콘크리트	경량 콘크리트
수축률	$(1.2\sim1.5)\times10^{-4}$	$(5\sim7)\times10^{-4}$	$(7.5\sim10.5)\times10^{-4}$

(5) 콘크리트의 단위 용적 중량

구분	무근 콘크리트	철근 콘크리트	철골 철근 콘크리트
무게(t/m³)	2.3	2.4	2.5

철근 콘크리트의 중량(무게)=비중×체적(너비×춤×길이)이므로, 중량=비중×너비×춤×길이이다. 단위는 통일하여야 한다.

출제 키워드

■ 콘크리트 배합용 물
산(약산도 지장이 있다.)

■ 아브라함의 물·시멘트 비 설
콘크리트의 강도는 물·시멘트 비로 결정

■ 콘크리트 강도
압축 강도를 의미

■ 콘크리트의 단위 용적 중량
- 무근 : 2.3t/m³
- 철근 : 2.4t/m³
- 철골 철근 : 2.5t/m³
- 철근 콘크리트의 중량(무게) =비중×체적(너비×춤×길이)

출제 키워드

■ 배합 콘크리트의 개념
경화한 콘크리트에 대응하여 사용되는 용어로서, 비빔 직후로부터 거푸집 안에 부어넣어 소정의 강도를 발휘할 때까지의 콘크리트

■ 배합 콘크리트의 구비 조건
• 소요 강도, 워커빌리티(시공 연도) 및 균일성이 있을 것
• 재료 분리가 적을 것

■ 콘크리트의 배합 설계 단계
요구 성능(소요 강도)의 설정 → 배합 조건의 설정 → 재료의 선정 → 계획 배합의 설정 및 결정 → 현장 배합의 결정

■ 콘크리트의 설계 기준 강도
콘크리트 타설 후 28일(4주) 압축 강도를 의미

■ 콘크리트 배합 중 중량 배합
실험실 배합과 레미콘 생산 배합에 사용

■ 시공 연도의 시험 방법
슬럼프 시험, 비비 시험기, 진동식 반죽질기 측정기, 다짐도에 의한 방법, KS규격에 규정되지 않은 시험법(슬럼프 플로 시험, 플로 시험, 구관입 시험 등) 등

5 배합 콘크리트

(1) 배합 콘크리트의 구비 조건

① 소요 강도, 워커빌리티(시공연도) 및 균일성이 있을 것
② 운반, 부어넣기, 다짐 및 표면 마감의 각 시공 단계에 있어서 작업을 용이하게 행할 수 있을 것
③ 시공 시 및 그 전후에 있어서 재료 분리가 적을 것
④ 거푸집에 부어넣은 후, 균열 등 유해한 현상이 발생하지 않을 것

(2) 배합 설계의 단계

콘크리트 배합 설계의 단계는 요구 성능(소요 강도)의 설정 → 배합 조건의 설정 → 재료의 선정 → 계획 배합의 설정 및 결정 → 현장 배합의 결정의 순이다. 콘크리트의 설계 기준 강도라 함은 콘크리트 타설 후 28일(4주) 압축 강도를 의미한다.

(3) 콘크리트 배합 방법

① 용적 배합

구분	절대 용적 배합	표준 계량 용적 배합	현장 계량용적 배합	임의 계량 용적 배합
정의	재료의 공극이 없는 상태로 계산한 절대 용적으로 배합을 표시	다짐 상태(시멘트 $1m^3$ 당 1,500kg)의 용적으로 배합을 표시	시멘트는 포대 수, 골재는 현장 계량 용적으로 배합을 표시	임의의 용적으로 배합을 표시
비고	$1m^3$의 콘크리트 제조에 소요되는 각 재료량을 배합하는 방법			

② **중량 배합** : 중량 배합은 $1m^3$의 콘크리트 제조에 소요되는 각 재료량을 중량으로 배합을 표시하는 방법으로, 절대 용적 배합에서 구한 절대 용적에 비중을 곱하는 정밀한 배합으로 실험실 배합과 레미콘 생산 배합에 사용한다.

6 시공 연도의 시험 방법 등

(1) 시공 연도의 시험 방법

비빔 콘크리트의 질기 정도(시공 연도)를 측정하는 방법에는 슬럼프 시험, 비비 시험기, 진동식 반죽질기 측정기, 다짐도에 의한 방법, KS규격에 규정되지 않은 시험법(슬럼프 플로 시험, 플로 시험, 구관입 시험 등) 등이 있다. 르샤틀리에 비중병 시험은 시멘트의 비중 시험법이다.

① **슬럼프 시험** : 콘크리트 시공 연도 시험법으로 주로 사용하는 방법이다.

㉮ 몰드는 젖은 걸레로 닦은 후 평평하고 습한 비흡습성의 단단한 평판 위에 놓고 콘크리트를 채워 넣을 동안 두 개의 발판을 디디고서 움직이지 않게 그 자리에 단단히 고정시킨다.

㉯ 재료를 몰드 용적의 1/3(바닥에서 약 7cm)만 넣어서 다짐대로 단면 전체에 골고루 25회 다진다. 이때 다짐대를 약간 기울여서 다짐 횟수의 약 절반을 둘레를 따라 다지고, 그 다음에 다짐대를 수직으로 하여 중심을 향해서 나선상으로 다져 나간다.

㉰ 몰드 용적의 약 2/3(바닥에서 약 16cm)까지만 시료를 넣어 다짐대로 이 층의 깊이와 아래층에 약간 관입되도록 25회 골고루 다진다.

㉱ 최상층을 채워서 다질 때에는 슬럼프 몰드 위에 높이 쌓고서 25회 다진다.

㉲ 최상층을 다 다졌으면 흙칼로 평면을 고르고, 콘크리트에서 몰드를 조심성 있게 수직 상향으로 벗긴다.

㉳ ㉲의 작업이 끝나고 공시체가 충분히 주저앉은 다음 몰드의 높이와 공시체 밑면의 원 중심으로부터 높이차를(정밀도 0.5단위) 구하여 슬럼프 값으로 하고, 묽은 콘크리트일수록 슬럼프 값은 크다. 즉, 슬럼프 테스트 콘에서 내려 앉는 길이가 크다.

② **플로 시험** : 비빔 콘크리트의 시험괴를 상하로 진동하는 판 위에 놓고 그 유동 확대한 양으로부터 반죽질기를 시험하는 시험법이다.

③ **다짐도에 의한 방법** : 영국 BS 1881의 규정에 의한 방법으로 A용기에 콘크리트를 다져서 B용기에 낙하시킨 다음 다시 C용기에 낙하시킨다. 이때 C용기에 채워진 콘크리트의 중량(ω)을 측정하고 C용기와 동일한 용기에 콘크리트를 충분히 채워 다진 후 중량(W)을 측정하여 ω/W의 값을 구하여 그 값을 다짐 계수로 한다. 이 시험은 슬럼프 시험보다 민감하여, 특히 진동 다짐을 해야 하는 된비빔 콘크리트에 유효한 방법이다.

④ **기타** : 리몰딩 시험, 낙하 시험 및 구관입 시험 등

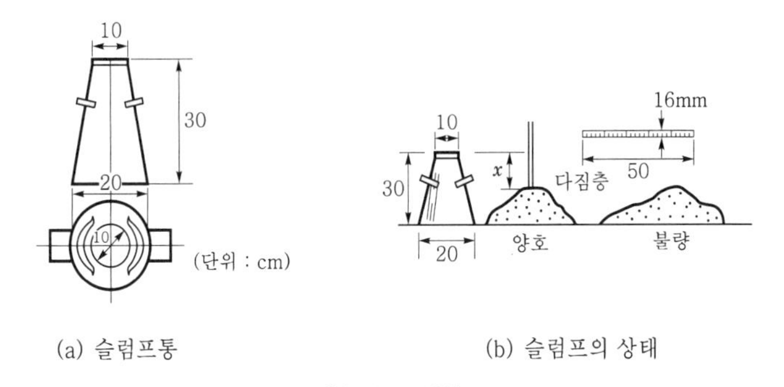

(a) 슬럼프통 (b) 슬럼프의 상태

[슬럼프 시험]

(2) 콘크리트의 워커빌리티(시공 연도)의 영향 요소

콘크리트의 워커빌리티에 영향을 주는 요소에는 단위 수량, 단위 시멘트량, 시멘트의 성질, 모양, 배합 비율, 골재의 입도, 혼화 재료의 종류와 양, 비비기 정도와 비빔 시간, 혼합 후의 시간, 온도 등에 따라 다르다. 또한, 콘크리트 강도와는 무관하다.

■ **슬럼프 값**
묽은 콘크리트일수록 슬럼프 값은 크다.

■ **콘크리트의 워커빌리티(시공 연도)의 영향 요소**
단위 수량, 단위 시멘트량, 시멘트의 성질, 모양, 배합 비율, 골재의 입도, 혼화 재료의 종류와 양, 비비기 정도와 비빔 시간, 혼합 후의 시간, 온도 등

출제 키워드

■ 온도와 습도
• 콘크리트의 보양 시 중요한 사항
• 습기가 공급되면 재령이 길어지나, 강도가 증대

(3) 콘크리트의 보양

콘크리트의 보양이란 시멘트의 수화 작용이 계속되어 강도가 증가하도록 부어넣은 다음부터 보호하여야 하는데, 이것을 보양이라 한다. 보양시 가장 중요한 사항은 온도와 습도이다. 습기가 공급되면 재령이 길어지나, 강도가 증대된다.

(4) 철근의 부착 강도

철근 콘크리트에서 철근의 부착 강도는 철근의 단면적이 동일한 경우라면 굵은 철근을 적게 사용하는 것보다 가는 철근을 많이 사용하는 것이 표면적이 증가하므로 접착 강도가 증가한다.

7 콘크리트의 현상

■ 콘크리트의 크리프
하중을 지속적으로 작용시켜 놓을 경우 하중의 증가가 없음에도 지속 하중에 의해 시간과 더불어 변형이 증대하는 현상

■ 크리프의 요인
작용하는 하중의 크기, 물·시멘트 비, 부재의 단면 치수 등

(1) 콘크리트의 크리프

단위 응력이 낮을 때 초기 하중의 콘크리트 변형도는 거의 탄성이지만 이 변형도는 하중이 일정하더라도 시간에 따라 증가하게 된다. 이와 같이 콘크리트 구조물에서 하중을 지속적으로 작용시켜 놓을 경우 하중의 증가가 없음에도 불구하고 지속 하중에 의해 시간과 더불어 변형이 증대하는 현상이다. 크리프가 증가하는 요인은 물·시멘트 비가 큰 콘크리트인 경우와 콘크리트가 건조한 상태로 노출된 상태의 경우이며, 작용하는 하중의 크기, 물·시멘트 비, 부재의 단면 치수 등과 관계가 깊다.

■ 블리딩
• 콘크리트 타설 후 수분 상승과 함께 미세한 물질이 상승하는 현상
• 콘크리트 타설 후 비중이 무거운 시멘트와 골재 등이 침하되면서 물이 분리·상승하여 미세한 부유 물질과 함께 콘크리트 표면으로 떠오르는 현상

(2) 블리딩

아직 굳지 않은 콘크리트나 모르타르의 윗면에 물이 떠오를 때 불순물을 갖고 상승하는 현상, 콘크리트 타설 후 수분 상승과 함께 미세한 물질이 상승하는 현상 또는 콘크리트 타설 후 비중이 무거운 시멘트와 골재 등이 침하되면서 물이 분리·상승하여 미세한 부유 물질과 함께 콘크리트 표면으로 떠오르는 현상이다.

(3) 동결 융해 작용

동결되었던 물체가 융해될 때 생기는 현상이다.

(4) 알칼리 골재 반응

골재 중의 실리카질 광물이 시멘트 중의 알칼리 성분과 화학적으로 작용하여 콘크리트의 팽창으로 균열이 발생하는 현상이다.

■ 콘크리트의 중성화
콘크리트가 시일이 경과함에 따라 공기 중의 탄산가스의 작용을 받아 수산화칼슘이 서서히 탄산칼슘으로 되면서 알칼리성을 잃어가는 현상

(5) 콘크리트의 중성화

콘크리트가 시일이 경과함에 따라 공기 중의 탄산가스의 작용을 받아 수산화칼슘이 서서히 탄산칼슘으로 되면서 알칼리성을 잃어가는 현상이다.

(6) 콘크리트의 곰보

콘크리트의 곰보(콘크리트에 생기는 불균질한 공간 부분 또는 콘크리트 표면에 자갈이 몰려 터슬터슬하게 벌집 모양으로 된 부분)의 원인은 콘크리트 타설 시 조골재 등의 재료 분리 현상이다.

8 특수 콘크리트의 종류

(1) 프리팩트(프리플레이스드) 콘크리트

미리 거푸집 속에 적당한 입도 배열을 가진 굵은 골재를 채워 넣은 후, 모르타르를 펌프로 압입하여 굵은 골재의 공극을 충전시켜 만드는 콘크리트로, 콘크리트가 밀실하여 내수성과 내구성이 있고, 동해 및 융해에 대해서 강하며, 중량 콘크리트의 시공도 가능하고, 거푸집을 견고하게 만들어야 한다는 점이 특징이다. 용도로는 원자로의 방사선 차단 콘크리트와 같이 특히 균일하고 극히 밀도가 높은 콘크리트에 중정석, 철광석 등과 같은 비중이 큰 골재를 쓰는 공법에 적당하다.

(2) 레디믹스트 콘크리트

공사 현장 등의 사용 장소에서 필요에 따라 만드는 콘크리트가 아니고, 주문에 의해 공장 생산 또는 믹싱카로 제조하여 사용 현장에 공급하는 콘크리트 또는 콘크리트 제조 공장에서 주문자가 요구하는 품질의 콘크리트를 제조 공장에서 제조하여 소정의 시간에 원하는 수량을 특수한 자동차를 이용하여 현장까지 배달, 공급하는 굳지 않은 콘크리트이다.

(3) 프리스트레스트 콘크리트

특수 선재(고강도의 강재나 피아노선)를 사용하여 재축 방향으로 콘크리트에 미리 압축력을 준 콘크리트로서, 경화한 후 인장력(미리 특수 선재에 준 인장력)을 제거시킨 콘크리트이다. 부재의 단면을 작게 할 수 있으나, 진동이 발생하기 쉽다.

(4) AE 콘크리트

콘크리트를 비빌 때 AE제를 넣어 인공적으로 미세한 기포가 생기게 하여 다공질로 만든 콘크리트이다.

(5) 경량 콘크리트

경량 콘크리트는 콘크리트의 무게를 감소시킬 목적으로 경량 골재를 사용한 콘크리트로서, 기건 비중 2.0 이하의 것을 말한다. 경량 골재로서는 천연 경량 골재(화산 자갈, 경석, 용암 또는 그 가공품)와 인공 경량 골재(흑요석, 진주암) 또는 공업 부산물(탄각, 슬래그 등) 등을 사용한다. 특히, 동일한 물·시멘트 비에서는 보통 콘크리트보다 일반적으로 강도가 약하다.

출제 키워드

■ 콘크리트의 곰보의 원인

콘크리트 타설 시 조골재 등의 재료 분리 현상

■ 프리팩트 콘크리트

미리 거푸집 속에 적당한 입도 배열을 가진 굵은 골재를 채워 넣은 후, 모르타르를 펌프로 압입하여 굵은 골재의 공극을 충전시켜 만드는 콘크리트

■ 레디믹스트 콘크리트

- 주문에 의해 공장 생산 또는 믹싱카로 제조하여 사용 현장에 공급하는 콘크리트
- 콘크리트 제조 공장에서 주문자가 요구하는 품질의 콘크리트를 제조 공장에서 제조하여 소정의 시간에 원하는 수량을 특수한 자동차를 이용하여 현장까지 배달, 공급하는 굳지 않은 콘크리트

■ 프리스트레스트 콘크리트

- 특수 선재를 사용하여 재축 방향으로 콘크리트에 미리 압축력을 준 콘크리트
- 경화한 후 인장력(미리 특수 선재에 준 인장력)을 제거시킨 콘크리트
- 진동이 발생하는 콘크리트

■ 경량 콘크리트

동일한 물·시멘트 비에서는 보통 콘크리트보다 일반적으로 강도가 약하다.

출제 키워드

① 골재를 쌓아둘 곳은 될 수 있는 대로 물빠짐이 좋고 햇빛을 덜 받는 장소를 택한다.
② 골재의 부리기, 쌓아올리기, 물뿌리기를 할 때에 굵은 알과 작은 알이 분리되지 않도록 한다.
③ 골재에 때때로 물을 뿌리고 표면에 포장을 씌어 항상 습윤 상태로 유지한다.
④ 물·시멘트 비는 표면 건조, 내부 포수 상태의 골재에 대하여 70% 이하를 표준으로 한다.
⑤ 부어넣기는 안정될 때까지 침하량이 비교적 크므로 보, 바닥의 콘크리트는 기둥, 벽체의 콘크리트가 충분히 안정된 다음에 넣는다.
⑥ 경량 콘크리트는 위로 부어 올라갈수록 된비빔으로 하는 것이 좋으며, 그 조절은 수량을 감하여 조정한다.
⑦ 철근에 대한 피복 두께는 일반 철근 콘크리트 피복 두께의 값에 따르며, 물·시멘트 비의 값은 60% 이하로 하여야 한다.

■ ALC(Autoclaved Lightweight Concrete)
• 콘크리트의 시멘트 페이스트 속에 AE제, 알루미늄 분말 등을 첨가하여 만든 경량 콘크리트
• 생석회와 규사를 혼합하여 고온, 고압하여 양생하면 수열 반응을 일으키는데 여기에 기포제를 넣어 경량화한 기포 콘크리트

■ 규회 벽돌
ALC(경량 기포 콘크리트) 제품

(6) ALC(Autoclaved Lightweight Concrete)

콘크리트의 시멘트 페이스트 속에 AE제, 알루미늄 분말 등을 첨가하여 만든 경량 콘크리트 **또는** 생석회와 규사를 혼합하여 고온, 고압하여 양생하면 수열 반응을 일으키는데, 여기에 기포제를 넣어 경량화한 기포 콘크리트로, **오토클레이브에 포화 증기로 양생한다. 제품에는 블록류와 패널이 있으며, 지붕, 바닥, 벽재로 사용하고, 다공질이고 흡수성이 크다.** 규회 벽돌은 모래와 석회를 주원료로 하여**(착색제 및 혼화제를 첨가하기도 함)** 가압·성형하고, 증기압에서 양생하여 만들어진 벽돌로서 ALC 제품**이다.**

| 2-5. 콘크리트 |

과년도 출제문제

01 콘크리트의 장점
13

콘크리트의 장점이 아닌 것은?

① 압축 강도가 크다. ② 자체 하중이 작다.
③ 내화성이 우수하다. ④ 내구적이다.

해설 콘크리트의 특성 중 단점은 자체 중량(하중)이 크고, 인장 강도가 작으며, 경화할 때 수축에 의한 균열이 생기기 쉽다는 것이다.

02 콘크리트의 장점
19, 03

다음 중 일반적인 콘크리트의 장점에 대한 설명으로 옳지 않은 것은?

① 인장 강도가 크다.
② 철근, 철골 등과 접착성이 우수하다.
③ 내화적이다.
④ 내수적이다.

해설 콘크리트는 압축 강도가 크고 내화·내수·내구적인 장점이 있으며, 무게가 크고 인장 강도가 매우 작으며, 경화할 때 수축에 의한 균열이 생기기 쉬운 결점이 있으나 강재와 병용함으로써 어느 정도 보완할 수 있다.

03 콘크리트의 특성
03

콘크리트의 특성으로 옳지 않은 것은?

① 압축 강도가 크다.
② 인장 강도가 작다.
③ 내화적이다.
④ 강재와의 접착이 좋지 않다.

해설 콘크리트는 압축 강도가 크고 내화·내구적인 장점이 있다. 또한 무게가 크고 인장 강도가 작으며, 경화할 때 수축에 의한 균열이 생기기 쉬운 결점이 있으나 강재와 병용함으로써 어느 정도 보완할 수 있다. 즉, 콘크리트는 강재와의 접착이 매우 좋다.

04 콘크리트의 특성
22, 13

철근 콘크리트의 특성에 대한 설명 중 옳지 않은 것은?

① 콘크리트는 습기를 흡수하면 팽창하고 건조하면 수축한다.
② 콘크리트의 인장 강도는 압축 강도의 1/2 정도이다.
③ 철근과 콘크리트의 열팽창 계수는 거의 같다.
④ 철근의 피복 두께를 크게 하면 철근 콘크리트의 내구성은 증대된다.

해설 보통 콘크리트의 인장 강도는 압축 강도의 1/9~1/13 정도이고, 경량 콘크리트의 인장 강도는 압축 강도의 1/9~1/15 정도이다.

05 이형 철근의 마디 설치 이유
12, 03, 99

이형 철근에서 표면에 마디를 만드는 이유로 가장 알맞은 것은?

① 부착 강도를 높이기 위해
② 인장 강도를 높이기 위해
③ 압축 강도를 높이기 위해
④ 항복점을 높이기 위해

해설 이형 철근에서 표면에 마디와 리브를 만드는 이유는 콘크리트와 접착면을 증대시켜 부착 강도를 높이기 위함이다.

06 골재(천연 골재)의 종류
10

천연 골재의 종류에 해당되지 않는 것은?

① 강모래 ② 강자갈
③ 산모래 ④ 깬 자갈

해설 천연 골재의 종류에는 강모래, 강자갈, 바다 모래, 바다 자갈, 육지 모래, 육지 자갈, 산모래, 산자갈 등이 있다. 인공 골재의 종류에는 깬 모래, 깬 자갈 등이 있으며, 산업 부산물 이용 골재의 종류에는 고로 슬래그, 부순 모래, 부순 자갈 등이 있다. 재생 골재의 종류에는 콘크리트 폐기물을 부순 잔 골재, 굵은 골재 등이 있다.

정답 01. ② 02. ① 03. ④ 04. ② 05. ① 06. ④

07 잔골재의 판정
22, 21, 20, 19, 17, 09, 08, 01

20kg의 골재가 있다. 5mm체에 몇 kg 이상 통과하여야 잔골재라 할 수 있는가?

① 3kg ② 10kg
③ 12kg ④ 17kg

해설 모래(잔 골재)란 5mm체를 85% 이상 통과하는 것을 말하므로 20kg×0.85=17kg 이상이다.

08 골재의 요구 성능
04

골재에 대한 설명으로 부적당한 것은?

① 골재의 강도는 콘크리트 중의 경화 시멘트 페이스트의 강도 이상이어야 한다.
② 골재의 표면은 매끈하고 구형에 가까운 것이 좋다.
③ 골재는 잔 것과 굵은 것이 골고루 혼합된 것이 좋다.
④ 잔 골재의 염분 함유 한도는 0.04% 이하여야 한다.

해설 콘크리트용 골재의 강도는 시멘트풀이 경화하였을 때 시멘트풀의 최대 강도 이상이어야 한다. 따라서 석회석, 사암 등과 같은 연질의 수성암은 골재로는 부적당하다. 또한, 형태는 거칠고, 구형에 가까운 것이 좋으며, 평편하거나 세장한 것은 좋지 않다.

09 골재의 요구 성능
22, 02, 00

철근 콘크리트용 골재에 관한 설명 중 옳지 않은 것은?

① 골재의 알모양은 구(球)형에 가까운 것이 좋다.
② 골재의 표면은 매끈한 것이 좋다.
③ 골재는 크고 작은 알이 골고루 섞여 있는 것이 좋다.
④ 골재에는 염분이 섞여 있지 않는 것이 좋다.

해설 콘크리트용 골재의 형태는 거칠고, 구형에 가까운 것이 좋으며, 평편하거나 세장한 것은 좋지 않다. 진흙이나 유기 불순물 등의 유해물이 포함되지 않아야 하고, 잔 것과 굵은 것이 적당히 혼합된 것이 좋다. 운모가 다량으로 함유된 골재는 콘크리트의 강도를 떨어뜨리고, 풍화되기도 쉽다.

10 골재의 요구 성능
17, 12

콘크리트에 사용하는 골재의 요구 성능으로 옳지 않은 것은?

① 내구성과 내화성이 큰 것이어야 한다.
② 유해한 불순물과 화학적 성분을 함유하지 않는 것이어야 한다.
③ 입형은 각이 구형이나 입방체에 가까운 것이어야 한다.
④ 흡수율이 높은 것이어야 한다.

해설 콘크리트의 사용 골재 중 흡수율이 높은 골재는 강도가 작으므로 사용하지 않는 것이 유리하다.

11 골재의 요구 성능
19, 18, 16

콘크리트용 골재에 대한 설명으로 옳지 않은 것은?

① 골재의 강도는 경화된 시멘트 페이스트의 최대 강도 이하이어야 한다.
② 골재의 표면은 거칠고, 모양은 구형에 가까운 것이 가장 좋다.
③ 골재는 잔 것과 굵은 것이 골고루 혼합된 것이 좋다.
④ 골재는 유해량 이상의 염분을 포함하지 않아야 한다.

해설 콘크리트용 골재의 강도는 시멘트풀이 경화하였을 때 시멘트풀의 최대 강도 이상이어야 한다. 따라서 석회석, 사암 등과 같은 연질의 수성암은 골재로는 부적당하다. 또한, 형태는 거칠고, 구형에 가까운 것이 좋으며, 평편하거나 세장한 것은 좋지 않다.

12 골재의 요구 성능
21, 06, 03

콘크리트용 골재로서 요구되는 성질에 대한 설명 중 틀린 것은?

① 잔 것과 굵은 것이 골고루 혼합된 것이 좋다.
② 강도는 시멘트풀의 최대 강도 이상이어야 한다.
③ 표면이 매끄럽고, 모양은 편평하거나 가늘고 긴 것이 좋다.
④ 내마멸성이 있고, 화재에 견딜 수 있는 성질을 갖추어야 한다.

해설 콘크리트용 골재는 ①, ② 및 ④ 외에 골재의 표면이 거칠고 구형에 가까운 것이 좋으며, 편평하거나 세장한 것은 좋지 않다. 또한, 염분, 유해물(진흙이나 유기불순물 등)을 포함하지 않아야 한다. 특히 운모가 다량 포함된 골재는 콘크리트의 강도를 떨어뜨리고, 풍화되기 쉽다.

13 입도의 용어
07, 02, 00

골재의 크기가 고르게 섞여 있는 정도를 나타내는 용어는?

① 입도
② 실적률
③ 흡수율
④ 단위 용적 중량

정답 07. ④ 08. ② 09. ② 10. ④ 11. ① 12. ③ 13. ①

해설 실적률은 골재가 이루고 있는 부피 중에서 골재가 차지하고 있는 부분을 말한다. 잔 골재 및 굵은 골재의 실적률은 60~70% 정도이다. 흡수율은 물체가 물을 내부에 빨아들이는 물의 양과 물체의 실체와의 비율이며, 단위 용적 중량은 계량하는 그릇의 모양, 크기, 채우는 방법, 함수량 등에 따라서 같은 부피라도 실제로는 단위 용적 중량의 차이가 매우 심하다. 특히 잔 골재일수록 심하다.

14 골재의 요구 성능 06

다음 중 콘크리트용 골재로서 일반적으로 요구되는 성질이 아닌 것은?

① 입도는 조립에서 세립까지 연속적으로 균등히 혼합되어 있을 것
② 입형은 가능한 한 편평, 세장하지 않을 것
③ 잔 골재의 염분 허용 한도는 0.04%(NaCl) 이하일 것
④ 강도는 콘크리트 중의 경화 시멘트 페이스트의 강도보다 작을 것

해설 콘크리트용 골재의 강도는 시멘트풀이 경화하였을 때 시멘트풀의 최대 강도 이상이어야 한다. 따라서 석회석, 사암 등과 같은 연질의 수성암은 골재로는 부적당하다. 또한, 형태는 거칠고, 구형에 가까운 것이 좋으며, 평편하거나 세장한 것은 좋지 않다.

15 골재의 요구 성능 11

콘크리트용 골재로서 요구되는 성질에 대한 설명으로 옳지 않은 것은?

① 강도는 콘크리트 중의 경화 시멘트 페이스트의 강도 이상이어야 한다.
② 표면이 매끄럽고, 모양은 편평하거나 가늘고 긴 것이 좋다.
③ 입도는 조립에서 세립까지 연속적으로 균등히 혼합되어 있어야 한다.
④ 유해량 이상의 염분이나 기타 유기 불순물이 포함되지 않아야 한다.

해설 콘크리트용 골재는 ①, ③ 및 ④ 외에 골재의 표면이 거칠고 구형에 가까운 것이 좋으며, 편평하거나 세장한 것은 좋지 않다. 또한, 염분, 유해물(진흙이나 유기불순물 등)을 포함하지 않아야 한다. 특히 운모가 다량 포함된 골재는 콘크리트의 강도를 떨어뜨리고, 풍화되기 쉽다.

16 입도의 용어 07, 02, 00

골재가 이루고 있는 부피 중에서 골재가 차지하고 있는 부분을 말하며, 잔 골재 및 굵은 골재는 60~70% 정도를 나타내는 용어는?

① 입도　② 실적률
③ 흡수율　④ 단위 용적 중량

해설 입도는 골재에서 대소 크기가 고르게 섞여있는 정도이고, 흡수율은 물체가 물을 내부에 빨아들이는 물의 양과 물체의 실체와의 비율이며, 단위 용적 중량은 계량하는 그릇의 모양, 크기, 채우는 방법, 함수량 등에 따라서 같은 부피라도 실제로는 단위용적 중량의 차이가 매우 심하다. 특히 잔 골재일수록 더욱 심하다.

17 입도의 용어 11, 08

크고 작은 모래, 자갈 등이 혼합되어 있는 정도를 나타내는 골재의 성질은?

① 입도　② 실적률
③ 공극률　④ 단위 용적 중량

해설 실적률은 골재가 이루고 있는 부피 중에서 골재가 차지하고 있는 부분을 말한다. 잔 골재 및 굵은 골재의 실적률은 60~70% 정도이다. 공극률은 골재가 이루고 있는 부피 중에서 골재가 차지하고 있지 않은 부분을 말하며, 잔 골재 및 굵은 골재의 공극률은 30~40% 정도이다. 단위 용적 중량은 계량하는 그릇의 모양, 크기, 채우는 방법, 함수량 등에 따라서 같은 부피라도 실제로는 단위 용적 중량의 차이가 매우 심하다. 특히 잔 골재일수록 심하다.

18 입도의 용어 06

골재의 대소립이 혼합하여 있는 정도를 의미하는 것으로, 콘크리트의 워커빌리티, 경제성 및 경화 후의 강도나 내구성에 영향을 미치는 중요한 요인은?

① 공극률　② 실적률
③ 입형　④ 입도

해설 공극률은 입상 물질(흙, 시멘트, 골재 등) 전체의 용적에 대한 공극 용적의 백분율로서 공극률 $= \left(1 - \frac{\omega(\text{단위용적 중량})}{\rho(\text{골재의 비중})}\right) \times 100[\%]$이다. 실적률은 입상 물질(흙, 시멘트, 골재 등) 전체의 용적에 대한 실적의 백분율로서 실적률 $= \frac{\omega(\text{단위용적 중량})}{\rho(\text{골재의 비중})} \times 100[\%]$이다. 입형은 입상 물질(흙, 시멘트, 골재 등) 등의 형상이다.

정답 14.④ 15.② 16.① 17.① 18.④

19 | 입도의 시험법
19, 09, 03

다음 중 골재의 입도를 구하기 위한 시험은?

① 파쇄 시험
② 체가름 시험
③ 단위 용적 중량 시험
④ 슬럼프 시험

해설 체가름 시험은 모래와 자갈을 눈이 좁은 것부터 차례로 띄워서 겹쳐 놓은 체진동기로 충분히 거른 다음, 각 체에 걸린 모래, 자갈의 무게를 측정하여 전체의 양에 대한 비율을 계산하는 시험으로 골재의 입도를 나타낸다.

20 | 체가름 시험의 체
22, 21, 20, 18, 17, 09

다음 중 골재의 체가름 시험에서 사용하는 체가 아닌 것은?

① 0.15mm ② 1.2mm
③ 5mm ④ 35mm

해설 조립률(골재의 입도를 정수로 표시하는 방법)은 체가름 시험 시에 10개의 체(0.15mm, 0.3mm, 0.6mm, 1.2mm, 2.5mm, 5mm, 10mm, 20mm, 40mm, 80mm)에 남아 있는 누계 무게 백분율의 합계를 100으로 나눈 값이다.

21 | 비중 시험의 방법
10

골재의 비중 시험을 할 때 일반적으로 사용되는 비중은?

① 진비중 ② 표건 비중
③ 절건 비중 ④ 기건 비중

해설 골재 비중의 종류는 골재가 포함하고 있는 물에 따라 진비중, 표건 비중 및 절건 비중(일반적인 비중)으로 구분하는데, 골재의 비중 시험 시 사용되는 비중은 절건(전건) 비중이다.

22 | 골재의 함수 상태
07

다음 골재의 수분량을 설명한 것 중 틀린 것은?

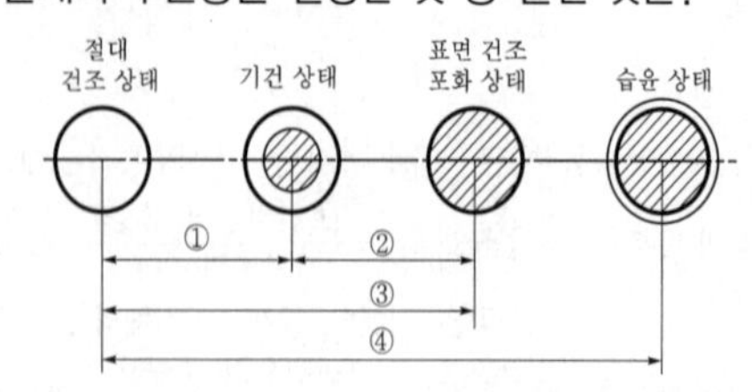

① 기건 함수량 ② 표면 수량
③ 흡수량 ④ 전함수량

해설 그림의 ①은 기건 함수량, ②는 유효 함수량, ③은 흡수량, ④는 전함수량이다. 표면 수량은 습윤 상태의 함수량에서 표면 건조 내부 포수 상태의 함수량을 뺀 것이다.

23 | 골재의 함수 상태(배합 시)
21, 20, 19, 17, 09

콘크리트 배합 설계의 기준이 되는 골재의 함수 상태는?

① 절건 상태
② 기건 상태
③ 표면 건조 내부 포수 상태
④ 습윤 상태

해설 콘크리트 배합 설계에 사용하는 골재의 함수 상태는 표면 건조 내부 포수 상태의 골재를 사용한다.

24 | 골재의 함수 상태
16

골재의 함수 상태에 관한 설명으로 옳지 않은 것은?

① 절건 상태는 골재를 완전 건조시킨 상태이다.
② 기건 상태는 골재를 대기 중에 방치하여 건조시킨 것으로 내부에 약간의 수분이 있는 상태이다.
③ 표건 상태는 골재 내부는 포수 상태이며 표면은 건조한 상태이다.
④ 습윤 상태는 표면에 물이 붙어 있는 상태로 보통 자갈의 흡수량은 골재 중량의 50% 내외이다.

해설 건축 공사 표준 시방서의 규정에 의하면, 잔 골재의 흡수율은 3% 이하, 굵은 골재의 흡수율은 2% 이하로 규정하고 있으므로, 흡수량은 골재(잔 골재와 굵은 골재) 중량의 2% 이하이다.

25 | 골재의 품질(염분 한도)
03

철근 콘크리트에 사용하는 모래는 염분 함유 한도를 얼마 이하로 하는가?

① 0.02% ② 0.04%
③ 0.06% ④ 0.08%

해설 보통 골재의 품질(건축 공사 표준 시방서 기준)

종류	절건 비중	흡수율 (%)	점토량 (%)	씻기 시험시 손실되는 양 (%)	유기 불순물	염분 (NaCl)
굵은 골재	2.5 이상	2.0 이하	0.25 이하	1.0 이하	–	–
잔 골재		3.0 이하	1.0 이하	2.0 이하	표준색 이하	0.04% 이하

정답 19. ② 20. ④ 21. ③ 22. ② 23. ③ 24. ④ 25. ②

26 골재의 공극률의 산정
03

골재의 비중이 2.5이고, 단위 용적 무게가 1.8kg/L일 때 골재의 공극률(%)은?

① 28% ② 44%
③ 72% ④ 14%

해설 $\text{공극률} = \left(1 - \frac{\text{단위 용적 무게}}{\text{비중}}\right) \times 100[\%]$에서
단위 용적 무게는 1.8kg/L, 비중은 2.5이므로
$\therefore \text{공극률}(\%) = \left(1 - \frac{1.8}{2.5}\right) \times 100\% = 28\%$

27 염분의 철근 콘크리트 영향
17③, 16, 13

염분이 섞인 모래를 사용한 철근 콘크리트에서 가장 염려되는 현상은?

① 건조 수축 ② 철근 부식
③ 슬럼프 ④ 동해

해설 철근 콘크리트 구조에서 염분이 섞인 모래를 사용한 경우 가장 염려되는 사항은 철근의 부식이다.

28 혼화제(방청제)의 용어
07

콘크리트 혼화재료 중 콘크리트 내부의 철근이 콘크리트에 혼입되는 염화물에 의해 부식되는 것을 억제하기 위해 이용되는 것은?

① 기포제 ② 유동화제
③ AE제 ④ 방청제

해설 기포제는 콘크리트의 수축을 방지하기 위해 극소량의 알루미늄 분말을 섞어 시멘트풀에 기포가 생기게 하는 혼화제이고, 유동화제는 콘크리트의 물·시멘트 비를 줄이면서 콘크리트의 유동성을 커지게 하는 혼화제이다. AE제는 동결, 융해 작용에 대한 내구성을 증대시키기 위하여 사용하는 혼화제로서 독립된 작은 기포를 콘크리트 속에 균일하게 분포시키기 위하여 사용하는 혼화제이다.

29 혼화재의 첨가 목적
23, 10

다음 중 콘크리트 혼화재의 첨가 목적이 아닌 것은?

① 워커빌리티(Workability) 개량
② 펌퍼빌리티(Pumpability) 개량
③ 수화열 증가 및 알칼리 골재 반응 형성
④ 장기 강도 및 초기 강도 증진

해설 콘크리트의 혼화재료(혼화재, 혼화제 등)는 콘크리트의 내부에 혼합되어 콘크리트의 성질을 향상(초기 및 장기 강도의 증진), 워커빌리티 및 펌퍼빌리티를 향상시키기 위함이다. 수화열의 증가와 알칼리골재 반응 형성은 콘크리트에 좋지 않은 결과를 초래하는 원인이 된다.

30 혼화재의 종류
10

다음 중 콘크리트 혼화재로 사용되는 물질이 아닌 것은?

① 알루미늄옥사이드
② 플라이 애시
③ 고로 슬래그
④ 실리카 퓸

해설 콘크리트의 혼화재에는 포졸란, 인공 포졸란(고로 슬래그 미분말, 플라이 애시, 실리카 퓸 등) 등이 있고, 혼화제에는 AE제, 감수제, 유동화제, 응결시간 조절제, 방수제, 발포제, 착색제, 기타 혼화제(AE 감수제, 고성능 AE 감수제, 증점제, 소포제, 방청제, 방동제, 내한제, 수화열 저감제 등) 등이 있다.

31 혼화재료의 종류
07

다음 중 콘크리트 혼화재료에 속하지 않는 것은?

① 플라이 애시 ② 고로슬래그
③ 시멘트 ④ 방청제

해설 콘크리트의 혼화재료는 혼화재(포졸란과 같이 사용량이 비교적 많아 그 자체의 용적이 콘크리트의 배합 계산에 포함되는 재료)와 혼화제(사용량이 비교적 작아 약품적인 사용에 그치는 것으로 배합 계산에 무시되는 재료)등으로 구분한다. 혼화재에는 포졸란(고로 슬래그 미분말, 플라이 애시, 실리카 퓸 등), 팽창재 등이 있으며, 혼화제에는 A.E제, 감수제와 유동화제, 응결·경화 시간 조절제, 방수제, 방청제, 기포제, 발포제, 착색제 등이 있다.

32 혼화재의 종류
21, 14

혼화 재료 중 혼화재에 속하는 것은?

① 포졸란 ② AE제
③ 감수제 ④ 기포제

해설 콘크리트의 혼화재료로 혼화재에는 포졸란(고로 슬래그 미분말, 플라이 애시, 실리카 퓸 등), 팽창재 등이 있다. 혼화제에는 AE제(콘크리트 내부에 미세한 독립된 기포를 발생시켜 콘크리트의 작업성 및 동결 융해 저항 성능을 향상시키기 위해 사용되는 화학 혼화제), 감수제와 유동화제, 응결 경화 시간 조절제, 방수제, 기포제, 방청제, 발포제, 착색제 등이 있다.

정답 26. ① 27. ② 28. ④ 29. ③ 30. ① 31. ③ 32. ①

33 | 혼화재(포졸란)의 영향
13

포졸란(pozzolan)을 사용한 콘크리트의 특징 중 옳지 않은 것은?

① 수밀성이 높아진다.
② 수화 발열량이 적어진다.
③ 경화 작용이 늦어지므로 조기 강도가 낮아진다.
④ 블리딩이 증가된다.

해설 포졸란을 사용한 콘크리트는 블리딩(비중 차이에 의하여 부어 넣은 콘크리트에 물 등이 떠오르는 현상) 현상이 감소하고, 수밀성이 높아지며, 작업성이 좋아지며, 수화 발열량이 적어지고, 경화가 느려지므로 조기 강도는 낮으나 장기 강도는 증가한다.

34 | 혼화제(AE제의 용어)
22, 17, 10, 05

콘크리트 내부에 미세한 독립된 기포를 발생시켜 콘크리트의 작업성 및 동결 융해 저항 성능을 향상시키기 위해 사용되는 화학 혼화제는?

① 응결, 경화 조절제 ② 방청제
③ 기포제 ④ AE제

해설 응결, 경화 조절제는 시멘트의 수화 반응에 영향을 끼쳐서 모르타르나 콘크리트의 응결 시간이나 초기 수화 촉진 또는 지연시킬 목적으로 사용하는 혼화제이다. 방청제는 콘크리트 내부의 철근이 콘크리트에 혼입되는 염화물에 의해 부식되는 것을 억제하기 위해 이용되는 혼화제이며, 기포제는 콘크리트의 경량, 단열, 내화성 등을 목적으로 사용되는 혼화제이다.

35 | 혼화제(AE제의 사용 목적)
20②, 18, 17, 14

AE제를 콘크리트에 사용하는 가장 중요한 목적은?

① 콘크리트의 강도를 증진시키기 위해서
② 동결 융해 작용에 대하여 내구성을 가지기 위해서
③ 블리딩을 감소시키기 위해서
④ 염류에 대한 화학적 저항성을 크게 하기 위해서

해설 AE제(콘크리트 내부에 미세한 독립된 기포를 발생시켜 콘크리트의 작업성 및 동결 융해 저항 성능을 향상시키기 위해 사용되는 화학 혼화제)는 작업성, 동결 융해 작용에 대하여 저항(내구)성을 주기 위하여 사용한다.

36 | 혼화제(AE제의 사용 목적)
22, 15

시멘트 혼화제인 AE제를 사용하는 가장 중요한 목적은?

① 동결 융해 작용에 대하여 내구성을 가지기 위해
② 압축 강도를 증가시키기 위해
③ 모르타르나 콘크리트에 색깔을 내기 위해
④ 모르타르나 콘크리트의 방수 성능을 위해

해설 AE제를 사용하면 각종 강도(압축, 인장, 휨 및 전단 강도 등)가 저하된다. ③을 위해서는 착색제를 사용하며, ④를 위해서는 방수제를 사용하여야 한다.

37 | 혼화제(AE제의 사용 효과)
12, 08

다음 중 혼화제인 AE제에 대한 설명으로 옳은 것은?

① 사용 수량을 줄여 블리딩(bleeding)이 감소한다.
② 화학 작용에 대한 저항성을 저감시킨다.
③ 콘크리트의 압축 강도를 증가시킨다.
④ 철근의 부착 강도를 증가시킨다.

해설 혼화제인 AE제(콘크리트 내부에 미세한 독립된 기포를 발생시켜 콘크리트의 작업성 및 동결 융해 저항 성능을 향상시키기 위해 사용되는 화학 혼화제)는 화학 작용에 대한 저항성을 증대시킨다. 하지만 콘크리트의 압축 강도를 저하시키며, 철근의 부착 강도를 감소시킨다.

38 | 혼화제(AE제의 사용 효과)
20, 19, 09

시멘트 혼화제인 AE제에 대한 설명으로 옳지 않은 것은?

① 콘크리트 내부에 독립된 미세 기포를 발생시켜 콘크리트의 워커빌리티를 개선한다.
② AE제를 사용한 콘크리트의 강도는 물·시멘트 비가 일정할 경우 공기량 증가에 따라 압축 강도가 저하된다.
③ AE제를 사용하면 콘크리트 내부의 물의 이동이 활발해져 블리딩이 증가한다.
④ 경화 중에 건조 수축을 감소시킨다.

해설 AE제는 시공 연도가 좋아지고, 수화 열량이 낮아지며, 재료 분리 현상을 방지한다. 또한 사용수량이 적으므로 블리딩이 감소하고, 수밀성이 증가되며, 동해에 대한 저항이 커진다. 하지만 강도가 감소하고, 흡수율이 커져서 수축량이 증가한다.

39 | 혼화제(AE제의 사용 효과)
07

AE제의 사용 효과에 대한 설명으로 옳지 않은 것은?

① 시공 연도가 좋아진다.
② 수밀성을 개량한다.
③ 동결 융해에 대한 저항성을 개선한다.
④ 동일 물·시멘트 비인 경우 압축 강도가 증가한다.

정답 33. ④ 34. ④ 35. ② 36. ① 37. ① 38. ③ 39. ④

해설 AE제를 사용하면 강도(압축 강도, 인장 강도, 전단 강도, 부착 강도 및 휨 강도 등)가 저하되는 결점이 있다.

40 AE 콘크리트의 특징
09, 98

AE제를 사용한 콘크리트의 특징이 아닌 것은?

① 워커빌리티가 좋아진다.
② 단위 수량이 감소된다.
③ 수밀성, 내구성이 커진다.
④ 강도가 증가된다.

해설 AE 콘크리트는 콘크리트를 비빌 때 AE제를 넣어 인공적으로 미세한 기포가 생기게 하여 다공질로 만든 콘크리트를 말한다. AE제를 사용하면 강도(압축 강도, 인장 강도, 전단 강도, 부착 강도 및 휨 강도 등)가 저하되는 결점이 있다.

41 AE 콘크리트의 특징
19, 18, 12, 03

AE제를 사용한 콘크리트의 특징이 아닌 것은?

① 동결 융해 작용에 대하여 내구성을 갖는다.
② 작업성이 좋아진다.
③ 수밀성이 좋아진다.
④ 압축 강도가 증가한다.

해설 AE제의 탄성을 가진 기포는 동결 융해, 수화 발열량의 감소 및 건습 등에 의한 용적 변화가 적고, 강도(압축 강도, 인장 강도, 전단 강도, 부착 강도 및 휨 강도 등)가 감소한다.

42 AE 콘크리트의 특징
22, 18, 16③, 09

AE제를 사용한 콘크리트에 대한 설명 중 옳지 않은 것은?

① 물·시멘트 비가 일정한 경우 공기량을 증가시키면 압축 강도가 증가한다.
② 시공 연도가 좋아지므로 재료 분리가 적어진다.
③ 동결 융해 작용에 의한 마모에 대하여 저항성을 증대시킨다.
④ 철근에 대한 부착 강도가 감소한다.

해설 AE 콘크리트는 시공 연도가 좋아지고, 수화 열량이 낮아지며, 재료 분리 현상을 방지한다. 또한 수량이 적으므로 수밀성이 증가되고, 동해에 대한 저항이 커지나, 강도(압축 강도, 인장 강도, 전단 강도, 부착 강도 및 휨 강도 등)가 감소하고, 흡수율이 커져서 수축량이 증가한다.

43 콘크리트 발열량의 증대 혼화제
24, 13

콘크리트용 혼화제 중 콘크리트의 발열량을 높게 하는 것은?

① 경화 촉진제 ② AE제
③ 포졸란 ④ 방수제

해설 콘크리트의 혼화제 중 경화 촉진제는 경화를 촉진시키기 위하여 열을 발생시키므로 발열량이 높아지는 혼화제이다.

44 혼화제(염화칼슘)의 영향
09

콘크리트에 염화칼슘($CaCl_2$)을 사용할 때 일어나는 현상으로 옳지 않은 것은?

① 철근의 부식을 방지한다.
② 방동 효과가 있다.
③ 과도하게 사용할 경우 콘크리트의 내구성을 저하시킬 수 있다.
④ 콘크리트의 경화가 촉진된다.

해설 염화칼슘은 철근을 부식시키고, 방동 효과와 경화를 촉진한다. 하지만 과도하게 사용하는 경우에는, 콘크리트의 내구성을 저하시킨다.

45 혼화제(염화칼슘)의 영향
21, 19, 10, 06

콘크리트의 경화 촉진제로 사용되는 염화칼슘에 대한 설명 중 옳지 않은 것은?

① 한중 콘크리트의 초기 동해 방지를 위해 사용된다.
② 시공 연도가 빨리 감소되므로 시공을 빨리해야 한다.
③ 염화칼슘을 많이 사용할수록 콘크리트의 압축 강도는 증가한다.
④ 강재의 발청을 촉진시키므로 RC부재에는 사용하지 않는 것이 좋다.

해설 경화 촉진제는 시멘트 경화 작용을 촉진시키기 위하여 쓰이는 혼화제로, 응결 시간이 촉진되고, 방동에 대한 효과가 있으므로, 동기 공사, 수중 공사에 이용된다. 염화칼슘(시멘트 중량의 1~2%)이 주로 사용되며, 사용시 유의사항은 사용량이 많으면 흡습성이 커지고 철물을 부식시키고, 건조 수축이 증대되며, 콘크리트의 시공 연도가 빨리 감소되므로 시공을 빨리 해야 한다.

정답 40. ④ 41. ④ 42. ① 43. ① 44. ① 45. ③

46 | 혼화제(기포제)의 용어
17, 04

콘크리트의 경량, 단열, 내화성 등을 목적으로 사용되며 ALC의 제조에도 이용되는 혼화제는?

① AE제 ② 감수제
③ 방수제 ④ 기포제

해설 AE제는 독립된 작은 기포(지름 0.025~0.05mm)를 콘크리트 속에 균일하게 분포시키기 위하여 사용하는 것으로 동결 융해 작용에 대하여 내구성을 가지기 위하여 사용한다. 감수제는 일정한 작업성을 가진 콘크리트를 만드는 데 필요한 물의 양, 즉 단위 수량을 감소시키는 효과를 가진 혼화재료(시멘트량을 감소)로, 경제성 성취 및 고강도 콘크리트 제조 시에 이용된다. 방수제는 모르타르나 콘크리트를 방수적으로 하기 위하여 사용하는 혼화제이다.

47 | 혼화제(방청제)의 용어
07

콘크리트 혼화재료 중 콘크리트 내부의 철근이 콘크리트에 혼입되는 염화물에 의해 부식되는 것을 억제하기 위해 이용되는 것은?

① 기포제 ② 유동화제
③ AE제 ④ 방청제

해설 기포제는 콘크리트의 수축을 방지하기 위해 극소량의 알루미늄 분말을 섞어 시멘트풀에 기포가 생기게 하는 혼화제이고, 유동화제는 콘크리트의 물·시멘트 비를 줄이면서 콘크리트의 유동성을 커지게 하는 혼화제이다. AE제는 동결, 융해 작용에 대한 내구성을 증대시키기 위하여 사용하는 혼화제로서 독립된 작은 기포를 콘크리트 속에 균일하게 분포시키기 위하여 사용하는 혼화제이다.

48 | 물(콘크리트 배합)
08, 05, 04

콘크리트 배합에 사용되는 물에 대한 설명으로 옳지 않은 것은?

① 산성이 강한 물을 사용하면 콘크리트의 강도가 증가한다.
② 기름, 알칼리, 그 밖에 유기물이 포함된 물은 사용하지 않는 것이 좋다.
③ 당분은 시멘트 무게의 0.1~0.2%가 함유되어도 응결이 늦고, 그 이상이면 강도도 떨어진다.
④ 염분은 철근 부식의 원인이 되므로 철근 콘크리트에는 사용하지 않는 것이 좋다.

해설 콘크리트는 물과 시멘트와의 화학적 결합에 의하여 경화되고, 수분이 있는 한 장기간에 걸쳐 강도가 증진하므로 수질이 콘크리트의 강도나 내구력에 미치는 영향은 크다. 기름, 산(약산도 지장이 있다.), 알칼리(약알칼리는 해가 거의 없다.), 당분(시멘트 무게의 0.1~0.2%가 함유되어도 응결이 늦고, 그 이상이면 강도가 저하), 염분(철근 부식의 원인), 그 밖에 유기물이 포함된 물은 시멘트의 수화 작용에 영향을 끼쳐 강도가 떨어질 수 있다.

49 | 물(콘크리트 배합)
11, 04

콘크리트 배합에 사용되는 수질에 대한 설명으로 옳지 않은 것은?

① 산성이 강한 물을 사용하면 콘크리트의 강도가 증가한다.
② 수질이 콘크리트의 강도나 내구력에 미치는 영향은 크다.
③ 당분은 시멘트 무게의 일정 이상이 함유되었을 경우 콘크리트의 강도에 영향을 끼친다.
④ 염분은 철근 부식의 원인이 된다.

해설 콘크리트의 수질은 기름, 산(약산도 지장이 있다.), 알칼리(약알칼리는 해가 거의 없다.), 당분(시멘트 무게의 0.1~0.2%가 함유되어도 응결이 늦고, 그 이상이면 강도가 저하), 염분(철근 부식의 원인), 그 밖에 유기물이 포함된 물은 시멘트의 수화 작용에 영향을 끼쳐 강도가 떨어질 수 있다.

50 | 물·시멘트 비의 용어
04

콘크리트에서 물·시멘트 비란?

① 물의 용적/시멘트 용적
② 시멘트 용적/물의 용적
③ 물의 중량/시멘트 중량
④ 시멘트 중량/물의 중량

해설 물·시멘트 비라 함은 시멘트의 중량에 대한 물의 중량의 비를 말한다.

$$물·시멘트\ 비 = \frac{물의\ 중량}{시멘트의\ 중량}$$

정답 46. ④ 47. ④ 48. ① 49. ① 50. ③

51 | 굳지 않은 콘크리트의 조건
18③, 09, 07

다음 중 굳지 않은 콘크리트가 구비해야 할 조건이 아닌 것은?

① 워커빌리티가 좋을 것
② 시공 시 및 그 전후에 있어서 재료 분리가 클 것
③ 거푸집에 부어넣은 후, 균열 등 유해한 현상이 발생하지 않을 것
④ 각 시공 단계에 있어서 작업을 용이하게 할 수 있을 것

해설 콘크리트 배합의 구비 조건은 소요 강도, 적당한 워커빌리티 및 균일성으로 시공 시 전후에 있어서 재료 분리가 없어야 한다.

52 | 콘크리트 배합의 구비 조건
06

다음 중 배합된 콘크리트가 갖추어야 할 성질과 가장 관계가 먼 것은?

① 가장 경제적일 것
② 재료의 분리가 쉽게 생길 것
③ 소요 강도를 얻을 수 있을 것
④ 적당한 워커빌리티를 가질 것

해설 콘크리트 배합의 구비 조건은 소요 강도, 적당한 워커빌리티 및 균일성으로 시공 시 전후에 있어서 재료 분리가 없어야 한다.

53 | 콘크리트 배합의 구비 조건
04

다음 중 콘크리트가 구비해야 할 조건은?

① 골재의 분리가 있을 것
② 적당한 워커빌리티를 가질 것
③ 내구성이 적을 것
④ 수밀성이 적을 것

해설 콘크리트 배합의 구비 조건은 소요 강도, 적당한 워커빌리티 및 균일성으로 시공 시 전후에 있어서 재료 분리가 없어야 한다.

54 | 콘크리트 배합의 구비 조건
06, 03

콘크리트의 배합 설계를 효과적으로 진행하기 위해서는 먼저 콘크리트에 요구되는 성능을 정확하게 파악하는 것이 중요한데, 이에 따라 콘크리트가 구비하여야 할 성질로 알맞지 않은 것은?

① 소요의 강도를 얻을 수 있을 것
② 적당한 워커빌리티가 있을 것
③ 균일성이 있을 것
④ 슬럼프 값이 클 것

해설 콘크리트 배합의 구비 조건은 소요 강도, 적당한 워커빌리티 및 균일성으로 시공 시 전후에 있어서 재료 분리(슬럼프 값이 작을 것)가 없어야 한다.

55 | 콘크리트 배합(중량 배합의 용어)
19, 08

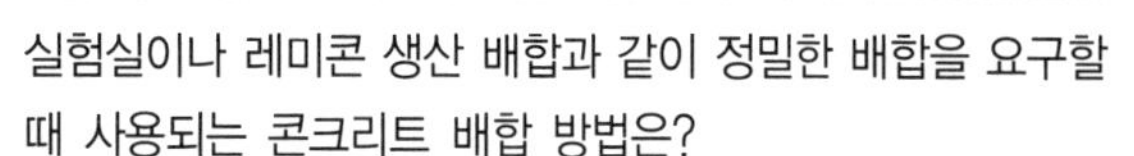

실험실이나 레미콘 생산 배합과 같이 정밀한 배합을 요구할 때 사용되는 콘크리트 배합 방법은?

① 절대 용적 배합
② 현장 계량 용적 배합
③ 표준 계량 용적 배합
④ 중량 배합

해설 콘크리트 배합 방법

㉠ 용적 배합

구분	절대 용적 배합	표준 계량 용적 배합	현장 계량 용적 배합
정의	재료의 공극이 없는 상태로 계산한 절대 용적으로 배합을 표시	다짐 상태(시멘트 $1m^3$당 1,500kg)의 용적으로 배합을 표시	시멘트는 포대 수, 골재는 현장 계량 용적으로 배합을 표시
비고	$1m^3$의 콘크리트 제조에 소요되는 각 재료량을 배합하는 방법		

㉡ 중량 배합은 $1m^3$의 콘크리트 제조에 소요되는 각 재료량을 중량으로 배합을 표시하는 방법으로 절대 용적 배합에서 구한 절대 용적에 비중을 곱하는 정밀한 배합으로 실험실 배합과 레미콘 생산 배합에 사용한다.

56 | 콘크리트 배합 시 최우선 사항
07

다음 중 콘크리트 배합 설계 시 가장 먼저 하여야 하는 것은?

① 요구 성능의 설정
② 배합 조건의 설정
③ 재료의 선정
④ 현장 배합의 결정

해설 콘크리트 배합 설계의 단계는 요구 성능(소요 강도)의 설정 → 배합 조건의 설정 → 재료의 선정 → 계획 배합의 설정 및 결정 → 현장 배합의 결정의 순이다.

정답 51. ② 52. ② 53. ② 54. ④ 55. ④ 56. ①

57 | 콘크리트 배합
08

다음 중 콘크리트의 배합 설계 순서에서 가장 늦게 이루어지는 사항은?

① 계획 배합의 설정 ② 현장 배합의 결정
③ 시험 배합의 실시 ④ 요구 성능의 설정

해설 콘크리트 배합 설계의 단계는 요구 성능(소요 강도)의 설정 → 배합 조건의 설정 → 재료의 선정 → 계획 배합의 설정 및 결정 → 현장 배합의 결정의 순이다.

58 | 질기 정도의 시험 방법
04

비빔 콘크리트의 질기 정도를 측정하는 방법이 아닌 것은?

① 플로 시험 ② 다짐도에 의한 방법
③ 슬럼프 시험 ④ 르샤틀리에 비중병 시험

해설 비빔 콘크리트의 질기 정도(시공 연도)를 측정하는 방법에는 슬럼프 시험, 비비 시험기, 진동식 반죽질기 측정기, 다짐도에 의한 방법, KS규격에 규정되지 않은 시험법(슬럼프 플로 시험, 플로 시험, 구관입 시험 등) 등이 있다. 르샤틀리에 비중병 시험은 시멘트의 비중 시험법이다.

59 | 워커빌리티의 영향 요소
10

콘크리트의 워커빌리티에 영향을 주는 요소가 아닌 것은?

① 골재의 입도 ② 비빔 시간
③ 단위 수량 ④ 콘크리트 강도

해설 콘크리트의 워커빌리티에 영향을 주는 요소에는 단위 수량, 단위 시멘트량, 시멘트의 성질, 모양, 배합 비율, 골재의 입도, 혼화 재료의 종류와 양, 비비기 정도와 비빔 시간, 혼합 후의 시간, 온도 등에 따라 다르다. 콘크리트 강도와는 무관하다.

60 | 시공연도의 시험 방법
24②, 23, 20②, 17, 12, 06, 98

다음 중 콘크리트의 시공 연도 시험법으로 주로 쓰이는 것은?

① 슬럼프 시험 ② 낙하 시험
③ 체가름 시험 ④ 구의 관입 시험

해설 비빔 콘크리트의 질기 정도(시공 연도)를 측정하는 방법에는 슬럼프 시험, 비비 시험기, 진동식 반죽질기 측정기, 다짐도에 의한 방법, KS규격에 규정되지 않은 시험법(슬럼프 플로 시험, 플로 시험, 구관입 시험 등) 등이 있다. 체가름 시험 방법은 골재의 조세립이 적당하게 되도록 하며, 골재(모래, 자갈 등)를 구분하고, 입도 시험에 사용된다.

61 | 슬럼프 시험
23, 21, 12

콘크리트의 슬럼프 시험에 관한 설명 중 옳지 않은 것은?

① 콘크리트의 컨시스턴시를 측정하는 방법이다.
② 콘크리트를 슬럼프콘에 3회에 나누어 규정된 방법으로 다져서 채운다.
③ 묽은 콘크리트일수록 슬럼프값은 작다.
④ 콘크리트가 일정한 모양으로 변형하지 않았을 때에는 슬럼프 시험을 적용할 수 없다.

해설 콘크리트의 슬럼프 시험에 있어서 묽은 콘크리트일수록 슬럼프값은 크다. 즉, 슬럼프 테스트 콘에서 내려 앉는 길이가 크다.

62 | 슬럼프 값
24, 20, 19, 18, 13, 04, 01

그림에서 슬럼프 값을 의미하는 기호는?

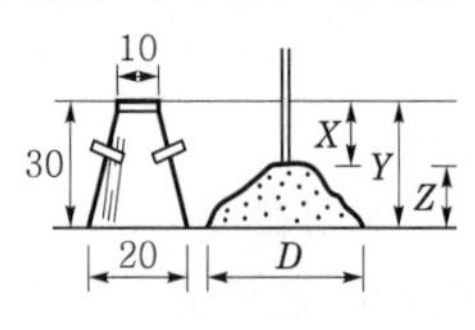

① X ② Y
③ Z ④ D

해설 슬럼프 값은 공시체가 충분히 주저앉은 다음 몰드의 높이와 공시체 윗면의 원 중심으로부터의 높이 차(정밀도 0.5mm 단위), 즉 X이다.

63 | 슬럼프 값
09

그림은 콘크리트의 슬럼프 시험(Slump test) 결과이다. 슬럼프 값은 얼마인가?

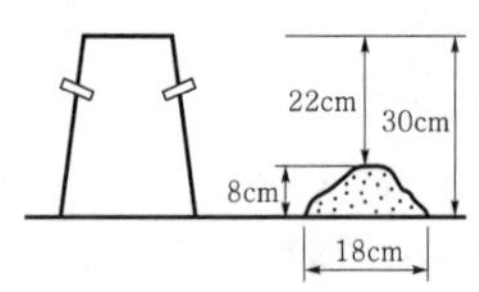

① 8cm ② 18cm
③ 22cm ④ 30cm

해설 슬럼프 값은 공시체가 충분히 주저앉은 다음 몰드의 높이와 공시체 윗면의 원 중심으로부터의 높이 차(정밀도 0.5mm 단위), 즉 슬럼프 값은 22cm이다.

정답 57. ② 58. ④ 59. ④ 60. ① 61. ③ 62. ① 63. ③

64 | 콘크리트의 강도
14②, 11, 07, 00

콘크리트의 강도 중에서 가장 큰 것은?

① 인장 강도 ② 전단 강도
③ 휨 강도 ④ 압축 강도

해설 콘크리트의 강도 중에서는 압축 강도가 가장 크고, 그 밖의 인장 강도, 휨 강도, 전단 강도는 압축 강도의 1/10~1/5에 불과하다.

65 | 물 · 시멘트비와 강도
24, 22, 21, 18③, 17, 13, 09, 03, 02②, 01, 00, 99

콘크리트의 배합에서 물 · 시멘트 비와 가장 관계가 깊은 것은?

① 강도 ② 내동해성
③ 내화성 ④ 내수성

해설 콘크리트 배합에서 물 · 시멘트 비와 가장 관계가 깊은 것은 콘크리트의 강도이다. 즉, 아브라함의 물 · 시멘트 비 설에 따르면, 물 · 시멘트 비가 작을수록 강도가 크고, 물 · 시멘트 비가 클수록 강도는 작아진다. 물 · 시멘트 비와 콘크리트 강도는 서로 반비례한다.

66 | 설계 기준 강도의 의미
21, 08

콘크리트 설계 기준 강도를 의미하는 것은?

① 콘크리트 타설 후 7일 인장 강도
② 콘크리트 타설 후 7일 압축 강도
③ 콘크리트 타설 후 28일 인장 강도
④ 콘크리트 타설 후 28일 압축 강도

해설 콘크리트의 설계 기준 강도라 함은 콘크리트 타설 후 28일(4주) 압축 강도를 의미한다.

67 | 콘크리트의 강도
22, 14

콘크리트의 강도에 대한 설명 중 옳은 것은?

① 물 · 시멘트 비가 가장 큰 영향을 준다.
② 압축 강도는 전단 강도의 1/10~1/15 정도로 작다.
③ 일반적으로 콘크리트의 강도는 인장 강도를 말한다.
④ 시멘트의 강도는 콘크리트의 강도에 영향을 끼치지 않는다.

해설 콘크리트의 전단 강도는 압축 강도의 1/4~1/7 정도이다. 콘크리트의 강도라 함은 일반적으로 압축 강도를 의미하며, 시멘트의 강도는 콘크리트의 강도에 영향을 끼친다.

68 | 양생 방법(시멘트 제품)
19, 13, 09

시멘트 제품의 양생 방법 중 가장 이상적인 것은?

① 통풍을 막고 직사광선을 피하여 건조시킨다.
② 가열을 해서 속히 건조시킨다.
③ 영하의 저온 환경에서 건조시킨다.
④ 적당한 온도와 습도를 위해서 수중 양생을 한다.

해설 시멘트 제품의 양생 방법 중 가장 이상적인 방법은 적당한 온도와 습도를 주어 수중 양생을 하는 것으로, 이 경우에 강도가 가장 크다.

69 | 보양 방법(콘크리트 제품)
19, 12

다음 중 콘크리트 보양에 관련된 내용으로 옳지 않은 것은?

① 콘크리트 타설 후 완전히 수화가 되도록 살수 또는 침수시켜 충분하게 물을 공급하고 또 적당한 온도를 유지하는 것이다.
② 콘크리트 비빔 후 습기가 공급되면 재령이 작아지며 강도가 떨어진다.
③ 보양 온도가 높을수록 수화가 빠르다.
④ 보양은 초기 재령 때 강도에 큰 영향을 준다.

해설 콘크리트를 타설한 후 수화 작용이 충분히 되도록 항상 습윤 상태를 유지하도록 보호하고, 경화될 때까지 충격 및 하중을 가하지 않도록 주의하여야 한다. 습기가 공급되면 재령이 길어지나, 강도가 증대된다.

70 | 중성화의 용어
22, 19, 17, 06

콘크리트가 시일이 경과함에 따라 공기 중의 탄산가스의 작용을 받아 수산화칼슘이 서서히 탄산칼슘으로 되면서 알칼리성을 잃어가는 현상을 무엇이라 하는가?

① 블리딩
② 동결 융해 작용
③ 중성화
④ 알칼리 골재 반응

해설 블리딩은 아직 굳지 않은 콘크리트나 모르타르의 윗면에 물이 떠오를 때 불순물을 갖고 상승하는 현상이다. 동결 융해 작용은 동결되었던 물체가 융해될 때 생기는 현상이다. 알칼리 골재 반응은 골재 중의 실리카질 광물이 시멘트 중의 알칼리 성분과 화학적으로 작용하여 콘크리트의 팽창으로 균열이 발생하는 현상이다.

정답 64. ④ 65. ① 66. ④ 67. ① 68. ④ 69. ② 70. ③

71 | 크리프의 용어
21, 18, 11, 08

콘크리트 구조물에서 하중을 지속적으로 작용시켜 놓을 경우 하중의 증가가 없음에도 불구하고 지속 하중에 의해 시간과 더불어 변형이 증대하는 현상은?

① 영계수　② 점성
③ 탄성　④ 크리프

해설 영(탄성)계수는 재료에 외력이 작용할 때, 비례 한도 내에서 재료의 단면적 A에 P라는 수직 응력이 작용하여 처음 길이 l이 ε 만큼 길이의 변화를 일으켰다면, 단위 응력 σ와 단위 변형도 ε의 비를 말한다. 점성은 유체 내에 상대 속도로 인하여 마찰 저항(전단 응력)이 일어나는 성질 또는 엿 또는 아라비아 고무와 같이 유동적이려 할 때 각 부에 서로 저항이 생기는 성질이다. 탄성은 재료가 외력을 받아 변형을 일으킨 것이 외력을 제거했을 때, 완전히 원형으로 되돌아오려는 성질을 말한다.

72 | 크리프의 영향 요소
08

콘크리트의 크리프에 영향을 미치는 요인으로 가장 거리가 먼 것은?

① 작용 하중의 크기　② 물·시멘트 비
③ 부재 단면 치수　④ 인장 강도

해설 콘크리트의 크리프(시간에 따라 증가되는 변형)가 증가하는 요인은 물·시멘트 비가 큰 콘크리트인 경우와 콘크리트가 건조한 상태로 노출된 상태의 경우이며, 작용하는 하중의 크기, 물·시멘트 비, 부재의 단면 치수 등과 관계가 깊다. 인장 강도와 크리프는 무관하다.

73 | 블리딩의 용어
16, 11

콘크리트 타설 후 수분 상승과 함께 미세한 물질이 상승하는 현상은?

① 블리딩　② 풍화
③ 응결　④ 경화

해설 풍화는 시멘트가 수분을 흡수하여 경미한 수화 작용을 하여 수산화칼슘과 공기 중의 이산화탄소가 작용하여 탄산칼슘이 생기게 하는 작용이다. 응결은 시멘트에 물을 가하여 잘 비벼서 방치해 둘 때, 초기에는 형태가 변화될 수 있으나, 시간이 경과됨에 따라 형태가 변하지 않게 되는 상태이다. 경화는 응결 이후 시간이 더욱 경과하면서 시멘트 반죽물이 점점 단단해지는 과정이다.

74 | 블리딩의 용어
21, 19, 15

콘크리트 타설 후 비중이 무거운 시멘트와 골재 등이 침하되면서 물이 분리·상승하여 미세한 부유 물질과 함께 콘크리트 표면으로 떠오르는 현상은?

① 레이턴스(Laitance)　② 초기 균열
③ 블리딩(Bleeding)　④ 크리프

해설 블리딩이란 콘크리트 타설 후 비중이 무거운 시멘트와 골재 등이 침하되면서 물이 분리·상승하여 미세한 부유 물질과 함께 콘크리트 표면으로 떠오르는 현상이다. 레이턴스는 블리딩에 의해 떠오른 미세한 물질이 얇은 막을 형성하는 것이다.

75 | 블리딩과 크리프
22, 14, 09

블리딩(Bleeding)과 크리프(Creep)에 대한 설명으로 옳은 것은?

① 블리딩이란 굳지 않은 모르타르나 콘크리트에 있어서 윗면에 물이 스며 나오는 현상을 말한다.
② 블리딩이란 콘크리트의 수화 작용에 의하여 경화하는 현상을 말한다.
③ 크리프란 하중이 일시적으로 작용하면 콘크리트의 변형이 증가하는 현상을 말한다.
④ 크리프란 블리딩에 의하여 콘크리트 표면에 떠올라 침전된 물질을 말한다.

해설 크리프 현상이란 구조물에서 하중을 지속적으로 작용시켜 놓을 경우, 하중의 증가가 없어도 시간과 더불어 변형이 증대되는 현상이다.

76 | 특수(경량 콘크리트)
09, 04

경량 콘크리트에 관한 기술 중 옳지 않은 것은?

① 일반적으로 기건 단위 용적 중량이 $2.0t/m^3$ 이하인 것을 말한다.
② 동일한 물·시멘트 비에서는 보통 콘크리트보다 일반적으로 강도가 약간 크다.
③ 흡수율이 커서 동해에 대한 저항성이 약하다.
④ 경량 콘크리트는 직접 흙 또는 물에 상시 접하는 부분에는 쓰지 않도록 한다.

해설 경량 콘크리트는 콘크리트의 무게를 감소시킬 목적으로 경량 골재를 사용한 콘크리트로서, 기건 비중이 2.0 이하이다. 동일한 물·시멘트 비에서는 경량 콘크리트는 보통 콘크리트 보다 일반적으로 강도가 약하다.

정답 71. ④ 72. ④ 73. ① 74. ③ 75. ① 76. ②

77 | 경량 기포 콘크리트의 용어
23, 11, 09

다음 중 콘크리트의 시멘트 페이스트 속에 AE제, 알루미늄 분말 등을 첨가하여 만든 경량 콘크리트는?

① 경량 골재 콘크리트 ② 경량 기포 콘크리트
③ 무세 골재 콘크리트 ④ 무근 콘크리트

해설 경량 골재 콘크리트는 콘크리트의 무게를 감소시킬 목적으로 경량 골재를 사용한 콘크리트로서, 기건 비중이 2.0 이하인 콘크리트이다. 무세 골재 콘크리트는 콘크리트 재료 중 세골재 즉, 모래가 포함되지 않거나 소량만 포함된 콘크리트이며, 무근 콘크리트는 철근을 사용하지 않는 콘크리트이다.

78 | ALC 제품의 용어
23, 21, 18, 16, 14

생석회와 규사를 혼합하여 고온, 고압하여 양생하면 수열 반응을 일으키는데 여기에 기포제를 넣어 경량화한 기포 콘크리트는?

① A.L.C 제품 ② 흄관
③ 두리졸 ④ 플렉시블 보드

해설 흄관은 원심력을 이용하여 콘크리트를 균일하게 산포하여 만든 철근 콘크리트 관이다. 두리졸은 목모 시멘트판을 보다 향상시킨 제품으로 폐기 목재의 삭편을 화학 처리하여 비교적 두꺼운 판 또는 공동 블록으로 제작하여 구조체(마루, 지붕, 천장, 벽 등)로 사용한다. 플렉시블 보드는 유연성이 있는 판이다.

79 | ALC 제품의 종류
02

ALC(Autoclaved Lightweight Concrete) 제품은?

① 흄관(Hume pipe) ② 두리졸(Durisol)
③ 규회(珪灰) 벽돌 ④ 석면 시멘트 원통

해설 ALC(Autoclaved Lightweight Concrete)는 오토클레이브에 포화 증기로 양생한 경량기포 콘크리트로서 다공질이고 흡수성이 크다. 제품에는 블록류도 있으나, 주로 패널을 사용하여 지붕, 바닥, 벽재로 사용한다. 규회 벽돌은 모래와 석회를 주원료로 하여(착색제 및 혼화제를 첨가하기도 함) 가압·성형하고, 증기압에서 양생하여 만들어진 벽돌로서 ALC 제품이다. 또한, 흄관은 철근 콘크리트 관이고, 두리졸은 목모 시멘트판의 상품명이다.

80 | 프리팩트 콘크리트의 용어
22, 18, 10, 07, 05, 03, 01

거푸집에 미리 자갈을 채워넣고 시멘트 모르타르를 주입시켜 만든 콘크리트는?

① 유동화 콘크리트 ② 프리팩트 콘크리트
③ 매스 콘크리트 ④ 진공 콘크리트

해설 유동화 콘크리트는 미리 반죽된 콘크리트에 유동화제를 첨가하고 교반하여 유동성을 증대시킨 콘크리트이다. 매스 콘크리트는 부재 또는 구조물의 치수가 커서 시멘트의 수화열에 의한 온도 상승을 고려하여 시공하는 콘크리트이다. 진공 콘크리트는 부어 넣은 콘크리트의 표면에 진공 매트를 덮고 과잉 수분을 제거함과 동시에 다져서 품질을 향상시킨 콘크리트이다.

81 | 프리플레이스트 콘크리트의 용어
20, 18④, 17, 10, 08, 03

미리 거푸집 속에 적당한 입도 배열을 가진 굵은 골재를 채워 넣은 후, 모르타르를 펌프로 압입하여 굵은 골재의 공극을 충전시켜 만드는 콘크리트는?

① 소일 콘크리트 ② 레디믹스트 콘크리트
③ 쇄석 콘크리트 ④ 프리플레이스트 콘크리트

해설 소일 콘크리트는 현장의 흙에 시멘트와 물을 혼합하여 만든 콘크리트이다. 레디믹스트 콘크리트는 콘크리트 제조 공장에서 주문자가 요구하는 품질의 콘크리트를 소정의 시간에 희망하는 수량을 특수한 운반 자동차를 사용하여 현장까지 배달 공급하는 굳지 않는 콘크리트이다. 쇄석 콘크리트는 보통 강자갈 대신에 깬 자갈(쇄석)을 사용한 콘크리트이다.

82 | 프리스트레스트 콘크리트의 용어
21②, 19, 12, 02, 01, 00

고강도선인 피아노선에 인장력을 가해준 다음 콘크리트를 부어 넣고 경화된 후 인장력을 제거시킨 콘크리트는?

① 레디믹스트 콘크리트
② 프리캐스트 콘크리트
③ 프리스트레스트 콘크리트
④ 레진 콘크리트

해설 레디믹스트 콘크리트는 콘크리트 제조 공장에서 주문자가 요구하는 품질의 콘크리트를 소정의 시간에 원하는 수량을 현장까지 배달·공급하는 굳지 않은 콘크리트이다. 프리캐스트 콘크리트는 공장에서 고정 시설을 갖추고 소요 부재(기둥, 보, 바닥판 등)를 철제 거푸집에 의해 제작하고 고온 다습한 증기 보양실에서 단기 보양하여 기성 제품한 것이다. 레진 콘크리트는 액상의 폴리에스테르 수지, 에폭시 수지 등을 골재와 섞어 제조한 콘크리트이다.

정답 77. ② 78. ① 79. ③ 80. ② 81. ④ 82. ③

83 | 프리스트레스트 콘크리트
10, 09

프리스트레스트 콘크리트(prestressed concrete) 구조의 특징으로 옳지 않은 것은?

① 간 사이를 길게 할 수 있어서 넓은 공간을 설계할 수 있다.
② 부재 단면의 크기를 작게 할 수 있으며 진동이 없다.
③ 공기를 단축할 수 있고 시공 과정을 기계화할 수 있다.
④ 고강도 재료를 사용하므로 강도와 내구성이 큰 구조물을 만들 수 있다.

해설 프리스트레스트 콘크리트는 부재의 단면을 작게 할 수 있으나, 진동이 발생하기 쉽다.

84 | 레디믹스트 콘크리트의 용어
14, 10

공사 현장 등의 사용 장소에서 필요에 따라 만드는 콘크리트가 아니고, 주문에 의해 공장 생산 또는 믹싱카로 제조하여 사용 현장에 공급하는 콘크리트는?

① 레디믹스트 콘크리트
② 프리스트레스트 콘크리트
③ 한중 콘크리트
④ AE 콘크리트

해설 프리스트레스트 콘크리트는 고강도선인 피아노선에 인장력을 가해둔 다음 콘크리트를 부어 넣고 경화된 후 인장력을 제거시킨 콘크리트이다. 한중 콘크리트는 콘크리트를 타설 후의 양생 기간(평균 4℃ 이하)에 콘크리트가 동결할 우려가 있는 시기에 시공되는 콘크리트이다. AE 콘크리트는 콘크리트 속에 AE제(공기 연행제)를 넣어 시공 연도를 좋게 한 콘크리트이다.

85 | 레디믹스트 콘크리트의 용어
11

콘크리트 제조 공장에서 주문자가 요구하는 품질의 콘크리트를 소정의 시간에 원하는 수량을 현장까지 배달·공급하는 굳지 않은 콘크리트는?

① 프리팩트 콘크리트　② 수밀 콘크리트
③ AE 콘크리트　④ 레디믹스트 콘크리트

해설 프리팩트(프리플레이스트) 콘크리트는 거푸집에 미리 자갈을 넣은 다음에 골재 사이에 모르타르를 압입, 주입하는 콘크리트이다. 수밀 콘크리트는 물의 침투나 지하 방수를 요할 때 사용하는 콘크리트로서 자체의 밀도가 높고 내구성, 방수성을 향상시킨 콘크리트이다. AE 콘크리트는 콘크리트 속에 AE제(공기 연행제)를 넣어 시공 연도를 좋게 한 콘크리트이다.

86 | 단위 중량(무근 콘크리트)
08③

보통 무근 콘크리트의 단위 중량은?

① $1.5t/m^3$　② $1.8t/m^3$
③ $2.3t/m^3$　④ $2.8t/m^3$

해설 콘크리트의 중량

구분	무근 콘크리트	철근 콘크리트	철골 철근 콘크리트
무게(t/m^3)	2.3	2.4	2.5

87 | 콘크리트의 중량 산정
21②, 10

단면이 0.3m×0.6m이고 길이가 10m인 철근 콘크리트 보의 중량은?

① 1.8t　② 3.6t
③ 4.14t　④ 4.32t

해설 철근 콘크리트의 비중은 $2.4t/m^3$이고, 체적$=0.3\times0.6\times10=1.8m^3$이다.
$\therefore$ 중량$=$비중$\times$체적$=2.4t/m^3\times1.8m^3=4.32t$

88 | 콘크리트
02③

콘크리트에 대한 기술 중 옳지 않은 것은?

① 콘크리트는 수화 작용을 하면서 건조 수축 현상을 일으킨다.
② 수화 작용은 표면에서부터 내부로 진행한다.
③ 수화 작용이 끝나는 데는 오랜 세월이 걸린다.
④ 재령 20일 강도를 설계 기준 강도의 표준으로 본다.

해설 재령 28일이면 강도는 90% 이상을 낼 수 있으므로, 재령 28일 강도를 설계 기준 강도의 표준으로 한다.

89 | 콘크리트
19, 12, 04

콘크리트에 대한 설명으로 옳은 것은?

① 현대 건축에서는 구조용 재료로 거의 사용하지 않는다.
② 압축 강도가 크지만 내화성이 약하다.
③ 철근, 철골 등의 재료와 부착성이 우수하다.
④ 타 재료에 비해 인장 강도가 크다.

해설 콘크리트는 현대 건축에서는 구조용 재료로 주로 사용되고, 압축 강도가 크며 내화성이 강하고, 타 재료에 비해 인장 강도가 작다.

정답 83. ② 84. ① 85. ④ 86. ③ 87. ④ 88. ④ 89. ③

2-6. 금속 제품

출제 키워드

1 철강의 분류

종류	탄소 함유량(%)	용융점(℃)	비중
순철(연철)	0.04 이하	1,538	7.876
강	0.04~1.7	1,450 이상	7.871~7.830
주철(선철)	1.7 이상	1,100~1,250	백주철 : 7.6, 회주철 : 7.1~7.3

① 철강은 철의 성분 중 탄소의 양에 따라서 구분하고, 건축 재료에 가장 많이 사용되는 강재는 탄소강이다. 이형 철근에서 표면에 마디와 리브를 만드는 이유는 콘크리트와 접착면을 증대시켜 부착 강도를 높이기 위함이다.

② 강의 탄소량이 증가함에 따라 물리적 성질의 비열, 전기 저항, 항장력과 화학적 성질의 내식성, 항복 강도(항복점), 인장 강도 및 경도 등은 증가하고, 물리적 성질의 비중, 열팽창 계수, 열전도율과 화학적 성질의 연신율, 충격치, 단면 수축률, 용접성 등은 감소한다.

■ 탄소 함유량에 따른 분류
- 순철(연철) : 0.25% 이하
- 강 : 0.025~2.11%
- 주철(선철) : 2.11~6.67%

■ 탄소강
건축 재료에 가장 많이 사용되는 강재는 탄소강

■ 이형 철근에서 표면에 마디와 리브를 만드는 이유
부착 강도를 높이기 위함

■ 강의 탄소량 증가에 따른 성질
- 전기 저항, 항장력과 화학적 성질의 내식성, 항복 강도(항복점), 인장 강도 및 경도 증가
- 비중, 열팽창 계수, 열전도율과 화학적 성질의 연신율, 충격치, 단면 수축률, 용접성 감소

2 응력-변형률 곡선 등

(1) 응력-변형률 곡선

① A점 : 응력과 변형이 비례하는 점, 즉 비례 한도

② B점 : 재료의 응력-변형도 관계에서 가해진 외부의 힘을 제거하였을 때 잔류 변형없이 원형으로 되돌아오는 경계점, 즉 탄성 한도

③ C점 : 외력이 더욱 증가하여 응력은 별로 증가하지 않았으나, 변형이 증가하는 점, 즉 상위 항복점

④ D점 : 외력이 더욱 증가하여 응력은 별로 증가하지 않았으나, 변형이 증가하는 점, 즉 하위 항복점

⑤ E점 : 최대 응력(극한 강도, 최대 강도)점

⑥ F점 : 파괴 강도점

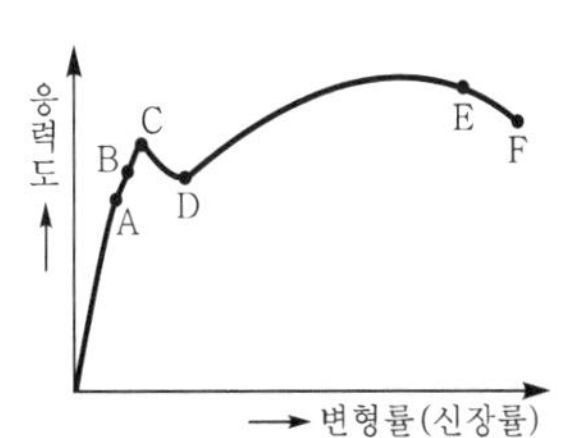

■ 탄성 한도
가해진 외부의 힘을 제거하였을 때 잔류 변형없이 원형으로 되돌아오는 경계점

(2) 강재의 온도에 의한 영향

온도	0~250℃	250℃	500℃	600℃	900℃
영향	강도 증가	최대 강도	0℃ 강도의 1/2	0℃ 강도의 1/3	0℃ 강도의 1/10

■ 강재의 최대 강도
250℃에서 발휘

출제 키워드

- 강재의 열처리법
  - 불림(소준) : 800~1,000℃, 공기 중, 서랭
  - 풀림(소순) : 800~1,000℃, 노 속, 서랭
  - 담금질(소입) : 800~1,000℃, 찬물, 기름 중, 급랭
  - 뜨임(소려) : 200~600℃, 공기 중, 서랭

- 냉간 압연
  - 열연강판의 불순물을 제거 후 상온에서 다시 한 번 압연한 것
  - 자동차, 가구, 사무용 기구 등에 사용되는 철강 가공 방법

- 뜨임

인성을 부여하기 위하여 200~600℃ 정도로 다시 가열, 공기 중에서 천천히 식혀 변형이 없어지고 강인한 강이 되게 하는 강재의 열처리 방법

- 구리
  - 연성과 전성이 크다.
  - 건조한 공기에서는 산화하지 않는다.
  - 암모니아 등의 알칼리성 용액에는 잘 침식한다.

3 강재의 열처리법

(1) 열처리 방법

구분	불림(소준)	풀림(소순)	담금질(소입)	뜨임(소려)
가열 온도	800~1,000℃			200~600℃
냉각 장소	공기 중	노 속	찬물, 기름 중	공기 중
냉각 속도	서랭		급랭	서랭
특성	결정의 미세화, 변형 제거, 조직의 균일화	결정의 미세화와 연화	강도와 경도의 증가, 담금이 어렵고, 담금질 온도의 상승	변형 제거, 강인한 강 제조

① **단조** : 금속을 고온으로 가열하여 연화된 상태에서 힘을 가하여 변형 가공하는 작업이다.

② **냉간 압연** : 열연강판을 화학 처리하여 표면에 있는 녹 등 불순물을 제거한 다음 상온에서 다시 한 번 압연한 것으로 두께가 얇으며 표면이 미려하여 자동차, 가구, 사무용 기구 등에 사용되는 철강 가공 방법이다.

③ **뜨임** : 경도가 너무 커서 내부에 변형을 일으킬 가능성이 있는 경우에는 인성을 부여하기 위하여 200~600℃ 정도로 다시 가열한 다음 공기 중에서 천천히 식혀 변형이 없어지고 강인한 강이 되게 하는 강재의 열처리 방법이다.

(2) 보통 주철의 성질

종류	색	비중	융해점	경도	인장 강도	수축	세로 탄성 계수
백선	은백색	7.5~7.7	1,100℃	주철 중에서 최대	비교적 크다	2% 정도 주조 곤란	(1.71~1.87) $\times 10^5$MPa
회선	회색	7.0~7.1	1,225℃	연하여 가공하기 쉽다.	비교적 작다	0.5~1.0% 주조하기 쉽다	(1.0~4.0) $\times 10^5$MPa

4 비철 금속의 특성과 용도

(1) 구리

구리는 원광석(휘동광, 황동광 등)을 용광로나 전로에서 거친 구리물(조동)로 만들고, 이것을 전기 분해하여 구리로 정련하며, 특성은 다음과 같다.

① 연성과 전성이 커서 선재나 판재로 만들기가 쉽다.

② 열이나 전기 전도율이 크고, 건조한 공기에서는 산화하지 않는다.

③ 습기를 받으면 이산화탄소의 작용으로 인하여 부식하여 녹청색을 띠나, 내부까지는 부식하지 않는다.

④ 암모니아 등의 알칼리성 용액에는 잘 침식되고, 진한 황산에는 잘 용해된다.

⑤ 용도로는 지붕이기(건축용으로 박판으로 제작), 홈통, 철사, 못, 철망 등의 제조에 사용된다.

㉮ 황동(놋쇠) : 구리에 아연을 10~45% 정도 가하여 만든 합금으로 색깔은 주로 아연의 양에 따라 좌우된다. 구리보다 단단하며, 주조가 잘 된다. 또한 가공이 용이하고 내식성이 뛰어나 계단 논슬립, 창문의 레일, 장식 철물 및 나사, 볼트, 너트 등에 널리 사용되는 금속이다.

㉯ 청동 : 구리와 주석의 합금으로 주석의 함유량은 보통 4~12%이고, 주석의 양에 따라 그 성질이 달라진다. 청동은 황동보다 내식성이 크고 주조하기 쉬우며, 표면은 특유의 아름다운 청록색으로 되어 있어 건축 장식 철물, 미술 공예 재료로 사용한다.

㉰ 구리의 합금

구분	황동(놋쇠)	청동	포금	두랄루민
합금	구리+아연	구리+주석	구리+주석+납+아연	알루미늄+구리+마그네슘+망간

(2) 알루미늄

알루미늄은 원광석인 보크사이트로부터 알루미나를 만들고, 이것을 다시 전기 분해하여 만든 은백색의 금속으로 전기나 열전도율이 크고, 전성과 연성이 크며, 가공하기 쉽고, 가벼운 정도에 비하여 강도가 크다. 공기 중에서 표면에 산화막이 생기면 내부를 보호하는 역할을 하므로 내식성이 크다. 특히, 가공성(압연, 인발 등)이 우수하다. 반면 산, 알칼리나 염에 약하므로 이질 금속 또는 콘크리트, 시멘트 모르타르, 회반죽 및 철강재 등에 접하는 경우에는 방식 처리를 하여야 한다. 용도로는 지붕이기, 실내 장식, 가구, 창호 및 커튼의 레일 등에 사용한다.

① 알루미늄의 합금 : 두랄루민(알루미늄+구리+마그네슘+망간)은 알루미늄 합금의 대표적인 것으로 내열성, 내식성, 고강도의 제품으로, 비중은 2.8 정도이고, 인장 강도는 40~45kg/mm^{2}이다. 종래에는 비행기, 자동차 등에 주로 사용하였으나, 근래에는 건축용재로 많이 쓰인다.

② 알루미늄은 산이나 알칼리(시멘트 모르타르, 회반죽) 및 해수에 침식되기 쉬우므로 콘크리트 및 해수에 접하거나 흙 속에 매립될 경우에는 사용을 금하거나 특히 주의하여야 하고, 이질 금속은 서로 잇대어 쓰지 않아야 한다. 시멘트 모르타르, 회반죽 및 철강재는 알루미늄을 부식시킨다.

(3) 주석

철판에 도금하여 양철판으로 쓰이며 음료수용 금속 재료의 방식 피복 재료로도 사용되는 금속이다.

(4) 납

금속 중에서 비교적 비중이 크고 연하며 방사선을 잘 흡수하므로 X선 사용 개소의 천장·바닥에 방호용으로 사용되는 금속이다.

출제 키워드

■ 황동(놋쇠)
- 구리에 아연을 10~45% 정도 가하여 만든 합금
- 가공이 용이하고 내식성이 뛰어남
- 계단 논슬립, 창문의 레일, 장식 철물 및 나사, 볼트, 너트 등에 널리 사용되는 금속

■ 청동
- 구리와 주석의 합금
- 황동보다 내식성이 크고 주조하기 용이
- 건축 장식 철물, 미술 공예 재료로 사용

■ 구리의 합금
- 황동(놋쇠)=구리+아연
- 청동=구리+주석

■ 알루미늄
- 가공성(압연, 인발 등) 우수
- 산, 알칼리나 염에 약함
- 이질 금속 또는 콘크리트, 시멘트 모르타르, 회반죽 및 철강재 등에 접하는 경우에는 방식 처리

■ 주석
- 철판에 도금하여 양철판
- 음료수용 금속 재료의 방식 피복 재료로도 사용

■ 납
- 비중이 크고 연함
- X선 사용 개소의 천장·바닥에 방호용으로 사용되는 금속

출제 키워드

■ 비철 금속의 비중
- 납 : 11.35
- 구리 : 8.87~8.92
- 알루미늄 : 2.70

■ 기타 합금
- 모네메탈 = 니켈+구리
- 포금 = 아연+납+구리+주석

(5) 비철 금속의 비중

비철 금속의 비중이 큰 것부터 나열하면, 납(11.35) → 구리(8.87~8.92) → 주석(7.30) → 아연(7.14~7.16) → 티탄(4.5) → 알루미늄 (2.70)의 순이다.

(6) 기타 합금

① 모네메탈 : 니켈 65%, 구리 35%의 합금으로 은백색이며, 강철과 비슷한 강도이면서 내식성이 높아 구조재, 장식재로 쓰인다.

② 포금 : 아연의 합금으로서 아연+납+구리+주석을 넣어서 제조하고, 황색 금속으로 경도와 내식성이 크며, 주조품의 원료로 쓰인다.

③ 퓨터 : 납의 합금을 말한다.

■ 금속의 방식법
- 다른 종류의 금속을 서로 잇대어 사용 금지
- 표면은 깨끗하게 하고, 물기나 습기가 없도록 할 것
- 부분적으로 녹이 나면 즉시 처리

5 금속의 방식법

① 다른 종류의 금속을 서로 잇대어 사용하지 않는다.

② 균질한 재료를 사용하고, 가공 중에 생긴 변형은 풀림, 뜨임 등에 의해 제거한다.

③ 표면은 깨끗하게 하고, 물기나 습기가 없도록 한다.

④ 도료나 내식성이 큰 금속으로 표면에 피막을 하여 보호한다.

⑤ 도료(방청 도료), 아스팔트, 콜타르 등을 칠하거나, 내식 · 내구성이 있는 금속으로 도금한다. 또한 자기질의 법랑을 올리거나, 금속 표면을 화학적으로 방식 처리를 한다.

⑥ 알루미늄은 알루마이트, 철재에는 사삼산화철과 같은 치밀한 산화 피막을 표면에 형성하거나, 모르타르나 콘크리트로 강재를 피복한다. 특히, 부분적으로 녹이 나면 즉시 처리하여야 한다.

■ 도어 클로저(도어 체크)
여닫이문이 자동적으로 닫히게 하는 창호 철물

6 창호 철물

(1) 도어 클로저(도어 체크)

문 위틀과 문짝에 설치하여 여닫이문이 자동적으로 닫히게 하는 장치로서 공기식, 스프링식, 전동식 및 유압식 등이 있으나 유압식을 주로 사용한다. 스톱 장치에 퓨즈를 사용하여 화재 시 자동적으로 퓨즈가 끊어져 닫히게 하여 방화문에 사용한다.

(2) 플로어 힌지

문짝에 다는 경첩 대신에 여닫이문의 위 · 아래 촉을 붙이며, 마루에는 구멍(소켓)이 있어 축의 작용을 한다. 스프링이나 피스톤의 제어 장치가 되어 있어 경첩과 도어 클로저의 역할을 한다. 특히, 경첩으로 유지할 수 없는 무거운 자재 여닫이문에 사용하는 창호 철물이다.

(3) 도어 행거

접문의 이동 장치에 쓰는 것으로서 문짝의 크기에 따라 사용하며, 2개 또는 4개의 바퀴가 달린 창호 철물을 말한다.

(4) 도어 스톱

여닫이문이나 장지를 고정하는 철물로서 문받이 철물이라고도 한다.

(5) 도어 홀더

여닫이 창호를 열어서 고정시켜 놓은 철물을 말한다.

(6) 크레센트

초생달 모양으로 된 것으로 오르내리창의 윗막이대 윗면에 대어 다른 창의 밑막이에 걸리게 하는 걸쇠로서 오르내리창에 사용한다.

(7) 오르내리꽂이쇠

쌍여닫이문에 쓰이는 철물로서 꽂이쇠를 아래・위로 오르내리게 하여 문을 잠그는 철물이다.

(8) 고두꽂이쇠

손잡이로 고두리가 달린 꽂이쇠이다.

(9) 나이트 래치

실내에서는 열쇠 없이 열고, 외부에서는 열쇠가 있어야만 열 수 있는 자물쇠이다.

(10) 실린더 로크

함자물쇠의 일종으로 자물쇠 장치를 실린더 속에 한 것을 말하며, 나이트 래치와 같이 실내에서는 열쇠 없이 열 수 있다.

(11) 도어 볼트

놋쇠대 등으로 여닫이문 안쪽에 간단히 설치하여 잠그는 철물을 말한다.

(12) 피벗 힌지

창호를 상하에서 축달림으로 받치는 것이다.

출제 키워드

■ 크레센트
오르내리창에 사용

출제 키워드

- 래버터리 힌지
  - 스프링 힌지의 일종
  - 저절로 닫혀지지만 15cm 정도는 열려 있게 됨

(13) 래버터리 힌지

스프링 힌지의 일종으로서 공중 회장실, 전화실 출입문에 사용하며, 저절로 닫혀지지만 15cm 정도는 열려 있게 되어 있는 창호 철물이다.

7 기타 철물

- 조이너
  텍스, 보드, 금속판, 합성수지판 등의 줄눈에 대어 붙이는 것

(1) 조이너

텍스, 보드, 금속판, 합성수지판 등의 줄눈에 대어 붙이는 것으로서 아연 도금 철판제, 알루미늄제, 황동제 및 플라스틱제가 있다.

- 코너 비드
  - 바름 공사에서 기둥이나 벽의 모서리면에 미장을 쉽게 함
  - 모서리를 보호할 목적으로 설치하는 철물

(2) 코너 비드

바름 공사에서 기둥이나 벽의 모서리면에 미장을 쉽게 하고, 모서리를 보호할 목적으로 설치하는 철물로서 아연 도금제와 황동제가 있다.

- 논슬립
  계단의 미끄럼을 방지하기 위하여 사용

(3) 논슬립

계단의 미끄럼을 방지하기 위하여 놋쇠 또는 황동, 스테인리스강제 등에 홈파기, 고무 삽입 등의 처리를 한 것이다.

- 인서트
  - 콘크리트 슬래브에 묻어 천장 달대를 고정시키는 철물
  - 콘크리트 구조 바닥판 밑에 묻어 반자틀 등을 달아매고자 할 때 사용되는 철물

(4) 인서트

콘크리트 슬래브에 묻어 천장 달대를 고정시키는 철물 또는 콘크리트 구조 바닥판 밑에 묻어 반자틀 등을 달아매고자 할 때 사용되는 철물이다.

- 감잡이쇠
  - ㄷ자형으로 구부려 만든 띠쇠
  - 평보를 대공에 달아맬 때나 평보와 ㅅ자보의 밑, 기둥과 들보를 걸쳐 대어 못을 박을 때 사용되는 철물

(5) 감잡이쇠

ㄷ자형으로 구부려 만든 띠쇠로서, 평보를 대공에 달아맬 때나 평보와 ㅅ자보의 밑, 기둥과 들보를 걸쳐 대어 못을 박을 때 사용되는 철물이다.

- 듀벨
  목재와 목재 사이에 끼워서 전단에 대한 저항 작용을 목적으로 한 철물

(6) 듀벨

볼트와 함께 사용하는데 듀벨은 전단력에, 볼트는 인장력에 작용시켜 접합재 상호간의 변위를 막는 강한 이음을 얻기 위해 또는 목재의 접합에서 목재와 목재 사이에 끼워서 전단에 대한 저항 작용을 목적으로 한 철물에 사용한다. 큰 간사이의 구조, 포갬보 등에 쓰이고 파넣기식과 압입식이 있다.

- 펀칭 메탈
  - 두께 1.2mm 이하의 박강판을 여러 가지 무늬의 구멍을 펀칭한 것
  - 환기구나 라디에이터 커버 등에 쓰이는 철판 가공품

(7) 펀칭 메탈

두께 1.2mm 이하의 박강판을 여러 가지 무늬의 구멍을 펀칭한 것으로, 환기구나 라디에이터 커버 등에 쓰이는 철판 가공품이다.

(8) 메탈 라스

연강판에 일정한 간격으로 금을 내고 늘려서 그물코 모양으로 만든 것으로 모르타르 바탕에 쓰이는 금속 제품으로 천장 및 벽의 미장 바탕에 사용한다.

(9) 와이어 라스

철근을 엮어서 그물 모양으로 만든 것으로 미장 바탕용 철망으로 사용하며 농형, 귀갑형 및 원형 등이 있다.

(10) 데크 플레이트

얇은 강판에 골 모양을 내어서 만든 재료로서 지붕이기, 벽널 및 콘크리트 바닥과 거푸집의 대용으로 사용하거나, 두께 1~2mm 정도의 강판을 구부려 강성을 높여 철골 구조의 바닥용 콘크리트 치기에 사용한다.

(11) 턴 버클

줄(인장재)을 팽팽히 당겨 조이는 나사 있는 탕개쇠로서, 거푸집 연결 시 철선의 조임, 철골 및 목골 공사와 콘크리트 타워 설치 시 사용한다.

(12) 베니션 블라인드

실내의 직사광선 및 시선의 차단과 통풍을 목적으로 사용하는 일종의 커튼을 말한다.

(13) 스티프너

플레이트 거더 등 웨브 플레이트의 좌굴을 방지하기 위하여 웨브 플레이트를 보강하는 강재로서, 간격은 보 높이의 1.5배 이하로 한다.

(14) 이형 철근

이형 철근에 있어서 마디와 리브를 만드는 이유는 철근의 표면적을 크게 하여 콘크리트와의 접촉면을 증가시켜 철근과 콘크리트의 부착 응력을 크게 하기 위함이다.

(15) 함석판

함석판의 접합은 주로 거멀접기에 의하며 판을 꺾어 접는다. #26까지는 꺾어 접을 수 있으나 두꺼운 것일수록 일이 힘들다. 따라서 #26 이상 두꺼운 것은 겹치기 또는 맞대어 조임못으로 죄거나, 때에 따라서는 못을 박고 못머리를 납땜한다. 또한, 골함석의 두께는 #28~#31의 함석을 사용한다.

출제 키워드

■ 메탈 라스
- 연강판에 일정한 간격으로 금을 내고 늘려서 그물코 모양으로 만든 것
- 모르타르 바탕에 쓰이는 금속 제품으로 천장 및 벽의 미장 바탕에 사용

■ 데크 플레이트

두께 1~2mm 정도의 강판을 구부려 강성을 높여 철골 구조의 바닥용 콘크리트 치기에 사용

■ 이형 철근의 마디와 리브

부착 응력의 증대

■ 함석판의 접합
- 거멀접기를 사용
- 골함석의 두께는 #28~#31의 함석을 사용

| 2-6. 금속 제품 |
과년도 출제문제

01 | 건축 재료용 철강재
09

다음 중 건축 재료용으로 가장 많이 이용되는 철강은?

① 탄소강 ② 니켈강
③ 크롬강 ④ 순철

해설 탄소강 중 보통 주철은 건축 재료용(창의 격자, 장식 철물, 계단, 교량의 손잡이, 방열기, 철관, 하수관의 뚜껑 등 비교적 가격이 싼 제품)으로 사용된다.

02 | 탄소 함유량의 비교
11

다음 중 탄소 함유량이 가장 적은 것은?

① 주철 ② 반경강
③ 순철 ④ 최경강

해설 철강의 분류

종류	탄소 함유량(%)	용융점(℃)	비중
순철(연철)	0.04 이하	1,538	7.876
강	0.04~1.7	1,450 이상	7.871~7.830
주철(선철)	1.7 이상	1,100~1,250	• 백주철 : 7.6 • 회주철 : 7.1~7.3

※ 철강은 철의 성분 중 탄소의 양에 따라서 구분한다.

03 | 탄소량의 영향
18, 14, 09

탄소 함유량이 증가함에 따라 철에 끼치는 영향으로 옳지 않은 것은?

① 연신율의 증가 ② 항복 강도의 증가
③ 경도의 증가 ④ 용접성의 저하

해설 강의 탄소량이 증가함에 따라 물리적 성질의 비열, 전기 저항, 항장력과 화학적 성질의 내식성, 항복 강도(항복점), 인장 강도 및 경도 등은 증가하고, 물리적 성질의 비중, 열팽창 계수, 열전도율과 화학적 성질의 연신율, 충격치, 단면 수축률, 용접성 등은 감소한다.

04 | 탄성 한계점의 용어
13, 10, 08

재료의 응력-변형도 관계에서 가해진 외부의 힘을 제거하였을 때 잔류 변형없이 원형으로 되돌아오는 경계점은?

① 인장 강도점 ② 탄성 한계점
③ 상위 항복점 ④ 하위 항복점

해설

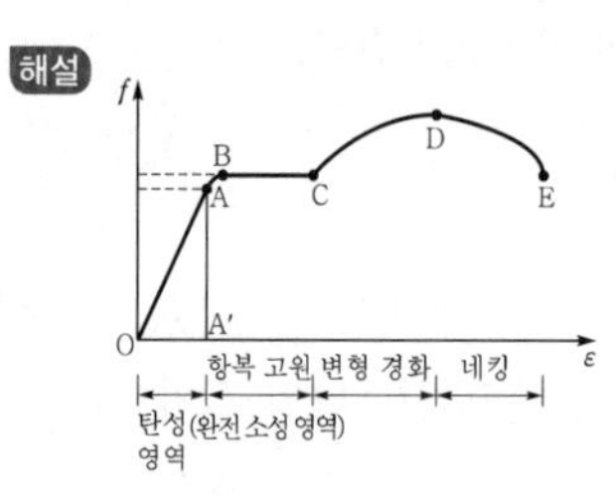

• A : 탄성 한계점
• B : 상위 항복점
• C : 하위 항복점
• D : 최대(인장) 강도점
• E : 파괴 강도점

05 | 강재의 최대 강도 시 온도
22, 20, 18, 17, 02, 00, 98

강재의 강도가 최대가 될 때의 온도는?

① 상온 ② 100℃
③ 150℃ ④ 250℃

해설 강재의 온도에 의한 강도의 영향은 0~250℃ 사이에서는 강도가 증가하고, 약 250℃에서는 최대이며, 500℃에서는 0℃일 때 강도의 1/2로 감소한다. 또한, 600℃에서는 0℃일 때 강도의 1/3로 감소하고, 900℃에서는 0℃일 때 강도의 1/10로 감소한다.

06 | 냉간 압연의 용어
12

열연강판을 화학 처리하여 표면에 있는 녹 등 불순물을 제거한 다음 상온에서 다시 한 번 압연한 것으로 두께가 얇으며 표면이 미려하여 자동차, 가구, 사무용 기구 등에 사용되는 철강 가공 방법은?

① 냉간 압연 ② 담금질
③ 불림 ④ 풀림

정답 01. ① 02. ③ 03. ① 04. ② 05. ④ 06. ①

해설 담금질은 높은 온도로 가열된 강을 물 또는 기름 속에서 급히 냉각시키는 열처리 방법으로 강도와 경도가 증가한다. 저탄소강은 담금질이 어렵고 담금질의 온도가 높아지며 탄소 함유량이 클수록 담금질 효과가 커진다. 불림은 강을 800~1,000℃로 가열한 다음 공기 중에서 냉각시키는 열처리 방법으로 가열된 것이 식으면 강철의 결정 입자가 미세하게 되어 변형이 제거되고 조직이 균일화된다. 풀림은 강을 800~1,000℃로 가열한 다음 노 속에서 서서히 냉각시키는 열처리 방법으로 강의 결정이 미세화되는 동시에 연화되기도 한다.

07 | 열처리 방법의 종류 07

다음 중 강의 열처리 방법에 속하지 않는 것은?

① 불림 ② 단조
③ 담금질 ④ 풀림

해설 열처리 방법

구분	불림(소준)	풀림(소순)	담금질(소입)	뜨임(소려)
가열 온도	800~1,000℃			200~600℃
냉각 장소	공기 중	노 속	찬물, 기름 중	공기 중
냉각 속도	서랭		급랭	서랭
특성	결정의 미세화, 변형 제거, 조직의 균일화	결정의 미세화와 연화	강도와 경도의 증가, 담금이 어렵고, 담금질 온도의 상승	변형 제거, 강인한 강 제조

※ 단조란 금속을 고온으로 가열하여 연화된 상태에서 힘을 가하여 변형 가공하는 작업이다.

08 | 열처리 방법(담금질의 효과) 14

강의 열처리 방법 중 담금질에 의하여 감소하는 것은?

① 강도 ② 경도
③ 신장률 ④ 전기 저항

해설 강의 열처리 방법 중 담금질(높은 온도로 가열된 강을 물 또는 기름 속에서 급히 냉각하는 것)은 강도, 경도 및 전기 저항을 증가시키고, 신장률을 감소시킨다.

09 | 합금(황동) 22, 16, 09, 02

황동의 합금 구성으로 옳은 것은?

① Cu+Zn ② Cu+Ni
③ Cu+Sn ④ Cu+Mn

해설 황동은 구리와 아연의 합금(Cu+Zn)이고, 백동은 구리와 니켈의 합금(Cu+Ni)이다. 청동은 구리와 주석의 합금(Cu+Sn)이고, 스퍼터링 타깃은 구리와 망간의 합금(Cu+Mn)이다.

10 | 열처리 방법(뜨임의 용어) 11

경도가 너무 커서 내부에 변형을 일으킬 가능성이 있는 경우에는 인성을 부여하기 위하여 200~600℃ 정도로 다시 가열한 다음 공기 중에서 천천히 식혀 변형이 없어지고 강인한 강이 되게 하는 강재의 열처리 방법은?

① 불림 ② 풀림
③ 뜨임 ④ 담금질

해설 불림은 강을 800~1,000℃로 가열한 다음 공기 중에서 냉각시키는 것을 말한다. 가열된 강이 식으면 강철의 입자가 미세하게 되어 변형이 제거되고, 조직이 균일화된다. 풀림은 불림에서와 같이 높은 온도로 가열된 강을 노 속에서 천천히 냉각시키는 것으로 강의 결정이 미세화되는 동시에 연화되기도 한다. 담금질은 물 또는 기름 속에서 급히 식히는 것으로 강도, 경도가 증가하고, 저탄소강은 담금질이 어렵고, 담금질의 온도가 높아지고, 탄소 함유량이 클수록 담금질의 효과가 커지게 된다.

11 | 합금(황동) 09, 02

황동은 구리와 무엇을 주성분으로 하는 합금인가?

① 주석 ② 아연
③ 알루미늄 ④ 납

해설 구리의 합금

구분	황동(놋쇠)	청동	포금	두랄루민
합금	구리+아연	구리+주석	구리+주석+납+아연	알루미늄+구리+마그네슘+망간

12 | 합금(구리+아연) 03

구리에 아연을 10~45% 정도로 가하여 만든 합금은?

① 황동 ② 청동
③ 주석 ④ 알루미나

해설 황동(놋쇠)은 구리에 아연을 10~45% 정도를 가하여 만든 합금으로 성질은 구리보다 단단하고 주조가 잘 되며, 가공하기 쉽고, 내식성이 크다. 외관이 아름다워 창호 철물에 쓰인다.

정답 07. ② 08. ③ 09. ① 10. ③ 11. ② 12. ①

13 | 황동의 용어
13

가공이 용이하고 내식성이 뛰어나 계단 논슬립, 창문의 레일, 장식 철물 및 나사, 볼트, 너트 등에 널리 사용되는 것은?

① 황동　　② 구리
③ 알루미늄　　④ 연철

해설 황동은 구리와 아연의 합금으로 단단하고 주조가 잘되며, 가공이 쉽고, 내식성이 크며, 외관이 아름다워 창호 철물, 계단의 논슬립, 창문의 레일 및 나사, 볼트, 너트 등에 사용된다.

14 | 청동의 용어
05

구리와 주석을 주체로 한 합금으로 건축 장식 철물 또는 미술공예 재료에 사용되는 것은?

① 황동　　② 두랄루민
③ 주철　　④ 청동

해설 황동(놋쇠)은 구리에 아연을 10~45% 정도 가하여 만든 합금으로, 색깔은 주로 아연의 양에 따라 좌우되고, 구리보다 단단하며, 주조가 잘된다. 또한, 가공하기 쉽고, 내식성이 크며, 외관이 아름다워 창호 철물로 사용한다. 두랄루민은 알루미늄, 구리(4%), 마그네슘(0.5%) 및 망간(0.5%)의 합금으로 알루미늄의 대표적인 합금이고, 알루미늄 자체가 공기 중에서 표면에 산화막을 형성시켜 내부를 보호한다. 주철은 단조, 압연 등의 기계적인 가공도 가능하지만, 녹인 주물을 틀에 부어 넣어 복잡한 모양의 제품을 만들 수 있는 것이 특징이다.

15 | 청동
12, 04

청동에 대한 설명으로 옳지 않은 것은?

① 구리와 주석과의 합금이다.
② 황동보다 내식성이 작으며 주조하기가 어렵다.
③ 청동에 속하는 포금은 약간의 아연, 납을 포함한 구리 합금이다.
④ 표면은 특유의 아름다운 청록색으로 되어 있어 장식 철물, 공예 재료 등에 많이 쓰인다.

해설 청동(구리와 주석의 합금)은 황동(구리와 아연의 합금)보다 내식성이 크고, 주조하기 쉬우며, 표면은 특유의 아름다운 청록색으로 되어 있어 장식 철물, 공예 재료로 사용한다.

16 | 구리의 용어
15

암모니아 가스에 침식되므로 화장실 등에 사용하기 곤란한 금속은?

① 구리(Cu)　　② 스테인레스(SS)
③ 주석(Sn)　　④ 아연(Zn)

해설 구리는 원광석(휘동광, 황동광 등)을 용광로나 전로에서 거친 구리물(조동)로 만들고, 이것을 전기 분해하여 구리로 정련하여 얻는다. 특성은 전·연성, 열과 전기 전도율이 크고, 산·알칼리에 약하다.(암모니아 가스에 침식되므로 화장실 등에 사용하기 곤란). 건조한 공기 중에서는 산화하지 않는다.

17 | 구리의 특징
21, 04

구리의 특징이 아닌 것은?

① 연성과 전성이 커서 선재나 판재로 만들기 쉽다.
② 열이나 전기 전도율이 크다.
③ 건조한 공기에서 산화하여 녹청색을 나타낸다.
④ 암모니아 등의 알칼리성 용액에 침식이 잘 된다.

해설 구리는 원광석(휘동광, 황동광 등)을 용광로나 전로에서 거친 구리물(조동)로 만들고, 이것을 전기 분해하여 구리로 정련하여 얻는다. 건조한 공기에서는 산화하지 않지만, 습기를 받으면 이산화탄소의 작용으로 인하여 부식하여 녹청색을 띠나, 내부까지는 부식하지 않는다. 용도로는 지붕이기, 홈통, 철사, 못, 철망 등의 제조에 사용된다.

18 | 구리의 특징
24, 23, 21, 20②, 19③, 17③, 14, 08, 06

비철금속 중 구리에 대한 설명으로 틀린 것은?

① 알칼리성에 대해 강하므로 콘크리트 등에 접하는 곳에 사용이 용이하다.
② 건조한 공기 중에서는 산화하지 않으나 습기가 있거나 탄산가스가 있으면 녹이 발생한다.
③ 연성이 뛰어나고 가공성이 풍부하다.
④ 건축용으로는 박판으로 제작하여 지붕 재료로 이용된다.

해설 구리는 건조한 공기에서는 산화하지 않지만, 습기를 받으면 이산화탄소의 작용으로 인하여 부식하여 녹청색을 띠나, 내부까지는 부식하지 않는다. 전·연성이 크고, 열전도율이 크며, 산, 알칼리에 약하다. 특히, 알칼리성에 대해 약하므로 콘크리트 등에 접하는 곳에 사용이 난이하다.

19 | 동(구리)
22, 16, 10

동에 관한 설명으로 옳은 것은?

① 전·연성이 크다.
② 열전도율이 작다.
③ 건조한 공기 중에서도 산화된다.
④ 산, 알칼리에 강하다.

정답 13. ① 14. ④ 15. ② 16. ① 17. ③ 18. ① 19. ①

해설 구리는 건조한 공기에서는 산화하지 않지만, 습기를 받으면 이산화탄소의 작용으로 인하여 부식하여 녹청색을 띠나, 내부까지는 부식하지 않는다. 전·연성이 크고, 열전도율이 크며, 산, 알칼리에 약하다.

20 | 구리와 구리의 합금
19, 17, 13

구리 및 구리 합금에 대한 설명 중 옳지 않은 것은?

① 구리와 주석의 합금을 황동이라 한다.
② 구리는 맑은 물에서는 녹이 나지 않으나 염수(鹽水)에서는 부식된다.
③ 청동은 황동과 비교하여 주조성이 우수하고 내식성도 좋다.
④ 구리는 연성이고 가공성이 풍부하여 판재, 선, 봉 등으로 만들기가 용이하다.

해설 황동은 구리와 아연의 합금(Cu+Zn)이고, 백동은 구리와 니켈의 합금(Cu+Ni)이다. 청동은 구리와 주석의 합금(Cu+Sn)이고, 스퍼터링 타깃은 구리와 망간의 합금(Cu+Mn)이다.

21 | 알루미늄의 부식
13

알루미늄을 부식시키지 않는 재료는?

① 아스팔트
② 시멘트 모르타르
③ 회반죽
④ 철강재

해설 알루미늄은 이질 금속 또는 산, 알칼리 및 염에 부식되므로 시멘트 모르타르, 회반죽 및 철강재에는 부식되나, 아스팔트에는 부식되지 않는다.

22 | 알루미늄의 성질
16, 04, 98

알루미늄의 성질에 관한 설명 중 옳지 않은 것은?

① 전기나 열의 전도율이 크다.
② 전성, 연성이 풍부하며 가공이 용이하다.
③ 산, 알칼리에 강하다.
④ 대기 중에서의 내식성은 순도에 따라 다르다.

해설 알루미늄은 원광석인 보크사이트로부터 알루미나를 만들고, 이것을 다시 전기 분해하여 만든 은백색의 금속으로, 전기나 열전도율이 크고, 전성과 연성이 크다. 가공하기 쉽고, 가벼운 정도에 비하여 강도가 강한 반면 산, 알칼리나 염에 약하므로 이질 금속 또는 콘크리트 등에 접하는 경우에는 방식 처리를 하여야 한다.

23 | 알루미늄의 특성
22②, 21, 17, 15

알루미늄의 주요 특성에 대한 설명 중 틀린 것은?

① 알칼리에 강하다.
② 열전도율이 높다.
③ 강도, 탄성 계수가 작다.
④ 용융점이 낮다.

해설 알루미늄은 가공성(압연, 인발 등)이 우수하나 열전도율이 높고, 용융점이 낮으며, 강도, 탄성계수가 작고, 산, 알칼리나 염에 약하므로 이질 금속 또는 콘크리트 등에 접하는 경우에는 방식 처리를 하여야 한다.

24 | 알루미늄의 특성
11, 07

알루미늄의 특성에 대한 설명으로 옳지 않은 것은?

① 전기나 열전도율이 높다.
② 압연, 인발 등의 가공성이 나쁘다.
③ 가벼운 정도에 비하면 강도가 크다.
④ 해수, 산, 알칼리에 약하다.

해설 알루미늄은 전기나 열전도율이 높고 전성과 연성이 크며, 가공하기 쉽고 가벼운 정도에 비하여 강도가 크며, 공기 중에서 표면에 산화막이 생기면 내부를 보호하는 역할을 하므로 내식성이 크다. 특히, 가공성(압연, 인발 등)이 우수하다. 반면 산, 알칼리나 염에 약하므로 이질 금속 또는 콘크리트 등에 접하는 경우에는 방식 처리를 하여야 한다.

25 | 알루미늄의 특성
19③, 18, 13

알루미늄의 특성에 대한 설명으로 옳지 않은 것은?

① 산, 알칼리 및 해수에 침식되지 않는다.
② 연질이므로 가공성이 뛰어나다.
③ 전기 전도성 및 반사율이 뛰어나다.
④ 내화성이 약하다.

해설 알루미늄은 산, 알칼리 및 염류에 침식되므로 이질 금속 또는 콘크리트 등에 접할 때에는 방식 처리를 하여야 한다.

26 | 주석의 용어
19, 12

철판에 도금하여 양철판으로 쓰이며 음료수용 금속 재료의 방식 피복 재료로도 사용되는 금속은?

① 니켈 ② 아연
③ 주석 ④ 크롬

정답 20. ① 21. ① 22. ③ 23. ① 24. ② 25. ① 26. ③

해설 니켈은 전연성이 풍부하며, 아름다운 청백색 광택이 있고, 공기 중이나 수중에서도 산화하여 색이 변하는 경우가 거의 없으며, 내식성이 커서 건축 및 전기 장식물에 사용된다. 아연은 산과 알칼리에 약하나 공기나 수중에서 내식성이 크고, 표면의 수산화물 피막은 보호 작용을 하며, 박판, 선 및 못 등에 사용된다. 크롬은 탄성 한도와 인장 강도를 증가시키고 신장률을 크게 감소시키지 않으며, 경도와 내마모성, 충격값 및 피로 한도 등을 증대시킨다.

27 양철판
15

양철판의 구성에 대해 옳게 나타낸 것은?

① 철판에 납을 도금한 것
② 철판에 아연을 도금한 것
③ 철판에 주석을 도금한 것
④ 철판에 알루미늄을 도금한 것

해설 양철(생철)판은 철판에 주석을 도금한 판이다.

28 납의 용어
19, 18③, 13

다음 금속 재료 중 X선 차단성이 가장 큰 것은?

① 납 ② 구리
③ 철 ④ 아연

해설 납은 비교적 비중(11.4)이 크고 연한 금속으로 주조 가공성과 단조성이 우수하며, 열전도율이 작고, 온도 변화에 따른 신축이 크며, 내산성은 크나, 알칼리에 침식된다. 특히, X선을 차단하는 성질이 있어 X선실의 천장, 바닥 및 안벽 붙임 등에 사용된다.

29 납의 용어
24, 11

금속 중에서 비교적 비중이 크고 연하며 방사선을 잘 흡수하므로 X선 사용 개소의 천장·바닥에 방호용으로 사용되는 것은?

① 황동 ② 알루미늄
③ 구리 ④ 납

해설 황동(놋쇠)은 구리에 아연을 10~45% 정도 가하여 만든 합금으로 구리보다 단단하고 주조가 잘되며, 내식성이 커서 창호 철물로 사용한다. 알루미늄은 원광석인 보크사이트로부터 얻은 알루미나를 전기 분해하여 만든 은백색의 금속으로 가공성이 우수하나 산, 알칼리에 약하다. 구리는 원광석(휘동광, 황동광)을 용광로나 전로에 거친 구리물로 만들고 이것을 전기 분해하여 구리로 정련하여 얻으며, 연성과 전성, 열이나 전기 전도율이 크고, 습기를 받으면 부식된다.

30 합금의 구성 요소
22, 21, 19, 15, 12, 04

다음 합금의 구성 요소로 틀린 것은?

① 황동=구리+아연
② 청동=구리+납
③ 포금=구리+주석+아연+납
④ 두랄루민=알루미늄+구리+마그네슘+망간

해설 구리의 합금 중에서 청동은 구리와 주석의 합금이고, 황동(놋쇠)은 구리와 아연의 합금이다. 포금은 구리, 주석, 납 및 아연의 합금이다. 두랄루민은 알루미늄, 구리, 마그네슘 및 망간의 합금이다.

31 금속의 방식법
20, 05

금속의 방식법에 대한 설명으로 옳지 않은 것은?

① 다른 종류의 금속을 서로 잇대어 쓰지 않는다.
② 큰 변형을 준 것은 가능한 한 풀림하여 사용한다.
③ 표면을 평활, 청결하게 하고 가능한 한 습윤상태로 유지한다.
④ 방부 보호 피막을 실시한다.

해설 금속의 방식법에는 ①, ②, ④ 이외에 가공 중에 생긴 변형은 풀림, 뜨임 등에 의해서 제거하여 균일한 재료를 사용하며, 표면은 깨끗하게 하고, 물기나 습기가 없도록 한다. 도료나 내식성이 큰 금속으로 표면에 피막을 만들어 보호하는 방법에는 방청 도료, 아스팔트 및 콜타르를 칠하고, 법랑을 올리거나, 내구·내식성이 있는 금속으로 도금하며, 금속의 표면을 화학적으로 방식 처리하는 방법이 있다. 또한, 알루미늄에는 알루마이트, 철재에는 사삼산화철과 같은 치밀한 산화 피막을 표면에 형성하게 하고, 모르타르나 콘크리트로 강재를 피복한다.

32 금속의 방식법
13, 07, 04

금속의 방식법에 대한 설명 중 옳지 않은 것은?

① 도료나 내식성이 큰 금속으로 표면에 피막을 하여 보호한다.
② 균질한 재료를 사용한다.
③ 다른 종류의 금속을 서로 잇대어 사용한다.
④ 표면은 깨끗하게 하고 물기나 습기가 없도록 한다.

해설 금속의 방식법에는 서로 다른 종류의 금속을 잇대어 사용하지 않는다. 서로 다른 종류의 금속을 잇대어 사용하면, 전기 분해 작용에 의해 부식된다.

정답 27. ③ 28. ① 29. ④ 30. ② 31. ③ 32. ③

33 | 금속의 방식법
23, 09

금속의 부식 작용에 대한 설명으로 옳지 않은 것은?

① 동판과 철판을 같이 사용하면 부식 방지에 효과적이다.
② 산성인 흙속에서는 대부분의 금속재가 부식된다.
③ 습기 및 수중에 탄산가스가 존재하면 부식 작용은 한층 촉진된다.
④ 철판의 자른 부분 및 구멍을 뚫은 주위는 다른 부분보다 빨리 부식된다.

해설 금속의 방식법에는 다른 종류(동판과 철판 등)의 금속을 잇대어 사용하지 않고, 균질한 재료를 사용하며, 표면을 깨끗하고 물기나 습기가 없도록 한다. 또한, 도료나 내식성이 있는 금속으로 표면을 보호한다.

34 | 금속의 방식법
13

금속재의 부식 방지법으로 옳지 않은 것은?

① 부식 방지를 위해 서로 다른 종류의 금속을 잇대어 쓴다.
② 표면은 깨끗하게 하고, 특히 물기나 습기가 없도록 한다.
③ 내식성이 큰 금속은 표면에 도료 등으로 피막을 만들어 보호한다.
④ 가공 중에 생긴 변형은 풀림, 뜨임 등에 의해 제거하여 균일한 재료로 만든다.

해설 금속의 방식법에는 서로 다른 종류의 금속을 잇대어 사용하지 않는다. 서로 다른 종류의 금속을 잇대어 사용하면, 전기 분해 작용에 의해 부식된다.

35 | 금속의 방식법
03

철재의 부식 방지 방법으로 부적당한 것은?

① 철재의 표면에 아스팔트나 콜타르(coaltar) 등을 도포한다.
② 모르타르 및 콘크리트 피막을 만든다.
③ 도금 또는 법랑 마감으로 한다.
④ AE제를 도포한다.

해설 금속의 방식법 중 도료나 내식성이 큰 금속으로 표면에 피막을 만들어 보호하는 방법에는 방청 도료, 아스팔트 및 콜타르를 칠하고, 법랑을 올리거나, 내구·내식성이 있는 금속으로 도금하며, 금속의 표면을 화학적으로 방식 처리하는 방법이 있다. 또한, 알루미늄에는 알루마이트, 철재에는 사삼산화철과 같은 치밀한 산화 피막을 표면에 형성하게 하고, 모르타르나 콘크리트로 강재를 피복한다. AE제는 시멘트 혼화제로서 철제의 부식 방지와는 무관하다.

36 | 금속의 방식법
18, 14

금속의 부식 방지법으로 틀린 것은?

① 상이한 금속은 접촉시켜 사용하지 말 것
② 균질의 재료를 사용할 것
③ 부분적인 녹은 나중에 처리할 것
④ 청결하고 건조 상태를 유지할 것

해설 금속의 방식법에 있어서 부분적인 녹이 발생되면 즉시 처리하여야 한다.

37 | 금속의 방식법
06

금속의 부식을 방지하기 위한 대책으로 옳지 않은 것은?

① 균질한 것을 선택하고 사용할 때 큰 변형을 주지 않도록 주의한다.
② 가능한 한 상이한 금속은 이를 인접, 접촉시켜 사용한다.
③ 큰 변형을 준 것은 가능한 한 풀림하여 사용한다.
④ 표면을 평활, 청결하게 하고 가능한 한 건조 상태로 유지하며, 부분적인 녹은 빨리 제거한다.

해설 금속의 부식을 방지하기 위해서는 ①, ③, ④ 외에 가능한 한 다른 종류의 금속을 서로 잇대어 사용하지 않으며, 도료나 내식성이 큰 금속으로 표면에 피막을 하여 보호한다.

38 | 목재의 이음 철물
24, 22, 20, 18, 17, 13

금속 제품 중 목재의 이음 철물로 사용되지 않는 것은?

① 안장쇠 ② 꺽쇠
③ 인서트 ④ 띠쇠

해설 목재의 이음 철물의 종류에는 안장쇠(큰 보에 걸쳐 작은 보를 받게 하는 철물), 꺽쇠(강봉 토막의 양 끝을 뾰족하게 하고 ㄷ자형으로 구부려 2부재(목재)를 이어 연결 또는 엇갈리게 고정시킬 때 사용하는 철물) 및 띠쇠(띠 모양으로 된 이음 철물) 등이 있다. 인서트는 콘크리트 슬래브에 묻어 천장 달림재를 고정시키는 철물이다.

39 | 목재의 긴결 및 고정 철물
11

다음 중 강을 사용하여 만든 긴결 철물 및 고정 철물이 아닌 것은?

① 고력 볼트 ② 리벳
③ 스크루 앵커 ④ 조이너

정답 33. ① 34. ① 35. ④ 36. ③ 37. ② 38. ③ 39. ④

해설 고력 볼트, 리벳은 철골의 접합에 사용하는 철물이고, 스크루 앵커는 삽입된 연질 금속 플러그에 나사못을 끼운 것으로 인발력이 50~115kg인 철물이다. 조이너는 텍스, 보드, 금속판 및 합성수지판 등의 줄눈에 대는 것으로 마감재이다.

40 | 금속 제품(감잡이쇠의 용어)
10

ㄷ자형으로 구부려 만든 띠쇠로서, 평보를 대공에 달아맬 때나 평보와 ㅅ자보의 밑, 기둥과 들보를 걸쳐 대어 못을 박을 때 사용되는 것은?

① 감잡이쇠　② ㄱ자쇠
③ 안장쇠　④ 꺾쇠

해설 ㄱ자쇠는 띠쇠를 ㄱ자 모양으로 구부린 것으로 수평재와 수직재의 모서리 부분에 사용하는 금속 제품이고, 안장쇠는 큰 보에 걸쳐 작은 보를 받게 하는 철물이다. 꺾쇠는 강봉 토막의 양 끝을 뾰족하게 하고 ㄷ자형으로 구부려 2부재(목재)를 이어 연결 또는 엇갈리게 고정시킬 때 사용하는 철물이다.

41 | 금속 제품(듀벨의 용어)
19③, 18③, 15, 03, 00, 99

목구조에 사용되는 금속의 긴결 철물 중 2개의 부재 접합에 끼워 전단력에 견디도록 사용되는 것은?

① 감잡이쇠　② ㄱ자쇠
③ 안장쇠　④ 듀벨

해설 감잡이쇠는 띠쇠를 ㄷ자형으로 구부려 만든 것으로, 평보에 대공을 달아맬 때, 평보와 왕대공의 맞춤에 사용하고, ㄱ자쇠는 띠쇠를 ㄱ자형으로 구부려 만든 것으로, 가로재와 세로재의 연결에 사용한다. 안장쇠는 안장 모양으로 한 부재에 걸쳐 대고, 다른 부재를 받게하는 철물로, 큰 보와 작은 보 또는 귀보와 귀잡이보를 접합 시 사용한다.

42 | 금속 제품(인서트의 용어)
12, 04, 03②

콘크리트 슬래브에 묻어 천장 달대를 고정시키는 철물은?

① 인서트　② 와이어 라스
③ 크레센트　④ 듀벨

해설 와이어 라스는 철선을 엮어서 그물 모양으로 만든 것으로 미장 바탕용 철망으로 사용되고, 크레센트는 초생달 모양으로 된 것으로 오르내리창의 윗막이대 윗면에 대어 다른 창의 밑막이에 걸리게 하는 걸쇠로서 오르내리창에 사용한다. 듀벨은 볼트와 함께 사용하는데, 듀벨은 전단력에, 볼트는 인장력에 작용시켜 접합재 상호간의 변위를 막는 강한 이음에 사용하며, 목재와 목재 사이에 끼워서 전단에 대한 저항 작용을 목적으로 하는 철물이다.

43 | 금속 제품(인서트의 용어)
12

콘크리트 구조 바닥판 밑에 묻어 반자틀 등을 달아매고자 할 때 사용되는 철물은?

① 메탈라스　② 논슬립
③ 인서트　④ 앵커 볼트

해설 메탈라스는 얇은 강판에 마름모꼴의 구멍을 연속적으로 뚫어 그물처럼 만든 금속 제품이고, 논슬립은 미끄럼을 방지하기 위하여 계단 코 부분에 사용하는 철물이며, 앵커 볼트는 토대, 기둥, 보, 도리 또는 기계류 등을 기초나 돌, 콘크리트 구조체에 정착시킬 때 사용하는 본박이 철물이다.

44 | 긴결 철물
13

그림과 같은 벽돌조 단면에서 '가' 부재의 명칭은?

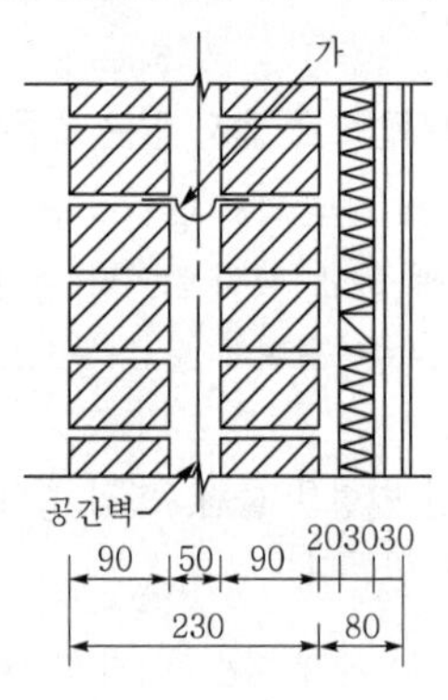

① 듀벨　② 늑근
③ 스터럽　④ 긴결 철물

해설 듀벨은 목재의 접합에 사용하는 철물이고, 늑근 또는 스터럽은 철근 콘크리트 보에서 전단력에 저항하는 철근이다.

45 | 금속 제품(펀칭 메탈의 용어)
20, 11, 10

금속판에 여러 가지 무늬의 구멍을 펀칭한 것으로, 환기구나 라디에이터 커버 등에 쓰이는 철판 가공품을 무엇이라 하는가?

① 코너 비드　② 메탈 실링
③ 펀칭 메탈　④ 메탈 라스

해설 코너 비드는 벽, 기둥 등의 모서리를 보호하기 위하여 미장 바름질을 할 때 붙이는 보호용 철물이고, 메탈 실링은 금속제를 사용하여 지붕 밑, 바닥 밑을 가리어 치장하여 꾸민 천장(반자)이다. 메탈 라스는 금속제 라스의 총칭으로 얇은 강판에 많은 절목을 넣어 이를 옆으로 늘려서 만든 것으로 천장 및 벽의 미장 바탕에 사용한다.

정답 40. ① 41. ④ 42. ① 43. ③ 44. ④ 45. ③

46 | 금속 제품(펀칭 메탈의 용어)
21, 18, 03, 98

두께 1.2mm 이하의 박강판을 여러 가지 무늬 모양으로 구멍을 뚫어 환기 구멍, 방열기 덮게 등에 쓰이는 것은?

① 펀칭 메탈(ppunching metal)
② 메탈 라스(metal lath)
③ 코너 비드(corner bead)
④ 와이어 라스(wire lath)

해설 메탈 라스는 금속제 라스의 총칭으로 얇은 강판에 많은 절목을 넣어 이를 옆으로 늘여서 만든 것으로 천장 및 벽의 미장 바탕에 사용한다. 코너 비드는 벽, 기둥 등의 모서리를 보호하기 위하여 미장 바름질을 할 때 붙이는 보호용 철물이다. 와이어 라스는 철근을 엮어서 그물 모양으로 만든 것으로 미장 바탕용 철망으로 사용한다.

47 | 금속 제품(메탈 라스의 용어)
14, 10

연강판에 일정한 간격으로 금을 내고 늘려서 그물코 모양으로 만든 것으로 모르타르 바탕에 쓰이는 금속 제품은?

① 메탈 라스 ② 펀칭 메탈
③ 알루미늄판 ④ 구리판

해설 펀칭 메탈은 금속판에 여러 가지 무늬의 구멍을 펀칭한 것으로, 환기구나 라디에이터 커버 등에 쓰이는 철판 가공품 또는 두께 1.2mm 이하의 박강판을 여러 가지 무늬 모양으로 구멍을 뚫어 환기 구멍, 방열기 덮게 등에 쓰이는 것이다.

48 | 금속 제품
19, 18, 14

수장용 금속 제품에 대한 설명으로 옳은 것은?

① 줄눈대 – 계단의 디딤판 끝에 대어 오르내릴 때 미끄럼을 방지한다.
② 논슬립 – 단면 형상이 L형, I형 등이 있으며, 벽, 기둥 등의 모서리 부분에 사용된다.
③ 코너 비드 – 벽, 기둥 등의 모서리 부분에 미장 바름을 보호하기 위해 사용된다.
④ 듀벨 – 천장, 벽 등에 보드를 붙이고, 그 이음새를 감추는 데 사용된다.

해설 ①의 줄눈대는 텍스, 보드, 금속판, 합성수지판 등의 줄눈에 대는 것이고, ①의 설명은 논슬립이다. ②의 논슬립은 계단의 디딤판 끝에 대어 오르내릴 때 미끄럼을 방지하는 철물이며, ②의 설명은 코너 비드이다. ④의 듀벨은 목재의 접합에 사용되는 보강 철물이고, ④의 설명은 줄눈대이다.

49 | 금속 제품(코너 비드의 용어)
20, 19, 17, 12, 07, 06, 01, 00

바름 공사에서 기둥이나 벽의 모서리면에 미장을 쉽게 하고, 모서리를 보호할 목적으로 설치하는 철물은?

① 조이너 ② 논슬립
③ 코너 비드 ④ 와이어 라스

해설 조이너는 텍스, 보드, 금속판, 합성수지판 등의 줄눈에 대어 붙이는 것으로서 아연 도금 철판제, 알루미늄제, 황동제 및 플라스틱제가 있다. 논슬립은 미끄럼을 방지하기 위하여 계단의 코 부분에 사용하며 놋쇠, 황동제 및 스테인리스 강재 등이 있다. 와이어 라스는 미장 바름 바탕용으로 사용하고 농형, 귀갑형 및 원형 등이 있다.

50 | 금속 제품(논슬립의 용어)
21, 09

계단의 미끄럼을 방지하기 위하여 놋쇠 또는 황동, 스테인리스강제 등에 홈파기, 고무 삽입 등의 처리를 한 것은?

① 와이어 메시 ② 코너 비드
③ 논슬립 ④ 경첩

해설 와이어 메시는 연강 철선을 전기 용접하여 정방향 또는 장방향으로 만든 것으로 콘크리트 다짐 바닥, 지면 콘크리트 포장 등에 사용한다. 코너 비드는 바름 공사에서 기둥이나 벽의 모서리면에 미장을 쉽게 하고, 모서리를 보호할 목적으로 설치하는 철물이다. 경첩(정첩)은 문틀에 여닫이 창호를 달 때, 한 쪽은 문틀에, 다른 한 쪽은 문짝에 고정하고 여닫는 지도리(축)가 되는 철물이다.

51 | 골함석의 두께
02

함석판 잇기 지붕 공사에 사용하는 골함석의 두께로서 가장 적합한 것은?

① #24~27 ② #28~31
③ #32~35 ④ #36~40

해설 함석판의 접합은 주로 거멀접기에 의하여, 판을 꺾어 접는다. #26까지는 꺾어 접을 수 있으나 두꺼운 것일수록 일이 힘들다. 따라서, #26 이상 두꺼운 것은 겹치기 또는 맞대어 죔못으로 죄거나, 때에 따라서는 못을 박고 못머리를 납땜한다. 골함석의 두께는 #28~#31의 함석을 사용한다.

52 | 창호 철물
08, 01

다음 중 창호 철물이 아닌 것은?

① 도어 클로저 ② 플로어 힌지
③ 실린더 ④ 듀벨

정답 46. ① 47. ① 48. ③ 49. ③ 50. ③ 51. ② 52. ④

해설 도어 클로저(도어 체크, 여닫이문을 자동적으로 개폐할 수 있게 하는 철물로서 재료는 강철·청동 등의 주조물이며, 스프링이나 피스톤의 장치로서 개폐 속도를 조절하는 장치), 플로어 힌지(금속제 스프링과 완충유와의 조합 작용으로 열린 문이 자동으로 닫히게 하는 것으로 바닥에 설치되는 창호 철물) 및 실린더(실린더 자물쇠) 등은 창호 철물에 속한다. 듀벨은 볼트와 함께 사용하는데 듀벨은 전단력에, 볼트는 인장력에 작용시켜 접합재(목재와 목재) 상호 간의 변위를 막는 강한 이음을 얻는 데 사용하는 접합 철물이다.

53 | 창호 철물(개폐조정기)
11

여닫이 창호 철물 중 개폐 조정기가 아닌 것은?

① 도어 체크 ② 도어 클로저
③ 도어 스톱 ④ 모노로크

해설 도어 클로저(도어 체크)는 여닫이문을 자동적으로 개폐할 수 있게 하는 철물로서 재료는 강철·청동 등의 주조물이며, 스프링이나 피스톤의 장치로서 개폐 속도를 조절하는 창호 철물이고, 도어 스톱은 여닫이문이나 장지를 고정하는 철물로서 문받이 철물이라고도 한다. 모노로크(실린더 자물쇠)는 함자물쇠의 일종으로 래치 볼트와 데드 볼트를 겸용한 것으로 실내 쪽에 면하고 있는 둥근 손잡이대 중심에 있는 단추를 누르면 잠기는 것이 대부분이다. 주로 실내의 여닫이문에 사용한다.

54 | 창호 철물(여닫이문)
22, 20, 12

다음 중 여닫이문에 사용되지 않는 창호용 철물은?

① 도어 체크 ② 플로어 힌지
③ 자유 경첩 ④ 레일

해설 여닫이 창호에 사용되는 창호 철물에는 도어 체크(도어 클로저), 플로어 힌지 및 자유 경첩 등이 있다. 레일은 미서기 창호에 사용되는 철물이다.

55 | 창호 철물(도어 클로저의 용어)
11

창호 철물 중 열린 문이 자동적으로 닫히게 하는 개폐 조절기의 명칭은?

① 크레센트 ② 도어 클로저
③ 경첩 ④ 모노로크

해설 크레센트는 오르내리창의 잠금 철물, 경첩은 여닫이 창호에 사용하는 철물이다. 모노로크는 한 개의 자물쇠로서 래치 볼트(손잡이대)와 데드 볼트(자물대) 둥근 손잡이대 속에 자물쇠 장치가 된 것으로 실내 쪽에서 둥근 손잡이대 중앙에 있는 단추를 누르면 잠기는 장치이다. 경첩은 문틀에 여닫이 창호를 달 때, 한쪽은 문틀에 다른 한쪽은 문짝에 고정하고 여닫는 지도리(축)가 되는 철물이다.

56 | 창호 철물(도어 클로저의 용어)
16, 07

다음 그림이 나타내는 창호 철물은?

① 경첩 ② 도어 클로저
③ 코너비드 ④ 도어스톱

해설 문제의 그림은 '도어 클로저(도어 체크)'로서 문 위틀과 문짝에 설치하여 문이 자동적으로 닫혀지게 하는 장치로서, 공기식, 스프링식, 전동식 및 유압식 등이 있으나, 유압식을 주로 사용한다. 스톱 장치에 퓨즈를 사용하여 화재 시 자동적으로 퓨즈가 끊어져 닫히게 하여 방화문으로 사용한다.

57 | 창호 철물(래버터리 힌지의 용어)
11

스프링 힌지의 일종으로서, 저절로 닫히지만 15cm 정도는 열려 있게 되는 것은?

① 플로어 힌지 ② 피벗 힌지
③ 래버터리 힌지 ④ 경첩

해설 플로어 힌지는 금속제 스프링과 완충유와의 조합 작용으로 열린 문이 자동으로 닫히게 하는 것으로 바닥에 설치되는 창호 철물이다. 피벗 힌지는 플로어 힌지를 쓸 때, 문의 위축의 돌대로 사용하는 철물 또는 경쾌한 개폐를 할 수 있는 도어용 돌쩌귀의 일종이다. 경첩(정첩)은 문틀에 여닫이 창호를 달 때, 한쪽은 문틀에 다른 한쪽은 문짝에 고정하고 여닫는 지도리(축)가 되는 철물이다.

58 | 창호 철물(크레센트의 용어)
24, 18, 17, 16

다음 중 오르내리창에 사용되는 철물은?

① 나이트 래치(nigh latch)
② 도어 스톱(door stop)
③ 모노 로크(mono lock)
④ 크레센트(crecent)

해설 나이트 래치는 실내에서는 열쇠 없이 열 수 있으나, 밖에서는 열쇠가 있어야만 열 수 있는 창호철물이고, 도어 스톱은 여닫이문이나 장지를 고정하는 철물로서 문을 열어 제자리에 머물러 있게 하는 창호 철물이다. 모노 로크는 실내 쪽에 면하고 있는 둥근 손잡이대 중심에 있는 단추를 누르면 잠기는 창호 철물이다.

정답 53. ④ 54. ④ 55. ② 56. ② 57. ③ 58. ④

2-7. 유리

출제 키워드

1 유리의 성질

(1) 유리의 일반적인 성질

① 유리의 강도 : 보통 창유리의 강도는 휨 강도를 의미하는데, 일반적으로 창호에 사용하는 유리의 두께는 6mm 이하이나, 주로 2~3mm 정도를 사용하고, 이 경우 강도는 같은 두께의 반투명 유리는 투명 유리의 80%, 망입 유리는 90% 정도이다.

② 유리의 투과 : 유리의 투과에 있어서 투사각이 0°(유리면에 직각)인 경우에 맑은 창유리 및 무늬 판유리는 약 90% 정도의 광선을 투과시키며, 서리 유리는 80~85%를 투과시킨다. 오랫동안 사용하여 먼지가 끼거나 오염이 되면 투과율이 뚜렷이 감소되며, 특히 광선의 파장이 짧을수록 더욱 심하다. 흡수율은 2~6% 정도이고, 두께가 두꺼울수록, 불순물이 많을수록, 착색 정도가 짙을수록 광선의 흡수율이 커진다.

③ 유리의 열적 성질 : 유리는 열전도율(보통 유리의 열전도율은 0.48kcal/m·h·℃로, 대리석이나 타일보다 작고, 콘크리트의 1/2 정도)이 작고 팽창 계수나 비열이 크기 때문에 유리를 부분적으로 가열하면 비틀림이 발생하는데, 이로 인하여 유리의 인장 강도보다 큰 인장력이 발생하면 파괴된다. 또한, 보통 유리의 연화점은 약 740℃, 칼리 유리는 1,000℃ 정도인데, 내열성은 두께 1.9mm의 유리는 105℃ 이상의 부분적인 온도차가 발생하면 파괴된다. 그 밖에 두께 3.0mm는 80~100℃, 5.0mm는 60℃의 온도차가 발생하면 파괴된다. 또한, 유리 섬유의 안전 사용 최고 온도는 300℃ 정도이고, 비중은 0.1 정도이다.

■ 유리의 강도
창유리의 강도는 휨 강도를 의미

■ 광선의 투과
투사각이 0°인 경우에 맑은 창유리 및 무늬 판유리는 약 90% 정도

■ 광선의 투과 영향 요인
불순물이 많을수록, 착색 정도가 짙을수록 광선의 흡수율이 커진다.

■ 유리의 열전도율
- 0.48kcal/m·h·℃로 작다.
- 대리석, 타일보다 작고, 콘크리트의 1/2 정도이다.

■ 유리의 연화점
- 보통 유리 : 약 740℃
- 칼리 유리 : 1,000℃ 정도

■ 유리 섬유
- 안전 사용 최고 온도 : 300℃ 정도
- 비중 : 0.1 정도

(2) 유리의 성분

① 주원료

㉮ 산성 원료 : 규사(SiO_2), 붕산(H_3BO_3), 붕사($Na_2B_4O_7 \cdot 10H_2O$), 인산나트륨($Na_2HPO_4 \cdot 12H_2O$) 등

㉯ 염기성 원료 : 황산나트륨(Na_2SO_4), 탄산나트륨(Na_2CO_3), 탄산칼슘(K_2CO_3), 석회석($CaCO_3$), 황산바륨($BaSO_4$), 연단(Pb_3O_4), 카올린(Al_2O_3, $2SiO_2$, $2H_2O$), 장석(K_2O, Al_2O_3), 백운석($MgCO_3$, $CaCO_3$) 등

㉰ 유리 성분의 비율 : SiO_2(71~73%)−Na_2O(14~16%)−CaO(8~15%)−MgO(1.5~3.5%)−Al_2O_3(0.5~1.5%)의 순이다.

② 부원료 : 조각 유리(유리를 만드는 데 있어서 융해점을 낮추기 위한 용제), 산화제(질산나트륨, 질산칼륨 등), 휜원제(산화칼슘, 산화마그네슘 등), 소색제(이산화망간, 니켈, 코발트, 질산나트륨 등) 및 착색제인 금속산화물(망간, 코발트, 니켈, 구리, 금 등)등이 있다. 유리의 성분 중 자외선을 차단하는 성분은 산화 제2철이므로 보통 판유리는 자외선을 차단하는 성질이 있다.

■ 산화 제2철
자외선을 차단하는 성분

출제 키워드

■ 소다 석회 유리
건축 일반용 창유리로 사용

■ 유리의 파괴 요인
• 팽창 계수나 비열이 큼
• 유리를 부분적으로 가열하면 비틀림이 발생

■ 안전 유리
접합 유리, 강화판 유리 및 배강도 유리 등

■ 강화(담금) 판유리
• 유리를 500~600℃로 가열한 다음 특수 장치를 이용하여 균등하게 급격히 냉각시킨 유리
• 판유리 종류를 600℃ 이상의 연화점 근처까지 가열한 후 표면에 냉기를 내뿜어 급랭시켜 제조하는 유리
• 강도가 보통 유리의 3~5배, 충격 강도는 보통 유리의 7~8배 정도
• 사전에 소요 치수대로 절단, 가공하여 열처리를 하여 생산

(3) 유리의 용도

종류	석영(고규산) 유리	칼리 석회 유리	칼리 납 유리	소다 석회 유리
		칼리, 경질, 보헤미아 유리	납, 플린트, 크리스털 유리	소다, 보통, 크라운 유리
용도	전구, 살균등용 (글라스울 원료)	고급용품, 이화학 기구, 기타 장식품, 공예품 및 식기	고급 식기, 광학용 렌즈류, 모조 보석 및 진공관용	건축 일반 창 유리, 기타 병류 등

2 안전 유리

(1) 안전 유리

안전 유리는 강도가 커서 잘 파괴되지 않으며, 또 파괴되어도 파편의 위험이 적거나 없어서 비교적 안전하게 사용할 수 있다. 접합 유리, 강화 판유리 및 배강도 유리 등이 있다.

① **접합 유리** : 투명 판유리 2장 사이에 아세테이트, 부틸셀룰로오스 등 합성수지막을 넣어 합성수지 접착제로 접착시킨 유리로서, 깨어지더라도 유리 파편이 합성수지막에 붙어 있게 하여 파편으로 인한 위험을 방지하도록 한 것이다. 유색 합성수지막을 사용하면 착색 접합 유리가 된다. 접합 유리는 보통 판유리에 비해 투광성은 약간 떨어지나 차음성, 보온성이 좋은 편이다.

② **강화 판유리(담금 유리)** : 유리를 500~600℃로 가열한 다음 특수 장치를 이용하여 균등하게 급격히 냉각시킨 유리 또는 판유리 종류를 600℃ 이상의 연화점 근처까지 가열한 후 표면에 냉기를 내뿜어 급랭시켜 제조하는 유리로서 이와 같은 열처리로 인하여 그 강도가 보통 유리의 3~5배에 이르며, 특히 충격 강도는 보통 유리의 7~8배나 된다. 또 파괴되면 열처리에 의한 내응력 때문에 모래처럼 잘게 부서지므로 유리 파편에 의한 부상이 적다. 이 성질을 이용하여 자동차의 창유리, 통유리문 등 깨어질 때 파편으로 손상 위험이 큰 곳에 쓰인다. 열처리를 한 후에는 현장에서 절단 등 가공을 할 수 없으므로 사전에 소요 치수대로 절단, 가공하여 열처리를 하여 생산한 유리이다.

③ **배강도 유리** : 판유리를 열처리하여 유리 표면에 적절한 크기의 압력 응력층을 만들어 파괴 강도를 증대시키고, 파손되었을 때 재료인 판유리와 유사하게 깨지도록 한 것이다.

(2) 형판 유리

특수 유리의 하나로 판유리의 한 면에 각종 무늬를 새긴 것으로 2~5mm 정도의 반투명 유리이나, 안전 유리에는 속하지 않는다.

(3) 망입 유리

금속망을 유리 가운데 넣은 것으로 비상통로의 감시창 및 진동이 심한 장소에 사용되는 유리 또는 용융 유리 사이에 금속 그물(지름이 0.4mm 이상의 철선, 놋쇠선, 아연선, 구리선, 알루미늄선)을 넣어 롤러로 압연하여 만든 판유리로서 도난 방지, 화재 방지 및 파편에 의한 부상 방지 등의 목적으로 사용한다.

(4) X선 차단 유리

유리의 원료에 산화납 성분을 포함시켜 X선의 차단성이 커지므로 X선 차단성을 증대시킨 유리로 산화납의 포함 한도는 6% 정도이다.

3 유리의 2차 제품

(1) 페어 글라스(복층 유리, 이중 유리)

2장 또는 3장의 판유리를 일정한 간격으로 띄어 금속테로 기밀하게 테두리를 한 다음, 유리 사이의 내부를 진공으로 하거나 특수 기체(건조 공기 등)를 넣은 유리로서 방음, 차음 및 단열의 효과가 크고, 결로 방지용으로도 우수하다.

(2) 자외선 투과 유리

유리의 성분 가운데 산화 제2철은 자외선을 차단하는 주성분이다. 보통의 판유리가 자외선을 거의 투과시키지 않는 것도 바로 이 산화 제2철 때문이다. 그런데 환원제를 사용하여 산화 제2철을 산화 제2철로 환원시키면 상당량의 자외선을 투과시키게 된다. 이와 같이 산화 제2철의 함유율을 극히 줄인 유리를 자외선 투과 유리라 하고, 석영, 코렉스 및 비타 글라스 등의 종류가 있다. 자외선 투과율은 석영 및 코렉스 글라스는 약 90%, 비타 글라스는 약 50%로서 온실이나 병원의 일광욕실 등에 이용되고 있다.

(3) 열선 흡수 유리(단열 유리)

철, 니켈, 크롬 등을 가하여 만든 유리로 흔히 엷은 청색을 띠고, 태양광선 중 열선(적외선) 또는 장파 부분을 흡수하므로 서향의 창, 차량의 창 등의 단열에 이용된다.

(4) 자외선 흡수(차단) 유리

자외선의 화학 작용을 방지할 목적으로 자외선 투과 유리와는 반대로 약 10%의 산화 제2철을 함유시키고, 크롬, 망간 등의 금속 산화물을 포함시킨 유리이다. 직물 등 염색 제품의 퇴색을 방지할 필요가 있는 상점(의류품)의 진열창, 식품이나 약품의 창고 또는 용접공의 보안경 등에 쓰인다.

출제 키워드

■ 망입 유리
- 금속망을 유리 가운데 넣은 유리
- 비상통로의 감시창 및 진동이 심한 장소에 사용

■ X선 차단 유리

유리의 원료에 산화납 성분을 포함시킨 유리

■ 페어 글라스(복층 유리, 이중 유리)
- 유리 사이의 내부를 진공으로 하거나 특수 기체를 넣은 유리
- 방음, 차음 및 단열의 효과가 크고, 결로 방지용으로도 우수

■ 열선 흡수 유리(단열 유리)
- 철, 니켈, 크롬 등을 가하여 만든 유리
- 장파 부분을 흡수
- 서향의 창, 차량의 창 등의 단열에 이용

■ 자외선 흡수(차단) 유리
- 자외선의 화학 작용을 방지할 목적의 유리
- 상점(의류품)의 진열창, 식품이나 약품의 창고 또는 용접공의 보안경 등에 사용

출제 키워드

■ 스테인드글라스
- 각종 색유리의 작은 조각을 도안에 맞추어 절단해서 조합하여 모양을 낸 유리
- 당의 창, 상업 건축의 장식용으로 사용되는 유리

■ 유리 블록
- 속이 빈 상자 모양의 유리 2개를 맞대어 저압 공기를 넣고 녹여 붙인 것
- 옆면은 모르타르가 잘 부착되도록 합성수지풀로 돌가루를 붙여 놓음
- 방음·보온 효과도 크고, 장식 효과도 얻을 수 있음

■ 프리즘 타일
- 입사 광선의 방향을 바꾸거나, 확산 또는 집중시킬 목적의 유리
- 프리즘의 원리를 이용하여 만든 일종의 유리 블록
- 지하실 창이나 옥상의 채광용으로 사용

■ 폼 글라스(기포 유리)

광선의 투과가 안 되고, 압축 강도가 $10kg/cm^2$ 정도

(5) 스테인드글라스

I형 단면의 납 테로 여러 가지의 모양을 만든 다음 그 사이에 색유리(유리 성분에 산화금속류의 착색제를 섞어 넣어 색깔을 띠게 한 유리)를 끼워서 만든 유리 또는 각종 색유리의 작은 조각을 도안에 맞추어 절단해서 조합하여 모양을 낸 유리로 성당의 창, 상업 건축의 장식용으로 사용되는 유리이다.

(6) 유리 블록

속이 빈 상자 모양의 유리 2개를 맞대어 저압 공기를 넣고 녹여 붙인 것으로 옆면은 모르타르가 잘 부착되도록 합성수지풀로 돌가루를 붙여 놓았으며, 양쪽 표면의 안쪽에는 오목 볼록한 무늬가 들어 있는 경우가 많다. 주로 칸막이벽을 쌓는 데 이용되는데, 이것으로 쌓은 벽은 실내가 들여다 보이지 않게 하면서 채광을 할 수 있으며, 방음·보온 효과도 크고, 장식 효과도 얻을 수 있다.

(7) 프리즘 타일

입사 광선의 방향을 바꾸거나, 확산 또는 집중시킬 목적으로 프리즘의 원리를 이용하여 만든 일종의 유리 블록으로서 주로 지하실 창이나 옥상의 채광용으로 쓰인다.

(8) 폼 글라스(form glass, 기포 유리)

유리를 가는 분말로 하여 카본 발포제를 섞어 가열 발포시킨 후 서서히 냉각시켜 고체로 만든 것으로 광선의 투과가 안 되고, 경량이며, 압축 강도가 $10kg/cm^2$(1MPa) 정도로 매우 약하다. 용도로는 단열성, 흡음성이 있어 단열재, 보온재 및 흡음재로 사용한다.

(9) 유리섬유(glass fiber)

유리섬유는 유리의 원료를 녹인 유리액을 압축공기로 비산시켜 가는 섬유모양으로 만든 것으로 최고 안전 사용온도는 300℃ 정도, 비중은 0.1 이하, 인장강도는 $200kg/cm^2$ 정도이며, 탄성이 작고 인장강도, 전기절연성, 내화성, 단열성, 흡음성, 내식성, 내수성 등이 우수하며, 경량이다. 굴곡에 약하고, 흡수성이 있다. 용도로는 단열재, 흡음재, 보온재, 전기절연재, 축전지용 격벽 등에 사용된다.

| 2-7. 유리 |

과년도 출제문제

01 | 채광용 판유리
03, 02, 01, 00

채광용 판유리로 일반적으로 사용되는 것은?

① 플린트 유리　　② 칼리 석회 유리
③ 알루미나 붕사 유리　　④ 소다 석회 유리

해설 플린트 유리는 칼리 납 유리로 광학 기구용, 모조 보석용, 고급 식기 및 진공관으로, 칼리 석회 유리는 고급 장식품, 식기 및 이화학용 기구로 사용하며, 알루미나 붕사 유리는 이화학용 내열 기구로 사용한다. 소다 석회 유리는 채광용 판유리, 일반 병 등에 사용한다.

02 | 건축용 유리
11

각종 건축용 유리에 대한 설명 중 옳지 않은 것은?

① 복층 유리는 열관류율이 작아 단열창 등에 사용된다.
② 강화 유리는 강도가 보통 유리의 3~5배 정도이며, 파괴될 때도 안전하다.
③ 보통 판유리는 자외선의 투과율이 크고 가시광선 영역을 강하게 흡수한다.
④ 열선 흡수 유리는 단열 유리라고도 하며 적외선을 잘 흡수한다.

해설 보통 판유리는 90%의 광선을 투과시키나, 자외선은 거의 투과시키지 못한다.

03 | 유리의 일반적인 성질
10

유리의 일반적인 성질을 설명한 것으로 옳지 않은 것은?

① 보통 유리의 비중은 2.5 내외이다.
② 보통 유리는 모스 경도로 약 6 정도이다.
③ 납, 아연, 알루미나 등의 금속 산화물을 포함하면 비중은 커진다.
④ 창유리의 강도는 인장 강도를 의미한다.

해설 창유리의 강도는 일반적으로 휨 강도를 의미한다. 유리의 강도는 같은 두께의 반투명 유리는 투명 유리의 80%, 망입 유리는 90% 정도이다.

04 | 창유리의 강도
17, 16, 12, 08, 03, 02②, 01

창유리의 강도란 일반적으로 어떤 것을 말하는가?

① 압축 강도　　② 인장 강도
③ 휨 강도　　④ 전단 강도

해설 보통 창유리의 강도는 휨 강도를 의미한다. 유리의 강도는 같은 두께의 반투명 유리는 투명 유리의 80%, 망입 유리는 90% 정도이다.

05 | 유리의 열전도율
02②, 00

보통 유리의 열전도율은 콘크리트의 얼마 정도인가?

① 0.5배　　② 1.5배
③ 2배　　④ 2.5배

해설 보통 유리의 열전도율은 0.48kcal/m·h·℃로서, 이는 대리석 타일보다 작고, 또 콘크리트의 1/2 정도이며, 철재와 비교하면 상당히 적은 편이므로 보온 효과가 있다.

06 | 유리의 산화납 영향
24, 23, 13

유리 원료에 납을 섞어 유리에 산화납 성분을 포함시킨 유리의 특징은?

① X선 차단성이 크다.
② 태양광선 중 열선을 흡수한다.
③ 자외선을 차단시키는 효과가 크다.
④ 자외선을 흡수하는 성질이 크다.

해설 X선 차단 유리는 유리의 원료에 산화납 성분을 포함시켜 X선의 차단성을 증대시킨 유리로, 산화납의 포함 한도는 6% 정도이다.

07 | 자외선 차단의 주성분
22, 21, 18, 17③, 13, 03, 01

유리에 함유되어 있는 성분 가운데 자외선을 차단하는 주성분이 되는 것은?

① 황산나트륨(Na_2SO_4)　　② 탄산나트륨(Na_2CO_3)
③ 산화 제2철(Fe_2O_3)　　④ 산화 제1철(FeO)

정답 01. ④ 02. ③ 03. ④ 04. ③ 05. ① 06. ① 07. ③

해설 자외선을 차단하는 유리의 주성분은 산화 제2철이므로 보통의 판유리는 자외선을 차단시키는 효과가 있다.

08 | 유리의 흡수율
11

유리의 광학적 성질 중 흡수율에 대한 설명으로 옳지 않은 것은?

① 깨끗한 창유리의 흡수율은 2~6%이다.
② 두께가 두꺼울수록 광선의 흡수율은 커진다.
③ 불순물이 많을수록 광선의 흡수율은 작아진다.
④ 착색된 색깔이 짙을수록 광선의 흡수율은 커진다.

해설 유리의 광학적 성질 중 흡수율은 2~6% 정도이고, 두께가 두꺼울수록, 불순물이 많을수록, 착색 정도가 짙을수록 광선의 흡수율이 커진다.

09 | 안전 유리의 종류
03

다음 중 안전 유리에 속하지 않는 것은?

① 형판 유리　② 접합 유리
③ 강화 판유리　④ 배강도 유리

해설 접합 유리(투명 판유리 2장 사이에 아세테이트, 부틸셀룰로오스 등 합성수지막을 넣어 합성수지 접착제로 접착시킨 유리), 강화 판유리(유리를 500~600℃의 연화점 근처까지 가열한 다음 특수 장치를 이용하여 균등하게 급격히 냉각시킨 유리) 및 배강도 유리(판유리를 열처리하여 유리 표면에 적절한 크기의 압력 응력층을 만들어 파괴 강도를 증대시키고, 파손되었을 때, 재료인 판유리와 유사하게 깨지도록 한 유리) 등은 안전 유리에 속한다. 형판 유리는 특수 유리의 하나로 판유리의 한 면에 각종 무늬를 돋힌 것으로 2~5mm정도의 반투명 유리이다.

10 | 현장 절단 불가능 유리
13, 08

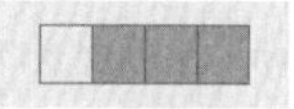

다음 중 시공 현장에서 절단 가공할 수 없는 유리는?

① 보통 판유리　② 무늬 유리
③ 망입 유리　④ 강화 유리

해설 강화 판유리(유리를 500~600℃의 연화점 근처까지 가열한 다음 특수 장치를 이용하여 균등하게 급격히 냉각시킨 유리)는 열처리를 한 후에는 절단 등 가공을 할 수 없다.

11 | 강화 유리의 용어
11

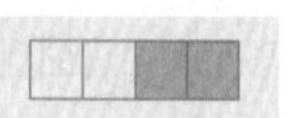

유리를 열처리하여 충격 강도를 5~10배 증대시킨 유리는?

① 복층 유리　② 착색 유리
③ 강화 유리　④ 접합 유리

해설 강화 판유리(판유리 종류를 600℃ 이상의 연화점 근처까지 가열한 후 표면에 냉기를 내뿜어 급랭시켜 제조하며, 담금유리라고도 한다.)는 열처리로 인하여 그 강도가 보통 유리의 3~4배이고, 충격 강도는 7~8배이나, 열처리를 한 후에는 절단 등 가공을 할 수 없다.

12 | 강화 유리의 용어
23, 16, 11

안전 유리의 일종으로 유리 평면 및 곡면의 판유리를 약 600℃까지 가열하였다가 양면을 냉각 공기로 급랭한 유리는?

① 보통 판유리　② 복층 유리
③ 무늬 유리　④ 강화 유리

해설 보통 판유리는 투명한 판유리로서 표면은 용융 상태 그대로의 평활한 면을 가진 유리이다. 복층 유리(페어 글라스, 이중 유리)는 2장 또는 3장의 판유리를 일정한 간격으로 띄어 금속테로 기밀하게 테두리를 한 다음, 유리 사이의 내부를 진공으로 하거나 특수 기체를 넣은 유리이다. 무늬 유리는 용융 유리를 밑면에 무늬가 새겨진 주형에 넣거나, 무늬가 새겨진 롤러 사이를 통과시켜 만든 유리이다.

13 | 강화 유리의 용어
23, 19, 17, 13

판유리 종류를 600℃ 이상의 연화점 근처까지 가열한 후 표면에 냉기를 내뿜어 급랭시켜 제조하며, 담금 유리라고도 하는 유리는?

① 연마 판유리　② 망입 판유리
③ 강화 유리　④ 복층 유리

해설 연마 판유리는 판유리를 규사 등으로 연마한 다음, 산화 제2철 등으로 닦아낸 유리이고, 망입 판유리는 용융 유리 사이에 금속(철, 놋쇠, 아연, 구리 등)을 넣어 롤러로 압연하여 만든 유리이다. 복층 유리(페어 글라스, 이중 유리)는 2장 또는 3장의 판유리를 일정한 간격으로 띄어 금속테로 기밀하게 테두리를 한 다음, 유리 사이의 내부를 진공으로 하거나 특수 기체를 넣은 유리이다.

14 | 강화 유리의 용어
10, 01

현장에서 가공 절단이 불가능하므로 사전에 소요 치수대로 절단 가공하고 열처리를 하여 생산되는 유리이며, 강도가 보통 유리의 3~5배에 해당되는 유리는?

① 유리 블록　② 복층 유리
③ 강화 유리　④ 자외선 차단 유리

정답 08. ③ 09. ① 10. ④ 11. ③ 12. ④ 13. ③ 14. ③

해설 유리 블록은 속이 빈 상자 모양의 유리 2개를 맞대어 저압 공기를 넣고 녹여 붙인 것으로 주로 칸막이벽을 쌓는 데 사용하는데, 쌓은 벽은 실내가 들여다 보이지 않게 하면서 채광할 수 있다. 자외선 흡수(차단) 유리는 자외선 투과 유리와는 반대로 약 10%의 산화 제2철을 함유시키고 크롬, 망간 등의 금속 산화물을 포함시킨 유리이다. 직물 등 염색 제품의 퇴색을 방지할 수 있는 유리이다.

15 | 강화 유리 19, 02

강화 유리에 대한 설명으로 옳지 않은 것은?

① 유리를 가열한 후 급냉시켜 만든다.
② 보통 유리보다 강도가 크다.
③ 파괴되면 작은 알갱이로 분산된다.
④ 절단, 가공이 쉽다.

해설 강화(담금) 유리는 유리를 500~600℃로 가열한 다음, 특수 장치를 이용하여 균등하게 급격히 냉각시킨 유리로서 열처리에 의하여 강도가 보통 유리의 3~5배이며, 특히 충격 강도는 7~8배나 된다. 또 파괴되면 열처리에 의한 내응력 때문에 모래처럼 잘게 부서지므로 유리의 파편에 의한 부상이 적지만, 열처리를 한 후에는 절단 등의 가공을 할 수 없는 단점이 있다. 자동차의 창유리, 통유리문, 에스컬레이터의 옆판, 난간의 옆판 등에 이용된다.

16 | 강화 유리 17, 15

강화 판유리에 대한 설명으로 틀린 것은?

① 열처리를 한 다음에 절단 연마 등의 가공을 하여야 한다.
② 보통 유리의 3~5배의 강도를 가지고 있다.
③ 유리 파편에 의한 부상이 다른 유리에 비하여 적다.
④ 유리를 500~600℃로 가열한 다음 특수 장치를 이용하여 급랭한 것이다.

해설 강화 판유리는 열처리로 인하여 그 강도가 보통 유리의 3~5배에 이르며, 특히 충격 강도는 보통 유리의 7~8배나 된다. 열처리를 한 후에는 현장에서 절단 등 가공을 할 수 없으므로 사전에 소요 치수대로 절단, 가공하여 열처리를 하여 생산되는 유리이다.

17 | 강화 유리 07, 02, 01

강화 유리에 대한 설명 중 옳지 않은 것은?

① 강도가 보통 유리의 5배 정도이다.
② 파괴 시 작은 파편이 되어 분쇄된다.
③ 열처리를 한 후에는 가공 절단이 불가능하다.
④ 2매의 판유리 사이에 비닐계 플라스틱의 인공수지막을 끼워 고온·고압으로 접착시킨 것이다.

해설 2매의 판유리 사이에 비닐계 플라스틱의 인공수지막을 끼워 고온·고압으로 접착시킨 것은 접합 유리에 대한 내용이다.

18 | 결로현상 방지 19, 17, 14, 12, 10, 07

다음 중 결로(結露)현상 방지에 가장 적합한 유리는?

① 무늬 유리
② 강화판 유리
③ 복층 유리
④ 망입 유리

해설 복층 유리(페어 글라스, 이중 유리)는 2장 또는 3장의 판유리를 일정한 간격으로 띄어 금속테로 기밀하게 테두리를 한 다음, 유리 사이의 내부를 진공으로 하거나 특수 기체를 넣은 유리로서 방음·차음 및 단열의 효과가 크고, 결로 방지용으로도 우수하다.

19 | 복층 유리의 용어 11, 06

페어 글라스라고도 불리며 단열성, 차음성이 좋고 결로 방지에 효과적인 유리 제품은?

① 접합 유리
② 강화 유리
③ 무늬 유리
④ 복층 유리

해설 복층 유리(페어 글라스, 이중 유리)는 2장 또는 3장의 판유리를 일정한 간격으로 띄어 금속테로 기밀하게 테두리를 한 다음, 유리 사이의 내부를 진공으로 하거나 특수 기체를 넣은 유리로서 방음·차음 및 단열의 효과가 크고, 결로 방지용으로도 우수하다.

20 | 복층 유리의 용어 22, 09, 00

2장 또는 3장의 유리를 일정한 간격을 띄우고 둘레에는 틀을 끼워 내부는 기밀하게 하고 건조 공기를 넣어 방서, 단열, 방음용으로 쓰이는 유리는?

① 강화 유리
② 무늬 유리
③ 복층 유리
④ 망입 유리

해설 강화 판유리는 자동차의 창유리, 통유리문, 에스컬레이터의 옆판, 계단 난간의 옆판 등에 사용하고, 무늬 유리는 투시 방지 및 장식 효과에 사용하며, 망입 유리는 도난 및 화재 방지, 비상통로의 감시창 및 진동이 심한 장소에 사용한다.

정답 15. ④ 16. ① 17. ④ 18. ③ 19. ④ 20. ③

21 | 복층 유리의 사용 목적
23, 09, 04

복층 유리(pair glass)의 주된 사용 목적은?

① 건물의 경량화　　② 광선의 투과를 차단
③ 유리의 착색　　④ 단열 및 방음

해설 복층 유리(페어 글라스, 이중 유리)는 2장 또는 3장의 판유리를 일정한 간격으로 띄어 금속테로 기밀하게 테두리를 한 다음, 유리 사이의 내부를 진공으로 하거나 특수 기체를 넣은 유리로서 방음·차음 및 단열의 효과가 크고, 결로 방지용으로도 우수하다.

22 | 복층 유리의 용도
12

다음 중 복층 유리(pair glass)의 주 용도로 옳은 것은?

① 방음, 결로 방지　　② 도난, 화재 방지
③ 투시 방지　　④ 장식 효과

해설 복층 유리(페어 글라스, 이중 유리)는 방음·차음 및 단열의 효과가 크고, 결로 방지용으로도 우수하다.

23 | 복층 유리의 특징
13, 01

다음 중 복층 유리(pair glass)의 특징으로 옳지 않은 것은?

① 흡음　　② 단열
③ 결로 방지　　④ 방음

해설 페어 글라스(복층 유리, 이중 유리)는 방음·차음 및 단열의 효과가 크고, 결로 방지용으로도 우수하다.

24 | 망입 유리의 용어
10

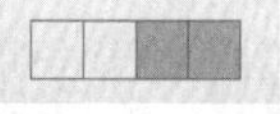

금속망을 유리 가운데 넣은 것으로 비상통로의 감시창 및 진동이 심한 장소에 사용되는 유리는?

① 접합 유리　　② 망입 유리
③ 반사 유리　　④ 무늬 유리

해설 접합 유리는 투명 판유리 2장 사이에 아세테이트, 부틸셀룰로오스 등 합성수지막을 넣어 합성수지 접착제로 접착시킨 것으로 보통 판유리에 비해 투광성은 약간 떨어지나 차음성, 보온성이 좋은 편이다. 반사 유리는 빛을 받아들이고, 투과시키는 유리의 기능을 효율적으로 보완하여 직사광선을 차단하고, 에너지를 절약하며, 안에서는 밖을 볼 수 있으나, 밖에서 안을 볼 수 없는 유리이다. 무늬 유리는 용융 유리를 밑면에 무늬가 새겨진 주형에 넣거나, 무늬가 새겨진 롤러 사이를 통과시켜 만든 유리이다.

25 | 복층 유리
24, 23, 21, 20②, 19, 10

복층 유리에 대한 설명 중 옳지 않은 것은?

① 방음 효과가 있다.
② 단열 효과가 크다.
③ 결로 방지용으로 우수하다.
④ 유리 사이에 합성수지 접착제를 채워 제작한 것이다.

해설 복층 유리(이중 유리)는 2장 또는 3장의 판유리를 일정한 간격으로 띄어 금속테로 기밀하게 테두리를 한 다음, 유리 사이의 내부를 진공으로 하거나 특수 기체를 넣은 것으로서 방음과 단열의 효과가 크고, 결로 방지용으로도 우수하다. ④는 접합 유리에 대한 사항이다.

26 | 색유리의 용어
12, 04

유리 성분에 산화 금속류의 착색제를 넣은 것으로 스테인드글라스의 제작에 사용되는 유리 제품은?

① 색유리　　② 복층 유리
③ 강화 판유리　　④ 망입 유리

해설 색유리는 유리를 만들 때 산화 금속류의 착색제를 넣은 착색된 유리로서 유리 원료에 산화 금속류의 착색제를 넣어 각종 색체를 띠게 한 유리판으로서 이것을 벽면에 모자이크형으로 붙여서 성화나 선전화 등으로 만들기도 한다.

27 | 스테인드글라스의 용어
21, 19, 18, 08, 05

각종 색유리의 작은 조각을 도안에 맞추어 절단해서 조합하여 모양을 낸 것으로 성당의 창, 상업 건축의 장식용으로 사용되는 것은?

① 접합 유리　　② 스테인드글라스
③ 복층 유리　　④ 유리 블록

해설 스테인드글라스는 I형 단면의 납 테로 여러 가지의 모양을 만든 다음 그 사이에 색유리(유리 성분에 산화 금속류의 착색제를 섞어 넣어 색깔을 띠게 한 유리)의 작은 조각을 도안에 맞추어 절단해서 조합하여 모양을 낸 유리로서 성당의 창, 상업 건축의 장식용으로 사용한다.

28 | 자외선 차단 유리
06

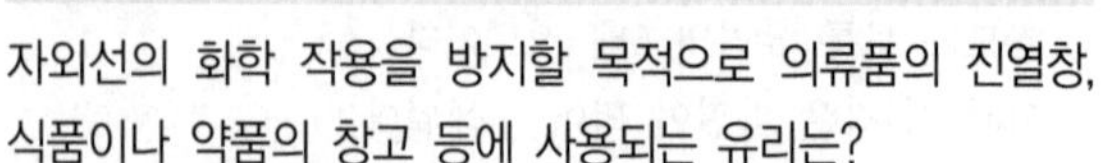

자외선의 화학 작용을 방지할 목적으로 의류품의 진열창, 식품이나 약품의 창고 등에 사용되는 유리는?

① 자외선 차단 유리　　② 열선 흡수 유리
③ 열선 반사 유리　　④ 자외선 투과 유리

정답 21. ④ 22. ① 23. ① 24. ② 25. ④ 26. ① 27. ② 28. ①

해설 열선 흡수 유리(단열 유리)는 철, 니켈, 크롬 등을 가하여 만든 유리로 흔히 엷은 청색을 띤다. 태양광선 중 열선을 흡수하므로 서향의 창, 차량의 창 등에 이용된다. 열선 반사 유리는 플라스틱제의 그물에 알루미늄을 증착한 것을 중간에 넣고 합친 유리로서 옥외에서의 열선을 알루미늄이 반사하므로 태양의 열선차단용으로 사용하는 유리이다. 자외선 투과 유리는 산화 제2철의 함유율을 극히 줄인 유리로서 석영, 코렉스 및 비타 글라스 등의 종류가 있으며, 온실이나 병원의 일광욕실 등에 이용되고 있다.

29 | 열선 흡수 유리의 용어
07

철, 니켈, 크롬 등이 들어 있는 유리로서 서향일광을 받는 창에 사용되며 단열 유리라고도 불리는 것은?

① 열선 반사 유리
② 자외선 투과 유리
③ 열선 흡수 유리
④ 자외선 흡수 유리

해설 열선 반사 유리는 플라스틱제의 그물에 알루미늄을 증착한 것을 중간에 넣고 합친 유리로서 옥외에서의 열선을 알루미늄이 반사하므로 태양의 열선 차단용으로 사용하는 유리이다. 자외선 투과 유리는 산화 제2철의 함유율을 극히 줄인 유리로서 석영, 코렉스 및 비타 글라스 등의 종류가 있으며, 온실이나 병원의 일광욕실 등에 이용되고 있다. 자외선 흡수 유리는 자외선 투과 유리와는 반대로, 약 10%의 산화 제2철을 함유하게 하고, 금속 산화물(크롬, 망간 등)을 포함시킨 유리로서 상점의 진열창, 용접공의 보안경으로 사용한다.

30 | 열선 흡수 유리의 용어
13, 05, 01, 99

단열 유리라고도 하며 철, 니켈, 크롬 등이 들어 있는 유리로서 담청색을 띠고 태양광선 중에 장파 부분을 흡수하는 유리는?

① 열선 흡수 유리
② 열선 반사 유리
③ 자외선 투과 유리
④ 자외선 차단 유리

해설 열선 반사 유리는 에너지 절약 효과를 목적으로 제작된 유리로서 가시광선의 반사율이 높은 유리이고, 자외선 투과 유리는 유리의 성분 중 산화 제2철을 산화 제1철로 환원시켜 자외선이 투과되도록 한 유리이다. 자외선 차단 유리는 10%의 산화제2철을 함유시켜 자외선 투과를 막는 유리이다.

31 | 유리 블록의 용어
04

속이 빈 상자 모양의 유리 2개를 맞대어 저압 공기를 넣고 녹여 붙인 것으로 방음, 보온 효과가 크며 장식 효과도 얻을 수 있는 유리 제품은?

① 유리 블록 ② 자외선 투과 유리
③ 폼 글라스 ④ 유리 섬유

해설 폼 글라스는 가루로 만든 유리에 발포제를 넣어 가열하면 미세한 기포가 생겨 다포질의 흑갈색 유리판으로 광선의 투과가 안 되고, 방음·보온성이 좋은 경량 재료이나 압축 강도는 $10kg/cm^2$ 정도밖에 안 되며, 충격에도 매우 약하다. 유리 섬유는 용융된 유리를 압축 공기를 사용하여 가는 구멍을 통과시킨 다음 냉각시킨 것으로 섬유가 짧은 것은 환기 장치의 먼지 흡수용이나 화학 공장의 산여과용으로 사용한다. 제조법, 용도 등은 암면과 비슷하다.

32 | 유리 블록의 용어
11

속이 빈 상자 모양의 유리 둘을 맞대어 저압 공기를 넣고 녹여 붙인 것으로, 옆면은 모르타르가 잘 부착되도록 합성수지풀로 돌가루를 붙여 놓은 유리 제품은?

① 유리 블록 ② 프리즘 타일
③ 유리 섬유 ④ 결정화 유리

해설 프리즘 타일은 입사 광선의 방향을 바꾸거나, 확산 또는 집중시킬 목적으로 프리즘의 원리를 이용하여 만든 일종의 유리 블록으로서 주로 지하실 창이나 옥상의 채광용으로 쓰인다. 유리 섬유는 용융된 유리를 압축 공기를 사용하여 가는 구멍을 통과시킨 다음 냉각시킨 것으로 환기 장치의 먼지 흡수용, 화학 공장의 산여과용으로 사용한다. 결정화 유리는 유리를 재가열하여 미세한 결정들의 집합체로 변화시킨 유리이다.

33 | 유리 블록
14③

유리 블록에 대한 설명으로 옳지 않은 것은?

① 장식 효과를 얻을 수 있다.
② 단열성은 우수하나 방음성이 취약하다.
③ 정사각형, 직사각형, 둥근형 등의 형태가 있다.
④ 대형 건물 지붕 및 지하층 천장 등 자연광이 필요한 곳에 적합하다.

해설 유리 블록은 속이 빈 상자 모양의 유리 2개를 맞대어 저압 공기를 넣고 녹여 붙인 것으로 주로 칸막이벽을 쌓는 데 이용되는데, 이것으로 쌓은 벽은 실내가 들여다 보이지 않게 하면서 채광을 할 수 있으며, 방음·보온 효과도 크고 장식 효과도 얻을 수 있다.

정답 29. ③ 30. ① 31. ① 32. ① 33. ②

34 | 프리즘 글라스의 용어
23, 21, 19③, 18③, 17, 13, 12, 09②, 00

지하실이나 옥상의 채광용으로 사용하며 입사 광선의 방향을 바꾸거나 확산 또는 집중시킬 목적으로 만든 일종의 유리 제품은?

① 폼 글라스(form glass)
② 망입 유리
③ 복층 유리
④ 프리즘 글라스(prism glass)

해설 프리즘 타일은 입사 광선의 방향을 바꾸거나, 확산 또는 집중시킬 목적으로 프리즘의 원리를 이용하여 만든 일종의 유리 블록으로서 주로 지하실 창이나 옥상의 채광용으로 쓰인다.

35 | 유리 제품과 용도
11

유리 제품과 용도의 연결 중 옳지 않은 것은?

① 유리 블록(glass block) – 결로 방지용
② 프리즘 타일(prism tile) – 채광용
③ 폼 글라스(foam glass) – 보온재
④ 유리 섬유(glass fiber) – 흡음재

해설 유리 블록(속이 빈 상자 모양의 유리 2개를 맞대어 저압 공기를 넣고 녹여 붙인 유리 제품)의 용도는 시선의 차단, 채광 등의 칸막이벽, 방음, 보온 및 장식 효과이고, 결로 방지용으로는 복층 유리(페어 글라스)를 사용한다.

36 | 유리 제품과 용도
20, 19, 13

유리의 종류와 용도의 조합 중 옳은 것은?

① 프리즘 유리 : 병원의 일광욕실
② 스테인드 유리 : 장식용
③ 자외선 투과 유리 : 방화용
④ 망입 유리 : 굴절 채광용

해설 프리즘 유리는 지하실이나 옥상의 채광용, 병원의 일광욕실은 자외선 투과 유리, 망입 유리는 방화용으로 사용된다.

37 | 유리 제품과 특징
08

각종 유리 제품의 용도 및 특징에 관한 기술 중 옳은 것은?

① 프리즘 타일(prism-tile) : 입사 광선을 확산 또는 집중시킬 목적으로 지하실 또는 옥상의 채광용으로 사용
② 폼 글라스(foam glass) : 보온 및 방음성이 좋고, 음향 조절에 이용, 투광률 90%
③ 유리 섬유(glass wool) : 전기 절연성이 작고 특히 인장 강도가 작음
④ 유리 블록(glass block) : 장식 및 보온, 방음벽에 이용, 투광률이 전혀 없음

해설 폼 글라스(기포 유리)는 광선의 투과가 안 되고, 방음과 보온성이 좋은 경량 재료이며, 압축 강도가 10kg/cm^2 정도밖에 안 된다. 유리 섬유는 환기 장치의 먼지 흡수용이나 화학 공장의 여과용으로 사용한다. 유리 블록으로 된 칸막이벽은 실내가 들여다 보이지 않게 하면서 채광을 할 수 있으며, 방음·보온 효과도 크고, 장식 효과도 얻을 수 있다.

정답 34. ④ 35. ① 36. ② 37. ①

2-8. 합성수지

합성수지는 석탄, 석유, 유지, 녹말, 섬유소, 목재 및 천연가스 등의 원료를 인공적으로 합성시켜 만든 것으로 분자량이 수백에서 수십만에 이르는 고분자 물질이다.
인공 수지로서 중합 또는 축합된 단체의 수, 조합의 변화, 광물분이나 글라스 섬유 등의 충전제나 보강제의 종류 및 양 등에 따라 같은 계통의 수지라도 형상 및 성질이 현저하게 다르다.

1 합성수지의 특성

① 가소성, 방적성, 전성, 연성, 접착성(착색이 자유롭다), 안전성, 내산성, 내알칼리성, 투광성이 크고, 흡수율, 투수율, 내수성, 내화성, 내열성, 경도 및 내마멸성이 작다.
② 고체의 성형품은 경량이며 강도가 큰 것은 있으나, 탄성이 강철의 1/10 정도이며 강성도 작아 구조재로는 불리하다(비중은 1~2, 압축 강도는 페놀 수지 : 3,000kg/cm^2, 폴리에스테르 수지 : 2,500kg/cm^2, 멜라민 수지 : 2,100kg/cm^2 정도).
③ 온도와 습기에 의한 변형이 클 뿐만 아니라 온도, 습도와 관계없이 시간이 지나면 약간씩 수축하는 성질이 있고, 장기 하중에 의해 구부러지는 성질이 있다.

2 합성수지의 분류

열경화성 수지	페놀(베이클라이트) 수지, 요소 수지, 멜라민 수지, 폴리에스테르 수지(알키드 수지, 불포화 폴리에스테르 수지), 실리콘 수지, 에폭시 수지 등
열가소성 수지	염화 · 초산비닐 수지, 폴리에틸렌 수지, 폴리프로필렌 수지, 폴리스티렌 수지, ABS 수지, 아크릴산 수지, 메타아크릴산 수지 등
섬유소계 수지	셀룰로이드, 아세트산 섬유소 수지 등

3 합성수지의 성형법

열경화성 수지의 성형 가공법에는 압축 성형법(페놀 수지, 요소 수지 및 멜라민 수지 등), 이송 성형법, 주조 성형법 및 적층 성형법 등이 있고, 열가소성 수지의 성형 가공법에는 사출 성형법, 압출 성형법, 취입 성형법, 진공 성형법 및 인플레이션 성형법 등이 있다.

출제 키워드

■ 합성수지(고분자 물질)의 원료
석탄, 석유, 유지, 녹말, 섬유소, 목재 및 천연가스 등

■ 합성수지의 특성
• 가소성, 방적성, 전 · 연성, 접착성, 안전성, 내산 · 내알칼리성, 투광성이 크다.
• 흡수율, 투수율, 내수성, 내화성, 내열성, 경도 및 내마멸성이 작다.

■ 열경화성 수지의 종류
페놀(베이클라이트)수지, 요소 수지, 멜라민 수지, 폴리에스테르 수지, 실리콘 수지, 에폭시 수지 등

■ 열가소성 수지의 종류
염화 · 초산비닐 수지, 폴리에틸렌 수지, 폴리스티렌 수지, 아크릴산 수지 등

■ 열경화성 수지의 성형 가공법
압축 성형법, 이송 성형법, 주조 성형법 및 적층 성형법 등

■ 열가소성 수지의 성형 가공법
사출 성형법, 압출 성형법, 취입 성형법, 진공 성형법 및 인플레이션 성형법 등

출제 키워드

■ 폴리에스테르 수지
- 열경화성 수지
- 유리 섬유로 보강한 섬유 강화 플라스틱

■ 페놀 수지의 용도
- 전기 통신 기자재류가 60% 정도를 차지
- 건축용에는 도료, 접착제(내수 합판의 접착제) 등

■ 요소 수지
착색이 자유롭다.

■ 실리콘 수지
- 내열성, 내한성이 우수
- 전기 절연성, 내후성이 우수

■ 실리콘 수지의 용도
실리콘유(방수제), 실리콘 고무, 실리콘 수지(전기 절연 재료) 및 방수 재료 등

4 각종 합성수지의 종류와 성질

(1) 폴리에스테르 수지

열경화성 수지로서 다가 알코올(글리세린)과 다염기산(무수프탈산)의 축합에 의하여 얻어지는 에스테르의 총칭으로, 변성하는 유지, 수지의 종류 및 양에 따라서 그 성질의 범위는 넓으나, 일반적으로 내후성, 밀착성, 가용성이 우수하고, 내수성과 내알칼리성은 약하다. 건축용으로는 글라스 섬유로 강화된 평판(불포화 폴리에스테르 수지), 즉 유리 섬유로 보강한 섬유 강화 플라스틱(FRP : Fiberglass Reinforced Plastic)과 판상 제품 등이 있다.

(2) 페놀 수지

① **제조법** : 페놀과 포르말린을 원료로 하여, 산과 알칼리를 촉매로 하여 만든다.

② **성질** : 원료의 배합비, 촉매의 종류, 제조 조건에 따라 다르고 또 성형 재료, 도료, 접착제 등과 같은 제품의 종류에 따라 다르나 일반적으로 경화된 수지는 매우 굳고, 전기 절연성이 뛰어나며, 내후성도 양호하다. 수지 자체는 취약하여 성형품, 적층품의 경우에는 충전제를 첨가한다. 충전제를 첨가하지 않은 수지는 0℃ 이하에서는 취약하고, 60℃ 이상에서는 길이의 변화가 뚜렷하며, 강도가 떨어진다. 페놀 수지는 내열성이 양호한 편이나 200℃ 이상에서 그대로 두면 탄화, 분해되어 사용할 수 없게 된다. 실용상의 사용 온도는 유기질 충전제(종이, 천, 펄프 등)를 혼합하였을 때에는 105℃까지, 무기질 충전제를 혼합하였을 때에는 125℃ 이하이다.

③ **용도** : 전기 통신 기자재류가 60% 정도를 차지하고 있으나, 건축용에도 페놀 수지 도료, 페놀 수지 접착제(내수 합판의 접착제), 페놀 수지 에나멜, 페놀 수지관, 페놀 수지 경화관, 페놀 수지폼 및 페놀 수지 화장판 등의 많은 용도에 사용되고 있다.

(3) 요소 수지

수지 자체가 무색이어서 착색이 자유롭고 약산, 약알칼리에는 견디며, 유류(벤졸, 알코올 등)에는 거의 침해받지 않는다. 전기적인 성질은 페놀 수지보다 약간 떨어지고, 내수성이 약하며, 마감재, 가구재로 사용된다.

(4) 실리콘 수지

내열성 · 내한성이 우수하고, -80~250℃까지의 광범위한 온도에서 안정하며, 전기 절연성, 내화학성, 내후성 및 내수성이 좋다. 용도에 따라 실리콘유(윤활유, 펌프유, 절연유, 방수제 등), 실리콘 고무(고온, 저온에서 탄성이 있으므로 개스킷, 패킹 등) 및 실리콘 수지(성형품, 접착제, 전기 절연 재료 등) 등이 있고, 특히, 극도의 혐수(발수)성으로 물을 튀기는 성질이 있어 방수 재료에 사용된다.

(5) 폴리스티렌 수지

벤젠과 에틸렌으로부터 만든 것으로 벽, 타일, 천장재, 블라인드, 도료, 전기용품으로 쓰이며 특히, 발포 제품은 저온 단열재로 널리 쓰이는 수지이다.

(6) 비닐 타일

충전제인 석면, 석분, 점결제인 염화비닐 수지, 가소제, 안정제, 안료를 넣어 혼합하여 가열한 다음 유동 상태로 만들어 회전하고 있는 롤러 사이를 통과시켜 시트 모양으로 만든 것으로 약간의 탄력성, 내마멸성, 내약품성 등이 있어 바닥 재료로 많이 쓰인다. 값이 비교적 싸고, 착색이 자유로운 특성이 있다. 특히, 시공이 용이하고, 아스팔트 타일보다 가열 변형의 정도가 작다.

(7) 레자

인조 가죽 또는 합성 피혁이라 불리는 것으로, 가구에 많이 쓰이며 대개 PVC 필름에 면포 또는 섬유상 재료를 뒤에 대어 보강한 시트를 말한다. 천연 가죽과 같이 나타내기 위하여 필름을 주름과 같은 모양으로 무늬를 넣은 것도 있고, 또는 인조 가죽이라는 것을 노출시켜 기하 모양, 동·식물 모양을 부조한 것도 생산된다.

(8) 아스팔트 타일

아스팔트와 쿠마론인덴 수지, 염화비닐 수지에 석면, 돌가루를 혼합한 다음, 높은 열과 압력으로 녹여 얇은 판을 알맞은 크기로 자른 것으로, 아스팔트 타일은 비닐 타일에 비하여 가열 변형의 정도가 크고, 유기 용제에 연화되기 쉬우므로 중량물이나 기름 용제 등을 많이 취급하는 건물 바닥에는 부적당하다.

5 합성수지의 사용 온도

수지의 종류	페놀 수지	멜라민 수지	염화비닐 수지	실리콘 수지
안전 사용 온도	60℃	120℃	−10~60℃	−80~250℃

출제 키워드

■ 폴리스티렌 수지
- 벤젠과 에틸렌으로부터 만든 것
- 용도는 벽, 타일, 천장재, 블라인드, 도료, 전기용품 등
- 발포 제품은 저온 단열재로 널리 사용

■ 비닐 타일
- 충전제인 석면, 석분, 점결제인 염화비닐 수지, 가소제, 안정제, 안료를 넣어 혼합하여 가열한 다음 유동 상태로 만들어 회전하고 있는 롤러 사이를 통과시켜 시트 모양으로 만든 것
- 시공이 용이, 아스팔트 타일보다 가열 변형의 정도가 작음

■ 레자
인조 가죽 또는 합성 피혁

■ 아스팔트 타일
- 비닐 타일에 비하여 가열변형의 정도가 큼
- 기름 용제 등을 많이 취급하는 건물 바닥에는 부적당

■ −80~250℃
실리콘 수지의 사용 온도

| 2-8. 합성수지 |

과년도 출제문제

01 | 합성수지의 성질
07, 03

합성수지의 일반적인 성질에 대한 설명 중 틀린 것은?

① 가소성이 크다.
② 전성 및 연성이 크다.
③ 무기 재료에 비해 내화, 내열성이 부족하다.
④ 착색이 자유롭고 투수성이 크다.

해설 합성수지의 일반적인 성질은 소성, 방적성, 전성, 접착성, 안전성, 내산성, 내알칼리성, 투광성이 크고, 흡수율, 투수율, 내수성, 내화성, 경도 및 내마멸성이 적다. 고체의 성형품은 경량이며, 강도가 큰 것은 있으나, 탄성이 강철의 1/10 정도이며, 강성도 작아 구조재로는 불리하다. 특히, 착색이 자유롭다.

02 | 합성수지의 주원료
14

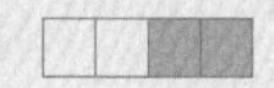

합성수지 재료는 어떤 물질에서 얻는가?

① 가죽　② 유리
③ 고무　④ 석유

해설 합성수지는 석탄, 석유, 유지, 녹말, 섬유소, 목재 및 천연가스 등의 원료를 인공적으로 합성시켜 만든 것으로 분자량이 수백에서 수십만에 이르는 고분자 물질이다.

03 | 합성수지의 주원료
14

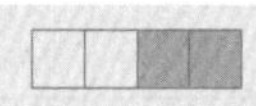

합성수지의 주원료가 아닌 것은?

① 석재　② 목재
③ 석탄　④ 석유

해설 합성수지는 석탄, 석유, 유지, 녹말, 섬유소, 목재 및 천연가스 등의 원료를 인공적으로 합성시켜 만든 것으로 분자량이 수백에서 수십만에 이르는 고분자 물질이다.

04 | 열가소성 수지의 종류
23, 19③, 18, 13

다음 합성수지 중 열가소성 수지는?

① 페놀 수지　② 에폭시 수지
③ 초산비닐 수지　④ 폴리에스테르 수지

해설

구분	종류
열경화성 수지	페놀(베이클라이트) 수지, 요소 수지, 멜라민 수지, 폴리에스테르 수지(알키드 수지, 불포화 폴리에스테르 수지), 실리콘 수지, 에폭시 수지 등
열가소성 수지	염화·초산비닐 수지, 폴리에틸렌 수지, 폴리프로필렌 수지, 폴리스티렌 수지, ABS 수지, 아크릴산 수지, 메타아크릴산 수지
섬유소계 수지	셀룰로이드, 아세트산 섬유소 수지

05 | 열가소성 수지의 종류
21, 20, 03

다음 중 열가소성 수지에 속하지 않은 것은?

① 염화비닐 수지
② 멜라민 수지
③ 폴리에틸렌 수지
④ 아크릴 수지

해설 염화비닐 수지, 폴리에틸렌 수지 및 아크릴 수지는 열가소성 수지(중합 반응, 열에 의하여 연화되며, 유기 용제에 녹는 성질)에 속하고, 멜라민 수지는 열경화성 수지(축합 반응, 열과 용제에 녹지 않는 성질)에 속한다.

06 | 열가소성 수지의 종류
17, 13

다음 중 열가소성 수지가 아닌 것은?

① 염화비닐 수지　② 아크릴 수지
③ 초산비닐 수지　④ 요소 수지

해설 염화비닐 수지, 아크릴 수지 및 초산비닐 수지 등은 열가소성 수지에 속하고, 요소 수지는 열경화성 수지에 속한다.

07 | 열경화성 수지의 종류
07

다음 중 열경화성 수지는?

① 염화비닐 수지　② 폴리스티렌 수지
③ 요소 수지　④ 아크릴 수지

해설 염화비닐 수지, 폴리스티렌 수지 및 아크릴 수지는 열가소성 수지에 속하고, 요소 수지는 열경화성 수지에 속한다.

정답 01. ④ 02. ④ 03. ① 04. ③ 05. ② 06. ④ 07. ③

08 | 열경화성 수지의 종류
24, 04

열경화성 수지에 해당되는 것은?

① 멜라민 수지 ② 염화비닐 수지
③ 메타크릴 수지 ④ 폴리에틸렌 수지

해설 멜라민 수지는 열경화성 수지이고, 염화비닐 수지, 메타크릴 수지 및 폴리에틸렌 수지는 열가소성 수지에 속한다.

09 | 열경화성 수지의 종류
03③

다음 중 열경화성 수지가 아닌 것은?

① 페놀 수지 ② 요소 수지
③ 멜라민 수지 ④ 폴리스티렌 수지

해설 페놀 수지, 요소 수지 및 멜라민 수지는 열경화성 수지에 속하고, 폴리스티렌 수지는 열가소성 수지에 속한다.

10 | 합성수지의 연결
21, 14

합성수지의 종류별 연결이 옳지 않은 것은?

① 열경화성 수지 – 멜라민 수지
② 열경화성 수지 – 폴리에스테르 수지
③ 열가소성 수지 – 폴리에틸렌 수지
④ 열가소성 수지 – 실리콘 수지

해설 열경화성 수지의 종류에는 페놀(베이클라이트)수지, 요소 수지, 멜라민 수지, 폴리에스테르 수지(알키드 수지, 불포화 폴리에스테르 수지), 실리콘 수지, 에폭시 수지 등이 있고, 열가소성 수지의 종류에는 염화·초산비닐 수지, 폴리에틸렌 수지, 폴리프로필렌 수지, 폴리스티렌 수지, ABS 수지, 아크릴산 수지, 메타아크릴산 수지 등이 있다.

11 | 열경화성 수지의 성형법
21, 20, 19, 15

주로 페놀, 요소, 멜라민 수지 등 열경화성 수지에 응용되는 가장 일반적인 성형법으로 옳은 것은?

① 압축 성형법 ② 이송 성형법
③ 주조 성형법 ④ 적층 성형법

해설 열경화성 수지의 성형 가공법에는 압축 성형법(페놀 수지, 요소 수지 및 멜라민 수지 등), 이송 성형법, 주조 성형법 및 적층 성형법 등이 있다. 열가소성 수지의 성형 가공법에는 사출 성형법, 압출 성형법, 취입 성형법, 진공 성형법 및 인플레이션 성형법 등이 있다.

12 | 페놀 수지의 용어
04

열경화성 수지로 전기 통신 기자재류에 주로 사용되며 건축용으로는 내수 합판의 접착제 등으로 사용되는 것은?

① 염화비닐 수지
② 페놀 수지
③ 폴리에틸렌 수지
④ 아크릴 수지

해설 염화비닐 수지의 용도는 필름, 시트, 판재, 파이프 등의 성형품을 만들 수 있고, 필름, 지붕재(평판, 골판, 물받이), 벽재(평판 타일, 리브판, 조이너), 수도관, 그 밖의 스펀지, 시트, 레일, 블라인드, 도료, 접착제로 쓰이며, 시멘트와 석면 등을 가하여 수지 시멘트로 사용하기도 한다. 폴리에틸렌 수지의 용도는 방수·방습 시트, 포장 필름, 전선 피복, 일용잡화 등에 쓰이고, 유화액은 도료나 접착제로 쓰인다. 아크릴 수지의 용도는 도료로 널리 쓰이는데, 섬유 처리 또는 고무화재의 표면 박리 방지를 위하여 용액을 부착하여 시멘트 혼화 재료로서도 이용된다.

13 | 요소 수지
15, 09

요소 수지에 대한 설명으로 틀린 것은?

① 착색이 용이하지 못하다.
② 마감재, 가구재 등에 사용된다.
③ 내수성이 약하다.
④ 열경화성 수지이다.

해설 요소 수지는 수지 자체가 무색이어서 착색이 자유롭고 약산, 약알칼리에는 견디며, 유류(벤졸, 알코올 등)에는 거의 침해받지 않는다. 전기적인 성질은 페놀 수지보다 약간 떨어지고, 내수성이 약하며, 마감재, 가구재로 사용된다.

14 | 폴리에스테르 수지의 용어
24, 11, 04

유리 섬유로 보강한 섬유 보강 플라스틱으로서 일명 F.R.P라 불리는 제품을 만드는 합성수지는?

① 아크릴 수지 ② 폴리에스테르 수지
③ 실리콘 수지 ④ 에폭시 수지

해설 불포화 폴리에스테르 수지의 중요한 성형품으로는 유리 섬유로 보강한 섬유 강화 플라스틱(FRP : Fiberglass Reinforced Plastic)으로 비항장력이 강과 비슷하고, -90℃에서도 내성이 크며, 내약품성은 일반적으로 산류 및 탄화수소계의 용제에는 강하나, 산과 알칼리에는 침해를 받는다.

정답 08. ① 09. ④ 10. ④ 11. ① 12. ② 13. ① 14. ②

15 | 폴리에스테르 수지의 용어
22, 20, 18③, 10, 06

열경화성 수지 중 건축용으로는 글라스 섬유로 강화된 평판 또는 판상제품으로 주로 사용되는 것은?

① 아크릴 수지　② 폴리에스테르 수지
③ 염화비닐 수지　④ 폴리에틸렌 수지

해설 불포화 폴리에스테르 수지는 다가 알코올(글리세린)과 다염기산(무수프탈산)의 축합에 의하여 얻어지는 에스테르의 총칭으로 변성하는 유지, 수지의 종류 및 양에 따라서 그 성질의 범위는 넓으나, 일반적으로 내후성, 밀착성, 가용성이 우수하고, 내수성과 내알칼리성은 약하다. 또한, 중요한 성형품으로는 유리 섬유로 보강한 섬유 강화 플라스틱(FRP : Fiberglass Reinforced Plastic)이 있다.

16 | FRP의 성형품
18③, 12, 01, 00, 98

FRP는 어떤 합성수지의 성형품인가?

① 요소 수지　② 페놀 수지
③ 멜라민 수지　④ 불포화 폴리에스테르 수지

해설 불포화 폴리에스테르 수지는 열경화성 수지로서 유리 섬유로 보강한 섬유 강화 플라스틱(Fiberglass Reinforced Plastic) 등이 있다.

17 | 내열성이 우수
20, 04

다음 합성수지 중 내열성이 가장 좋은 것은?

① 실리콘 수지　② 페놀 수지
③ 염화비닐 수지　④ 멜라민 수지

해설 합성수지의 사용 온도

수지의 종류	페놀 수지	멜라민 수지	염화비닐 수지	실리콘 수지
안전사용 온도	60℃	120℃	−10~60℃	−80~250℃

18 | 실리콘의 용도
23, 11③

다음 중 실리콘(silicon)과 가장 관계 깊은 것은?

① 방수 도료　② 신전제
③ 희석제　④ 미장재

해설 실리콘 수지는 용도에 따라 실리콘유(윤활유, 펌프유, 절연유, 방수제 등), 실리콘 고무(고온, 저온에서 탄성이 있으므로 개스킷, 패킹 등) 및 실리콘 수지(성형품, 접착제, 전기 절연 재료 등) 등이 있고, 특히, 극도의 혐수(발수)성으로 물을 튀기는 성질이 있어 방수 재료에 사용된다.

19 | 실리콘 수지의 용어
09

전기 절연성, 내후성이 우수하며 발수성에 있어 방수제로 쓰이는 수지는?

① 실리콘 수지　② 푸란 수지
③ 요소 수지　④ 멜라민 수지

해설 실리콘 수지는 내열성·내한성이 우수하고, −80~250℃까지의 광범위한 온도에서 안정하며, 전기 절연성, 내화학성, 내후성 및 내수성이 좋다. 용도는 실리콘유, 실리콘 고무, 실리콘 수지 등으로 사용된다.

20 | 실리콘 수지의 용어
24, 21, 10

내열성·내한성이 우수한 수지로 −60~260℃ 정도의 범위에서는 안정하고 탄성을 가지며 내후성 및 내화학성 등이 아주 우수하기 때문에 접착제, 도료로서 주로 사용되는 것은?

① 페놀 수지
② 멜라민 수지
③ 실리콘 수지
④ 염화비닐 수지

해설 페놀 수지는 수지 자체가 취약하므로 성형품, 적층품의 경우에는 충전제를 첨가하고, 내열성이 양호한 편이나 200℃ 이상에서 그대로 두면 탄화, 분해되어 사용할 수 없게 된다. 멜라민 수지는 무색 투명하여 착색이 자유로우며, 빨리 굳고, 내수, 내약품성, 내용제성이 뛰어난 것 외에도 내열성도 우수하다. 기계적 강도, 전기적 성질 및 내노화성도 우수하다. 염화비닐 수지는 전기 절연성, 내약품성이 양호하고, 경질성이나 가소체의 혼합에 따라 유연한 고무 제품을 제조한다. 용도는 성형품(필름, 시트, 플레이트, 파이프 등), 지붕재, 벽재, 블라인드, 도료, 접착제 등으로 사용된다.

21 | 폴리스티렌 수지의 용어
14, 10

벤젠과 에틸렌으로부터 만든 것으로 벽, 타일, 천장재, 블라인드, 도료, 전기용품으로 쓰이며 특히, 발포 제품은 저온 단열재로 널리 쓰이는 수지는?

① 아크릴 수지　② 염화비닐 수지
③ 폴리스티렌 수지　④ 폴리프로필렌 수지

해설 폴리스티렌 수지는 벤젠과 에틸렌으로 만들고, 무색 투명하며, 유기 용제에 침해되기 쉽다. 특히 취약하고, 내수, 내화학 약품성, 전기 절연성, 가공성 등이 우수하며, 사용 범위가 넓다. 용도로는 벽타일, 천장재, 블라인드, 도료 및 전기 용품 등이 있고, 특히, 발포 제품은 저온 단열재로 널리 사용된다.

정답 15. ② 16. ④ 17. ① 18. ① 19. ① 20. ③ 21. ③

22 | 유기질 재료 13

바닥 재료의 분류 중 유기질 재료에 속하지 않는 것은?

① 고무계 ② 유지계
③ 금속계 ④ 섬유계

해설 화학 조성에 의한 분류에 따라 무기질 재료에는 비금속(석재, 흙, 콘크리트, 도자기 등)과 금속(철재, 알루미늄, 구리 등) 등이 있고, 유기질 재료에는 천연 재료(목재, 대나무, 아스팔트, 섬유판 등)와 합성수지(고무, 유지, 섬유소계, 플라스틱재, 도장재, 실링재, 접착재 등) 등이 있다.

23 | 비닐 타일 24, 23, 10, 09

다음 중 바닥 마감재인 비닐 타일에 대한 설명으로 옳지 않은 것은?

① 석면, 안료 등을 혼합·가열하고 시트형으로 만들어 절단한 판이다.
② 착색이 자유롭다.
③ 내마멸성, 내화학성이 우수하다.
④ 아스팔트 타일보다 가열 변형의 정도가 크다.

해설 비닐 타일(충전제인 석면, 석분, 점결제인 염화비닐 수지, 가소제, 안정제, 안료를 넣어 혼합하여 가열한 다음 유동 상태로 만들어 회전하고 있는 롤러 사이를 통과시켜 시트 모양으로 만든 것)은 약간의 탄력성, 내마멸성, 내약품성 등이 있어 바닥 재료로 많이 쓰이며, 값이 비교적 싸고, 착색이 자유로운 특성이 있다. 특히, 시공이 용이하고, 아스팔트 타일보다 가열 변형의 정도가 작다.

24 | 비닐 타일 23, 20②, 17, 08

비닐 바닥 타일에 대한 설명으로 틀린 것은?

① 일반 사무실이나 점포 등의 바닥에 널리 사용된다.
② 염화비닐 수지에 석면, 탄산칼슘 등의 충전제를 배합해서 성형된다.
③ 반경질 비닐 타일, 연질 비닐 타일, 퓨어 비닐 타일 등이 있다.
④ 의장성, 내마모성은 양호하나 경제성, 시공성은 떨어진다.

해설 비닐 타일은 약간의 탄력성, 내마멸성, 내약품성 등이 있어 바닥 재료로 많이 쓰이며, 값이 비교적 싸고, 착색이 자유로운 특성이 있다. 특히, 시공이 용이하다.

25 | 타일 14, 12

바닥 재료를 타일로 마감할 때의 내용으로 옳지 않은 것은?

① 접착력을 높이기 위해 타일 뒷면에 요철을 만든다.
② 바닥 타일은 미끄럼 방지를 위해 유약을 사용하지 않는다.
③ 보통 클링커 타일은 외부 바닥용으로 사용한다.
④ 외장 타일은 내장 타일보다 강도가 약하고 흡수율이 높다.

해설 바닥 타일의 시공에 있어서 외장 타일은 내장 타일보다 강도가 강하고, 흡수율이 낮아야 한다.

26 | 바닥 재료 24, 17, 16, 11

바닥 재료에 대한 설명으로 옳지 않은 것은?

① 비닐 타일 : 가격이 저렴하고, 착색이 자유로우며 약간의 탄력성, 내마멸성, 내약품성을 가진다.
② 아스팔트 타일 : 비닐 타일에 비해 가열 변형의 정도가 작은 편으로 기름 용제를 취급하는 건물 바닥에 적당하다.
③ 비닐 시트 : 여러 가지 부가 재료를 혼합하여 기능성 있는 제품이 많이 출시되고 있다.
④ 바름 바닥 : 모르타르 바닥에 바름으로 아름다운 표면이 유지되고, 먼지가 덜 나며, 바닥 강도가 강화된다.

해설 아스팔트 타일(아스팔트와 쿠마론인덴 수지, 염화비닐 수지에 석면, 돌가루를 혼합한 다음, 높은 열과 압력으로 녹여 얇은 판을 알맞은 크기로 자른 것)은 비닐 타일에 비하여 가열 변형의 정도가 크고, 유기 용제에 연화되기 쉬우므로 중량물이나 기름 용제 등을 많이 취급하는 건물 바닥에는 부적당하다.

정답 22. ③ 23. ④ 24. ④ 25. ④ 26. ②

출제 키워드

2-9. 도장 재료

상온에서 유동성을 가지는 액체로서, 물질의 표면에 도장하여 상온 건조 또는 가열 건조해서 물체의 표면에 피막을 형성하는 재료

1 도료의 성능

(1) 도료의 성능 및 재료에 요구되는 성질

▪ 도료의 성능
- 물체의 보호 및 방식 성능
- 물체의 색채와 미장 성능
- 물체의 특수 기능에 이용되는 성능

▪ 도장 재료에 요구되는 성질
방습, 방청, 방식 등

도료는 물체의 보호 및 방식 성능, 물체의 색채와 미장 성능 및 물체의 특수 기능에 이용되는 성능 등이 있고, 도장 재료에 요구되는 성질에는 방습, 방청, 방식 등이 있다.

① 물체의 보호 및 방식 성능 : 내수, 내습, 내산, 내유, 내후성 등

② 물체의 색채와 미장 성능 : 색과 광택의 변화, 미관, 표식, 평탄화, 입체화 등

③ 물체의 특수 기능에 이용되는 성능 : 전기 절연성, 방화, 방음, 온도 표시, 방균 등

(2) 도장 재료의 수지류

▪ 천연수지의 종류
송진, 셀락, 다마르 등

도장 재료의 수지 중 천연수지의 종류에는 송진, 셀락, 다마르 등이 있고, 합성수지의 종류에는 열경화성 합성수지계(페놀, 요소, 멜라민, 에폭시 및 폴리에스테르 수지 등)와 열가소성 합성수지계(아세트산 비닐, 염화 비닐, 아크릴, 규소 및 니트로셀룰로오스 등) 등이 있다.

(3) 도장 재료의 원료

▪ 가소제
- 건조된 도막에 탄성·교착성을 부여
- 내구력을 증가

① 가소제 : 도료의 원료 중 건조된 도막에 탄성·교착성을 부여함으로써 내구력을 증가시키는 데 쓰이는 것

② 용제 : 도막의 주요소를 용해시키고 적당한 점도로 조절 또는 도장하기 쉽게 하기 위하여 사용된다.

③ 안료 : 물, 기름, 알코올 등에 용해되지 않는 미립자의 물질로서 착색의 목적으로 사용한다.

④ 수지 : 도막을 형성하는 주체가 되고, 용제나 유지에 용해되어 있지만 도장 후에는 도막의 일부가 되는 재료이다.

▪ 착색제
산화철과 연단은 적색

⑤ 착색제 : 산화철과 연단은 적색, 군청은 파랑, 크롬산 바륨은 노랑, 산화크롬은 초록, 이산화망간은 갈색 및 카본블랙은 검정이다.

(4) 도장 작업

▪ 초벌, 재벌 및 정벌의 색깔을 조금씩 다르게 바르는 이유
다음 칠(재벌과 정벌)이 제대로 되었는지 아닌지를 구분하기 위함

도장 작업 시 초벌, 재벌 및 정벌의 색깔을 조금씩 다르게 바르는 이유는 다음 칠(재벌과 정벌)이 제대로 되었는지 아닌지를 구분하기 위함이다.

2 도장 재료의 성질과 용도 등

(1) 바니시

주로 실내 목재 내장재의 투명 마감에 사용하는 도료로서 광택 및 작업성이 좋고, 천연수지가 들어 있어 건조가 빠르다. 유성 바니시와 휘발성 바니시 등이 있다.

① 유성 바니시

㉮ 유성 바니시는 유용성 수지를 건조성 기름에 가열, 용해한 다음 휘발성 용제로서 희석한 것이다. 무색 또는 담갈색의 투명 도료로서 안료를 포함하지 않으며, 광택이 있고, 강인하며 내수·내구성이 크므로 목재부 도장에 사용한다. 일반적으로 유성 페인트에 비해 내후성이 작아 옥외에서는 별로 사용하지 않는다.

㉯ 유성 바니시의 종류

구분	기름의 종류	기름의 양	수지의 종류
종류	오일, 아마씨기름, 스파 바니시	보디(장유성), 골드사이즈(단유성) 바니시	코펄, 송지, 다마르, 흑유성, 아스팔트 바니시 등

② 휘발성 바니시

㉮ 랙 : 휘발성 용제에 천연수지를 녹인 것으로 건조가 빠르지만, 피막은 오일 바니시보다 약하다. 내장재나 가구 등에 사용한다.

㉯ 래커 : 오일 바니시의 지건성과 랙 도막의 취약성을 보완한 것으로 목재면, 금속면 등의 외부면에 사용한다. 건조가 빠르고(10~20분), 내수성, 내후성, 내유성이 우수하나 도막이 얇고 부착력이 약하다. 심한 속건성이므로 뿜칠을 하여야 한다. 우천 시나 고온 시에 도막이 때때로 흐려지거나 백화 현상이 일어나는 이유는 용제가 증발할 때 열을 도막에서 흡수하기 때문이며, 시너 대신 지연제를 사용하면 방지할 수 있다. 특히, 심한 속건성이어서 바르기가 어려우므로 스프레이어를 사용하는데, 바를 때에는 래커 : 시너=1 : 1로 섞어서 쓴다.

㉠ 클리어 래커(clear lacquer) : 주로 목재면의 투명 도장(목재 바탕의 무늬를 살리는 도장)에 쓰인다. 오일 바니시에 비하여 도막은 얇으나 견고하고, 담색으로서 우아한 광택이 있다. 내수성, 내후성은 약간 떨어지고, 내부용으로 쓰인다.

㉡ 에나멜 래커(enamel lacquer) : 유성 에나멜 페인트에 비하여 도막은 얇으나 견고하고, 기계적 성질도 우수하며, 닦으면 광택이 난다. 에나멜 래커는 불투명 도료이다.

㉢ 하이 솔리드 래커(high solid lacquer) : 니트로셀룰로오스 수지와 가소제의 함유량 등을 보통 래커보다 많게 한 것이다. 도막이 두꺼워서 도장에 능률을 높일 수 있고, 경제적이며, 탄력이 있는 도막을 만들어 내후성이 좋으나 경화 건조는 약간 늦다. 건조에는 상온 건조품과 고온 소부 건조품이 있다.

출제 키워드

■ 바니시
- 실내 목재 내장재의 투명 마감에 사용하는 도료
- 광택 및 작업성이 좋고, 천연수지가 들어 있어 건조가 빠른 도료

■ 유성 바니시
- 안료를 포함하지 않음
- 강인하며 내수·내구성이 크므로 목재부 도장에 사용

■ 래커
- 심한 속건성이어서 바르기가 어려우므로 스프레이어를 사용
- 바를 때에는 래커 : 시너=1 : 1로 섞어서 사용

■ 클리어 래커
목재면의 투명 도장(목재 바탕의 무늬를 살리는 도장)에 사용

출제 키워드

㉣ 핫 래커(hot lacquer) : 핫 래커는 하이 솔리드 래커보다도 니트로셀룰로오스(nitrocellulose), 기타 도막 형성 물질이 더욱 많이 함유된 하이 솔리드 래커의 일종으로서, 70~80℃로 가열하여 유동성을 증대시켜서 스프레이를 한다. 도포된 면은 온도가 내려가면 경화한다. 따라서 끓는점이 낮은 용제는 섞지 않는다. 시너도 거의 섞을 필요가 없다. 스프레이를 하려면 가열 장치나 핫 스프레이(hot spray)를 사용한다. 도포 시의 조건이 비교적 일정하여서 흐려지거나 백화 현상이 일어나지 않고 평활한 도막을 만든다.

③ **에나멜 페인트** : 보통 에나멜이라고도 하는데 안료에 오일 바니시를 반죽한 액상으로서, 유성 페인트와 오일 바니시의 중간 제품이다. 에나멜 페인트는 사용하는 오일 바니시의 종류에 따라 성능이 다르다. 일반 유성 페인트보다는 건조 시간이 늦고(경화 건조 12시간), 도막은 탄성 광택이 있으며, 평활하고 경도가 크다. 광택의 증가를 위하여 보일드유보다는 스탠드유를 사용한다. 스파 바니시를 사용한 에나멜 페인트는 내수성, 내후성이 특히 우수하여 외장용으로 쓰인다.

㉮ 은색 에나멜 : 알루미늄 분말과 골드 사이즈를 혼합한 액상품으로서 온수관, 라디에이터 등에 사용된다. 내후성은 좋지 않은 편이고 내장용이다.

㉯ 알루미늄 페인트 : 알루미늄 분말과 스파 바니시를 따로 용기에 넣어 1조로 한 제품으로, 은색 에나멜과 색상이 거의 같다. 외부 은색 페인트의 대표적인 제품이다.

㉰ 목재면 초벌용 에나멜 : 안료를 비교적 많이 쓴다. 아연화 또는 연백에 단성유 바니시를 소량 가하고, 휘발성 용제를 많이 혼합한 제품이다. 건조가 빠르고 귀얄질이 고르다.

㉱ 무광택 에나멜 : 안료 및 휘발성 용제를 많이 섞은 것으로, 내후성은 작다.

(2) 페인트

■ 유성 페인트
- 안료와 건조성 지방유(보일드유)를 주원료
- 용제 및 건조제 등을 혼합한 도료
- 알칼리에는 약함
- 콘크리트, 모르타르, 플라스터면에는 별도의 처리가 필요
- 건조성 지방유를 늘리면 광택과 내구력은 증대되나, 건조가 느림

■ 수성 페인트
내알칼리성이어서 콘크리트면에 밀착이 우수

① **유성 페인트** : 안료와 건조성 지방유(보일드유)를 주원료로 한 것으로 지방유가 건조하여 피막을 형성한다. 용제 및 건조제 등을 혼합한 도료로, 페인트의 배합은 초벌, 정벌, 재벌 및 도포 시의 계절, 피도물의 성질, 광택의 유무 등에 따라 적당히 변경하여야 한다. 목재와 석고판류의 도장에는 무난하여 널리 사용하나, 알칼리에는 약하므로 콘크리트, 모르타르, 플라스터 면에는 별도의 처리가 필요하다.

㉮ 건조성 지방유를 늘리면 광택과 내구력은 증대되나, 건조가 느리다.

㉯ 용제를 늘리면 건조가 빠르고 귀얄질이 잘되나, 옥외 도장시 내구력이 떨어진다.

② **수성 페인트** : 소석고, 안료, 접착제(카세인)를 혼합한 것으로 사용할 때 물에 녹여 이용하며, 광택이 없고, 마감면의 마멸이 크므로 내장 마감용으로 사용한다. 또한 속건성이어서 작업 시간을 단축할 수 있고, 내수·내후성이 좋아서 햇빛과 빗물에 강하다. 특히, 내알칼리성이어서 콘크리트 면에 밀착이 우수하다. 유성 페인트와의 차이점은 다음과 같다.

㉮ 공해 대책용, 자원 절약형의 도료이다.

㉯ 용제형 도료에 비해 냄새가 없어 안전하고 위생적이다.

㉰ 화재 폭발의 염려가 있다.

③ **수지성 페인트** : 수지성 페인트는 안료와 인공 수지류 및 휘발성 용제를 주원료로 한 것으로, 즉 안료와 수지성 니스를 연화시킨 것으로 볼 수 있는 일종의 에나멜 페인트로 용제가 발산하여 광택이 있는 수지성 피막을 만든 것이다. 특성은 다음과 같다.

㉮ 건조 시간이 빠르고 도막이 단단하며, 투명한 합성수지를 사용하면 극히 선명한 색을 낼 수 있다.

㉯ 내산성, 내알칼리성이 있어 모르타르, 콘크리트나 플라스터면에 바를 수 있다.

㉰ 도막은 인화할 염려가 없어서 페인트와 바니시보다 방화성이 크다.

(3) 에멀션(emulsion) 도료

① 물에 용해되지 않는 건성유, 수지, 니스, 래커 등을 에멀션화제의 작용에 의하여 물속에 분산시켜서 에멀션을 만들고, 여기에 안료를 혼합한 도료 또는 물에 유성 페인트, 수지성 페인트 등을 현탁시킨 유화 액상 페인트로서 바른 후 물은 발산되어 고화되고, 표면은 거의 광택이 없는 도막을 만드는 도료를 에멀션 도료라 한다.

② 에멀션 도료의 주목적은 용제를 절약하기 위하여 값이 비싼 용제 대신 물을 사용하여 도료를 희석하는 것이다. 목재나 종이와 같이 흡수성의 바탕에 도장할 경우, 에멀션 도료는 바탕에 잘 흡수되어 부착을 좋게 한다. 또한, 도막은 인화할 염려가 없어서 페인트나 바니시보다는 방화(내화)성이 크고, 극히 선명한 색채를 낼 수 있다.

③ 에멀션 도료를 철제 등에 도장할 경우에는 물과의 접촉에 의하여 철제가 녹슬지 않도록 해야 된다. 이것을 방지하기 위하여 물의 알칼리도를 적당히 조절하거나 또는 녹막이성의 물질을 첨가하는 경우가 있다.

(4) 우드 실러

목부 바탕에 바탕칠을 한 다음 재벌칠의 흡수를 방지하기 위하여 쓰이는 것이다.

3 방호 도료

(1) 방화 도료

화재 시 불길에서 탈 수 있는 재료의 연소를 방지하기 위해 사용하는 도료로서 발포형 방화 도료와 비발포형 방화 도료 등이 있다.

(2) 방청 도료

철재의 표면에 녹이 스는 것을 막고, 철재와의 부착성을 높이기 위해 사용하는 도료로서, 안료에는 연단 도료(광명단), 함연 방청 도료, 방청 산화철 도료, 규산염 도료, 크롬산 아연, 워시 프라이머 등이 쓰인다.

출제 키워드

■ 수지성 페인트
- 내산성, 내알칼리성이 있다.
- 모르타르, 콘크리트나 플라스터면에 바를 수 있다.
- 도막은 인화할 염려가 없어서 페인트와 바니시보다 방화성이 크다.

■ 에멀션 도료
- 물에 유성 페인트, 수지성 페인트 등을 현탁시킨 유화 액상 페인트
- 바른 후 물은 발산되어 고화되고, 표면은 거의 광택이 없는 도막을 만드는 도료
- 방화(내화)성이 있는 도료

■ 우드 실러

목부 바탕에 바탕칠을 한 다음 재벌칠의 흡수를 방지하기 위해 사용

■ 방청 도료
- 철재의 표면에 녹이 스는 것을 막기 위해 사용
- 철재와의 부착성을 높이기 위해 사용

■ 방청 도료 안료의 종류
- 연단 도료(광명단), 방청 산화철 도료, 크롬산 아연 등

출제 키워드

■ 형광 도료
• 빛이 비칠 동안만 발광
• 도로 표지판에 사용

■ 실재
접착력이 크고 수밀·기밀성이 풍부

■ 퍼티
• 유지 및 수지 등의 충전제 등을 혼합하여 만든 것
• 창유리를 끼우거나 도장 바탕을 고르는 데 사용

(3) 형광 도료

형광성 안료가 포함된 도료로서 빛이 비칠 동안만 발광하고, 빛을 제거하는 즉시 발광하지 않으며 보통 도료보다 선명하나 내구성이 약하다. 주로 도로 표지판에 사용한다.

4 실(Seal)재

실(Seal)재는 접착력이 크고 수밀·기밀성이 풍부하여 충전재로 가장 적당한 재료로, 스틸새시 주위나 균열부 보수 등에 사용된다.

5 퍼티

퍼티는 유지 및 수지 등의 충전제(탄산칼슘, 연백, 티탄백 등) 등을 혼합하여 만든 것으로서 창유리를 끼우거나 도장 바탕을 고르는 데 사용된다. 특성에 따라 경화성 퍼티와 비경화성 퍼티(백퍼티, 적퍼티)로 나눈다.

(1) 경화성 퍼티

사용한 다음 1~6주일 사이에 피막이 형성되고, 그 후 점차 굳어져 경화 후 균열이 생기기 쉽다.

(2) 비경화성 퍼티

오랫동안 유연성은 있으나 흘러내리는 결점이 있고, 종류로는 백퍼티, 적퍼티, 불포화 폴리에스테르 퍼티 등이 있다.

① 백퍼티 : 유리 퍼티용, 목재의 옹이 메우기, 못구멍, 바탕의 홈메우기 등에 사용하고, 적당한 연도와 경화 시간을 유지하며 백색으로 악취가 없는 것이 좋다.

② 적퍼티 : 배관 이음부의 방수·방청용으로 광명단 등을 아마씨 기름으로 반죽한 것이다.

CHAPTER 02

| 2-9. 도장 재료 |

과년도 출제문제

01 | 도료의 성능 03

도료가 가지는 성능으로 틀린 것은?

① 물체의 보호 성능
② 물체의 방식 성능
③ 물체의 색채와 미장의 기능
④ 물체의 가공 기능

해설 도료가 가지는 성능은 물체의 보호 및 방식의 성능(내수, 내습, 내산, 내유, 내후 등), 물체의 색채와 미장의 성능(색과 광택의 변화, 미관, 표식, 평탄화, 입체화 등) 및 물체의 특수 기능에 이용되는 성능(전기 절연성, 방화, 방음, 온도 표시, 방균 등) 등이 있다.

02 | 도장 재료의 요구 성능 18③, 14, 10

도장의 목적과 관계하여 도장 재료에 요구되는 성능과 가장 거리가 먼 것은?

① 방음 ② 방습
③ 방청 ④ 방식

해설 도료가 가지는 성능은 물체의 보호 및 방식의 성능(내수, 내습, 내산, 내유, 내후 등), 물체의 색채와 미장의 성능(색과 광택의 변화, 미관, 표식, 평탄화, 입체화 등) 및 물체의 특수 기능에 이용되는 성능(전기 절연성, 방화, 방음, 온도 표시, 방균 등) 등이 있다.

03 | 안료가 포함되지 않은 도료 14, 11

다음 도료 중 안료가 포함되어 있지 않은 것은?

① 유성 페인트 ② 수성 페인트
③ 합성수지 도료 ④ 유성 바니시

해설 유성 페인트, 수성 페인트 및 합성수지 도료는 안료를 포함하고 있으나, 유성 바니시(무색 또는 담갈색의 투명 도료)는 유용성 수지를 건조성 기름에 가열, 용해한 다음 휘발성 용제로 희석한 도료로 안료를 포함하지 않는다.

04 | 천연수지의 종류 15②

다음 수지의 종류 중 천연수지가 아닌 것은?

① 송진 ② 니트로셀룰로오스
③ 다마르 ④ 셸락

해설 도장 재료의 수지 중 천연수지의 종류에는 송진, 셸락, 다마르 등이 있고, 합성수지의 종류에는 열경화성 합성수지계(페놀, 요소, 멜라민, 에폭시 및 폴리에스테르 수지 등)와 열가소성 합성수지계(아세트산 비닐, 염화 비닐, 아크릴, 규소 및 니트로셀룰로오스 등) 등이 있다.

05 | 가소제의 용어 12

도료의 원료 중 건조된 도막에 탄성·교착성을 부여함으로써 내구력을 증가시키는 데 쓰이는 것은?

① 가소제 ② 용제
③ 안료 ④ 수지

해설 용제는 도막의 주요소를 용해시키고 적당한 점도로 조절 또는 도장하기 쉽게 하기 위하여 사용되고, 안료는 물, 기름, 알코올 등에 용해되지 않는 미립자의 물질로서 착색의 목적으로 사용한다. 수지는 도막을 형성하는 주체가 되고, 용제나 유지에 용해되어 있지만 도장 후에는 도막의 일부가 되는 재료이다.

06 | 유성 페인트의 특징 19, 17, 12

다음 중 유성 페인트의 특징으로 옳지 않은 것은?

① 주성분은 보일유와 안료이다.
② 광택을 좋게 하기 위하여 바니시를 가하기도 한다.
③ 수성 페인트에 비해 건조 시간이 오래 걸린다.
④ 콘크리트 면에 가장 적합한 도료이다.

해설 유성 페인트는 알칼리에 약하므로 콘크리트, 모르타르 및 플라스터면에는 별도의 처리없이 바를 수 없으므로 알칼리성 면에 유성 페인트를 칠하려면 내알칼리성 도료를 발라야 한다. 콘크리트 면에 가장 적합한 도료는 알칼리성에 강한 수성 페인트, 합성수지 도료 등이다.

정답 01. ④ 02. ① 03. ④ 04. ② 05. ① 06. ④

07 | 유성 페인트의 구성 09

다음 중 유성 페인트와 직접 관련이 없는 것은?

① 보일유 ② 테레빈유
③ 카세인 ④ 안료

해설 유성 페인트는 안료, 건성유, 용제, 건조제 등을 혼합한 것으로서, 유량을 늘리면 광택과 내구성이 증대되나, 건조의 속도가 늦다. 용제를 늘리면 건조가 빠르고 솔질은 잘 되나, 옥외 도장 시 내구력이 떨어진다.

08 | 유성 페인트 12, 06

유성 페인트에 관한 설명 중 옳지 않은 것은?

① 내후성이 우수하다.
② 붓바름 작업성이 뛰어나다.
③ 모르타르, 콘크리트, 석회벽 등에 정벌바름하면 피막이 부서져 떨어진다.
④ 유성 에나멜 페인트와 비교하여 건조 시간, 광택, 경도 등이 뛰어나다.

해설 유성 에나멜 페인트는 유성 페인트보다 건조 시간이 늦고(경화 건조 12시간), 도막은 탄성·광택이 있으며, 평활하고 경도가 크다.

09 | 유성 페인트 06

다음 중 유성 페인트에 대한 설명으로 옳지 않은 것은?

① 건조 시간이 짧다.
② 내알칼리성이 떨어진다.
③ 붓바름 작업성 및 내후성이 뛰어나다.
④ 콘크리트에 정벌바름하면 피막이 부서져 떨어진다.

해설 유성 페인트의 특성은 ②, ③, ④ 외에 값이 싸고, 비교적 두꺼운 도막을 만드나 건조 시간이 늦고(길고), 일반적인 도막의 성질(내후성, 내약품성, 변색성 등)이 나쁘다.

10 | 수성 페인트의 용어 23, 22, 21, 19, 13

콘크리트면, 모르타르면의 바름에 가장 적합한 도료는?

① 옻칠 ② 래커
③ 유성 페인트 ④ 수성 페인트

해설 수성 페인트는 속건성이어서 작업의 단축을 가져오고, 내수·내후성이 좋아서 햇빛과 빗물에 강하며, 내알칼리성이라서 콘크리트면에 밀착이 우수하다.

11 | 수성 페인트 09

다음 중 수성 페인트에 대한 설명으로 옳지 않은 것은?

① 내알칼리성이 약해 콘크리트면에 사용하기 부적합하다.
② 건조가 빠르며 작업성이 좋다.
③ 희석제로 물을 사용하므로 공해 발생 위험이 적다.
④ 수성 페인트의 일종으로 에멀션 페인트가 있다.

해설 수성 페인트는 속건성이어서 작업의 단축을 가져오고, 내수, 내후성이 좋아서 햇빛과 빗물에 강하며, 내알칼리성이라서 콘크리트면에 밀착이 우수하다.

12 | 염화비닐 수지 도료의 용어 06

다음의 도료 중 내알칼리성이 높아 모르타르나 콘크리트벽 등에 사용이 가능한 것은?

① 염화비닐 수지 도료 ② 유성 페인트
③ 유성 바니시 ④ 알루미늄 페인트

해설 수지성 페인트는 안료와 인공 수지류 및 휘발성 용제를 주원료로 한 것으로 건조 시간이 빠르고, 도막이 단단하며, 내산성, 내알칼리성이 있어 콘크리트나 플라스터 면에 바를 수 있다. 또한, 도막은 인화할 염려가 없어서 페인트나 바니시보다 방화성이 있으며, 투명한 합성수지를 사용하면 더욱 선명한 색을 낼 수 있다.

13 | 합성수지 에멀션 도료 24, 21, 11

합성수지 에멀션 도료의 특징 중 옳지 않은 것은?

① 접착성이 좋다. ② 내알칼리성이 우수하다.
③ 내화성이 부족하다. ④ 착색이 자유롭다.

해설 합성수지 에멀션 도료는 건조 시간이 빠르고, 도막이 단단하며, 내산, 내알칼리성이 있어 콘크리트나 플라스터 면에 바를 수 있다. 또한, 도막은 인화할 염려가 없어서 페인트나 바니시보다는 방화(내화)성이 있고, 극히 선명한 색채를 낼 수 있다.

14 | 합성수지 도료와 유성 도료의 비교 02, 99

합성수지 도료를 유성 페인트와 비교한 설명이다. 옳지 않은 것은?

① 건조 시간이 빠르다.
② 도막이 단단하다.
③ 내산, 내알칼리성이 적다.
④ 방화성이 크다.

정답 07. ③ 08. ④ 09. ① 10. ④ 11. ① 12. ① 13. ③ 14. ③

해설 수지성 페인트는 건조 시간이 빠르고, 도막이 단단하며, 투명한 합성수지를 사용하면 극히 선명한 색을 낼 수 있다. 또한, 내산성, 내알칼리성이 있어 콘크리트나 플라스터 면에 바를 수 있고, 도막은 인화할 염려가 없어서 페인트와 바니시보다는 방화성이 있다.

15 | 바니시의 용어
10

주로 실내 목재 내장재의 투명 마감에 사용하는 도료로서 광택 및 작업성이 좋고, 천연수지가 들어 있어 건조가 빠른 도료는?

① 래커 ② 바니시
③ 에나멜 페인트 ④ 워시 프라이머

해설 래커는 합성수지 도료로서 가장 오래된 제품으로 질화면(nitrocellulose)을 용제(아세톤, 부탄올, 지방상 에스테르 등)에 녹인 다음 수지 연화제, 시너 등을 가하여 저장 탱크 안에서 충분히 반응을 시킨 도료이다. 에나멜 페인트는 유성 페인트와 오일 바니시의 중간 제품으로 안료에 오일 바니시를 반죽한 액상의 제품이다. 워시(에칭)프라이머는 금속의 표면에 화학적으로 결합시키는 모양의 방청 초벌도료이다.

16 | 유성 바니시
08

유성 바니시의 일반적인 성질에 대한 설명 중 틀린 것은?

① 목재부 도장에 쓰인다.
② 내후성이 작아 옥외에서는 별로 쓰이지 않는다.
③ 강인하나 내구, 내수성이 작다.
④ 무색 또는 담갈색의 투명 도료로서 광택이 있다.

해설 유성 바니시는 유용성 수지를 건조성 기름에 가열, 용해한 다음 휘발성 용제로서 희석한 도료로, 무색 또는 담갈색의 투명 도료로서 광택이 있고, 강인하며 내수・내구성이 크므로 목재부 도장에 사용한다.

17 | 클리어래커의 용어
19, 12②, 07, 02, 01, 00

목재 바탕의 무늬를 살리기 위한 도장 재료는?

① 유성 페인트 ② 수성 페인트
③ 에나멜 페인트 ④ 클리어 래커

해설 유성 페인트는 안료와 건조성 지방유를 주원료로 용제, 보조제 등을 섞어 제조하고, 내알칼리성이 약해 콘크리트나 모르타르 면에 사용이 불가능하다. 수성 페인트는 소석고, 안료 및 접착제를 혼합한 것으로 내알칼리성이어서 콘크리트나 모르타르 면에 사용한다. 에나멜 페인트는 유성 페인트와 오일 바니시의 중간 제품으로 안료에 오일 바니시를 반죽한 액상의 제품이다.

18 | 목재의 착색도료
02

목재의 착색에 사용하는 도료 중 가장 적당한 것은?

① 오일 스테인
② 연단 도료
③ 래커(lacquer)
④ 크레오소트

해설 연단 도료는 상온에서는 금속 표면에 투수성이 적은 피막을 형성하여 도포하면 수분이 금속면에 도달할 수 없게 하는 도료로서 방청제 역할을 한다. 래커는 합성수지 도료로서 가장 오래된 제품으로 질화면(nitrocellulose)을 용제(아세톤, 부탄올, 지방상 에스테르 등)에 녹인 다음 수지 연화제, 시너 등을 가하여 저장 탱크 안에서 충분히 반응을 시킨 것이다. 크레오소트는 목재의 방부제이다.

19 | 우드 실러의 용어
12

목부 바탕에 바탕칠을 한 다음 재벌칠의 흡수를 방지하기 위하여 쓰이는 것은?

① 끝손질 래커 ② 래커 에나멜
③ 우드 실러 ④ 녹막이 페인트

해설 래커 에나멜은 유성 페인트에 비하여 도막은 얇으나, 견고하고, 기계적 성질이 우수하며, 닦으면 광택이 나는 도료이다. 녹막이 페인트는 철재의 표면에 녹이 스는 것을 막고, 철재와의 부식성을 높이기 위하여 사용하는 도료이다.

20 | 래커의 희석제
21, 16, 98

래커를 도장할 때 사용되는 희석제로 가장 적합한 것은?

① 유성 페인트 ② 크레오소트유
③ PCP ④ 신너

해설 래커는 심한 속건성이어서 바르기 어려우므로 스프레이(분무기)를 사용하고, 바를 때에는 래커와 희석제인 시너를 1 : 1(용량비)로 섞어서 사용한다.

21 | 방청 도료의 안료
24, 21, 20, 18, 12

방청 도료에 사용되는 안료로서 부적합한 것은?

① 크롬산아연 ② 연단
③ 산화철 ④ 티탄백

해설 방청 도료로 사용되는 안료에는 연단(광명단), 산화철, 규산염, 크롬산아연 등이 있다. 티탄백은 백색 안료이다.

정답 15. ② 16. ③ 17. ④ 18. ① 19. ③ 20. ④ 21. ④

22 | 광명단의 용도
11

다음 중 광명단(光明丹)과 관계 있는 것은?

① 방청제 ② 방부제
③ 희석제 ④ 공기 연행제

해설 광명단은 철재의 표면에 녹이 스는 것을 방지하고 철재와의 부착성을 높이기 위한 방청 도료로, 함연 방청 도료, 방청 산화철 도료, 규산염 도료, 크롬산아연 및 워시 프라이머 등이 있다.

23 | 녹막이 페인트의 종류
11

녹막이 페인트로 방청제 역할을 하는 것은?

① 광명단 ② 수성 페인트
③ 바니시 ④ 유성 페인트

해설 방청 도료는 철재의 표면에 녹이 스는 것을 막고, 철재와의 부착성을 높이기 위해 사용하는 도료로, 연단 도료(광명단), 함연 방청 도료, 방청 산화철 도료, 규산염 도료, 크롬산아연, 워시 프라이머 등이 있다.

24 | 페인트의 안료
19, 14

페인트 안료 중 산화철과 연단은 어떤 색을 만드는 데 쓰이는가?

① 백색 ② 흑색
③ 적색 ④ 황색

해설 착색제에서 산화철과 연단은 적색, 군청은 파랑, 크롬산 바륨은 노랑, 산화크롬은 초록, 이산화망간은 갈색 및 카본블랙은 검정이다.

25 | 형광 도료의 용어
12, 08

밤에 빛을 비추면 잘 볼 수 있도록 도로 표지판 등에 사용되는 도료는?

① 방화 도료 ② 에나멜 래커
③ 방청 도료 ④ 형광 도료

해설 방화 도료는 화재 시 불에 탈 수 있는 재료의 연소를 방지하는 도료이다. 에나멜 래커는 불투명 도료로 유성 에나멜 페인트에 비하여 도막은 얇으나 견고하고 기계적 성질이 우수하며, 닦으면 광택이 난다. 방청 도료는 철재의 표면에 녹이 스는 것을 방지하고 부착성을 높이기 위하여 사용하는 도료이다.

26 | 재료의 용도 연결
03, 02, 00

다음 재료의 용도와 조합에서 옳지 않은 것은?

① 오일 스테인 – 착색제
② 시너 – 희석제
③ 크레오소트 – 용제
④ 광명단 – 방청제

해설 크레오소트는 흑갈색 용액의 목재 방부제로서 방부력이 우수하고, 내습성도 있으며, 값이 싸므로 일반적으로 미관을 고려하지 않는 외부에 많이 쓰인다. 또한, 페인트는 그 위에 칠할 수 없고, 또 좋지 않은 냄새가 나므로 실내에서는 쓸 수 없으며, 침투성이 좋아서 목재에 깊숙이 주입할 수 있다.

27 | 실재
17, 10, 07

실(seal)재에 대한 설명으로 옳지 않은 것은?

① 실(seal)재란 퍼티, 코킹, 실링재, 실런트 등의 총칭이다.
② 건축물의 프리패브 공법, 커튼월 공법 등의 공장 생산화가 추진되면서 더욱 주목받기 시작한 재료이다.
③ 일반적으로 수밀, 기밀성이 풍부하지만, 접착력이 작아 창호, 조인트의 충전재로서는 부적당하다.
④ 옥외에서 태양광선이나 풍우의 영향을 받아도 소기의 기능을 유지할 수 있어야 한다.

해설 실재는 접착력이 크고 수밀·기밀성이 풍부하여 충전재로 가장 적당한 재료로, 스틸 새시 주위나 균열부 보수 등에 사용된다.

28 | 퍼티의 용어
08

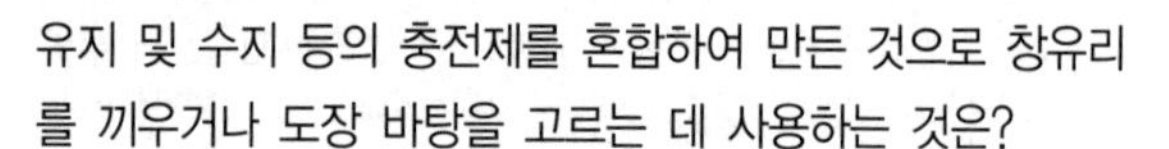

유지 및 수지 등의 충전제를 혼합하여 만든 것으로 창유리를 끼우거나 도장 바탕을 고르는 데 사용하는 것은?

① 형광 도료 ② 에나멜 페인트
③ 퍼티 ④ 래커

해설 퍼티는 유지 및 수지와 충전제(탄산칼슘, 연백, 티탄백 등)등을 혼합하여 만든 것으로서 창유리를 끼우는 데와 도장 바탕을 고르는 데 사용된다. 경화성 퍼티(사용한 다음 1~6주일 사이에 피막이 형성되고, 그 후 점차 굳어져 경화 후 균열이 생기기 쉽다.)와 비경화성 퍼티(오랫동안 유연성은 있으나, 흘러내리는 결점이 있고, 종류로는 백퍼티, 적퍼티, 불포화 폴리에스테르 퍼티 등) 등이 있다.

정답 22. ① 23. ① 24. ③ 25. ④ 26. ③ 27. ③ 28. ③

29 | 초벌과 재벌의 상이한 색 10

벽체 도장 작업 중 페인트칠의 경우 초벌과 재벌 등을 바를 때마다 그 색을 약간씩 다르게 하는 가장 주된 이유는?

① 희망하는 색을 얻기 위해서
② 다음 칠을 하였는지 안 하였는지를 구별하기 위해서
③ 색이 진하게 되는 것을 방지하기 위해서
④ 착색 안료를 낭비하지 않고 경제적으로 하기 위해서

해설 도장 작업 시 초벌, 재벌 및 정벌의 색깔을 조금씩 다르게 바르는 이유는 다음 칠(재벌과 정벌)이 제대로 되었는지 아닌지를 구분하기 위함이다.

정답 29. ②

2-10. 미장 재료

출제 키워드

■ 미장 재료
건축물의 내·외벽이나 바닥, 천장 등에 흙손이나 스프레이건 등을 이용하여 일정한 두께로 발라 마무리하는 데에 사용되는 재료

■ 고결재
그 자신이 물리적·화학적으로 고체화하여 미장바름의 주체가 되는 재료

■ 염화 칼슘
응결 시간을 단축시키는 것을 목적으로 하는 급결제

■ 수경성
• 충분한 물만 있으면 공기 중에서나 수중에서 굳어지는 성질
• 시멘트계와 석고계 플라스터 등

■ 기경성
• 충분한 물이 있더라도 공기 중에서만 경화하고, 수중에서는 굳어지지 않는 성질
• 석회계 플라스터와 흙반죽, 섬유벽 등

■ 헤미수화물
석고를 가열하면, 3/4 정도 물이 떨어져 나간 소석고

미장 재료는 건축물의 내·외벽이나 바닥, 천장 등에 흙손이나 스프레이건 등을 이용하여 일정한 두께로 발라 마무리하는 데에 사용되는 재료이다.

1 미장 재료의 역할

(1) 고결재

그 자신이 물리적·화학적으로 고체화하여 미장 바름의 주체가 되는 재료로서 시멘트, 석회, 돌로마이트 플라스터 및 점토 등이다.

(2) 결합재

고결재의 결함(수축 균열, 점성, 보수성의 부족 등)을 보완하고, 응결 경화 시간을 조절하기 위하여 쓰이는 재료로 모래, 종석, 경량 골재, 돌가루 등이 있다. 특히, 염화칼슘은 미장용 혼화 재료 중 응결 시간을 단축시키는 것을 목적으로 하는 급결제에 속한다.

(3) 골재

양을 늘리거나 치장을 하기 위하여 혼합하는 것으로 그 자체는 직접 경화에 관여하지 않고, 균열의 감소를 위하여 결합재와 역할을 같이 하는 경우가 많다.

2 미장 재료의 구분

(1) 수경성

수화 작용에 충분한 물만 있으면 공기 중에서나 수중에서 굳어지는 성질의 재료로 시멘트계와 석고계 플라스터 등이 있다.

(2) 기경성

충분한 물이 있더라도 공기 중에서만 경화하고, 수중에서는 굳어지지 않는 성질의 재료로 석회계 플라스터와 흙반죽, 섬유벽 등이 있다.

구분	분류		고결재
수경성	시멘트계	시멘트 모르타르, 인조석, 테라초 현장바름	포틀랜드 시멘트
	석고계 플라스터	혼합 석고, 보드용, 크림용 석고 플라스터, 킨즈(경석고 플라스터) 시멘트	헤미수화물, 황산칼슘

구분	분류		고결재
기경성	석회계 플라스터	회반죽, 돌로마이트 플라스터, 회사벽	돌로마이트, 소석회
	흙반죽, 섬유벽		점토, 합성수지풀
특수 재료	합성수지 플라스터, 마그네시아 시멘트		합성수지, 마그네시아

3 미장 재료의 특성과 용도

(1) 회반죽

① **회반죽의 재료 및 성질 :** 회반죽은 소석회, 해초풀, 여물, 모래(초벌과 재벌에 사용하고, 정벌 시는 사용하지 않는다) 등을 혼합하여 바르는 미장 재료로서 목조 바탕, 콘크리트 블록 및 벽돌 바탕 등에 사용한다. 건조, 경화할 때의 수축률이 크기 때문에 삼여물로 균열을 분산, 미세화한다. 풀은 내수성이 없기 때문에 주로 실내에 바르며, 바름 두께는 벽면에서는 15mm, 천장면에서는 12mm가 표준이다.

② **회반죽의 경화 작용 :** 회반죽은 기경성으로 충분한 물이 있더라도 공기 중의 이산화탄소와 결합하여야만 경화하고, 수중에서는 굳어지지 않는다.

③ **회반죽의 여물 작용 :** 여물은 혼입하여 보강, 균열 방지의 역할을 하는 섬유질 재료로서 고르게 잘 섞으면 재료가 분리되지 않고, 흙손질이 잘 퍼져나가는 효과가 있다. 종류에는 짚여물(진흙벽의 보강, 균열 방지를 위해 짚을 잘라 진흙과 섞어서 사용), 삼여물(돌로마이트 플라스터, 회반죽의 정벌과 재벌, 석고 플라스터의 재벌), 종이여물, 털여물, 석면 등이 있다.

(2) 돌로마이트 플라스터

돌로마이트 플라스터는 소석회보다 점성이 커서 풀이 필요 없고, 변색, 냄새, 곰팡이가 없으며, 돌로마이트 석회, 모래, 여물, 때로는 시멘트를 혼합하여 만든 바름 재료로서 마감 표면의 경도가 회반죽보다 크다. 그러나 건조, 경화 시에 수축률이 가장 커서 균열이 집중적으로 크게 생기므로 여물을 사용하는데, 요즘에는 무수축성의 석고 플라스터를 혼입하여 사용한다.

(3) 석고 플라스터

석고 플라스터는 점성이 큰 재료이므로 여물이나 풀을 사용하지 않고, 응결이 빠르며(너무 빠른 응결과 체적 팽창으로 인하여 그대로는 미장 재료로서 사용하기가 부적당하므로, 이 결함을 조절하기 위한 혼합재로서 석회, 돌로마이트 석회, 점토 등을 섞어 넣는다), 화학적으로 경화하므로 내부까지 단단하고, 경화와 건조 시 치수 안전성이 우수(균열의 발생이 가장 적다)하며, 결합수로 인하여 방화성도 크다. 약한 산성으로 목재의 부식을 방지하고, 유성 페인트를 즉시 칠할 수 있다.

출제 키워드

■ 회반죽
- 소석회, 해초풀, 여물, 모래 등을 혼합한 미장 재료
- 목조 바탕, 콘크리트 블록 및 벽돌 바탕 등에 사용
- 건조, 경화할 때의 수축률이 크기 때문에 삼여물로 균열을 분산, 미세화함
- 기경성으로 공기 중의 이산화탄소와 결합하여 경화

■ 회반죽의 여물

보강, 균열 방지의 역할을 하는 섬유질 재료

■ 돌로마이트 플라스터
- 돌로마이트 석회, 모래, 여물, 시멘트로 혼합한 미장 재료
- 소석회보다 점성이 커서 풀이 필요 없음
- 건조, 경화 시에 수축률이 가장 커서 균열이 집중적으로 크게 생기므로 여물을 사용

■ 석고 플라스터
- 점성이 큰 재료로 여물이나 풀을 사용하지 않는다.
- 경화와 건조 시 치수 안전성이 우수
- 균열의 발생이 가장 적다.
- 약한 산성으로 목재의 부식을 방지한다.
- 유성 페인트를 즉시 칠할 수 있다.

출제 키워드

■ 킨즈 시멘트(경석고 플라스터)
• 무수석고가 주재료
• 경화한 것은 강도와 표면 경도가 큰 재료

■ 마그네시아 시멘트
염화마그네슘과 섞어서 반죽하면 응결과 경화가 잘 되는 성질을 이용

■ 리신 바름
• 돌로마이트에 화강석 부스러기, 모래, 안료 등을 섞어 정벌바름
• 충분히 굳지 않을 때 표면에 거친 솔, 얼레빗 등을 사용하여 거친면으로 마무리

■ 석고 보드
• 소석고를 주원료
• 팽창 및 수축의 변형이 작음
• 흡수로 인해 강도가 현저하게 저하

(4) 킨즈 시멘트(경석고 플라스터)

킨즈 시멘트는 경석고를 말하는 것으로서 무수석고가 주재료이다. 경화한 것은 강도와 표면 경도가 큰 재료로서 응결, 경화가 소석고에 비하여 극히 늦기 때문에 명반, 붕사 등의 경화 촉진제를 섞어서 만든 것이다. 경화한 것은 강도가 크고, 표면의 경도가 커서 광택이 있다. 촉진제가 사용되므로 보통 산성을 나타내어 금속 재료를 부식시킨다.

(5) 마그네시아 시멘트

마그네시아 시멘트는 산화마그네슘과 염화마그네슘을 섞은 것으로, 산화마그네슘은 물과 섞으면 경화하지 않지만 염화마그네슘과 섞어서 반죽하면 응결과 경화가 잘 되는 성질을 이용하여 만든 것이다. 우리나라에서는 거의 사용하지 않는다.

(6) 리신 바름

리신 바름은 돌로마이트에 화강석 부스러기, 모래, 안료 등을 섞어 정벌 바름하고 충분히 굳지 않을 때 표면에 거친 솔, 얼레빗 등을 사용하여 거친면으로 마무리하는 방법이다.

(7) 석고 보드

석고 보드는 소석고를 주원료로 하고, 이에 경량, 탄성을 주기 위해 톱밥, 펄라이트 및 섬유 등을 혼합하여, 이 혼합물을 물로 이겨 양면에 두꺼운 종이를 밀착, 판상으로 성형한 것이다. 특성으로는 방부성, 방충성 및 방화성이 있고, 팽창 및 수축의 변형이 작으며 단열성이 높다. 특히 가공이 쉽고 열전도율이 작으며, 난연성이 있고 유성 페인트로 마감할 수 있다. 다만 흡수로 인해 강도가 현저하게 저하되는 단점이 있다.

| 2-10. 미장 재료 |

과년도 출제문제

01 | 미장 재료의 용어
23, 20, 19③, 18, 17, 09

건축물의 내·외벽이나 바닥, 천장 등에 흙손이나 스프레이건 등을 이용하여 일정한 두께로 발라 마무리하는 데에 사용되는 재료는?

① 접착제 ② 미장 재료
③ 도장 재료 ④ 금속 재료

해설 접착(교착)제는 액체 상태의 물질로 여러 가지의 물체(목재, 금속, 유리, 합성수지 및 천 등) 사이에 발라 넣으면 굳어지면서 이 물체들을 단단히 연결시키는 재료이다. 도장 재료는 상온에서 유동성을 가지며 물질의 표면에 도장하여 상온 건조 또는 가열 건조해서 물체의 표면에 피막을 형성하는 재료이다. 금속 재료는 공업용 재료로 사용되는 금속과 합금의 총칭이다.

02 | 수경성의 미장 재료
24, 23②, 21, 09

다음 미장 바름 재료 중 수경성인 것은?

① 진흙
② 회반죽
③ 돌로마이트 플라스터
④ 경석고 플라스터

해설 미장 재료의 구분

구분	분류		고결재
수경성	시멘트계	시멘트 모르타르, 인조석, 테라초 현장 바름	포틀랜드 시멘트
	석고계 플라스터	혼합 석고, 보드용, 크림용 석고 플라스터, 킨즈 시멘트(경석고 플라스틱)	헤미수화물, 황산칼슘
기경성	석회계 플라스터	회반죽, 돌로마이트 플라스터, 회사벽	돌로마이트, 소석회
	흙반죽, 섬유벽		점토, 합성수지풀
특수 재료	합성수지 플라스터, 마그네시아 시멘트		합성수지, 마그네시아

03 | 수경성의 미장 재료
02

미장 바름 재료 중에서 수경성인 것은?

① 진흙 ② 소석회
③ 돌로마이트 플라스터 ④ 소석고

해설 미장 재료를 응결, 경화 방식에 의해 구분하면, 수경성(물과 화합하여 공기 중이나 수중에서 굳어지는 성질)의 재료에는 시멘트계(시멘트 모르타르, 인조석, 테라초 현장 바름 등)와 석고계 플라스터(혼합, 보드용, 크림용 석고, 킨즈 시멘트 등)가 있고, 기경성(충분한 물이 있더라도 공기 중에서만 경화하고, 수중에서는 굳어지지 않는 성질)에는 석회계 플라스터(회반죽, 회사벽, 돌로마이트 플라스터 등), 흙반죽과 섬유벽 등이 있다.

04 | 수경성의 미장 재료
21, 19, 11, 07

다음 미장 재료 중 수경성 재료는?

① 회사벽 ② 돌로마이트 플라스터
③ 회반죽 ④ 시멘트 모르타르

해설 미장 재료 중 수경성의 미장 재료에는 수화 작용에 충분한 물만 있으면 공기 중에서나 수중에서 굳어지는 성질의 재료로, 시멘트계(시멘트 모르타르, 인조석, 테라초 현장바름 등)와 석고계 플라스터(혼합 석고, 보드용 석고, 크림용 석고, 킨즈 시멘트 등) 등이 있다.

05 | 수경성의 미장 재료
20, 17, 12

다음 중 물과 화학 반응을 일으켜 경화하는 수경성 재료는?

① 시멘트 모르타르 ② 돌로마이트 플라스터
③ 회반죽 ④ 회사벽

해설 수경성은 수화 작용에 충분한 물만 있으면 공기 중에서나 수중에서 굳어지는 성질로 시멘트계와 석고계 플라스터 등이 있고, 기경성은 충분한 물이 있더라도 공기 중에서만 굳는 성질로 석회계 플라스터, 흙반죽 및 섬유벽 등이 있다.

정답 01. ② 02. ④ 03. ④ 04. ④ 05. ①

06 | 수경성의 미장 재료
04

다음 중 물과 화학 반응을 일으켜 경화하는 수경성 재료는?

① 포틀랜드 시멘트　② 돌로마이트 플라스터
③ 소석회　④ 석회 크림

해설 미장 재료 중 수경성(수화 작용에 충분한 물만 있으면 공기 중에서나 수중에서 굳어지는 성질)의 재료에는 시멘트계(시멘트 모르타르, 인조석, 테라초 현장 바름 등)와 석고계 플라스터(혼합 석고, 보드용 석고, 크림용 석고, 킨즈 시멘트 등) 등이 있다.

07 | 기경성의 미장 재료
11

다음 미장 재료 중 기경성 재료는?

① 회반죽　② 킨즈 시멘트
③ 석고 플라스터　④ 시멘트 모르타르

해설 미장 재료 중 기경성(충분한 물이 있더라도 공기 중에서만 경화하고, 수중에서는 굳어지지 않는 성질) 재료에는 석회계 플라스터(회반죽, 돌로마이트 플라스터, 회사벽 등)와 흙반죽, 섬유벽 등이 있다.

08 | 기경성의 미장 재료
15

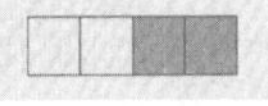

다음 중 기경성 미장 재료는?

① 혼합 석고 플라스터　② 보드용 석고 플라스터
③ 돌로마이트 플라스터　④ 순석고 플라스터

해설 미장 재료 중 기경성(충분한 물이 있다고 하더라도 공기 중에서만 경화하고, 수중에서는 경화하지 않는 성질) 재료에는 석회계 플라스터(회반죽, 돌로마이트 플라스터, 회사벽 등), 흙반죽 및 섬유벽 등이 있다. 시멘트계와 석고계 플라스터는 수경성 미장 재료이다.

09 | 기경성의 미장 재료
20, 19, 07

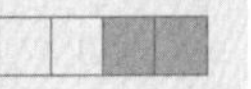

다음 미장 재료 중 응결 경화 방식이 기경성이 아닌 것은?

① 석고 플라스터　② 회반죽
③ 회사벽　④ 돌로마이트 플라스터

해설 미장 재료를 응결, 경화 방식에 의해 구분하면, 수경성의 재료에는 시멘트계(시멘트 모르타르, 인조석, 테라초 현장 바름 등)와 석고계 플라스터(혼합, 보드용, 크림용 석고, 킨즈 시멘트 등)가 있고, 기경성의 재료에는 석회계 플라스터(회반죽, 회사벽, 돌로마이트 플라스터 등), 흙반죽과 섬유벽 등이 있다.

10 | 미장 재료의 경화 작용
03

미장 재료의 경화 작용에 관한 기술 가운데 틀린 것은?

① 돌로마이트 플라스터는 물과 화학 반응을 일으켜 경화한다.
② 회반죽은 공기 중의 탄산가스와 화학 반응을 일으켜 경화한다.
③ 석고 플라스터는 물과 화학 반응을 일으켜 경화한다.
④ 시멘트 모르타르는 물과 화학 반응을 일으켜 경화한다.

해설 돌로마이트 플라스터는 기경성(충분한 물이 있다고 하더라도 공기 중에서만 경화하고, 수중에서는 경화하지 않는 성질)의 미장 재료이다.

11 | 미장 재료의 경화 작용
02

미장 재료에 관한 기술 중 옳지 않은 것은?

① 진흙은 기경성(氣硬性)이다.
② 석고는 기경성이다.
③ 시멘트는 수경성(水硬性)이다.
④ 석회는 기경성이다.

해설 미장 재료 중 수경성의 재료에는 시멘트계(시멘트 모르타르, 인조석, 테라초 현장 바름 등)와 석고계 플라스터(혼합, 보드용, 크림용 석고, 킨즈 시멘트 등)가 있고, 기경성의 재료에는 석회계 플라스터(회반죽, 회사벽, 돌로마이트 플라스터 등), 흙반죽과 섬유벽 등이 있다.

12 | 고결재의 용어
09, 08

미장 재료의 구성 재료 중 그 자신이 물리적 또는 화학적으로 고체화하여 미장 바름의 주체가 되는 재료는?

① 골재　② 혼화재
③ 보강재　④ 고결재

해설 결합재는 고결재의 결함(수축 균열, 점성, 보수성의 부족 등)을 보완하고, 응결 경화 시간을 조절하기 위하여 쓰이는 재료로 모래, 종석, 경량 골재, 돌가루 등이 있다. 혼화재는 방수, 내화, 단열 등의 효과를 얻기 위한 재료와 착색제, 촉진제, 급결제 등이 있으며, 보강재는 균열 방지 등을 위하여 부분적으로 사용되는 여물, 풀, 수염과 와이어 라스, 메탈 라스 등이 있다.

정답 06. ① 07. ① 08. ③ 09. ① 10. ① 11. ② 12. ④

13 | 결합재
11

미장재에서 결합재에 대한 설명 중 옳지 않은 것은?

① 풀은 접착성이 적은 소석회에 필요하다.
② 돌로마이트 석회는 점성이 작아 풀이 필요하다.
③ 수축 균열이 큰 고결재에는 여물이 필요하다.
④ 결합재는 고결재의 성질에 적합한 것을 선택하여 사용해야 한다.

해설 돌로마이트 플라스터는 소석회보다 점성이 커서 풀이 필요 없고, 변색, 냄새, 곰팡이가 없고, 돌로마이트 석회, 모래, 여물, 때로는 시멘트를 혼합하여 만든 바름 재료로서 마감 표면의 경도가 회반죽보다 크다. 그러나 건조, 경화 시에 수축률이 가장 커서 균열이 집중적으로 크게 생기므로 여물을 사용한다.

14 | 회반죽의 용어
21, 10, 08

소석회에 모래, 해초풀, 여물 등을 혼합하여 바르는 미장 재료로서 목조 바탕, 콘크리트 블록 및 벽돌 바탕 등에 사용되는 것은?

① 돌로마이트 플라스터 ② 회반죽
③ 석고 플라스터 ④ 시멘트 모르타르

해설 돌로마이트 플라스터는 돌로마이트 석회, 모래, 여물, 때로는 시멘트를 혼합하여 만든 미장 재료이고, 석고 플라스터는 소석고 또는 경석고를 주원료로 하는 미장 재료이며, 시멘트 모르타르는 시멘트, 모래 및 물로 혼합하여 만든 미장 재료이다.

15 | 회반죽의 경화 물질
22, 20, 19③, 18, 13, 11, 08, 00

회반죽이 공기 중에서 굳어질 때 필요한 물질은?

① 산소 ② 수증기
③ 탄산가스 ④ 질소

해설 회반죽은 기경성으로 충분한 물이 있더라도 공기 중의 이산화탄소와 결합하여야만 경화하고, 수중에서는 굳어지지 않는 것을 말한다.

16 | 회반죽의 경화 물질
24, 19, 13, 10, 07, 03

회반죽 바름은 공기 중의 어느 성분과 작용하여 경화하게 되는가?

① 산소 ② 탄산가스
③ 질소 ④ 수소

해설 회반죽은 기경성으로 충분한 물이 있더라도 공기 중의 이산화탄소와 결합하여야만 경화하고, 수중에서는 굳어지지 않는 것을 말한다.

17 | 회반죽의 경화 물질
22, 17, 14, 09

회반죽 바름이 공기 중에서 경화되는 과정을 가장 옳게 설명한 것은?

① 물이 증발하여 굳어진다.
② 물과의 화학적인 반응을 거쳐 굳어진다.
③ 공기 중 산소와의 화학 작용을 통해 굳어진다.
④ 공기 중 탄산가스와의 화학 작용을 통해 굳어진다.

해설 회반죽은 기경성으로 충분한 물이 있더라도 공기 중의 이산화탄소와 결합하여야만 경화하고, 수중에서는 굳어지지 않는 것을 말한다.

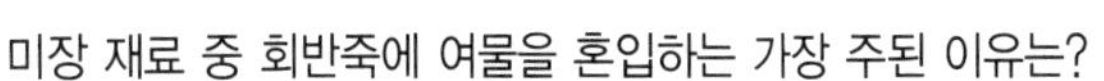

18 | 회반죽의 여물 첨가 이유
24, 20②, 18, 17, 16, 11, 07, 01, 98

미장 재료 중 회반죽에 여물을 혼입하는 가장 주된 이유는?

① 변색을 방지하기 위해서
② 균열을 분산, 경감하기 위하여
③ 경도를 크게 하기 위하여
④ 굳는 속도를 빠르게 하기 위하여

해설 회반죽에 여물(미장 재료에 혼입하여 보강, 균열 방지의 역할을 하는 섬유질의 재료)을 섞는 이유는 균열을 방지 및 경감하고, 미장 재료를 보강하기 위함이다.

19 | 회반죽
09

다음 중 회반죽에 관한 설명으로 옳지 않은 것은?

① 경화 건조에 의한 수축률은 미장 바름 중 가장 작은 편이다.
② 여물을 사용하여 균열을 분산, 경감시킨다.
③ 건조에 시일이 오래 걸린다.
④ 소석회에 모래, 해초풀 등을 혼합하여 만든다.

해설 회반죽은 소석회, 풀, 여물, 모래(초벌과 재벌에만 사용하고, 정벌에는 사용하지 않는다.) 등을 혼합하여 바르는 미장 재료로서 건조, 경화할 때의 수축률이 크기 때문에 삼여물로 균열을 분산, 미세화하는 미장 재료이다.

정답 13. ② 14. ② 15. ③ 16. ② 17. ④ 18. ② 19. ①

20 | 돌로마이트 석회
24, 08

돌로마이트 석회에 관한 다음 설명 중 옳지 않은 것은?

① 회반죽에 비해 조기 강도 및 최종 강도가 크다.
② 소석회에 비해 점성이 높고 작업성이 좋다.
③ 점성이 거의 없어 해초풀로 반죽한다.
④ 수축 균열이 많이 발생한다.

해설 돌로마이트 플라스터는 소석회보다 점성이 커서 풀이 필요 없고, 변색, 냄새, 곰팡이가 없으며, 돌로마이트, 석회, 모래, 여물, 때로는 시멘트를 혼합하여 만든 바름 재료로서 마감 표면의 경도가 회반죽보다 크다. 그러나 건조, 경화 시에 수축률이 가장 커서 균열이 집중적으로 크게 생기므로 여물을 사용한다.

21 | 돌로마이트 플라스터
24, 23, 19, 18③, 09

다음 중 돌로마이트 플라스터에 대한 설명으로 옳지 않은 것은?

① 수축 균열이 발생한다.
② 표면 경도가 회반죽보다 크다.
③ 점성이 적어서 풀로 반드시 반죽한다.
④ 마그네시아 석회라고도 하며 비중이 2.4 정도이다.

해설 돌로마이트 플라스터(마그네시아 석회)는 소석회보다 점성이 커서 풀이 필요 없으며, 변색, 냄새, 곰팡이가 없고, 돌로마이트 석회, 모래, 여물, 때로는 시멘트를 혼합하여 만든 바름 재료로서 마감 표면의 경도가 회반죽보다 크다. 그러나 건조, 경화시에 수축률이 가장 커서 균열이 집중적으로 크게 생기므로 여물을 사용한다.

22 | 돌로마이트 플라스터
10

돌로마이트 플라스터에 대한 설명 중 옳지 않은 것은?

① 소석회보다 점성이 작다.
② 풀이 필요없다.
③ 변색, 냄새, 곰팡이가 없다.
④ 건조수축이 커서 균열이 생기기 쉽다.

해설 돌로마이트 플라스터는 소석회보다 점성이 커서 풀이 필요 없고, 변색, 냄새, 곰팡이가 없고, 돌로마이트 석회, 모래, 여물, 때로는 시멘트를 혼합하여 만든 바름 재료로서 마감 표면의 경도가 회반죽보다 크다. 그러나 건조, 경화 시에 수축률이 가장 커서 균열이 집중적으로 크게 생기므로 여물을 사용한다.

23 | 돌로마이트 플라스터
11

돌로마이트 플라스터에 대한 설명으로 옳지 않은 것은?

① 반죽하는 물은 뜨거운 것이 좋다.
② 반죽 후 보통 2시간 이내에 사용해야 한다.
③ 초벌 바름 후 10일 정도 경과하여 고름질을 한다.
④ 경화가 늦고 수축성이 작다.

해설 돌로마이트 플라스터는 소석회보다 점성이 커서 풀이 필요 없고, 변색, 냄새, 곰팡이가 없고, 돌로마이트 석회, 모래, 여물, 때로는 시멘트를 혼합하여 만든 바름 재료로서 마감 표면의 경도가 회반죽보다 크다. 그러나 건조, 경화 시에 수축률이 가장 커서 균열이 집중적으로 크게 생기므로 여물을 사용한다.

24 | 돌로마이트 플라스터
22, 20, 15, 06

미장 재료 중 돌로마이트 플라스터에 대한 설명으로 틀린 것은?

① 수축 균열이 발생하기 쉽다.
② 소석회에 비해 작업성이 좋다.
③ 점도가 없어 해초풀로 반죽한다.
④ 공기 중의 탄산가스와 반응하여 경화한다.

해설 돌로마이트 플라스터는 소석회보다 점성이 커서 풀이 필요 없고 변색, 냄새, 곰팡이가 없으며, 건조·경화 시에 수축률이 가장 커서 균열이 집중적으로 크게 생기므로 여물을 사용한다.

25 | 균열 발생의 감소
24, 21, 19, 14, 11, 06

다음 미장 재료 중 균열 발생이 가장 적은 것은?

① 돌로마이트 플라스터　② 석고 플라스터
③ 회반죽　④ 시멘트 모르타르

해설 석고 플라스터는 점성이 큰 재료이므로 여물이나 풀을 사용하지 않고, 응결이 빠르며 화학적으로 경화하므로 내부까지 단단하고, 경화와 건조 시 치수 안전성이 우수하며, 결합수로 인하여 방화성도 크다. 특히, 균열 발생이 가장 작다.

26 | 경석고 플라스터의 용어
19, 18, 12, 03

무수석고가 주재료이며 경화한 것은 강도와 표면 경도가 큰 재료로서 킨즈 시멘트라고도 불리우는 것은?

① 돌로마이트 플라스터　② 질석 모르타르
③ 경석고 플라스터　④ 순석고 플라스터

정답 20.③ 21.③ 22.① 23.④ 24.③ 25.② 26.③

해설 경(무수)석고 플라스터(킨즈 시멘트)는 무수석고가 주재료이고, 경화된 것은 강도와 표면 경도가 큰 재료이다.

27 | 석고 플라스터 06, 04

석고 플라스터에 대한 설명으로 옳지 않은 것은?

① 점성이 작아서 여물 또는 해초 등을 원칙적으로 사용하여야 한다.
② 경화·건조 시 치수 안정성이 우수하다.
③ 결합수로 인하여 방화성이 크다.
④ 유성 페인트 마감이 가능하다.

해설 석고 플라스터는 점성이 큰 재료이므로 여물이나 풀을 사용하지 않고, 화학적으로 경화하므로 내부까지 단단하며, 결합수로 인하여 방화성도 크다. 약한 산성으로 목재의 부식을 방지하고, 유성 페인트를 즉시 칠할 수 있다.

28 | 석고 플라스터 15

미장 재료 중 석고 플라스터에 대한 설명으로 틀린 것은?

① 알칼리성이므로 유성 페인트 마감을 할 수 없다.
② 수화하여 굳어지므로 내부까지 거의 동일한 경도가 된다.
③ 방화성이 크다.
④ 원칙적으로 해초 또는 풀을 사용하지 않는다.

해설 석고 플라스터는 점성이 큰 재료이므로 여물이나 풀을 사용하지 않고, 응결이 빠르며 경화와 건조 시 치수 안전성이 우수하고, 결합수로 인하여 방화성도 크다. 약한 산성으로 목재의 부식을 방지하고, 유성 페인트를 즉시 칠할 수 있다.

29 | 마그네시아 시멘트의 용어 02, 00

건축 재료 중 물로 비비면 경화가 잘 되지 않아 간수를 넣어 주는 것은?

① 회반죽
② 실리카 시멘트
③ 석고 플라스터
④ 마그네시아 시멘트

해설 마그네시아 시멘트는 물로만 비벼서 경화가 되지 않으며, 산화마그네슘에 염화마그네슘의 수용액을 가하여 경화시켜 제조하며, 주로 바닥 미장에 사용한다. 회반죽은 기경성, 실리카 시멘트와 석고 플라스터는 수경성이다.

30 | 여물 첨가 이유 08

미장 재료에 여물을 첨가하는 이유로 가장 적절한 것은?

① 방수 효과를 높이기 위해
② 균열을 방지하기 위해
③ 착색을 위해
④ 수화 반응을 촉진하기 위해

해설 미장 재료에 여물(미장 재료에 혼입하여 보강, 균열 방지의 역할을 하는 섬유질의 재료)을 섞는 이유는 균열을 방지 및 경감하고, 미장 재료를 보강하기 위함이다.

31 | 염화칼슘의 용어 18, 11, 07

미장용 혼화 재료 중 응결 시간을 단축시키는 것을 목적으로 하는 급결제에 속하는 것은?

① 카본블랙 ② 점토
③ 염화칼슘 ④ 이산화망간

해설 방수 효과를 내기 위한 방수제에는 무기질계에는 염화칼슘, 규산소다(물유리)계, 규산질(실리카) 분말 등이 있고, 유기질계에는 지방산계, 파라핀 에멀션계, 아스팔트 에멀션계, 수지 에멀션계, 고무 라텍스, 수용성 폴리머계 등이 있다. 착색제로는 합성 산화철(빨강), 카본블랙(검정), 이산화망간(갈색)과 산화크롬(초록) 등이 있다. 특히, 염화칼슘은 경화(응결) 촉진제로 사용된다.

32 | 미장 재료 24, 21, 18, 14, 05

미장 재료에 대한 설명 중 옳은 것은?

① 회반죽에 석고를 약간 혼합하면 경화 속도, 강도가 감소하며 수축 균열이 증대된다.
② 미장 재료는 단일 재료로서 사용되는 경우보다 주로 복합 재료로서 사용된다.
③ 결합재에는 여물, 풀 등이 있으며 이것은 직접 고체화에 관계한다.
④ 시멘트 모르타르는 기경성 미장 재료로, 내구성 및 강도가 크다.

해설 회반죽에 석고를 약간 혼합하면 경화 속도와 강도가 증대되고, 수축 균열을 방지할 수 있다. 결합재는 고결재의 결점(수축 균열, 점성, 보수성의 부족 등)을 보완할 수 있다. 시멘트 모르타르는 수경성의 미장 재료이다.

정답 27. ① 28. ① 29. ④ 30. ② 31. ③ 32. ②

33 | 리신 바름의 용어
14

돌로마이트에 화강석 부스러기, 모래, 안료 등을 섞어 정벌 바름하고 충분히 굳지 않을 때 표면에 거친 솔, 얼레빗 등을 사용하여 거친면으로 마무리하는 방법은?

① 질석 모르타르 바름
② 펄라이트 모르타르 바름
③ 바라이트 모르타르 바름
④ 리신 바름

해설 질석 모르타르는 시멘트와 질석을 사용한 경량용으로 블록 제조용에 사용한다. 펄라이트 모르타르는 시멘트와 펄라이트(다공질의 석재)를 섞어서 제조한 모르타르이며, 바라이트 모르타르 바름은 바리움을 원료로 하는 분말재로 모래, 시멘트를 혼합하여 사용하며 차단재로 사용된다.

34 | 석고 보드
19, 16, 12, 08, 06

석고 보드에 대한 다음 설명 중 옳지 않은 것은?

① 부식이 안 되고 충해를 받지 않는다.
② 팽창 및 수축의 변형이 크다.
③ 흡수로 인해 강도가 현저하게 저하된다.
④ 단열성이 높다.

해설 석고 보드는 소석고를 주원료로 한 것으로 특성으로는 방부성, 방충성 및 방화성이 있고, 팽창 및 수축의 변형이 작으며, 단열성이 높다. 특히 가공이 쉽고 열전도율이 작으며, 난연성이 있고, 유성 페인트로 마감할 수 있다. 흡수로 인해 강도가 현저하게 저하되는 것이 단점이다.

35 | 석고 보드
07

석고 보드에 대한 설명으로 옳지 못한 것은?

① 방부성, 방화성이 크다.
② 흡수로 인한 강도의 변화가 없다.
③ 열전도율이 작고 난연성이다.
④ 가공이 쉬우며, 유성 페인트로 마감할 수 있다.

해설 석고 보드는 흡수로 인한 강도의 변화가 크므로 강도의 변화를 방지하기 위하여 비·바람을 맞는 곳에는 사용하지 않는다.

36 | 석고 보드
09②

다음 중 석고 보드에 대한 설명으로 옳지 않은 것은?

① 시공이 용이하고 표면 가공이 다양하다.
② 부식이 안 되고, 충해를 받지 않는다.
③ 단열성이 높다.
④ 내수성이 높아서 흡수로 인한 강도 저하가 거의 없다.

해설 석고 보드는 흡수로 인한 강도의 변화가 크므로 강도의 변화를 방지하기 위하여 비·바람을 맞는 곳에는 사용하지 않는다.

37 | 석고 보드의 단면 형상
16

석고 보드 제품의 단면 형상에 따른 종류에 해당되지 않는 것은?

① 칩보드 ② 평보드
③ 테파드 보드 ④ 베벨 보드

해설 평보드(Square edge board)는 석고 보드의 측면을 거의 직각으로 성형한 보드로서 벽지 등의 마감하지용으로 적용한다. 테파드 보드(Taper edge board)는 석고 보드의 길이 방향 양단 부분을 경사지게 성형한 보드로서 시공 후 경사진 부분끼리의 이음매를 조인트 콤파운드와 조인트 테이프로 메꿈 처리하여 이음매가 보이지 않도록 하는 공법을 적용한다. 베벨 보드(Bevel edge board)는 테파드 보드에 비해 경사지게 처리하는 부위를 좁게 하여 이음매 처리를 쉽게 할 수 있도록 성형한 보드로서 천장이나 벽체에 사용한다.

정답 33. ④ 34. ② 35. ② 36. ④ 37. ①

2-11. 역청 재료

1 역청 재료의 정의

아스팔트(비파라핀계 석유 성분의 일부를 자연적으로 증발시키거나 인공적으로 증발시켜 얻은 고체 또는 반고체의 점조성 물질)나 피치(타르, 석유, 유지, 레진 등의 찌꺼기로서 나오는 흑갈색의 열가소성 역청 물질)처럼 가열하면 연화하고, 벤젠·알코올 등의 용제에 녹는 흑갈색의 점성질 반고체의 물질로, 도로의 포장, 방수재 및 방진재로 사용되는 물질을 말한다.

2 아스팔트의 분류

(1) 천연 아스팔트

레이크 아스팔트, 로크 아스팔트 및 아스팔타이트 등

(2) 석유계 아스팔트

① **스트레이트 아스팔트** : 원유를 증류하고 피치가 되기 전에 유출량을 제한하여 잔류분을 반고체형으로 고형화시켜 만든 것으로, 지하실 방수 공사에 사용된다.

② **블론 아스팔트** : 점성이나 침투성은 작으나 온도에 의한 변화가 적어서 열에 대한 안정성이 크며, 아스팔트 프라이머의 제작과 옥상의 아스팔트 방수에 사용된다.

③ **아스팔트 콤파운드** : 용제 추출 아스팔트로서 블론 아스팔트의 성능을 개량하기 위해 동식물성 유지와 광물질 분말을 혼입한 것으로, 일반지붕 방수 공사에 이용된다.

구분	사용처
스트레이트 아스팔트	아스팔트 펠트 및 루핑의 바탕재의 침투제, 지하실 방수
블론 아스팔트	아스팔트 루핑의 표층, 지붕 방수(옥상 방수), 아스팔트 콘크리트의 재료
아스팔트 콤파운드	방수 재료, 아스팔트 방수 공사

3 아스팔트 제품

(1) 아스팔트 제품

① **아스팔트 프라이머** : 아스팔트 프라이머(asphalt primer)는 블론 아스팔트를 휘발성 용제로 희석한 흑갈색의 액체로서 아스팔트 방수층을 만들 때 콘크리트, 모르타르 바탕에 부착력을 증가시키기 위하여 제일 먼저 사용하는 역청 재료이다. 또한 아스팔트를 용제에 녹인 액상으로서 아스팔트 방수의 바탕 처리재로 사용되는 것 또는 아스팔트 타일 붙이기 시공을 할 때의 초벌용 도료이다. 용제가 증발하면 아스팔트가 바탕에 침투하여 밀착된 아스팔트 도막을 형성하고, 그 위에 타일용 아스팔트 접착제나

출제 키워드

■ 역청 재료
- 아스팔트나 피치처럼 가열하면 연화하고, 벤젠·알코올 등의 용제에 녹는 흑갈색의 점성질 반고체의 물질
- 도로의 포장, 방수재 및 방진재로 사용

■ 천연 아스팔트의 종류

레이크 아스팔트, 로크 아스팔트 및 아스팔타이트 등

■ 석유계 아스팔트의 종류

스트레이트 아스팔트, 블론 아스팔트, 아스팔트 콤파운드 등

■ 스트레이트 아스팔트
- 원유를 증류하고 피치가 되기 전에 유출량을 제한하여 잔류분을 반고체형으로 고형화시켜 만든 것
- 지하실 방수 공사에 사용

■ 블론 아스팔트
- 점성이나 침투성은 작다.
- 온도에 의한 변화가 적어서 열에 대한 안정성이 크다.
- 아스팔트 프라이머의 제작과 옥상의 아스팔트 방수에 사용한다.

■ 아스팔트 콤파운드
- 블론 아스팔트의 성능을 개량하기 위해 동·식물성 유지와 광물질 분말을 혼입한 것
- 아스팔트 방수 공사에 이용

■ 아스팔트 프라이머
- 블론 아스팔트를 휘발성 용제로 희석한 흑갈색의 액체
- 아스팔트 방수층을 만들 때 콘크리트, 모르타르 바탕에 부착력을 증가시키기 위하여 제일 먼저 사용하는 역청 재료
- 아스팔트를 용제에 녹인 액상으로서 아스팔트 방수의 바탕 처리재로 사용되는 것
- 아스팔트 타일 붙이기 시공을 할 때의 초벌용 도료

출제 키워드

■ 아스팔트 펠트
유기질의 섬유로 만든 원지포에 스트레이트 아스팔트를 침투시켜 롤러로 압착하여 만든 것

■ 아스팔트 루핑
• 아스팔트 펠트의 양면에 아스팔트 콤파운드를 피복한 다음 그 위에 활석 또는 운석 분말을 부착시킨 것
• 방수층의 주층, 지붕 바탕깔기로 사용

■ 아스팔트 콤파운드
• 동·식물성 유지와 광물질 미분 등을 블론 아스팔트에 혼입하여 만든 것
• 내열성, 점성, 내구성 등을 블론 아스팔트보다 좋게 한 것
• 방수 재료, 아스팔트 방수 공사에 사용

■ 아스팔트 싱글의 용도
아스팔트 루핑을 사각형, 육각형으로 잘라 주택 등의 경사 지붕에 사용

■ 아스팔트의 품질 판정
침입도, 연화점, 인화점, 이황화탄소(가용분), 감온비, 비중, 가열 안정성 및 늘임도 또는 신도(다우스미스식) 등

■ 아스팔트의 품질 판정과 무관
압축 강도나 마모도 등

■ 아스팔트의 용도
방수 재료, 화학 공장의 내약품 재료, 녹막이 재료 및 도로 포장 재료 등

■ 도막 방수
도료 상태의 방수재를 바탕면에 여러 번 칠하여 얇은 수지 피막을 만들어 방수 효과를 얻는 공법

방수층용 가열 아스팔트를 칠하면 바탕과의 밀착성이 좋아진다.

② **타르** : 유기물(석유 원유, 석탄, 나무 등)의 건류 또는 증류에 의해 생기는 흑갈색의 비교적 휘발성인 유상 물질을 총칭하는 물질이다.

③ **아스팔트 펠트** : 유기질의 섬유(목면, 마사, 폐지, 양털, 무명, 삼, 펠트 등)로 원지포를 만들어, 원지포에 스트레이트 아스팔트를 침투시켜 롤러로 압착하여 만든 것으로 흑색 시트 형태이다. 방수와 방습성이 좋고 가벼우며, 넓은 지붕을 쉽게 덮을 수 있어 기와 지붕의 밑에 깔거나, 방수 공사를 할 때 루핑과 같이 사용한다.

④ **아스팔트 루핑** : 아스팔트 펠트의 양면에 아스팔트 콤파운드를 피복한 다음 그 위에 활석 또는 운석 분말을 부착시킨 것이다. 온도의 상승에 따라 유연성이 증대되고, 방수·방습성이 펠트보다 우수하며, 표층의 아스팔트 콤파운드 때문에 내후성이 크다. 방수층의 주층으로 쓰이거나 지붕 바탕깔기로 쓰이는 것이다.

⑤ **아스팔트 콤파운드** : 동·식물성 유지와 광물질 미분 등을 블론 아스팔트에 혼입하여 만든 것이다. 내열성, 점성, 내구성 등을 블론 아스팔트보다 좋게 한 것으로 용도로는 방수 재료, 아스팔트 방수 공사에 쓰인다.

⑥ **아스팔트 싱글** : 아스팔트 루핑을 사각형, 육각형으로 잘라 주택 등의 경사 지붕에 사용하는 것을 말한다.

⑦ **아스팔트 시트** : 원포를 합성수지 직포(폴리프로필렌 수지)로 하고, 아스팔트는 고무화 아스팔트 콤파운드를 사용하여 표면에는 규사, 뒷면에는 박리지를 붙여서 만든 것으로, 옥상 방수 및 지하 구조물의 방수에 사용한다. 아스팔트 루핑과 다른 점은 옥상 방수 공사 시 아스팔트 프라이머를 도포한 후, 아스팔트 시트의 박리지를 벗겨가면서 바닥에 깔고 압착시키면 아스팔트 없이도 바탕에 밀착되므로 한 층만 깔고, 그 위에 보호 모르타르나 콘크리트를 덮으면 된다.

(2) 아스팔트 품질의 판정

아스팔트의 품질 판정 시 고려하여야 할 사항은 침입도(아스팔트의 견고성 정도를 침의 관입에 대한 저항으로 평가), 연화점, 인화점, 이황화탄소(가용분), 감온비(온도에 따른 견고성 변화의 정도), 비중, 가열 안정성 및 늘임도 또는 신도(다우스미스식) 등이다. 압축 강도나 마모도는 아스팔트 품질과 무관하다.

(3) 아스팔트의 용도

아스팔트는 방수성 및 화학적인 안전성이 크므로 방수 재료, 화학 공장의 내약품 재료, 녹막이 재료 및 도로 포장 재료 등에 사용된다.

(4) 도막 방수

도료 상태의 방수재를 바탕면에 여러 번 칠하여 얇은 수지 피막을 만들어 방수 효과를 얻는 공법이다. 방수 시트는 상온에서 접착제로 시공하고, 공사 기간이 짧고, 지붕의 경량화라는 장점이 있다.

CHAPTER 02

| 2-11. 역청 재료 |

과년도 출제문제

01 역청 재료의 용어
12

아스팔트나 피치처럼 가열하면 연화하고, 벤젠·알코올 등의 용제에 녹는 흑갈색의 점성질 반고체 물질로 도로의 포장, 방수재, 방진재로 사용되는 것은?

① 도장 재료　② 미장 재료
③ 역청 재료　④ 합성수지 재료

해설 도장 재료는 물체의 표면에 칠하여 부식을 방지하고 표면을 보호하며, 광택, 색채, 무늬 등을 이용하여 아름답게 하는 데 사용하는 재료이다. 미장 재료는 석회, 석고 및 돌로마이트 플라스터 등을 건축물의 바닥, 내·외벽 및 천장 등에 적당한 두께로 발라 마무리하는 재료이다. 합성수지 재료는 고분자 물질로 석탄, 석유, 유지, 녹말, 섬유소 및 고무 등의 원료를 인공적으로 합성시켜 만든 재료이다.

02 천연 아스팔트의 종류
09

다음 중 천연 아스팔트가 아닌 것은?

① 레이크 아스팔트　② 로크 아스팔트
③ 스트레이트 아스팔트　④ 아스팔타이트

해설 석유계 아스팔트의 종류에는 스트레이트 아스팔트, 블론 아스팔트 및 아스팔트 콤파운드(용제 추출 아스팔트) 등이 있고, 천연 아스팔트의 종류에는 레이크 아스팔트, 로크 아스팔트 및 아스팔타이트 등이 있다.

03 천연 아스팔트의 종류
21, 20, 19, 12, 08

다음 중 석유계 아스팔트가 아닌 천연 아스팔트에 해당하는 것은?

① 레이크 아스팔트　② 스트레이트 아스팔트
③ 블론 아스팔트　④ 용제 추출 아스팔트

해설 석유계 아스팔트의 종류에는 스트레이트 아스팔트, 블론 아스팔트 및 아스팔트 콤파운드(용제 추출 아스팔트) 등이 있고, 천연 아스팔트의 종류에는 레이크 아스팔트, 로크 아스팔트 및 아스팔타이트 등이 있다.

04 아스팔트 컴파운드의 용어
19, 18③, 17, 14

원유를 증류하고 피치가 되기 전에 유출량을 제한하여 잔류분을 반고체형으로 고형화시켜 만든 것으로 지하실 방수 공사에 사용되는 것은?

① 스트레이트 아스팔트　② 블론 아스팔트
③ 아스팔트 콤파운드　④ 아스팔트 프라이머

해설 블론 아스팔트는 점성이나 침투성은 작으나 온도에 의한 변화가 적어서 열에 대한 안정성이 크며 아스팔트 프라이머의 제작과 옥상의 아스팔트 방수에 사용한다. 아스팔트 콤파운드는 동·식물성 유지와 광물질 미분 등을 블론 아스팔트에 혼입하여 만든 것으로 내열성, 점성, 내구성 등을 블론 아스팔트보다 좋게 한 것으로 용도로는 방수 재료, 아스팔트 방수 공사에 사용한다. 아스팔트 프라이머는 옥상 아스팔트 방수층에서 부착력을 증가시키기 위하여 바탕에 제일 먼저 바르는 것 또는 아스팔트를 용제에 녹힌 액상으로서 아스팔트 방수의 바탕 처리재로 사용되는 것 및 블론 아스팔트를 휘발성 용제로 희석한 흑갈색의 액으로서 콘크리트, 모르타르 바탕에 아스팔트 방수층 또는 아스팔트 타일 붙이기 시공을 할 때의 초벌용 도료이다.

05 블론 아스팔트의 용어
12, 09, 01, 00

점성이나 침투성은 작으나 온도에 의한 변화가 적어서 열에 대한 안정성이 크며 아스팔트 프라이머의 제작과 옥상의 아스팔트 방수에 사용되는 것은?

① 로크 아스팔트　② 스트레이트 아스팔트
③ 블론 아스팔트　④ 아스팔타이트

해설 로크 아스팔트와 아스팔타이트는 천연 아스팔트에 속한다. 스트레이트 아스팔트는 아스팔트 성분을 되도록 분해, 변화하지 않도록 만든 것으로 점성, 침투성, 신축성은 크나, 증발 성분이 많고, 온도에 의한 강도, 신축성, 유연성의 변화가 크다. 아스팔트 펠트나 루핑의 바탕재로 사용한다.

정답 01. ③ 02. ③ 03. ① 04. ① 05. ③

06 | 아스팔트 컴파운드의 용어
10, 07

블론 아스팔트의 성능을 개량하기 위해 동식물성 유지와 광물질 분말을 혼입한 것으로 일반지붕 방수 공사에 이용되는 것은?

① 아스팔트 유제 ② 아스팔트 펠트
③ 아스팔트 루핑 ④ 아스팔트 콤파운드

해설 아스팔트 유제는 아스팔트를 미립자로 하여 수중 또는 수용액중에 분산시킨 것으로 간단한 방수 공사에 사용한다. 아스팔트 펠트는 유기질의 섬유(양털, 무명, 삼, 펠트 등)로 원지포를 만들어, 이것에 스트레이트 아스팔트를 침투시켜 롤러로 압착하여 만든 것이다. 아스팔트 루핑은 아스팔트 펠트의 양면에 아스팔트 콤파운드를 피복한 다음, 그 위에 활석 또는 운석 분말을 부착시킨 것이다.

07 | 아스팔트 품질 판정 항목
24, 20, 19, 18④, 17③, 13

아스팔트의 품질 판별 관련 요소와 가장 거리가 먼 것은?

① 침입도 ② 신도
③ 감온비 ④ 강도

해설 아스팔트의 품질을 판별하는 품목에는 연화점, 침입도(아스팔트의 견고성 정도를 침의 관입에 대한 저항으로 평가), 침입도 지수, 신도, 감온비(아스팔트의 온도에 따라 변하는 견고성의 정도), 증발량, 인화점, 취화점, 흘러내린 길이, 가열 안정성, 사염화탄소 가용분 등이 있다.

08 | 아스팔트 품질 판정 항목
13, 03

아스팔트의 품질을 판별하는 항목과 거리가 먼 것은?

① 이황화탄소 ② 가열감량
③ 고정 탄소 ④ 크리프

해설 아스팔트의 품질을 판별하는 품목에는 연화점, 침입도(아스팔트의 견고성 정도를 침의 관입에 대한 저항으로 평가), 침입도 지수, 신도, 감온비(아스팔트의 온도에 따라 변하는 견고성의 정도), 증발량, 인화점, 취화점, 흘러내린 길이, 가열 안정성, 사염화탄소 가용분 등이 있다.

09 | 아스팔트 품질 판정 항목
18, 16, 09, 04

다음 중 방수 공사용 아스팔트의 품질을 판별하는 기준과 가장 거리가 먼 것은?

① 연화점 ② 마모도
③ 침입도 ④ 가열 안정성

해설 아스팔트의 품질을 판별하는 품목에는 연화점, 침입도(아스팔트의 견고성 정도를 침의 관입에 대한 저항으로 평가), 침입도 지수, 신도, 감온비(아스팔트의 온도에 따라 변하는 견고성의 정도), 증발량, 인화점, 취화점, 흘러내린 길이, 가열 안정성, 사염화탄소 가용분 등이 있다.

10 | 침입도의 용어
19, 12

아스팔트의 견고성 정도를 침의 관입 저항으로 평가하는 방법은?

① 수축률 ② 침입도
③ 경도 ④ 갈라짐

해설 아스팔트의 품질을 판별하는 품목에는 연화점, 침입도(아스팔트의 견고성 정도를 침의 관입에 대한 저항으로 평가), 침입도 지수, 신도, 감온비(아스팔트의 온도에 따라 변하는 견고성의 정도), 증발량, 인화점, 취화점, 흘러내린 길이, 가열 안정성, 사염화탄소 가용분 등이 있다.

11 | 침입도의 용어
19, 11, 09

아스팔트의 물리적 성질 중 온도에 따른 견고성 변화의 정도를 나타내는 것은?

① 침입도 ② 감온성
③ 신도 ④ 비중

해설 침입도는 아스팔트의 견고성 정도를 침의 관입 저항으로 평가하는 방법으로 온도의 상승에 따라 증가된다. 신도는 온도의 변화와 함께 변화하며, 아스팔트의 점착성, 가동성, 내마모성 등과 관계가 깊고, 아스팔트의 연성을 나타내는 수치이다. 비중은 침입도가 작을수록, 황의 함유량이 많을수록 크다. 아스팔트의 비중은 1.0~1.1 정도이다.

12 | 아스팔트 펠트의 용어
22②, 21, 14, 02, 00

양털, 무명, 삼 등을 혼합하여 만든 원지에 스트레이트 아스팔트를 침투시켜 만든 두루마리 제품은?

① 아스팔트 싱글 ② 아스팔트 루핑
③ 아스팔트 타일 ④ 아스팔트 펠트

해설 아스팔트 싱글은 모래붙임 루핑을 사각형, 육각형으로 잘라 만든 것으로 주택 등의 경사 지붕에 사용하는 아스팔트 제품이다. 아스팔트 루핑은 아스팔트 펠트의 양면에 아스팔트 피복을 하고 밀착 방지를 위해 활석, 운모, 석회석, 규조토의 미분말을 뿌린 것으로 방수층의 주층으로 쓰이거나 지붕 바탕깔기로 쓰이는 것이다. 아스팔트 타일은 아스팔트와 쿠마론 인덴 수지, 염화비닐 수지에 석면, 돌가루 등을 혼합한 다음, 높은 열과 압력으로 녹여 얇은 판으로 만든 것으로 탄성이 있고, 가공하기가 쉽다.

정답 06. ④ 07. ④ 08. ④ 09. ② 10. ② 11. ② 12. ④

13 | 아스팔트 루핑의 용어
10

아스팔트 펠트의 양면에 아스팔트 피복을 하고 밀착 방지를 위해 활석, 운모, 석회석, 규조토의 미분말을 뿌린 것으로 방수층의 주층으로 쓰이거나 지붕 바탕깔기로 쓰이는 것은?

① 아스팔트 프라이머 ② 아스팔트 루핑
③ 아스팔트 유제 ④ 아스팔트 콤파운드

해설 아스팔트 프라이머는 옥상 아스팔트 방수층에서 부착력을 증가시키기 위하여 바탕에 제일 먼저 바르는 것 또는 아스팔트를 용제에 녹힌 액상으로서 아스팔트 방수의 바탕 처리재로 사용되는 것 및 블론 아스팔트를 휘발성 용제로 희석한 흑갈색의 액으로서 콘크리트, 모르타르 바탕에 아스팔트 방수층 또는 아스팔트 타일 붙이기 시공을 할 때의 초벌용 도료이다. 아스팔트 유제는 아스팔트를 미립자로 하여 수중 또는 수용액 중에 분산시킨 것으로 간단한 방수 공사에 사용한다. 아스팔트 콤파운드는 동·식물성 유지와 광물질 미분 등을 블론 아스팔트에 혼입하여 만든 것으로 내열성, 점성, 내구성 등을 블론 아스팔트보다 좋게 한 것으로, 용도로는 방수 재료, 아스팔트 방수 공사에 사용한다.

14 | 아스팔트 싱글의 용어
19, 18, 17, 11

모래붙임 루핑을 사각형, 육각형으로 잘라 만든 것으로 주택 등의 경사 지붕에 사용하는 아스팔트 제품은?

① 아스팔트 펠트 ② 아스팔트 블록
③ 아스팔트 싱글 ④ 아스팔트 타일

해설 아스팔트 펠트는 유기질의 섬유(목면, 마사, 폐지, 양털, 무명, 삼, 펠트 등)로 원지포를 만들어, 원지포에 스트레이트 아스팔트를 침투시켜 롤러로 압착하여 만든 것으로 기와 지붕의 밑에 깔거나, 방수 공사를 할 때 루핑과 같이 사용한다. 아스팔트 블록은 모래, 깬 자갈, 광재와 가열한 아스팔트를 섞어서 정해진 틀에 채워 강압하여 만든 블록으로 공장, 창고, 철도의 플랫폼 등의 바닥에 사용한다. 아스팔트 타일은 아스팔트와 쿠마론 인덴 수지, 염화비닐 수지에 석면, 돌가루 등을 혼합한 다음, 높은 열과 압력으로 녹여 얇은 판으로 만든 것으로 탄성이 있고, 가공하기가 쉽다.

15 | 아스팔트 프라이머의 용어
18③, 12, 08, 07, 02, 00

옥상 아스팔트 방수층에서 부착력을 증가시키기 위하여 바탕에 제일 먼저 바르는 것은?

① 스트레이트 아스팔트 ② 아스팔트 프라이머
③ 아스팔트 싱글 ④ 블론 아스팔트

해설 스트레이트 아스팔트는 아스팔트 성분을 되도록 분해, 변화하지 않도록 만든 것으로 아스팔트 펠트나 루핑의 바탕재로 사용한다. 아스팔트 싱글은 아스팔트 루핑을 사각형, 육각형 등으로 잘라 주택 등의 경사지붕에 사용하는 것이다. 블론 아스팔트는 증류탑에 뜨거운 공기를 불어 넣어 만든 것으로 점성과 침투성은 작으나, 열에 대한 안정성과 내후성이 크므로 지붕 방수에 사용한다.

16 | 아스팔트 프라이머의 용어
23, 04

아스팔트를 용제에 녹인 액상으로서 아스팔트 방수의 바탕 처리재로 사용되는 것은?

① 아스팔트 펠트 ② 아스팔트 루핑
③ 아스팔트 프라이머 ④ 아스팔트 싱글

해설 아스팔트 펠트는 유기질의 섬유(양털, 무명, 삼, 펠트 등)로 원지포를 만들어, 이것에 스트레이트 아스팔트를 침투시켜 롤러로 압착하여 만든 것으로 흑색 시트상이며, 방수와 방습성이 좋고, 가벼우며, 기와 지붕의 밑에 깔거나, 방수공사를 할 때 루핑과 같이 사용한다. 아스팔트 루핑은 아스팔트 펠트의 양면에 아스팔트 피복을 하고 밀착 방지를 위해 활석, 운모, 석회석, 규조토의 미분말을 뿌린 것으로 방수층의 주층으로 쓰이거나 지붕 바탕깔기로 쓰이는 것이다. 아스팔트 싱글은 아스팔트 펠트의 양면에 아스팔트 콤파운드를 피복하고 활석, 운모, 석회석, 규조토 등을 뿌려 붙인 제품이다.

17 | 아스팔트 프라이머의 용어
24, 20②, 19, 18, 17, 16, 14, 11, 10, 08

블론 아스팔트를 휘발성 용제로 희석한 흑갈색의 액체로서 콘크리트, 모르타르 바탕에 아스팔트 방수층 또는 아스팔트 타일 붙이기 시공을 할 때에 사용되는 초벌용 도료는?

① 아스팔트 프라이머 ② 타르
③ 아스팔트 펠트 ④ 아스팔트 루핑

해설 타르는 유기물(석유 원유, 석탄, 나무 등)의 건류 또는 증류에 의해 생기는 흑갈색에 비교적 휘발성인 유상 물질을 총칭하는 물질이다. 아스팔트 펠트는 유기질의 섬유(양털, 무명, 삼, 펠트 등)로 원지포를 만들어, 이것에 스트레이트 아스팔트를 침투시켜 롤러로 압착하여 만든 것으로 흑색 시트상이며, 방수와 방습성이 좋고, 가벼우며, 기와지붕의 밑에 깔거나, 방수공사를 할 때 루핑과 같이 사용한다. 아스팔트 루핑은 아스팔트 펠트의 양면에 아스팔트 콤파운드를 피복한 다음, 그 위에 활석 또는 운석 분말을 부착시킨 것으로, 온도의 상승에 따라 유연성이 증대되고, 방수·방습성이 펠트보다 우수하며, 표층의 아스팔트 콤파운드 때문에 내후성이 크다.

정답 13. ② 14. ③ 15. ② 16. ③ 17. ①

18 | 아스팔트의 용도
04

아스팔트의 용도로서 가장 적합지 못한 것은?

① 도로 포장 재료　② 녹막이 재료
③ 방수 재료　④ 보온, 보냉 재료

해설 아스팔트는 방수성 및 화학적 안정성이 크므로 방수 재료, 화학 공장의 내약품 재료, 그 밖에 녹막이 도료, 도로 포장 재료 등에 사용되고 있다.

19 | 방수 재료 중 액체상 재료
15

다음 방수 재료 중 액체상 재료가 아닌 것은?

① 방수 공사용 아스팔트
② 아스팔트 루핑류
③ 폴리머 시멘트 페이스트
④ 아크릴 고무계 방수재

해설 방수 공사용 아스팔트, 폴리머 시멘트 페이스트 및 아크릴 고무계 방수재 등은 액체상의 재료이고, 아스팔트 루핑(펠트의 양면에 아스팔트 콤파운드를 피복한 후 그 위에 활석, 운모, 석회석, 규조토 등의 미분말을 부착시킨 것)은 얇은 판상의 제품이다.

20 | 건축 재료와 품질 판정 요소
24, 19, 18, 04

다음 중 건축 재료와 그 품질을 판별하는 요소의 연결이 부적절한 것은?

① 벽돌 – 압축 강도, 흡수율
② 타일 – 휨 강도, 인장 강도
③ 기와 – 흡수율, 휨 강도
④ 내화 벽돌 – 내화도

해설 건축 재료의 품질 시험법

종류	벽돌	타일	기와	내화 벽돌
판별 요소	압축 강도, 흡수율	뒤틀림, 치수의 불규칙도, 흡수율, 내균열성, 내마멸성, 내동해성, 내약품성, 꺾임 강도	휨 강도, 흡수율	내화도

21 | 도막 방수의 용어
13

도료 상태의 방수재를 바탕면에 여러 번 칠하여 얇은 수지 피막을 만들어 방수 효과를 얻는 공법은?

① 시트 방수
② 도막 방수
③ 시멘트 모르타르 방수
④ 아스팔트 방수

해설 시트 방수는 합성고분자 루핑(합성고무 또는 합성수지를 주성분으로 하는 두께 0.8~2.0mm 정도의 루핑)을 접착제로 바탕에 붙여서 방수층을 형성하는 공법이고, 시멘트 모르타르 방수는 모르타르 또는 콘크리트에 방수액을 혼합하여 방수하는 공법이다. 아스팔트 방수는 아스팔트 제품을 사용한 방수 공법이다.

22 | 건축 재료와 원료
10

다음 건축 재료와 원료와의 관계가 적절하지 않은 것은?

① 유리 – 규사
② 시멘트 – 석회석
③ 테라코타 – 점토
④ 테라초 – 마그네시아 석회

해설 테라초는 인조석의 일종으로 대리석의 쇄석을 사용하여 대리석 계통의 색조가 나도록 물갈기 한 석재 제품으로, 쇄석(대리석), 백색 시멘트, 안료 등을 물로 혼합하여 만든 제품이다. 주로 벽의 수장재로 사용한다.

23 | 건축 재료와 원료
10

다음 중 서로 관계 있는 것끼리 짝지어지지 않은 것은?

① 테라초 – 점토　② 방수재 – 아스팔트
③ 창유리 – 소다 석회　④ 섬유판 – 펄프

해설 테라초는 인조석의 일종으로 대리석의 쇄석을 사용하여 대리석 계통의 색조가 나도록 물갈기 한 석재 제품으로, 쇄석(대리석), 백색 시멘트, 안료 등을 물로 혼합하여 만든 제품이다. 주로 벽의 수장재로 사용한다.

24 | 건축 재료와 용도
20, 11, 09

다음 중 재료명과 용도의 연결이 옳지 않은 것은?

① 테라코타 : 구조재, 흡음재
② 테라초 : 벽, 바닥면의 수장재
③ 시멘트 모르타르 : 외벽용 마감재
④ 타일 : 내·외벽, 바닥면의 수장재

해설 테라코타는 석재 조각물 대신에 사용되는 장식용 점토 소성 제품으로 가볍게 하기 위하여 속을 비게 하며, 건물의 난간, 주두, 돌림띠, 외벽 등에 장식적으로 사용한다.

정답 18. ④ 19. ② 20. ② 21. ② 22. ④ 23. ① 24. ①

25 | 건축 재료와 용도 13, 07, 02

다음 중 재료와 그 사용 용도의 연결이 옳지 않은 것은?

① 테라초 – 벽, 바닥의 수장재
② 트래버틴 – 내벽 등의 수장재
③ 타일 – 내외벽, 바닥의 수장재
④ 테라코타 – 흡음재

해설 테라코타는 석재 조각물 대신에 사용되는 장식용 점토 소성 제품으로 가볍게 하기 위하여 속을 비게 하며, 건물의 난간, 주두, 돌림띠, 외벽 등에 장식적으로 사용한다.

26 | 건축 재료와 용도 02

재료와 용도의 조합에서 옳지 않은 것은?

① 광명단 – 방청제
② 토분 – 눈메움제
③ 크레오소트 – 용제
④ 오일 스테인 – 착색제

해설 크레오소트는 목재의 방부제로서 흑갈색의 용액으로 방부력이 우수하고, 내습성이 있으며, 값이 싸므로 일반적으로 미관을 고려하지 않는 외부에 많이 쓰인다. 침투성이 좋아서 목재에 깊숙이 주입할 수 있다. 다만, 크레오소트 위에는 페인트를 칠할 수 없고, 좋지 않은 냄새가 나므로 실내에서의 사용이 힘들다.

27 | 건축 재료와 용도 04

다음 재료와 용도의 짝지움이 맞는 것은?

① 광명단 – 방음제
② 회반죽 – 방수제
③ 카세인 – 접착제
④ 아교 – 흡음제

해설 광명단은 철재의 부식을 방지하기 위한 바탕재의 도장재 즉, 녹막이 페인트이다. 회반죽은 소석회, 풀, 여물 및 모래(초벌과 재벌에만 사용하고 정벌에는 사용하지 않는다.) 등을 혼합하여 바르는 미장 재료로, 건조, 경화할 때의 수축률이 커서 삼여물로 균열을 분산, 미세화한다. 아교는 짐승의 가죽을 삶아 그 용액을 말린 반투명, 황갈색의 딱딱한 물질로서 합판, 목재 창호, 가구 등의 접착제로 사용한다.

28 | 방수 시트 11

방수 시트에 관한 설명 중 옳지 않은 것은?

① 시공은 접착제로 한다.
② 공기가 길어지는 단점이 있다.
③ 상온에서 시공이 가능하다.
④ 지붕 방수의 경량화라는 장점이 있다.

해설 방수 시트는 상온에서 접착제로 시공하고, 공사 기간이 짧고, 지붕의 경량화라는 장점이 있다.

정답 25. ④ 26. ③ 27. ③ 28. ②

2-12. 접착 재료 등

■ 접착제의 조건
충분한 접착성과 유동성을 가질 것

1 접착제의 조건

① 독성이 없어야 하고 접착 강도를 유지해야 한다.
② 진동・충격 등의 반복에 잘 견딜 수 있어야 한다.
③ 경화 시 체적 수축 등의 변형을 일으키지 않아야 한다.
④ 충분한 접착성과 유동성을 가지고, 내수성・내한성・내열성・내산성이 높으며, 취급이 용이하여야 한다.
⑤ 장기 부하에 의한 크리프 현상이 없고, 값이 저렴하여야 한다.

2 접착제의 종류

■ 에폭시 수지 접착제
• 급경성으로 내산, 내알칼리성 등의 내화학성이나 내수성과 접착력이 큼
• 금속, 석재, 도자기, 글라스, 콘크리트, 플라스틱재의 접착에 사용
• 금속 접착에 적당하여 항공기재의 접착에 이용

(1) 에폭시 수지 접착제

에피클로로히드린과 비스페놀에이를 알칼리로 반응시켜서 만든 접착성이 가장 우수한 수지 접착제이다. 급경성으로 내산, 내알칼리성 등의 내화학성이나 내수성과 접착력이 크고, 금속, 석재, 도자기, 글라스, 콘크리트, 플라스틱재의 접착에 모두 사용되는 합성수지 접착제이며, 특히 금속 접착에 적당하여 항공기재의 접착에 이용된다. 또한 알루미늄과 같은 경금속의 접착에 좋고, 200℃ 이상에서 견딜 수 있는 내열성이 있으며, 내약품성도 크며, 전기 절연성이 우수하고, 방수제 및 벽, 바닥, 천장재로 사용하나 가격이 비싸다.

■ 페놀 수지 접착제
• 목재의 접착제로서 접착력, 내열성, 내수성이 우수
• 유리나 금속의 접착에는 부적당

(2) 페놀 수지 접착제

페놀과 포르말린과의 반응에 의하여 얻어지는 다갈색의 액상, 분상, 필름상의 수지로서 가장 오래된 합성수지 접착제이다. 목재의 접착제로서 접착력, 내열성, 내수성이 우수하나, 유리나 금속의 접착에는 부적당하다.

■ 실리콘 수지 접착제
내수성 및 내열성이 뛰어나므로 200℃ 정도의 온도에서 오랜 시간 노출되더라도 접착력이 떨어지지 않는 접착제

(3) 실리콘 수지 접착제

유기용제(알코올, 벤졸 등)로 60% 정도의 농도가 되게 녹여 사용하고, 내수성 및 내열성이 뛰어나므로 200℃ 정도의 온도에서 오랜 시간 노출되더라도 접착력이 떨어지지 않는 접착제이다.

(4) 네오프렌 접착제

니트릴 고무보다 성능이 우수하고, 합성 고무계 접착제로서 접착력이 가장 우수하다. 초기의 접착력이 강하고, 고무와 금속, 레저 용품과 금속, 직물 등의 접착에 적당하다.

(5) 요소 수지 접착제

요소와 포르말린을 혼합하여 가열한 다음 진공, 증류하여 얻어지는 유백색의 수지이다. 접착할 때 경화제로서 염화암모늄 10% 수용액을 수지에 대하여 10~20%(무게) 가하면 상온에서 경화한다. 합성수지계 접착제 중에서는 가장 값이 싸고, 접착력이 우수하며, 상온에서 경화되어 합판, 집성 목재, 파티클 보드, 가구 등에 널리 쓰인다.

(6) 멜라민 수지 접착제

멜라민과 포르말린과의 반응에 의하여 얻어지는 투명, 흰색의 액상 접착제로서 내수성이 크고, 열에 대한 안전성이 크며, 착색될 염려가 없다. 금속, 고무 및 유리의 접착에는 부적합하나, 합판(목재)의 접착에 주로 사용된다.

■ 멜라민 수지 접착제
- 금속, 고무 및 유리의 접착에는 부적합
- 합판(목재)의 접착에 사용

3 단열 재료

단열재가 갖추어야 할 조건은 열전도율, 흡습 및 흡수율, 투기성 및 비중이 작고, 균질한 품질과 가격이 저렴하여야 하며, 시공성(가공, 접착 등), 기계적인 강도, 내화성 및 내부식성이 좋아야 한다. 또한, 유독성 가스가 발생하지 않고, 사용 연한에 따른 변질이 없어야 한다. 특히, 단열 재료는 열전도율이 높을수록(열을 잘 전달함) 단열 성능은 떨어지고, 열전도율이 낮을수록 단열 성능이 높아진다.

■ 단열재가 갖추어야 할 조건
열전도율, 흡습 및 흡수율, 투기성 및 비중이 작다.

■ 단열 재료의 성질
열전도율이 높을수록 단열 성능은 떨어짐

4 벽지

(1) 직물 벽지

실을 뽑아 직기에 제직을 거친 벽지로서 벽지의 색채, 무늬, 흡음성, 촉감 및 분위기가 좋아서 고급 내장재로 사용하나, 가격이 비싸다.

■ 직물 벽지
실을 뽑아 직기에 제직을 거친 벽지

(2) 비닐 벽지

방수성이 있어서 주방 및 욕실의 타일 대용으로 사용하고, 더러워지면 물로 세척할 수 있다.

(3) 종이 벽지

종이에 무늬나 색채를 프린트한 것으로 비교적 가격이 싸므로 많이 사용한다.

(4) 발포 벽지

종이 벽지 위에 플라스틱 기포를 뿜어 만든 것으로 종이 벽지에 비해 탄력성이 있으며 흡음성과 질감이 좋으며, 표면이 비닐이므로 물로 세척할 수 있다.

CHAPTER 02

| 2-12. 접착 재료 등 |

과년도 출제문제

01 | 접착제의 조건
12

건축용 접착제가 필히 갖추어야 할 요건이 아닌 것은?

① 접착면의 유동성이 작아야 한다.
② 독성이 없어야 하고 접착 강도를 유지해야 한다.
③ 진동·충격 등의 반복에 잘 견딜 수 있어야 한다.
④ 경화 시 체적 수축 등의 변형을 일으키지 않아야 한다.

해설 접착제의 조건에는 ②, ③ 및 ④ 외에 충분한 접착성과 유동성을 가지고, 내수성·내한성·내열성·내산성이 높으며, 취급이 용이하고, 또한 장기 부하에 의한 크리프 현상이 없고, 값이 저렴할 것 등이 있다.

02 | 멜라민 수지 풀의 용도
19, 17, 13

멜라민(melamine) 수지 풀은 어떤 재료의 접착제로 적당한가?

① 목재　② 금속
③ 고무　④ 유리

해설 멜라민 수지 접착제는 멜라민과 포르말린과의 반응에 의하여 얻어지는 투명, 흰색의 액상 접착제로서 내수성이 크고, 열에 대한 안전성이 크며, 착색될 염려가 없다. 금속, 고무 및 유리의 접착에는 부적합하지만, 합판의 접착에 주로 사용된다.

03 | 실리콘 수지 접착제의 용어
02

내수성 및 내열성이 뛰어나므로 200℃ 정도의 온도에서 오랜 시간 노출되더라도 접착력이 떨어지지 않는 접착제는?

① 페놀 수지 접착제　② 실리콘 수지 접착제
③ 네오프렌 접착제　④ 요소 수지 접착제

해설 페놀 수지 접착제는 페놀과 포르말린과의 반응에 의하여 얻어지는 다갈색의 액상, 분상, 필름상의 수지로서 가장 오래된 합성수지 접착제이다. 목재의 접착제로서 접착력, 내열성, 내수성이 우수하나, 유리나 금속의 접착에는 부적당하다. 네오프렌 접착제는 니트릴 고무보다 성능이 우수하고, 합성 고무계 접착제로서 접착력이 가장 우수하다. 초기의 접착력이 강하고, 고무와 금속, 레저와 금속, 직물 등의 접착에 적당하다. 요소 수지 접착제는 요소와 포르말린을 혼합하여 가열한 다음, 진공, 증류하여 얻어지는 유백색의 수지이다. 접착할 때 경화제로서 염화암모늄 10% 수용액을 수지에 대하여 10~20%(무게)를 가하면 상온에서 경화한다. 합성수지계 접착제 중에서는 가장 값이 싸고, 접착력이 우수하며, 상온에서 경화되어 합판, 집성 목재, 파티클 보드, 가구 등에 널리 쓰인다.

04 | 에폭시 수지 접착제의 용어
22, 21, 20, 19, 18, 17, 10, 06, 05, 01

급경성으로 내산, 내알칼리성 등의 내화학성이나 내수성과 접착력이 크고 금속, 석재, 도자기, 글라스, 콘크리트, 플라스틱재의 접착에 모두 사용되는 합성수지 접착제는?

① 에폭시 수지 접착제　② 요소 수지 접착제
③ 페놀 수지 접착제　④ 멜라민 수지 접착제

해설 요소 수지 접착제는 접착할 때 경화제로서 염화암모늄 10% 수용액을 수지에 대하여 10~20%(무게)를 가하면 상온에서 경화하고, 합성수지계 접착제 중에서는 가장 값이 싸고, 접착력이 우수하며, 상온에서 경화되어 합판, 집성 목재, 파티클 보드, 가구 등에 널리 쓰인다. 페놀 수지 접착제는 페놀과 포르말린과의 반응에 의하여 얻어지는 다갈색의 액상, 분상, 필름상의 수지로서 가장 오래된 합성수지 접착제 중 목재의 접착제로서 접착력, 내열성, 내수성이 우수하나, 유리나 금속의 접착에는 부적당하다. 멜라민 수지 접착제는 멜라민과 포르말린과의 반응에 의하여 얻어지는 투명, 흰색의 액상 접착제로서 내수성이 크고, 열에 대한 안전성이 크며, 착색될 염려가 없다. 금속, 고무 및 유리의 접착에는 부적합하다.

05 | 직물 벽지의 용어
24, 21, 19, 18, 17, 14, 12, 10, 08

실을 뽑아 직기에 제직을 거친 벽지는?

① 직물 벽지　② 비닐 벽지
③ 종이 벽지　④ 발포 벽지

해설 비닐 벽지는 방수성이 있어서 주방 및 욕실의 타일 대용으로 사용하고, 더러워지면 물로 세척할 수 있다. 종이 벽지는 종이에 무늬나 색채를 프린트한 것으로 비교적 가격이 싸므로 많이 사용되며, 발포 벽지는 종이 벽지 위에 플라스틱 기포를 뿜어 만든 것으로 종이 벽지에 비해 탄력성이 있어 흡음성과 질감이 좋으며 표면이 비닐이므로 물로 세척할 수 있다.

정답 01. ① 02. ① 03. ② 04. ① 05. ①

06 | 단열 재료
24, 23②, 07

다음 중 단열 재료에 대한 설명으로 옳지 않은 것은?

① 열전도율이 높을수록 단열 성능이 좋다.
② 일반적으로 다공질의 재료가 많다.
③ 단열 재료의 대부분은 흡음성이 뛰어나므로 흡음 재료로서도 이용된다.
④ 섬유질 단열재는 겉보기 비중이 클수록 단열성이 좋다.

해설 단열 재료는 열전도율이 높을수록(열을 잘 전달함) 단열 성능은 떨어지고, 열전도율이 낮을수록 단열 성능이 높아진다.

07 | 단열 재료
21, 19, 16, 11

다음 중 단열재에 대한 설명으로 옳지 않은 것은?

① 단열재는 역학적인 강도가 작기 때문에 건축물의 구조체 역할에는 사용하지 않는다.
② 단열재는 흡습 및 흡수율이 좋아야 한다.
③ 단열재의 열전도율은 낮을수록 좋다.
④ 단열재는 공사 현장까지의 운반이 용이하고 현장에서의 가공과 설치도 비교적 용이한 것이 좋다.

해설 단열재가 갖추어야 할 조건은 열전도율, 흡습 및 흡수율, 투기성 및 비중이 작고, 균질한 품질과 가격이 저렴하여야 하며, 시공성(가공, 접착 등), 기계적인 강도, 내화성 및 내부식성이 좋고, 또한, 유독성 가스가 발생하지 않고, 사용 연한에 따른 변질이 없어야 한다.

08 | 재료와 원료의 연결
23, 02

상호 짝지어진 것 중 관련이 없는 것은?

① 클링커 타일 – 점토
② 리그노이드 – 마그네시아
③ 킨즈 시멘트 – 석고
④ 테라초 – 퍼티

해설 테라초란 인조석의 종석을 대리석의 쇄석으로 사용하여 대리석 계통의 색조가 나도록 표면을 물갈기한 것을 말하고, 원료로는 대리석의 쇄석, 백색 시멘트, 강모래, 안료, 물 등을 활용한다. 퍼티란 산화상납, 호분 또는 탄산석회를 아마인유에 풀어 갠 일종의 페인트로서 된 것이다.

정답 06. ① 07. ② 08. ④

MEMO
나만의 합격비법 정리

부록

최근 CBT 복원문제

Craftsman Computer Aided Architectural Drawing

※ 2016년 이후 CBT 복원문제로 본문에 수록되어 있지 않은 새로운 유형의 문제입니다.

Craftsman Computer Aided Architectural Drawing

건축 계획

1 | 건축 계획 일반

01 건축행위에 대한 설명 중 옳지 못한 것은? [17②]

① 신축이란 건축물이 없는 대지(기존 건축물이 철거되거나 멸실된 대지를 포함)에 새로 건축물을 축조하는 것(부속건축물만 있는 대지에 새로 주된 건축물을 축조하는 것을 포함하되 개축 또는 재축하는 것은 제외)을 말한다.

② 증축이란 기존 건축물이 있는 대지에서 건축물의 건축면적, 연면적, 층수 또는 높이를 늘리는 것을 말한다.

③ 개축이란 기존 건축물의 전부 또는 일부[내력벽・기둥・보・지붕틀(한옥의 경우에는 지붕틀의 범위에서 서까래는 제외) 중 셋 이상이 포함되는 경우를 말한다]를 철거하고 그 대지에 종전보다 증대된 규모의 범위에서 건축물을 다시 축조하는 것을 말한다.

④ 이전이란 건축물의 주요 구조부를 해체하지 아니하고 같은 대지의 다른 위치로 옮기는 것을 말한다.

해설 ㉠ 개축이란 기존 건축물의 전부 또는 일부[내력벽・기둥・보・지붕틀(한옥의 경우에는 지붕틀의 범위에서 서까래는 제외) 중 셋 이상이 포함되는 경우를 말한다]를 철거하고 그 대지에 종전과 같은 규모의 범위에서 건축물을 다시 축조하는 것을 말한다.

㉡ 재축이란 건축물이 천재지변이나 그 밖의 재해로 멸실된 경우 그 대지에 연면적 합계는 종전 규모 이하로 하고, 동수, 층수 및 높이가 모두 종전 규모 이하이며, 동수, 층수 또는 높이의 어느 하나가 종전 규모를 초과하는 경우에는 해당 동수, 층수 및 높이가 건축법, 이 영 또는 건축조례(법령등)에 모두 적합할 것

02 다음에서 설명하는 건축법의 정의는? [23]

> 기존 건축물이 있는 대지에서 건축물의 건축면적, 연면적, 층수 또는 높이를 늘리는 것

① 신축
② 개축
③ 재축
④ 증축

해설 ① "신축"이란 건축물이 없는 대지(기존 건축물이 해체되거나 멸실된 대지를 포함)에 새로 건축물을 축조하는 것[부속건축물만 있는 대지에 새로 주된 건축물을 축조하는 것을 포함하되, 개축 또는 재축하는 것은 제외]을 말한다.

② "증축"이란 기존 건축물이 있는 대지에서 건축물의 건축면적, 연면적, 층수 또는 높이를 늘리는 것을 말한다.

③ "개축"이란 기존 건축물의 전부 또는 일부[내력벽・기둥・보・지붕틀(한옥의 경우에는 지붕틀의 범위에서 서까래는 제외) 중 셋 이상이 포함]를 해체하고 그 대지에 종전과 같은 규모의 범위에서 건축물을 다시 축조하는 것을 말한다.

④ "재축"이란 건축물이 천재지변이나 그 밖의 재해로 멸실된 경우 그 대지에 다음의 요건을 모두 갖추어 다시 축조하는 것을 말한다.

㉮ 연면적 합계는 종전 규모 이하로 할 것

㉯ 동수, 층수 및 높이는 다음의 어느 하나에 해당할 것

㉠ 동수, 층수 및 높이가 모두 종전 규모 이하일 것

㉡ 동수, 층수 또는 높이의 어느 하나가 종전 규모를 초과하는 경우에는 해당 동수, 층수 및 높이가 「건축법」, 이 영 또는 건축조례에 모두 적합할 것

정답 01. ③ 02. ④

03 다음에서 설명하는 건축행위는? [24]

> 기존 건축물이 있는 대지에서 건축물의 건축면적, 연면적, 층수 또는 높이를 늘리는 것을 말한다.

① 신축 ② 개축
③ 이전 ④ 증축

해설 ① 신축이란 건축물이 없는 대지(기존 건축물이 해체되거나 멸실된 대지를 포함)에 새로 건축물을 축조하는 것(부속 건축물만 있는 대지에 새로이 주된 건축물을 축조하는 것을 포함하되, 개축 또는 재축에 해당하는 경우를 제외)이다.
② 개축이란 기존 건축물의 전부 또는 일부[내력벽·기둥·보·지붕틀(한옥의 경우에는 지붕틀의 범위에서 서까래는 제외) 중 셋 이상이 포함되는 경우]를 해체하고 그 대지에 종전과 같은 규모의 범위에서 건축물을 다시 축조하는 것을 말한다.
③ 이전이란 건축물의 주요 구조부를 해체하지 아니하고 같은 대지의 다른 위치로 옮기는 것을 말한다.

04 다음은 건축법의 용어에 대한 설명이다. 옳지 않은 것은? [19, 17]

① 대수선이란 건축물의 기둥, 보, 장막벽, 주계단 등의 구조나 외부 형태를 수선·변경하거나 증설하는 것으로서 대통령령으로 정하는 것을 말한다.
② 건축이란 건축물을 신축·증축·개축·재축하거나 건축물을 이전하는 것을 말한다.
③ 거실이란 건축물 안에서 거주, 집무, 작업, 집회, 오락, 그 밖에 이와 유사한 목적을 위하여 사용되는 방을 말한다.
④ 리모델링이란 건축물의 노후화를 억제하거나 기능 향상 등을 위하여 대수선하거나 일부 증축하는 행위를 말한다.

해설 대수선이란 건축물의 기둥, 보, 내력벽, 주계단 등의 구조나 외부 형태를 수선·변경하거나 증설하는 것으로서 대통령령으로 정하는 것을 말한다.

05 다음과 같은 조건을 갖는 경우, 옳게 표현한 것은? [22, 19]

> ㉠ 대지 면적 : 2,000m^2
> ㉡ 건축 면적 : 1,000m^2
> ㉢ 지하층 면적 : 1,000m^2

① 용적률 50% ② 용적률 100%
③ 건폐율 50% ④ 건폐율 100%

해설 건폐율은 대지 면적에 대한 건축 면적의 비로 건폐율 $= \frac{\text{건축 면적}}{\text{대지 면적}} \times 100(\%)$이고, 용적률은 대지 면적에 대한 연면적의 비로 용적률 $= \frac{\text{연면적}}{\text{대지 면적}} \times 100(\%)$이다.

$\therefore$ 건폐율 $= \frac{\text{건축 면적}}{\text{대지 면적}} = \frac{1,000}{2,000} \times 100 = 50\%$

06 다음 중 건축허가신청에 필요한 설계도서에 포함되지 않는 것은? [19]

① 배치도 ② 건축계획서
③ 실내마감도 ④ 투시도

해설 건축허가신청에 필요한 기본설계도서에는 건축계획서, 배치도, 평면도, 입면도, 단면도, 구조도, 구조계산서, 시방서, 실내마감도, 소방설비도 등이나 표준설계도서에 의한 경우에는 건축계획서와 배치도에 한한다.

07 다음에서 설명하는 것이 의미하는 것으로 옳은 것은? [22]

> 건축물의 내부와 외부를 연결하는 완충공간으로서 전망이나 휴식 등의 목적으로 건축물 외벽에 접하여 부가적으로 설치되는 공간을 말한다. 국토교통부장관이 정하는 기준에 적합한 경우에는 필요에 따라 거실·침실·창고 등의 용도로 사용할 수 있다.

① 발코니 ② 테라스
③ 유틸리티 ④ 베란다

해설 테라스는 주택의 거실 등의 외부에 지대를 일단 높게 만들고 위에 지붕을 씌워 사용하는 공간이다. 유틸리티는 여러 가지 용도로 사용하는 방이다. 베란다는 일반적으로 계단형의 주택에서 아래층의 지붕으로 사용되는 부분으로 벽이 없고 난간으로 둘러쳐진 지붕으로 덮인 부분이다.

정답 03. ④ 04. ① 05. ③ 06. ④ 07. ①

08 건폐율을 산정하는 식으로 옳은 것은? [21, 18]

① $\frac{연면적}{대지면적} \times 100[\%]$

② $\frac{건축면적}{대지면적} \times 100[\%]$

③ $\frac{대지면적}{연면적} \times 100[\%]$

④ $\frac{대지면적}{건축면적} \times 100[\%]$

해설 건폐율은 대지면적에 대한 건축면적의 비로서, 즉 건폐율 $= \frac{건축면적}{대지면적} \times 100[\%]$이고, 용적률은 대지면적에 대한 연면적의 비로서, 즉 용적률 $= \frac{연면적}{대지면적} \times 100[\%]$이다.

09 층의 구분이 명확하지 않는 경우로서, 건축물의 층수 산정 시 그 건축물의 높이 몇 m마다 한 개의 층으로 보는가? [23③, 22, 18]

① 2.5m ② 3m

③ 3.5m ④ 4m

해설 층수의 산정에 있어서 승강기탑(옥상 출입용 승강장을 포함), 계단탑, 망루, 장식탑, 옥탑, 그 밖에 이와 비슷한 건축물의 옥상 부분으로서 그 수평투영면적의 합계가 해당 건축물 건축면적의 1/8(주택법에 따른 사업계획승인대상인 공동주택 중 세대별 전용면적이 85m² 이하인 경우에는 1/6) 이하인 것과 지하층은 건축물의 층수에 산입하지 아니하고, 층의 구분이 명확하지 아니한 건축물은 그 건축물의 높이 4m마다 하나의 층으로 보고 그 층수를 산정하며, 건축물이 부분에 따라 그 층수가 다른 경우에는 그 중 가장 많은 층수를 그 건축물의 층수로 본다.

10 다음 대수선에 대한 설명 중 옳은 것은? [19, 18]

① 내력벽을 증설 또는 해체하거나 그 벽면적을 20m² 이상 수선 또는 변경하는 것

② 기둥을 증설 또는 해체하거나 두 개 이상 수선 또는 변경하는 것

③ 보를 증설 또는 해체하거나 두 개 이상 수선 또는 변경하는 것

④ 다가구주택의 가구 간 경계벽 또는 다세대주택의 세대간 경계벽을 수선 또는 변경하는 것

해설 대수선이란 건축물의 기둥, 보, 내력벽, 주계단 등의 구조나 외부 형태를 수선·변경하거나 증설하는 것으로서 다음에서 정하는 것을 말한다.

㉠ 내력벽, 기둥, 보, 지붕틀, 방화벽 또는 방화구획, 다가구주택의 가구 간 경계벽 또는 다세대주택의 세대 간 경계벽, 건축물의 외벽에 사용하는 마감재료를 증설 또는 해체하는 것

㉡ 내력벽의 면적을 30m² 이상, 기둥, 보 및 지붕틀을 세 개 이상 수선 또는 변경하는 것

㉢ 방화벽 또는 방화구획을 위한 바닥 또는 벽, 주계단·피난계단 또는 특별피난계단, 다가구주택의 가구 간 경계벽 또는 다세대주택의 세대 간 경계벽, 건축물의 외벽에 사용하는 마감재료를 벽면적 30m² 이상 수선 또는 변경하는 것

11 다음은 대수선에 대한 설명이다. 옳지 않은 것은 어느 것인가? [18]

① 방화벽 또는 방화구획을 위한 바닥 또는 벽을 증설 또는 해체하거나 수선 또는 변경하는 것

② 주계단·피난계단 또는 특별피난계단을 증설 또는 해체하거나 수선 또는 변경하는 것

③ 다가구주택의 가구 간 경계벽 또는 다세대주택의 세대 간 경계벽을 증설 또는 해체하거나 수선 또는 변경하는 것

④ 건축물의 외벽에 사용하는 마감재료를 증설 또는 해체하거나 벽면적 20m² 이상 수선 또는 변경하는 것

해설 건축물의 외벽에 사용하는 마감재료를 증설 또는 해체하거나 벽면적 30m² 이상 수선 또는 변경하는 것을 대수선이라고 한다.

12 건축법규상 승용승강기를 설치하여야 하는 대상 건축물의 기준으로 적합한 것은? [18②]

① 5층 이상으로서 연면적이 2,000m² 이상인 건축물

② 5층 이상으로서 연면적이 3,000m² 이상인 건축물

③ 6층 이상으로서 연면적이 2,000m² 이상인 건축물

④ 6층 이상으로서 연면적이 3,000m² 이상인 건축물

정답 08. ② 09. ④ 10. ④ 11. ④ 12. ③

해설 건축주는 6층 이상으로서 연면적이 2,000m^2 이상인 건축물(대통령령으로 정하는 건축물은 제외)을 건축하려면 승강기를 설치하여야 한다. 이 경우 승강기의 규모 및 구조는 국토교통부령으로 정한다.

13 어떤 길이를 둘로 나누어 작은 부분 : 큰 부분 = 큰 부분 : 전체의 비 = 1 : 1.618의 비를 갖도록 한 비례를 말하며, 고대 그리스에서 널리 보급되어 사용되었고, 균제가 가장 잘 이루어진 비례로서 파르테논 신전과 밀로의 비너스 등에 사용되었던 비를 의미하는 것은? [22]

① 정수 비례　② 황금 비례
③ 수열에 의한 비례　④ 루트직사각형 비례

해설 정수 비례는 어떤 양과 다른 양 사이에서 간단한 정수비(1 : 1, 1 : 2 : 3)이고, 수열에 의한 비례는 상가수열, 등차수열 및 등비수열에 의한 비이고, 수열에 의한 비례는 등차 및 등비 수열에 의한 비례이며, 루트직사각형 비례는 변의 길이의 비가 $1 : \sqrt{2} : \sqrt{3}$과 같이 두 제곱하여 정수비가 되는 비례이다.

14 한국산업규격에서 채택한 먼셀의 표색계의 표시 방법 중 5R 4/14가 의미하는 것으로 옳지 않은 것은? [21, 20, 18]

① 5R 1/14는 빨간색의 순색을 의미한다.
② 5R 4/14 중 4는 명도를 의미한다.
③ 먼셀의 표색계는 색상, 명도, 채도로 표시된다.
④ 5R 4/14 중 14는 색상을 의미한다.

해설 먼셀의 표색계는 색을 나타내기 위해서 색상, 명도, 채도의 순으로 나타내고, 5R 4/14 중 R은 색상, 4는 명도, 14는 채도를 의미하며, 기본색은 빨강, 노랑, 녹색, 파랑, 보라 등 5가지의 색이다.

15 무채색이 섞이지 않은 색을 청색이라고 하는데, 동일 색상의 청색 중 채도가 가장 높은 색을 무엇이라고 하는가? [20, 19]

① 명청색　② 순색
③ 암청색　④ 탁색

해설 같은 색상의 청색 중에서 채도가 높은 색(무채색의 포함량이 가장 적은 색)을 순색, 명도가 높은 색을 명청색, 명도가 낮은 색을 암청색, 회색이 섞인 채도가 낮은 색을 탁색이라고 하며, 색입체의 내측색이다.

16 큰 크기의 배경색을 보고 작은 크기의 배경색을 적용하거나, 작은 크기의 배경색을 보고 큰 크기의 배경색을 적용할 경우 나타나는 현상으로 옳은 것은? [18]

① 보색 대비　② 면적 대비
③ 동시 대비　④ 한난 대비

해설 ① 보색 대비 : 서로의 보색을 대비시켰을 때 생기는 여러 가지 효과를 말한다.
③ 동시 대비 : 두 가지 이상의 색들을 한꺼번에 볼 때 일어나는 것으로서 시선을 한 점에 동시적으로 고정시키려는 색채지각에 있어서 일어나는 현상이다.
④ 한난 대비 : 차고 따뜻한 색을 대비시킴으로써 원근의 효과를 얻는 것으로 풍경화에 있어서 고도의 기법이다.

17 동일한 색상의 벽지를 선택할 경우, 면적이 큰 것과 비교하여 면적이 작은 벽지의 색을 보았을 때 나타나는 현상으로 옳은 것은? [21]

① 밝기는 어두워지고 채도는 낮아진다.
② 밝기는 어두워지고 채도는 높아진다.
③ 밝기는 밝아지고 채도는 높아진다.
④ 밝기는 밝아지고 채도는 낮아진다.

해설 면적 대비에 의해 동일한 색상인 경우, 면적이 작으면 명도와 채도가 낮아지고 어둡게 보이고, 면적이 크면 명도와 채도가 높아져 밝고 선명하게 보이는 현상이 발생한다. 그러므로, 면적이 작은 벽지를 보고 선택하면 명도가 낮아지고(밝기는 어두워지고) 채도가 낮아진다(희미하게 보인다).

18 다음에서 설명하는 것은 무엇인가? [20]

> 어떤 색을 본 후 곧 이어서 다른 색을 보았을 때 나중에 보는 색이 먼저 본 색의 영향으로 색의 속성이 다르게 느껴져 보이는 현상이다.

① 계시 대비　② 연변 대비
③ 한난 대비　④ 동시 대비

해설 연변(경계) 대비는 동시 대비 중에서 색과 색이 접하는 경계 부분에서 강한 색채 대비가 일어나는 현상이다. 한난 대비는 색이 차고 따뜻함에 변화가 오는 현상이다. 동시 대비는 시간 차가 없이 두 색 이상을 동시에 놓고 보았을 때 서로의 색의 영향으로 색의 3속성인 색상, 명도, 채도 등이 다르게 느껴져 보이는 현상이다.

정답 13. ② 14. ④ 15. ② 16. ② 17. ① 18. ①

19 다음 설명에 알맞은 형태의 종류는? [22, 17]

> • 구체적 형태를 생략 또는 과장의 과정을 거쳐 재구성한 형태이다.
> • 대부분의 경우 원래의 형태를 알아보기 어렵다.

① 자연 형태 ② 인위 형태
③ 이념적 형태 ④ 추상적 형태

해설 ① 자연적 형태 : 자연적인 문양으로 인간의 의지와 관계없이 끊임없이 변화하는 형태이다.
② 인위적 형태 : 휴먼스케일과 일정한 관계를 갖는 인위적인 형태로 3차원적인 모양, 구조를 갖는 형으로 기하 형태와 자유 형태 등이 있다.
③ 이념적 형태 : 인간의 지각, 즉 시각과 촉각 등으로는 직접 느낄 수 없고 개념적으로만 제시될 수 있는 형태로 기하학적으로 취급한 점, 선, 면 등이 이에 속한다.

20 다음 설명에 알맞은 형태의 종류는? [24]

> 인간의 지각, 즉 시각과 촉각 등으로는 직접 느낄 수 없고 개념적으로만 제시될 수 있는 형태로 기하학적으로 취급한 점, 선, 면 등이 이에 속한다.

① 자연형태 ② 인위형태
③ 이념적 형태 ④ 추상적 형태

해설 ① 자연적 형태 : 자연적인 문양으로 인간의 의지와 관계없이 끊임없이 변화하는 형태이다.
② 인위적 형태 : 휴먼스케일과 일정한 관계를 갖는 인위적인 형태로 3차원적인 모양, 구조를 갖는 형으로 기하형태와 자유형태 등이 있다.
④ 추상적 형태 : 구체적 형태를 생략 또는 과장의 과정을 거쳐 재구성한 형태로서, 대부분의 경우 원래의 형태를 알아보기 어렵다.

21 질감(texture)을 선택할 때 고려하여야 할 사항과 가장 거리가 먼 것은? [17]

① 촉감 ② 색조
③ 스케일 ④ 빛의 반사와 흡수

해설 질감(만져보거나 눈으로만 보아도 알 수 있는 촉각적, 시각적으로 지각되는 재질감)을 선택할 때 고려하여야 할 사항에는 촉감, 스케일, 빛의 반사와 흡수 등이 있고, 색조는 무게감과 관계가 깊다.

22 질감(Texture)에 대한 설명으로 옳지 않은 것은? [21]

① 매끄러운 재료는 공간이 넓어 보이고, 거친 재료는 시각적으로 무겁다.
② 질감은 물체의 표면상의 특징으로 종류에는 시각적 질감과 촉각적 질감이 있다.
③ 거친 질감은 원거리의 느낌이 있고, 매끈한 질감은 근거리의 느낌을 준다.
④ 색채와 조명을 동시에 고려하여 효과적인 질감을 표현할 수 있다.

해설 질감(만져보거나 눈으로만 보아도 알 수 있는 촉각적, 시각적으로 지각되는 재질감)을 선택할 때 고려하여야 할 사항에는 촉감, 스케일, 빛의 반사와 흡수 등이 있고, 색조는 무게감과 관계가 깊다. 특히, 거친 질감은 근거리의 느낌이 있고, 매끈한 질감은 원거리의 느낌을 준다.

23 다음 중 실내의 환기에 대한 척도로 사용되는 주된 것은? [19, 17]

① 아황산가스 ② 질소
③ 산소 ④ 이산화탄소

해설 실내 환기의 척도는 이산화탄소의 농도를 기준으로 한다. 즉, 공기 중의 이산화탄소의 양은 실내 공기오염의 척도가 된다.

24 자연환기에 관한 설명 중 적합하지 않은 것은? [24]

① 자연환기는 자연의 물리적 현상을 이용한 방법이다.
② 자연환기는 중력환기와 풍력환기로 분류된다.
③ 제1종, 제2종, 제3종 환기설비로 구분한다.
④ 보조환기장치는 환기구, 환기통, 루프 벤틸레이션, 모니터 루프(monitor roof) 등이 있다.

해설 자연환기 중 풍력환기는 외부 풍속이 1.5m/sec 정도 이상이어야 하고, 실개구부의 배치에 따라 차이가 심하므로 환기량을 정확히 유지할 수 없고, 여름철의 주된 풍향을 고려하여 개구부의 위치를 나란히 두는 것보다 더운 공기와 찬 공기의 이동에 유리하도록 상하로 개구부를 설치하는 것이 유리하다. 제1종, 제2종, 제3종 환기방식은 기계환기방식에 속한다.

정답 19. ④ 20. ③ 21. ② 22. ③ 23. ④ 24. ③

25 다음 환기방식 중 급기구나 배기구를 이용하지 않은 것은? [19]

① 중력환기
② 제1종 환기
③ 제2종 환기
④ 제3종 환기

해설 중력환기는 대류작용에 의해서 일어나는 환기법이고, 제1종 환기법(병용식)은 송풍기와 배풍기를 사용한 환기법이고, 제2종 환기법(압입식)은 송풍기와 개구부를 사용한 환기법이며, 제3종 환기법(흡출식)은 개구부와 배풍기를 사용한 환기법이다.

26 실내외의 압력차이를 조정할 수 있고, 급기와 배기를 모두 기계장치, 즉 급기팬과 배기팬을 사용하는 환기방식은? [17]

① 중력환기
② 제1종 환기
③ 제2종 환기
④ 제3종 환기

해설 제1종 환기법(병용식)은 송풍기와 배풍기를 사용한 환기법이고, 제2종 환기법(압입식)은 송풍기와 개구부를 사용한 환기법이며, 제3종 환기법(흡출식)은 개구부와 배풍기를 사용한 환기법이다.

27 건물의 채광, 조명, 일조 등에 사용하는 것으로 건축물의 빛환경을 조절하는 것으로 폭이 좁은 판을 일정한 간격으로 수평, 수직으로 배열한 것은? [20, 18]

① 루버
② 차양
③ 어닝
④ 블라인드

해설 루버는 바늘 살처럼 되어 직사광선을 피하고 광선을 투과시키는 기구의 일종이다. 차양은 햇볕, 낙수물 등을 피하기 위하여 널, 함석 등으로 창문 위나 처마 끝 지붕 밑에 이어 만든 좁은 지붕모양의 구조체이다. 어닝은 햇볕, 낙수물 등을 피하기 위하여 천막을 이용하여 폈다 접었다 하면서 사용하는 것이다.

28 다음 루버에 대한 설명으로 옳은 것은? [24]

① 건축물의 외부에 설치하는 차양제품이다.
② 수평으로 뻗어있으며, 한쪽 끝에서만 지지되는 구조이다.
③ 광원으로부터 수평 방향으로 나오는 직사광을 차단하여 눈부심을 방지하기 위해 사용하는 일종의 차광기이다.
④ 건축물의 내부와 외부를 연결하는 완충공간으로서 전망이나 휴식 등의 목적으로 건축물 외벽에 접하여 부가적으로 설치되는 공간이다.

해설 ① 어닝, ② 캔틸레버, ③ 루버, ④ 발코니에 대한 설명이다.

29 직접조명방식에 대한 설명 중 옳지 않은 것은? [24, 19, 18]

① 실내 벽면의 반사율에 의한 영향이 적다.
② 조명방식 중 조명률이 가장 높다.
③ 공장이나 사무실 조명에 사용된다.
④ 직사 눈부심이 없다.

해설 직접조명의 장단점
㉠ 장점
- 조명률이 좋고 먼지에 의한 감광이 적으며, 자외선조명을 할 수 있다.
- 설비비가 일반적으로 저렴하고 집중적으로 밝게 할 때 유리하다.

㉡ 단점
- 글로브를 사용하지 않으면 눈부심이 크고 음영이 강하게 된다.
- 실내 전체적으로 볼 때 밝고 어둠의 차이가 크다.

30 직접조명방식에 대한 설명 중 옳지 않은 것은? [18③]

① 조명률이 높다.
② 실내의 균일한 조도분포를 얻기 용이하다.
③ 직사 눈부심이 일어나기 쉽다.
④ 일반적으로 설비비가 저렴하다.

해설 직접조명방식은 조명기구의 위치에 따라 조도가 균일하지 못하므로 실내 전체적으로 볼 때 밝고 어둠의 차이가 크다.

정답 25. ② 26. ② 27. ④ 28. ③ 29. ④ 30. ②

31 간접조명방식에 관한 설명으로 옳지 않은 것은? [23]

① 조명률이 높다.
② 실내반사율의 영향이 크다.
③ 그림자가 거의 형성되지 않는다.
④ 경제성보다 분위기를 목표로 하는 장소에 적합하다.

해설 간접조명(상향의 빛은 0~10%, 하향의 빛은 100~90%)은 균일한 조명도를 얻을 수 있고, 빛이 부드러우므로, 눈에 대한 피로가 적으며, 단점으로는 조명효율이 나쁘고, 침울한 분위기가 될 염려가 있으며, 먼지가 기구에 쌓여 감광이 되기 쉽고, 벽이나 천장면의 영향을 받는다. 특히, 반사로 인하여 넓은 각도로 빛이 배광되므로 전반조명에 적합하다.

32 간접조명방식에 관한 설명 중 옳지 않은 것은? [24]

① 직사 눈부심이 없다.
② 작업면에 고조도를 얻을 수 있으나 휘도 차가 크다.
③ 거의 대부분의 발산광속을 위 방향으로 확산시키는 방식이다.
④ 천장, 벽면 등이 밝은 색이 되어야 하고, 빛이 잘 확산되도록 하여야 한다.

해설 직접조명방식은 작업면에 고조도를 얻을 수 있으나 휘도 차가 크고, 간접조명방식은 작업면에 고조도를 얻을 수 없으나 휘도 차가 작다.

33 건축물의 에너지 절약을 위한 계획내용으로 옳지 않은 것은? [20]

① 건축물의 체적에 대한 외피면적의 비 또는 연면적에 대한 외피면적의 비는 가능한 작게 한다.
② 거실의 층고 및 반자높이는 실의 용도와 기능에 지장을 주지 않는 범위 내에서 가능한 높게 한다.
③ 공동주택은 인동간격을 넓게 하여 저층부의 일사수열량을 증대시킨다.
④ 건축물은 대지의 향, 일조 및 주풍향 등을 고려하여 배치하며, 남향 또는 남동향 배치를 한다.

해설 건축물의 에너지 절약을 위한 계획에서 거실의 층고 및 반자높이는 실의 용도와 기능에 지장을 주지 않는 범위 내에서 가능한 낮게 한다.

34 주거면적의 기준 중 사회학자인 숑바르 드 로브의 한계기준으로 옳은 것은? [23, 21, 19, 18, 17]

① $16m^2$
② $14m^2$
③ $10m^2$
④ $8m^2$

해설 주거면적 (단위 : m^2/인 이상)

구분	최소한 주택의 면적	콜로뉴(cologne) 기준	숑바르 드 로브(사회학자)			국제 주거 회의(최소)
			병리 기준	한계 기준	표준 기준	
면적	10	16	8	14	16	15

35 다음 한식 주택에 대한 설명 중 옳지 않은 것은? [18]

① 각 실은 홀로 연결된 조합평면이다.
② 가구는 부수적인 내용물이다.
③ 공간의 융통성이 낮다.
④ 평면의 실의 분화는 조합평면이다.

해설 한식 주택은 공간의 융통성이 높고 조합평면으로 은폐적이며 실의 조합으로 이루어진다.

36 한식 주택과 양식 주택을 비교한 것이다. 옳지 않은 것은? [20②, 19]

① 한식 주택의 개구부는 크고, 양식 주택의 개구부는 작다.
② 양식 주택의 평면은 실의 기능적인 분화평면이다.
③ 한식 주택의 실은 단일용도이고, 양식 주택의 실은 혼용도이다.
④ 한식 주택의 가구는 부수적인 내용물이나, 양식 주택의 가구는 주요한 내용물이다.

해설 양식 주택의 실은 단일용도이고, 한식 주택의 실은 혼(다)용도이다. 양식 주택의 평면은 복도로 연결된 기능적인 분화평면(개방적, 실의 분화)이고, 한식 주택은 홀로 연결된 조합평면(은폐적, 실의 조합)이다.

정답 31. ① 32. ② 33. ② 34. ② 35. ③ 36. ③

37 한식 주택의 특징 중 옳지 않은 것은? [24, 18②, 17]

① 가구는 주요한 내용물이다.
② 다목적용 좌식생활이다.
③ 공간의 융통성이 높다.
④ 평면은 조합평면으로 은폐적이고 실의 조합으로 이루어진다.

해설 한식 주택의 가구는 부수적인 내용물이나, 양식 주택의 가구는 주요한 내용물이다.

38 동선의 3요소에 속하지 않는 것은? [21]

① 공간　② 빈도
③ 하중　④ 길이

해설 동선은 일상생활에 있어서 어떤 목적이나 작업을 위하여 사람이나 물건이 움직이는 자취를 나타내는 선으로 동선의 3요소는 길이(속도), 하중 및 빈도이다.

39 주택의 생활공간을 개인공간, 공동공간 및 그 밖의 공간으로 구분한다. 거실에 해당되는 공간은? [17]

① 개인공간
② 가사노동공간
③ 사회적 공간
④ 보건위생공간

해설 주택에서의 소요실

공동공간	개인공간	그 밖의 공간			
		가사노동	보건위생	수납	교통
거실, 식당, 응접실	부부침실, 노인방, 어린이방, 서재	부엌, 세탁실, 가사실, 다용도실	세면실, 욕실, 변소	창고, 반침	문간, 홀, 복도, 계단

40 주택의 생활공간을 개인공간, 공동공간 및 그 밖의 공간으로 구분한다. 서재에 해당되는 공간은? [17]

① 개인공간　② 가사노동공간
③ 사회적 공간　④ 보건위생공간

해설 개인공간에는 침실(부부, 어린이, 노인 등), 서재 등이 있고, 공동공간에는 거실, 식당, 응접실 등이 있으며, 그 밖의 공간에는 가사노동공간(부엌, 세탁실, 가사실, 다용도실 등), 보건위생공간(세면실, 욕실, 화장실), 수납공간(반침, 창고 등), 교통공간(문간, 홀, 복도, 계단 등) 등이 있다.

41 주택의 생활공간을 개인공간, 공동공간 및 그 밖의 공간으로 구분한다. 공동공간에 해당되지 않는 것은? [19, 18]

① 거실　② 다용도실
③ 식당　④ 응접실

해설 공동공간에는 거실, 식당, 응접실 등이 있고, 다용도실은 그 밖의 공간으로 가사노동공간에 해당된다.

42 주택의 생활공간을 개인공간, 공동공간 및 그 밖의 공간으로 구분한다. 개인공간에 해당되지 않는 것은? [20, 19]

① 침실　② 서재
③ 응접실　④ 노인 침실

해설 개인공간에는 침실(부부, 어린이, 노인 등), 서재 등이 있고, 공동공간에는 거실, 식당, 응접실 등이 있다.

43 침실 계획에 있어서 소음 차단 방법으로 옳지 않은 것은? [21]

① 창문은 2중창으로 하고, 커튼을 설치한다.
② 가능한 한 공지에 면하게 하고, 현관으로부터 멀리 떨어지도록 한다.
③ 침대의 윗부분에 환기와 통풍이 잘되도록 한다.
④ 침실의 외부에 나무 등을 심어 소음을 차단한다.

해설 침실 계획에 있어서 소음 차단 방법에는 ①, ②, ④ 이외에 침실의 위치 선정 시 도로 등의 소음원으로부터 격리시키고, 다른 실과의 사이에 붙박이창을 설치하면 효과적이다.

정답 37. ① 38. ① 39. ③ 40. ① 41. ② 42. ③ 43. ③

44 주택 침실의 소음 방지 방법으로 적당하지 않은 것은? [24]

① 도로 등의 소음원으로부터 격리시킨다.
② 창문은 2중창으로 시공하고 커튼을 설치한다.
③ 벽면에 붙박이장을 설치하여 소음을 차단한다.
④ 침실 외부에 나무를 제거하여 조망을 좋게 한다.

해설 침실의 소음을 방지하려면 ①, ② 및 ③ 외에 침실 외부에 나무 등을 심어 외부의 소음을 차단한다.

45 주택의 평면배치 중 거실배치 시 고려할 사항으로 옳지 않은 것은? [18]

① 일조 ② 동선
③ 주택의 규모 ④ 가구의 배치

해설 거실배치 시 고려할 사항은 일조, 동선 및 주택의 규모 등이 있다.

46 거실의 가구배치 중 좌석을 일렬로 배치하여 한 측면에만 앉으므로 이야기 상대가 보이지 않아 3명 이상 대화가 부적합한 형식으로 좁은 거실에 사용되는 유형은? [24]

① 대면형 ② 직선형
③ 코너형 ④ 복합형

해설 ① 대면형 : 좌석이 서로 마주 보게 배치하는 형식으로 서로 시선이 마주쳐 자칫하면, 어색한 분위기를 만들 수 있다.
③ 코너형 : 가구를 실내의 벽면 코너에 배치하는 형식으로 시선이 서로 마주치지 않아 다소 안정감이 있게 하는 형태이다.
④ 복합형 : 넓은 거실에서 여러 용도로 거실을 사용할 경우 채용되는 형식으로 여러 형태를 복합적으로 사용할 수 있다.

47 주택에 있어서 식당의 배치유형 중 중소형 아파트나 소규모 주택에 적합한 형식으로 거실, 식사실, 부엌을 한 공간에 두는 형식은? [18]

① 리빙키친 ② 리빙다이닝
③ 다이닝키친 ④ 다이닝포치

해설 위치별로 본 식사실의 형태
㉠ 다이닝알코브(dining alcove, 리빙다이닝) : 거실의 일부에 식탁을 꾸미는 것으로, 보통 6~9m^2 정도의 크기로 하고, 소형일 경우에는 의자테이블을 만들어 벽 쪽에 붙이고 접는 것으로 한다.
㉡ 리빙다이닝키친(LDK, living kitchen, 리빙키친) : 거실, 식사실 및 부엌의 기능을 한 곳에 집합시킨 것으로 공간을 효율적으로 활용할 수 있어서 소규모의 주택이나 아파트에 많이 사용된다. 가족구성원의 수가 많고 주택의 규모가 큰 경우에는 리빙키친은 부적당하다.
㉢ 다이닝키친(DK, dining kitchen) : 부엌의 일부에 간단히 식탁을 꾸민 것 또는 부엌의 일부분에 식사실을 두는 형태로, 부엌과 식사실을 유기적으로 연결시켜 노동력을 절감하기 위한 형태이다. 즉 공사비의 절약, 주부의 동선 단축과 노동력의 절감, 공간활용도가 높고, 실면적의 절약 및 소규모 주택에 적합하다.

48 주택에 있어서 식당의 배치유형 중 식당과 주방을 하나의 공간에 두거나 주방의 일부에 식탁을 설치하는 형식은? [20②, 17]

① 리빙키친 ② 리빙다이닝
③ 다이닝키친 ④ 다이닝포치

해설 다이닝키친(DK, dining kitchen)은 부엌의 일부에 간단히 식탁을 꾸민 것 또는 부엌의 일부분에 식사실을 두는 형태로, 부엌과 식사실을 유기적으로 연결시켜 노동력을 절감하기 위한 형태이다. 즉 공사비의 절약, 주부의 동선 단축과 노동력의 절감, 공간활용도가 높고, 실면적의 절약 및 소규모 주택에 적합하다.

49 다음에서 설명하는 식사실의 형태로 옳은 것은? [20]

> 부엌의 일부에 간단히 식탁을 꾸민 것 또는 부엌의 일부분에 식사실을 두는 형태로, 부엌과 식사실을 유기적으로 연결시켜 노동력을 절감하기 위한 형태이다.

① 리빙키친 ② 다이닝키친
③ 다이닝포치 ④ 리빙다이닝

정답 44. ④ 45. ④ 46. ② 47. ① 48. ③ 49. ②

해설 리빙키친은 거실, 식사실, 부엌의 기능을 한 곳에 집합시킨 형태로 공간을 효율적으로 사용할 수 있어 소규모 주택, 아파트에 많이 사용하는 형식이다. 다이닝포치(dining porch)는 여름철 날씨에 테라스나 포치에서 식사하는 것이다. 다이닝알코브(dining alcove, 리빙다이닝)는 거실의 일부에다 식탁을 꾸미는 것인데, 보통 6~9m^2 정도의 크기로 하고, 소형일 경우에는 의자테이블을 만들어 벽 쪽에 붙이고 접는 것으로 한다.

50 부엌의 일부에 간단히 식탁을 꾸민 것 또는 부엌의 일부분에 식사실을 두는 형태인 다이닝키친의 가장 큰 장점은? [21②, 20②, 19, 17]

① 주부의 동선 단축과 노동력이 절감된다.
② 식침분리가 가능하다.
③ 식사분위기가 이상적으로 조성된다.
④ 접대 및 휴식의 장소로 유리하다.

해설 다이닝키친(DK, dining kitchen)은 부엌의 일부에 간단히 식탁을 꾸민 것 또는 부엌의 일부분에 식사실을 두는 형태로, 부엌과 식사실을 유기적으로 연결시켜 노동력을 절감하기 위한 형태이다. 즉 공사비의 절약, 주부의 동선 단축과 노동력의 절감, 공간활용도가 높고, 실면적의 절약 및 소규모 주택에 적합하다.

51 부엌가구의 배치유형 중 동선의 길이가 가장 짧아 작업의 효율을 높이는 형태로 옳은 것은? [18②]

① 일자형 ② ㄱ자형
③ ㄷ자형 ④ 병렬형

해설 부엌의 설비배열형식
㉠ 일렬형(일자형) : 동선과 배치가 간단하지만 설비기구가 많은 경우에는 작업동선이 길어진다. 소규모 주택에 적합한 형식으로 작업대 전체 길이가 2,700mm 이상을 넘지 않도록 한다.
㉡ ㄱ(ㄴ, L)자형 : 두 벽면을 이용하여 작업대를 배치한 형태로 한쪽 면에 싱크대를, 다른 면에는 가스레인지를 설치하면 능률적이다. 작업대를 설치하지 않은 남은 공간을 식사나 세탁 등의 용도로 사용할 수 있다.
㉢ 병렬형 : 부엌의 가구가 마주 보도록 배치하는 형태이다.

52 부엌가구의 배치유형 중 양쪽 벽면에 부엌가구가 마주 보도록 배치한 형식으로 주방의 폭에 비해 넓은 주방의 형태는? [19]

① 병렬형
② 일자형
③ ㄱ자형
④ ㄷ자형

해설 부엌의 설비배열형식
㉠ 일렬형(일자형) : 동선과 배치가 간단하지만 설비기구가 많은 경우에는 작업동선이 길어진다. 소규모 주택에 적합한 형식으로 작업대 전체 길이가 2,700mm 이상을 넘지 않도록 한다.
㉡ ㄱ(ㄴ, L)자형 : 두 벽면을 이용하여 작업대를 배치한 형태로 한쪽 면에 싱크대를, 다른 면에는 가스레인지를 설치하면 능률적이다. 작업대를 설치하지 않은 남은 공간을 식사나 세탁 등의 용도로 사용할 수 있다.
㉢ ㄷ자형 : 동선이 가장 짧으며 면적이 넓은 부엌에 적합하다.

53 부엌가구의 배치유형 중 주방의 가운데 조리대와 같은 부엌 가구를 두어 작업대 주변에서 작업을 할 수 있는 주방의 형태는? [17②]

① 아일랜드형
② U(ㄷ)자형
③ 직선(일렬)형
④ L(ㄴ)자형

해설

배열형식	장점	단점
I자형(직선형)	몸의 방향을 바꿀 필요가 없고 좁은 면적 이용에 효과적이므로 소규모 부엌에 주로 이용되는 형식	동선이 길어진다(작업의 흐름이 좌우로 되어 있다).
L(ㄱ, ㄴ)자형	배치에 여유가 있고 동선이 짧다.	각이 진 부분에 유의해야 한다.
U(ㄷ)자형	작업면이 넓고 작업효율이 가장 좋다. 인접한 세 벽면에 작업대를 붙여 배치한 형태로서 비교적 규모가 큰 공간에 적합하다.	다른 공간과의 연결이 한 면에 국한되므로 위치결정이 힘들다.

정답 50. ① 51. ③ 52. ① 53. ①

54 다음 설명에 알맞은 부엌가구의 배치유형으로 옳은 것은? [19]

> ㉠ 부엌가구의 배치가 간단한 평면형이나, 설비가 구가 많은 경우에는 작업동선이 길어지는 단점이 있다.
> ㉡ 소규모 주택에 적합하다.

① 병렬형
② 일자형
③ ㄱ자형
④ ㄷ자형

해설 ㄱ(ㄴ, L)자형은 두 벽면을 이용하여 작업대를 배치한 형태로 한쪽 면에 싱크대를, 다른 면에는 가스레인지를 설치하면 능률적이다. 작업대를 설치하지 않은 남은 공간을 식사나 세탁 등의 용도로 사용할 수 있다. ㄷ자형은 동선이 가장 짧으며 면적이 넓은 부엌에 적합하다. 병렬형은 부엌의 가구가 마주 보도록 배치하는 형태이다.

55 다음 그림과 같은 세면기의 설치치수(A×B)로 가장 적당한 것은? [21, 19, 18, 17]

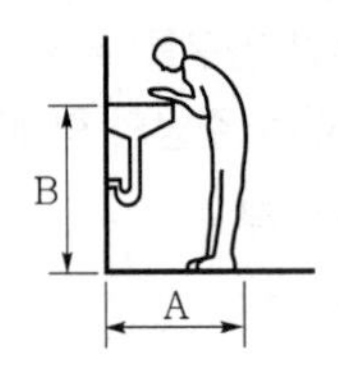

① (500~600)×750mm
② (500~600)×650mm
③ (600~700)×750mm
④ (600~700)×650mm

해설 세면기의 폭(너비)×깊이×높이는 800×(600~700)×750mm 정도로 높이를 낮게 해야 팔꿈치에서 물이 흘러내리지 않는 높이이다.

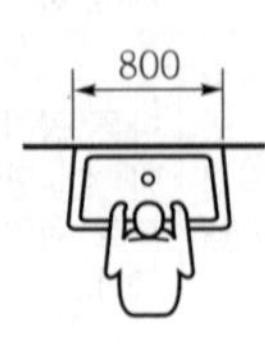

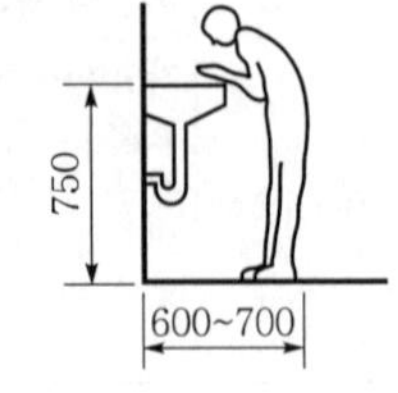

56 공동주택의 평면형식 중 프라이버시가 좋고, 계단 및 엘리베이터와 가까운 것은? [20]

① 집중형　② 계단실형
③ 중복도형　④ 편복도형

해설 집중형은 건물 중앙 부분의 엘리베이터와 계단을 이용해서 각 단위 주거에 도달하는 형식으로 일조와 환기 조건이 가장 불리한 형식이다. 중복도형은 엘리베이터나 계단에 의해 각 층에 올라와 중복도를 따라 각 단위 주거에 도달하는 형식이다. 편복도형은 엘리베이터나 계단에 의해 각 층에 올라와 편복도를 따라 각 단위 주거에 도달하는 형식으로 엘리베이터의 이용률이 홀형에 비해 매우 높다.

57 아파트의 평면형식 중 계단실형 아파트에 대한 설명으로 옳지 않은 것은? [19, 17②]

① 채광, 통풍 등의 거주조건이 양호하다.
② 거주자의 프라이버시 보장에 불리하다.
③ 계단실에서 직접 각 세대로 접근할 수 있는 형식이다.
④ 통행부의 면적을 작게 차지하므로 건물의 이용도가 높다.

해설 계단실(홀)형은 계단 또는 엘리베이터홀로부터 직접 주거단위로 들어가는 형식으로 프라이버시가 양호하다. 독립성(privacy)이 좋고 출입이 매우 편리하며, 통행부 면적이 작아서 건물의 이용도가 높다. 특히 편복도형에 비하여 밀도가 낮아진다.

58 다음 중 아파트의 계단실형에 대한 설명으로 옳지 않은 것은? [21]

① 각 단위 평면의 프라이버시가 보장된다.
② 계단실을 통하여 직접 각각의 주거 단위로 연결된다.
③ 엘리베이터의 1대당 이용률이 매우 높다.
④ 통행부의 면적을 적게 차지하므로 건축물의 이용도가 높다.

해설 계단실(홀)형은 계단 또는 엘리베이터 홀로부터 직접 주거 단위로 들어가는 형식으로 프라이버시가 양호하다. 독립성(privacy)이 좋고, 출입이 매우 편리하며, 통행부 면적이 작아서 건물의 이용도가 높으나, 엘리베이터의 1대당 이용률이 낮으므로 비경제적이다.

정답 54. ② 55. ③ 56. ② 57. ② 58. ③

59 공동주택의 평면형식 중 계단실형의 특성으로 옳지 않은 것은? [22]

① 통행부의 면적이 작으므로 건물의 이용도가 높다.
② 양면에 개구부를 설치할 수 있으므로 채광 및 통풍이 유리하다.
③ 전용면적비를 높일 수 있다.
④ 프라이버시가 양호하지 않다.

해설 계단실(홀)형은 복도를 통하지 않고 계단실, 엘리베이터 홀에서 직접 단위 주거에 도달하는 형식이다. 양쪽에 창호를 설치할 수 있으므로 채광과 통풍이 가장 유리하고, 프라이버시가 양호하며, 통행부 면적이 작아서 건물의 이용도가 높고, 좁은 대지에서 집약형 주거 등이 가능하나, 엘리베이터의 효율이 나쁘다.

60 중복도형 공동주택에 관한 설명으로 옳지 않은 것은? [24]

① 대지의 이용률이 높다.
② 채광 및 통풍이 불리하다.
③ 각 세대의 프라이버시 확보가 용이하다.
④ 도심지 내의 독신자용 공동주택 유형에 사용된다.

해설 공동주택 중 중복도형은 각 세대의 프라이버시 유지가 힘든 단점이 있다.

61 아파트의 평면형식에 의한 분류 중 집중형에 대한 설명으로 옳지 않은 것은? [21, 18]

① 채광과 통풍이 불리하다.
② 프라이버시 보장면에서 가장 우수한 형식이다.
③ 대지의 이용률이 높다.
④ 엘리베이터나 계단실을 건물의 중앙에 두고 많은 주호들을 집중배치하는 형식이다.

해설 아파트의 평면형식 중 집중형은 각 세대별 조망이 다르고, 기후조건에 따라 기계적 환경조절이 필요한 형식이며, 대지의 이용률은 높으나 통풍 및 채광에는 불리하고, 프라이버시가 좋지 않으며 시끄럽다. 또한 단위면적당 가장 많은 주호를 집결시킬 수 있는 형식이다.

62 아파트의 평면형식에 의한 분류 중 집중형에 대한 설명으로 부적합한 것은? [24, 21]

① 대지의 이용률이 매우 높다
② 프라이버시 보장의 측면에서 가장 우수하다.
③ 채광, 통풍 및 일조 등이 불리하다.
④ 중앙 부분에 엘리베이터나 계단실을 설치하고, 주위에 많은 주호를 집중하여 배치하는 방식이다.

해설 아파트의 평면형식 중 집중형은 각 세대별 조망이 다르고, 기후조건에 따라 기계적 환경조절이 필요한 형식이며, 대지의 이용률은 높으나 통풍 및 채광에는 불리하고, 프라이버시가 좋지 않으며 시끄럽다. 또한, 단위면적당 가장 많은 주호를 집결시킬 수 있는 형식이다.

63 아파트의 평면형식 중 독신자 아파트에 적합한 형식으로 옳은 것은? [21]

① 계단실형 ② 편복도형
③ 중복도형 ④ 집중형

해설 아파트의 평면형식에 의한 분류

평면형식	프라이버시	채광	통풍	거주성	엘리베이터의 효율	비고
계단실형	좋음	좋음	좋음	좋음	나쁨(비경제적)	저층(5층 이하)에 적당
중복도형	나쁨	나쁨	나쁨	나쁨	좋음	독신자 아파트에 적당
편복도형	중간	좋음	좋음	중간	중간	고층에 적당
집중형	중간	나쁨	나쁨	나쁨	중간	고층 정도에 적당

64 공동주택의 형식 중 하나의 주거단위가 3개층으로 구성된 형식으로 프라이버시 확보율이 높은 단면 형식은? [24]

① 단층형 ② 복층형
③ 트리플렉스형 ④ 스킵플로어형

정답 59. ④ 60. ③ 61. ② 62. ② 63. ③ 64. ③

해설 ① 단층형 : 한 개의 주호가 1층으로 구성된 형식으로 주로 사용되는 형식이다.
② 복층형(듀플렉스, 메조네트형) : 한 주호가 두 개 층으로 나뉘어 구성된 형식으로 복도를 1층 걸러 설치하므로 공용 통로면적이 줄어 들고, 임대 면적이 증가된다
④ 스킵플로어형 : 한 층 또는 두 층을 걸러 복도를 설치하거나, 복도 없이 계단실에서 단위주거에 도달하는 형식으로, 경사지에 주로 채용한다.

65 공동주택의 단면형식 중 메조넷형에 관한 설명 중 옳지 않은 것은? [20, 19]

① 엘리베이터 및 계단 등의 공용통로면적을 절약할 수 있다.
② 엘리베이터의 정지층이 감소하므로 운영면에서 효율적이다.
③ 상층과 하층의 평면이 동일하므로 평면구성이 자유롭다.
④ 1개의 단위주거가 2개 층에 걸쳐 있는 공동주택의 형식이다.

해설 공동주택의 단면형식 중 메조넷(복층)형은 복도와 엘리베이터의 정지는 1개층씩 걸러 설치하므로 공용복도 및 서비스면적이 감소하고 평면구성의 제약이 많으며, 복도가 없는 층은 통풍 및 채광이 좋다. 또한 복층형은 전용면적비(net area/gross area)가 크나, 소규모 주택($50m^2$ 이하)에 적용할 경우 부적합(불리)하고 비경제적이다.

66 메조넷형(maisonette type) 아파트에 대한 설명으로 옳지 않은 것은? [24]

① 통로가 없는 층의 평면은 프라이버시 확보에 유리하다.
② 소규모 주택에 적용할 경우 다양한 평면 구성이 가능하여 경제적이다.
③ 통로가 없는 층의 평면은 화재 발생 시 대피상 문제점이 발생할 수 있다.
④ 엘리베이터 정지층 및 통로면적의 감소로 전용면적의 극대화를 도모할 수 있다.

해설 한 개의 주호가 두 개 층에 나뉘어 구성되는 메조넷(복층, 듀플렉스)형은 독립성이 가장 크고 전용면적비가 크나, 소규모 주택($50m^2$ 이하)에는 부적합하다. 또한 구조, 설비 등이 복잡하므로 다양한 평면구성이 불가능하며, 비경제적이다.

67 공동주택의 단면형식 중 트리플렉스형에 관한 설명 중 옳지 않은 것은? [24, 18]

① 피난이 매우 용이하다.
② 엘리베이터의 정지층수를 적게 할 수 있다.
③ 거주성 및 프라이버시 보장에 유리하다.
④ 주택 내의 공간의 변화가 있다.

해설 트리플렉스형은 듀플렉스형보다 프라이버시 확보율이 높고, 통로가 없는 층의 평면은 채광 및 통풍에 문제가 없으나 피난이 매우 난이하며, 통로면적도 유리하다.

68 주택의 평면계획에 있어서 인접이 가능한 실의 연결로 부적합한 것은? [20, 19]

① 부엌-식사실 ② 화장실-침실
③ 화장실-식당 ④ 부엌-거실

해설 식당과 화장실의 인접은 매우 불합리한 배치방법이다.

69 경사지의 단점을 보완하기 위한 가장 적절한 주택의 형식은? [18]

① 메조넷형 ② 스킵플로어형
③ 트리플렉스형 ④ 필로티형

해설 필로티형의 1층은 기둥만의 개방된 공간(주차장 등)으로 구성하고, 2층 이상에는 주호를 설치하는 형식이다.

70 주택의 단지계획에 있어서 근린분구의 인구수로 옳은 것은? [17]

① 100~200명 ② 2,000~2,500명
③ 8,000~10,000명 ④ 10,000~15,000명

해설 주택단지의 구성은 인보구(15~40호, 100~200명, 0.5~2.5ha) → 근린분구(400~500호, 2,000~2,500명, 15~25ha) → 근린주구(1,600~2,000호, 8,000~10,000명, 100ha)이다.

정답 65. ③ 66. ② 67. ① 68. ③ 69. ④ 70. ②

2 | 건축 설비

01 급수방식 중 고가수조방식에 대한 설명 중 옳지 않은 것은? [20, 19]

① 단수 시에도 일정량의 급수가 가능하다.
② 수질오염의 측면에서 가장 유리한 급수방식이다.
③ 일정한 수압을 유지할 수 있다.
④ 대규모의 급수설비에 적합한 방식이다.

해설 고가탱크방식은 물을 지하탱크에 받아 양수펌프로 건물 옥상에 설치된 고가탱크로 양수하고, 높이차이로 인한 수압을 이용한 급수방식이다. 수압을 일정하게 유지할 수 있고 단수가 되어도 일정량의 급수를 계속할 수 있으며, 배관부품의 파손이 적어 대규모 급수에 적합한 설비이다. 수질이 오염되기 쉽고 설비비가 비싸다는 단점이 있다.

02 배수설비에 있어서 트랩의 봉수파괴원인에 속하지 않는 것은? [24, 21, 18]

① 자정작용 ② 자기사이펀작용
③ 모세관작용 ④ 분출작용

해설 트랩의 봉수파괴원인은 자기사이펀작용, 유도(유인)사이펀(흡출)작용, 증발현상, 모세관현상, 분출(토출)작용 등이다.

03 배수 트랩의 설치 목적으로 옳은 것은? [21]

① 관내의 청결을 유지하기 위해 신선한 공기를 유통시킨다.
② 배수의 흐름과 봉수의 보호를 위한 목적이 있다.
③ 배수관 속의 악취, 유독가스 및 벌레 등이 실내로 침투하는 것을 방지하기 위하여 배수계통의 일부에 봉수가 고이게 하는 것을 목적으로 한다.
④ 배수관 내의 압력을 일정하게 하기 위함이다.

해설 ①, ② 통기관의 설치 목적이다.

04 트랩의 봉수를 보호하는 이유로 옳은 것은? [24]

① 배수관 속의 악취, 유독가스 및 벌레 등이 실내로 침투하는 것을 방지하기 위함이다.
② 배수의 흐름을 원활히 하며, 배수관 내의 환기를 도모한다.
③ 배수관의 흐름의 속도와 배수관의 청소를 도모한다.
④ 공기를 송풍기로 덕트를 통하여 실내에 들여보내는 장치이다.

해설 통기관의 설치 목적은 트랩의 봉수(배수관 속의 악취, 유독가스 및 벌레 등이 실내로 침투하는 것을 방지)를 보호하고, 배수의 흐름을 원활히 하며, 배수관 내의 환기를 도모한다. 트랩의 봉수를 보호하기 위하여 통기관을 설치하여야 한다.

05 가옥 트랩, 메인 트랩으로서 옥내 배수 수평 주관의 말단 등 가옥 내 배수 기구에 부착하여 공공 하수관으로부터 해로운 가스가 집 안으로 침입하는 것을 방지하는 데 사용하는 트랩은? [21]

① S트랩
② 벨트랩
③ P트랩
④ 드럼트랩

해설 ① S트랩 : 세면기, 대변기 등에 사용하는 것으로, 사이펀작용에 의해 봉수가 파괴되는 때가 많다.
② 벨트랩(bell trap) : 욕실 바닥의 물을 배수할 때 사용한다.
③ P트랩 : 위생기구에 가장 많이 쓰이는 형식으로, 벽체 내의 배수 입관에 접속한다. S트랩보다 봉수가 안전하다.

06 증기 난방에 대한 설명으로 옳지 않은 것은? [22]

① 온수 난방에 비해 쾌감도가 매우 좋다.
② 증발 잠열을 이용하므로 열의 운반 능력이 크다.
③ 예열 시간이 온수 난방에 비해 짧다.
④ 배관의 관경 및 방열면적이 작아도 된다.

정답 01. ② 02. ① 03. ③ 04. ① 05. ④ 06. ①

해설 증기 난방의 장·단점

㉠ 장점

㉮ 증발 잠열을 이용하기 때문에 열의 운반 능력이 크다.

㉯ 예열 시간이 온수 난방에 비해 짧고, 증기의 순환이 빠르다.

㉰ 방열 면적을 온수 난방보다 작게 할 수 있고, 설비비와 유지비가 싸다.

㉡ 단점

㉮ 난방의 쾌감도가 낮고, 난방 부하의 변동에 따라 방열량의 조절이 곤란하다.

㉯ 소음이 많이 나고, 보일러의 취급 기술이 필요하다.

07 복사 난방에 대한 설명으로 옳지 않은 것은? [21]

① 실내의 수직온도분포가 균일하고 실내가 쾌적하다.

② 천장고가 높은 곳에서 난방감을 얻을 수 있다.

③ 코일이 매립되어 있으므로 유지 및 보수가 용이하다.

④ 동일 방열량에 비하여 손실열량이 비교적 적다.

해설 복사 난방(천정, 바닥, 벽 등의 건축 구조체에 코일을 배관하여 가열 면을 형성하고 온수 또는 증기로 가열 면의 온도를 높여 복사열로 난방하는 방식)은 코일이 매립되어 있으므로 유지 및 보수가 난해하다.

08 다음 설명은 어떤 공기조화방식에 대한 설명인가? [19]

> ㉠ 오래전부터 사용되던 공조방식이다.
> ㉡ 중앙에서 에어핸들링유닛이나 패키지형 공조기 등을 써서 실내 또는 환기덕트 내 자동온도조절기 또는 자동습도조절기에 의하여 각 실의 조건에 알맞게 조절된 냉풍 또는 온풍을 하나의 덕트와 취출구를 통하여 각 실에 공조하는 방식이다.

① 이중덕트방식 ② 멀티존유닛방식
③ 각 층 유닛방식 ④ 단일덕트방식

해설 단일덕트방식은 오래전부터 사용되던 공조방식으로 중앙에서 에어핸들링유닛이나 패키지형 공조기 등을 써서 실내 또는 환기덕트 내 자동온도조절기 또는 자동습도조절기에 의하여 각 실의 조건에 알맞게 조절된 냉풍 또는 온풍을 하나의 덕트와 취출구를 통하여 각 실에 공조하는 방식이다.

09 다음에서 설명하는 공기조화방식으로 옳은 것은? [22]

> 건축물의 구조체(천장, 바닥, 벽체 등)에 파이프 코일을 설치하여 여름에는 냉수, 겨울에는 온수를 공급하여 냉·난방을 하고, 공기를 공기조화기로부터 덕트를 통해 공급하므로 실의 공기를 조화하는 방식이다.

① 단일덕트방식
② 이중덕트방식
③ 복사패널 덕트병용방식
④ 팬 코일 유닛방식

해설 ① 단일덕트방식(single duct system) : 오래 전부터 사용되어 온 공조 방식으로 중앙에서 에어 핸들링 유닛(air handling unit)이나 패키지형 공조기(package air conditioner) 등을 써서, 실내와 환기 덕트 내 자동 온도 조절기(thermostat) 또는 자동 습도 조절기(humidistat)에 의해 각 실의 조건에 맞게 조절된 냉풍이나 온풍을 하나의 덕트와 취출구를 통하여 각 실에 보내서 공조하는 방식이다.

② 이중덕트방식(double duct system) : 냉풍, 온풍의 2개의 덕트를 만들어, 말단에 혼합 유닛(unit)에서 열부하에 알맞은 비율로 혼합하여 송풍함으로써 실온을 조절하는 전공식의 조절 방식이다.

④ 팬 코일 유닛방식(fan-coil unit system) : 전동기 직결의 소형 송풍기, 냉·온수 코일 및 필터(filter) 등을 갖춘 실내형 소형 공조기(fan-coil unit)를 각 실에 설치하여 중앙 기계실로부터 냉수 또는 온수를 받아서 공기 조화를 하는 전수 방식이다.

10 공기조화방식 중 2중덕트방식에 관한 설명으로 옳지 않은 것은? [20]

① 전공기방식에 속한다.

② 냉·온풍의 혼합으로 인한 혼합손실이 있다.

③ 부하특성이 다른 다수의 실이나 존에는 적용할 수 없다.

④ 단일덕트방식에 비해 덕트 샤프트 및 덕트 스페이스를 크게 차지한다.

정답 07. ③ 08. ④ 09. ③ 10. ③

해설 이중덕트방식은 각 실의 개별 제어(부하가 다른 실) 및 존 제어가 가능한 방식이다.

11 다음 중 자연환기에 대한 설명으로 옳지 않은 것은? [21]

① 자연환기의 종류에는 풍력환기와 중력환기가 있다.
② 온도차에 의한 자연환기는 중력환기라고 하고, 바람에 의한 자연환기는 풍력환기이다.
③ 송풍기와 배풍기를 이용하여 강제적으로 환기하는 방식이다.
④ 개구부의 설치에 있어서 풍향에 수직으로 계획하면 환기량이 증대된다.

해설 자연환기는 개구부를 통해 급기와 배기가 이루어지고, 일정한 환기량을 유지할 수 있으며, 풍향, 풍속 및 실내·외의 온도차와 공기 밀도차에 의한 방법이다. 또한, 온도차에 의한 자연환기는 중력환기라고도 한다. ③은 기계(강제)환기에 대한 설명이다.

12 다음 환기 방식 중 자연 환기에 속하는 것은? [19]

① 제1종 환기
② 풍력 환기
③ 제2종 환기
④ 제3종 환기

해설 환기 방식

방식	기계 환기		
명칭	제1종 환기(병용식)	제2종 환기(압입식)	제3종 환기(흡출식)
급기	송풍기	송풍기	개구부
배기	배풍기	개구부	배풍기
환기량	일정	일정	일정
실내의 압력차	임의(정, 부압)	정압	부압
용도	모든 경우에 사용	제3종 환기일 경우에만 제외	화장실, 기계실, 주차장, 취기나 유독가스 발생이 있는 실

* 자연 환기 방식에는 풍력 환기(통풍에 의한 풍압 작용으로 환기)와 중력 환기(실내·외의 온도차에 의한 환기) 등이 있다.

13 자연 환기량에 관한 설명으로 옳지 않은 것은? [23]

① 개구부 면적이 클수록 많아진다.
② 실내·외의 온도차가 클수록 많아진다.
③ 공기 유입구와 유출구의 높이의 차이가 클수록 많아진다.
④ 제1종, 제2종, 제3종으로 구분한다.

해설 자연 환기법은 풍력환기(통풍에 의한 풍압작용으로 환기)와 중력환기(실내·외 온도차에 의한 환기)로 구분하고, 기계 환기법에는 제1종(병용식), 제2종(압입식) 및 제3종(흡출식)으로 구분한다.

14 할로겐램프에 관한 설명으로 적합하지 않은 것은? [21]

① 휘도가 낮아 시야에 광원이 직접 들어오도록 계획해도 무방하다.
② 흑화가 거의 일어나지 않고 광속이나 색 온도의 저하가 적다.
③ 백열전구에 비해 수명이 길다.
④ 연색성이 좋고 설치가 용이하다.

해설 할로겐램프는 휘도가 높아 시야에 광원이 직접 들어오지 않도록 계획해야 한다.

15 다음 인터폰설비에 대한 설명 중 접속방식에 따른 분류에 속하지 않는 것은? [23, 19②, 18]

① 모자식
② 동시통화식
③ 상호식
④ 복합식

정답 11. ③ 12. ② 13. ④ 14. ① 15. ②

해설 인터폰의 작동원리와 접속방식

구분	분류	정의
작동원리	프레스 토크	말할 때 통화버튼을 누르고, 들을 때 통화버튼을 떼고 통화하는 방식
	동시통화	전화통화와 동일한 방식
접속방식	모자식	한 대의 모기에 여러 대의 자기를 접속
	상호식	어느 기계에서나 임의로 통화가 가능한 형식
	복합식	모자식과 상호식의 복합방식으로 모기 상호 간 통화가 가능하고, 모기에 접속된 모자 간에도 통화가 가능

16 건축물의 옥내 또는 구내 전용의 통화 연락을 목적으로 설치하는 것은? [21]

① 구내교환설비 ② 방송설비
③ 표시설비 ④ 인터폰설비

해설 구내교환설비(PBX : Private Branch Exchange)는 건물의 외부와 내부 및 내부 상호 간에 연락을 위한 설비이다. 방송설비는 건물 내외에 스피커를 설치하여 연락, 안내, 통보 등을 행하는 설비로, 일반방송, 비상방송, 극장이나 홀 등의 연출용 방송으로 구분한다. 표시설비는 상황이나 행위 등을 표현하여 다수가 알 수 있도록 하는 설비로서 램프, 카드 및 숫자에 의하며, 표시에는 출퇴근, 안내, 득점, 경보 등 여러 가지가 있다.

17 수송설비 중 계단식으로 된 컨베이어로서 30° 이하의 기울기를 가지는 트러스에 발판을 부착시켜 레일로 지지한 구조체의 수송설비는? [17]

① 엘리베이터 ② 에스컬레이터
③ 컨베이어벨트 ④ 이동보도

해설 ① 엘리베이터 : 전용 승강로 내를 동력으로 상하 승강하는 케이지(cage)를 중심으로 구성된 운송시스템이며, 운송대상은 주로 사람과 물품이다.
③ 컨베이어벨트 : 임의의 장소에 연속적으로 화물을 수송할 수 있고, 수신인이 항상 대기하지 않아도 되는 장점이 있다.
④ 이동보도 : 승객을 목적지까지 조속히 수송하고 교통혼잡을 해소하는 것으로, 수평에 대하여 경사 10~15°의 범위 내에서 승객을 수평으로 이동시키는 장치이다.

18 에스컬레이터에 대한 설명 중 옳지 않은 것은? [24]

① 계단식으로 된 컨베이어로서, 30° 이하의 기울기를 가지는 트러스에 발판을 부착시켜 레일로 지지한 구조체이다.
② 최대 속도는 하향의 안전을 위하여 30m/min 이하로 하여야 한다.
③ 에스컬레이터 설치 시에는 가능한 한 주행거리를 짧게 하고, 사람 흐름의 중심에 배치한다.
④ 지지보나 기둥에 하중과 무관하게 배치한다.

해설 지지보나 기둥에 하중이 균등하게 실리도록 한다.

19 엘리베이터의 안전장치 중 엘리베이터카가 정상층이나 최하층에서 정상위치를 벗어나 그 이상으로 운행하는 것을 방지하는 장치로 옳은 것은? [24, 18③]

① 조속기 ② 종점스위치
③ 3로스위치 ④ 리밋스위치

해설 조속기(승강기의 속도를 모니터하여 과속을 감시하는 장치 또는 기관의 회전속도를 일정하게 유지하기 위한 제어장치), 리밋(제한)스위치(종점스위치가 고장인 경우 종점을 지난 카는 제한스위치가 작동하여 모터의 회로를 끊고, 동시에 전자브레이크를 작동하여 카를 급정지시킨다) 등은 엘리베이터의 안전장치이다. 3로스위치는 3개의 단자를 구비한 전환용 용수철스위치로 전등을 2개소 이상의 스위치에서 점멸할 때 사용한다.

20 사무소 건축에 있어서 엘리베이터 계획 시 고려하여야 할 사항으로 옳지 않은 것은? [22②, 18]

① 초고층, 대규모 건축물의 경우에는 서비스 그룹을 조닝하는 것을 검토한다.
② 군관리운전의 경우에는 동일 군 내의 서비스층은 동일하게 한다.
③ 승객의 층별 대기시간은 평균운전간격 이상이 되게 한다.
④ 엘리베이터의 수량 계산 시 대상건축물의 교통수요량에 적합해야 한다.

정답 16. ④ 17. ② 18. ④ 19. ④ 20. ③

해설 승객의 층별 대기시간은 평균운전간격 이하(10초 이내)가 되게 한다.

21 엘리베이터 배치 시 고려하여야 할 사항으로 옳지 않은 것은? [18]

① 엘리베이터의 대면배치 시 6대 이하로 한다.
② 엘리베이터의 대면배치 시 대면거리는 10m 이상으로 한다.
③ 엘리베이터는 교통동선의 중심에 배치하여 보행거리가 짧도록 배치한다.
④ 엘리베이터의 직선배치는 4대를 한도로 한다.

해설 엘리베이터의 대면배치 시 대면거리는 3.5~4.5m 정도이다.

22 직류 엘리베이터에 대한 교류 엘리베이터의 특성을 설명한 것으로 옳지 않은 것은? [20]

① 기동토크가 크다.
② 속도를 임의로 선택할 수 없다.
③ 승차 시 승강기분이 좋지 않다.
④ 착상오차가 크다.

해설 교류 엘리베이터는 직류 엘리베이터에 비하여 기동토크가 작다.

23 전류가 흐르고 있는 전기기기, 배선과 관련된 화재의 종류는? [24]

① A급 화재 ② B급 화재
③ C급 화재 ④ K급 화재

해설 화재의 분류

분류	A급 화재 (일반 화재)	B급 화재 (유류 화재)	C급 화재 (전기 화재)	D급 화재 (금속 화재)	E급 화재 (가스 화재)	F급 화재 (식용 유화재)
색깔	백색	황색	청색	무색	황색	–

24 다음 소화설비 중 피난구조설비에 속하지 않는 것은? [18]

① 완강기 ② 무선통신보조설비
③ 구조대 ④ 피난사다리

해설 소방시설 중 피난구조설비(화재가 발생할 경우 피난하기 위하여 사용하는 기구 또는 설비)의 종류에는 피난기구(피난사다리, 구조대, 완강기 등), 인명구조기구(방열복, 공기호흡기, 인공소생기 등), 유도등(피난유도선, 피난구·통로·객석 유도등, 유도 표지), 비상조명등 및 휴대용 비상조명등 등이 있고, 무선통신보조설비는 소화활동설비에 속한다.

25 다음의 소방시설 중 소화설비에 해당되지 않는 것은? [19]

① 스프링클러설비 ② 소화기구
③ 옥외소화전설비 ④ 소화용수설비

해설 소방시설 중 소화설비(물 또는 그 밖의 소화약제를 사용하여 소화하는 기계·기구 또는 설비)의 종류에는 소화기구, 자동소화장치, 옥내소화전설비, 스프링클러설비, 물분무등 소화설비, 옥외소화전설비 등이 있고, 소화용수설비에는 상수도 소화용수설비, 소화수조, 저수조, 그 밖의 소화용수설비 등이 있다.

26 가스계량기와 전기점멸기의 이격거리로 옳은 것은? [21]

① 15cm 이상 ② 30cm 이상
③ 60cm 이상 ④ 90cm 이상

해설 가스관과 전기설비와의 이격거리

저압 옥내외 배선	전기 점멸기, 콘센트	전기개폐기, 전기계량기, 전기안전기, 고압 옥내 배선	저압 옥상 전선로 특별 고압 지하 옥내 배선	피뢰 설비
15cm 이상	30cm 이상	60cm 이상	1m 이상	1.5m 이상

27 다음은 스프링클러설비에 대한 설명이다. 부적합한 것은? [20, 21]

① 고층 건축물이나 지하층의 소화에 적합한 소화설비이다.
② 초기 화재 시 소화율이 매우 높다.
③ 소화기능은 있으나, 경보기능은 없다.
④ 화재로 인한 열에 의해 스프링클러헤드의 용해전을 녹여 자동적으로 개구되어 방수하는 방식이다.

정답 21. ② 22. ① 23. ③ 24. ② 25. ④ 26. ② 27. ③

해설 스프링클러설비는 일정한 소화설비 기준에 따라 방화 대상물의 상부 또는 천장면에 배수관을 설치하고, 그 끝에 폐쇄형 또는 개방형의 살수기구(head)를 소정 간격으로 설치하여 급수원에 연결시켜 두었다가 화재가 발생하였을 때, 수동 또는 자동으로 물이 헤드로부터 분사되어 소화되는 고정식 종합소화설비이다. 특히, 화재 감지와 동시에 화재 경보가 작동하며 초기에 화재 진압이 용이하다.

28 스프링클러설비에 관한 설명으로 옳지 않은 것은? [24]

① 초기 화재 진압에 효과적이다.
② 소화약제가 물이므로 경제적이다.
③ 감지부의 구조가 기계적이므로 오보 및 오동작이 적다.
④ 다른 소화설비에 비해 시공이 단순하여 초기에 시설비용이 적게 든다.

해설 스프링클러설비는 다른 소화설비에 비하여 시공이 복잡(특히, 습식)하고, 초기에 설비비용이 많이 드는 단점이 있다.

29 다음에서 설명하는 설비로 옳은 것은? [22]

> 건축물의 외벽, 창, 지붕 등에 설치하여 인접 건물에 화재가 발생하였을 때, 수막을 형성함으로써 화재의 연소를 방지하는 설비이다.

① 옥내소화전설비 ② 연결살수설비
③ 드렌처설비 ④ 스프링클러설비

해설 ① 옥내소화전설비 : 소화전에 호스와 노즐을 접속하여 건물 각 층의 소정 위치에 설치하고, 급수 설비로부터 배관에 의하여 압력수를 노즐로 공급하며, 사람의 수동 동작으로 불을 추적해 가면서 소화하는 것이다.
② 연결살수설비 : 소방대 전용 소화전인 송수구를 통하여 실내로 물을 공급하여 소화 활동을 하는 것으로, 지하층의 일반 화재 진압을 위한 설비로서 스프링클러설비와 비슷하며, 지하층에 해당하는 바닥 면적의 합계가 700m^2 이상인 경우에 설치하도록 되어 있다.
④ 스프링클러설비 : 일정한 소화설비 기준에 따라 방화 대상물의 상부 또는 천장면에 배수관을 설치하고, 그 끝에 폐쇄형 또는 개방형의 살수 기구(head)를 소정 간격으로 설치하여 급수원에 연결시켜 두었다가 화재가 발생하였을 때, 수동 또는 자동으로 물이 헤드로부터 분사되어 소화되는 고정식 종합소화설비이다. 일반적으로 스프링클러 헤드 하나가 소화할 수 있는 면적은 10m^2 정도이다.

30 거주, 집무, 작업, 집회, 오락 그 밖에 이와 유사한 목적을 위하여 계속적으로 사용하는 거실, 주차장 등 개방된 통로에 설치하는 유도등으로 피난의 방향을 명시하는 것을 무엇이라고 하는가? [21]

① 통로유도등
② 거실통로유도등
③ 계단통로유도등
④ 객석유도등

해설 유도등 및 유도표지의 화재안전기술기준(NFTC 303)
㉠ 통로유도등이란 피난통로를 안내하기 위한 유도등으로 복도통로유도등, 거실통로유도등, 계단통로유도등을 말한다.
㉡ 계단통로유도등이란 피난통로가 되는 계단이나 경사로에 설치하는 통로유도등으로 바닥면 및 디딤 바닥면을 비추는 것을 말한다.
㉢ 객석유도등이란 객석의 통로, 바닥 또는 벽에 설치하는 유도등을 말한다.

31 낙뢰로부터 피해를 방지하기 위하여 일반 건축물에 설치하는 피뢰침의 보호각으로 옳은 것은? [18]

① 30° ② 45°
③ 60° ④ 120°

해설 피뢰침의 보호각
㉠ 낙뢰의 피해를 안전하게 보호하는 범위는 일반 건물의 경우 돌침 및 수평도체의 보호각이 60° 이하이다.
㉡ 화약류, 가연성 액체나 가스 등의 위험물을 저장, 제조 또는 취급하는 건축물에 대해서는 보호각 45° 이하에 들어가는 원뿔체 내에 있도록 한다.

정답 28. ④ 29. ③ 30. ② 31. ③

Part 02

Craftsman Computer Aided Architectural Drawing

건축 제도

01 한국산업표준(KS)의 건축제도 통칙에 규정된 척도로 옳지 않은 것? [17]

① 2/1 ② 1/1
③ 1/200 ④ 1/150

해설 건축제도의 통칙에 있어서 척도는 배척(2/1, 5/1), 실척(1/1), 축척(1/2, 1/3, 1/4, 1/5, 1/10, 1/20, 1/25, 1/30, 1/40, 1/50, 1/100, 1/200, (1/250, 1/300), 1/500, 1/600, 1/1,000, 1/1,200, 1/2,000, 1/2,500, (1/3,000), 1/5,000, 1/6,000)의 26종으로 규정하고 있다.

02 건축제도통칙(KS F 1501)에 제시되지 않은 축척은? [24]

① 1/5 ② 1/15
③ 1/20 ④ 1/25

해설 건축제도통칙(KS F 1501)에 제시되는 축척은 23종으로 1/2, 1/3, 1/4, 1/5, 1/10, 1/20, 1/25, 1/30, 1/40, 1/50, 1/100, 1/200, 1/250, 1/300, 1/500, 1/600, 1/1,000, 1/1,200, 1/2,000, 1/2,500, 1/3,000, 1/5,000, 1/6,000 등이 있다.

03 다음 척도 중 축척에 해당하는 것은? [24]

① 2/1 ② 5/1
③ 1/1 ④ 1/2

해설 척도의 종류에는 배척(실물보다 큰 축척으로 예로는 2/1, 3/1, 5/1), 실척(실물과 같은 축척으로 예로는 1/1) 및 축척(실물보다 작은 축척으로 예로는 1/2, 1/3) 등이 있다.

04 다음 중 제도용지의 A2 규격과 철하지 않는 경우의 테두리선의 간격으로 옳게 짝지은 것은? [21]

① A2 규격 : 420mm×594mm, 테두리선의 간격 : 10mm
② A2 규격 : 420mm×594mm, 테두리선의 간격 : 15mm
③ A2 규격 : 297mm×420mm, 테두리선의 간격 : 15mm
④ A2 규격 : 297mm×420mm, 테두리선의 간격 : 10mm

해설 제도용지의 크기 및 여백 (단위 : mm)

제도지의 치수		A0	A1	A2	A3	A4	A5	A6
$a \times b$		841×1,189	594×841	420×594	297×420	210×297	148×210	105×148
c (최소)		10			5			
d (최소)	철하지 않을 때	10			5			
	철할 때	25						
	제도지 절단	전지	2절	4절	8절	16절	32절	64절

여기서, a : 도면의 가로 길이, b : 도면의 세로 길이
c : 테두리선과 도면의 우측, 상부 및 하부 외곽과의 거리
d : 테두리선과 도면의 좌측 외곽과의 거리

05 다음 그림과 같이 A3용지의 도면에 테두리를 만들 경우 용지와 테두리선과의 거리(d)의 최소값으로 옳은 것은? (단, 철을 하는 경우) [18]

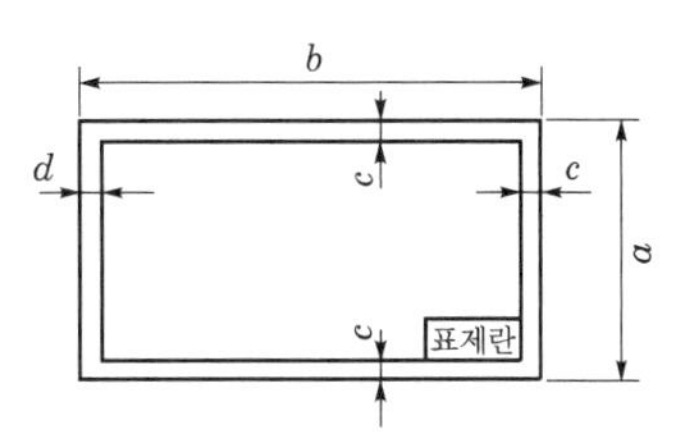

① 10mm ② 15mm
③ 20mm ④ 25mm

해설 제도용지의 크기 및 여백 (단위 : mm)

제도지의 치수		A0	A1	A2	A3	A4	A5	A6
$a \times b$		841 ×1,189	594 ×841	420 ×594	297 ×420	210 ×297	148 ×210	105 ×148
c(최소)		10			5			
d (최소)	철하지 않을 때	10			5			
	철할 때	25						

여기서, c : 도면의 상, 하 및 우측의 여백
d : 도면의 좌측 여백

06 창호의 재료를 표시한 것으로 옳지 않은 것은? [21]

① A : 알루미늄
② G : 유리
③ P : 목재
④ S : 강재

해설 P는 플라스틱(합성수지)을 의미하고, 목재는 W로 표기한다.

07 창호의 표시법 중 FSD가 의미하는 것으로 옳은 것은? [21, 18]

① 강철 방화문
② 스테인리스스틸 스틸창
③ 스테인리스스틸 방화문
④ 목재창

해설 FSD는 Fire Steel Door의 약자로서 방화문을 의미하며, 방화문은 건축물 내의 화재 발생 시 피해를 줄이고, 불의 확산을 방지하기 위하여 방화구역에 설치하는 문이다.

08 도면에 사용하는 일반 기호 중 반지름을 나타내는 것은? [23②, 22, 21, 17]

① R ② D
③ H ④ V

해설 도면의 표시 기호

명칭	길이	높이	폭	면적	두께	직경	반지름	용적
표시 기호	L	H	W	A	TH	D	R	V

09 다음은 한국산업규격에 대한 설명이다. 틀린 것은? [24, 21, 19]

① 제품규격면에서 제품의 형상 · 치수 · 품질 등을 규정한 것
② 한국산업규격은 기본부문(A)부터 정보산업부문(X)까지 14개 부문으로 구성된다.
③ 전달규격면에서 용어 · 기술 · 단위 · 수열 등을 규정한 것
④ 방법규격면에서 시험 · 분석 · 검사 및 측정 방법, 작업표준 등을 규정한 것

해설 한국산업규격은 기본부문(A)부터 정보부문(X)까지 21개 부문으로 구성되며 크게 제품규격(제품의 향상 · 치수 · 품질 등을 규정한 것), 방법규격(시험 · 분석 · 검사 및 측정방법, 작업표준 등을 규정한 것) 및 전달규격(용어 · 기술 · 단위 · 수열 등을 규정한 것)의 3가지 면에서 분류할 수 있다.

10 다음 중 한국산업표준(KS)의 분류 중 올바른 것은? [21②]

① C : 섬유 ② B : 기계
③ A : 항공우주 ④ L : 의료

해설 한국산업규격의 분류 기호

부문	기본	기계	전기	금속	광산	건설	일용품	식료품	섬유	요업	화학	의료	항공 우주
기호	A	B	C	D	E	F	G	H	K	L	M	P	W

11 한국산업표준의 분류로 옳지 않은 것은? [21, 19]

① 환경－H ② 건설－F
③ 전기－C ④ 기본－A

해설 한국산업규격의 분류 기호

부문	기본	기계	전기	금속	광산	건설	일용품	식료품	환경	섬유	요업	화학	의료	항공 우주
기호	A	B	C	D	E	F	G	H	I	K	L	M	P	W

12 다음 산업규격의 연결이 잘못된 것은? [22]

① 건설 : KS F ② 전기 : KS C
③ 금속 : KS K ④ 기계 : KS B

해설 한국산업규격의 분류 기호

부문	기본	기계	전기	금속	광산	건설	일용품	식료품	환경	섬유	요업	화학	의료	항공 우주
기호	A	B	C	D	E	F	G	H	I	K	L	M	P	W

정답 06. ③ 07. ③ 08. ① 09. ② 10. ② 11. ① 12. ③

13 다음 창호 표시 기호가 의미하는 것은? [18]

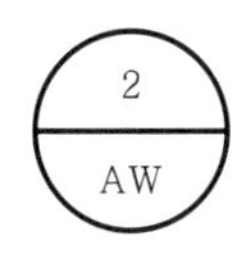

① 알루미늄 합금창 2개
② 알루미늄 합금창 2번
③ 알루미늄 2중창
④ 알루미늄 합금문 2번

해설 창호 표시 기호 중 2는 2번을 의미하고, A는 알루미늄, W는 창문(Window)을 의미한다.

14 오른쪽 그림과 같은 창호 표시 기호가 의미하는 것은? [24]

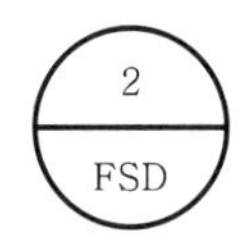

① 스테인리스 스틸 창
② 스테인리스 스틸 문
③ 스테인리스 스틸 방화문
④ 스테인리스 스틸 방화창

해설 문제의 창호 표시 기호는 "스테인리스 스틸 방화문"을 의미한다.

15 평면도 및 배치도 등의 설계도면의 위방향의 방위로 옳은 것은? [20, 17]

① 동쪽 ② 서쪽
③ 남쪽 ④ 북쪽

해설 일반적으로 건축설계도면의 위방향을 북측으로 한다.

16 건축제도에서 일점 쇄선과 구분하거나 물체가 있는 것으로 가상되는 부분을 표시할 때 사용되는 선으로 옳은 것은? [20②, 19, 16]

① 실선의 가는 선 ② 이점 쇄선
③ 파선 ④ 실선의 전선

해설 실선의 가는 선은 치수선, 치수 보조선, 지시선, 해칭선 및 인출선으로 사용하고, 실선의 전선은 단면선, 외형선, 파단선으로 사용하며, 파선은 물체의 보이지 않는 부분에 사용한다.

17 건축 도면에서 치수선, 치수 보조선, 인출선, 지시선 및 해칭선에 사용하는 선으로 옳은 것은? [22]

① 굵은 실선 ② 일점 쇄선
③ 가는 실선 ④ 이점 쇄선

해설 굵은 실선은 단면선, 외형선, 파단선에 사용하고, 가는 실선은 치수선, 치수 보조선, 인출선, 지시선 및 해칭선에 사용하며, 이점 쇄선은 가상(상상)선(물체가 있는 것으로 가상되는 부분)으로 사용한다.

18 다음 중 단면선, 외형선에 사용되는 선은? [19]

① 파선 ② 가는 실선
③ 굵은 실선 ④ 일점 쇄선

해설 파선은 물체의 보이지 않는 부분에 사용하고, 가는 실선은 치수선, 치수 보조선, 인출선, 지시선, 해칭선에 사용하며, 일점 쇄선은 중심선, 절단선, 경계선, 기준선에 사용된다.

19 도면에서 기준선, 참고선으로 사용되는 선은? [24]

① 파선 ② 점선
③ 일점 쇄선 ④ 이점 쇄선

해설 파선은 보이지 않는 부분을 표시하는 데 사용하고, 점선은 파선과 구별할 필요가 있을 때 사용하며, 이점 쇄선은 가상선(물체가 있는 것으로 가상되는 부분)으로 사용한다.

20 건축제도에 사용되는 선의 내용으로 옳지 않은 것은? [17②]

① 실선의 전선 : 단면선, 외형선 및 파단선으로 사용한다.
② 실선의 가는 선 : 치수선, 치수 보조선, 지시선, 해칭선으로 사용한다.
③ 일점 쇄선 : 물체의 보이지 않는 부분에 사용된다.
④ 이점 쇄선 : 물체가 있는 가상 부분 또는 일점 쇄선과 구분할 때 사용한다.

해설 일점 쇄선은 허선으로 중심선(중심축, 대칭축), 절단선, 경계선, 기준선에 사용되고, 물체의 보이지 않는 부분에는 파선이 사용된다.

정답 13. ② 14. ③ 15. ④ 16. ② 17. ③ 18. ③ 19. ③ 20. ③

21 다음 세 가지의 선과 관계가 없는 선은?

① 일점 쇄선 ② 실선
③ 이점 쇄선 ④ 파선

해설 실선의 종류에는 가는 선, 전선이 있고, 허선에는 파선, 일점 쇄선, 이점 쇄선 등이 있다.

22 건축제도에 있어서 사용되는 글자에 대한 설명 중 옳은 것은? [24, 19]

① 숫자는 아라비아숫자를 사용한다.
② 문장은 오른쪽에서 왼쪽으로 가로쓰기를 원칙으로 한다.
③ 글자체는 수직 또는 15° 경사의 명조체로 쓰는 것을 원칙으로 한다.
④ 글자의 크기는 각 도면의 상황에 관계없이 일정한 크기로 한다.

해설 ② 문장은 왼쪽에서 오른쪽으로 가로쓰기를 원칙으로 한다.
③ 글자체는 수직 또는 15° 경사의 고딕체로 쓰는 것을 원칙으로 한다.
④ 글자의 크기는 각 도면의 상황에 따라 알아보기 쉬운 크기로 한다.

23 건축설계도면에서 사람이나 차량 등을 배경표현에 넣어주는 이유로 가장 적합한 것은? [17]

① 공간 내 질감을 나타내기 위함이다.
② 입면도 등에서 반드시 표시하여야 하기 때문이다.
③ 설계된 공간의 크기나 기능 및 목적 등의 이해를 돕기 위함이다.
④ 설계도면의 효과를 돋보이게 하기 위함이다.

해설 건축설계도면에서 사람이나 차량 등을 배경표현에 넣어주는 이유는 건축물의 크기(스케일감), 공간의 깊이와 높이 및 공간의 용도(관습적인 용도)를 나타내기 위함이다.

24 투시도에 사용하는 용어 중 사람이 서 있는 곳을 의미하는 것은? [24, 19]

① 화면(P.P) ② 정점(S.P)
③ 소점(V.P) ④ 기선(G.L)

해설 ① 화면(P.P) : 물체와 시점 사이에 기면과 수직한 평면
③ 소점(V.P) : 투시도에서 직선을 무한한 먼 거리로 연장하였을 때 그 무한거리 위의 점과 시점을 연결하는 교점
④ 기선(G.L) : 기면과 화면과의 교차선

25 투시도의 용어 중 옳지 않은 것은? [23]

① 화면(Picture Plane : P.P)은 물체와 시점 사이에 기면과 수직한 평면이다.
② 기선(Ground Line : G.L)은 기면과 화면의 교차선이다.
③ 소점(Vanishing Point : V.P)은 투시도에서 직선을 무한히 먼 거리로 연장하였을 때 그 무한 거리 위의 점과 시점을 연결하는 시선과의 교점이다.
④ 시점(Eye Point : E.P)은 사람이 서 있는 곳이다.

해설 시점(Eye Point : E.P)은 보는 사람의 눈의 위치이고, 사람이 서 있는 곳은 정점(Station Point : S.P)이다.

26 다음 그림과 같이 표현되는 투시도로 옳은 것은? [20]

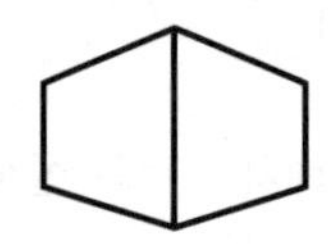

① 1소점 투시도 ② 2소점 투시도
③ 3소점 투시도 ④ 4소점 투시도

해설 투시도의 형식은 물체와 화면의 관계 및 소점의 수에 따라 세 가지로 분류할 수 있다.
㉠ 1소점(평형) 투시도 : 화면에 그리려는 물체가 화면에 대하여 평행 또는 수직이 되게 놓여지는 경우로 소점이 1개가 된다. 실내 투시도 또는 기념 건축물과 같은 정적인 건물의 표현에 효과적이다. 또한, 1소점 투시도에는 실내 공간의 3면(전체는 1면, 일부는 2면)과 천장, 바닥의 일부가 그려진다.
㉡ 2소점 투시도 : 2개의 수평선이 화면과 각을 가지도록 물체를 돌려 놓은 경우로, 소점이 2개가 생기고 수직선은 투시도에서 그대로 수직으로 표현되는 가장 널리 사용되는 방법이다.

정답 21. ② 22. ① 23. ③ 24. ② 25. ④ 26. ②

㉢ 3소점 투시도 : 물체가 돌려져 있고 화면에 대하여 기울어져 있는 경우로, 화면과 평행한 선이 없으므로 소점은 3개가 된다. 아주 높은 위치나 낮은 위치에서 물체의 모양을 표현할 때 쓰이나, 건축에서는 제도법이 복잡하여 자주 사용되지 않는다.

27 건축도면 중 사람이나 차 또는 화물 등의 흐름을 도식화하여 기능도와 조직도를 바탕으로 관찰하고 동선의 원칙에 따르도록 하는 도면의 명칭은? [17]

① 설비도　② 전개도
③ 구상도　④ 동선도

해설 ① 설비도 : 건축설비에 관한 도면으로 전기, 위생, 냉난방, 환기, 승강기, 소화설비도 등이 있다.
② 전개도 : 건축물의 각 실내의 입면도 또는 건물 내부의 입면을 정면에서 바라보고 그리는 내부 입면도이다.
③ 구상도 : 설계에 대한 최초의 발상으로 모눈종이 또는 스케치북에 프리핸드로 그리는 가장 기초적인 도면이다.

28 다음에서 설명하는 도면 중 단면도에 대한 설명으로 옳은 것은? [21]

① 건축물을 각 층마다 창틀 위 측, 바닥에서 높이 1~1.5m 정도에서 수평으로 자른 수평 투상도이다.
② 대지 안에 건물이나 부대시설의 배치를 나타낸 도면이다.
③ 건축물을 주요 부분을 수직으로 절단한 것을 상상하여 그린 도면이다.
④ 건축물의 외관을 나타낸 직립 투상도 또는 건물벽 직각 방향에서 건물의 겉모습을 그린 도면이다.

해설 ① 평면도, ② 배치도, ③ 단면도, ④ 입면도에 대한 설명이다.

29 다음은 입면도에 표시하여야 할 사항을 나열한 것이다. 옳지 않은 것은? [24, 20, 17]

① 외벽의 마감재료　② 창문의 형태
③ 지붕물매　④ 바닥높이

해설 입면도에 표시하여야 할 사항은 주요부의 높이(건물의 전체 높이, 처마높이 등), 지붕의 경사 및 모양(지붕물매, 지붕이기재료 등), 창문의 형태, 벽 및 기타 마감재료 등이다.

30 다음은 단면도에 표시하여야 할 사항을 나열한 것이다. 부적합한 것은? [19, 17]

① 층높이, 천장높이
② 처마높이
③ 창높이, 창턱높이
④ 실의 면적

해설 단면도 제도 시 필요한 사항은 기초, 지반, 바닥, 처마, 층 등의 높이와 지붕의 물매, 처마의 내민 길이 등이고, 단면상세도는 건축물의 구조상 중요한 부분을 수직으로 자른 것으로 각부의 높이, 부재의 크기, 접합 및 마감 등을 상세하게 그린다.

31 다음 그림과 같이 지붕의 길이가 12m, 너비가 8m, 물매가 4.5인 지붕의 높이로 옳은 것은? [22, 21, 20]

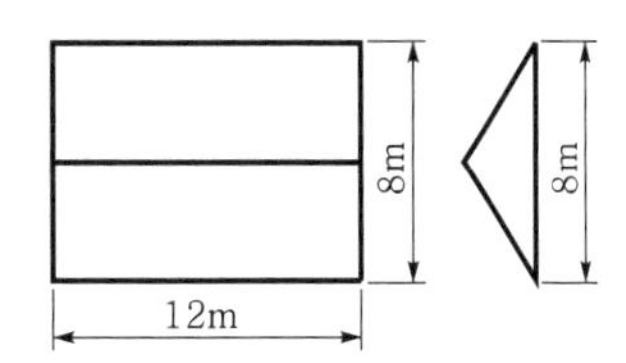

① 1.8m　② 1.7m
③ 1.6m　④ 1.5m

해설 지붕의 물매＝용마루의 높이÷간사이의 $\frac{1}{2}$에서 용마루의 높이를 구해야 하므로

용마루(지붕)의 높이＝지붕의 물매×간사이의 $\frac{1}{2}$이다.

지붕의 물매＝$\frac{4.5}{10}$, 간사이＝8m

∴ 지붕의 높이＝$\frac{1}{2}$×간사이×물매

$$=\frac{1}{2}\times 8\times\frac{4.5}{10}=1.8\text{m}$$

정답 27. ④ 28. ③ 29. ④ 30. ④ 31. ①

Part 03

Craftsman Computer Aided Architectural Drawing

건축 구조

01 물을 사용하지 않고, 가구재를 끼워 맞추는 철골 구조와 같은 구조형식은? [17]

① 건식 구조 ② 습식 구조
③ 일체식 구조 ④ 조립식 구조

해설 조립식 구조(프리패브리케이션)는 공장 생산에 의한 대량 생산이 가능하고 공사기간을 단축할 수 있으며, 시공이 용이하고 가격이 저렴하다. 특히 기후의 영향을 받지 않으므로 연중 공사가 가능하다. 그러나 초기에 시설비가 많이 들고 각 부재의 다원화가 힘들며, 강한 수평력(지진, 풍력 등)에 대하여 취약하므로 보강이 필요한 것이 단점이다. 특히 각 부품의 일체화가 힘들다. 습식 구조는 건축시공 시 현장에서 공정상 물을 사용하여 구조체를 완성하는 방식으로 벽돌구조, 블록구조, 돌구조, 철근콘크리트구조 등이 이에 해당된다. 일체식 구조는 전 구조체(기둥, 벽, 보, 바닥 및 지붕 등)를 일체로 만든 구조로서 철근콘크리트구조, 철골철근콘크리트구조 등이 있다.

02 내구적, 방화적이나 횡력과 진동에 약하고 균열이 생기기 쉬운 구조는? [24]

① 일체식 구조 ② 가구식 구조
③ 조립식 구조 ④ 조적식 구조

해설 ① 일체식 구조는 철근콘크리트구조와 철골철근콘크리트구조[철골철근콘크리트구조는 철골구조와 철근콘크리트구조의 합성구조로서 연직(수직) 하중은 철골이 부담하고, 수평 하중은 철골과 철근 콘크리트의 양자가 부담하는 구조] 등이 있다. 철근콘크리트구조는 현장에서 거푸집을 짜서 전 구조체를 일체로 만들어 콘크리트 속에 강재(철근)를 배치한 구조로서 내구성, 내화성, 내진성 및 거주성이 우수하나 자중이 무겁고 시공과정이 복잡하여 공사기간이 긴 단점이 있다.

② 가구식 구조 : 비교적 가늘고 긴 재료(목재, 철재 등)를 조립하여 뼈대를 만드는 구조체인 기둥과 보를 부재의 접합에 의해서 축조하는 방법이다. 뼈대를 삼각형으로 짜 맞추면 안정한 구조체를 만들 수 있는 구조방법으로서 목구조, 철골구조 등이 있으며, 안정한 구조체로 하기 위하여 삼각형으로 짜맞춘다. 특히, 철골구조는 건물 전체의 무게가 비교적 가벼우면서 강도가 커 고층이나 간사이가 큰 대규모 건축물에 적합한 구조이다.

③ 조립식 구조(프리패브리케이션)는 공장생산에 의한 대량생산이 가능하고, 공사기간을 단축할 수 있으며, 시공이 용이하고, 가격이 저렴하다. 특히, 기후의 영향을 받지 않으므로 연중공사가 가능하다. 그러나 초기에 시설비가 많이 들고, 각 부재의 다원화가 힘들며, 강한 수평력(지진, 풍력 등)에 대하여 취약하므로 보강이 필요한 것이 단점이다. 특히, 각 부품의 일체화가 힘들다.

03 다음 구조양식과 시공방식을 연결한 것 중 옳지 않은 것은? [18]

① 벽돌구조-습식 구조
② 철근콘크리트구조-건식 구조
③ 블록구조-습식 구조
④ 목구조-건식 구조

해설 ㉠ 습식 구조 : 건축시공 시 현장에서 공정상 물을 사용하여 구조체를 완성하는 방식으로 벽돌구조, 블록구조, 돌구조, 철근콘크리트구조 등이 이에 해당된다.

㉡ 건식 구조 : 건축시공 시 물을 사용하지 않고 부재를 연결재(나무, 못, 리벳, 볼트 등)로 접합하여 구조체를 완성하는 방식으로 목구조, 철골구조 등이 해당된다.

정답 01. ① 02. ④ 03. ②

04 지반의 부동침하원인에 속하지 않은 것은? [21, 19, 18]

① 이질지층 ② 연약지반
③ 줄기초 ④ 이질지정

해설 부동침하의 원인은 연약층, 경사지반, 이질지층, 낭떠러지, 일부 증축, 지하수위 변경, 지하구멍, 메운 땅 흙막이, 이질지정 및 일부 지정 등이다. 또한 지반이 동결작용을 했을 때, 지하수가 이동될 때, 이웃 건물에서 깊은 굴착을 할 때 등이다.

05 다음 중 연약지반에서 부동침하를 방지하는 대책과 가장 관계가 먼 것은? [20]

① 건물 상부 구조를 경량화한다.
② 상부 구조의 길이를 길게 한다.
③ 이웃 건물과의 거리를 멀게 한다.
④ 지하실을 강성체로 설치한다.

해설 연약지반에 대한 대책에는 상부 구조와의 관계(건축물의 경량화, 평균 길이를 짧게 할 것, 강성을 높게 할 것, 이웃 건축물과 거리를 멀게 할 것, 건축물의 중량을 분배할 것 등)와 기초 구조와의 관계[굳은 층(경질층)에 지지시킬 것, 마찰 말뚝을 사용할 것 및 지하실을 설치할 것 등]가 있다.

06 연약지반에 건축물을 축조할 때 부동침하를 방지하는 대책으로 옳지 않은 것은? [24]

① 건물의 강성을 높일 것
② 지하실을 강성체로 설치할 것
③ 건물의 중량을 크게 할 것
④ 건물은 너무 길지 않게 할 것

해설 부동침하의 방지(연약지반에 대한 대책)에는 상부 구조와의 관계에서 건축물의 경량화, 평균 길이를 짧게 할 것, 강성을 높게 할 것, 이웃 건축물과 거리를 멀게 할 것 및 건축물의 중량을 분배할 것 등이고, 기초 구조와의 관계에서 굳은 층(경질층)에 지지시킬 것, 마찰 말뚝을 사용할 것 및 지하실을 강성체로 설치할 것 등이 있다.

07 기초형식 중 기둥 1개의 하중을 기초판 1개에 각각 부담시키는 기초로 옳은 것은? [18]

① 온통기초 ② 연속기초
③ 독립기초 ④ 복합기초

해설 ① 온통기초(매트슬래브, 매트기초) : 건축물의 전체 바닥에 철근콘크리트기초판을 설치한 기초로서 모든 하중이 기초판을 통하여 지반에 전달되고, 지반이 지나친 지내력 부담을 받지 않아 하중에 비하여 지내력이 작은 연약지반에 사용한다. 건물의 하부 전체 또는 지하실 전체를 하나의 기초판으로 구성한 기초 또는 지반이 연약하거나 기둥에 작용하는 하중이 커서 기초판이 넓어야 할 때 사용하는 기초로 건물의 하부 전체 또는 지하실 전체를 하나의 기초판으로 구성한 기초이다.
② 줄(연속)기초 : 구조상 복합기초보다 튼튼하고 지내력도가 적은 경우, 기초의 면적을 크게 할 때 적당한 기초로서 일정한 폭, 길이방향으로 연속된 띠형태의 기초이다. 주로 조적구조의 기초에 사용하는 기초이다.
④ 복합기초 : 두 개 이상의 기둥을 한 개의 기초에 연속되어 지지하는 기초로서 단독기초의 단점을 보완한 기초이다.

08 다음 중 얕은 기초에 속하지 않는 것은? [24]

① 독립기초 ② 온통기초
③ 복합기초 ④ 마찰말뚝기초

해설 얕은 기초의 종류에는 독립기초, 복합기초, 연속(줄)기초, 온통기초 등이 있고, 깊은 기초의 종류에는 말뚝기초, 잠함기초 등이 있다.

09 기초 구조에서 부동침하를 줄일 수 있는 가장 효과적인 기초로 옳은 것은? [22]

① 복합기초 ② 줄기초
③ 온통기초 ④ 독립기초

해설 ① 복합기초 : 두 개 이상의 기둥을 한 개의 기초에 연속되어 지지하는 기초로서 단독 기초의 단점을 보완한 기초이다.
② 줄기초 : 벽 또는 일련의 기둥으로부터의 응력을 띠모양으로 하여 지반 또는 지정에 전달하도록 하는 기초 형식으로 주로 조적 구조의 기초에 사용하는 기초이다.
④ 독립기초 : 1개의 기초가 1개의 기둥을 지지하는 기초로서 기둥마다 구덩이 파기를 한 후에 그곳에 기초를 만드는 것으로서, 경제적이나 침하가 고르지 못하고, 횡력에 위험하므로 이음보, 연결보 및 지중보가 필요하다.

정답 04. ③ 05. ② 06. ③ 07. ③ 08. ④ 09. ③

10 다음에서 설명하는 기초의 명칭으로 옳은 것은? [24]

> 기초 폭에 비하여 근입 깊이가 얕고 상부 구조물의 하중을 분산시켜 기초 하부의 지반에 직접 전달하는 기초로서 기초의 폭과 깊이는 최소 300mm 이상이다.

① 얕은기초 ② 잠함기초
③ 말뚝기초 ④ 피어기초

해설 잠함기초는 밑날이 있는 콘크리트 통 또는 지상에서 축조한 지하실 전체를 지중으로 또는 구조체 내에서 흙을 파내어 침하시켜 기초 구조체로 사용하는 기초이다. 말뚝기초는 경질지반이 깊은 경우 기초판에 말뚝을 박아 경질 지반에 닿도록 한 기초이다. 피어기초는 우물을 파듯이 흙파기를 하여 그 안에 콘크리트를 부어 넣어 기초 피어를 만들어 경질층에 도달되도록 한 기초로서 우물통기초라고도 한다. 얕은 기초는 직접기초로서 독립기초, 줄기초, 복합기초, 온통기초 등이 있다.

11 흙막이공사 시 흙막이 뒷부분의 흙이 미끄러져 내부로 밀려들어오는 현상을 의미하는 것은? [21, 18, 17]

① 보일링 ② 히빙
③ 파이핑 ④ 언더피닝

해설 흙막이공사에서 일어나는 현상과 방지책

	현상	방지책
보일링	사질지반에서 흙막이벽을 설치하고, 기초파기를 할 때에 흙막이벽 뒷면 수위가 높아져 지하수가 흙막이벽 밑을 통하여 상승하는 유수로 말미암아 모래입자가 부력을 받아 물이 끓듯이 지하수가 모래와 같이 솟아오르는 현상	• 널말뚝 저면의 타설 깊이를 깊게 한다. • 널말뚝을 불투수성 점토질 지층까지 깊이 때려 박는다. • 웰포인트공법에 의하여 지하수면을 낮추어 용출하는 물의 압력을 감소시킨다.
히빙	하부 지반이 연약할 때 흙파기 저면선에 대하여 흙막이 바깥에 있는 흙의 중량과 지표재하중의 중량에 못 견디어 저면의 흙이 붕괴되고, 흙막이 바깥에 있는 흙이 안으로 밀려 볼록하게 되는 현상 또는 흙막이벽 양쪽 토압의 차이로 흙막이 뒷부분의 흙이 흙막이벽 밑을 돌아서 기초파기를 하는 공사장으로 미끄러져 들어오는 현상	• 설계계획을 변경 또는 표토를 제거하여 하중을 적게 한다. • 굴착면에 하중을 가하거나 지반을 개량한다. • 트렌치공법 또는 부분굴착을 하거나 케이슨이나 아일랜드 공법을 사용한다. • 가장 좋은 방법으로는 강성이 높고 강력한 흙막이벽의 밑을 양질의 지반 속까지 깊이 박는다.
파이핑	흙막이벽의 부실공사로 인하여 흙막이벽의 뚫린 구멍 또는 이음새를 통하여 물이 공사장 내부 바닥으로 파이프작용을 하여 보일링현상이 생기는 현상	• 흙막이벽의 강성을 높이고 수밀성을 양호하게 한다.

12 흙막이공사에 있어서 하부 지반이 연약할 때 흙파기 저면선에 대하여 흙막이 바깥에 있는 흙의 중량과 지표 재하중의 중량에 못 견디어 저면의 흙이 붕괴되고, 흙막이 바깥에 있는 흙이 안으로 밀려 볼록하게 되는 현상은? [24]

① 히빙
② 보일링
③ 파이핑
④ 언더피닝

해설 ② 보일링 : 사질지반에서 흙막이벽을 설치하고, 기초파기를 할 때에 흙막이벽 뒷면 수위가 높아져 지하수가 흙막이벽 밑을 통하여 상승하는 유수로 말미암아 모래입자가 부력을 받아 물이 끓듯이 지하수가 모래와 같이 솟아오르는 현상이다.
③ 파이핑 : 흙막이벽의 부실공사로 인하여 흙막이벽의 뚫린 구멍 또는 이음새를 통하여 물이 공사장 내부 바닥으로 파이프작용을 하여 보일링현상이 생기는 현상이다.
④ 언더피닝 : 기존 구조물의 기초를 보강 또는 새로이 기초를 삽입하는 공사의 총칭이다.

13 흙의 붕괴를 방지하기 위한 벽의 일종으로, 수평 방향으로 작용하는 수압과 토압에 저항하도록 만들어진 것은? [24]

① 벽돌벽 ② 블록벽
③ 옹벽 ④ 장막벽

해설 옹벽은 수평 방향으로 작용하는 수압과 토압에 저항하도록 만들어진 벽으로 흙의 붕괴를 막기 위한 벽의 일종이다. 벽돌벽과 블록벽은 벽돌과 블록으로 쌓은 벽이며, 장막벽(칸막이벽)은 벽체 자체의 무게 이외의 하중을 부담하지 않는 벽으로 외부에 접하지 않는 건축물 내부를 여러 칸으로 구획하여 막아주는 벽이다.

정답 10. ① 11. ② 12. ① 13. ③

14 다음 중 건축물의 수장 부분에 속하지 않는 것은? [19, 18]

① 벽 ② 바닥
③ 천장 ④ 홈통

해설 수장은 건축물 내부 및 외부의 외관을 아름답게 장식할 목적으로 구조물에 붙이는 모든 것으로 내장(내부 수장, 벽면, 바닥, 천장 등 건축물의 내부에 주로 붙이는 것)과 외장(외부 수장, 지붕, 외벽 등 건축물의 외부에 주로 붙이는 것)으로 구분한다.

15 다음 목구조의 장점 중 옳지 않은 것은? [18]

① 비중에 비해 강도가 높다.
② 시공이 용이하고 가볍다.
③ 부패 및 충해가 크나, 내화성이 높다.
④ 건식 구조에 속하므로 공사기간이 짧다.

해설 목구조의 장단점
㉠ 장점 : 열전도율이 작고 비강도(비중에 비한 강도)가 크며, 가공이 비교적 용이하다. 또한 자중이 가볍고 구조공작이 쉬우며, 공사기간이 단축된다.
㉡ 단점 : 함수율의 증감에 따라 팽창과 수축으로 인하여 변형(갈림, 휨, 뒤틀림 등)이 생기는 것이 가장 큰 단점이다. 또한 고층 건축이나 간사이가 큰 건축에는 곤란하고 내화성이 부족하며, 부패 및 충해가 크다.

16 다음 목구조에 대한 설명 중 옳지 않은 것은? [22]

① 목골구조는 건물의 뼈대는 목재로 구성하고, 벽체의 부분은 벽돌, 돌 등의 조적재를 사용한 구조이다.
② 목구조는 주로 목재를 사용하여 뼈대를 구성, 조립한 가구식 구조이다.
③ 목재 패널구조는 널재 또는 합판으로 넓은 대형 패널을 만들어 구조내력 부재로 이용하는 목구조 방법이다.
④ 심벽식 목구조는 목조 기둥의 바깥면에 벽을 쳐서 기둥이 보이지 않는 평평한 벽을 말한다.

해설 심벽식 목구조는 기둥의 중앙에 벽을 쳐서 기둥이 벽의 바깥쪽으로 내보이게 된 구조로서 한식 구조에 많이 사용된다.

17 왕대공 지붕틀에 있어서 왕대공과 평보의 맞춤 시 사용되는 ㄷ자 형태의 보강철물은? [21]

① 감잡이쇠 ② 꺾쇠
③ 안장쇠 ④ 띠쇠

해설 꺾쇠는 평보와 서까래의 맞춤에 사용된다. 안장쇠는 안장 모양으로 한 부재에 걸쳐대고 다른 부재를 받게 하는 이음, 맞춤의 보강철물로 큰 보와 작은 보, 귀보와 귀잡이보의 맞춤에 사용한다. 띠쇠는 띠 모양으로 만든 이음철물로 좁고 긴 철판을 적당한 길이로 잘라 양쪽에 볼트, 가시못 구멍을 뚫은 철물로서 두 부재의 이음새, 맞춤새에 대어 두 부재가 벌어지지 않도록 보강하는 철물이다.

18 다음에서 설명하는 보강철물은? [24]

> 한 부재에 걸쳐 놓고 다른 부재를 받게 하는 맞춤의 보강철물로 큰 보에 걸쳐 작은 보를 받게 하거나, 귓보와 귀잡이보 등을 접합하는 데 사용한다.

① 감잡이쇠 ② 꺾쇠
③ 안장쇠 ④ 띠쇠

해설 감잡이쇠는 ㄷ자형으로 구부려 만든 띠쇠로서 두 부재를 감아 연결하는 목재의 이음과 맞춤을 보강하는 철물이고, 꺾쇠는 목구조의 접합 또는 보강용으로 사용하며, 각형, 원형 및 평형의 세 가지가 있다. 띠쇠는 띠 모양으로 된 이음철물이며, 좁고 긴 철판을 적당한 길이로 잘라 양쪽에 볼트, 가시못 구멍을 뚫은 철물로서 두 부재의 이음새, 맞춤새에 대어 두 부재가 벌어지지 않도록 보강하는 철물을 말한다. 왕대공과 ㅅ자보의 맞춤 또는 도리(처마도리, 깔도리 등) 등의 직각 부분에 사용한다.

19 목조벽체에 대한 설명 중 옳지 않은 것은? [17]

① 평벽식 구조는 양식 구조에 많이 사용된다.
② 한식 구조에는 심벽식이 많이 사용된다.
③ 심벽식 구조는 기둥이 노출되나, 평벽식 구조는 기둥이 노출되지 않는다.
④ 평벽식 구조에는 주로 꿸대를 사용한다.

해설 ㉠ 평벽식 : 목조기둥의 바깥면에 벽을 쳐서 기둥이 보이지 않고 평평한 벽을 말하며, 실내의 기밀성이 좋고 방한·방습·방음의 효과가 있다.

정답 14. ④ 15. ③ 16. ④ 17. ① 18. ③ 19. ④

㉡ 심벽식 : 기둥의 중앙에 벽을 쳐서 기둥이 벽의 바깥쪽으로 내보이게 된 것으로서 한식 구조에 많이 이용된다. 특히 꿸대를 사용한다.

20 가구식 구조물의 횡력에 대한 안전한 구조법으로 가장 필요한 것은? [23]

① 샛기둥을 많이 배치한다.
② 가새를 유효하게 설치한다.
③ 버팀대를 많이 배치한다.
④ 기둥과 횡가재를 철물로 단단하게 긴결한다.

해설 가새는 횡(수평)력에 견디게 하고, 수직, 수평재의 각도 변형을 방지하여 안정된 구조로 만들기 위한 목적으로 사용하는 경사재로서 버팀대보다 강한 특성이 있다.

21 다음 나열한 보강재 중 목구조의 횡력보강에 해당하지 않는 것은? [21, 19]

① 가새　② 버팀대
③ 귀잡이보　④ 달대공

해설 가새는 사각형으로 짠 뼈대에 대각선상으로 빗대는 경사재로서 수직·수평재의 각도변형을 막기 위하여 설치하는 부재이고, 버팀대는 가로재와 세로재가 맞추어지는 안귀에 빗대는 보강재로서, 목구조에 보와 접합 부분(기둥)의 변형을 줄이고, 절점을 강으로 만들어 횡력에 저항하도록 한 부재이며, 귀잡이보는 직교하는 깔도리에 45° 각 대각선상으로 댄 보강보 또는 평보의 좌우에서 45° 각 대각선상으로 깔도리에 걸친 보이다.

22 다음에서 설명하는 것으로 옳은 것은? [22]

각 층별로 배치되는 기둥으로 토대와 층도리, 층도리와 층도리, 층도리와 깔도리 또는 처마도리 등의 가로재로 구분되는 것

① 동자 기둥　② 평기둥
③ 통재 기둥　④ 샛기둥

해설 동자 기둥은 지붕보 위에 세워 중도리 종보 등을 받는 짧은 기둥이다. 통재 기둥은 부재를 잇지 않고 2층 이상까지 하나의 부재로 된 기둥으로 건축물의 모서리 또는 교차되는 부분에 사용된다. 샛기둥은 본기둥과 본기둥 사이에서 벽체의 바탕으로 배치하는 작은 기둥이다.

23 다음 층도리에 대한 설명으로 옳은 것은? [24]

① 위층과 아래층 사이에서 기둥을 연결하여 위층 바닥의 하중을 기둥에 전달시키기 위해 수평으로 대는 가로재이다.
② 목조 건축물의 기초 위에 가로 대어 기둥을 고정하는 벽체의 최하부의 수평 부재이다.
③ 건물의 외벽에서 지붕머리를 연결하고 지붕보를 받아 지붕의 하중을 기둥에 전달하는 가로재이다.
④ 처마도리와 중도리 및 마룻대 위에 지붕 물매의 방향으로 걸쳐대고 산자나 지붕널을 받는 경사 부재이다.

해설 ② 토대, ③ 처마도리, ④ 서까래에 대한 설명이다.

24 다음 목조계단의 구성부재를 나열한 것 중 옳지 않은 것은? [20, 17]

① 난간　② 디딤판
③ 장선　④ 챌판

해설 정식 계단은 옆판 계단과 따낸 옆판 계단으로 대별되는데, 이의 구성은 디딤판·챌판·옆판·멍에·엄지기둥·난간, 난간두겁·난간동자 등으로 하고, 계단 너비가 1.2m 이상일 때에는 계단멍에를 설치한다. 또한 장선은 바닥구조에 사용된다.

25 다음 중 절충식 지붕틀의 부재에 속하지 않는 것은? [18]

① 대공　② 중도리
③ 달대공　④ 종보

해설 절충식 지붕틀

구성부재	구성방법	특성
지붕보, 베게보, 동자기둥, 대공, 지붕꿸대, 종보, 중도리, 마루대, 서까래, 지붕널	지붕보에 동자기둥, 대공 등을 세워 서까래를 받치는 중도리를 걸쳐 댄 것으로 지붕보는 휨응력을 받는다.	• 간사이가 크면 휨작용이 커져서 단면이 큰 부재를 필요로 한다. • 강도가 크고 가격이 염가인 통나무로 만드는 것이 좋다. • 간사이가 커지면 양식 지붕틀로 하는 것이 강도도 있고 경제적이다.

* 달대공은 왕대공 지붕틀의 부재이다.

정답 20. ② 21. ④ 22. ② 23. ① 24. ③ 25. ③

26 다음 절충식 지붕틀에 대한 설명 중 옳지 않은 것은? [23, 22, 21, 19, 18]

① 절충식 구조는 한식 구조와 유사하다.
② 수직부재를 통하여 지붕의 하중이 지붕보에 전달된다.
③ 지붕틀 작업이 복잡하고 간사이가 큰 대규모 건축물에 적합하다.
④ 지붕보는 휨이 발생하므로 구조적으로 매우 불리한 구조이다.

해설 절충식 지붕틀은 지붕틀작업이 비교적 간단하고, 간사이가 큰 경우에는 평보의 부재가 커져 경제적으로 불리한 구조이다.

27 다음 절충식 지붕틀에 대한 설명 중 옳지 않은 것은? [17]

① 왕대공 지붕틀에 비해 장스팬의 지붕틀에 사용되는 형식이다.
② 보는 베게보, 지붕보 및 종보로 구성된다.
③ 동자기둥과 동자기둥의 연결은 꿸대를 사용한다.
④ 작업이 간단하나 지붕보에 변형이 발생하는 등의 단점이 있다.

해설 왕대공 지붕틀은 절충식 지붕틀보다 간사이가 큰 경우에 사용되며 구조적으로 안정적이다.

28 절충식 지붕틀에 대한 설명으로 옳지 않은 것은? [23]

① 한식 구조와 유사한 구조이다.
② 조립이 복잡하고 난이하기 때문에 큰 건물에 많이 쓰인다.
③ 왕대공 지붕틀보다 역학적으로 좋지 않은 구조이다.
④ 지붕보는 지붕이 클 때에는 그 짜기에 의하여 종보를 사용한다.

해설 절충식 지붕틀은 처마도리 또는 직접 기둥 위에 보를 걸쳐 대고, 그 위에 대공을 세워 서까래를 받치는 중도리를 댄 것으로 역학적으로 좋지 않은 구조이다. 각 부재는 비교적 굵은 재료가 필요하나, 조립이 간단하고 용이하기 때문에 작은 건물에 많이 쓰인다.

29 왕대공 지붕틀의 부재 중 인장력을 받는 부재에 속하지 않은 것은? [17]

① ㅅ자보　② 평보
③ 달대공　④ 왕대공

해설 왕대공 지붕틀의 부재응력

부재	ㅅ자보	평보	왕대공, 달대공	빗대공
응력	압축응력, 중도리에 의한 휨모멘트	인장응력, 천장하중에 의한 휨모멘트	인장응력	압축응력

30 다음은 목조 지붕틀 중 왕대공 지붕틀의 부재와 발생하는 응력과의 관계이다. 옳게 짝지은 것은? [20]

① 왕대공 : 압축응력
② 빗대공 : 압축응력
③ 평보 : 압축응력과 휨모멘트
④ ㅅ자보 : 인장응력과 휨모멘트

해설 왕대공 지붕틀의 부재응력
수직, 수평부재는 인장력, 경사부재는 압축력을 받고, ㅅ자보와 평보는 휨 모멘트가 작용한다.

부재	ㅅ자보	평보	왕대공, 달대공	빗대공
응력	압축응력, 중도리에 의한 휨모멘트	인장응력, 천장하중에 의한 휨모멘트	인장응력	압축응력

31 다음은 왕대공 지붕틀에 대한 설명이다. 옳지 않은 것은? [21, 19]

① 중도리는 서까래를 받기 위해 설치하고, 지붕의 하중을 지붕틀에 전달하며, ㅅ자보 위에 걸쳐댄다.
② 중도리의 위치가 ㅅ자보의 절점에 있으면 단순히 압축재이나, 절점 사이에 있으면 휨이 작용한다.
③ 대공가새는 대공 상호 간의 연결을 위하여 V자형 또는 X자형으로 가새를 댄다.
④ 인장부재인 빗대공의 설치는 경사를 완만하게 할수록 좋다.

해설 빗대공은 압축부재이고, 경사는 45°에 가깝게 하는 것이 좋다.

정답 26. ③ 27. ① 28. ② 29. ① 30. ② 31. ④

32 다음 왕대공 지붕틀에 있어서 A점의 맞춤방식으로 옳은 것은? [19]

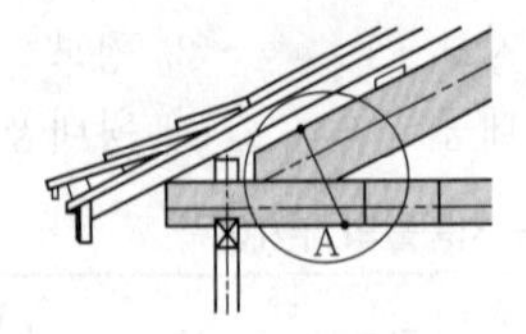

① 짧은 장부맞춤
② 걸침턱맞춤
③ 가름장맞춤
④ 안장맞춤

해설 ㅅ자보는 평보와 같이 지붕틀 부재 중 중요한 부재로서 압축력과 휨모멘트를 받고, ㅅ자보의 맞춤은 평보 위에 안장맞춤 또는 빗턱통을 넣고 장부의 볼트 죔으로 한다.

33 선홈통의 상부에 대어 우수방향을 돌리며, 우수의 넘쳐 흐름을 방지하는 것으로서 장식을 겸하는 것은? [24]

① 장식홈통　② 처마홈통
③ 깔때기홈통　④ 낙수구

해설 ② 처마홈통은 처마 부분을 따라서 설치하는 홈통으로 안홈통과 밖홈통이 있다.
③ 깔때기홈통은 처마홈통과 선홈통을 연결하는 홈통으로 각형과 원형이 있다.
④ 낙수구은 물이 떨어지는 것을 받아주는 곳이다.

34 다음 중 창호 철물의 사용 용도가 잘못 연결된 것은? [23]

① 여닫이문－경첩, 함자물쇠
② 오르내리창－크레센트
③ 미서기문－도어 체크
④ 자재문－플로어 힌지

해설 도어 체크는 여닫이문을 자동적으로 개폐할 수 있게 하는 철물로서 재료는 청동과 강철 등의 주조물이며, 스프링이나 피스톤의 장치로 개폐 속도를 조절한다. 또한 미서기문의 창호 철물에는 레일, 바퀴, 오목 손걸이 등을 사용한다.

35 다음과 같은 조건인 경우 지붕의 높이(h)값으로 옳은 것은? [20]

> ㉠ 건축물의 평면 : 가로×세로=8m×10m
> ㉡ 지붕틀의 간사이 : 9m
> ㉢ 물매 : 5/10

① 2m　② 2.25m
③ 4m　④ 5.5m

해설 지붕의 높이=간사이의 1/2×지붕의 물매
=(9m×1/2)×5/10
=2.25m

36 다음과 같은 특성을 갖는 지붕틀의 명칭으로 옳은 것은? [22]

> 지붕의 일부가 높이 솟아 오른 지붕 또는 중앙간의 지붕이 높고 좌우간의 지붕이 낮은 지붕이다. 채광과 통풍을 위하여 지붕의 일부분이 더 높게 솟아오른 작은 지붕으로 공장 등의 경사 지붕에 쓰인다.

① 외쪽 지붕　② 톱날 지붕
③ 모임 지붕　④ 솟을 지붕

해설 ① 외쪽 지붕 : 지붕 전체가 한 쪽으로만 물매진 지붕으로 지붕 모양별 종류의 하나이다.
② 톱날 지붕 : 외쪽 지붕(지붕 전체가 한 쪽으로만 물매진 지붕)이 연속하여 톱날 모양으로 된 지붕으로 주택에는 일반적으로 사용하지 않는 지붕이다.
③ 모임 지붕 : 건축물의 모서리에서 오는 추녀마루가 용마루까지 경사지어 올라가 모이게 된 지붕 또는 추녀마루가 용마루에 모여 합친 지붕을 말한다.

37 벽을 따라 연속적인 기초로서 조적식 구조에 많이 사용되는 기초로 옳은 것은? [20, 18, 17]

① 독립기초　② 복합기초
③ 온통기초　④ 줄기초

해설 줄(연속)기초는 구조상 복합기초보다 튼튼하고 지내력도가 적은 경우 기초의 면적을 크게 할 때 적당한 기초로서 일정한 폭, 길이방향으로 연속된 띠형태의 기초이다. 주로 조적구조(벽돌, 블록, 돌구조)의 기초에 사용된다.

정답 32. ④ 33. ① 34. ③ 35. ② 36. ④ 37. ④

38 블록의 빈속에 철근과 콘크리트를 부어넣은 것으로서 수직하중·수평하중에 견딜 수 있는 구조로 가장 이상적인 블록구조로 4~5층의 대형 건물에도 이용되는 구조는? [18, 17]

① 거푸집 블록조 ② 보강 블록조
③ 조적식 블록조 ④ 장막벽 블록조

해설 블록조의 종류
㉠ 조적식 블록조 : 블록을 단순히 모르타르를 사용하여 쌓아올린 것으로 상부에서 오는 힘을 직접 받아 기초에 전달하며 1, 2층 정도의 소규모 건축물에 적합하다.
㉡ 블록장막벽 : 주체 구조체(철근콘크리트조나 철골구조 등)에 블록을 쌓아 벽을 만들거나 단순히 칸을 막는 정도로 쌓아 상부에서의 힘을 직접 받지 않는 벽으로 라멘구조체의 벽에 많이 사용한다.
㉢ 거푸집 블록조 : ㄱ자형, ㄷ자형, T자형, ㅁ자형 등으로 살두께가 얇고 속이 없는 블록을 콘크리트의 거푸집으로 사용하고 블록 안에 철근을 배근하여 콘크리트를 부어넣어 벽체를 만든 것이다.

39 창 밑 바닥에 건너댄 돌로서 빗물을 처리하고 장식적으로 사용되는 것으로서 윗면·밑면·옆면에 물끊기, 물돌림 등을 두어 빗물의 침입을 막고 물흘림이 잘 되게 하는 것은? [17]

① 문지방돌
② 쌤돌
③ 창대돌
④ 인방돌

해설 ① 문지방돌 : 문지방은 문턱이 되는 밑틀과 출입구 또는 창문 바닥의 목재 또는 석재의 인방을 말하고, 문지방돌은 출입문 밑에 문지방으로 댄 돌을 말한다.
② 쌤돌 : 창문틀 옆에 세워대는 돌 또는 벽돌벽의 중간 중간에 설치한 돌로서 돌구조와 벽돌구조에 사용하며 면접기나 쇠시리를 하고, 쌓기는 일반 벽체에 따라 촉과 긴결철물로 긴결한다.
④ 인방돌 : 인방(기둥과 기둥에 가로 대어 창문틀 의 상하 벽을 받고, 하중은 기둥에 전달하며 창 문틀을 끼워댈 때 뼈대가 되는 것)돌이란 개구부(창문 등) 위에 가로로 길게 건너대는 돌을 말한다.

40 조적식 구조 중 벽돌을 쌓을 경우 하루에 쌓을 수 있는 높이로 옳은 것은? [17]

① 2.0m 이내, 최대 2.5m
② 1.8m 이내, 최대 2.0m
③ 1.5m 이내, 최대 1.8m
④ 1.2m 이내, 최대 1.5m

해설 벽돌쌓기 시 주의사항은 벽돌은 쌓기 전에 물을 충분히 축여서 사용하여야 하고, 특별한 경우를 제외하고는 막힌 줄눈으로 쌓는 것을 원칙으로 하며, 하루에 쌓은 높이는 1.2m(18켜)를 표준으로 하고 최대 1.5m(22켜) 이내로 한다.

41 다음 마름질벽돌 중 크기가 가장 작은 벽돌의 명칭은? [22, 19]

① 이오토막 ② 칠오토막
③ 반토막 ④ 반절

해설 마름질벽돌의 크기
㉠ 이오토막의 크기 : $90\times\left(190\times\frac{1}{4}=47.5\right)$mm
㉡ 칠오토막의 크기 : $90\times\left(190\times\frac{3}{4}=142.5\right)$mm
㉢ 반토막의 크기 : $90\times\left(190\times\frac{1}{2}=95\right)$mm
㉣ 반반절의 크기 : $\left(190\times\frac{1}{2}=95\right)\times\left(90\times\frac{1}{2}=45\right)$mm
여기서 절단으로 인하여 소모되는 부분은 제외하여야 한다.

42 표준형 벽돌을 사용하여 1.5B 벽돌벽을 쌓을 경우 벽의 두께로 옳은 것은? [23, 21, 20④, 18]

① 190mm ② 290mm
③ 390mm ④ 490mm

해설 1.5B=1.0B+줄눈+0.5B=190+10+90=290mm

43 표준형 벽돌을 사용하여 2.0B 벽돌벽을 쌓을 경우 벽의 두께로 옳은 것은? [19②, 18]

① 190mm ② 290mm
③ 390mm ④ 490mm

해설 2.0B=1.0B+줄눈+1.0B=190+10+190=390mm

정답 38. ② 39. ③ 40. ④ 41. ① 42. ② 43. ③

44 다음 그림과 같은 벽돌 쌓기법은? [23]

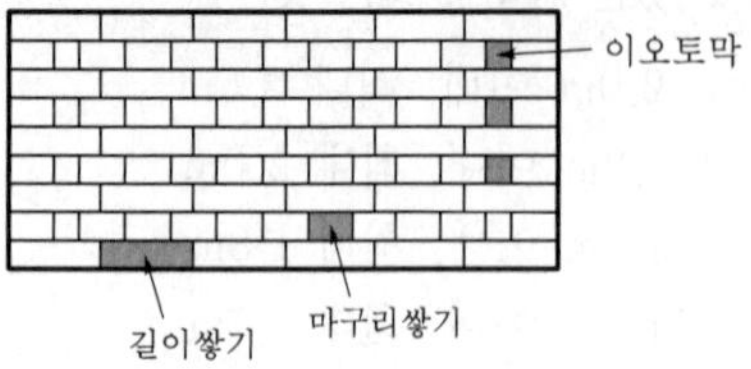

이오토막
길이쌓기
마구리쌓기

① 미국식 쌓기 ② 네덜란드식 쌓기
③ 프랑스식 쌓기 ④ 영국식 쌓기

해설 ㉠ 영국식 쌓기 : 서로 다른 아래·위 켜(입면상으로 한 켜는 마구리쌓기, 다음 한 켜는 길이쌓기로 번갈아)로 쌓고, 통줄눈이 생기지 않으며, 내력벽을 만들 때에 많이 이용되는 벽돌 쌓기법이다. 특히, 모서리 부분에 반절, 이오토막 벽돌을 사용하며, 가장 튼튼한 쌓기법으로 통줄눈이 생기지 않게 하려면 반절을 사용하여야 한다.
㉡ 네덜란드(화란)식 쌓기 : 한 면의 모서리 또는 끝에 칠오토막을 써서 길이쌓기의 켜를 한 다음에 마구리쌓기를 하여 마무리하고, 다른 면은 영국식 쌓기로 하는 방식으로 영국식 쌓기 못지 않게 튼튼하다.
㉢ 플레밍(불식)식 쌓기 : 입면상으로 매 켜에서 길이쌓기와 마구리쌓기가 번갈아 나오도록 되어 있는 방식이다.
㉣ 미국식 쌓기 : 뒷면은 영국식 쌓기로 하고, 표면은 치장 벽돌을 써서 5켜 또는 6켜는 길이쌓기로 하며, 다음 1켜는 마구리쌓기로 하여 뒷벽돌에 물려서 쌓는 방식이다.

45 아치의 너비가 넓을 때에는 반장별로 층을 지어 겹쳐 쌓은 아치로 옳은 것은? [24, 19, 18, 17]

① 막만든 아치
② 거친 아치
③ 층두리 아치
④ 본 아치

해설 ① 막만든 아치 : 보통 벽돌을 쐐기모양으로 다듬어 쓰는 아치이다.
② 거친 아치 : 아치틀기에 있어 보통 벽돌을 사용하여 줄눈을 쐐기모양으로 한 아치이다.
④ 본 아치 : 아치벽돌을 주문 제작하여 만든 아치이다.

46 보통 외관을 중요시하지 않는 곳에 사용하는 아치로서 보통 벽돌을 사용하고, 줄눈을 쐐기 모양으로 만들어 사용하는 아치로 옳은 것은? [22]

① 거친 아치 ② 층두리 아치
③ 숨은 아치 ④ 막만든 아치

해설 ② 층두리 아치 : 아치가 넓을 때에는 반장별로 층을 지어 겹쳐 쌓은 아치이다.
③ 숨은 아치 : 벽 개구부 인방 위에 설치된 간단한 아치로, 상부 하중을 지지하기 위한 아치 또는 보통 아치와 인방 사이에는 막혀 있는 블라인드 아치(개구부가 항구적인 벽체로 막혀 있는 아치)로 한다.
④ 막만든 아치 : 보통 벽돌을 쐐기 모양으로 다듬어 쓰는 아치이다.

47 다음은 조적조의 벽체에 대한 설명이다. 적합하지 않은 것은? [17]

① 내력벽은 건축물의 상부하중과 벽체에 작용하는 하중을 받는 벽이다.
② 비내력벽은 벽체 자체 하중만을 견디는 벽으로 칸막이역할을 하는 벽이다.
③ 부축벽은 내력벽 사이의 시야를 막는 벽이다.
④ 대린벽은 서로 직각으로 만나는 벽이다.

해설 부축벽은 길고 높은 벽돌벽체를 보강하기 위하여 벽돌벽에 붙여 일체가 되게 영식 쌓기와 프랑스식 쌓기로 쌓은 벽으로 밑에서 위로 갈수록 단면의 크기가 작아진다.

48 조적조의 벽체와 기능을 연결한 것 중 옳지 않은 것은? [17]

① 내력벽은 건축물의 상부하중과 벽체에 작용하는 하중을 받는 벽이다.
② 비내력벽은 커튼월이라고 하고 공간을 막는 벽으로 하중을 지지하지는 않는 벽이다.
③ 장막벽은 반드시 벽돌을 사용하여 쌓은 벽이다.
④ 부축벽은 길고 높은 벽돌벽체를 보강하기 위하여 설치하는 벽이다.

해설 기둥처럼 수직방향의 하중을 지지하는 벽을 내력벽이라고 하며, 하중을 지지하지 않고 공간구획만을 목적으로 설치된 벽을 비내력벽(장막벽, 칸막이벽 등)이라고 한다.

정답 44. ④ 45. ③ 46. ① 47. ③ 48. ③

49 조적식 구조의 담의 두께로 옳은 것은? (단, 담의 높이가 2m를 초과) [23]

① 90mm 이상
② 120mm 이상
③ 150mm 이상
④ 190mm 이상

해설 조적식 구조인 담의 구조는 다음의 기준에 의한다.
㉠ 높이는 3m 이하로 할 것
㉡ 담의 두께는 190mm 이상으로 할 것. 다만, 높이가 2m 이하인 담에 있어서는 90mm 이상으로 할 수 있다.
㉢ 담의 길이 2m 이내마다 담의 벽면으로부터 그 부분의 담의 두께 이상 튀어나온 버팀벽을 설치하거나, 담의 길이 4m 이내마다 담의 벽면으로부터 그 부분의 담의 두께의 1.5배 이상 튀어나온 버팀벽을 설치할 것. 다만, 각 부분의 담의 두께가 제㉡의 규정에 의한 담의 두께의 1.5배 이상인 경우에는 그러하지 아니하다.

50 다음은 조적조 내력벽 상부에 설치하는 테두리보에 대한 설명이다. ( ) 안에 알맞은 것은? [19]

> 1층인 건축물로서 벽두께가 벽의 높이의 1/16 이상이거나 벽길이가 ( )m 이하인 경우에는 목조의 테두리보를 설치할 수 있다.

① 4 ② 5
③ 6 ④ 7

해설 테두리보
㉠ 건축물 각 층의 내력벽 위에는 그 춤이 벽두께의 1.5배 이상인 철골구조 또는 철근콘크리트구조의 테두리보를 설치하여야 한다.
㉡ 1층인 건축물로서 벽두께가 벽의 높이의 1/16 이상이거나 벽길이가 5m 이하인 경우에는 목조의 테두리보를 설치할 수 있다.

51 다음 벽에 대한 설명으로 옳지 않은 것은? [21, 17]

① 장막벽은 실내의 공간을 구분하는 벽이다.
② 부축벽은 장막(비내력)벽으로 프라이버시를 보장하기 위한 벽이다.
③ 내력벽은 건축물의 상부 하중을 받는 벽이다.
④ 대린벽은 서로 이웃하는 벽으로 직각을 이루고 있다.

해설 부축벽(버트레스, 버팀벽)은 횡력을 받는 벽을 지지하기 위하여 설치하며, 길고 높은 벽돌 벽체를 보강하기 위하여 벽돌벽에 붙여 일체가 되게 영국식 쌓기와 프랑스식 쌓기로 쌓은 벽으로, 밑에서 위로 갈수록 단면의 크기가 작아진다.

52 철근콘크리트구조의 독립기초 설계 시 수직압력만 작용하도록 하기 위한 가장 효과적인 방법으로 옳은 것은? [22]

① 기초판의 크기를 증대시킨다.
② 기초 상부의 주각을 연결하는 지중보의 크기를 증대시킨다.
③ 기초판의 두께를 증대시킨다.
④ 기초 상부의 기둥의 크기를 증대시킨다.

해설 철근콘크리트구조의 독립기초 설계 시 기초 상부의 주각을 연결하는 지중보의 크기를 증대시키므로 수직압력만 작용하고 모멘트의 작용을 방지할 수 있다.

53 다음 중 철근콘크리트의 특성을 옳게 설명한 것은? [21]

① 습식 구조로 물을 사용하므로 공사기간이 길어지는 단점이 있다.
② 부재의 형상과 치수를 자유롭게 구현할 수 없다.
③ 어떠한 상황에서도 균일한 시공이 가능하다.
④ 전음도와 균열 발생이 적고, 국부적으로 파손이 되지 않는다.

해설 ② 부재의 형상과 치수를 자유롭게 구현할 수 있다.
③ 날씨 등의 양생조건에 따라 균일한 시공이 불가능하다.
④ 전음도와 균열 발생이 많고, 국부적으로 파손이 된다.

54 철근콘크리트구조의 특성으로 옳지 않은 것은? [22]

① 내화성, 내진성이 우수하다.
② 철골구조에 비해서 내식성이 좋지 못하다.
③ 기후에 대한 영향을 많이 받으므로 동절기 공사가 난이하다.
④ 거푸집의 모양에 따른 성형성이 우수하다.

정답 49. ④ 50. ② 51. ② 52. ② 53. ① 54. ②

해설 철근콘크리트구조의 콘크리트는 알칼리성이므로 강재를 부식시키지 않는 성질을 갖고 있으므로 콘크리트에 쌓인 철근콘크리트구조는 철골구조에 비해서 내식성이 매우 강하다.

55 다음 철근 중 응력에 따른 분류에 속하지 않는 것은? [17]

① 인장철근 ② 압축철근
③ 전단철근 ④ 이형철근

해설 인장철근은 인장력에 저항하는 철근이고, 압축철근은 압축력에 저항하는 철근이며, 전단철근은 전단력에 저항하는 철근이다. 이형철근은 형태에 의한 분류로 볼 수 있다.

56 다음에서 설명하는 철근의 종류로 옳은 것은? [17]

> ㉠ 전단력에 대한 보강, 주근의 위치를 고정 및 압축력에 의한 주근의 좌굴을 방지함과 동시에 인장력에 저항한다.
> ㉡ 직경은 6mm 이상의 것을 사용한다.
> ㉢ 간격은 주근 직경의 16배 이하, 띠철근 직경의 48배 이하, 기둥의 최소 치수 이하 중의 최소값으로 한다.

① 늑근 ② 수축·온도철근
③ 주근 ④ 띠철근(대근)

해설 띠철근(대근)의 직경은 6mm 이상의 것을 사용하고, 그 간격은 주근 직경의 16배 이하, 띠철근 직경의 48배 이하, 기둥의 최소 치수 이하, 30cm 이하 중의 최소값으로 한다(단, 띠철근은 기둥 상·하단으로부터 기둥의 최대 너비에 해당하는 부분에서는 앞에서 설명한 값의 1/2로 한다). 또한 대근의 역할은 전단력에 대한 보강, 주근의 위치를 고정 및 압축력에 의한 주근의 좌굴을 방지함과 동시에 인장력에 저항한다.

57 철근콘크리트구조에 있어서 다음과 같은 역할을 하는 철근으로 옳은 것은? [22, 20]

> 철근콘크리트기둥에 있어서 주근의 위치를 고정하고 주근의 좌굴을 방지하며, 수평하중에 의해 발생하는 전단력에 대한 보강과 아울러 콘크리트가 수평방향으로 터져 나가는 것을 방지하는 철근이다.

① 주근 ② 늑근
③ 띠철근 ④ 수축·온도철근

해설 주근은 철근콘크리트구조의 보, 기둥, 슬래브 등에 있어 주요한 힘(인장력)을 받는 철근이며, 늑근은 보의 전단력에 저항하기 위하여 배근하는 철근으로, 보의 양단에는 전단력이 크므로 늑근의 간격을 좁게 배치하고, 중앙부에는 늑근의 간격을 넓게 배치하여야 한다. 수축·온도철근은 콘크리트의 수축 및 온도변화에 따른 균열을 방지하기 위한 철근이다.

58 철근콘크리트구조에서 피복을 하여야 하는 목적으로 옳지 않은 것은? [18]

① 내화성의 확보
② 철근의 강도 증대
③ 내구성의 확보
④ 철근의 부착력 확보

해설 철근의 피복두께를 확보하여야 하는 이유는 콘크리트는 알칼리성이므로 철근의 부식 방지, 내화, 내구 및 부착력의 확보를 위함이고, 철근의 강도와는 무관하다.

59 철근콘크리트의 원형기둥에 있어서 나선철근으로 둘러싸인 축방향 주근의 최소 개수로 옳은 것은? [16]

① 3개 ② 4개
③ 5개 ④ 6개

해설 철근콘크리트기둥의 주근(축방향 철근)은 D13(ϕ12) 이상의 것을 장방형의 기둥에서는 4개 이상, 원형 기둥에서는 6개 이상을 사용하고, 콘크리트의 단면적에 대한 주근의 총단면적의 비율은 기둥 단면의 최소 너비와 각 층마다의 기둥의 유효높이의 비가 5 이하인 경우에는 0.4% 이상, 10을 초과하는 경우에는 0.8% 이상으로 한다.

60 슬래브의 종류 중 단변의 순간사이에 대한 장변의 순간사이의 비(장변/단변)가 2 이하인 경우의 슬래브로 옳은 것은? [19②, 18]

① 4방향 슬래브 ② 3방향 슬래브
③ 2방향 슬래브 ④ 1방향 슬래브

정답 55. ④ 56. ④ 57. ③ 58. ② 59. ④ 60. ③

해설 ㉠ 2방향 슬래브

$\lambda(\text{변장비}) = \frac{l_y(\text{장변방향의 순간사이})}{l_x(\text{단변방향의 순간사이})} \leq 2$

㉡ 1방향 슬래브

$\lambda(\text{변장비}) = \frac{l_y(\text{장변방향의 순간사이})}{l_x(\text{단변방향의 순간사이})} > 2$

61 철근콘크리트구조의 슬래브에 있어서 단변방향의 순간사이를 l_x, 장변방향의 순간사이를 l_y라고 하면 1방향 슬래브의 조건으로 옳은 것은? [17]

① $\frac{l_y}{l_x} > 1$　② $\frac{l_y}{l_x} \leq 1$

③ $\frac{l_y}{l_x} \leq 2$　④ $\frac{l_y}{l_x} > 2$

해설 ㉠ 2방향 슬래브

$\lambda(\text{변장비}) = \frac{l_y(\text{장변방향의 순간사이})}{l_x(\text{단변방향의 순간사이})} \leq 2$

㉡ 1방향 슬래브

$\lambda(\text{변장비}) = \frac{l_y(\text{장변방향의 순간사이})}{l_x(\text{단변방향의 순간사이})} > 2$

62 플랫 슬래브에 대한 설명 중 옳지 않은 것은? [23]

① 주두의 배근의 간단하고, 슬래브가 얇아지는 특성이 있다.
② 보를 사용하지 않으므로 내부 공간을 크게 이용할 수 있고, 층고를 낮출 수 있다.
③ 보통 슬래브의 두께는 15cm 이상으로 하고, 배근은 2방향 슬래브와 동일하게 한다.
④ 기둥 상부는 45° 이상의 주두 모양으로 확대하고, 그 위에 드롭 패널을 두어 바닥을 지지한다.

해설 플랫 슬래브는 주두의 배근이 복잡하고, 슬래브가 두꺼워지는 단점이 있다.

63 무량판 구조에 대한 설명이다. 옳지 않은 것은? [24]

① 골조식 구조에 비해서 거푸집의 설치 및 해체가 용이하다.
② 가변형 주거공간의 수요에 따라 주거용 건축물에도 적용 가능성이 높은 구조방식이다.
③ 바닥판의 두께를 얇게 할 수 있다.
④ 건축물의 층고를 경감하기 위하여 슬래브 하부에 보를 설치하는 않는다.

해설 무량판 구조는 철근의 배근이 많기 때문에 바닥판의 두께를 얇게 할 수 없다. 즉, 바닥판의 두께는 두꺼워진다.

64 다음 중 계단 모양에 따른 분류에 속하지 않는 것은? [24]

① 피난 계단　② 곧은 계단
③ 꺾은 계단　④ 돌음 계단

해설 계단은 상·하층을 연결하는 통로로서 실용성, 장식성 및 안전성을 갖추어야 하며, 모양에 따른 분류에는 곧은 계단, 꺾은 계단, 돌음 계단 등이 있고, 피난 계단은 화재 등과 같은 비상시에 사용하는 계단이다.

65 철근콘크리트구조의 거푸집의 구비조건으로 옳지 않은 것은? [22, 21, 18]

① 거푸집의 간격을 유지하기 위한 부속재료로 간격재(separater)를 사용한다.
② 거푸집의 조립 및 해체가 용이하고 면의 평활도를 위해 사용횟수를 1회로 제한한다.
③ 형상 및 치수의 정밀도가 높고 변형이 없어야 한다.
④ 외력에 의한 손상이 없도록 내구성 및 강도가 있어야 한다.

해설 거푸집의 조립 및 해체가 용이하고, 사용횟수는 강재거푸집은 200회 정도, 목재거푸집은 4~5회 정도로 한다.

66 다음 나열한 것 중 거푸집을 쉽게 제거하기 위하여 사용하는 것으로 옳은 것은? [21]

① 세퍼레이터　② 스페이서
③ 폼타이　④ 박리제

해설 세퍼레이터(separater)는 거푸집의 간격을 유지하기 위한 격리재이다. 스페이서(spacer)는 거푸집과 철근 사이의 간격을 유지하기 위한 간격재이다. 폼타이는 거푸집을 조일 때 사용하는 철물이다. 박리제는 폼오일(form oil)이라고도 한다.

정답 61. ④ 62. ① 63. ③ 64. ① 65. ② 66. ④

67 오른쪽 그림과 같이 철근을 배근하여야 하는 보의 종류는? [18]

① 연속보
② 단순보
③ 캔틸레버보
④ 게르버보

해설 주철근의 배근이 보의 하단에만 배근되어 있으므로 보의 하단에만 인장력이 작용함을 알 수 있다. 그러므로 보의 하단에만 인장력이 작용하는 경우의 보는 단순보이다.

68 다음 보 중 보의 상부에만 인장력이 발생하므로 보의 상부에만 인장철근을 배근하는 보는? [20, 17]

① 단순보 ② 캔틸레버보
③ 내민보 ④ 게르버보

해설 캔틸레버보의 배근은 보의 상부에만 인장력이 발생하므로 보의 상부에만 인장철근을 배근하는 보이다.

69 라멘 구조에 있어서 기둥과 기둥 사이에 있는 구조물은? [23]

① 캔틸레버보 ② 단순보
③ 큰 보 ④ 작은 보

해설 캔틸레버보는 한 쪽 끝은 고정지점이고, 다른 쪽 끝은 자유롭게 한 보이다. 단순보는 한쪽 끝은 회전지점으로 다른 쪽 끝은 이동지점으로 지지된 보이다. 작은 보는 큰 보에 얹히는 보로서 구조물의 틀, 뼈대를 형성하는 수평부재로 바닥판, 장선 등을 직접 받게 되는 보이다.

70 등분포하중을 받는 다음 그림과 같은 지지상태의 철근콘크리트보의 배근으로 적당한 것은? [18]

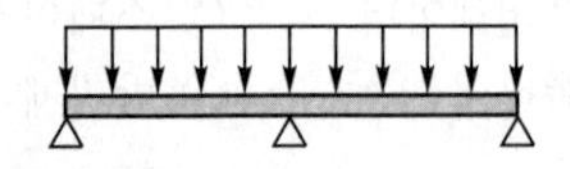

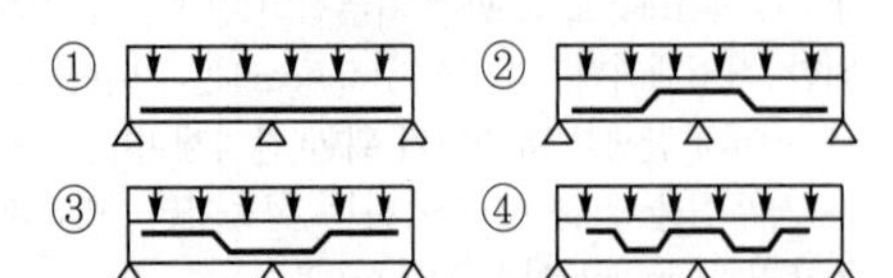

해설 오른쪽 그림에서 알 수 있듯이 중앙지점 부근에서 압축력을 받고, 양끝 지점 부근에서 인장력을 받으므로 휨모멘트도에 따라 배근한다.

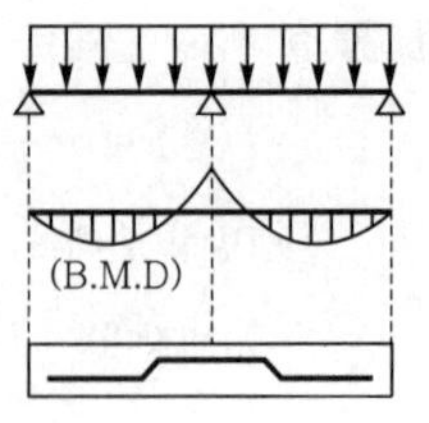

71 철근콘크리트 단순보의 철근 배근에 대한 설명 중 틀린 것은? [22]

① 주근은 인장력에 저항하는 재축 방향의 철근을 말한다.
② 인장측과 압축측에 철근을 배근한 보를 복근보라고 한다.
③ 전단력에 저항하기 위하여 보의 주근을 감싸고 있는 철근을 늑근이라고 한다.
④ 늑근의 배근은 보의 단부보다 중앙부에 촘촘하게 배치하여야 한다.

해설 단순보에서 늑근(전단력에 저항하기 위한 철근)은 양단부에서는 전단력이 크므로 촘촘하게 배근하고, 중앙부에는 전단력이 작으므로 느슨하게 배근한다.

72 조립식 구조의 하나로 콘크리트를 공장에서 생산해서 현장으로 운반하여 사용하는 것을 무엇이라고 하는가? [22]

① RC구조 ② SRC구조
③ PC구조 ④ PS 콘크리트

해설 RC(Reinforced Concrete)구조는 철근콘크리트구조, S.R.C.(Steel encased Reinforced Concrete)구조는 철골철근콘크리트구조, PS(Prestress concrete)구조는 미리 인장력을 주어 압축력을 작용시킴으로써 구조물의 인장력에 대항하는 구조이다.

73 다음은 철골구조의 장점을 나열한 것이다. 옳지 않은 것은? [18]

① 철골은 연성구조이므로 취성파괴를 방지할 수 있다.
② 철골은 강도가 매우 크므로 부재를 경량화 할 수 있다.
③ 철골은 고층 건축물이나 장스팬의 구조물에 적합하다.
④ 철골은 내화적이고 공사비가 싸다.

정답 67. ② 68. ② 69. ③ 70. ② 71. ④ 72. ③ 73. ④

해설 철골(강)구조의 특성

㉠ 장점 : 강구조는 구조체의 자중에 비하여 강도가 강하고 현장시공의 공사기간을 단축할 수 있으며, 재료의 품질을 확보할 수 있고 모양이 경쾌한 구조물이다.

㉡ 단점 : 열에 약하고 고온에서는 강도가 저하되므로 내구·내화에 특별한 주의가 필요하고 부식에 약하다. 조립구조여서 접합, 세장하므로 변형과 좌굴 등의 단점이 있다.

74 철골구조의 특징으로 옳은 것을 모두 고르면? [20]

> ㉠ 재질이 균등하고 대량 생산이 가능하며, 역학적인 면에서도 신뢰도가 높다.
> ㉡ 인성과 연성의 확보가 가능하고 공사기간이 빠르다.
> ㉢ 기존 건축물의 증축, 보수 및 보강이 용이하나, 내화도가 낮다.
> ㉣ 처짐 및 진동을 고려하지 않고, 유지 및 보수관리가 필요하지 않다.

① ㉠, ㉡, ㉢, ㉣　② ㉠, ㉡, ㉢
③ ㉠, ㉡, ㉣　④ ㉠, ㉢, ㉣

해설 철골구조의 장·단점

㉠ 장점
- 철골구조의 주재료인 강재는 최첨단 건축재료로서, 인성과 연성 확보가 가능하며 철근콘크리트에 비해 경량이고 경제적이다.
- 단위부피당 강도가 높기 때문에 부재를 작고 길게 할 수 있으므로 큰 공간을 요구하는 건축물이나 초고층 건축에 적합하다.
- 공장에서 생산된 강재를 사용하므로 재질이 균등하며 대량 생산이 가능하다.
- 재료가 균질하며 조립과 접합 등의 측면에서 역학적으로 신뢰도가 높다.
- 신축 건물의 공사기간이 빠르며 기존 건축물의 증축, 보수 및 보강이 용이하다.

㉡ 단점
- 고열에 저항하는 성질인 내화성이 낮다.
- 단면에 비하여 부재길이가 상대적으로 길고 두께가 얇아 좌굴되기 쉽다.
- 접합부의 신중한 설계와 용접부의 검사가 필요하고 처짐 및 진동을 고려해야 한다.
- 녹슬기 쉬우므로 방청처리를 하여야 하며 유지 및 보수관리가 필요하다.
- 응력 반복에 따른 피로에 의해 강도 저하가 심하다.

75 철골구조에 대한 설명 중 틀린 것은? [23, 20]

① 철골구조는 재료에 의해 보통형강구조, 경량철골구조, 강관구조, 케이블 구조 등으로 나눌 수 있다.
② 고층건물에 적합하고 스팬을 길게 할 수 있다.
③ 내화력이 약하고 녹슬 염려가 있어, 피복에 주의를 기울여야 한다.
④ 본질적으로 조립구조이므로 접합에 유의할 필요가 없다.

해설 철골구조는 목구조와 같이 가구식 구조(접합점을 용접하는 경우에는 일체식 구조로 간주함)이므로 접합에 유의하여야 하고, 용도로는 큰 간사이의 구조물(정거장, 대공장, 체육관 등)과 높은 탑(무전탑, 송전탑 등)에 쓰인다.

76 H형강이나 I형강 등을 그대로 사용하는 보로서 강재를 그대로 사용하므로 조립 및 가공절차가 단순한 보는? [18]

① 래티스보　② 형강보
③ 트러스보　④ 판보

해설 ① 래티스보 : 상하플랜지에 ㄱ자 형강을 대고 플랜지에 웨브재를 45°, 60° 로 접합한 보로, 웨브판의 두께는 6~12 mm, 너비는 60~120 mm 정도이고, 리벳은 직경 16~19 mm를 2~3개로 플랜지에 접합한다. 주로 지붕트러스의 작은 보, 부지붕틀로 사용한다.

③ 트러스보 : 플레이트보의 웨브에 빗재 및 수직재를 사용하고 거싯플레이트로 플랜지 부분과 조립한 보로서, 플랜지 부분의 부재를 현재라고 한다. 트러스보에 작용하는 휨모멘트는 현재가 부담하고, 전단력은 웨브재의 축방향으로 작용하므로 트러스보를 구성하는 부재는 모두 인장재나 압축재로 설계된다. 특히 간사이가 15m를 넘거나 보의 춤이 1m 이상되는 보를 판보로 하기에는 비경제적일 때 사용하는 것으로 접합판(gusset plate)을 대서 접합한 조립보이다.

④ 판보(플레이트보)는 L형강과 강판 또는 강판만을 조립하여 만드는 보 또는 웨브[H형강, 챈널, 판보 등의 중앙 복부(플랜지 사이의 넓은 부분)]에 철판을 쓰고 상하부에 플랜지(I형강, ㄷ형강, 철근콘크리트 T형보 등의 상하의 날개처럼 생긴 부분) 철판을 용접하거나 ㄱ형강을 리벳접합한 보이다.

정답 74. ② 75. ④ 76. ②

77 철골보 중 형강보에 있어서 상부와 하부의 날개 모양으로 된 부분의 명칭으로 옳은 것은? [18]

① 윙플레이트 ② 플레이트
③ 플랜지 ④ 웨브

해설 윙플레이트는 기둥의 하중을 분산시켜서 베이스플레이트에 전달하는 부재이다. 플레이트는 판, 강판, 평면판을 의미한다. 웨브는 웨브[H형강, 챈널, 판보 등의 중앙 복부(플랜지 사이의 넓은 부분)]에 철판을 쓰고 상하부에 플랜지(I형강, ㄷ형강, 철근콘크리트 T형보 등의 상하의 날개처럼 생긴 부분)철판을 용접하거나 ㄱ형강을 리벳접합한 보이다.

78 철골조에서 주각 부분에 사용되는 부재가 아닌 것은? [22, 21, 20]

① 베이스플레이트 ② 사이드앵글
③ 윙플레이트 ④ 데크플레이트

해설 철골구조의 주각부는 기둥이 받는 내력을 기초에 전달하는 부분으로 윙플레이트(힘의 분산을 위함), 베이스플레이트(힘을 기초에 전달함), 기초와의 접합을 위한 클립앵글, 사이드앵글, 앵커볼트 및 리브를 사용하고, 데크플레이트는 두께 1~2mm 정도의 강판을 구부려 강성을 높여 철골구조의 바닥용 콘크리트치기에 사용한다.

79 철골을 중심으로 철근과 콘크리트를 사용한 구조로 SRC구조라고 하는 구조로 옳은 것은? [18]

① 철근콘크리트구조
② 철골철근콘크리트구조
③ 철골구조
④ 보강블록구조

해설 철골철근콘크리트구조는 철골을 중심으로 철근을 배근하고 콘크리트를 타설하여 경화시킨 구조이다.

80 건축물에 작용하는 풍압력의 크기와 관계가 없는 것은? [22]

① 건축물의 높이
② 풍속
③ 건축물의 무게
④ 건축물의 형상

해설 풍압력=풍력계수×속도압이다. 풍력 계수는 건축물의 형상과 관계가 있고, 속도압은 건축물의 높이, 기본 풍속 등과 관계가 깊으며, 건축물의 무게와는 무관하다.

81 구조물의 내진 보강 대책 중 증가 요소로 옳지 않은 것은? [22]

① 구조물의 중량 ② 구조물의 강도
③ 구조물의 연성 ④ 구조물의 감쇠

해설 지진 하중은 구조물의 중량에 비례하여 증가하므로 구조물의 중량을 증대시키면 밑면전단력의 증대와 아울러 지진에 매우 불리하다.

82 케이블에 인장력을 가한 후 이 케이블에 막을 씌워 지붕구조에 주로 사용하는 구조는? [17]

① 트러스구조 ② 현수구조
③ 막구조 ④ 절판구조

해설 ① 트러스구조 : 절점을 핀(pin)접합으로 취급한 삼각형 형태의 부재를 조합한 구조형식으로 각 부재에는 원칙적으로 축방향력만 발생하고, 가느다란 부재로 큰 공간을 구성할 수 있다.
② 현수구조 : 구조물의 주요 부분을 매달아서 인장력으로 저항하는 구조물이다.
④ 절판구조 : 자중도 지지할 수 없는 얇은 판을 접으면 큰 강성을 발휘한다는 점에서 쉽게 이해할 수 있는 구조이다. 예로서 데크플레이트를 들 수 있다.

83 구조물의 주요 부분을 케이블로 매달아서 인장력으로 저항하는 구조는? [17]

① 현수구조 ② 라멘구조
③ 벽식구조 ④ 플랫슬래브구조

해설 ② 라멘구조 : 수직부재인 기둥과 수평부재인 보, 슬래브 등의 뼈대를 강접합하여 하중에 대하여 일체로 저항하도록 하는 구조이다.
③ 벽식구조 : 기둥이나 들보를 뼈대로 하여 만들어진 건축물에 대하여 기둥이나 들보가 없이 벽과 마루로서 건물을 조립하는 건축구조이다.
④ 플랫슬래브구조 : 내부보를 없애고 바닥판을 두껍게 해서 보의 역할을 겸하도록 한 구조로서 하중을 직접 기둥에 전달하는 슬래브이다.

정답 77. ③ 78. ④ 79. ② 80. ③ 81. ① 82. ③ 83. ①

84 다음에서 설명하는 구조의 명칭으로 옳은 것은? [22]

> 수평 하중은 건축물의 외곽 구조가 지지하고, 지상으로부터 솟은 속이 빈 상자형의 캔틸레버와 유사하며, 외곽은 대부분 풍하중에 저항하므로 내부의 전단벽은 불필요하다. 또한, 외부벽은 대각선의 가새로 보강하면 강성이 증대되며 트러스 작용을 한다. 특히, 넓은 공간을 구성하고, 초고층 건축물에 사용되는 구조이다.

① 튜브 구조
② 강성 골조 구조
③ 골조 전단벽 구조
④ 전단 코어 구조

해설 강성 골조 구조는 수평의 보와 수직인 기둥이 동일선상에 접합한 장방형 격자로 구성된 구조이다. 골조 전단벽 구조는 횡하중에 견디기 위해서 골조 내에 전단벽을 사용한 구조이다. 전단 코어 구조는 상업용 건축물과 같이 최대한 유동성을 필요로 하는 건축물의 크기와 용도에 따라 코어(수직 교통 시스템과 에너지 공급 시스템 등)에 집중시켜 전단벽 구조로 이용한 구조 형식이다.

85 현수교로 된 교량으로 옳은 것은? [21, 20, 18]

① 신행주대교 ② 서해대교
③ 남해대교 ④ 올림픽대교

해설 신행주대교는 일부 사장교, 콘크리트교이고, 서해대교는 사장교, FCM교(장경간 콘크리트 상자교), PSM교(연속 콘크리트 상자교)이며, 올림픽대교는 사장교, 콘크리트교이다. 또한 현수구조에는 사장교, 현수교 등이 있다.

86 다음 중 남해대교의 구조는? [23]

① 콘크리트 상자교
② 사장교
③ 장경간 콘크리트 상자교
④ 현수교

해설 사장 구조에 있어서 다리에 작용하는 하중은 케이블을 통해 기둥으로 전달되나, 현수 구조는 늘어진 케이블을 통하여 하중이 기둥으로 전달되는 구조이다.

87 상당히 큰 넓이의 평면을 덮을 수 있는 구조로서 비교적 경량부재인 파이프 등을 사용한 사면체를 한 단위요소로 이를 조합한 구조는? [18]

① 폴러돔 ② 셸구조
③ 공기막구조 ④ 페로시멘트구조

해설 ② 셸구조 : 입체적으로 휘어진 면구조이며, 이상적인 경우에는 부재에 면내응력과 전단응력만이 생기고 휘어지지 않는 구조이다.
③ 공기막구조 : 막구조의 일종으로 공기압으로 막의 형태를 유지하는 구조이다.
④ 페로시멘트구조 : 와이어메시로 여러 층을 겹친 것에 고강도 시멘트모르타르를 부어서 만든 구조이다.

88 고층 건축물의 구조형식 중 건축물의 수평 저항을 강하게 해주는 허리띠 역할을 하여 고층 건축물이 바람이나 지진에 견딜 수 있게 하는 구조로 옳은 것은? [22]

① 튜브 구조
② 스페이스 프레임 구조
③ 트러스 구조
④ 아웃리거 구조

해설 튜브 구조는 초고층 구조 시스템의 하나로 관과 같이 하중에 저항하는 수직 부재가 대부분 건물의 바깥쪽에 배치되어 있어 횡력에 효율적으로 저항하도록 계획된 구조 시스템이다. 스페이스 프레임(스페이스 트러스) 구조는 2차원의 트러스(축방향만으로 힘을 받는 직선재를 핀으로 결합하여 효율적으로 힘을 전달하는 구조 시스템)를 평면 또는 곡면의 2방향으로 확장시킨 구조 또는 트러스를 종횡으로 배치하여 입체적으로 구성한 구조를 말한다. 형강이나 강관을 사용하여 넓은 공간을 구성하는 데 이용되며, 넓은 대형 공간(체육관, 공연장) 등의 지붕 구조물로 많이 사용한다. 트러스 구조는 직선 부재가 서로 한 점에서 만나고 그 형태가 삼각형인 구조물로서 인장력과 압축력의 축력만을 지지하는 구조이다.

89 다음 구조 중 막구조에 속하지 않는 것은? [22]

① 골조 막구조
② 공기 막구조
③ 스페이스 막구조
④ 현수 막구조

정답 84. ① 85. ③ 86. ④ 87. ① 88. ④ 89. ③

해설 막구조는 구조체 자체의 무게가 적어 넓은 공간의 지붕 등에 쓰이는 것 또는 흔히 텐트나 천막 같이 자체로서는 전혀 하중을 지지할 수 없는 막을 잡아당겨 인장력을 주면 막 자체에 강성이 생겨 구조체로서 힘을 받을 수 있도록 한 구조로서 상암동 및 제주도 월드컵 경기장에 사용된 구조이다. 또한 막구조의 종류에는 현수 막구조, 골조 막구조, 공기 막구조 및 하이브리드 막구조 등이 있다.

90 다음은 막구조에 대한 설명이다. 옳지 않은 것은? [18, 17]

① 넓은 공간을 덮을 수 있다.
② 힘의 흐름이 명확하므로 구조 해석이 용이하다.
③ 응력이 집중되는 부위가 파손되지 않도록 보강을 하여야 한다.
④ 막재료에 있어서는 항상 인장응력이 작용하도록 계획되어야 한다.

해설 막구조는 힘의 흐름이 불명확하므로 구조 해석이 난해하다.

91 다음 스페이스프레임에 대한 설명이다. 옳지 않은 것은? [24, 18]

① 곡면의 형태가 가능하고 응력의 분산이 가능하다.
② 부재가 경량이나 강성이 크다.
③ 중간에 기둥이 없이 큰 스팬의 공간을 연출할 수 있고 지진에 유리하다.
④ 현장에서 콘크리트를 타설하여 철근콘크리트구조로 건축할 수 있다.

해설 스페이스프레임(스페이스트러스, 입체트러스)은 2차원의 트러스(축방향만으로 힘을 받는 직선재를 핀으로 결합하여 효율적으로 힘을 전달하는 구조시스템)를 평면 또는 곡면의 2방향으로 확장시킨 구조 또는 트러스를 종횡으로 배치하여 입체적으로 구성한 구조로서, 형강이나 강관을 사용하여 넓은 공간을 구성하는 데 이용되며, 넓은 대형 공간(체육관, 공연장) 등의 지붕구조물로 많이 사용한다. 특히 현장 타설콘크리트로 건축할 수 없다.

92 입체트러스구조에 대한 설명 중 옳은 것은? [19]

① 구조적인 안정을 위해 구조부재를 삼각형으로 규칙적으로 배열하는 것이 좋다.
② 모든 절점은 전단력, 축방향력 및 휨모멘트에 견딜 수 있도록 강(고정)절점으로 되어 있다.
③ 구조적인 결함이 적은 기하학적인 평면의 형태를 이용한다.
④ 평면트러스보다 스팬이 적은 경우에 주로 사용된다.

해설 입체트러스구조는 모든 방향으로 이동이 구속되어 있어서 평면트러스보다 큰 하중을 지지할 수 있다. 입체트러스의 최소 유닛(unit)은 삼각형 또는 사각형이다.
② 모든 절점은 축방향력(압축력과 인장력)에 견딜 수 있도록 회전(핀)절점으로 되어 있다.
③ 구조적인 결함이 적은 기하학적인 입체의 형태를 이용한다.
④ 평면트러스보다 스팬이 큰 대형 스팬(체육관, 공연장 등)의 지붕구조물에 사용된다.

93 입체 트러스의 최소 유닛의 형태로 옳은 것은? [19]

① 삼각형과 사각형
② 사각형과 오각형
③ 삼각형과 오각형
④ 사각형과 육각형

해설 입체 트러스는 입체 구조 시스템의 하나로서, 축방향만으로 힘을 받는 직선재를 핀으로 결합하여 효율적으로 힘을 전달하는 구조 시스템이다. 모든 방향으로 이동이 구속되어 있어서 평면 트러스보다 큰 하중을 지지할 수 있다. 입체 트러스의 최소 유닛(unit)은 삼각형 또는 사각형이고, 이것을 조합한 것도 있으며, 건축 구조물에서 입체 트러스는 체육관이나 공연장과 같이 넓은 대형 공간의 지붕 구조물로 많이 사용된다.

정답 90. ② 91. ④ 92. ① 93. ①

Craftsman Computer Aided Architectural Drawing

건축 재료

01 다음 구조재료에 요구되는 성질 중 옳지 않은 것은? [19]

① 재질이 균일하여야 한다.
② 강도, 내화 및 내구성이 큰 것이어야 한다.
③ 가볍고 큰 재료를 얻을 수 있으며 가공이 용이한 것이어야 한다.
④ 탄력성이 있고 마멸이나 미끄럼이 적으며 청소하기가 용이한 것이어야 한다.

해설 구조재료에 요구되는 성질은 재질이 균일하고 강도, 내화 및 내구성이 큰 것이어야 하며, 가볍고 큰 재료를 얻을 수 있고 가공이 용이한 것이어야 한다.
④ 바닥, 마무리재료의 요구조건이다.

02 다음 중 바닥재료에 요구되는 성질에 속하지 않는 것은? [22]

① 탄력성이 있고 충격을 흡수할 수 있어야 한다.
② 미끄럼이 적어야 하고, 청소가 용이하여야 한다.
③ 내구, 내화성이 커야 한다.
④ 기계적 성능, 감각적 성능과는 무관하다.

해설 바닥재료에 요구되는 성질에는 내구 성능, 기계적 성능(차음 등 주로 인간의 생리에 영향을 주는 요인으로 거주성과 관계가 깊다.), 감각적 성능(피부에 닿았을 때의 느낌 색채, 거칠기, 단단한 정도 등), 설계·시공 성능이 요구된다.

03 다음 중 지붕재료에 요구되는 성질로 옳지 않은 것은? [21②]

① 외관이 좋은 것이어야 한다.
② 방수·방습·내화·내수성이 큰 것이어야 한다.
③ 열전도율이 작은 것이어야 한다.
④ 재료가 무겁고 안정감이 있어야 한다.

해설 지붕재료에 요구되는 성질은 재료가 가볍고, 방수·방습·내화·내수성이 큰 것이어야 하고, 열전도율이 작고, 외관이 좋은 것이어야 한다.

04 다음 중 건축재료의 사용목적에 의한 분류로 옳지 않은 것은? [21]

① 구조재료
② 천연재료
③ 차단재료
④ 마감재료

해설 건축재료를 사용목적에 의해 분류하면, 구조재료는 건축물의 뼈대(기둥, 보, 벽체 등 내력부분을 구성하는 재료)를 구성하는 재료이고, 마감재료는 내력 부분 이외의 칸막이, 장식 등을 목적으로 하는 재료이며, 차단재료는 방수, 방습, 차음, 단열 등을 목적으로 하는 재료이며, 방화·내화재료는 화재의 연소 방지 및 내화성의 향상을 위한 재료 등이다. 천연재료(석재, 목재, 흙 등)와 인공재료(금속·요업·합성수지 등)는 제조분야별 분류에 속한다.

05 다음 재료 중 유기재료에 속하지 않는 것은? [21]

① 철재
② 목재
③ 아스팔트
④ 플라스틱재

해설 유기재료의 종류에는 천연재료(목재, 대나무, 아스팔트, 섬유판), 합성수지(플라스틱재, 도장재, 실링재, 접착제 등) 등이 있고, 무기재료에는 비금속(석재, 흙, 콘크리트, 도자기 등), 금속(철재, 구리, 알루미늄 등) 등이 있다.

정답 01. ④ 02. ④ 03. ④ 04. ② 05. ①

06 수직부재에 수직하중이 작용하는 과정에서 임계상태에서 기하학적으로 갑자기 변화하는 현상으로 옳은 것은? [20, 19, 16]

① 응력 ② 좌굴
③ 항복점 ④ 취성

해설 응력은 단위면적당 작용된 하중의 값, 즉 응력 $= \frac{하중}{단면적}$ 이다. 항복점은 응력은 별로 증가하지 않았으나 변형이 급격히 증가하는 점이다. 취성은 작은 변형이 생기더라도 파괴되는 성질 또는 인성에 반대되는 용어로 작은 변형으로도 파괴되는 성질로 유리가 대표적인 취성재료이다.

07 다음에서 설명하는 재료의 역학적 성질은? [18]

> 어떤 재료에 인장력을 가하였을 때 파괴되기 전에 큰 늘음상태를 나타내는 성질을 말한다.

① 전성 ② 탄성
③ 연성 ④ 인성

해설 전성은 어떤 재료를 망치로 치거나 롤러로 누르면 얇게 펴지는 성질을 말한다. 탄성은 물체가 외력을 받으면 변형과 응력이 생긴다. 변형이 적은 경우에는 외력을 없애면 변형이 생겼다가 없어지고 본래의 모양으로 되돌아가서 응력이 없어지는 성질이다. 인성은 재료가 외력을 받아 파괴될 때까지의 에너지 흡수 능력이 큰 성질로서 큰 외력을 받아 변형을 나타내면서도 파괴되지 않고 견딜 수 있는 성질이다.

08 다음에서 설명하는 재료의 역학적 성질은? [19]

> 재료가 외력을 받아 파괴될 때까지의 에너지 흡수 능력이 큰 성질로서 큰 외력을 받아 변형을 나타내면서도 파괴되지 않고 견딜 수 있는 성질이다.

① 강성 ② 인성
③ 연성 ④ 경도

해설 강성은 구조물이나 부재에 외력이 작용할 때 변형이나 파괴되지 않으려는 성질로 외력을 받더라도 변형이 작은 것을 강성이 큰 재료라고 한다. 강성은 탄성계수와 밀접한 관계가 있다. 연성은 어떤 재료에 인장력을 가하였을 때 파괴되기 전에 큰 늘음상태를 나타내는 성질을 말한다. 경도는 재료의 단단한 정도로 굳기 또는 경도라고 하며, 긁히는 데 대한 저항도, 새김질에 대한 저항도, 탄력 정도, 마멸에 의한 저항도 등에 따라 표시방법이 다르다. 브리넬경도와 모스경도 등이 있다.

09 다음에서 설명하는 것으로 옳은 것은? [18]

> 재료의 단단한 정도로 굳기 또는 경도라고 하며, 긁히는 데 대한 저항도, 새김질에 대한 저항도, 탄력 정도, 마멸에 의한 저항도 등에 따라 표시방법이 다르다.

① 모스경도 ② 피로시험
③ 경도시험 ④ 브리넬경도

해설 ① 모스경도 : 재료의 긁힘(마멸)에 대한 저항성을 나타내는 것으로서, 주로 유리 및 석재의 경도를 표시하는 데 사용한다.
② 피로시험 : 어떤 재료가 압축이나 비틀림, 굽힘, 충격 따위에 대해 부서지지 않고 견디는 정도를 알아보는 시험이다.
④ 브리넬경도 : 금속 또는 목재에 적용되는 것으로서, 지름 10mm의 강구를 시편표면에 500~3,000kg의 힘으로 압입하여 표면에 생긴 원형 흔적의 표면적을 구하여 압력을 표면적으로 나눈 값이다.

10 목재는 겉이 썩지 않고 철재는 부식이 되지 않는 등의 재료가 오랜 기간 동안 본래의 성질을 유지하는 성질로 옳은 것은? [22, 17]

① 내후성
② 내마모성
③ 내화학약품성
④ 내구성

해설 내후성은 공산품(플라스틱, 도료, 섬유, 유기용제 등)이 태양광, 온도, 습도, 비 등 실외의 자연환경에 견디는 성질이고, 내마모성은 접촉에 의한 마모에 오랜 기간 견디는 성질이며, 내화학약품성은 화학약품에 오랜 기간 견디는 성질이다.

11 다음 사항 중 건축물의 내구성과 가장 관계가 없는 것은? [18]

① 내후성 ② 내식성
③ 가공성 ④ 내마모성

정답 06. ② 07. ③ 08. ② 09. ③ 10. ④ 11. ③

해설 내구성은 재료가 장기간에 걸쳐 외부로부터의 물리적, 화학적, 생물학적 작용에 저항하는 성질로 영향을 주는 인자로는 물리적 작용(건습 및 동해의 반복, 마모 등), 화학적 작용(화학적 침식, 풍화 등), 생물학적 작용(충해, 균해 등) 등을 들 수 있다. 따라서 이와 같은 인자 등에 저항할 수 있도록 함으로써 필요에 따라 내후성, 내마모성, 내식성, 내화학약품성 및 내생물성이 있는 재료로 만들 수 있다.

12 다음 재료 중 열전도율이 가장 낮은 것은? [21, 19]

① 콘크리트　② 목재
③ 알루미늄　④ 유리

해설 재료의 열전도율은 콘크리트 2W/m·K, 목재 0.17 W/m·K, 알루미늄 200W/m·K, 유리 0.76W/m·K 정도이다.

13 목재의 분류 중 침엽수재가 아닌 것은? [19]

① 가문비나무　② 낙엽송
③ 벚나무　④ 잣나무

해설 목재의 분류

구분		나무의 명칭
외장수	침엽수(연목재)	소나무, 전나무, 잣나무, 낙엽송, 편백나무, 가문비나무 등
	활엽수(경목재)	참나무, 느티나무, 오동나무, 밤나무, 사시나무, 벚나무 등
내장수		대나무, 야자수 등

14 목재의 세포 중 활엽수에만 있고 줄기방향으로 배치되어 양분과 수분의 통로가 되며, 나무의 종류를 구분하는 데 표준이 되는 세포로 옳은 것은? [23, 21, 20, 18, 17]

① 나무섬유세포　② 수선세포
③ 수지관　④ 도관세포

해설 나무섬유세포는 가늘고 길게된 것으로 목재 대부분의 용적을 차지하고 있으며, 목재의 줄기방향에 평행으로 놓여 목재의 줄기에 견고성을 준다. 수선세포는 수심에서 사방으로 뻗어 있고 물관세포와 같은 모양과 동일한 작용(수액을 수평으로 이동)을 하는 세포이다. 수지관은 수지의 이동이나 저장하는 곳으로서 주로 침엽재에 많고, 활엽수에는 극히 드문 세포이다.

15 목재는 수축과 팽창이 발생하는 그 정도가 이것에 따라서 차이가 나는데 이것은 무엇인가? [24]

① 나이테
② 나뭇결
③ 옹이
④ 껍질박이

해설 ① 나이테는 수목의 성장연수를 나타내는 동시에 강도의 표준이 된다.
③ 옹이는 가지가 줄기의 조직에 말려 들어간 것으로 목재의 흠이다.
④ 껍질박이는 수피가 말려 들어간 것으로 활엽수에 많은 목재의 흠이다.

16 다음 목재의 전건상태의 함수율로 옳은 것은? [17]

① 30%　② 25%
③ 15%　④ 0%

해설 목재의 함수율

구분	전건재	기건재	섬유포화점
함수율	0%	10~15% (12~18%)	30%
비고		습기와 균형	섬유세포에만 수분 함유, 강도가 커지기 시작하는 함수율

17 다음 중 목재의 함수율과 특성으로 옳게 짝지은 것은? [17]

① 5% 이하 : 섬유포화점강도의 3.0배 정도이다.
② 10% 이하 : 강도가 증대되기 시작한다.
③ 15% 이하 : 기건상태로 습기와 균형을 이루며 강도가 우수하다.
④ 30% 이하 : 섬유포화점으로 강도가 감소하기 시작한다.

해설 ① 0%(전건상태) : 섬유포화점강도의 3.0배 정도이다.
② 10% 이하 : 섬유포화점(30%) 이하에서의 강도는 계속 증대하기 시작하고, 기건상태보다 강도가 더욱 더 증대한다.
④ 30% 이하 : 섬유포화점 이하로 강도가 증가하기 시작한다.

정답 12. ② 13. ③ 14. ④ 15. ② 16. ④ 17. ③

18 목재 중 구조용재는 함수율이 얼마 이하로 건조하여야 하는가? [21, 20, 19, 18②, 17④]

① 5% 이하 ② 8% 이하
③ 15% 이하 ④ 20% 이하

해설 구조용재의 함수율은 기건재로 10~15% 정도이다.

19 목재가 통상 대기의 온도, 습도와 평행된 수분을 함유한 상태를 의미하는 것은? [22]

① 기건 비중 ② 전건 비중
③ 겉보기 비중 ④ 진 비중

해설 절건(전건)비중은 목재의 절건 상태의 비중이고, 겉보기 비중은 골재의 건조 중량을 표면 건조 내부 포수 상태의 골재 용적으로 나눈 비중이며, 진 비중은 목재의 공극이 전혀 없는 상태의 비중이다.

20 목재의 함수율에 관한 설명으로 옳지 않은 것은? [22]

① 목재의 강도는 함수율에 따라 변화한다.
② 함수율이 감소될수록 목재는 수축한다.
③ 활엽수와 침엽수의 수축률은 거의 동일하다.
④ 일반적으로 견고하고 비중이 큰 목재일수록 수축량이 증대된다.

해설 목재의 함수율
함수량은 수종, 수령, 생산지 및 심재와 변재에 따라서 다르며, 함수율에 따른 목재의 성질은 다음과 같다.
㉠ 함수율이 작을수록 목재는 수축되고, 그 수축률은 방향에 따라 일정하지 않으나 전수축률은 무늿결 너비 방향이 가장 크고 섬유 방향(길이)이 가장 작으며, 곧은결 너비 방향은 중간이다.
㉡ 함수율의 변화에 따라 목재의 강도도 변한다. 즉, 목재의 강도는 함수율과 반비례한다. 함수율이 100%에서 섬유 포화점인 30%까지는 강도의 변화가 작으나, 함수율이 30% 이하로 더욱 감소하면 강도는 급격히 증가하며, 기건 상태에서는 섬유 포화점 강도의 약 1.5배로 증가하고, 절건 상태(절건 상태)에서는 섬유 포화점 강도의 약 3배로 증가한다.
㉢ 함수율이 감소하면 목재의 무게가 감소하는데, 기건 상태 이상이 되면 함수율이 증가하여 부패균의 번식이 늘어나 목재의 부패가 심해진다.

21 소나무의 절대건조비중이 0.90일 경우 목재의 공극률로 옳은 것은? [19, 18, 17②]

① 42% ② 8%
③ 22% ④ 15%

해설 목재의 공극률(목재에서 공기가 차지하는 비율)

$$V=\left(1-\frac{w}{1.54}\right)\times 100[\%]$$
$$=\left(1-\frac{0.9}{1.54}\right)\times 100=41.56 \fallingdotseq 42\%$$

여기서, w : 절건 비중

22 다음 중 목재의 공극률을 산정하는 공식으로 옳은 것은? (단, ω : 절건 비중) [20, 19]

① $V=\left(1-\frac{w}{1.54}\right)\times 100[\%]$
② $V=\left(1+\frac{1.54}{\omega}\right)\times 100[\%]$
③ $V=\left(1+\frac{w}{1.54}\right)\times 100[\%]$
④ $V=\left(1-\frac{1.54}{\omega}\right)\times 100[\%]$

해설 목재의 공극률(목재에서 공기가 차지하는 비율)

$$V=\left(1-\frac{w}{1.54}\right)\times 100[\%]$$

여기서, w : 절건 비중

23 다음 목재의 강도 중 강한 것부터 약한 것의 순으로 나열한 것으로 옳은 것은? [20, 17②]

① 인장강도 → 전단강도 → 압축강도 → 휨강도
② 인장강도 → 휨강도 → 전단강도 → 압축강도
③ 인장강도 → 압축강도 → 휨강도 → 전단강도
④ 인장강도 → 휨강도 → 압축강도 → 전단강도

해설 목재의 강도가 강한 것부터 약한 것의 순으로 나열하면 인장강도 → 휨강도 → 압축강도 → 전단강도의 순이다.

24 목재의 강도에 대한 설명으로 옳지 않은 것은? [22]

① 섬유 방향의 인장강도가 압축강도보다 크다.
② 변재 부분이 심재 부분보다 강도가 크다.
③ 비중이 작은 목재는 큰 목재보다 강도가 작다.
④ 건조 상태의 강도가 습윤 상태의 강도보다 크다.

정답 18. ③ 19. ① 20. ③ 21. ① 22. ① 23. ④ 24. ②

해설 목재의 강도는 섬유 방향에 대하여 직각 방향의 강도를 1이라 하면, 섬유 방향의 강도의 비는 압축강도가 5~10, 인장강도가 10~30, 휨강도가 7~15 정도이고, 섬유 방향에 평행하게 가한 힘에 대하여 가장 강하고 직각 방향에 대하여 가장 약하다. 또한, 목재의 강도는 심재 부분이 변재 부분보다 강하다.

25 목재의 강도가 큰 것부터 작은 것의 순으로 옳은 것은? [23]

① 기건재 > 전건재 > 생나무
② 전건재 > 기건재 > 생나무
③ 전건재 > 생나무 > 기건재
④ 기건재 > 생나무 > 전건재

해설 목재의 강도를 비교하면, 생나무는 함수율이 30%이고, 기건재는 함수율이 15%, 전건재는 함수율이 0%이다. 그런데, 목재의 강도는 함수율이 작을수록 강도가 크므로 강도의 순으로 나열하면, 전건재(0%) > 기건재(15%) > 생나무(30%)의 순이다.

26 다음에서 설명하는 방부제로 옳은 것은? [17]

㉠ 흑갈색의 용액으로서 방부력이 우수하고 내습성이 있으며 가격이 싸다. 특히 침투성이 좋아서 목재에 깊게 주입할 수 있다.
㉡ 미관을 고려하지 않는 외부에 많이 사용하나 페인트를 그 위에 칠할 수 없고, 좋지 않은 냄새가 나므로 실내에서는 사용할 수 없다.

① 펜타클로로페놀 ② 콜타르
③ 아스팔트 ④ 크레오소트

해설 ① 펜타클로로페놀(Penta Chloro Phenol, PCP) : 목재의 방부제 중 PCP는 무색이고 방부력이 가장 우수하며, 그 위에 페인트를 칠할 수 있다. 또한 크레오소트에 비하여 가격이 비싸며, 석유 등의 용제로 녹여서 사용한다.
② 콜타르 : 가열하여 칠하면 방부성이 좋으나, 목재를 흑갈색으로 만들고 페인트칠도 불가능하므로 보이지 않는 곳이나 가설재 등에 이용한다.
③ 아스팔트 : 열을 가해 녹여서 목재에 도포하면 방부성이 우수하나, 흑색으로 착색되어 페인트칠이 불가능하므로 보이지 않는 곳에서만 사용할 수 있다.

27 다음 목재의 건조방법 중 인공건조방법에 속하는 것으로 옳은 것은? [19, 17]

① 촉진천연건조 ② 천연건조
③ 태양열건조 ④ 증기건조법

해설 ① 촉진천연건조 : 천연건조를 촉진시키기 위해 간단한 송풍 또는 가열장치를 적용하여 건조시키는 방법으로 송풍건조, 태양열건조 및 기타(진동건조, 원심건조 등) 등이 있다.
② 천연건조 : 천연건조장에서 목재를 쌓아 자연대기 조건에 노출시켜 건조시키는 방법이다.
③ 태양열건조 : 촉진천연건조의 일종이다.

28 다음 합판의 특성 중 옳지 않은 것은? [19, 17]

① 함수율의 변화에 따른 신축변형이 작다.
② 서로 직교시켜서 붙인 것으로 잘 갈라지지 않으며 방향에 따른 강도의 차가 크다.
③ 합판은 판재에 비하여 균질이고 목재의 이용률을 높일 수 있다.
④ 너비가 큰 판을 얻을 수 있고 쉽게 곡면판으로도 만들 수 있다.

해설 합판의 특성은 ①, ③ 및 ④ 이외에 베니어는 얇아서 건조가 빠르고 뒤틀림이 없으므로 팽창과 수축을 방지할 수 있고, 아름다운 무늬가 되도록 얇게 벗긴 단판을 합판의 양쪽 표면에 사용하면 값싸게 무늬가 좋은 판을 얻을 수 있다. 방향에 따른 강도의 차가 작다.

29 합판에 관한 설명으로 옳지 않은 것은? [23]

① 단판의 매수는 홀수를 원칙으로 한다.
② 방향에 따른 강도의 변화가 크다.
③ 함수율 변화에 다른 팽창 · 수축의 방향성이 없다.
④ 뒤틀림이나 변형이 적은 비교적 큰 면적의 평면 재료를 얻을 수 있다.

해설 합판은 3장 이상의 얇은 판(단판)을 각각의 섬유 방향이 다른 각도(90°)로 교차되도록 홀수(3, 5, 7장 등)장을 겹쳐서 만든 목재 제품으로 방향에 따른 강도의 변화가 없다.

정답 25. ② 26. ④ 27. ④ 28. ② 29. ②

30 다음 파티클보드의 특성 중 옳지 않은 것은? [22, 18]

① 방부·방화성을 높일 수 있고 가공성·흡음성과 열차단성도 좋다.
② 두께를 비교적 자유롭게 선택할 수 있고 강도가 크므로 구조용으로도 적합하다.
③ 응력에 따른 필요한 단면을 만들 수 있다.
④ 못, 나사못의 지보력은 목재와 거의 동일하다.

해설 파티클보드는 목재섬유와 소편을 방향성 없이 열압, 성형, 제판한 것으로, 특성은 강도와 섬유방향에 따른 방향성이 없고 변형(뒤틀림)도 극히 적지만 방습 및 방수처리가 필요하다. 또한 합판에 비하여 휨강도가 떨어지나, 면내강성은 우수하고, 표면이 평활하고 경도가 크므로 균질한 판을 대량으로 얻을 수 있다. ③ 집성목재의 특성이다.

31 다음은 파티클보드의 특성을 설명한 것이다. 옳지 않은 것은? [21, 18]

① 목재섬유와 소편을 방향성 없이 열압, 성형, 제판한 것이다.
② 방향에 따른 강도의 차이가 매우 크다.
③ 방충·방부·방화성을 높일 수 있고, 가공성·흡음성과 열차단성이 크다.
④ 못, 나사못의 지보력이 목재와 거의 동일하다.

해설 파티클보드의 강도는 섬유 방향에 따른 방향성이 없고, 변형(뒤틀림)도 극히 적지만 수분이나 고습도에 대해 약하기 때문에 별도의 방습 및 방수처리가 필요하다.

32 치장목질 마루판의 KS F 3126에서 규정하는 목질 마루판의 품질 및 시험항목에 해당되지 않는 것은? (단, 일반적인 경우) [22, 21]

① 내산성
② 내알칼리성
③ 압축강도
④ 폼알데하이드 방출량

해설 KS F 3126(치장목질 마루판)의 품질기준
㉠ 소판의 합판인 경우에는 접착 성능, 함수향(건량)
㉡ 비접착식 시공품인 경우에는 휨강도, 습윤 시 휨강도, 평면 인장강도
㉢ 소판이 섬유판, 파티클보드, OSB 및 이들을 이용한 복합계인 경우에는 흡수 두께 팽창률, 치수 변화율,
㉣ KS M 3803의 표2에 규정된 일반용 1.2 화장판의 품질 규격에 준하는 경우에는 내마모성
㉤ HPM, LPM의 경우 시험에서 제외되는 경우에는 도막 밀착력
㉥ 일반적인 경우에는 내산성, 내알칼리성, 내시너성, 습열성, 내변 퇴색성, 내한성, 내열성, 내오염성, 내충격성, 내긁힘성, 폼알데하이드 방출량 등

33 다음 중 플로어링 블록에 관한 설명으로 적합하지 않은 것은? [21]

① 사용 장소는 주로 마룻바닥의 마감재로 사용한다.
② 뒷면은 방부처리를 하여 사용한다.
③ 플로어링 보드를 2장씩 붙여서 만든 것이다.
④ 4면을 모두 제혀쪽매로 하여 만든 바닥재이다.

해설 플로어링 블록은 플로어링 보드의 길이를 그 너비의 정수배로 하여 3~5장씩 붙여서 길이와 너비를 같게 하여 4면을 제혀쪽매로 만든 정사각형의 블록으로 뒷면에 방부처리를 하여 콘크리트 슬래브 위에 고정 철물을 넣고 모르타르로 접착하는 마룻바닥 마감재이다.

34 목질 섬유에 대한 설명 중 옳지 않은 것은? [23, 22]

① 연질 섬유판은 건물의 단열, 방음을 목적으로 성형한 제품이다.
② 중질 섬유판은 유공 흡음판, 수장용으로 사용하며, 비중은 0.4~0.8 정도이다.
③ 경질 섬유판은 강도가 비교적 크고, 2차 가공도 용이하다.
④ 유리 섬유판은 보온재, 흡음재로 사용하고, 1,000℃에서도 사용이 가능하다.

해설 유리 섬유는 안전사용온도가 300℃, 최고온도가 500℃ 정도로서 보온제품, 흡음재로 사용하며, 내화성, 단열성, 흡음성, 내식성 및 내수성이 우수한 제품이다.

정답 30. ③ 31. ② 32. ③ 33. ③ 34. ④

35 다음 건축재료 중 섬유제품으로 볼 수 없는 것은? [17]

① 연질섬유판 ② MDF
③ 목섬유 ④ 암면

해설 암면은 안산암, 사문암 등의 원료를 고열로 녹여 작은 구멍을 통하여 분출시킨 것을 고압공기로 불어 날려 만든 솜모양의 것으로, 흡음·단열·보온성 등이 우수한 불연재로 사용하는 석재제품이다.

36 석재의 성인에 의한 분류 중 화성암에 속하지 않는 것은? [21②]

① 응회암 ② 현무암
③ 안산암 ④ 화강암

해설 화성암에는 심성암(화강암, 섬록암, 반려암 등)과 화산암[안산암(휘석, 각섬, 운모, 석영), 현무암, 부석 등]이 있다. 응회암은 퇴적암으로 쇄설성 퇴적암에 속한다.

37 다음 석재 중 변성암에 속하는 것은? [22]

① 안산암 ② 석회암
③ 응회암 ④ 대리석

해설 안산암은 화성암의 화산암이고, 응회암은 퇴적(수성)암의 쇄설성 퇴적암이며, 석회암은 퇴적(수성)암의 유기적 수성암이고, 대리석은 수성암계의 변성암이다.

38 석재의 절리 이외에 작게 쪼개지기 쉬운 면을 석목이라고 하는데, 석재의 가공에 있어서 석목을 이용한다. 석목이 가장 분명한 암석은? [16]

① 화강암 ② 대리석
③ 응회암 ④ 석회암

해설 석재의 절리와 석목
㉠ 절리 : 암석 중에서 갈라진 틈을 말하고, 암석은 절리(암장이 냉각할 때의 수축으로 인하여 자연적으로 생긴 것)에 따라 채석을 한다.
㉡ 석목 : 절리 이외에 작게 쪼개지기 쉬운 면을 말하고, 즉 암석학적으로 광물의 집합상태를 말하는 것으로 화강암의 경우에는 장석성분의 결을 따라 일정한 방향으로 갈라진 것이 된다.

39 다음 석재 중 내화성이 가장 낮은 석재로 옳은 것은? [24, 21, 20, 19②, 18]

① 대리석 ② 화강암
③ 석회암 ④ 응회암

해설 석재의 내화도를 보면 대리석과 석회암은 600~800℃ 정도이고, 응회암, 안산암 및 사암은 1,000℃ 정도이며, 화강암은 600℃ 정도이다.

40 동일한 조건인 경우, 석재의 내구성이 가장 높은 것은? [23]

① 석회암 ② 화강암
③ 대리석 ④ 사암

해설 석재의 수명(수선을 요하지 않을 정도의 연수)은 석재의 종류에 따라 차이가 있으나, 사암은 사립에 따라 15~100년, 석회암은 40년, 대리석은 100년, 화강암은 200년 정도이다.

41 다음 안료 중 인조석의 안료로 사용할 수 없는 것은? [17]

① 황토 ② 아스팔트
③ 산화철 ④ 카본 검정

해설 인조석의 안료의 종류

색깔	안료
노랑	황토, 산화황토, 바륨, 크롬황
빨강	주토, 산화철, 산화망간
갈색	엠버
파랑	코발트청, 군청
초록	크롬초록, 코발트초록
검정	유연, 망간 검정, 카본 검정

42 다음 화강암에 대한 설명으로 옳지 않은 것은? [22]

① 질이 단단하고, 내구성 및 강도가 크다.
② 내화성이 매우 크므로 고열의 장소에 사용한다.
③ 주요 성분은 석영, 장석, 운모, 휘석 및 각섬석 등이다.
④ 강도가 크고, 콘크리트용 골재로 사용이 가능하다.

정답 35. ④ 36. ① 37. ④ 38. ① 39. ② 40. ② 41. ② 42. ②

해설 화강암은 화성암의 대표적인 심성암으로, 성분은 석영, 장석, 운모, 휘석, 각섬석 등이고, 석질이 견고(압축 강도 1,500kg/cm^2 정도)하며 풍화 작용이나 마멸에 강하다. 바탕색과 반점이 아름다울 뿐만 아니라 석재의 자원도 풍부하므로 건축 토목의 구조재, 내·외장재 및 콘크리트용 골재로 많이 사용된다. 내화도가 낮아서 고열을 받는 곳에는 적당하지 않으며, 세밀한 조각이 필요한 곳에는 가공이 불편하여 적당하지 않다. 또한, 질이 단단하고, 내구성 및 강도가 크고, 외관이 수려하며, 절리가 비교적 커서 큰 판재를 얻을 수 있다. 다만, 너무 단단하여 조각 등에는 부적당하다.

43 다음 중 대리석에 대한 설명으로 틀린 것은? [20]

① 석회암이 변질된 것으로 주성분은 탄산석회이다.
② 포함된 성분에 따라 경도, 색채, 무늬 등이 매우 다양하다.
③ 아름답고 갈면 광택이 나므로 장식용 석재 중에서는 가장 고급재로 사용된다.
④ 열과 산에 매우 강하다.

해설 대리석은 석회암이 오랜 세월 동안 땅속에서 지열, 지압으로 인하여 변질되어 결정화된 것으로 주성분은 탄산칼슘이다. 성질은 치밀하고 견고하며 포함된 성분에 따라 경도, 색채, 무늬 등이 매우 다양하다. 특히 아름답고 갈면 광택이 나므로 장식용 석재 중에서는 가장 고급재로 사용되나 열, 산 등에 매우 약하다.

44 다음 점토의 성질에 대한 설명 중 옳지 않은 것은? [17]

① 점토의 비중은 2.5~2.6 정도로서 불순 점토일수록 작고, 알루미나분이 많을수록 크다.
② 점토의 입자가 작을수록 양질의 점토가 된다.
③ 점토제품의 색상은 장석, 운모 등이다.
④ 점토의 주성분은 함수규산알루미나이다.

해설 점토제품의 색상은 철산화물 또는 석회물질에 의해 나타나며, 철산화물이 많으면 적색이 되고, 석회물질이 많으면 황색을 띠게 된다.

45 최저급 점토(전답토)를 790~1,000℃ 정도로 소성하여 흡수성이 크고, 유색이며, 불투명한 제품으로 기와, 벽돌, 토관 등에 사용되는 것은? [24, 23]

① 석기 ② 자기
③ 토기 ④ 도기

해설 점토 제품의 종류

종류		토기	도기	석기	자기
소성온도(℃)		790 ~1,000	1,100 ~1,230	1,160 ~1,350	1,230 ~1,460
소지	흡수성	크다. (20% 이상)	약간 크다. (10%)	작다. (3~10%)	아주 작다. (0~1%)
	빛깔	유색	백색, 유색	유색	백색
투명도		불투명	불투명	불투명	투명
건축재료		기와, 벽돌, 토관	타일, 위생도기, 테라코타 타일	마루 타일, 클링커 타일	위생도기, 자기질 타일
비고		최저급 원료(전답토)로 강도가 취약하다.	다공질로서 흡수성이 있고, 질이 굳으며, 두드리면 탁음이 난다. 유약을 사용한다.	시유약은 쓰지 않고 식염유를 쓴다.	양질의 도토 또는 장석분을 원료로 하고, 두드리면 금속음이 난다.

46 점토의 흡수율이 낮은 것부터 높은 것의 순으로 나열된 것으로 옳은 것은? [18]

① 자기 < 도기 < 석기 < 토기
② 토기 < 석기 < 도기 < 자기
③ 자기 < 석기 < 도기 < 토기
④ 토기 < 도기 < 석기 < 자기

해설 점토제품의 흡수율

종류	저급 점토(토기)	석암점토(석기)	도토(도기)	자토(자기)
흡수율	20% 이상	3~10%	10%	0~1%

47 다음 중 소성온도가 높은 것에서 낮은 것의 순으로 옳은 것은? [24]

① 자기 > 석기 > 도기 > 토기
② 자기 > 도기 > 석기 > 토기
③ 자기 > 석기 > 토기 > 도기
④ 석기 > 자기 > 도기 > 토기

정답 43. ④ 44. ③ 45. ③ 46. ③ 47. ①

해설 점토제품의 분류

종류	소성 온도(℃)	소지		투명도	건축재료	비고
		흡수성	빛깔			
토기	790 ~1,000	크다. (20% 이상)	유색	불투명	기와, 벽돌, 토관	최저급 원료(전답토)로 강도가 취약하다.
도기	1,100 ~1,230	약간 크다. (10%)	백색, 유색	불투명	타일, 위생도기, 테라코타 타일	다공질로서 흡수성이 있고, 질이 굳으며, 두드리면 탁음이 난다. 유약을 사용한다.
석기	1,160 ~1,350	작다. (3~10%)	유색	불투명	마루 타일, 클링커 타일	시유약은 쓰지 않고 식염유를 쓴다.
자기	1,230 ~1,460	아주 작다. (0~1%)	백색	투명	위생도기, 자기질 타일	양질의 도토 또는 장석분을 원료로 하고, 두드리면 금속음이 난다.

48 다음 중 점토제품과 관계가 없는 것은? [18]

① 타일　　② 도자기
③ 법랑　　④ 욕조

해설 법랑은 광물을 원료로 만든 유리질의 유약으로 금속 그릇이나 사기그릇 등의 표면에 발라 구우면 밝은 윤기가 나며 녹이 슬지 않는다.

49 벽돌의 품질 기준 중 1종 점토 벽돌의 흡수율로 옳은 것은? [21]

① 10% 이하　　② 13% 이하
③ 15% 이하　　④ 18% 이하

해설 점토 벽돌의 품질 기준

구분	1종	2종
흡수율(%)	10 이하	15 이하
압축강도(MPa, N/mm^2)	24.50 이상	14.70 이상

50 테라코타에 관한 설명 중 옳지 않은 것은? [20, 17]

① 석재 조각물 대신에 사용되는 장식용 공동의 대형 점토제품이다.
② 일반 석재보다 무겁고, 1개의 크기는 제조 및 취급상 $1m^3$ 정도이다.
③ 건축물의 패러핏, 버팀벽, 주두, 난간벽, 창대, 돌림띠 등의 장식에 사용한다.
④ 단순한 제품의 경우 압축성형 및 압출성형 등의 방법을 사용하고, 복잡한 형태는 형틀에 점토를 부어넣어 만들 수 있다.

해설 테라코타의 특성은 일반 석재보다 가볍고, 압축강도는 80~90MPa로서 화강암의 1/2 정도이며, 화강암보다 내화력이 강하고 대리석보다 풍화에 강하므로 외장에 적당하다. 또한 1개의 크기는 제조와 취급상 $0.5m^3$ 또는 $0.3m^3$ 이하로 하는 것이 좋다.

51 다음 바닥용 타일의 요구성질로 옳지 않은 것은? [17]

① 마모에 강한 내구성
② 낮은 흡수율
③ 미끄럼 방지
④ 타일의 모양

해설 바닥재료의 요구사항에는 탄력성이 있고 마멸이나 미끄럼이 적으며, 청소하기가 용이한 것이어야 한다. 또한 외관이 좋고 내화·내구성이 큰 것이어야 한다. 또한 흡수율이 작은 타일의 강도가 크다.

52 다음 중 혼합시멘트의 종류에 속하지 않는 것은? [18]

① 고로시멘트
② 플라이애시시멘트
③ 포졸란시멘트
④ 중용열포틀랜드시멘트

해설 시멘트의 종류

구분	포틀랜드시멘트	혼합시멘트	특수시멘트
종류	보통, 중용열, 조강 및 백색시멘트, 저열포틀랜드시멘트, 내황산염포틀랜드시멘트 등	고로슬래그시멘트, 플라이애시시멘트, 포틀랜드포졸란시멘트	산화알루미늄시멘트, 팽창시멘트

53 모르타르 또는 콘크리트가 유동적인 상태에서 겨우 형체를 유지할 수 있을 정도로 엉기는 초기 작용으로 처음에는 형태가 변화할 수 있지만, 시간이 경과함에 따라 형태가 변하지 않게 되는 것을 무엇이라고 하는가? [23]

① 풍화　　② 블리딩
③ 응결　　④ 중성화 현상

정답 48. ③ 49. ① 50. ② 51. ④ 52. ④ 53. ③

해설 ① 풍화 : 시멘트가 공기 중의 습기를 받아 천천히 수화 반응을 일으켜 작은 알갱이 모양으로 굳어졌다가, 이것이 계속 진행되면 주변의 시멘트와 달라붙어 결국에는 큰 덩어리로 굳어지는 현상이다.
② 블리딩 : 아직 굳지 않은 모르타르나 콘크리트에 있어서 윗면에 물이 스며 나오는 현상으로 블리딩이 많으면 콘크리트가 다공질이 되고, 강도, 수밀성, 내구성 및 부착력이 감소한다.
④ 중성화 현상 : 콘크리트는 원래 알칼리성이나 시일의 경과와 더불어 공기 중의 이산화탄소의 작용을 받아 수산화칼슘이 서서히 탄산칼슘으로 되어 알칼리성을 잃어가는 현상이다.

54 장기강도에 비해 초기 강도가 높고, 공사기간과 양생기간을 단축할 수 있으며, 긴급 공사에 사용되는 시멘트로 옳은 것은? [21]

① 고로시멘트
② 백색포틀랜드시멘트
③ 중용열포틀랜드시멘트
④ 조강포틀랜드시멘트

해설 고로시멘트는 건조에 의한 수축은 일반포틀랜드시멘트보다 크나, 수화할 때 발열이 적고(초기 강도가 낮고, 장기 강도가 높다), 화학적 팽창에 뒤이은 수축이 적어서 종합적으로 균열이 적다. 댐공사, 매스 콘크리트 공사에 적합하고, 비중(2.85 이상)이 작으며, 바닷물에 대한 저항이 크다. 백색포틀랜드시멘트는 건축물의 표면(내・외면) 마감, 도장에 주로 사용하고 구조체에는 거의 사용하지 않는 시멘트이다. 중용열포틀랜드시멘트(석회석+점토+석고)는 원료 중의 석회, 알루미나, 마그네시아의 양을 적게 하고, 실리카와 산화철을 다량으로 넣어서 수화 작용을 할 때 발열량(수화열)이 적고, 경화를 느리게 한 시멘트로, 조기 강도는 작으나 장기 강도는 크며, 체적의 변화가 적어서 균열의 발생(수축률)이 적다. 특히, 방사선의 차단과 내침식성, 내수성, 내식성 및 내구성이 크므로 댐 축조, 콘크리트 포장, 방사능 차폐용 콘크리트에 이용된다.

55 시멘트 중에서 수화열이 가장 크고, 물을 가한 후 재령 1일 내에 보통 포틀랜드시멘트의 28일 압축강도(4주 강도)가 발현되므로 동기, 해수 및 긴급공사에 사용되는 시멘트는? [22]

① 고로시멘트　② 알루미나시멘트
③ 팽창시멘트　④ 플라이애시시멘트

해설 알루미나시멘트는 보크사이트, 석회석을 원료로 하며, 성질은 초기 강도가 크고(보통 포틀랜드시멘트 재령 28일 강도를 재령 1일에 나타낸다), 수화열이 높으며, 화학 작용에 대한 저항성이 크다. 또한 수축이 적고 내화성이 크므로 동기, 해수 및 긴급 공사에 사용한다.

56 다음에서 설명하는 것으로 옳은 것은? [22]

> 각종 광석으로부터 금속을 채취할 때의 찌꺼기로 보통은 제철의 용광로에서 선철을 뽑아내고 용해된 선철의 윗부분에 남는 찌꺼기로 혼화재 중 알칼리 골재 반응을 억제하고 경제성이 우수하다.

① 고로슬래그
② 플라이애시
③ 실리카 퓸
④ 포졸란

해설 플라이애시는 세립의 석탄재로서 콘크리트의 혼화재로 사용되는 규산질 물질로 인공 포촐란의 일종이다. 실리카 퓸은 규소 합금(실리콘, 페리실리콘 등)을 만들 때 배출가스에서 떠 다니는 미세 입자를 모은 것으로 수밀성, 강도 및 내구성 등을 개선할 수 있다. 포졸란은 실리카질 또는 실리카과 알루미나질이 혼합된 것으로 시멘트의 절약과 콘크리트의 성질을 개량하기 위하여 사용한다.

57 다음에서 설명하는 것은? [24]

> 화력발전소와 같이 미분탄을 연료로 하는 보일러의 연도에서 집진기로 채취한 미립자의 재

① 플라이애시
② 포졸란
③ 시멘트 클링커
④ 광재

해설 포졸란은 화산회 등의 광물질(실리카질) 분말로 된 콘크리트 혼화재료의 일종이고, 시멘트 클링커는 시멘트 제조할 때 최고 온도까지 소성이 이루어진 후에 공기를 이용하여 급랭시켜 소성물을 배출하게 되면 화산암과 같은 검은 입자가 되는 것이다. 광재(슬래그)는 용광로에서 철광을 제련할 때 생성되는 비금속성 생성물로 주성분은 규산염, 석회질, 규산반토 등의 염기물로 이루어진 것이다.

정답 54. ④ 55. ② 56. ① 57. ①

58 시멘트의 응결 및 경화에 관한 설명으로 옳지 않은 것은? [22]

① 시멘트의 분말도가 낮을수록 느리다.
② 온도가 높을수록 경화속도가 빠르다.
③ 물 · 시멘트비가 낮을수록 느리다
④ 풍화된 시멘트일수록 경화속도가 느리다.

해설 시멘트의 응결 및 경화는 물 · 시멘트비가 낮을수록 빠르다.

59 다음 중 콘크리트의 굳지 않은 성질 중 컨시트턴시를 시험하는 방법은? [21, 17]

① 체가름시험
② 슬럼프시험
③ 블리딩시험
④ 블레인시험

해설 ① 체가름시험 : 모래와 자갈을 눈이 좁은 것부터 차례로 띄워서 겹쳐놓은 체진동기로 충분히 거른 다음, 각 체에 걸린 모래, 자갈의 무게를 측정하여 전체의 양에 대한 비율을 계산하는 시험으로 골재의 입도를 나타낸다.
③ 블리딩시험 : 콘크리트의 재료분리시험방법이다.
④ 블레인시험 : 시멘트의 분말도시험방법이다.

60 골재의 함수 상태 중 골재의 내부는 수분으로 가득 채워져 있고, 표면은 건조한 상태를 무엇이라고 하는가? [20]

① 습윤 상태
② 표면건조 내부포수(포화)상태
③ 기건 상태
④ 절건 상태

해설 골재의 함수 상태

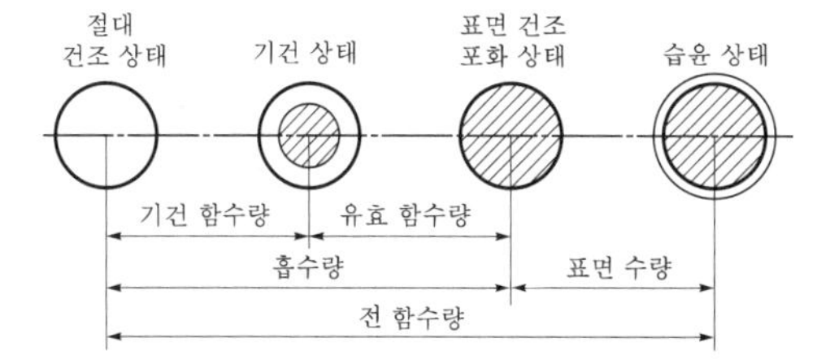

61 콘크리트용 골재의 보관 및 취급에 대한 설명이다. 옳지 않은 것은? [23]

① 잔골재 및 굵은골재에 있어 종류와 입도가 다른 골재는 각각 구분하여 따로 저장한다.
② 골재의 저장 및 취급에 있어서는 대소의 알이 분리하지 않고 먼지, 유해물 등이 혼합되지 않도록 하여야 한다.
③ 햇빛이 잘 드는 곳에 설치하여 골재를 건조하여야 한다.
④ 겨울에 동결된 골재나 빙설이 혼입되어 있는 골재를 그대로 사용하지 않도록 적절한 방지대책을 수립하고 골재를 저장한다.

해설 골재의 저장설비에는 적당한 배수시설을 설치하고, 그 용량을 적절히 하여 표면수가 균일한 골재를 사용할 수 있도록 하여야 한다.

62 다음 중 콘크리트의 강도에 영향을 주는 요인에 속하지 않는 것은? [19, 18]

① 물 · 시멘트의 비 ② 혼화재료
③ 시공방법 ④ 비빔장소

해설 콘크리트의 강도에 영향을 주는 요인에는 물 · 시멘트의 비, 재료의 품질(시멘트, 골재, 혼화재료 및 물 등), 시공방법, 보양 및 재령, 시험방법 등이 있다.

63 콘크리트의 강도에 영향을 끼치는 것이 아닌 것은? [24, 23]

① 물 · 시멘트의 비 ② 재료의 품질
③ 거푸집의 형상 ④ 시공 방법

해설 콘크리트의 강도는 물 · 시멘트비에 의하여 결정되며, 콘크리트의 강도에 영향을 끼치는 요인에는 재료(물, 시멘트, 골재)의 품질, 시공 방법(비비기 방법, 부어넣기 방법), 보양 및 재령과 시험법 등이 있다.

64 콘크리트의 크리프 변형량이 크게 되는 경우에 해당되지 않는 것은? [23]

① 부재의 단면 치수가 클수록
② 하중이 클수록
③ 단위 수량이 많을수록
④ 재하 시의 재령이 짧을수록

정답 58. ③ 59. ② 60. ② 61. ③ 62. ④ 63. ③ 64. ①

해설 크리프가 증가하는 요인에는 콘크리트가 아직 덜 굳었을 때(물·시멘트비가 큰 콘크리트 사용 시, 콘크리트가 건조한 상태로 노출될 때), 부재의 단면 치수가 작을수록, 하중이 클수록, 단위 수량이 많을수록, 재하 시 재령이 짧을수록 증가한다. 크리프가 감소하는 요인에는 콘크리트가 완전히 건조했거나, 완전히 젖어 있으면 크리프는 거의 일어나지 않고, 콘크리트의 재령에 따라 감소한다.

65 다음은 콘크리트의 크리프에 대한 설명이다. 옳지 않은 것은? [24]

① 습도가 증가할수록 크리프는 감소한다.
② 시멘트량이 많을수록 크리프는 감소한다.
③ 부재의 치수가 클수록 크리프는 감소한다.
④ 물·시멘트비가 증가할수록 크리프는 감소한다.

해설 콘크리트의 크리프는 콘크리트에 일정한 하중을 장시간 작용시키면 시간이 흐름에 따라 소성 변형이 증대되는 현상으로 물·시멘트비가 증가할수록 크리프는 증가한다. 콘크리트의 강도와 재령(강도가 클수록, 높은 재령에서 하중을 받을수록 크리프는 감소), 응력 수준(강도와 재하기간이 동일한 경우, 응력의 증가에 따라 크리프는 증가), 고온증기 양생을 하면 크리프는 감소하고, 재하속도가 증가할수록 크리프는 증가한다.

66 다음 중 철근콘크리트의 단위 용적 중량으로 옳은 것은? [21]

① $2.0t/m^3$ ② $2.1t/m^3$
③ $2.3t/m^3$ ④ $2.4t/m^3$

해설 콘크리트의 중량

구분	무근 콘크리트	철근 콘크리트	철골철근 콘크리트
무게(t/m^3)	2.3	2.4	2.5

67 다음에서 설명하는 콘크리트의 명칭은? [22, 18]

> 미리 거푸집 속에 적당한 입도배열을 가진 굵은 골재를 채워넣은 후, 모르타르를 펌프로 압입하여 굵은 골재의 공극을 충전시켜 만드는 콘크리트로, 콘크리트가 밀실하여 내수성과 내구성이 있고 동해 및 융해에 대해서 강하며, 중량콘크리트의 시공도 가능하고 거푸집을 견고하게 만들어야 한다는 점이 특징이다.

① AE콘크리트
② 레디믹스트콘크리트
③ 프리팩트콘크리트
④ 프리스트레스트콘크리트

해설 ① AE콘크리트 : 콘크리트를 비빌 때 AE제를 넣어 인공적으로 미세한 기포가 생기게 하여 다공질로 만든 콘크리트이다.
④ 프리스트레스트콘크리트 : 특수 선재(고강도의 강재나 피아노선)를 사용하여 재축방향으로 콘크리트에 미리 압축력을 준 콘크리트이다.

68 다음에서 설명하는 콘크리트의 명칭은? [18]

> 주문자가 요구하는 품질의 콘크리트를 제조공장에서 제조하여 소정의 시간에 원하는 수량을 특수한 자동차를 이용하여 현장까지 배달, 공급하는 굳지 않은 콘크리트이다.

① AE콘크리트
② 레디믹스트콘크리트
③ 프리팩트콘크리트
④ 프리스트레스트콘크리트

해설 ① AE콘크리트 : 콘크리트를 비빌 때 AE제를 넣어 인공적으로 미세한 기포가 생기게 하여 다공질로 만든 콘크리트이다.
③ 프리팩트콘크리트 : 미리 거푸집 속에 적당한 입도배열을 가진 굵은 골재를 채워 넣은 후 모르타르를 펌프로 압입하여 굵은 골재의 공극을 충전시켜 만드는 콘크리트이다.
④ 프리스트레스트콘크리트 : 특수 선재(고강도의 강재나 피아노선)를 사용하여 재축방향으로 콘크리트에 미리 압축력을 준 콘크리트이다.

69 경량 콘크리트의 제법에 대한 설명 중 옳지 않은 것은? [24]

① 화산석, 연탄재, 질석 등의 경량 골재를 사용한다.
② 조세립이 고른 골재를 사용하여 공간이 많이 생기도록 하고, 표면에 시멘트 페이스트를 부어 골재를 고착시킨다.
③ 발포제를 사용하여 미세한 기포를 생기게 하여 경량으로 만든다.
④ 기포제를 사용하여 미세한 기포를 생기게 하여 경량으로 만든다.

정답 65. ④ 66. ④ 67. ③ 68. ② 69. ②

해설 경량 콘크리트의 제법에는 ①, ③ 및 ④ 이외에 크기가 동일한 둥근 골재를 사용하여 공간이 많이 생기도록 하고, 표면에 시멘트 페이스트를 부어 골재를 고착시킨다.

70 다음에서 설명하는 현상으로 옳은 것은? [21]

> 화재 시 콘크리트가 급격한 고온에 의해 내부 수증기압이 발생하고, 이 수증기압이 콘크리트의 인장강도보다 크게 되면 콘크리트 부재 표면이 심한 폭음과 함께 박리 및 탈락하는 현상

① 좌굴 현상　② 폭렬 현상
③ 크리프 현상　④ 컬럼 쇼트닝

해설 ① 좌굴 현상은 길고 가느다란 부재가 압축하중이 증가함에 따라 부재의 길이에 직각 방향으로 변형하여 내력이 급격히 감소하는 현상 또는 압축력을 받는 세장한 기둥 부재가 하중의 증가 시 내력이 급격히 떨어지게 되는 현상이다.
③ 크리프(플로) 현상은 콘크리트 구조물에서 하중을 지속적으로 작용시킨 경우, 하중의 증가가 없어도 시간과 더불어 변형이 증대되는 현상이다.
④ 컬럼 쇼트닝은 철골조 초고층 건축물의 기둥의 축소 변위를 말하는 것으로 건축물의 축조 시 내외부 기둥 구조가 다른 경우와 철골 재료의 재질 및 응력의 차이로 인한 신축량이 발생한다.

71 레미콘을 현장에 반입하는 경우 시행되는 품질시험항목에 속하지 않는 것은? [21]

① 슬럼프시험　② 압축강도시험
③ 탁도　④ 공기량시험

해설 레미콘의 품질시험항목에는 슬럼프시험, 공기량시험, 염화물량시험, 공시체 제작, 압축강도시험 등이 있다. 탁도는 음료수의 품질항목이다.

72 레미콘의 품질검사항목에 속하지 않는 것은? [24]

① 슈미트 테스트 해머
② 슬럼프
③ 공기량
④ 염화물 함유량

해설 레미콘의 품질검사항목에는 굳은 콘크리트는 압축강도, 굳지 않은 콘크리트는 슬럼프, 공기량, 염화물 함유량 등이 있다.

73 다음에서 설명하는 강재의 종류로 옳은 것은? [21]

> 건축구조용으로 사용되는 고장력 강판으로 탄소 당량이 낮고, 고강도이며, 용접성이 뛰어난 강재이다. 특히, 후판의 경우에도 강도 저하가 없다.

① 탄소강　② TMCP강
③ 열처리강　④ 합금강

해설 ① 탄소강(Mild steels)
㉠ 가격이 저렴하면서도 성능이 우수하여 가장 널리 이용되는 건축용 강재이고, 탄소량에 따라 강재의 강도와 인성이 결정된다.
㉡ 탄소량이 증가되면 강도는 증가되지만 인성 및 용접성은 저하된다.
③ 열처리강(High-strength quenched and tempered alloy steels) : 열처리를 통하여 강도를 증가시킨 강재로 용접 방법이나 부재의 안정성 통문제가 발생할 수도 있으므로 구조물에 적용 시 유의하여야 한다.
④ 합금강(High-strength low alloy Sleeks) : 탄소강의 단점을 보완하기 위하여 합금원소를 첨가한 강재로서 구조용 합금강과 공구용으로 분류된다.

74 탄소 함유량의 증가에 따른 철의 영향으로 옳지 않은 것은? [22]

① 인장 강도와 항복 강도가 증대된다.
② 용접성이 증대된다.
③ 내식성과 전기 저항이 증대된다.
④ 비중, 연신률 및 열전도율이 감소한다.

해설 강의 탄소량이 증가함에 따라 물리적 성질의 비열, 전기 저항, 항장력과 화학적 성질의 내식성, 항복강도(항복점), 인장강도 및 경도 등은 증가하고, 물리적 성질의 비중, 열팽창계수, 열전도율과 화학적 성질의 연신율, 충격치, 단면 수축률, 용접성 등은 감소한다.

75 형강의 규격이 400×350×6×10일 때 플랜지의 두께로 옳은 것은? [21]

① 400　② 350
③ 6　④ 10

해설 강재의 표시법 중 2L(L형강 2개)$-A\times B\times t_1\times t_2$의 표시법은 2L : L형강 2개, A : 형강의 춤, B : 형강의 폭, t_1 : 웨브의 두께, t_2 : 플랜지의 두께(10mm)를 의미한다.

정답 70. ② 71. ③ 72. ① 73. ② 74. ② 75. ④

76 청동은 구리와 어떤 금속의 합금인가? [18]

① 아연 ② 주석
③ 니켈 ④ 망간

해설 황동은 구리와 아연의 합금이고, 청동은 구리와 주석의 합금이다.

77 금속의 부식 방지법에 대한 설명 중 옳지 않은 것은? [17]

① 다른 종류의 금속을 서로 잇대어 사용하지 않는다.
② 알루미늄은 알루마이트, 철재에는 사삼산화철과 같은 피막을 처리하지 않는다.
③ 균질한 재료를 사용하고, 가공 중에 생긴 변형은 풀림, 뜨임 등에 의해 제거한다.
④ 도료(방청도료), 아스팔트, 콜타르 등을 칠하거나, 내식·내구성이 있는 금속으로 도금한다.

해설 금속의 부식 방지법에는 도료나 내식성이 큰 금속으로 표면에 피막을 하여 보호하거나, 알루미늄은 알루마이트, 철재에는 사삼산화철과 같은 치밀한 산화피막을 표면에 형성하게 하거나, 모르타르나 콘크리트로 강재를 피복한다.

78 경첩으로 유지할 수 없는 무거운 자재여닫이문에 사용되는 창호철물은? [18②]

① 래버터리힌지 ② 플로어힌지
③ 피벗힌지 ④ 도어체크

해설 ① 래버터리힌지 : 스프링힌지의 일종으로서 공중화장실, 공중전화 출입문에 사용하며, 저절로 닫혀지지만 15cm 정도는 열려 있게 된다.
③ 피벗힌지 : 창호를 상하에서 축달림으로 받치는 것이다.
④ 도어클로저(도어체크) : 문 위틀과 문짝에 설치하여 여닫이문이 자동적으로 닫히게 하는 장치로서 공기식, 스프링식, 전동식 및 유압식 등이 있으나 유압식을 주로 사용한다.

79 다음 철재제품 중 옥상의 빗물처리를 용이하게 하기 위하여 설치하는 것은? [22, 21, 20, 18]

① 논슬립 ② 메탈라스
③ 펀칭메탈 ④ 루프드레인

해설 ① 논슬립 : 미끄럼을 방지하기 위하여 계단의 코 부분에 사용하며 놋쇠, 황동제 및 스테인리스강재 등이 있다.
② 메탈라스 : 금속제 라스의 총칭으로 얇은 강판에 마름모꼴의 구멍을 연속적으로 뚫어 그물처럼 만든 금속제품으로 천장 및 벽의 미장바탕에 사용한다.
③ 펀칭메탈 : 두께 1.2mm 이하의 박강판을 여러 가지 무늬모양으로 구멍을 뚫어 환기구멍, 라디에이터커버 등에 사용한다.

80 다음 중 디딤판의 끝에 대어 오르내릴 때 미끄럼을 방지하는 철물로서 계단에 사용되는 것은? [21]

① 코너비드 ② 듀벨
③ 논슬립 ④ 크레센트

해설 코너비드는 벽, 기둥 등의 모서리를 보호하기 위하여 미장 바름질을 할 때 붙이는 보호용 철물이고, 듀벨은 볼트와 함께 사용하는데, 듀벨은 전단력에, 볼트는 인장력에 작용시켜 접합재 상호간의 변위를 막는 강한 이음에 사용하며, 목재와 목재 사이에 끼워서 전단에 대한 저항 작용을 목적으로 하는 철물이다. 크레센트는 초생달 모양으로 된 것으로 오르내리창의 윗막이대 윗면에 대어 다른 창의 밑막이에 걸리게 하는 걸쇠로서 오르내리창에 사용한다.

81 코너비드(corner bead)에 대해 옳게 설명한 것은? [21]

① 벽, 기둥 등의 모서리 부분을 보호하기 위하여 미장 바름질을 할 때 붙이는 보호용 철물이다.
② 치장 콘크리트에 많이 사용하는 강철, 금속제의 콘크리트용 거푸집이다.
③ 계단 코 끝부분의 보강 및 미끄럼을 방지하기 위하여 설치하는 제품이다.
④ 기둥과 기둥에 가로대어 창문틀의 상하벽을 받고 하중을 기둥에 전달하며, 창문틀을 끼워 대는 뼈대가 되는 것이다.

해설 ② 강제 거푸집, ③ 논슬립(미끄럼막이), ④ 인방에 대한 설명이다.

정답 76. ② 77. ② 78. ② 79. ④ 80. ③ 81. ①

82 코너비드(Corner bead)를 사용하는 장소로 옳은 것은? [22]

① 벽, 기둥의 모서리
② 나선형의 계단
③ 창호의 손잡이
④ 난간의 손잡이

해설 코너비드는 기둥 및 벽의 모서리 면에 미장하기 쉽고, 모서리를 보호할 목적으로 사용하는 철물로서 재질이 아연 도금 철제와 황동제로 되어 있다.

83 다음 중 미장 바탕용 철망으로 사용되는 철물로 철선을 그물 모양으로 엮어 만든 것으로 옳은 것은? [21]

① 메탈라스 ② 코너비드
③ 와이어라스 ④ 와이어메시

해설 메탈라스는 금속제 라스의 총칭으로 얇은 강판에 많은 절목을 넣어 이를 옆으로 늘여서 만든 것으로 천장 및 벽의 미장 바탕에 사용한다. 코너비드는 벽, 기둥 등의 모서리를 보호하기 위하여 미장 바름질을 할 때 붙이는 보호용 철물이다. 와이어메시는 연강 철선을 전기 용접하여 정방향 또는 장방향으로 만든 것으로 콘크리트 다짐 바닥, 지면 콘크리트 포장 등에 사용한다.

84 박강판에 마름모꼴 등의 구멍을 연속적으로 뚫어 만든 것으로 천장, 내벽 등의 회반죽 바탕의 균열을 방지하기 위한 목적으로 사용하는 금속 제품은? [21]

① 코너비드 ② 메탈실링
③ 펀칭메탈 ④ 메탈라스

해설 코너비드는 벽, 기둥 등의 모서리를 보호하기 위하여 미장 바름질을 할 때 붙이는 보호용 철물이고, 메탈실링은 금속제를 사용하여 지붕 밑, 바닥 밑을 가리어 치장하여 꾸민 천장(반자)이다. 메탈라스는 금속제 라스의 총칭으로 얇은 강판에 많은 절목을 넣어 이를 옆으로 늘려서 만든 것으로 천장 및 벽의 미장 바탕에 사용한다.

85 유리의 종류 중 2장 또는 3장의 판유리를 일정한 간격으로 띄어 금속테로 기밀하게 테두리를 한 다음, 유리 사이의 내부를 진공으로 하거나 특수 기체를 넣은 유리는? [17]

① 열선흡수유리
② 프리즘유리
③ 로이유리
④ 복층유리

해설 ① 열선흡수유리(단열유리) : 철, 니켈, 크롬 등을 가하여 만든 유리로 흔히 엷은 청색을 띠고, 태양광선 중 열선(적외선)을 흡수하므로 서향의 창, 차량의 창 등의 단열에 이용된다.
② 프리즘유리 : 입사광선의 방향을 바꾸거나 확산 또는 집중시킬 목적으로 프리즘의 원리를 이용하여 만든 일종의 유리블록으로서 주로 지하실 창이나 옥상의 채광용으로 쓰인다.
③ 로이유리 : 열적외선을 반사하는 은소재도막으로 코팅하여 방사율과 열관류율을 낮추고 가시광선의 투과율을 높인 유리로서 일반적으로 복층유리로 제조하여 사용한다.

86 합성수지 중 실리콘수지의 용도로 옳은 것은? [21, 18]

① 벽체의 마감 ② 개스킷
③ 판재 ④ FRP

해설 실리콘수지의 용도
㉠ 실리콘유 : 윤활유, 펌프유, 절연유, 방수제로 사용한다.
㉡ 실리콘고무 : 고온, 저온에서 탄성이 있으므로 개스킷, 패킹 등에 사용한다.
㉢ 실리콘수지 : 성형품, 접착제, 그 밖의 전기절연 재료로 사용한다.

87 콘크리트나 모르타르에 유리섬유를 혼합하였을 때 나타나는 현상으로 옳은 것은? [21]

① 내산성이 증가된다.
② 내알칼리성이 증가된다.
③ 내용제성이 증가된다.
④ 인장강도가 증가한다.

해설 건축용으로는 글라스 섬유로 강화된 평판(불포화 폴리에스테르 수지), 즉 유리섬유로 보강한 섬유 강화 플라스틱(FRP : Fiberglass Reinforced Plastic)의 강도는 비항장력이 강과 비슷하여 인장강도가 증가한다.

정답 82. ① 83. ③ 84. ③ 85. ④ 86. ② 87. ④

88 콘크리트의 보강재인 유리섬유의 특성으로 옳지 않은 것은? [24]

① 높은 온도에 견디고, 저흡수성이며, 전기 산업에서 중요한 재료이다.
② 치수의 안정성이 좋고, 인장강도와 인장탄성률이 매우 좋다
③ 내열성이 낮으므로 화재의 위험성이 없는 곳에 사용된다.
④ 내화학성이 우수하고, 안정된 물질이다.

해설 유리섬유는 내열성이 높으므로 화재의 위험성이 있는 곳에 사용된다.

89 미장재료와 응결방식을 연결한 것 중 옳은 것은? [21]

① 석고계 플라스터 : 기경성
② 시멘트 : 기경성
③ 석회계 플라스터 : 기경성
④ 흙반죽 : 수경성

해설 미장재료의 구분

구분	분류		고결재
수경성	시멘트계	시멘트 모르타르, 인조석, 테라초 현장 바름	포틀랜드 시멘트
	석고계 플라스터	혼합 석고, 보드용, 크림용 석고 플라스터, 킨즈 시멘트 (경석고 플라스틱)	헤미수화물, 황산칼슘
기경성	석회계 플라스터	회반죽, 돌로마이트 플라스터, 회사벽	돌로마이트, 소석회
	흙반죽, 섬유벽		점토, 합성수지풀
특수 재료	합성수지 플라스터, 마그네시아 시멘트		합성수지, 마그네시아

90 돌로마이트 플라스터에 대한 설명으로 잘못된 것은? [21, 18]

① 수축 균열이 발생하기 쉽다.
② 가소성이 매우 크므로 풀을 필요로 하지 않는다.
③ 수경성이므로 미장 바름에 매우 적합하다.
④ 알칼리성이 매우 강하므로 건조 직후 유성 페인트를 즉시 칠할 수 있다.

해설 돌로마이트 플라스터는 기경성이고, 소석회보다 점성이 커서 풀이 필요 없고, 변색, 냄새, 곰팡이가 없으며, 돌로마이트, 석회, 모래, 여물, 때로는 시멘트를 혼합하여 만든 바름 재료로서 마감 표면의 경도가 회반죽보다 크다. 그러나 건조, 경화 시에 수축률이 가장 커서 균열이 집중적으로 크게 생기므로 여물을 사용한다.

91 돌로마이트 플라스터에 대한 설명으로 옳지 않은 것은? [22]

① 수경성이므로 외벽 바름에 매우 적합하다.
② 소석회에 비해 점성이 높고 작업성이 좋다.
③ 경화 시 수축균열이 많이 발생한다.
④ 표면 경도가 회반죽보다 크다.

해설 돌로마이트 플라스터는 기경성의 재료로서 소석회보다 점성이 커서 풀이 필요 없고, 변색, 냄새, 곰팡이가 없으며, 돌로마이트 석회, 모래, 여물, 때로는 시멘트를 혼합하여 만든 바름 재료로서 마감 표면의 경도가 회반죽보다 크다. 그러나 건조, 경화 시에 수축률이 가장 커서 균열이 집중적으로 크게 생기므로 여물을 사용하는데, 요즘에는 무수축성의 석고 플라스터를 혼입하여 사용한다.

92 다음은 어떤 접착제에 대한 설명인가? [18, 17]

> 접착성이 가장 우수한 수지접착제이다. 내화학성(내산, 내알칼리, 내수성 및 급경성)이 좋은 접착제로서 특히 금속접착에 적당하여 항공기재의 접착에 이용되며 목재, 금속, 석재, 유리, 콘크리트, 플라스틱, 도자기, 고무 등에 뛰어난 접착성을 나타낸다.

① 에폭시수지 접착제
② 페놀수지 접착제
③ 실리콘수지 접착제
④ 네오프렌 접착제

해설 ② 페놀수지 접착제 : 페놀과 포르말린과의 반응에 의하여 얻어지는 다갈색의 액상, 분상, 필름상의 수지로서 가장 오래된 합성수지 접착제이다. 목재의 접착제로서 접착력, 내열성, 내수성이 우수하나, 유리나 금속의 접착에는 부적당하다.

정답 88. ③ 89. ③ 90. ③ 91. ① 92. ①

③ 실리콘수지 접착제 : 유기용제(알코올, 벤졸 등)로 60% 정도의 농도가 되게 녹여 사용하고, 200℃의 온도에서도 견뎌 내열성, 전기절연성, 내수성이 매우 우수하다. 가죽제품 이외에는 모두 사용이 가능하다.

④ 네오프렌 접착제 : 니트릴고무보다 성능이 우수하고 합성고무계 접착제로서 접착력이 가장 우수하다. 초기의 접착력이 강하고 고무와 금속, 레저용품과 금속, 직물 등의 접착에 적당하다.

93 단열재의 조건을 나열한 것 중 옳지 않은 것은? [24, 20, 19, 17]

① 비중과 흡수율이 작아야 한다.
② 내화성, 내식성이 좋아야 하고 어느 정도 기계적 강도가 있어야 한다.
③ 열전도율이 높아야 한다.
④ 시공성, 즉 가공 및 접착 등이 좋아야 한다.

해설 단열재는 열전도율이 낮아야 한다. 즉, 열을 잘 전하지 않아야 한다.

94 방화재료 중 내열성이 강한 것부터 나열한 것으로 옳은 것은? [24, 23]

① 준불연재료 > 난연재료 > 불연재료
② 불연재료 > 준불연재료 > 난연재료
③ 불연재료 > 난연재료 > 준불연재료
④ 준불연재료 > 불연재료 > 난연재료

해설 방화재료의 내열성이 강한 것부터 작은 것의 순으로 나열하면, 불연재료 > 준불연재료 > 난연재료의 순이다.

정답 93. ③ 94. ②

전산응용건축제도기능사 필기

2019. 9. 10. 초 판 1쇄 발행
2025. 1. 8. 개정증보 4판 1쇄 발행

지은이 | 정하정, 정효재, 김윤아

펴낸이 | 이종춘
펴낸곳 | BM ㈜도서출판 성안당
주소 | 04032 서울시 마포구 양화로 127 첨단빌딩 3층(출판기획 R&D 센터)
10881 경기도 파주시 문발로 112 파주 출판 문화도시(제작 및 물류)
전화 | 02) 3142-0036
031) 950-6300
팩스 | 031) 955-0510
등록 | 1973. 2. 1. 제406-2005-000046호
출판사 홈페이지 | **www.cyber.co.kr**
ISBN | 978-89-315-1364-6 (13540)
정가 | 35,000원

이 책을 만든 사람들
기획 | 최옥현
진행 | 김원갑
교정·교열 | 김원갑
전산편집 | 이지연
표지 디자인 | 박원석
홍보 | 김계향, 임진성, 김주승, 최정민
국제부 | 이선민, 조혜란
마케팅 | 구본철, 차정욱, 오영일, 나진호, 강호묵
마케팅 지원 | 장상범
제작 | 김유석

※ 잘못된 책은 바꾸어 드립니다.